Mikroskopische Wasseranalyse.

Anleitung

zur

Untersuchung des Wassers

mit

besonderer Berücksichtigung von Trink- und Abwasser.

Von

Dr. C. Mez,

Professor an der Universität zu Breslau.

Mit 8 lithographirten Tafeln und in den Text gedruckten Abbildungen.

Springer-Verlag Berlin Heidelberg GmbH
1898

Additional material to this book can be downloaded from http://extras.springer.com

ISBN 978-3-642-50431-0 ISBN 978-3-642-50740-3 (eBook)
DOI 10.1007/978-3-642-50740-3

Softcover reprint of the hardcover 1st edition 1898

Dem

Begründer der mikroskopischen Wasseranalyse und der Bakteriologie,

Herrn

Geheimen Regierungsrath Professor Dr. Ferdinand Cohn

in Verehrung

gewidmet.

Vorrede.

Das vorliegende Buch ist von mir wohlüberlegt „Mikroskopische Wasseranalyse“ genannt worden.

Bei der Wahl dieses Titels waren für mich folgende Erwägungen bestimmend:

Die Untersuchung von Wasserproben der verschiedensten Art gewinnt in Folge der stets wachsenden Bevölkerungsdichtigkeit und in Folge der Ausdehnung der Industrie immer grössere Wichtigkeit. Bis vor wenigen Jahren suchte man die Wasserbeurtheilung vorwiegend auf die Ergebnisse der chemischen Analyse zu begründen. In der letzten Zeit wurde dann die Bakteriologie als Hilfsdisciplin herangezogen, ohne dass sie jedoch die hochgespannten Erwartungen erfüllt hätte, welche man ursprünglich glaubte auf sie setzen zu dürfen. Die Anwendung von Botanik und Zoologie zur Lösung der die Beschaffenheit des Wassers betreffenden Aufgaben geschah bisher nur von Einzelnen in unvollkommener Weise, obgleich eine ganze Reihe wichtiger Fragen sich ohne Zuhilfenahme dieser Wissenschaften überhaupt nicht beantworten lassen.

Diese Lücke kam mir zum Bewusstsein, als ich vor etwa sieben Jahren anfing, mich mit der Untersuchung von gewerblichen Abwässern specieller zu beschäftigen.

Seit jener Zeit bin ich durch meine praktische Thätigkeit als Gutachter in persönlichen Verkehr mit zahlreichen Sachverständigen, grösstentheils Chemikern, getreten und habe häufig die Klage gehört, dass eine wissenschaftliche Zusammenstellung des einschlägigen Materials, etwa wie eine solche in dem analytischen Gang der chemischen Untersuchung vorliegt, vollständig fehlt.

Um diesem Mangel abzuhelfen, habe ich zunächst praktische, mit Lokalbesichtigungen verbundene Kurse über die mikroskopische Wasseranalyse an der Breslauer Universität eingerichtet, an welchen sich zahlreiche Chemiker, Gewerbeaufsichtsbeamte, Fabrikdirektoren etc. mit Erfolg betheiligten.

Das vorliegende Buch ist aus diesen praktischen Kursen hervorgegangen; es wurde bereichert durch die vielfachen Erfahrungen, welche ich während einer mehrjährigen Thätigkeit als gerichtlicher Sachverständiger in einer grossen Zahl von theilweise recht interessanten Fällen gesammelt habe.

Das Buch zerfällt in zwei Theile, einen speciellen und einen allgemeinen. Die Natur des Stoffes hat es mit sich gebracht, dass bei der Drucklegung der specielle Theil dem allgemeinen vorausgehen musste, weil in diesem vielfach auf die Seitenzahlen des speciellen zu verweisen war.

Der erste, specielle Theil enthält eine Darstellung der für die Wasseranalyse wichtigen und bei Gelegenheit derselben zu Gesicht kommenden Mikroorganismen. Bei deren Beschreibung wurde ganz besonders Rücksicht genommen auf die Erfahrungen, welche von Anderen und von mir selbst über das Vorkommen der Mikroorganismen in verschieden geartetem Wasser gemacht wurden.

Grosse Abschnitte dieses ersten Theils finden hier zum ersten Mal eine umfassende Darstellung. Insbesondere gilt dies von den Bakterien, für welche bisher überhaupt noch keine die Arten berücksichtigende und mit Bestimmungstabellen versehene ausgedehntere Systematik existirt.

Ueberall wurde darauf geachtet, dass jede Art leicht und sicher auch von Nicht-Botanikern, resp. Nicht-Zoologen aufgefunden werden kann. Dies wurde durch Ausarbeitung genauer, auf leicht zu beobachtende Merkmale begründeter Bestimmungsschlüssel ermöglicht.

Eine den allgemein anerkannten Vorschriften der botanischen Namengebung entsprechende Umänderung besonders der Bakterien-Nomenklatur wurde vorgenommen.

Der zweite, allgemeine Theil enthält eine Darstellung der Methoden und einen Gang der mikroskopisch-biologischen Wasseranalyse in solchem Umfang und solcher Anordnung, dass nach den Angaben des Buches die Untersuchung und Beurtheilung der in Frage kommenden Wasserarten ausgeführt werden kann.

Es wird natürlich vortheilhaft sein, wenn der Benutzer des Buches die Elemente der Botanik und Zoologie bereits beherrscht; indessen habe ich den methodischen Theil so eingehend behandelt, dass bei dem nöthigen Interesse und der erforderlichen Ausdauer auch der Nicht-Botaniker resp. Nicht-Zoologe die auf das Gebiet der Wasserbeurtheilung bezüglichen Fragen zu lösen im Stande sein wird.

Mit besonderer Sorgfalt habe ich versucht, die auf verschieden starke Verunreinigung der Wasserläufe durch Abwässer bezüglichen Fragen, sowie die praktisch überaus wichtige Frage nach der „über das Gemeinübliche hinausgehenden“ Wasserverschmutzung zu behandeln und einer Lösung entgegen zu führen.

Frage ich mich, welche Kreise dies Buch mit Vortheil voraussichtlich werden benützen können, so glaube ich, dass dasselbe zunächst denjenigen Chemikern, Botanikern, Zoologen, Aerzten dienen wird, welche als

Sachverständige Gutachten in Wasserfragen zu erstatten haben. Mit Vortheil dürften es auch Verwaltungsbeamte (Gewerbeaufsichtsbeamte, Medicinalbeamte) benützen, soweit dieselben mit der Entscheidung solcher Fragen betraut sind.

Ferner dürfte ganz besonders der erste, specielle Theil geeignet sein, den mit den Mikroorganismen des Wassers nicht Vertrauten in fasslicher Weise in das Studium derselben einzuführen; aus diesem Grunde glaube ich, dass das Buch als Grundlage der an Universitäten etc. abgehaltenen Bestimmungsübungen der niederen Organismen, sowie für bakteriologische Practica geeignet sein wird.

Auch manchem Bakteriologen, welcher ihm unbekannte Spaltpilze zu bestimmen versucht, wird das Buch vielleicht erwünscht erscheinen.

Mit ganz besonderem Dank gedenke ich bei der Fertigstellung der „Mikroskopischen Wasseranalyse“ der reichen Anregung und Hilfe, welche ich besonders in auf chemische Angelegenheiten bezüglichen Fragen bei dem Direktor des chemischen Untersuchungsamtes der Stadt Breslau, Herrn Dr. Bernhard Fischer, freundschaftlichst gefunden habe.

Der Verlagsbuchhandlung spreche ich meinen verbindlichsten Dank aus für die grosse Sorgfalt, welche sie dem Druck und der künstlerischen Ausführung der Abbildungstafeln gewidmet hat.

Breslau, im Januar 1898.

Dr. Carl Mez.

Inhalt.

I.

Die Mikroorganismen des Süsswassers, mit besonderer Berücksichtigung der Wasseranalyse dargestellt.

II.

Die Methoden der mikroskopischen Wasseranalyse und die Beurtheilung von Trink- und Abwasser.

I.

Die

Mikroorganismen des Süsswassers

mit besonderer

Berücksichtigung der Wasseranalyse

dargestellt.

I. Pflanzen.

Einzelzellen oder Zellverbände, meist grün (roth, braun) gefärbt, seltener farblos; ohne Fähigkeit, feste Nahrung zu verschlingen; im Allgemeinen unbewegt.

Die Abgrenzung vom Thierreich ist konventionell. Man suche in unserem Analysengang dauernd bewegliche, mit braunen Farbstoffkörpern versehene und von einer (durch konzentrirte Schwefelsäure unzerstörbaren) Kieselschale umschlossene Zellen unter den Pflanzen (Bacillariaceae); gleicherweise werden grüne oder farblose bewegliche Fäden mit deutlicher Membran sowie bewegliche cylindrische oder korkzieherartig gekrümmte formbeständige Einzelzellen als Pflanzen betrachtet (Schizophyceae, Schizomycetes). — Dagegen seien grün (oder roth) gefärbte rundliche, ellipsoidische oder bei aufmerksamer Betrachtung mit dem Vermögen der Formveränderung versehene dauernd bewegliche Zellen resp. Zellkolonien zu den Thieren gerechnet; auch unbewegliche und formbeständige runde, grüne Zellen mit einem rothen Punkt (Stigma) gehören in's Thierreich.

A. Zellen ohne assimilirenden Farbstoffinhalt, in der Regel ungefärbt: **A. Pilze**; p. 2.

B. Zellen durch grünen (braunen, rothen) assimilationsfähigen Farbstoffinhalt gefärbt: **B. Algen**; p. 98.

Alle grün gefärbten Zellen sind unter B zu suchen, desgleichen alle nicht mit der Fähigkeit der Eigenbewegung begabten rothen; bei brauner Farbe sei (Zusatz von 10% Salzsäure, eventuell folgend Ferrocyankali) geprüft, ob die Färbung allein durch Eisenoxydhydrat bewirkt wird. Ist dies der Fall, so siehe unter A.

A. Pilze.

A. *Nur durch Zelltheilung sich vermehrend: alle Zellen gleichgestaltet, ausserordentlich klein (allerhöchstens 7 μ dick), einzeln oder zu einfachen oder selten unecht (nie! echt) verzweigten Fäden verbunden oder in gallertige Familien vereinigt. Fäden wenigstens bei Anwendung von Anilinfarben die Zusammensetzung aus Zellgliedern erkennen lassend:* *Schizomycetes; p. 2.*

B. *Durch Sprossung (Ausstülpung der Mutterzelle ähnlicher aber erst bedeutend kleinerer Zellen) oder durch Zelltheilung und zugleich Sporenbildung an bestimmten Myceltheilen (und häufig auch durch geschlechtliche Dauerzellenbildung) sich vermehrend. Fäden entweder ausserordentlich viel dicker als 7 μ oder wenn dünner, dann mit echter Verzweigung.*

I. *Einzelzellen oder kleine Zellverbände, welche durch Sprossung (und durch Sporenbildung im Innern der Zellen) sich vermehren:* *Saccharomycetes; p. 70.*

II. *Zellfäden (selten scheinbar einfache aber dann wenigstens 20 μ dicke Zellen) ohne Sprossung; oder lange, keine Scheidewände aufweisende Schläuche.*

a. *Mycelfäden vorhanden oder fehlend, wenn vorhanden ohne Scheidewände (nur die Fructificationsorgane durch Scheidewände abgetrennt).*

1. *Mycel fehlt oder ist nur schwach, als Wurzelfaser-artige Haftfasern entwickelt; im Wesentlichen wird die Pflanze aus den grossen Zoosporangien gebildet; Schmarotzer auf Algen etc.:* *Chytridiaceae; p. 72.*

2. *Mycel vorhanden, meist sehr stark entwickelt.*

α. *An der Luft lebend (Schimmelpilze), auf Gelatineplatten, Exkrementen, Bakteriendecken von alten Wasserproben etc. wachsend, allermeist mit köpfchenartigen Sporangien, welche unbewegliche Sporen enthalten:* *Zygomycetes; p. 79.*

β. *Im Wasser lebend, Schmarotzer oder auf faulenden Substanzen oder in sehr verdorbenem Wasser an Reisern etc. Zöpfe bildend; Sporangien eigenbewegliche Sporen enthaltend, nicht köpfchenförmig:* *Oomycetes; p. 82.*

b. *Mycel stark entwickelt, durch viele Querscheidewände gefächert; entweder aufrechte, seltener auch niederliegende Aeste in unbewegliche Sporen zerfallend oder es werden aufrechte Fruchtträger gebildet, welche unbewegliche Sporen abschnüren:* *Conidienformen von Ascomycetes; p. 85.*

Schizomycetes[1]).

I. Zellen einzeln oder in gallertigen Kolonien oder in kürzeren oder längeren Fäden, die aber nicht mit Scheiden versehen und deswegen sehr leicht zerbrechlich sind. (Lange Fäden in Wasserproben sind unter II., alle Fäden ob lang oder kurz, welche auf künstlichen Nährböden sich finden, unter I. zu suchen.)

---

1) Sicher festgestellte Gattungen der Spaltpilze sind (ausser denen der Desmobacteria) nur diejenigen, welche durch Reinkultur auf künstlichen Nährböden (Gelatine, Agar etc.) geprüft werden konnten; bei der Untersuchung von Abwässern kommen aber auch die andern, nicht kulturell geprüften so häufig zu Gesicht, dass dieselben — vorbehaltlich späterer Aenderung — hier aufgenommen werden.

A. Zellen in allen Entwicklungsstadien kugelig (Coccobacteria).

1. Einzelzellen oder Familien ohne Gallerthülle oder wenn solche vorhanden ohne feste Aussenschicht der Gallerte.

α. Zelltheilung nur nach einer Raumrichtung: es werden zusammenhängende, längere oder kürzere (aber mehr als 2 Glieder enthaltende) rosenkranzförmige Ketten gebildet; Formen auch auf künstlichen Nährböden: I. Streptococcus Billr.

β. Zelltheilung nach 2 Raumrichtungen: es entstehen regelmässige Zellflächen; Formen auch auf künstlichen Nährböden, doch selten (wenn die Zellen regelmässig in Tetraden zusammenliegen, vergl. auch IV. Sarcina): II. Lampropedia Schrt.

γ. Zelltheilung nach 3 Raumrichtungen: es entstehen regelmässige oder unregelmässige Zellkörper oder unregelmässige Zellhaufen oder zerstreute Einzelzellen.

* Familien stellen gallertige Hohlkugeln dar (nicht auf künstlichen Nährböden): III. Lamprocystis Schrt.

** Familien sind regelmässig packetförmige, zu 4,16 etc. zusammenhaftende kubische Körper (auch auf künstlichen Nährböden): IV. Sarcina Goods.

*** Einzelzellen oder unregelmässige, haufenartige Kolonien (auf künstlichen Nährböden): V. Micrococcus Cohn.

2. Grosse Zellfamilien in mit festerer Aussenhaut begrenzter Gallerte (nicht auf künstlichen festen Nährböden): VI. Ascococcus Billr.

B. Zellen (manchmal vorübergehend nach der Theilung etc. fast kugelig) stäbchenförmig oder elliptisch, deutlich länger als breit (Eubacteria).

1. Stäbchen gerade, weder regelmässig gekrümmt (kommaförmig) noch korkzieherartig gewunden.

α. Kolonien ohne Gallerthülle oder mit solcher, aber diese dann aussen ohne resistente Haut (es sind nur Formen aufgeführt, welche auf künstlichen festen Nährböden wachsen).

* Mit Sporenbildung (besonders in Kartoffelkulturen): VII. Bacillus Cohn.

** Ohne Sporenbildung: VIII. Bacterium Cohn.

β. Stäbchen in einer durch elastisch-feste Aussenhaut abgegrenzten Gallerthülle zu grossen Massen vereinigt (wächst nicht auf künstlichen festen Nährböden): IX. Cystobacter Schrt.

2. Stäbchen kommaförmig oder spiralig (korkzieherartig) gekrümmt oder in einer Gallerthülle vielfach schleifenförmig gewunden.

α. Kolonien in bestimmt abgegrenzter Gallerthülle, in welcher wenige Fäden schleifenartig hin- und hergewunden liegen (wächst nicht auf künstlichen Nährböden): X. Myconostoc Cohn.

β. Ohne bestimmt abgegrenzte Gallerthülle.

* Kommaförmig gekrümmte Stäbchen oder kurze biegsame Schrauben; ohne oder mit einer polaren Geissel (wachsen auf künstlichen Nährböden): XI. Microspira Schrt.

** Korkzieherartig gewundene längere Stäbe.

§ Schrauben starr, kurz, nicht fadenförmig, mit polaren Geisselbüscheln (einzelne Arten wachsen auf künstlichen festen Nährböden): XII. Spirillum Ehbg.

§§ Schrauben biegsam, sehr lang und dünnfädig (wächst nicht auf künstlichen Nährböden): XIII. Spirochaete Cohn.

II. Zellen stets zu langen, mit deutlicher oder undeutlicher Scheide umschlossenen Fäden vereinigt (Desmobacteria).

a. Fäden ohne Eigenbewegung.

1. Fäden durchaus unverzweigt.

α. Fäden nicht zu schleimigen, grossen, fluthenden Zöpfen, dagegen öfters zu rostbraunen Flocken vereinigt.

* Scheiden dünn, manchmal kaum sichtbar, niemals mehr als 3mal so dick wie die Fäden selbst: XIV. Leptothrix Ktzg.

** Scheiden sehr dick, eine braungefärbte Röhre bildend, deren strichförmiges Lumen von den Zellen eingenommen wird: XV. Crenothrix Cohn.

(β. Fäden zu weissen oder gelblichen, schleimigen, grossen Zöpfen oder Flocken vereinigt: XVI. Sphaerotilus Ktzg.)

2. Fäden mit unechter Verzweigung.

α. Fäden zu grossen, schleimigen Zöpfen oder Flocken vereinigt, welche in verunreinigtem Wasser an Reisern und Steinen etc. hängen: XVI. Sphaerotilus Ktzg.

β. Fäden in dünnen, nicht schleimigen, sehr feinen Räschen, niemals in der Natur, sondern nur in stehenden Wasserproben gut ausgebildet: XVII. Cohnidonum O. K.

b. Fäden mit pendelnder oder flach schraubender deutlicher Eigenbewegung: XVIII. Beggiatoa Trevis.

I. Streptococcus Billr.

a. Die Nährgelatine wird verflüssigt.

1. Ketten aus frischen Gelatinekulturen lang (6—20 Glieder); Gelatinekultur weiss: 1. Str. margaritaceus.

2. Ketten kurz; Gelatinekulturen schmutzig gelb: 2. Str. conjunctivae.

b. Die Nährgelatine wird nicht verflüssigt.

1. Kulturen nicht gelb.

α. Wachsthum bei Luftzutritt gut, bei Luftabschluss fehlend.

* Tropfenförmige oberflächliche Gelatinekolonien rein weiss: 3. Str. lacteus.

** Tropfenförmige oberflächliche Gelatinekolonien (blass gelblich-) grau: 4. Str. cinereus.

β. Wachsthum bei Luftzutritt schlecht, bei Luftabschluss gut.
* Zellen klein, höchstens 0,6 μ dick: 5. Str. acidi-lactici.
** Zellen grösser; (0,9—) 1—2 μ dick.
§ Oberflächliche Gelatineplattenkolonie vergr. schuppig gefeldert: 6. Str. magnus.
§§ Oberflächliche Gelatineplattenkolonie vergr. homogen.
× Eingeschlossene Gelatineplattenkolonie vergr. nicht oder fast nicht gekörnt: 7. Str. tyrogenus.
×× Diese Kolonien deutlich gekörnt.
0 Junge tiefe Gelatineplattenkolonien mit einseitigem Wachsthum, vergr. darmförmige Gebilde darstellend: 8. Str. granulatus.
00 Diese Kolonien mit allseitigem Wachsthum.
† Rand der vergr. oberfl. Gelatineplattenkolonie verschwommen, stellenweise unregelmässig ausgezackt: 9. Str. pallens.
†† Rand scharf, grob granulirt: 10. Str. pallidus.
2. Kulturen strohgelb: 11. Str. stramineus.

1. **Str. margaritaceus** Schrt. (= **Str. coli gracilis** Escher.) Zellen auf Gelatine und Agar 0,3—0,5, in Heudecoct und Faulflüssigkeit 0,75 μ messend; Verflüssigung im Gelatinestich strumpfförmig; Wachsthum auf Kartoffel schlecht. In Koth und Kanalwässern, aus letzteren sehr reichlich gezüchtet.

2. **Str. conjunctivae** Mez (= **Micrococcus flavus conjunctivae** Gomb.): Zellen auf allen Nährböden 0,5—0,75 μ breit, zu 2—7 in kurzen, gekrümmten Ketten; Verflüssigung im Gelatinestich horizontal fortschreitend, langsam; Wachsthum auf Kartoffel sehr schlecht, lehmgelb. Zuerst auf der menschlichen Conjunctiva, von mir selten in Kanalwässern gefunden.

3. **Str. lacteus** Schrt. Zellen auf allen Nährböden ± 0,5 μ breit, zu 3—25 in gebogenen Ketten; Auflage der Gelatine-Stichkultur halbkugelig, später ausgebreitet und dick; Wachsthum auf Kartoffel sehr gut, erst rein weiss, nach 8—10 Tagen gelblich verfärbt. In Trinkwasser.

4. **Str. cinereus** Zimmerm. (Fig. 1) Zellen etwa 0,68 μ breit; Auflage der Gelatinestichkultur erst tröpfchenförmig, dann sich verflachend, weissgrau, später etwas in's Gelbliche spielend; Wachsthum auf Kartoffel sehr dürftig. In Trinkwasser.

5. **Str. acidi-lactici** Grotenf. Zellen 0,3—0,6 μ breit; in der Gelatinestichkultur Wachsthum im Stich, nicht auf der Oberfläche, sehr langsam; säuert Milch. In verdorbener Milch, dürfte auch in Hausabwässern zu finden sein.

6. **Str. magnus** Henrici: Zellen 1 μ breit, in Bouillon Ketten von 30—50 Gliedern bildend; oberfl. Gelatineplattenkolonien vergr. mit konzentrischen und Radiallinien, wodurch die Kolonie das Aussehen gewinnt, als ob sie aus einzelnen, kleinen, übereinander gelegten Schüppchen bestehe;

Agarkultur aus sehr kleinen, zerstreuten, blassweissen Häufchen bestehend. Aus Käse isolirt, wohl auch anderwärts.

7. **Str. tyrogenus** Henr. Zellen 2 μ breit, in Bouillon in langen Rosenkranzketten; oberfl. Gelatineplattenkolonien vergr. rund, hellgrau, fein granulirt, nach und nach einen gelben Ton annehmend; Agarkultur als schmaler, dünner, blasser, weisslicher Streifen längs des Impfstrichs. Vork. wie bei vorigem.

8. **Str. granulatus** Henr. Zellen 1 μ breit, im Bouillon in längeren Ketten; oberfl. Gelatineplattenkolonien vergr. rund, grau, grobkörnig, vom Centrum aus langsam dunkler werdend; Agarkultur als kleine weisse Häufchen, seltener als dünner weisslicher Belag längs des Impfstrichs. Vork. wie bei den vorigen.

9. **Str. pallens** Henr. Zellen 1,1 μ breit, in Bouillon in längeren Ketten; oberfl. Gelatineplattenkolonien vergr. rund, fein granulirt, im Centrum gelblichgrau und dunkel, gegen den Rand zu heller; Agarkultur als dünner, schmaler, blassweisser Streifen. Vork. wie bei den vorigen.

10. **Str. pallidus** Henr. Zellen 0,9 μ breit, in Bouillon in sehr langen Ketten; oberfl. Gelatineplattenkolonien vergr. rund, grau, grobkörnig; Agarkultur als sehr blasser, kaum sichtbarer Streifen längs des Impfstrichs. Vork. wie Nr. 6—9.

11. **Str. stramineus** Henrici: Zellen 1,3 μ breit, in Bouillon in längeren Ketten; Gelatineplattenkolonien vergr. rundlich, hellgrau, grobkörnig; Gelatinestichkultur mit dicker, gewölbter, strohgelber, glänzender Auflage; Agarkultur als schmaler, strohgelber Belag. Aus Käse isolirt.

II. Lampropedia Schroet. [1])

a. Zellen bis 2 μ breit; Kultur noch nicht gelungen: 1. L. hyalina.
b. Zellen höchstens 1 μ messend; kultivirte Arten.
  * Gelatine wird rasch verflüssigt: 2. L. alba.
  ** Gelatine wird nicht verflüssigt.
    § Wachsthum auf Agar farblos; auf Kartoffel werden keine Involutionsformen gebildet: 3. L. acidi-lactici.
    §§ Wachsthum auf Agar grauweiss; auf Kartoffel bei älteren Kulturen Involutionsformen: 4. L. cerevisiae.

1. **L. hyalina** Schroet. Zellen zu 4—16 in regelmässigen Täfelchen, die bis 18 μ breit werden. In Zuckerfabriksabwässern nicht selten.

2. **L. alba** Mez (= **Pediococcus albus** Lindn.): Zellen bei guter Entwicklung zu 4 zusammenliegend; Gelatine zeigt innerhalb 24 Stunden

[1]) Die Existenzberechtigung dieser Gattung ist zweifelhaft; alle Coccen mit Andeutung von Tetradenbildung müssen in Heudecoct wenigstens 3 Wochen geprüft werden, ob sie nicht Sarcina-Packete zu bilden im Stande sind.

deutliche erst strumpfförmige, dann horizontale Verflüssigung; Gelatine- und Agarkulturen nehmen später manchmal eine schwache gelbrothe Farbe an; wächst auf Kartoffel gut. In Trinkwasser.

3. **L. acidi-lactici** Mez (P. a.-lact. Lindn.): Zellen bei guter Entwicklung in Tetraden; Wachsthum auf allen Nährböden schlecht und dünn; säuert Milch. Bisher in Heudecoct und Malzmaischen gefunden.

4. **L. cerevisiae** Mez (P. c. Lindn.): Zellen bei guter Entwicklung in Tetraden; Wachsthum auf allen Nährböden ausser Kartoffel ziemlich gut, auf Gelatine als weisser, blattartig sich ausbreitender Belag. In ober- und untergährigem Bier und in Brauereiabwässern.

III. Lamprocystis Schroet. — **L. roseo-persicina** Schrt. Zellen kurz ellipsoidisch, $\pm$ 2 μ lang, erst in soliden, dann in hohlen und netzförmig zerreissenden Kugeln, mit Schwefelkörnern, rosenroth. In Schwefelwasserstoff-haltigem Wasser, besonders in Abwässern manchmal massenhaft auftretend.

IV. Sarcina Goods.[1]).

A. Zellen klein, 1 μ oder wenig darüber breit; kultivirte Arten.
  I. Kolonien auf festem Substrat weiss oder grau.
    𝔄. Typische Packete werden in festen wie flüssigen Nährsubstraten gebildet.
      a. Gelatine wird verflüssigt.
        1. Kolonien der Plattenkultur rund.
          α. Gelatine wird sehr langsam, oft erst nach Wochen verflüssigt: 1. S. alba.
          β. Gelatine wird schnell verflüssigt.
            * Agarkultur erst weiss dann gelblich werdend: 2. S. alutacea.
            ** Agarkultur dauernd grau: 3. S. canescens.
        2. Kolonien der Plattenkultur von unregelmässiger Gestalt; rasch verflüssigend: 4. S. incana.
      b. Gelatine wird nicht verflüssigt.
        1. Kolonien der Plattenkultur rund: 5. S. pulchra.
        2. Plattenkolonien unregelmässig.
          α. Mit deutlichem Oberflächenwachsthum: 6. S. pulmonum.
          β. Ohne ausgesprochenes Oberflächenwachsthum.
            * Heudecoct wird getrübt: 7. S. lactea.
            ** Heudecoct wird nicht getrübt.
              § Plattenkolonien vergr. maulbeerartig zerklüftet: 8. S. vermicularis.
              §§ Dies nicht bekannt: 9. S. minuta.
    𝔅. Typische Packete werden nur in flüssigen Nährmedien gebildet.
      a. Gelatine wird verflüssigt.
        1. Nur in Heudecoct werden Packete gebildet: 10. S. candida.

1) Bei der Behandlung dieser Gattung schliesse ich mich eng an die Arbeit Gruber's in Arb. bact. Inst. Karlsruhe, p. 239 ff. an.

2. Nur in Bouillon mit Packeten: 11. S. albida.
b. Gelatine wird nicht verflüssigt.
1. Wachsthum auf Gelatine fehlt: 12. S. Welkeri.
2. Wachsthum auf Gelatine vorhanden.
α. In Bouillon typische Packete bildend: 13. S. nivea.
β. In Heudecoct mit typischen Packeten: 14. S. ventriculi.
II. Kolonien auf festem Substrat gefärbt.
A. Kolonien gelb.
0 Durch Geisseln beweglich: 15. S. mobilis.
00 Ohne Eigenbewegung.
a. In flüssigen und auf festen Substraten werden typische Packete gebildet.
1. Gelatine wird verflüssigt.
△ Mit dem Alter der Kulturgenerationen wird die Fähigkeit, Farbstoff zu produziren und die Gelatine zu verflüssigen, nicht verloren.
α. Gelatineplattenkolonien rund.
* Gelatine wird rasch verflüssigt: 16. S. flava.
** Gelatine wird langsam verflüssigt.
§ Bouillon bleibt immer hell.
× In sämmtlichen Nährböden Packetbildung: 17. S. superba.
×× Nur in Bouillon und Gelatine Packetbildung: 18. S. olens.
§§ Bouillon wird anfangs getrübt, später wieder hell; Packetbildung in sämmtlichen Nährböden: 19. S. aurescens.
β. Gelatineplattenkulturen von unregelmässiger Gestalt: 20. S. liquefaciens.
△△ Mit dem Alter der Kulturgenerationen die Fähigkeit Farbstoff zu produziren und die Gelatine zu verflüssigen verlierend: 21. S. aurea.
2. Gelatine wird nicht verflüssigt.
α. Kolonien der Plattenkultur rund.
* Auf Gelatine werden nur Packete gebildet: 22. S. lutea.
** Auf Gelatine ausser Packeten auch Tetraden.
§ Bouillon und Heudecoct werden getrübt: 23. S. livida.
§§ Bouillon und Heudecoct bleiben klar: 24. S. meliflava.
β. Kolonien der Plattenkultur von unregelmässiger Gestalt.
* Ohne Gasbildung.
§ Oberfl. Gelatineplattenkolonien nach kurzer Zeit trocken werdend und zu gelbem Pulver zerfallend: 25. S. striata.
§§ Gelatinekolonien nicht pulverig zerfallend.
× Wachsthum der Gelatinestichkulturen nur oben im Stichkanal und sehr ausgebreitet auf der Oberfläche: 26. S. marginata.
×× Wachsthum im Stichkanal gut, auf der Oberfläche nicht weit ausgebreitet.
0 Gelatinekolonien hellgelb: 27. S. vermiformis.
00 Gelatinekolonien citronengelb oder goldgelb.
† Wachsthum auf Agar ausserordentlich schwach: 28. S. luteola.

†† Wachsthum auf Agar gut: 29. S. citrina.
** Mit Gasbildung in der Gelatinestichkultur: 30. S. gasoformans.
b. Nur in flüssigen Nährmedien werden typische Packete gebildet.
1. Gelatine wird verflüssigt.
α. Kolonien der Plattenkultur rund.
* Kolonien hell schwefelgelb: 31. S. flavescens.
** Kolonien orangegelb: 32. S. aurantiaca.
2. Gelatine wird nicht verflüssigt.
α. Kolonien der Plattenkultur von dauernd unregelmässiger Gestalt.
* Bouillon wird erst getrübt, dann wieder hell: 33. S. sulfurea.
** Bouillon wird gar nicht getrübt: 34. S. velutina.
β. Kolonien der Plattenkultur anfangs unregelmässig, später rund werdend: 35. S. intermedia.
𝔅. Kolonien roth oder braun.
a. Kolonien roth.
1. Typische Packete werden auch auf festen Nährböden gebildet; Gelatine wird nicht verflüssigt.
α. In Bouillon werden nur Packete gebildet: 36. S. carnea.
β. In Bouillon ausser Packeten auch Coccen: 37. S. incarnata.
2. Nur in flüssigen Nährmedien werden typische Packete gebildet.
α. Gelatine wird verflüssigt: 38. S. rubra.
β. Gelatine wird nicht verflüssigt.
* Kolonien rosaroth: 39. S. persicina.
** Kolonien tief karminroth: 40. S. erythromyxa.
b. Kolonien braun.
α. Gelatine wird nicht verflüssigt.
1. Typische Packete werden in festen und flüssigen Nährsubstraten gebildet: 41. S. fusca.
2. Typische Packete werden nur in flüssigen Nährsubstraten gebildet: 42. S. fuscescens.
β. Gelatine wird verflüssigt: 43. S. cervina.
B. Zellen 2 μ dick; noch nicht kultivirte Arten.
1. Zellinhalt farblos: 44. S. paludosa.
2. Zellinhalt rosenroth: 45. S. rosea.

1. **S. alba** Zimmerm. Zellen ± 0,88 μ dick, mit deutlicher Packet-, seltener nur mit Tetradenbildung; Gelatineplattenkolonien bei $\frac{60}{1}$ mittelgrobkörnig; Gelatinestichkultur mit geringer, tropfenartiger, grauweisser Auflage; Wachsthum auf Kartoffel mässig, gelblichweiss. In Fluss- und Trinkwasser.

2. **S. alutacea** Gruber: Auf allen Nährböden Packete; Gelatineplattenkolonien vergr. scharf konturirt, feinkörnig; Gelatinestichkultur mit schalenförmiger Verflüssigung; Agarkultur erst weiss, dann gelblich. Aus Sauerteig isolirt, wohl auch anderwärts.

3. **S. canescens** Stubenr. Zellen etwa 1 μ dick; mit häufig unvollkommener Packetbildung; Gelatinekolonien bei $\frac{60}{1}$ mittelgrobkörnig; Gelatine-

stichkultur mit saftiger, grauer Auflage; Wachsthum auf Kartoffel gut, grau. Fundort unbekannt.

4. S. **incana** Gruber: In Bouillon Tetraden und Packete, in Heudecoct und auf festen Nährböden nur Packete; Gelatinekolonien vergr. sehr unregelmässig, eckig, grob gekörnt; Gelatinestichkultur trichterförmig verflüssigt; Agarkultur dick, schleimig, weiss. Vork. wie bei Nr. 2.

5. S. **pulchra** Henrici: Gelatineplattenkolonien vergr. rund, später oval, grau, grob gekörnt, mit fein ausgebuchtetem nicht scharf begrenztem Rand; Gelatinestichkultur mit unregelmässig gebuchteter breiter Auflage. Aus Käse isolirt, wohl auch anderwärts.

6. S. **pulmonum** Virch. Zellen 1—1,5 μ dick, in Tetraden oder etwas unregelmässigen Packeten; Gelatineplattenkolonien bei $\frac{60}{1}$ sehr grobkörnig; Gelatinestichkultur mit perlgrauer später graubräunlicher Auflage; Wachsthum auf Kartoffel sehr schlecht. In Sputum.

7. S. **lactea** Gruber: Gelatineplattenkolonien vergr. sehr unregelmässig, eckig, gelappt-gebuchtet, mit scharfem Rand, grobkörnig; Gelatinestichkultur ohne Oberflächenwachsthum; Agarkultur fast ohne Wachsthum. Aus Sauerteig isolirt, wohl auch anderwärts.

8. S. **vermicularis** Gruber: Gelatineplattenkolonien vergr. völlig unregelmässig gestaltet, scharfrandig, grobkörnig; Gelatinestichkultur mit nach 14 Tagen sich bildender trockenhäutig-warziger Auflage; Agarkultur wurmförmig, trockenhäutig, quer geringelt. Aus Mehl isolirt.

9. S. **minuta** DB. Würfelpackete klein, 8—16-zellig, meist in unregelmässigen Haufen, seltener in regelmässigen grösseren Würfeln; Gelatinekulturen mit gutem Wachsthum, nicht verflüssigend. In Milch.

10. S. **candida** Rke. Zellen 1,5—1,7 μ dick; nur in Heudecoct mit Packetbildung; Gelatinekolonien schon auf der Platte verflüssigend, weiss, später gelblich. In Wasser.

11. S. **albida** Gruber: Gelatineplattenkolonien vergr. rund, glattrandig, scharf begrenzt, feinkörnig; Gelatinestichkulturen mit schalenförmiger Verflüssigung; Agarkultur dick, schleimig, weiss, nach 8 Tagen mit einer dem Rand parallel laufenden feinen gelben Linie. In Mageninhalt, wohl auch anderwärts.

12. S. **Welkeri** Roman: Ohne Wachsthum auf Gelatine und Agar; im frischen Harn von Menschen vorkommend.

13. S. **nivea** Henrici: Gelatineplattenkolonien vergr. rund, grau, grobkörnig, scharf- und glattrandig; Gelatinestichkulturen mit schneeweisser Auflage; Agarkultur schneeweiss, glatt. Aus Käse isolirt.

14. S. **ventriculi** Goods. Gelatineplattenkolonien rund, gelblich, nicht charakteristisch; Kartoffelkultur mit kleinen, anfangs farblosen später orangegelb werdenden Kolonien. In Mageninhalt.

15. S. **mobilis** Maurea: Zellen unter 1 μ dick; Packetbildung schön und regelmässig; Gelatineplattenkolonien bei $^{6}{}_{1}^{0}$ feinkörnig; Gelatinestichkulturen mit gelblichgrauer Auflage. In Wasser.

16. S. **flava** DB. (Fig. 2.): Gelatineplattenkolonien langsam wachsend, rund, gelblich, vom 4. Tag an verflüssigend; Agar- und Kartoffelkulturen gelb. Sehr verbreitete Art in Wasser, Luft etc.

17. S. **superba** Henrici: Gelatineplattenkolonien vergr. rund, grobkörnig, später mit glattem und scharfem Rand; Gelatinestichkultur mit breiter, erst schmutzig-, dann gelblichweisser Auflagerung; Agarkultur schleimig, erst gelblichweiss, dann hell schwefelgelb. Aus Käse isolirt.

18. S. **olens** Henrici: Gelatineplattenkolonien vergr. rundlich, grobkörnig, grau, später mit scharfem, glattem Rand; Gelatinestichkultur mit dicker, gelblichweisser, schleimiger Auflage; Agarkultur graugelb. Vork. wie bei voriger.

19. S. **aurescens** Gruber: Gelatineplattenkolonien vergr. unregelmässig rund, grobkörnig, mit unregelmässig gezacktem Rand; Gelatinestichkulturen mit hell orangegelber Auflage; Agarkultur orangegelb. Aus Käse isolirt.

20. S. **liquefaciens** Frankl. Gelatineplattenkolonien vergr. mit unregelmässig gezähneltem Rand; Gelatinestichkultur mit dicker citrongelber Auflage, dann schalenförmig verflüssigt; Agarkultur dick, citrongelb. In Luft, Käse etc.

21. S. **aurea** Macé: Gelatineplattenkolonien raschwüchsig, schon am 2. Tag verflüssigend; die Verflüssigungsfähigkeit ist mit der 5. Kulturgeneration schon fast erloschen; Agarkultur erst weiss, dann goldgelb. Aus Sputum isolirt.

22. S. **lutea** Schrt. Zellen 1 μ oder etwas darüber dick; Packetbildung schön und regelmässig; Wachsthum auf allen Nährböden schön chromgelb; Gelatinestichkulturen mit ausgebreiteter später einsinkender Auflage; Kartoffelkultur zeigt sehr gutes Wachsthum. In Fluss-, Trink-, Kanalwasser, im Staub der Luft etc., sehr häufig.

23. S. **livida** Gruber: Gelatineplattenkolonien vergr. scharf konturirt, glattrandig, fein punktirt; Gelatinestichkulturen mit gekerbt-lappiger, konzentrisch gezonter Auflage; Agarkultur erst weiss, dann honiggelb. Aus Sauerteig isolirt.

24. S. **meliflava** Gruber: Gelatineplattenkolonien vergr. feinkörnig, scharf konturirt aber nicht glattrandig; Gelatinestichkulturen mit breiter, weissgelber, gebuchteter Auflage; Agarkultur erst kanarien- dann honiggelb. Aus Mehl isolirt, wohl auch anderwärts.

25. S. **striata** Gruber: Gelatineplattenkolonien vergr. völlig unregelmässig, grobkörnig; Gelatinestichkultur mit hautartiger, gefalteter, hökeriger Auflage; Agarkultur trockenhäutig, quergefaltet, gelblich. Vork. wie bei voriger.

26. S. **marginata** Gruber: Gelatineplattenkolonien vergr. völlig unregelmässig, deutlich gekörnt; Gelatinestichkultur mit rosettenartig radial gefurchter, gelber Auflage; Agarkultur schwefelgelb. Aus Sauerteig isolirt, wohl auch anderwärts.

27. S. **vermiformis** Gruber: Gelatineplattenkolonien vergr. unregelmässig eckig und gelappt; Gelatinestichkultur mit hellgelber, stellenweise wurmförmiger Auflage; Agarkultur trockenhäutig, citrongelb, feinwarzig. Vork. wie bei Voriger.

28. S. **luteola** Gruber: Gelatineplattenkol. vergr. unregelmässig gelappt und gebuchtet, grobkörnig; Gelatinestichkultur mit erst tropfenartiger, dann gelappt-ausgebreiteter, gezonter, dunkel citrongelber Auflage; Agarkultur hellgelb. Vork. wie bei voriger.

29. S. **citrina** Gruber: Gelatineplattenkol. vergr. eckig, unregelmässig gelappt und gebuchtet; Gelatinestichkulturen mit citrongelber, traubenförmiger Auflagerung; Agarkultur rein citrongelb werdend. Vork. wie bei voriger.

30. S. **gasoformans** Gruber: Gelatineplattenkol. vergr. völlig unregelmässig gestaltet, grobkörnig; Gelatinestichkulturen mit hautartiger, ausgebreiteter, gelber, radial gefurchter, am Rand gebuchteter Auflage. Vork. wie bei den Vorigen.

31. S. **flavescens** Henrici: Gelatineplattenkol. vergr. rund, grobkörnig, später mit glattem, scharfem Rand; Gelatinestichkulturen mit schmutzigweisser, später gelbgrauer, dicker Auflage; Agarkultur dünn, schliesslich hellgelb. Aus Käse isolirt.

32. S. **aurantiaca** Flügge (Fig. 3): Zellen unter 1 μ dick; Packetbildung schön und regelmässig; Wachsthum auf allen Nährböden schön orangefarben; Gelatinestichkultur mit geringer Auflage, meist keine eigentliche Verflüssigung, sondern Aufzehrung der Gelatine. In Fluss-, Trink- und Kanalwasser, in Weissbier und Luftstaub, nicht selten.

33. S. **sulfurea** Henrici: Gelatineplattenkol. vergr. unregelmässig, am Rand grobkörnig; Gelatinestichkulturen mit hökeriger, schwefelgelber Auflage; Agarkulturen dick, intensiv schwefelgelb. In Käse, Sauerteig etc.

34. S. **velutina** Gruber: Gelatineplattenkol. vergr. erst unregelmässig-eckig, später rund und glattrandig, stark gekörnt; Gelatinestichkultur mit blattartiger, am Rand gelappter und gebuchteter Auflage; Agarkultur in der Mitte grauweiss, am Rand gelbweiss. Aus Sauerteig isolirt.

35. S. **intermedia** Gruber: Gelatineplattenkol. vergr. feinkörnig, erst unregelmässig gestaltet, dann nach 4 Tagen rundlich werdend; Gelatinestichkultur mit kleiner, mattgelber Auflage; Agarkultur schleimig, schmutzigweiss, später gelblich. Vork. wie bei voriger.

36. S. **carnea** Gruber: Gelatineplattenkol. vergr. rund, scharf- und glattrandig, mit allmählich verschwindender Körnung; Gelatinestichkulturen

mit kleiner, fleischfarbener, homogener Auflage; Agarkultur blass fleischfarben. Vork. wie bei voriger Art.

37. **S. incarnata** Gruber: Gelatineplattenkol. vergr. rundlich, scharf- und glattrandig; Gelatinestichkulturen mit kleiner, blass rosafarbener, undeutlich konzentrisch gezonter Auflage; Agarkultur dick, blass rosafarben. Vork. wie bei voriger.

38. **S. rubra** Frosch et Kolle (= **S. rosea** Zimmerm., Gruber, nec Schroet.): Zellen ± 0,96 μ Durchmesser; mit etwas unregelmässiger Packetbildung; Gelatinekolonie bei $\frac{60}{1}$ mittelfeinkörnig; Gelatinestichkultur mit ziemlich ausgebreiteter, rosenrother Auflage; Kartoffelkultur meist gut wachsend. In Milch, Leitungs- und Kanalwasser.

39. **S. persicina** Gruber: Gelatineplattenkol. vergr. eckig, körnig; Gelatinestichkulturen mit pfirsichrother, deutlich gezonter Auflage; Agarkultur feinwarzig, pfirsichblüthenroth. Aus Sauerteig isolirt.

40. **S. erythromyxa** Král (= **Microc. erythromyxa** Overb.): Zellen ± 0,89 μ Durchmesser; Packetbildung nur in Heudecoct auftretend, auf festen Nährboden kommen aber häufig Tetraden vor; Gelatinekolonie bei $\frac{60}{1}$ fast ohne wahrnehmbare Körnung; Gelatinestichkultur mit siegellackrother, reichlicher Auflage; Kartoffelkultur gelingt nicht. In Leitungswasser.

41. **S. fusca** Gruber: Gelatineplattenkol. vergr. rund, glatt- und scharfrandig, feinkörnig; Gelatinestichkultur mit blattartiger, ausgebuchteter, hellbräunlicher, gallertartiger Auflage; Agarkultur braun. Aus Mehl isolirt.

42. **S. fuscescens** Gruber: Auf festen Substraten werden bräunliche Schüppchen und Rahmhäute erhalten. Fundort unbekannt.

43. **S. cervina** Stubenr. Packetbildung meist unregelmässig; Gelatinekolonie bei $\frac{60}{1}$ grobkörnig; Gelatinestichkultur mit kleiner, hellbrauner, sehr langsam einsinkender Auflage; Kartoffelkultur bräunlichweiss. Aus Mageninhalt isolirt.

44. **S. paludosa** Schrt. Packetbildung unregelmässig; Zellen farblos, stark lichtbreitend, oft zu 64 und mehr im Verband. In Zucker- und Stärkefabrikabwässern sehr häufig.

45. **S. rosea** Schrt. Packetbildung regelmässig; Zellen bis 16 im Verband, Inhalt deutlich rosenroth gefärbt. In schwefelwasserstoff-haltigem Wasser, auch in Fabrikabwässern nicht selten.

V. Micrococcus Cohn.

A. Kolonien gefärbt.
  a. Kolonien gelb.
    1. Coccen beweglich: 1. M. citroagilis.
    2. Coccen ohne Eigenbewegung.
      α. Gelatine wird verflüssigt.
        * Agar und Gelatine wird durch die Kolonien nach etwa 10 Tagen tief braunroth verfärbt: 2. M. fuscomaculans.

**** Die Kolonien verfärben das Substrat nicht oder nicht in der angegebenen Weise.**

§ Agarkolonien gelbbraun.

× Verflüssigung sehr langsam, beginnt nach 1—2 Wochen: 3. M. glomeratus.

×× Verflüssigung rasch, nach 2 Tagen schon deutlich: 4. M. desidens.

§§ Agarkultur lebhaft- oder weisslich- oder grünlichgelb.

× Agarkultur orangegelb.

0 Agarkultur gleichmässig orangefarben.

† Verflüssigung der Gelatinestichkultur schlauchförmig oder trichterförmig, ziemlich langsam; bei intraperitonealer Injektion für Kaninchen etc. pathogen: 5. M. aureus.

†† Verflüssigung der Gelatinestichkultur horizontal, sehr rasch; nicht pathogen: 6. M. auriformis.

00 Agarkultur grau und orange gefleckt: 7. M. bicolor.

×× Agarkultur grüngelb.

0 Sediment der Bouillonkultur grünlich-schwefelgelb: 8. M. galbanatus.

00 Sediment schmutzig-weiss: 9. M. flavidus.

××× Agarkultur citron- oder weissgelb.

| Agarkultur citrongelb.

0 Rand der Gelatineplattenkolonien nicht faserig.

† Bei intraperitonealer Injektion pathogen für Kaninchen etc.: 10. M. pyocitreus.

†† Nicht pathogen: 11. M. flavus.

00 Rand der Gelatineplattenkolonien bei Vergr. $\frac{60}{1}$ faserig: 12. M. subflavus.

|| Agarkultur weissgelb.

0 Verflüssigung rasch erfolgend, nach 3—4 Tagen deutlich: 13. M. coronatus.

00 Verflüssigung sehr langsam, nach 2—4 Wochen bemerkbar.

† Rand der vergr. Plattenkolonien scharf.

. Gelatinekultur dunkel- bis grünlichgelb werdend: 14. M. flavovirens.

.. Gelatinekultur schmutzig weissgelb bleibend: 15. M. flavescens.

†† Rand faserig: 16. M. radiatus.

β. Gelatine wird nicht verflüssigt.

* Gelatinekulturen citrongelb, hellgelb oder grüngelb.

§ Gelatinekultur grüngelb. 17. M. versicolor.

§§ Gelatinekultur chrom- oder citrongelb oder hellgelb.

× Kultur auf Gelatine (crêmefarben) schmutzig hellgelb; Coccen 1,5—2,2 μ breit: 18. M. citreus.

×× Kultur auf Gelatine rein gelb; Coccen höchstens 1,2 μ breit.

| Kultur schwefelgelb.

0 Gelatine-Plattenkolonien vergr. mit Ausläufern: 19. M. ochroleucus.

00 Plattenkolonien ohne Ausläufer.

† Plattenkolonien bei $\frac{80}{1}$ Körnelung kaum erkennen lassend: 20. M. sulfureus.

†† Plattenkolonien bei dieser Vergrösserung stark gekörnt 21. M. helvolus.

|| Kultur citron- oder chromgelb.

0 Wachsthum ausserordentlich langsam, im Stich fast gar nicht bemerklich: 22. M. tardigradus.

00 Wachsthum rasch und gut, auch im Stich: 23. M. luteus.

** Alle Kulturen (Agarkulturen erst nach etwa 10 Tagen) gesättigt orangegelb: 24. M. aurantiacus.

b. Kolonien roth, braun, blau oder grün.

1. Kolonien roth.

α. Gelatine wird verflüssigt.

* Coccen mit lebhafter Eigenbewegung: 25. M. agilis.

** Coccen unbeweglich.

§ Verflüssigung verhältnissmässig rasch gehend, jedenfalls nach 1 Woche deutlich: 26. M. rosellus.

§§ Verflüssigung erst viel später zu bemerken: 27. M. roseus.

β. Gelatine wird nicht verflüssigt.

* Wachsthum auf Gelatine gut.

§ Kartoffelkolonien roth.

† Kolonien tief roth.

0 Exquisit aërob, im Impfstich kaum Wachsthum: 28. M. cinnabareus.

00 Im Impfstich gutes Wachsthum: cf. Sarcina erythromyxa

†† Kolonien fleischfarben: 29. M. carneus.

§§ Kartoffelkulturen wachsgelb, alle anderen fleischfarben: 30. M. lateritius.

** Wachsthum auf Gelatine fehlend oder minimal, auf anderen Nährböden gut, kirschroth: 31. M. cerasinus.

2. Kolonien braun, blau oder grün.

α. Kultur tiefbraun.

* Gelatine wird sehr rasch unter fauligem Geruch verflüssigt: 32. M. fuscus.

** Gelatine wird sehr langsam und minimal verflüssigt: 33. M. badius.

β. Kultur blau oder blaugrün; Farbstoff wird durch Säuren geröthet: 34. M. cyaneus.

γ. Kultur grün; Farbstoff wird durch Säuren entfärbt: 35. M. chlorinus.

B. Kolonien weiss, grau oder missfarben.

I. Alle Kulturen bis auf die ockergelbe Kartoffelkultur weiss: 36. M. ochraceus.

II. Kartoffelkulturen grau, weiss, missfarben oder höchstens gelblichweiss.

a. Gelatine wird verflüssigt.

1. Aus Kohlehydraten (Traubenzuckeragar) wird reichlich Gas gebildet: 37. M. aërogenes.

2. Gasbildung nicht beobachtet.

(α. Gelatinestich mit abstehenden Fasern: 16. M. radiatus.)

β. Gelatinestich ohne Fasern.

* Coccen sehr gross, 2—2,8 μ breit.

§ Gelatinekulturen mit deutlichem Käsegeruch: 38. M. lacteus.

§§ Gelatinekulturen ohne Käsegeruch.

× Verflüssigung der Gelatinestichkultur minimal und sehr langsam.

0 Exquisit aërob, nur im oberen Theil des Impfstichs wachsend: 39. M. albidus.

00 Fakultativ anaërob, längs des ganzen Impfstichs wachsend: 40. M. albicans.

×× Verflüssigung deutlich, oft rasch.

0 Agarkultur schwach, als dünner, blassweisser Streifen: 41. M. albescens.

00 Agarkultur üppig, ausgebreitet: 42. M. albus.

**** Coccen viel kleiner, meist unter 1 μ, selten bis 1,5 μ breit.**

§ Gelatineplattenkolonien bei $\frac{60}{1}$ regelmässig radial zerklüftet: 43. M. Gomberti.

§§ Gelatineplattenkolonien nicht oder brockig-unregelmässig zerklüftet.

0 Gelatineplattenkolonien ohne Ausläufer.

× Verflüssigung rasch, horizontal; Gelatineplattenkolonien bei $\frac{60}{1}$ mit stark zerrissenem Rand: 44. M. lactacidi.

×× Verflüssigung (oder besser Aufzehrung) langsam, schlauchförmig oder trichterförmig; Gelatineplattenkolonien bei $\frac{60}{1}$ im Anfang wenigstens fast ganzrandig; bei intraperitonealer Injektion pathogen für Kaninchen etc.: 45. M. pyoalbus.

00 Gelatineplattenkolonien vergr. mit langen Ausläufern: 46. M. coralloides.

b. Gelatine wird nicht verflüssigt.

1. Gelatinestich mit abstehenden, öfters anastomosirenden Fasern: 47. M. viticulosus.

2. Gelatinestich ohne Fasern.

α. Aus Glycerin (Glyceringelatine) wird Gas gebildet: 48. M. fervidosus.

β. Gasbildung nicht beobachtet.

§ Milchsäuerung wurde beobachtet.

× Wachsthum im Gelatinestich fehlt; Coccen gross: M. Marpmanni.

×× Wachsthum im Gelatinestich vorhanden; Coccen sehr klein: 50. M. Sphaerococcus.

§§ Milchsäuerung nicht beobachtet.

× Hydratisirt Harnstoff: 51. M. ureae.

×× Dies nicht bekannt.

0 Wachsthum auf Kartoffel fehlt, auf Agar sehr schwach: 52. M.? cumulatus.

00 Wachsthum auf Kartoffel gut, auf Agar sehr stark.

† Kolonien auf der Gelatineplatte bei $\frac{60}{1}$ sehr auffallend, die oberflächlichen orden-artig, die tiefen maulbeerartig durch fast bis ins Centrum gehende Risse zerklüftet: 53. M. aquatilis.

†† Gelatineplattenkolonien nicht so gestaltet.

⟍ Gelatineplattenkolonien vergr. mit feinzähnigem oder borstenbesetztem Rand: 54. M. crenulatus.

⟍⟍ Gelatineplattenkolonien scharf und glattrandig.

. Wachsthum auf Kartoffel kreideweiss, schleimig:
55. M. **candidus.**

.. Wachsthum auf Kartoffel nicht rein weiss.

| Kartoffelkolonien grauweiss: 56. M. **cereus.**

|| Kartoffelkolonien gelbweiss.

△ Gelatineplattenkolonien bei $\frac{6}{1}^{0}$ schiessscheibenartig, mit konzentrischen Ringen: 57. M. **concentricus.**

△△ Gelatineplattenkolonien bei $\frac{6}{1}^{0}$ homogen:
58. M. **rosettaceus.**

1. **M. citroagilis** Mez (**M. citreus agilis** Menge): Coccen mit einer den Körperdurchmesser ums 6-fache übertreffenden Geissel ausgerüstet; Gelatineplattenkolonien nicht verflüssigend, scharfrandig; Gelatinestichkultur mit scheibenförmiger, tief gelber Auflage; Agarkultur mit hellen Rändern, stark fadenziehend; Kartoffelkultur hellgelb, zäh. In Faulflüssigkeit etc.

2. **M. fuscomaculans** Mez (= Diplococcus luteus Adam.): 1,2 bis 1,3 μ breit, meist zu 2 zusammenliegend; Wachsthum auf Gelatine citrongelb, kreisförmig, zähschleimig dick, das Substrat wolkenartig mit braunrothem Farbstoff infiltrirend; Kartoffelkultur schmutziggelb, dann bräunlich, mit an Penicillium erinnerndem Geruch. In Trinkwasser.

3. **M. glomeratus** Mez (= **Diploc. citreus conglomeratus** Bumm): ± 1,5 μ breit, oft zu 2 zusammenliegend, auch Tetraden-förmig; Wachsthum auf Gelatine zungenartig kriechend mit aufgeworfenen Rändern, zitrongelb; Agarkultur dick, bald gelbbraun. In Eiter und Staub.

4. **M. desidens** Mez (= **M. flavus desidens** Flügge): Klein, oft zu 2 zusammenliegend; Wachsthum auf Gelatine stark, gelbbraun-schleimig; Kartoffelkultur ebenso, unregelmässig begrenzt. In Wasser und Staub.

5. **M. aureus** Auct. (Fig. 5) (= **M. pyogenes aureus** Schrt., = **Staphyloc. p. a.** Rosenb.): ± 0,9 μ breit, ohne Schleimkapseln, in unregelmässigen Haufen; Wachsthum auf allen Nährböden erst allmählich orangefarben werdend, gut, fast breiartig; entwickelt auf Kartoffel starken Geruch nach sauerem Kleister. In Wundeiter und Kanalwasser etc.; die Angaben über sein Vorkommen in reinem Wasser dürften auf die folgende Art zu beziehen sein!

6. **M. auriformis** Mez et Heinzel: ± 0,5 μ breit, bis auf die rapide horizontale Verflüssigung und fehlende Pathogenität sowie starke Schleimkapsel um jede Zelle wie vorige Art. Mehrfach aus Leitungswasser und Kanalwasser gezüchtet.

7. **M. bicolor** Zimmerm. 1,2—1,6 μ breit; Wachsthum auf allen Nährböden gut; auf Platten gemischt gelbliche später orangefarbene und grauweisse Kolonien; im Agarstrich weisslich graugebliche Auflagerung mit orangefarbenen Inseln und Zipfeln, einerlei ob von grauen oder gelben Kolonien abgeimpft wurde; Gelatinestichkultur mit schalenförmiger Ver-

flüssigung. Aus Trinkwasser (Zimmermann) und Mageninhalt (Lehm. et Neum.) isolirt.

8. **M. galbanatus** Zimmerm. 0,75 μ breit; Wachsthum auf allen Nährböden langsam; Plattenkolonien bei $\frac{97}{1}$ bald mit unregelmässig fein gezähntem Rand, homogen; Gelatinestichkulturen mit oberflächlichem gelbgrünem Tröpfchen und erst trichterförmiger, dann horizontaler Verflüssigung; dicke Agarauflage fadenziehend. In Abfallwasser.

9. **M. flavidus** Henrici: Zellen 1 μ breit, meist zu zweien liegend; Gelatineplattenkol. vergr. scharf- und glattrandig, schwach und fein granulirt; Agarkultur mit glänzender, grünlichgelber Auflage, die in der Mitte dicker und intensiv gelb, am Rand dünner und weisslich wird; Gelatinestichkultur mit sackförmiger Verflüssigung. Aus Käse isolirt.

10. **M. pyocitreus** Mez (= **M. pyogenes citreus** Schrt., **Staphyloc. p. c.** Passet): In jeder Beziehung dem M. aureus (No. 5) gleich, nur durch konstant citrongelbe Farbe verschieden. Bisher nur (selten) in Eiter gefunden.

11. **M. flavus** Lehm. et Neum. (= **M. flavus liquefaciens** Flügge): ± 1 μ breit; Wachsthum auf allen Nährböden gut; Gelatineplattenkolonien vergr. sehr fein gekörnt, mit fein gezacktem Rand; Gelatinestichkulturen mit erst kugeligem, dann ausgebreitetem, bald einsinkendem Oberflächenbelag; Verflüssigung bald eintretend, aber langsam fortschreitend, horizontal. In Staub und Wasser (Flügge); häufig in Kanalabwasser (Mez).

12. **M. subflavus** Flügge: 1,4—1,6 μ breit; Wachsthum auf allen Nährböden gut; Gelatineplattenkolonien schwefelgelb, erst nach 10 Tagen makrosk. wahrnehmbar; Gelatinestichkultur mit rund ausgebreiteter, im Zentrum gekörnter, an der Peripherie glatter Auflage, welche nach 4 Wochen erst verflüssigt; Agarkolonien stark fadenziehend. In menschlichen Sekreten; Eiterungserreger.

13. **M. coronatus** Flügge (= **M. crêmoides** Zimmerm.): Etwas über 1 μ breit; Gelatineplattenkolonien am 2. Tag makrosk. sichtbar, sofort einsinkend, vergr. meist mit strahligen Ausläufern weiter in die Gelatine vordringend; Gelatinestichkultur mit rascher, schlauchförmiger Verflüssigung; Kartoffelkultur dick-saftig. In Leitungswasser; im Staub der Luft.

14. **M. flavovirens** Mez (= **Diploc. flavus liquefaciens tardus** Unna): 0,5—0,8 μ breit, meist zu 2 zusammenliegend; Wachsthum auf allen Nährböden langsam; Gelatineplattenkolonien vergr. fein gekörnt, homogen, scharfrandig; Gelatinestichkultur mit minimaler Auflage, Verflüssigung nach 4 Wochen bemerkbar; Agarkultur schleimig erst weisslich, dann grüngelb, Kartoffelkultur trocken. Auf menschlicher Haut, in Kanalwasser.

15. **M. flavescens** Henrici: ± 1,5 μ breit, Zellen meist einzeln; Gelatineplattenkolonien vergr. nicht oder kaum merklich granulirt; scharfrandig; Gelatinestichkultur mit dicker, schmutzigweisser Auflage, nach

3 Wochen mit beginnender Verflüssigung; **Agarkultur** dick, erst schmutzigweiss, dann fleischgelb. Aus Käse isolirt.

16. **M. radiatus** Flügge: 0,8—1 μ breit; Gelatineplattenkolonien nach 2 Tagen makrosk. sichtbar, vergr. mit starkem Strahlenkranz; Gelatinestichkultur langsam trichterförmig verflüssigt; Kartoffelkultur rasch wachsend, gelbbraun. In Wasser und Luftstaub, selten.

17. **M. versicolor** Flügge: Klein; Gelatineplattenkolonien nach 1 Tag makrosc. sichtbar, scharfrandig, die oberflächlichen gebuchtet; Gelatinestichkultur mit starkem, schleimigem, unregelmässig berandetem, grossem Belag, mit Perlmutterglanz. In Wasser und Luftstaub.

18. **M. citreus** Adam. 1,5—2,2 μ breit; Gelatinekolonien sehr rasch wachsend, meist unregelmässig begrenzt; Agar- und Kartoffelkulturen mit reichlichem, gelbem Wachsthum. In Wasser.

19. **M. ochroleucus** Prove: 0,5—0,8 μ breit; Gelatineplattenkolonien nach 24 Stunden sichtbar, erst farblos, Wachsthum oberflächlich, dünn und angedrückt; Wachsthum auf Kartoffel sehr schlecht; ältere Gelatinekulturen mit penetrantem Gestank. In Harn.

20. **M. sulfureus** Zimmerm. $\pm$ 1 μ breit; Gelatineplattenkolonien bei $\frac{97}{1}$ völlig homogen, glattrandig, ohne sichtbare Körnung; Gelatinestichkulturen mit kreisrunder Auflage, deren Rand bleich, die Mitte intensiver gelb ist; Wachsthum auf Kartoffel sehr schlecht. In Leitungswasser.

21. **M. helvolus** Henrici: $\pm$ 1,4 μ breit, Zellen meist zu zweien liegend; Gelatineplattenkolonien rundlich, grau, grobkörnig; Gelatinestichkultur mit gelblichweisser, beschränkter Auflage; Agarkultur ziemlich dick, anfangs gelblichgrau, später dunkel chromgelb. Aus Käse isolirt.

22. **M. tardigradus** Mez (= **M. flavus tardigradus** Flügge): 1—1,2 μ breit; Gelatineplattenkolonien vergr. homogen, scharf- und glattrandig, fast nicht gekörnt; Gelatinestichkultur mit schwacher, tropfenförmiger Auflage; Agarkultur wenig ausgebreitet, dünn; Kartoffelkultur sehr schwach. In Leitungswasser.

23. **M. luteus** Cohn (= **M. cereus flavus** Schrt., = **Staph. c. fl.** Pass., = **M. flavus tardigradus** Zimmerm. [völlig verschieden von M. luteus Lehm. et Neum.]): 0,7—0,9 μ breit; Gelatineplattenkolonien vergr. homogen, scharf- und glattrandig, fein gekörnt; Gelatinestichkultur mit erst tropfenförmiger, dann sich ausbreitender Auflage; Agarkulturen erst schwefel-, bald citron- oder chromgelb; Kartoffelkulturen saftig, oft sehr ausgebreitet. In Leitungs- und Kanalwasser, Staub etc.

24. **M. aurantiacus** Cohn: 0,9—1,1 μ breit; Gelatineplattenkolonien nach 3—4 Tagen erscheinend, völlig homogen oder seltener schwach konzentrisch gezont, scharf- und glattrandig, nicht gekörnt; Gelatinestichkultur mit tropfenförmigem, bald sich ausbreitendem, dünn bleibendem Belag; Agarkultur dünn, feucht; Kartoffelkultur ausgebreitet, sehr dünn, trocken. In Leitungswasser.

25. **M. agilis** Ali-Cohen (Fig. 4): ± 1 μ breit, häufig zu 2 oder 4 zusammenliegend; Gelatineplattenkolonien vergr. rund, scharfrandig, mittelfeinkörnig, konzentrisch gezont; Gelatinestichkultur nach 3—4 Wochen schlauchförmige Aufzehrung zeigend; Agarkultur als dünner, nasser, rosenrother Belag; Kartoffelkultur rosenroth, nicht kräftig. In Trinkwasser.

26. **M. rosellus** Mez (= **M. roseus** Eisenbg., non Flügge): 0,8 bis 1 μ breit; Gelatineplattenkolonien nach 3—4 Tagen erscheinend, rosaroth, in der Tiefe weiss, in den nächsten Tagen verflüssigend; Gelatinestichkultur nach 3 Wochen völlig verflüssigt; Agarstrich saftig, dunkelrosa; Kartoffelkultur später mit grünlichem Metallglanz. In Sputum, wohl auch anderwärts.

27. **M. roseus** Flügge (Fig. 6) (= **Diploc. roseus** Bumm): 1—1,5 μ breit; Gelatineplattenkolonien rosaroth, vergr. granulirt mit wallartigen Rändern; Gelatinestichkultur üppig, in der Tiefe wie auf der Oberfläche rosaroth, mit unvollständiger Verflüssigung. In Staub und Wasser.

28. **M. cinnabareus** Flügge (= **M. cinnabarinus** Zimmerm.): Coccen 0,7—1,1 μ breit; Plattenkolonien in der Tiefe dunkel rothbraun, oberflächlich ziegelroth, später zinnoberroth, vergr. faserig-körnig; Agarkultur schwach, mennigroth; Kartoffelkultur ebenfalls schwach und langsam wachsend, mennig- bis zinnoberroth. In Trinkwasser, Kanalwasser und Staub.

29. **M. carneus** Zimmerm. Coccen 0,8—0,9 μ breit; Gelatineplattenkolonien erst grauweiss, später blassroth, vergr. homogen oder konzentrisch gezont, mittelfeinkörnig, scharfrandig; Gelatinestichkultur mit dünn angedrücktem fleischrothem Oberflächenbelag; Agarkultur üppig, tief fleischfarben; Kartoffelkultur reichlich, mennigroth. In Leitungswasser und Milch.

30. **M. lateritius** Freund („**lactericeus**" Freund): Von Vorigem im Wesentlichen nur durch die schwache, wachsgelbe Kartoffelkultur unterschieden. In der Mundhöhle, sicher auch anderwärts.

31. **M. cerasinus** Lehm. et Neum. (**M. cerasinus siccus** List): Coccen allermeist unter 0,5 μ, auf Heudecoct bis 0,7 μ breit werdend; Gelatinekultur gelingt nicht; Agar- und Kartoffelkultur dicht angedrückt, trocken, kirsch- (karmin-)roth. (Nach Adametz auf Agar und Kartoffeln raschwüchsig, meine Kulturen wachsen aber ausserordentlich langsam!) In Leitungs- und Kanalwasser.

32. **M.? fuscus** Maschek: Coccen rund oder ellipsoidisch; Gelatineplattenkolonien vergr. hellbraun bis schwärzlich, im Innern feinrissig; Gelatinestichkultur mit auf der Flüssigkeit schwimmendem sepiabraunem, Kartoffelkultur als braunes, fast schwarz werdendes Häutchen. In Wasser. (Gehört wohl nicht zu Micrococcus, doch ist seine Verwandtschaft ganz unklar).

33. **M. badius** Lehm. et Neum. Mittelgross, öfters in Tetraden; Gelatineplattenkolonien makrosk. leimbraune Tröpfchen, vergr. homogen oder konzentrisch gezont; Gelatinestichkultur mit leimbrauner, glänzender,

wenig üppiger Auflage; Kartoffelkultur dunkel gelbbraun, gelatinös. Fundort unbekannt.

34. **M.? cyaneus** Cohn: Dünne Überzüge von kobaltblauer oder (var. **pseudocyaneus** Schrt.) spangrüner Farbe auf Kartoffeln bildend; Farbstoff in das Substrat eindringend und dasselbe weithin färbend. Zufällig 1872 gefunden, seitdem nicht wieder beobachtet.

35. **M. chlorinus** Cohn: Gelbgrüne oder saftgrüne Schleimtropfen und Überzüge auf festen Substanzen und dünne Häutchen auf Nährlösungen; Farbstoff in Wasser gelbgrün löslich. — Zufällig gefunden. [Ob vielleicht = M. galbanatus Z.?]

36. **M. ochraceus** Rosenth. Agarkultur als starke, glänzende, fadenziehende, grauweisse Beläge mit schwach gefaltetem Rand; Kartoffelkulturen matt ockergelb. Im Mund, wohl auch anderwärts; zweifelhafte Art.

37. **M. aërogenes** Mill. Coccen gross (oval?); Gelatineplattenkolonien rund, buchtig, vergr. gefeldert-gefleckt; Gelatinestichkulturen mit flacher, grauweisser, breiiger Auflage, Verflüssigung schwach; Agar- und Kartoffelkultur gelblich-weiss, breiartig. In Faeces.

38. **M. lacteus** Henr. Coccen ± 2 μ breit, einzeln oder zu zweien; oberflächliche Gelatineplattenkolonieen vergr. fein granulirt, mit glattem, stellenweise eingebuchtetem Rand; Gelatinestichkultur erst schalen-, dann trichterförmig verflüssigt; Agarkultur glatt, milchweiss. Aus Käse isolirt.

39. **M. albidus** Henrici: Coccen ± 2 μ breit, meist zu zweien; oberfl. Gelatineplattenkolonien vergr. unregelmässig rund, grau, grobkörnig, mit stellenweise eingebuchtetem oder eingerissenem Rand; Gelatinestichkultur sehr spät verflüssigt; Agarkultur schmal, schneeweiss. Vork. wie bei vorigem.

40. **M. albicans** Mez (= **Diploc. albic. amplus** Bumm): Coccen sehr gross; Gelatineplatten mit grauweissen, leicht erhabenen Kolonien, Gelatinestichkultur mit starker Entwicklung im Stich und oberflächlich, hier nach einiger Zeit geringe Verflüssigung. In menschlichen Sekreten.

41. **M. albescens** Henr. Coccen 1,9 μ breit, meist zu 2 liegend; oberfl. Gelatineplattenkol. vergr. flächenartig ausgebreitet, unregelmässig, grob granulirt; Gelatinestichkultur strumpfförmig verflüssigt; Agarkultur mit dünnem, blauweissem Streifen längs des Strichs. Aus Käse isolirt.

42. **M. albus** Mez (= **M. albus liquefaciens** Bess.): ± 1,3 μ breit; Gelatineplattenkolonien vergr. erst homogen, dann bröckelig, ohne Strahlenkranz; Gelatinestichkultur mit rascher stumpf- oder trichterförmiger Verflüssigung; Agarkulturen ausgebreitet, feucht, rein weiss; Kartoffelkulturen ziemlich üppig, schwach gelblichweiss. In menschlichen Sekreten, in Leitungswasser.

43. **M. Gomberti** Mez (= **M. liquefaciens conjunctivae** Gomb.): 0,7—1 μ breit; tiefe Gelatineplattenkolonien vergr. himbeerartig-, oberflächliche ordenartig zerklüftet braun; Gelatinestichkultur mit tropfenförmiger, nach etwa 1 Woche einsinkender Auflage, darauf folgend rasche horizontale

Verflüssigung; Agarkulturen dünn, grauweiss; Wachsthum auf Kartoffel chlecht. Im menschlichen Auge; in Leitungswasser.

44. **M. lactacidi** Mez (= **M. acidi lactis liquefaciens** Krüg.): 1—1,5 μ breit; Gelatineplattenkolonien vom 3. Tag an sichtbar; Gelatinestichkultur nach 3 Tagen trichterförmige, dann sehr rasche Verflüssigung zeigend; Milch gerinnt ohne folgende Peptonisirung des Caseïns; nach 14 Tagen kleisterartiger Geruch. In käsiger Butter.

45. **M. pyoalbus** Mez (= **M. pyogenes albus** Schrt., **Staphyloc. pyog. albus** Rosenb.): In jeder Beziehung dem M. aureus (Nr. 5) gleich, nur rein weiss. In Eiter, Staub etc., überhaupt in der Umgebung des Menschen weit verbreitet.

46. **M. coralloides** Zimmerm. Coccen klein; Gelatineplattenkolonien vergr. weissgrau, gekörnt, nach 80 Stunden Ausläufer bildend, die nach 6—8 Tagen mit blossem Auge sichtbar werden; Gelatinestichkultur mit rein weisser Auflage, langsam verflüssigend; Agarkultur kräftig, milchweiss; Kartoffelkultur sehr dürftig. In Leitungswasser und Milch.

47. **M. viticulosus** Katz (= **M. plumosus** Bräutig.): 0,8—1,2 μ breit; Gelatineplattenkolonien vergr. mit feinen, haarartigen, anastomosirenden Ranken; Gelatinestichkulturen mit häufchenförmiger Auflage und stark entwickeltem, gefiedertem Stich; Kartoffelkulturen rasch wachsend, schmutzig weiss. In Wasser und Staub.

48. **M. fervidosus** Adametz: 0,6 μ breit; oberflächliche Gelatineplattenkolonien vergr. erst tropfenförmig, dann mit stark gezacktem Rand und gefalteter Mitte; Gelatinestichkulturen oberflächlich mit sehr dünner, feingezähnter Auflagerung; Agarkulturen milchweiss, schleimig; Kartoffelkulturen schmutzig weiss. In Wasser.

49. **M. Marpmanni** Mez (= **M. acidi lactici** Marpm.): Grosse Coccen; Gelatineplattenkolonien nach 24 Stunden erscheinend, schwach gelblichweiss; Gelatinestichkulturen mit oberflächlichem, flachem, rasenartigem Wachsthum, besonders im Alter etwas gelblich. In Milch.

50. **M. Sphaerococcus** Mez (= **Sphaerococcus acidi lactici** Marpm.): Sehr klein; Gelatineplattenkolonien nach 24 Stunden erscheinend, oberflächlich; Gelatinestichkultur mit gezackter Auflage. In Milch.

51. **M. ureae** Cohn: 0,8—1 μ breit; Gelatineplattenkolonien nach 1 Tag hirsekorngross, weiss, tropfenförmig, sehr stark wachsend; Gelatinestichkulturen später mit fad-kleisterähnlichem Geruch. In faulem Harn und Staub.

52. **M.? cumulatus** Mez (**M. cumulatus tenuis** Bess.): Agarplattenkolonien vergr. mit gelapptem Rand, kernartiger Mitte und darum graubraun gestrichelter Zone, tropfenförmig; Gelatinestichkultur mit sehr dünner, flacher Auflage; Kartoffelkultur mit sehr schlechtem Wachsthum. In Nasenschleim. Sehr zweifelhafte Art.

53. **M. aquatilis** Bolt. 0,4—0,6 μ breit; Gelatineplattenkolonien nach 2—4 Tagen erscheinend, makrosk. gelblichweisse Tröpfchen bildend, mikrosk. die tiefliegenden braun, wie aus Keulen die im Koloniezentrum zusammenhängen bestehend, die oberflächlichen sehr regelmässig radial zerklüftet und heller; Gelatinestichkultur mit erst tropfenförmiger, reichlicher, milchweisser Auflage; Agar- und Kartoffelkultur milchweiss. In Leitungswasser, häufig.

54. **M. crenulatus** Mez (= **M. III.** Adametz): Zellen meist zu 2 beisammenliegend; Gelatinplattenkolonien vergr. rundlich, dunkelbraun; der Rand ist fein gezähnt und oft sieht es aus, als wäre er mit ganz kurzen Borsten besetzt; Gelatinestichkultur mit stecknadelkopfgrosser Auflage, schlecht wachsend; Agarkultur zähschleimig. Aus Käse isolirt.

55. **M. candidus** Cohn (Fig. 7, 8) (= **M. candicans** Flügge): 1,2 bis 1,5 μ breit; Gelatineplattenkolonien nach 2 Tagen deutlich, tropfenartig, vergr. fein gekörnt, homogen, in der Mitte dunkelbraun, nach dem Rand zu heller; Gelatinestichkultur mit grosser, tropfenförmiger Auflagerung; Kartoffelkultur stark wachsend, zu kreideweissen Krusten eintrocknend. In Wasser und Staub; häufig.

56. **M. cereus** Mez (= **M. c. albus** Schrt., **Staphyloc. c. a.** Passet): 1,1—1,2 μ breit; Gelatinestichkultur mit weissem, mattglänzendem, stearintropfenähnlichem, am Rand etwas verdicktem Oberflächenbelag; Agarkultur grauweiss; Kartoffelkultur mässig stark. In Eiter, wohl auch anderwärts. — Zweifelhafte Art.

57. **M. concentricus** Zimmerm. $\pm$ 0,9 μ breit; Gelatineplattenkolonien raschwüchsig, vergr. gekörnt, stark gezont, scharfrandig; Gelatinestichkultur mit dünner, bläulichgrauweisser, dem blossen Auge erkennbar gezonter, gekerbtrandiger Auflagerung; Kartoffelkultur dünn, schmierig. In Leitungswasser, Milch etc.

58. **M. rosettaceus** Zimmerm. 0,7—1 μ breit; Gelattineplattenkolonien raschwüchsig, vergr. homogen, scharfrandig, bräunlich; Gelatinestichkulturen mit ziemlich dicker, grauweisser, am Rand häufig zierlich gefältelter Auflage; Agarkolonien dick, saftig, grau; Kartoffelkulturen gut wachsend. In Leitungs- und Kanalwasser.

VI. Ascococcus Billr. — **A. Billrothii** Cohn: Familien kugelig, elliptisch oder gelappt, bis 200 μ im Durchmesser, mit 10—18 μ breiter Gallerthülle, in grosser Menge zusammengelagert und rahmartige, gelblichweisse Ueberzüge bildend. Auf faulenden Flüssigkeiten, ziemlich selten.

VII. Bacillus Cohn.[1])

A. Arten, welche bei Luftzutritt (also bei den gewöhnlich geübten Methoden der Wasseruntersuchung) wachsen.

I. Mit Farbstoffproduktion.

a. Kolonien selbst ungefärbt, aber das Substrat färbend.

1. Substrat braun oder schwarz verfärbt.

(α. Substrat wird durch einen ausgeschiedenen Farbstoff gebräunt; Gelatine nicht verflüssigt: cf. p. 47, Nr. 1: Bact. brunneum).

β. Kohlehydrathaltige Substrate, besonders Kartoffeln, werden intensiv geschwärzt; Gelatine verflüssigt, nicht verfärbt: 1. B. melanosporus.

2. Substrat grün verfärbt.

α. Gelatine wird nicht verflüssigt, aber gelbgrün-fluorescirend verfärbt: 2. B. erythrosporus.

β. Gelatine wird verflüssigt; Kartoffel wird grün verfärbt: 3. B. viridificans.

(3. Kartoffel wird hellviolett verfärbt: cf. Nr. 50, B. angulans.)

b. Kolonien selbst gefärbt, das Substrat nicht verfärbend; Gelatine wird verflüssigt. (Wird dieselbe nicht verflüssigt, so siehe auch bei gelber Kartoffelkultur unter II.)

1. Wachsthum auf Kartoffel gut.

α. Kartoffelkultur gelbbraun, bald braun werdend: 4. B. corruscans.

β. Kartoffelkultur nicht braun werdend.

* Kartoffelkultur roth oder orangegelb.

§ Kartoffelkultur ± roth; Gelatinestich ohne Haare: 5. B coccineus.

§§ Kartoffelkultur orangefarben; Gelatinestich mit Haaren: 6. B. armoraciae.

** Kartoffelkultur gelb.

§ Gelatineplattenkolonien vergr. mit Strahlenkranz oder Ausläufern.

× Kartoffelkultur trocken, hellgelb: 7. B. centrovirens.

×× Kartoffelkultur nass oder feucht.

0 Stäbchen beweglich; Kartoffelkultur tiefgelb, nicht gefaltet: 8. B. aureus.

00 Stäbchen unbeweglich; Kartoffelkultur citrongelb.

† Kartoffelkultur netzartig gefaltet: 9. B. Pansinianus.

†† Kartoffelkultur nicht gefaltet: 10. B. plurisporus.

§§ Gelatineplattenkolonien ohne Strahlenkranz: 11. B. laevis.

2. Wachsthum auf Kartoffel fehlt; Gelatineplattenkolonien gelb, mit Ausläufern: 12. B. flavipediculus.

II. Ohne alle oder ohne deutliche von Anfang an ausgesprochene Farbstoffproduktion.

1. Sporenbildung an einem Ende der dünnen Fäden, das Ende stark auftreibend, trommelschlägelartig.

---

1) Nur solche Stäbchenbakterien sind hier zu suchen, deren Sporen nach Möller'scher Methode behandelt tingirt bleiben; alle anderen Formen sind zu Bacterium gerechnet; von einer Anführung der nicht kultivirten „Arten" wurde abgesehen.

α. Gelatine wird nicht verflüssigt: 13. B. albuminis.
β. Gelatine wird verflüssigt: 14. B. Flüggeanus.
2. Sporenbildung nicht trommelschlägelartig.
α. Gelatine wird nicht verflüssigt, höchstens nach langem Wachsthum schwach erweicht.
* Stäbchen ohne Eigenbewegung; Kulturen mit starkem Fäulnissgestank: 15. B. coprogenes.
** Stäbchen mit Eigenbewegung; Kulturen ohne Fäulnissgestank.
§ Sporenhaut bei der Keimung nicht abgestreift: 16. B. leptodermis.
§§ Sporenhaut bei der Keimung klappig aufgerissen und abgestreift: 17. B. loxosporus.
β. Gelatine wird verflüssigt.
* Junge Gelatineplattenkolonien vergrössert mycelartig aussehend, aus verzweigten Aesten bestehend.
§ Verflüssigung rasch, nach 1—2 Tagen beginnend.
× Stäbchen sehr beweglich; Agarkultur schmierig, nicht mycelartig: 18. B. araneosus.
×× Stäbchen beweglich oder unbeweglich; Agarkultur mycelartig: 19. B. subtiliformis.
××× Stäbchen unbeweglich; Agarkultur nicht mycelartig.
0 Stich der Gelatinekultur durch abstehende Aestchen stark befiedert: 20. B. filamentosus.
00 Stich nicht befiedert: 21. B. turgescens.
§§ Verflüssigung langsam, nach 10—12 Tagen beginnend: 22. B. tardifluus.
** Junge Gelatineplattenkolonien vergr. nicht mycelartig.
§ Kartoffelkultur stark gefaltet, mit netzartigen Runzeln.
× Sporen fast die ganze Zelle ausfüllend: 23. B. vulgatus.
×× Sporen mittelständig, die Zelle nicht ausfüllend.
0 Agarkultur schleimig-fadenziehend: 24. B. collogloea.
00 Agarkultur nicht fadenziehend: 25. B. geniculatus.
§§ Kartoffelkultur glatt oder gewulstet, aber nicht netzartig.
× Kartoffelkultur fleischfarben.
0 Gelatineplattenkolonien ohne Strahlenkranz: 26. B. vermicularis.
00 Gelatineplattenkolonien mit Strahlenkranz: 27. B. tenuis.
×× Kartoffelkultur nicht fleischfarben.
0 Agarkultur lichtbräunlich: 28. B. inflatus.
00 Agarkultur weiss oder gelblich.
† Bei subkutaner Injektion Mäuse etc. nach kurzer Zeit tödtend: 29. B. anthracis.
†† Nicht pathogen.
Mit endständigen Sporen.
∞ Sporen rund oder elliptisch oder quadratisch.
△ Gelatinestich mit Ausläufern.
| Ohne Eigenbewegung; Sporen quadratisch: 30. B. brachysporus.
|| Mit Eigenbewegung; Sporen elliptisch: 31. B. myxodens.

△△ Gelatinestich ohne Ausläufer.

| Agarkultur dick, gelbgrau: 32. B. saprogenes.

|| Agarkultur hauchartig, blauweiss: 33. B. gracilis.

ꝏ Sporen lang cylindrisch: 34. B. cylindrosporus.

.. Mit in der Regel mittelständigen Sporen.

∞ Kartoffelkultur gelingt nicht: 35. B. Petroselini.

ꝏ Kartoffel zeigt starkes Wachsthum.

△ Kartoffelkultur nach wenigen Tagen tief chokoladebraun.

| Kartoffelkultur wulstig gefaltet, trocken: 36. B. maïdis.

|| Kartoffelkultur dünn, durchscheinend, schleimig, erst später fein gefältelt: 37. B. butyricus.

△△ Kartoffelkultur braungrau: 38. B. carotarum.

△△△ Kartoffelkultur hell, weiss, gelblich oder grau.

+ Kartoffelkultur mit schön citronengelben Rändern: 39. B. implectans.

++ Kartoffelkultur ohne gelbe Ränder.

| Stäbchen sehr dick (2,5—3 μ): 40. B. megatherium.

|| Stäbchen unter oder höchstens 2 μ dick.

□ Kartoffelkultur erst glashell syrupartig, wie die Agar- und Gelatinekultur sehr stark fadenziehend: 41. B. liodermos.

□□ Kartoffelkultur dickbreiig oder ausgedrückt, nicht fadenziehend.

— Gelatineplattenkolonien mit Strahlenkranz oder Stichkulturen mit befiedertem Stich.

+ Gelatine wird langsam verflüssigt; Kartoffelkultur dünn, angedrückt.

. Agarkultur dick: 42. B. loxosus.

.. Agarkultur dünn, spinnwebartig: 43. B. araneitela.

++ Gelatine wird rasch verflüssigt.

| Stäbchen mit Eigenbewegung.

⌐ Sporen mit quer gestutzten Enden, auffallend stäbchenförmig: 44. B. goniosporus.

⌐⌐ Sporen mit gerundeten Enden.

∫ Gelatinestich ohne Ausläufer.

+ Gelatinekultur milchweiss.

. Kartoffelkultur raschwüchsig; Sporen nur nach einer Richtung auskeimend: 45. B. subtilis.

.. Kartoffelkultur langsam wachsend; Sporen nach 2 Richtungen auskeimend: 46. B. bipolaris.

++ Gelatinekultur mit bräunlich-gelbem Ton: 47. B. tumescens.

∫∫ Gelatinestich mit Ausläufern.

⌣ Geruch der Kulturen nach Katzenharn; Gelatineplattenkolonien vergr. mit zackig-strahligen Ausläufern:
48. B. cursor.

⌣⌣ Ohne Geruch und Ausläufer der Gelatineplattenkolonien:
49. B. pectocutis.

|| Stäbchen ohne Eigenbewegung.

⌣ Junge Gelatineplattenkolonien homogen und scharfrandig, erst später mit Strahlenkranz oder ohne solchen.

∫ Gelatinestich mit abstehenden Haaren:
50. B. angulans.

∫∫ Gelatinestich ohne Haare:
51. B. pituitans.

⌣⌣ Solche Kolonien fädig zusammengewirrt, gleich mit feinen Randhaaren:
52. B. flexilis.

= Gelatineplattenkolonien ohne Strahlenkranz.

\+ Stäbchen mit Eigenbewegung:
53. B. paucicutis.

++ Stäbchen ohne Eigenbewegung.

| Verflüssigung der Gelatinestichkultur breit, sackartig: 54. B. aërophilus.

|| Verflüssigung spitz trichterförmig:
55. B. perittomaticus.

B. Obligat anaërobe, nur bei völligem Abschluss des Sauerstoffs wachsende Arten.

I. Gelatine wird nicht verflüssigt.

a. Aus Zucker wird deutlich Gas gebildet.

* Bei der Zersetzung des Zuckers sehr starke Buttersäureentwicklung.

§ Stäbchen 5—7 μ lang; Zucker wird zu Butter- und (wenig) Valeriansäure vergohren: 56. B. saccharobutyricus.

§§ Stäbchen 2—3 μ lang; Zucker wird zu Butter- und Essigsäure vergohren: 57. B. amylozyma.

** Bei der Zersetzung des Zuckers keine oder nur minimale Buttersäureentwicklung.

§ Nicht pathogen.

× Sporen breiter als die Stäbchen, diese auftreibend.

0 Sporen endständig: 58. B. reniformis.

00 Sporen mittelständig: 59. B. clostridiformis.

×× Sporen nicht breiter als das Stäbchen oder noch unbekannt.

0 Junge Gelatineplattenkolonien vergr. ganzrandig, ohne Ausläufer:
60. B. solidus.

00 Gelatineplattenkolonien mit verzweigten Ausläufern:
61. B. stolonifer.

§§ Pathogen: 62. B. pseudoedematis.

b. Aus Zucker wird kein Gas gebildet.

1. Sporen endständig: 63. B. muscoides.

2. Sporen mittelständig: **64. B. polypiformis.**

II. Gelatine wird verflüssigt.

𝔄. Kolonien braun oder braungelb.

1. Gelatineplattenkolonien vergr. mit fädiger oder netziger Struktur.

α. Sporen mittelständig; Gelatinekolonien mit zahlreichen Ausläufern; Buttersäureferment: **65. B. Botkini.**

β. Sporen noch unbekannt; Gelatinekolonien mit spärlichen, kurzen Ausläufern: **66. B. breviramosus.**

2. Gelatineplattenkolonien vergr. nicht fädig oder netzartig; Sporen endständig: **67. B. acrosporus.**

𝔅. Kolonien farblos.

a. Sporen dicker als die Stäbchen, diese auftreibend.

1. Pathogene Arten.

α. Sporen endständig; Plattenkolonien vergr. mit feinem Strahlenkranz: 68. B. Tetani.

β. Sporen mittelständig, seltener etwas nach dem Ende zu gerückt; Plattenkultur mit dicken, verzweigten Ausläufern: 69. B. oedematis.

2. Pathogenität nicht bekannt.

α. Die Agarstichkultur färbt das Substrat schön weinroth: 70. B. rubellus.

β. Das Substrat wird nicht verfärbt.

* Sporen endständig.

§ Sporen ellipsoidisch: 71. B. cincinnatus.

§§ Sporen völlig rund.

× Auf Gelatine starke Gasbildung: 72. B. diffrangens.

×× Keine Gasbildung: 73. B. granulosus.

** Sporen mittelständig.

§ Kultur riecht stark nach Buttersäure; Membran der Stäbchen durch Jod gebläut: 74. B. Amylobacter.

§§ Kultur stinkt abscheulich; Membran durch Jod nicht gebläut: 75. B. foetidus.

b. Sporen nicht dicker als die Stäbchen.

1. Gasbildung aus Zucker fehlt.

α. Stäbchen unbeweglich; Sporen bisher noch nicht gefunden: 76. B. parvus.

β. Stäbchen beweglich.

* Gelatineplattenkolonien vergr. mit dicken, astartigen Ausläufern resp. mit auswandernden Kolonien: 77. B. funicularis.

** Gelatineplattenkolonien vergr. fein mycelartig.

§ Sporen mittelständig: 78. B. fibrosus.

§§ Sporen ± endständig: 79. B. penicillatus.

2. Gasbildung aus Zucker vorhanden.

α. Kolonien in der noch unverflüssigten Gelatine und in Agar mycelartig oder mit starken Ausläufern.

* Junge Agarkultur mycelartig.

§ In Gelatine-Schüttelkulturen entstehen glattrandige, mattweisse, verflüssigte Kugeln: 80. B. Lüderitzii.

§§ Die ganze Gelatine wird von Ausläufern durchsetzt und dann verflüssigt: 81. B. radiatus.

** Junge Agarkultur mit kompakten Aesten und unregelmässigen Ausläufern: 82. B. crassirameus.

β. Kolonien weder mycelartig noch mit starken Ausläufern.

* Tiefe Gelatinekolonien mit stachelförmigen Strahlen: 83. B. spinosus.

** Tiefe Gelatinekolonien ohne stachelförmige Strahlen.

§ Pathogen: 84. B. Kleinii.

§§ Nicht pathogen: 85. B. aëriformans.

1. **B. melanosporus** Eid. (= **B. aterrimus** Lehm. et Neum.) Stäbchen ± 0,8 μ dick, 2,08—3,6 μ lang; Sporen mittelständig, oval; Gelatineplattenkolonien vergr. unregelmässig, grau, mit langen, oft spiraligen Ausläufern; Gelatinestichkultur mit rascher, erst schalenförmiger Verflüssigung, verfl. Gelat. grau; Kartoffelkultur erst schmutzig-, dann schiefergrau, schliesslich tief schwarz. Auf schlecht sterilisirten Kartoffeln selten auftretend.

2. **B.? erythrosporus** Miffl. Schlanke Stäbchen mit kurz abgerundeten Enden, oft in kurzen Fäden; in jedem Stäbchen 4—8 schmutzigrothe Sporen, die breiter sind als die Mutterzelle; Gelatineplattenkolonien vergr. scharf begrenzt ohne Strahlenkranz; Gelatinestichkulturen reichlich im Stich und auf der Oberfläche wachsend, Substrat schön grün fluorescirend; Kartoffelkultur erst röthlich, dann nussfarben. In Trinkwasser und faulenden Flüssigkeiten. Höchst zweifelhafte Art, vielleicht mit Bact. scissum identisch.

3. **B. viridificans** Mez (= **Bac. 9.** Pansini): Dünne, feine Stäbchen, lebhaft beweglich; Sporenbildung noch unbekannt; Gelatineplattenkolonien vergr. mit kompaktem Centrum, von dem ein beinahe regelmässiges Fadengeflecht ausstrahlt; Agarkolonie feucht, weich, fadenziehend, von dem Substrat sich kaum abhebend; Kartoffelkultur gelb mit grüner Verfärbung, welche über die Kolonie hinaus sich erstreckt und in die Tiefe des Nährbodens dringt. In Sputum, wohl auch anderwärts.

4. **B. corruscans** Schroet. (Fig. 9) (= **B. mesentericus fuscus** Flügge = **B. mesentericus** Lehm. et Neum.) Schlanke Stäbchen mit abgerundeten Enden; 0,8—2,4 μ lang, 0,7—0,9 μ breit; Sporen klein, rundlich, mittelständig; Gelatineplattenkolonien vergr. mit schönem Haarkranz; Gelatinestichkulturen sehr rasch verflüssigt; Agarkultur saftig, gelbbräunlich; Kartoffelkultur sehr stark netzartig gefaltet. Auf schlecht sterilisirten Kartoffeln, überaus häufig.

5. **B. coccineus** Pans. (= **B. mesentericus ruber** Lustig [Globig]): Schlanke Stäbchen, an den Enden gerundet, 1—3,2 μ lang, 0,4 μ breit, öfters in Fäden; Sporen eiförmig; Gelatineplattenkolonien vergr. mit schönem Haarkranz; Gelatinestichkulturen rasch verflüssigend; Kartoffelkulturen

dünn, zäh, fadenziehend-schleimig, erst gelblich, dann roth, mit netzartigen Falten. Auf schlecht sterilisirten Kartoffeln, im Staub der Luft, im Sputum etc.

6. **B. Armoraciae** Burch. Stäbchen 1,6—1,9 μ lang, 0,67 μ breit; Sporen klein, eckig; Gelatineplattenkolonien vergr. unregelmässig ausgefranzt, rapid verflüssigend; Kartoffelkultur dick, erst farblos, dann nach 1 Tag stark kraus gefaltet, etwas schmierig und orangegelb. Auf faulen Rettigen gefunden, wohl auch anderwärts.

7. **B. centrovirens** Mez (= **Bac. V.** Flügge): Stäbchen lang und schlank, mit endogenen Sporen; Gelatineplattenkolonien vergr. graubraun, mit zahlreichen Ausläufern; Gelatinestichkultur nach 48 Stunden verflüssigt; Agarstichkultur mit durchscheinender, glatter Auflage; Kartoffel mit trockener, hellgelber Haut, an der Peripherie feucht, im Centrum später grünlichgelb und etwas gerunzelt. In Milch.

8. **B. aureus** Pansini: Stäbchen von der Grösse der Nr. 29, aber etwas dünner, sehr beweglich, mit länglich-elliptischen, centralen Sporen; Gelatineplattenkolonien vergr. mit dichtem Strahlenkranz; Gelatinestichkultur nach 4—5 Tagen verflüssigt, Stich befiedert; Kartoffelkultur feucht und weich, schwefel- bis goldgelb. Im Sputum, wohl auch anderwärts.

9. **B. Pansinianus** Mez (= **Bac. 3.** Pansini): Stäbchen gross und breit, mit mittelständigen ovalen Sporen; Gelatineplattenkolonien vergr. mit starkem Strahlenkranz; Gelatinestichkultur rasch verflüssigt; Agarkultur dick, schwartenähnlich, käseartig, gelblichweiss; Kartoffelkultur üppig, mit hohen Falten, die erst weissgelblich sind, dann röthlichgelb werden. Vork. wie bei voriger Art.

10. **B. plurisporus** Mez (= **Bac. 4.** Pansini): Stäbchen gross, unbeweglich, in langen Fäden, mit 2—3 Sporen in jeder Zelle; Gelatineplattenkolonien vergr. mit Strahlenkranz, später mit rankenartigen Ausläufern; Agarkultur weiss; Kartoffelkultur aus tropfenartigen, später zusammenfliessenden Kolonien bestehend. Vork. wie bei den vorigen.

11. **B. laëvis** (= **Bac. 11** Pansini): Stäbchen kurz, fast von Coccenform, beweglich, reichlich Sporen bildend, rasch verflüssigend; Gelatineplattenkolonien gelb, völlig rund, granulös, ohne Strahlenkranz; Farbe der verflüssigten Gelatine grüngelb; Agarkultur grau; Kartoffelkultur ausgesprochen gelb. Vork. wie bei den vorigen.

12. **B. flavipediculus** Mez (= **B. multipediculus flavus** Zimmerm.): Längere Stäbchen oder Fäden, mit Schleimkapsel, ± 0,85 μ breit; Sporen breiter als die Zellen, je 2 polar oder noch eine dritte in der Mitte gebildet, kugelig; Gelatineplattenkolonien vergr. mit grossen, schmal dreieckigen, öfters an der Spitze umbiegenden Strahlen; Gelatinestichkultur ziemlich langsam schalenförmig verflüssigt; Agarkultur gelb. In Leitungswasser.

13. **B. albuminis** Schroet. (= **B. putrificus coli** Flügge) Stäbchen 0,5—0,7 μ dick, 1,2—2,5 μ lang, meist in sehr langen Fäden; Sporen kugelig, viel dicker als die Stäbchen, endständig; Gelatineplattenkolonien vergr. mit schwachem Strahlenkranz; Gelatinestichkolonien sehr langsam und unvollständig verflüssigend; Agar- und Kartoffelkulturen schmutzigweiss, dick breiartig. In. Fäces, Kanal- und Abwässern, nicht häufig. (Wenn die Agarkultur dünn, hautartig cf. 33. B. gracilis Zimmerm.).

14. **B. Flüggeanus** Mez (= **Bac. XII.** Flügge): Stäbchen dünn und schlank, mit Köpfchensporen; Gelatineplatte nach 2 Tagen ohne deutliche Kolonien; Gelatinestichkultur nach 2—3 Tagen mit schwachem Belag und beginnender Verflüssigung; Agarkultur mit feuchter, glatter, hellgrauer Auflage; Kartoffelkultur auf den Impfstrich beschränkt erst transparent, feucht, später dicker und gelblich. In Milch.

15. **B. coprogenes** Mez (= **B. coprogenes foetidus** Schottel.): Aehnlich Nr. 45, doch kürzer und unbeweglich; Sporen reihenförmig aneinander gelagert; Gelatineplattenkolonien oberflächlich als feiner, durchsichtiger, grauer Belag; Kartoffelkultur trocken, hellgrau. In Schweinekoth.

16. **B. leptodermis** Burch. Stäbchen 2,1—2,4 μ lang, 0,84 μ breit, mit kleinen, rechteckigen mittelständigen Sporen; Gelatineplattenkolonien vergr. zart, rund, hell rehfarben, etwas gekörnt; Agarkultur sehr zart, gelblich-grau, nur wenig bemerkbar; Kartoffelkultur rasch orangegelb, runzelig werdend. Fundort unbekannt.

17. **B. loxosporus** Burch. Stäbchen 2,1—2,5 μ lang, 0,81 μ breit, mit mittelständigen, schräg in der Zelle liegenden Sporen; Gelatineplattenkolonien vergr. scharf kreisrund, klein, hellgelb, etwas gekörnt; Agarkultur gelblichweiss, glatt, gleichmässig; Kartoffelkultur bald gelblich werdend, trocken, stark runzelig gefaltet. Aus Luft isolirt.

18. **B. araneosus** Mez (= **Bac. 6.** Pansini): Ebenso lang wie Nr. 45, aber viel dünner, sehr beweglich, mit ovalen Sporen; Gelatineplattenkolonien erst rundlich, bald wurzelartige Fortsätze aussendend, schliesslich einem spinnwebartigen Fadennetz gleichend, rapid verflüssigend; Agarkultur weiss, gleichmässig, porzellanartig; Kartoffelkultur hellgrau, feucht. In Sputum, wohl auch anderwärts.

19. **B. subtiliformis** Schroet. (Fig. 10, 11) (= **Bac. subtilis simulans** I. Eisenbg., **B. faecalis** I. Kruse, **B. mycoides** Flügge, **B. ramosus** Frankl., **B. radiciformis** Auct., **B. brassicae** Pommer). Kurze breite Stäbe mit meist quer abgestutzten Enden, meist in Fäden; Sporen mittelständig, oval; Gelatineplattenkulturen vergr. mycelartig, mit häufig verschlungenen und anastomosirenden Aesten; Gelatinestichkultur mit faserigem Stich, von oben bald verflüssigt; Agarkulturen netzartig; Kartoffelkulturen meist schlecht wachsend, weisslich-schmierig. In Erde, in Trink-, Fluss- und Kanalwasser, in Abwässern häufig.

20. **B. filamentosus** Mez (= **Bact. filamentosum** E. Klein): Stäbchen 3,2—4,8 μ lang, 1,62 μ breit, mit meist mittelständigen fast kugelrunden Sporen, unbeweglich; Gelatineplattenkolonien vergr. mit zarten, fadenartigen, verschlungenen Ausläufern; Agarkulturen unregelmässige, weisslichgraue Auflagen; Kartoffelkultur anfangs mattgrau, allmählich sich gelblich färbend. In Luft, Wasser etc.

21. **B. turgescens** Mez (= **Bact. turgescens** Burch.): Stäbchen 3,6—4,8 μ lang, 1,49 μ breit, mit kleinen, mittelständigen, eiförmigen Sporen, unbeweglich; Gelatineplattenkolonien vergr. schneeflockenartig, mit fadenförmig-welligen oder astartigen Ausläufern; Agarkulturen mit schmierigem, gleichmässig weisslichem Belag; Kartoffelkultur erst langsam wachsend, schmutzig oder grauweiss. In Trinkwasser.

22. **B. tardifluus** Mez (= **Bac. 8.** Pansini): Stäbchen dünn und fein, in sehr langen Fäden, sehr beweglich, mit ovalen Sporen; Gelatineplattenkolonien mycelartig; Gelatinestichkulturen langsam wachsend und sehr langsam verflüssigend; Agarkultur weissgrau, schleimig-fadenziehend; Kartoffelkultur langsam wachsend, leicht gelblich, gleichmässig weich. In Sputum, wohl auch anderwärts.

23. **B. vulgatus** Migula (Fig. 12, 13), (= **B. mesentericus vulgatus** Flügge): Schlanke Stäbchen, oft in Fäden, an den Enden fast quer gestutzt, 0,8 μ breit, 1,6—5 μ lang; Gelatineplattenkolonien vergr. brockig mit lappig zerschlitztem Rand; Gelatinestichkulturen ziemlich rasch verflüssigend; Agarkulturen dickbreiig, grauweiss, gewellt; Kartoffelkulturen weissgrau, päter dunkler werdend. Auf schlecht sterilisirten Kartoffeln sehr häufig; in Milch, Kanalwasser.

24. **B. collogloea** Mez (= **Bac. VIII.** Flügge): Stäbchen mässig dick, lebhaft beweglich, mit länglichen mittelständigen Sporen; Gelatineplattenkolonien rasch verflüssigend; Agarkultur weiss, dick, mattglänzend; Kartoffelkultur anfangs weisslich, später graugelb bis braun, stark faltig, fadenziehend. In Milch.

25. **B. geniculatus** Mez [non W. de Bary] (= **Tyrothrix geniculata** Ducl. = ? **B. idosus** Burch.): Schlanke Stäbchen, meist in langen, geknieten Fäden; Gelatineplattenkolonien vergr. mit stark gelocktem Rand; Gelatinestichkultur öfters mit Aestchen am Stich, ziemlich rasch verflüssigend. In Milch und Käse.

26. **B. vermicularis** Frankl. Stäbchen mit gerundeten Enden, 2—3 μ lang, ± 1 μ breit, in wurmförmigen Fäden; Sporen mittelständig, oval; Gelatineplattenkolonien vergr. mit bündelig-lockigem Rand; Gelatinestichkulturen mit oberflächlicher grauer Auflagerung, langsam verflüssigend; Agarkultur langsam wachsend, grau. In Flusswasser.

27. **B. tenuis** Mez (= **Tyrothrix tenuis** Ducl.): Mikroskopisch und in allen Kulturen ausser der stark erhabenen, wulstigen rosarothen

Kartoffelkultur von Nr. 23 kaum unterscheidbar, aber nach Gram nicht färbbar. In Milch, Käse etc.

28. **B. inflatus** A. Koch: 4,6—5,5 μ lang, 0,6—0,8 μ breit, manchmal in Fäden; in jeder Zelle werden 2 grosse Sporen gebildet; Gelatineplattenkolonien mit auswachsenden zarten Bacillenzügen; Gelatinestichkulturen mit haarbesetztem Stich, sehr langsam verflüssigend; Agarkultur dünn, schleimig. Zufällig als Verunreinigung gefunden.

29. **B. Anthracis** Cohn (Fig. 14): Stäbe 3—6 μ lang, 1—1,25 μ breit, mit quergestutzten Enden, oft in langen Fäden; in jeder Zelle eine grosse, ovale Spore; unbeweglich; Gelatineplattenkolonien vergr. mit gelocktem Rand; Gelatinestichkulturen mit haarbesetztem Stich, Verflüssigung mässig rasch; Agar- und Kartoffelkulturen trocken, weiss. Erreger des Milzbrandes; kommt selten auch in Wasser vor.

30. **B. brachysporus** Mez (= **Bact. brachysporum** Burch.): Stäbchen ± 3 μ lang, 1,23 μ breit, mit niemals genau central, meist deutlich polar gelegenen, eigenthümlich eckigen fast quadratischen Sporen; Gelatineplattenkolonien vergr. wie aus Fäden zusammengewirrt; Gelatinestich mit von oben nach unten kürzer werdenden Ausläufern besetzt; Agarkultur weisslichgrau, schmierig; Kartoffelkultur dünn, matt weisslich, später trocken, grau, warzig werdend. Aus Teig isolirt.

31. **B. myxodens** Burch. Stäbchen ± 2,7 μ lang, 1,8 μ breit, mit polaren, elliptischen Sporen, beweglich; Gelatineplattenkolonien vergr. wie aus Fäden zusammengewirrt; Gelatinestichkulturen mit starkem Bocksgeruch, Stich im oberen Theil mit wurzelfaserartigen Ausläufern; Agarkultur eben, weisslich; Kartoffelkultur weisslich-gelb werdend. Aus Bierhefe isolirt.

32. **B. saprogenes** Rosenb. (**B. saprogenes I.** Rosenb.) Ziemlich grosse Stäbe; Sporenbildung endständig; Agarstichkulturen gelbgrau, opak, breiig-klebrig, nach 4—5 Wochen mit starkem Fäulnissgestank. In menschlichen Luftwegen gefunden; sehr zweifelhafte Art.

33. **B. gracilis** Zimmerm. Stäbchen 2,4—3,6 μ lang, 0,77 μ breit, öfters gebogen und in langen Fäden; Sporen elliptisch, endständig, breiter als die Zelle; Gelatineplattenkolonien vergr. mit faserigen Ausläufern; Gelatinestichkultur mit schwacher oberflächlicher, starker tiefer Entwickelung, der Stichkanal bildet die Axe übereinander liegender weisslicher Scheiben; Kartoffelkultur fast ohne Wachsthum. In Leitungswasser. (Scheint dem B. Tetani (Nr. 68) und B. oedematis (Nr. 69) sehr nahe zu stehen.)

34. **B. cylindrosporus** Burch. Stäbchen 3—3,3 μ lang, 0,95 μ breit, mit quergestutzten Enden und polaren, cylindrischen, scharf rechteckigen Sporen, beweglich; Gelatineplattenkolonien vergr. unregelmässig ausgebuchtet, stark zerklüftet, rapid verflüssigend; Kartoffelkultur gelblichweiss, schmierig-glänzend. In Wasser.

35. **B. Petroselini** Mez (= **Bact. Petroselini** Burch.): Stäbchen 2,4—2,8 μ lang, 1,33 μ breit, mit mittelständigen, elliptischen Sporen,

unbeweglich; Gelatineplattenkolonien vergr. ganzrandig, homogen, gelblichgrau; Agarkultur schmutzig weisslich, blank, schmierig; auf Kartoffeln keine Entwickelung. Aus faulenden Pflanzen isolirt.

36. **B. maïdis** Palt. Stäbchen 2—3 μ lang, 0,8 μ breit, mit breit gestutzten Enden, öfters in Fäden; Sporen gross, oval, mittelständig; Gelatineplattenkolonien vergr. wie aus Watte zusammengeknäuelt, mit faserigem Rand; Gelatinestichkulturen weisslich, rasch verflüssigend; Agarkulturen dick, breüg, schmutzigweiss; Kartoffelkulturen sehr dick aber rasch eintrocknend, gekröseartig gefaltet. In Leitungswasser.

37. **B. butyricus** Hüppe: Stäbchen ± 2,1 μ lang, 0,4 μ breit, auch in Fäden; Sporen mittelständig, eirund; Gelatinestichkulturen sehr rasch verflüssigend; Agarkulturen schmierig, gelb; macht Milch bitter und soll auch Buttersäure erzeugen. In Milch etc.

38. **B. Carotarum** A. Koch: Bacillen oft in langen Fäden; Sporen mittelständig, oval; Gelatinestichkulturen rasch verflüssigend. Auf Mohrrüben etc.

39. **B. implectans** Mez (= **Bact. implectans** Burch.): Stäbchen 2,3—3,4 μ lang, 0,87 μ breit, mit mittelständigen, länglich eiförmigen Sporen, unbeweglich; Gelatineplattenkolonien vergr. bräunlich, unregelmässig, mit schleifenbildenden Ausläufern; Agarkultur eben, wachsartig, weisslich; Kartoffelkultur mattgrau, zart, gelbrandig. In Trinkwasser.

40. **B. Megatherium** DB. (Fig. 15, 16) Stäbchen etwa 2,5 μ breit, bis 10 μ lang, oft in langen Fadenketten; Sporen elliptisch, die Mutterzellen ausfüllend; Gelatinestichkulturen rasch verflüssigt; Agarkulturen weisslich. In faulenden Flüssigkeiten.

41. **B. liodermos** Flügge (= **B. mesentericus liodermos** Lehm. et Neum.): Stäbchen 0,4—0,5 μ dick, 3—6 μ lang, meist in sehr langen Fäden; Gelatineplattenkolonien vergr. wie die von Nr. 47; Gelatinestichkultur rasch verflüssigend, Gelatine wird lang fadenziehend; Agarkultur dünn, erst glasartig dann milchweiss, oft sehr auffällig rosettenartig gefaltet. Auf schlecht sterilisirten Kartoffeln, in Milch etc.

42. **B. loxosus** Burch. (= **B. lactis albus** Löffl.) Stäbe ± 3,4 μ lang, 0,96 μ breit, in langen Fäden; Sporen gross; Gelatinestichkultur langsam verflüssigt, „ein weissliches Fadengewirr an der zuerst verflüssigten obersten Schicht bildend“. Agarkultur ziemlich dick, mit verwaschenen Rändern; Kartoffelkultur trocken, weiss. In Milch, Wasser.

43. **B. araneitela** Mez (= **Bac. III.** Flügge Z. H. XVII, 294): Stäbchen kurz, fein; Gelatinestichkultur nach 48 Stunden mit beginnender Verflüssigung; Agarkultur zarte, spinnwebartige Haut; Kartoffelkultur feuchte, schleimige, rahmfarbene Auflage. In Milch.

44. **B. goniosporus** Burch. Stäbchen 3,13—3,7 μ lang, 1,32 μ breit, beweglich, mit mittelständigen, lang cylindrischen, scharf rechteckigen Sporen; Gelatineplattenkolonien vergr. mit streifigen Ausläufern; Agarkultur

gleichmässig, weisslich; Kartoffelkultur graugelblich, schmierig. Als Luftverunreinigung gefunden.

45. **B. subtilis** Cohn (Fig. 17): Stäbchen 1,2—3,5 μ lang, 0,8 bis 1,2 μ dick, mit gerundeten Enden, oft in Ketten; Sporen mittelständig, oval; Gelatineplattenkolonien vergr. verwirrt-fädig, mit strahligem oder lockigem Rand; Gelatinestichkulturen sehr rasch verflüssigt; Agarkultur dick, saftig, grauweiss; Kartoffelkultur bald mehlig bestäubt. Ueberall, in Flusswasser etc. sehr häufig.

46. **B. bipolaris** Burch. Stäbchen ± 3,36 μ lang, 1,15 μ breit, beweglich, mit mittelständigen, elliptischen Sporen; Gelatineplattenkolonien vergr. stark gebuchtet, Flechtenblatt-ähnlich; Agarkultur weisslich mit gleichmässiger Auflage; Kartoffelkultur graugelblich, schmierig. Als Luftverunreinigung gefunden.

47. **B. tumescens** A. Koch: Stäbchen kurz, ± 1,17 μ breit, in unregelmässig gekrümmten Fäden; Sporen mittelständig, oval; Gelatineplattenkolonien bräunlichgelb, mit faserigem Rand, rasch verflüssigend; Kartoffelkultur üppig, zäh, weiss. Auf Rüben, wohl auch anderwärts.

48. **B. cursor** Burch. Stäbchen ± 4,75 μ lang, 1,35 μ breit, beweglich, mit mittelständigen, elliptischen Sporen; Gelatineplattenkolonien vergr. mit zahlreichen zackig-stacheligen Ausläufern; Agarkultur mit grauweissem, gleichmässigem, wachsartigem Ueberzug; Kartoffelkultur dick, graugelb. Aus Luft isolirt.

49. **B. pectocutis** Burch. Stäbchen 3,6—3,9 μ lang, 1,26 μ breit, beweglich, mit mittelständigen, elliptischen Sporen; Gelatineplattenkolonien vergr. unregelmässig rundlich, dunkelbraun, rapid verflüssigend; Agarkultur grauweiss; Kartoffelkultur dünn, matt, graugelblich, trocken. Aus Luft isolirt.

50. **B. angulans** Mez (= **Bact. angulans** Burch.): Stäbchen ± 4,4 μ lang, 0,98 μ breit, unbeweglich, mit mittelständigen, elliptischen Sporen; Gelatineplattenkolonien vergr. gleichmässig feinkörnig, rapid verflüssigend; Agarkultur schmutzig grauweiss, unregelmässig; Kartoffelkultur hellgrau, das Substrat hellviolett färbend. In Wasser.

51. **B. pituitans** Mez (= **Bact. pituitans** Burch.): Stäbchen 3,9 bis 4,5 μ lang, 1,13 μ breit, unbeweglich, mit mittelständigen, eirunden Sporen; Gelatineplattenkolonien vergr. braungrau, homogen, scharfrandig, mit Baldriangeruch; Agarkultur weisslich, schmierig glänzend; Kartoffelkultur dünn, erst grauweisslich, dann gelblichgrau. Auf gekochten Eiern gefunden.

52. **B. flexilis** Mez (= **Bact. flexile** Burch.): Stäbchen 3,3 bis 3,7 μ lang, 1,05 μ breit, mit nicht genau mittelständigen, schräg liegenden elliptischen Sporen, unbewegt; Gelatineplattenkolonie vergr. mit feinen, borstenartigen Ausläufern; Agarkultur weisslich, eben; Kartoffelkultur trocken, matt graugelb. In verdorbenen rohen Eiern gefunden.

53. **B. paucicutis** Burch. Stäbchen 2,1—3,2 μ lang, 0,92 μ breit, beweglich, mit mittelständigen, fast kugeligen Sporen; Gelatineplattenkolonien vergr. bräunlich, runzelig, bald in Fetzen zerfallend; Agarkultur dünn, grau; Kartoffelkultur trocken, matt graugelblich. Aus Brot isolirt.

54. **B. aërophilus** Lib. Stäbchen schlank, 0,6—0,8 μ dick, oft in geraden oder geknieten Fäden; Sporen oval; Gelatineplattenkolonien vergr. scharfrandig, gelbgraulich, homogen; Gelatinestichkultur mit sackartig breiter Verflüssigung; Kartoffelkultur gelblich, glatt. Zufällig als Verunreinigung gefunden.

55. **B. perittomaticus** Mez (= **Bact. perittomaticum** Burch.): Stäbchen 3,6—4,4 μ lang, 1,3 μ breit, unbeweglich, mit ± mittelständigen, kugeligen Sporen; Gelatineplattenkolonien vergr. braun, unregelmässig ausgebuchtet, rundlich; Agarkultur fast weiss; Kartoffelkultur graugelb. Aus Teig isolirt.

56. **B. saccharobutyricus** v. Klecki: Stäbchen 5—7 μ lang, 0,7 μ breit, mit Eigenbewegung und mittelständigen ovalen Sporen; wächst auf Gelatineplatten äusserst schlecht; nach Gram nicht färbbar. In Käse.

57. **B. amylozyma** Perdr. Stäbchen 2—3 μ lang, 0,5 μ breit, mit mittelständigen Sporen; Gelatinekolonien klein; Kartoffelkolonien weiss, das Substrat angreifend und theilweise verflüssigend. In Leitungswasser.

58. **B. reniformis** Gerstn. (= **Anaërobe II.** Sanfelice): Stäbchen mit Eigenbewegung und endständigen Sporen; junge Gelatineplattenkolonien vergr. ganzrandig oder mit ziemlich kurzen, spärlichen Fortsätzen, mit sehr unangenehmem Geruch; Gelatinestichkulturen meist mit befiedertem Stich. In Erde, Faulflüssigkeiten etc.

59. **B. clostridiformis** Mez (= **Anaërobe IV.** Sanfel.): Stäbchen gross, beweglich; Gelatineplattenkolonien vergr. mit Auswanderung oder Ausläufern; Gelatinestichkulturen ohne befiederten Stich; Agarkolonien fadenartig gewirrt. In Erde, Fäces, Faulflüssigkeiten.

60. **B. solidus** Lib. Stäbchen ± 4,5 μ lang, 0,5 μ dick, nie in Fäden; Sporen noch nicht gefunden; Gelatineplattenkolonien vergr. scharfrandig; Agarkolonien zart, durchscheinend; Kulturen riechen nach zersetztem Fussschweiss. In Erde.

61. **B. stolonifer** Mez (= **Anaërobe I.** Sanfel.): Stäbchen wenig beweglich, an den Enden gerundet, mit grosser Neigung zur Bildung von Involutionsformen; Gelatineplattenkolonien mit verzweigten Ausläufern, sternartig; Agarkultur wie aus Fäden zusammengewirrt. In Faulflüssigkeit.

62. **B. pseudoedematis** Lib. Stäbchen 1,2—1,3 μ breit; Sporen in jeder Zelle zu 2 gebildet; Gelatineplattenkolonien bis erbsengross werdende Kugeln mit flüssigem Inhalt und einem Gasbläschen; Agarkulturen als starke Trübung bemerkbar, Zuckeragar sehr zerklüftet. In Erde häufig; Erreger einer dem malignen Oedem sehr ähnlichen Krankheit.

63. **B. muscoides** Lib. Stäbchen ± 1 μ breit, meist einzeln; Sporen endständig, rundlich oder oval; Gelatineplattenkolonien vergr. stark verästelt, mit Ausläufern; Gelatinestichkulturen mit stark gefiedertem Stich. In Erde, Käse, Exkrementen.

64. **B. polypiformis** Lib. Stäbchen schlank, etwas über 1 μ dick, meist einzeln; Sporen oval oder cylindrisch, oft bis $^2/_3$ der Zelle ausfüllend; Gelatineplattenkolonien vergr. mit zahlreichen gewundenen und geschlängelten Fortsätzen; Agarkulturen aus weisslichen, knötchenförmigen Konglomeraten bestehend. In Erde.

65. **B. Botkini** Mez (= **B. butyricus** Botk.): Stäbchen beweglich, ziemlich schlank (0,5 μ dick); Gelatinekolonien mit welligem Rand, ohne Ausläufer; Agarkolonien mit reichlichen Ausläufern. In Milch sehr häufig.

66. **B. breviramosus** Mez (= **B. II.** Flügge Z. H. XVII, 290): Sporenbildung noch unbekannt; Gelatinekolonien goldbraun, metallisch glänzend, von netzartiger Struktur, später rasch verflüssigend; Zuckeragarkolonien braungelb, mit spärlichen kurzen Ausläufern. In Milch.

67. **B. acrosporus** Mez (= **B. III.** Flügge l. c.): Stäbchen lang, flexil, mit lebhafter Eigenbewegung; Sporenbildung im keulig angeschwollenen einen Ende; Gelatineplattenkolonien braungelb, mit unregelmässigem Umriss; Agarkolonien dunkelbraun, unregelmässig, nie zerrissen. In Milch.

68. **B. Tetani** Flügge (Fig. 18): Stäbchen 1,2—3,6 μ lang, 0,5 bis 0,8 μ breit, oft in langen Fäden; Sporen endständig, ± 1,5 μ dick; Gelatineplattenkolonien vergr. mit starkem Haarkranz; Gelatinestichkulturen als tiefliegende, schlauchförmige Verflüssigung um den Stich. In Erde, Koth sehr verbreitet — Tetanuserreger.

69. **B. oedematis** Schrt. Stäbchen 3—3,5 μ lang, 1—1,1 μ breit, beweglich; Sporen meist mittelständig; Agarplattenkolonien vergr. vielfach verzweigt und verästelt, einzelne Ausläufer zu einigermassen kompakten Strängen zusammengelagert; entwickelt aus Zucker kein Gas. In Erde, Erreger des malignen Oedems.

70. **B. rubellus** Ogata: Stäbchen lebhaft bewegt, nach Gram gefärbt; Sporen mittelständig oder dem einen Ende genähert, an einer leicht angeschwollenen Stelle des Stäbchens; Gelatineplattenkolonien vergr. mit Ausläufern. In Staub und Erde.

71. **B. cincinnatus** Gerstn. (Fig. 19): Stäbchen 3—6 μ lang, bis 1 μ breit, beweglich; Sporen endständig; Gelatineplattenkolonien vergr. mit stark gelocktem Rand; Gelatinestichkulturen intensiv verflüssigend, als scharfe, wolkenartig geballte Massen sich von dem noch unverflüssigten Substrat abhebend; ohne Ausläufer. Aus Schmutzwasser isolirt.

72. **B. diffrangens** Gerstn. Stäbchen ± 0,8 μ dick, meist etwa dreimal so lang, beweglich; Sporen endständig; Gelatineplattenkolonien vergr. rundlich, scharf- und glattrandig; Gelatinestichkultur rasch verflüssigend, wolkenartig trübe Massen bildend, welche Ausläufer in das

noch nicht verflüssigte Substrat schicken; Agarstich reich verästelt. In Schmutzwasser.

73. **B. granulosus** Gerstn. Stäbchen bis 1,2 μ dick, 3—10 mal so lang, beweglich; Sporen endständig; Gelatineplattenkolonien vergr. spät verflüssigend, scharf- und glattrandig; Gelatinestichkulturen trübe, nicht ganz scharf begrenzte Verflüssigungskugeln bildend; Agarstich nicht verästelt. In Schmutzwasser.

74. **B. Amylobacter** van Thiegh. (= **Clostridium butyricum** Prazm.): Stäbchen plump, 3—10 μ lang, 1 μ breit, oft in Ketten; Sporen mittel- oder endständig, Zellmembran durch dieselben aufgetrieben; Gelatineplattenkolonien vergr. wie aus Baumwollfäden zusammengeknäuelt; vergährt Kohlehydrate rasch zu Buttersäure. Ueberall häufig.

75. **B. foetidus** Mez (= **Clostridium foetidum** Lib.): Bacillen ± 1 μ dick, sehr verschieden lang, öfters in Fäden; Sporen oval, die Zellhaut auftreibend; Gelatineplattenkolonien rund, unregelmässig begrenzt; Agarkolonien kleine, gelblichweisse Häufchen mit Ausläufern. In Erde, Käse, Exkrementen etc.

76. **B. parvus** Mez (= **B. liquefaciens parvus** Lüd.): Stäbchen 2—3 μ lang, 0,5—0,7 μ breit, oft in langen Fäden; Gelatineschüttelkulturen mit körnig begrenzten, perlenartigen Kolonien, die klare Flüssigkeit und weissen Bodensatz enthalten; Agarkulturen kompakt, undurchsichtig. In Erde.

77. **B. funicularis** Gerstn. (Fig. 20) (= **Anaërobe VI.** Sanfel.): Stäbchen beweglich, mit endständigen Sporen; junge Gelatineplattenkolonien mit Ausläufern; Gelatinestichkulturen als leichte Trübung des Nährbodens in Erscheinung tretend, mit unangenehmem Geruch; Agarkulturen dicht fadenartig zusammengewirrt. In Faulflüssigkeiten.

78. **B. fibrosus** Gerstn. Stäbchen 1,5 μ breit, beweglich; Sporen nicht polar; Gelatineplattenkolonien vergr. feinfaserig-mycelartig, rapid verflüssigend; Gelatinestichkultur wolkenartig geballte, verflüssigte Massen bildend; Agarstich ohne Ausläufer. In Schmutzwasser.

79. **B. penicillatus** Gerstn. Stäbchen 1,5 μ breit, stark beweglich, mit ovalen, nahezu terminal stehenden Sporen; Gelatineplattenkolonie vergr. feinfaserig-mycelartig; Gelatinestichkultur rasch verflüssigend, wolkenartig geballt; Agarstich ohne Ausläufer. In Schmutzwasser.

80. **B. Lüderitzii** Mez (= **B. liquefaciens magnus** Lüd.): Stäbchen 3—6 μ lang, 0,8—1,1 μ dick, oft in langen Fäden; Sporen oval; Gelatineschüttelkulturen mit erst mycelartigen, dann rasch verflüssigenden und runde, mit mattweissem Inhalt gefüllte Perlen darstellenden Kolonien; Gelatinestichkultur mit wurstförmiger Verflüssigung in der Tiefe des Stichs. In Erde.

81. **B. radiatus** Lüd. Stäbchen 4—6 μ lang, ± 0,8 μ breit, oft in langen Fäden; Sporen oval; Gelatineschüttelkulturen mit mycelartigen,

weithin Ausläufer treibenden, spät verflüssigenden Kolonien; Agarkulturen mycelartig gefiedert. In Erde.

82. **B. crassirameus** Mez (= **Bac. IV.** Flügge Z. H. XVII, 290): Stäbchen mässig lang, mit lebhafter Eigenbewegung; Sporen länglich-oval, nahe dem einen Ende; Gelatinekulturen schnell verflüssigt; Agarkolonien linsenförmig, kompakt, mit unregelmässigen Ausläufern. In Milch.

83. **B. spinosus** Lüd. Stäbchen ± 0,6 μ breit, verschieden lang, oft in Fäden; Gelatineschüttelkulturen mit stachelig-faserigen Strahlen, stechapfelförmig; Agarkulturen aus filzigen, undurchsichtigen Klümpchen bestehend. In Erde.

84. **B. Kleinii** Mez (= **B. enteritidis sporogenes** Klein): Stäbchen 1,6—4,8 μ lang, 0,8 μ breit, beweglich, mit mittelständigen Sporen; Gelatinekolonien durchscheinend, kugelig, rapid verflüssigend, mit Buttersäuregeruch; sehr pathogen. In Milch; Ursache einer Epidemie schwerer Diarrhoe.

85. **B. aëriformans** Mez (= **Anaërobe V.** Sanfel.): Stäbchen beweglich, mit mittel- oder endständigen Sporen; Gelatineplattenkolonien rund, feinkörnig, scharfrandig; Agarkolonien scharf begrenzt, oft mit Ausläufern. In Erde und Faulflüssigkeit.

VIII. Bacterium Cohn[1]).

A. Kulturen pigmentirt oder (wenigstens bei NH_3-Zusatz) die Gelatine auffallend gefärbt.

I. Kolonien selbst farblos (oder schmutzig gefärbt oder gelb), das Substrat wird auffallend verfärbt.

a. Substrat weder grün noch blau verfärbt.

1. Es wird ein brauner Farbstoff in's Substrat abgeschieden: 1. B. brunneum.

2. Das Substrat wird rosenroth verfärbt.

α. Gelatine wird nicht verflüssigt: 2. B. rubefaciens.

β. Gelatine wird verflüssigt: 3. B. erythrogenes.

3. Das Substrat wird schön grau verfärbt: 4. B. dentale.

b. Substrat grün oder blau verfärbt, häufig fluorescirend.

1. Gelatine wird nicht verflüssigt.

α. Pathogenität nicht bekannt.

* Gelatine graublau, Milch blau verfärbt: 5. B. syncyanum.

** Gelatine grün oder grüngelb verfärbt.

§ Die Gelatinekolonien selbst sind gelb: 6. B. Zimmermanni.

§§ Die Gelatinekolonien sind weiss, grauweiss oder grünlich.

× Kartoffelkultur fleischfarben: 7. B. scissum.

×× Kartoffelkultur grau, graugelb oder braun.

0 Kartoffelkultur grau oder graugelb.

† Auf Platten und Gelatinestichkulturen porzellanartige Tropfen: 8. B. cretaceum.

---

1) Auch hier sind nur auf künstlichen festen Nährböden wachsende Arten aufgeführt; die noch nicht so kultivirten haben keinerlei Anrecht auf Berücksichtigung.

†† Auf Gelatine dünne, ausgebreitete, oft farnwedelartige Auflagerungen.
. Zellen zu langen Fäden aneinandergereiht: 9. B. longum.
.. Zellen keine Fäden bildend: 10. B. tenue.
00 Kartoffelkultur braun oder gelbbraun.
† Mit lebhafter Eigenbewegung: 11. B. putidum.
†† Ohne Eigenbewegung.
. Auflage des Gelatinestichs tropfenförmig: 12. B. iris.
.. Auflage des Gelatinestichs coli-artig ausgebreitet. 13. B. immobile.
β. Bei Impfung für Meerschweinchen pathogen: 14. B. Lepierrei.
2. Gelatine wird verflüssigt.
α. Auf Traubenzuckeragar ohne Gasentwickelung.
* Das Substrat wird blau verfärbt.
§ Farbstoffbildung gering; fakultativ anaërob: 15. B. chromoaromaticum.
§§ Farbstoffbildung intensiv; aërob: 16. B. pyocyaneum.
** Das Substrat wird grün verfärbt.
§ Grünfärbung sehr intensiv, auch in durchfallendem Licht sehr deutlich.
× Verflüssigung der Gelatine sehr rasch vor sich gehend; Kulturen ohne Jasmingeruch: 16. B. pyocyaneum β.
×× Verflüssigung nach 8 Tagen erst beginnend; Kulturen mit Jasmingeruch: 17. B. smaragdinum.
§§ Grünfärbung nur bei auffallendem Licht deutlich, bei durchfallendem in Gelb verwandelt.
× Gelatineplattenkolonien vergr. mit Ausläufern: 18. B. carabiforme.
×× Gelatineplattenkolonien ohne Ausläufer.
0 Kartoffelkultur braun.
† Verflüssigte Gelatine dünn, wässerig: 19. B. minutissimum.
†† Verflüssigte Gelatine fadenziehend: 20. B. viscosum.
00 Kartoffelkultur grau oder gelblich (letztere später oft dunkler gefärbt und in gelbbraun übergehend!).
† Kartoffelkultur grau: 21. B. graveolens.
†† Kartoffelkultur ± gelb.
. Verflüssigung rapide vor sich gehend; Kartoffelkultur missfarben.
| Gelatinekolonien mit festgallertigem Bodensatz; Zellen mit dicken Schleimhüllen: 22. B. Termo.
|| Gelatinekolonien mit lockerem, leicht aufrührbarem Bodensatz; Zellen ohne oder nur mit sehr dünnen Schleimhüllen: 23. B. fluorescens.
.. Verflüssigung langsam; Kartoffelkultur hell chromgelb oder grüngelb: 24. B. turcosum.
β. Mit Gasentwickelung auf Traubenzuckeragar: 25. B. ranicida.

II. Die Kolonien selbst sind gefärbt; das Substrat wird nicht auffallend verfärbt.
a. Kolonien blau, blaugrau oder violett.
1. Kolonien blaugrau: 26. B. glaucum.
2. Kolonien tiefblau oder violett.
α. Gelatine wird nicht verflüssigt: 27. B. indigoferum.
β. Gelatine wird verflüssigt.
* Kartoffelkultur schmutzig gelb- bis olivgrün: 28. B. amethystinum.
** Kartoffelkultur tief violett: 29. B. violaceum.
b. Kolonien roth oder gelb.
1. Kolonien roth.
α. Gelatine wird nicht verflüssigt.
* Rothfärbung schwach, fleischfarben.
(§ Besonders die Kartoffelkultur färbt das Substrat rosaroth: cf. 2. B. rubefaciens.)
§§ Kartoffel von der Kultur nicht verfärbt: 30. B. rubescens.
** Intensiv ziegelrothe Kolonien: 31. B. lateritium.
β. Gelatine wird verflüssigt.
(* Nur bei Luftabschluss roth bis rothbraun gefärbt, bei Luftzutritt weiss: cf. 67. B. sulfureum.)
** Rother Farbstoff bei Luftzutritt gebildet.
§ Kulturen fleischroth.
× Kulturen auch im Licht fleischroth: 32. B. carnosum.
×× Kulturen nur in der Dunkelheit fleischroth, im Licht weiss: 33. B. roseum.
§§ Kulturen braunroth: 34. B. rubidum.
§§§ Kulturen lebhaft roth, besonders Kartoffelkulturen.
× Wachsthum auf Agar rosaroth: 35. B. metalloides.
×× Wachsthum auf Agar intensiv roth.
0 Nach Gram gefärbt: 36. B. pyocinnabareum.
00 Nach Gram entfärbt.
† Mit Eigenbewegung.
. Farbstoff wasserlöslich: 37. B. piscatorum.
.. Farbstoff nicht wasserlöslich.
| Farbstoff wird durch Zink-Salzsäure entfärbt: 38. B. Kiliense.
|| Farbstoff durch Zink-Salzsäure nicht reduzirt.
* Farbstoff ziegelroth: 39. B. indicum.
** Farbstoff purpurroth: 40. B. prodigiosum.
*** Farbstoff karminroth: 41. B. rubrum.
†† Ohne Eigenbewegung: 42. B. miniaceum.
2. Kolonien gelb (wenn die gelbe [weissgelbe etc.] Farbe zweifelhaft, siehe unter B.).
α. Gelatine wird verflüssigt.
(* Grüngelb, besonders auf Agar; mit oft undeutlicher Fluorescenz: cf. 24. B. turcosum.)
** Nicht grüngelb.
§ Kartoffelkulturen dunkel- (orange-, gummigutt-, ocker-) gelb.
× Verflüssigung rasch (noch auf der Gelatineplatte) eintretend.

0 Gelatineplattenkolonien vergr. mit faserigem Rand.
† Bakteriensatz der verflüssigten Gelatinestichkultur orange- oder dunkel chromgelb.
. Längs des unverflüssigten Gelatinestiches graue wolkige Färbung: 43. B. arborescens.
.. Längs des Stiches keine Wolkenbildung: 44. B. villosum.
†† Bakteriensatz hellgelb: 45. B. radiatum.
00 Gelatineplattenkolonien ohne faserigen Rand: 46. B. ochraceum.
×× Verflüssigung erst nach 1 bis mehreren Wochen eintretend.
0 Agarkultur blassgelb, Kartoffelkultur dottergelb: 47. B. nubilum.
00 Agarkultur dunkelgelb.
† Kartoffelkultur tief und leuchtend orangefarben: 48. B. fulvum.
†† Kartoffelkultur braungelb: 49. B. fuscoluteum.
§§ Kartoffelkultur citron-, grau- oder lehmgelb.
× Kartoffelkultur graugelb: 50. B. plicatum.
×× Kartoffelkultur citron-, lehm- oder wachsgelb.
| Milch wird schleimig und schmeckt seifenartig: 51. B. saponaceum.
|| Milch wird nicht so verändert.
0 Verflüssigung rasch, schon auf der Platte: 52. B. cadaveris.
00 Verflüssigung langsam, erst nach 1 Woche oder später deutlich.
† Kartoffelkultur citrongelb.
. Tiefliegende Gelatineplattenkolonien vergr. maulbeerartig zerklüftet: 53. B. citreum.
.. Solche Kolonien vergr. homogen: 54. B. helvolum.
†† Kartoffelkultur lehmgelb; Rand der oberfl. Gelatinekolonie coli-artig: 55. B. subflavum.
β. Gelatine wird nicht verflüssigt.
* Stich der Gelatinestichkultur mit faserigen Ausläufern: 56. B. solare.
** Gelatinestich ohne Ausläufer.
§ Kartoffelkultur ausgesprochen gelb.
× Kartoffelkultur schwefelgelb: 57. B. flavocoriaceum.
×× Kartoffelkultur dunkler gelb.
† Gelatinekultur citrongelb: 58. B. constrictum.
†† Gelatinekultur orange- oder dunkel chromgelb oder gelbbraun.
. Wachsthum der oberflächlichen Kolonien vergr. coli-artig, mit tiefgelbem Centrum und milchweissem, gelapptem Rand: 59. B. aurilobum.
.. Wachsthum nicht coli-artig.
| Gelatineplattenkolonien vergr. radial zerklüftet: 60. B. luteum.
|| Gelatineplattenkolonien vergr. homogen.

∗ Gelatine- und Agarkolonien gelbbraun: 61. B. Dittrichii.
∗∗ Diese Kolonien lebhaft gelb.
△ Nach Gram gut gefärbt: 62. B. fuscum.
△△ Nach Gram entfärbt.
— Wachsthum auf Kartoffel schlecht, auf den Impfstrich beschränkt: 63. B. aurantiacum.
= Wachsthum auf Kartoffeln gut: 64. B. chrysogloea.
§§ Kartoffelkulturen weisslichgelb, graugelb oder nicht gelingend.
× Wachsthum auf Kartoffel vorhanden; Gelatineplattenkolonien vergr. mit stacheligen Spitzen: 65. B. spiniferum.
×× Wachsthum auf Kartoffel fehlt; für Mäuse bei subcutaner Injektion rasch tödtlich: 66. B. canale.

B. Kulturen ungefärbt, weiss, grau oder missfarben.
I. Gelatine wird verflüssigt.
a. Bei Luftabschluss werden die Kulturen braunroth: 67. B. sulfureum.
b. Bei Luftabschluss gewachsene Kolonien nicht braunroth.
1. Aus Traubenzuckeragar wird Gas gebildet.
α. Stäbchen ohne Eigenbewegung: 68. B. disciformans.
β. Stäbchen mit Eigenbewegung.
∗ Kulturen mit sehr starkem, latrineartigem Gestank: 69. B. foetidum.
∗∗ Kulturen ohne oder doch nicht mit solchem Gestank.
× Kartoffelkulturen dunkel, gleich oder bald bräunlich.
§ Verflüssigung rapid, strumpfförmig; Verflüssigungsschale der Plattenkolonien nach 3 Tagen schon etwa 1 cm breit: 70. B. punctatum.
§§ Verflüssigung langsamer, horizontal; Verflüssigungsschale nach 3 Tagen gerade wahrnehmbar: 71. B. vernicosum.
×× Kartoffelkultur hell, weissgelb.
§ Verflüssigung lochartig: 72. B. annulatum.
§§ Verflüssigung nicht lochartig: 73. B. cloacae.
2. Aus Traubenzuckeragar wird kein Gas gebildet.
α. Milchkulturen werden schleimig-fadenziehend: 74. B. Hessii.
β. Schleimigwerden der Milch nicht bekannt.
∗ Die Kulturen selbst sind schleimig-fadenziehend: 75. B. mucosum.
∗∗ Kulturen nicht schleimig-fadenziehend.
§ Kartoffelkulturen fleischfarben.
× Verflüssigung langsam vor sich gehend; Kulturen mit penetrantem Gestank: 76. B. pestiferum.
×× Verflüssigung rapid; Kulturen ohne so üblen Geruch: 77. B. liquidum.
§§ Kartoffelkultur nicht fleischfarben.
× Kartoffelkultur ± (ocker-, grau-, braun-) gelblich.
0 Gelatineplattenkolonien vergr. mit stark faserigem Rand; Verflüssigung rasch.
(† Gelatineplattenkolonie vor der Verflüssigung mycelartig: cf. 45. B. radiatum.)
†† Gelatineplattenkolonien homogen: 78. B. coronatum.

00 **Gelatineplattenkolonien scharfrandig; Verflüssigung langsam: 79. B. guttatum.**

×× **Kartoffelkultur weiss, grau, missfarben oder nicht gelingend.**

0 **Gelatineplattenkolonien vergr. mit auswandernden kleineren Kolonien: 80. B. vulgare.**

00 **Ohne auswandernde Kolonien.**

† **Gelatineplattenkolonien vergr. mycelartig aus Fäden zusammengewirrt: 81. B. implexum.**

†† **Gelatineplattenkolonien nicht mycelartig.**

. **Gelatineplattenkolonien vergr. mit Strahlenkranz.**

| **Wachsthum auf Kartoffel fehlt.**

* **Mit lebhafter Eigenbewegung; nicht pathogen für Fische: 82. B. devorans.**

** Ohne Eigenbewegung; pathogen für Fische: 83. B. salmonicidum.

|| Wachsthum auf Kartoffel vorhanden.

(△ Gelatinestichkultur langsam verflüssigend; längs des Stichs Wolkenbildung: cf. 47. B. nubilum.)

△△ Gelatinekultur ohne Wolkenbildung.

(— Gelatinekultur ein cylindrisches Loch, dessen Wände mit weisser Bakterienmasse belegt sind: cf. 72. B. annulatum.)

= Die Gelatine wird nicht lochartig verflüssigt (aufgezehrt): 84. B. centrale.

.. Gelatineplattenkolonien ohne Strahlenkranz.

| Kulturen verflüssigen rasch.

* Kulturen ohne auffälligen Gestank: 85. B. spumosum.

** Kulturen sehr übelriechend: 86. B. impudicum.

|| Kulturen verflüssigen sehr langsam die Gelatine.

(△ Gelatineplattenkolonien vergr. maulbeerartig zerklüftet: cf. 50. B. plicatum.)

△△ Gelatineplattenkolonien nicht so.

(* Kartoffelkultur gelbgrün: cf. 79. B. guttatum.)

** Kartoffelkultur nicht so.

□ Gelatineplattenkolonien vergr. maschig gefeldert: 87. B. vermiculosum.

□□ Gelatineplattenkolonien nicht so.

+ Gelatineplattenkolonien mit differenzirtem hellbraunem Centrum; Verflüssigung spät, dann aber rapid: 88. B. aquatile.

++ Gelatineplattenkolonien homogen; Verflüssigung sehr langsam: 89. B. diffusum.

II. Gelatine wird nicht verflüssigt.

(a. Im Dunkeln gehaltene Kulturen sind schön fleischroth; cf. 33. B. roseum.)

b. Kolonien bei Lichtabschluss nicht roth werdend.

1. Aus verdünntem Alkohol wird Essigsäure gebildet.

α. Auf sterilisirtem Bier gewachsene Bakterienhäute bläuen sich nicht mit Jod: 90. B. aceti.

β. So gewachsene junge Bakterienhäute bläuen sich mit Jod.
* Bei 34° gewachsene Bierkulturen bleiben klar, wenn sie in Zimmertemperatur gebracht werden: 91. B. Pasteurianum.
** Solche Bierkulturen trüben sich und klären sich dann wieder unter Bildung eines Bodensatzes: 92. B. Kützingianum.
2. Aus Alkohol wird keine Essigsäure gebildet.
α. Auf Zuckeragar (besonders in tiefer Schicht) Gasbildung.
* Stäbchen ohne Eigenbewegung.
§ Pathogenität nicht bekannt: 93. B. Grotenfeldti.
§§ Bei subcutaner Injektion pathogen.
× Im Thierkörper und häufig auch in Kulturen mit Kapsel: 94. B. Pneumoniae.
×× Stäbchen ohne Kapseln.
0 Zucker wird zu Propionsäure (mit Spuren von Essigsäure) vergoren: 95. B. cavicida.
00 Zucker wird zu Milchsäure vergoren.
† Bei subcutaner Injektion nicht pathogen für Mäuse, wohl aber für Kaninchen etc.: 96. B. lactis.
†† Pathogen für Mäuse: 97. B. tholoeideum.
** Stäbchen mit Eigenbewegung.
§ Bouillon wird durch das Wachsthum fadenziehend: 98. B. gliscrogenum.
§§ Bouillon wird nicht fadenziehend.
× Pathogenität nicht beobachtet; Auflage der Gelatinestichkultur tropfenförmig: 99. B. aërogenes.
×× Für Kaninchen und Meerschweinchen, seltener auch für Mäuse bei subcutaner Injektion, oft für Mäuse bei Infektion per os pathogen; Auflage der Gelatinestichkultur dünn, selten breiig, angedrückt — ausgebreitet, am Rand gekerbt: 100. B. coli.
β. Auf Zuckeragar findet keine Gasbildung statt.
* Gelatineplattenkolonien zeigen das Ausschwärmen kleinerer Kolonien.
§ Stäbchen ohne Eigenbewegung.
× Kartoffelkultur grauweiss, später graubräunlich: 101. B. nacraceum.
×× Kartoffelkulturen schmutzig gelb: 102. B. multipediculum.
§§ Stäbchen mit Eigenbewegung: 103. B. Zopfii.
** Ein Ausschwärmen von Kolonien ist nicht zu beobachten.
§ Gelatinestich erst mit haarartigen Aesten, dann mit zarter Wolkenbildung: 104. B. murisepticum.
§§ Gelatinestich ohne Wolkenbildung.
(× Gelatineplattenkolonien vergr. igelartig mit feinen Stacheln: cf. 65. B. spiniferum.)
×× Solche Kolonien ohne Stacheln.
0 Bei subcutaner oder intravenöser Injektion nicht pathogen für die gewöhnlichen Versuchsthiere.
† Milch wird schleimig und lässt sich in lange Fäden ausziehen.

. Ohne Kapsel; Milch wird schwach sauer: 105. B. pituitosum.
.. Mit Kapsel; Milch schwach alkalisch: 106. B. viscolactis.
†† Schleimigwerden von Milch nicht beobachtet.
. Hydratisirt Harnstoff, Gelatinekolonien fast unsichtbar, schleierartig: 107. B. ureae.
.. Hydratisirt Harnstoff nicht oder wenn dies geschieht, dann Kolonien nicht schleierartig.
| Zellen mit starker Kapsel; Kulturen säuern Milch: 108. B. limbatum.
|| Zellen ohne Kapsel oder mit solcher, aber Kulturen säuern dann Milch nicht.
△ Stäbchen ohne Eigenbewegung.
— Gelatine- und Kartoffelkulturen mit starkem Gestank; Stäbchen sich gleichmässig färbend: 109. B. ovatum.
= Ohne auffälligen Gestank oder mit solchem, dann Stäbchen ungleichmässig gefärbt.
□ Rasch mit wässerigen Anilinfarben tingirte Stäbchen nehmen an ihren Polen die Farbe stärker an als in der Mitte; Wachsthum auf Kartoffel stark, schleimig: 110. B. Zürnianum.
□□ Stäbchen färben sich gleichmässig.
+ Wachsthum auf Gelatine schlecht, die Kolonien bleiben klein: 111. B. Güntheri.
++ Wachsthum auf Gelatine gut.
* Gelatinestichkultur mit kugeliger oder tropfenartiger Auflage: 112. B. candicans.
** Gelatinestichkultur mit flacher, ausgebreiteter Auflage.
╫ Gelatineauflage sehr zart, hauchartig dünn. 113. B. halans.
╫╫ Gelatineauflage dicker.
∫ Gelatineplattenkolonien vergr. nicht zerklüftet.
⌐ Stäbchen nur minimal länger als breit, unter 1 μ lang: 114. B. minutum.
⌐⌐ Stäbchen grösser, deutlich länger als dick.
. Streng aërob, Kartoffelkultur graugelb: 115. B. sericeum.
.. Fakultativ anaërob, Kartoffelkultur weisslichgelb: 116. B. pateriforme.
∫∫ Gelatineplattenkolonien vergr. sternartig radial zerklüftet: 117. B. stellatum.
△△ Stäbchen mit deutlicher Eigenbewegung.
(— Die Kartoffelkultur färbt das Substrat rosenroth: cf. 2. B. rubefaciens.)

= Kartoffel wird nicht oder schmutzig verfärbt.
□ Gelatinestichkultur mit tropfenförmiger, halbkugeliger Auflage: 118. B. album.
□□ Gelatinestichkultur mit ausgebreiteter Auflage.
(+ Oberflächliche Gelatineplatten-Kolonien vergr. ohne Linien und Furchen: cf. 109. B. ovatum.)
++ Solche Kolonien oft mit gefaltetem Centrum: 119. B. azureum.
00 Bei subcutaner oder intravenöser Injektion pathogen für Versuchsthiere.
† Junge tiefliegende Gelatineplattenkolonien vergr. mit dunkelgrünem, von der bläulichgrünen Peripherie durch einen konzentrischen Ring abgegrenztem Centrum: 120. B. Uptadelense.
†† Gelatineplattenkolonien nicht so.
. Stäbchen nach Gram gefärbt.
| Kartoffelkultur grauweiss: 121. B. crassum.
|| Kartoffelkultur braun: 122. B. vesicae.
.. Stäbchen nach Gram entfärbt
| Stäbchen mit Eigenbewegung.
△ Wachsthum auf Kartoffel unsichtbar: 123. B. typhi.
△△ Wachsthum auf Kartoffel von Anfang an sichtbar.
— Sehr starke Alkalibildung: 124. B. alcaligenes.
= Diese nicht vorhanden: 125. B. Kleinii.
(|| Stäbchen ohne Eigenbewegung, Wachsthum auf Kartoffel fehlt: cf. 66. B. canale.)

1. **B. brunneum** Schroet. (= **Bac. brunneus** Schroet., **B. fuscus limbatus** Scheibenz., **Bac. fuscus** Flügge): Stäbchen meist lang und schmal, beweglich; Gelatineplattenkolonien knopfartig, bräunlich, vergr. braunschwarz mit hellem Hof umgeben; Gelatinestichkulturen mit rothbrauner Auflage, sackförmig dem Stich entlang wird das Substrat braun gefärbt; Agarkultur dunkelbraun. Da und dort zufällig auftretend.

2. **B. rubefaciens** Mez (= **Bac. rubefaciens** Zimmerm.): Stäbchen 0,75—1,7 μ lang, ± 0,35 μ breit, lebhaft beweglich; Gelatineplattenkolonien vergr. scharfrandig, körnig, gelblich oder bräunlich; Gelatinestichkultur mit ziemlich dicker, weissgrauer, später gelblich werdender Auflage; Agarkultur glatt, blaugrau; Kartoffelkultur gelblichgrau, später braunröthlich. In Leitungswasser.

3. **B. erythrogenes** Lehm. et Neum. (= **Bact. lactis erythrog.** Hüppe): Stäbchen 1—1,4 μ lang, 0,3—0,5 μ breit, unbeweglich; Gelatineplattenkolonien erst grauweiss, dann gelblich, mit schwacher Rosafärbung der Gelatine; Stichkultur mit wenig prominirender Auflage, verfl. Gelatine

rosafarben; Agarkultur gelblich; Kartoffelkultur grauweiss, dann gelb. In Milch und Rindermist.

4. **B. dentale** Mez (= **Bac. dentalis viridans** Mill.): Leicht gekrümmte Stäbchen mit gerundeten Enden; Gelatineplattenkolonien vergr. farblos oder schwach gelblich, konzentrisch gezont; Gelatinestichkulturen mit grauer opalisirender Verfärbung; Agarkulturen bei auffallendem Licht grünlich grau. In der Mundhöhle, wohl auch anderwärts. Zweifelhafte Art.

5. **B. syncyanum** Schroet. (= **Bac. cyanogenus** Flügge): Stäbchen 1,2—3 μ lang, 0,3—0,5 μ breit, lebhaft beweglich; oberfl. Gelatineplattenkolonien vergr. gelblich weiss, fein ausgebreitet, mit zackigem Rand; Agarkulturen mit weisslich- oder grünlichgrauer Auflage; Milchfärbung bei Anwesenheit von Säure am schönsten. In Milch („Blaue Milch").

6. **B. Zimmermanni** Mez (= **Bac. fluorescens aureus** Zimmerm.): Stäbchen 1,5—2,5 μ lang, ± 0,74 μ breit, lebhaft beweglich; oberflächl. Gelatineplattenkolonien vergr. mit dünnem gezacktem Rand und dicker Mitte; Gelatinestichkultur mit erst dünner, später dicker, schliesslich ockergelber Auflage; Agarkultur ocker- bis goldgelb. In Leitungswasser.

7. **B. scissum** Mez (= **Bac. scissus** Frankl.): Stäbchen kurz und dick, unbeweglich; Gelatinestichkulturen mit sehr dünner, glatter, schwachgrüner, gezackt und unregelmässig berandeter Auflage. Im Boden.

8. **B. cretaceum** Mez (= **Bac. fluorescens albus** Zimmerm.): Stäbchen 1—1,5 μ lang, ± 0,78 μ breit, lebhaft beweglich; Gelatineplattenkolonien (oberflächliche) vergr. mit gelapptem und gekerbtem dünnem Rand; Gelatinestichkulturen mit weisslicher bis gelblichweisser, tropfenförmiger Auflage; Agar- und Kartoffelkultur grau, letztere später bräunlich. In Leitungs- und Kanalwasser.

9. **B. longum** Mez (= **Bac. fluorescens longus** Zimmerm.): Stäbchen 1,4—1,7 μ lang, 0,83 μ breit, meist in langen Fäden, lebhaft beweglich, nach Gram färbbar; Gelatineplattenkolonien vergr. gelblich, mit gelapptem Rand, darmartig gerunzelt; Agarkultur dick, saftig. In Leitungs-Wasser.

10. **B. tenue** Mez (= **Bac. fluorescens tenuis** Zimmerm.): Stäbchen 1—1,9 μ lang, ± 0,8 μ breit, nicht in Fäden, beweglich, nach Gram nicht färbbar; Gelatineplattenkolonien dünn, grau, gezacktrandig; Agar- und Kartoffelkultur mit ziemlich schwachem Wachsthum. In Leitungswasser.

11. **B. putidum** Lehm. et Neum. (= **Bac. fluorescens putidus** Flügge): Stäbchen 1,6—5 μ lang, 0,4—0,8 μ breit, lebhaft beweglich, nach Gram nicht färbbar; Gelatineplattenkolonien wie die von Nr. 8 bis 10, etwas variabel; Agar- und Kartoffelkulturen gut wachsend. In Leitungs-, Fluss- und Kanalwasser, im Boden etc.

12. **B. Iris** Mez (= **Bac. Iris** Frick): Stäbchen kurz, dünn, mit abgerundeten Enden, unbeweglich; Gelatineplattenkolonien weisslich, kegelförmig; Agarkultur schmutzig grünlichweiss. In Wasser.

13. **B. immobile** Mez (= **B. fluorescens non liquefaciens** Eisenbg., **Bac. XII.** Dittrich): Stäbchen 0,8—1,5 μ lang, 0,7—0,8 μ breit, unbeweglich, nach Gram nicht färbbar; Gelatineplattenkolonien vergr. mit gekerbtem Rand, gerunzelt; Gelatinestichkultur mit dicker, weisser Auflage; Agarkultur erst grauweisslich, später gelblichbraun; Kartoffelkultur gelblichweiss, braun werdend. In Leitungs-, Fluss- und Kanalwasser, häufig.

14. **B. Lepierrei** Mez: Stäbchen 2—3 μ lang, 0,5 μ breit, unbeweglich, nach Gram nicht färbbar; Gelatineplattenkolonien rund, gelbbraun, nach 5 Tagen grün werdend. Kartoffeln werden schwarz, Milch alkalisch. Geimpfte Meerschweinchen sterben nach 1—6 Tagen (Leberabscesse und Peritonitis). In Wasser.

15. **B. chromoaromaticum** Mez (= **Bac. chromo-aromaticus** Galt.): Stäbchen mittelgross, mit abgerundeten Enden, beweglich; Gelatinestichkulturen mit gelblichweissem Häutchen auf der verfl. Gelatine und ebensolchem Bodensatz; Agarkulturen weisslich, dünn; Kartoffelkulturen ziemlich dick, braun. Kaninchen erkranken und sterben bei intravenöser Injektion nach 3—4 Wochen.

16. **B. pyocyaneum** Lehm. et Neum. Stäbchen 1,4—6 μ lang, 0,4 μ breit, lebhaft beweglich, nach Gram färbbar; Gelatineplattenkolonien vergr. (aufliegende) mit hellem, gebuchtet-gelapptem Rand und dunklerer Mitte; Gelatinestichkulturen mit rascher, erst schalen- dann cylinderartiger Verflüssigung; Agarkulturen dick, gelblich bis grün. — var. β. viridificans Mez: In jeder Beziehung gleich, nur Verfärbung nicht blau, sondern grün oder gelbbraun. In Eiter (blauer Eiter), Fäces, Mund etc.

17. **B. smaragdinum** Mez (= **Bac. smaragdinus foetidus** Reim.): Schlanke Stäbchen; Gelatineplattenkolonien erst weisslich, dann grün; Gelatinestichkulturen nach 2 Tagen geringe trichterförmige Einsenkung, nach 8 Tagen deutliche Verflüssigung zeigend; Kartoffelkulturen chokoladebraun. In Sekreten; sehr zweifelhafte Art.

18. **B. carabiforme** Mez (= **Bac. carabiformis** Kacz.): Stäbchen sehr klein, sehr lebhaft beweglich; Gelatineplattenkolonien klein, mit ausstrahlenden länglichen, zackigen Flecken; Agarkulturen gelblichweiss.

19. **B. minutissimum** Mez (= **Bac. fluoresc. liquefac. minutissimus** Unna): Stäbchen 1,5—2 μ lang, 0,3 μ breit, oft in Fäden, beweglich, nach Gram nicht färbbar; Gelatineplattenkolonien vergr. erst homogen graugelb, dann brockig in weiter Verflüssigungszone; Gelatinestichkultur rapid verflüssigt; Agarkultur breiartig, gelbbraun; Kartoffelkultur hell- bis kastanienbraun. Auf menschlicher Haut, in Kanalwasser.

20. **B. viscosum** Mez (= **Bac. viscosus** Frankl.): Stäbchen 1,5 bis 2 μ lang, ± 0,5 μ breit, einzeln oder zu zweien, lebhaft beweglich; Gelatineplattenkolonien vergr. mit feinfaserigem Rand; Agarkultur grünlichweiss; Kartoffelkultur chokoladebraun. In Erde und Flusswasser.

21. **B. graveolens** Bord.-Uffred. (= **Bact. Termo** Vign., non Cohn): Stäbchen 0,8—1,2 μ lang, 0,6—0,7 μ breit, lebhaft beweglich, nicht nach Gram färbbar; Gelatineplattenkolonien ohne faserigen Rand; Gelatinestichkulturen rapid verflüssigt; Agarkulturen grau-missfarben, breiig; Kartoffelkulturen grau. Alle Kulturen stinken nach altem Käse. In Kanalwasser, am menschlichen Körper, häufig.

22. **B. Termo** Cohn: Stäbchen 0,7—1,3 μ lang, 0,5 μ breit, ganz kurze Zeit bewegt bald in dicken Schleim sich einhüllend und unbeweglich werdend, nicht nach Gram färbbar; Gelatineplattenkolonien ohne faserigen Rand; Gelatinestichkulturen rapid verflüssigt, intensiv nach Käse stinkend; Agar- und Kartoffelkulturen erst gelblich, dann gelbbraun. Vork. wie bei Voriger, häufig.

23. **B. fluorescens** Lehm. et Neum. (Fig. 22) (= **Bac. fluorescens liquefaciens** Flügge): Stäbchen 0,8—1,5 μ lang, ± 0,6 μ breit, einzeln, lebhaft beweglich, nicht nach Gram färbbar; Gelatineplattenkolonien vergr. zuerst homogen, braungelb, dann brockig zerfallend, in weiter Verflüssigungszone; Gelatinestichkolonien rapid verflüssigt; Agarkultur breiig, grüngrau; Kartoffelkulturen erst schmutziggelb, endlich fast braun werdend. Alle Kulturen mit (nicht käseartigem) Fäulnissgeruch. Ueberall in Wasser etc. gemein.

24. **B. turcosum** Lehm. et Neum. (= **Bac. turcosus** Tat.): Stäbchen 1—1,8 μ lang, 0,54 μ breit, meist einzeln, beweglich, nach Gram nicht färbbar; Gelatineplattenkolonien vergr. blass gelbbräunlich, bald mit körnig-faserigem Rand; Gelatinestichkultur mit grünlich-schwefelgelber, gezähnter, langsam verflüssigender Auflage; Agarkultur ziemlich reichlich, grünlich-schwefelgelb. In Wasser.

25. **B. ranicida** Lehm. et Neum. (= **Bac. ranicida** Ernst): Morphologisch dem Typhus-Bacterium ähnlich, nur etwas schlanker, nach Gram nicht gefärbt; wächst gut auf allen Nährböden; bildet auf Kartoffeln einen hellbraunen, leicht erhabenen Belag. In Leitungswasser; Ursache der Frühlingsseuche der Frösche.

26. **B. glaucum** Mez (= **Bac. glaucus** Masch.): Stäbchen dünn, schlank, ohne Eigenbewegung; Gelatineplattenkolonien vergr. scharfrandig; Gelatinestichkultur rasch verflüssigt; Agarkultur üppig, grau; Kartoffelkultur schmutzigweiss, später dunkelgrau. In Wasser.

27. **B. indigoferum** Mez (= **Bac. indigoferus** Voges, **Bac. berolin. indic.** Eisenbg., **B. indigonaceum** Lehm. et Neum.): Stäbchen 1,6—3 μ lang, 0,8—0,9 μ breit, beweglich; aufliegende Gelatineplattenkolonien vergr. Coli-artig mit dünnem, gezacktem Rand, von der Mitte aus allmählich blau werdend; Agarkultur dick, indigoblau; Kartoffelkultur bei saurer Reaktion indigoblau, bei alkalischer schmutzig grün. Farbstoff unlöslich in Alkohol, blau löslich in verd. HCl. In Fluss- und Leitungs-Wasser.

28. **B. amethystinum** Mez (= **Bac. membranaceus amethystinus** Eisenbg.): Stäbchen ± 1—1,4 μ lang, 0,5—0,8 μ dick, unbeweglich; Gelatineplattenkolonien vergr. wie die von Nr. 27; Gelatinestichkultur langsam verflüssigt; Agarkultur nach 3—4 Wochen dunkelviolett, mit Metallglanz. In Brunnenwasser.

29. **B. violaceum** Mez (= **Bac. violaceus** Schroet., **Bac. ianthinus** Zopf): Stäbchen 1,6—5 μ lang, 0,5—0,8 μ breit, mit Eigenbewegung; Gelatineplattenkolonien vergr. anfangs wie vorige, bei Verflüssigung mit feinem Strahlenkranz; Gelatinestichkultur bald sehr rasch, bald langsam verflüssigt; Agarkultur tief violett; Farbstoff in Alkohol löslich. In Fluss- und Trinkwasser.

30. **B. rubescens** Mez (= **Bac. IV.** Dittrich, = **Bac. rubescens** Jord.): Stäbchen 1—2,8 μ lang, 0,5—0,8 μ breit, sehr lebhaft bewegt; Gelatineplattenkolonien vergr. glatt- und scharfrandig, homogen oder konzentrisch fein gezont, nicht oder leicht gekörnt, intensiv roth-orangefarben; Gelatinestichkulturen mit oberflächlichem, angedrücktem, stark konzentrisch gezeichnetem, rosarothem Wachsthum; keine Gasbildung aus Traubenzucker, keine Färbung nach Gram. In stark verdorbenem Fabrikabwasser und in Leitungswasser.

31. **B. lateritium** Lehm. et Neum. (= **Bac. latericeus** Adam.): Stäbchen 0,8—1,6 μ lang, 0,4—0,6 μ breit, unbeweglich, nach Gram färbbar; oberfl. Gelatineplattenkolonien mit durchscheinendem, gezacktem Rand, gewellt; Agarkultur zinnoberroth bis röthlichbraun. In Flusswasser und Staub.

32. **B. carnosum** Tils: Stäbchen ± 2 μ lang, 0,5 μ breit, lebhaft beweglich, nach Gram nicht färbbar; Gelatineplattenkolonie vergr. in Verflüssigungsschale, gelbröthlich, oft gezont, ohne Haarkranz; Agarkultur üppig, erst weisslich oder grau, dann fleischfarben; Kartoffelkultur reichlich wachsend, gleich tief fleischfarben. In Leitungs- und Kanalwasser.

33. **B. roseum** Mez (= **Bact. mycoides roseum** Scholl): Plumpe, kurze Stäbchen; Gelatineplattenkolonien roth, verfilzt, die Gelatine erweichend; Gelatinestichkultur schnell verflüssigend, mit röthlicher Oberflächenhaut und Bodensatz; Agarkultur im Licht gezogen weiss. In Erde.

34. **B. rubidum** Mez (= **Bac. rubidus** Eisenbg.): Stäbchen mittelgross, oft in langen Fäden, sehr beweglich; Gelatineplattenkolonien rund, feingekörnt, glattrandig, in der Mitte farbig, verflüssigend; Agarkultur raschwüchsig, braunroth; Kartoffelkultur ebenso, gut wachsend. In Wasser.

35. **B. metalloides** Mez (= **Bact. roseum metalloides** Dowd.): Stäbchen 1,2—2 μ lang, 0,6—0,8 μ breit, unbeweglich; Gelatineplattenkolonien vergr. mit dunklem Centrum, undurchsichtigem, gekörntem Rand, später roth und langsam verflüssigend; Agarkultur blass-, Kartoffelkultur hautartig schön roth, metallglänzend. Fundort unbekannt.

36. **B. pyocinnabareum** Mez (= **Bact. d. rothen Eiterung** Ferchm.): Kleine Stäbchen mit abgerundeten Enden, nach Gram färbbar, ohne Eigenbewegung; Gelatineplattenkolonien vergr. körnig, mit unregelmässig ausgebuchteten Rändern; Gelatinestichkultur trichterförmig verflüssigend, mit himbeerfarbenem Bodensatz; Agarkultur hellroth, glänzend, feucht, an den Rändern gefurcht; Kartoffelkultur erst gelblich, dann dunkelroth. In rothem Eiter gefunden, wohl auch anderwärts.

37. **B. piscatorum** Lehm. et Neum. Stäbchen 0,5—0,6 μ lang, lebhaft beweglich; Gelatine wird unter starker Schleimbildung und karminrother Färbung rasch verflüssigt; Agarkulturen fast ungefärbt; Kartoffelkulturen mit sehr schöner Farbe; Pigment wird durch Alkalien gelb. Auf Oelsardinen, wohl auch anderwärts.

38. **B. Kiliense** Lehm. et Neum. Sehr kurze Stäbchen (meist nicht über 1 μ lang), lebhaft beweglich; Gelatineplattenkolonien vergr. mit Haarkranz; Gelatinestichkolonien rasch verflüssigt; Zuckeragarkolonien mit starker Gasbildung, wie die Kartoffelkolonien ziegelroth. In Wasser.

39. **B. indicum** Lehm. et Neum. (= **Bac. indicus** Koch): Stäbchen sehr kurz, dünn, beweglich; Gelatineplattenkolonien vergr. mit Haarkranz; Gelatinestichkulturen rasch verflüssigend; Kartoffelkulturen mit schlechtem Wachsthum, ziegelroth.

40. **B. prodigiosum** Lehm. et Neum. (Fig. 21) (= **Microc. prodig.** Cohn): Stäbchen meist coccenartig (0,8—1 μ lang), doch häufig in kurzen, fadenartigen Verbänden, in Bouillon deutlich langgezogen, lebhaft beweglich; Gelatineplattenkolonien mit Haarkranz; Gelatinestichkolonien rasch verflüssigt; aus Zucker häufig Gasbildung; Kartoffelkolonien tief purpurroth, mit Metallglanz. In Fluss- und Leitungswasser, im Staub.

41. **B. rubrum** Mig. (= **Bac. ruber** Zimmerm.) Stäbchen 1—2,5 μ lang, 0,65 μ breit, stark beweglich; Gelatineplattenkolonien fein gekörnt, glattrandig, schalenförmig verflüssigend; Agar- und Kartoffelkulturen dick, karmin-, später violett-karminroth. In Leitungswasser.

42. **B. miniaceum** Mez (= **Bac. miniaceus** Zimmerm.): Stäbchen 0,92—1,45 μ lang, $\pm$ 0,65 μ breit, unbeweglich; Gelatineplattenkolonien vergr. mit buchtig gekerbtem, scharfem Rand; Agarkulturen dunkel siegellackroth; Kartoffelkulturen üppig, zinnober- bis mennigroth, stellenweise mit Metallglanz. In Leitungswasser.

43. **B. arborescens** Mez (= **Bac. arborescens** Frankl.): Stäbchen etwa 2,5 μ lang, 0,5 μ breit, oft in Fäden, unbeweglich; Gelatineplattenkolonien vergr. garbenähnlich mit Ausläufern; Gelatinestichkultur mit trichterförmiger Verflüssigung; Kartoffelkultur schmutzig orangefarben. In Leitungswasser.

44. **B. villosum** Mez (= **Bac. villosus** Tat.): Stäbchen 1,28 bis 1,95 μ lang, $\pm$ 0,7 μ breit, zuweilen in Fäden, unbeweglich, nach Gram nicht färbbar; Gelatineplattenkolonien vergr. mit schuppig-filziger Ober-

fläche; Gelatinestichkulturen trichterförmig verflüssigt; Agarkulturen dunkel chromgelb; Kartoffelkulturen erst zartgelblich, dann dunkel chromgelb, endlich braungelb. In Wasser..

45. **B. radiatum** Mez (= **Bac. radiatus** Zimmerm., **Bac. radiatus aquatilis** Eisenbg.): Stäbchen 1—6,5 μ lang, ± 0,65 μ breit, schwach beweglich, nach Gram schlecht färbbar; Gelatineplattenkolonien vergr. erst mycelartig, dann nach der Verflüssigung mit starkem Strahlenkranz; Gelatinestichkultur rasch verflüssigt; Agarkultur glatt, bei auffallendem Licht blass blaugrünlich; Kartoffelkultur bräunlich ockergelb. In Leitungswasser.

46. **B. ochraceum** Lehm. et Neum. (= **Bac. ochraceus** Zimmerm.): Stäbchen 1,25—4,5 μ lang, 0,65—0,75 μ breit, beweglich, nach Gram nicht färbbar; Gelatineplattenkolonien vergr. erst kreisrund, gekörnt, gelbbraun, später stark gebuchtet; Gelatinestichkultur erst trichterförmig, dann horizontal rasch verflüssigt; Agar- und Kartoffelkultur schwach, ockergelb. In Leitungswasser.

47. **B. nubilum** Lehm. et Neum. (= **Bac. nubilus** Frankl.): Stäbchen 2—3,5 μ lang, 0,33 μ breit, manchmal in Fäden, beweglich?, nach Gram nicht färbbar; Gelatineplattenkolonien vergr. aus Fäden zusammengewirrt; Agarkultur erst bläulichweiss, dann blassgelb. In Fluss- und Trinkwasser.

48. **B. fulvum** Mez (= **Bac. fulvus** Zimmerm.): Stäbchen 0,85 bis 1,30 μ lang, ± 0,8 μ breit, meist einzeln, unbeweglich, nach Gram färbbar; Gelatineplattenkolonien homogen, glatt- und scharfrandig; Agarkultur üppig, Kartoffelkultur dürftig, beide gummiguttgelb. In Leitungs- und Kanalwasser.

49. **B. fuscoluteum** Mez (= **Bac. Dittrich VIII.**): Stäbchen 0,8 bis 1 μ lang, 0,5 μ dick, meist einzeln, unbeweglich, Gelatineplattenkolonien vergr. mit nach einiger Zeit gefranztem Rand und sehr grob gekörnter Mitte; Gelatinestichkultur trichterförmig verflüssigend; Agarkultur dick, schmierig. In Leitungswasser.

50. **B. plicatum** Mez (= **Bac. plicatus** Zimmerm.): Stäbchen ± 0,45 μ breit, in schleimigen Zoogloeen, unbeweglich, nach Gram nicht färbbar; Gelatineplattenkolonien vergr. aus lauter Bröckchen zusammengesetzt; Gelatinestichkulturen mit weissgelber, gefalteter Auflage, die nach 8—14 Tagen einsinkt; Kartoffelkulturen dünn, bald vertrocknend. In Leitungswasser.

51. **B. saponaceum** Mez (= **Bact. lactis saponacei** Lehm. et Neum.): Stäbchen 1,9—1,6 μ lang, 0,4—0,5 μ breit, wenig beweglich; Gelatineplattenkolonien schleimig, weiss, später gelb, rundlich, scharfrandig; Gelatinestichkultur nach mehreren Tagen trichterförmig verflüssigend, mit gelben Flocken; Agarkultur erst weiss mit einem gelben Strich, in der Mitte später gelb; Kartoffel mit reichlicher, schleimiger, wachsgelber Auflage. In Milch, diese „seifig“ machend.

52. **B. cadaveris** Mez (= **Bac. citreus cadaveris** Strassm.): Stäbchen ± 0,9 μ lang, 0,6 μ breit, fast coccenartig, unbeweglich; Gelatineplattenkolonien vergr. homogen, scharfrandig; Gelatinestichkultur mit Aufzehrung des Substrats; Agarkultur dürftig, gelb; Kartoffelkultur trocken, leicht körnig.

53. **B. citreum** Mez (= **Ascobacillus citreus** Unna; = ? **Bact. VII. Dittrich**): Stäbchen 1,3 μ lang, 0,3 breit, meist einzeln, beweglich; Gelatineplattenkolonien vergr. scharfrandig, die tiefen brockig zerklüftet; Gelatinestichkulturen mit schleimiger, citrongelber Auflage, nach 5—6 Wochen erweicht; Agarkultur raschwüchsig, aus lauter Körnern zusammengesetzt, gelb bis orange. Auf der menschlichen Haut; in Leitungswasser?

54. **B. helvolum** Lehm. et Neum. (= **Bac. helvolus** Zimmerm.): Stäbchen 1,5—4,5 μ lang, ± 0,5 μ breit, beweglich, nach Gram färbbar; Gelatineplattenkolonien vergr. scharfrandig, homogen; Gelatinestichkulturen mit starker neapelgelber Auflage, sehr langsam verflüssigt; Agar- und Kartoffelkulturen üppig, letztere mit einem Stich ins Grüne. In Leitungswasser.

55. **B. subflavum** Mez (= **Bac. subflavus** Zimmerm.): Stäbchen 1,5 bis 3 μ lang, ± 0,77 μ breit, langsam beweglich, nach Gram nicht färbbar; Gelatineplattenkolonien vergr. scharfrandig, gebuchtet; Gelatinestichkulturen mit zarter, gelblichgrauer, später dunkler werdender, am Rand fein gekerbter Auflage; Agarkultur reichlich, Kartoffelkultur dürftig. In Leitungswasser.

56. **B. solare** Lehm. et Neum. Stäbchen 0,3—0,4 breit, in Fäden, unbeweglich, nach Gram nicht färbbar; Gelatineplattenkolonien vergr. leuchtend gelb, aus dicht gelegten radienartigen Fasern bestehend, mit Haarkranz; Agarkultur strohgelb; Kartoffelkultur langsam wachsend, mattweiss, später gelb. In Leitungswasser.

57. **B. flavocoriaceum** Mez (= **Bac. flavocoriaceus** Adam.): Stäbchen sehr klein, unbeweglich; Gelatineplattenkolonien vergr. grob gekörnt, mit braungelbem, von hellgelber Zone umgebenem Centrum; Gelatinestichkultur mit geringem, traubig-körnigem Oberflächenwachsthum. In Wasser.

58. **B. constrictum** Mez (= **Bac. constrictus** Zimmerm.): Stäbchen 1,5—6,5 μ lang, 0,75 μ dick, beweglich, nach Gram färbbar; Gelatineplattenkolonien vergr. gelblichgrau, gekörnt, mit scharfem, gezähneltem Rand; Gelatinestichkultur mit gekerbtrandiger, flacher, neapelgelber Auflage; Agar- und Kartoffelkulturen gut wachsend. In Trink- und Kanalwasser.

59. **B. aurilobum** Mez (= **Bac. aquatilis sulcatus V.** Weichselb.): Stäbchen 1,5—3 μ lang, 0,8—1 μ dick, oft in lange Fäden vereinigt, unbeweglich, nach Gram nicht färbbar; Gelatineplattenkolonien dicht dem Substrat angedrückt, tief goldgelb, mit zierlich gelapptem Rand, wulstig gefurcht; Agarkultur mit sehr dickem, breiartigem, lehmgelbem Wachsthum, mit unangenehm säuerlich-kleisterartigem Geruch; ohne Gasbildung aus Zucker. In Trinkwasser und Kanalabwässern, nicht häufig.

60. **B. luteum** List: Stäbchen plump und kurz, 1,1—1,3 μ lang, unbeweglich; Gelatineplattenkolonien vergr. aus vielen keulenartigen, selbst zusammengesetzten Stücken bestehend; Gelatinestichkulturen mit orangefarbenem Oberflächenbelag. In Wasser.

61. **B. Dittrichii** Mez (= **Bac. Dittrich V.**): Stäbchen 1,8 bis 2,5 μ lang, 0,7—0,8 μ breit, lebhaft beweglich; Gelatineplattenkolonien vergr. hellbräunlich, granulirt; Agarkultur mit gelbbräunlicher, leicht gekörnter Auflage. In Leitungswasser.

62. **B. fuscum** Mez (= **Bac. fuscus** Zimmerm.): Stäbchen 1,2 bis 3,5 μ lang. 0,5—0,7 μ breit, unbeweglich, nach Gram färbbar; oberfl. Gelatineplattenkolonien vergr. bräunlichgelb mit weissem Saum, scharfrandig; Gelatinestichkultur mit üppiger, tief chromgelber Auflage; Agarkultur faltig, üppig, chromockergelb; Kartoffelkultur krümelig, gut wachsend, chromgelb. In Fluss- und Kanalwasser.

63. **B. aurantiacum** Mez (= **Bac. aurantiacus** Frankl.): Stäbchen kurz und dick, schwach beweglich; Gelatineplattenkolonien vergr. dunkel, homogen, scharfrandig; Gelatinestichkultur und Agarkultur mit orangefarbener Auflage; Kartoffelkultur rothorange. In Trinkwasser.

64. **B. chrysogloea** Zopf: Stäbchen 1,4—4,6 μ lang, 0,76 μ breit, sehr lebhaft beweglich; nach Gram schlecht färbbar; mit starker Gallertentwicklung; Gelatineplattenkolonien vergr. bräunlichgelb, homogen, scharfrandig; Gelatinestich- und Agarkultur mit erst ockergelber, später einen Stich ins Ziegelrothe bekommender Auflage; Kartoffelkultur erst ocker-, dann orangegelb. In Fluss- und Schmutzwasser.

65. **B. spiniferum** Mez (= **Bac. spiniferus** Unna, ? **Bac. XIX.** Dittrich): Stäbchen 1,5—2,8 μ lang, 0,6—0,8 μ breit, unbeweglich, nach Gram nicht färbbar; Gelatineplattenkolonien vergr. homogen, mit allseitigen langen Stachelstrahlen; Gelatinekultur mit erst gelbweisser, dann etwas deutlicher gelb werdender gefalteter Auflage; Kartoffelkultur sehr dürftig, missfarben. In Leitungs- und Kanalwasser, auf menschlicher Haut.

66. **B. canale** Mez (= **Bac. canalis parvus** Eisenbg.): Stäbchen 2—5 μ lang, 0,8—1 μ breit, ohne Eigenbewegung, nach Gram nicht färbbar; Gelatineplattenkolonien noch nach 2—3 Wochen meist mikroskopisch klein, blassgelb, homogen, scharfrandig; Gelatinestichkultur mit dünner, gelblicher Auflage; Agarkultur trocken, mit zackigen Rändern. Bei subcutaner Injektion tödtlich für Mäuse etc. In Kanalwasser.

67. **B. sulfureum** Holschewn. Stäbchen 1,6—2,4 μ lang, 0,5 μ breit, langsam beweglich; Gelatineplattenkolonien scharfrandig, die Gelatine aufzehrend; Gelatinestichkulturen zeigen langsame Aufzehrung; wo Luft zukommt, ist die Bakterienmasse weiss, wo sie fehlt, rothbraun gefärbt; Kartoffelkultur nur bei Luftabschluss gelingend, röthlichbraun. In Kanalschlamm.

68. **B. disciformans** Lehm. et Neum. (= **Bac. disciformans** Zopf.): Stäbchen 2,8—4 μ lang, ± 1 μ breit unbeweglich, nach Gram nicht färbbar; Gelatineplattenkolonien (oberfl.) vergr. erst weiss, ausgebreitet, gezacktrandig, dann rasch verflüssigend, häufig mit kurzem Haarkranz; Gelatinestichkultur mit erst trichterförmiger, dann horizontaler Verflüssigung. Agarkultur dickbreiig, schmutzig weiss; Kartoffelkultur grau, runzelig werdend. In Kanalwasser.

69. **B. foetidum** Mez (= **Bact. foetidum liquefaciens** Lehm. et Neum. = **Bac. liquefaciens** Eisenbg.): Stäbchen 0,9—2,2 μ lang, ± 0,9 μ breit, sehr lebhaft beweglich, nach Gram nicht färbbar; Gelatineplattenkolonien vergr. erst scharfrandig, dann bald verflüssigt, unregelmässig brockig; Gelatinestichkultur rasch und breit verflüssigt; Agarkultur breiig, grauweiss; Kartoffelkultur schmierig, gelblich bis gelbbraun. In Leitungs- und Kanalwasser, sehr häufig.

70. **B. punctatum** Lehm. et Neum. (= **Bac. punctatus** Zimmerm., **Bac. gasoformans** Eisenbg.): Stäbchen 1—1,6 μ lang, ± 0,8 μ breit, sehr lebhaft beweglich, nach Gram nicht färbbar; Gelatineplattenkolonien vergr. mit schönem Haarkranz; Gelatinestichkulturen mit rascher schlauchförmiger Verflüssigung; Agarkulturen dünn, grau; Kartoffelkulturen üppig, bräunlich-fleischfarben, allmählich braun werdend. In Leitungs- und Kanalwasser.

71. **B. vernicosum** Mez (= **Bac. vernicosus** Zopf): Stäbchen ± 1,6 μ lang, 0,9 μ breit, beweglich, nicht nach Gram färbbar; Gelatineplattenkolonien vergr. scharf- und glattrandig, homogen; Gelatinestichkultur mit runder, bläulichgrauer oder weisser Auflage, dann verflüssigt; Agarkultur dünn, bläulichgrau, firnissglänzend; Kartoffelkultur erst weissgrau, dann graubraun. In Abwasser.

72. **B. annulatum** Mez (= **Bac. annulatus** Zimmerm.): Stäbchen 1,6—3,2 μ lang, ± 0,8 μ breit, lebhaft beweglich, nach Gram nicht färbbar; Gelatineplattenkolonien aus einer cylindrischen bis zum Boden reichenden Aushöhlung und die Wände derselben bedeckenden weissen Bakterienmasse bestehend, vergr. mit Haarkranz; Gelatinestichkultur zeigt in der oberen Hälfte cylindrische Aufzehrung; Agarkultur bräunlichgrau, Kartoffelkultur dünn, blass gelblichgrau. In Trink- und Kanalwasser.

73. **B. cloacae** Lehm. et Neum. „Oberflächliche Gelatinekulturen dünn, etwas unregelmässig begrenzt; üppige, uncharakteristische, gelbweisse Kartoffelkultur; lebhaft beweglich; sehr starke und rasche Gasbildung auf Dextrose und Saccharose".

74. **B. Hessii** Guilleb. Stäbchen 3—5 μ lang, 1,2 μ breit, stark beweglich, kapsellos; Gelatineplattenkolonien erst ganzrandig, später mit fadenförmigen Ausläufern, sehr rasch verflüssigend; Kartoffel mit reichlichem, dickem, schmutzigweissem, später bräunlichem Ueberzug. In Milch, dieselbe schleimig machend.

75. **B. mucosum** Mez (= **B. mucosus** Zimmerm.): Stäbchen 1,8 bis 2,4 μ lang, ± 0,9 μ breit, oft in langen Fäden, mit starker Schleimbildung, ohne Eigenbewegung, nach Gram nicht färbbar; Gelatineplattenkolonie vor der Verflüssigung homogen, scharfrandig; Gelatinestichkultur mit rascher, erst trichterförmiger, dann horizontaler Verflüssigung; Agarkultur dünn, grau; Kartoffelkultur dürftig, sich vom Substrat kaum abhebend. In (schleimig gewordenem) Trinkwasser.

76. **B. pestiferum** Mez (= **Bac. pestifer.** Frankl.)[1]: Stäbchen ± 2,3 μ lang, 1 μ breit, oft in Fäden, beweglich; Gelatineplattenkolonien vergr. aus Faserbündeln bestehend, die oberflächlichen mit glattem Centrum; Agarkolonien glänzend, durchscheinend, gezacktrandig; Kartoffelkulturen dick, unregelmässig, fleischfarben. In Staub.

77. **B. liquidum** Mez (= **Bac. liquidus** Frankl.): Stäbchen kurz und dick, 0,75—1,6 μ lang, sehr beweglich; Gelatineplattenkolonien vergr. glattrandig, homogen später bei beginnender Verflüssigung mit körnigzackigem Rand; Gelatinestichkultur rasch trichterförmig verflüssigend; Agarkultur raschwüchsig, glatt; Kartoffelkultur üppig, höckerig, fleischfarben. In Flusswasser.

78. **B. coronatum** Mez (= **Bac. XXIII.** Dittrich): Stäbchen 1,5—2,5 μ lang, ± 0,8 μ breit, lebhaft beweglich; Gelatineplattenkolonien vergr. mit fein radial gefranztem Rand; Gelatinestichkultur erst trichterförmig, dann horizontal verflüssigt; Agarkultur weiss, schmierig; Kartoffelkultur erst gelbbraun, dann röthlichgelb. In Leitungswasser.

79. **B. guttatum** Mez (= **Bac. guttatus** Zimmerm.): Stäbchen 1,11—1,13 μ lang, 0,93 μ breit, beweglich, nach Gram nicht färbbar; Gelatineplattenkolonien vergr. feinkörnig, scharfrandig, in der Mitte mit bräunlichem Schimmer, nach aussen farblos; Gelatinestichkulturen mit bläulichweisser Auflage, nach 4 Wochen verflüssigend; Agarkultur dünn, grauweiss; Kartoffelkultur schleimig, gelbgrau. In Leitungswasser.

80. **B. vulgare** Lehm. et Neum. (Fig. 23) (= **Proteus vulgaris** Hauser): Stäbchen 0,84—3,75 μ lang, 0,6 μ breit, oft in langen Fäden, stark beweglich, nach Gram nicht färbbar; Gelatineplattenkolonien vergr. mit meist lockigen Haarbündeln und ranken- oder rosenkranzförmig auswandernden kleinen Kolonien am Rand besetzt; Gelatinestichkultur nach 24 Stunden schlauchförmig verflüssigt; Agarkultur dünn, grauweiss; Kartoffelkultur gelblichgrau, schmierig. In Leitungs-, Fluss- und Kanalwasser, Faulflüssigkeiten, Kadavern etc. — Hierher scheint das von Dittrich beschriebene Bakterium Nr. XVII. zu gehören.

81. **B. implexum** Mez (= **Bac. implexus** Zimmerm.): Stäbchen ± 2,5 μ lang, 1,15 μ breit, in ganz jungen Kulturen beweglich, rasch

[1]) Nicht zu verwechseln mit B. pestis Lehm. et Neum., dem Erreger der Bubonenpest.

unbeweglich werdend, nach Gram färbbar, meist in Ketten; Gelatineplattenkolonien vergr. aus lauter Fäden filzig verflochten; Gelatinestichkultur ziemlich langsam horizontal verflüssigt; Agarkultur dick, weiss, bald faltig; Kartoffelkultur gelblich- bis weissgrau; es werden sehr dickwandige, aber nicht nach Moeller isolirt färbbare Dauerzellen durch Membranverstärkung (Arthrosporen) gebildet. In Leitungswasser.

82. **B. devorans** Mez (= **Bac. devorans** Zimmerm.): Stäbchen 0,99—1,2 μ lang, ± 0,74 μ breit, lebhaft beweglich, nach Gram nicht färbbar; Gelatineplattenkolonien vergr. gelbgrau, im Innern körnig-faserig, mit Haarkranz; Gelatinestichkultur mit schlauchförmiger Aufzehrung des Substrats; Agarkultur sehr dünn, grau; auf Kartoffel kein Wachsthum. In Trinkwasser.

83. **B. salmonicidum** Lehm. et Neum. Stäbchen kurz, selten in Fäden, unbeweglich, nach Gram nicht färbbar; Gelatineplattenkolonien sehr klein, weisslich, nach dem Einsinken mit unregelmässig zackigem Rand; Gelatinestichkulturen das Substrat aufzehrend; Agarkultur graugelblich. In Wasser; Ursache einer Forellenseuche.

84. **B. centrale** Mez (= **Bac. centralis** Zimmerm.): Sehr kleine, meist coccenartige Stäbchen, ± 0,7 μ lang, 0,6 μ breit, beweglich?, nach Gram nicht färbbar; Gelatineplattenkolonien vergr. mit Haarsaum; Gelatinestichkultur erst trichterförmig, dann horizontal verflüssigt; Agarkultur reichlich, grau; Kartoffelkultur sich vom Substrat nicht abhebend. In Leitungswasser.

85. **B. spumosum** Mez (= **Bac. spumosus** Zimmerm. = ? **Bac. XXVI.** Dittrich): Stäbchen 1,4—3,2 μ lang, ± 0,84 μ breit, meist einzeln, beweglich, nach Gram nicht färbbar; Gelatineplattenkolonien (oberfl.) vergr. von filzig-faseriger Struktur; Gelatinestichkultur rasch trichterförmig, dann horizontal verflüssigt; Agarkultur erst weissgrau, dann ockergrau; Kartoffelkultur sich kaum vom Substrat abhebend. In Leitungswasser.

86. **B. impudicum** Mez (= **Bac. albus putidus** Masch.): Stäbchen klein, fadenbildend, beweglich; Gelatineplattenkolonien vergr. lichtbraun, von hellem Hof umgeben; Gelatinestichkultur rasch verflüssigt; Agar- und Kartoffelkultur schleimig-schmierig. Gelatinekulturen mit intensivem, jaucheartigem Gestank. In Wasser.

87. **B. vermiculosum** Mez (= **Bac. vermiculosus** Zimmerm.): Stäbchen 1,5 μ lang, ± 0,85 μ breit, in langen cylindrischen Fäden, beweglich?; Gelatineplattenkolonien (oberfl.) vergr. mit scharfem, gebuchtetem Rand und maschig gefeldertem Innern; Gelatinestichkultur mit blaugrauer, gekerbter, zähschleimiger Auflage, nur oberflächlich verflüssigend; Agarkultur grau; Kartoffelkultur gelblichgrau. In Leitungswasser.

88. **B. aquatile** Mez (= **Bac. aquatilis** Frankl.): Stäbchen schlank, 2,5 μ lang, oft in Fäden, unbeweglich; oberflächliche Gelatineplattenkolonien vergr. aus Faserbündeln zusammengesetzt, in der Mitte gelbbraun,

am Rand farblos; Gelatinestichkultur mit kleiner, gelblicher Auflage, Verflüssigung sehr spät, dann aber rasch; Agar- und Kartoffelkulturen gelblich. In Trinkwasser.

89. **B. diffusum** Mez (= **Bac. diffusus** Frankl.): Stäbchen ± 1,7 μ lang, 0,5 μ breit, manchmal in Fäden, beweglich?; tiefe Gelatineplattenkolonien vergr. grob gekörnt, mit scharfem, gezacktem Rand; Gelatinestichkultur mit dünner, etwas grüngelblicher Auflage, sehr langsam verflüssigend; Agar- und Kartoffelkulturen schwach gelb. In Erde.

90. **B. aceti** Hansen: Kurze Stäbchen, meist einzeln; Gelatineplattenkolonien mit trübem, irisirendem Hof, flach, rosettenförmig, gezackt. Mit den 2 Folgenden Essigferment.

91. **B. Pasteureanum** Hansen: Wie vorige Art, doch Gelatineplattenkolonien leicht gewölbt, ganzrandig, später in der Mitte gefältelt.

92. **B. Kützingianum** Hansen: Wie vorige Arten; Gelatineplattenkolonien leicht gewölbt, ganzrandig, dann in der Mitte schuppig oder glatt. — Die „Arten" Nr. 90—92 dürften zu vereinigen sein.

93. **B. Grotenfeldti** Mez (= **Bact. acidi lactici** I. Grotenf.): Stäbchen 1—1,4 μ lang, 0,3—0,4 μ breit, unbeweglich; Gelatineplattenkolonien porzellanartig weiss, rund; Agarkultur weissgelb, dick, breiartig; Kartoffelkultur grau oder graugelb. Bildet ausser Milchsäure auch Alkohol. In Milch.

94. **B. Pneumoniae** Friedl. Stäbchen 0,6—3,2 μ lang, 0,5—0,8 μ breit, im Thierkörper und Milchkulturen mit grosser Gallertkapsel, ohne Eigenbewegung, nach Gram nicht färbbar; Gelatineplattenkolonien vergr. braun, scharfrandig, mit sternförmiger Struktur oder homogen; Gelatinestichkultur mit gewölbt-tropfenförmiger, rein weisser Auflage; Agarkultur üppig, weiss bis grau; Kartoffelkultur gelblich. Erreger einzelner Pneumoniefälle, von Eiterung etc.; in Speichel, Eiter, Staub, Kanalwasser.

95. **B. cavicidum** Lehm. et Neum. (= **Bac. cavicida** Brieg.): Stäbchen klein, doppelt so lang als breit; Gelatineplattenkolonien „in Form sehr schön gruppirter weisslicher konzentrischer Ringe, die ähnlich abgeordnet sind wie die Schuppen auf dem Rücken einer Schildkröte"; Kartoffelkultur schmutzig gelb. In Faeces etc. Für Versuchsthiere äusserst giftig.

96. **B. lactis** Escher. (= **B. lactis aërogenes** Escher.): Stäbchen 1—2 μ lang, 0,5—0,8 μ breit, unbeweglich, nach Gram nicht oder nur unvollständig färbbar; Gelatineplattenkolonien vergr. weiss, anliegend-ausgebreitet, mit gezacktem Rand, oft in der Mitte gelblich oder bräunlich; Agarkulturen üppig, grauweiss, breiig; Kartoffelkulturen dickbreiig, weiss, oft mit Gasblasen. In Milch, Faeces, Kanalwasser.

97. **B. tholoeideum** Gessn. Stäbchen 1—2,2 μ lang, 0,5—0,7 μ breit, unbeweglich, nach Gram nicht färbbar; Gelatineplattenkolonien vergr. konzentrisch gezont; Gelatinestichkultur mit erst halbkugeliger, dann sich

ausbreitender, dicker, reinweisser Auflage; Agarkultur dicksaftig, schleimig; Kartoffelkultur üppig, gelblich, oft mit Gasblasen. In Faeces.

98. **B. gliscrogenum** Mal. et Salaris: Stäbchen 0,57—1,14 μ lang, 0,41 μ breit, beweglich; Gelatineplattenkolonien vergr. gekörnt, glatt- und scharfrandig; Gelatinestichkultur mit tropfenartig-halbkugeliger Auflage; Kartoffelkultur gelblich bis gelbbräunlich, bald mit reichlicher Gasentwicklung; alle flüssigen Nährmedien werden schleimig-fadenziehend. Im Harn.

99. **B. aërogenes** Mill. (= **B. Dittrich Nr. XVIII.**): Stäbchen kurz, einzeln oder paarig, beweglich; Gelatineplattenkolonien vergr. gelblich, scharf- und glattrandig, mit von der Mitte ausstrahlenden, dunkleren Radiallinien; Gelatinestichkultur mit flacher, grauweisser Auflage; Agarkultur breiig, grauweiss; Kartoffelkultur schwach gelblichweiss, breiig. In Faeces; auch in Leitungswasser gefunden.

100. **B. coli** Lehm. et Neum. (Fig. 24) (= **Bact. coli commune** Escher., **Bac. umbilicatus** Zimmerm., **Bac. XIII.** Dittrich etc.): Stäbchen ± 0,4 μ breit, 0,6—1,2 μ lang, einzeln oder zu 2, beweglich, nach Gram nicht färbbar; Gelatineplattenkolonien vergr., die tiefliegenden braun, homogen scharf und glattrandig, die aufliegenden makrosk. oft schleierartig dünn, mikrosk. mit meist gelblichem oder bräunlichem Centrum und schneeweissem gezacktem Rand, später faltig gerunzelt; Gelatinestichkultur mit dünner, oberflächlicher Auflage; Agarkultur feucht, weiss, grau oder gelblich; Kartoffelkultur erst schmutzig weiss oder gelblich, später braun werdend. In Faeces, Kanal- und Flusswasser überall häufig, auch in zweifelhaftem Trinkwasser nicht selten.

101. **B. nacraceum** Mez (= **Bac. nacraceus** Tat.): Stäbchen 1,28 μ lang, 0,89 μ breit, unbeweglich, selten in kurzen Fäden, nach Gram nicht färbbar; Gelatineplattenkolonien vergr. mit vom Rand ausschwärmenden, erst punktförmigen Tochterkolonien, oft zerklüftet; Gelatinestichkultur mit weisser, angedrückter, zarter, gelappter und gekerbter Bedeckung; Agarkultur dünn, grauweiss; Kartoffelkultur erst grauweiss, dann graubräunlich. In Trinkwasser.

102. **B. multipediculum** Mez (= **Bac. multipediculus** Flügge): Stäbchen schlank, lang, unbeweglich; Gelatineplattenkolonien mit aus rundlichen Zoogloeen bestehenden breiten, gegliederten Fortsätzen; Kartoffelkultur schmutzig gelb. In Wasser und Staub.

103. **B. Zopfii** Kurth (= **Proteus Zenkeri** Kuhn): Stäbchen 2—5 μ lang, 0,5—1 μ breit, lebhaft beweglich, nach Gram nicht färbbar; Gelatineplattenkolonien vergr. mycelartig mit auswandernden, strangförmig oder lockig gewundenen Kolonien; Gelatinestichkultur mit haarigem Stich; Agarkulturen sehr zart, grauweisslich, durchscheinend; Kartoffelkultur dürftig, gelblichgrau. In Koth, faulenden Flüssigkeiten etc.

104. **B. murisepticum** Mig. (= **Bac. murisepticus** Flügge): Stäbchen 2—4 μ lang, 0,4—0,6 μ breit, oft in Fäden, unbeweglich, nach

Gram färbbar; Gelatineplattenkolonien vergr. nur bei stärkster Abblendung und auch da kaum sichtbar, feinstkörnig-fädig; Agarkultur zart, äusserst dünn; Kartoffel ohne merkliches Wachsthum. In Kanalwasser, faulendem Fleisch etc.

105. **B. pituitosum** Mez (= **Bac. lactis pituitosi** Löffl.): Stäbchen ziemlich dick, sehr rasch coccenartig zerfallend; Gelatineplattenkolonien weiss, bei durchfallendem Licht graubräunlich, schwach radiär gestreift, scharfrandig; Agarkulturen schmutzig weisslich; Kartoffelkulturen grauweisslich, gekerbtrandig; Milch wird fadenziehend. In Milch.

106. **B. viscolactis** Mez (= **Bact. lactis viscosum** Lehm. et Neum.): Stäbchen kurz und dick, mit Kapsel, unbeweglich, nach Gram färbbar; Gelatineplattenkolonien vergr. gekörnt, homogen, scharf- und glattrandig; Gelatinestichkulturen mit sehr dünner, gekerbtrandiger, bläulichgrauweisser Auflage; Agarkultur gelblich grauweiss, Kartoffelkultur dürftig, grau. In Milch und verdorbenem Wasser.

107. **B. ureae** Jacksch: Stäbchen ganz kurz, plump, mit abgerundeten Enden, meist einzeln, seltener zu zweien, ohne Eigenbewegung, nach Gram nicht färbbar; Gelatineplattenkolonien vergr. schleierartig dünn, fast nur bei sehr starker Abblendung sichtbar, dicht angepresst, scharf- und glattrandig; Agarkultur rein weiss, nassglänzend; alle Kulturen riechen sehr stark nach altem Harn. In Harn und Kanalwasser.

108. **B. limbatum** Mez (= **Bact. limb. acidi lactici** Marpm.): Stäbchen kurz, dick, mit Kapsel, einzeln oder zu zweien, unbeweglich; Gelatineplattenkolonien milchweiss, scharfrandig; Gelatinestichkultur mit flacher, unregelmässiger Auflage; säuert Milch. In Milch; sehr zweifelhafte Art.

109. **B. ovatum** Mez (= **Bac. ovatus minutissimus** Unna): Stäbchen oval, 0,6—0,8 μ lang, 0,4 μ breit; Gelatineplattenkolonien (oberflächliche) vergr. feingekörnt, mit dunklem, graugelblichem Centrum und hellem, gekerbtem Rand; Gelatinestichkultur mit reichlicher, grauweisser, schleimiger Auflage, ebenso auf Agar; Kartoffelkultur üppig, grauweiss, gebuchtet, stinkend. Auf menschlicher Haut, wohl auch anderwärts.

110. **B. Zürnianum** List: Stäbchen 1,2—1,5 μ lang, 0,6—0,8 μ breit, unbeweglich, an den Polen stärker färbbar als in der Mitte; Gelatineplattenkolonien schmutzig weiss oder grau, aus sehr zähem Schleim bestehend, allmählich zu traubenförmigen Schleimhaufen heranwachsend; Kartoffelkultur schleimig, grau bis gelblichweiss. Gelatinestichkulturen mit Sauerkrautgeruch. In Wasser.

111. **B. Güntheri** Lehm. et Neum. Stäbchen $\pm$ 1 μ lang, 0,5 bis 0,6 μ breit, ohne Eigenbewegung, nach Gram färbbar; Gelatineplattenkolonien punktförmig, sehr zart; Agarkulturen wie aus feinsten Thautröpfchen gebildet. In Milch, welche stark gesäuert wird.

112. **B. candicans** Mez (= **Bac. candicans** Frankl.): Stäbchen kurz, dick, coccenartig, oft in kurzen Fäden, unbeweglich; Gelatineplattenkolonien vergr. glatt- und scharfrandig; Gelatinestichkultur mit milchtropfenförmiger, später ausgebreiteter Auflage; Agarkultur dünn, grauweiss; Kartoffelkultur dick, missfarben. In Erde.

113. **B. halans** Mez (= **Bac. halans** Zimmerm.): Stäbchen 0,96 bis 1,6 μ lang, 0,57—0,6 μ breit, nicht in Fäden, unbeweglich, nach Gram färbbar; Gelatineplattenkolonien sehr zart und vergr. nur bei engster Blende erkennbar, mit gezacktem Rand und netzfaserigem Inneren; Gelatinestich- und Agarkultur mit hauchartig dünner Auflage; Kartoffelkultur nicht bemerkbar. In Wasser.

114. **B. minutum** Mez (= **Bac. minutus** Zimmerm.): Stäbchen coccenartig, in Schleim eingebettet, ± 0,74 μ lang, 0,68 μ breit, unbeweglich, nach Gram nicht färbbar; Gelatineplattenkolonien vergr. feinkörnig, scharf- und glattrandig; Gelatinestichkultur mit mässig starker, am Rand gekerbter, bläulichweisser Auflage; Agarkultur ebenso; Kartoffelkultur weissgrau. In Leitungswasser.

115. **B. sericeum** Mez (= **Bac. sericeus** Tat.): Stäbchen ellipsoidisch, 1,2—1,6 μ lang, ± 0,83 μ breit, unbeweglich, nach Gram nicht färbbar; Gelatineplattenkolonien (oberflächliche) vergr. bräunlichgrau, am gebuchteten Rand fast farblos, radial streifig; Gelatinestichkultur mit milchweisser, flacher Auflage; Agarkultur hautartig, perlmutterglänzend; Kartoffelkultur graugelblich, glänzend. In Wasser.

116. **B. pateriforme** Mez (= **Bac. albicans pateriformis** Unna): Stäbchen 1—3 μ lang, 0,5 μ breit, unbeweglich; Gelatineplattenkolonien vergr. fein gekörnt, scharfrandrig; Gelatinestichkultur mit grauweisser, am Rande wallartig verdickter Auflage; Agarkultur weisslich, schleierartig; Kartoffelkultur dürftig, weissgelblich. Auf menschlicher Haut, wohl auch anderwärts; zweifelhafte Art.

117. **B. stellatum** Mez (= **Bac. stellatus** Zimmerm.): Stäbchen 0,92—1,92 μ lang, + 0,76 μ breit, beweglich?, nach Gram nicht färbbar; Gelatineplattenkolonien vergr. schön rosetten- oder sternförmig; Gelatinestichkulturen mit gekerbter, blaugrauer Auflage; Agarkultur weisslich; Kartoffelkultur graubräunlich. In Leitungswasser.

118. **B. album** Mez (= **Bac. albus** Eisenbg., **Bac. XX.** Dittrich): Stäbchen 0,8—2 μ lang, 0,5 μ breit, beweglich; oberfl. Gelatineplattenkolonien markrosk. rund, weiss, stecknadelknopfartig, vergr. glatt- und scharfrandig, gekörnt; Agarkultur milchweiss; Kartoffelkultur schmutzig gelbweiss, später hell bräunlichgelb, auf die Impfstelle beschränkt. In Wasser; zweifelhafte Art.

119. **B. azureum** Mez (= **Bac. azureus** Zimmerm.): Stäbchen sehr kurz, coccenartig, 0,9—2 μ lang, 0,85 μ breit, lebhaft beweglich, mit starker Schleimentwicklung; Gelatineplattenkolonien bei durchfallendem Licht him-

melblau, oberfl. vergr. gelblich, körnig, ausgebreitet, am Rand gebuchtet; Gelatinestichkulturen mit bläulichweisser, stark gekerbter Auflage; Agarkultur ebenso, zäh; Kartoffelkultur anfangs fast farblos und sich von Substrat nicht abhebend. In Leitungswasser. (Vielleicht eine Form von Nr. 100.)

120. **B. Uptadelense** Mez (= **Bac. Uptadel** Eisenbg.): Stäbchen 1,25—1,5 μ lang, 0,75—1 μ breit, mit sehr träger Eigenbewegung; Gelatineplattenkolonien milchweiss, nagelkopfförmig; Agarkultur weissgelb. In Faeces, Staub.

121. **B. crassum** Mez (= **Bac. crassus sputigenus** Kreib.): Stäbchen kurz, dick, nach Gram färbbar; Gelatineplattenkolonien (oberfl.) vergr. unregelmässig begrenzt, am Rand gekörnt; Gelatinestichkultur mit halbkugelig-tropfenförmiger Auflage; Kartoffelkultur dick, grauweiss. In Sputum.

122. **B. vesicae** Mez (= **Bac. septicus vesicae** Clado): Stäbchen 1,6—2 μ lang, 0,5 μ breit, nicht in Fäden, lebhaft beweglich, nach Gram färbbar; Gelatineplattenkolonien vergr. konzentrisch gezont; Gelatinestichkultur mit sehr geringer Auflage und oberflächlicher Wolkenbildung im Substrat; Agarkultur langsam wachsend, grauweiss; Kartoffelkultur trocken, kastanienbraun. In Cystitis-Harn.

123. **B. typhi** Lehm. et Neum. (Fig. 25): Stäbchen 1—3,2 μ lang, 0,6—0,8 μ breit, öfters in Fäden, lebhaft beweglich, nach Gram nicht färbbar; oberflächliche Gelatineplattenkolonie vergr. bis nach 48 Stunden völlig farblos, durchscheinend, mit scharfem, lappig gebuchtetem Rand und gewundener aderiger Zeichnung; Gelatinestichkultur mit sehr dünner, rein weisser, gezacktrandiger Auflage; Agarkultur dünn, weisslichgrau; Milchkultur mit sehr schwacher Säurebildung, ohne Gerinnung; Kartoffelkultur unsichtbar. In Wasser, Milch etc. (Nur wenn nach dem Gang des Bestimmungsschlüssels diese Art gefunden wurde, alle Merkmale stimmen und bei Zufügung von Typhusserum zu einem lebhaft bewegliche Stäbchen enthaltenden Wassertropfen sofortige Bewegungslosigkeit und Häufchenbildung eintritt, ist man berechtigt ein Bacterium für den Typhuserreger zu halten!)

124. **B. alcaligenes** Mez (= **Bac. faecalis alcaligenes** Petr.): In jeder Beziehung dem Vorigen durchaus ähnlich, aber durch die starke Alkalibildung (auf mit Lakmus versetztem Substrat zu konstatiren) und fehlende Reaktion auf Typhusserum zu unterscheiden. In Fäces, Kanal-Wasser.

125. **B. Kleinii** Mez (= **Bac. Pneumoniae** Klein): Stäbchen 0,8 μ lang, 0,3—0,4 μ breit, lebhaft beweglich, nach Gram entfärbt; Gelatineplattenkolonien (oberflächliche) vergr. mit sehr dünnen, unregelmässig gebuchteten und gezackten Rändern; Gelatinestichkultur mit dünner, weisser, gezacktrandiger Auflage; Agarkultur dünn, weiss, schmierig; Kartoffelkultur leicht braun gefärbt. Bei crupöser Pneumonie, in Sputum.

IX. Cystobacter Schroet.

a. **Zoogloeen kugelig oder erbsenförmig, zu darmartig gewundenen Klumpen vereinigt:** 1. C. **fuscus.**
b. **Zoogloeen cylindrisch-keulenförmig, nach unten verdünnt:** 2. C. **erectus.**

1. C. **fuscus** Schroet. Fleischroth, später dunkelbraun werdend; Einzelzoogloeen mit hornig-fester Hülle, 36—60 μ lang, 20—30 μ breit. Auf Mist und der Haut längere Zeit stehender, H_2S entwickelnder, Schmutzwässer, nicht selten.

2. C. **erectus** Schroet. Fleischroth, später kastanienbraun werdend; Einzelzoogloeen bis 80 μ lang. Vork. wie vorige Art, seltener.

X. Myconostoc Cohn. — **M. gregarium** Cohn: Gallertkugeln 10—17 μ und darüber im Durchmesser; Fäden $\pm$ 2 μ breit. In Sumpf- und Faulwasser, auch in verpesteten Bachläufen.

XI. Microspira Schroet.

A. Zellen ohne Eigenbewegung; Gelatine wird nicht verflüssigt.
 a. Kulturen gelb gefärbt.
  1. Kulturen gold- oder orangegelb: 1. M. aurea.
  2. Kulturen ockergelb: 2. M. flava.
  3. Kulturen schmutzig gelbgrün: 3. M. flavescens.
 b. Kulturen weiss.
  1. Nach Gram färbbar: 4. M. lingualis.
  2. Nach Gram nicht färbbar: 5. M. nasalis.
B. Zellen mit Eigenbewegung.
 I. Geissel ungeheuer lang, den Körper des Spaltpilzes um ein Vielfaches an Länge übertreffend: 6. M. spermatozoides.
 II. Geissel viel kleiner.
  a. Junge Kulturen (auf salzhaltigem Nährboden) im Dunkeln leuchtend: 7. M. albensis.
  b. Kulturen nicht leuchtend.
   1. Gelatine wird nicht verflüssigt.
    α. Kartoffelkultur gelblichweiss: 8. M. terrigena.
    β. Kartoffelkultur verschieden braun.
     * Kartoffelkultur üppig-dick, schleimig breiartig, gelbröthlich bis chokoladebraun: 9. M. saprophiles.
     ** Kartoffelkultur dünn und zäh.
      § Agarkultur breiartig, dunkelbraun: 10. M. Weibelii.
      §§ Agarkultur dünn und zäh, braungrün: 11. M. putricola.
   2. Gelatine wird verflüssigt.
    α. Gelatine wird langsam verflüssigt; Nitroso-indolreaktion vorhanden.
     * Meist nicht pathogen für Tauben.
      § Aus Milchzucker wird linksdrehende Milchsäure gebildet: 12. M. Comma.

§§ Aus Milchzucker wird rechtsdrehende Milchsäure gebildet: 13. M. tyrogenes.

** Sehr pathogen für Tauben: 14. M. Metschnikovi.

β. Gelatine wird rapid verflüssigt; Nitroso-indolreaktion fehlt.

* Pathogen für Meerchweinchen etc.: 15. M. Finkleri.

** Nicht pathogen: 16. M. aquatilis.

1. **M. aurea** Mez (= **Vibrio aureus** Weib.): Komma- oder S-förmig, manchmal sehr dünne Spiralen, ohne Eigenbewegung; nach Gram nicht färbbar; Gelatineplattenkolonien gekörnt, scharfrandig, homogen; Gelatinestichkultur mit kuppenförmiger ockergelber Auflage; Agarkultur erst schmutzig weiss, dann goldgelb; Kartoffelkultur goldgelb bis orangefarben, üppig, dickbreiig. In Kanalschlamm.

2. **M. flava** Mez (= **Vibrio flavus** Weibel): Von voriger Art durch die ockergelbe Farbe der Agar- und Kartoffelkultur verschieden. In Kanalschlamm.

3. **M. flavescens** Mez (= **Vibrio flavescens** Weibel): Von den vorigen Arten durch die mattgelbe, stellenweise graue Farbe der Agar- und Kartoffelkultur, sowie durch den gelappten Rand der aufliegenden Gelatineplattenkolonien verschieden. In Kanalschlamm.

4. **M. lingualis** Mez (= **Vibrio lingualis** Weibel): Komma- oder S-förmig, auch in längern wellig gebogenen Fäden, unbeweglich, nach Gram färbbar; Gelatineplattenkolonien vergr. faserig, mit starkem Haarkranz; Agarkultur schmutzig weiss, nicht schleimig. In der Mundhöhle, in Sputum.

5. **M. nasalis** Mez (= **Vibrio nasalis** Weibel): Plumpe, oft bis zur Halbkreisform gekrümmte Stäbchen, auch geschlängelte Fäden und schöne Schrauben; unbeweglich, nach Gram nicht färbbar; Gelatineplattenkolonien vergr. fein gekörnt, scharfrandig; Agarkultur wie bei Nr. 4; Kartoffeln ohne Wachsthum. In der Mundhöhle, Sputum, Nasenschleim.

6. **M. spermatozoides** Mez (= **Vibrio spermatozoides** Löffl.): Gelatineplattenkolonien ähnlich denen von Nr. 12, doch mehr gelblich; Agarkultur langsam wachsend; die Geisseln werden auf festen Nährböden sehr viel kleiner, resp. verschwinden. Aus Faulflüssigkeit isolirt.

7. **M. albensis** Mez (= **Vibrio albensis** Lehm. et Neum.): Die Kulturen dieses bei Gelegenheit von Cholera-Wasseruntersuchungen gefundenen Spaltpilzes sind, abgesehen von ihrer Leuchtfähigkeit, von Nr. 12 nicht zu unterscheiden. In Flusswasser.

8. **M. terrigena** Mez (= **Vibrio terrigenus** Günther): Nach Form und Grösse von Nr. 12 nicht zu unterscheiden; Gelatineplattenkolonien vergr. maulbeerartig zerklüftet; Gelatinestichkulturen mit minimalem oberflächlichem Wachsthum; Agarkultur dünn, grauweiss; Kartoffelkultur gelbweiss bis bräunlich. Aus Erde isolirt.

9. **M. saprophiles** Mez (= **Vibrio saprophiles** α. Weibel): Stäbchen komma- bis S-förmig, auch in feinen Schrauben, lebhaft beweglich, nach

Gram nicht färbbar; Gelatineplattenkolonien vergr. feinkörnig, scharfrandig; Agarkultur rahmartig, schmutzig weiss. In Kanalschlamm, faulenden Flüssigkeiten.

10. **M. Weibelii** Mez (= **Vibrio saprophiles** β Weibel): Sehr dünne komma-förmige bis S-förmige Stäbchen, nicht in Fäden, lebhaft beweglich, nach Gram entfärbt; Gelatineplattenkolonien und Agarkultur wie bei voriger Art. Vork. wie Vorige.

11. **M. putricola** Mez (= **Vibrio saprophiles** γ Weibel): Etwa doppelt so gross wie Nr. 9, selten in längeren Verbänden, lebhaft beweglich, nach Gram entfärbt. Aufliegende Gelatineplattenkolonien vergr. ausgebreitet, feingefurcht, mit buchtigem Rand; Agarkultur schmutzig weiss, breiig. In Kanalschlamm.

12. **M. Comma** Schrt. (Fig. 26—28): (= **Spirillum cholerae asiaticae** Flügge = **Vibrio cholerae** Buchn.): Schwach oder kommabis halbkreisförmig gekrümmt, manchmal in dünnen Schrauben, mit starker Eigenbewegung, nach Gram nicht färbbar; Gelatineplattenkolonien mikrosk. erst klein, gelblichweiss bis gelb, rundlich, nach 2—2½ Tagen erst lochdann schalenförmig einsinkend, in der verflüssigten Gelatine oft konzentrische Ringe bildend; vergrössert werden die Kolonien nach 16—24 Stunden sichtbar und sind dann scheibenförmig, hellgelblich, grob granulirt mit körnig-krümeligem Rand; bei weiterem Wachsthum wird der Rand immer mehr körnig, wie mit Glassplittern bestreut; später zeigt sich oft ein schwacher Haarkranz; Gelatinestichkultur mit oberflächlicher blasenartiger Verflüssigung; Agarkultur hellbräunlich bis weiss; Bouillonkultur meist mit starker Hautbildung; bei Zusatz von Schwefelsäure zu auf nitrathaltigem Substrat gewachsenen Kulturen tritt dunkel violettrothe Färbung ein. In mit Choleradejekten verunreinigtem Wasser; Erreger der Cholera asiatica. In Europa nicht heimisch, sondern aus Indien eingeschleppt.

13. **M. tyrogenes** Mez (= **Vibrio tyrogenes** Lehm. et Neum.): Kommaförmig gekrümmt, auch in Spiralfäden, lebhaft beweglich, nach Gram nicht färbbar; Gelatineplattenkolonien und Gelatinestichkultur sehr ähnlich denjenigen von Nr. 12, nur rascher wachsend; Agarkultur dünn, gelblich. In altem Käse.

14. **M. Metschnikovi** Mez (= **Vibrio Metschnikovi** Gamal.): Ausser durch die Pathogenität für Tauben von Nr. 12 kaum zu unterscheiden. In Flusswasser; Erreger von Geflügelseuchen.

15. **M. Finkleri** Schroet. (= **Vibrio Proteus** Buchn.): Dicker als Nr. 12, lebhaft bewegt, nach Gram nicht färbbar; Gelatineplattenkolonien vergr. fast glattrandig, kaum gekörnt; Gelatinestichkultur mit schlauchförmiger Verflüssigung. In Wasser. Soll (was unwahrscheinlich) Cholera nostras erzeugen.

16. **M. aquatilis** Mez (= **Vibrio aquatilis** Günther): Durchaus Nr. 12 ähnlich, aber durch glatten oder schwach welligen Rand der sehr fein gekörnten vergr. Gelatineplattenkolonien und fehlende Nitrosoindolreaktion verschieden. In Wasser.

XII. Spirillum Ehbg.

A. Zellinhalt roth gefärbt; Kulturen oder Zoogloeen roth.
1. Zellen 0,6—0,8 μ breit; Schrauben mit vielen Windungen; wächst auf Gelatine, diese nicht verflüssigend: 1. Sp. rubrum.
2. Zellen 1 μ breit; Schrauben mit 1½—4 Windungen; Kulturen sind noch nicht gelungen: 2. Sp. rufum.

B. Zellinhalt farblos.
1. Gelatine wird nicht verflüssigt.
α. Zellen 1—8 μ lang, 0,5 μ breit: 3. Sp. concentricum.
β. Zellen 8—16 μ lang, 1,5—2 μ breit: 4. Sp. Rugula.
2. Gelatine wird verflüssigt.
α. Aërobe Arten, in Faulflüssigkeiten meist als dichte, oberflächliche Haut.
* Stets über 0,5 μ, meist über 1,5 μ breit.
§ Windungen flach, wellenförmig: 5. Sp. serpens.
§§ Windungen hoch.
× Windungen 4—5 μ hoch: 6. Sp. Undula.
×× Windungen 9—12 μ hoch: 7. Sp. volutans.
** Nicht über 0,5 μ breit.
§ Wachsthum auf Gelatine gelblich: 8. Sp. tenue.
§§ Wachsthum auf Gelatine rein weiss: 9. Sp. tenerrimum.
β. Streng anaërobe, bei Luftzutritt nicht gedeihende Art: 10. Sp. Vignalii.

1. **Sp. rubrum** v. Esm. (Fig. 29): Schrauben mit 1—3, in Bouillon bis 50 Windungen; Gelatinekulturen schön weinroth; Agarkulturen erst weissgrau, dann rosenroth; Kartoffelkulturen tief roth. Aus einem Kadaver isolirt, wohl auch anderwärts in faulen Substanzen.

2. **Sp. rufum** Perty: Schrauben 8—16 μ lang, etwa 1 μ dick; Windungen meist 4 μ hoch und lang. Purpur- bis rostrothe Schleimbezüge in sehr stark verunreinigtem Wasser, in lange stehenden, viel Schwefelwasserstoff enthaltenden Wasserproben etc. Häufig.

3. **Sp. concentricum** Kitas. Schrauben mit 2—3 oder in Bouillon mit 5—20 Windungen, diese 3,5—4 μ hoch; Gelatinekulturen weisslich, Plattenkolonien meist konzentrisch gezont, mit kleinen Ausläufern. Kartoffelkultur gelingt nicht. In faulem Blut, wohl auch anderwärts.

4. **Sp. Rugula** Winter: Zellen 6—16 μ lang, 0,5—2,5 μ dick, bogenförmig gekrümmt oder mit nur einer Schraubenwindung, zuweilen in Ketten; Gelatineplattenkolonien vergr. stark faserig, mit lockigem Strahlenkranz. In faulenden Wasserproben, in Abwässern überall.

5. **Sp. serpens** Winter (Fig. 31): Zellen 11—28 μ lang, 0,8 bis 1 μ dick, mit 3—4 flachen, wellenförmigen Biegungen, später zu langen

sehr schwach gewellten Fäden anwachsend. Gelatineplattenkolonie vergr. ausgebreitet, mit gezacktem Rand. Vork. wie Vorige.

6. **Sp. Undula** Ehbg. (Fig. 30): Zellen meist 8—16 μ lang, 1 bis 1,5 μ breit, mit $1^1/_2$—4 (—6) Windungen; Gelatineplattenkolonien scharfrandig. Vork. wie Vorige, oft massenhaft.

7. **Sp. volutans** Ehbg. Zellen meist 25—30 μ lang, 1,5—2 (—3) μ breit, mit meist 2—4 Windungen; Gelatineplattenkolonien ähnlich denen von Nr. 5. In Schwefelwasserstoff-haltigem Wasser, besonders reichlich in stark verschmutzten Zuckerfabrikabwässern und dem darauf schwimmenden Schaum.

8. **Sp. tenue** Ehbg. Zellen meist 4—14 μ lang, mit $1^1/_4$ bis 5 Windungen, jede von 2—3 μ Höhe und Breite; Gelatineplattenkolonien rund, feingekörnt, ganzrandig. Vork. wie 4—6, seltener.

9. **Sp. tenerrimum** Lehm. et Neum. Zellen meist mit 3—4 Windungen, sehr fein und dünn; Gelatineplattenkolonien vergr. mit kompaktem Centrum und feinkörniger äusserer Zone, mit in anastomosirende Strahlen ausgehendem Rand; Gelatinestich mit Aestchen.

10. **Sp. Vignalii** Mez (= **Sp. Rugula** Vign., non Winter): Zellen 6—8 μ lang, bis 2,5 μ breit, mit $^1/_2$—1 flachen Spiralwindung; Gelatinekolonien gelblichweiss, kugelförmig; Agarkulturen weiss, leicht gefaltet; Kartoffelkulturen ebenso, gut wachsend. In der Mundhöhle; Kulturen sehr übelriechend.

XIII. Spirochaete Ehbg. — **Sp. plicatilis** Ehbg. (Fig. 32): Zellen 110—225 μ lang, 0,5 μ breit, mit vielen feinen, oft geschlängelten Windungen, sehr rasch beweglich. In Sumpfwasser, häufig auch in Abwässern.

XIV. Leptothrix Ktzg.

a. Fäden nicht in grossen Lagern, weiss: 1. L. parasitica.
b. Fäden in grossen, durch Eisenocker tief gelbroth gefärbten Lagern: 2. L. ochracea.

1. **L. parasitica** Ktzg. (Fig. 34): Fäden ± 1 μ breit, aus cylindrischen, ziemlich langen Zellen bestehend, mit ausserordentlich feinen, farblosen seltener später schwach ockerfarbenen Scheiden. An Algen und andern Wasserpflanzen, meist in einzelnen Fäden. Nur in reinem Wasser.

2. **L. ochracea** Ktzg. (Fig. 33): Fäden ± 2 μ breit, aus kurzen Zellen bestehend, mit deutlichen, stets durch Ocker stark gefärbten Scheiden. Bildet in eisenhaltigem Wasser dicke rothe Polster, welche aus lauter kurzen Fäden bestehen und bei jeder Berührung zerfallen. Nicht in Abwasser.

XV. Crenothrix Cohn — **Cr. polyspora** Cohn (Fig. 35): Fäden 2—7 μ dick, zu Flöckchen vereinigt, mit sehr dicken, durch Eisenoxydhydrat rostfarbenen Scheiden; Zellen kurz cylindrisch; sehr häufig findet man nur die leeren Scheiden, während die Zellen ausgeschwärmt sind. In eisenhaltigem reinem Wasser, in Wasserleitungen, Grundwasserquellen etc.; häufig mit voriger Art vergesellschaftet.

XVI. Sphaerotilus Ktzg. — **Sph. natans** Ktzg. (Fig. 36): Fäden 2—3 μ dick, aus kurzen, in eine farblose Scheide eingeschlossenen Zellen gebildet, stets zu langen, weissen, schlüpfrigen Rasen vereinigt, welche manchmal einen rothen Farbton annehmen. Makroskopisch von Leptomitus lacteus sehr schwer zu unterscheiden. Lebt nur in sehr stark verunreinigtem Wasser, besonders in Haus-, Brennerei- und Brauereiabwässern; sehr häufig auch in den warmen Abwässern verschiedener Industrien.

XVII. Cohnidonum O.K. (= **Cladothrix** Cohn.) — **C. dichotomum** O.K. Fäden selten über 2 μ dick, in weiten Abständen wiederholt gabelig durch falsche Astbildung verzweigt, mit ausserordentlich zarten Scheiden; Zellen 3—5mal so lang wie breit. Kommt in allen Schmutzwässern zur Entwickelung, wenn dieselben einige Zeit stehen, wurde von mir aber noch nie in den frischen Abwässern selbst gefunden.

XVIII. Beggiatoa Trevisan.

a. **Querwände der Fäden in frischem Zustande undeutlich, durch Färbung nachzuweisen.**
  - * **Fäden 1,8—2,5 μ dick:** 1. B. leptomitiformis.
  - ** **Fäden 3—4 μ dick:** 2. B. alba.

b. **Querwände an frischen Fäden deutlich:** 3. B. arachnoidea.

1. **B. leptomitiformis** Trevis. Fäden freischwimmend oder öfters mit dem einen Ende festsitzend, graue oder weisse Ueberzüge bildend. Mit der Folgenden häufig gemeinsam vorkommend.

2. **B. alba** Trevis. (Fig. 37): Fäden frei oder angeheftet, sehr dünne, makroskopisch fein sammtartige, weisse oder graue Ueberzüge bildend, die bei der geringsten Berührung sich auflösen und das Wasser milchig trüben. Ueberall, wo Schwefelwasserstoff, sei es natürlicher Schwefelwasserstoffgehalt (Schwefelquellen) sei es durch Fäulniss erzeugter (besonders in Abwässern) im Wasser vorhanden ist. Beggiatoa oxydirt diesen Schwefelwasserstoff erst zu Schwefel, dann zu Schwefelsäure.

3. **B. arachnoidea** Rabh. Bildet 5—6,6 μ lange, deutlich gegliederte Fäden. In stehendem Wasser.

Saccharomycetes.

XIX. Saccharomyces Meyen.

A. Kulturen weiss, schmutzig weiss oder hellbräunlich.

I. Aus Zucker (Trauben-, Malz-, Rohr-, Milchzucker) wird Alkohol gebildet.

1. In flüssigen Nährmedien gezogene Kulturen mit sehr langzelligen, schlauch- oder mycelförmigen älteren Zellen.

α. Diese Schlauchzellen 2—2,5 (— 3) μ breit: 1. S. Marxianus.

β. Schlauchzellen meist beträchtlich breiter, jedenfalls etwas über 3 μ messend.

* Sporen allermeist zu 2—3 in einer Zelle gebildet.

§ Sporentragende Zellen kugelig: 2. S. Pastorianus.

§§ Sporentragende Zellen lang cylindrisch: 3. S. Mycoderma.

** Sporen stets einzeln in den Zellen: 4. S. albicans.

2. In flüssigen Nährmedien gezogene Kulturen mit rundlichen oder elliptischen oder langgezogenen aber nicht mycelartigen (fadenartigen) Zellen.

α. Zellen nicht kugelig.

* Zellen 8—10 μ breit, bei ungestörter Entwicklung mit Opuntienkaktusartigem Kolonieaufbau: 5. S. cerevisiae.

** Zellen nicht über 6 μ breit.

§ Vegetative Zellen citronförmig, an beiden Enden mit kleinen Spitzchen: 6. S. apiculatus.

§§ Zellen nicht citronförmig.

× Zellen 2—3 μ breit: 7. S. exiguus.

×× Zellen wenigstens oder über 3 μ breit.

0 Milchzucker wird nicht vergoren: 8. S. ellipsoideus.

00 Milchzucker wird vergoren.

† Zellen 4—8 μ lang, 3—4 μ breit; Sporen bekannt: 9. S. galacticola.

†† Zellen 7—8 μ lang, 5—6 μ breit; Sporen unbekannt: 10. S. lactis.

β. Zellen kugelig.

* Zellen in dicht knäuelartigen Familien: 11. S. conglomeratus.

** Zellen in Ketten oder kleinen Häufchen: 12. S. minor.

II. Aus Zucker wird kein Alkohol gebildet.

a. Zucker wird zu Oxalsäure oxydirt: 13. S. Hansenii.

b. Zucker wird nicht vergoren.

* Zellen wurstförmig oder lang ellipsoidisch: 14. S. membranifaciens.

** Zellen kugelig oder durch Druck polygonal, klein: 15. S. cretaceus.

B. Kulturen roth oder schwarzbraun.

1. Kulturen rosaroth oder fleischroth.

α. Zellen kugelig oder fast kugelig: 16. S. glutinis.

β. Zellen lang ellipsoidisch bis cylindrisch: 17. S. rosaceus.

2. Kulturen schwarzbraun: 18. S. niger.

1. S. **Marxianus** Hansen: Vegetative Zellen theils ellipsoidisch-eiförmig, theils schlauchförmig in mycelienartigen Verbänden, 2—3 μ breit; Sporenbildung spärlich. Auf Weinbeeren, Obst etc.

2. S. **Pastorianus** Reess: Vegetative Zellen in jungen Kulturen ellipsoidisch-eiförmig, die jüngsten fast kugelig, 5—6 μ breit, in älteren Kulturen stark bäumchenartig verzweigt, 18—22 μ lang, schlauchförmig oder selbst langgezogen fadenförmig. In gährenden Zuckerlösungen; besonders reichlich in obergährigen Bieren.

3. S. **Mycoderma** Reess: Vegetative Zellen meist langgestreckt-cylindrisch, in älteren Kulturen grosse, bäumchenartige Systeme bildend, fast mycelartig. Bildet auf Wein, Bier, Sauerkraut, sauren Gurken, Fruchtsäften etc. die Kahmhaut.

4. S. **albicans** Reess (Fig. 39): Vegetative Zellen auf festen Nährböden fast kugelig, in Flüssigkeiten oft mycelartig langgestreckt, in Ketten oder bäumchenartigen Verbänden. Auf Schleimhäuten von Kindern und sehr schwachen Erwachsenen den „Soor“ bildend.

5. S. **cerevisiae** Meyen (Fig. 38): Vegetative Zellen ellipsoidisch oder eiförmig, 8—12 μ lang, einzeln oder in Nährlösungen charakteristisch verzweigte Kolonien bildend; sporenbildende Zellen kugelig oder ellipsoidisch, 3—4-sporig. Vergährt Milchzucker nicht. In malzhaltigen Getränken, besonders Bier.

6. S. **apiculatus** Reess: Vegetative Zellen citronförmig, 6—8 μ lang, 2—3 μ breit, meist einzeln, seltener kettenartig verbunden. Sporenbildung unbekannt. Vergährt nur Traubenzucker. In Erde, Most und Fruchtsäften.

7. S. **exiguus** Reess: Vegetative Zellen ellipsoidisch oder eiförmig, ± 5 μ lang, 2—3 μ breit, in kleinen ketten- oder bäumchenförmigen Verbänden. Vergährt Trauben- und Rohrzucker. In Bier, Presshefe etc.

8, S. **ellipsoideus** Reess: Vegetative Zellen ellipsoidisch, meist 6 μ lang, einzeln oder in kleinen, verzweigten Verbänden; sporentragende Zellen kugelig. In Mist, auf Früchten etc.; das hauptsächlichste Weingährungsferment.

9. S. **galacticola** Pir. et Rib. Vegetative Zellen ellipsoidisch oder eiförmig, 4—8 μ lang, 3—5 μ breit, meist in Ketten; sporentragende Zellen kugelig. In Milch, alkoholische Gährung verursachend.

10. S. **lactis** Adametz: Vegetative Zellen in flüssigen Substraten eiförmig, 7—8 μ lang, 5—6 μ breit, einzeln oder in kleinen Verbänden. Vork. wie bei voriger.

11. S. **conglomeratus** Reess: Vegetative Zellen kugelig, 5—6 μ breit, dichte Knäuel bildend. Vergährt Trauben-, Malz-, Rohrzucker. Auf Früchten etc.

12. S. **minor** Engel: Vegetative Zellen kugelig, 6 μ breit, in Ketten oder seltener kleinen Häufchen. In Sauerteig, mit anderen Gährungserregern vergesellschaftet; sehr häufige Verunreinigung auf Platten.

13. S. **Hansenii** Zopf: Zellen kugelig bis ellipsoidisch, 4—11 μ im Durchmesser, jede mit einem (selten mehreren) grossen Fetttropfen; Sporen meist zu 1, seltener 2 in einer Zelle; Gelatine zeigt gezonte Kolonien, welche nicht verflüssigen; Agarkultur schleimig. Aus Baumwollsaatmehl isolirt, wohl auch anderwärts.

14. S. **membranifaciens** Hansen: Sehr ähnlich der Nr. 5, starke Kahmhäute bildend, die lang wurstförmige Zellen enthalten. Sporenbildung sehr häufig. Keine Zuckerart wird vergoren.

15. S. **cretaceus** Mez: Vegetative Zellen kugelig, 4—6 μ breit, einzeln oder in ganz kleinen Verbänden. Auf Gelatineplatten von Wasserproben etc. sehr häufig auftretend, kreideweisse, tropfenartige Kolonien bildend; auch in Staub etc.; von Nr. 12 wesentlich durch die Unfähigkeit, Zuckerarten zu vergähren, verschieden.

16. S. **glutinis** Cohn: Vegetative Zellen kugelig oder sehr breit ellipsoidisch, 5—6 μ lang, 4—5 μ breit, einzeln oder in ganz kleinen Verbänden. Vork. wie bei Nr. 15, rosenrothe, bei Vergrösserung keine Auswanderung zeigende Kolonien bildend.

17. S. **rosaceus** Frankl. (= S. **Fresenii** Schroet.) (Fig. 40): Vegetative Zellen lang ellipsoidisch, 7—11 μ lang, 3,5—5 μ breit, einzeln oder in ganz kurzen Ketten. Vork. wie bei voriger Art, seltener, hell fleischrothe, bei Vergrösserung meist ringsumher starke Auswanderung zeigende Kolonien bildend.

18. S. **niger** Marpm. Vegetative Zellen länglich-elliptisch, später cylindrisch und fast mycelartig, einzeln oder in kurzen Ketten, mit hell olivbrauner Membran. Vork. wie bei Nr. 15—17, selten; auf Platten etc. schwarzbraune Kolonien bildend.

Chytridiaceae.

A. Der ganze Körper der Pilze besteht aus erst nacktem Protoplasma, welches sich dann mit einer Membran umgiebt und eine kugelige oder ellipsoidische, im Innern der Nährpflanze liegende Dauerspore oder ein ebensolches Zoosporangium bildet; Mycelfäden fehlen durchaus.

I. Aus einem nackten Plasmakörper wird stets nur ein einzelnes Zoosporangium oder eine einzelne Dauerspore gebildet.

a. Sporangien ohne die Zellhaut des Wirths durchbohrende und die Zoosporen entlassende Fortsätze; schmarotzt in Euglena-Arten:

XX. Sphaerita Dang.

b. Sporangien mit solchen die Zoosporen ins Freie lassenden Fortsätzen; nicht in Euglenen.

1. Aussenmembran der Dauersporen glatt oder schwach höckerig,

niemals dicht stachelig oder warzig; Schwärmsporen mit 2 Geisseln; nicht in Wasserpilzen: XXI. Olpidium A. Br.

2. Aussenmembran der Dauersporen dicht stachelig oder warzig; Schwärmsporen mit einer Geissel; hauptsächlich in Wasserpilzen: XXII. Olpidiopsis Cornu.

II. Vor der Encystirung theilt sich der Protoplasmakörper des Pilzes und es wird eine Mehrzahl von Zoosporangien gebildet; in Saprolegnia-Arten.

a. Die Schwärmsporen werden in speziellen, im Innern der Wirthszellen als Kugelhaufen gelegenen Schwärmsporangien gebildet: XXIII. Woronina Cornu.

b. Die Schwärmsporangien liegen mit ihrer Membran derjenigen der Wirthszelle so eng an, dass eine besondere Sporangienmembran nicht sichtbar ist: XXIV. Rozella Cornu.

B. Pilzkörper von Anfang an in eine Membran eingeschlossen, wenn kugelig mit Mycelfäden.

I. Mycelfäden fehlen durchaus; Vegetationskörper schlauch- oder wurmförmig, völlig in der Nährpflanze oder dem Nährthier eingeschlossen.

a. Mit Schwärmsporen.

1. Vegetationskörper unverzweigt, an den Querwänden eingeschnürt.

α. Schwärmsporen nicht im Zoosporangium, sondern in einer von demselben aus gebildeten Blase erzeugt, sich nicht häutend: XXV. Myzocytium A. Schenk.

β. Schwärmsporen im Zoosporangium erzeugt, vor dessen Mündung sich häutend und dort ein Häufchen leerer Membranen liegen lassend: XXVI. Achlyogeton A. Schenk.

2. Vegetationskörper mit kurzen, kugeligen oder keulenförmigen Seitenästen: XXVII. Lagenidium A. Schenk.

b. Ohne Schwärmsporen, mit langen, noch nicht infizirte Nährzellen (Closterien) ergreifenden Infektionsschläuchen: XXVIII. Ancylistes Pfitzer.

II. Mycelfäden sind vorhanden.

a. Aus der stark, meist kugelig herangewachsenen Schwärmspore bildet sich das Zoosporangium; die Mycelfäden sind Haustorien, welche erst nach Bildung des Zoosporangiums von diesem ausgeschickt werden.

1. Sporangien den Wirthszellen fest aufsitzend oder (selten) in denselben gebildet.

α. Sporangien und Dauersporen in der Wirthszelle liegend: XXIX. Entophlyctis A. Fischer.

β. Sporangien der Wirthszelle aufsitzend.

* Sporangien durch Zerfall oder lochförmig sich öffnend.

§ Schwärmsporen sich nicht vor den Sporangien häutend.

× Sporangien ungestielt, einzellig.

0 Im Innern der Wirthszelle unter dem aufsitzenden Sporangium ohne blasenförmige Auftreibung des Mycelfadens: XXX. Rhizophidium A. Schenk.

00 Der vom Sporangium in die Wirthszelle geschickte Faden ist blasenförmig aufgetrieben.

† Schwärmsporen im Zoosporangium fertig gebildet; auf grünen Algen und Flagellaten: XXXI. Rhizidium A. Br.

†† Schwärmsporen in einer vor dem Zoosporangium gebildeten Blase fertig auswachsend; auf Wasserpilzen (Saproleginaceen): XXXII. Rhizidiomyces Zopf.

×× Sporangien lang gestielt, vom Stiel durch eine Querwand geschieden: XXXIII. Podochytrium Pfitzer.

§§ Schwärmsporen vor den Sporangien sich häutend: XXXIV. Achlyella Lagerh.

** Sporangien mit einem Deckel sich öffnend: XXXV. Chytridium A. Br.

2. Sporangien den Nährzellen nicht aufsitzend, sondern durch lange, dünne Haustoriumfäden sie aufsuchend und aussaugend.

α. Sporangien mit langem, kegelförmigem Stachel an der Spitze: XXXVI. Obelidium Now.

β. Sporangien ohne solchen Stachel.

* Dauersporen nicht durch Kopulation, sondern an Stelle der Zoosporen gebildet: XXXVII. Rhizophlyctis A. Fischer.

** Dauersporen durch Kopulation, von den Zoosporangien entfernt gebildet: XXXVIII. Polyphagus Now.

b. Aus der Schwärmspore entwickelt sich ein Mycel und dieses bildet in Anschwellungen eine Mehrzahl von Zoosporangien und Dauersporen.

1. Schwärmsporen ohne Cilie, amoeboid bewegt; Sporangien nicht kettenförmig aneinander gereiht: XXXIX. Amoebochytrium Zopf.

2. Schwärmsporen mit Cilie, nicht amoeboid; Sporangien kettenförmig: XL. Catenaria Sorok.

XX. Sphaerita Dang. — **Sph. endogena** Dangeard (Fig. 41): Zoosporangien kugelig oder ellipsoidisch, mit sehr dünner Membran; Dauersporen ebenso, glatt oder feinstachelig, $\pm$ 12 μ lang, 8 μ breit. Parasitisch in Flagellaten.

XXI. Olpidium A. Br.

a. Im Innern von auf dem Wasser schwimmenden Pollenkörnern: 1. O. luxurians.
b. Im Innern von grünen Algen.
1. In Desmidiaceen: 2. O. endogenum.
2. In Fadenalgen.
α. Zwischen Membran und zurückgedrängtem Inhalt der Wirthszelle lebend: 3. O. zygnemicolum.
β. Im Inhalt der befallenen Zellen lebend.
* Dauersporen ohne leere Anhangszelle: 4. O. entophytum.
** Dauersporen mit leerer Anhangszelle: 5. O. Schenkianum.

1. **O. luxurians** A. Fischer: Sporangien meist kugelig, oft zu vielen in einem Pollenkorn, mit kurzem, vor der Durchtrittsstelle durch die Pollenkornmembran nicht erweitertem Entleerungshals; Schwärmer nach hinten verjüngt. In auf Sumpfwasser schwimmendem Pollen, besonders von Pinus.

2. **O. endogenum** A. Br. Sporangien ellipsoidisch, einzeln oder zu Mehreren, mit langem, vor der Durchtrittsstelle durch die Algenmembran stark kugelig erweitertem Entleerungshals; Schwärmer kugelig. In verschiedenen Desmidiaceen, nicht selten.

3. **O. zygnemicolum** Magn. Sporangien kugelig, mit kurzem, nicht angeschwollenem, über die Wirthsoberfläche nicht vortretendem Entleerungshals. In Zygnema.

4. **O. entophytum** A. Br. Sporangien meist kugelig, mit langem und weit vortretendem, nicht angeschwollenem Entleerungshals; Schwärmer kugelig. In Conjugata, Vaucheria, Cladophora etc.

5. **O. Schenkianum** Mez (= **Olpidiopsis Schenkiana** Zopf): Sporangien ellipsoidisch, mit wenig hervorragendem Entleerungshals; Schwärmer kugelig, etwas formveränderlich. In Conjugata, Zygnema, Serpentinaria.

XXII. Olpidiopsis Cornu.

a. Dauerspore ohne leere Anhangszelle.
1. Sporangien breit ellipsoidisch, sehr wenig länger als breit; in Saprolegnia: 1. O. Schroeteri.
2. Sporangien lang ellipsoidisch, mehr als dreimal so lang wie breit; in Achlya: 2. O. fusiformis.
b. Dauerspore mit leerer Anhangszelle.
1. Dauerspore sehr gross, 78 μ lang, 68 μ breit; in Saprolegnia. 3. O. Saprolegniae.
2. Dauerspore viel kleiner; in Achlya. 4. O. minor.

1. **O. Schroeteri** Mez (= **Pseudolpidium Saprolegniae** A. Fischer): Sporangien meist zu vielen in den dick keulenförmig angeschwollenen Fadenenden der Wirthspflanze; Schwärmer eiförmig. In verschiedenen Saprolegnia-Arten.

2. **O. fusiformis** Cornu: Sporangien einzeln oder zu vielen in den ebenso aufgeschwollenen Fadenenden von Achlya; Schwärmer eiförmig. In verschiedenen Achlya-Arten.

3. **O. Saprolegniae** Cornu (Fig. 42): Bis auf den angegebenen Charakter der leeren Anhangszellen an der Dauerspore von Nr. 1 kaum unterscheidbar. In Saprolegnia Thureti.

4. **O. minor** A. Fischer: Sporangien klein, kugelig; Schwärmer unbekannt. Stets gemeinsam mit Nr. 2 in verschiedenen Achlya-Arten.

XXIII. Woronina Cornu. — **W. polycystis** Cornu (Fig. 43): Schwärmsporangien in Haufen, durch (sonst nicht gebildete) Querwände des Fadens der Saprolegnia getrennt, kugelig, ± 14 μ breit; Schwärmer länglich, mit 2 Cilien. In Saprolegnia-Arten.

XXIV. Rozella Cornu. — **R. septigena** Cornu (Fig. 44): Schwärmsporangien einzeln in durch Querwände des (sonst ungetheilten) Wirthsfadens gebildeten Kammern, scheinbar Organe der Wirthspflanze, eine sehr grosse Menge von länglichen, mit 2 Cilien versehenen Schwärmern enthaltend. In Saprolegnia-Arten.

XXV. Myzocytium A. Schenk. — **M. proliferum** Schenk (Fig. 45): Schwärmsporangien in einer bis 20 und mehr Glieder zählenden, rosenkranzförmigen Kette in der Längsachse der Wirthszellen, ± 20 μ breit, mit kurzen Entleerungshälsen; Schwärmsporen mit 2 seitlichen Cilien, etwas formveränderlich. In vielen Süsswasseralgen, besonders in Conjugaten.

XXVI. Achlyogeton A. Schenk. — **A. entophytum** Schenk (Fig. 46): Vegetationskörper wie bei Voriger, rosenkranzförmig, aber die sich häutenden Schwärmsporen lassen vor jedem Entleerungshals ein rundes Häufchen von Zellhäuten liegen. In Cladophora.

XXVII. Lagenidium A. Schenk.

a. In Pollenkörnern: 1. L. pygmaeum.
b. In vegetativen Conjugaten-Zellen: 2. L. Rabenhorstii.
c. In Zygosporen von Conjugata-Arten: 3. L. entophytum.

1. **L. pygmaeum** Zopf: Vegetationskörper vielgestaltig schlauchförmig mit Aussackungen, meist einzeln in einem Pollenkorn, sich in Sporangien umwandelnd; Entleerungshals kurz, nicht hervortretend; Schwärmsporen spindelförmig, zweigeisselig. In Pollenkörnern von Pinus.

2. **L. Rabenhorstii** Zopf: Vegetationskörper cylindrisch, da und dort angeschwollen, mit Aestchen; Sporangien in geringer Zahl gebildet, mit kurzem, nicht hervortretendem Entleerungshals; Schwärmsporen bohnenförmig, zweigeisselig. In Conjugata, Zygnema, Serpentinaria.

3. L. **entophytum** Zopf: Vegetationskörper kurz und dick schlauchförmig, gekrümmt, mit Aussackungen; Sporangien in geringer Zahl gebildet, mit lang hervorstehendem Entleerungshals; Schwärmer bohnenförmig, zweigeisselig. In Zygosporen (nicht in vegetat. Zellen) von Conjugata-Arten.

XXVIII. Ancylistes Pfitzer. — **A. Closterii** Pfitzer (Fig. 47): Vegetationskörper schlauchförmig, unverzweigt, meist mehrere in einer Algenzelle, Sporangien tonnenförmig-cylindrisch, mit langen Infektionsschläuchen. In Closterium-Arten.

XXIX. Entophlyctis A. Fischer.

a. In Conjugata crassa: 1. E. bulligera.
b. In Cladophora-Arten: 2. E. Cienkowskyana.

1. E. **bulligera** A. Fischer (Fig. 48): Mycel kräftig und weit verzweigt; Zoosporangien kugelig, dicht unter der Wirthzellhaut liegend, mit knopfförmigem, oben etwas verbreitertem Entleerungsfortsatz. In (meist vorher erkrankten) Zellen der Conjugata crassa.

2. E. **Cienkowskyana** A. Fischer: Mycel dünn, besonders Endzweige ausserordentlich fein; Zoosporangien kugelig, mit cylindrischem, oben nicht verbreitertem Entleerungshals. In Cladophora-Arten.

XXX. Rhizophidium A. Schenk.

A. Sporangien glatt.
I. Sporangien kugelig oder sehr kurz ellipsoidisch (höchstens 1½ mal so lang wie breit).
a. Sporangien mit mehreren Löchern geöffnet.
1. Auf Pollenkörnern: 1. Rh. pollinis.
2. Auf Diatomeen, Desmidiaceen, Fadenalgen: 2. Rh. globosum.
b. Sporangien mit einem Loch geöffnet; mit papillenförmigem Scheitel: 3. Rh. mamillatum.
II. Sporangien mindestens doppelt so lang wie breit, flaschenförmig: 4. Rh. ampullaceum.
B. Sporangien lappig, mit seitlichen Ausstülpungen: 5. Rh. gibbosum.

1. **Rh. pollinis** Zopf (Fig. 49): Sporangien zu mehreren auf demselben Pollenkorn, mit 2—4 Löchern geöffnet; Schwärmsporen kugelig, mit einer Geissel. Besonders in auf Wasser schwimmendem Pinus-Pollen, häufig.

2. **Rh. globosum** Schroet. Sporangien sehr gesellig, mit lochartig sich öffnenden Papillen; Schwärmsporen kugelig, mit einer Geissel. Auf verschiedenen Süsswasseralgen.

3. **Rh. mamillatum** A. Fischer: Sporangien citronförmig, mit gerader Scheitelpapille; Schwärmsporen kugelig, mit einer Geissel. Auf Confervaceen.

4. **Rh. ampullaceum** A. Fischer: Sporangien gesellig, mit unterem kugeligem und oberem lang ausgezogenem halsförmigem Theil. Auf verschiedenen Fadenalgen.

5. **Rh. gibbosum** A. Fischer: Sporangien gesellig, ei-, birn- oder spindelförmig, mit vielen Buckeln, mit einem Loch geöffnet; Schwärmsporen kugelig, mit einer Cilie. Auf einzelligen Algen.

XXXI. Rhizidium A. Br.

a. Geöffnetes Sporangium ohne Zähne an der Mündung: 1. Rh. Schenkii.
b. Geöffnetes Sporangium mit 4 Doppelzähnen: 2. Rh. quadricorne.

1. **Rh. Schenkii** Dangeard: Sporangien birnförmig oder elliptisch, mit kurzer lochförmig geöffneter Scheitel-Papille. Auf verschiedenen grünen Algen.

2. **Rh. quadricorne** A. Fischer: Sporangien von der Seite gesehen breit cylindrisch; Doppelzähne aufrecht, stark. Auf Oedogonium.

XXXII. Rhizidiomyces Zopf. — **Rh. apophysatus** Zopf: Sporangien gesellig, erst kugelig, später mit sehr langem cylindrischem Hals. Auf Oogonien von Saprolegnia, Achlya.

XXXIII. Podochytrium Pfitzer. — **P. clavatum** Pfitzer (Fig. 50): Sporangien gesellig, birnförmig oder kurz keulenförmig, mit cylindrischem $^{1}/_{2}$ mal so langem Stiel. Auf grossen Navicula- (Pinnularia-) Arten.

XXXIV. Achlyella Lagerh. — **A. Fahaultii** Lagerh. Sporangien mit kugeliger Basis und langem Hals, flaschenförmig. Auf Typha-Pollen.

XXXV. Chytridium A. Br.

a. Auf Oogonien von Oedogonium: 1. Ch. Olla.
b. Auf Diatomeen (Cystopleura): 2. Ch. Epithemiae.

1. **Ch. Olla** A. Br. Sporangien gesellig, eiförmig, später geöffnet urnenförmig, mit einem Deckel. Auf verschiedenen Oedogonium-Arten.

2. **Ch. Epithemiae** Now. Sporangien einzeln, unten eng trichterförmig, dann oben kugelig erweitert, mit 2 Deckeln, deren einer am Scheitel, der andere seitlich liegt. Auf Cystopleura Zebra.

XXXVI. Obelidium Now. — **O. mucronatum** Now. (Fig. 51): Mycel sehr reich verzweigt; Schwärmsporangien unten kugelig, dann zu einem cylindrischen Mitteltheil verschmälert, oben wieder lang-elliptisch ausgedehnt, mit langem Endstachel. An todten Insekten, die auf dem Wasser schwimmen.

XXXVII. Rhizophlyctis A. Fischer. — **Rh. Mastigotrichis** A. Fischer: Sporangien kugelig, mit papillenförmigem oder lang cylindrischem Entleerungshals, einige feine Haustoriumfäden nach Algenfäden aussendend. An Mastigothrix aeruginea.

XXXVIII. Polyphagus Now. — **P. Euglenae** Now. (Fig. 52): Vegetationskörper kugelig, Mycelfäden nach der Nahrung aussendend; dann als Sprossung das meist wurstförmige Sporangium tragend. Auf Euglena viridis.

XXXIX. Amoebochytrium Zopf. — **A. rhizidioides** Zopf: Sporangien im Verlauf der Fäden eines reich verzweigten, stellenweise angeschwollenen Mycels, keulenförmig. In Chaetophora-Schleim.

XL. Catenaria Sorokin. — **C. Anguillulae** Sor. Sporangien im Verlauf der Fäden eines regelmässig kettenförmig zu elliptischen oder spindelförmigen Blasen angeschwollenen Mycels. In verschiedenen Thieren aus der Klasse der Würmer, auch in Nitella.

Zygomycetes (Mucoraceae).

A. Sporangien kugelig, ± eiförmig oder ellipsoidisch.

I. Alle Sporangien oder doch das am Ende des Fruchtträgers stehende (das Hauptsporangium) mit vielen Sporen, die nicht mit der Sporangienwand verwachsen sind.

a. Alle Sporangien oder wenigstens das Hauptsporangium mit grosser, hineingestülpter Columella.

1. Haut der Sporangien (Peridie) überall gleichartig beschaffen.

α. Alle Sporangien vielsporig (und meist auch mit Columella): XLI. Mucor L.

β. Das Hauptsporangium mit Columella und vielsporig, die auf reich verzweigten Aesten des Fruchtträgers stehenden Nebensporangien ohne Columella, mit einer oder sehr wenigen Sporen: XLII. Thamnidium Lk.

2. Haut der Sporangien oben kappenförmig fest und gefärbt, an der Basis farblos zerfliesslich.

α. Stiel der Köpfchen (Sporangienträger) cylindrisch: XLIII. Pilaira van Thiegh.

β. Stiel der Köpfchen stark angeschwollen: XLIV. Pilobolus Tode.

b. Alle Sporangien ohne Columella: XLV. Mortierella Coemans.

II. Alle Sporangien einsporig und die Spore mit der Sporangienwand verwachsen; Sporangienträger reich verzweigt und die Zweige in haarfeine Spitzen auslaufend: XLVI. Chaetocladium Fres.

B. Sporangien cylindrisch, mit in Reihen gelagerten Sporen, welche mit der Sporangienwand verwachsen sind; die reifen Sporangien gleichen Ketten von Sporen.

a. Fruchtträger an der Spitze nicht angeschwollen, mehrfach gabelig verzweigt: XLVII. Piptocephalis DB. et Wor.

b. Fruchtträger an der Spitze keulig oder kopfförmig angeschwollen, einfach, selten zweitheilig: XLVIII. Syncephalis v. Thiegh et Mon.

XLI. Mucor (Mich.) L.

A. Pflanzen mit kriechenden Mycelfäden und einzelstehenden Fruchtträgern, ohne Ausläufer mit Haftwurzeln.

I. Fruchtträger unverzweigt, mit einem endständigen Sporangium.

a. Columella cylindrisch oder kegelförmig, meist mit röthlichem Inhalt: 1. M. Mucedo.

b. Columella nach oben stark verbreitert, birnförmig: 2. M. piriformis.

II. Fruchtträger verzweigt, mit mehreren Sporangien.

a. Columella ohne dickfädige Ausstülpungen.

1. Die Seitenäste sind viel kürzer als das Hauptstämmchen.

α. Sporangienwand in Stücke zerbrechend; Sporen gelblich: 3. M. racemosus.

β. Sporangienwand zerfliessend; Sporen grau: 4. M. erectus.

2. Die Seitenäste sind ebenso hoch wie das Hauptstämmchen.

α. Fruchtträger niederliegend, Sporangien birnförmig: 5. M. corymbifer.

β. Fruchtträger aufrecht, Sporangien kugelig: 6. M. pusillus.

b. Columella mit fingerförmig-dickfädigen oder dornig-kurzen Ausstülpungen an der Spitze: 7. M. spinosus.

B. Pflanzen ausser den kriechenden Mycelfäden und den meist büscheligen Fruchtträgern mit weithin bogig sich verbreitenden und Rhizoidbüschel tragenden Ausläufern.

1. Sporen eckig: 8. M. stolonifer.

2. Sporen kugelig, glatt: 9. M. rhizopodiformis.

1. **M. Mucedo** L. Sporangienträger 2—15 cm hoch; Sporangien 100—200 μ dick, bei der Reife schwarz, mit feinstacheliger Wand; Sporen elliptisch, etwa doppelt so lang als breit. Auf Mist, faulenden Substanzen, Nährböden etc.; sehr gemein.

2. **M. piriformis** A. Fischer: Sporangienträger 2—3 cm hoch; Sporangien 250—350 μ dick, sonst wie bei Nr. 1; Sporen elliptisch, weniger als doppelt so lang wie breit. Auf faulen Früchten, Nährböden etc.

3. **M. racemosus** Fres. (Fig. 53): Fruchtträger 0,5—4 cm hoch, unregelmässig kurzästig; Sporangien meist 50—60 μ breit, bei der Reife braun, glatt; Sporen kugelig oder fast kugelig. Vork. wie Nr. 1, überall sehr häufig.

4. **M. erectus** Bainier: Fruchtträger bis 1 cm hoch, unregelmässig mit ziemlich langen, gekrümmten Aesten besetzt; Sporangien 15—35 μ

breit, bei der Reife braun, glatt; Sporen kugelig oder elliptisch. Auf Kartoffeln, Brod etc.

5. **M. corymbifer** Cohn: Fruchtträger hyphenartig niederliegend, an der Spitze doldenförmig verzweigt und bis 12 Sporangien tragend, darunter noch einzelne zerstreute kurz gestielte Sporangien; diese farblos, birnförmig, bis 70 μ breit; Sporen elliptisch. Als Verunreinigung auf Agarplatten etc. gefunden; für Kaninchen pathogen.

6. **M. pusillus** Lindt: Fruchtträger aufrecht, $\pm$ 1 mm hoch, mit 1—2 Aesten, welche dieselbe Höhe erreichen wie das Hauptstämmchen; Sporangien reif fast schwarz, 60—80 μ breit; Sporen kugelig. Auf Brod etc.; gleichfalls für Kaninchen etc. pathogen.

7. **M. spinosus** van Thiegh. Fruchtträger aufrecht, 0,5—1 cm hoch, unregelmässig verzweigt; Sporangien bei der Reife schwarz, kugelig, feinstachelig, $\pm$ 100 μ breit; Sporen meist kugelig. Auf faulen Vegetabilien, nicht selten.

8. **M. stolonifer** Ehbg. (Fig. 54): Fruchtträger meist 3—10 gebüschelt dort entstehend, wo ein Ausläufer einwurzelt, 2—4 mm hoch; Sporangien bei der Reife schwarz, 100—150 μ breit, feinkörnig; Sporen unregelmässig-eckig, gestreift. Vork. wie bei Voriger, gemein.

9. **M. rhizopodiformis** Cohn: Fruchtträger oft einzeln, oft auch in Büscheln wie bei Nr. 8 entstehend, 0,1—0,15 mm hoch; Sporangien bei der Reife schwarz, etwa 66 μ dick, glatt; Sporen kugelig, glatt. Auf kohlehydrathaltigen Substanzen; Pathogen wie Nr. 5, 6.

XLII. Thamnidium Link. — **Th. elegans** Lk. (Fig. 55): Fruchtträger aufrecht, 0,5—3 (—6) cm hoch, mit weissem, grossem Hauptsporangium und an vielfach verästelten, oft fast quirlständigen Zweigen eine Menge von Nebensporangien tragend. Auf Kartoffeln, Brod, Mist etc., auch auf Gelatineplatten, häufig.

XLIII. Pilaira van Thiegh. — **P. anomala** van Thiegh. Fruchtträger unverzweigt, erst aufrecht, dann bis 10 cm verlängert und zusammenfallend; Sporangien kugelig, bis 250 μ breit, erst gelb, dann schwarz werdend, stachelig, im untern Theil kragenförmig aufquellend; Columella flach, fast farblos. Auf Mist, auch auf der Decke von Kanalwässern.

XLIV. Pilobolus Tode.

a. Fruchtträger am Grund schwach zwiebelförmig verdickt; Sporen farblos: 1. P. crystallinus.
b. Fruchtträger am Grund sehr stark verdickt; Sporen gelbroth: 2. P. Oedipus.

1. **P. crystallinus** Tode: Fruchtträger 5—7 mm hoch, unter dem Sporangium bis zur doppelten Breite desselben angeschwollen; Sporen elliptisch. Auf Mist, häufig.

2. **P. Oedipus** Mont. (Fig. 57): Fruchtträger 1—2 mm hoch, am Scheitel angeschwollen, meist etwas dicker als das Sporangium, mit rothgelbem Inhalt; Sporen kugelig. Auf Mist und faulenden Vegetabilien; in allen Kanalwässern vorhanden und auf der Schlammdecke der Wasserproben nach 1—2 Wochen erscheinend.

XLV. Mortierella Coemans.

a. Fruchtträger einfach: 1. M. simplex.
b. Fruchtträger verzweigt.
 * Verzweigung traubig: 2. M. polycephala.
 ** Verzweigung kandelaberartig: 3. M. candelabrum.

1. **M. simplex** van Thiegh. et Mon. Fruchtträger bis 1 mm hoch, aus dicker Basis allmählich nach der Spitze zu verschmälert. Auf faulenden Vegetabilien.

2. **M. polycephala** Coemans: Fruchtträger bis 2 mm hoch, am Grund stark verdickt, nach oben rasch verschmälert, über der Mitte mit geraden, kurzen, spitzwinklig abstehenden Zweigen, deren jeder ein kleineres Sporangium trägt. Vork. wie bei Voriger.

3. **M. Candelabrum** van Thiegh. et Mon. (Fig. 56.): Fruchtträger 1—2 mm hoch, einzeln, cymös verzweigt; Seitenäste fast wagrecht abstehend; Hauptspross aus angeschwollener Basis allmählich verjüngt. Auf Fäces und modernden Pflanzenresten, auf alten Wasserproben.

XLVI. Chaetocladium Fres. — **Ch. Jonesii** Fres. Mit Büscheln sackartiger Haftfasern angeheftet; Sporangien auf quirlförmig gestellten und wiederholt quirlförmig verzweigten Aesten, auf keulenförmig verdickten Zweigenden. Auf Mucor-Arten schmarotzend.

XLVII. Piptocephalis DB. et Wor. — **P. Freseniana** DB. et Wor. Mit Büscheln dünner Haftfasern angeheftet; Fruchtträger 6 bis 8 mal gegabelt, mit oben verbreiterten und gelappten, die kettenförmigen Sporangien tragenden Zellen. Vork. wie bei Voriger.

XLVIII. Syncephalis van Thiegh. et Mon. — **S. cordata** van Thiegh. et Mon. Fruchtträger mit lebhaft gelbem Inhalt, 2—3 mm hoch, mit büscheligen, krallenartigen Haftfasern, oben keulenartig angeschwollen und eine reiche Zahl kettenförmiger Sporangien tragend. Vork. wie Vorige.

Oomycetes.

A. Fäden beinahe stets und allermeist sehr beträchtlich über 5 μ breit; Oogonien meist mit mehreren Eizellen resp. später Oosporen; die Schwärmsporen werden in den Schwärmsporangien fertig gebildet.

I. Mycelfäden ohne regelmässige Einschnürungen.
  a. Die Schwärmsporen zerstreuen sich nach dem Austritt aus den Schwärmsporangien gleich, vor letzteren finden sich keine kugeligen Sporen- resp. Sporenhüllenhäufchen; die entleerten Schwärmsporangien werden durchwachsen: IL. Saprolegnia Nees.
  b. Schwärmsporen unbeweglich aus den Schwärmsporangien ausgestossen, sich dann häutend und ein kugeliges Häufchen von Hüllen zurücklassend; die entleerten Schwärmsporangien werden nicht durchwachsen, sondern zur Seite gedrängt.
    α. Sporangien keulenförmig, mit mehreren Sporenreihen: L. Achlya Nees.
    β. Sporangien dünn cylindrisch, mit einer Sporenreihe: LI. Aphanomyces DB.

II. Mycelfäden durch regelmässige Einschnürungen in Glieder abgetheilt: LII. Leptomitus Ag.

B. Fäden meist unter, sehr selten und dann wenig über 5 μ breit; Oogonien stets mit einer Eizelle; die Schwärmsporen werden in einer vor dem Sporangium liegenden Blase fertig gebildet: LIII. Pythium Pringsh.

IL. Saprolegnia Nees.

a. Oogonien glatt, mit mehreren Eizellen.
  α. Antheridien vorhanden: 1. S. monoica.
  β. Antheridien fehlend: 2. S. ferax.
b. Oogonien mit zahlreichen hohlen Warzen, Morgenstern-förmig: 3. S. asterophora.

1. **S. monoica** Prings. Hauptäste bis 75 μ dick; Sporangien keulenförmig-cylindrisch; Oogonien kugelig, meist auf sehr kurzen, traubig gestellten Seitenästen; Antheridien klumpig oder keulig, am Ende sehr kurzer, dünner Nebenäste. Ueberall auf faulenden thierischen Resten im Wasser; häufig auf todten oder halbtodten Fischen und Krebsen, aber wohl sicher nicht die Ursache ihres Todes.

2. **S. ferax** Nees (= **S. Thureti** DB.) (Fig. 58): Hauptäste bis 75 μ dick; Sporangien und Oogonien wie bei voriger Art, aber letztere nicht traubig angeordnet. Vork. wie bei Voriger, auch auf Fischen etc.

3. **S. asterophora** DB. Hauptäste 10—20 μ dick; Sporangien cylindrisch-keulenförmig; Oogonien auf langen, nur 4—8 μ dicken Nebenästen, kugelig; Antheridien unter den Oogonien. Auf todten Fliegen im Wasser.

L. Achlya Nees.

a. Die Antheridien-tragenden Fadenzweige entspringen aus dem Stiel des Oogons oder aus dem Oogonien tragenden Hauptfaden.
  α. Antheridien-tragende Nebenäste nur aus den Stielen der Oogone entspringend, unverzweigt: 1. A. racemosa.

β. Diese Nebenäste nur aus dem Hauptfaden, nie aus den Oogonstielen entspringend: 2. A. polyandra.
b. Antheridien-tragende Nebenäste stets aus andern Hauptfäden entspringend: 3. A. prolifera.

1. **A. racemosa** Hildebr. (Fig. 59): Hauptäste bis 80 μ breit; Oogonien in oft grosser Menge traubig angeordnet, stets gelblich oder bräunlich. Auf in Wasser faulenden thierischen oder pflanzlichen Resten.

2. **A. polyandra** Hildebr. Hauptäste bis 150 μ breit; Oogonien an den Hauptästen traubig stehend, farblos. Vork. wie bei Voriger, auch an Fischen und Krebsen. Gemein.

3. **A. prolifera** Nees: Hauptäste bis 50 μ breit; Oogonien traubig stehend, farblos, kugelig mit reichlich getüpfelter Wand. Vork. wie bei Voriger; ebenso häufig.

LI. Aphanomyces DB. — **A. laevis** DB. Hauptäste 5—7 μ dick; Oogonien am Ende kurzer Zweige stehend, glatt. An todten, im Wasser liegenden Insekten.

LII. Leptomitus Ag. — **L. lacteus** Ag. (Fig. 60): Fadenglieder bis 45 μ dick, jedes mit einem scheibenförmigen, sehr stark lichtbrechenden Cellulinkorn. welches bei lebenden Fäden häufig in der Nähe der Mitte, bei todten stets an oder in den Einschnürungen liegt. In Fabrik- und Stadtabwässern, wenn dieselben nicht allzu sehr verschmutzt sind, grosse fluthende, weisse oder mit Eisenoxydhydrat etwas inkrustirte, ockerfarbene, seltener röthliche fluthende Rasen bildend. Diese gehen unten fast stets in Verwesung über und bilden einen dicken, schwarzen Schwefeleisenschlamm. — Die Leptomitusrasen sind makroskopisch sehr schwer, mikroskopisch sofort von Sphaerotilus (cf. p. 69) zu unterscheiden; letzterer Pilz lebt aber im Allgemeinen in stärker verunreinigtem Wasser als Leptomitus.

LIII. Pythium Pringsh.

a. Es werden keine besonderen Sporangien gebildet: 1. P. gracile.
b. Sporangien kugelig oder breit eiförmig, durch eine Querwand vom Faden abgetrennt.
  * Antheridien keulig, auf Nebenästen stehend: 2. P. proliferum.
  ** Antheridien cylindrisch, aus dem Tragfaden des Oogons dicht unterhalb desselben entspringend: 3. P. ferax.

1. **P. gracile** Schenk: Mycelfäden 1,5—3 μ dick, im Innern von Algenzellen lebend; einzelne derselben durchbrechen die Wirthszelle und entleeren ihren Inhalt, ohne durch Querwandbildung ein Sporangium gebildet zu haben. In verschiedenen Fadenalgen.

2. **P. proliferum** DB. (Fig. 61): Mycelfäden 3,8—5 μ dick, meist zwischen Saprolegnien wachsend. Auf todten Insekten, faulenden Pflanzentheilen etc. im Wasser

3. **P. ferax** DB. Durch dünnere Mycelfäden und das oben angegebene Merkmal von Voriger verschieden, gleichen Vorkommens.

Conidienformen von Ascomyceten.

A. Mycelfäden frei, nicht zu Körpern verschlungen.

I. Mycelfäden blass oder schönfarbig (nicht braun oder schwarz), zart; Conidien nicht schwarz.

△ Conidien einzellig.

a. Mycelfäden nur sehr kurz, rasch in Conidien zerfallend, diese von den Mycelzellen kaum verschieden.

1. Conidien nicht in Ketten, + einzeln; Mycel fast fehlend: LIV. Chromosporium Corda.

2. Conidien in Ketten.

α. Conidien im Innern der Hyphen gebildet, später frei werdend.

* Sporentragende Ästchen gabelig verzweigt: LV. Glycophila Mont.

** Sporentragende Ästchen einfach: LVI. Malbranchea Sacc.

β. Conidien durch Einschnürung der Mycelfäden von aussen, basipetal gebildet.

* Conidien kugelig oder ellipsoidisch, klein: LVII. Oospora Wallr.

** Conidien citronförmig, gross: LVIII. Monilia Pers.

*** Conidien kurz cylindrisch, beiderseits quer abgestutzt: LIX. Geotrichum Lk.

b. Mycelfäden lang, ihre Zellen von den anders gestalteten Conidien durchaus verschieden.

1. Conidien auf der Spitze der Fruchtträger entstehend, hier kopfförmig gehäuft.

α. Conidien nicht in Ketten.

* Fruchtträger an der Spitze zu einer etwa kugeligen, nicht gefelderten Blase angeschwollen: LX. Oedocephalum Preuss.

** Fruchtträger an der Spitze nicht kugelig angeschwollen; Conidienköpfchen nicht schleimig.

§ Fruchtträger einfach; Conidien nicht sehr abfällig: LXI. Haplotrichum Lk.

§§ Fruchtträger verzweigt; Conidien sehr abfällig: LXII. Trichoderma Pers.

β. Conidien in Ketten.

* Fruchtträger an der Spitze angeschwollen.

§ Die Sporenketten sitzen auf einfachen Basidien: LXIII. Aspergillus Mich.

§§ Die Sporenketten sitzen auf quirlig verzweigten Basidien: LXIV. Sterigmatocystis Cramer.

** Fruchtträger an der Spitze nicht angeschwollen.

§ Fruchtträger an der Spitze mit kurzen Verzweigungen: LXV. Penicillium Lk.

§§ Fruchtträger durchaus unverzweigt: LXVI. Briarea Cda.

2. Conidien zerstreut oder an der Spitze quirliger Aeste der Fruchtträger gehäuft.

α. Conidien an einfachen oder nicht quirlig verzweigten Mycelfäden da und dort entstehend.

* Fruchtträger einfach, kurz, einsporig: LVII. Acremonium.

** Fruchtträger verzweigt; Conidien kugelig oder eiförmig.

§ Mycel und Fruchtträger niederliegend: LXVIII. Sporotrichum Lk.

§§ Fruchtträger aufrecht.

0 Conidien einzeln an der Spitze zugespitzter Aestchen: LXIX. Monosporium Bonord.

00 Conidien am oberen Theil der Aestchen in Mehrzahl gebildet: LXX. Botrytis Lk.

β. Conidien an der Spitze quirlig verzweigter Fruchtträger, länglich.

* Conidien nicht in Ketten, an der Spitze der Aestchen ein dichtes Köpfchen bildend: LXXI. Clonostachys Cda.

** Conidien in Ketten, aus der Spitze der Aestchen gebildet: LXXII. Spicaria Cda.

△△ Conidien durch eine Scheidewand getheilt, zweizellig.

a. Fruchtträger lang, einfach, ohne Knoten, an der Spitze mit einer Conidie: LXXIII. Trichothecium Lk.

b. Fruchtträger an der Spitze und im Verlauf mit conidientragenden Knoten: LXXIV. Arthrobotrys Cda.

II. Mycelfäden braun oder schwarz, starr.

a. Conidien einzellig.

1. Mycelfäden nur sehr kurz, rasch in Conidien zerfallend, diese von den Mycelzellen kaum verschieden, in Ketten, kugelig oder eiförmig: LXXV. Torula Pers.

2. Mycelfäden lang, ihre Zellen von den anders gestalteten Conidien durchaus verschieden.

α. Conidien braun oder bräunlich.

* Conidien nicht in Ketten.

§ Conidien an der Spitze der Fruchtträger, kopfig.

0 Fruchtträger einfach, an der Spitze mit kurzen, conidientragenden Zellchen (Basidien):

LXXVI. Stachobotrys Cda.

00 Fruchtträger einfach oder an der Spitze kurz verästelt, ohne Basidien: LXXVII. Periconia Bon.

000 Fruchtträger unter der Mitte gabelig verzweigt:

LXXVIII. Synsporium Preuss.

§§ Conidien zerstreut an den kriechenden Fruchtträgern seitlich entstehend, sitzend:

LXXIX. Trichosporium Fr.

** Conidien in Ketten; Fruchtträger an der Spitze kopfig, kurzzweigig: LXXX. Haplographium B. et Br.

β. Conidien farblos, in Köpfchen, Mycel braun oder bräunlich oder schwarz: LXXXI. Myxotrichum Kze.

b. Conidien mindestens 2-zellig.

1. Conidien mit 1—3 Querwänden, auf der Spitze und an den Seiten der Fruchtträger: LXXXII. Cladosporium Lk.

2. Conidien mit Längs- und Querwänden.

α. Hyphen kurz, eigentliche Fruchtträger nicht ausgebildet.

* Conidien regelmässig gestaltet, eiförmig oder ellipsoidisch, zerstreut stehend: LXXXIII. Sporodesmium Lk.

** Conidien sehr unregelmässig gestaltet:

LXXXIV. Coniothecium Cda.

β. Hyphen lang; deutliche Fruchtträger ausgebildet.

* Conidien einzeln; Hyphen niederliegend:

LXXXV. Stemphylium Wallr.

** Conidien in Ketten; Hyphen aufrecht:

LXXXVI. Alternaria Nees.

B. Mycelfäden dicht verschlungen, Zellkörper bildend.

I. Zellkörper aufrecht; Conidien in gestieltem Fruchtstand; Hyphen und Conidien blass.

1. Conidientragender Theil des Zellkörpers an der Spitze ein schleimiges, rundes Köpfchen tragend: LXXXVII. Stilbum Tode.

2. Conidientragender Theil des Zellkörpers keulenförmig oder cylindrisch: LXXXVIII. Isaria Pers.

II. Zellkörper warzig oder scheibenförmig, nicht aufrecht.

1. Hyphen und Sporen weiss oder schönfarbig.

a. Conidien einzellig, auf vom Zellkörper sich erhebenden Fruchtträgern, in schleimigen Köpfchen: IXC. Illosporium Mart.

b. Conidien mehrzellig, spindel- oder sichelförmig, zerstreut auf vom Zellkörper sich erhebenden, verzweigten Fruchtträgern:

XC. Fusarium Lk.

2. Hyphen missfarben, bräunlich oder schwärzlich; Fruchtkörper scheibenförmig, mit weissen Randhaaren: Myrothecium Tode.

LIV. Chromosporium Corda. — **Chr. aureum** Sacc. (Fig. 62.): Ein glänzend goldgelber, pulverig-krümliger, dünner Belag auf faulen Substanzen; selten auf alten Wasserproben beobachtet.

LV. Glycophila Mont. — **Gl. versicolor** Mont. Sehr dünne, von einem Centrum ausstrahlende, vielverzweigte Fäden; Conidien kugelig, erst rosenroth, später olivfarben. Auf Zucker und stark zuckerhaltigen Substanzen.

LVI. Malbranchea Sacc. — **M. pulchella** Sacc. Schwefelgelbe, ziemlich dicklappige Ueberzüge; Mycelfäden 0,5—0,7 μ dick; Conidienketten halbkreisförmig gebogen; Conidien elliptisch-cylindrisch, 3 μ lang, 2,5 μ breit. Auf feuchtem Papier etc.

LVII. Oospora Wallr.

a. Räschen rein weiss oder schmutzig weiss.
 1. Fäden in alten Kulturen mit keulig-verdickt inkrustirten Enden: 1. O. Hofmanni.
 2. Aehnliches nicht bekannt.
  α. Luftmycel gut entwickelt; die Räschen sehen sammtartig aus.
   * Fruchttragende Hyphen gabelig verästelt; Conidien von sehr verschiedener Länge: 2. O. gummigena.
   ** Fruchttragende Hyphen allermeist einfach; Conidien ungefähr gleichlang: 3. O. lactis.
  β. Luftmycel schlecht entwickelt; die Räschen sehen pulverig aus: 4. O. nivea.

b. Räschen gefärbt.
 1. Räschen roth
  α. Räschen rosa- oder fleischroth.
   * Räschen ganz hell weisslichrosa: 5. O. rubeoalba.
   ** Räschen dunkler gefärbt.
    § Räschen sammtartig, aus gut entwickeltem Luftmycel bestehend: 6. O. rosella.
    §§ Räschen mit schlecht entwickeltem Luftmycel, staubartig: 7. O. roseola.
  β. Räschen mennigroth: 8. O. crustacea.
 2. Räschen gelb.
  α Räschen blass hellgelb; Conidien feinwarzig: 9. O. friata.
  β. Räschen dunkler gelb.
   * Räschen schwefelgelb: 10. O. sulphurea.
   ** Räschen ockergelb: 11. O. ochracea.
   *** Räschen orangefarben: 12. O. aurantia.

1. **O. Hofmanni** Sauv. et Rad. Ohne Bildung von Lufthyphen; bildet (wie **O. bovis** S. et Rad. = **Actinomyces bovis** Harz) an den

Fadenspitzen verkalkte Keulen; wie die genannte Art pathogen, Drusen enthaltende Tumoren erzeugend. In Staub etc.

2. **O. gummigena** Sacc. et Vogl (= **O. Doriae** S. et Rad.): Mit starker Luftmycelbildung, weit ausgebreitet; Hyphen sehr stark verästelt. In Wasser, Staub, auf verschiedenen Nährsubstraten.

3. **O. lactis** Sacc. (= **Oidium lactis** Fres.) (Fig. 63): Mit starkem Luftmycel, weit ausgebreitet; Hyphen meist schwächer verästelt als bei voriger Art. In Milch massenhaft; regelmässig in der Vegetationsdecke, welche stehende Proben von Kanalwasser, Molkerei- und Brauereiabwässern überzieht, in andern Abwässern seltener, in reinem Wasser fehlend.

4. **O. nivea** Sacc. et Vogl. Räschen krümelig-schorfig, bestäubt; Conidien kugelig-eiförmig, meist in 2—4 gliedrigen Ketten. Auf Fäces, in Kanalwasser, häufig.

5. **O. rubeoalba** Sacc. et Vogl. Räschen flockig, ausgebreitet, mit reichlichem Luftmycel; Conidien hell rosaroth, fast kugelig. Auf modernden stickstoffhaltigen Substanzen.

6. **O. rosella** Grov. (= **O. carnea** Sauv. et Rad.?) Räschen sammtartig, mit reichem Luftmycel; Conidienzweige büschelig stehend, verzweigt; Conidien beiderseits mit feinen Spitzchen, elliptisch. Auf Mist, in Staub und Wasser, besonders auf Kanalwasserproben hier und da auftretend.

7. **O. roseola** Sacc. Räschen pulverig, ausgebreitet; Conidien länger oder kürzer elliptisch, erst weiss dann rosaroth; Conidienzweige einfach. Vork. wie Nr. 5.

8. **O. crustacea** Sacc. (Fig. 64): Räschen kreisrund, sammtig, im Alter krustenartig werdend; Conidienzweige getheilt; Conidien würfelig-kugelig, 6—8 μ breit. Auf Käse und andern stickstoffhaltigen Substanzen.

9. **O. friata** Sacc. et Vogl. Räschen weit ausgebreitet, pulverig; Conidienzweige mit steriler Basis; Conidien erst elliptisch, dann kugelig, feinwarzig. Vork. wie Nr. 5.

10. **O. sulfurea** Sacc. et Vogl. Räschen ausgebreitet, spinnwebig; Conidienzweige mit steriler Basis; Conidien eiförmig, glatt. Vork. wie Vorige.

11. **O. ochracea** Sacc. et Vogl. Räschen rund, fast polsterförmig, erst ockerfarben, dann bräunlich werdend, feinflockig; Conidienketten kurz; Conidien kugelig. Vork. wie Vorige.

12. **O. aurantia** Sacc. et Vogl. (= **O. aurantiaca** Sauv. et Rad.) Räschen unregelmässig, ausgebreitet; Conidienäste oft verzweigt; Conidien kugelig oder elliptisch. In Staub, Wasser.

LVIII. Monilia Pers.

a. Räschen erst weiss dann fleischfarben-ockergelb: 1. M. fructigena.
b. Räschen roth-orangefarben: 2. M. sitophila.

1. **M. fructigena** Pers. (Fig. 65): Räschen dicht, polsterartig, filzig-sammtartig; Conidienäste mit kurzen Auszweigungen; Conidien erst weiss, dann rosaroth, elliptisch. Auf faulem Obst, Würzgelatineplatten etc.

2. **M. sitophila** Sacc. Räschen ausgebreitet; Conidienäste mit zweimal gegabelten Auszweigungen; Conidien kugelig. Auf Brod, gekochten Kartoffeln etc.

LIX. Geotrichum Lk.

a. Räschen schmutzig roth: 1. G. purpurascens.
b. Räschen grau: 2. G. cinereum.

1. **G. purpurascens** Sacc. (Fig. 66): Schmutzig hell purpurfarben oder gelblich, Räschen pulverig; Hyphen glatt fadenförmig, wenig verästelt. Auf Fäces, auf Kanalwasserproben selten auftretend.

2. **G. cinereum** Sacc. Grau; Räschen kleiig; Hyphen an den Scheidewänden etwas aufgeschwollen. Auf Fäces.

LX. Oedocephalum Preuss.

a. Räschen rosafarben: 1. Oed. roseum.
b. Räschen ockerfarben: 2. Oed. fimetarium.

1. **Oed. roseum** Cooke: Weit ausgebreitet; Köpfchen kugelig; Conidien eiförmig oder breit elliptisch, glatt. Auf modernden Geweben, Papier etc.

2. **Oed. fimetarium** Sacc. Räschen dünn; Fruchtträger oben in eine ungefähr kugelige, feinwarzige Blase erweitert; Conidien lang elliptisch. Auf Pferdemist etc.

LXI. Haplotrichum Lk. — **H. elongatum** Bon. (Fig. 67): Räschen dünn, spinnwebartig weit ausgebreitet, mit entfernten Scheidewänden der Hyphen; Fruchtträger oben spitz; Conidienköpfchen aus 10—20 Conidien gebildet; Conidien fast kugelig oder dick ellipsoidisch. Eine der gewöhnlichsten Verunreinigungen auf Gelatineplatten.

LXII. Trichoderma Pers. — **T. cinnabarinum** Wallr. Räschen rundlich, erst sammtartig dann krümelig-pulverig, sehr vergänglich. Auf faulen Lumpen und andern verwitternden Substraten.

LXIII. Aspergillus Mich.

a. Räschen bläulich, olivgrün oder rauchgrau.
  1. Conidien feinwarzig.
    α. Conidien 9—12 μ breit; Conidienträger bis 1 mm hoch: 1. A. herbariorum.
    β. Conidien 6—7 μ breit; Conidienträger selten über 0,25 mm hoch: 2. A. repens.
  2. Conidien glatt.
    α Sporenmasse grau: 3. A. griseus,
    β. Sporenmasse wenigstens später blau bis grünblau.

§ Sporenmembran erst farblos dann graublau: 4. A. clavatus.
§§ Sporenmembran hell olivbraun: 5. A. fumigatus.
b. Räschen andersfarben.
1. Räschen und Conidienmasse weiss.
α. Conidien kugelig: 6. A. candidus.
β. Conidien eiförmig: 7. A. dubius.
2. Räschen und Conidien rosaroth: 8. A. roseus.
3. Räschen und Conidien gelb: 9. A. flavus.
4. Räschen und Conidien russfarben: 10. A. nanus.

1. **A. herbariorum** Schrt. (= **A. glaucus** Lk.) (Fig. 68): Steriles Mycel farblos; Fruchtträger oben kugelig angeschwollen, mit flaschenförmigen Sterigmen besetzt; Membran der Conidien schmutzig bräunlich. Ueberall, einer der gemeinsten Schimmelpilze; sehr häufig auf Kulturplatten etc.

2. **A. repens** Sacc. In jeder Beziehung dem Vorigen ähnlich; Sporenmembran fast farblos. Vork. wie bei Vorigem.

3. **A. griseus** Lk. Steriles Mycel grau; Fruchtträger mit Scheidewänden, mit keulig-kugeliger Endanschwellung; Membran der Conidien farblos. Vork. wie bei 1, 2, etwas seltener.

4. **A. clavatus** Desm. Steriles Mycel farblos; Fruchtträger ohne Scheidewand, mit verlängert-keuliger Endanschwellung; Conidienmembran erst farblos dann graublau. Auf Platten und Nährböden, nicht selten.

5. **A. fumigatus** Fres. Conidienrasen erst farblos dann der Reihe nach himmelblau, graugrün, schmutzig braungrün werdend; Fruchtträger mit breit und kurz keulenförmiger Endanswellung. Wächst gut nur bei höherer Temperatur; zeitweilig auf Agarplatten in Wärmschränken massenhaft.

6. **A. candidus** Lk. Hyphen rein weiss; Fruchtträger ohne Scheidewand, oben mit kleiner, kugelig-elliptischer Blase; Conidien kugelig, 2,5 bis 3 μ breit, weiss. Vork. wie 1—4, seltener.

7. **A. dubius** Cda. Hyphen farblos; Fruchtträger mit einer Scheidewand, darüber mit kugeliger Blase; Conidien eiförmig, ungleichgross, weiss. Auf Käse etc.

8. **A. roseus** Lk. Hyphen farblos; Fruchtträger ohne Scheidewand; Conidien kugelig, sehr klein, rosaroth. Auf feucht liegendem Papier etc.

9. **A. flavus** Lk. Hyphen weiss; Fruchtträger bald gelb werdend, mit ungefähr kugeliger Blase; Conidien kugelig, 5—7 μ breit, sehr fein warzig, gelb. Vork. wie bei Nr. 5.

10. **A. nanus** Mont. Hyphen gelblich; Fruchtträger kurz, farblos, mit kugeliger Blase; Conidien kugelig, 3 μ breit, russfarben. Auf Kartoffeln, Reisbrei, überhaupt stärkehaltigen Nährböden.

LXIV. Sterigmatocystis Cramer.

a. Räschen weiss oder weisslich.
 1. Conidien ungleich gestaltet, die unteren jeder Kette elliptisch, die oberen kugelig, 2,5 μ breit: 1. St. candida.
 2. Conidien alle kugelig, 4—5,5 μ breit: 2. St. dubia.
b. Räschen gefärbt.
 1. Räschen schwefelgelb: 3. St. sulphurea.
 2. Räschen blaugrün, grün oder schwärzlich.
  * Räschen blaugrün oder grün.
   α. Fruchtträger weiss, Conidien blaugrün: 4. St. glauca.
   β. Fruchtträger gelb, Conidien grün: 5. St. varia.
  ** Räschen schwärzlich: 6. St. nigra.

1. **St. candida** Sacc. Räschen weit verbreitet flockig, schneeweiss; Fruchtträger oben mit 40 μ breiter etwa kugeliger Blase; Basidien an der Spitze mit vier fadenförmigen Sterigmen; Conidien 2,5 μ breit, farblos. Auf Mist und flüssigen, selten auf festen Nährböden.

2. **St. dubia** Sacc. Räschen sehr klein, weiss; Fruchtträger mit kugeliger Blase; Basidien an der Spitze mit 3—4 cylindrischen Sterigmen; Conidien 4—5,5 μ breit, farblos. Vork. wie bei Voriger, seltener.

3. **St. sulphurea** Fres. Räschen ausgebreitet, flockig; Fruchtträger öfters mit Querscheidewänden, in eine kugelige Blase ausgehend; Basidien an der Spitze mit 1—3, meist 2 sehr kleinen, fadenförmigen Sterigmen; Conidien 2—3 μ breit, schwefelgelb. Erschien bei mir plötzlich auf Agarplatten und blieb lange im Staub des Zimmers.

4. **St. glauca** Bain. Räschen häutig; Fruchtträger oben mit kugeliger, ± 33,5 μ breiter Blase; Basidien mit ganz dünnen, langen Sterigmen; Conidien 4,2 μ breit, blaugrün. In der Haut alter Wasserproben, selten.

5. **St. varia** Bain. Räschen flockig-sammtartig, ausgebreitet; Fruchtträger mit kugeliger, 19 μ breiter Blase; Basidien und Sterigmen wie bei Voriger; Conidien 2,5 μ breit, grün. Vork. wie bei Voriger.

6. **St. nigra** van Thiegh. Hyphen farblos, ein sammtartiges Räschen bildend; Fruchtträger nach oben schwärzlich werdend, in eine kugelige, bis 75 μ breite Blase auslaufend; Basidien mit 3—8 Sterigmen; Conidien 3,4—4,5 μ breit, braun. Häufig in Wärmschränken auf Agarplatten, Kartoffeln etc., seltener bei Zimmertemperatur auftretend.

LXV. Penicillium Lk.

a. Conidien blaugrün: 1. P. glaucum.
b. Conidien kaffeebraun: 2. P. coffeicolor.
c. Conidien roth: 3. P. brevicaule.

1. **P. glaucum** Lk. (Fig. 69): Mycel weiss (auf Gelatineplatten Gelbfärbung hervorrufend); Fruchtträger an der Spitze 2—3 mal verästelt,

besenförmig; Conidien mit hellgrünlicher Membran, 4 μ breit. Ueberall, der gemeinste Schimmelpilz.

2. **P. coffeicolor** B. et Br. Mycel weit ausgebreitet; Räschen braun; Conidien 12—13 μ breit. Auf Nährlösungen.

3. **P. brevicaule** Sacc. Rasen weit ausgebreitet, schmutzig hellroth; Fruchtträger oben quirlig verästelt; Conidien 5—7 μ breit, erst farblos dann roth. Auf Papier und andern modernden Substanzen.

LXVI. Briarea Corda. — **Br. orbicula** Bon. Räschen rund, dick, rehbraun, später bläulich werdend; Fruchtträger aufrecht, an den Querwänden nicht eingeschnürt; Conidien eiförmig, 3,5 μ lang. Vork. wie bei voriger Art.

LXVII. Acremonium Lk.

a. Conidienstiele nicht angeschwollen, kaum länger als die Conidien: 1. A. spicatum.
b. Conidienstiele spindelförmig angeschwollen, viel länger als die Conidien: 2. A. erectum.

1. **A. spicatum** Bon. (Fig. 70): Hyphen mit wenigen Scheidewänden und wenig verästelt; Conidien kugelig. Auf Kartoffeln.

2. **A. erectum** Bon. Räschen weiss, winzig, baumwollartig; Conidien erst ungefähr herzförmig, dann kugelig. Auf Kleister, Kartoffeln etc.

LXVIII. Sporotrichum Lk.

a. Räschen weiss, später blassgelb: 1. Sp. inquinatum.
b. Räschen gelb.
 * Conidien glatt, 4,3—5,7 μ breit: 2. Sp. flavissimum.
 ** Conidien feinwarzig, 9—10 μ breit: 3. Sp. merdarium.
c. Räschen roth.
 * Conidien rosafarben: 4. Sp. roseum.
 ** Conidien mennigroth: 5. Sp. pannorum.
d. Räschen grünlich: 6. Sp. lactis.

1. **Sp. inquinatum** Lk. Räschen kreisförmig, Hyphen schneeweiss, locker verwebt; Conidien kugelig, erst rein weiss, dann blassgelb werdend. Auf Fäces.

2. **Sp. flavissimum** Lk. Räschen sehr ausgebreitet, dick, wergartig; Fruchtträger kurz; Conidien eiförmig oder kugelig, 4,3—5,7 μ lang. Auf Mist und faulenden Substraten, auch auf Nährböden.

3. **Sp. merdarium** Ehbg. Räschen tief gelb, pulverig; Conidien kugelig, gelb. Auf Fäces.

4. **Sp. roseum** Lk. Räschen ausgebreitet; Hyphen rosa gefärbt, sparsam septirt und verästelt; Conidien eiförmig, 4 μ lang, rosaroth. Häufig auf modernden Substanzen und Nährböden.

5. **Sp. pannorum** Lk. Hyphen kurz, wenig verästelt, dünn; Conidien reichlich gebildet, kugelig, mennigroth. Auf Lumpen.

6. **Sp. lactis** Pir. et Rib. Räschen unregelmässig, ± intensiv grün; Conidien sehr klein, oval oder kugelig, grün. Auf Milch.

LXIX. Monosporium Bonord. — **M. sepedonioides** Harz: Räschen weit ausgebreitet, weiss-rosa; Fruchtträger oben traubig oder doldig verästelt; Conidien kugelig, fein gekörnt, rosaroth, selten weisslich, 10—11 μ breit. Auf gekochten Kartoffeln.

LXX. Botrytis Lk.

a. Räschen grau bis olivgrün: 1. B. vulgaris.
b. Räschen braun: 2. B. fascicularis.

1. **B. vulgaris** Fr. (Fig. 71): Hyphen olivfarben; Fruchtträger mit kurzen, abstehenden, wenig verzweigten Aesten; Conidien geknäuelt, eiförmig oder elliptisch, farblos oder hellbräunlich, glatt, 10—12 μ lang, 7—9 μ breit. Auf faulenden Vegetabilien eine der gemeinsten Schimmelformen, seltener auf Nährböden.

2. **B. fascicularis** Sacc. Räschen winzig, Wassertröpfchen ausschwitzend; Fruchtträger in Bündeln stehend, manchmal nach unten verwachsen, braun, nach oben farblos; Conidienköpfchen weiss; Conidien elliptisch. Vork. wie bei Voriger, seltener.

LXXI. Clonostachys Corda. — **Cl. candida** Harz: Räschen weiss, winzig; Fruchtträger mit wenigen Scheidewänden, baumförmig verästelt; Aeste an der Spitze in 3 quirlige Zweiglein getheilt; Conidien eiförmig, 5 μ breit, in 4-zeiligen Aehren. Auf gekochten Kartoffeln.

LXXII. Spicaria Corda. — **Sp. nivea** Harz: Räschen ausgebreitet, schneeweiss; Fruchtträger mit Scheidewänden, bäumchenförmig; Aeste einzeln oder zu 2—3 quirlig, an der Spitze in 2—3 quirlige Zweigchen getheilt; Conidien kurz spindelförmig, beiderseits spitz, 5—8 μ lang. Vork. wie bei Voriger.

LXXIII. Trichothecium Lk.

a. Conidien birnförmig: 1. Tr. roseum.
b. Conidien eiförmig: 2. Tr. domesticum.

1. **Tr. roseum** Lk. Räschen gross, polsterförmig, erst weiss, dann rosaroth; Conidien 12—18 μ lang, 8—10 μ breit. Ueberall häufig, auch auf alten Wasserproben und Nährböden manchmal epidemisch auftretend.

2. **Tr. domesticum** Fr. Räschen ausgebreitet krustenförmig, blass fleischroth. Vork. wie bei Voriger, etwas seltener.

LXXIV. Arthrobotrys Corda. — **A. superba** Cda. (Fig. 72): Räschen winzig, durchscheinend-weisslich; Fruchtträger aufrecht, da und dort zahnartig aufgetrieben; Conidien auf diesen Zähnchen stehend, elliptisch, 20—26 μ lang, 12—15 μ breit, farblos. Auf modernden Vegetabilien, nicht selten.

LXXV. Torula Pers.

a. Conidien glatt.
1. Räschen von Anfang an schwarz: 1. T. chartarum.
2. Räschen erst olivbraun dann schwarz: 2. T. murorum.
3. Räschen bräunlich: 3. T. epizoa.
b. Conidien rauh; Räschen russfarben: 4. T. asperula.

1. **T. chartarum** Cda. Räschen weit ausgebreitet, nicht scharf abgegrenzt; Conidien eiförmig, 5—6 μ breit. Auf feuchtem Papier etc., gemein.

2. **T. murorum** Cda. Räschen weit ausgebreitet, nicht scharf abgegrenzt; Conidien elliptisch, 4,7 μ breit. An feuchten Kalkmauern dunkle Flecke machend; ich glaube diese Art einige Male auf Nährgelatineplatten gehabt zu haben.

3. **T. epizoa** Cda. Räschen rund, scharf abgegrenzt, winzig; Conidien kugelig. Auf Fett, Fleisch, Nährgelatine etc., häufig.

4. **T. asperula** Sacc. Räschen weit ausgebreitet, flockig; Conidien kugelig, 6—7 μ breit. Vork. wie bei Nr. 1, seltener.

LXXVI. Stachobotrys Cda.

a. Räschen schwarzbraunroth: 1. St. alternans.
b. Räschen tief schwarz: 2. St. atra.

1. **St. alternans** Bon. (Fig. 73): Mycelfäden schwarz-braunroth; Conidien schwarz, elliptisch oder eiförmig elliptisch, 7—9 μ lang. Auf feuchtem Papier etc.

2. **St. atra** Cda. Mycelfäden olivfarben; Conidien braun, eiförmig-elliptisch, 8—9 μ lang. Vork. wie bei Voriger.

LXXVII. Periconia Bon. — **P. Desmazieri** Bon. (Fig. 74): Räschen gross, ausgebreitet, sehr dünn, schwärzlich; Mycel weiss; Fruchtträger nach oben dunkel werdend, vierzellig; Conidien 9—10 μ lang, elliptisch, schwärzlich. Vork. wie bei Voriger.

LXXVIII. Synsporium Preuss. — **S. biguttatum** Preuss (Fig. 75): Räschen ausgebreitet, tief schwarz; Conidien gross, eiförmig, erst weiss, dann schwarz. Auf feucht liegenden Vegetabilien.

LXXIX. Trichosporium Fr.

a. Conidien spindelförmig: 1. T. effusum.
b. Conidien kugelig oder eiförmig.
 * Räschen pulverig: 2. T. chartaceum.
 ** Räschen wergartig: 3. T. collae.

1. **T. effusum** Sacc. Räschen weit ausgebreitet, pulverig; Mycelfäden sehr verästelt, dunkelbraun; Conidien schwarz. Auf faulenden Vegetabilien.

2. **T. chartaceum** Sacc. Räschen rund; Conidien elliptisch-kugelig, olivbraun. Auf Papier etc.

3. **T. collae** Sacc. Räschen weit verbreitet, dick; Conidien winzig, kugelig, zusammengeballt, schwarz. Auf Leim und thierischen Abfällen.

LXXX. Haplographium B. et Br. — **H. chartarum** Sacc. Räschen rund. olivfarben; Fruchtträger einfach oder nach oben schwach verästelt; Conidien elliptisch, blass olivfarben. Auf faulem Papier etc.

LXXXI. Myxotrichum Kunze.

a. Räschen schwärzlich olivfarben: 1. M. chartarum.
b. Räschen erst rosaroth, dann ockerfarben: 2. M. coprogenum.

1. **M. chartarum** Kunze (Fig. 76): Hyphen sehr dünn, niederliegend, gespreizt-verästelt, in olivfarben-schwärzliche Räschen verflochten; Conidien in Knäueln an der Spitze der untersten Aeste. Auf Papier etc.

2. **M. coprogenum** Sacc. Räschen polsterförmig, baumwollartig: Conidien an der Spitze dünnerer Zweige, in kugeliger Blase. Auf Fäces.

LXXXII. Cladosporium Lk. — **Cl. herbarum** Lk. (= **Dematium pullulans** DB. et Loew.) (Fig. 77): Räschen weit verbreitet, erst gelblich-olivfarben, dann schwarz-violett; Conidien braun oder olivgrün, länglich, eiförmig oder cylindrisch, glatt, an den Querwänden eingeschnürt. Auf allen pflanzlichen Resten und sonst vielfach, eine sehr gemeine Schimmelform.

LXXXIII. Sporodesmium Lk. — **Sp. echinulatum** Speg. Räschen rund, klein, schwarz; Conidien elliptisch, 30—32 μ lang, 15—16 μ breit, mit 3 Querwänden, olivbraun, feinwarzig. Auf Papier, Mist.

LXXXIV. Coniothecium Corda. — **C. charticolum** Fuck. Räschen winzig klein, schwarz; Conidien geballt, kugelig, schwarzbraun. Auf faulem Papier.

LXXXV. Stemphylium Wallr.

a. Conidien länger als breit.
 * Räschen schmutzig olivgrün: 1. St. verruculosum.

** Räschen braun: 2. St. Alternariae.
b. Conidien kugelig: 3. St. amoenum.

1. **St. verruculosum** Sacc. Räschen ausgebreitete, schmutzig olivgrüne Flecken bildend; Conidien elliptisch oder entgegengesetzt eiförmig, mit 2—3 Querwänden, braun. In faulen Eiern.

2. **St. Alternariae** Sacc. Räschen unregelmässig, bäumchenförmig, glänzend; Conidien unregelmässig, eiförmig, cylindrisch oder birnförmig mit einer oder mehreren Scheidewänden, braun. Auf nassen Tapeten etc.

3. **St. amoenum** Oud. Räschen weit ausgebreitet, bräunlich fleischfarben; Conidien sehr gross, bis 45 μ breit, bräunlich-fleischfarben. Auf verdorbenen Nahrungsmitteln, Papier etc.

LXXXVI. Alternaria Nees. — **A. chartarum** Preuss (Fig. 78): Räschen weit verbreitet, erst schwarzbraun, dann schwarz; Conidien rund oder elliptisch, nach oben halsartig verdünnt. Auf Papier etc.

LXXXVII. Stilbum Tode.

a. Stiele der Fruchtkörper behaart.
* Köpfchen roth: 1. St. erythrocephalum.
** Köpfchen weiss: 2. St. villosum.
b. Stiele der Fruchtkörper kahl; Köpfchen hellroth: 3. St. fimetarium.

1. **St. erythrocephalum** Ditm. (Fig. 79): Gesellig; Stiel ziemlich dick, weisslich, feinhaarig; Köpfchen kugelig-kreiselförmig; Conidien eiförmig, 4—6 μ lang. Auf Mist und der Haut alter Abwasserproben, nicht selten.

2. **St. villosum** Mérat: Meist in grossen Trupps beisammenstehend; Stiel hellgelb, dicht langhaarig; Köpfchen kugelig; Conidien eiförmig, 7—8 μ lang. Vork. wie bei Voriger, sehr häufig.

3. **St. fimetarium** B. et Br. Dünn; Köpfchen erst kegelförmig, dann flach werdend, endlich kantig; Conidien elliptisch, 6—7 μ lang. Auf Mist, nicht selten.

LXXXVIII. Isaria Pers.

a. Fruchtkörper weiss: 1. I. felina.
b. Fruchtkörper hellgelb: 2. I. sulfurea.

1. **I. felina** Fr. Fruchtkörper rasig, meist verästelt, keulig oder fadenförmig. Auf Mist und Kanalwasserkulturen, auf letztern fast regelmässig auftretend.

2. **I. sulfurea** Fiedl. Fruchtkörper gesellig, keulenförmig. Vork. wie bei Voriger, seltener.

LXXXIX. Illosporium Mart. — **I. heterosporum** Sacc. Fruchtkörper halbkugelig, winzig, erst schleimig, weiss; Conidien rund, klein. Auf Brod etc.

XC. Fusarium Lk.

a. **Vegetationen mit starkem Moschusgeruch; in fliessendem Wasser und auf festen Substraten: 1. F. aquaeductuum.**
b. **Vegetationen ohne Moschusgeruch.**
 * **Conidien farblos, mit 3—5 Scheidewänden: 2. F. Solani.**
 ** **Conidien rosaroth, mit 2—3 Scheidewänden: 3. F. lactis.**

1. **F. aquaeductuum** Lagerh. (Fig. 80): Aus einem erst weissen, später ziegelroth werdenden Mycel entwickeln sich auf künstlichen Nährböden hahnenkammartige Erhebungen; Fruchtträger niederliegend, nicht deutlich differenzirt; Conidien sichelförmig, 1—4-zellig, 7—13 μ lang, 1—1,5 μ breit. In Wasserplatten nicht selten; unter Umständen auch an Turbinen, Mühlwehren etc. in ungeheurer Menge manchmal auftretend, den Gang der Werke störend, durch intensiven Moschusgestank ausgezeichnet.

2. **F. Solani** Sacc. (= **Fusisporium Solani** Mart.) Fruchtkörper kugelig, unregelmässig, filzig, weiss; Fruchtträger verzweigt; Conidien spindelig-sichelförmig, 40—60 μ lang, 7—8 μ breit. Auf Kartoffeln; in Kanalwässern fast regelmässig und auf der Hautdecke der Wasserproben erscheinend.

3. **F. lactis** Pirotta: Fruchtkörper erst weisslich, dann rosaroth oder roth, filzig; Hyphen ästig, verbogen; Conidien spindelig oder cylindrisch, beiderseits spitz, rosaroth, 15—30 μ lang, 3 μ breit. Auf Milch.

XCI. Myriothecium Tode. — **M. Verrucaria** Ditm. Fruchtkörper rund, flach, schwarz, am Rand weissfilzig, 1—2 mm breit; Conidien eiförmig, olivbraun, 8—10 μ lang, 3—3,5 μ breit. Auf modernden Vegetabilien, Mist, Papier etc.

B. Algen.

I. Zellen mit einer starren, konzentrirter Schwefelsäure widerstehenden Kieselschale: Bacillariaceae; p. 105.
II. Zellen ohne Kieselschale, werden durch konzentrirte Schwefelsäure völlig zerstört.
 A. Pflanzen durch Chlorophyll lichtgrün (gelblich grün, freudig grün) gefärbt.
 1. Einzellig, d. h. im vegetativen Zustand ohne Querwände.
 a. Zellen nur unter dem Mikroskop sichtbar; keine langen, verzweigten Schläuche.
 * *Chlorophyll meist in besondern, symmetrisch in den ansehnlich grossen Zellen geordneten grünen Körpern (Chromatophoren), welche durch eine helle Zone voneinander geschieden sind, selten (bei langgestreckt-stabförmigen Zellen) in einem ununterbrochenen, mit breiten Längsflügeln versehenen Körper oder in spiralig verlaufenden Bändern vorhanden: Desmidiaceae; p. 122.*

** *Chlorophyll in den kleinen Zellen nicht symmetrisch geordnet, nicht in axilen Körpern oder spiraligen Bändern:* Palmellaceae; *p. 144.*

β. Zellen mit blossem Auge sichtbar; Pflanzen aus grossen Schläuchen gebildet: Siphophyceae; *p. 104.*

2. Mehrzellig, d. h. im vegetativen Zustande mit Querwänden.

α. Pflanzen gross, aus einem mit blossem Auge sofort erkennbaren Hauptstamm und daraus quirlförmig entspringenden Zweigen gebildet: Characeae; *p. 101.*

β. Pflanzen klein; Aufbau und Zellen erst bei mikroskopischer Vergrösserung erkennbar.

* *Farbstoff auf grüne, meist spiralig seltener geradlinig in der Längsrichtung verlaufende Bänder, selten auf sternförmig-paarige oder axile plattenförmige Körper beschränkt:* Zygnemaceae; *p. 135.*

** *Farbstoff gleichmässig in den Zellen vertheilt oder in Körnern, Platten oder geschlossenen Ringen, welche der Zellmembran anliegen.*

§ *Pflanzen fadenförmig, aus verzweigten oder unverzweigten Zellreihen bestehend oder selten häutige Flächen resp. Polster bildend, welche dann aus einer sehr grossen (über 64) Anzahl von Zellen bestehen.*

† *Aus von einem Mittelpunkt radial ausstrahlenden Zellreihen entstandene Zellflächen oder Zellpolster, an Wasserpflanzen flach aufgewachsen:* Coleochaetaceae; *p. 140.*

†† *Freie, verzweigte oder unverzweigte Zellfäden oder nicht flach ausgewachsene Zellflächen resp. Zellkörper.*

. *Zellflächen oder Zellkörper:* Ulvaceae; *p. 140.*

.. *Zellfäden.*

× *Fäden durch eigenthümliches intercalares Wachsthum ausgezeichnet: viele Zellen tragen an ihrer Spitze ineinander geschachtelte Zellhautkappen, welche in feinen Querlinien sich begrenzen:* Proliferaceae; *p. 139.*

×× *Fäden ohne solche Kappenbildung.*

△ *Chlorophyll in mehreren geschlossenen, der Zellhaut anliegenden Ringen:* Sphaeropleaceae; *p. 141.*

△△ *Chlorophyll in Körnern, kleinen Platten oder einer einzigen, ringförmig gekrümmten, offenen oder geschlossenen Platte:* Confervaceae; *p. 141.*

(§§ *Pflanzen aus Kolonien gleichartiger, nicht in einfache Längsreihen geordneter Zellen gebildet; manchmal Zellflächen oder Zellkörper von sehr auffallender, regelmässiger Gestalt, doch aus einer geringen (meist nicht über 64) Anzahl von Zellen gebildet:* Palmellaceae; *p. 144.*

B. Pflanzen nicht lichtgrün gefärbt, sondern mit blaugrünem, braunem, rothem oder violettem Farbstoff.

1. Zellinhalt nicht grün.

α. Zellinhalt roth oder violett oder stahlblau.

* *Zellkörper, Zellfäden oder verzweigte Zellfäden:* Florideae; *p. 100.*

(* *Zellfäden ohne Verzweigung oder Einzelzellen.*

§ *Ohne Eigenbewegung: cf.* Nostocaceae, Chroococcaceae; *p. 100.*

§§ *Mit deutlicher Eigenbewegung: vergl. Pilze.*)

β. Zellinhalt braun: Phaeophyceae; *p. 101.*

2. Zellinhalt blau- (oder trüb-) grün.

α. Zellen in Fäden: *Nostocaceae;* *p. 154.*

β. Zellen einzeln oder in Kolonien; wenn diese fadenförmig, so berühren sich die Zellen nicht, sondern sind durch Schleim weit getrennt: *Chroococcaceae;* *p. 165.*

Florideae.

A. Pflanzen bestehen aus büschelig an Steinen oder Holzwerk sitzenden, mehrere cm langen, rosshaarartigen, dicht mit Knötchen besetzten, steifen Zellkörpern: XCII. Apona Adans.

B. Pflanzen nicht rosshaarartig.

1. Pflanzen aus gabelig verzweigten Zellfäden gebildet, bis 1,5 cm lang: XCIII. Chantransia Fr.
2. Pflanzen aus einem Hauptstamm und dicht quirlig gestellten Zweigbüscheln bestehend, bis 20 cm lang: XCIV. Batrachospermum Roth.

XCII. Apona Adans. (= Lemanea Bory.)

a. Auf jedem Knoten des Thallus stehen drei gesonderte Warzen: 1. A. fluviatilis.

b. Auf jedem Knoten sitzt ein ringförmiger, glatter Wulst: 2. A. torulosa.

1. **A. fluviatilis** O. K. (Fig. 81): Schwarzbraun oder schwarzviolett; Fäden 5—20 cm lang, meist gerade. In reinem, raschbewegtem Quell- und Bachwasser der Gebirge und Vorgebirge.

2. **A. torulosa** O. K. Braungrün bis dunkelbraun; Fäden 5—8 cm lang, gebogen. Vork. wie bei Voriger.

XCIII. Chantransia Fr.

a. Aeste steif aufrecht, dem Hauptstamm angedrückt: 1. Ch. chalybaea.

b. Aeste mehr oder weniger abstehend.

* Vegetative Zellen 7—9 μ dick: 2. Ch. violacea.

** Vegetative Zellen 11—14 μ dick: 3. Ch. pygmaea.

1. **Ch. chalybaea** Fr. (Fig. 82): Rasen stahlblau oder blauviolett, selten olivgrün, bis 10 mm hoch. In reinem Quell- und Brunnenwasser der Gebirge, selten auf der Ebene.

2. **Ch. violacea** Ktzg. Rasen lebhaft violett oder röthlich, bis 3 mm hoch. In Quellwasser der Gebirge.

3. **Ch. pygmaea** Ktzg. Rasen dunkel stahlblau oder grünlich, bis 3 mm hoch. In Quellwasser der Gebirge.

XCIV. Batrachospermum Roth.

a. Der Hauptstamm bringt fast nur quirlförmig gestellte Zweige hervor: 1. B. moniliforme Roth.

b. Aus den um den Hauptstamm befindlichen Rindenzellen nehmen zahlreiche Aestchen ihren Ursprung: 2. B. vagum Ag.

1. **B. moniliforme** Roth (Fig. 83): Pflanzen 2—20 cm lang, dunkel (nur äusserst selten grünlich), mit dem blossen Auge als Punkte erscheinenden Zweigquirlen. In Quell-, Fluss- und Grabenwasser, in Teichen.

2. **B. vagum** Ag. Pflanzen bis 12 cm lang, grünlich, ohne makroskopisch deutlich unterscheidbare Zweigquirle. In Quell- und Torfwasser der Gebirge.

Phaeophyceae.

XCV. Carrodorus S. F. Gray. (=**Hydrurus** Ag.) — **C. foetidus** S. F. Gray (Fig. 84): Aus kleinen, braunen oder olivgrünen, in einer knorpeligen Gallertmasse liegenden Zellen gebildete, wurm- oder cylinderförmige, meist 5—10 cm lange Körper. In reinem, schnell fliessendem Wasser der Gebirgsbäche.

Characeae [1].

A. Aus dem Hauptstamm entspringen nur in regelmässige, mit blossem Auge sofort deutliche Quirle gestellte Seitentriebe (Blätter).

a. Fruchtkrönchen 10-zellig; vegetative Blätter mit nur einem blättchenbildenden Knoten; Stengel stets unberindet.

* Blätter ein- oder mehrmals gleichmässig gegabelt: XCVII. Nitella Ag.

** Blätter ungetheilt (oder wenn getheilt, dann die Seitenstrahlen viel schwächer als der Hauptstrahl): XCVIII. Tolypella v. Leonh.

b. Fruchtkrönchen 5-zellig; vegetative Blätter mit mehr oder weniger zahlreichen, blättchenbildenden Knoten; Stengel berindet oder unberindet.

* Am Ansatzpunkt der Quirlblätter keine kleinen Nebenblättchen: IC. Tolypellopsis Mig.

** Am Grund der Quirlblätter ein dichter Kranz von Nebenblättern. C. Chara L.

(B. Ausser den mit blossem Auge kaum sichtbaren Quirlzweigen sind unregelmässig dazwischen gestellte Zweigchen sichtbar: cf. Batrachospermum vagum Ag., p. 101.)

XCVII. Nitella.

a. Endsegmente der Blätter einzellig.

*** Zweihäusig: männliche und weibliche Geschlechtsorgane auf verschiedenen Pflanzen.**

[1]) Da manchmal die Arten dieser Familie so stark mit Kalk inkrustirt sind, dass die Bestimmung dadurch sehr erschwert wird, müssen solche Exemplare mit verdünnter Essigsäure entkalkt werden.

§ Geschlechtsorgane in schleimiger Hülle[1]).
† Diejenigen Blätter, welche weibliche Geschlechtsorgane tragen, sind ungetheilt. Fruktifizirt Mitte Juli bis Mitte Herbst: 1. N. syncarpa.
†† Weibliche Geschlechtsorgane tragende Blätter gegabelt; fruktifizirt April bis Mitte Juni: 2. N. capitata.
§§ Geschlechtsorgane nicht in Schleimhülle: 3. N. opaca.
** Einhäusig: dieselbe Pflanze trägt männliche und weibliche Geschlechtsorgane: 4. N. flexilis.
b. Endsegmente der Blätter 2 (—3)-zellig.
* Sterile Blätter zweimal gegabelt: 5. N. mucronata.
** Blätter wenigstens dreimal gegabelt.
§ Blattquirle locker: 6. N. gracilis.
§§ Blattquirle dicht verfilzt, kompakt knäuelartig: 7. N. tenuissima.

1. N. **syncarpa** Ktzg. Blätter meist 6 im Quirl, mit an der Spitze stark verdickter und scharf ausgezogener Membran. In reinem, stehendem, meist tiefem Wasser und Seen.

2. N. **capitata** Ag. Blätter meist 8 im Quirl, die sterilen ohne Membranverdickung an der Spitze. In reinem, häufig seichtem Wasser, Torf- und Wiesengräben.

3. N. **opaca** Ag. Blätter meist 6 im Quirl, an der Spitze mit feinem, kegelartigem Spitzchen ohne Membranverdickung. In reinem, stehendem Wasser.

4. N. **flexilis** Ag. (Fig. 86): Blätter meist 6 im Quirl, an der Spitze mit stark verdickter Membran, stumpf. In reinem, stehendem oder seichtem süssem und schwach salzhaltigem Wasser.

5. N. **mucronata** A. Br. Blätter 6 im Quirl, an der Spitze mit einer kleinen, einen dünnen aufgesetzten Stachel bildenden Endzelle. In reinem, stehendem oder langsam fliessendem Wasser.

6. N. **gracilis** Ag. Blätter im Quirl 6—8, mit kleiner, stumpf kegelförmiger Endzelle. In seichtem, besonders torfigem Wasser.

7. N. **tenuissima** Coss. et Germ. Blätter im Quirl 6, mit kleiner, schmal lanzettlicher Endzelle. Vorkommen wie bei Voriger.

XCVIII. Tolypella v. Leonh.

A. Sterile Blätter ungetheilt.
* Blätter mit spitzer Endzelle: 1. T. prolifera.
** Blätter mit stumpfer Endzelle: 2. T. glomerata.
B. Sterile Blätter getheilt: 3. T. intricata.

1. T. **prolifera** v. Leonh. (Fig. 87): Blätter im Quirl 6—12, mit sehr kleiner, spitzchenartiger Endzelle. In reinem, stehendem oder langsam fliessendem Wasser, in Torftümpeln.

[1]) Wird leicht bei Einlegen der Organe in Tuscheverreibung unter dem Mikroskop erkannt; der Schleim bildet dann eine helle Zone.

2. **T. glomerata** v. Leonh. Blätter im Quirl 6, mit grosser und langgestreckter, abgerundeter Endzelle. In salzhaltigem Wasser.

3. **T. intricata** v. Leonh. Blätter im Quirl (6)—8—12, mit kleiner, spitzer Endzelle. In reinem, seichtem Süsswasser.

IC. Tolypellopsis Mig. — **T. stelligera** Mig. (Chara stelligera Bauer): Stengel und Blätter nicht berindet. Quirle 6—7 zählig. Wurzelartig in den Schlamm wachsende Stengel tragen zierliche, meist 6—8 strahlige, mit Stärke erfüllte Sternchen. In tiefem süssem oder ganz schwach salzhaltigem Wasser, meist in Seen.

C. Chara L.

A. Stengel und Blätter unberindet: 1. Ch. coronata.
B. Stengel und Blätter berindet.
α. Ebensoviel Reihen von Rindenzellen wie Blätter im Quirl: 2. Ch. canescens.
β. Zahl der Reihen von Rindenzellen doppelt oder dreimal so gross als diejenige der Blätter im Quirl.
* Doppelt soviel Reihen von Rindenzellen als Blätter.
§ Stachelwarzen des Stengels auf den Kanten.
† Dioecisch; Blätter allermeist 6 im Quirl: 3. Ch. tomentosa.
†† Monoecisch; Blätter allermeist mehr als 6 im Quirl.
× Stachelwarzen des Stengels sehr klein, oft undeutlich: 4. Ch. contraria.
×× Stachelwarzen des Stengels sehr stark: 5. Ch. aculeolata.
§§ Stacheln des Stengels in den Furchen desselben.
† Stacheln des Stengels stets einzeln stehend: 6. Ch. vulgaris.
†† Stacheln allermeist in Büscheln, 3 oder mehr beisammenstehend.
× Blätter meist 8 im Quirl; eine Reihe der Stammberindung wird von der andern fast völlig überwölbt: 7. Ch. rudis.
×× Blätter meist 10 im Quirl; beide Berindungsreihen sehr deutlich sichtbar: 8. Ch. hispida.
** Dreimal soviel Reihen von Rindenzellen als Blätter.
§ Dioecisch; auch auf der Rückseite der Blätter entspringen aus den Knoten die Blättchen: 9. Ch. aspera.
§§ Monoecisch; wenigstens den sterilen Blättern fehlen die Blättchen auf der Rückseite: 10. Ch. fragilis.

1. **Ch. coronata** Ziz: Inkrustation fehlt oder sehr unbedeutend; Blätter im Quirl meist 9—10; auf der Blattspitze krönchenartig 3 (—4) sehr kleine Zellen aufsitzend. In reinem, süssem oder schwach salzhaltigem Wasser von Seen und Teichen.

2. **Ch. canescens** Lois. (**Ch. crinita** Wallr.): Meist nicht oder nur wenig inkrustirt; Stengel dicht mit langen, büscheligen Stachelhaaren besetzt; Blätter im Quirl 8—11; Nebenblattkranz zweireihig stark. Nur in Salzwasser: Salinen und Ostsee.

3. **Ch. tomentosa** L. (**Ch. ceratophylla** Wallr.) (Fig. 88): Allermeist inkrustirt; Stacheln einzeln oder zu zweien; Blätter im Quirl 6—7; Nebenblattkranz zweireihig, stark. In reinem süssem und in Salzwasser.

4. **Ch. contraria** A. Br. Stets inkrustirt; Stacheln allermeist sehr klein warzenförmig, selten länger; Blätter im Quirl 6—8 (—10); Nebenblattkranz zweireihig, sehr schwach. In reinem süssem oder schwach salzhaltigem Wasser, in Seen und Teichen.

5. **Ch. aculeolata** Ktzg. (**Ch. intermedia** A. Br.) Fast stets inkrustirt; Stacheln warzenförmig oder gut ausgebildet; Blätter im Quirl meist 8; Nebenblattkranz zweireihig. Meist in salzigem, seltener in reinem, süssem Wasser.

6. **Ch. vulgaris** L. (**Ch. foetida** A. Br.) Inkrustirt; Stacheln stets einzeln stehend; Blätter im Quirl meist 7—8; Nebenblattkranz zweireihig, meist schwach ausgebildet. Häufigste Art in seichtem, reinem und Torfwasser.

7. **Ch. rudis** A. Br. Inkrustirt; Stacheln meist zu 3 zusammenstehend; Blätter im Quirl stets 8; Nebenblattkranz zweireihig, stark ausgebildet. In reinem stehendem oder schwach fliessendem Süsswasser.

8. **Ch. hispida** L. Gewöhnlich stark inkrustirt; die nadelartigen Stacheln meist zu 3 zusammenstehend; Blätter im Quirl 9—11; Nebenblattkranz zweireihig, gut entwickelt. In reinem, tiefem, stehendem Süsswasser.

9. **Ch. aspera** Willd. Inkrustation fehlend oder vorhanden; Stacheln meist einzeln stehend; Blätter im Quirl 7—8; Nebenblattkranz zweireihig, sehr stark entwickelt. Meist in salzigem, aber auch in reinem, süssem Wasser.

10. **Ch. fragilis** Desv. Allermeist inkrustirt; Stacheln fehlen; Blätter im Quirl 6—9, meist 7—8; Nebenblattkranz zweireihig, sehr wenig ausgebildet. Häufig in süssem, reinem Wasser.

Siphophyceae.

CI. Vaucheria DC[1]).

A. Oogone sitzend, nicht von einem dünnen Zweig getragen (oder nur ganz kurz gestielt).

a. Zweihäusig; Antheridien nicht wurstförmig gekrümmt; Fäden bis 200 μ dick: 1. V. dichotoma.

---

1) Die Arten sind (abgesehen von V. dichotoma Ag., deren Fäden bis 200 μ dick) nur in fruktifizirendem Zustand zu bestimmen. Häufig wird derselbe durch Bedecken der dem Wasser entnommenen Vaucheria-Zöpfe mit einer Glasglocke an der Luft erzielt.

b. Antheridien wurstförmig gekrümmt, neben den Oogonien stehend; Fäden bis 120 μ dick: 2. V. sessilis.

B. Oogone an dünnen, je in ein wurstförmiges Antheridium auslaufenden Seitenzweigen.

a. Oogone aufrecht stehend: 3. V. geminata.

b. Oogone abwärts geneigt: 4. V. uncinata.

1. V. **dichotoma** Ag. Fäden 100—200 μ dick, entfernt verzweigt. In Grabenwasser, auch in stark verunreinigten Abwässern.

2. V. **sessilis** DC. (Fig. 89): Fäden 50—120 μ dick, entfernt verzweigt. Häufigste Art, auch sehr vielfach in Abwässern. Geht gewöhnlich aus dem Wasser auch auf feuchte Erde über.

3. V. **geminata** DC. Fäden 30—90 μ dick, häufig verzweigt. Vorkommen: wie Vorige, doch habe ich sie noch nicht in stark verunreinigtem Wasser gefunden.

4. V. **uncinata** Ktzg. Fäden 50—90 μ dick, sehr entfernt verzweigt. In reinem und verunreinigtem Wasser.

Bacillariaceae[1]).

A. Wenigstens eine Schalenseite mit Knoten.

I. Beide Schalenseiten mit Knoten.

1) Zur Erklärung der Struktur dieser Algen und der im Folgenden gebrauchten Kunstausdrücke sei vorausgeschickt:

Die Kieselschalen der Bacillariaceen bestehen aus zwei Hälften, deren eine wie der Deckel einer Schachtel über die andere greift. Da Grund- und Deckenfläche des so gebauten Körpers von den Seitenflächen verschieden sind, erhält man durch Drehen der Objekte von jeder Zelle mindestens zwei verschiedene Bilder. Die Gürtelseiten werden gebildet durch die übereinandergreifenden Ränder der Einzelschalen; die Schalenseiten durch die meist senkrecht dazu stehenden Boden- und Deckenflächen der Schachtel. Hängen Bacillariaceen in Bändern zusammen, so zeigen sie dem Beschauer eine Gürtelseite; bei den meisten Arten liegen die (Einzel-) Zellen aber auf der Schalenseite und zeigen die andere Schalenseite.

Besonders die Schalenseite ist allermeist durch zierliche Skulptur ausgezeichnet, welche am besten sichtbar wird, wenn nur die reinen Kieselschalen in Luft betrachtet werden. Man koche daher einen Theil der Proben mit konzentrirter Schwefelsäure, giesse die Flüssigkeit vom Bodensatz ab, wasche letzteren mit Wasser aus und brenne ihn auf dem Platinblech weiss, um ihn dann ohne Flüssigkeit unter das Deckglas zu bringen.

Ausser Systemen von Rippen (Quer-, Längs- und Schräglinien) zeigt sich dann auf der Schalenseite häufig eine Mittellinie, in Bezug auf welche die Querlinien meist symmetrisch geordnet sind; ebenso treten oft an den Enden und in der Mitte auffallend lichtbrechende, meist runde oder elliptische Verstärkungen der Zellwand, die Knoten hervor.

Decken sich die Hälften der Schalenseite in Umfang und Skulptur, wenn man die Schalen entlang der (vorhandenen oder gedachten) Mittellinie gespalten und die Theile aufeinander gelegt denkt, so ist Symmetrie in der Längsrichtung vorhanden; tritt diese Deckung bei Quertrennung ein, so spricht man von Symmetrie in der Querrichtung.

a. Ein Mittel- und zwei Endknoten vorhanden.
α. Schalenseite nach der Querachse symmetrisch.
* Schalenseite nach der Längsachse unsymmetrisch; Mittellinie dem einen Rand genähert oder bogig gekrümmt.
(§ Streifung ausserordentlich undeutlich: cf. CXVIII. Ceratoneis Ktzg.)
§§ Streifung deutlich, meist sehr auffällig.
× Schalenseite 3—6 mal so lang als breit; Zellen meist auf der Schalenseite liegend und dem Beschauer die andere Schalenseite darbietend.
† Zellen freilebend oder auf Gallertstielchen; Endknoten ganz in der Spitze am Schalenende liegend und von der Querstreifung nicht überholt; Mittelrippe mehr oder weniger gekrümmt: CII. Cymbella Ag.
†† Zellen oft in Gallertröhren; Endknoten entfernt vom Schalenende (die Streifung pflegt weiter nach aussen zu gehen); Mittelrippe gerade: CIII. Encyonema Ktzg.
×× Schalenseite kaum über doppelt so lang als breit; Zellen zeigen die Gürtelseite: CIV. Amphora Ehbg.
** Schalenseite nach der Längsachse symmetrisch.
§ Zellen ohne innere, den Rand entlang liegende Kämmerchen bildende Scheidewände.
× Schalenseite und Mittellinie S-förmig gebogen: CV. Scalprum Corda.
×× Schalenseite und Mittellinie nicht so gebogen.
† Mittelknoten stark querbindenförmig verbreitert, einem Kreuzbalken ähnlich: CVI. Stauroneis Ehbg.
†† Mittelknoten rundlich, nicht in die Breite gezogen.
0 Zellen frei lebend: CVII. Navicula Bory.
00 Zellen in Schleimröhren eingeschlossen, höhern Algen gleichende Kolonien bildend: CVIII. Schizonema Ag.
§§ Den Rand der Schalenseite entlang liegen durch innere Scheidewände gebildete Kämmerchen: CIX. Mastogloia Thw.
β. Schalenseite nach der Querachse unsymmetrisch: CX. Gomphonema Ag.
b. Der Mittelknoten fehlt. Zwei Endknoten sind vorhanden.
* Symmetrisch nach der Längsachse.
α. Chromatophoren 2; Streifung der spindelförmigen Schalenseite ausserordentlich schwach: CXI. Amphipleura Ktzg.
(β. Chromatophoren wenigstens 4; Streifung der lang linearen Schalenseiten sehr deutlich: cf. CXXVIII. Synedra Ehbg.)
** (Unsymmetrisch nach der Längsachse durch bogige Krümmung der Schalen: cf. CXVII. Eunotia Ehbg.)

c. Die Endknoten fehlen; der Mittelknoten ist vorhanden.

(α. Unsymmetrisch nach der Längsachse, ± halbmondförmig gekrümmt: cf. CXVIII. Ceratoneis Ktzg.)

β. Symmetrisch nach der Längsachse.

* Schalenseite kurz-elliptisch: CVII. Cocconeis Ehbg.

(** Schalenseite sehr lang gestreckt, linear: cf. CXXVIII. Synedra Ehbg.)

II. Nur eine Schalenseite mit (Mittel-)Knoten, die andere knotenlos.

a. Schalenseite keilförmig, nach der Querachse unsymmetrisch: CXIII. Rhoicosphenia Grun.

b. Schalenseite durchaus symmetrisch.

* Mittellinie S-förmig: CXIV. Achnanthidium Ktzg.

** Mittellinie gerade: CXV. Achnanthes Bory.

B. Schalenseiten ohne Knoten.

I. Schalenseite nach der Längsachse unsymmetrisch.

a. Asymmetrie durch bogige Krümmung der Schalenseiten hervorgebracht.

* Ohne Andeutung von Mittelknoten und Mittellinie.

α. Schalenseite ausser mit (weniger deutlichen) Punktreihen dazwischen mit sehr starken, nach innen leistenförmig vorragenden Rippen versehen: CXVI. Cystopleura Bréb.

β. Schalenseite ohne Rippen, mit feinen, oft undeutlichen Punktreihen skulpturirt: CXVII. Eunotia Ehbg.

** Mit falscher Mittellinie und Andeutung eines Mittelknotens: CXVIII. Ceratoneis Ktzg.

b. Asymmetrie durch einseitige Skulptur („Kielpunkte“ genannte Punktreihe) bewirkt.

α. Kiele der beiden Schalen (mit den Kielpunkten) sich diagonal gegenüber liegend; Mitte der Schalenseite nicht eingebuchtet: CXIX. Nitzschia Hassal.

β. Kiele und Kielpunkte auf der gleichen Längsseite der Schale; Mitte der Schalenseite breit eingebuchtet: CXX. Hantzschia Grun.

II. Schalenseite nach der Längsachse völlig symmetrisch.

α. Chromatophoren nicht mehr als 2.

(* Chromathophor in jeder Zelle 1: cf. CXIX. Nitzschia Hass.)

** Chromatophoren 2.

§ Schalen stark quer gewellt: auf der Schalenseite sind mehrere starke querlaufende, bei der Gürtelansicht seitliche Vorwölbungen, die wellenförmig verlaufen, zu sehen: CXXI. Cymatopleura W. Sm.

§§ Schalen nicht gewellt.

† Schalenseite mit 2—3 in sehr langgestreckter Spirale verlaufenden Linien: CXXII. Cylindrotheca Rabh.

†† Schalenseite ohne Spirallinien.

× Schalen spiralig oder sattelförmig gebogen:
CXXIII. Campylodiscus Ehbg.

×× Schalen eben, weder spiralig noch sattelförmig gebogen.

0 Schalenseite breit, fast kreisförmig oder elliptisch, mit Mittelrippe oder Mittelband: CXXIV. Surirella Turp.

(00 Schalenseite schmal linear, ohne Mittelrippe:
cf. CXXVIII. Synedra Ehbg.)

β. Chromatophoren wenigstens 4, meist mehr.

* Schalenseite nach der Querachse unsymmetrisch, keilförmig; die Zellen hängen in gewölbeartigen Bogen zusammen:
CXV. Meridion Ag.

** Schalenseite nach der Querachse symmetrisch oder nur minimal unsymmetrisch, nicht keilförmig.

§ Von der Gürtelseite gesehen springen keine Scheidewände ins Innere der Zelle.

× Schalenseite nicht kreisrund, mit bilateraler Skulptur.

0 Schalenseite mit starken Querrippen:

† Querrippen ununterbrochen. CXXII. Diatoma Ag.

†† Querrippen in der Mitte unterbrochen:
CXXVI. Odontidium Ktzg.

00 Schalenseite mit schwachen, nur punktirten Querlinien.

† Zellen nach der Querachse wenig unsymmetrisch, aber durchaus nicht keilförmig, freilebend, zu sternartigen Kolonien vereinigt: CXXVII. Asterionella Hass.

†† Zellen nach der Querachse völlig symmetrisch; festsitzend oder einzeln oder in Zickzackketten oder Bändern freilebend.

· Zellen nicht zu Bändern vereinigt (normalerweise festsitzend): CXXVIII. Synedra Ehbg.

· · Zellen in freie, breite Bänder oder in Zickzackketten vereinigt: CXXX. Fragilaria Lyngb.

×× Schalenseite (meist) kreisrund, mit radialer Skulptur.

0 Zellen in langen oder kürzern Fäden zusammenhängend:
CXXXI. Lysigonium Lk.

00 Zellen stets einzeln: CXXXII. Cyclotella Ktzg.

§§ Von der Gürtelseite gesehen springen lange, in der Mitte mit einfachem Loch unterbrochene Scheidewände in das Zellinnere:
CXXXIII. Tabellaria Ehbg.

CII. Cymbella Ag.

A. Mittelrippe gerade oder fast gerade; beide Seitenlinien der Schalenansicht gegen einander gekrümmt.

I. Schalenseite elliptisch oder breit lanzettlich.

a. Spitzen der Schalenseite allmählich zulaufend: 1. C. Ehrenbergii.

b. Spitzen geschweift-ausgezogen.
α. Länge 60—80 μ.: 2. C. cuspidata.
β. Länge 20—30 μ.: 3. C. amphicephala.
II. Schalenseite langgezogen, der eine Längsrand fast gerade, der andere gekrümmt. Länge höchstens 40 μ.: 4. C. leptoceras.
B. Mittelrippe und beide Seitenlinien der Schalenseite nach derselben Seite gebogen.
I. Endknoten deutlich in die Länge gezogen: 5. C. helvetica.
II. Endknoten rund.
a. Länge stets unter 100 μ.
* Um den Mittelknoten herum ein breiter heller Raum: 6. C. Cistula.
** Streifung fast bis zum Mittelknoten gehend: 7. C. cymbiformis.
b. Länge stets und meist sehr beträchtlich über 100 μ.
* Längs der Mittellinie bleibt ein breites Band beiderseits von der Streifung frei; Zellen frei schwimmend: 8. C. gastroides.
** Die Streifung geht fast bis zur Mittellinie; Zellen auf Gallertstielen festsitzend: 9. C. lanceolata.

1. C. **Ehrenbergii** Ktzg. (Fig. 90): Länge 60—140 μ; eine breite ungestreifte Zone um den Mittelknoten und längs der Mittellinie; Streifen etwa 80 auf 100 μ. In reinem und verunreinigtem Fluss- und Teichwasser.

2. C. **cuspidata** Ktzg. Länge 60—80 μ; eine breite helle Zone um den Mittelknoten; Streifen (Mitte der Schale) etwa 60 auf 100 μ; In reinem Fluss- und Teichwasser.

3. C. **amphicephala** Naeg. Länge 20—30 μ; Streifen gehen fast bis zum Mittelknoten, etwa 80 auf 100 μ. Vork. wie bei Voriger.

5. C. **helvetica** Ktzg. Länge ± 70 μ; eine breite ungestreifte Zone um den Mittelknoten; Streifen 80—90 auf 100 μ. In Fluss- und Grabenwasser.

6. C. **Cistula** Kirchn. (Fig. 91): Länge 50—90 μ; eine breite ungestreifte Zone um den Mittelknoten; Streifen 70—80 auf 100 μ. In Fluss- und Grabenwasser, auch in Abwässern häufig.

7. C. **cymbiformis** Bréb. Länge 40—80 μ; die Streifung geht fast bis zum Mittelknoten; Streifen etwa 80 auf 100 μ. In Teich- und Grabenwasser.

8. C. **gastroides** Ktzg. Länge 150—250 μ; eine breite ungestreifte Zone um den Mittelknoten; Streifen etwa 80 auf 100 μ. In Fluss-, Teich- und Grabenwasser.

9. C. **lanceolata** Kirchn. Länge 110—200 μ; die Streifung geht fast bis zum Mittelknoten; Streifen etwa 70—80 auf 100 μ. In reinem und verunreinigtem Fluss- und Grabenwasser.

CIII. Encyonema Ktzg.

a. Um den Mittelknoten ist eine helle breite Zone; Länge meist 60—90 μ.: 1. E. prostratum.
b. Die Streifung geht fast bis zum Mittelknoten; Länge unter 40 μ.

* Bauchseite der Schalenansicht in der Mitte verdickt; Länge etwa 30 μ.: 2. E. caespitosum.

** Bauchseite der Schalenanstcht geradlinig; Länge 10—20 μ.: 3. E. ventricosum.

1. **E. prostratum** Ralfs (Fig. 92): Streifen stark, etwa 60—70 auf 100 μ; Ventralseite in der Mitte verdickt; Zellen in meist unverzweigten Gallertröhren. In Fluss- und Grabenwasser.

2. **E. caespitosum** Ktzg. Streifen zart, punktirt, etwa 100 auf 100 μ; Ventralseite in der Mitte verdickt; Zellen meist in verzweigten Gallertröhren. — Vork. wie 1.

3. **E. ventricosum** Ktzg. Streifen zart, punktirt, etwa 120—160 auf 100 μ; Ventralseite in der Mitte nicht verdickt: Zellen frei lebend. In Fluss- und Grabenwasser, auch in Abwässern gefunden.

CIV. Amphora Ehbg.

a. Länge 50—70 μ: 1. A. ovalis.
b. Länge etwa 20 μ: 2. A. pediculus.

1. **A. ovalis** Ktzg. (Fig. 93): Mittelknoten rund; Streifen 100 bis 110 auf 100 μ. Ueberall häufig, auch in Abwässern.

2. **A. pediculus** Grun. Mittelknoten stark in die Breite gezogen; Streifen ± 160 auf 100 μ. Vork. wie bei Voriger.

CV. Scalprum Corda (Pleurosigma W. Sm.).

A. Zellen in Schleimröhren eingeschlossen; nicht über 70 μ lang: 1. Sc. scalproides.
B. Zellen frei lebend.
 a. Längs- und Querstreifen genau gleichweit voneinander entfernt und deswegen gleich sichtbar; Figuren der Schalenzeichnung genau quadratisch. Ueber 130 μ lang: 2. Sc. fusiforme.
 b. Längs- und Querstreifen nicht gleichweit entfernt; eines dieser Liniensysteme deutlicher sichtbar; Figuren nicht genau quadratisch.
  α. Längsstreifen deutlicher sichtbar als Querstreifen; Enden stumpf gerundet; Länge ± 200 μ: 3. Sc. attenuatum.
  β. Querstreifen deutlicher; Länge sehr selten über 120 μ: 4. Sc. Spenceri.

1. **Sc. scalproides** O. K. Enden stumpf gerundet; Mittellinie sehr wenig gekrümmt; Länge 60—70 μ. In reinem und schwach verunreinigtem Flusswasser.

2. **Sc. fusiforme** O. K. (= **Pleurosigma acuminatum** Grun.) (Fig. 94): Enden spitz gerundet; Mittellinie stark gekrümmt; Länge 130 bis 170 μ. In reinem und sehr häufig auch in stark verunreinigtem Wasser.

3. **Sc. attenuatum** O. K. Enden stumpf gerundet; Mittellinie sehr deutlich gekrümmt; Länge 190—250 μ. Vork. wie bei voriger Art.

4. **Sc. Spenceri** O. K. Enden bald spitz, bald stumpf gerundet. Mittellinie meist deutlich gekrümmt; Länge meist 80—130 μ. In reinen Bächen, Gräben und Teichen.

CVI. Stauroneis Ehbg.

a. Mittelknoten beide Ränder erreichend, nach aussen verbreitert: 1. St. acuta.
b. Mittelknoten die Ränder nicht erreichend oder nach aussen nicht verbreitert.
* Schalenseite vor den Enden deutlich eingeschnürt: 2. St. anceps.
** Schalenseite dort nicht eingeschnürt.
× Schalenseite schmal lanzettlich; Mittelbalken den Rand erreichend, aber nicht verbreitert: 3. St. lanceolata.
×× Schalenseite breit lanzettlich; Mittelknoten den Rand nicht erreichend: 4. St. Phoenicenteron.

1. **St. acuta** Sm. Schalenseite spindelförmig, vor den Spitzen nicht eingeschnürt; Länge 80—170 μ; Zellen in kurze, aus 3—6 Individuen zusammengesetzte Bänder vereinigt. In Fluss-, Teich- und Grabenwasser.

2. **St. anceps** Ehbg. Schalenseite elliptisch, vor den köpfchenförmigen Spitzen stark eingeschnürt; Länge 35—50 μ; Zellen meist einzeln. In Teich- und Grabenwasser.

3. **St. lanceolata** Ktzg. Schalenseite lanzettförmig, vor den Spitzen nicht eingeschuürt; Mittelknoten den Rand erreichend doch nicht verbreitert; Länge 100—160 μ. Vork. wie Vorige.

4. **St. Phoenicenteron** Ehbg. (Fig. 95): Schalenseite ± breit lanzettförmig, vor den Spitzen nicht eingeschnürt; Mittelknoten den Rand nicht erreichend. Länge 90—180 μ. Ueberall häufig, auch in Abwässern.

CVII. Navicula Bory.

A. Schalenseite mit starken, auch bei hoher Vergrösserung nicht in Perlen auflösbaren Rippen.
I. Querrippen fehlen am Rand bei dem Mittelknoten auf eine kurze Strecke: die Mitte wird von einem breiten Querband eingenommen (Stauroptera Ehbg.).
a. Unter 100 μ lang; Schalenseite von der Mitte nach den Enden verschmälert.
α. Rippen lange nicht bis zur Mittellinie gehend, ein sehr breites Band längs derselben freilassend: 1. N. Stauroptera.
β. Rippen lang, fast bis zur Mittellinie gehend und nur eine schmale Linie längs derselben frei lassend: 2. N. Brébissonii.
b. Ueber 200 μ lang; Schalenseite linear mit gerundeten Enden: 3. N. cardinalis.
II. Schalenseite den ganzen Rand entlang mit (in der Mitte oft kurzen) Rippen (Pinnularia Ehbg.).
a. Schalenseite nur in der Mitte und manchmal am Ende, nicht auch dazwischen angeschwollen.
α. Grosse Arten; Länge (meist beträchtlich) über 100 μ.

* **Schalenseite in der Mitte angeschwollen.**
§ **Enden der Schalenseite nicht angeschwollen:** 4. N. **major.**
§§ **Enden angeschwollen:** 5. N. **nobilis.**
** **Schalenseite in der Mitte nicht angeschwollen:** 6. N. **viridis.**
β. **Kleine Arten; Länge unter 100 μ.**
* **Schalenseite in der Mitte angeschwollen:** 7. N. **gibba.**
** **Schalenseite in der Mitte nicht angeschwollen.**
§ **Rippen in der Schalenmitte nicht oder kaum konvergirend:** 8. N. **borealis.**
(§§ **Rippen stark konvergirend:** cf. 6. N. **viridis.**)
b. **Schalenseite in der Mitte, an den Enden und beiderseits noch einmal dazwischen angeschwollen:** 9. N. **mesolepta.**

B. **Skulptur der Schalenseite bei starker Vergrösserung stets in Perlen oder Punkte auflösbar oder so fein, dass sie kaum wahrnehmbar ist.**

I. Schalenseite mit starken, in Perlreihen auflösbaren Rippen.
a. Die Linien in der Mitte der Schalenseite nach den Mittelknoten, die an den Enden nach den Endknoten konvergirend.
α. Linien dicht gestellt.
* Zellen über 105 μ lang; Linien in der Nähe des Endknotens winkelig gebrochen: 10. N. oblonga.
** Zellen unter 80 μ lang; Linien nicht gebrochen.
§ Streifen am Mittelknoten gleichmässig kurz, um denselben ist ein heller quergezogen bindenförmiger Raum: 11. N. gracilis.
§§ Heller Raum um den Mittelknoten rund.
† Schalen allmählich in die Spitze verschmälert.
0 Helles Feld um den Mittelknoten ansehnlich gross: 12. N. viridula.
00 Helles Feld sehr klein: 13. N. radiosa.
†† Schalen vor dem Ende deutlich eingebuchtet-verschmälert.
0 Helles Feld um den Mittelknoten schwach quergezogen; Enden stumpf: 14. N. cryptocephala.
00 Helles Feld völlig rund; Enden spitzer als bei Voriger: 15. N. rhynchocephala.
β. Linien sehr locker und dick: 16. N. humilis.
b. Die Linien am Ende der Schalenseite konvergiren nicht nach den Endknoten.
α. Linien am Ende auf die Mittellinie senkrecht gestellt: 17. N. Reinharti.
β. Linien alle nach dem Mittelknoten zu konvergirend.
* Rand vor den Enden nicht geschweift eingezogen: 18. N. Gastrum.
** Rand vor den kopfförmigen Enden stark eingezogen: 19. N. dicephala.

II. Schalenseite mit feinen, in Punktreihen auflösbaren Linien oder ohne deutliche Zeichnung.
a. Skulptur deutlich erkennbar.
α. Schalenseite mit feinen, linienförmigen, die Skulptur unterbrechenden Längsfurchen.
* Diese Furchenlinien dicht neben der Mittellinie und dieser entlang beiderseits verlaufend: 20. N. elliptica.
** Die Furchenlinien laufen am Rand.
§ Querlinien in der Mitte nach dem Mittelknoten konvergirend.

† Beiderseits vor der (köpfchenförmigen) Spitze stark eingezogen:
21. N. amphisbaena.

†† Ohne Einschnürung vor den breiten Enden: 22. N. limosa.

§§ Querlinien in der Mitte auf die Mittellinie senkrecht: 23. N. Iridis.

β. Schalenseite mit keinen die Skulptur unterbrechenden, der Mittellinie parallel gehenden Furchen.

* Schalenseite elliptisch oder lanzettförmig.

§ Vor den Enden nicht eingeschnürt: 24. N. cuspidata.

§§ Vor den Enden stark eingeschnürt: 25. N. ambigua.

** Schalenseite linear, mit parallelen Rändern und breit gerundeten Enden:
26. N. Bacillum.

b. Skulptur nur bei allerstärksten Vergrösserungen erkennbar; Zellen nicht über 15 μ lang: 27. N. Atomus.

1. N. **Stauroptera** Grun. (= **Stauroneis parva** Ehbg.) (Fig. 96.): Schalenseite lang linear mit breit gerundeten, etwas aufgetriebenen Enden. Streifen 100—120 auf 100; Länge etwa 100 μ. In Flüssen und Teichen.

2. N. **Brébissonii** Ktzg. Langgezogen elliptisch mit schmal gerundeten Enden; Streifen 100—130 auf 100 μ; Länge 40—60 μ. Ueberall häufig, auch in Abwässern.

3. N. **cardinalis** Ehbg. (Fig. 97): Breit lineal, mit manchmal etwas angeschwollener Mitte und breit gerundeten Enden. Streifen etwa 50 auf 100 μ; Länge 150—350 μ. In Teichen.

4. N. **major** Ktzg. Breit lineal, mit etwas angeschwollener Mitte und breit gerundeten Enden. Streifen 50—70 auf 100 μ; Länge 150 bis 300 μ. Allgemein verbreitet, doch noch nicht in Abwässern lebend gefunden.

5. N. **nobilis** Ktzg. Von Voriger wesentlich durch die Grösse (200—400 μ) verschieden. Streifen 50—60 auf 1 μ. In Teichen und Gräben.

6. N. **viridis** Ktzg. (Fig. 98): Linear-elliptisch, mit gerundeten Enden, weder in der Mitte noch am Ende aufgetrieben; Rippen etwa 70 auf 100 μ; Länge 50—200 μ. Ueberall häufig, auch in Abwässern.

7. N. **gibba** Ktzg. Linear-elliptisch, dann aber an beiden Enden plötzlich kopfartig stark verbreitert; Rippen etwa 110 auf 100 μ; Länge 50—70 μ. In Quell- und Teichwasser.

8. N. **borealis** Ktzg. Linear-elliptisch, an den Enden breit gerundet; Rippen 50—60 auf 100 μ; Länge 30—65 μ. Häufig, besonders in Quellwasser.

9. N. **mesolepta** Ehbg. Zwischen der angeschwollenen Mitte und den kopfförmigen Enden beiderseits noch einmal eine Anschwellung; Streifen 100—140 auf 100 μ; Länge 30—60 μ. Häufige Art, auch in Abwässern gefunden.

10. N. **oblonga** Ktzg. Lang linear mit allmählich und schwach verdickter Mitte und gerundeten Enden; Streifen in der Mitte etwa 50 auf 100 μ; Länge 150—180 μ. In Teich- und Grabenwasser.

11. N. **gracilis** Ktzg. (Fig. 99): Schmal lanzettlich, mit spitz gerundeten Enden; Streifen etwa 100 auf 100 μ; Länge 40—80 μ. In Fluss- und Grabenwasser.

12. N. **viridula** Ktzg. Breit lanzettlich, vor den gerundeten Enden etwas zusammengezogen; Streifen in der Mitte ± 80 auf 100 μ; Länge 30—80 μ. In Teich- und Grabenwasser.

13. N. **radiosa** Ktzg. (Fig. 100): Schmal lanzettlich, mit schmal gerundeten Enden; Streifen etwa 110—120 auf 100 μ; Länge 45—60 μ. Häufige Art, auch in Abwässern gefunden.

14. N. **cryptocephala** Ktzg. Breit lanzettlich, vor den manchmal fast kopfförmig gerundeten Enden stark zusammengezogen; Streifen ± 200 auf 100 μ; Länge 15—40 μ. In Quell- und Flusswasser.

15. N. **rhynchocephala** Ktzg. Breit lanzettlich, vor den ± kopfförmigen Enden stark zusammengezogen; Streifen 80—110 auf 100 μ; Länge 40—70 μ. In Gräben und Tümpeln.

16. N. **humilis** Donk. Schmal elliptisch, vor den sehr grossen kopfförmigen Enden sehr stark eingezogen; Streifen etwa 80 auf 100 μ; Länge 15—20 μ. In Gräben und Teichen.

17. N. **Reinharti** Grun. Elliptisch oder schmal elliptisch, mit sehr breit gerundeten Enden; Streifen ± 90 auf 100 μ; Länge 35—60 μ. In Flüssen und Gräben.

18. N. **Gastrum** Ehbg. Breit elliptisch, vor den gerundeten Enden ganz unmerklich eingezogen; Streifen 80—100 auf 100 μ; Länge 25 bis 45 μ. In Tümpeln und Gräben.

19. N. **dicephala** Ktzg. Kurz lineal, vor den kopfförmigen Enden sehr stark eingezogen; Streifen ± 100 auf 100 μ; Länge 25—40 μ. In Quell-, Fluss- und Grabenwasser.

20. N. **elliptica** Ktzg. Breit elliptisch mit allmählich gerundeten Enden; Streifen 100—110 auf 100 μ; Länge 25—35 μ. In Flüssen und Gräben.

21. N. **amphisbaena** Bory: Breit elliptisch, vor den kopfförmigen Enden stark eingeschnürt; Streifen 140—160 auf 100 μ; Länge 60—70 μ. In Flüssen und Teichen.

22. N. **limosa** Ag. Breit linear, mit zweimal seicht eingebuchtetem Rand; Streifen 160—170 auf 100 μ; Länge 45—80 μ. In Flüssen und Teichen.

23. N. **Iridis** Ehbg. Langgezogen linear-elliptisch, mit schmal gerundeten Enden; Streifen ± 160 auf 100 μ; Länge 100—350 μ. In Teichen.

24. N. **cuspidata** Ktzg. (Fig. 101): Breit- oder elliptisch-lanzettlich, geschweift in die schmalen Spitzen auslaufend; Streifen 130—220 auf 100 μ; Länge 30—90 μ. Ueberall häufig, auch in Abwässern.

25. **N. ambigua** Ehbg. Breit lanzettlich, vor den schmal kopfförmigen Enden zusammengezogen; Streifen 120—180 auf 100 μ; Länge 60—70 μ. Häufig in Flüssen und Gräben.

26. **N. Bacillum** Ehbg. Linear-elliptisch, mit breit gerundeten Enden; Streifen 140—180 auf 100 μ; Länge 40—60 μ. In Teichen.

27. **N. Atomus** Grun. Breit oval, mit gerundeten Enden; Streifen 230—270 auf 100 μ; Länge 12—15 μ. In Teichen und Gräben.

CVIII. Schizonema Ag. — **Sch. viridulum** Rabh. Lanzettlich, mit ziemlich breit gerundeten Enden; Mittelrippe mit ganz feiner Längsfurche; Streifen 180—200 auf 100 μ; Länge 30—45 μ. In Teichen und Gräben.

CIX. Mastogloia Thw. — **M. Smithii** Thw. (Fig. 102): Breit lanzettlich, Enden etwas vorgezogen, schmal gerundet; innere Kammern 6—18; Streifen 150—170 auf 100 μ; Länge 30—50 μ. In Teichen und Gräben.

CX. Gomphonema Ag.

A. Rechts oder links vom Mittelknoten ist auf einer Schalenhälfte eine deutliche, stark punktförmige Verdickung.
  a. Die mittelsten Streifen sind lang und reichen bis in die Nähe des Mittelknotens, dann kommt beiderseits je ein ganz kurzer Streifen und darauf folgend wieder lange.
    α. Mit deutlich abgeschnürtem Kopfende: 1. G. constrictum.
    β. Mit nur vorgezogenem Kopfende: 2. G. capitatum
  b. Die mittelsten Streifen kurz oder alle ungefähr gleichlang.
    α. Asymmetrie sehr deutlich; mit aufgesetzter Spitze am oberen Ende.
      * In der Mitte (beim Knoten) Schalen angeschwollen: 3. G. acuminatum.
      ** In der Mitte nicht angeschwollen: 4. G. Augur.
    β. Asymmetrie undeutlich; ohne aufgesetzte Spitze: 5. G. parvulum.
B. Neben dem Mittelknoten trägt keine Schalenseite einen Punkt: 6. G. olivaceum.

1. **G. constrictum** Ehbg. Deutlich keilförmig, mit stark angeschwollener Mitte, ohne aufgesetztes Kopfende; Streifen 90—100 auf 100 μ; Länge 25—70 μ. Häufig; auch in Abwässern.

2. **G. capitatum** Ehbg. Deutlich keilförmig, mit angeschwollener Mitte, ohne aufgesetztes Kopfende; Streifen 100—140 auf 100 μ; Länge 20—65 μ. Häufig, in Teichen und Gräben.

3. **G. acuminatum** Ehbg. (Fig. 103): Deutlich keilförmig, mit stark angeschwollener Mitte und aufgesetztem Kopfende. Streifen 100—110 auf 100 μ; Länge 30—70 μ. Ueberall häufig, auch in Abwässern.

4. **G. Augur** Ehb. Deutlich keilförmig, mit nicht angeschwollener Mitte und aufgesetztem Kopfende. Streifen ± 100 auf 100 μ; Länge 30—70 μ. In Quellen, Teichen und Tümpeln.

5. **G. parvulum** Ktzg. Lanzettlich, nur sehr undeutlich unsymmetrisch, mit beiderseits kopfförmig vorgezogenen Enden; Streifen ± 140 auf 100 μ; Länge 20—30 μ. Vorkommen wie bei Voriger.

6. **G. olivaceum** Ehbg. (Fig. 104): Elliptisch oder lanzettlich, undeutlich unsymmetrisch, ohne vorgezogene Enden. Streifen 100—110 auf 100 μ; Länge 15—45 μ. In Flüssen, häufig auch in verunreinigtem Wasser.

CXI. Amphipleura Kützg. — **A. pellucida** Ktzg. Spindelförmig, mit fast spitzen Enden, linear-langgezogenen Endknoten und sehr schwer erkennbarer Skulptur. Länge 80—140 μ. In Gräben und Sümpfen.

CXII. Cocconeïs Ehbg.

a. Rand der den Mittelknoten tragenden Schalenseite völlig glatt: 1. C. Pediculus Ehbg.

b. Rand mit aus Punkten bestehender Skulptur: 2. C. Placentula Ehbg.

1. **C. Pediculus** Ehbg. (Fig. 105): Obere Schale sehr stark gewölbt; Skulptur der unteren Schale stark; Länge 16—30 μ. Sehr häufig, auch in verunreinigtem Wasser.

2. **C. Placentula** Ehbg. Obere Schale schwach gewölbt; Skulptur sehr fein; Länge 12—35 μ. Vorkommen wie Vorige.

CXIII. Rhoicosphenia Grun. — **Rh. curvata** Grun. (Fig. 106): Schalen keilförmig; Rippen der oberen Schale parallel, der unteren nach dem Knoten konvergirend. Länge 12—45 μ. Ueberall, auch in Abwässern.

CXIV. Achnanthidium Kützg. — **A. flexellum** Bréb. (Fig. 107): Mittellinie S-förmig, nicht in den Mitten der Schalenenden, sondern seitlich auslaufend; Streifen sehr fein; Länge 40—50 μ. Hier und da in Gräben und Teichen.

CXV. Achnanthes Bory.

a. Obere Schalenseite mit einer einseitig neben dem Mittelknoten liegenden ungestreiften hellen Querzone: 1. A. lanceolata.

b. Skulptur der oberen Schalenseite durchaus symmetrisch.
  - * Um den Mittelknoten ein helles Feld: 2. A. exilis.
  - ** Skulptur bis zum Mittelknoten gehend: 3. A. minutissima.

1. **A. lanceolata** Bréb. Schalenseite breit elliptisch, Enden meist breit gerundet, seltener wenig vorgezogen; Länge 9—22 μ. In Quellen, Gräben und Teichen.

2. **A. exilis** Ktzg. Schalenseite lanzettlich mit deutlich vorgezogenen Enden; Länge 15—30 μ. Vorkommen wie bei Voriger.

3. **A. minutissima** Ktzg. (Fig. 108): Schalen sehr schmal lanzettlich, mit schwach kopfförmigen Enden. Länge 15—20 μ. Häufig, auch in Flüssen und verunreinigtem Wasser.

CXVI. Cystopleura Bréb. (Epithemia Bréb.).

a. In den Zwischenräumen zwischen den starken Rippen liegen je 2 Punktreihen.
 * Rippen in der Mitte stark konvergirend.
 § Punkte der Punktreihen sehr stark; Enden der Schalenseite stumpf: 1. C. turgida.
 §§ Punkte der Punktreihen zart; Enden schmal, fast spitz: 2. C. Sorex.
 ** Rippen in der Mitte der Schale parallel: 3. C. gibba.
b. In den Zwischenräumen zwischen den Rippen liegen je 4 Punktreihen: 4. C. Zebra.

1. **C. turgida** O. K. (**Epithemia turgida** Ktzg.): Schalenseite gekrümmt; Enden allermeist schwach köpfchenförmig, Streifen ± 40 auf 100 μ. Länge 70—150 μ. Ueberall häufig, auch in Abwässern.

2. **C. Sorex** O. K. (**E. Sorex** Ktzg.): Schalenseite stark gekrümmt; Enden meist deutlich köpfchenförmig, Streifen 60—70 auf 100 μ; Länge 25—40 μ. Vorkommen wie bei Voriger.

3. **C. gibba** Mez (**E. gibba** Ktzg.): Schalenseite völlig linear mit schnabelförmig gekrümmten, spitzen Enden; Streifen 60—70 auf 100 μ; Länge 80—250 μ. Vorkommen wie bei Nr. 1—2.

4. **C. Zebra** O. K. (**E. Zebra** Ktzg.) (Fig. 109): Schalenseite meist deutlich gekrümmt, mit gerundeten, manchmal etwas köpfchenförmigen Enden; Streifen fast parallel, 30—35 auf 100 μ; Länge 20—60 μ. Vorkommen wie bei den Vorigen.

CXVII. Eunotia Ehbg.

a. Zellen stets zu mehreren in Bänder vereinigt.
 * Enden der Schalenseite köpfchenförmig abgeschnürt: 1. E. Arcus.
 ** Enden nicht köpfchenförmig: 2. E. pectinalis.
b. Zellen stets einzeln, andern Algen ansitzend: 3. E. lunaris.

1. **E. arcus** Ehbg. Schalenseite deutlich gekrümmt; Rippen zart, ± 120 auf 100 μ; Länge 30—90 μ. In Quellen und Teichen, besonders in kalkhaltigem Wasser.

2. **E. pectinalis** Rbh. (Fig. 110): Sehr schwach gekrümmt; Rippen ziemlich stark, ± 80 auf 100 μ; Länge 30—150 μ. Ueberall häufig.

3. **E. lunaris** Grun. Schalenseite meist deutlich gekrümmt; Rippen zart, ± 150 auf 100 μ; Länge 50—90 μ. In Gräben und Teichen.

CXVIII. Ceratoneïs Ehbg. — **C. Arcus** Ehbg. Schalenseite deutlich gekrümmt, mit schwach köpfchenförmigen Enden; Streifung ausserordentlich fein (undeutlich), 130—140 Streifen auf 100 μ; Länge meist 30—70 μ. In Quellwasser der Gebirge.

CXIX. Nitzschia Hass.

A. Enden der Schalenseite nicht lang nadelförmig ausgezogen.
  a. Zellen (Gürtelseiten) S-förmig gebogen: 1. N. sigmoidea.
  b. Zellen nicht S-förmig, gerade.
    * Schalenseite lang linear, mit schwach schnabelartig eingekrümmten, kurz verschmälerten Enden. Länge meist über 90 μ: 2. N. linearis.
    ** Schalenseite sehr schmal lanzettlich, allmählich in die Enden verschmälert. Länge meist sehr beträchtlich unter 90 μ (nur bei Nr. 4 bis 95 μ).
      § Streifung der Schalenseite sehr deutlich: 3. N. amphibia.
      §§ Streifung sehr undeutlich.
        † Länge 65 μ oder darüber: 4. N. subtilis.
        †† Länge sehr selten über 60, nie über 65 μ.
          0 Kielpunkte deutlich sichtbar: 5. N. communis.
          00 Kielpunkte undeutlich: 6. N. palea.
B. Enden der Schalenseite lang nadelförmig: 7. N. acicularis.

1. N. **sigmoidea** W. Sm. Schalenseiten breit und vollkommen linear, mit kurz oder lang keilförmigen Enden. Streifen fein, 240—260 auf 100 μ; Kielpunkte stark; Länge 100—480 μ, In Teichen, Tümpeln, und Gräben, auch in verunreinigtem Wasser sehr häufig.

2. N. **linearis** W. Sm. (Fig. 111): Schalenseite schmal und vollkommen linear, mit ganz kurz zugespitzten Enden; Streifen sehr fein, 290—300 auf 100 μ; Kielpunkte stark; Länge 70—180 μ. Ueberall häufig.

3. N. **amphibia** Grun. Schalenseite schmal lanzettlich, mit stumpflichen Enden; Streifen stark, 160—170 auf 100 μ; Kielpunkte sehr stark; Länge 20—45 μ. In stehendem und langsam fliessendem Wasser.

4. N. **subtilis** Grun. Schalenseite sehr schmal linear, ganz allmählich in die Spitzen verschmälert; Streifen sehr fein, 300—220 auf 100 μ; Kielpunkte deutlich sichtbar; Länge 65—95 μ. Vorkommen wie Vorige.

5. N. **communis** Rbh. Schalenseite lanzettförmig, mit stumpflichen Enden; Streifen sehr fein, ± 300 auf 100 μ; Kielpunkte deutlich; Länge 25—35 μ. Häufig, auch in Abwässern.

6. N. **palea** W. Sm. Schalenseite lanzettförmig, mit stumpflichen Enden; Streifen sehr fein, 330—860 auf 100 μ; Kielpunkte undeutlich; Länge 25—65 μ. Vorkommen wie bei Voriger.

7. N. **acicularis** W. Sm. (Fig. 112): Schalenseite lanzettlich, mit lang nadelförmigen Enden; Streifung unsichtbar; Kielpunkte sehr zart; Länge 60—70 μ. Ueberall häufig, auch in stark verschmutzten Wässern gefunden.

CXX. Hantzschia Grun. — **H. amphioxys** Grun. (Fig. 113): Schalenseite etwas gebogen, mit vorgezogenen breiten Enden; Streifen stark, ± 160 auf 110 μ; Länge 45—80 μ. Ueberall häufig, auch in stark verunreinigtem Wasser.

CXXI. Cymatopleura Sm.

* Schalenseite breit elliptisch, in der Mitte nicht eingeschnürt: 1. C. elliptica.
** Schalenseite bisquitförmig, in der Mitte eingeschnürt: 2. C. Solea.

1. C. **elliptica** Bréb. Punktirte Querstreifen undeutlich; Randpunkte ± 30 auf 100 μ; Länge 60—150 μ. In Teichen und Gräben, auch in verunreinigtem Wasser, häufig.

2. C. **Solea** Bréb. (Fig. 114): Punktirte Querstreifen deutlich; Randpunkte 60—70 auf 100 μ; Länge 50—310 μ. Ueberall häufig, auch in Abwässern.

CXXII. Cylindrotheca Rabh. — **C. gracilis** Grun. (Fig. 115): Schalenseite linear-lanzettlich, sehr schmal, mit lang vorgezogenen Enden. Länge ± 70—80 μ. In Gräben und Teichen, selten.

CXXIII. Campylodiscus Ehbg.

* Zellen spiralig (8-förmig) um die Längsaxe gedreht: 1. C. spiralis.
** Zellen sattelförmig in der Queraxe gebogen: 2. C. Noricus.

1. C. **spiralis** W. Sm. (**Surirella spiralis** Ktzg.) Rippen fast bis zur Mitte der Schale gehend; Länge 100—250 μ. In Teichen und Tümpeln.

2. C. **Noricus** Ehbg. (Fig. 116): Rippen lange nicht bis in die Schalenmitte gehend; Breite 60—120 μ. In Tümpeln und Sümpfen.

CXXIV. Suriraya Turp. (Surirella Auct.)

A. Rippen die Mittellinie erreichend.
a. Nach der Queraxe symmetrisch: beide Enden gleichmässig zugespitzt: 1. S. biseriata.
b. Nach der Queraxe unsymmetrisch, ein Ende spitz, das andere breit: 2. S. splendida.
B. Rippen kurz, die Mittellinie lange nicht oder nur als feine Linien erreichend: 3. S. ovalis.

1. S. **biseriata** Bréb. Schalenseite breit lanzettlich oder elliptisch-lanzettlich; Länge 100—170 μ. In Teichen und Gräben.

2. S. **splendida** Ktzg. (Fig. 117): Schalenseite schmal eiförmig oder eilanzettlich; Länge 125—200 μ. In stehendem und langsam fliessendem Wasser.

3. **S. ovalis** Bréb. Schalenseite eiförmig-elliptisch oder breit eiförmig; Länge 50—80 μ. In Teichen und Gräben, auch in schwach verunreinigtem Wasser.

CXXV. Meridion Ag. — **M. circulare** Ag. (Fig. 118): Zellen zu fächer- oder kreisförmigen Kolonien vereinigt; Länge 18—72 μ. Besonders im Frühjahr häufig, auch in schwach verunreinigtem Wasser.

CXXVI. Diatoma (DC.) Ag.

a. Zellen in Zickzackketten.
  * Schalenseite lanzettförmig oder schmal elliptisch: 1. D. vulgare.
  ** Schalenseite schmal linear: 2. D. elongatum.
b. Zellen in geraden, breiten Bändern: 3. D. hiemale.

1. **D. vulgare** Bory (Fig. 119): Enden der Schalenseite häufig etwas vorgezogen; Gürtelseite in der Mitte nicht verschmälert; Länge 40 bis 70 μ. Ueberall häufig, auch in Abwässern.

2. **D. elongatum** Ag. Enden der Schalenseite $\pm$ kopfartig verdickt; Mitte der Gürtelseite seicht und allmählich verschmälert; Länge 40—100 μ. In Teichen und Gräben.

3. **D. hiemale** Heib. Schalenseite lanzettlich oder elliptisch, mit breit gerundeten Enden; Gürtelseite genau rechteckig; Länge 15—50 μ. In Quellen, Bächen und Teichen, besonders der Gebirge.

CXXVII. Odontidium Ktzg. — **O. mutabile** W. Sm. Schalenseite eilanzettlich, lanzettlich oder linear, beiderseits verschmälert. In stehendem und langsam fliessendem Wasser nicht selten.

CXXVIII. Asterionella Hass. — **A. gracillima** Heib. (Fig. 120): Schalenseite schmal und langgezogen linear, mit verdickten, etwas ungleich grossen Enden. Länge 50 bis 125 μ. In Gräben, Teichen und Seen; oft die Hauptmasse des Planktons bildend.

CXXIX. Synedra Ehbg.

a. Schalenseite mit einem hellen, viereckigen Feld in der Mitte (wo bei anderen Bacillariaceen der Mittelknoten).
  * Zellen stets und meist weit über 70 μ lang.
    § Streifung stark; Schalenseiten meist linear und nur an den Enden verschmälert: 1. S. Ulna.
    §§ Streifen fein; Schalenseite meist von der Mitte ab allmählich verschmälert: 2. S. oxyrhynchus.
  ** Zellen nicht über 50 μ lang: 3. S. radians.
b. Schalenseite ohne helles Feld in der Mitte.
  * Enden der Schalenseite deutlich rhombisch verdickt: 4. S. capitata.
  (** Enden nicht verdickt: cf. 1. S. Ulna.)

1. **S. Ulna** Ehbg. (Fig. 121): Streifen stark, etwa 90 auf 100 μ; Länge 70—550 μ. Sehr häufig, auch in Abwässern.

2. **S. oxyrhynchus** Ktzg. Streifen fein, ± 100 auf 100 μ; Länge meist 70—80 μ. Meist mit voriger Art.

3. **S. radians** Ktzg. Streifen fein, 160—175 auf 100 μ; Länge 40—50 μ. In Teichen und Gräben.

4. **S. capitata** Ehbg. Streifen stark, ± 80 auf 100 μ; Länge 200—500 μ. In Flüssen und Teichen, häufig.

CXXX. Fragilaria Lyngb.

a. Streifen lang, eine helle Mittelzone ist kaum sichtbar: 1. F. virescens.
b. Streifen kurz; die Schalenseite zeigt eine breite hyaline Mittelzone.
* Streifen fein, in der Schalenmitte (wo sonst der Mittelknoten) allermeist ein helles Feld lassend: 2. F. capucina.
** Streifen stark; kein helles Mittelfeld: 3. F. construens.

1. **F. virescens** Ralfs: Schalenseite lanzettlich oder sehr schmal elliptisch; Streifen fein, ± 170 auf 100 μ; Länge 20—60 μ. Ueberall häufig, auch in Abwässern.

2. **F. capucina** Desm. (Fig. 122): Schalenseite linear-lanzettlich; Streifen fein, 140—150 auf 100 μ; Länge 30—60 μ. In stehendem und langsam fliessendem reinem Wasser verbreitet.

3. **F. construens** Grun. Schalenseite schmal elliptisch, häufig mit aufgebauchter Mitte; Streifen stark, ± 150 auf 100 μ; Länge 10—25 μ. Vorkommen wie bei Voriger, doch seltener.

CXXXI. Lysigonium Lk. (= Melosira Ag.)

a. Schalenseiten (Grenzlinien der aneinander hängenden, die Bänder bildenden Zellen) konvex: 1. L. fasciatum.
b. Schalenseiten eben.
* Auf der Grenzlinie von Gürtel- und Schalenseite keine Stacheln: 2. L. distans.
** Dort eine Reihe zahnförmiger Stacheln: 3. L. orichalceum.

1. **L. fasciatum** O. K. (**Melosira varians** Ag.) (Fig. 123): Gürtelseiten nicht oder nur sehr schwach punktirt; Länge 10—60 μ, Breite 5—28 μ. Ueberall gemein, auch in Abwässern sehr häufig gefunden.

2. **L. distans** O. K. (**M. distans** Ktzg.) Gürtelseiten deutlich punktirt; Länge 14—40 μ; Breite 7—20 μ. In Quellen und Teichen.

3. **L. orichalceum** O. K. (**M. orichalcea** Ktzg.) Gürtelseiten deutlich punktirt; Länge 10—40 μ; Breite 50—20 μ. In Gräben und Sümpfen.

CXXXII. Cyclotella Ktzg.

* Schalenseiten am Rand mit feinen Stacheln: 1. C. operculata.
** Schalenseiten ohne Stacheln: 2. C. Kützingiana.

1. C. **operculata** Ktzg. Randstreifen der Schalenseite schwach, nicht über 1/3 des Radius in's Innere gehend. In Quellen und Teichen.

2. C. **Kützingiana** Thw. Randstreifen der Schalenseite stark, bis zu 1/2 des Radius in's Innere gehend. In Teichen und Gräben.

CXXXIII. Tabellaria Ehbg.

* Die aufgebauchte Mitte der Schalenseite ist viel breiter als die Enden; Länge bis 45 μ: 1. T. flocculosa.

** Mittel- und Endanschwellungen gleichbreit; Länge über 50 μ: 2. T. fenestrata.

1. T. **flocculosa** Ktzg. Zellen mit 3—5 inneren Scheidewänden; Länge 25—45 μ. Ueberall häufig, auch in schwach verunreinigtem Wasser gefunden.

2. T. **fenestrata** Ktzg. (Fig. 124): Zellen mit 2 inneren Scheidewänden; Länge 60—100 μ. In Quellen, Teichen und Gräben.

Desmidiaceae.

A. Zellen einzeln, nicht fadenförmig zusammenhängend.
- I. Zellen in der Mitte ohne Einschnürung; Querschnitt der Zellen kreisrund; vielmal länger als dick.
  - a. Chromatophoren in der Mittellinie der Zellen gelegen, mit Längsflügeln.
    - 1. Zellen halbmond- oder sichelförmig gebogen, an den beiden Enden mit farblosen, Gipskrystalle führenden Vakuolen: CXXXIV. Closterium Meyen.
    - 2. Zellen gerade, cylindrisch oder spindelförmig: CXXXV. Penium Bréb.
  - b. Chromatophoren axil oder neben der Längsaxe gelegen, nicht flügelig: CXXXVI. Mesotaenium Naeg.
  - c. Chromatophoren ein oder mehrere wandständige, spiralige Chlorophyllbänder bildend: CXXXVII. Spirotaenia Bréb.
- II. Zellen in der Mitte deutlich eingeschnürt oder tief eingeschnitten.
  - a. Einschnürung seicht, Verbindungsbrücke der beiden Zellhälften wenigstens halb so breit wie die grösste Breite der Zellen; Querschnitt (allermeist) kreisrund.
    - 1. Enden der Zellen ohne Einschnitt.
      - α. Zellhälften vor der Einschnürung angeschwollen.
        - * Mit hyalinen, Gipskrystalle führenden Endbläschen; Anschwellungen bei der Einschnürung ohne Längsfalten: CXXXVIII. Pleurotaenium Naeg.

** Ohne Endbläschen; Anschwellungen bei der Einschnürung mit tiefen Längsfalten: CXXXIX. Docidium Bréb.

β. Zellhälften vor der Einschnürung nicht angeschwollen: CXLI. Dysphinctium Naeg.

2. Enden der Zellen mit spaltenförmigem Einschnitt: CXLI. Tetmemorus Ralfs.

b. Einschnürung tief; Verbindungsbrücke der beiden Zellhälften weniger als halb so breit wie die grösste Zellbreite; Querschnitt häufig flachgedrückt.

1. Zellhälften ohne Einschnitte oder Einbuchtungen, in der Vorderansicht ± nierenförmig oder rundlich.

α. Zellen vom Scheitel (den Enden) her gesehen elliptisch oder rundlich.

* Zellen glatt oder mit Wärzchen, ohne Stacheln: CXLII. Ursinella Turp.

** Zellen mit grossen Stacheln.

§ Stacheln 2—4: CXLIII. Arthrodesmus Ehbg.

§§ Stacheln mehr als 8: CXLIV. Xanthidium Ehbg.

β. Zellen in der Scheitelansicht mit deutlichen, oft scharfen Ecken: CXLV. Staurastrum Meyen.

2. Zellhälften mit deutlichen Einschnitten oder Einbuchtungen.

α. Zellen nicht flach; Scheitelansicht breit elliptisch: CXLVI. Euastrum Ehbg.

β. Zellen flach; Scheitelansicht schmal elliptisch, linear oder schmal rhombisch: CXLVII. Helierella Bory.

B. Zellen stets in fadenförmigen Kolonien zusammenhängend.

a. Chlorophyllkörper keine Spiralbänder.

1. Zellen nicht oder nur sehr wenig länger als breit.

α. Zellen in der Mitte durch tiefe Einschnitte in 2 Hälften getrennt; Verbindungsbrücke weniger als halb so breit wie die Zellen: CXLVIII. Sphaerozosma Cda.

β. Einschnitte sehr kurz oder undeutlich.

* Zellen etwa doppelt so lang als breit, parallel der Einschnürung mit 2 erhabenen Ringen: CIL. Gymnozyga Ehbg.

** Zellen kürzer als breit, ohne solche Ringe.

§ Scheitelansicht 3—4eckig: CL. Desmidium Ag.

§§ Scheitelansicht rund: CLI. Hyalotheca Ehbg.

2. Zellen 15—20 mal so lang als breit: CLII. Gonatozygon DB.

b. Chlorophyll in Spiralbändern; Zellen 10—20 mal so lang als breit: CLIII. Genicularia DB.

CXXXIV. Closterium Meyen.

A. **Zellen nach den Enden zu allmählich verschmälert.**

I. **Enden der Zellen in lange, farblose Schnäbel auslaufend.**

* **Farblose Spitzen über 1/2 der Zellhälfte einnehmend; Dicke 9—10 μ:** 1. Cl. setaceum.

** **Farblose Spitzen weniger als 1/2 der Zellhälfte einnehmend; Dicke 22—40 μ:** 2. Cl. rostratum.

II. **Enden nicht schnabelförmig, nur die Spitzen ganz aussen farblos.**

a. Zellen mit konvexer Rückenseite und deutlich konkaver Bauchseite.

1. Mitte der Bauchseite deutlich angeschwollen.

α. Dicke nicht unter 75 μ: 3. Cl. Ehrenbergii.

β. Dicke nicht über 60 μ.

* Enden stumpflich gerundet: 4. Cl. moniliferum.

** Enden spitz: 5. Cl. Leibleini.

2. Mitte der Bauchseite nicht angeschwollen.

α. Zellen sehr stark, oft bis halbkreisförmig gebogen.

* Von der Mitte ab in die spitzen Enden allmählich verschmälert.

§ Dicke in der Mitte etwa 20 μ: 6. Cl. Dianae.

§§ Dicke nicht über 15 μ.

† Endvakuolen nicht scharf begrenzt; Chlorophyllbänder scharf: 7. Cl. parvulum.

†† Endvakuolen scharf begrenzt; Chlorophyllbänder verwaschen: 8. Cl. Venus.

** Nach den breit abgerundeten Enden zu wenig verschmälert: 9. Cl. Jenneri.

β. Zellen flachbogig gekrümmt.

* Zellhaut farblos und glatt.

§ 6—12 mal so lang als (10 μ) dick: 10. Cl. acutum.

§§ 20—30 mal so lang als (6—7 μ) dick: 11. Cl. Cornu.

** Zellhaut bräunlich oder gelblich, längsgestreift.

§ Zellhaut mit feinen, zahlreichen Längsstreifen.

† 8—12 mal so lang als (30—48 μ) dick: 12. Cl. striolatum.

†† 20—30 mal so lang als (25—34 μ) dick: 13. Cl. lineatum.

§§ Zellhaut mit 5—8 dicken Längsrippen: 14. Cl. costatum.

b. Zellen mit konvexer Rückenseite und fast geradliniger Bauchseite.

α. Zellen 20—50 μ dick: 15. Cl. acerosum.

β. Zellen 80—110 μ dick: 16. Cl. Lunula.

B. Zellen nur wenig gebogen, nach den Enden zu kaum verschmälert.

* Zellhaut farblos; Zellen 5—6 μ dick: 17. Cl. gracile.

** Zellhaut gelblich oder bräunlich; Zellen 7—14 μ dick: 18. Cl. juncidum.

1. **Cl. setaceum** Ehbg. Zellen ziemlich gerade mit haarfeinen Enden; Länge bis 330 μ. In Sümpfen.

2. **Cl. rostratum** Ehbg. (Fig. 125): Zellen schmal lanzettlich, schwach gekrümmt, mit fast borstenförmigen Enden. Länge 418—720 μ. In Gräben, Teichen, Sümpfen.

3. Cl. **Ehrenbergii** Menegh. Zellen halbmondförmig mit runden Enden; Länge 3—6 mm, mit blossem Auge deutlich sichtbar. In Torfsümpfen und Gräben.

4. Cl. **moniliferum** Ehbg. Zellen halbmondförmig mit stumpflichen Enden; Länge 140—500 μ. In Teichen, Gräben und Sümpfen der Ebene; sehr häufig auch in Abwässern.

5. Cl. **Leibleini** Ktzg. (Fig. 126): Zellen halbmondförmig, mit spitzen Enden; Länge 105—420 μ. Mit Voriger, auch in Abwässern häufig.

6. Cl. **Dianae** Ehbg. Zellen sichelförmig gekrümmt, mit spitzen Enden; Länge 180—250 μ. In Gräben, Teichen und Torfsümpfen.

7. Cl. **parvulum** Naeg. Zellen fast halbkreisförmig gebogen, mit spitzen Enden; Länge 42—130 μ. Ueberall nicht selten, auch in Abwässern häufig.

8. Cl. **Venus** Ktzg. Zellen halbkreisförmig gekrümmt, mit fein zugespitzten Enden. Länge 64—130 μ. In Tümpeln, Gräben und Torfsümpfen.

9. Cl. **Jenneri** Ralfs: Zellen sichelförmig gekrümmt, mit stumpfen Enden. Länge 80—120 μ. In Gräben und Teichen.

10. Cl. **acutum** Bréb. Zellen schwach gekrümmt, mit dünner, am Ende abgestumpfter Spitze. Länge 60—130 μ. In Gräben und Teichen.

11. Cl. **Cornu** Ehbg. Zellen schwach gekrümmt, mit dünner, am Ende abgerundeter Spitze. Länge 120—220 μ. In Tümpeln und Torfsümpfen.

12. Cl. **striolatum** Ehbg. Zellen schwach gekrümmt, mit abgestutzten oder stumpfen Enden. Länge 240—550 μ. In Gräben und Teichen, besonders der Gebirge.

13. Cl. **lineatum** Ehbg. Zellen schwach gekrümmt, mit abgerundeten Enden. Länge 450—900 μ. In Tümpeln und Sümpfen.

14. Cl. **costatum** Cda. Zellen deutlich gekrümmt, mit abgestutzten Enden; Länge 360—520 μ. In Teichen, Gräben und Sümpfen.

15. Cl. **acerosum** Ehbg. (Fig. 127): Zellen schwach halbmondförmig, mit spitz gerundeten Enden. Länge 210—700 μ. In Teichen und Gräben häufig, auch in Abwässern nicht selten.

16. Cl. **Lunula** Ehbg. Zellen halbmondförmig, mit breit gerundeten Enden; Länge 400—600 μ. Vorkommen wie bei Voriger.

17. Cl. **gracile** Bréb. Fast völlig gerade, nur an den stumpfen Enden etwas gekrümmt; Länge 100—180 μ. In Gräben und Teichen.

18. Cl. **juncidum** Ralfs (Fig. 128): Zellen fast gerade, mit etwas verdünnten, abgerundeten Enden; Länge 250—360 μ. In Gräben und Teichen.

CXXXV. Penium Bréb.

A. Chlorophyllkörper axil, geflügelt; Pyrenoide in jeder Zelle 4 bis mehrere.

a. **Flügel der Chlorophyllkörper ganzrandig.**

* Zellen cylindrisch, mit plötzlich kegelförmig verschmälerten Enden: 1. P. interruptum.
** Zellen spindelförmig, mit allmählich verschmälerten Enden. 2. P. Navicula.
β. Flügel der Chlorophyllkörper am Rande gelappt.
* Nach den Enden zu allmählich verschmälert.
§ 4—5 mal so lang als breit: 3. P. Digitus.
§§ 5—6 mal so lang als breit: 4. P. lamellosum.
** Nach den breit gerundeten Enden zu kaum verschmälert: 5. P. oblongum.
B. Chlorophyllkörper sternförmig (nicht in der Richtung der Axe langgestreckt); Pyrenoide in jeder Zelle stets 2: 6. P. Brébissonii.

1. **P. interruptum** Bréb. (Fig. 129): Breit cylindrisch; Chlorophyllkörper bei ausgewachsenen Exemplaren durch 3 helle Querbinden unterbrochen; Dicke 37—44 μ. In Sümpfen, besonders der Gebirge.

2. **P. Navicula** Bréb. Breit spindelförmig; Chlorophyllkörper mit einer Querbinde in der Mitte; Dicke 12—17 μ. In Sümpfen und Teichen.

3. **P. Digitus** Bréb. Doppelt kegelförmig; Chlorophyllkörper mit einer Querbinde in der Mitte; Dicke 60—82 μ. In Sümpfen, besonders der Gebirge, in Quellen.

4. **P. lamellosum** Bréb. Spindelförmig-cylindrisch; Chlorophyllkörper mit einer Querbinde in der Mitte; Dicke 45—80 μ. Vorkommen: wie Vorige.

5. **P. oblongum** DB. Ellipsoidisch-cylindrisch; Chlorophyllkörper ohne Querbinde; Dicke 22—26 μ. In Quellwasser und Torfsümpfen der Gebirge.

6. **P. Brébissonii** Ralfs: Cylindrisch, höchstens 5 mal so lang als dick, mit gerundeten Enden; Dicke 15—30 μ. In Gräben, Tümpeln und Sümpfen, besonders der Gebirge.

CXXXVI. Mesotaenium Naeg. — M. Endlicherianum Naeg.

Zellen cylindrisch, mit breit gerundeten Enden, 9—14 μ dick, 27—64 μ lang. In Torfgräben und Torfsümpfen der Gebirge.

CXXXVII. Spirotaenia Bréb.

* Ein einziges Chlorophyllband: 1. Sp. condensata.
** Mehrere Chlorophyllbänder: 2. Sp. obscura.

1. **Sp. condensata** Bréb. Nach den breit gerundeten Enden nicht verschmälert; Chlorophyllband mit 8—12 Umgängen; Dicke 18—25 μ. In Sümpfen und Torfmooren.

2. **Sp. obscura** Ralfs: Nach den gerundeten Enden allmählich verschmälert; Chlorophyllbänder mit je 2—3 Umgängen; Dicke 15—30 μ. Vorkommen wie bei Voriger.

CXXXVIII. Pleurotaenium Naeg.

a. Rand durch mehrfache seichte Einbuchtungen deutlich gewellt: 1. P. nodulosum.

b. Ausser der Mitteleinschnürung (und selten 1—2 beiderseits daneben liegenden schwachen Einbuchtungen) keine Wellung des Randes.

* Zellen 180—540 μ lang, neben der Mitteleinkerbung oft mit 1—2 sehr seichten Wellen: 2. P. Ehrenbergii.

** Zellen 120—160 μ lang, Rand nicht wellig: 3. P. Trabecula.

1. **P. nodulosum** DB. Zellen lang cylindrisch, nach den Enden zu kaum verschmälert; Zellhaut granulirt; Dicke 40—60 μ. In Sümpfen, Teichen und Gräben, auch in verunreinigtem Wasser.

2. **P. Ehrenbergii** Delponte: Zellen lang cylindrisch oder nach den Enden allmählich verschmälert (selten allmählich verdickt); Zellhaut glatt oder granulirt; Dicke 25—35 μ. In Sümpfen und Gräben.

3. **P. Trabecula** Naeg. (Fig. 130): Zellen lang cylindrisch, nach den Enden zu kaum verschmälert; Zellhaut glatt; Dicke 25—35 μ. In Sümpfen, Gräben und Teichen.

CXXXIX. Docidium Bréb. — **D. baculum** Bréb. (Fig. 131): Zellen lang cylindrisch oder nach den Enden zu allmählich und schwach verschmälert, Zellhaut glatt; Dicke 15—22 μ. In Gräben, Teichen und Sümpfen.

CXL. Dysphinctium Naeg.

a. Zellhaut ohne Warzen.

* Seiten der Zellhälften geradlinig: 1. D. palangula.

** Seiten der Zellhälften konvex gekrümmt.

§ Breite 17—25 μ; länglich-cylindrisch: 2. D. Cucurbita.

§§ Breite 42—75 μ; sehr kurz cylindrisch: 3. D. connatum.

b. Zellen mit halbkugeligen Warzen besetzt: 4. D. notabile.

1. **D. palangula** Hansg. (**Calocylindrus palangula** DB.) Zellen cylindrisch, mit flach gerundeten Enden; Breite 12—25 μ; Länge 24—50 μ. In Torfmooren.

2. **D. Cucurbita** Reinsch (**Calocyl. Cucurbita** DB.) (Fig. 132): Zellen länglich-cylindrisch, mit gerundeten Enden; Breite 18—25 μ; Länge 36—50 μ. In Gräben, Teichen und Torfmooren.

3. **D. connatnm** DB. (**Calocyl. connatus** Kirchn:) Zellen kurz und dick cylindrisch, mit breit gerundeten Enden; Breite 42—75 μ; Länge 60—102 μ. In Gräben, Teichen und Sümpfen.

4. **D. notabile** Hansg. (**Cosmarium notabile** Bréb.) Zellen bisquitförmig, mit breit abgestutzten Enden; Breite 25—32 μ; Länge 33—44 μ. In Quellen und Teichen der Gebirge.

CXLI. Tetmemorus Ralfs.

α. Zellhaut mit in Längsreihen geordneten Punkten: 1. T. Brébissonii.
β. Zellhaut mit unregelmässig gestellten Punkten: 2. T. granulatus.
γ. Zellhaut glatt: 3. T. laevis.

1. **T. Brébissonii** Ralfs: Vorderansicht cylindrisch; Breite 17—30 μ; Länge 80—180 μ. In Torfmooren, besonders der Gebirge.

2. **T. granulatus** Ralfs: Vorderansicht spindelförmig; Breite 35—56 μ; bis 158 μ lang. In Sümpfen und Torfmooren.

3. **T. laevis** Ralfs (Fig. 133): Vorderansicht cylindrisch; Breite 20—25 μ; Länge 67—70 μ. In Mooren der Gebirge.

CXLII. Ursinella Turp. (= Cosmarium Cda.)

A. Chlorophyll wandständig: 1. U. cucumis.
B. Chlorophyll in den Zellhälften um je 1—2 Pyrenoide geordnet, central.
I. Scheitelansicht sehr deutlich flachgedrückt, beiderseits in der Mitte stark ausgebaucht.
a. Membran fein granulirt. 2. U. Phaseolus.
b. Membran mit Warzen besetzt.
* Ecken der Zellhälften bei der Einschnürung gerundet: 3. U. ornata.
** Ecken fast rechtwinkelig; Rand meist gleichmässig gekerbt: 4. U. caelata.
II. Scheitelansicht nur wenig flachgedrückt, ohne bauchige Mitte.
a. Membran mit Warzen besetzt.
* Enden der Zelle breit gerundet, nicht gestutzt: 5. U. margaritifera.
** Enden der Zelle flach abgestutzt: 6. U. Botrytis.
b. Membran glatt oder nur fein punktirt.
1. Jede Zellhälfte mit nur einem Chromatophor.
α. Rand der Zellen deutlich gekerbt.
* Enden breit gerundet; Länge 53—58 μ: 7. U. crenata.
** Enden abgestutzt; Länge 14—28 μ: 8. U. Naegeliana.
β. Rand der Zellen nicht gekerbt.
* Basis der Zellhälften konvex, Scheitel gerundet: 9. U. bioculata.
** Basis der Zellhälften geradlinig, Scheitel gestutzt.
§ Zellhälften trapezförmig, mit geraden, schräg ansteigenden Seiten: 10. U. granata.
§§ Zellhälften ± halbkreisförmig, mit meist deutlich konvexen Seiten: 11. U. Meneghini.
2. Jede Zellhälfte mit zwei Chromatophoren.
α. Zellhaut glatt; Zellhälften quadratisch: 12. U. quadrata.
β. Zellhaut punktirt; Zellhälften trapezoidisch: 13. U. pyramidata.

1. **U. Cucumis** Mez (= **Cosmarium C.** Cda.): Zellhälften nierenförmig, mit flach gerundeten Enden; Zellen 54—94 μ lang, 35—40 μ breit; Chlorophyllkörper geschlossen, der Wand anliegend. In Teichen und Sümpfen.

2. **U. Phaseolus** O. K. (**Cosmarium Phaseolus** Bréb.): Zellhälften nierenförmig, Enden flach gerundet; Zellen 24—36 μ breit, 28—32 μ lang. In Teichen und Tümpeln.

3. **U. ornata** O. K. (**Cosm. ornatum** Ralfs): Zellhälften hammerförmig, vor den flach abgestutzten Enden beiderseits etwas eingebuchtet; Zellen 33—50 μ breit, 35—55 μ lang. In Teichen und Tümpeln.

4. **U. caelata** O. K. (**Cosm. caelatum** Ralfs): Zellhälften niedergedrückt, halbkreisförmig, mit breit gerundeten Enden; Zellen 26—38 μ breit, 33—44 μ lang. In Sümpfen und Torfmooren, besonders der Gebirge.

5. **U. margaritifera** Turp. (**Cosm. margaritiferum** Menegh.): Zellhälften (niedergedrückt) nieren- oder halbkreisförmig, mit breit gerundeten Enden; Zellen 25—60 μ breit, 26—70 μ lang. In stehendem und langsam fliessendem, auch in stark verunreinigtem Wasser.

6. **U. Botrytis** O. K. (**Cosm. B.** Menegh.) (Fig. 134): Zellhälften trapezförmig mit gerundeten Ecken und flach gestutzten Enden; Zellen 25—58 μ breit, 40—71 μ lang. Vorkommen wie bei Voriger.

7. **U. crenata** O. K. (**Cosm. crenatum** Ralfs): Zellhälften halb kreisförmig, mit breit gerundeten Enden; Zellen 51—58 μ lang, 16—38 μ breit. In Quellen und Gräben.

8. **U. Naegeliana** O. K. (**Cosm. N.** Bréb.): Zellenden breit abgestutzt, Zellhälften jederseits mit 2—4 Buchten; Zellen 15—30 μ lang, fast ebenso breit. In Gräben und Tümpeln.

9. **U. bioculata** O. K. (**Cosm. bioc.** Bréb.) (Fig. 135): Zellhälften sehr stark niedergedrückt-elliptisch, Enden sehr breit gerundet; Zellen 10 bis 28 μ breit, 12—36 μ lang. In Gräben, Tümpeln und Quellen.

10. **U. granata** O. K. (**Cosm. granatum** Bréb.): Zellhälften breit dreieckig mit gerundeten Enden; Zellen 18—24 μ breit, 22—46 μ lang. In Gräben und Teichen.

11. **U. Meneghini** O. K. (**Cosm. M.** Bréb.): Zellhälften ungefähr quadratisch mit breit gerundeten Ecken und abgestutzten, oft ausgerandeten Enden; Zellen 9—26 μ breit, 9—34 μ lang. In stehendem, auch verunreinigtem Wasser, häufig.

12. **U. quadrata** Mez (**Cosm. quadratum** Ralfs): Zellhälften quadratisch mit fast rechtwinkeligen Ecken und breit abgestutzten Enden; Zellen 25—34 μ breit, 44—64 μ lang. In Gräben und Teichen.

13. **U. pyramidata** O. K. (**Cosm. pyramid.** Bréb.): Zellhälften breit dreieckig mit gerundeter Basis und meist abgestutzten Enden; Zellen 50—85 μ breit, 53—93 μ lang. In Teichen und Sümpfen.

CXLIII. Arthrodesmus.

a. Zellen mit 4 (Zellhälften mit je 2) Stacheln versehen.

* Stacheln von der Einschnürung abstehend, etwa so lang wie die ganze Zelle.

§ Stets 2 Zellhälften durch schmalen Isthmus verbunden: 1. A. Incus.

(§§ **Kolonien von 2—8 deutlich durch Membranen getrennten Zellen:**
cf. p. 149. Scenedesmus quadricauda.)
** **Stacheln nach der Einschnürung konvergirend, nicht länger als die Zellhälften:** **2. A. convergens.**
b. **Zellen mit 8 (Zellhälften mit je 4) Stacheln versehen:** **3. A. octocornis.**

1. **A. Incus** Hass. (Fig. 136): Zellhälften ± genau rechteckig, an den äussern Ecken mit den Stacheln; Länge und Breite der Zellen 10 bis 36 μ. In Gräben, Tümpeln und Sümpfen.

2. **A. convergens** Ralfs: Zellhälften breit elliptisch, an den gerundeten Seiten bestachelt; Länge der Zellen 38—42 μ, Breite 40 bis 46 μ. Vorkommen wie bei Voriger.

3. **A. octocornis** Ehbg. Zellhälften ungefähr rechteckig, an den äussern und innern Ecken bestachelt; Länge und Breite der Zellen 16 bis 25 μ. In Teichen, Gräben und Torfsümpfen.

CXLIV. Xanthidium Ehbg.

a. Stacheln am Ende in mehrere kurze Fortsätze getheilt: 1. X. armatum.
b. Stacheln ungetheilt.
* Stacheln nur auf der Fläche der Zelle in grosser Zahl vorhanden: 2. X. aculeatum.
** Stacheln stets nur aus dem Rand entspringend.
§ Alle Stacheln paarig zusammenstehend.
† Zellhälften mit 6×2 geraden Stacheln: 3. X. fasciculatum.
†† Zellhälften mit 4×2 oft gebogenen Stacheln: 4. X. antilopaeum.
§§ Zellhälften beiderseits bei den unteren Ecken mit je einem einzeln stehenden Stachel, oben mit 4 Stachelpaaren: 5. X. cristatum.

1. **X. armatum** Bréb. (Fig. 137): Zellhälften fast kreisförmig, am Ende breit gerundet oder seltener gestutzt, mit an der Spitze 3—4theiligen Stacheln besetzt. Länge der Zellen (ohne Stacheln) bis 200 μ, Breite 62—140 μ. In Teichen und Gräben.

2. **X. aculeatum** Ehbg. Zellhälften schmal nieren- oder bohnenförmig. Länge und Breite der Zellen (ohne Stacheln) 60—75 μ. In Sümpfen und Torfmooren.

3. **X. fasciculatum** Ehbg. Zellhälften nierenförmig, mit breit gestutzten Enden. Länge der Zellen 60—77 μ, Breite 55—65 μ (ohne Stacheln). In Torfsümpfen.

4. **X. antilopaeum** Ktzg. Zellhälften wie bei voriger Art; Länge der Zellen 48—75 μ, Breite 39—75 μ. In Teichen und Torfsümpfen.

5. **X. cristatum** Bréb. Zellhälften nierenförmig, halbkreisförmig oder trapezoidisch; Länge 40—70 μ, Breite 35—60 μ. In Teichen und Tümpeln.

CXLV. Staurastrum Meyen.

a. Zellhaut glatt oder nur schwach punktirt.
α. Ecken der Scheitelansicht ohne Stacheln: 1. St. muticum.
β. Ecken mit aufgesetzten Stacheln.
* Auf jeder Ecke sitzt ein einzelner Stachel.
§ Einschnürung zwischen den Zellhälften schmal, Isthmus sehr kurz.
0 Zellen etwa 40—48 μ breit; Stacheln nicht über $^1/_{16}$ der Zellbreite lang: 2. St. brevispinum.
00 Zellen etwa 16—35 μ breit; Stacheln meist etwa $^1/_4$ der Zellbreite lang: 3. St. dejectum.
§§ Einschnürung sehr breit; Isthmus cylindrisch, bis 12 μ lang: 4. St. cuspidatum.
** Jede Ecke läuft in 2 Stacheln aus: 5. St. bifidum.
b. Zellhaut stark punktirt, warzig oder stachelig.
α. Zellhaut mit starken Punkten oder breiten Wärzchen, aber nicht mit feinen oder dickeren Stacheln besetzt.
* Scheitelansicht mit gerundeten, nicht verlängerten Ecken und nicht oder schwach konkaven Seiten.
§ Seiten der dreieckigen Scheitelansicht schwach konvex: 6. S. muricatum.
§§ Seiten der Scheitelansicht etwas konkav: 7. S. punctulatum.
** Ecken verlängert, Seiten sehr stark konkav; Scheitelansicht sternförmig.
§ Ecken nicht in Stacheln auslaufend.
× Zellhälften in der Seitenansicht schmal elliptisch mit gerundeten Ecken: 8. S. dilatatum.
×× Zellhälften mit lang vorgezogenen, meist gegen einander gekrümmten Ecken: 9. S. margaritaceum.
§§ Ecken cylindrisch verlängert, in 3—4 Stacheln endigend: 10. S. polymorphum.
β. Zellhaut mit feinen oder starken Stacheln besetzt.
* Alle Stacheln einfach.
§ Stacheln fein, nicht protuberanzenartig.
× Mitteleinschnürung schmal, nach aussen nicht erweitert; Stacheln haarartig fein: 11. S. hirsutum.
×× Mitteleinschnürung dreieckig, stark nach aussen erweitert; Stacheln stärker: 12. S. echinatum.
§§ Stacheln sehr stark, protuberanzenartig: 13. S. aculeatum.
** Wenigstens die grösseren Stacheln an der Spitze getheilt.
§ Stacheln glatt: 14. S. spongiosum.
§§ Stacheln stark warzig: 15. S. furcigerum.

1. **St. muticum** Bréb. (Fig. 138): Zellhälften in der Seitenansicht elliptisch mit gerundeten Seiten und nach aussen stark verbreitertem Einschnitt. Zellen 20—38 μ lang und breit. In Quellen, Gräben und Teichen.

2. **St. brevispinum** Bréb. Zellhälften breit elliptisch mit gerundeten Ecken und aufgesetzten Stacheln; Einschnitt nach aussen stark erweitert; Zellen 40—48 μ lang und breit. In Tümpeln und Gräben.

3. **St. dejectum** Bréb. Zellhälften meist ziemlich schmal elliptisch mit etwas spitz zulaufenden Ecken und aufgesetzten Stacheln; Einschnitt nach aussen sehr stark verbreitert; Zellen 19—38 μ breit, 24—32 μ lang. In Tümpeln und Sümpfen.

4. **St. cuspidatum** Bréb. (Fig. 139): Zellhälften niedergedrückt dreieckig mit in die Stacheln spitz verlaufenden Ecken; Einschnitt ausserordentlich breit; Zellen (ohne Stacheln) bis 25 μ breit, 25—30 μ lang. In Torfsümpfen und Tümpeln.

5. **St. bifidum** Bréb. Zellhälften elliptisch-dreieckig, an den Seiten in der Mitte mit je 2 hinter einander stehenden, abwärts geneigten Stacheln; Einschnitt nach aussen erweitert; Zellen (ohne Stacheln) 30—33 μ lang und breit. In Torfwasser der Gebirge.

6. **St. muricatum** Bréb. Zellhälften breit elliptisch mit breit gerundeten Ecken; Einschnitt schmal, nach aussen erweitert; Zellen 40 bis 55 μ lang und breit. In Gräben und Sümpfen.

7. **St. punctulatum** Bréb. Zellhälften elliptisch mit schmal gerundeten Ecken; Einschnitt sehr breit, dreieckig nach aussen erweitert; Zellen 23 bis 36 μ breit, 25—27 μ lang. In Sümpfen und Teichen.

8. **St. dilatatum** Ehbg. Zellhälften schmal elliptisch mit gerundeten Ecken; Einschnitt sehr breit, innen gerundet, nach aussen erweitert; Zellen 20—28 μ breit, 15—25 μ lang. In Gräben, Teichen und Sümpfen.

9. **St. margaritaceum** Menegh. Zellhälften hammerförmig mit lang ausgezogenen Ecken; Einschnitt ungeheuer breit, innen stumpf; Zellen 33—48 μ breit, 22—27 μ lang. In Sümpfen und Gräben.

10. **St. polymorphum** Bréb. Zellhälften breit elliptisch mit vorgezogenen, wie in ein Krönchen endigenden Ecken; Einschnitt sehr breit, stark nach aussen erweitert; Zellen 20—35 μ breit, 25—40 μ lang. In Tümpeln und Sümpfen.

11. **St. hirsutum** Bréb. Zellhälften nieren- oder halbkreisförmig mit breit gerundeten Ecken; Einschnitt sehr schmal, nach aussen nicht erweitert; Zellen 36—64 μ breit, 43—50 μ lang. In Sümpfen und Gräben.

12. **St. echinatum** Bréb. Zellhälften ungefähr elliptisch mit gerundeten Ecken; Einschnitt breit, nach aussen stark verbreitert; Zellen 28—36 μ breit, 34—44 μ lang. In Teichen und Moortümpeln.

13. **St. aculeatum** Menegh. (Fig. 140): Zellhälften elliptisch mit lang vorgezogenen, stachelbedeckten Ecken; Einschnitt sehr breit dreieckig; Zellen 34—50 μ breit. In Torfwässern.

14. **St. spongiosum** Bréb. Zellhälften halbkreisförmig mit gerundeten aber breite Stacheln tragenden Ecken; Einschnitt schmal, nach aussen wenig erweitert; Zellen 45—50 μ breit. In Torfwässern.

15. **St. furcigerum** Bréb. Zellhälften niedergedrückt elliptisch, mit lang vorgezogenen Ecken; Einschnitt schmal; Zellen 50—90 μ breit, 45—83 μ lang. In Tümpeln und Torfwässern.

CXLVI. Euastrum Ehbg.

a. Scheitel der Zellhälften mit breiter Ausbuchtung: 1. E. verrucosum.
b. Scheitel der Zellhälften mit schmalem Einschnitt.
α. Durch die Randbuchtung wird ein deutlich hervortretender Endlappen auf jeder Seite gebildet.
* Endlappen vom Grund nach der Spitze zu sehr stark verbreitert: 2. E. oblongum.
** Endlappen nach aussen nicht oder kaum verbreitert.
§ Rand der Zellhälfte jederseits mit einer Einbuchtung: 3. E. ansatum.
§§ Rand der Zellhälfte jederseits mit 2 Einbuchtungen: 4. E. Didelta.
β. Stark hervortretende Endlappen fehlen.
* Rand der Zellhälfte jederseits mit 2—3 tiefen Einbuchtungen: 5. E. elegans.
** Rand der Zellhälfte jederseits mit nur einer tiefen Einbuchtung: 6. E. binale.

1. E. **verrucosum** Ehbg. (Fig. 141): Zellhälften in 3 grosse und diese selbst durch seichte Einbuchtungen in je 2 kleinere Lappen getheilt; Einschnitt aussen breit erweitert; Zellen nicht viel länger (80—102 μ) als breit (65—97 μ). In Sümpfen und Teichen.

2. E. **oblongum** Ralfs: Zellhälften in 5 grosse, selbst meist ± deutlich eingebuchtete Lappen getheilt; Einschnitt aussen nicht erweitert; Zellen doppelt so lang (140—165 μ) als breit (70—86 μ). Wie Vorige, doch häufiger.

3. E. **ansatum** Ralfs: Zellhälften mit 6 nicht sehr starken Lappen; Zellen doppelt so lang (75—88 μ) als breit (37—41 μ). In Gräben und Teichen.

4. E. **Didelta** Ralfs: Zellhälften mit 4 nicht sehr ausgeprägten Lappen; Zellen etwa doppelt so lang (110—140 μ) als breit (60—70 μ). In Gräben, Teichen und Torfsümpfen.

5. E. **elegans** Ktzg. Zellhälften mit 6—8 kleinen, theilweise zahnartigen Lappen. Zellen $1^1/_2$—2 mal so lang (19—55 μ) als breit (13—36 μ). In Teichen und Gräben, nicht selten.

6. E. **binale** Ralfs: Zellhälften mit 4 kleinen Lappen; Zellen bis $1^1/_2$ mal so lang (12—29 μ) als breit (10—23 μ.) Vorkommen: wie Vorige.

CXLVII. Helierella Bory (Micrasterias Ag.).

a. Mittellappen an der Spitze tief und flach ausgerandet, beiderseits in je einen langen, schmalen, zweispitzigen Fortsatz ausgezogen: 1. H. crux-Melittensis.
b. Mittellappen nicht in solche Fortsätze ausgezogen.
* Die den Mittellappen bildenden Einschnitte nicht nach der Mitte sondern nach den Brennpunkten der Ellipse konvergirend: 2. H. truncata.
** Die Mittellappen bildenden Einschnitte genau nach dem Centrum konvergirend.
§ Randläppchen alle stumpf gerundet: 3. H. denticulata.
§§ Randläppchen alle spitz gezähnt.

× **Zellhälften 5-lappig: jede wird durch 4 bis über die Hälfte des Radius in's Innere gehende Einschnitte getheilt:** 4. H. rotata.
×× **Zellhälften 3-lappig: nur 2 Einschnitte gehen über die Hälfte des Radius nach dem Centrum:** 5. H. papillifera.

1. **H. Crux-Melittensis** O. K. (**Micrasterias C.-M.** Ralfs) (Fig. 142): Zellhälften dreilappig, jeder Lappen in 2 kleinere und jeder dieser in 2 scharfe Spitzen getheilt; Zellen 95—120 breit, 107—130 μ lang. In Teichen und Sümpfen.

2. **H. truncata** O. K. (**M. tr.** Bréb.): Zellhälften dreilappig, die Seitenlappen in je 4 kurze, stumpf ausgerandete Läppchen getheilt, Endlappen mit 2 seitlichen schmalen und einer terminalen sehr breiten Ausrandung; Zellen 85—105 μ breit, 94—107 μ lang. Vorkommen wie bei Voriger, seltener.

3. **H. denticulata** O. K. (**M. d.** Bréb.): Zellhälften fünflappig, Seitenlappen in 2 kleinere und jeder dieser in 2 gerundete ganz kleine Läppchen getheilt; Zellen 170—175 μ breit, 200—250 μ lang. In Torfsümpfen.

4. **H. rotata** O. K. (**M. r.** Ralfs): Wie Vorige, doch die Randläppchen sehr spitz; Zellen 200—220 μ breit, 240—280 μ lang. In Teichen und Torfsümpfen.

5. **H. papillifera** O. K. (**M. p.** Ralfs): Wie Vorige, doch die Zellhälften dreilappig; Zellen 100—125 μ breit, 110—135 μ lang. In Torfwässern.

CXLVIII. Sphaerozosma Cda.

a. Zellen mit Schleimhülle, durch Klammern miteinander verbunden: 1. Sph. vertebratum.
b. Zellen ohne Schleimhülle und Klammern: 2. Sph. secedens.

1. **Sph. vertebratum** Ralfs (Fig. 143): Fäden lang; Zellen 20 bis 35 μ breit, 10—16 μ lang; Einschnürung schmal. In Sümpfen und Gräben.

2. **Sph. secedens** DB. Fäden kurz; Zellen sich oft aus den Verbänden lösend, ± 8 μ lang und breit; Einschnürung breit. In Torfsümpfen.

CXLIX. Gymnozyga Ehbg. — **G. bambusina** Jacobs. Fäden meist ansehnlich lang, ohne Gallertscheide; Zellen 18—24 μ breit, 30 bis 45 μ lang. In Torfwässern.

CL. Desmidium Ag.

a. Zellen in den Fäden lückenlos aneinander schliessend.
* Ohne deutliche Gallertscheide; Scheitelansicht der Zellen dreieckig: 1. D. Swartzii.
** Mit starker Gallertscheide; Scheitelansicht zweikantig: 2. D. cylindricum.
b. Zellen nur mit den Ecken zusammenhängend, in der Mitte einen elliptischen Raum frei lassend: 3. D. aptogonum.

1. **D. Swartzii** Ag. (Fig. 144): Fäden lang; auf jeder Seite der Einschnürung eine zahnartige Hervorragung; Zellen 24—27 μ breit. In Teichen, Sümpfen und Gräben.

2. **D. cylindricum** Grév. Fäden lang; zahnartige Hervorragungen wie bei voriger Art; Zellen 60—80 μ breit. In Torfwässern.

3. **D. aptogonum** Bréb. Fäden kurz; auf beiden Seiten der Einschnürungen rundliche aber nicht zahnartige Hervorragungen; Zellen 22 bis 44 μ breit. In Sümpfen und Gräben.

CLI. Hyalotheca Ehbg.

a. Seitenwände der Zellen in der Mitte mit einer welligen Einbuchtung: 1. H. dissiliens.
b. Seitenwände völlig gerade: 2. H. mucosa.

1. **H. dissiliens** Bréb. Zellwände ohne Knötchen; Gallerthülle nicht mehr als halb so dick wie die 22—34 μ breiten Zellen. In Teichen, Gräben und Sümpfen, häufig.

2. **H. mucosa** Ehbg. (Fig. 145): Zellwände dort, wo die Zellen zusammenhängen mit 2 deutlichen Knötchen; Gallerthülle dreimal so dick wie die 15—18 μ breiten Zellen. In Teichen und Gräben.

CLII. Gonatozygon DB. — **G. asperum** Nordst. Zellen nach beiden Enden etwas verschmälert spindelförmig, doch schliesslich beiderseits breit abgestutzt, 97—140 μ lang, 6—8 μ breit, mit stark gekörnter Membran. In Teichen und Tümpeln.

CLIII. Genicularia DB. — **G. spirotaenia** DB. Zellen cylindrisch, 10—20 mal so lang als breit, beiderseits ein klein wenig angeschwollen; Membran warzig-rauh; Länge 200—400 μ. In Torfsümpfen, selten.

Zygnemaceae [1]).

A. Chromatophor in jeder Zelle eine axile Platte: CLIV. Serpentinaria Gray.
B. Chromatophoren in jeder Zelle zwei strahlige axile Körper:
* Zellen sehr viel länger als breit: CLV. Zygnema Gray.
(** Zellen nicht oder kaum länger als breit: cf. Desmidiaceae, p. 122.)
C. Chromatophoren wandständige, spiralig oder seltener gerade verlaufende Bänder: CLVI. Conjugata Vauch.

---

1) Die Arten dieser Familie sind in sterilem Zustand sehr schwer und meist unsicher zu bestimmen.

CLIV. Serpentinaria S. F. Gray (Mougeotia Ag.).

a. Zellen nicht über 10 μ dick.
 * Zellen 5—16mal so lang als breit; Kopulation seitlich oder leiterförmig: 1. S. parvula.
 ** Zellen 6—8mal so lang als breit; Kopulation knieförmig: 2. S. viridis.
b. Zellen über 20 μ dick.
 * Zellmembran sehr dick (1—3 μ); Kopulation leiterförmig: 3. S. scalaris.
 ** Zellmembran dünn; Kopulation seitlich zwischen zwei Zellen desselben Fadens: 4. S. genuflexa.

1. **S. parvula** O. K. (**Mesocarpus parvulus** Hass.) Hellgrüne Fäden; Zygosporen kugelig, mit glatter, gelbbrauner Mittelhaut. In Teichen und Sümpfen, nicht selten.

2. **S. viridis** O. K. Lebhaft grüne Flocken; Zygosporen von der breiten Seite gesehen ausgeschweift viereckig, mit glatter, an den 4 Ecken grubig eingedrückter Mittelhaut. In Gräben und Torfsümpfen.

3. **S. scalaris** O. K. Gelbgrüne, oft mit Kalk inkrustirte Fäden; Zygosporen kugelig oder oval, mit gelbbrauner, glatter Mittelhaut. In Tümpeln und Sümpfen.

4. **S. genuflexa** S. F. Gray (Fig. 146): Gelb- oder schmutzig-grüne Watten; Fäden sehr oft knieförmig gebogen und mit andern Fäden verwachsen; Zygosporen kugelig oder ovoid, mit glatter, gelbbrauner Mittelwand. Ueberall in stehendem und langsam fliessendem, auch in verunreinigtem Wasser.

CLV. Zygnema S. F. Gray.

a. Zellhaut dünn, ohne sichtbare Schichtung; Chromatophoren deutlich sichtbar, regelmässig: 1. Z. stellinum.
b. Zellhaut dick, oft deutlich geschichtet; Chromatophoren undeutlich, unregelmässig.
 * Zellen cylindrisch, meist über 20 μ dick; Zygosporen mit grubiger Mittelhaut: 2. Z. pectinatum.
 ** Zellen häufig tonnenförmig angeschwollen, selten über 20 μ dick; Zygosporen mit glatter Mittelhaut: 3. Z. ericetorum.

1. **Z. stellinum** Ag. (Fig. 147): Fäden zu hell- oder gelbgrünen Watten verflochten, Zellen 10—36 μ dick. In stehendem, auch schwach verunreinigtem Wasser.

2. **Z. pectinatum** Ag. Fäden einzeln oder zu grünen oder gelbgrünen Watten verflochten. Zellen 18—50 μ dick. In Gräben und Torfmooren.

3. **Z. ericetorum** Hansg. Fäden zu schmutzig- oder gelbgrünen Watten verflochten. Zellen 12—25 μ dick. In Torfmooren, Gräben und Tümpeln.

CLVI. Conjugata Vauch. (Spirogyra Lk.)

a. Chlorophyllbänder parallel in der Längsrichtung des Fadens verlaufend.
 * Zellen kaum über 55 μ dick: 1. C. stictica.
 (** Zellen allermeist über 55 μ dick: cf. 12. C. majuscula.)
b. Chlorophyllbänder deutlich spiralig gedreht.
 α. Querwände mit einer ringförmigen, im optischen Querschnitt ‡-förmigen Faltung.
  * Zellen höchstens 12 μ dick: 2. C. tenuissima.
  ** Zellen 16—33 μ dick: 3. C. Weberi.
 β. Querwände ohne solche Faltung.
  * In jeder Zelle ein Chlorophyllband.
   § Zellen selten über 20 μ breit; Chlorophyllband gewöhnlich mit weniger als 2 Umgängen: 4. C. gracilis.
   §§ Zellen allermeist über 20 μ breit; Chlorophyllband mit wenigstens 2 vollständigen Umgängen.
    × Zygosporen 19—23 μ dick; Rasen lebhaft grün: 5. C. communis.
    ×× Zygosporen 18—28 μ dick; Rasen hell gelbgrün: 6. C. longata.
    ××× Zygosporen 30—42 μ dick; Rasen lebhaft oder gelbgrün: 7. C. porticalis.
  ** In jeder Zelle zwei oder mehrere Chlorophyllbänder.
   § Zellen höchstens 40 μ dick.
    × Jede Zelle mit 2 (—3) Chlorophyllbändern.
     0 Chlorophyllbänder mit 1—2 Umgängen; Zellen höchstens 4mal so lang wie dick: 8. C. decimina.
     00 Chlorophyllbänder mit $2^{1}/_{2}$—$3^{1}/_{2}$ Umgängen; Zellen mindestens 4mal so lang wie dick: 9. C. rivularis.
    ×× Jede Zelle mit 4 Chlorophyllbändern: 10. C. fluviatilis.
   §§ Zellen über 40 μ dick.
    0 Chlorophyllbänder mit 2—3 Umgängen: 11. C. dubia.
    00 Chlorophyllbänder mit höchstens $1^{1}/_{2}$ Umgängen.
     † Zellen höchstens 75 μ dick.
      . Chlorophyllbänder mit weniger als $^{1}/_{2}$ Umgang: 12. C. majuscula.
      .. Chlorophyllbänder mit mindestens $^{1}/_{2}$ Umgang: 13. C. nitida.
     †† Zellen mindestens 77 μ dick: 14. C. crassa.

1. C. **stictica** Mez (**Sirogonium st.** Ktzg.): Rasen gelb- oder schmutziggrün, nicht schlüpferig; Zellen 40—57 μ dick, 2—5 mal so lang; Chlorophyllbänder 2—5 (—6); Zygoten bis 60 μ dick. In Teichen und Tümpeln.

2. C. **tenuissima** O. K. (**Spirogyra tenuiss.** Ktzg.) (Fig. 148): Fäden einzeln oder in kleinen Flocken, lebhaft grün; Zellen 8—12 μ dick, 4—28 mal so lang; Chlorophyllband 1 mit 3—$5^{1}/_{2}$ Umgängen; Zygoten 29—33 μ dick. In Teichen und Tümpeln.

3. C. **Weberi** O. K. (**Sp. Weberi** Ktzg.): Rasen hell- oder gelblichgrün; Zellen 16—33 μ dick, 3—16 mal so lang; Chlorophyllbänder 1—2

mit 1—9 Umgängen; Zygoten 26—36 μ dick. In stehendem, auch schwach verunreinigtem Wasser.

4. C. **gracilis** O. K. (**Sp. gr.** Ktzg.): Rasen hell- oder gelblichgrün; Zellen 8—21 μ dick, 2—10 mal so lang; Chlorophyllband 1 mit 1/2 bis 3 1/2 Umgängen; Zygoten 20—30 μ dick. In stehendem und langsam fliessendem, auch verunreinigtem Wasser.

5. C. **communis** O.K. (**Sp. c.** Ktzg.): Rasen lebhaft grün; Zellen 18—27 μ dick, 1/2—6 mal so lang; Chlorophyllband 1 mit 2—7 Umgängen; Zygoten 19—23 μ dick. Vorkommen wie bei Voriger.

6. C. **longata** Vauch. (**Sp. l.** Ktzg.): Rasen hell gelbgrün, sehr schleimig; Zellen 22—36 μ dick, 2—12 mal so lang; Chlorophyllband 1 mit 2—5 Umgängen; Zygoten 18—28 μ dick. In Teichen, Tümpeln und Gräben.

7. C. **porticalis** Vauch. (**Sp. p.** Clev.): Rasen gelb- bis bräunlichgrün, oft auch lebhaft grün, schlüpferig; Zellen 24—28 μ dick, 1 1/2—6 mal so lang; Chlorophyllband 1 mit 2—4 1/2 Umgängen; Zygoten 30—42 μ dick. In stehendem, auch in stark verunreinigtem Wasser.

8. C. **decimina** Ag. (**Sp. d.** Ktzg.): Rasen schmutzig grün, schlüpferig; Zellen 33—40 μ dick, 1—4 mal so lang; Chlorophyllbänder 2 mit 1—2 Umgängen. In Gräben und Tümpeln.

9. C. **rivularis** O. K. (**Sp. r.** Rabh.): Rasen tief grün, schlüpferig; Zellen 36—38 μ dick, 4—11 mal so lang; Chlorophyllbänder 2—3 mit 2 1/2—3 1/2 Umgängen. In Bächen, häufig in Abwässern.

10. C. **fluviatilis** O. K. (**Sp. fl.** Hilse): Rasen tief grün, wenig schlüpferig; Zellen 35—40 μ dick, 2—6 mal so lang; Chlorophyllbänder 4 mit 1 1/2—2 1/2 Umgängen. In Bächen und Flüssen.

11. C. **dubia** O.K. (**Sp. d.** Ktzg.): Rasen tief grün, sehr schlüpferig; Zellen 40—50 μ dick, 1 1/2—3 mal so lang; Chlorophyllbänder 2—3 mit 2—3 Umgängen. In Tümpeln, Gräben und Sümpfen.

12. C. **majuscula** O. K. (**Sp. m.** Ktzg.): Rasen schmutzig oder blassgrün; Zellen 54—72 μ dick, 2—10 mal so lang; Chlorophyllbänder 3—10, sehr schwach spiralig. Vorkommen wie bei Voriger.

13. C. **nitida** Ag. (**Sp. n.** Lk.): Rasen tiefgrün, sehr schleimig; Zellen 54—78 μ dick, 1—3 mal so lang; Chlorophyllbänder 3—5 mit 1—1 1/2 Umgängen. In stehendem und langsam fliessendem, auch in verunreinigtem Wasser.

14. C. **crassa** O.K. (**Sp. cr.** Ktzg.) (Fig. 149): Rasen meist schmutzig oder gelblich grün, nicht schleimig; Zellen 77—160 μ dick, 1/2—2 mal so lang; Chlorophyllbänder 4—7 mit 1/2—1 Umgang. Vorkommen wie bei Voriger.

Proliferaceae[1] (Oedogoniaceae).

a. Unverzweigte Zellreihen, ohne Borsten: CLVII. Prolifera Vauch.
b. Verzweigte Zellreihen, Endzellen mit dünner, farbloser, am Grund angeschwollener Borste: CLVIII. Bulbochaete Ag.

CLVII. Prolifera Vauch. (Oedogonium Lk.)

a. Fäden 30 μ oder darüber dick.
 * Zellen höchstens doppelt so lang als dick: 1. P. capillaris.
 ** Zellen meist mehr als doppelt so lang wie dick: 2. P. gigantea.
b. Fäden unter oder selten bis 30 μ dick.
 α. Zellen höchstens 20 μ dick und mindestens doppelt so lang.
 * Zellen wellig eingeschnürt: 3. P. undulata.
 ** Zellen cylindrisch, nicht eingeschnürt.
 0 Monoecisch: 4. P. crispa.
 00 Dioecisch: 5. P. Pringsheimii.
 β. Zellen über 20 μ dick (oder etwas dünner aber dann weniger als doppelt so lang wie dick.
 * Monoecisch: 6. P. Vaucheri.
 ** Männliches Geschlecht unbekannt: 7. P. fonticola.

1. **P. capillaris** O. K. (**Oedogonium capillare** Ktzg.): Zellen 35 bis 55 μ dick, 1—2 mal so lang; Oogonien cylindrisch, mit einem Loch sich öffnend; dioecisch. In reinem, fliessendem Wasser.

2. **P. gigantea** O. K. (**Oe. gig.** Ktzg.): Zellen 30—42 μ dick, 2—4½ mal so lang; Oogonien cylindrisch, nach oben etwas angeschwollen, mit einem Loch sich öffnend; männliches Geschlecht unbekannt. In Teichen, Gräben und Tümpeln.

3. **P. undulata** O. K. (**Oe. und.** A. Br.): Zellen 15—17 μ dick, 3—5 mal so lang; Oogonien ± kugelig; dioecisch. In Teichen, Gräben und Sümpfen.

4. **P. crispa** Vauch. (**Oe. crisp.** Hass.): Zellen 12—18 μ dick, 2—4½ mal so lang; Oogonien eiförmig-kugelig, mit einem Deckel sich öffnend; monoecisch. Vorkommen wie bei Voriger.

5. **P. Pringsheimii** O. K. (**Oe. Pr.** Cram.) (Fig. 150): Zellen 10 bis 20 μ dick, 2—4 mal so lang; Oogonien kugelig, mit einem Deckel sich öffnend; dioecisch. In Teichen und Gräben.

6. **P. Vaucheri** Le Clerc (**Oe. V.** A. Br.): Zellen 20—30 μ dick, 1½—4 mal so lang; Oogonien eiförmig bis kugelig, mit einem Loch sich öffnend; monoecisch. In Teichen, Gräben, und Tümpeln.

7. **P. fonticoa** O. K. (**Oe. f.** A. Br.): Zellen 16—26 μ dick, 1—2 mal so lang; Oogonien kugelig-eiförmig, mit einem Loch sich öffnend; männliches Geschlecht unbekannt. In Quell- und Brunnenwasser.

[1]) Die Arten dieser Familie sind mit Sicherheit nur in fruktifizirendem Zustand zu bestimmen.

CLVIII. Bulbochaete Ag.

a. Oogonien kugelig; Zellen der Hauptfäden 25—28 μ dick: 1. B. setigera.
b. Oogonien elliptisch; Zellen der Hauptfäden unter 25 μ dick.
* Hauptfäden kurz, Zellen 12—15 μ dick: 2. B. pygmaea.
** Hauptfäden lang, Zellen 19—23 μ dick: 3. B. rectangularis.

1. **B. setigera** Ag. Zellen 2—5mal so lang als dick; Oogonien und Oosporen verkürzt kugelförmig, letztere aussen feinwarzig. In Teichen, Gräben und Sümpfen.

2. **B. pygmaea** Pringsh. Zellen höchstens ebenso lang wie dick; Oogonien ellipsoidisch, Oosporen aussen längs gerippt. In Teichen.

3. **B. rectangularis** Wittr. (Fig. 151): Zellen etwas länger, bis doppelt so lang wie breit; Oogonien ellipsoidisch, Oosporen längs gerippt. In Teichen und Torfsümpfen.

Coleochaetaceae.

CLIX. Coleochaete Bréb.

a. Zellreihen frei, erhabene Polster, keine Zellflächen bildend: 1. C. pulvinata.
b. Zellreihen zu kleinen, flachen Scheiben verwachsen: 2. C. orbicularis.

1. **C. pulvinata** A. Br. (Fig. 152): Bis 2,5 mm hohe, aus von einem Centrum ausstrahlenden Fäden gebildete, erhabene Polster; mit am Grunde bescheideten Fäden. An Blättern von Wasserpflanzen, in Teichen und Gräben.

2. **C. orbicularis** Pringsh. Kleine, aus seitlich zu einem parenchymatischen Gewebe verwachsenen Zellreihen gebildete Scheiben, an Wasserpflanzen und anderen untergetauchten Gegenständen. In Teichen, Gräben und Sümpfen.

Ulvaceae.

a. Zellkörper hohle Schläuche, mit aus einer Zelllage gebildeten Wänden: CLX. Enteromorpha Lk.
b. Zellkörper solide, haarartig: CLXI. Schizomeris Ktzg.

CLX. Enteromorpha Lk. — **E. intestinalis** Lk. Schlauchartige, bis 0,4 m lange, aber meist kürzere, erst festsitzende, dann oft frei schwimmende, aus rundlichen Zellen gebildete Körper. Hauptsächlich in schwach salzigem, selten in süssem Wasser.

CLXI. Schizomeris Ktzg. — **Sch. Leibleinii** Ktzg. (Fig. 153): Keulenförmig-wurmförmige, am Rand meist wellig eingeschnürte, aus rundlichen Zellen gebildete, solide Körper. In stehendem und schwach fliessendem, auch in leicht verunreinigtem Wasser (so z. B. im Hauptentwässerungskanal der Breslauer Rieselfelder vorübergehend häufig).

Sphaeropleaceae.

CLXII. Sphaeroplea Ag. — **Sph. annulina** Ag. (Fig. 154): Fäden beiderseits in haarförmig dünne Zellen auslaufend; Mittelzellen 25 bis 72 μ dick; Chlorophyll in ringförmigen, durch grosse Vakuolen voneinander geschiedenen Körpern. In Tümpeln und Gräben.

Confervaceae.

A. Zellreihen einfach, unverzweigt oder höchstens mit kurzen, wurzelartigen Verästelungen (Rhizoiden).
   a. Zellhaut dünn und nicht oder nur undeutlich geschichtet; Chromatophoren gross, band oder ringförmig; Zellinhalt schwach gekörnt: CLXIII. Ulothrix Ktzg.
   b. Zellhaut dick, oft sehr deutlich geschichtet, meist aus H-förmigen Stücken bestehend; Chromatophoren klein; Zellinhalt stark gekörnt.
      α. Stets ohne Rhizoiden: CLXVII. Conferva L.
      β. Mit kurzen, allermeist einzelligen Rhizoiden: CLXVIII. Rhizoclonium.
B. Zellreihen deutlich und meist vielfach verzweigt.
   a. Zellen des Hauptstammes sehr viel (5—10mal) dicker als die der Zweige: CLXVI. Draparnaldia Ag.
   b. Zellen der Stämme und Zweige erster Ordnung ungefähr gleich dick.
      1. Fäden zu elastisch-festen, rundlichen Körpern vereinigt: CLXV. Chaetophora Schrk.
      2. Fäden nicht in solchen Lagern.
         α. Zellen mit einem Zellkern; Enden der Aeste pfriemen- bis haarförmig: CLXIV. Stigeoclonium Ktzg.
         β. Zellen mit vielen Zellkernen; Enden der Aeste nicht haar- oder pfriemenförmig: CLXIX. Cladophora Ktzg.

CLXIII. Ulothrix Ktzg.[1]

a. Fäden 12 μ und darüber dick; Zellhaut stark: 1. U. zonata.
b. Fäden allermeist unter, selten bis 12 μ dick; Zellhaut sehr dünn: 2. U. subtilis.

[1]) Die beiden aufgeführten Arten der Gattung sind ausserordentlich variabel und wurden, ohne dass feste Grenzen aufgefunden werden konnten, früher in viele Arten zertheilt.

1. **U. zonata** Ktzg. (Fig. 155): Fäden sehr häufig zu bis 0,3 m langen, fluthenden, dunkel- oder seltener hellgrünen Zöpfen vereinigt; Zellen selten länger als dick. In fliessendem reinem oder ausnahmsweise auch schwach verunreinigtem Wasser, gemein.

2. **U. subtilis** Ktzg. Fäden zu schöngrünen, schwimmenden Watten verflochten; Zellen oft beträchtlich länger als dick. In stehendem Wasser, häufig.

CLXIV. Stigeoclonium Ktzg.

a. Enden der Aeste allermeist pfriemenförmig zugespitzt: 1. St. tenue.
b. Enden der Aeste allermeist in lange, farblose Haare auslaufend oder peitschenförmig.
 * Zellen der Hauptfäden 11—14 μ dick, 1—2mal so lang: 2. St. longipilum.
 ** Zellen der Hauptfäden 14—20 μ dick, 4—8mal so lang: 3. St. flagelliferum.

1. **St. tenue** Ktzg. (Fig. 156): Festsitzende, lebhaft grüne, bis 2 cm lange, schlüpferige Flocken; Fäden unten wenig, oben reichlich verzweigt; Zellen der Hauptfäden 9—15 μ dick, 1—3mal so lang, mit schmalen Chromatophoren. In fliessendem, auch in schwach verunreinigtem Wasser.

2. **St. longipilum** Ktzg. Festsitzende, lebhaft grüne, bis 1 cm lange Polster; Fäden nach oben büschelig verzweigt; Zellen an den Scheidewänden eingeschnürt, mit breiten Chromatophoren. In Tümpeln und Gräben.

3. **St. flagelliferum** Ktzg. Festsitzende, gelbgrüne, bis 1 cm lange, flockige Räschen; Fäden nach oben nicht büschelig verzweigt; Zellen cylindrisch; Chromatophoren schmal. In Teichen, Tümpeln und langsam fliessendem Wasser.

CLXV. Chaetophora Schrk.

I. Wenn Borsten vorhanden, so haben diese am Grund keine Scheide.
 a. Lager ± kugelig, nicht gelappt oder verzweigt.
  α. Zweige letzter Ordnung sehr selten in Haare auslaufend, ihre Zellen $1^1/_2$ bis 5mal so lang wie breit: 1. Ch. pisiformis.
  β. Zweige letzter Ordnung sehr häufig in Haare auslaufend, ihre Zellen kaum länger als breit: 2. Ch. elegans.
 b. Lager gelappt oder geweihartig verzweigt: 3. Ch. cornu damae.
(II. Borsten am Grund in einer engen, cylindrischen Scheide steckend: cf. Coleochaete pulvinata, p. 140.)

1. **Ch. pisiformis** Ag. Lager bis $^3/_4$ cm Durchmesser, weich; Aeste stark verzweigt, strahlig angeordnet; Zellen der Hauptfäden 2—5mal so lang als dick. In Quellen, Teichen und Gräben.

2. **Ch. elegans** Ag. (Fig. 157): Lager bis $^3/_4$ cm Durchmesser, weich oder knorpelartig fest; Aeste nicht deutlich strahlig angeordnet; Zellen der

Hauptfäden $1^1/_2$—3 mal so lang als dick. In Teichen, Tümpeln und Gräben, sehr häufig auch in schwach verunreinigtem Wasser.

3. **Ch. cornu damae** Ag. Lager 1—8 cm lang; Zweige in losen Büscheln; Zellen der Hauptäste 2—5 mal so lang als dick. In Teichen, Tümpeln und Gräben.

CLXVI. Draparnaldia Ag.

a. Zellen des Hauptstammes tonnenförmig angeschwollen; Aeste wagrecht abstehend: 1. D. glomerata.

b. Zellen des Hauptstammes cylindrisch; Aeste steif aufgerichtet: 2. D. plumosa.

1. **D. glomerata** Ag. (Fig. 158): Festsitzende, häufig lebhaft grüne Büschel, bis 10 cm lang; Zellen des Hauptstammes 1—5 mal so lang als dick. In stehendem und langsam fliessendem reinem Wasser.

2. **D. plumosa** Ag. Festsitzende, flach- oder gelblichgrüne Flocken bis 5 cm lang; Zellen des Hauptstammes $^1/_2$—$1^1/_2$ mal so lang als dick. In reinem, häufig in stark fliessendem Wasser.

CLXVII. Conferva L.

a. Zellen höchstens 15 μ dick, meist dünner; Zellhaut meist unter 2 μ dick.
  α. Zellen an den Querwänden nicht oder nur undeutlich eingeschnürt.
    * Zellen 3—5 μ dick: 1. C. tenerrima.
    ** Zellen 6—15 μ dick: 2. C. floccosa.
  β. Zellen an den Querwänden deutlich eingeschnürt: 3. C. bombycina.
b. Zellen 20—25 μ dick, Zellhaut über 2 μ dick: 4. C. amoena.

1. **C. tenerrima** Ktzg. Fäden in Flocken oder Watten, oft mit einer Schicht von Eisenoxydhydrat überzogen, sonst hellgrün; Zellen 3 bis 5 mal so lang als dick. In stehendem und langsam fliessendem, auch in schwach verunreinigtem Wasser.

2. **C. floccosa** Ag. Fäden zu gelblichgrünen Watten verflochten; Zellen 1—2 mal so lang als dick. In reinem stehendem Wasser.

3. **C. bombycina** Ag. (Fig. 159): Fäden zu tief- oder schmutzig-grünen, seltener gelblichen Watten verflochten; Zellen meist 2—4 mal so lang als dick. In stehendem Wasser, überall gemein; auch in Abwässern.

4. **C. amoena** Ktzg. Fäden in dunkelgrünen Flocken; Zellen 1 bis 2 mal so lang als dick. In Quell- und reinem Bachwasser.

CLXVIII. Rhizoclonium Ktzg. — **Rh. hieroglyphicum** Ktzg. Fäden in verfilzten Rasen, mit ziemlich spärlichen, kurzen Rhizoiden; Zellen 12—25 μ dick, $1^1/_2$—10 mal so lang als dick. In Quellen, Teichen und Gräben.

CLXIX. Cladophora Ktzg.[1])

a. Fäden nur in der Jugend festgewachsen, bald frei schwimmende Watten bildend: 1. Cl. fracta.

b. Fäden auch im Alter festgewachsen.

α. Zellen der Zweigchen (nicht der Hauptäste) 30—50 μ dick, meist 2—6 mal so lang: 2. Cl. glomerata.

β. Zellen der Zweigchen 50—60 μ dick, $1^1/_2$—3 mal so lang: 3. Cl. declinata.

1. Cl. **fracta** Ktzg. Fäden regellos verzweigt; Zellen der Hauptäste 54—120 μ dick, 1—3 mal so lang, meist tonnenförmig angeschwollen. In stehendem reinem und unreinem Wasser, überall.

2. **Cl. glomerata** Ktzg. (Fig. 160): Fäden an den Enden sehr reich verzweigt; Zellen der Hauptäste 60—100 μ dick, 3—8 mal so lang. In reinem fliessendem Wasser, gemein.

3. **Cl. declinata** Ktzg. Fäden unten wenig, oben reich verzweigt; Zellen der Hauptäste 86—100 μ dick, 3—6 mal so lang. In klaren Gebirgsbächen.

Palmellaceae (incl. Protococcaceae).

A. Zellwände wenigstens streckenweise sich berührend; Zellen dort zusammenhängend und nicht durch Schleim[1]) zusammengehaltene, nicht von einer gemeinsamen blasenförmigen Zellhaut umgebene Kolonien von bestimmter und sehr charakteristischer Gestalt bildend.

I. Kolonien bäumchenartig, quirlförmig verzweigt: CLXX. Sciadium A. Br.

II. Kolonien nicht so.

a. Kolonien körperhaft.

1. Kolonien ein elegantes hohles Netz bildend; Zellen viel länger als dick: CLXXI. Hydrodictyon Roth.

2. Kolonien nicht netzartig.

α. Kolonien kugelig.

* Kolonien hohle Kugeln bildend: CLXXII. Coelastrum Naeg.

** Kolonien solide Kugeln bildend: CLXXIII. Sorastrum Ktzg.

β. Kolonien sternförmig.

* Zellen nicht nadelfein, nicht beiderseits scharf zugespitzt.

§ Stern mit stumpfen Strahlen: CLXXIV. Actinastrum Lagerh.

(§§ Strahlen des Sterns scharf zugespitzt: cf. CXLVII. Asterothrix Ktzg.)

(** Sterne aus nadelfeinen, beiderseits scharf zugespitzten, in der Mitte vereinigten Zellen gebildet: cf. CXLI. Micrasterias Cda.)

---

1) Die aufgeführten Arten dieser Gattung sind äusserst vielgestaltig und wurden früher n nicht scharf definirbare Species zersplittert.

2) Alle Untersuchungen auf Schleimmembranen seien mit Tusche ausgeführt; cf. p. 102, Anm.

(γ. Kolonien tafelförmig, aus Möndchen zusammengesetzt:
CLXXV. Selenastrum Reinsch.)

b. Kolonien flächen- oder sehr breit fadenförmig.

1. Kolonien aus 4 oder 8 zusammenhängenden Möndchen bestehend:
CLXXV. Selenastrum Reinsch.

2. Kolonien nicht aus möndchenförmigen Zellen gebildet.

α. Zellen deutlich nach zwei Raumrichtungen hin aneinanderhängend (Zellflächen).

* Kolonien bilden sehr regelmässige Rosetten mit deutlichem Centrum: CLXXVI. Pediastrum Meyen.

(** Kolonien bilden 4-eckige Täfelchen ohne erkennbares Centrum: cf. CLXXXVI. Staurogenia Ktzg.)

β. Zellen nur nach einer Raumrichtung hin zusammenhängend (sehr breite Zellfäden).

* Zellen nicht keilförmig: CLXXVII. Scenedesmus Meyen.

(** Zellen keilförmig, an einem Ende beträchtlich dicker als am andern: cf. CXCII. Dactylococcus Naeg.)

B. Zellen einzeln oder in unregelmässigen oder in regelmässigen, aber dann durch Schleimhüllen oder eine grosse Blase (die Mutterzellhaut) zusammengehaltenen Kolonien.

I. Kolonien von bestimmter oder unbestimmter Gestalt bildend; die Zellen werden durch Stiele, Schleim oder die blasenförmige Mutterzellhaut zusammengehalten.

a. Die Zellen werden durch Stielchen oder feine Fädchen miteinander verbunden.

1. Familien kugelförmig; Zellen auf gabelartig verzweigten hyalinen Stielchen: CLXXVIII. Cosmocladium Bréb.

2. Familien kugelförmig, in dicker Schleimhülle; Zellen durch feine Fädchen mit dem Centrum der Kolonie verbunden:
CLXXIX. Dictyosphaerium Naeg.

b. Zellen nicht durch Stielchen oder Fäden verbunden.

1. Zellfamilien wie in einer weiten Blase in der unverletzten Mutterzellhaut liegend: CLXXX. Nephrocytium Naeg.

2. Zellfamilien nicht in solchen Blasen; wenn die Mutterzellhaut deutlich sichtbar bleibt, so ist sie in Stücke zerrissen oder sehr stark verschleimt.

* Mutterzellhaut im Schleimlager noch deutlich erkennbar.

§ Sie ist in 2—5 Stücke zerbrochen:
CLXXXI. Schizochlamys A. Br.

(§§ Mutterzellhaut als gequollene, breite Schleimkapsel sichtbar.

× Zellen kugelig: cf. CLXXXVII. Gloeocystis Naeg.

×× Zellen beträchtlich länger als dick:
cf. CXCV. Dactylothece Lagerh.)

** Mutterzellhaut nicht erkennbar.
§ Zellen deutlich länger als breit.
× Kolonien fadenförmig: CLXXXII. Geminella Turp.
×× Kolonien hautartig ausgebreitet:
CLXXXIII. Inoderma Ktzg.
§§ Zellen nicht oder kaum länger als breit.
× Zelltheilung nach einer Richtung; von Schleim umgebene Kugelketten: CXXXIV. Palmodactylon Naeg.
×× Zelltheilung nach 2 Richtungen; flächenartige Kolonien.
0 Zellen durch Schleim getrennt:
CXXXV. Tetraspora Lk.
00 Alle Zellen aneinander stossend:
CLXXXVI. Staurogenia Ktzg.
××× Zelltheilung nach 3 Richtungen; Zellkörper.
0 Kolonien formlose Haufen.
† Schleimmembranen deutlich geschichtet:
CLXXXVII. Gloeocystis Naeg.
†† Schleimmembranen nicht geschichtet, zerfliesslich:
CLXXXVIII. Palmella Lyngb.
(00 Kolonien sehr gross, wurmförmig:
cf. Carrodorus S. F. Gray, p. 101.)

II. Einzelzellen mit schleimloser oder schleimiger Membran oder nicht schleimige Kolonien von unbestimmter Form.
a. Zellen mit feinen Stielchen oder einer langen Stachelspitze.
1. Auf Algen etc. mit einem Stielchen festsitzende Einzelzellen.
α. Zellen nicht lang cylindrisch: CLXXXIX. Characium A. Br.
(β. Zellen lang cylindrisch: cf. CLXX. Sciadium A. Br.)
2. Freilebende Zellen, länger als dick (wurstförmig), mit Stachelspitze an einem Ende: CXC. Ophiocytium Naeg.
b. Zellen ohne Stiel, ohne oder mit mehr als 1 Stachelspitze.
1. Zellen länger als dick.
α. Zellen nadelförmig, beiderseits scharf zugespitzt:
CXCI. Micrasterias Cda.
β. Zellen nicht nadelförmig.
* Membran dünn, nicht verschleimend.
§ Zellen einzeln oder in nicht über 8-gliedrigen Kolonien.
(0 Zellen wurstförmig, etwas eingerollt oder spiralig gedreht:
cf. Ophiocytium parvulum, p. 152.)
00 Zellen nicht so.
× Zelltheilung parallel der Längsrichtung; Zellen keilförmig oder langgezogen:
CXCII. Dactylococcus Naeg.
×× Zelltheilung quer zur Längsrichtung; Zellen (± breit) elliptisch: CXCIII. Stichococcus Naeg.

§§ Zellen keulenförmig, zu grossen traubigen Kolonien vereinigt: CXCIV. Botryococcus Ktzg.

** Membran dick, schleimig oder gallertig.

§ Zellmembran deutlich geschichtet, nicht zerfliesslich: CXCV. Dactylothece Lagerh.

(§§ Zellmembran nicht geschichtet, zerfliesslich: cf. CLXXXIII. Inoderma Ktzg.)

2. Zellen kugelig oder auffallend anders gestaltet, nicht länger als dick.

α. Zellen eckig oder mit Stacheln.

* Zellen stumpf eckig: CXCVI. Polyedrium Naeg.

** Zellen fussangelartig aus meist 4 langen Strahlen bestehend: CXCVII. Asterothrix Ktzg.

*** Zellen allseitig bestachelt: CXCVIII. Acanthococcus Lagerh.

β. Zellen kugelig.

* Membran dick, verschleimt.

(§ Zellhaut stark geschichtet; in der Schichtung ist die um die Tochterzellen herumgehende Mutterzellhaut erkennbar: cf. CLXXXVII. Gloeocystis Naeg.)

§§ Die Mutterzellhaut ist nicht erkennbar.

× Schleimmembran nicht zerfliesslich: CIC. Pleurococcus Menegh.

(×× Schleimmembran zerfliesslich: cf. CLXXXVIII. Palmella Lyngb.)

** Membran dünn, nicht verschleimt.

§ Chlorophyll in zahlreichen, wandständigen, runden Plättchen; Grösse über 100 μ: CC. Eremosphaera DB.

§§ Chlorophyll in 1 grossen Chromatophor oder in nicht wandständigen Körnern; Zellen allermeist sehr beträchtlich unter 100 μ gross: CCI. Protococcus Ag.

CLXX. Sciadium A. Br. — **Sc. arbuscula** A. Br. (Fig. 161): Zellen cylindrisch, 3—5 μ dick, 30—45 μ lang, alle mit feinen, 2—3 μ langen Stielchen; zunächst ist eine einfache Zelle vorhanden, aus dieser entstehen meist 6 Schwärmsporen, welche entlassen werden und an der Spitze der alten Zelle sich festsetzend den ersten Quirl neuer Zellen bilden; schliesslich besteht die Pflanze aus mehreren etagenförmig angeordneten Quirlen. In Teichen, Sümpfen und Gräben.

CLXXI. Hydrodictyon Roth. — **H. reticulatum** Lagerh. Zellen cylindrisch, bis 1 cm lang werdend, an den Enden immer zu je 3 zusammenhängend und ein cylindrisches Netz aus 6-eckigen Maschen bildend. In Teichen, Gräben und Tümpeln.

CLXXII. Coelastrum Naeg.

a. Zellen eckig, grosse 8—6-eckige Maschen zwischen sich frei lassend: 1. C. sphaericum.
b. Zellen rund, kleine Intercellularräume frei lassend: 2. C. microsporum.

1. C. **sphaericum** Naeg. (Fig. 162): Kolonien bis 90 μ im Durchmesser; Zellen meist 15—18 μ dick. In Torfwässern.

2. C. **microsporum** Naeg. Kolonien 40—55 μ im Durchmesser; Zellen 6—16 μ dick. In Teichen und Gräben, nicht selten.

CLXXIII. Sorastrum Kützg. — **S. spinulosum** Naeg. (Fig. 163): Kolonien 23—60 μ im Durchmesser, aus 8—32 keilförmigen, im Centrum zusammenhängenden, aussen etwas ausgebuchteten und an den Ecken mit 2 Paar feinen Stacheln besetzten Zellen gebildet. In Teichen und Torfsümpfen.

CLXXIV. Actinastrum Lagerh. — **A. Hantzschii** Lagerh. (Fig. 164): Kolonien aus 4—8(—16) stumpf kegelförmigen, 3—6 μ dicken und 10—24 μ langen, im Centrum zusammenhängenden Zellen gebildet. In Teichen und Gräben.

CLXXV. Selenastrum Reinsch. — **S. Bibraianum** Reinsch: Kolonien aus 4—8 sichel- oder möndchenförmigen, tafelartig zusammenhängenden Zellen gebildet. In Teichen und Tümpeln.

CLXXVI. Pediastrum Meyen.

a. Randzellen der Kolonie ohne dreieckigen Einschnitt, ganzrandig.
  α. Randzellen den Mittelzellen gleich, rundlich: 1. P. integrum.
  β. Randzellen eilanzettlich, strahlig, von den rundlichen Mittelzellen, wenn solche vorhanden, verschieden: 2. P. simplex.
b. Randzellen mit tiefem dreieckigem Einschnitt.
  α. Randzellen einfach zweitheilig.
    * Mittelzellen lückenlos verbunden: 3. P. Boryanum.
    ** Mittelzellen Lücken zwischen sich lassend: 4. P. duplex.
  β. Jeder Lappen der Randzellen nochmals 2-theilig.
    * Randzellen seitlich ganz mit einander verwachsen: 5. P. tetras.
    ** Randzellen nur an der Basis mit einander verwachsen: 6. P. biradiatum.

1. P. **integrum** Naeg. Kolonien aus 4—64 Zellen bestehend; Randzellen mit 2 manchmal rudimentären oder verschwindenden kurzen Stacheln. In Sümpfen und Gräben.

2. P. **simplex** Meyen: Kolonien 8—6 (—32)-zellig; Randzellen im Kreis strahlig angeordnet, manchmal mit Stachelspitze. In Teichen, Sümpfen und Gräben.

3. P. **Boryanum** Menegh. Kolonien 8—128-zellig, Mittelzellen vieleckig, Randzellen kurz zweilappig. In stehendem und langsam fliessendem, auch in verunreinigtem Wasser, häufig.

4. P. **duplex** Meyen (P. **pertusum** Ktzg.) (Fig. 165): Kolonien 8 bis 32-zellig; Mittelzellen stumpf vieleckig, Randzellen tief zweilappig. In stehendem Wasser, häufig.

5. P. **tetras** Ralfs (P. **Ehrenbergii** A. Br.): Kolonien 8—16-zellig; Mittelzellen vieleckig, lückenlos aneinander schliessend; Randzellen mit 2 Lappen, deren jeder ausgerandet oder eingeschnitten zweispitzig ist. In stehendem Wasser, häufig.

6. P. **biradiatum** Meyen (P. **Rotula** Ehbg.): Kolonien 8—32-zellig; Mittelzellen Löcher zwischen sich lassend, Randzellen mit 2 Lappen, deren jeder in 2 zähnchenförmige Läppchen getheilt ist. In stehendem Wasser.

CLXXVII. Scenedesmus Meyen.

a. Zellen beiderseits zugespitzt: 1. Sc. obliquus.
b. Zellen beiderseits gerundet.
 * Zellen stachellos: 2. Sc. bijugus.
 ** Zellen entweder alle oder häufiger die äussersten jeder Kolonie mit einem langen Stachel: 3. Sc. quadricauda.

1. Sc. **obliquus** Ktzg. (Sc. **acutus** Meyen) (Fig. 166): Kolonien aus 4—8 spindelförmigen, mit ihren Mitten verwachsenen Zellen bestehend. In stehendem und fliessendem Wasser, häufig.

2. Sc. **bijugus** Ktzg. (Sc. **obtusus** Meyen): Kolonien aus 4—8 elliptischen, fast der ganzen Länge nach verwachsenen Zellen gebildet. In stehendem, besonders moorigem Wasser.

3. Sc. **quadricauda** Bréb. (Sc. **caudatus** Cda.) (Fig. 167): Kolonien aus 2—8 walzenförmigen, fast der ganzen Länge nach verwachsenen Zellen gebildet. In stehendem und fliessendem Wasser, häufig.

CLXXVIII. Cosmocladium Bréb. — **C. pulchellum** Bréb. Bäumchenförmige, gabelig verzweigte, festsitzende Kolonien von nierenförmigen Zellen, die durch Gallertstiele verbunden sind. In Teichen und Sümpfen, selten.

CLXXIX. Dictyosphaerium Naeg. — **D. Ehrenbergianum** Naeg. (Fig. 168): In Schleim eingebettete Hohlkugeln von sich nicht berührenden eiförmigen Zellen, die alle an feinen Fädchen hängen. In Teichen und Gräben, nicht selten.

CLXXX. Nephrocytium Naeg.

a. Zellhaut an den Enden nicht höckerförmig verdickt.
 * Zellen 2—7 μ dick: 1. N. Agardhianum.

** Zellen 11—22 μ dick: 2. N. Naegelii.
b. Zellhaut an den Enden höckerförmig verdickt: 3. N. solitarium.

1. N. **Agardhianum** Naeg. Familien ziemlich schmal elliptisch, 30—60 μ lang; Zellen 3—4 mal so lang als dick, meist spiralig angeordnet. In Sümpfen und Torfmooren.

2. N. **Naegelii** Grun. Familien breit elliptisch, 60—100 μ lang; Zellen doppelt so lang wie dick, unregelmässig liegend. In Torfsümpfen.

3. N. **solitarium** Mez (**Oocystis solitaria** Wittr.): Familien bald sich trennend, die dann vereinzelten Zellen 6—18 μ dick, 14—25 μ lang. In Quellen und Teichen.

CLXXXI. Schizochlamys A. Br. — **Sch. gelatinosa** A. Br. (Fig. 169): Oft sehr grosse unregelmässige Kolonien; Zellen 10—14 μ breit, in der Gallerte meist zu 4 zusammenliegend. In Teichen, Sümpfen und Gräben.

CLXXXII. Geminella Turp. — **G. interrupta** Lagerh. Zellen meist 5—6 μ dick und 8—12 μ lang, elliptisch, zu 2 oder 4 genähert in einen fadenförmigen Gallertmantel einreihig geordnet. In Teichen, Gräben und Sümpfen.

CLXXXIII. Inoderma Ktzg. — **I. lamellosum** Ktg. Zellen 2,5—3,5 μ dick, bis doppelt so lang, vielreihig in hautartigen Gallertschleim eingebettet. An Steinen und Hölzern in Quell- und reinem Bachwasser.

CLXXXIV. Palmodactylon Naeg. — **P. varium** Naeg. (Fig. 170): Kolonien kurz fadenförmig, in strahlenförmigen Konglomeraten; Zellen 4—9 μ, Schleimfäden bis 50 μ dick. In Sümpfen und Gräben.

CLXXXV. Tetraspora Lk.

a. Kolonien frei schwimmend: 1. T. explanata.
b. Kolonien anfangs festgewachsen.
α. Kolonien ± schmal cylindrisch: 2. T. lubrica.
β. Kolonien anfangs breit sackartig, dann zerschlitzt und hautartig ausgebreitet.
* Kolonien tief grün: 3. T. bullosa.
** Kolonien bleich oder schmutzig grün: 4. T. gelatinosa.

1. T. **explanata** Ag. (Fig. 171.): Kolonien unregelmässig ausgebreitet, oft blasig aufgetrieben, weich schlüpferig; Zellen meist zu zweien genähert. In stehendem Wasser.

2. T. **lubrica** Ag. Kolonien röhrig oder schlauchförmig, unregelmässig gewunden-gebuckelt, sehr schlüpferig, gelbgrün, bis 0,2 m lang; Zellen zu 2—4 beisammenliegend. In stehendem, klarem Wasser.

3. **T. bullosa** Ag. Kolonien buchtig und blasig aufgetrieben, bis 0,85 μ lang, später geöffnet hautartig, schlüpferig; Zellen dichtstehend, zu 2—4 beisammenliegend. In Gräben und Teichen.

4. **T. gelatinosa** Desv. Kolonien eiförmig-sackartig, bald geöffnet hautartig, oft mit Kalk inkrustirt, sehr schleimig; Zellen ziemlich dichtstehend, zerstreut oder zu 4 zusammenliegend. In Gräben und Teichen, häufig.

CLXXXVI. Staurogenia Ktzg. — **St. rectangularis** A. Br. (Fig. 172): Zellen breit elliptisch oder kugelig, zu 4, 16 oder 64 in tafelförmiger, rechteckiger Kolonie verbunden. In Teichen und Gräben.

CLXXXVII. Gloeocystis Naeg.

a. Zellen 9—12 μ dick; Schleimmembran deutlich geschichtet: 1. Gl. gigas.
b. Zellen 2,5—4 μ dick; Schleimmembran undeutlich geschichtet: 2. Gl. botryoides.

1. **Gl. gigas** (Fig. 173): Zellen zu 2—8 in kleine Familien vereinigt und durch Vereinigung dieser ± ausgebreitete gallertige, rundliche, unregelmässige Lager bildend. In Sümpfen, Tümpeln und Gräben.

2. **Gl. botryoides** Naeg. Kleine, aus 2—8 Zellen gebildete Familien weich gelatinöse Lager bildend. Vorkommen wie bei Voriger, doch seltener.

CLXXXVIII. Palmella Lyngb.

a. Zellen 6—14 μ dick: 1. P. mucosa.
b. Zellen unter 3 μ dick: 2. P. hyalina.

1. **P. mucosa** Ktzg. Zellen in formlosen, ausgebreiteten, schlüpferigen, olivgrünen Lagern. In Quellwasser.

2. **P. hyalina** Rabh. Zellen in unregelmässigen, dünnen, grünen Lagern, meist 1 μ, selten bis 3 μ dick. In Gräben und Teichen.

CLXXXIX. Characium A. Br.

a. Stielchen sehr kurz, undeutlich.
  * Zellen am Scheitel flach gerundet: 1. Ch. obtusum.
  ** Zellen lang zugespitzt, lanzettlich: 2. Ch. subulatum.
b. Stielchen deutlich.
  α. Zellen am Scheitel gerundet.
    * Stielchen kurz, am Grund in kein Haftscheibchen verbreitert: 3. Ch. Naegelii.
    ** Stielchen halb so lang wie die Zelle, mit Haftscheibe: 4. Ch. pyriforme.
  β. Zellen am Scheitel zugespitzt.
    * Zellen an der Spitze ohne Stachel, höchstens mit einem kleinen Spitzchen.
      § Zellen etwas gekrümmt; Stiel kurz: 5. Ch. minutum.
      §§ Zellen gerade; Stiel halb so lang wie das Zellchen: 6. Ch. acutum.
    ** Zellen an der Spitze mit einem durchsichtigen Stachel: 7. Ch. longipes.

1. **Ch. obtusum** A. Br. Zellen 22—33 μ lang, 10—15 μ dick, gerade, elliptisch oder später verkehrt eiförmig, am Scheitel mit einem kleinen, nach innen ragenden Zäpfchen. Wie alle Arten dieser Gattung an grössern Algen etc. fortgewachsen, in Sümpfen und Torfwässern.

2. **Ch. subulatum** A. Br. Zellen 12—20 μ lang, 4—5 μ dick, meist gekrümmt oder schief, lanzettlich. In Teichen, Gräben und Tümpeln.

3. **Ch. Naegelii** A. Br. (Fig. 174): Zellen 20—42 μ lang, 7 bis 18 μ dick, gerade, erst lanzettlich, dann elliptisch oder verkehrt eiförmig. Vorkommen wie bei Voriger.

4. **Ch. pyriforme** A. Br. Zellen 20—25 μ lang, 6—13 μ dick, gerade, birnförmig. Vorkommen wie bei Voriger, häufig.

5. **Ch. minutum** A. Br. Zellen 17—25 μ lang, 5 μ dick, gerade oder etwas schief, lanzettlich. Vork. wie bei Voriger, seltener.

6. **Ch. acutum** A. Br. Zellen 10—18 μ lang, 6—10 μ dick, gerade, lanzettlich oder eiförmig. Wie Vorige.

7. **Ch. longipes** Rabh. Zellen 15—25 μ lang, 6—10 μ dick, gerade oder etwas schief, lanzettlich, mit häufig fast gleichlangem Stiel. Wie Vorige.

CXC. Ophiocytium Naeg.

a. Zellen mit langer Stachelspitze.
  * 8—14 μ dick; Stachelspitze am Ende mit Köpfchen: 1. O. majus.
  ** 5—8 μ dick; Stachelspitze ohne Köpfchen: 2. O. cochleare.
b. Zellen ohne Stachelspitze: 3. O. parvulum.

1. **O. majus** A. Br. (Fig. 175): Zellen gerade oder schwach, meist S-förmig gekrümmt, 3—6 mal so lang als dick. In Teichen und Sümpfen.

2. **O. cochleare** A. Br. Zellen stark, oft spiralig gekrümmt, 3 bis 10 mal so lang als dick. In stehendem Wasser, nicht selten.

3. **O. parvulum** A. Br. Zellen 3—6 μ dick, über 9 mal so lang, sehr flach spiralig gedreht oder gekrümmt. In stehendem, besonders in Torfwasser.

CXCI. Micrasterias Corda (non Ag.) (= Rhaphidium Ktzg.)

a. Zellen nach beiden Enden zu allmählich verdünnt, meist nicht oder schwach mondförmig gekrümmt. 1. M. falcata.
b. Zellen nach den Enden zu wenig verdünnt, sehr stark mondförmig gekrümmt: 2. M. convoluta.

1. **M. falcata** Cda. (**Rh. polymorphum** Fres.) (Fig. 176): Zellen 1,5—3,5 μ dick, einzeln oder bis 32 in Familien. Ueberall häufig, auch in verunreinigtem Wasser gefunden.

2. **M. convoluta** O. K. (**Rh. convolutum** Rbh.): Zellen 3,5—5 μ dick, einzeln oder zu 4 in Familien. In stehendem, reinem Wasser.

CXCII. Dactylococcus Naeg. — **D. infusionum** Naeg. Zellen 3—6 μ dick, 6—18 μ lang, spindelförmig, meist an einem Ende dicker als am andern. In Gräben und Tümpeln.

CXCIII. Stichococcus Naeg. — **St. bacillaris** Naeg. (Fig. 177): Zellen cylindrisch, beiderseits abgerundet, einzeln oder in ganz kurzen Reihen, 1—8 μ dick. Meist auf feuchter Erde, aber auch in Gräben und Tümpeln.

CXCIV. Botryococcus Ktzg. — **B. Braunii** Ktzg. (Fig. 178): Zellen keulenförmig, radial um einen Punkt geordnet und viele solche Kolonien zu traubigen Agglomeraten vereinigt, 5—8 μ dick. In Teichen und Sümpfen, nicht selten.

CXCV. Dactylothece Lagerh. — **D. Braunii** Lagerh. Zellen cylindrisch oder elliptisch-cylindrisch, einzeln oder zu 2—4, ohne stark geschichtete Hülle, 3—5 μ dick, 6—9 μ lang. Meist auf feuchter Erde, doch auch in Tümpeln.

CXCVI. Polyedrium Naeg.

a. Ecken in derselben Ebene liegend, nicht gelappt: 1. P. trigonum.
b. Ecken tetraëdrisch gestellt, gelappt: 2. P. enorme.

1. **P. trigonum** Naeg. (Fig. 179): Zellen 10—40 μ dick, mit 3—5 abgerundeten, stacheltragenden Ecken. In Teichen, Gräben, Sümpfen.

2. **P. enorme** DB. Zellen 25—40 μ dick, mit 4 (selten mehr) vorgezogenen, 1 bis mehrmals gelappten Ecken; Läppchen spitz oder mit Stacheln. In Teichen und Gräben.

CXCVII. Asterothrix Ktzg. — **A. tripus** A. Br. (Fig. 180): Thallus meist mit 4 fussangelartig angeordneten, spitzen Strahlen, schwach grün gefärbt. In Bächen, Wiesengräben und Sümpfen.

CXCVIII. Acanthococcus Lagerh. — **A. minor** Hansg. Zellen kugelrund, 9—15 μ dick, mit ± 3 μ langen, nicht durch Netzleisten verbundenen, oben oft kurz zweispitzigen Stacheln. In stehenden Gewässern.

CIC. Pleurococcus Menegh.

a. Zellen wenigstens 7 μ dick.
 * Zellinhalt rein grün: 1. P. angulosus.
 ** Zellinhalt durch Oel röthlich gefärbt: 2. P. rufescens.
b. Zellen 2—4 μ dick: 3. P. mucosus.

1. **P. angulosus** Menegh. Zellen 7—12,5 μ dick, einzeln oder in kleinen Lagern, mit dicker Membran. In stehendem und fliessendem Wasser.

2. **P. rufescens** Bréb. Zellen 12—18 μ dick, einzeln oder zu 2—4, mit dicken, geschichteten Membranen. In Quell- und Bachwasser an Wasserfällen.

3. **P. mucosus** Rabh. Zellen einzeln oder zu 2—16, mit dünnen, schleimig-zerfliesslichen Membranen. In Quell- und Brunnenwasser.

CC. Eremosphaera DB. — **E. viridis** DB. Zellen kugelrund, 100—145 μ (selten weniger) dick, frei schwimmend. In Moorsümpfen und Teichen.

CCI. Protococcus Ag.

a. Zellinhalt lebhaft grün, später bräunlich werdend.
  * Zellhaut fein geschichtet, dick: 1. P. infusionum.
  ** Zellhaut nicht geschichtet, dünn: 2. P. botryoides.
b. Zellinhalt blass gelblichgrün, später gelbbräunlich: 3. P. olivaceus.

1. **P. infusionum** Kirchn. Zellen verschieden gross, meist 15 bis 45 μ dick, frei schwimmend oder festsitzend und dann oft grössere Lager bildend. In stehendem Wasser, häufig.

2. **P. botryoides** Kirchn. (Fig. 181): Zellen verschieden gross, meist 4—12 μ dick, festsitzend und grüne Ueberzüge bildend. Wie Vorige, auch in verunreinigtem Wasser.

3. **P. olivaceus** Rabh. Zellen meist gleich gross, 6—16 μ dick, häutige, olivbräunliche Lager bildend. In Sümpfen, Torfwässern.

Nostocaceae.

A. Fäden (allermeist unecht verzweigt) in eine lang verschmälerte, meist haarförmige und hyaline Spitze auslaufend.
  I. Fäden alle radial angeordnet, zu kugeligen oder halbkugeligen Lagern vereinigt.
    a. Scheiden bis zur Spitze der Fäden gehend, nicht faserig zerschlitzt: CCII. Gloeotrichia Ag.
    b. Scheiden die Spitze des Fadens frei lassend, oben faserig zerschlitzt: CCIII. Rivularia Ag.
  II. Fäden nicht strahlig angeordnet, in haut- oder krustenförmigen, flachen Lagern, mit Grenzzellen: Dillwynella Bory.
B. Fäden verzweigt oder einfach, nach der Spitze zu nicht haar- oder peitschenförmig verdünnt.
  I. Fäden mit echter oder falscher Verzweigung.
    a. Fäden mit echter (durch Längstheilung einer Zelle eingeleiteter) Verzweigung.
      1. Fäden von konsistenten, deutlich abgegrenzten Gallertscheiden umgeben: CCV. Hapalosiphon Naeg.

2. Fäden mit an der Oberfläche verschleimten, undeutlich abgegrenzten Gallertscheiden: CCVI. Nostochopsis Wood.

b. Fäden mit falscher (durch Zerbrechen der Fäden und Weiterwachsen des unteren Fadentheils bedingter) Astbildung.

1. Jeder Faden für sich mit eigener, homogener Scheide.

α. Ohne Grenzzellen: CCVII. Plectonema Thur.

β. Mit Grenzzellen.

* Grenzzellen im Verlauf der Fäden; Verzweigungen von ihnen unabhängig: CCVIII. Scytonema Ag.

** Grenzzellen am Grund der Fadentheile; Verzweigungen direkt unter ihnen hervorbrechend.

§ Nur einerlei, rundliche Grenzzellen an der Basis der Fadentheile: CCIX. Tolypothrix Ktzg.

§§ Zweierlei Grenzzellen: rundliche an der Basis der Fadentheile und rechteckige im Verlauf der Fäden: CCX. Microchaete Thur.

2. Fäden zu mehreren in gemeinsamen Gallertscheiden.

α. Grenzzellen nur am Grund der Fäden (oder Fadentheile): CCXI. Desmonema Berk. et Thw.

β. Grenzzellen im Verlauf der Fäden: CCXII. Hydrocoryne Schwabe.

II. Fäden durchaus unverzweigt.

a. Fäden mit Grenzzellen.

1. Fäden einzeln mit festen, nicht zerfliesslichen, scharf abgegrenzten Gallertscheiden.

(α Grenzzellen sowohl am Ende wie im Verlauf der Fäden: cf. CCX. Microchaete Thur.)

β. Grenzzellen nur im Verlauf der Fäden: CCXIII. Aulosira Kirchn.

2. Fäden scheidenlos oder in gemeinsamen grossen Gallert- oder Schleimhüllen.

α. Fäden einzeln lebend oder in zerfliesslichem, nach aussen nicht fest abgegrenztem Schleim.

* Vegetative Zellen an den Querwänden durchaus nicht eingeschnürt: CCXIV. Aphanizomenon Morr.

** Zellen an den Querwänden deutlich eingeschnürt, kugelig, elliptisch oder tonnenförmig: CCXV. Anabaena Bory.

β. Fäden in gemeinsamer, fester, von einer hautartigen Aussenschicht umgebener grosser Gallerthülle hin- und hergekrümmt: CCXVI. Nostoc Vauch.

b. Fäden ohne Grenzzellen.

1. Fäden rosenkranzförmig, aus an den Querwänden deutlich eingeschnittenen Zellen gebildet.

α. Fäden frei schwimmend, nicht in haarförmige Enden auslaufend: CCXVII. Isocystis Bzi.

β. Fäden an höheren Algen etc. festgewachsen, in haarförmige Enden auslaufend: CCXVIII. Clastidium Kirchn.

2. Fäden völlig cylindrisch, Zellen an den Querwänden nicht eingeschnürt.

α. Fäden zu 2 bis mehreren in gemeinsamer Gallertscheide, gebündelt.

* Rasen am Grund ohne Chroococcus-artige Zellen; alle Scheiden mit mehreren Fäden; Scheiden sehr dick: CCXIX. Microcoleus Desmaz.

** Rasen einer Schicht Chroococcus-artiger Zellen aufsitzend; nur die älteren Scheiden mit mehreren Fäden; Scheiden dünn, konsistent, eng anliegend: CCXX. Inactis Ktzg.

β. Fäden stets einzeln in einer Gallertscheide oder überhaupt ohne Scheide.

* Fäden nicht korkzieherartig gedreht.

§ Fäden festgewachsen, nicht frei.

(× Fäden vielzellig, einer Schicht Chroococcus-artiger Zellen aufsitzend: cf. CCXX. Inactis Ktzg.)

×× Fäden wenigzellig, oft an der Basis stielartig, am Grund ohne Chroococcus-artiges Lager: CCXXI. Chamaesiphon A. Br.

§§ Fäden nicht festgewachsen.

(× Sporen (Dauerzellen) vorhanden: cf. CCXIV. Aphanizomenon Morr.)

×× Ohne Sporen: CCXXII. Oscillatoria.

** Fäden kurz und korkzieherartig gewunden: CCXXIII. Spirulina Lk.

CCII. Gloeotrichia Ag.

a. Scheiden am Grund der Fäden sehr dick, meist sackartig erweitert und quer eingeschnürt: 1. Gl. natans.

b. Scheiden auch am Grund der Fäden eng anliegend: 2. Gl. Pisum.

1. **Gl. natans** Thur. (Fig. 182): Lager schwimmend, kugelig, erbsen- bis faustgross, schmutzig blau- oder olivgrün oder bräunlich. In Teichen und Gräben.

2. **Gl. Pisum** Thur. Lager festsitzend, kugelig, bis kirschkerngross, meist schwärzlich blaugrün. Vork. wie bei Voriger, häufig.

CCIII. Rivularia Ag. — **R. minutula** Bor. et Flah. (**R. radians** Thur.) (Fig. 183): Lager kugelig oder halbkugelig, bis erbsengross, blaugrün oder dunkel braungrün. In Teichen, Sümpfen, Gräben.

CCIV. Dillwynella Bory (= Calothrix Ag.).

a. **Fäden zu grösseren Lagern vereinigt, allermeist reich verzweigt:** 1. D. parietina.
b. **Fäden allermeist einzeln und unverzweigt:** 2. D. aeruginea.

1. **D. parietina** Mez: Lager scheibenförmig, schwarzbraun oder braun; Fäden häufig mit Kalk inkrustirt, 10—12 μ dick; Zellen 1 bis 3 mal so lang als breit. An wasserbespülten Stellen in reinem und verunreinigtem Wasser; häufiger auf feuchten Felsen, Mauern etc.

2. **D. aeruginea** Mez: Fäden in schleimigen Lagern verschiedener Süsswasseralgen eingesprengt, 10—15 μ dick; Zellen kürzer als breit. In stehendem und fliessendem Wasser.

CCV. Hapalosiphon Naeg. — **H. pumilus** Kirchn. Lager büschelig-flockig, spangrün bis bräunlich; Hauptfäden (incl. Scheiden) 18—24 μ dick, einzeilig verzweigt. In Teichen und Sümpfen an abgestorbenen Blättern von Wasserpflanzen.

CCVI. Nostochopsis Wood. — **N. lobatus** Wood: Lager rundlich oder unregelmässig, bis erbsengross; Zellen der Hauptfäden 4—6 μ dick, 1—2 mal so lang. In Tümpeln, selten.

CCVII. Plectonema Thur.

a. **Fäden sehr deutlich grün gefärbt, incl. Scheiden 11—30 μ dick:** 1. Pl. Thomasianum.
b. **Fäden hell bläulichgrün, öfters fast farblos, incl. Scheiden 3—5 μ dick:** 2. Pl. puteale.

1. **Pl. Thomasianum** Bor. Lager flockig oder büschelig; Fäden oft nur spärlich verzweigt; Zellen meist 2—3 mal so breit als lang. In raschfliessendem reinen Wasser.

2. **Pl. puteale** Hansg. (Fig. 184): Lager flockig, blassgrün oder fast weisslich; Fäden spärlich verzweigt; Zellen 1—4 mal so lang als breit. In Brunnen- und Quellwasser.

CCVIII. Scytonema Ag.

a. **Hauptfäden mit Scheide 18—36 μ dick:** 1. Sc. cincinnatum.
b. **Hauptfäden mit Scheide 9—18 μ dick:** 2. Sc. obscurum.

1. **Sc. cincinnatum** Thur. Lager flockig-wattenartig oder rasenartig büschelig; Hauptfäden erst einfach später (im Herbst) verzweigt; Zellen 3—6 mal so breit als lang. In Teichen, Tümpeln und Gräben.

2. **Sc. obscurum** Bzi. Lager flockig-wattenartig; Hauptfäden erst einfach; Zellen meist 3—5 mal so breit als lang. Vork. wie bei Voriger.

CCIX. Tolypothrix Ktzg.

a. **Aestchen dünner als die Hauptfäden:** 1. **T. tenuis.**
b. **Aestchen ebenso dick wie die Hauptfäden.**
* **Scheiden geschichtet:** 2. **T. lanata.**
** **Scheiden nicht geschichtet.**
§ **Lager dick rasenförmig; Zellen oft länger als breit; Scheiden eng; Grenzzellen stets zu 2—3 beisammen:** 3. **T. Aegagropila.**
§§ **Lager flockig; Zellen nie länger als breit; Scheiden ziemlich weit; Grenzzellen oft einzeln:** 4. **T. distorta.**

1. **T. tenuis** Ktzg. Lager erst festsitzend, dann frei schwimmend, flockig-büschelig, spangrün bis olivbraun; Fäden 4—10 μ dick, Zellen 5—8 μ dick, 1—1,15 mal so lang wie breit. In Gräben, Teichen und Sümpfen.

2. **T. lanata** Ktzg. (Fig. 185): Lager rasenförmig, spangrün bis schwärzlich; Fäden 8—18 μ, Zellen 5—15 μ dick. In Teichen und Gräben.

3. **T. Aegagropila** Ktzg. Lager grossrasig, rund, lebhaft spangrün bis bräunlich; Fäden 8—13 μ dick. Vork. wie bei Voriger, nicht selten.

4. **T. distorta** Ktzg. Lager flockig, lebhaft spangrün; Fäden 10 bis 22 μ dick. Vork. wie bei Voriger, seltener.

CCX. Microchaete Thur. — **M. tenera** Thur. Fäden einzeln oder in häutigen, schmutzig olivbraunen Lagern, 6—8 μ dick; Zellen 5 bis 6 μ dick, am unteren Fadenende etwa doppelt so lang wie breit. In Teichen, Gräben, Sümpfen, selten.

CCXI. Desmonema Berk. et Thw. — **D. Wrangelii** Bor. et Flah. Lager büschelig-flockig, dunkel bis schwärzlich spangrün; Zellen 9 bis 10 μ dick, 2—3 mal so breit als lang. Im Quellwasser der Gebirge.

CCXII. Hydrocoryne Schwabe. — **H. spongiosa** Schw. Lager hautartig, meist in Fetzen zerschlitzt, schmutzig blaugrün; Fäden 4—6,5 μ, Zellen 3—4 μ dick. In Sümpfen, Teichen, Gräben.

CCXIII. Aulosira Kirchn. — **A. laxa** Kirchn. Fäden einzeln oder in kleinen Bündeln, rosenkranzförmig, blaugrün; Zellen 5—7 μ, Grenzzellen 5—8 μ dick. In Gräben und Teichen.

CCXIV. Aphanizomenon Morr. — **A. flos aquae** Allm. (Fig. 186): Fäden in frei schwimmenden Flöckchen, cylindrisch, blaugrün; Zellen 4—6 μ dick, 1—2 mal so lang. In Teichen und Wasserbassins, oft massenhaft.

CCXV. Anabaena Bory.[1])

a. Sporen kugelig oder eiförmig, höchstens $1^1/_2$ mal so lang wie dick: 1. A. variabilis.

b. Sporen cylindrisch, viel länger als dick.

α. Sporen (der selbst gekrümmten Fäden) gekrümmt.

* Zellen kaum länger als dick: 2. A. flos aquae.

** Zellen $1^1/_2$—3 mal so lang als dick: 3. A. circinalis.

β. Sporen (der meist geraden Fäden) nicht gekrümmt, stets dicht neben einer Grenzzelle.

* Grenzzellen im Verlauf, nicht am Ende der Fäden.

§ Grenzzellen beträchtlich dicker als die vegetativen Zellen: 4. A. oscillarioides.

§§ Grenzzellen kaum grösser als die veg. Zellen: 5. A. Ralfsii.

** Grenzzellen am Ende der Fäden.

§ Sporen bis 25 μ lang: 6. A. licheniformis.

§§ Sporen über 25 μ lang.

× Sporenmembran glatt: 7. A. stagnalis.

×× Sporenmembran körnig-warzig: 8. A. macrosperma.

1. **A. variabilis** Ktzg. Lager frei schwimmend, blaugrün; Zellen 2,5—4 μ dick; Sporen eiförmig, 7—9 μ dick, nicht mit den Grenzzellen vergesellschaftet, oft in Reihen. In Tümpeln, Sümpfen.

2. **A. flos aquae** Bréb. Fäden einzeln oder in frei schwimmenden blaugrünen Lagern, gekrümmt; Zellen 6—8 μ lang; Sporen 20—40 μ lang, glatt. In stehendem Wasser, sehr häufig.

3. **A. circinalis** Hansg. Fäden einzeln oder in anfangs festsitzenden blaugrünen Lagern, sehr stark gekrümmt; Zellen bis 15 μ, Sporen 20 bis 30 μ lang, glatt. Vork. wie bei Voriger, seltener.

4. **A. oscillarioides** Bory (Fig. 187): Fäden in meist grossen, schwärzlichen Lagern, seltener einzeln, fast gerade; Zellen 4—6 μ, Sporen 20—40 μ lang, glatt. Vork. wie bei Voriger, gemein.

5. **A. Ralfsii** Hansg. Fäden in blaugrünen, häutigen Lagern, gerade; Zellen 3—5 μ, Sporen 15—40 μ lang, glatt. Wie Vorige, seltener.

6. **A. licheniformis** Bory: Fäden in tiefblau- bis schwärzlichgrünen, schleimigen Lagern, schwach gekrümmt; Zellen 4—5, Sporen 20—23 μ lang, glatt. In Tümpeln und Gräben, vielfach auch auf feuchter Erde.

7. **A. stagnalis** Ktzg. Fäden in flockigen, schleimigen Lagern, blass blaugrün, gerade oder schwach gekrümmt; Zellen bis 6 μ, Sporen 32—40 μ lang, glatt. In Sümpfen und Torfgräben.

8. **A. macrosperma** Hansg. Fäden in schleimigen, dunkel spangrünen oder schwärzlichen, formlosen Lagern, gerade oder schwach gekrümmt; Zellen bis 10 μ, Sporen 26—35 μ lang, letztere körnig-warzig. Ueberall gemein, auch in verunreinigtem Wasser gefunden.

---

[1]) Anabaena-Fäden ohne Sporen sind nicht genauer bestimmbar.

CCXVI. Nostoc Vauch.

A. Lager flach und dünn scheibenförmig, festsitzend: 1. N. cuticulare.
B. Lager nicht flach scheibenförmig, festsitzend oder frei.
  I. Lager stets sehr klein, mit blossem Auge nicht oder nur als feinster Punkt erkennbar.
    a. Lager festsitzend, schleimig-formlos: 2. N. hederulae.
    b. Lager frei, gallertig-rundlich.
      * Lager mit bräunlicher Aussenhaut: 3. N. minutissimum.
      ** Lager mit farbloser Aussenhaut: 4. N. paludosum.
  II. Lager grösser, mit blossem Auge deutlich sichtbar bis mehrere cm im Durchmesser.
    a. Viele Zellen der Fäden sind mehr als doppelt so lang wie dick: 5. N. spongiiforme.
    b. Zellen nicht oder kaum länger als dick.
      1. Grenzzellen 8—10 μ breit: 6. N. coeruleum.
      2. Grenzzellen meist beträchtlich schmäler.
        α. Fäden ohne spezielle Scheiden.
          * Lager ohne besonders feste Aussenhaut: 7. N. carneum.
          ** Lager mit derber Aussenhaut: 8. N. sphaericum.
        β. Fäden mit (besonders an der Peripherie des Lagers erkennbaren, häufig bräunlich gefärbten) besonderen Scheiden.
          * Fäden locker verschlungen: 9. N. piscinale.
          ** Fäden (besonders an der Peripherie) sehr dicht verflochten.
            § Frei lebend: 10. N. Linckia.
            §§ Lager festsitzend: 11. N. verrucosum.

1. N. **cuticulare** Born. et Flah. Lager erst rundlich, dann unregelmässig, schön spangrün; Fäden 3—4 μ dick, dicht verflochten. In Teichen und Sümpfen an Wasserpflanzen.

2. N. **hederulae** Menegh. Lager schleimig, aus dicht verflochtenen, spangrünen, 3—4 μ dicken, mit engen farblosen Gallertscheiden versehenen Fäden gebildet. Vork. wie bei Voriger.

3. N. **minutissimum** Ktzg. Lager kugelig, hart, olivfarben; Fäden mit undeutlichen Scheiden, 1—2 μ dick. In Gräben und Tümpeln.

4. N. **paludosum** Ktzg. Lager kugelig, konsistent, bläulich-olivfarben; Fäden ohne Scheiden, 2—3,5 μ dick. In Gräben, Tümpeln und Teichen.

5. N. **spongiiforme** Ag. Lager gelatinös, erst rundlich, dann unregelmässig ausgebreitet; Fäden locker verschlungen, mit an der Peripherie deutlichen gelbbräunlichen Scheiden, 3,5—4,5 μ dick. Vork. wie bei Voriger.

6. N. **coeruleum** Lyngb. Lager kugelig, öfters fast 1 cm im Durchmesser, blaugrün; Fäden dicht verflochten, mit undeutlichen Scheiden, 2—7 μ dick. In stehendem reinem Wasser, häufig.

7. N. **carneum** Ag. Lager erst kugelig, dann unregelmässig werdend und zerfliessend, blaugrün oder häufig roth; Fäden locker, 3,5—4 μ dick. In Gräben und Tümpeln.

8. **N. sphaericum** Vauch. (Fig. 188): Lager kugelig, später unregelmässig gelappt, oft sehr gross; Fäden dicht verflochten, 4—5 μ dick. In Gräben, Tümpeln, Sümpfen, auch auf feuchter Erde, häufig.

9. **N. piscinale** Ktzg. Lager erst kugelig, dann blasig aufgetrieben; hell blaugrün, dann olivbräunlich werdend; Fäden 3,5—4 μ dick. In Gräben und Teichen.

10. **N. Linckiae** Bory: Lager erst kugelig, dann unregelmässig zerrissen und sehr gross werdend; Fäden 3,5—5 μ dick. In Gräben und Sümpfen.

11. **N. verrucosum** Vauch. Lager kugelig, später blasenförmig, bis 10 cm gross, olivbraun; Fäden 3—5 μ dick. In Quell- und Bachwasser der Gebirge.

CCXVII. Isocystis Bzi. — **I. infusionum** Bzi. Fäden meist einzeln, 1—1,5 μ dick; Zellen mit schwach blaugrün gefärbtem Inhalt. In Gräben; besonders in längere Zeit stehenden Wasserproben nicht selten auftretend.

CCXVIII. Clastidium Kirchn. — **Cl. setigerum** Kirchn. Fäden einzeln an Fadenalgen sitzend, 2—4 μ dick, mit bis 50 μ langer Endborste. In Teichen, Brunnen, selten.

CCXIX. Microcoleus Desmaz. — **M. heterotrichus** Wolle: Lager rasenförmig, stahlblau bis schwärzlich; Fäden in derselben Scheide ungleich (4,5—10 μ) dick. In Bergbächen.

CCXX. Inactis Ktzg. — **I. tornata** Ktzg. Lager steinartig mit Kalk inkrustirt, schmutzig grün oder blaugrün. In Quell- und Bachwasser der Gebirge.

CCXXI. Chamaesiphon A. Br.

a. Thallus aus einer Zelle gebildet: 1. Ch. incrustans.
b. Thallus mehrzellig.
 * Fäden keulenförmig aber ohne deutlichen Stiel: 2. Ch. clavatum.
 ** Fäden lanzettlich, deutlich gestielt: 3. Ch. gracilis.

1. **Ch. incrustans** Grun. Zellen keulenförmig, in farbloser, enger Scheide, 7—30 μ lang. In Bächen der Gebirge an Fadenalgen.

2. **Ch. clavatum** Mez (= **Oscillaria clavata** Cda., **Ch. confervicola** A. Br.) (Fig. 189): Fäden aus 5—20 Zellen bestehend, oben gerundet, 15—40 μ lang. In stehendem und fliessendem Wasser an Fadenalgen.

3. **Ch. gracilis** Rabh. Fäden aus 5—15 Zellen bestehend, oben spitz, 25—30 μ lang. Vork. wie bei Voriger, selten.

CCXXII. Oscillatoria Vauch. (Lyngbya Ag.)

A. Fäden mit Scheiden, unbeweglich.

I. Fäden mit sehr zarter Scheide, an einem Ende angewachsen, rasige oder flockige Lager bildend.

a. Lager (und Fadeninhalt) deutlich grün.

1. Fäden allermeist unter 2 μ dick und einzeln: 1. O. rigidula.

2. Fäden 2 μ oder darüber dick, allermeist in Lagern.

α. Zellen 2—3 mal so breit als lang: 2. O. Martensiana.

β. Zellen ebenso lang wie breit oder nur wenig kürzer.

*** Fäden sehr kurz (oft nur 30—100 μ):** 3. O. brevissima.

**** Fäden lang (4—8 mm):** 4. O. fontana.

b. Lager (und Fadeninhalt) nicht grün.

1. Lager blass oder schmutzig gelb: 5. O. lutescens.

2. Lager purpur- oder braunviolett: 6. O. purpurascens.

II. Fäden an beiden Enden frei, zu allermeist hautartigen Lagern verflochten.

a. Fäden (mit den Scheiden) höchstens 4 μ dick.

1. Lager nicht roth oder braunroth.

α. Zellen etwas länger als dick: 7. O. aeruginea.

β. Zellen höchstens ebenso lang wie dick.

* Scheiden gelblich gefärbt: 8. O. confervae.

** Scheiden farblos.

§ Fäden nicht in gemeinsamem Gallertlager: 9. O. inundata.

§§ Fäden in gemeinsamem Gallertlager: 10. O. amoena.

2. Lager roth oder braunroth.

α. Scheiden dick, sehr deutlich erkennbar: 11. O. lateritia.

β. Scheiden dünn, eng anliegend: 12. O. rufescens.

b. Fäden (mit den Scheiden) über 4 μ dick.

1. Fäden desselben Lagers sehr ungleich dick, nur die stärkeren über 4 μ messend: 13. O. membranacea.

2. Alle Fäden ungefähr gleichdick: 14. O. Meneghiniana.

B. Fäden ohne Scheiden, allermeist mit schraubend-pendelnder Bewegung.

I. Fäden bis 4 μ dick; Zellen öfters länger als breit.

a. Zellen $1^1/_2$—$2^1/_2$ mal so lang als breit: 15. O. leptotricha.

b. Zellen im Verhältniss zur Breite kürzer: 16. O. tenerrima.

II. Fäden allermeist über 4 μ dick; Zellen höchstens so lang wie dick.

a. Fäden 4—8 μ, Zellen $^1/_2$—1 mal so lang wie dick.

1. Fäden an den Scheidewänden leicht eingeschnürt: 17. O. natans.

2. Fäden an den Scheidewänden nicht eingeschnürt.

α. Lager braun bis schwarzbraun: 18. O. subfusca.

β. Lager grün.

* Fäden brüchig, kurz: 19. O. brevis.

** Fäden lang, nicht brüchig.

§ Zellinhalt hell blaugrün: 20. O. tenuis.

§§ Zellinhalt tief blaugrün: 21. O. antliaria.

b. Fäden 8—75 μ dick; Zellen wenigstens 3 mal so breit als lang.

1. Fäden 8—14 μ dick, Zellen an den Scheidewänden leicht eingeschnürt.

α. Zellen $^1/_2$—1 mal so lang als breit: 22. O. anguina.

β. Zellen $^1/_3$—$^1/_4$ mal so lang als breit: 23. O. chalybea.

2. **Fäden über 14 μ dick.**

α. **Fäden 15—20 μ dick:** 24. O. Froelichii.

β. **Fäden (24—) 30—45 μ dick:** 25. O. princeps.

γ. **Fäden 45—75 μ dick:** 26. O. maxima.

1. **O. rigidula** Mez: Fäden in Flocken oder einzeln, nicht in grössern Lagern, gekrümmt, blass blau- oder olivgrün. In stehendem, reinem Wasser, häufig.

2. **O. Martensiana** Mez: Fäden meist einzeln, gerade oder wenig gekrümmt, zerbrechlich und meist kurz, hell blaugrün. Vork. wie bei Voriger, seltener.

3. **O. brevissima** Mez: Fäden in Flocken oder einzeln, öfters auch in grösseren Lagern, krumm oder fast gerade, blass oder lebhaft blaugrün. In Sümpfen, besonders auf Schneckenschalen festsitzend.

4. **O. fontana** Mez: Fäden einzeln oder in kleinen schleimigen Lagern, meist gerade, blass blau- oder olivgrün. In Brunn- oder Quellwasser.

5. **O. lutescens** Mez: Fäden in langen, flockigen oder rasigen Lagern, meist gerade, gelblich. Vork. wie bei Voriger, seltener.

6. **O. purpurascens** Ktzg. Fäden in dünnen, häutigen Lagern, gerade, röthlich. In Bächen der Gebirge.

7. **O. aeruginea** Mez: Fäden in dünnen, häutigen, schleimigen Lagern, meist stark gekrümmt, lebhaft blaugrün. In Sümpfen, Thermen.

8. **O. confervae** Mez: Fäden in häutigen, kleinen Lagern, gekrümmt, blaugrün. In reinem Bachwasser.

9. **O. inundata** Mez: Fäden in ausgebreiteten, häutigen Lagern, stark gekrümmt und verflochten, olivgrün. In Brunnenwasser, gemein.

10. **O. amoena** Mez: Fäden in gallertigen Bündeln, schwach gebogen, hellgrün. In Tümpeln, Teichen und Gräben.

11. **O. lateritia** Mez: Fäden in dick hautartigen, meist grossen Lagern, meist sehr gekrümmt und verflochten, sehr blass grün. In fliessendem Wasser; häufig auch in warmen gewerblichen Abwässern.

12. **O. rufescens** Mez: Fäden in dünnhäutigen, oft grossen Lagern, stark gekrümmt und verflochten, blass blaugrün oder röthlich. In Brunnenwasser.

13. **O. membranacea** Mez (Fig. 190): Fäden in dick hautartigen, meist grossen Lagern, wenig gekrümmt oder seltener verflochten, bläulichgrün. In fliessendem Wasser, auch in warmen gewerblichen Abwässern, gemein.

14. **O. Meneghiniana** Mez: Fäden in sehr dicken, lederartigen Lagern, schmutzig oliv- bis braungrün. In reinem, schnell fliessendem Wasser.

15. **O. leptotricha** Ktzg. Fäden in formlosen, schleimigen, blaugrünen Lagern, meist gerade, mit oft schnabelartigen Enden, hell blaugrün. In stehendem und langsam fliessendem, auch in warmem Wasser.

16. **O. tenerrima** Ktzg. Fäden in Bündeln oder einzeln, meist gerade, lebhaft oder hell blaugrün, mit oft gebogenen Enden. Vork. wie bei Voriger; in stark verunreinigtem Wasser sehr häufig.

17. **O. natans** Ktzg. Fäden in blaugrünen, strahligen Lagern, meist gerade, an den Enden oft etwas verdünnt, schön blaugrün. In Teichen und Tümpeln, auch in verunreinigtem Wasser.

18. **O. subfusca** Ktzg. Fäden in häutigen, etwas schleimigen Lagern, gerade oder etwas gekrümmt, an den Enden oft verdünnt, schmutzig grün. In reinem Bachwasser der Gebirge.

19. **O. brevis** Ktzg. Fäden in dünnhäutigen, tief blau- oder schwärzlichgrünen Lagern, gerade, an den Enden etwas verdünnt, lebhaft blaugrün. In stehendem, meist in verdorbenem Wasser, häufig.

20. **O. tenuis** Ag. Fäden in schleimig-flockigen oder dünnhäutigen, tiefgrünen Lagern, gerade oder schwach gekrümmt, hell blaugrün. In stehendem Wasser, meist in fast faulen Abwässern, häufig.

21. **O. antliaria** Jürgens. (Fig. 191): Fäden in schleimigen, meist häutigen oder seltener flockigen, schwarzgrünen Lagern, gerade oder schwach gekrümmt, tief grün. Meist auf feuchter Erde, doch auch in Stallabläufen, Spülwassergossen etc., gemein.

22. **O. anguina** Bory: Fäden in schleimig-häutigen, blauschwarzen Lagern, gerade oder gekrümmt, tief blaugrün. In Teichen und Tümpeln, auch in verunreinigtem Wasser.

23. **O. chalybaea** Mert. Fäden in schleimig-häutigen, dunklen Lagern, meist gekrümmt, schön blaugrün. In Torfsümpfen, auch in verschmutzten Fabrikabwässern.

24. **O. Froelichii** Ktzg. (Fig. 192): Fäden in schleimig-häutigen oder schwimmend knollenförmigen, schwarzgrünen Lagern, gerade oder wenig gekrümmt, schön blaugrün oder schwärzlich olivgrün. Besonders in sehr stark verunreinigtem Wasser gemein.

25. **O. princeps** Vauch. Fäden in schleimig-strahligen, tief- bis schwärzlichgrünen, grossen Lagern, gerade oder wenig gekrümmt, schön blaugrün. In Teichen, Gräben etc., seltener auch in Abwässern.

26. **O. maxima** Ktzg. Von Voriger nur durch die Fadendicke verschieden, gleichen Vorkommens.

CCXXIII. Spirulina Lk.

a. Fäden nur sehr undeutlich gegliedert, unter 4 μ dick: 1. Sp. oscillarioides.
b. Fäden deutlich gegliedert, über 4 μ dick: 2. Sp. Jenneri.

1. **Sp. oscillarioides** Turp. Fäden blaugrün; ein Umgang kommt auf 2,5—3 μ Länge. In Teichen und Tümpeln, nicht selten in stark verdorbenen Abwässern.

2. **Sp. Jenneri** Ktzg. (Fig. 193): Fäden sehr hell blaugrün; ein Umgang kommt auf 20—50 μ Länge. Vork. wie bei Voriger.

Chroococcaceae.

A. Zelltheilung findet nur nach einer Richtung statt: entweder fadenförmige oder rundliche Schleimkolonien, in letzteren die Zellen deutlich länger als breit.

I. Zellfamilien fadenförmig, manchmal verzweigt.

a. Fäden frei fluthend, dick gallertig: CCXXIV. Allogonium Ktzg.

b. Fäden dicht radial gestellt, grosse solide Kugeln bildend: CCXXV. Oncobyrsa Ag.

c. Fäden flach aufgewachsen, krustenartige Lager bildend: CCXXVI. Pleurocapsa Thur.

II. Zellfamilien nicht fadenförmig, mit scheinbar unregelmässig liegenden länglichen Zellen.

a. Zellen durch die dichten Hüllmembranen voneinander getrennt: CCXXVIII. Aphanothece Naeg.

b. Zellen sich berührend, in gemeinsamer Gallerthülle.

1. Familien aus 4—8 Zellen bestehend: CCXXVIII. Glaucocystis Itzigs.

2. Familien aus sehr vielen Zellen bestehend: CCXXIX. Coccochloris Sprg.

B. Zelltheilung nach 2 oder 3 Raumrichtungen; Zellen rund (oder keilförmig).

I. Zelltheilung nach 2 Raumrichtungen; es werden sehr regelmässige 4-eckige Tafeln gebildet: CCXXX. Merismopoedia Meyen.

II. Zelltheilung nach 3 Raumrichtungen; es werden Zellkörper oder Einzelzellen gebildet.

a. Zellen in grösseren Familien oder Lagern.

1. Familien kugelförmig.

α. Familien stellen Hohlkugeln dar (die häufig zerreissen und dann flächenförmig-hautartig sein können): CCXXXI. Coelosphaerium Naeg.

β. Kugelförmige oder knollenförmige Kolonien solid.

* Zellen keilförmig, schmales Ende nach dem Centrum der Kolonie gerichtet: CCXXXII. Gomphosphaeria Ktzg.

** Zellen kugelig: CCXXXIII. Polycystis Ktzg.

2. Zellen in ausgebreiteten, strukturlosen Gallertlagern: CCXXXIV. Aphanocapsa Naeg.

b. Zellen einzeln oder zu 2—8 zusammenhängend: CCXXXV. Chroococcus Naeg.

CCXXIV. Allogonium Ktzg. — **A. smaragdinum** Hansg. Lager büschelig verzweigt, aus bis einen mm langen Gallertfäden bestehend, welche fast quadratische, 9—11 μ lange und breite, spangrüne Zellen enthalten. In Tümpeln und Sümpfen.

CCXXV. Oncobyrsa Ag. — **O. rivularis** Menegh. (Fig. 194): Lager kugelig, 1—2 mm dick, braungrün; Zellen elliptisch oder kugelig, 2—6 μ dick, 1—2 mal so lang, blaugrün oder fast violett. In rasch fliessenden Bergbächen, selten.

CCXXVI. Pleurocapsa Thur. — **Pl. minor** Hansg. Lager aus strahlig vom Mittelpunkt ausgehenden, häufig gabelig sich verzweigenden und dicht aneinander liegenden, 4-eckigen, fest den Steinen des Bachgrundes aufgewachsenen Zellfäden mit 3—6 μ breiten Zellen gebildet. Vork. wie bei Voriger.

CCXXVII. Aphanothece Naeg.

a. Zellen bis 1,8 μ dick: 1. A. saxicola.
b. Zellen 2—3,5 μ dick: 2. A. Castagnei.
c. Zellen 4—5 μ dick: 3. A. microscopica.

1. **A. saxicola** Naeg. Zellen einzeln oder zu 2—8 zusammenliegend, mit zerfliesslicher, undeutlicher Gallerthülle, 2—3 mal so lang als dick. An nassen Felsen und in Quellwasser.

2. **A. Castagnei** Rabh. Zellhaut in schleimig-gallertigen Lagern, elliptisch, 1—2 mal so lang als dick. In Sümpfen, Tümpeln etc.

3. **A. microscopica** Naeg. Zellen in gallertigen, fast farblosen Lagern, länglich-cylindrisch, $1^1/_2$—2 mal so lang als dick. Vork. wie Vorige.

CCXXVIII. Glaucocystis Itzigs. — **Gl. nostochinearum** Itzigs. Zellen einzeln oder zu 2—8 in ellipsoidischen oder kugeligen Kolonien, lebhaft blaugrün, 10—18 μ dick, 18—28 μ lang. In Sümpfen und Gräben.

CCXXIX. Coccochloris Sprg. — **C. stagnina** Sprg. Zellen in bis 2 cm messenden, gallertigen, knollenförmigen Lagern, 3—5 μ dick, 5—8 μ lang. In Teichen und Gräben.

CCXXX. Merismopoedia Meyen.

1. Zellen tief blaugrün, meist deutlich länger als breit: 1. M. elegans.
2. Zellen blass blaugrün, meist kaum länger als breit: 2. M. glauca.

1. **M. elegans** A. Br. Zellfamilien oft aus sehr zahlreichen (bis 2048) Zellen bestehend, erst regelmässig viereckig, dann hautartig. In stehenden Gewässern, häufig.

2. **M. glauca** Naeg. (Fig. 195): Zellfamilien selten mehr als 64 Zellen enthaltend, immer regelmässig viereckig. Vork. wie bei Voriger.

CCXXXI. Coelosphaerium Naeg. — **C. Kützingianum** Naeg. Zellen zu 2—4 genähert, einschichtig der Gallertwand einer 30 bis

60 μ dicken Hohlkugel eingelagert, 2—5 μ dick. In Teichen, Gräben, Tümpeln. (Wenn die Wand der Hohlkugel netzartige Löcher hat cf. unten Polycystis aeruginosa Ktzg.)

CCXXXII. Gomphosphaeria Ktzg. — G. aponina Ktzg.

Zellen in 40—80 μ dicken kugeligen Kolonien, 4—13 μ dick, 8—16 μ lang. Vork. wie bei Voriger, selten.

CCXXXIII. Polycystis Ktzg.

a. Familien bald zerschlitzt, maschig gitterförmig durchbrochene Hohlkugeln bildend: 1. P. aeruginosa.

b. Familien kugelig oder lappig (nicht maschig) zerrissen.

* Gallertmembran der Kolonie dick, geschichtet: 2. P. marginata.

** Gallertmembran nicht geschichtet.

§ Lager blass grün; Zellen 3,5—7 μ dick: 3. P. scripta.

§§ Lager oliven- oder schmutzig blaugrün; Zellen 2—4,5 μ dick: 4. P. elabens.

1. **P. aeruginosa** Ktzg. (Fig. 196): Kolonien 30—150 μ dick, schön spangrün; Zellen unregelmässig angeordnet, 3—4 μ dick. In stehendem Wasser, hier und da.

2. **P. marginata** Richter: Kolonien 80—300 μ dick, schön blaugrün oder olivgrün; Zellen dicht aneinanderliegend, 3—4 μ dick. In Teichen und Gräben.

3. **P. scripta** Richter: Kolonien meist gelappt oder unregelmässig, 20—300 μ dick, hellgrün, spangrün oder olivengrün; Zellen gedrängt, 4—7 μ dick. Vork. wie bei Voriger.

4. **P. elabens** Ktzg. Kolonien bald zerrissen hautartig, ausgebreitet; Zellen 2—4,5 μ dick. Vork. wie bei Voriger.

CCXXXIV. Aphanocapsa Naeg.

a. Zellen nicht sich berührend-gedrängt.

* Zellinhalt lebhaft blaugrün; Lager dunkel, dünn, wenig schleimig: 1. A. fonticola.

** Zellinhalt hell blaugrün; Lager spangrün, dicker (höckerig), schleimig: 2. A. pulchra.

b. Zellen dicht gedrängt, sich berührend: 3. A. hyalina.

1. **A. fonticola** Hansg. Zellen 1,5—3,5 (—4) μ dick, einzeln oder zu zweien genähert. In Quell- und Brunnenwasser.

2. **A. pulchra** Ktzg. Zellen 3,5—4,5 μ dick, etwas weitläufig liegend. In Sümpfen und Gräben.

3. **A. hyalina** Hansg. Zellen 1,5—2,5 μ dick, mit blass blaugrünem Inhalt. In Teichen und Gräben.

CCXXXV. Chroococcus Naeg.

a. Zellinhalt gelbroth: 1. Chr. macrococcus.
b. Zellinhalt grün oder violett.
α. Zellinhalt schmutzig bräunlichviolett: 2. Chr. fuscoviolaceus.
β. Zellinhalt grün.
* Zellen über 12 μ dick; Zellhaut geschichtet: 3. Chr. turgidus.
** Zellen unter 10 μ dick; Zellhaut nicht geschichtet.
§ Zellen meist ein wenig länger als dick, 6—9 μ breit: 4. Chr. minutus.
§§ Zellen kugelig oder eckig, 4—7,5 μ breit: 5. Chr. helveticus.

1. **Chr. macrococcus** Rabh. Zellen kugelig, einzeln oder zu 2—4, mit sehr dicker, geschichteter Membran, 33—82 μ dick. Meist an feuchten Felsen, doch auch in Quell- und Bachwasser.

2. **Chr. fuscoviolaceus** Hansg. Zellen kugelig oder eiförmig, oft in dünnen, ausgebreiteten, schwärzlichen Lagern mit dünner, nicht geschichteter Membran, 3—5 μ dick. In rasch fliessenden Gebirgsbächen.

3. **Chr. turgidus** Naeg. (Fig. 197): Zellen kugelig oder durch gegenseitigen Druck kantig, einzeln oder zu 2—4, 13—25 (—35) μ dick. In stehendem, reinem Wasser, häufig.

4. **Chr. minutus** Naeg. Zellen einzeln oder zu 2 genähert, 6—9 μ dick, 10—13 μ lang, blass blaugrün. Vork. wie bei Voriger.

5. **Chr. helveticus** Naeg. Zellen einzeln oder zu 2—8 genähert, 4—7,5 (—9) μ dick, blau- oder blass gelblichgrün. In Torfmooren, Gräben.

II. Thiere[1].

A. Ohne Geisseln oder Cilien (schwingende, der Bewegung dienende Plasmafäden) und ohne der Nahrungsaufnahme dienende röhrenförmige Tentakel; nackte oder mit Gehäuse versehene Protoplasmamassen mit Pseudopodien (formveränderlichen Protoplasmafortsätzen):

A. Sarcodina; p. 169.

B. Mit Geisseln, Cilien oder röhrenartigen allermeist geknöpften Tentakeln.

I. Mit wenigen (1—4 [—8]) langen Geisseln:

B. Mastigophora; p. 182.

II. Mit vielen meist kurzen Cilien oder mit Tentakeln.

a. Während der Hauptperiode des Lebens dauernd mit Cilien versehen; mit Mundstelle oder Mundöffnung: **C. Ciliata**; p. 217.

b. Cilienkleid auf eine kurze Epoche freien Umherschwärmens nach der Theilung beschränkt; ohne Mundstelle oder Mundöffnung, da die Nahrung durch röhrenförmige, allermeist geknöpfte Tentakel aufgenommen wird: **D. Suctoria**; p. 256.

A. Sarcodina.

A. Pseudopodien lappig, cylindrisch oder fädig, nicht starr; wenn fädig, dann allermeist einem beschränkten Theil des nicht kugeligen Thieres entspringend:

***Rhizopoda**; p. 172.*

I. Plasmakörper nackt, von meist unbeständig wechselnder Form.

a. Pseudopodien bruchsackartig, lappig oder breit strahlenartig, oder kurz feinfädig, aber nicht netzartig anastomosirend.

1. Pseudopodien nicht wenige lange, den Körperdurchmesser um's 10—20 fache übertreffende Strahlen.

---

1) Die hier aufgeführten Thierformen gehören sämmtlich den Protozoën an; die Kenntniss derselben und der pflanzlichen Mikroorganismen genügt für jede Wasseranalyse und die Beiziehung von Metazoën ist durchaus unnöthig.

α. Pseudopodien bruchsackartig oder lappig

** Pseudopodien kaum ausgebildet.*

§ Thier sehr klein, tröpfchenartig, ohne viele runde, sehr stark glänzende Körper im Inneren: I. *Hyalodiscus Hertw. et Lesser.*

(§§ Thier sehr gross, meist elliptisch, mit vielen Glanzkörpern im Inneren: cf. IV. *Pelomyxa Greeff.)*

*** Pseudopodien lappig oder fingerförmig.*

§ Pseudopodien glatt: II. *Amoeba Ehbg.*

§§ Pseudopodien dicht mit feinstacheligen Fortsätzen bedeckt wie behaart: III. *Chaetoproteus St.*

β. Pseudopodien sehr fein, kurz wimperartig, auf eine oder wenige Stellen des Plasmaleibes beschränkt.

** Thier sehr gross, mit Glanzkörpern:* IV. *Pelomyxa Greeff.*

*** Thier klein, ohne Glanzkörper:* V. *Vampyrella Cienk.*

2. Die Pseudopodien stellen lange, den Körperdurchmesser meist übertreffende, spitze Strahlen dar: VI. *Dactylosphaerium Hertw. et Lesser.*

b. Pseudopodien netzförmig anastomosirend, stammartig von wenigen Stellen entspringend und sich verästelnd: VII. *Gymnophrys Cienk.*

II. Plasmakörper mit Schale.

a. Pseudopodien dick, am Ende gerundet, aus der Schale nur kurz herausgestreckt, nicht anastomosirend.

1. Gehäuse nicht aus Fremdkörpern (Sand etc.) gebildet.

α. Gehäuse sehr dünn und biegsam, mit dem Zellkörper grosser Gestaltsveränderung fähig.

** Gehäuse wasserhell, glockenförmig:* VIII. *Cochliopodium Hertw. et Lesser.*

*** Gehäuse bräunlich, uhrglasförmig:* IX. *Pseudochlamys Cl. et Lachm.*

β. Gehäuse dicker, starr.

** Schale strukturlos oder mit feinster, 6-eckig wabenartiger Zeichnung.*

§ Oberseite der Schale mit feinen Höckerchen besetzt: X. *Pyxidula Ehbg.*

§§ Oberseite der Schale ohne solche Höckerchen.

× Schale bei starker Vergrösserung mit hexagonal-wabenartiger Zeichnung: XI. *Arcella Ehbg.*

×× Schale auch bei starker Vergrösserung völlig homogen: XII. *Hyalosphenia St.*

*** Schale mit grober Struktur, aus bei geringer Vergrösserung sichtbaren Plättchen oder Stäbchen gebildet.*

§ Schale aus 4-eckigen Plättchen gebildet: XIII. *Quadrula F. E. Sch.*

§§ Schale aus rundlichen, scheibenförmigen Körperchen und die Zwischenräume ausfüllenden krystallischen Stäbchen gebildet: XIV. *Nebela Leidy.*

2. Gehäuse aus Sand, Bacillariaceenschalen und anderen Fremdkörpern gebildet.

α. Schalen mit terminaler oder seitlich gedrehter Mündung, nicht spiralig: XV. *Difflugia Lecl.*

β. Schalen retortenförmig, mit ½ Spiralwindung: XVI. *Lecquereusia Schlumb.*

b. Pseudopodien dünn fadenförmig, meist sehr weit aus der Schale herausgestreckt, oft anastomosirend.

** Schale mit einer oder höchstens 2 Oeffnungen.*

1. Schale aus hexagonalen oder rundlichen Plättchen aufgebaut.

α. Oeffnung in der Axe der Schale liegend, terminal.

§ Axe gerade; Schale birnförmig, rundlich oder oval.

× Schale nicht oder schwach komprimirt; Zähne an der Mündung regelmässig: XVII. *Euglypha Duj.*

×× Schale sehr stark komprimirt; Zähne unregelmässig: XVIII. *Assulina Ehbg.*

§§ Axe gekrümmt, Schale retortenförmig mit langem Hals: XIX. *Cyphoderia Schlumb.*

β. Oeffnung seitlich: XX. *Trinema Duj.*

2. Schale strukturlos oder aus Fremdkörpern gebaut.

α. Schale aus Sandkörnchen etc. gebaut: XXI. *Pseudodifflugia Schlumb.*

β. Schale nicht aus Fremdkörpern bestehend, strukturlos.

§ Schale mit einer Oeffnung.

× Pseudopodien mit sehr zahlreichen Anastomosen, netzbildend.

0 *Der gemeinsame, unverzweigte Theil der Pseudopodien (Pseudopodienstiel) nimmt in der Mitte des Thieres seinen Ursprung:* XXII. *Lieberkühnia Cl. et Lachm.*

00 *Pseudopodienstiel endständig:* XXIII. *Gromia Duj.*

×× Pseudopodien spitzwinkelig verästelt, nicht netzartig anastomosirend.

0 *Pseudopodien von einem gemeinsamen Stiel entspringend.*

† *Körper die Schale ausfüllend:* XXIV. *Lecythium Hertw. et Lesser.*

†† *Körper die Schale nicht vollkommen ausfüllend.*

. *Plasmakörper mit in der Mitte gelegener Körnchenzone:* XXV. *Platoum F. E. Sch.*

.. *Plasmakörper ohne Zone:* XXVI. *Microgromia Hertw.*

00 *Pseudopodien ohne Stiel, direkt aus dem Körper des Thieres entspringend:* XXVII. *Pamphagus Bailey.*

§§ Schale mit zwei in der Längsaxe sich gegenüber liegenden Oeffnungen.

× Schale mit Fremdkörpern inkrustirt: XXVIII. *Amphitrema Archer.*

×× Schale nicht mit Fremdkörpern inkrustirt.

0 *Schale sehr dünn, farblos:* XXIX. *Diplophrys Bark.*

00 *Schale dicker, gelblich:* XXX. *Ditrema Archer.*

** *Schale mit meist 3 porenartigen Mündungen:* XXXI. *Microcometes Cienk.*

B. Pseudopodien starr, strahlenförmig, allseitig dem (kugeligen) Thierleib entspringend: **Heliozoa**, *p. 179.*

I. Thiere ohne kieselige Hülle.

a. Thiere ohne alle Hülle.

1. Thiere amoeboid-formveränderlich.

α. Ohne kontraktile Vakuole; meist in Kolonien: XXXII. *Monobia A. Schn.*

β. Mit einer kontraktilen Vakuole und sehr wenigen, ausserordentlich langen Pseudopodien; einzeln: XXXIII. *Artodiscus Pen.*

γ. Mit mehreren kontraktilen Vakuolen und kurzen, zahlreichen Pseudopodien; einzeln: XXXIV. *Nuclearia Cienk.*

2. Thiere formbeständig.

α. Scheidung von Ekto- und Entosark nicht deutlich; ersteres ohne Blasen; Thier klein: XXXV. *Actinophrys Ehbg.*

β. Scheidung von Ekto- und Endosark deutlich, ersteres mit grossen Blasen; Thier gross: XXXVI. *Actinosphaerium St.*

b. Thiere mit gallertartiger, von den Pseudopodien durchwachsener Hülle.

1. Hülle kugelig: XXXVII. *Heterophrys Archer.*

2. Hülle zackig gelappt und eingeschnitten: XXXVIII. *Sphaerastrum Greeff.*

II. Thiere mit einer Hülle, welche aus Kieselsäure besteht.

a. Kieseltheile der Hülle isolirt, sehr klein.

1. Kieseltheile der Hülle nicht nadelartig.

α Kieseltheile der Hülle kugelig, mehrschichtig: XXXIX. *Pompholyxophrys Archer.*

β. Kieseltheile der Hülle zu unterst plättchenförmig, darüber in mehreren Reihen kugelig: XL. *Diplocystis Pen.*

γ. Kieseltheile der Hülle plättchenförmig, einschichtig: XLI. *Pinaciophora Greeff.*

2. Kieseltheile der Hülle langgestreckt, nadelartig.

α. Kieselnadeln sehr klein, tangential geordnet: XLII. *Rhaphidiophrys Arch.*

β. Kieselnadeln grösser, radial gestellt: XLIII. *Acanthocystis Cart.*

b. Hülle eine kugelige, von vielen Löchern durchbrochene Kieselschale darstellend.

1. Löcher im Niveau der Schale liegend: XLIV. *Clathrulina Cienk.*

2. Löcher auf der Spitze von Buckeln liegend: XLV. *Hedriocystis H. et L.*

Rhizopoda.

I. Hyalodiscus Hertw. et Lesser.

a. Die inneren Parthien mit rothen Körnern erfüllt: 1. H. rubicundus.

b. Thiere farblos.

* Thier rund-tröpfchenförmig; 30—65 μ breit: 2. H. guttula.

** Thier länglich, bis 120 μ lang: 3. H. limax.

1. **H. rubicundus** H. et L. Thier mit rotirender Bewegung, meist oval; Saum breit hyalin, ab und zu gefaltet; 30—60 μ lang. Im Schlamm stehender Gewässer.

2. **H. guttula** (Duj.) (Fig. 198): Thier langsam fliessend beweglich, meist rund, fast glashell, mit verhältnissmässig wenigen, scharf sich abhebenden Körnchen. In Abwässern sehr häufig; auch in länger stehenden faulen Proben von Bachwasser etc.

3. **H. limax** (Duj.): Thier rasch fliessend beweglich, langgestreckt, oft mit Andeutung sehr breiter Pseudopodien, mit breitem glashellem Saum und undurchsichtigem, dicht mit Körnchen erfülltem Innern. Vork. wie bei Voriger, sehr häufig.

II. Amoeba Ehbg.

a. Allermeist über 250 μ gross; Pseudopodien lang, schlauchförmig; Plasma mit kleinen Krystallen: 1. A. proteus.

b. Nicht über 150 μ gross; Pseudopodien klein.
 * Pseudopodien warzenartig, unverzweigt; 50—120 μ gross: 2. A. verrucosa.
 ** Pseudopodien cylindrisch, öfters kurz zweitheilig; Thier nicht über 25 μ gross: 3. A. brachiata.

1. **A. proteus** (L.) (Fig. 200): Thier sehr beweglich, oft verzweigte Pseudopodien nach allen Seiten ausstreckend und manchmal die ganze Plasmamasse zu ihrer Bildung verwendend, mit grossem Zellkern und 1—2 kontraktilen Vakuolen. Im Schlamm von Gräben, Teichen etc.; nur in nicht verunreinigtem Wasser.

2. **A. verrucosa** Ehbg. (Fig. 201): Thier sehr wenig beweglich, klumpenartig, mit dick wulstartigen, sehr kurzen und breiten Pseudopodien, einem grossen Zellkern und 1 bis mehreren kontraktilen Vakuolen. Vork. wie bei Voriger, doch auch in verunreinigtem Wasser gefunden.

3. **A. brachiata** Duj. Thier ziemlich lebhaft beweglich, mit wenigen, langen und schmalen, oft getheilten, an der Spitze gerundeten Pseudopodien, mit einem Zellkern und zweifelhafter Vakuole. In Abwässern, besonders mit Kanalwasser vermischten Flusswasserproben, häufig.

III. Chaetoproteus St. — **Ch. mirabilis** (Leidy.) (Fig. 199): Thier wenig beweglich, rundlich oder unregelmässig elliptisch, mit kurzen, dünn fingerförmigen oder rübenförmigen, meist scharf zugespitzten Pseudopodien. In Torfsümpfen.

IV. Pelomyxa Greeff. — **P. palustris** Greeff (Fig. 202): Thier sehr wenig beweglich, allermeist mit breitem Vorderende, allmählich nach hinten verschmälert und hier oft an kropfförmiger Ausbuchtung mit kurzen, dünnhaarartigen Pseudopodien, mit vielen Glanzkörpern und mehreren kleinen Kernen. In Torfsümpfen.

V. Vampyrella Cienk. — **V. Spirogyrae** Cienk. Thier meist unregelmässig kugelig, abgesehen von dem schmalen hyalinen Saum ziegelroth, meist nur an einzelnen Stellen seltener allseitig dünne, spitze Pseudopodien aussendend. An Conjugata-Arten, dieselben aussaugend.

VI. Dactylosphaerium Hertw. et Lesser.

a. Viele Pseudopodien, welche den Körperdurchmesser nicht sehr übertreffen; Körper voll gelber Körnchen: 1. D. vitreum.
b. Sehr wenige (2—6) Pseudopodien, die 5—10mal länger sind als der Körperdurchmesser: 2. D. radiosum.

1. **D. vitreum** Hertw. et L. (Fig. 203): Körper im Verhältniss zu den Strahlen gross, rundlich; Pseudopodien dicht stehend, kurz kegelförmig zugespitzt, öfters gegabelt; ganzer Körper meist dicht mit haarartigen Zöttchen bedeckt, 60—120 μ breit. In stehendem Wasser.

2. **D. radiosum** (Ehbg.): Körper im Verhältniss zu den Pseudopodien klein, oft buchtig-eckig; letztere entfernt stehend, stets einfach, sehr lang zugespitzt; Körper glatt; Durchmesser 100—450 μ. In Teichen und Gräben, häufig.

VII. Gymnophrys Cienk. — **G. cometa** Cienk. Kleiner, rundlicher oder ellipsoidischer Plasmakörper ohne kontraktile Vakuole, welcher mehrere dünnfädig verästelte, lebhafte Körnchenströmung zeigende Pseudopodien entsendet. In Torfmooren.

VIII. Cochliopodium Hertw. et Lesser.

a. Schale glatt; Körper farblos: 1. C. bilimbosum.
b. Schale mit einem Ueberzug von haarähnlichen Fortsätzen; Körper mit Chlorophyllkörnern gefüllt: 2. C. vestitum.

1. **C. bilimbosum** (Auerb.): Schale bei stärksten Vergrösserungen senkrecht schraffirt erscheinend, nach Anwendung von KOH glockenförmig, mit weiter Mündung, im Leben durch die konktraktilen Vakuolen oft buckelförmig aufgetrieben, sehr formveränderlich. In Teichen.

2. **C. vestitum** (Arch.): Durch die angegebenen Unterschiede von voriger Art zu trennen. In stehendem Wasser.

IX. Pseudochlamys Cl. et Lachm. — **Ps. patella** Cl. et Lachm. Schale uhrglasförmig, unten mit dünner Membran bis auf die Pseudopodienöffnung verschlossen, bräunlich, sehr formveränderlich, ± 40 μ breit. In Tümpeln, Gräben, Sümpfen.

X. Pyxidula Ehbg. — **P. operculata** Ehbg. Schale rundlich, bikonvex, verkieselt, bräunlich, ± 20 μ breit; Thier mit braungrünen Chromatophoren. An überrieselten Felsen, in klarem stehendem Wasser.

XI. Arcella Ehbg. — **A. vulgaris** Ehbg. (Fig. 204): Schale braun, von oben gesehen genau kreisförmig mit einem konzentrischen inneren Ring (der Pseudopodienöffnung), dicht facettirt, am Rand meist glatt selten mit einigen aufgekrümmten Zähnen (= A. dentata Ehbg.), uhrglasförmig, 50—150 μ breit. In Teichen, Tümpeln, Gräben, häufig.

XII. Hyalosphenia St. — **H. lata** F. E. Sch. (= **H. cuneata** Leidy) (Fig. 205): Schale farblos, von der breiten Seite gesehen birnförmig, von oben schmal elliptisch, mit grosser Pseudopodienöffnung und farblosem, die Schale nicht ausfüllenden aber viele dornige Fortsätze nach derselben treibenden Körper, 60—70 μ lang. In Torfsümpfen.

XIII. Quadrula F. E. Sch. — **A. symmetrica** (Wall.) (Fig. 206): Schale farblos, nicht zusammengedrückt, aus grossen, ziemlich regelmässig quadratischen Plättchen gebildet, glattrandig, 80—140 μ lang. In Teichen, Torfmooren, an von Wasser überrieselten Felsen, in Quellen.

XIV. Nebela Leidy.

a. Schale ohne Kiel (und Anhänge).
 * Mündung der Schale zweilippig eingeschnitten: 1. N. collaris
 ** Mündung der Schale gerade abgeschnitten: 2. N. bohemica.
b. Schale mit einem einfachen Kiel: 3. N. carinata.

1. **N. collaris** Leidy (Fig. 207): Schale birn- bis flaschenförmig, hinten breit bauchig, nach vorn halsartig verschmälert, 100—230 μ lang. In Torfmooren, nicht selten.

2. **N. bohemica** Tar. Schale birnförmig, länglich bis breit oval, nach vorn gegen die Pseudopodienöffnung verschmälert, 60—105 μ lang. Vork. wie bei Voriger.

3. **N. carinata** Leidy: Schalengestalt von Nr. 1 nur durch den Kiel verschieden; Länge 200—250 μ. In Wiesensümpfen und Waldtümpeln.

XV. Difflugia Lecl.

a. Mündung der Schale terminal liegend.
 1. Pseudopodien allermeist ungetheilt, stumpf.
  α. Pseudopodienöffnung sehr regelmässig sternförmig ausgebuchtet.
   * Schale derb, ± 120 μ lang: 1. D. lobostoma.
   ** Schale sehr zart, ± 73 μ lang: 2. D. hydrostatica.
  β. Pseudopodienöffnung (öfters etwas unregelmässig) rund.
   * Schale an der Mündung nicht nach aussen breit umgebogen.
    § Schale länger als breit, mit deutlichem Hals.
     0 Schale am Ende stumpf oder mit ganz kurzem und breitem aufgesetztem Spitzchen: 3. D. pyriformis.
     00 Schale an der Spitze lang und geschweift ausgezogen: 4. D. acuminata.
    §§ Schale meist kürzer, jedenfalls nicht länger als breit, ohne Hals: 5. D. globulosa.
   ** Mündung der Schale nach aussen stark umgebogen, eine Rinne bildend: 6. D. urceolata.
 2. Pseudopodien oft getheilt, spitz: 7. D. acropodia.
b. Mündung seitlich liegend.
 * Mündung nur schief: 8. D. constricta.
 ** Mündung vollständig auf die Unterseite der stark bilateral gewordenen Schale verschoben: 9. D. aculeata.

1. **D. lobostoma** Leidy: Schale meist regelmässig kugelig, seltener elliptisch, mit stumpfem Ende, ohne oder mit sehr kurzem Hals; Thier öfters grün. (Der Nr. 4 sehr ähnlich!) In Teichen und Gräben, häufig.

2. **D. hydrostatica** Zach. Schale länglich-birnförmig, mit stumpfem Ende, mit breitem deutlichem Hals. In Seen, zeitweise massenhaft, frei schwimmend.

3. **D. pyriformis** Pty. (Fig. 208): Schale birnförmig, meist dickgedrungen, seltener langgestreckt, in der Gestalt sehr wechselnd; Thier öfters grün. In stehendem und langsam fliessendem, reinem Wasser, gemein.

4. **D. acuminata** Ehbg. Schale langgezogen, birnförmig bis fast walzenförmig, in der Gestalt sehr wechselnd; Thier sehr selten grün. Vork. wie bei Voriger, seltener.

5. **D. globulosa** Duj. Schale kugelig oder niedergedrückt kugelig, recht gleichmässig gebaut; Thier farblos. In Teichen und Gräben, nicht selten.

6. **D. urceolata** Cart. Schale kugelig oder ellipsoidisch, am Ende stumpf oder mit 1 bis mehreren kurzen Spitzen, stets mit kurzem Hals, sehr wechselnd in der Gestalt. Thier farblos. Vork. wie bei Voriger.

7. **D. acropodia** Hertw. et Lesser: Schale rundlich, oft nur unvollkommen mit Fremdkörpern inkrustirt; Thier farblos. In stehendem Wasser, nicht häufig.

8. **D. constricta** Ehbg. Schale eiförmig oder elliptisch, am Ende gerundet und öfters mit 1 bis mehreren aufgesetzten Stacheln versehen, mit schief gestellter, ovaler oder nierenförmiger, nicht gebuchteter Mündung. In Teichen, Gräben und Tümpeln, sehr häufig.

9. **D. aculeata** Pty. (= **Centropyxis aculeata** St.): Schale von oben oder unten gesehen kreisrund mit excentrisch gelegenem Pseudopodienloch, von der Seite gesehen unregelmässig eiförmig (das Loch liegt an der schmalen Ecke), meist mit mehreren Stacheln am dicken Theil; Mündung rund oder oft gebuchtet; Thier farblos. In Teichen, Gräben etc., nicht selten.

10. **XVI. Lecquereusia** Schlumb. — **L. spiralis** Schlumb. (Fig. 209): Schale etwas zusammengedrückt, von der breiten Seite gesehen ungefähr kreisförmig mit einseitig angesetztem kurzem, cylindrischem Hals; Thier meist farblos. In Teichen und Gräben, nicht selten.

XVII. Euglypha Duj.

a. Schale allseitig mit an der Grenze der Schalenplättchen entspringenden borstenartigen Haaren besetzt: 1. E. ciliata.
b. Schale völlig kahl.
  α. Schale nicht kugelig.
    * Schale flaschenförmig; Plättchen in 24 Reihen; 12 Zähne an der Mündung: 2. E. ampullacea.
    ** Schale eiförmig; Plättchen in 8 Reihen; 8 Zähne an der Mündung: 3. E. alveolata.
  β. Schale kugelig: 4. E. globosa.

1. **E. ciliata** (Ehbg.): Schale länger oder kürzer eiförmig, mit 24 Reihen von Plättchen, welche in 12 Mündungszähne auslaufen, ab-

gesehen von den feinen Borsten ohne Stacheln, 56—100 μ lang. In Torfsümpfen, auch in Wäldern in feuchtem Moos, häufig.

2. **E. ampullacea** Hertw. et Lesser: Schale hinten ausgebuchtet, nach vorn sehr allmählich ausgezogen, ± 70 μ lang. In stehendem Wasser.

3. **E. alveolata** Duj. (Fig. 210): Schale schmal eiförmig, allmählich geradlinig nach vorn verschmälert, ohne dass ein Hals erkennbar wäre, 80—100 μ lang. Vork. wie bei Voriger, häufig.

4. **E. globosa** (Cart.): Schale kugelig oder sehr breit eiförmig, nach vorn kurz geschweift in einen deutlichen Hals ausgezogen, mit 2-zackiger Mündung, 40—50 μ lang. In Teichen und tiefen Gräben, nicht selten.

XVIII. Assulina Ehbg. — **A. seminulum** Ehbg. Schale von der breiten Seite gesehen fast kreisrund, ohne jede Andeutung eines Halses in die mit kleinen, nicht gezähnelten Zähnen besetzte Mündung übergehend, rothbraun, 44—80 μ lang. In Torfsümpfen nicht selten, auch in Wäldern zwischen feuchtem Moos.

XIX. Cyphoderia Schbg. — **C. ampulla** (Ehbg.) (Fig. 211): Schale eiförmig, mit einseitig bogenförmig gekrümmtem Hals und grosser, runder Mündung, am Ende stumpf oder mit aufgesetzter Spitze, gelbbraun, 112—176 μ lang. In reinem Wasser, überall nicht selten.

XX. Trinema Duj. — **T. enchelys** (Ehbg.): Schale farblos, aus grossen, kreisrunden Plättchen gebildet, von unten (der Seite der Pseudopodienöffnung) gesehen regelmässig eiförmig oder elliptisch, von der Seite gesehen unregelmässig eiförmig, Pseudopodienöffnung unter dem schmälern Ende, 16—100 μ lang. In stehendem und langsam fliessendem reinen Wasser, häufig.

XXI. Pseudodifflugia Schlumbg. — **Ps. gracilis** Schlumb. Bis auf die feinfädigen Pseudopodien der Difflugia pyriformis zum Verwechseln ähnlich; Schale 40—160 μ lang, ei- oder birnförmig, mit breit gerundetem, selten eine aufgesetzte Spitze zeigendem Ende. In Teichen und Sümpfen.

XXII. Lieberkühnia Clap. et Lachm. — **L. Wageneri** Cl. et Lachm. (Fig. 212): Schale so fein, dass sie schwer wahrnehmbar ist, hyalin ± 160 μ lang, eiförmig oder elliptisch; mit ausserordentlich grossem Pseudopodiennetz. In stehendem Wasser, selten.

XXIII. Gromia Duj. — **Gr. fluviatilis** Duj. (Fig. 213): Schale ausserordentlich fein, kugelig oder eiförmig, 90—250 μ breit; Pseudopodiennetz sehr gross, allseitig entwickelt, da das aus der Pseudopodienöffnung hervortretende Plasma die Aussenseite der Schale als dünne Schicht überdeckt. In Flüssen, zwischen Wasserpflanzen.

XXIV. Lecythium Hertw. et Lesser. — **L. hyalinum** (Ehbg.): Schale sehr zart, hyalin, bilateral symmetrisch, mit Andeutung eines sehr kurzen Halses, 30—40 μ breit; Protoplasmakörper eine breite Platte (Pseudopodienstiel) aus der Oeffnung herausschickend, davon die Aeste aussendend. In stehendem Wasser, nicht selten.

XXV. Platoum F. E. Sch. — **Pl. stercoreum** (Cienk.) (Fig. 214): Schale etwas weniger zart als bei Voriger, hyalin, kugelig, nach der Pseudopodienöffnung zu sehr kurz und oft undeutlich zugespitzt, 50—80 μ lang. In Haus- unl Stallabwässern, nicht selten.

XXVI. Microgromia Hertw. — **M. socialis** (Arch.): Körper- oder flächenhafte Kolonien; Schale vom Körper vollständig getrennt, farblos, starr, kugelig mit kurzem Hals, $\pm$ 20 μ lang. In stehendem Wasser.

XXVII. Pamphagus Bailey. — **P. mutabilis** Bailey: Schale sehr zart, hyalin, schwer zu erkennen, zusammengedrückt elliptisch oder eiförmig, von der Seite gesehen linsenförmig, mit sehr kleiner runder Mündung; Körper mit einigen hochrothen Körnern, sonst farblos; 40 bis 100 μ lang. In stehendem Wasser, besonders in Torfmooren.

XXVIII. Amphitrema Archer. — **A. Wrightianum** Arch. Körper mit Chlorophyll, die Schale meist nicht ausfüllend; die beiden sich gegenüberstehenden, aus mit sehr kurzem reifenähnlichem Hals versehenen Oeffnungen kommenden Pseudopodienbüschel ungleich. In stehendem Wasser, selten.

XXIX. Diplophrys Barker. — **D. Archeri** Bark. (Fig. 215): Meist in grossen Kolonien; Schale glatt, kugelig oder eiförmig, $\pm$ 20 μ breit; Körper die Schale völlig ausfüllend; mit 1 bis wenigen grossen, runden, gelb gefärbten Körpern; Pseudopodien büschelig. In stehendem Wasser, nicht selten.

XXX. Ditrema Archer. — **D. flavum** Arch. Schale hyalin, gelblich, ziemlich dick und starr, ellipsoidisch oder wenig zusammengedrückt; Mündungsränder etwas nach innen umgeschlagen; Körper mit Chlorophyll; Pseudopodien büschelig. In stehendem Wasser, selten.

XXXI. Microcometes Cienk. — **M. paludosa** Cienk. Schale dünn, farblos, kugelig, mit wenigen runden Oeffnungen, $\pm$ 22 μ breit; Körper die Schale nicht ausfüllend; Pseudopodien sehr fein, sparsam verästelt. In Sümpfen und Gräben, zwischen Algen.

Heliozoa.

XXXII. Monobia A. Schneider. — **M. confluens** A. Schn. (Fig. 216): Zellen oft durch starke Pseudopodienbrücken miteinander verbunden in Kolonien, mit allseitig entspringenden sehr zarten und langen, oft streckenweise spindelförmig angeschwollenen Pseudopodien. In stehendem Wasser.

XXXIII. Artodiscus Pen. — **A. saltans** Pen. (Fig. 217): Zellen einzeln, 15—20 μ gross, sehr formveränderlich, röthlich, in der Grösse der Pseudopodien an Dactylosphaerium radiosum erinnernd. In Wiesengräben, selten.

XXXIV. Nuclearia Cienk. — **N. delicatula** Cienk. Zellen ausgebreitet scheibenförmig, allseitig sehr feine Pseudopodien aussendend, mit rothen Inhaltskörpern, mehrkernig, ± 60 μ breit. In stehendem Wasser an Conjugata-Arten.

XXXV. Actinophrys Ehbg. — **A. Sol** (Müll.) (Fig. 218): Thier kugelig, durchscheinend, farblos, allermeist mit gleichartigen runden Vakuolen fast bis zum Rand durchsetzt, ± 50 μ breit. In reinem stehendem und langsam fliessendem Wasser, besonders in Wiesengräben, überall gemein.

XXXVI. Actinosphaerium St. — **A. Eichhornii** (Ehbg.) (Fig. 219): Thier dem Vorigen ähnlich, doch stets grösser (88—400 μ) und Randvakuolen (oft deutlich radial gestreckt) sehr viel umfangreicher als die im Innern gelegenen. Vork. mit Voriger, häufig.

XXXVII. Heterophrys Archer.

a. Stacheln kurz (nicht über 1/4 des Durchmessers des Thierkörpers); Körnige Hüllenschicht vom Körper nur durch eine schmale Zone getrennt: 1. H. myriopoda.

b. Stacheln lang (fast dem halben Durchmesser des Thieres gleichkommend); Körnige Hüllschicht weit vom Körper abstehend: 2. H. spinifera.

1. **H. myriopoda** Arch. Kugelig, meist dicht mit grünen Körnern erfüllt, mit dickiger körniger Hüllschicht, ± 80 μ breit. In stehendem Wasser, besonders in Torfsümpfen.

2. **H. spinifera** Hertw. et Lesser: Oft fast farblos; mit dünner Hüllschicht, ± 20 μ breit, sonst wie Vorige. Selten.

XXXVIII. Sphaerastrum Greeff. — **Sph. Fockei** (Arch.): Farblos oder chlorophyllführend, kugelig, ± 30 μ breit, oft in grossen Kolonien, welche von einer zusammenhängenden Hüllschicht umgeben sind, die Zellen durch dicke Protoplasmastiele miteinander verbunden. In Torfsümpfen.

XXXIX. Pompholyxophrys Archer.

a. Kieselkugeln gross, in wenigen Lagen übereinander geschichtet: 1. P. punicea.
b. Kieselkugeln unmessbar klein, in mehreren Lagen geschichtet: 2. P. exigua.

1. **P. punicea** Arch. Zellen durch Farbstoffkörnchen meist roth gefärbt, ± 50 μ breit. In stehendem Wasser.

2. **P. exigua** (Hertw. et L.) (Fig. 220): Zellen durch meist einen Farbkörper rubinroth gefärbt, ± 40 μ breit. Vork. wie bei Voriger, beide selten.

XL. Diplocystis Pen. — **D. gracilis** Pen. (Fig. 221): Kugelig, 30—35 μ breit, farblos, mit einer aus halbmondförmig mit der Konvexität nach aussen gekrümmten, in 2—3 Lagen geordneten Plättchen und Tausenden von hyalinen Kügelchen gebildeter Hülle. In Tümpeln, selten.

XLI. Pinaciophora Greeff. — **P. fluviatilis** Greeff: Thier kugelig, ± 50 μ breit, mit hell ziegelroth gefärbtem Centrum, schmaler wasserheller Randzone und dunklerer, aus an den Seiten zugespitzten Kieselplättchen gebildeter Hülle. In Flusswasser, selten.

XLII. Rhaphidiophrys Archer.

a. Thiere einzeln lebend, nicht grün: 1. Rh. pallida.
b. Thiere (allermeist) in Kolonien, grün.
  * Kieselnadeln beiderseits spitz, fast gerade: 2. Rh. viridis.
  ** Kieselnadeln beiderseits abgestumpft und hakenförmig umgebogen, stark gekrümmt: 3. Rh. elegans.

1. **Rh. pallida** F. E. Sch. Thier ± 80 μ breit, mit gelben Körnern; Skeletnadeln schwach halbmondförmig gebogen, spitz. In Torfsümpfen.

2. **Rh. viridis** Arch. Thier ± 70 μ breit; Skeletnadeln sehr wenig gebogen, spitz; Kolonien aus durch dicke Plasmastiele verbundenen Thieren, selten Einzelindividuen gefunden. Vork. wie bei Voriger.

3. **Rh. elegans** H. et L. (Fig. 222): Thiere ± 35 μ breit, stets in Kolonien, bis auf die angegebenen Unterschiede wie Vorige. In Torfsümpfen.

XLIII. Acanthocystis Cart.

a. Stacheln zweigestaltig, die langen sind viel dicker als die breit gegabelten kürzeren: 1. A. chaetophora.
b. Stacheln gleichgestaltet.
  1. Stacheln alle am Ende trompetenartig erweitert: 2. A. Lemani.
  2. Stacheln am Ende spitz.
    α. Stacheln lang, etwa der Hälfte des Körperdurchmessers gleichkommend oder länger.
      * Stacheln fast so lang oder so lang wie der Körperdurchmesser.

§ Stacheln sehr stark, so lang wie der Körperdurchmesser: 3. A. aculeata.

§§ Stacheln sehr fein, ²/₃ des Körperdurchmessers: 4. A. myriospina.

** Stacheln sehr fein, so lang wie der Körperhalbmesser.

§ Tangentiale Schalenelemente fehlen: 5. A. spinifera.

§§ Tangentiale Schalenelemente vorhanden: 6. A. albida.

β. Stacheln kurz, nicht über ¹/₄ des Körperdurchmessers lang.

* Stacheln an der Spitze mit kleiner Verdickung oder kurzer Gabel: 7. A. pectinata.

** Stacheln spitz.

0 Stacheln bis ¹/₄ des Körperdurchmessers lang: 8. A. erinacea.

00 Stacheln noch nicht ¹/₁₀ des Körperdurchmessers lang: 9. A. tenuispina.

1. **A. chaetophora** (Schrk.) (= **A. turfacea** Cart.): Durchmesser (ohne Nadeln) 30—40 μ; Körper grünlich oder bläulich, ausser den Stacheln mit linsenförmigen, kieseligen Schüppchen umhüllt. In Seen, Teichen, Gräben, Torfmooren, häufig.

2. **A. Lemani** Pen. Durchmesser des Körpers 20—30 μ; Körper farblos; Stacheln bald dick, bald locker gestellt, selten genau radial, meist unregelmässig abstehend. In grössern Seen.

3. **A. aculeata** Hertw. et Lesser (Fig. 223): Körperdurchmesser 25—30 μ; Körper meist grünlich, ausser den Stacheln mit einer Hülle von scheibenförmigen Schuppen. In Teichen, Gräben, nicht selten.

4. **A. myriospina** Pen. Körper 20—30 μ breit, grünlich, mit aus sich berührenden Schüppchen gebildeter Hülle. In stehendem Wasser, nicht selten.

5. **A. spinifera** Greeff: Körper ± 25 μ breit, farblos, ohne tangentiale Hülle. Vork. wie bei Voriger.

6. **A. albida** Pen. Körper 20—25 μ breit, weiss oder grau, mit aus blättchenartigen Schuppen gebildeter Hülle. In stehendem Wasser.

7. **A. pectinata** Pen. Körper 15—20 μ breit; Hülle von ganz ausserordentlich kleinen Schüppchen oder Flitterchen gebildet. In Teichen.

8. **A. erinacea** Pen. Körper 15—25 μ breit, bläulich, mit aus blättchenartigen Schuppen gebildeter Hülle. In stehendem Wasser.

9. **A. tenuispina** Zach. Körper mit der ± 15 μ breiten Umhüllung 56 μ dick. In Seen.

XLIV. Clathrulina Cienk. — **Cl. elegans** Cienk. (Fig. 224): Thier kugelig, allseitig durch die Lücken der grossgitterigen, ± 70 μ breiten, kugeligen Schale eine Menge feiner Pseudopodien herausstreckend, auf bis 3 mm langem, dünnem, cylindrischem Stiel. In Sümpfen, Gräben, Torfmooren, nicht selten.

XLV. Hedriocystis Hertw. et Lesser. — **H. pellucida** H. et L. (Fig. 225): Schale gestielt, rundlich-oval, mit zugespitzten Buckeln besetzt, deren durchbohrte Spitzen die Pseudopodienöffnungen bilden; Protoplasmakörper frei im Innern schwebend. In stehendem Wasser, an Algen angeheftet, selten.

B. Mastigophora.

A. Thiere ohne zweiklappige Schale, ohne eine Querfurche im Aequator, in welcher eine lange Geissel scheinbar wie viele Cilien sich bewegt — ***Flagellata***; *p. 188.*

I. Nur Geisseln, kein trichterförmiger protoplasmatischer Kragen vorhanden.

a. Am Vorderende ist nur eine Geissel vorhanden, oder wenigstens eine ist beträchtlich grösser als die (1—2) Nebengeisseln, oder es sind zwei gleiche Geisseln vorhanden, aber der Thierkörper ist dann amoeboid beweglich.

1. Wenn eine Nebengeissel vorhanden, ist diese nach vorne gerichtet.

α. Mundöffnnng fehlend oder seltener vorhanden, aber dann nie in einen Schlund fortgesetzt; allermeist sehr kleine Formen.

* *Der ganze Organismus in der Ruhe amoeboid, im Schwimmen flagellatenhaft.*

§ *Ohne Chromatophoren.*

× *Mit einer Geissel:* *XLVI. Mastigamoeba F. E. Sch.*

×× *Mit zwei Geisseln:* *XLVII. Dimorpha Gruber.*

§§ *Mit braungelben Chromatophoren:* *XLVIII. Chrysamoeba Klebs.*

** *Organismen normal nicht amoebenartig.*

§ *Nur eine Geissel vorhanden.*

× *Organismen nackt, ohne Gehäuse.*

0 *Organismen nicht blättchenförmig*

† *Hinterende mit starkem, geisselförmigem Pseudopodium:* *IL. Cercomonas Duj.*

†† *Hinterende meist ohne Fortsatz:* *L. Oikomonas St.*

00 *Organismen ein dreiseitiges verbogenes Blättchen darstellend:* *LI. Phyllomonas Klebs.*

×× *Organismen in Gehäusen oder Panzern.*

0 *Mit braunen Chromatophoren, in eng anliegenden Panzerhüllen.*

† *Panzerhülle glatt:* *LII. Chrysococcus Klebs.*

†† *Panzerhülle mit langen, borstigen Anhängseln:* *LIII. Mallomonas Pty.*

00 *Thiere farblos, in Gehäusen.*

† *Neben der Geissel keine grosse, schief abgeschnittene protoplasmatische Vorragung (Peristom).*

. *Gehäuse an der Basis einem feinen Stiel aufsitzend:* *LIV. Codonoeca J. Cl.*

.. *Gehäuse ungestielt, seitlich aufgewachsen:* *LV. Platytheca St.*

†† *Neben der Geissel ein starkes Peristom.*

. *Thiere einzeln lebend:* *LVI. Bicosoeca J. Cl.*

.. *Thiere Kolonien bildend:* *LVII. Poteriodendron St.*

§§ *Neben der Hauptgeissel sind 1—2 kleine Nebengeisseln vorhanden.*

× *Thiere ohne Chromatophoren.*

0 *Thiere einzeln lebend.*

† *Zellleib nicht roth gefärbt, ohne Schwefelkörner:*
LVIII. Monas Ehbg.
†† *Zellleib roth gefärbt, mit Schwefelkörnern:*
LIX. Chromatium Pty.
00 *Thiere in Kolonien.*
† *Kolonien aus einzelnen, dentlich und lang gestielten Thieren gebildet:* *LX. Dendromonas St.*
†† *Kolonien aus kopfartig zusammengedrängten, einzeln nicht oder undeutlich gestielten Thieren gebildet.*
Die Kolonien sitzen auf langen Stielgerüsten köpfchenförmig.
△ *Stielgerüst 1—2mal dichotom verzweigt:*
LXI. Cephalothamnium St.
△△ *Stielgerüst öfter verzweigt:* *LXII. Anthophysa B. d. V.*
(.. *Die Kolonien stellen lebhaft frei bewegliche, ungestielte Kugeln dar:* *cf. LXII. Anthophysa B. d. V.)*
×× *Thiere mit (gelblichen oder bräunlichen) Chromatophoren.*
0 *Thiere in häutigen Gehäusen, einzeln oder frei schwimmende Kolonien bildend:* *LXIII. Dinobryon Ehbg.*
00 *Thiere in Gallertkugeln vereinigt:* *LXIV. Uroglena Ehbg.*
β. *Mundöffnung deutlich, meist in einen gut ausgebildeten Schlund führend; Thiere allermeist ansehnlich gross.*
* *Chromatophoren vorhanden, Thiere grün bis braun gefärbt.*
§ *Thiere nackt oder mit nur ganz schwach entwickelter Cuticula.*
× *Chlorophyllgrün; Farbstoff in vielen Körnern.*
0 *Thiere stark kontraktil, ohne Trichocysten:* *LXV. Coelomonas St.*
00 *Thiere weniger kontraktil, mit Trichocysten:*
LXVI. Gonyostomum Diesg.
×× *Grün oder gelbbraun; Farbstoff in 1—2 Platten.*
0 *Braun oder gelbbraun.*
† *Zwei Augenflecke an der Geisselbasis:* *LXVII. Microglena Ehbg.*
†† *Ein oder kein Augenfleck vorhanden.*
. *Mit einer Geissel:* *LXVIII. Chromulina Cienk.*
.. *Mit zwei ungleichen Geisseln:* *LXIX. Ochromonas Wys.*
00 *Grün oder gelbgrün:* *LXX. Cryptoglena Ehbg.*
§§ *Thiere mit starker, spiralgestreifter Cuticula.*
× *Cuticula elastisch; Thiere formveränderlich.*
0 *Thiere ohne Schale resp. Gehäuse.*
† *Thiere frei schwimmend:* *LXXI. Euglena Ehbg.*
†† *Thiere mit dem Vorderende angeheftet, auf meist verzweigten Gallertstielen:* *LXXII. Colacium Ehbg.*
00 *Thiere mit Gehäuse resp. Schale.*
† *In flaschenförmigem, oben breit offenem, festsitzendem Gehäuse:*
LXXIII. Ascoglena St.
†† *In panzerförmiger, meist stacheliger oder rauher, oben nur ein kleines Loch zeigender Schale, frei schwimmend:*
LXXIV. Trachelomonas Ehbg.
×× *Cuticula sehr starr; Zellen formbeständig.*

0 *Symmetrisch nach der Längsachse, ellipsoidisch, nicht spiralig zusammengedreht, mit kurzem Schwanz:* LXXV. *Lepocinclis Pty.*

00 *Unsymmetrisch nach der Längsachse, flachgedrückt oder birnförmig spiralig zusammengedreht, mit meist langem Schwanz:* LXXVI. *Phacus Nitsch.*

** *Chromatophoren fehlen.*

§ *Geisseln stets in Einzahl vorhanden.*

× *Membran elastisch; Thiere formveränderlich.*

0 *Schlund zart, spaltenförmig.*

† *Mundöffnung über die Oberfläche hervorragend:* LXXII. *Astasiopsis Bütschli.*

†† *Mundöffnung nicht vorragend:* LXXVIII. *Astasiodes Bütschli.*

00 *Schlund stark, röhrenförmig.*

† *Vorderende ohne trichterförmiges Peristom.*

• *Mit 2 Mundstäbchen; Körper hinten breit gerundet:* LXXIX. *Peranema Duj.*

• • *Ohne Mundapparat; Körper hinten zugespitzt:* LXXX. *Euglenopsis Klebs.*

†† *Vorderende mit trichterförmigem Peristom:* LXXXI. *Urceolus Meresch.*

×× *Membran starr; Thiere nicht formveränderlich.*

0 *Thiere langgestreckt, 3—7 mal länger als breit.*

† *Hinterende scharf zugespitzt:* LXXXII. *Astractonema St.*

†† *Hinterende gerundet.*

. *Vorderende halsartig verlängert:* LXXXIII. *Menoidium Pty.*

.. *Vorderende breit gerundet:* LXXXIV. *Rhabdomonas Fres.*

00 *Thiere eiförmig oder elliptisch, nicht mehr als doppelt so lang wie breit:* LXXXV. *Petalomonas St.*

§§ *Neben der Hauptgeissel ist eine Nebengeissel vorhanden.*

× *Membran elastisch; Thiere formveränderlich.*

† *Geisseln dicht beieinander stehend:* LXXXVI. *Distigma Ehbg.*

†† *Geisseln etwas entfernt stehend, die Nebengeissel nach der Bauchseite zu gerückt:* LXXXVII. *Zygoselmis Duj.*

×× *Membran starr; Thiere nicht formveränderlich.*

0 *Mit 4 starken, kielförmigen Längsrippen; Nebengeissel gross:* LXXXVIII. *Sphenomonas St.*

00 *Mit mehr, linienförmigen Längsrippen; Nebengeissel klein:* LXXXIX. *Tropidoscyphus St.*

2. *Nebengeissel stets vorhanden, wie die Hauptgeissel in Einzahl; Nebengeissel stärker entwickelt als die Hauptgeissel, wird an der Seite getragen und nachgeschleppt. Stets ohne Chromatophoren.*

a. *Ohne Schlund; kleine Thiere.*

* *Geisseln beide am Vorderende entspringend.*

§ *Hauptgeissel zu einem langen, beweglichen Schnabel umgewandelt:* XC. *Rhynchomonas Klebs.*

§§ *Hauptgeissel nicht metamorphosirt.*

× *Zellkern im Centrum liegend:* XCI. *Bodo Ehbg.*

×× *Zellkern im Vorderende liegend:* XCI. *Phyllomitus St.*

** *Wenigstens die Schlepp- (Neben-) Geissel in der Mitte der Bauchseite inserirt.*

§ *Körper mit tiefer Bauchrinne:* XCIII. *Colponema* St.

§§ *Körper bohnenförmig, mit leicht ausgebuchteter Bauchseite:*
XCIV. *Pleuromonas* Pty.

β. *Mit deutlichem Schlund; Thiere ansehnlich gross.*

* *Schleppgeissel aus dem Mund entspringend:* XCV. *Anisonema* Duj.

** *Schleppgeissel dicht bei der Hauptgeissel entspringend:*
XCVI. *Entosiphon* St.

b. *Am Vorderende sind 2, 4 oder 5 gleiche, nach vorn gerichtete Geisseln vorhanden.*

1. *Zwei Geisseln vorhanden, welche dicht bei einander aus der Spitze des Körpers entspringen.*

α. *Thiere farblos, auch ohne mit Jod sich blaufärbende (Stärke-) Körner.*

* *Thiere einzeln lebend.*

§ *Thiere ohne Gehäuse.*

× *An den Seiten ohne Flügel.*

0 *Auf langen, feinen Stielfäden festsitzend:*
XCVII. *Amphimonas* Duj.

00 *Mit dem verschmälerten, aber nicht fadenförmigen Hinterende festsitzend:* XCVIII. *Deltomonas* Kt.

×× *An den Seiten mit je einem nach hinten verbreiterten Flügel:*
IC. *Streptomonas* Klebs.

§§ *Thiere in becherförmigen Gehäusen:* C. *Diplomita* Kt.

** *Thiere Kolonien bildend.*

× *Kolonien flach, kuchenförmig:* CI. *Spongomonas* St.

×× *Kolonien baumförmig.*

§ *Aeste frei, nicht fächerartig verwachsen:* CII. *Cladomonas* St.

§§ *Aeste fächerförmig verwachsen:* CIII. *Rhipidodendron* St.

β. *Thiere mit Chromatophoren oder mit einer Anzahl von Stärkekörnern im Hinterende.*

* *Im geisseltragenden Zustand angeheftet.*

§ *Mit einem Stielchen am Hinterende auf Eudorina sitzend:*
CIV. *Stylochrysalis* St.

§§ *Mit zwei Schwänzen an Algen sitzend:* CV. *Chrysopyxis* St.

** *Im geisseltragenden Zustand frei lebend.*

§ *Einzeln lebend.*

× *Chromatophoren braun oder gelbbraun.*

0 *Zelle breit bohnenförmig; ein Chromatophor:*
CVI. *Nephroselmis* St.

00 *Zelle länglich; zwei Chromatophoren:* CVII. *Hymenomonas* St.

× *Chromatophoren grün (oder roth).*

△ *Schalenhülle sehr fein, mit Porus für den Durchtritt der Geissel.*

0 *Zelle langgestreckt, ± spindelförmig oder mit langem Schwanz.*

† *Augenfleck fehlt:* CVIII. *Chlorangium* St.

†† *Augenfleck vorhanden.*

. *Wenig formveränderlich, ohne Mund, spindelförmig:*
CIX. *Chlorogonium* Ehbg.

.. Stark formveränderlich, mit Mund, in der Bewegung birnförmig mit sehr langem Schwanz: CX. Eutreptia Pty.

00 Zelle oval oder kugelig, selten cylindrisch.

† Schalenhülle als breite, helle Zone die oft fadenartige Fortsätze hineinschickende Zelle umgebend:
CXI. Haematococcus Ag.

†† Schalenhülle dicht anliegend.

| Freudig grün oder farblos.

. Schön grün gefärbt: CXII. Chlamydomonas Ehbg.

.. Farblos, mit Stärkekörnern: CXIII. Polytoma Ehbg.

|| Blaugrün: CXIV. Chroomonas Hansg.

△△ Schalenhülle fest und dick, mit deutlicher Oeffnung.

0 Schale oval bis 4-eckig: CXV. Coccomonas St.

00 Schale linsen- bis herzförmig: CXVI. Phacotus Pty.

§§ Koloniebildend.

× Kolonien flächenförmig.

△ Zelle ohne Gallerthülle und Auswüchse, zu 4 oder 16 tafelförmig zusammenhängend: CXVII. Gonium O. F. Müll.

△△ Zellen mit kugeliger Gallerthülle, ringförmig angeordnet mit verzweigten, fadenförmigen Auswüchsen:
CXVIII. Stephanosphaera Cohn.

×× Kolonien körperförmig.

△ Zellen im Centrum der Kolonie sich nicht berührend, weit auseinander liegend.

(0 Zellen mit verzweigten, fadenförmigen Auswüchsen zusammenhängend: cf. CXVIII. Stephanosphaera Cohn.)

00 Zellen ohne alle Auswüchse.

† Kolonien aus (16—) 32 Zellen gebildet:
CXIX. Eudorina Ehbg.

†† Kolonien aus einer sehr grossen Zahl von Zellen gebildet:
CXX. Volvox Ehbg.

△△ Zellen im Centrum der Kolonie sich berührend und zusammenhängend.

0 Chromatophoren grün.

† Kolonien kugelig; Zellen im Centrum zusammenhängend:
CXXI. Pandorina Bory.

(†† Kolonien traubenförmig; Zellen in der Längsaxe der Kolonie zusammenhängend: cf. CXXVII. Spondylomorum Ehbg.)

00 Chromatophoren braun.

† Kolonien mit Gallerthülle: CXXII. Syncrypta Ehbg.

†† Ohne Gallerthülle: CXXIII. Synura Ehbg.

2. *Entweder zwei seitlich von der Spitze entstehende oder mehr als zwei Geisseln vorhanden.*

a. Zwei Geisseln vorhanden, welche seitlich von der Spitze entstehen.

(Körper mit flügelartigen Seitenauftreibungen, an deren Spitze je eine Geissel zu stehen scheint: cf. CXXXVII. Trepomonas Duj.)*

*** Körper ohne Flügel; Geisseln am Vorderende, doch dieses schief und die Geisseln nicht an der Spitze.*

§ *Mund fehlend oder sehr undeutlich*: *CXXIV. Cyathomonas From.*
§§ *Mund und meist auch Schlund deutlich.*
× *Ohne Chromatophoren*: *CXXV. Chilomonas Ehbg.*
×× *Mit 2 Chromatophoren*: *CXXVI. Cryptomonas Ehbg.*
β. *Mehr als zwei Geisseln vorhanden.*
* *Geisseln nur aus der Spitze des Thieres aus einem Punkt, selten von sehr beschränktem Fleck entspringend.*
§ *Thiere grün.*
× *Thiere mit 4 Geisseln.*
0 *Thiere in Kolonien*: *CXXVII. Spondylomorum Ehbg.*
00 *Thiere einzeln lebend.*
† *Ohne Längsrippen*: *CXXVIII. Carteria Diesg.*
†† *Mit 4 Längsrippen*: *CXXIX. Pyramimonas Schrk.*
×× *Thiere mit mehr als 4 Geisseln.*
0 *Mit 5 Geisseln*: *CXXX. Chloraster Ehbg.*
00 *Mit 6—8 Geisseln*: *CXXXI. Polyblepharides Dang.*
§§ *Thiere farblos.*
× *Geisseln 4, nur wenig ungleich.*
0 *Mit tiefer Längsfurche*: *CXXXII. Collodictyon Cart.*
00 *Ohne Längsfurche*: *CXXXIII. Tetramitus Pty.*
×× *Geisseln 13—19, davon eine in der Mitte stehende doppelt so lang und stark als die übrigen*: *CXXXIV. Pteridomonas Pen.*
** *Ein drei- bis vier-zähliges Geisselbüschel seitlich entspringend*: *CXXXV. Costia Lecl.*
*** *Geisseln mindestens aus 2 verschiedenen, weit getrennten Punkten entspringend.*
§ *Geisseln alle in 2 Gruppen.*
× *Zwei dreizählige Geisselgruppen auf beiden Seiten des Vorderendes*: *CXXXVI. Trigonomonas Klebs.*
×× *Zwei vierzählige Geisselgruppen in der Mitte der Seiten des geflügelten Körpers*: *CXXXVII. Trepomonas Duj.*
§§ *Ausser den Geisselgruppen auch einzelne Geisseln vorhanden oder Geisseln nicht in Gruppen.*
× *Ausser 2 einzelnen Geisseln am Hinterende sind an beiden Seiten des Vorderendes 2 dreizählige Geisselgruppen vorhanden*: *CXXXVIII. Hexamitus Duj.*
×× *Alle Geisseln einzeln stehend.*
0 *Mit deutlicher, besonders langer Geissel aus der Spitze des Vorderendes.*
† *Im Ganzen 3 Geisseln vorhanden, 2 seitliche; farblos*: *CXXXIX. Dallingeria Kt.*
(†† *Körper mit vielen cilienartigen Scheingeisseln bekleidet, mit braunen Chromatophoren*: *cf. LIII. Mallomonas Pty.*)
00 *Ohne endständige Geissel, dagegen je 2 Reihen derselben längs der zu 2 Rinnen vertieften beiden Mundstellen am Vorderende*: *CXL. Spironema Klebs.*

II. Ausser einer einfachen Geissel ist an deren Basis noch ein grosser, allermeist trichterförmiger, protoplasmatischer Kragen vorhanden.

a. Kragen kegelförmig, nach vorn verschmälert; Thiere in Kolonien: CXLI. *Phalansterium* Cienk.

b. Kragen trichterförmig, nach vorn erweitert.

1. Thiere nackt oder nur mit Andeutung eines unvollkommenen Gehäuses oder in gallertige Hülle eingebettet.

α Thiere einzeln lebend.

* *Mit einfachem Kragen:* CXLII. *Monosiga* Kt.

** *Mit doppeltem Kragen:* CXLIII. *Diplosiga* Frenzel.

β. Thiere in Kolonien.

* *Thiere gestielt, durch die Stiele koloniebildend.*

§ *Kolonien baumförmig:* CXLIV. *Codosiga* I. Cl.

(§§ *Kolonien sternförmig:* cf. CXLVI. *Astrosiga* Kt.)

** *Thiere ungestielt, mit den Körpern zusammenhängend.*

§ *Ohne Schleim.*

× *Bandförmig zusammenhängend:* CXLV. *Hirmidium* Pty.

×× *Sternförmig zusammenhängend:* CXLVI. *Astrosiga* Kt.

§§ *In Schleimhülle:* CXLVII. *Protospongia* Kt.

2. Thiere in dünnwandigen Gehäusen: CIL. *Salpingoeca* J. Cl.

B. Thiere allermeist mit zweiklappiger, oft auffallend skulpturirter Schale, mit Querfurche im Aequator, in welcher eine sehr lange Geissel sich bewegt. — **Dinoflagellata** p. 214.

I. Schale sehr stark, mit Stacheln oder Bändern.

a. Endstachel vorhanden; Körper sehr unsymmetrisch: CL. *Ceratium* Schrk.

b. Endstachel fehlend; Körper fast symmetrisch: CLI. *Peridinium* Ehbg.

II. Schale sehr dünn oder fehlend, oft ohne Skulptur; Thiere meist mit Chromatophoren.

a. Querfurche total.

1 Schalenhülle vorhanden: CLII. *Glenodinium* Ehbg.

2. Schalenhülle fehlend.

* *Querfurche etwa in der Mitte des Körpers; dessen beide Hälften ansehnlich gross:* CLIII. *Gymnodinium* St.

** *Querfurche ganz an's obere Ende gerückt; oberer Körpertheil sehr klein, knopfförmig:* CLIV. *Amphidinium* Cl. et L.

b. Querfurche nur auf der linken Seite ausgebildet: CLV. *Hemidinium* St.

Flagellata.

XLVI. Mastigamoeba F. E. Sch.

a. Körper haarartig mit feinen Zöttchen besetzt: 1. M. aspera.

b. Körper kahl.

α. Pseudopodien lappig, nicht warzenförmig.

* Etwa 60 μ lang; mit vielen Pseudopodien: 2. M. ramulosa.

** 8—12 μ lang; mit wenigen Pseudopodien: 3. M. invertens.

β. Pseudopodien buckelartig-warzenförmig: 4. M. verrucosa.

1. **M. aspera** F. E. Sch. Im Habitus dem Dactylosphaerium vitreum ausserordentlich ähnlich, aber mit langer Geissel, mit gelben Farb-

stoffkörnern und lang ausgestreckten, kurz zugespitzten, meist unverzweigten Pseudopodien; ± 100 μ lang. In stehendem Wasser, selten.

2. **M. ramulosa** Kt. Körper farblos, ungefähr rundlich, auch während des Schwimmens mit verästelten kurzen Pseudopodien versehen; Geissel 2—3 mal so lang als der Körper. In stehendem Wasser, nicht selten.

3. **M. invertens** Klebs: Körper farblos, im Schwimmen ungefähr eiförmig, im amoebenartigen Zustand mit relativ wenigen Pseudopodien; Geissel etwa doppelt so lang als der Körper, beim Schwimmen vorwärts, beim Kriechen rückwärts gerichtet. In Infusionen, besonders häufig aber in Schachtbrunnen gefunden.

4. **M. verrucosa** (Kt.) (Fig. 226): Körper ungefähr kugelig, mit kurzen, buckelförmigen Pseudopodien, oft in einer Gallerthülle festsitzend, ± 16 μ breit. In faulenden Flüssigkeiten.

XLVII. Dimorpha Gruber.

a. Pseudopodien während des amoeboiden Zustandes lappig oder fingerartig, vorn gerundet oder kurz zugespitzt; Thier im unbewegten Zustand amoebenartig.
  * Während des Schwimmens mit lang schwanzartigem Hinterende: 1. D. longicauda.
  ** Während des Schwimmens mit gerundetem Hinterende.
    § Im flagellatenhaften Zustand kugelig oder kurz eiförmig, im amoeboiden mit sehr kurzen und breiten, lappigen Pseudopodien: 2. D. ovata.
    §§ Im flagellatenhaften Zustand langgestreckt, im amoeboiden mit fingerartigen Pseudopodien: 3. D. alternans.

b. Pseudopodien sehr fein, fadenförmig; Thiere im unbewegten Zustand heliozoënartig.
  * Pseudopodien nach der Basis zu etwas verdickt; Geisseln im ruhenden Zustand bogig eingerollt: 4. D. radiata.
  ** Pseudopodien bis zur Basis dünn fadenförmig; Geisseln im ruhenden Zustand ausgestreckt: 5. D. mutans.

1. **D. longicauda** (Duj.): Während des Schwimmens eiförmig mit feinem, den Körper manchmal um's Doppelte an Länge übertreffendem Schwanz, mit diesem bis 60 μ lang, 9—14 μ breit; im Amoeben-Zustand mit zahlreichen oft verästelten Pseudopodien. In Kanalwasser und faulenden Proben von Teich- und Flusswasser, gemein.

2. **D. ovata** Klebs: Während des Schwimmens eiförmig oder kugelig ohne Schwanz, 18—21 μ lang; im Amoeben-Zustand mit dicken stumpfen Pseudopodien. In stehendem Wasser.

3. **D. alternans** Klebs: Während des Schwimmens lang cylindrisch, oft mit einer Furche auf der Bauchseite, am Vorderende mit seitlicher Mulde; amoeboider Zustand selten eintretend; Länge 15—20 μ. In stehendem Wasser, nicht selten.

4. **D. radiata** Klebs: Während des Schwimmens eiförmig, meist nach hinten verschmälert, 10—14 μ lang; im amoeboiden Stadium Actinophrys-ähnlich. Vork. wie bei Voriger.

5. **D. mutans** Gruber (Fig. 227): Während des Schwimmens breit elliptisch oder eiförmig, nach hinten allmählich und wenig verschmälert, ± 15 μ lang; im amoeboiden Zustand Actinophrys-ähnlich. In träg fliessendem und stehendem Wasser.

XLVIII. Chrysamoeba Klebs. — **Chr. radians** Klebs (Fig. 228): Körper während der Bewegung dick eiförmig, mit einer Geissel, 12—15 μ lang; in der Ruhe amoebenhaft, mit feinen rings ausstrahlenden Pseudopodien; mit 2 Chromatophoren. In Teichen und Seen.

IL. Cercomonas Duj.

a. Mehrere kontraktile Vakuolen vorhanden: 1. C. crassicauda.
b. Eine kontraktile Vakuole vorhanden.
* Körper fast völlig kugelig; Schwanzanhang kaum länger als derselbe: 2. C. lacryma.
(** Körper dick elliptisch; Schwanzanhang mindestens doppelt so lang als derselbe: cf. Dimorpha longicauda, p. 189.)

1. **C. crassicauda** Duj. (Fig. 229): Körper sehr formveränderlich, im Schwimmen meist elliptisch, hinten in den dicken, pseudopodienartigen, am Ende gerundeten Schwanz allmählich verschmälert, 10—20 μ lang. In Infusionen und Schmutzwasser, nicht selten.

2. **C. lacryma** Duj. Körper ziemlich formbeständig, mit pseudopodienartigem, spitzem Schwanz, ohne Geissel 15—25 μ lang. Vork. wie bei Voriger, sehr häufig.

L. Oikomonas Kt.

a. 14—20 μ lang: 1. O. mutabilis.
b. Nicht über 10 μ lang: 2. O. Termo.

1. **O. mutabilis** Kt. Körper meist kugelig, formveränderlich, öfters auf einem die Körperlänge um's 3—5 fache übertreffenden dünnen Faden. In Heu- und andern Aufgüssen, in Abwässern sehr verbreitet.

2. **O. Termo** (Ehbg.) (Fig. 230): Von Voriger durch geringere Grösse und durch die Kürze des dicken, pseudopodienartigen, die Körperlänge nicht übertreffenden Fadens verschieden. Vork. wie bei Voriger, besonders in Abwässern kaum jemals fehlend.

LI. Phyllomonas Klebs. — **Ph. contorta** Klebs (Fig. 231): Körper klein, formbeständig, ein dreieckiges verbogenes Blättchen bildend; an der einen Ecke die bei der lebhaften hin- und herzitternden Bewegung nachschleifende Geissel; 6—7 μ lang, 5—6 μ breit. In Sumpfwasser.

LII. Chrysococcus Klebs. — **Chr. rufescens** Klebs: Kugelig, 8—10 μ im Durchmesser; Körper in dicker, glatter, mit lochförmiger Geisselöffnung versehener Schale, mit Stigma. In Teichen und Seen; habituell der Trachelomonas volvox Ehbg. sehr ähnlich.

LIII. Mallomonas Pty. — **M. Ploesslii** Pty. (= **Lepidoton dubium** Seligo) (Fig. 232): Körper schmal eiförmig, 20—26 μ lang, 7—12 μ breit; Hülle netzförmig, mit ± langen, steifen Borsten besetzt; ohne Stigma, mit 2 gelben Chromatophoren. In Teichen und Seen.

LIV. Codonoeca J. Clark.

a. Stiel winzig, sehr viel kürzer als das Gehäuse: 1. C. oculata.
b. Stiel meist beträchtlich viel länger als das Gehäuse.
 * Gehäuse auf dem Stiel gerade sitzend: 2. C. longipes.
 ** Gehäuse auf dem Stiel schief: 3. C. inclinata.

1. **C. oculata** (Zach.): Thier 5—6 μ breit, in der Nähe des Vorderendes mit einem schwarzen Fleckchen, in krugartigem, 10—15 μ langem, nach unten ausgezogen-verschmälertem Gehäuse. In Seen.

2. **C. longipes** (Zach.) (Fig. 233): Thier an der Basis einem dünnen, ± 28 μ langem Stiel aufsitzend und ein gerades, 10—12 langes, farbloses, ellipsoidisches Gehäuse ausscheidend. Vork. wie bei Voriger.

3. **C. inclinata** Kt. Bis auf das schief aufgesetzte, ± 15 μ lange Gehäuse der Vorigen durchaus ähnlich. In Sumpfwasser, selten.

LV. Platytheca St. — **Pl. micropora** St. Körper eiförmig, nach vorn zugespitzt, in bräunlichen, kurz flaschenförmigen, mit einer Seite flach aufgewachsenen, ± 18 μ langen Gehäusen. In stehendem Wasser an Algen angeheftet.

LVI. Bicosoeca J. Clark. — **B. lacustris** Clark: Thier mit kurzem (die Körperlänge nicht übertreffendem) Stiel, welcher in seiner Mitte das eiförmige, farblose, ± 15 μ lange Gehäuse ausscheidet, also innerhalb desselben sich weit fortsetzt und dem Thierkörper sich seitlich anheftet. In Teichen und Seen.

LVII. Poteriodendron St. — **P. petiolatum** St. Thier neben der Geissel mit sehr breitem, rüsselförmigem Fortsatz; Stiel wie bei voriger Gattung, ein becherförmiges, 40—50 μ langes Gehäuse ausscheidend, direkt in das Ende des Thiers übergehend. In Sumpfwasser, selten.

LVIII. Monas Ehbg.

a. Ohne Mundleiste: 1. M. vulgaris.
b. Mit Mundleiste.
 * Ohne Stigma: 2. M. guttula.
 ** Mit Stigma: 3. M. vivipara.

1. **M. vulgaris** (Fisch.): Thier fast genau kugelig, stets frei schwimmend, nur wenig formveränderlich; Nebencilie halb so lang wie die Hauptcilie; kein stielförmiges oder zugespitztes Hinterende. In faulendem Wasser, häufig.

2. **M. guttula** Ehbg. Thier kugelig oder ellipsoidisch, 8—14 μ lang, in unbewegtem Zustand in einen kurzen Stiel zusammengezogen. In Schmutzwasser oft massenhaft.

3. **M. vivipara** Ehbg. (Fig. 234): Thier von sehr wechselnder Gestalt, wurst-, birn- bis kugelförmig, in unbewegtem Zustand mit allmählich zugespitztem Hinterende, 15—25 μ lang. Vork. wie bei Voriger.

LIX. Chromatium Pty. — **Chr. Okeni** (Ehbg.): Thier meist cylindrisch, wenig gestaltsveränderlich, 7—15 μ lang, oft schwach gebogen, mit deutlich roth gefärbtem Inhalt und Schwefelkörnern. In Schwefelwasserstoffhaltigem Wasser, besonders häufig in Klärbassins von Zucker- etc. Fabriken.

LX. Dendromonas St.

a. Stielgerüst nicht biegsam; Thiere alle in gleicher Höhe stehend: 1. D. virgaria.

b. Stielgerüst biegsam; Thiere nicht in gleicher Höhe: 2. D. laxa.

1. **D. virgaria** (Weisse): Thiere breit dreieckig, mit fast gerade abgeschnittenem Vorderrand, auf einem doldentraubigen, aus lauter geraden Stielen zusammengesetzten, vielmal verzweigten Gerüst. In Sümpfen, selten.

2. **D. laxa** (Kt.) (Fig. 235): Thiere langgezogen dreieckig, mit sehr schief abgeschnittenem Vorderrand, auf einem unregelmässigen, aus meist gebogenen Stielen zusammengesetztem Gerüst. Vork. wie bei Voriger.

LXI. Cephalothamnium St.

a. Stielgerüst farblos; Thiere in dichten Köpfen, ± 20 μ lang: 1. C. caespitosum.

b. Stielgerüst gelblich; Thiere höchstens zu 5 vereinigt, meist nur 2—3 auf jedem Stiel, ± 27 μ lang: 2. C. majus.

1. **C. caespitosum** (Kt.): Stielgerüst meist nicht viel länger als die Köpfchen; Thiere mit starkem, fast spitzem Peristomrand. In reinem Wasser, auf Cyclops aufgewachsen.

2. **C. majus** Mez: Stielgerüst stets 2—3 mal länger als die Köpfchen, allermeist einfach, selten einmal dichotom verzweigt; Thiere mit breit gerundetem Peristomrand, Dendromonas-ähnlich. In Abwässern einer Stärkefabrik, an Gras, Reisern etc. sitzend.

LXII. Anthophysa Bory. — **A. vegetans** (Müll.) (Fig. 236): Stielgerüst in den ältern Theilen gelbbraun gefärbt, körnig, wellig verbogen, leicht zerbrechlich; Thiere mit spitzem Peristomrand, bis 30 μ lang; Köpfchen sich häufig loslösend und Volvox-artig umherschwimmend. In schlechtem Brunnenwasser, besonders aber in Abwässern sehr häufig und bei längerer Kultur das Glas mit braunen Flocken überziehend.

LXIII. Dinobryon Ehbg.

a. Thiere einzeln lebend.
 α. Gehäuse am Grund gerundet, mit ringförmigen Einschnürungen: 1. D. undulatum.
 β. Gehäuse am Grund lang zugespitzt, ohne Einschnürungen: 2. D. utriculus.
b. Thiere dadurch zu Kolonien vereinigt, dass die jungen Exemplare sich oben im Schalenrand der alten festsetzen.
 * Gehäuse Spitzglas-förmig.
  α. Gehäuse am Grund ausserordentlich lang nadelförmig ausgezogen: 3. D. stipitatum.
  β. Gehäuse am Grund viel kürzer, nicht nadelfein ausgezogen: 4. D. Sertularia.
 ** Gehäuse cylindrisch: 5. D. Bütschlii.

1. **D. undulatum** Klebs: Körper nach hinten nicht zugespitzt; Gehäuse bräunlich, dick vasenförmig, $\pm$ 20 μ lang. In Teichen, frei schwimmend.

2. **D. utriculus** (Ehbg.) (Fig. 237): Körper langgestreckt, hinten stark zugespitzt; Gehäuse lang becherförmig, 40—50 μ lang. In Teichen und Gräben, an Algen.

3. **D. stipitatum** St. Körper spindelförmig, mit fadenförmigem Hinterende; Gehäuse zu wenigen vereinigt, 50—100 μ lang. In Seen, frei schwimmend.

4. **D. Sertularia** Ehbg. Körper wie bei Voriger; Gehäuse $\pm$ 50 μ lang, in oft reichgliedrigen Verbänden. In Teichen und Seen, frei schwimmend, häufig.

5. **D. Bütschlii** Imh. Körper cylindrisch; Gehäuse 40—50 μ lang, in sehr reichgliedrigen Verbänden, etwas bogig gekrümmt. In Seen, selten.

LXIV. Uroglena Ehbg. — **U. Volvox** Ehbg. Thiere an der Peripherie einer runden Gallertkugel zerstreut, sich nicht berührend, einzeln den Enden eines vom Centrum der Kugel ausgehenden, nach Lebendfärbung mit Hämatoxylin gut sichtbaren, dichotom verzweigten Stielgerüstes aufsitzend, 14—18 μ lang, mit einem Chromatophor. In Teichen und Seen.

LXV. Coelomonas St. — **C. grandis** (Ehbg.): Thier 50 bis 65 μ lang, sehr kontraktil, in gestrecktem Zustand oval bis länglich oval; auf der Bauchseite hinter der Geisselbasis eine sich nach hinten ziehende peristomartige Längsfalte. In stehendem Wasser, nicht selten.

LXVI. Gonyostomum Diesg. — **G. Semen** (Ehbg.): Der Vorigen in Grösse und Aussehen sehr ähnlich, doch wenig kontraktil und besonders am Vorderende mit radialen Linien in der äussersten Plasmaschicht (Trichocysten). In Gräben und Sümpfen.

LXVII. Microglena Ehbg. — **M. punctifera** Ehbg. Thier ± 30 μ lang, 19 μ breit, etwas gestaltveränderlich, breit cylindrisch, vorn abgestutzt und etwas eingebuchtet, hinten gerundet, mit 2 (oder 1 gebogenen?) Chromatophoren. In stehendem Wasser, selten.

LXVIII. Chromulina Cienk.

a. Auf dem Wasser einen goldstaubartigen, unbenetzten Ueberzug bildend: 1. Chr. Rosanoffii.
b. Nicht so; im Wasser schwimmend.
 * Mit einzelnen warzenförmigen Höckern: 2. Chr. verrucosa.
 ** Glatt.
  § Nicht über 6 μ lang: 3. Chr. ochracea.
  §§ Stets über 7 μ lang.
   × Zwei Chromatophoren: 4. Chr. flavicans.
   ×× Ein Chromatophor: 5. Chr. ovalis.

1. **Chr. Rosanoffii** (Wor.) (Fig. 238): 8—9 μ lang, eiförmig mit meist breit gerundetem Ende, ohne Stigma, mit einem stark gekrümmten Chromatophor. In Sümpfen, auch auf Klärbassins von Zuckerfabriken, doch besonders häufig in Gewächshäusern.

2. **Chr. verrucosa** Klebs: 12—16 μ lang, dick eiförmig mit sehr breit gerundetem Ende, mit Stigma und einem Chromatophor. In stehendem Wasser, vereinzelt.

3. **Chr. ochracea** (Ehbg.): 3,6—5,4 μ lang, rundlich oder eiförmig, mit öfter etwas spitzem Ende, mit Stigma und 2 Chromatophoren. In Gräben, Tümpeln, Regenwasserfässern etc., nicht selten.

4. **Chr. flavicans** (Ehbg.): 14—16 μ lang, etwas gestaltveränderlich (eiförmig bis cylindrisch), mit breit oder schmal gerundetem Hinterende, mit Stigma und 2 Chromatophoren. In stehendem Wasser.

5. **Chr. ovalis** Klebs: 8—13 μ lang, eiförmig, mit meist spitzem und amöboidem Ende, mit Stigma und einem Chromatophor. In stehendem Wasser, nicht selten.

LXIX. Ochromonas Wysotzki.

a. Thier ohne warzenförmige Vorsprünge: 1. O. mutabilis.
b Thier mit grossen, rundlichen Warzen besetzt: 2. O. crenata.

1. **O. mutabilis** Klebs (Fig. 239): 16—24 μ lang; eiförmig, mit 2 Chromatophoren und grosser Nebengeissel, welche fast halb so lang ist wie die Hauptgeissel. In stehendem Wasser.

2. **O. crenata** Klebs: 14—20 μ lang, rundlich, mit 1 Chromatophor und sehr kleiner Nebengeissel. Vork. wie bei Voriger.

LXX. Cryptoglena Ehbg. — **Cr. pigra** Ehbg. Formbeständig, oval, etwas zusammengedrückt, hinten schwach zugespitzt, auf der Bauchseite mit Längsfurche; mit Stigma und 2 Chlorophyllbändern; 11—15 μ lang. In Teichwasser, nicht selten.

LXXI. Euglena Ehbg.

A. Thiere mit bandförmigen oder sternförmigen Chromatophoren.
I. Chromatophoren ohne deutliches beschaltes Pyrenoid.
a. In der Mitte des Körpers ein sternförmiges Chromatophor.
* Chromatophoren lebhaft grün: 1. E. viridis.
** Chromatophoren olivgrün: 2. E. olivacea.
b. Mit 2 (—4) sternförmigen Chromatophoren: 3. E. geniculata.
II. Chromatophoren mit deutlichen, meist beschalten Pyrenoiden.
a. Meist roth gefärbt; Geissel doppelt so lang wie der Körper: 4. E. sanguinea.
b. Grün gefärbt; Geisseln nicht oder kaum länger als der Körper.
* Während der Bewegung langgestreckt eiförmig, hinten kurz zugespitzt: 5. E. velata.
** Während der Bewegung spindelförmig, hinten allmählich zugespitzt: 6. E. pisciformis.
B. Thiere mit scheibenförmigen, kleinen Chromatophoren.
I. Spiralstreifen der gelb gefärbten Membran mit Höckerreihen: 7. E. spirogyra.
II. Ohne Höckerreihen.
a. Zellen spiralig gedreht: 8. E. oxyuros.
b. Zellen nicht oder nur sehr selten spiralig tordirt.
* Thier langgestreckt und fein spindelförmig: 9. E. Acus.
** Thiere nicht spindelförmig.
§ Thier hinten mit kurzer Endspitze: 10. E. deses.
§§ Thier hinten gerundet: 11. E. Ehrenbergii.

1. **E. viridis** Ehbg. (Fig. 240): Thier spindelförmig, nach hinten mehr als nach vorn verjüngt und in eine kurze Endspitze auslaufend, ± 52 μ lang, 14 μ breit; Geissel so lang wie der Körper. Ueberall in schmutzigem Wasser, besonders auch in Hausabwässern häufig.

2. **E. olivacea** Schmitz: Thier wie vorige Art gestaltet, 72—89 μ lang, 16—21 μ breit; Chromatophor olivgrün, öfters lappig eingeschnürt. Vork. wie bei Voriger, besonders häufig in Fabrikabwässern.

3. **E. geniculata** Duj. Thier langgestreckt, cylindrisch bis bandförmig, mit farbloser, scharf abgesetzter Spitze am Hinterende; Geissel kürzer als der Körper. In Gräben, Tümpeln, Pfützen etc.

4. **E. sanguinea** Ehbg. Thier langgestreckt, ei- oder spindelförmig,

55—120 μ lang, 18—33 μ breit; Membran sehr deutlich spiralig gestreift. Vork. wie bei Voriger.

5. E. **velata** Klebs: Thier $\pm$ 88 μ lang, 27 μ breit, mit kurzen, oft lappig eingeschnittenen, bandförmigen Chromatophoren. In stark verunreinigtem Wasser, nicht selten.

6. E. **pisciformis** Klebs: Thier 25—36 μ lang, 6—7 μ breit, mit 2—4 schmal bandförmigen Chromatophoren. In stehendem, reinem Wasser, vereinzelt, ziemlich häufig.

7. E. **spirogyra** Ehbg. Thier langgestreckt, cylindrisch oder bandförmig, 80—225 μ lang, 8—27 μ breit, $\pm$ gedreht, mit spiralig geordneten Höckerreihen auf der Haut. In Tümpeln, Gräben und Pfützen, auch in unreinem Wasser.

8. E. **oxyuros** Schmarda: Thier langgestreckt, etwas plattgedrückt, tordirt, am Hinterende kurz und scharf zugespitzt, 375—400 μ lang, 35—45 μ breit; Geissel halb so lang wie der Körper. In Tümpeln, Gräben, Pfützen, ziemlich selten. (Vergl. auch Nr. 11).

9. E. **Acus** Ehbg. Thier nadelförmig, 140—180 μ lang, 7—10 μ breit, vorn halsartig verschmälert, hinten in die lange Endspitze übergehend; Geissel höchstens halb so lang wie der Körper. In Sümpfen, besonders in Torfwasser.

10. E. **deses** Ehbg. (Fig. 241): Thier länglich cylindrisch, oft etwas abgeplattet, vorn schräg gestutzt, 85—135 μ lang, 7—22 μ breit; Geissel kürzer als der Körper. In Sümpfen, Gräben, Tümpeln, Pfützen, nicht selten.

11. E. **Ehrenbergii** Klebs: Thier schmal bandförmig, öfters tordirt, bis 290 μ lang, 30 μ breit; Geissel kürzer als der Körper. In Sümpfen, nicht häufig.

LXXII. Colacium Ehbg. — **C. vesiculosum** Ehbg. In der Organisation der Euglena viridis sehr ähnlich, doch mit scheibenförmigen Chromatophoren, wenig formveränderlich, ohne Auflage farblosen Protoplasmas am Vorderende, 20—30 μ lang. In Sumpfwasser, nicht selten.

LXXIII. Ascoglena St. — **A. vaginicola** St. (Fig. 242): Thier spindel- oder keulenförmig, allmählich nach hinten verschmälert, mit körnerförmigen Chromatophoren, in einem meist kurz gestielten, verschieden gestalteten, braunen, $\pm$ 40 μ langen Gehäuse sitzend. In stehendem Wasser an Algen.

LXXIV. Trachelomonas Ehbg.

a. Panzer meist völlig kugelig, jedenfalls kaum länger als breit: 1. T. volvocina.
b. Panzer deutlich länger als breit.
* Panzer völlig glatt: 2. T. euchlora.
** Panzer mit Stacheln, Warzen oder netzartiger Zeichnung.
§ Panzer mit Stacheln oder Warzen.

× Stacheln nur am Vorder- und Hinterrande des Panzers, dazwischen eine glatte Zone: 3. T. armata.

×× Stacheln oder Wärzchen über die ganze Schale vertheilt.

0 Panzer hinten gerundet: 4. T. hispida.

00 Panzer hinten stark zugespitzt: 5. T. caudata.

§§ Panzer mit feiner, netzartiger Skulptur: 6. T. reticulata.

1. T. **volvocina** Ehbg. (Fig. 243): Panzer kugelrund bis breit oval, meist glatt, hellbraun, ± 20 μ breit; Cilienöffnung ohne Kragen, ringförmig verdickt. In stehendem, auch in verunreinigtem Wasser, sehr häufig.

2. T. **euchlora** (Ehbg.): Panzer oval, am hinteren Ende gerundet, glatt, 25—30 μ lang; Cilienöffnung mit cylindrischem Kragen. In stehendem Wasser, nicht häufig.

3. T. **armata** (Ehbg.): Panzer breit elliptisch, vorn und hinten mit langen Stacheln, sonst glatt, ± 40 μ lang; Cilienöffnung mit kurzem Kragen. Vork. wie bei Voriger.

4. T. **hispida** St. (Fig. 244): Panzer kurz cylindrisch, beiderseits gerundet, mit kleinen spitzen Stacheln besetzt, 20—30 μ lang; Cilienöffnung ohne Kragen. In stehendem Wasser, gemein.

5. T. **caudata** (Ehbg.): Panzer eiförmig, hinten stark zugespitzt, mit Stacheln besetzt, ± 33 μ lang; Cilienöffnung mit hohem Kragen. In stehendem Wasser, selten.

6. T. **reticulata** Klebs: Panzer eiförmig, nach hinten allmählich verschmälert, glänzend braun, ± 20 μ lang; Cilienöffnung ohne Kragen. Vork. wie bei Voriger, selten.

LXXV. Lepocinclis Pty. — **L. ovum** (Ehbg.): Körper fast kugelig bis kurz cylindrisch, etwas plattgedrückt, am Hinterende mit aufgesetztem, kurzem, stumpfem Vorsprung, vorn meist breit gerundet, 20 bis 27 μ lang. In stehendem Wasser, nicht häufig.

LXXVI. Phacus Nitzsch.

a. Thiere flach oder locker schraubenförmig tordirt.

* Thiere am Ende mit sehr deutlichem (meist langem) abgesetztem Schwanz.

§ Mit scharfem Längskiel auf der konvexen Rückenseite: 1. Ph. triquetra.

§§ Ohne Rückenkiel.

× Körper an beiden Rändern flügelartig verdickt: 2. Ph. alata.

×× Körper ohne so verdickte Ränder.

0 Stachel stets unter 1/4 der Körperlänge messend; Thier nicht über 50 μ lang: 3. Ph. pleuronectes.

00 Stachel wenigstens 1/3 der Körperlänge ausmachend; Thier stets über 70 μ lang: 4. Ph. longicauda.

** Thiere am Ende kurz zugespitzt, ohne eigentlichen Schwanz.

§ Körper nicht eingerollt; Vorderrand schief abgestutzt: 5. Ph. parvula.

§§ **Körper mit nach einer Seite eingerollten Rändern; Vorderende zweilippig: 6. Ph. oscillans.**

b. Thier dicht tordirt, birnförmig mit sehr langem Schwanz: 7. Ph. pyrum.

1. **Ph. triquetra** (Ehbg.): Körper plattgedrückt, am Hinterende plötzlich in eine schiefe, farblose Spitze ausgezogen, 30—50 μ lang, mit starker Rückenleiste. In stehendem, reinem Wasser, nicht selten.

2. **Ph. alata** Klebs: Körper wie bei voriger Art gestaltet, ± 19 μ lang, an den Seitenwänden flügelartig verdickt, wobei der Flügel der einen Seite besonders nach der Bauch-, derjenige der andern nach der Rückenfläche vorspringt. Vork. wie bei Voriger.

3. **Ph. pleuronectes** (O. F. Müll.) (Fig. 245): Von Nr. 1 nur durch das Fehlen der Rückenleiste unterschieden. In stehendem Wasser, häufig.

4. **Ph. longicauda** (Ehbg.): Körper plattgedrückt, länger (± 85 μ) als breit (± 46 μ), in eine lange, farblose, gerade Endspitze verlängert, oft tordirt. In Teichen und Gräben, häufig.

5. **Ph. parvula** Klebs: Körper plattgedrückt, eiförmig, hinten kurz gespitzt, ± 17 μ lang; Membran nur zart spiralig gestreift. In stehendem Wasser, besonders in Teichen, nicht selten.

6. **Ph. oscillans** Klebs: Körper plattgedrückt, eiförmig gekrümmt, mit nach der Bauchseite leicht eingerollten Rändern, ± 26 μ lang; Membran stark spiralig gestreift. Vork. wie bei Voriger, selten.

7. **Ph. pyrum** (Ehbg.) (Fig. 246): Körper zu birnförmiger Gestalt zusammengedreht, mit langem Schwanz, ± 30 μ lang. Vorkommen wie bei Voriger, häufig.

LXXVII. Astasiopsis Bütschli. — **A. distorta** (Duj.): Körper während der Bewegung stets deutlich gekrümmt, oft schön spiralig, cylindrisch oder abgeflacht, lebhaft formveränderlich, nach vorn stets, nach hinten meist lang verschmälert, ± 46 μ lang. In faulen Wasserproben nicht selten.

LXXVIII. Astasiodes Bütschli. — **A. margaritifera** (Schmarda): Körper während der Bewegung spindelförmig, nach hinten stark verschmälert, 50—60 μ lang, sehr formveränderlich. Vork. wie bei Voriger.

LXXIX. Peranema Duj. — **P. trichophorum** (Ehbg.) (Fig. 247): Körper während der Bewegung langgestreckt, nach vorn etwas verschmälert, hinten meist abgerundet, etwas abgeflacht, sehr formveränderlich, mit aus 2 Stäbchen bestehendem Mundapparat. 60—80 μ lang. In faulem und stark verschmutztem Wasser, häufig.

LXXX. Euglenopsis Klebs. — **E. vorax** Klebs: Körper spindelförmig, am Vorderende seitlich mit länglicher Mundfalte, 21—26 μ lang, wenig formveränderlich; Membran spiralig gestreift. In faulem, stärkereiche Pflanzentheile enthaltendem Wasser.

LXXXI. Urceolus Meresch. — **U. cyclostomus** (St.): Körper flaschenförmig, hinten gerundet, vorn halsartig eingeschnürt und dann in einen zarthäutigen Trichter erweitert, 26—30 μ lang, sehr gestaltsveränderlich. In stehendem Wasser, selten.

LXXXII. Atractonema St. — **A. teres** St. Körper schmal oder dicker spindelförmig, starr, mit einer scharf vorstehenden, kielförmigen Längslinie, ± 30 μ lang. Nach Klebs soll eine Nebengeissel vorhanden sein. In stehendem Wasser, nicht selten.

LXXXIII. Menoidium Pty. — **M. pellucidum** Pty. (Fig. 248): Körper cylindrisch, halbmondförmig gekrümmt, am Ende gerundet, vorn mit kurzem, cylindrischem, schräg abgeschnittenem Halsaufsatz, ± 40 μ lang. In Sumpfwasser, auch in alten faulenden Wasserproben.

LXXXIV. Rhabdomonas Fres. — **Rh. incurva** Fres. Körper cylindrisch, beiderseits abgerundet, meist etwas gekrümmt, 16—21 μ lang. In Sumpfwasser.

LXXXV. Petalomonas St.

a. Körper ohne gekrümmte Fortsätze am Hinterende.
 α. Ränder nicht eingekrümmt.
  * Bauchseite nicht gefurcht.
   § Mit 2 Kielen: 1. P. abscissa.
   §§ Mit 3 Kielen oder starken Längslinien: 2. P. triangularis.
   §§§ Mit 4 Kielen: 3. P. quadrilineata.
  ** Bauchseite deutlich gefurcht: 4. P. mediocanellata.
 β. Ein Rand oder beide Ränder eingekrümmt: 5. P. inflexa.
b. Körper am Hinterende mit 6 gekrümmten Fortsätzen: 6. P. sexlobata.

1. **P. abscissa** (Duj.): Körper breit ei- bis fast kreiselförmig, an beiden Enden gerundet; Bauchseite abgeplattet, Rücken mit den Kielen; Länge 19—30 μ. In Seen, Teichen und Gräben.

2. **P. triangularis** St. (= **P. Steinii** Klebs): Körper meist nach vorn verschmälert; die drei Rippen werden durch einen Rückenkiel und die scharfen Seitenkanten gebildet; Länge 40—50 μ. Vork. wie Vorige.

3. **P quadrilineata** Pen. Körper breit spindelförmig; Rippen von oben gesehen ein Kreuz bildend; Länge 12—15 μ. In stehendem Wasser.

4. **P. mediocanellata** St. Körper eiförmig abgeplattet, auf der Bauchseite deutlich gefurcht; Rückenseite gewölbt, flach oder auch gefurcht; Länge 14—23 μ. Vork. wie bei Voriger, sehr häufig.

5. **P. inflexa** Klebs: Körper sehr stark zusammengedrückt, meist blattartig, mit abgerundetem Hinterende, 8—12 μ lang. Vorkommen wie bei Voriger, selten.

6. **P. sexlobata** Klebs: Körper dick, eiförmig, nach vorn stark verschmälert, nach hinten in 6 kurze und dicke, etwas nach innen eingekrümmte Füsse endigend, 27—30 μ lang. Vork. wie bei Voriger.

LXXXVI. Distigma Ehbg. — **D. tenax** (O. F. Müll.): Körper ausserordentlich formveränderlich, cylindrisch oder lang spindelförmig, oft mit 2 schwärzlichen Punkten am Vorderende, bis 100 μ lang. In Sümpfen und Gräben.

LXXXVII. Zygoselmis Duj.

a. Körper spindelförmig, nach hinten lang zugespitzt: 1. Z. acus.
b. Körper hinten breit gerundet.
* Nebengeissel länger als der Körper: 2. Z. globulifera.
** Nebengeissel viel kürzer als der Körper.
§ Körper nicht spiralig gedreht: 3. Z. nebulosa.
§§ Körper sehr stark spiralig gedreht: 4. Z. spiralis.

1. **Z. acus** (Ehbg.): Körper langgestreckt, beiderseits verschmälert; Membran nicht gestreift; Nebengeissel kaum halb so lang als der Körper; 45—70 μ lang. In Sümpfen und Gräben.

2. **Z. globulifera** (St.): Körper meist kugelig kontrahirt, hinten breit gerandet, vorn zugespitzt; Membran stark gestreift; 40—50 μ lang. Vorkommen wie bei Voriger.

3. **Z. nebulosa** Duj. (Fig. 249): Körper meist kreisel- oder flaschenförmig, hinten abgestutzt, vorn kurz zugespitzt; Membran sehr stark gestreift; 40—57 μ lang. In stehendem Wasser, nicht selten.

4. **Z. spiralis** (Klebs): Körper länglich eiförmig, vorn und hinten verschmälert, schraubenförmig; Membran nicht gestreift; Nebengeissel nicht ganz so lang wie der Körper; ± 42 μ lang. Vork. wie bei Voriger, selten.

LXXXVIII. Sphenomonas St. — **Sph. quadrangularis** St. Körper dick spindelförmig, mit 4 stark vorragenden Längsrippen, von oben gesehen fast quadratisch, ± 30 μ lang. In Sumpfwasser, nicht häufig.

LXXXIX. Tropidoscyphus St. — **Tr. octocostatus** St. Körper ziemlich dick spindelförmig, hinten spitz, vorn ausgerandet-eingeschnitten, formbeständig, mit 8 meist sehr deutlich spiralig verlaufenden Rippen, 35 bis 45 μ lang. In Gräben und Teichen.

XC. Rhynchomonas Klebs. — **Rh. nasuta** (Stokes) (Fig. 250): Körper eiförmig, etwas zusammengedrückt, seitlich am Vorderende mit einer

Grube, in welcher die Schleppgeissel sitzt, 5—6 μ lang, 2—3 μ breit. In faulem Wasser, nicht selten.

XCI. Bodo Ehbg.

a. Die hintere Geissel (Schleppgeissel) ist mindestens doppelt so lang als die vordere (Hauptgeissel).
1. Vordere Geissel so lang als der Körper.
α. Vorderende mit stumpfem Schnabel: 1. B. minimus.
β. Vorderende ohne Schnabel.
* Geisselgrube in eine Bauchfurche verlängert: 2. B. saltans.
** Geisselgrube nicht in eine Bauchfurche verlängert: 3. B. globosus.
2. Vordere Geissel nicht halb so lang wie der Körper: 4. B. repens.
b. Die hintere Geissel ist wenig länger als die vordere.
α. Bauchseite ausgehöhlt; Vorderende mit spitzem Schnabel.
* Körper breit eiförmig, mit sehr stark gewölbtem Rücken: 5. B. edax.
** Körper schmal, cylindrisch-eiförmig, mit leicht gewölbtem Rücken: 6. B. celer.
β. Bauchseite nur mit ganz kleiner Grube; Vorderende schief gerundet.
* Hinterende kaum formveränderlich: 7. B. caudatus.
** Hinterende sehr stark formveränderlich: 8. B. mutabilis.

1. **B. minimus** Klebs: Körper sehr klein, zart, dick bohnenförmig, mit deutlicher Geisselgrube, 4—5 μ lang, 2—2,5 μ breit, Bewegung langsam kriechend. In Schmutzwasser.

2. **B. saltans** Ehbg. Körper eiförmig, etwas zusammengedrückt, unterhalb des Vorderendes mit einer in eine etwas schraubig verlaufende Furche fortgesetzten Geisselgrube, 8—15 μ lang; Bewegung hin- und herschnellend. In faulem Wasser gemein.

3. **B. globosus** St. (Fig. 251): Körper kugelig bis dick eiförmig, ohne deutlichen Schnabel, mit seichter Geisselmulde, 9—13 μ lang, 8 bis 12 μ breit; Bewegung hin- und herzitternd. In länger stehenden Wasserproben sehr häufig.

3. **B. repens** Klebs: Körper eiförmig, etwas abgeplattet, vorn schief gestutzt, in der Mitte der Abstutzung die Geisselgrube, 10—15 μ lang, 5—7 μ breit; Bewegung kriechend, seltener lebhaft, zitternd. Vork. wie bei Voriger, seltener.

5. **B. edax** Klebs: Körper dick eiförmig mit stark gewölbtem Rücken und gefurchter Bauchseite, am obersten Ende dicht unter dem schnabelförmigen Vorderende die Geisseln; 11—14 μ lang, 5—7 μ breit; Bewegung hin- und herschaukelnd. Vork. wie bei Voriger.

6. **B. celer** Klebs: Körper schmal eiförmig, hinten breit gerundet, nach vorn allmählich verschmälert und häufig gekrümmt; 8—10 μ lang, 4—5,5 μ breit; Bewegung schnell hin- und herschiessend. Vork. wie bei Voriger.

7. **B. caudatus** (Duj.): Körper stark zusammengedrückt, meist nach hinten sugespitzt, nach vorn verbreitert; am Vorderende ein Geisseleinschnitt,

darüber ein Schnäbelchen; 11—20 μ lang, 5—8 μ breit; Bewegung ruhelos, zuckend. In ausgefaultem Wasser, sehr gemein.

8. **B. mutabilis** Klebs: Körper etwas abgeplattet eiförmig, an beiden Enden gleich breit, vorn mit seitlich liegendem Geisseleinschnitt; 8—14 μ lang, 3—5 μ breit; Bewegung zuckend-stossartig. Vork. wie bei Voriger, seltener.

XCII. Phyllomitus St.

a. Körper langgestreckt-cylindrisch; Geisseln ungefähr gleichlang: 1. Ph. amylophagus.

b. Körper kurz eiförmig, Schleppgeissel beträchtlich viel länger als die Hauptgeissel: 2. Ph. undulans.

1. **Ph. amylophagus** Klebs (Fig. 252): Körper vorn schräg abgeschnitten-zugespitzt, in der Mitte der schrägen Fläche mit weitem Mundausschnitt; 19—25 μ lang, 7—13 μ breit. In Stärkekörner enthaltendem oder über faulen stärkereichen Pflanzentheilen stehendem Wasser.

2. **Ph. undulans** St. Von Voriger durch die angegebenen Merkmale verschieden; 15—20 μ lang. In alten Wasserproben, häufig.

XCIII. Colponema St. — **C. loxodes** St. Körper breit eiförmig, vorn schief gestutzt, etwas abgeplattet und mit tiefer Bauchfurche, ± 18 μ lang, 14 μ breit. In Sumpfwasser.

XCIV. Pleuromonas Pty. — **Pl. jaculans** Pty. Körper bohnenförmig, etwas amöboid; an der Bauchseite 2 Geisseln, die eine am Vorderende, die andere in der Mitte der Bauchseite entspringend. In unreinem Wasser.

XCV. Anisonema Duj.

a. Körper formveränderlich; Geisseln ziemlich gleichlang.
  * Plasmamembran glatt: 1. A. variabile.
  ** Plasmamembran locker spiralgestreift: 2. A. striatum.
  *** Plasmamembran dicht spiralgestreift: 3. A. griseolum.

b. Körper starr; Schleppgeissel deutlich länger als die Hauptgeissel.
  * Nicht über 40 μ lang.
    § Schleppgeissel nur $^1/_2$mal länger als die Hauptgeissel; Bauchseite mit breiter Furche: 4. A. ovale.
    §§ Schleppgeissel mindestens doppelt so lang als die Hauptgeissel; Bauchseite mit sehr schmaler, tiefer Furche: 5. A. Acinus.
  ** Etwa 60 μ lang: 6. A. truncatum.

1. **A. variabile** Klebs: Körper breit eiförmig, abgeplattet, vorn und hinten ausgerandet, auf der Bauchseite mit seichter Mulde; 14—16 μ lang, 9—12 μ breit. In stehendem Wasser.

2. **A. striatum** Klebs: Körper stark plattgedrückt, vorn und hinten breit gerundet, auf der Bauchseite mit kurzer Furche; 16 μ lang, 7 μ breit. Vork. wie bei Voriger.

3. **A. griseolum** (Pty.) [= **Dinema griseolum** Pty.]: Körper sackförmig, beiderseits gerundet, am Vorderende der Bauchseite mit kurzer Furche; 70—80 μ lang, 30—40 μ breit. In Sumpfwasser etc.

4. **A. ovale** Klebs: Körper platt eiförmig, auf der Bauchseite mit Längsfurche; 11 μ lang, 7 μ breit. Vork. wie bei Voriger.

5. **A. Acinus** Duj. (Fig. 253): Körper abgeflacht eiförmig mit sanft gewölbtem Rücken und stark gefurchtem Bauch; 25—40 μ lang, 16 bis 22 μ breit. In Sumpfwasser und alten Wasserproben, nicht selten.

6. **A. truncatum** St. Körper eiförmig, vorn breit gerundet, nach hinten verschmälert; 60 μ lang, 20 μ breit. In stehendem Wasser.

XCVI. Entosiphon St.

a. Staborgan sehr lang, bis zum Hinterende des Thieres reichend: 1. E. sulcatum.
b. Staborgan kürzer, kaum bis zur Mitte des Thieres reichend: 2. E. obliquum.

1. **E. sulcatum** (Duj.): Körper eiförmig, hinten abgerundet, an der Oberfläche mit Längsfurchen, am Vorderende mit tiefer, muldenartiger Einsenkung, 20—25 μ lang. In Sumpfwasser.

2. **E. obliquum** Klebs: Körper ungefähr eiförmig, unsymmetrisch, hinten zugespitzt, am Vorderende mit schiefer, tief furchenartiger Einsenkung; $\pm$ 15 μ lang. In stehendem Wasser, ziemlich häufig.

XCVII. Amphimonas Duj.

a. Körper kugelig; Geisseln ziemlich weit getrennt stehend: 1. A. globosa.
b. Körper elliptisch-spindelförmig; Geisseln dicht beisammen: 2. A. fusiformis.

1. **A. globosa** Duj. (Fig. 254): Körper 10—12 μ im Durchmesser, häufig einem feinen Faden aufsitzend; Geisseln beträchtlich länger als der Körper. In Teichen, Gräben und Abwässern.

2. **A. fusiformis** Mez (Fig. 254a): Körper 7—10 μ lang, meist ungefähr halb so breit, freischwimmend; Geisseln wenig länger als der Körper. In Zuckerfabrikabwässern häufig gefunden.

XCVIII. Deltomonas Kt. — **D. Cyclopum** Kt. Körper kegel- oder keulenförmig, von der breiten, oft zweizackigen Spitze aus allmählich bis zur Ansatzstelle verschmälert, am Ende nicht fadenförmig; Geisseln weit getrennt am Vorderende entspringend; 8—10 μ lang. In Teichen und Seen, auf Cyclops-Arten, diese manchmal ganz bedeckend.

IC. Streptomonas Klebs. — **Str. cordata** (Pty.) (Fig. 255): Körper herzförmig, vorn tief ausgerandet, auf Bauch- und Rückenseite mit allmählich nach hinten sich flügelartig verbreiterndem Kiel, 15 μ lang, 13 μ breit. In stehendem Wasser.

C. Diplomita Kt. — **D. socialis** Kt. Körper ellipsoidisch, mit fadenförmig ausgezogenem Ende in einem kurz gestielten, braunen, ellipsoidischen Gehäuse sitzend. In Sumpfwasser. (Der Gattung Codonoeca ausserordentlich ähnlich, doch mit 2 gleichen Geisseln.)

CI. Spongomonas St.

a. Kolonien ungestielt, mit breiter Fläche festsitzend: 1. Sp. discus.
b. Kolonien mit verschmälerter oder stielförmiger Basis angeheftet.
 * Jede Aufbauchung des mikroskopisch kleinen Gallertgerüstes enthält ein Thier: 2. Sp. uvella.
 ** Thiere nebeneinander an der Oberfläche des bis 1 cm grossen Gallertgerüstes eben liegend: 3. Sp. sacculus.

1. **Sp. discus** St. Kolonien kreisförmig, flach, gelatinös; Thierchen etwa kugelig; Geisseln mehr als doppelt so lang wie der Körper. In Sümpfen.

2. **Sp. uvella** St. Kolonien traubenförmig, mit ziemlich wenigen ellipsoidischen Monaden; Geisseln mehr als doppelt so lang wie der Körper. In Sümpfen.

3. **Sp. sacculus** Kt. (Fig. 256): Kolonien sackförmig, gelappt, mit Eisenoxydhydrat infiltrirt, mit sehr vielen ellipsoidischen Monaden; Geisseln wenig länger als der Körper. In Sümpfen, alle 3 Arten selten.

CII. Cladomonas St. — **Cl. fruticulosa** St. Kolonien aus dichotom verzweigten, cylindrischen, unregelmässig wurmförmig gekrümmten, am Ende je eine elliptische Monade enthaltenden Gallertröhren gebildet. In Sümpfen.

CIII. Rhipidodendron St.

a. Zweige der Kolonie nach vorn stark verbreitert, meist aus 2—3 Reihen von Röhrchen gebildet: 1. Rh. splendidum.
b. Zweige nicht verbreitert, aus einer Röhrchenreihe gebildet: 2. R. Huxleyi.

1. **Rh. splendidum** St. Kolonie ein flachgedrücktes Bäumchen bildend, dessen fächerförmige Aeste nur kurz wie eingeschlitzt sich voneinander trennen; Monaden elliptisch, Geisseln etwa dreimal so lang wie der Körper. In Sümpfen, selten.

2. **Rh. Huxleyi** Kt. (Fig. 257): Kolonie ein allseitig ausgebreitetes Bäumchen bildend, dessen bandförmige Aeste vielfach dichotom sich gabeln; Geisseln 5—6 mal so lang wie die elliptischen Monaden. Vork. wie bei Voriger.

CIV. Stylochrysalis St. — **St. parasitica** St. Körper elliptisch, beiderseits etwas zugespitzt, mit zwei braungelben seitlich liegenden Chromatophoren, auf 2—4 mal die Körperlänge übertreffendem feinem Stiel, ohne Stigma. In Teichen etc., auf Eudorina aufgewachsen.

CV. Chrysopyxis St. — **Chr. bipes** St. (Fig. 258): Gehäuse ziemlich dickwandig, ± 12 μ hoch, breit eiförmig, unten mit zwei gespreizten, spitzen Fortsätzen auf Algenfäden angeheftet; Thiere mit zwei braungelben Chromatophoren, kugelig. In Teichen und Sümpfen, nicht häufig.

CVI. Nephroselmis St. — **N. olivacea** St. Körper etwa doppelt so breit (18 μ) als lang, niedergedrückt-bohnenförmig, oben seicht eingebuchtet. mit einem braunen, halbkugelig gekrümmten Chromatophor. In stehendem Wasser.

CVII. Hymenomonas St. — **H. roseola** St. Körper meist ellipsoidisch oder kurz cylindrisch, an beiden Enden abgerundet, 14—25 μ lang; Hülle dick, weich, meist aus ringförmigen Körpern aufgebaut; zwei seitenständige, gelbbraune Chromatophoren. In stehendem Wasser, nicht häufig.

CVIII. Chlorangium St. — **Chl. stentorinum** Ehbg. Körper elliptisch-spindelförmig, nach beiden Enden zu etwas geschweift ausgezogen, bis 30 μ lang, mit 2 seitlichen, bandförmigen Chlorophoren, sich bald auf kurzen Stielen festsetzend und in diesem Zustand zu unregelmässigen Kolonien theilend. In Sümpfen, Gräben, auf verschiedenen Entomostraken.

CIX. Chlorogonium Ehbg. — **Chl. euchlorum** Ehbg. (Fig. 259): Körper langgestreckt spindel- bis nadelförmig, nach beiden Enden zu lang und spitz ausgezogen, mit einem undeutlichen, blassgrünen Chlorophor. In Teichen und Gräben, nicht selten.

CX. Eutreptia Pty. — **E. viridis** Pty. Körper ausserordentlich formveränderlich, im Schwimmen birnförmig, vorn breit gerundet, nach hinten in einen langen Schwanz ausgezogen; ± 50 μ lang. In Sümpfen und Gräben.

CXI. Haematococcus Ag. — **H. pluvialis** A. Br. (Fig. 260): Körper schmal eiförmig oder schmal elliptisch, von einer wasserhellen, sehr grossen (± 50 μ langen) Hülle umgeben und in dieselbe grün gefärbte Fortsätze hineintreibend, öfters ganz roth gefärbt. In Tümpeln, Regenwasserbehältern, Dachrinnen etc., sehr häufig.

CXII. Chlamydomonas Ehbg.

a. Körper vierflügelig: 1. Chl. alata.
b. Körper drehrund.

α. Thier ohne Stigma: 2. Chl. tingens.
β. Thiere mit Stigmaten.
* Stigma vorn oder doch in der Vorderhälfte des Thieres gelegen.
§ Chromatophor cylindrisch in der Mitte des Thieres gelegen, dieses vorn und hinten farblos: 3. Chl. alboviridis.
§§ Thiere am Hinterende ohne farblose Plasmazone.
× Geisseln dem flachen vorderen Körperende eingefügt: 4. Chl. pulvisculus.
×× Geisseln einem an der Spitze des Körpers liegenden Kegel eingefügt.
0 Körper kugelig; Geisseln so lang wie der Körper: 5. Chl. monadina.
00 Körper cylindrisch; Geisseln kürzer als der Körper: 6. Chl. obtusa.
** Stigma hinter der Körpermitte belegen.
§ Ohne oder mit kleinem Membrankegel an der Spitze; Chromatophor nicht durchlöchert: 7. Chl. metastigma.
§§ Mit grossem Membrankegel; Chromatophor netzartig durchlöchert: 8. Chl. reticulata.

1. **Chl. alata** Cohn: Körper eiförmig, etwa doppelt so lang (± 15 μ) als breit, im Querschnitt viereckig. In langsam fliessendem Wasser, Tümpeln etc.

2. **Chl. tingens** A. Br. Körper eiförmig, mit eng anliegender Membran, 16—30 μ lang. In Torfsümpfen, nicht selten.

3. **Chl. alboviridis** St. Körper zugespitzt eiförmig, 14—26 μ lang; Geisseln von Körperlänge. In Gräben, Tümpeln etc.

4. **Chl. pulvisculus** Ehbg. (Fig. 261): Körper kugelig bis kurz eiförmig, 12—20 μ lang; Geisseln 1½ mal so lang als der Körper. In Regenwasserlachen, Tümpeln, Dachtraufen etc., eine der gemeinsten Flagellaten.

5. **Chl. monadina** St. Körper kugelig bis kurz eiförmig, 14—26 μ lang, nach vorn sehr kurz zugespitzt. In Gräben und Tümpeln.

6. **Chl. obtusa** A. Br. Körper cylindrisch, etwa doppelt so lang wie breit, hinten gerundet, vorn sehr kurz zugespitzt. In Sümpfen und Gräben.

7. **Chl. metastigma** St. Körper länglich oval, 12—20 μ lang; Geisseln etwas länger als der Körper. Vork. wie bei Voriger.

8. **Chl. reticulata** Gorosch. Körper eiförmig, 14—26 μ lang; Geisseln von Körperlänge. Vork. wie bei Voriger.

CXIII. Polytoma Ehbg. — **P. Uvella** Ehbg. (Fig. 262): Körper eiförmig, 15—26 μ lang, meist im Hinterende, seltener in der Mitte oder vorn mit Stärkekörnern; Geisseln von Körperlänge, der flachen Spitze eingefügt. In ausfaulendem Wasser gemein; wird in Hausabwässern nirgends vermisst fehlt dagegen häufig in Fluss- und Teichwasser.

CXIV. Chroomonas Hansg. — **Chr. Nordstedtii** Hansg. Körper elliptisch, beiderseits gerundet oder vorn seicht eingekerbt, 9—12 μ lang, mit 2 gleichen, Körperlänge nicht erreichenden Geisseln und einem blaugrünen Chromatophor. In Wiesengräben, Wiesentümpeln und Quellen, ziemlich selten.

CXV. Coccomonas St. — **C. orbicularis** St. Schale oval, beiderseits breit gerundet oder fast gestutzt, so dass sie ungefähr viereckig erscheint, ± 25 μ lang, ziemlich weit vom Körper abstehend. In stehendem Wasser.

CXVI. Phacotus Pty.

a. Schale vorn nicht eingebuchtet: 1. Ph. lenticularis.
b. Schale vorn breit eingebuchtet-abgeschnitten: 2. Ph. angulosus.

1. **Ph. lenticularis** (Ehbg.) (Fig. 263): Schale sehr stark, linsenförmig zusammengedrückt, von der breiten Seite gesehen genau kreisrund, ± 20 μ breit. In Tümpeln, Gräben; nicht selten.

2. **Ph. angulosus** (Cart.): Schale dünner als bei voriger Art, gleichfalls linsenförmig zusammengedrückt, doch hökerig, vorn breit eingebuchtet mit 1 vorstehenden Ecke an jeder Seite des Einschnitts, ± 20 μ breit. Vork. wie bei Voriger.

CXVII. Gonium O. F. Müll.

a. Familien 16-zellig: 1. G. pectorale.
b. Familien 4-zellig: 2. G. Tetras.

1. **G. pectorale** O. F. Müll. Zellen kugelig oder die am Rand gelegenen kurz ellipsoidisch, 5,5—15 μ breit, so angeordnet, dass in der Mitte des quadratischen Täfelchens 4, an jeder Seite 3 stehen. In Teichen und Gräben, häufig.

2. **G. Tetras** A. Br. (Fig. 264): Zellen kugelig, 8—12 μ breit, kranzförmig angeordnet. Vork. wie bei Voriger, gemein.

CXVIII. Stephanosphaera Cohn. — **St. pluvialis** Cohn: Zellen spindelförmig, nach Art des Haematococcus in die Hüllgallerte der 8 zelligen Familie, welche 20—60 μ im Durchmesser hat, fädige, sich vereinigende Fortsätze treibend. In Regenwasserlachen, besonders der Gebirge.

CXIX. Eudorina Ehbg. — **E. elegans** Ehbg. (Fig. 265): Familien kugelig oder ellipsoidisch; Zellen kugelig, 18—24 μ breit. In Seen, Teichen, Tümpeln, nicht selten.

CXX. Volvox Ehbg.

a. Kolonien meist 600—800 μ dick; Zellen von unregelmässiger Gestalt: 1. V. globator.
b. Kolonien meist 200—600 μ dick; Zellen regelmässig, kugelig: 2. V. aureus.

1. **V. globator** Ehbg. Meist einhäusig, d. h. in den Kolonien sowohl Eier wie Spermatozoënbündel; Dauersporen mit stacheliger Hülle. In Teichen und Gräben, in reinem Wasser, häufig.

2. **V. aureus** Ehbg. (Fig. 266): Meist zweihäusig, d. h. Eier und Spermatozoënbündel in verschiedenen Kolonien; Dauersporen mit glatter Hülle. Vork. wie bei Voriger, seltener.

CXXI. Pandorina Bory. — **P. Morum** Bory (Fig. 267): Familie kugelig oder dick ellipsoidisch, meist aus 16 (9,5—15 μ breiten), durch gegenseitigen Druck polygonalen Zellen bestehend. In Teichen und Gräben, gemein.

CXXII. Syncrypta Ehbg. — **S. Volvox** Ehbg. Familie kugelig, aus meist 32 glatten, ungefähr eiförmigen, $\pm$ 15 μ langen, dicht zusammengedrängten und in dicker Gallerthülle eingeschlossenen Zellen gebildet. In Teichen, Gräben, Tümpeln, selten.

CXXIII. Synura Ehbg. — **S. Uvella** Ehbg. (Fig. 268): Familie kugelig, aus 2—32 meist stachligen, keilförmigen, $\pm$ 17 μ langen, dichtgedrängten Zellen gebildet. In stehendem und langsam fliessendem Wasser, besonders in Wiesengräben und Teichen, gemein.

CXXIV. Cyathomonas From. — **C. truncata** (Fres.): Körper sehr abgeplattet, oval, hinten gerundet, vorn breit und schief abgestutzt, so dass eine schiefe Spitze entsteht, in deren Nähe die beiden Geisseln entspringen; 23—25 μ lang. In faulenden Wasserproben, nicht selten.

CXXV. Chilomonas Ehbg. — **Ch. Paramaecium** Ehbg. Körper schwach zusammengedrückt, etwas unregelmässig kegelförmig oder eiförmig mit lang ausgezogenem Hinterende, 30—40 μ lang, hinten gerundet, vorn schräg gestutzt, mit Stärkekörnern. Vork. wie bei Voriger.

CXXVI. Cryptomonas Ehbg. — **Cr. ovata** Ehbg. Körper etwas unsymmetrisch-elliptisch, schwach zusammengedrückt, hinten gerundet, vorn schräg gestutzt, mit braun- bis blaugrünen Chromatophoren, 35 bis 50 μ lang. In Tümpeln und Gräben, selten.

CXXVII. Spondylomorum Ehbg. — **Sp. quaternarium** Ehbg. (Fig. 269): Einzelthiere eiförmig mit allmählich zugespitztem Hinterende, mit 4 Geisseln, in 4 alternirenden Kränzen von je 4 Individuen um die Längsachse der Kolonie zusammengestellt. In stehendem Wasser, selten.

CXXVIII. Carteria Diesing. — **C. cordiformis** (Cart.) (Fig. 270): Körper eiförmig, nach hinten etwas verschmälert und breit gerundet, vorn herzförmig eingebuchtet, mit in der vordern Hälfte liegendem Stigma, $\pm$ 20 μ lang. In Tümpeln und Gräben, nicht selten.

CXXIX. Pyramimonas Schmarda. — **P. tetrarhynchus** Schm. Körper von vorn nach hinten allmählich kegelförmig verschmälert, am Vorderende mit 4 bis über die Mitte nach hinten verlaufenden grossen, gerundeten Leisten; bis 40 μ lang. In stehendem Wasser.

CXXX. Chloraster Ehbg. — **Chl. gyrans** Ehbg. Körper spindelförmig, beiderseits schmal gerundet, in der Mitte mit 4 grossen, stumpf-kropfartigen, schräg nach unten abstehenden Ausbauchungen, mit Stigma, bis 40 μ lang. In stehendem Wasser.

CXXXI. Polyblepharites Dang. — **P. singularis** Dangeard: Körper eiförmig, vorn breit und etwas schräg gerundet, nach hinten mässig verschmälert, mit einem sehr zarten, cylindrisch gekrümmten Chromatophor; Stigma in der Körpermitte; Länge 8—12 μ. In Sumpfwasser, nicht selten in alten Wasserproben auftretend.

CXXXII. Collodictyon Cart. — **C. triciliatum** Cart. Körper dick, etwas abgeplattet-eiförmig, vorn stark verbreitert, nach hinten verschmälert, $\pm$ 17 μ lang, 15 μ breit. In Wasser, welches viel organische Substanz enthält.

CXXXIII. Tetramitus Pty.

1. Körper vollkommen kugelig: 1. T. globulus.
2. Körper nicht kugelig.
   a. Kontraktile Vakuole im Vorderende: 2. T. rostratus.
   b. Kontraktile Vakuole im Hinterende.
      * Körper in einen dünnen, spitzen Schwanz ausgezogen: 3. T. descissus.
      ** Körper hinten kurz zugespitzt: 4. T. pyriformis.

1. **T. globulus** Zach. Körper vollkommen kugelig, mit 4 gleich langen Geisseln am Vorderende; $\pm$ 20 μ breit; Geisseln von Körperlänge. In Teichen.

2. **T. rostratus** Pty. Körper ungefähr schmal eiförmig, vorn abgestutzt und an einer Seite etwas schnabelförmig vorspringend, nach hinten verschmälert; 18—30 μ lang, 8—11 μ breit. In faulem Wasser, nicht selten.

3. **T. descissus** Pty. Körper schmal eiförmig, vorn schief gestutzt; 13—28 μ lang, 7—15 μ breit. Vork. wie bei Voriger.

4. **T. pyriformis** Klebs (Fig. 271): Körper dick eiförmig, vorn gewölbt, abgerundet, die ganze eine Seite entlang schief abgestutzt; 11 bis 13 μ lang, 10—12 μ breit. Vork. wie bei Voriger.

CXXXIV. Pteridomonas Pen. — **Pt. pulex** Pen. (Fig. 272): Körper kreiselförmig, 6—12 μ lang, manchmal in einen feinen Schwanzfaden ausgezogen und damit festsitzend; Hauptgeissel gerade, Nebengeisseln bei der Nahrungsaufnahme eingekrümmt. In Teichen, selten.

CXXXV. Costia Lecl.

a. An der Seite des Körpers entspringen 3 Geisseln: 1. C. necatrix.
b. An der Seite des Körpers entspringen 4 Geisseln: 2. C. Nitzschei.

1. **C. necatrix** (Henneguy): Körper eiförmig, vorn zugespitzt; 1 längere, 2 kürzere Geisseln. Auf Forellen, diese tödtend.

2. **C. Nitzschei** (Weltn.): Körper von der breiten Seite gesehen fast kreisförmig, beiderseits breit gerundet; 2 längere und 2 kürzere Geisseln. Ursache einer Goldfisch-Seuche.

CXXXVI. Trigonomonas Klebs. — **Tr. compressa** Klebs (Fig. 273): Körper ungefähr dreieckig, vorn breit gerundet bis schief gestutzt; hinten zugespitzt, stark abgeplattet; unterhalb der beiden Vorderecken je 3 ungleich lange Geisseln; 24—33 μ lang, 16—26 μ breit. In faulendem Wasser, nicht häufig.

CXXXVII. Trepomonas Duj.

a. Bewegung der Thiere anhaltend gleichmässig.
* Auf jeder Körperseite 2 lange (Bewegungs-) und 2 kurze (Mund-) Geisseln: 1. Tr. rotans.
** Auf jeder Körperseite eine lange und drei kurze Geisseln: 2. Tr. agilis.
b. Bewegung ungleichmässig, abwechselnd langsam und plötzlich springend: 3. Tr. Steinii.

1. **Tr. rotans** Klebs (Fig. 274): Körper breit oval, von der Mitte ab nach hinten stark zusammengepresst, vorn breit, hinten schmal gerundet, mit die Seiten der ganzen hinteren Hälfte einnehmenden flügelartigen Mundtaschen; 10—13 μ lang. In faulem Wasser.

2. **Tr. agilis** Duj. Körper schmal oval, zusammengedrückt; Mundtaschen entweder die ganzen Körperseiten oder nur die hintere Hälfte einnehmend; 7—30 μ lang. In fast ausgefaultem Wasser, gemein.

3. **Tr. Steinii** Klebs: Körper etwas nach hinten verschmälert, zusammengedrückt und schraubig gedreht; Mundtaschen fast die ganzen Längsseiten einnehmend; 7—11 μ lang. In faulem Wasser, häufig.

CXXXVIII. Hexamitus Duj.

a. Körper hinten breit gerundet oder abgestutzt.
* Körper hinten breit, fast rechtwinklig abgestutzt: 1. H. inflatus.
** Körper hinten gerundet, deutlich gewölbt.
§ 10—13 μ lang; Mundspalte nicht bis zur Körpermitte reichend: 2. H. pusillus.
§§ 24—35 μ lang, Mundspalte bis über die Körpermitte reichend: 3. H. crassus.
b. Körper hinten deutlich, oft stachelartig zugespitzt.

* Körper hinten mit einer, selten zwei kurzen und zackenförmigen Spitzen.
§ Körper eiförmig: 4. H. fissus.
§§ Körper schmal cylindrisch bis spindelförmig: 5. H. fusiformis.
** Körper hinten mit 2 gleichlangen oder 3 Spitzen, in letzterem Fall die seitlichen kürzer als die mittlere: 6. H. rostratus.

1. **H. inflatus** Duj. Körper dick eiförmig bis fast cylindrisch; Schleppgeisseln 1—2 mal so lang als der Körper; Mundspalte bis zum Hinterrand reichend, 13—25 μ lang, 9—16 μ breit. In Teichen, Sümpfen, besonders gemein auch in faulem Wasser.

2. **H. pusillus** Klebs: Körper dick eiförmig, vorn breit dreieckig zulaufend; Vorderende dann schmal gerundet; Schleppgeisseln etwa von Körperlänge; 8—10 μ breit. Vork. wie bei Voriger, seltener.

3. **H. crassus** Klebs: Körper dick eiförmig, vorn schmal, hinten breit gerundet; Schleppgeisseln von Körperlänge; 10—18 μ breit. Vork. wie bei Voriger.

4. **H. fissus** Klebs: Körper birnförmig, hinten in ein kurz stachelförmiges Ende übergehend; Schleppgeisseln kürzer als der Körper; 20 bis 26 μ lang, 9—13 μ breit. Vork. wie bei Voriger.

5. **H. fusiformis** Klebs: Körper abgeplattet, bisweilen am Ende zu 2 kurzen Schwänzen ausgebuchtet; Schleppgeisseln nur wenig über das Hinterende herausragend; 22—27 μ lang, 10—12 breit. Vork. wie bei Voriger.

6. **H. rostratus** St. (Fig. 275): Körper eiförmig bis langgestreckt, hinten schnabelförmig zugespitzt; 16—25 μ lang, 6—12 μ breit. In faulendem Wasser, häufig.

CXXXIX. Dallingeria Kt. — **D. Drysdali** Kt. (Fig. 276): Körper schmal, ungefähr kegelförmig, vorn spitz, hinten gerundet, im Vordertheil zwei schwache schulterförmige Höcker, auf denen die Seitengeisseln sitzen; $\pm$ 6 μ lang. In faulendem Wasser.

CXL. Spironema Klebs. — **Sp. multiciliatum** Klebs: Körper lanzettlich, etwas plattgedrückt, formveränderlich, in einen langen Schwanzfaden ausgehend, 14—18 μ lang, 2—3 μ breit. In Teichen, selten.

CXLI. Phalansterium Cienk.

a. Kolonien scheibenförmig-niedergedrückt, alle Gehäuse radial gestellt: 1. Ph. consociatum.
b. Kolonien baumartig verästelt: 2. Ph. digitatum.

1. **Ph. consociatum** (Fres.): Thiere elliptisch oder eiförmig, in dicken, nach vorn keulenförmig verbreiterten, fast bis zum Centrum der Kolonie getrennten, sternförmig angeordneten Röhren. In Sumpfwasser, selten.

2. **Ph. digitatum** St. (Fig. 277): Thiere wie bei voriger Art; Gehäuse vielfach dichotom oder am Ende polytom verästelte Bäumchen bildend. Vork. wie bei Voriger.

CXLII. Monosiga Kt.

a. Thier ohne Stiel, mit dem spitz ausgezogenen Hinterende festsitzend: 1. M. fusiformis.
b. Thiere mit deutlichem Stiel.
 * Stiel kurz; Thier nach oben lang halsartig ausgezogen: 2. M. longicollis.
 ** Stiel lang; Thier kugelig: 3. M. globosa.

1. **M. fusiformis** Kt. (Fig. 278): Thier dick spindelförmig, nach vorn und hinten lang ausgezogen-zugespitzt; Geissel von Körperlänge, ± 5 μ lang. In Sumpfwasser, gesellig.

2. **M. longicollis** Kt. Thier hinten breit gerundet, einem sehr kurzen ($^1/_5$—$^1/_4$ der Körperlänge) Stiel aufsitzend; Geissel etwas länger als der Körper; bis 10 μ lang. Vork. wie bei Voriger.

3. **M. globosa** Kt. Thier vollkommen kugelrund, 5—6 μ lang, einem bis 5—10 mal längern Stiel aufsitzend; Geissel beträchtlich länger als der Körper. Vork. wie bei Voriger.

CXLIII. Diplosiga Frenzel. — **D. frequentissima** Zach. Körper kugelig oder eiförmig, manchmal nach oben kurz halsartig ausgezogen, mit sehr kurzem Stielchen, ± 8 μ lang, 6 μ breit, mit einem cylindrischen innern und einem trichterförmigen äussern Kragen. In Seen, an Asterionella festsitzend.

CXLIV. Codosiga J. Cl.

a. Thiere kurz gestielt, doldenförmig auf einem langen einfachen Stiel zusammenstehend: 1. C. botrytis.
b. Thiere ungestielt, köpfchenförmig auf einem 2—3 mal verzweigten Stielgerüst.
 * Stielgerüst dichasial verzweigt: 2. C. umbellata.
 ** Stielgerüst streng doldig verzweigt: 3. C. allioides.

1. **C. botrytis** (Ehbg.) (Fig. 279): Körper ungefähr kugelig, ± 30 μ lang, kurz in ein ebenso langes Stielchen zusammengezogen. In Teichen und Sümpfen.

2. **C. umbellata** (Tatem.): Körper lang ellipsoidisch, unten zugespitzt, bis 40 μ lang, in dicht gedrängten Köpfchen auf den Zweigenden. Vork. wie bei Voriger.

3. **C. allioides** Kt.: Durch kurz ellipsoidischen oder kugeligen Körper und die Verzweigungsform von Voriger verschieden. Vork. wie bei derselben, an Nitella.

CXLV. Hirmidium Pty. — **H. inane** Pty. Thiere elliptisch oder eiförmig, zu 2—12 (selten mehr) bandförmig in einer Linie aneinander gereiht, ± 15 μ lang. In Sümpfen, selten.

CXLVI. Astrosiga Kt.

a. Thiere in geringer Anzahl mit ihren dünn ausgezogenen Hinterenden zusammenhängend: 1. A. disjuncta.
b. Thiere in sehr grosser Zahl mit langen Stielfäden zusammenhängend: 2. A. radiata.

1. **A. disjuncta** (From.): Körper schmal, spindelförmig, zu 5 (bis mehr?) mit ihren ausgezogenen (aber nicht stielförmigen!) Hinterenden in einem Punkt zusammenhängend. Selten.

2. **A. radiata** Zach. (Fig. 280): Körper elliptisch, zu 100—120 mit langen, feinen, die Körperlänge um's 3—4 fache übertreffenden Stielen in einem Punkt zusammenhängend und 80—90 μ dicke Kugeln bildend. In Seen.

CXLVII. Protospongia Kt.

a. Thiere mit gerundetem oder kurzspitzig ausgezogenem Hinterende: 1. Pr. Haeckelii.
b. Thiere mit lang stielförmig ausgezogenem Hinterende: 2. Pr. volvox.

1. **Pr. Haeckelii** Kt. Kolonien festgewachsen, formlos, fädig oder scheibenförmig; Thiere eiförmig, ± 8 μ lang. In Teichen.

2. **Pr. Volvox** (Lauterb.): Kolonien frei schwimmend, kugelig; Thiere radiär in der Oberfläche der Gallertkugel liegend, mit stielförmigem, aber im Centrum nicht zusammenstossendem Hintertheil. Vork. wie bei Voriger, beide selten.

CXLVIII. Salpingoeca J. Cl.

a. Gehäuse ohne oder mit nur rudimentärem Stiel.
 α. Gehäuse flaschenförmig, in einen eng cylindrischen Hals ausgezogen, dessen Breite $^1/_4$—$^1/_8$ des Basaltheils ist: 1. S. amphoridium.
 β. Gehäuse ohne so engen Hals.
  * Gehäuse unten breit gerundet: 2. S. minuta.
  ** Gehäuse unten spitz ausgezogen: 3. S. fusiformis.
b. Gehäuse mit deutlichem Stiel.
 α. Gehäuse breit eiförmig, mit sehr weiter Mündung und ganz kurzem Hals: 4. S. convallaria.
 β. Gehäuse sehr schmal (kegelförmig-) eiförmig, mit sehr enger Mündung und langem Hals: 5. S. Clarkii.

1. **S. amphoridium** J. Cl. Gehäuse aus kugeligem oder niedergedrückt-kugeligem Grund plötzlich in einen ebenso langen, oben flach erweiterten Hals verschmälert, ± 20 μ lang. In Teichen auf Algen.

2. **S. minuta** Kt. Gehäuse dick eiförmig, oben kurz zugespitzt ohne Hals, ± 8 μ lang. Vork. wie bei Voriger.

3. **S. fusiformis** Kt. (Fig. 281): Gehäuse dick spindelförmig, nach beiden Seiten ausgezogen-zugespitzt, mit sehr enger, oben nicht mehr erweiterter Mündung. Vork. wie bei Voriger.

4. **S. convallaria** St. Schale urnenförmig, unten aus eiförmiger Basis plötzlich in den kurzen Stiel zusammengezogen, oben in einen sich glockenförmig erweiternden kurzen Hals auslaufend, ± 25 μ lang. In Sümpfen, auf Epistylis.

5. **S. Clarkii** St. Gehäuse sehr schlank flaschenförmig, mit langem, oben nicht oder kaum verbreitertem schmalen Hals, ± 25 μ lang, auf einem nur wenig kürzern Stiel. In Sümpfen, selten.

Dinoflagellata.

CL. Ceratium Schrk.

a. Hornartige Fortsätze nicht länger als 1/3 bis höchstens 1/2 des Körperdurchmessers: 1. C. tetraceras.
b. Hornfortsätze so lang oder länger als der Körperdurchmesser: 2. C. hirundinella.

1. **C. tetraceras** Schrk. (= **C. cornutum** Cl. et Lachm.) (Fig. 282): Platten des Panzers unregelmässig vertheilt; mit drei Hörnern; ± 120 μ lang, 90 μ breit. In Teichen und Seen.

2. **C. hirundinella** (O. F. Müll.): Platten regelmässig, mit deutlichen Grenzlinien; mit 4 Hörnern; ± 180 μ lang, 60 μ breit. In grössern Seen, seltener in Teichen.

CLI. Peridinium Ehbg.

a. Tafeln des Panzers mit deutlicher Netzzeichnung.
  α. Auf der Scheitelansicht des Thiers reicht die an die Rinne grenzende 5eckige Platte lange nicht bis zum Scheitel: 1. P. cinctum.
  β. Die bezeichnete 5-eckige Platte („Rautenplatte") reicht bis zum Scheitel.
    * Platten gerade; die Ränder der Geisselfurche nicht schnabelartig vorgezogen: 2. P. tabulatum.
    ** Platten ziemlich stark konkav; Ränder der Geissel-Längsfurche schnabelartig vorgezogen: 3. P. bipes.
b. Panzertafeln ohne Netzzeichnung.
  α. Panzertafeln mit punktförmigen grubigen Vertiefungen: 4. P. apiculatum.
  β. Panzertafeln ohne alle Skulptur.
    * Länge über 30 μ.
      § Körper langgestreckt, mit 4 Zähnen: 5. P. quadridens.
      §§ Körper breit eiförmig, ohne Zähne: 6. P. umbonatum.
    ** Länge unter 20 μ: 7. P. minimum.

1. **P. cinctum** Ehbg. Körper kugelig bis eiförmig, ± 46 μ lang, 43 μ breit; Panzertafeln fast gerade; Chromatophoren tief braun. In Sümpfen und Teichen, häufig.

2. **P. tabulatum** Clap. et Lachm. (Fig. 283): Körper kugelig bis eiförmig, ± 48 μ lang, 43 μ breit; Chromatophoren tief braun. Vork. mit Voriger, häufig.

3. **P. bipes** St. Körper breit eiförmig, ± 45 μ lang, 43 μ breit; Chromatophoren tief braun. Vork. mit den Vorigen, häufig.

4. **P. apiculatum** Pen. Körper sehr breit und plump eiförmig, von der Grösse und Farbe der Vorigen. In Sümpfen etc., nicht selten.

5. **P. quadridens** St. Etwa 34 μ lang, 26 μ breit; Vorderende mit hornartig verlängerter Spitze; 4 Platten des Hinterendes mit stachelartigen Erhebungen; Chromatophoren dunkelbraun. In Teichen, nicht häufig.

6. **P. umbonatum** St. Etwa 31 μ lang, 26 μ breit; Quer- und Längsfurche auffallend breit; Chromatophoren rothbraun. In Teichen und Sümpfen, nicht selten.

7. **P. minimum** Schilling: Körper eiförmig, 19 μ lang, 17 μ breit; Panzerplatten schwer sichtbar; Chromatophoren hellgelb. Mit Voriger, sehr verbreitet.

CLII. Glenodinium Ehbg.

a. **Chromatophoren dunkel, roth- bis schwarzbraun.**
  α. **Mit Stigma, ± 25 μ lang:** 1. Gl. cornifax.
  β. **Ohne Stigma, ± 38 μ lang:** 2. Gl. uliginosum.
b. **Chromatophoren heller, gelbbraun, braun oder grün.**
  α. **Chromatophoren nicht grün.**
    * **Mit Stigma; über 30 μ lang.**
      § **Körperhälften fast gleichgross; über 40 μ lang:** 3. Gl. cinctum.
      §§ **Körperhälften ungleich; ± 31 μ lang:** 4. Gl. neglectum.
    ** **Ohne Stigma; unter 25 μ lang:** 5. Gl. pulvisculus.
  β. **Chromatophoren blass grün:** 6. Gl. oculatum.

1. **Gl. cornifax** Schilling: Körper etwas länglich, ± 25 μ lang, 21 μ breit; Körperhälften fast gleichgross, hintere zugespitzt; Hülle mit Chlorzinkjod schwarzblau gefärbt. In Sümpfen.

2. **Gl. uliginosum** Schilling: Körper fast kugelig, ± 38 μ lang, 31 μ breit, schwach abgeplattet; Körperhälften etwas ungleich gross; Hülle mit Chlorzinkjod roth gefärbt. In Torfsümpfen.

3. **Gl. cinctum** Ehbg. (Fig. 284): Körper kugelig oder ellipsoidisch, ± 43 μ lang; Hülle mit Chlorzinkjod violett gefärbt. In Sümpfen, gemein.

4. **Gl. neglectum** Schilling: Körper breit ellipsoidisch, ± 28 μ breit, Hülle mit Chlorzinkjod ungefärbt. In Torfsümpfen.

5. **Gl. pulvisculus** St. Körper schmal elliptisch, ± 23 μ lang, 18 μ breit; Körperhälften nahezu gleichlang; Hülle mit Chlorzinkjod schwarzblau gefärbt. In Sümpfen, häufig.

6. **Gl. oculatum** St. Klein, kugelig bis langgestreckt; Körperhälften gleichlang; mit Stigma. In Sümpfen, selten.

CLIII. Gymnodinium St.

a. Körper asymmetrisch, da die Querfurche in steiler Spirale verläuft und ihre Enden sich nicht treffen.
  α. Völlig farblos: 1. G. hyalinum.
  β. Mit hellgelben Chromatophoren: 2. G. pusillum.
b. Körper symmetrisch, mit Ringfurche.
  α. Querfurche sehr schwach, nur angedeutet: 3. G. paradoxum.
  β. Querfurche deutlich.
    * Längsfurche fehlt: 4. G. pulvisculus.
    ** Längsfurche vorhanden.
      § Durch die Querfurche gebildete Körperhälften ungleich gross.
        × Ohne Stigma: 5. G. palustre.
        ×× Mit Stigma: 6. G. vorticella.
      §§ Durch die Querfurche gebildete Körperhälften ungefähr gleichgross.
        × Mit Längskiel: 7. G. carinatum.
        ×× Ohne Längskiel.
          0 Chromatophoren gelbbraun: 8. G. fuscum.
          00 Chromatophoren spangrün: 9. G. aeruginosum.

1. **G. hyalinum** Schilling: Körper breit oval, völlig asymmetrisch, ± 24 μ lang, 21 μ breit, mit Stärkekörnern, mit Stigma. In Teichen.

2. **G. pusillum** Schilling: Im Bau wie Vorige, doch nur 23 μ lang, 18 μ breit, mit wenigen, verhältnissmässig grossen Chromatophoren, mit Stigma. In Sümpfen.

3. **G. paradoxum** Schilling: Körper fast kugelig, ± 37 μ lang, 35 μ breit, ohne Längsfurche, mit dunkel rothbraunen Chromatophoren und Stigma. In Sümpfen.

4. **G. pulvisculus** Klebs: Körper breit oval, nach vorn verschmälert, nach hinten breit abgerundet. In Sümpfen.

5. **G. palustre** Schilling (Fig. 285): Körper oval, ± 44 μ lang, 37,5 μ breit; mit gelb- bis dunkelbraunen Chromatophoren. In Sümpfen.

6. **G. Vorticella** St. Körper oval, 30—40 μ lang, farblos. In Sümpfen.

7. **G. carinatum** Schilling: Körper breit oval, ± 38 μ lang, 34,5 μ breit, mit hell- bis dunkelbraunen ziemlich grossen Chromatophoren, ohne Stigma. In Sümpfen.

8. **G. fuscum** St. Körper ± langgestreckt, etwas abgeplattet, bis 80 μ lang; Chromatophoren gelbbraun, klein; ohne Stigma. In Sümpfen.

9. **G. aeruginosum** St. Körper länglich, etwas abgeplattet, ± 34 μ lang, 22 μ breit; ohne Stigma. In Sümpfen.

CLIV. Amphidinium Clap. et Lachm. — **A. lacustre** St. Körper kugelig, ± 23 μ lang, 18,4 μ breit; Chromatophoren braun; Stigma fehlt. In Teichen und Sümpfen.

CLV. Hemidinium St. — **H. nasutum** St. (Fig. 286): Körper völlig asymmetrisch, stark abgeplattet, ± 25 μ lang, 16 μ breit; Chromatophoren klein, hellgelb bis braunroth. In Teichen und Sümpfen, häufig.

C. Ciliata.

A. Mund meist nur während der Nahrungsaufnahme geöffnet, ohne undulirende Membranen; Schlund nie mit Wimpergebilden besetzt. — ***Gymnostomata****, p. 223.*

I. Mund terminal oder doch nur sehr wenig nach hinten verschoben.

a. Bewimperung allseitig, fast stets gleichmässig, nicht auf gürtelförmige Zonen beschränkt.

1. Thiere mit allseitigem Panzer: CLVI. Coleps Nitsch.

2. Thiere panzerlos.

α. Thiere ohne Tentakel.

** Ein auffallend stärkerer Wimperkranz unter dem Mund fehlt.*

§ Körper nach vorn nicht halsartig verschmälert.

× Endborste fehlt.

0 Schlund undeutlich, ohne Stabapparat: CLVII. Holophrya Ehbg.

00 Schlund deutlich, mit Stabapparat.

† Körper ohne schraubige Streifung: CLVIII. Prorodon Ehbg.

†† Körper mit schraubiger Streifung: CLIX. Perispira.

×× Endborste stets vorhanden: CLX. Urotricha Cl. et L.

§§ Körper nach vorn halsartig verschmälert.

× Vorderer Pol und Mund gerade: CLXI. Enchelys Ehbg.

×× Vorderer Pol und Mund schief.

0 Thier ohne zerstreute garbenförmige Nadelbündel im Ektoplasma (Trichiten): CLXII. Spathidium Duj.

00 Thier mit Trichitenapparat: CLXIII. Pseudoprorodon Blochm.

*** Hinter dem Mund mit einem Kranz oder kurzen Längsstreifen auffallend grösserer Wimpern.*

§ Körper nach vorn lang und deutlich verschmälert.

× Unter dem Mund befindliche grössere Wimpergebilde in kurzen Längsreihen: CLXIV. Chaenia Quennerst.

×× Diese Wimpergebilde in einem Kranz.

0 Mit Mundzapfen.

† Körper abgeplattet: CLXV. Trachelophyllum Cl. et L.

†† Körper drehrund: CLXVI. Lacrymaria Quennerst.

00 Ohne Mundzapfen.

† Mit Reusenapparat, ohne Trichiten; Mund polar: CLXVII. Lagynus Quennerst.

†† Ohne Reusenapparat, mit Trichiten; Mund schief:
CLXVIII. Pseudospathidium Mez.
§§ Körper nach vorn nicht verschmälert: CLXIX Dinophrya Bütschli.
β. Thier mit zahlreichen ausstreckbaren Tentakeln: CLXX. Actinobolus St.
b. Bewimperung auf einen bis mehrere den drehrundeu Körper ringförmig umziehende Gürtel beschränkt.
1. Makronucleus kugelig oder eiförmig.
α. Wimpern dick, cirrhenförmig: CLXXI. Mesodinium St.
β. Wimpern dünn, der hintere Kranz unbeweglich:
CLXXII. Askenasia Blochm.
2. Makronucleus hufeisenförmig.
α. Mit Trichitenapparat; Hinterende nicht knospenartig:
CLXXIII. Didinium St.
(β. Ohne Trichiten; scheinbares Hinterende wie mit 2 eingeschlagenen Lippen knospenartig: Schwärmer von Peritricha.)
II. Mund stark seitlich verschoben, oft fast in der Körpermitte.
a. Schlund fehlend oder kurz; Stäbchenapparat fehlend oder kaum sichtbar.
1. Mund auf der konvexen Bauchkante des dorsalwärts gekrümmten Rüssels.
α. Mund sehr langgestreckt; die ganze Spalte öffenbar.
** Rüssel so lang oder länger als der Körper: CLXXIV. Lionotus Wrzes.*
*** Rüssel kürzer als der Körper.*
§ Rüssel längs der Bauchseite schief abgeschrägt:
CLXXV. Amphileptus Ehbg.
§§ Rüssel gerundet, nicht abgeschrägt: CLXXVI. Loxophyllum Duj.
β. Mund porenförmig; der obern Theil der Mundspalte öffnet sich nicht.
** Körper kugelig bis ellipsoidisch: CLXXVII. Trachelius Ehbg.*
*** Körper langgestreckt: CLXXVIII. Dileptus Duj.*
2. Mund auf der konkaven Seite des ventralwärts gekrümmten Rüssels:
CLXXIX. Loxodes Ehbg.
b. Schlund stets deutlich, meist mit Stäbchenapparat.
1. Körper drehrund oder wenig abgeflacht, allseitig bewimpert:
CLXXX. Nassula Ehbg.
2. Körper meist stark abgeplattet; Bewimperung gewöhnlich auf die Bauchseite beschränkt oder hier doch viel stärker als auf dem Rücken.
α. Ohne deutlich abgesetzten, beweglichen Schwanzgriffel am Hinterende.
** Mund in der hinteren Körperhälfte, nahe dem Ende:*
CLXXXI. Opisthodon St.
*** Mund in der vorderen Körperhälfte, median.*
× Hinterende breit gerundet; mit Andeutung einer adoralen Cilienzone:
CLXXXII. Chilodon Ehbg.
×× Hinterende zugespitzt; ohne Cilienzone:
CLXXXIII. Phascolodon St.
β. Mit deutlich abgesetztem, beweglichem Schwanzgriffel am Hinterende.
** Schwanzgriffel borstenförmig: CLXXXIV. Trochilia Duj.*
*** Schwanzgriffel verbreitert, dolch- oder beilförmig:*
CLXXXV. Aegyria Cl. et L.

B. Mund in der Regel offen; Mundränder mit undulirenden Membranen oder Schlund mit Wimpergebilden, Cilien oder undulirenden Membranen resp. von der adoralen Wimperzone durchzogen.

I. Mund ohne spiralige adorale Zone, mit undulirenden Membranen, meist ± vom Vorderende entfernt. — **Aspirotricha**; *p. 232.*

a. Schlund gut ausgebildet, röhrenförmig.

1. Thier allseitig bewimpert: CLXXXVI. *Paramaecium* O. F. Müll.

2. Bewimperung auf 2 breite gürtelförmige Zonen, eine auf der vordern und eine auf der hintern Körperhälfte beschränkt: CLXXXVII. *Urocentrum* Nitzsch.

b. Schlund fehlend oder schwach, jedenfalls nicht röhrchenförmig ausgebildet.

1. Undulirende Membranen klein, nicht flügelartig.

α. Mund in der vorderen Körperhälfte, jedenfalls nicht hinter der Mitte.

* *Mund lang spaltenförmig, das ganze Vorderende einnehmend:* CLXXXVIII. *Leucophrys* Ehbg.

** *Mund rund oder oval, seitlich stehend.*

§ *Alle Wimpern des Körpers gleichartig.*

× *Bauchseite nicht auffallend konkav resp. ausgehöhlt; Mund oberflächlich liegend.*

0 *Undulirende Membranen in fortwährender klappender Bewegung:* CLXXXIX. *Glaucoma* Ehbg.

00 *Undulirende Membranen nicht so bewegt.*

† *Links neben dem Mund ein uhrglasförmiger, von Pigmentfleck umgebener Körper; Makronucleus lang, bandförmig:* CXC. *Ophryoglena* Ehbg.

†† *Dieser Körper fehlt öfters; Makronucleus kurz ellipsoidisch oder kugelig:* CXCI. *Frontonia* Ehbg.

×× *Bauchseite stark konkav; Mund eingesenkt.*

0 *Mund ohne undulirende Membran:* CXCII. *Colpoda* O. F. Müll.

00 *Mund mit undulirenden Membranen:* CXCIII. *Colpidium* St.

§§ *Ausser den kleinen allgemeinen Cilien sind grössere spezielle vorhanden.*

× *Nur am Hinterende eine lange Borste.*

0 *Kleine Cilien den ganzen Körper bedeckend:* CXCIV. *Uronema* Duj.

00 *Kleine Cilien nur als Mittelzone:* CXCV. *Urozona* Schew.

×× *Eine schraubige Borstenreihe geht zum Mund; ausserdem am Hinterende eine Borste:* CXCVI. *Loxocephalus* Kt.

β. Mund in der hinteren Körperhälfte.

* *Körper weich.*

§ *Am Hinterende längere Borsten:* CXCVII. *Cinetochilum* Pty.

§§ *Am Hinterende keine solchen:* CXCVIII. *Microthorax* Engelm.

** *Körper starr, mondförmig:* CIC. *Drepanomonas* Fres.

2. Undulirende Membranen gross, flügelartig, sich oft von den Mundwinkeln noch weit, linienförmig ausdehnend.

α. Thiere mittelgross, 100—140 μ lang.

* *Kontraktile Vakuole in der Körpermitte:* CC. *Lembadion* Pty.

** *Kontraktile Vakuole im Körperende:* CCI. *Pleuronema* Duj.

β. Thiere klein, bis 30 μ lang.

** Mund in der Mitte oder im hinteren Körpertheil; undulirende Membran die Seite des Thieres einnehmend:* CCII. *Cyclidium Ehbg.*

*** Mund beim Vorderende; undulirende Membran gleichfalls vorn gelegen:* CCIII. *Balanitophorus Schew.*

II. Stets mit deutlicher adoraler Zone, welche meist einen ± spiraligen Verlauf hat.

a. Feine Cilienbekleidung des Körpers, wenn manchmal auch nicht allseitig ausgebildet, vorhanden. — **Spirotricha**; *p. 235.*

1. Peristom eine lange, schmale Rinne, die am Vorderende beginnt und bis zu dem zwischen Körpermitte und Hinterende liegenden Mund sich zieht.

α. Körper sehr stark komprimirt: CCIV. *Blepharisma Pty.*

β. Körper ziemlich drehrund.

** Gestalt kurz, ellipsoidisch oder kegelförmig:* CCV. *Metopus Cl. et L.*

*** Sehr langgestreckt, wurmförmig:* CCVI. *Spirostomum Ehbg.*

2. Peristom ein dreieckiges, nach dem Mund sich verschmälerndes Feld.

α Adorale Zone lange nicht bis zur Körpermitte reichend: CCVII. *Condylostoma Duj.*

β. Adorale Zone weit über die Körpermitte gehend: CCVIII. *Bursaria O. F. Müll.*

3. Peristom senkrecht zur Längsaxe des Thieres stehend, das Vorderende einnehmend, spiralig.

α. Gestalt ellipsoidisch: CCIX. *Climacostomum St.*

β. Gestalt trichterförmig: CCX. *Stentor Oken.*

γ. Gestalt glockenförmig: CCXI. *Caenomorpha Pty.*

b. Körper abgesehen vom Peristom und manchmal einzelnen längeren Körperborsten ohne Bewimperung.

1. Peristom senkrecht zur Axe stehend, kreisförmig-spiralig, links gewunden; Körper nackt oder mit reduzirter Behaarung. Zellkern (mit Ausnahme von Arachnidium) nicht langgestreckt wurst-, hufeisen- oder wurmförmig[1]). — **Oligotricha** *p. 238.*

α. Thiere ohne Gehäuse.

** Zellkern hufeisenförmig; Thiere frei schwimmend:* CCXII. *Arachnidium Kt.*

*** Zellkern rundlich, nicht hufeisenförmig.*

§ Körper ohne steife Borsten.

× Thier frei schwimmend; Peristombewimperung grob, Wimpern kaum kürzer als der Körper: CCXIII. *Strombidium Cl. et L.*

(×× Thiere festsitzend; Peristombewimperung fein, Wimpern sehr viel kürzer als der Körper.

0 Zellkern zweitheilig; Peristomrand in einen grossen, links gewundenen Membrantrichter verwandelt: cf. CCXXXIV. *Spirochoma St.*

00 Zellkern einfach; Peristom wenig entwickelt, rechts gedreht: cf. CCXXXVI. *Scyphidia Duj.)*

§§ Körper mit zerstreuten, langen, steifen Borsten besetzt, frei schwimmend: CCXIV. *Halteria Duj.*

β. Thiere in verzweigten, gallertigen Gehäusen: CCXV. *Maryna Gruber.*

---

[1]) Wenn der Makronucleus sehr viel länger als breit, wurst-, hufeisen- oder wurmförmig ist, vergl. p. 222, Peritricha.

2. *Peristom dreickig, bogenförmig-schief zur Längsaxe stehend oder senkrecht zur Axe spiralig rechts gewunden, in letzterem Fall der Zellkern sehr viel länger als breit, wurst-, hufeisen- oder wurmförmig.*

a. *Peristom dreieckig, schief zur Längsaxe stehend; nur der Bauch mit Bewegungscilien, der Rücken in der Regel mit Längsreihen steifer Borsten. Auf dem Stirnfeld allermeist einige grössere Stirncirren, ebenso direkt vor dem Hinterende gewöhnlich einige Aftercirren.* — **Hypotricha**; *p. 239.*

* *Stirncirren den Bauchwimpern sehr ähnlich, schwer zu unterscheiden oder fehlend.*

§ *Körper langgestreckt, mit schnabelförmigem Vorderende; oft in gallertigen Gehäusen:* *CCXVI. Stichotricha Pty.*

§§ *Körper kurz, höchstens 2mal so lang als breit, ohne schnabelartiges Vorderende und Gehäuse.*

× *Mit 5 gut entwickelten Aftercirren:* *CCXVII. Balladina Kow.*

×× *Ohne deutliche Aftercirren:* *CCVIII. Psilotricha St.*

** *Stirncirren von den Bauchwimpern durch Grösse und meist durch Biegung deutlich unterschieden.*

§ *Zellkerne allermeist 2—6, ellipsoidisch; Bauch- wie Randreihen der Wimpern deutlich.*

× *Randreihen und mindestens 2 Bauchreihen ununterbrochen.*

0 *Mit 5 oder mehr Bauchreihen; ohne deutlichen Schwanz:* *CCXIX. Urostyla Ehbg.*

00 *Mit 2 Bauchreihen und deutlichem Schwanz:* *CCXX. Uroleptus Ehbg.*

×× *Von den Bauchreihen wenigstens eine, meist alle unterbrochen.*

0 *Die (3) Stirncirren setzen sich in 2 Reihen ungebogener, bis hinter den Peristomwinkel auf den Anfang des Bauches sich ziehender Cirren fort:* *CCXXI. Onychodromus St.*

00 *Keine Reihe umgewendeter Cirren geht über das Peristomfeld hinaus.*

† *Mehr als 5 Bauchcirren vorhanden; mit 2 etwas unregelmässigen Reihen von Bauchcirren:* *CCXXII. Gastrostyla Engelm.*

†† *Nur 5 oder weniger als 5 Bauchcirren vorhanden.*

. *Nur 2 Bauchcirren vorhanden:* *CCXXIII. Gonostomum Stki.*

.. *5 Bauchcirren vorhanden.*

| *Zwei rechte Aftercirren sehr weit von den 3 linken getrennt:* *CCXXIV. Pleurotricha St.*

|| *Alle 5 Aftercirren liegen dicht beisammen.*

△ *Thiere biegsam bis kontraktil; Peristom vorn nach links eingebogen:* *CCXXVI. Oxytricha Ehbg.*

△△ *Thiere formbeständig; Peristom vorn nicht nach links eingebogen:* *CCXXVII. Stylonychia Ehbg.*

§§ *Zellkern in Einzahl, langgezogen wurstförmig; Bauch- und besonders Randreihen reduzirt, undeutlich oder fehlend.*

× *Peristom manchmal bis über die Mitte, aber nicht fast bis zum Ende reichend, stets sehr deutlich; mit Bauchcirren:* *CCXXVIII. Euplotes Ehbg.*

×× *Peristom fast bis zum Hinterende reichend, oft undeutlich; ohne Bauchcirren:* *CCXXIX. Aspidisca Ehbg.*

β. Peristom zur Axe senkrecht gestellt, in rechts gedrehter kreisförmiger Spirale das Vorderende anziehend; ausser diesem Wimperkranz fehlt andere Bewimperung; Zellkern allermeist länger als breit, wurst-, hufeisen- oder wurmförmig. — **Peritricha**; *p. 243.*

* *Thiere ohne Gehäuse.*

§ *Thiere ungestielt, doch öfters mit verschmälertem Hinterende festsitzend.*

† *Thiere frei lebend, höchstens vorübergehend angeheftet.*

× *Hinterende ohne Borsten.*

(0 *Körper nicht kontraktil; Zellkern hufeisenförmig, zenkrecht zur Axe gelegen:* cf. CCXII. *Arachnidium Kt.*)

00 *Körper äusserst kontraktil; Zellkern wurmförmig, in der Längsaxe gelegen:* CCXXX. *Gerda Cl. et Lachm.*

×× *Hinterende mit 1 oder 2 Borsten.*

0 *Körper nackt; Hinterende mit 2 Borsten:* CCXXXI. *Astylozoon Engelm.*

00 *Körper mit grossen, stachelförmigen Auswüchsen; Hinterende mit 1 Borste:* CCXXXII. *Hastatella v. Erl.*

†† *Thiere dauernd festsitzend.*

× *Hinterende mit saugnapfartigem Haftring:* CCXXXIII. *Trichodina Ehbg.*

×× *Hinterende ohne solchen Haftring.*

0 *Peristom zu einer sehr grossen, trichterartigen, in 3 Windungen links spiralig gedrehten Membran umgestaltet; Zellkern ellipsoidisch, zweitheilig:* CCXXXIV. *Spirochoma St.*

00 *Peristom nicht so gestaltet, rechts spiralig; Zellkern einfach.*

△ *Mit sehr grosser ($^1/_2$ der Körperlänge) Peristommembran:* CCXXXV. *Glossatella Bütschli.*

△△ *Ohne Peristommembran:* CCXXXVI. *Scyphidia Duj.*

§§ *Thiere gestielt.*

× *Stiel mit kontraktilem Muskelfaden (Stielfaden).*

0 *Einzeln lebend:* CCXXXVII. *Vorticella L.*

00 *In Kolonien lebend.*

† *Stielfäden der Individuen nicht zusammenhängend:* CCXXXVIII. *Carchesium Ehbg.*

†† *Stielfäden ununterbrochen verzweigt:* CCXXXIX. *Zoothamnium Ehbg.*

×× *Stiel ohne Stielfaden.*

0 *Einzeln lebend:* CCXL. *Rhabdostyla Kt.*

00 *Koloniebildend.*

† *Thiere ohne Schleimausscheidung, nicht in Gallertkugeln.*

. *Cilientragende Scheibe axil; ohne kragenförmige Membran:* CCXLI. *Epistylis Ehbg.*

.. *Cilientragende Scheibe seitlich angeheftet; mit einer supplementären kragenförmigen Membran:* CCXLII. *Opercularia St.*

†† *Thiere mit starker Schleimausscheidung, in Gallertkugeln:* CCXLIII. *Ophrydium Ehbg.*

** *Thiere mit Gehäuse.*

† *Gehäuse aufrecht.*
§ *Thiere im Gehäuse ungestielt oder mit einem einfachen, kurzen Stiel in demselben befestigt.*
× *Gehäuse gestielt.*
0 *Gehäuse ohne Deckel:* *CCXLIV. Cothurnia Ehbg.*
00 *Gehäuse mit Deckel:* *CCXLV. Pyxicola Kt.*
×× *Gehäuse ungestielt.*
0 *Gehäuse mit fallthür-artigem Deckel im Innern:* *CCXLVI. Thuricola Kt.*
00 *Gehäuse stets offen:* *CCXLVII. Vaginicola Lam.*
§§ *Thiere im Gehäuse mit vielen dick fadenförmigen Fortsätzen angeheftet:* *CCXLVIII. Stylocola De From.*
†† *Gehäuse niederliegend, seitlich angeheftet:* *CCIL. Lagenophrys St.*

Gymnostomata.

CLVI. Coleps Nitsch.

a. Mit 3 Stacheln am Hinterende.
* Körper ellipsoidisch, hinten nicht verdickt: 1. C. hirtus.
** Körper stark eiförmig, hinten beträchtlich angeschwollen: 2. C. amphacanthus.
b. Mit 4 Stacheln am Hinterende: 3. C. uncinatus.

1. **C. hirtus** O. F. Müll. (Fig. 287): Allermeist etwas unsymmetrisch; mit breiter gestutztem Vorder- als Hinterende; 35—50 μ lang; weisslich, hell braun oder grün. In Gräben, Sümpfen, Teichen sehr gemein, etwas seltener in Seen.

2. **C. amphacanthus** Ehbg. Gestalt dick eiförmig; etwas grösser als vorige Art; Querfurchen des Panzers deutlich, Längsfurchen undeutlich; Vorderende mit 2 längeren Spitzen. In Gräben und Teichen, selten.

3. **C. uncinatus** Cl. et L. Körper eiförmig, leicht abgeplattet an der Bauchseite; Vorderrand an der Ventralseite mit 2 zurückgekrümmten Stacheln; ± 67 μ lang. Vork. wie bei Voriger.

CLVII. Holophrya Ehbg.

a. Thiere mit einfacher terminaler Vakuole; frei schwimmend.
α. Mund nicht genau die Spitze des Thieres einnehmend: 1. H. Lieberkühni.
β. Mund genau polar.
* Körper verlängert, cylindrisch, $2^1/_2$ mal so lang als breit: 2. H. brunnea.
** Körper kurz, elliptisch, höchstens 2 mal so lang wie breit.
§ Grau bis schwärzlich: 3. H. nigricans.
§§ Farblos oder grünlich.
× Rand der Mundöffnung lippenartig-vorragend: 4. H. ovum.

×× Rand der Mundöffnung flach, ringförmig: 5. H. discolor.

b. Thiere mit vielen kleinen kontraktilen Vakuolen, auf Fischen festsitzend.

α. Fast kugelig; Mund genau polar: 6. H. multifiliis.

β. Stark abgeplattet; Mund etwas seitlich: 7. H. cryptostomata.

1. **H. Lieberkühnii** Bütschli: Körper fast kugelförmig-ellipsoidisch; ± 160 μ lang; ausser der grossen terminalen Vakuole noch mehrere kleine, in 2 Längsreihen geordnete. In stehendem Wasser.

2. **H. brunnea** Duj. Körper verlängert-cylindrisch, beiderseits gerundet, bis 200 μ lang. In Sumpfwasser.

3. **H. nigricans** Lauterb. Körper fast kugelig, vorn etwas gestutzt; mit Trichocysten; 110—180 μ lang. In Sumpfwasser.

4. **H. ovum** Ehbg. Körper dick eiförmig oder ellipsoidisch, hinten breit, vorn etwas schmaler gerundet; Oberfläche etwas runzelig; 80—130 μ lang. In Gräben und Teichen, nicht selten.

5. **H. discolor** Ehbg. (Fig. 288): Körper dick ellipsoidisch, beiderseits fast gleichmässig gerundet; ± 100 μ lang. Vork. wie bei Voriger.

6. **H. multifiliis** (Fouqu.): Körper fast kugelig-eiförmig, vorn ganz wenig schmaler gerundet als hinten; ± 570 μ lang. Gefährlicher Hautparasit bei verschiedenen Fischen (Cyprinoiden, Salmoniden, Esox).

7. **H. cryptostomata** (Zach.): Körper von der breiten Seite gesehen eiförmig, von der schmalen schildförmig; 650—800 μ lang. Hautparasit wie vorige Art, bei Leuciscus und Alburnus.

CLVIII. Prorodon Ehbg.

a. Mund genau apical stehend.

α. Zellkern sehr verlängert, wurmförmig.

* Stabapparat kurz und breit, im Innern gerade abgeschnitten: 1. Pr. niveus.

** Stabapparat sehr lang und schmal, als spitzer Kegel fast bis in die Mitte des Thieres reichend: 2. Pr. farctus.

β. Zellkern kugelig oder ellipsoidisch.

* Mit Trichocysten; Körper cylindrisch, doppelt so lang wie breit: 3. Pr. taeniatus.

** Ohne Trichocysten; Körper höchstens $1^1/_2$ mal so lang wie breit.

§ Genau ellipsoidisch; mit zartem Reusenapparat: 4. Pr. teres.

§§ Eiförmig, nach vorn verschmälert, mit sehr starkem Reusenapparat: 5. Pr. platyodon.

b. Mund deutlich etwas zur Seite verschoben, nicht genau apical.

α. Mit einer grossen kontraktilen Vakuole.

* Im Vorderende mit starken Trichocysten: 6. Pr. armatus.

** Ohne Trichocysten.

§ Mund sehr gross, mit sehr starkem Reusenapparat: 7. Pr. griseus.

§§ Mund sehr klein, mit schwachem Reusenapparat: 8. Pr. edentatus.

β. Mit vielen kleinen, zerstreuten kontraktilen Vakuolen: 9. Pr. margaritifer.

1. **Pr. niveus** Ehbg. Körper elliptisch, etwas zusammengedrückt, etwa doppelt so lang wie breit, beiderseits gleichmässig gerundet, mit sehr starkem Reusenapparat, bis 340 μ lang. In Teichen und Gräben, zwischen Algen.

2. **Pr. farctus** (Cl. et L.) [= **Enchelyodon farctus** Cl. et L.]: Körper elliptisch, stark zusammengedrückt, etwa 2 1/2 mal so lang wie breit, bis 300 μ lang. In stehendem Wasser.

3. **Pr. taeniatus** Blochm. Körper cylindrisch, beiderseits gleichmässig gerundet, mit sehr starkem Reusenapparat, bis 400 μ lang. In stehendem Wasser zwischen moderndem Laub.

4. **Pr. teres** Ehbg. (Fig. 289): Körper ellipsoidisch, drehrund, vorn ein wenig schmäler gerundet als hinten, mit starkem Reusenapparat, bis 200 μ lang. In Teichen, Gräben, Tümpeln, sehr häufig.

5. **Pr. platyodon** Blochm. Körper eiförmig, vorn deutlich schmäler gerundet als hinten, drehrund, ± 160 μ lang. In schwimmenden Oscillatoria-Rasen.

6. **Pr. armatus** Cl. et L. Körper fast kugelig, etwas zusammengedrückt, vorn etwas schmaler gerundet als hinten, mit sehr starkem kurzem Reusenapparat, ± 100 μ lang. In Teichen, Gräben, Tümpeln.

7. **Pr. griseus** Cl. et L. Körper cylindrisch, etwa doppelt so lang wie breit, beiderseits gleichmässig gerundet, bis 100 μ lang. In Schmutzwasser.

8. **Pr. edentatus** Cl. et L. Körper cylindrisch, mehr als doppelt so lang wie breit, beiderseits gleichmässig schmal gerundet, 100—150 μ lang. In stehendem Wasser, häufig.

9. **Pr. margaritifer** Cl. et L. Körper cylindrisch, mehr als doppelt so lang wie breit, nach vorn etwas dicker werdend, beiderseits breit gerundet, bis 350 μ breit. In stehendem Wasser an der Oberfläche des Schlammes.

CLIX. Perispiria St. — **P. ovum** St. Körper eiförmig, etwa 1 1/2 mal so lang wie breit, vorn schmal gerundet, mit langem, dünn kegelförmigem Reusenapparat, der schief in den Körper hineinragt, 50—60 μ lang. In stehendem Wasser, nicht häufig.

CLX. Urotricha Cl. et Lachm.

a. Körper genau ellipsoidisch, nach vorn nicht verschmälert: 1. U. farcta.
b. Körper nach vorn deutlich verschmälert: 2. U. lagenula.

1. **U. farcta** Cl. et Lachm. (Fig. 290): Körper sehr regelmässig ellipsoidisch, selten schwach eiförmig, beiderseits gleichmässig gerundet, mit schiefer Streifung; am Hinterende eine schiefe lange Borste; 15—30 μ lang. In Schmutzwasser und faulenden Wasserproben, gemein.

2. **U. lagenula** (Ehbg.): Körper nach vorn beinahe spitz ausgezogen, ohne deutliche Streifung, am Ende eine gerade (nach Blochmann 3—4) Tastborste; 40—45 μ lang. Mit Voriger, nicht selten.

CLXI. Enchelys Ehbg.

a. Mit einer kontraktilen Vakuole im Hinterende.
 1. Zellkern rund.
  α. Mund ganz genau apical, gerade: 1. E. pupa.
  β. Mund ein ganz klein wenig seitlich und schief: 2. E. farcimen.
 2. Zellkern hufeisenförmig: 3. E. silesiaca.
b. Mit 4—5 zerstreuten kontraktilen Vakuolen: 4. E. arcuata.

1. **E. pupa** Ehbg. Körper eiförmig, hinten breit gerundet, nach vorn lang verschmälert, oft mit grünen Körnern vollgestopft, bis 110 μ lang, doch meist beträchtlich kleiner. In Sumpfwasser, stehenden Wasserproben etc., nicht selten.

2. **E. farcimen** Ehbg. Der vorigen Art durchaus ähnlich, doch etwas kürzer, vorn verschmälert und ganz schwach gekrümmt, so dass der Mund schief steht; ± 50 μ lang. Mit voriger Art, seltener.

3. **E. silesiaca** Mez (Fig. 291): Sehr ähnlich der Nr. 1, doch durch die Gestaltung des Zellkernes gut unterschieden. In Abwässern, nicht selten.

4. **E. arcuata** Cl. et L. Nur durch geringere Grösse (10—20 μ) und die Mehrzahl der Vakuolen von Nr. 2 verschieden. In stehendem Wasser, selten.

CLXII. Spathidium Duj. — **Sp. hyalinum** Duj. (Fig. 292): Körper schmal elliptisch, zusammengedrückt, aber doch ziemlich dick, hinten gerundet oder ganz kurz zugespitzt, nach vorn in einen membranartig dünnen Hals ausgezogen, 150—250 μ lang. In länger stehenden Wasserproben aus Wiesenbächen und Teichen, sehr häufig.

CLXIII. Pseudoprorodon Blochm. — **Ps. niveus** Blochm. (non! = **Prorodon niveus** Ehbg.): Körper cylindrisch, nach vorn etwas verbreitert und abgeflacht, mit nach der hohen Seite des Vorderendes ringförmig erweiterter Mundspalte; bis 420 μ lang. In Tümpeln, zwischen moderndem Laub.

CLXIV. Chaenia Quennerst. — **Ch. similis** Zach. (=? **Trachelius striatus** Duj.): Körper drehrund, wurmförmig oder linear-lanzettlich, mit gerundetem Hinterende. In Seen.

CLXV. Trachelophyllum Cl. et Lachm.

a. Mundzapfen lang und spitz: 1. Tr. apiculatum.
b. Mundzapfen kurz und breit, nicht spitz.

* **Mit starkem Trichitenapparat; 8—10 mal so lang wie breit:** 2. Tr. lamella.

** **Ohne Trichiten; 4—6 mal so lang wie breit:** 3. Tr. pusillum.

1. **Tr. apiculatum** (Pty.) (Fig. 293): Von der breiten Seite gesehen eiförmig, hinten breit gerundet, in den (im gestreckten Zustand) etwa 1/2 mal so langen Hals allmählich ausgezogen, 150—200 μ lang. In Gräben und Teichen, häufig.

2. **Tr. lamella** (O. F. Müll.): Von der breiten Seite gesehen lang bandförmig, hinten fast zugespitzt, mit kurzem Hals, 370 μ lang. In stehendem Wasser, zwischen faulen Algen, häufig.

3. **Tr. pusillum** Cl. et Lachm. Von der breiten Seite gesehen lanzettförmig, hinten schmal gerundet, allmählich in den kurzen Hals übergehend, bis 40 μ lang. Vork. wie bei Voriger, seltener.

CLXVI. Lacrymaria Ehbg. — **L. olor** (O. F. Müll.) (Fig. 294): Körper drehrund, ellipsoidisch, hinten meist kurz zugespitzt, vorn in einen überaus langen, meist schwanartig gebogenen, sehr beweglichen Hals ausgezogen, der den grossen, stumpfen Mundzapfen trägt; bis 800 μ lang. In Sümpfen, Gräben, Teichen, nicht häufig.

CLXVII. Lagynus Quennerst. — **L. elegans** (Engelm.): Körper drehrund, schmal flaschenförmig, hinten breit gerundet, nach vorn in einen dickcylindrischen, mit Quereinschnürungen versehenen Hals übergehend, mit Reusenapparat; 150—180 μ lang. In Sümpfen und Teichen.

CLXVIII. Pseudospathidium Mez. — **Ps. Spathula** (O. F. Müll.) (Fig. 295): Körper ellipsoidisch, drehrund, hinten meist schmal gerundet, nach vorn in einen zusammengedrückten Hals auslaufend, der, am Ende sich wieder verbreiternd, die von starken Wimpern umgebene lange, schiefe Mundspalte trägt; 250—450 μ lang. In Gräben, Teichen, Tümpeln, nicht selten.

CLXIX. Dinophrya Bütschli. — **D. Lieberkühnii** Bütschli: Körper cylindrisch, vorn quer abgestutzt mit breit und kurz kegelförmig sich erhebendem Ende, hinten in einen stachelförmigen, kurzen Schwanz ausgezogen, 60—100 μ lang. In reinem stehendem Wasser, selten.

CLXX. Actinobolus St. — **A. radians** St. Körper kugelig oder eiförmig, vorn breit gerundet; Mund mit Reusenapparat; allseitig werden lange, die Körperbreite oft übertreffende Tentakel ausgestreckt; 80 bis 100 μ lang. In Teichen und Seen, selten.

CLXXI. Mesodinium St. — **M. acarus** St. (Fig. 296): Körper mit kugelförmigem grossem Hinterende und kegelförmigem kleinen Vorderende, beide durch eine Furche geschieden, in welcher der einfache Cirrenkranz steht; 30—40 μ lang. In Gräben und Teichen, auch in älteren Wasserproben, nicht selten.

CLXXII. Askenasia Blochm. — **A. elegans** Blochm. Körperbau im Wesentlichen wie bei Voriger, doch stehen an Stelle der einfachen Cirren Gruppen längsgeordneter Wimpern und hinter diesen zahlreiche feine Tastborsten; Länge 50 μ. In stehendem Wasser, selten.

CLXXIII. Didinium St.

a. Thier mit einem Wimperkranz, nach hinten kegelförmig verschmälert: 1. D. Balbianii.
b. Thier mit 2 Wimperkränzen, hinten breit gerundet: 2. D. nasutum.

1. **D. Balbianii** Bütschli: Körper nach hinten kegelförmig verschmälert und am Ende schmal gerundet, mit sehr scharf abgesetzter Ringkante vor dem kurz kegelförmigen Vordertheil; bis 80 μ lang. In reinem Wasser.

2. **D. nasutum** St. (Fig. 297): Körper ellipsoidisch oder kurz cylindrisch, hinten breit gerundet, mit stumpfer Ringkante am Grund des kegelförmigen Vordertheils; bis 180 μ lang. In stehendem Wasser, beide Arten selten.

CLXXIV. Lionotus Wrzesn.

a. Mit einer kontraktilen Vakuole im Hinterende.
 * Rüssel 2—3mal so lang wie der Körper: 1. L. anser.
 ** Rüssel von Körperlänge: 2. L. fasciola.
b. Mit 5—6 in einer Längslinie angeordneten kontraktilen Vakuolen.
 * Hinterende gerundet: 3. L. Varsawiensis.
 ** Hinterende schwanzartig ausgezogen: 4. L. diaphanus.

1. **L. anser** (Ehbg.): Körper schmal elliptisch, hinten in einen dreieckig spitzen Schwanz, vorn in den langen, linealen, an der Ventralseite mit einer Trichocystenreihe versehenen Rüssel ausgezogen, bis 320 μ lang. In Tümpeln, Gräben, Teichen, nicht selten.

2. **L. fasciola** (Ehbg.): Körper lanzettförmig, ohne Schwanz, hinten schmal gerundet; Rüssel an der Spitze leicht hakenförmig gebogen; Thier ohne Trichocysten, bis 120 μ lang. Vork. wie bei voriger Art, sehr häufig auch in fast ausgefaulten Wasserproben.

3. **L. Varsawiensis** Wrz. In der Körpergestalt der Vorigen sehr ähnlich, doch mit breit gerundetem Hinterende; Länge 100 μ. Vork. wie bei Voriger.

4. **L. diaphanus** Wrz. Körper lang lanzettlich, abgeflacht, etwa 6 mal so lang wie breit, nach beiden Seiten zugespitzt, mit langem Rüssel; Trichocysten unregelmässig zerstreut. In stehendem Wasser.

CLXXV. Amphileptus Ehbg.

a. Hals wenn auch kurz doch deutlich; 2 Macronuclei: 1. A. Claparèdei.
b. Hals sehr kurz, fast undeutlich; 1 Makronucleus: 2. A. Lieberkühnii.

1. **A. Claparèdei** St. (Fig. 298): Körper beutelförmig; Mundspalte ohne Lippen, nur bei der Nahrungsaufnahme sichtbar werdend; bis 200 μ lang. Auf Kolonie-bildenden Vorticellinen.

2. **A. Lieberkühnii** (Bütschli) [= **Spathidium L.** Bütschli]: Dem vorigen sehr ähnlich, doch Mundspalte deutlich, mit wulstigen Lippen; ± 140 μ lang. In stehendem Wasser.

CLXXVI. Loxophyllum Duj.

a. Körper von der breiten Seite gesehen ungefähr birnförmig, nach vorn stark verschmälert: 2. L. Meleagris.
b. Körper halbkreisförmig, mit sehr undeutlichem Rüssel: 2. L. armatum.

1. **L. Meleagris** (O. F. Müll.) (Fig. 299): Körper flachgepresst, hinten gerundet nach vorn in den oben bogenförmig gekrümmten Rüssel allmählich auslaufend, ± 300 μ lang. In Gräben und Teichen; erscheint in den Wasserproben, wenn dieselben zu faulen beginnen.

2. **L. armatum** Cl. et L. Körper flachgepresst, völlig halbkreisförmig mif einer stark gekrümmten und einer geraden Seite; bis 160 μ lang. Vork. wie bei Voriger, selten.

CLXXVII. Trachelius Ehbg. — **Tr. ovum** Ehbg. Körper kugelig oder dick ellipsoidisch, hinten breit gerundet, vorn plötzlich in einen spitz zulaufenden Rüssel von halber Körperlänge zusammengezogen; Mund oft mit deutlichem Stabapparat; Länge bis 400 μ. In Teichen und Gräben, nicht selten.

CLXXVIII. Dileptus Duj.

a. Makronucleus rosenkranzförmig: 1. D. moniliger.
b. Makronucleus nicht zusammengesetzt, oft wurmförmig oder 2 kugelige Makronuclei.
  * Makronucleus wurmförmig.
    § Viele kontraktile Vakuolen: 2. D. gigas.
    §§ Eine kontraktile Vakuole im Vorderende: 3. D. cygnus.
  ** Makronucleus kugelig oder eiförmig.
    § Ein Makronucleus vorhanden: 4. D. vorax.
    §§ Zwei Makronuclei vorhanden: 5. D. anas.

1. **D. moniliger** Ehbg. (= **D. tracheloides** Zach.): Körper sehr verschieden gestaltet, lanzettlich bis dick ellipsoidisch, am Hinterende zugespitzt, seltener gerundet; Rüssel etwa von halber Körperlänge; oft bis 400 μ lang. In Gräben, Teichen und Seen.

2. **D. gigas** (Cl. et L.): Körper in ausgestrecktem Zustand dick spindelförmig, beiderseits zugespitzt, mit kurzem Rüssel; bis 1,5 mm lang. In Teichen und Gräben, selten.

3. **D. cygnus** (Cl. et L.) (Fig. 300): Im Aussehen der vorigen Art ähnlich, doch Rüssel von Körperlänge; Thier bis 450 μ lang. Vork. wie bei Voriger.

4. **D. vorax** (Ehbg.): Körper verlängert-birnförmig oder keulenförmig, hinten gerundet; Rüssel weniger als halb so lang wie der Körper; Thier bis 200 μ lang.. Vork. wie bei voriger Art.

5. **D. anas** (O. F. Müll.): Körper ungefähr cylindrisch, nach hinten verschmälert; Rüssel von halber Körperlänge; 110—200 μ lang. Vork. wie bei Voriger.

CLXXIX. Loxodes Ehbg. — **L. rostrum** (O. F. Müll.): Körper sehr biegsam, flachgepresst, der eine Rand fast geradlinig, der andere gebogen, vorn in einen kurzen, gekrümmten Schnabel auslaufend; bis 600 μ lang. In Gräben und Teichen, nicht selten.

CLXXX. Nassula Ehbg.

a. Schlund nicht mit deutlichen Reusenstäben sondern mit einem homogenen Trichter ausgekleidet: 1. N. ambigua.
b. Schlund mit wohl ausgebildetem Reusenapparat.
  * Thiere gelb oder braungelb gefärbt (abgesehen von den oft violetten Nahrungsvakuolen).
    § Thier mit Trichocysten: 2. N. ornata.
    §§ Ohne Trichocysten.
      × Mit einer kontraktilen Vakuole: 3. N. aurea.
      ×× Mit 2 kontraktilen Vakuolen: 4. N. flava.
  ** Thiere röthlich oder schön roth.
    § Vorderende schräg abgeschnitten; der Reusenapparat mündet in der Mitte der abgeschrägten Fläche: 5. N. lateritia.
    §§ Vorderende nicht abgeschnitten; Reusenapparat etwa 1/3 der Körperlänge vom Scheitelpunkt entfernt mündend: 6. N. rubens.

1. **N. ambigua** St. Körper kurz eiförmig oder elliptisch, nicht ganz doppelt so lang wie breit, beiderseits gleichmässig gerundet; eine kontraktile Vakuole; Länge ± 100 μ. In Sümpfen.

2. **N. ornata** Ehbg. Körper eiförmig bis cylindrisch, 2—3mal so lang wie breit, mit violetten Nahrungsvakuolen, beiderseits gerundet, mit einer kontraktilen Vakuole; bis 260 μ lang. In reinem Teich- und Grabenwasser, nicht häufig.

3. **N. aurea** Ehbg. Dorsiventral abgeplattet, am linken Seitenrand in der Höhe des Mundes mit deutlicher Einkerbung; öfters mit violetten Nahrungsvakuolen; bis 240 μ lang. Vork. wie bei Voriger.

4. **N. flava** Cl. et Lachm. (Fig. 301): Körper cylindrisch, 3—4 mal so lang wie breit; oft im Vorderende mit violetten Nahrungsvakuolen; 110 bis 200 μ lang. In Teichen und Gräben.

5. **N. lateritia** Cl. et Lachm. Körper eiförmig oder elliptisch-cylindrisch, doppelt so lang wie breit, blassroth oder rosaroth; 2 kontraktile Vakuolen; ± 50 μ lang. In Sümpfen und Gräben.

6. **N. rubens** (Pty.): Körper verlängert, cylindrisch, 3 mal so lang wie breit, meist lebhaft roth; eine kontraktile Vakuole; ± 50 μ lang. Vork. wie bei Voriger.

CLXXXI. Opisthodon St. — **O. niemeccensis** St. Körper sehr zusammengedrückt, von der breiten Seite gesehen im Umriss eiförmig, nach vorn spitz zulaufend; ± 180 μ lang. In stehendem Wasser.

CLXXXII. Chilodon Ehbg.

a. Rücken mit in Längsreihen gestellten Wimpern: 1. Ch. depressus.
b. Rücken bis auf eine schräg zum Mund verlaufende Wimperreihe kahl.
* Mit vielen kontraktilen Vakuolen; bis 190 μ lang: 2. Ch. Cucullulus.
** Mit 2 kontraktilen Vakuolen; bis 60 μ lang: 3. Ch. uncinatus.

1. **Ch. depressus** Pty. Im Umriss oval oder kurz und breit linear, meist ganz hyalin, mit einer grossen kontraktilen Vakuole; ± 72 μ lang. In Gräben und Teichen.

2. **Ch. Cucullulus** (O. F. Müll.) (Fig. 302): Im Umriss oval, mit einer fast geradlinigen und einer stärker gekrümmten Seite; Körper nur auf der rechten Seite mit hyalinem Saum. In stehendem Wasser, besonders auch in Abwässern, überall gemein.

3. **Ch. uncinatus** Ehbg. Im Umriss eiförmig, mit deutlich abgesetztem Schnabel; Körper ringsum mit hyalinem Saum. Vork. wie bei Voriger, womöglich noch häufiger.

CLXXXIII. Phascolodon St. — **Ph. Vorticella** St. Körper stark gewölbt mit ebener oder röhrig zusammengebogener Ventralseite, vorn breit abgeschnitten, hinten kurz schwanzartig zugespitzt; mit 2 kontraktilen Vakuolen; 60—90 μ lang. In Gräben und Teichen, selten.

CLXXXIV. Trochilia Duj. — **Tr. palustris** St. Körper mit sehr stark gewölbtem Rücken und schmal-bandförmiger, furchig vertiefter Bauchseite, vorn schief abgeschnitten und nach links gekrümmt; Schwanzgriffel ± $^1/_3$ der Körperlänge; bis 35 μ lang. In stehendem Wasser, selten.

CLXXXV. Aegyria Cl. et Lachm. — **Ae. fluviatilis** St. In Gestalt und Grösse der vorigen Art durchaus ähnlich, doch leicht durch 5 Längsfurchen auf dem Rücken zu unterscheiden. In Gebirgsbächen und Flüssen, selten.

Aspirotricha.

CLXXXVI. Paramaecium O. F. Müller.

a. Körper schmal, fast spindelförmig, wenigstens 3 mal so lang wie breit.
*** Mit einem Mikronucleus:** 1. P. caudatum.
**** Mit 2 Mikronuclei:** 2. P. aurelia.
b. Körper breit, beutelförmig, höchstens doppelt so lang wie breit.
*** Mit 2 kontraktilen Vakuolen; fast stets mit Trichocysten:** 3. P. bursaria.
**** Mit einer kontraktilen Vakuole; fast stets ohne Trichocysten:** 4. P. putrinum.

1. **P. caudatum** Ehbg. Körper langgestreckt, hinten spitz oder sehr schmal gerundet und meist mit einem Büschel längerer Wimpern versehen, mit 2 kontraktilen Vakuolen. In Sümpfen, Abwässern, in faulenden Wasserproben, eines der gemeinsten Infusorien.

2. **P. aurelia** O. F. Müll. Dem Vorigen durchaus ähnlich, doch hinten breit gerundet und ohne Wimperbüschel; 70—290 μ lang. Vork. wie bei voriger Art.

3. **P. bursaria** (Ehbg.) (Fig. 303): Körper ungefähr trapezoidisch, mit breit gerundetem oder quer gestutztem Hinterende und schräg abgestutztem Vorderende, meist durch Zoochlorellen grün gefärbt. In reinem Wasser, selten in Abwässern.

4. **P. putrinum** Cl. et Lachm. Körper schmal trapezoidisch, etwa wie bei voriger Art gestaltet; meist farblos; bis 140 μ lang. In Abwässern sehr häufig.

CLXXXVII. Urocentrum Nitzsch. — **U. turbo** (O. F. Müll.): Körper birnförmig, von vorn nach hinten verschmälert und am Ende in einen langen, stachelartigen Schwanzanhang ausgehend, in der Mitte mit einer tiefen Ringfurche, in welcher der zweite Cilienkranz sich befindet, während der erste am Vorderende ist; 80—110 μ lang. In Sümpfen. und Abwässern, manchmal massenhaft.

CLXXXVIII. Leucophrys Ehbg. — **L. patula** (O. F. Müll.): Körper sackförmig, hinten breit gerundet, vorn fast quer gestutzt und zusammengedrückt; 80—150 μ lang. In Gräben und Teichen, nicht häufig.

CLXXXIX. Glaucoma Ehbg. — **Gl. scintillans** Ehbg. (Fig. 304): Körper elliptisch oder eiförmig, beiderseits breit gerundet; Mund im vorderen Drittel, ungefähr elliptisch, durch das fortwährende Auf- und Zuklappen der undulirenden Membranen das Thier unverkennbar bezeichnend; 60—90 μ lang. In Sümpfen, Abwässern und faulenden Wasserproben, gemein.

CXC. Ophryoglena Ehbg.

a. Mund von einer Spirallinie längerer Cilien umgeben.
 * Mit Trichocysten: 1. O. flavicans.
 ** Ohne solche: 2. O. flava.
b. Mund von einem Kreis längerer Cilien umgeben: 3. O. citrea.

1. O. **flavicans** Ehbg. Körper lang elliptisch, oben konvex, unten abgeflacht, vorn gerundet, hinten zugespitzt, etwa doppelt so lang als breit, gelb, ± 170 μ lang. In Teichen und Gräben.

2. O. **flava** Ehbg. Körper birnförmig, hinten am schmalsten, abgeflacht, etwas mehr als doppelt so lang wie breit, ohne Pigmentfleck; Länge ± 260 μ lang. Vork. wie bei Nr. 1.

3. O. **citrea** Clap. et Lachm. Körper citronförmig, beiderseits zugespitzt, ± $1^1/_4$ mal so lang als breit, ohne Pigmentfleck und Trichocysten; 110 μ lang. In Sümpfen.

CXCI. Frontonia Ehbg.

a. Mit Pigmentfleck unweit des Vorderendes.
 * Körper braun gefärbt; Pigmentfleck roth: 1. F. acuminata.
 ** Körper undurchsichtig, sehr dunkel; Pigmentfleck bläulich: 2. F. atra.
b. Ohne Pigmentfleck.
 * Körper vorn gleichmässig gerundet: 3. F. leucas.
 ** Körper vorn unsymmetrisch: 4. F. lurida.

1. F. **acuminata** (Ehbg.): Körper elliptisch, etwas abgeplattet, nach hinten in eine Spitze ausgezogen, wenig mehr als $1^1/_2$ mal so lang wie breit; ± 110 μ lang. In Sümpfen, Gräben, Teichen, nicht selten.

2. F. **atra** (Ehbg.): Körper eiförmig, etwas abgeplattet, hinten mit einer Spitze, etwa doppelt so lang als breit, ± 110 μ lang. Vork. wie bei Voriger.

3. F. **leucas** Ehbg. Körper ellipsoidisch oder eiförmig, etwas zusammengedrückt, meist vorn etwas verbreitert, etwa doppelt so lang wie breit, ± 100 μ lang, öfters durch Zoochlorellen grün gefärbt. Vork. wie bei Voriger.

4. F. **lurida** (Eberh.): Körper drehrund, eiförmig, vorn verbreitert; rechte Seite des Vorderendes etwas erhöht, von da die Stirnfläche schief nach links abfallend; bis 230 μ lang. Vork. wie bei Voriger, selten.

CXCII. Colpoda O. F. Müll.

a. Bauchseite sehr stark konkav, Vorderende stark eingekrümmt; kontraktile Vakuole am äussersten Ende des Thieres: 1. C. Cucullus.
b. Bauchseite nicht sehr konkav, Vorderende kaum eingekrümmt; kontraktile Vakuole etwas mehr im Körperinnern: 2. C. parvifrons.

1. **C. Cucullus** O. F. Müll. (Fig. 305): Körper nierenförmig, höchstens $1^1/_2$ mal so lang wie breit; 40—100 μ lang. In Schmutzwasser.

2. **C. parvifrons** Cl. et Lachm. Körper eiförmig oder schwach bohnenförmig, etwa doppelt so lang als breit, 25—65 μ lang. Vork. wie bei Voriger, seltener.

CXCIII. Colpidium St. — **C. colpoda** (Ehbg.) [= **Paramaecium colpoda** Ehbg.] (Fig. 306): Körper nierenförmig, ± abgeplattet oder öfters fast drehrund; Vorderende nach links tordirt; 90—160 μ lang. In allen Abwässern und faulenden Wasserproben massenhaft.

CXCIV. Uronema Duj. — **U. marinum** Duj. Körper ellipsoidisch, meist ganz schwach bohnenförmig gekrümmt, $2^1/_2$—3 mal so lang als breit; 30—60 μ lang. In faulenden Wasserproben, nicht selten.

CXCV. Urozona Schew. — **U. Bütschlii** Schew. Körper kegelförmig nach vorn verschmälert, hinten sehr breit, vorn schmal gerundet, die ganze Körpermitte eingenommen von dem breiten Cilienband; 30—40 μ lang. In stehendem Wasser, selten.

CXCVI. Loxocephalus Kt. — **L. granulosus** Kt. Körper lang elliptisch oder etwas nierenförmig, das Vorderende leicht nach links gekrümmt; ± 58 μ lang. In Sumpfwasser, zwischen faulenden Pflanzen.

CXCVII. Cinetochilum Pty. — **C. margaritaceum** (Ehbg.): Körper etwas zusammengedrückt, eiförmig, hinten breiter gerundet und etwas unsymmetrisch, spiralig gestreift, 30—45 μ lang. In Teichen und Gräben, auch in länger stehenden Wasserproben manchmal massenhaft auftretend.

CXCVIII. Microthorax Engelm.

a. Rückenseite stark längs gerippt: 1. M. sulcatus.
b. Rückenseite nicht gerippt: 2. M. pusillus.

1. **M. sulcatus** Engelm. Körper stark komprimirt, mit gewölbter Rücken- und etwas eingezogener Bauchkante, hinten gerundet, vorn öfters zugespitzt; ± 50 μ lang. In Sumpfwasser, selten.

2. **M. pusillus** Engelm. Von Voriger durch das angegebene Merkmal und geringere Grösse (26—30 μ) verschieden; gleichen Vorkommens.

CIC. Drepanomonas Fres. — **Dr. dentata** Fres. Körper stark komprimirt, etwa halbmond- oder sichelförmig; auf jeder Körperseite 2 ziemlich stark vorspringende Leisten; eine ebenso leistenförmige Dorsalkante; bis 70 μ lang. In stehendem Wasser.

CC. Lembadion Pty. — **L. bullinum** (O. F. Müll.): Körper dorsiventral ein wenig abgeplattet, im Umriss ziemlich oval, mit schräg nach rechts aufsteigend abgestutztem Vorder- und oft etwas zugespitztem Hinterende; mit einigen langen Borsten am Hinterende; bis 140 μ lang. In Sümpfen, Teichen, Gräben ziemlich häufig.

CCI. Pleuronema Duj.

a. Alle Wimpern gleichartig; ohne Trichocysten: 1. Pl. natans.
b. Am Hinterende mit unregelmässig nach verschiedenen Seiten stehenden längeren Borsten; meist mit Trichocysten: 2. Pl. chrysalis.

1. **Pl. natans** Cl. et Lachm. Körper fast kugelig, kaum länger als breit, auf der Ventralseite nicht eingebuchtet; 50—60 μ lang. In Tümpeln und Gräben.

2. **P. chrysalis** (Ehbg.) (Fig. 307): Körper verlängert-elliptisch, 2—2 $^1/_2$ mal so lang als breit, bohnenförmig gebogen, bis 90 μ lang. In Teichen, Gräben und Seen, manchmal massenhaft.

CCII. Cyclidium Ehbg. — **C. glaucoma** (O. F. Müll.): Körper elliptisch, zusammengedrückt, öfters etwas bohnenförmig gekrümmt, etwa zweimal so lang wie breit; mit langer Schwanzborste; 18—25 (—30) μ lang. In Sumpfwasser, besonders auch in faulendem Wasser, massenhaft.

CCIII. Balanitophorus Schew. — **B. minutus** Schew. Körper ziemlich lang elliptisch, zusammengedrückt, nach vorn etwas mehr verschmälert als nach dem breit gerundeten Hinterende; 24—28 μ lang. In Sumpfwasser.

Spirotricha.

CCIV. Blepharisma Pty.

a. Am Ende der adoralen Spirale mit schmaler, kaum sichtbarer undulirender Membran: 1. Bl. lateritium.
b. Dort mit langer und sehr breiter undulirender Membran.
 * Körper hinten gerundet oder quer gestutzt: 2. Bl. undulans.
 ** Körper in einen dünnen und spitzen Schwanz ausgezogen: 3. Bl. musculus.

1. **Bl. lateritium** (Ehbg.) (Fig. 308): Körper stark komprimirt, von der breiten Seite gesehen lanzettlich mit spitz und schräg löffelartig ausgezogenem Vorderende, oft roth gefärbt; Peristom bis zur Körpermitte reichend; bis 200 μ lang. In Teichen, Gräben und langsam fliessenden Bächen, auch in verunreinigtem Wasser, nicht selten.

2. **Bl. undulans** St. Gestalt wie bei voriger Art, doch Peristom nur $^1/_3$ der Körperlänge einnehmend; meist tief roth gefärbt; bis 370 μ lang. In Gräben und Teichen, nicht häufig.

3. **Bl. musculus** (Ehbg.): Gestalt von der breiten Seite gesehen sehr breit eiförmig, hinten plötzlich in den $^1/_4$ der Körperlänge ausmachenden Schwanz ausgezogen; Peristom bis über die Körpermitte reichend. Vork. wie bei Voriger, selten.

CCV. Metopus Cl. et Lachm. — **M. sigmoides** (O. F. Müll.) (Fig. 309): Körper cylindrisch-spindelförmig, doch in seiner oberen Hälfte tordirt und dieselbe σ-förmig von rechts nach links herübergelagert; öfters röthlich gefärbt, am Hinterende meist ein Bündel längerer Cilien; bis 200 μ, doch meist ± 120 μ lang. In Teichen, Gräben, Sümpfen, nur in reinem Wasser.

CCVI. Spirostomum Ehbg.

a. Peristom nicht bis zur Körpermitte gehend: 1. Sp. teres.
b. Peristom über die Körpermitte hinausreichend: 2. Sp. ambiguum.

1. **Sp. teres** Cl. et Lachm. Körper 10—20 mal so lang als breit; Peristom oft nicht über $^1/_3$ der Körperlänge gehend; Zellkern einfach, ellipsoidisch; bis 0,5 mm lang. In Gräben und Teichen, nicht selten.

2. **Sp. ambiguum** Ehbg. (Fig. 310): Körper 12—25 mal so lang als breit; Zellkern sehr in die Länge gezogen, rosenkranzförmig zusammengesetzt; bis 3 mm lang. Vork. wie bei Voriger, häufig.

CCVII. Condylostoma Duj. — **C. stagnale** Wrz. Körper dick eiförmig, weniger als doppelt so lang wie breit, hinten kugelig gerundet, vorn schief gestutzt; Zellkern rosenkranzförmig; Länge bis 200 μ. In Sümpfen und Teichen, nicht häufig.

CCVIII. Bursaria O. F. Müll. — **B. truncatella** O. F. Müll. Körper ei- oder sackförmig, vorn sehr breit gestutzt, hinten gerundet, mit fast ebener Bauch- und stark gewölbter Rückenseite; Zellkern sehr lang, wurmförmig; bis 1,5 mm lang. In Sümpfen und Teichen, nicht selten.

CCIX. Climacostomum St. — **Cl. virens** (Ehbg.): Körper sehr kurz cylindrisch oder beutelförmig, dorsiventral etwas abgeflacht, hinten breit gerundet, vorn schief abgestutzt, mit breit dreieckigem, bewimpertem Stirnfeld; Zellkern bandförmig; bis 360 μ lang. In Gräben, Tümpeln und Teichen, nicht häufig, oft grün gefärbt.

CCX. Stentor Oken.

a. Zellkern einfach, ellipsoidisch oder langgestreckt strangförmig, dann manchmal mit angedeuteter Gliederung.
  α. Zellkern ellipsoidisch, nicht langgestreckt.
    * Allermeist mit 6 fingerförmigen Schwanzanhängseln festsitzend; Körper braun: 1. St. pediculatus.

** Allermeist frei, wenn festsitzend mit ungetheiltem Hinterende.
§ Körper schwarz oder dunkel gefärbt: 2. St. niger.
§§ Körper roth; oft mit Zoochlorellen: 3. St. igneus.
β. Zellkern lang strang- oder wurmförmig.
* Stirnfeld eingeschnitten, in 2 sehr ungleich grosse Lappen getheilt: 4. St. Barettii.
** Stirnfeld ungetheilt, rund: 5. St. Roesselii.
b. Zellkern rosenkranzförmig zusammengesetzt.
α. Körper farblos oder durch Zoochlorellen grün: 6. St. polymorphus.
β. Körper durch feinste Pigmentkörner grünblau oder blau: 7. St. coeruleus.

1. St. **pediculatus** From. Körper im ausgestreckten Zustand trompetenförmig, im kontrahirten lang ellipsoidisch oder spindelförmig; Breite des Peristoms etwa $^1/_4$ der Körperlänge; Peristomfeld mit aufrechten, einige feine Cilien tragenden Papillen besetzt; ohne Gehäuse; Länge ± 200 μ. In Sümpfen und Gräben, selten.

2. St. **niger** Ehbg. Körper ausserordentlich wechselnd gestaltet, ausgestreckt ± 3 mal so lang als breit; Ektoplasma mit feinsten schwarzen, gelben und kaffeefarbenen Pigmentkörnchen erfüllt; ohne Gehäuse; Länge in ausgestrecktem Zustand ± 260 μ. In Sümpfen.

3. St. **igneus** Ehbg. Körper gewöhnlich birnförmig mit kurzem Stiel; Breite des Peristoms etwa die Hälfte der Körperlänge; Endoplasma mit zahlreichen Zoochlorellen, Ektoplasma mit scharlachrothen Pigmentkörnen; ohne Gehäuse; Länge 350—400 μ. In Gräben und Teichen, nicht selten.

4. St. **Barettii** Bar. Körper sehr lang und schmal, äusserst kontraktil; Breite des Peristoms $^1/_5$—$^1/_6$ der Körperlänge; farblos; wenn festsitzend mit braunem, cylindrischem Gehäuse an der Basis; mit zahlreichen langen Tastborsten; Länge bis 1000 μ. Vork. wie bei Voriger, selten.

5. St. **Roesselii** Ehbg. Der vorigen Art durchaus ähnlich, auch mit Gehäuse und Tastborsten, doch mit ungetheiltem Peristom und häufig breite Einschnürungen zeigendem Zellkern, bis 1000 μ lang. In Teichen und Gräben, meist zwischen faulenden Pflanzen.

6. St. **polymorphus** (O. F. Müll.) (Fig. 311): Körper lang trompetenförmig; Breite des Peristoms ± $^1/_8$ der Körperlänge; ohne Tastborsten und Gehäuse; bis 1,5 mm lang. In stehendem und langsam fliessendem Wasser, oft in grossen Trupps beisammen, häufig.

7. St. **coeruleus** Ehbg. Dem vorhergehenden durchaus ähnlich, durch die Farbe verschieden. Vork. wie bei Nr. 6, auch in verdorbenem Wasser gefunden.

CCXI. Caenomorpha Pty. — **C. medusula** Pty. Körper eine kurze, einmal gewundene Schraube darstellend, deren Spindel nach einer Seite in einen sehr langen, stachelartig dünn zulaufenden Stift ausgeht, deren Kopf breit und glockenförmig-kappenartig gerundet ist; meist

2 rundliche Zellkerne; Länge bis 100 μ. — Die Art ist durch den langen Stachelsporn sehr leicht kenntlich. In stehendem Wasser, zwischen moderndem Detritus, selten.

Oligotricha.

CCXII. Arachnidium Kt.

a. Körper hinten nicht gefurcht; Cilien cirrenartig dick, von Körperlänge: 1. A. globosum.

b. Körper hinten deutlich gefurcht; Cilien nicht cirrenartig, kürzer als der Körper: 2. A. sulcatum.

1. **A. globosum** Kt. Körper fast kugelig, hinten breit gerundet; kontraktile Vakuole etwa in der Körpermitte; Länge ± 10 μ. In Teichen und Gräben.

2. **A. sulcatum** (Cl. et Lachm.) [= **Strombidium sulcatum** Cl. et L., = **Strombilidium adhaerens** Schew.] (Fig. 312): Körper kurz birnförmig, nach hinten verschmälert und hier quer abgesutzt und ausgehöhlt; kontraktile Vakuole im Hinterende; Länge ± 60 μ. In Teichen und Gräben; besonders in einige Tage stehenden Wasserproben manchmal massenhaft auftretend.

CCXIII. Strombidium Cl. et Lachm.

a. Körper nach hinten etwas verschmälert.
 * Kaum länger als breit; nach hinten sehr wenig verschmälert: 1. Str. turbo.
 ** Doppelt so lang wie breit; nach hinten kurz kegelförmig verschmälert: 2. Str. Claparèdei.

b. Körper nach vorn kegelförmig verschmälert: 3. Str. viride.

1. **Str. turbo** Cl. et Lachm. Körper fast völlig kugelig; Peristom ringförmig, nicht nach unten fortgesetzt; ± 35 μ lang. In stehendem Wasser, in länger aufbewahrten Wasserproben manchmal massenhaft.

2. **Str. Claparèdei** Kt. Von Voriger durch etwas gestreckte Gestalt (etwa doppelt so lang als breit) unterschieden; Länge bis 80 μ. In Teichen, Gräben, Sümpfen, selten.

3. **Str. viride** St. Körper eiförmig, hinten breit gerundet, nach vorn stumpf kegelförmig auslaufend; mit Zoochlorellen dicht erfüllt; Peristom bis zur Körpermitte heruntergeführt. In Torfwasser.

CCXIV. Halteria Duj. — **H. grandinella** (O. F. Müll.) (Fig. 313): Körper dick eiförmig, meist nach hinten sehr breit und kurz kegelförmig zulaufend und am Ende schmal gerundet; ± 40 μ lang. In Teichen, Gräben, Tümpeln; sehr häufig in lang stehenden Wasserproben.

CCXV. Maryna Gruber. — **M. socialis** Grub. Thiere ei- oder becherförmig, hinten breit gerundet, vorn mit 2 konzentrischen, freien, völlig horizontal abgeschnittenen Rändern, von denen der innere den äusseren weit überragt und die Cilienzone trägt; Gehäuse aus braun gefärbten, dichotom verzweigten Röhren bestehend, welche sich nach aussen etwas verbreitern und an ihren Enden je ein Thier bergen. In stehendem Wasser, selten.

Hypotricha.

CCXVI. Stichotricha Pty.

a. Thiere frei schwimmend, ohne Gehäuse.
 * Auf der äussersten Spitze des Vorderendes eine lange, dolchförmige Cirre: 1. St. cornuta.
 ** Dort zwei solcher Cirren: 2. St. aculeata.
b. Thiere in Gallertröhren.
 * Gallertröhren einfach: 3. St. secunda.
 ** Gallertröhren dichotom verzweigt: 4. St. socialis.

1. **St. cornuta** (Cl. et Lachm.) (Fig. 314): Körper flaschenförmig, mit ellipsoidischem, am Ende gerundetem Hintertheil; Peristomcilien von vorn nach hinten länger werdend; ± 80 μ lang. In Teichen und Gräben, selten.

2. **St. aculeata** Wrz. Körper schmal lanzettlich, nach vorn und hinten verschmälert und spitz zulaufend; Peristomcilien von vorn nach hinten kürzer werdend; 66—100 μ lang. Vork. wie bei Voriger.

3. **St. secunda** Pty. Körper lanzettlich-spindelförmig, beiderseits spitz zulaufend; Peristomcilien von vorn nach hinten kürzer werdend; 120 bis 200 μ lang. In Torfsümpfen.

4. **St. socialis** Gruber: Körper ungefähr lanzettlich, hinten gerundet, nach vorn spitz zulaufend; Peristomcilien von vorn nach hinten kürzer werdend; ± 200 μ lang. In stehendem Wasser, selten.

CCXVII. Balladina Kow. — **B. parvula** Kow. Körper flachgedrückt, von der breiten Seite gesehen elliptisch, beiderseits gerundet, ohne Stirncirren, mit 1 Schrägreihe von Bauchcirren und 5 Aftercirren; ± 40 μ lang. In stehendem Wasser.

CCXVIII. Psilotricha St. — **Ps. acuminata** St. Körper kurz und unregelmässig elliptisch, hinten ganz kurz und breit zugespitzt, ohne Stirncirren, mit wenigen, lang borstenförmigen, in 2 Reihen geordneten Bauch- und einigen Randcirren; bis 100 μ lang. Vork. wie bei Voriger, beide selten.

CCXIX. Urostyla Ehbg.

a. Makronucleus in viele sehr kleine Theile getrennt, die zerstreut liegen: 1. U. grandis.
b. Zwei Makronuclei.
 * Mehr als drei Stirncirren.
  § Mit schmaler undulirender Membran; Peristom etwas über $^1/_3$ der Körperlänge hinabreichend: 2. U. multipes.
  §§ Mit sehr breiter undulirender Membran; Peristom höchstens $^1/_3$ der Körperlänge hinabreichend: 3. U. flavicans.
 ** Mit nur drei Stirncirren: 4. U. viridis.

1. U. **grandis** Ehbg. Körper in der Gestalt wechselnd meist breit elliptisch, 3—4 mal so lang wie breit; Stirncirren sehr zahlreich, in Längsreihen geordnet; 10—14 Aftercirren; Länge bis 500 μ. In Sümpfen, Gräben, Teichen, häufig.

2. U. **multipes** (Cl. et Lachm.) [= U. **Weissii** St.] (Fig. 315): Körper länglich-elliptisch, ± $3^1/_2$ mal so lang wie breit; Stirncirren in wechselnder Zahl, wenigstens 4, meist mehr; 7—8 Aftercirren; Länge bis 300 μ. Vork. wie bei Voriger; auch in faulendem Wasser auftretend.

3. U. **flavicans** Wrz. Körper schmal elliptisch, 3—4 mal so lang wie breit; 8—9 Stirncirren, 8 Aftercirren; Länge ± 200 μ. In Sümpfen und Gräben, selten.

4. U. **viridis** St. Körper lanzettlich, $3^1/_2$ mal so lang als breit, beiderseits zugespitzt; 5 kleine Aftercirren; 110—180 μ lang. Vork. wie bei Voriger.

CCXX. Uroleptus Ehbg.

a. Mit 2 Makronuclei.
 * Körper hinten in den ganz kurzen Schwanz plötzlich zusammengezogen: 1. U. musculus.
 ** Körper allmählich in den sehr langen Schwanz übergehend.
  § Schwanz am Ende mit mehreren sehr langen Borsten: 2. U. piscis.
  §§ Schwanz ohne auffallend lange Cilien: 3. U. rattulus.
b. Mit 6 Macronuclei: 4. U. mobilis.

1. U. **musculus** (O. F. Müll.): Körper birnförmig, nach vorn verschmälert und schliesslich gerundet, nach hinten plötzlich zusammengezogen; Länge bis 200 μ. In Teichen, Gräben, Tümpeln, auch in verdorbenem Wasser, häufig.

2. U. **piscis** (O. F. Müll.) (Fig. 316): Körper schmal lanzettlich, nach vorn nur sehr wenig, nach hinten sehr lang und allmählich stark verschmälert; äusserstes Schwanzende abgerundet; Länge bis 800 μ. Vork. wie bei Voriger.

3. U. **rattulus** St. Körper fast lineal, nach vorn kaum, nach hinten sehr lang verschmälert; Schwanzende sehr fein; Länge bis 450 μ. Vork. wie bei Voriger, seltener.

4. U. **mobilis** Engelm. In Gestalt der vorigen Art ausserordentlich ähnlich, doch daran leicht zu erkennen, dass das (Schwanzborstenlose!) äusserste Schwanzende gerundet ist; ± 350 μ lang. In Teichen und Gräben, selten.

CCXXI. Onychodromus St. — **O. grandis** St. Körper breit elliptisch, beiderseits fast abgestutzt gerundet, ± $3^1/_2$mal so lang als breit; Peristom bis zur Körpermitte reichend, mit 4—8 Makronuclei; bis 370 μ lang. In Teichen und Gräben, nicht häufig.

CCXXII. Gastrostyla Engelm. — **G. Steinii** Engelm. Körper elliptisch, vorn schmal, hinten breit gerundet, mit 5—6 starken Stirncirren, 4—5 starken Aftercirren, 4 Makronuclei; Länge 150—320 μ. Vork. wie bei voriger Art.

CCXXIII. Gonostomum Stki.

a. Mit deutlichen, langen Schwanzborsten: 1. G. strenuum.
b. Ohne Schwanzborsten: 2. G. affine.

1. **G. strenuum** Engelm. Körper schmal elliptisch, etwa $4^1/_2$mal so lang als breit, beiderseits gerundet, doch vorn etwas schmäler als hinten, mit 10 Stirncirren und 4 Aftercirren; ± 150 μ lang. In Teichen und Gräben.

2. **G. affine** St. (Fig. 317): Körper fast lanzettförmig, $3^1/_2$mal so lang wie breit, beiderseits zugespitzt, mit 12 Stirn- und 5 Aftercirren, ± 110 μ lang. Vork. wie bei voriger Art.

CCXXIV. Pleurotricha St. — **Pl. grandis** St. Körper elliptisch, vorn breit, hinten schmal gerundet, etwa doppelt so lang wie breit, mit 8 Stirncirren; die beiden hinteren Aftercirren sehr gross entwickelt und fast am Rand des Thieres inserirt, schwanzcirrenähnlich; Länge 200—450 μ. In Teichen und Gräben, selten.

CCXXVI. Oxytricha Ehbg.

a. Mit (meist 4) langen Schwanzborsten: 1. O. parallela.
b. Ohne Schwanzborsten.
* Aftercirren sehr lang und stark, weit über den Rand des Hinterendes herausragend: 2. O. pellionella.
** Aftercirren viel kleiner, nicht oder nur wenig über den Rand ragend.
§ Innerer Peristomrand nach links spiralig einwärts gekrümmt: 3. O. platystoma.
§§ Innerer Peristomrand fast geradlinig verlaufend.
× 8—10 Aftercirren: 4. O. micans.
×× 5 Aftercirren.
0 Nur eine Reihe von Randcirren vorhanden.

† Spitze der Aftercirren nicht bis zum Endrand reichend: 5. O. ferruginea.
†† Drei Aftercirren ragen etwas über den Endrand hinaus: 6. O. fallax.
00 Wenigstens an einem Rand ausser der normalen noch eine accessorische Reihe feiner Randcirren vorhanden: 7. O. aeruginosa.

1. **O. parallela** Engelm. Körper lang elliptisch, beiderseits stumpf gerundet, etwa 4 mal so lang als breit; 8 Stirncirren; eine einfache Reihe von Randcirren beiderseits; 5 Aftercirren, die nur wenig über das Hinterende hinausragen; bis 200 μ lang. In Teichen und Gräben.

2. **O. pellionella** (O. F. Müll.) (Fig. 318): Körper lineal-elliptisch, beiderseits gleichmässig schmal gerundet, über 4 mal so lang als breit; 8 Stirncirren, beiderseits eine einfache Reihe von Randcirren; die grossen Aftercirren gegen das Ende bogig oder manchmal hakig gekrümmt; bis 100 μ lang. Vork. wie bei Voriger, auch in verdorbenem Wasser auftretend, häufig.

3. **O. platystoma** (Ehbg.): Körper vorn am breitesten, von da nach hinten verschmälert, beiderseits doch besonders hinten schmal gerundet, ± $2^1/_2$ mal so lang als breit; 8—9 Stirncirren, beiderseits eine einfache Reihe von Randcirren; Aftercirren fein, das Hinterende lange nicht erreichend. In stehendem Wasser, nicht selten.

4. **O. micans** Engelm. Körper dem von Nr. 2 gleich gestaltet, bis auf die Aftercirren, auch die Cilienausrüstung die gleiche; ± 80 μ lang. Vork. wie bei Voriger, selten.

5. **O. ferruginea** (St.): Körper schmal, etwa 5 mal so lang als breit, vorn schmal, hinten breit gerundet oder vorn fast spitz; mit grosser undulirender Membran; ± 170 μ lang. Vork. wie bei Voriger.

6. **O. fallax** St. Körper elliptisch, vorn breit, hinten meist schmal gerundet, $2^1/_2$ mal so lang wie breit; mit 8 Stirncirren; bis 190 μ lang. In Teichen und Gräben, in Abwässern und faulenden Wasserproben, oft massenhaft auftretend.

7. **O. aeruginosa** Wrz. Körper lang elliptisch, beiderseits fast gleichmässig gerundet, etwa $3^1/_2$ mal so lang wie breit; meist rostroth gefärbt. In Teichen und Gräben, selten.

CCXXVII. Stylonychia Ehbg.

a. Ohne Schwanzborsten: 1. St. histrio.
b. Mit meist 3 langen Schwanzborsten.
 * Aftercirren kurz, nicht über das Hinterende hinausreichend: 2. St. pustulata.
 ** Aftercirren lang, wenigstens 2 über das Hinterende ragend.
  § Aftercirren unbefiedert: 3. St. mytilus.
  §§ Aftercirren gegen das Ende doppelreihig befiedert: 4. St. fissiseta.

1. **St. histrio** (O. F. Müll.): Körper lang elliptisch, beiderseits schmal gerundet; Randreihen auch am Hinterende nicht unterbrochen;

Aftercirren den Hinterrand nicht überragend; ± 130 μ lang. In reinem Graben- und Teichwasser.

2. **St. pustulata** (O. F. Müll.): Körper elliptisch, beiderseits gleichmässig gerundet; Randreihen am Hinterende kaum unterbrochen; ± 220 μ lang. Vork. wie bei Voriger, häufig.

3. **St. mytilus** (O. F. Müll.) (Fig. 319): Körper vorn sehr breit nach hinten allmählich stark verschmälert; Randreihen am Hinterende sehr breit unterbrochen; bis 375 μ lang. In Teichen, Gräben, Flüssen, in reinem und verdorbenem Wasser; besonders in stehenden, faulenden Wasserproben massenhaft.

4. **St. fissiseta** Cl. et Lachm. Körper elliptisch, beiderseits gleichmässig gerundet; Randreihen am Hinterende sehr breit unterbrochen; ± 220 μ lang. In Teichen, nicht häufig.

CCXXVIII. Euplotes Ehbg.

a. Zwei der am hinteren Ende stehenden grossen Randcirren federartig bewimpert: 1. E. patella.

b. Diese Randcirren sind einfach: 2. E. Charon.

1. **E. patella** Ehbg. Körper sehr breit elliptisch, oft fast kreisrund, vorn abgestutzt; mit 9 Bauchcirren; Rücken nicht oder schwach gefurcht; ± 120 μ lang. In Teichen, Gräben, langsam fliessendem Wasser; auch in Abwässern häufig und besonders in faulenden Wasserproben oft in grosser Menge.

2. **E. Charon** (O. F. Müll.) (Fig. 320): Körper breit elliptisch; Stirnrand bogenförmig ausgeschnitten; mit 10 Bauchcirren; Rücken meist stark längsgefurcht; ± 80 μ lang. Vork. wie bei Voriger, noch häufiger.

CCXXIX. Aspidisca Ehbg.

a. Rücken glatt oder mit 3 ganz schwachen Längsfurchen: 1. A. Lynceus.

b. Rücken mit 6 tief eingeschnittenen Furchen: 2. A. costata.

1. **A. Lynceus** Ehbg. Körper fast dreieckig mit stumpfen Ecken, hinten (meist quer gestutzt) am breitesten; bis 50 μ lang. In Teichen und Gräben, besonders in Abwässern sehr häufig, auch in faulenden Wasserproben oft massenhaft.

2. **A. costata** (Duj.) (Fig. 321): Körper von der breiten Seite gesehen breit oval oder fast kreisrund, beiderseits breit gerundet; bis 40 μ lang. Vork. wie bei Voriger, ebenso häufig.

Peritricha.

CCXXX. Gerda Clap. et Lachm. — **G. glans** Cl. et Lachm. Körper cylindrisch, äusserst kontraktil, 3—4 mal so lang wie breit, mit feinen Querrunzeln; mit einem Cilienkranz am (Vorder-?) Ende und einer kontraktilen Vakuole im Hinter- (?) Ende. In Teichen. Gattung und Art äusserst problematisch, wahrscheinlich das Schwärmstadium einer anderen Vorticelline, wobei in der Beschreibung Vorder- und Hinterende verwechselt wurden!

CCXXXI. Astylozoon Engelm. — **A. fallax** Engelm. (Fig. 322): Körper unregelmässig birnförmig, kontraktil, nach hinten spitz zulaufend; ± 100 μ lang. In Teichen, Gräben und Flüssen; erscheint nicht selten in alten Wasserproben zu Ende der Fäulniss.

CCXXXII. Hastatella v. Erlanger. — **H. radians** v. Erl. Körper glockenförmig, nach hinten kurz kegelförmig zusammengezogen; Stacheln von halber Körperlänge; ± 40 μ lang. In stehendem Wasser, selten.

CCXXXIII. Trichodina Ehbg.

a. Hinterende mit 2 hornartigen Haftringen: 1. T. digitodiscus.
b. Hinterende mit einem solchen.
* Haftring an der Peripherie in scharfe, schief gestellte Zähne auslaufend.
§ Haftring aus einzelnen kleinen Stückchen zusammengesetzt: 2. T. pediculus.
§§ Haftring nicht zusammengesetzt, ununterbrochen.
× Ohne lange Borsten vor dem hinteren Cilienkranz: 3. T. Steinii.
×× Mit die Körperlänge übertreffenden Borsten: 4. T. spongillae.
** Haftring mit glatter, ungezähnter Peripherie: 5. T. mitra.

1. **Tr. digitodiscus** St. Thier ähnlich gestaltet wie Nr. 2, doch kleiner; äusserer Haftring fein, an der Aussenseite gezähnelt; innerer Haftring dick, nach aussen mit 12—14 dicken Haken. An Süsswasserpolypen (Hydra vulgaris).

2. **Tr. pediculus** Ehbg. (Fig. 323): Thier äusserst kontraktil, kegel-, scheiben- oder uhrglasförmig; Cilien des hinteren Kranzes länger als die des vorderen; Ring mit 2 Zahnreihen, von denen die äusseren die grösseren sind; ± 72 μ lang und breit. Besonders auf Süsswasserpolypen (Hydra fusca und H. viridis).

3. **Tr. Steinii** Clap. et Lachm. Von voriger Art, hauptsächlich durch den ununterbrochenen Haftring unterschieden. An Planarien.

4. **Tr. spongillae** (Jacks.): Thier meist turbanförmig (mit fehlender adoraler Wimperzone?), ± 60 μ breit. An Spongilla fluviatilis.

5. **Tr. mitra** Sieb. Thier cylindrisch oder kegelförmig, schief angeheftet; bis 150 μ lang. An Planarien.

CCXXXIV. Spirochoma St. — **Sp. gemmipara** St. (Fig. 324): Körper dick spindelförmig, nach beiden Seiten spitz zulaufend, hinten mit sehr kurz stielförmig ausgestaltetem Hinterende festsitzend; Peristom-Trichtermembran 3 mal dütenförmig-spiralig gedreht; ± 120 μ lang. An Gammarus pulex.

CCXXXV. Glossatella Bütschli. — **Gl. tintinnabulum** (Kt.): Körper verlängert-glockenförmig, nach hinten spitz zulaufend, vor dem verdickten Vorderrand etwas eingezogen; Peristommembran mit einer Schraubendrehung; ± 30 μ lang. An Triton cristatus.

CXXXVI. Scyphidia Duj.

a. Hinterende durchaus nicht stielförmig zusammengezogen.
- * Zellkern lang, wurmförmig: 1. Sc. fixa.
- ** Zellkern kurz, wurstförmig oder rundlich.
  - § Körper beiderseits ein wenig verschmälert: 2. Sc. limacina.
  - §§ Körper völlig cylindrisch: 3. Sc. physarum.

b. Hinterende stielförmig zusammengezogen.
- * Mit sehr starker Querstreifung des Körpers: 4. Sc. rugosa.
- ** Körper nicht oder kaum quer gestreift.
  - § Körper gerade auf dem Stiel sitzend: 5. Sc. Fromentelli.
  - §§ Körper schief: 6. Sc. inclinans.

1. **Sc. fixa** (D'Udek.): Körper lang cylindrisch, nach unten zu ein wenig angeschwollen, hinten schmal aufsitzend, nicht quergestreift; Peristomrand stark nach aussen umgeschlagen. In Sümpfen, auf Wasserpflanzen festsitzend.

2. **Sc. limacina** Lachm. Körper fast cylindrisch, quergestreift, hinten breit aufsitzend; Peristomrand nicht nach aussen umgeschlagen; ± 100 μ lang. Auf Planorbis festsitzend.

3. **Sc. physarum** Cl. et Lachm. Körper völlig cylindrisch, quergestreift, hinten breit aufsitzend; Peristomrand umgeschlagen; ± 115 μ lang. Auf den Schalen von Wasserschnecken.

4. **Sc. rugosa** Duj. (Fig. 325): Körper birnförmig, nach hinten stark verschmälert; Peristomrand nicht oder kaum umgeschlagen; ± 90 μ lang. In Sümpfen, auf Pflanzenarten.

5. **Sc. Fromentelli** Kt. Körper birn- oder keulenförmig, nach hinten stark verschmälert; Peristomrand nicht umgeschlagen; ± 95 μ lang. Vork. wie bei Voriger.

6. **Sc. inclinans** (D'Udek.): Körper dick wurstförmig, nach vorn wenig, nach hinten sehr verschmälert; Peristomrand stark umgeschlagen. Vork. wie bei den Vorigen.

CCXXXVII. Vorticella L.

A. Körper ohne Skulptur, besonders ohne Querstreifen.
- I. Beim Zusammenschnellen werden die meist kurzen Stiele im Bogen gekrümmt.
  - a. Stiel nach oben keulenförmig verbreitert, unmerklich in den Körper übergehend: 1. V. crassicaulis

b. Stiel genau cylindrisch, scharf vom Körper abgesetzt: 2. V. brevistyla.

II. Beim Zusammenschnellen werden die meist langen, dünnen Stiele spiralig eingerollt.

a. Körper nicht kugelig, in ausgestrecktem Zustand mit ausgebreitetem oder zurückgeschlagenem Peristomrand.

1. Körper hinten nicht eingebuchtet.

α. Im ausgestreckten Zustand Thier auf dem Stiel herabgebeugt-nickend: 3 V. nutans.

β. Thiere auf den Stielen aufrecht.

*** Peristomrand tellerförmig-flach ausgebreitet.**

§ Peristomrand mit Radiallinien: 4. V. cratera.

§§ Peristomrand ohne solche: 5. V. citrina.

**** Peristomrand wulstartig.**

§ Körper schmal: Durchmesser des Peristomrandes oder Körpers nur etwa halb so gross wie die Körperlänge.

× Hinter dem Peristomrand Körper nicht eingeschnürt.

0 Körper von oben nach unten allmählich verschmälert, mit geradlinigen Seitenrändern.

† Stiel mit einer geraden, rothen, aus feinsten Pigmentkörnchen gebildeten Längslinie: 6. V. picta.

†† Stiel ohne solche Linie: 7. V. cucullus.

00 Körper in der Mitte etwas aufgetrieben; Seitenlinien nicht gerade: 8. V. nebulifera.

×× Körper hinter dem Peristomrand deutlich ringförmig eingeschnürt: 9. V. longifilum.

§§ Körper breit: Durchmesser des Peristomrandes oder Körpers so gross oder wenig kleiner als die Körperlänge.

× Körper hinter dem Peristomrand deutlich ringförmig eingeschnürt.

0 Körper farblos: 10. V. campanula.

00 Körper grün: 11. V. fasciculata.

×× Körper hinter dem Peristomrand nicht eingeschnürt: 12. V. communis.

2. Körper hinten sehr stark eingebuchtet, so dass der Stiel (von der Seite gesehen) zwischen zwei vorstehenden Hörnern inserirt erscheint: 13. V. fluviatilis.

b. Körper fast vollständig kugelig, mit linienförmigem Peristomrand: 14. V. globularis.

B. Körper mit Querlinien oder selten mit facettenartiger Skulptur.

I. Körper mit Linien, nicht facettirt.

a. Nur 2—3 sehr starke Querfurchen im Hinterende des Körpers vorhanden: 15. V. telescopica.

b. Sehr viele und feine Querlinien gehen bis zum oberen Ende des Körpers.

1. Körper bogig gekrümmt: 16. V. hamata.

2. Körper gerade.

α. Stiel viele glänzend grüne Körnchen enthaltend: 17. V. appuncta.

β. Stiel farblos.

* Thier grün gefärbt: 18. V. chlorostigma

** Thiere farblos.

§ **Körper in der Mitte kaum angeschwollen:** 19. V. convallaria.
§§ **Körper in der Mitte deutlich angeschwollen.**
× **Körper nicht ganz doppelt so lang als breit:** 20. V. microstoma.
×× **Körper mindestens $2^1/_2$ mal so lang als breit.**
0 Mit einer Anschwellung zwischen Peristom und Stiel: 21. V. putrina.
00 Mit zwei Anschwellungen, zwischen diesen eine Ringfurche: 22. V. quadrangularis.
II. Körper mit ausserordentlich charakteristischer, 6eckige Facetten bildender Skulptur: 23. V. monilata.

1. **V. crassicaulis** Kt. Körper ausgestreckt, ungefähr keulenförmig, nach hinten allmählich verschmälert und am Ende nicht breiter als der sich ansetzende Stiel, hinter dem wulstigen Peristomrand nicht eingeschnürt, etwa doppelt so lang als breit, ± 40 μ lang. In Sümpfen, gesellig an Asellus aquaticus.

2. **V. brevistyla** D'Udek. Körper ausgestreckt ellipsoidisch, fast doppelt so lang als breit, nach hinten kurz geschweift-verschmälert, hinter dem wulstigen Peristomrand flach eingeschnürt, ± 80 μ lang. In Sumpfwasser.

3. **V. nutans** O. F. Müller: Körper ausgestreckt breit glockenförmig, fast ebenso breit wie lang, unsymmetrisch, nach hinten kurz kegelförmig verschmälert, hinter dem wulstigen Peristomrand kaum eingeschnürt; 60—80 μ lang. In Teichen und Gräben, an Algen.

4. **V. cratera** Kt. Körper ausgestreckt breit glockenförmig, oft 2—3 mal breiter als lang, mit ungeheuer stark ausgebildetem Peristomrand, unterhalb desselben flach eingeschnürt, nach hinten sehr kurz geschweift zusammengezogen; ± 50 μ lang. In stehendem Wasser, nicht häufig.

5. **V. citrina** Ehbg. Körper ausgestreckt breit glockenförmig, oft beträchtlich breiter als lang, in Gestalt der Nr. 4 sehr ähnlich, doch Peristom nicht gefurcht; 60—110 μ lang. In Teichen und Gräben, an Lemna und andern Wasserpflanzen.

6. **V. picta** Ehbg. Körper ausgestreckt kegelförmig, nach hinten verschmälert, etwa doppelt so lang als breit; 20—40 μ lang. Vork. wie bei Voriger, selten.

7. **V. cucullus** From. Körper lang kegelförmig, etwa 3 mal so lang wie breit; ± 95 μ lang. In stehendem Wasser.

8. **V. nebulifera** Ehbg. (Fig. 326): Körper ausgestreckt kegelig-glockenförmig, etwa 3 mal so lang als breit; 40—90 μ lang. In Teichen und Gräben, an Lemna und andern Wasserpflanzen oft in ungeheurer Menge; nur in reinem Wasser.

9. **V. longifilum** Kt. Körper aus breitester Mitte nach unten lang kegelförmig ausgezogen, nach oben gleichfalls deutlich bis zum Peristom verschmälert, etwas über doppelt so lang als breit, mit ausserordentlich langem, den etwa 70 μ langen Körper um's 10—12 fache übertreffendem Stiel. In Teichen und Gräben, an Wasserpflanzen, selten.

10. **V. campanula** Ehbg. (Fig. 327): Körper meist breit glockenförmig oder halbkugelig, nach unten kurz zusammengezogen, oft breiter als lang; Länge 100—200 μ. Vork. wie bei Voriger, häufig.

11. **V. fasciculata** O. F. Müll. In jeder Beziehung der vorhergehenden Art ähnlich, durch den grün gefärbten Körper unterschieden. Vork. wie bei Voriger, selten.

12. **V. communis** From. Körper völlig symmetrisch, eiförmig, unten breit gerundet und von da aus bis unter den Peristomrand kaum verschmälert, etwa ebenso lang wie breit; Länge etwa 30 μ. In Teichen und Gräben, sehr häufig.

13. **V. fluviatilis** From. Körper in der Mitte angeschwollen, von hier nach oben wie unten gleichmässig ausgeschweift-verschmälert, am untern Ende ebenso breit wie unter dem Peristomrand; hinteres Ende tief grubig ausgehöhlt, in der Höhlung der Stiel inserirt; $\pm$ 40 μ lang. In Gräben und Flüssen, selten.

14. **V. globularis** O. F. Müll. Körper vollkommen kugelig, unten breit gerundet, mit sehr kleinem Peristomfeld. In stehendem Wasser.

15. **V. telescopica** Kt. Körper kegel- oder sehr lang birnförmig, mehr als doppelt so lang wie breit, nach hinten ganz allmählich spitz zulaufend, hinter dem Peristom kaum eingeschnürt, mit 2 Querfurchen, welche bei der Kontraktion dazu dienen, den Körper in 3 Stücken teleskopartig sich ineinander schieben zu lassen; $\pm$ 50 μ lang. In Teichen und Gräben, an Wasserpflanzen, selten.

16. **V. hamata** Ehbg. Körper lang kegelförmig, unter dem Peristom kaum eingeschnürt und von hier bis zur Basis allmählich verschmälert, auf dem Stiel schief stehend, über doppelt so lang als breit; Länge $\pm$ 40 μ. Vork. wie bei Voriger.

17. **V. appuncta** From. Körper breit glockenförmig, etwa ebenso lang wie breit, unter dem Peristomrand wenig eingeschnürt, nach unten kurz verschmälert, $\pm$ 55 μ lang. In stehendem Wasser.

18. **V. chlorostigma** Ehbg. Körper kegelig-glockenförmig, ziemlich weit hinter dem Peristom flach eingeschnürt, nach dem Hinterende kurz verschmälert, grün, etwa doppelt so lang ($\pm$ 50 μ) als breit. In Teichen und Gräben, oft in grosser Menge an Wasserpflanzen etc.

19. **V. convallaria** Ehbg. Der vorigen Art in Gestalt und Grösse gleich, durch den farblosen Körper unterschieden. In unreinem Wasser, in lange stehenden faulenden Wasserproben etc. nicht selten.

20. **V. microstoma** Ehbg. (Fig. 328): Körper ellipsoidisch, nach vorn und hinten kurz verschmälert, hinter dem Peristom kaum eingeschnürt, mit sehr kleinem Peristomfeld, etwa $1^1/_2$mal so lang (60—100 μ) als breit. Vork. wie bei Voriger; ist in faulen Wasserproben die gemeinste Vorticelle.

21. **V. putrina** O. F. Müller: Von voriger Art im Wesentlichen nur durch den langgestreckten Körper (2—3 mal so lang als breit) verschieden. Vork. wie bei und mit Voriger, etwas seltener.

22. **V. quadrangularis** Kt. Körper fast cylindrisch, $3^1/_2$ mal so lang als breit, nach hinten kegelförmig verschmälert, hinter dem Peristom und hinter der Mitte mit je einer breiten und tiefen Einschnürung, daher Seitenansicht wellig; ± 190 μ lang. In Sümpfen, Teichen, Gräben, an Wasserpflanzen, nicht häufig.

23. **V. monilata** Tatem: Körper breit glockenförmig mit dick wulstigem Peristomrand, oft breiter als lang, nach hinten fast gerundet zulaufend; Länge 60—70 μ. Vork. wie bei Voriger, selten.

CCXXXVIII. Carchesium Ehbg.

a. Stiele ohne ringförmige Querlinien.
- * Endverzweigung traubig: Thiere nicht alle in gleicher Höhe stehend.
  - § Thiere nach hinten spitz kegelförmig zulaufend; ganze Kolonie mit einem langen Stiel, von dessen Spitze die Aeste doldenförmig ausstrahlen: 1. C. polypinum.
  - §§ Thiere glockenförmig; Aeste nicht aus einem Punkt entspringend, sondern traubig aus dem Hauptstiel herauskommend: 2. C. spectabile.
- ** Endverzweigung doldentraubig: Alle Thiere stehen ungefähr auf gleicher Höhe: 3. C. Lachmanni.

b. Stiele mit entfernt stehenden ringförmigen Querlinien: 4. C. epistylidis.

1. **C. polypinum** (L.): Körper kegelig-glockenförmig; Kolonien locker; Zweige meist einseitswendig, die Thiere kurz gestielt, 45—60 μ lang. In Gräben, Teichen, Seen, an Wasserpflanzen, diese oft wie ein dicker grauer Schimmel überdeckend, nur in reinem Wasser.

2. **C. spectabile** Ehbg. Körper glockenförmig; Kolonien locker; Zweige mit ziemlich langgestielten Thieren, nicht einseitswendig; Thiere etwa doppelt so gross wie bei voriger Art. Vork. wie bei Nr. 1, seltener.

3. **C. Lachmanni** Kt. (Fig. 329): Körper glockenförmig; Kolonien sehr dicht; Thiere alle langgestielt, nicht einseitswendig, 100—110 μ lang. Einer der charakteristischesten Abwasserorganismen, bedeckt in verschmutzten Wasserläufen hineinhängende Reiser, Gras- und Schilfblätter etc. mit weissem, schimmelartigem Ueberzug.

4. **C. epistylidis** Clap. et Lachm. Körper schmal ellipsoidisch; Kolonien locker, aus sehr wenigen Exemplaren gebildet; Stiele ziemlich starr, meist unter den Verzweigungsstellen mit Querlinien; Thiere bis 50 μ lang. In Teichen, Gräben, Flüssen, nicht häufig.

CCXXXIX. Zoothamnium Ehbg.

a. Individuen einer Kolonie ungleich: einzelne sind mehr als doppelt so gross wie die andern: 1. Z. arbuscula.

b. Individuen alle unter sich gleich.

α. Einzelthiere gestielt; Kolonie allermeist 2 mal verzweigt.

*** Stiele nicht quer geringelt.**

§ Kolonien aus vielen Individuen gebildet: 2. Z. Aselli.

§§ Kolonien aus sehr wenigen (meist 2) Individuen bestehend: 3. Z. parasiticum.

**** Stiele bei der Kontraktion sehr stark quer geringelt: 4. Z affine.**

β. Einzelthiere ungestielt, doldenförmig auf der Spitze eines gemeinsamen Stiels stehend; Kolonie 1 mal verzweigt: 5. Z. simplex.

1. **Z. arbuscula** Ehbg. (Fig. 330): Kolonien denjenigen von Carchesium polypinum sehr ähnlich, gleichfalls alle Aeste doldenartig aus der Spitze eines gemeinsamen Stiels entspringend; die kleinen Thiere bis 55 μ lang, kegelig-glockenförmig, die grossen kugelig; Stiele nicht geringelt. In Gräben und Teichen, auch in Salzwasser.

2. **Z. Aselli** Cl. et Lachm. Kolonien aus zahlreichen, an sehr dicken, dichotom verästelten Stielen stehenden, fast cylindrischen, 3 mal so langen als breiten Thieren bestehend. An Wasserinsekten und Krustenthieren.

3. **Z. parasiticum** St. Kolonien sehr klein und kurz; Thiere eiförmig, kaum $1^1/_2$ mal so lang als breit, bis 80 μ lang. Vork. wie bei Voriger.

4. **Z. affine** St. Kolonien klein, aus wenigen Individuen bestehend; Thiere denen der vorigen Art sehr ähnlich, gleich gross. Vork. wie bei Voriger.

5. **Z. simplex** Kt. Kolonien aus 2—8 lang kegelförmigen, ganz allmählich nach hinten verschmälerten, ± 80 μ langen Thieren gebildet; Stiel nicht geringelt. In Teichen und Gräben an Wasserpflanzen.

CCXL. Rhabdostyla Kt.

a. Stiel kürzer oder höchstens ebenso lang wie der Körper.

* Körper in ausgestrecktem Zustand kegelförmig, nach hinten lang zugespitzt: 1. Rh. ringens.

** Körper eiförmig, hinten gerundet oder ganz kurz gespitzt.

§ Körper in kontrahirtem Zustand hinten mit einigen Ringfalten: 2. Rh. brevipes.

§§ Ohne solche Ringfalten: 3. Rh. ovum.

b. Stiel 2—3 mal so lang als der Körper: 4. Rh. longipes.

1. **Rh. ringens** (From.): Körper mehr als doppelt so lang wie breit, braun, ± 80 μ lang; Stiel haarfein. In stehendem Wasser.

2. **Rh. brevipes** (Cl. et Lachm.): Körper cylindrisch, etwa 3 mal so lang (± 80 μ) als breit; Stiel dick, cylindrisch. An Wasserinsekten.

3. **Rh. ovum** Kt. (Fig. 331): Körper elliptisch, nach hinten kurz verschmälert, fein quer gestreift; Stiel cylindrisch; Länge bis 50 μ. In stehendem Wasser, an Wasserpflanzen festsitzend.

4. **Rh. longipes** Kt. Körper glockenförmig, nach hinten kurz verschmälert, ± doppelt so lang (± 60 μ) als breit; im Stiel eine aus feinsten Körnchen gebildete Längslinie. In Gräben und Teichen, an Wasserpflanzen.

CCXLI. Epistylis Ehbg.

a. Stielgerüst dicht mit erhabenen Querringen überdeckt: 1. E. digitalis.
b. Stielgerüst nicht dicht quergeringelt
α. Unter den Verzweigungsstellen 2—3 hervorragende Querringe: 2. E. crassicollis.
β. Ueberhaupt keine erhabenen Querringe vorhanden.
* Stielgerüst besonders an den Verzweigungsstellen durch feine Querlinien gegliedert.
§ Stielgerüst ohne Längslinien.
× Kolonien aus vielen, nach hinten lang und spitz zulaufenden Thieren gebildet: 3. E. galea.
×× Kolonien arm; Thiere glockenförmig, hinten ± gerundet: 4. E. leucoa.
§§ Stielgerüst dicht längsgestreift: 5. E. articulata.
** Stielgerüst ungegliedert.
§ Stielgerüst dicht und fein längsgestreift.
× Thiere sehr lang und schmal, keulenförmig: 6. E. plicatilis.
×× Thiere kurz, urnen- oder glockenförmig: 7. E. branchiophila.
§§ Stielgerüst nicht längsgestreift.
× Körper im ausgestreckten Zustand nach vorn deutlich verschmälert.
0 Das ganze Stielgerüst plump, nicht oder kaum länger als ein Thier: 8. E. umbilicata.
00 Stielgerüst schlank, viel länger als ein Thier: 9. E. coarctata.
×× Körper im ausgestreckten Zustand nach vorn nicht verschmälert.
0 Körper in der Mitte kaum aufgebaucht, lang kegelförmig: 10. E. anastatica.
00 Körper in der Mitte stark angeschwollen, glockenförmig: 11. E. umbellaria.

1. **E. Digitalis** Ehbg. Körper langgestreckt, von vorn nach hinten kegelförmig verschmälert, 3 bis 4mal so lang wie breit, fein quer gestreift, 60—90 μ lang. Auf Cyclops und anderen Entomostraken.

2. **E. crassicollis** St. Körper eiförmig oder dick spindelförmig, nach vorn verschmälert, etwa doppelt so lang wie breit, ± 100 μ lang. Vork. wie bei Voriger.

3. **E. galea** Ehbg. Körper lang kegelförmig, etwa 3mal so lang wie breit, in kontrahirtem Zustand hinten mit Querfalten; ± 200 μ lang. In Teichen und Gräben, an Wasserpflanzen.

4. **E. leucoa** Ehbg. (Fig. 332): Körper breit glockenförmig; Stirnfeld gewölbt-erhaben; ± 200 μ lang. In Teichen, selten.

5. **E. articulata** From. Körper lang kegelförmig, nach hinten spitz

zulaufend, etwa 3mal so lang als breit, nicht quer gestreift; ± 75 μ lang. Vork. wie bei Voriger.

6. **E. plicatilis** Ehbg. Körper lang kegelförmig oder keulenförmig, nach hinten allmählich verschmälert, 3—4mal so lang als breit; Stielgerüst sehr vielfach verästelt; 90—150 μ lang. Auf den Schalen von Wassermollusken, auf Wasserpflanzen.

7. **E. branchiophila** Pty. Körper kurz eiförmig bis fast kugelig, etwa so breit wie lang, in der Mitte am dicksten, nach hinten kurz zulaufend; 70—90 μ lang. Auf Phryganidenlarven.

8. **E. umbilicata** Clap. et Lachm. Körper sehr schmal eiförmig, dem Stiel mit breit gerundeter Basis aufsitzend, ± 60 μ lang. Auf den Larven von Culex pipiens.

9. **E. coarctata** Clap. et Lachm. Körper dick spindelförmig, nach beiden Seiten spitz zulaufend; ± 50 μ lang. In Sümpfen und Gräben, an Mollusken und Pflanzenresten.

10. **E. anastatica** (L.): Körper schmal kegelig-glockenförmig, etwa 3mal so lang wie breit, nach hinten allmählich spitz zulaufend, ± 200 μ lang. In Teichen und Gräben an Wasserpflanzen.

11. **E. umbellaria** (L.) [= **E. flavicans** Ehbg.]: Körper breit glockenförmig, nicht viel länger als breit, nach hinten kurz zugespitzt, 130 bis 300 μ lang, in sehr grossen Kolonien. Vork. wie bei Voriger, häufig.

CCXLII. Opercularia St.

a. Stielgerüst glatt, weder geringelt noch gegliedert: 1. O. stenostoma.
b. Stielgerüst gegliedert, gestreift oder geringelt.
α. Stielgerüst durch entfernte Querlinien gegliedert.
* Körper mit breit gerundeten Enden den Aesten des Stielgerüstes aufsitzend: 2. O. articulata.
** Körper nach hinten allmählich verschmälert: 3. O. berberina.
β. Stielgerüst nicht durch entfernte Querlinien gegliedert.
* Stielgerüst ausserordentlich plump, fein quer gestreift: 4. O. Lichtensteinii.
** Stielgerüst dicht und stark geringelt, zierlich.
§ Körper im hintern Drittel durch eine Ringfurche tief eingeschnürt: 5. O. microstoma.
§§ Thiere nicht so gestaltet.
× Thiere stark quer gestreift: 6. O. cylindrata.
×× Thiere glatt: 7. O. nutans.

1. **O. stenostoma** St. Körper lang birnförmig oder spindelförmig, besonders nach hinten spitz zulaufend; Zellkern lang, hufeisenförmig; Stielgerüst mit sehr kurzem Fuss, doldig in wenige kurze, je ein Thier tragende Zweige getheilt; Thiere ± 120 μ lang, mindestens um's Doppelte die Länge des Stielgerüstes übertreffend. Auf der Crustacee Asellus aquaticus.

2. **O. articulata** (Ehbg.): Körper langgezogen eiförmig, nach vorn verschmälert; Stielgerüst etwas unregelmässig, 2—3 mal dichotom verzweigt; Zellkern hufeisenförmig; Thiere ± 75 μ lang. An Wasserkäfern.

3. **O. berberina** (L.) (Fig. 333): Körper langgezogen, ellipsoidisch, besonders nach unten allmählich verschmälert; Zellkern kurz, fast ellipsoidisch; Stielgerüst traubig 2—3 mal verzweigt; Thiere ± 115 μ lang. An verschiedenen Wasserinsekten.

4. **O. Lichtensteinii** St. Körper dick, fast cylindrisch, beiderseits quer abgestutzt; Zellkern kurz, fast ellipsoidisch; Stielgerüst sehr kurz, die Länge (± 125 μ) der Thiere nicht übertreffend, 1—2 mal unregelmässig gabelig verzweigt. Auf Crustaceen und Mollusken.

5. **O. microstoma** St. Körper unregelmässig birnförmig, deutlich in 2 Theile durch die Querfurche getheilt, nach beiden Seiten kurz und spitz ausgezogen; Zellkern hakenförmig gekrümmt; Länge ± 90 μ. Auf verschiedenen Entomostraken.

6. **O. cylindrata** Wrz. Körper lang, fast cylindrisch, nach hinten wenig verschmälert; Zellkern wurmförmig; Stielgerüst oftmals dichotom verästelt, lang; Thiere ± 50 μ lang. An Cyclops.

7. **O. nutans** (Ehbg.): Körper spindelförmig, nach beiden Seiten, doch besonders nach hinten lang zugespitzt; Zellkern wurmförmig; Stielgerüst reich und regelmässig dichotom verzweigt; Thiere ± 60 μ lang. In Teichen und Gräben, an Wasserthieren und verschiedenen Wasserpflanzen.

CCXLIII. Ophrydium Ehbg.

a. Thiere auf langen, fadenförmigen Stielen.
- * Thiere meist grün; Stiele dichotom verzweigt: 1. O. versatile.
- ** Thiere farblos; Stiele bis zum Centrum der Kolonie einfach: 2. O. Eichhorni.

b. Thiere ungestielt, mit den Hinterenden zusammenhängend: 3. O. sessile.

1. **O. versatile** (O. F. Müller): Kolonieen erst an Wasserpflanzen festsitzend, dann losgelöst, ± kugelig, bis 15 cm Durchmesser erreichend; Thiere bis 700 μ lang. In Teichen und Seen, nicht selten.

2. **O. Eichhorni** Ehbg. (Fig. 334): Kolonieen meist dauernd festsitzend, halbkugelig, sehr viel kleiner als bei voriger Art; Thiere bis 500 μ lang. In Gräben und Teichen, seltener als Nr. 1.

3. **O. sessile** Kt. Kolonieen dauernd angeheftet, niedergedrückthalbkugelig oder polsterförmig, klein; Thiere ± 300 μ lang. Vork. wie bei Voriger, selten.

CCXLIV. Cothurnia Ehbg.

a. Gehäuse glatt, ohne erhabene Querringe.

1. Gehäuse oben in 2 lange, sichelförmige Spitzen ausgezogen: 1. C. Sieboldi.

2. Gehäuse oben flach abgeschnitten.
 α. Gehäuse gekrümmt, auf der einen Seite konvex, auf der andern konkav: 2. C. curva.
 β. Gehäuse nicht gekrümmt.
  * Schale etwa doppelt so lang als breit: 3. C. imberbis.
  ** Schale ebenso lang wie breit: 4. C. patula.
b. Gehäuse mit 3 stark vortretenden, fassreifenartigen Ringen: 5. C. pupa.

1. **C. Sieboldi** St. Schale monosymmetrisch, unten breit aufgebaucht, nach oben etwas zusammengezogen; sichelartige Spitzen 1/3 der Schalenlänge (diese ± 125 μ) erreichend. An verschiedenen Krebsthieren, besonders an Astacus fluviatilis.

2. **C. curva** St. Schale monosymmetrisch, retortenförmig mit kurzem breitem Hals, ± 100 μ lang. Vork. wie bei Voriger.

3. **C. imberbis** Ehbg. Schale polysymmetrisch, becherförmig, unten etwas ausgebaucht, nach oben in einen sehr breiten Hals wenig verschmälert, 60—110 μ lang. An Krebsthieren und Wasserpflanzen festsitzend.

4. **C. patula** From. Schale polysymmetrisch, kurz pokalförmig, nach oben erweitert, ± 50 μ lang. An Algen festsitzend.

5. **C. pupa** Eichw. (Fig. 339): Schale polysymmetrisch, fast vollkommen ellipsoidisch, oben ziemlich breit abgeschnitten. In stehendem Wasser.

CCXLV. Pyxicola Kt.

a. Schale polysymmetrisch, spindelförmig: 1. P. pyxidiformis.
b. Schale monosymmetrisch gekrümmt.
 * Stiel sehr kurz: 2. P. pusilla.
 ** Stiel wenigstens 1/3 so lang wie die Schale: 3. P. affinis.

1. **P. pyxidiformis** D'Udek. (Fig. 336): Schale in der Mitte am breitesten und hier mit einer scharfen, quer ringsum verlaufenden Kante, nach beiden Seiten zu gerade kegelförmig verschmälert, an den Enden abgestutzt, ± 190 μ lang. In stehendem Wasser.

2. **P. pusilla** Kt.: Schale kurz krugförmig, im letzten Drittel am weitesten, vorn in einen kurzen, schiefen am Ende nicht verbreiterten Hals auslaufend, ± 50 μ lang. In stehendem Wasser an Lemna.

3. **P. affinis** Kt. (Fig. 335): Der Vorigen sehr ähnlich, doch Mündung der Schale wieder deutlich erweitert; Schale ± 95 μ lang. In Sümpfen und Gräben.

CCXLVI. Thuricola Kt.

a. Gehäuse völlig cylindrisch: 1. Th. valvata.
b. Gehäuse nach oben etwas verschmälert, becherförmig: 2. Th. folliculata

1. **Th. valvata** (Wright): Schale hinten abgeflacht, vorn quer abgeschnitten, 120—250 μ lang. In Süss- und Salzwasser.

2. **Th. folliculata** (O. F. Müll.) (Fig. 337): Schale hinten gerundet, vorn quer abgeschnitten, etwas über der halben Länge mit einem wenig vorspringenden Ringwulst, 120—165 μ lang. Vork. wie bei Voriger.

CCXLVII. Vaginicola Lam.

a. Gehäuse wenigstens um's Doppelte länger als breit.
 * Thier in ausgestrecktem Zustand die Schale mit 1/3 seiner Körperlänge überragend: 1. V. crystallina.
 ** Thier in ausgestrecktem Zustand die Schale mit wenigstens 1/2 der Körperlänge überragend: 2. V. gigantea.
b. Gehäuse höchstens 1 1/2 mal so lang als breit, dick urnenförmig: 3. V. globosa.

1. **V. crystallina** Ehbg. (Fig. 338): Gehäuse durchsichtig, fast cylindrisch oder nach dem Hinterende etwas aufgeblasen, hinten breit gerundet, ± 3 mal so lang als breit, 100—230 μ lang. In Teichen und Gräben, besonders an Algen angeheftet.

2. **V. gigantea** (D'Udek.): Gehäuse durchscheinend, ungefähr cylindrisch, 2 1/2 mal so lang als breit, hinten gerundet und leicht aufgeblasen, vorn gerade abgeschnitten oder etwas unregelmässig, ± 190 μ lang. In Sümpfen.

3. **V. globosa** (D'Udek.): Gehäuse in der Mitte am breitesten, nach hinten kurz verschmälert, nach vorn in einen breiten, oben unregelmässig abgeschnittenen Hals ausgezogen; Thier etwa zu 1/4 seiner Länge aus dem Gehäuse herausragend. Vork. wie bei Voriger.

CCXLVIII. Stylocola De From. — **St. striata** From. (Fig. 340): Gehäuse kurz, urnenförmig, hinten sehr breit gerundet, nach vorn in einen sehr kurzen und breiten, eben abgeschnittenen Hals ausgezogen, ± 55 μ lang. In stehendem Wasser.

CCIL. Lagenophrys St.

a. Thiere mit ihrem Hinterende dem Hinterende des Gehäuses angeheftet.
 * Angeheftete Fläche über die eigentliche Schale hinaus nicht verbreitert.
  § Schale ohne Hals: 1. L. decumbens.
  §§ Schale mit langem Hals: 2. L. longicollis.
 ** Die angeheftete Fläche ist über die Schale hinaus in einen flachen, grobgezähnten Rand verbreitert.
  § Schale glatt: 3. L. dilatata.
  §§ Schale mit entfernten Querlinien: 4. L. striata.
b. Thiere mit einer Längsseite der Seite des Gehäuses angeheftet: 5. L. ampulla.

1. **L. decumbens** (Ehbg.): Gehäuse niederliegend, blasenförmig-oval, niedergedrückt, seitlich vom Vorderende mit einer runden Oeffnung für den Austritt des Thierkörpers, ± 90 μ lang. In Teichen und Gräben, an Wasserpflanzen und Thieren.

2. L. **longicollis** (Kt.) (Fig. 341): Gehäuse aus einem niedergedrückt-blasenförmigen Hintertheil und einem in schrägem Winkel aufgerichteten, kurzen, nach vorn etwas verbreiterten Hals bestehend, ± 120 μ lang. Vork. wie bei Voriger.

3. L. **dilatata** (From.): Gehäuse breit flaschenförmig, rund um die Anheftungsstelle herum mit einem hemdkrausenartigen Saum, ± 80 μ lang. Vork. wie bei den Vorigen.

4. L. **striata** (From.): Gehäuse farblos, elliptisch, bauchig, vorn in einen sehr kurzen Hals ausgezogen, der hintere Theil mit meist 8 Querstreifen, ± 70 μ lang. Vork. wie bei den Vorigen.

5. L. **ampulla** St. Gehäuse niedergedrückt, fast kreisförmig, einer plankonvexen Linse ähnlich sehend, an der seitlich gelegenen Oeffnung mit einem rosenkranzförmig ausgestalteten Rand, 50—70 μ im Durchmesser. An verschiedenen Krebsthieren.

D. Suctoria.

A. Thiere nicht in baumartig verästelten Kolonien.
I. Ein (bis 5) Tentakel am apikalen Ende.
a. Thiere frei beweglich, ohne Gehäuse: *CCL. Rhyncheta Zenker.*
b. Thiere sitzend, mit Gehäuse: *CCLI. Urnula Cl. et Lachm.*
II. Viele Tentakel vorhanden.
a. Thiere ohne Gehäuse.
1. Thiere frei beweglich.
α. Thiere frei schwimmend, kugelig; Fortpflanzung durch Theilung oder äussere Knospung: *CCLII. Sphaerophrya Cl. et L.*
β. Thiere kriechend; Fortpflanzung durch innere Knospung: *CCLIII. Trichophrya Cl. et L.*
2. Thiere festsitzend, gestielt: *CCLIV. Podophrya Ehbg.*
b. Thiere mit Gehäuse.
1. Gehäuse sitzend: *CCLV. Solenophrya Cl. et L.*
2. Gehäuse gestielt: *CCLVI. Acineta Ehbg.*
B. Thiere in baumartig verästelten Kolonien.
a. Tentakel geknöpft: *CCLVII. Dendrosoma Ehbg.*
b. Tentakel nicht geknöpft: *CCLVIII. Dendrocometes St.*

CCL. Rhyncheta Zenker. — **Rh. cyclopum** Zenker: Thier kontraktil, in ausgestrecktem Zustand meist lang kegelförmig und an der Spitze in das lange, haarförmige, geknöpfte Tentakel auslaufend, ohne dies ± 90 μ lang. An Cyclops coronata.

CCLI. Urnula Clap. et Lachm. — **U. epistylidis** Cl. et L. (Fig. 342): Gehäuse mit ganz kurzem, seitlich gedrehtem Stiel an Epistylis angewachsen, pfeifenkopfförmig, in der Mitte am dicksten, nach den

Enden etwas verschmälert, oben flach abgeschnitten, ± 120 μ lang; Thier mit 2—5 seitlich entspringenden Tentakeln. — An Epistylis, besonders E. plicatilis.

CCLII. Sphaerophrya Clap. et Lachm.

a. **Thiere ohne grosse, Luft enthaltende und nicht kontraktile Vakuole.**
  1. **Tentakel in geringer Anzahl vorhanden, nicht länger als der halbe Körperdurchmesser:** 1. Sph. pusilla.
  2. **Tentakel sehr reichlich vorhanden, so lang oder länger als der Körperdurchmesser:** 2. Sph. magna.

b. **Thiere mit einer grossen (Durchmesser so gross wie der Halbmesser des ganzen Körpers), nicht kontraktilen Gasvakuole:** 3. Sph. hydrostatica.

1. **Sph. pusilla** Clap. et Lachm. (Fig. 343): Körper ± 15 μ breit, kugelig, mit einer kleinen (± 10), aber veränderlichen Zahl kurzer, aber dicker Tentakel. In Sumpfwasser, in Begleitung von Oxytricha-Arten.

2. **Sph. magna** Maupas: Körper ± 40 μ breit, kugelig, mit bis 50 feinen Tentakeln. In Sumpfwasser.

3. **Sph. hydrostatica** Engelm. Körper ± 95 μ breit, kugelig, mit 30—40 langen, feinen, unregelmässig vertheilten Tentakeln. In Teichen und Gräben, zwischen Lemna.

CCLIII. Trichophrya Clap. et Lachm.

a. **Makronucleus lang, wurmförmig.**
  * **Tentakel nicht deutlich geknöpft, unregelmässig zerstreut:** 1. Tr. digitata.
  ** **Tentakel deutlich geknöpft, in Büscheln:** 2. Tr. epistylidis.

b. **Makronucleus kugelig:** 3. Tr. cordiformis.

1. **Tr. digitata** (St.) (Fig. 344): Körper elliptisch, abgeflacht, ± 70 μ lang; Tentakel dick, fingerförmig. Auf Entomostraken.

2. **Tr. epistylidis** Clap. et Lachm. Körper in die Länge gezogen, abgeflacht, ± 200 μ lang, mit 4—8 Tentakelbündeln. Auf Epistylis plicatilis.

3. **Tr. cordiformis** Schew. Körper herzförmig bis dreilappig, 24 bis 30 μ im Durchmesser, mit 3 Bündeln von je 3—6 Tentakeln. Auf Cyclops phaleratus.

CCLIV. Podophrya Ehbg.

A. **Tentakel unregelmässig über den Körper oder über einen Theil desselben zerstreut.**
  I. **Tentakel fingerförmig, nicht deutlich geknöpft:** 1. P. Steinii.
  II. **Tentakel strahlenförmig, deutlich geknöpft.**
    a. **Stiel sehr kurz, ungefähr ebenso dick wie der Körper:** 2. P. ferrum-equinum.
    b. **Stiel viel schmäler als der Körper.**

α. Körper niedergedrückt, beträchtlich breiter als lang, viel länger als der Stiel: 3. P. cothurnata.
β. Körper kugelig oder langgestreckt.
*** Körper kugelig; Stiel fein, von Körperlänge.**
§ Tentakel in ausgestrecktem Zustand kaum länger als der Körperdurchmesser: 4. P. fixa.
§§ Tentakel 3—4mal so lang wie der Körperdurchmesser: 5. P. libera.
**** Körper viel länger als breit, cylindrisch oder elliptisch.**
§ Tentakel sehr kurz (1/4—1/2 des Körperdurchmessers); Stiel fast von Körperlänge: 6. P. Wrzesnowskii.
§§ Tentakel von Körperlänge; Stiel sehr kurz: 7. P. cylindrica.
B. Tentakel in Büscheln beisammenstehend.
I. Stiel beträchtlich viel kürzer als der Körper.
a. Körper cylindrisch oder spindelförmig, viel länger als breit: 8. P. elongata.
b. Körper nicht so langgestreckt, höchstens 1½ mal so lang als breit.
*** Ein Büschel von Tentakeln: 9. P. Carchesii.**
**** Zwei seitliche Tentakelbüschel: 10. P. infusionum.**
II. Stiel so lang oder länger wie der Körper.
a. Körper vorn gerundet; Thier mit 3 Tentakelbüscheln: 11. P. pyrum.
b. Körper vorn quer abgestutzt.
*** Mit 2 Tentakelbüscheln: 12. P. mollis.**
**** Mit 4 Tentakelbüscheln: 13. P. quadripartita.**

1. **P. Steinii** Cl. et Lachm. Körper birnförmig, nach hinten verschmälert und in einen etwa Körperlänge besitzenden, oben stark keulig angeschwollenen Stiel übergehend; Länge ± 160 μ. An Wasserkäfern, besonders an Dytiscus marginalis.

2. **P. ferrum-equinum** (Ehbg.): Körper abgeplattet, nierenförmig, in Mitte der Vorderseite mit einer zitzenförmigen Warze; Stiel längsgestreift; Länge ± 200 μ. An Wasserkäfern, besonders an Hydrophilus piceus.

3. **P. cothurnata** Clap. et Lachm. Körper oval oder nierenförmig; Stiel glatt; Länge ± 80 μ. An Lemna, Callitriche etc. festsitzend.

4. **P. fixa** (O. F. Müll.) (Fig. 345): Körper kugelig, ± 60 μ im Durchmesser, einem dünnen, meist hin- und hergebogenen Stiel aufsitzend. An Wasserpflanzen und Insekten, in reinem und verunreinigtem Wasser.

5. **P. libera** Pty. Der vorigen Art sehr ähnlich, durch die oben angegebenen Merkmale verschieden; Durchmesser des Körpers ± 80 μ. In Sümpfen.

6. **P. Wrzesnowskii** Kt. Körper dick cylindrisch oder elliptisch, etwa doppelt so lang als breit; Stiel plump, nach oben allmählich verdickt; Körperlänge ± 60 μ. An Wasserkäfern, besonders an Hydroporus picipes.

7. **P. cylindrica** Pty. Körper cylindrisch, etwa viermal so lang als breit, auf kurzem, dünnem Stiel; Gesammtlänge ± 100 μ. In Gräben und Teichen, an Lemna.

8. **P. elongata** Cl. et Lachm. Körper 5—6 mal so lang als breit, ein Büschel von Tentakeln an der Spitze, 2 getrennte am Hinterende und 2 gegenständige an der Seite hervorbringend; Länge ± 200 μ. An Wasserpflanzen und Wassermollusken, besonders an Paludina vivipara.

9. **P. Carchesii** Clap. et Lachm. (Fig. 346): Körper meist etwas unregelmässig gestaltet und dem Stiel schief aufsitzend, an einer Seite ein Tentakelbüschel hervorbringend; Länge 25—65 μ. An Epistylis- und Carchesium-Arten; in Abwässern besonders häufig auf C. Lachmanni.

10. **P. infusionum** (St.): Körper kugelig bis birnförmig, mit dem verdünnten Ende einem kurzen, bogigen Stiel aufsitzend, 2 seitliche Tentakelbüschel hervorbringend; Länge ± 70 μ. In stehendem und faulendem Wasser.

11. **P. pyrum** Clap. et Lachm. Körper birnförmig, mit dem etwas ausgezogen verschmälerten Ende dem langen dünnen Stiele aufsitzend; ein Tentakelbüschel am Ende, 2 seitlich gestellt; Körperlänge ± 160 μ. In Teichen und Gräben, an Lemna.

12. **P. mollis** Kt. Körper im Umriss meist dreieckig, seltener birnförmig oder ellipsoidisch, nach hinten verschmälert dem dünnen, langen Stiel aufsitzend, an den beiden Ecken des Vorderendes je ein Tentakelbüschel hervorbringend; Körperlänge 25—100 μ. In Sümpfen, an verschiedenen Wasserpflanzen.

13. **P. quadripartita** Clap. et Lachm. Körper im Umriss etwa dreieckig, nach hinten verschmälert und in den langen dünnen Stiel übergehend, vorn in 4 runde Lappen getheilt, deren jeder ein Tentakelbüschel trägt; Körperlänge 85—120 μ. In Sümpfen besonders an Epistylis plicatilis, doch auch an Wasserpflanzen und Mollusken.

CCLV. Solenophrya Clap. et Lachm. — **S. crassa** Clap. et Lachm. Gehäuse oval, flach badewannenförmig mit sehr grosser, ovaler Mündung; Körper das Gehäuse fast ausfüllend, wenige Tentakelbüschel aussendend; Gehäuselänge ± 160 μ. In Teichen und Gräben, an Lemna-Wurzeln.

CCLVI. Acineta Ehbg.

A. Tentakel gebüschelt.
- 1. Gehäuse mit glatt abgeschnittenem Rand.
  - * Körper das Gehäuse fast ausfüllend: 1. A. lemnarum.
  - ** Thier nur das Vorderende des Gehäuses bewohnend: 2. A. grandis.
- 2. Gehäuse mit in dreieckige Zipfel ausgeschnittenem Rand.
  - * Rand mit 2 nach aussen geneigten Zipfeln: 3. A. linguifera.
  - ** Rand mit 5—6 zusammenneigenden Zipfeln: 4. A. mystacina.

(B. Tentakel nicht in Büscheln stehend, aus den durchbohrten Stachelspitzen des allseitig sternförmigen Panzers herauskommend:
cf. p. 181, Hedriocystis pellucida H. et L. = Acineta stellata Kt.)

1. **A. lemnarum** St. Schale im Umriss etwa dreieckig, komprimirt, allmählich nach hinten verschmälert; Tentakel in 2 Bündeln; Stiel selten mehr, meist weniger als die 1 1/2 fache Schalenlänge; Körper 45—100 μ lang. In Teichen und Gräben, an Wasserpflanzen.

2. **A. grandis** Kt. (Fig. 345): In Gestalt und Charakteren der Vorigen sehr ähnlich; Stiel 3—4 mal so lang als die 250—340 μ messende Schale. Vork. wie bei Voriger.

3. **A. linguifera** Clap. et Lachm. Schale wie bei den vorigen Arten gestaltet, doch mit 2 lippenartigen, dreieckigen Zacken und häufig mit Querringen; Körper die ganze Schale ausfüllend; Stiel sehr kurz. Länge ± 190 μ. An Wasserkäfern.

4. **A. mystacina** Ehbg. Schale meist lang keulenförmig, ohne dass ein deutlicher Stiel abgesetzt wäre, nach unten allmählich dünn ausgezogen, ± 200 μ lang; Körper nur den obersten Theil der Schale bewohnend. In Teichen und Gräben, an Wasserpflanzen.

CCVII. Dendrosoma Ehbg. — **D. radians** Ehbg. (Fig. 348): Kolonie aus anastomosirenden, ausläuferartig niederliegenden, cylindrischen Aesten bestehend, von welchen sich eine reiche Zahl bäumchenartiger Individuen erheben, welche auf kurzen, stumpfen Aesten je ein Büschel langer Tentakeln tragen. Höhe der Stöcke 1—2,5 mm. In Flüssen und Gräben, an Wasserpflanzen.

CCLVIII. Dendrocometes St. — **D. paradoxus** St. (Fig. 349): Kolonie aus einem flachgedrückten, meist polsterförmigen, einfachen Basaltheil und mehreren an der Spitze hahnenkammartig eingeschnittene Zweige tragenden, vom Basaltheil abstehenden Bäumchen bestehend, bis 300 μ hoch. An G a m m a r u s p u l e x.

II.

Die Methoden

der

mikroskopischen Wasseranalyse

und die

Beurtheilung von Trink- und Abwasser.

Das Wasser in der Natur.

Wer sich mit irgend einer Art der Wasseranalyse beschäftigen will, muss über die verschiedenen Wasserarten, welche in der Natur vorkommen, unterrichtet sein.

Die grössten Wasseransammlungen sind die Meere. Bekanntlich zeichnet sich das Meerwasser durch seinen hohen Gehalt an Chloriden ($NaCl$, $MgCl_2$) aus. Die zur Zeit in dem Meerwasser enthaltenen Salze (Natriumchlorid und Magnesiumchlorid) entstammen ursprünglich den süssen Gewässern. In diesen sind sie allerdings für gewöhnlich nur in so geringer Menge vorhanden, dass sie sich der Wahrnehmung durch unsere Sinne entziehen. Durch die beständige Verdunstung aber, welcher das Wasser des Meeres unterworfen ist, haben sich diese Salze dort so angereichert, dass das Meerwasser gegenwärtig und überhaupt seit historischen Zeiten deutlich salzig schmeckt.

Durch den hohen Gehalt an Chloriden ist das Meerwasser von den „süssen“ Binnenlandgewässern wesentlich verschieden. Für die mikroskopische Wasseranalyse kommt aus später zu besprechenden Gründen das Meerwasser überhaupt nicht in Frage: unsere Disziplin beschäftigt sich praktischer Weise allein mit dem Süsswasser.

Alles süsse Wasser des Binnenlandes stammt direkt oder indirekt aus den Meeren. Der Wasserdampf, welchen die Verdunstung des Meerwassers entstehen lässt, wird durch die Winde landeinwärts geführt und schlägt sich bei Abkühlung der wasserreichen Luft als Regen oder Schnee nieder.

Je nachdem dies aus der Atmosphäre kommende Wasser sich auf der Erdoberfläche oder unter derselben wieder nach den Meeren abfliessend fortbewegt unterscheiden wir Oberflächenwasser und Tiefenwasser.

Als Hauptarten des Tiefenwassers sind Quellwasser und Grundwasser bekannt; das Oberflächenwasser wird je nach seiner vorhandenen oder mangelnden Bewegung in fliessendes (Ströme, Flüsse, Bäche) und stehendes (Seen, Teiche, Tümpel etc.) unterschieden.

Diese verschiedenen Wasserarten seien kurz orientirend hier besprochen, wobei ein Unterschied zwischen fliessendem und stehendem Oberflächenwasser für unsere Zwecke nicht gemacht zu werden braucht.

Dagegen haben wir uns eingehend mit einer durch den Kulturstand der civilisirten Länder bedingten Modifikation des Oberflächenwassers, nämlich mit den die Abfälle des menschlichen Haushaltes und der Gewerbe etc. fortführenden Abwässern zu beschäftigen.

Quellwasser.

Unter Quellen versteht man freiwillig zu Tag tretendes Tiefwasser.

Damit eine Quelle zu Stande komme, sind folgende Bedingungen nöthig:

1. Es muss auf eine gewisse mehr oder weniger ausgedehnte Fläche soviel atmosphärisches Wasser niederfallen, dass diese Niederschläge nicht an der Bodenoberfläche verdunsten oder von der Pflanzendecke aufgesogen werden, sondern wenigstens theilweise in die Erde versinken können.

2. Es muss die Erdoberfläche von einer Bodenschicht gebildet werden, welche dem Versinken des Wassers keinen allzu grossen Widerstand entgegensetzt und doch das einmal in die Tiefe gedrungene Wasser vor Verdunstung schützt. Der Boden muss also hinreichend „durchlässig“ sein.

3. Es muss unter dieser für das Wasser „durchlässigen“ Erdschicht eine für das Wasser „undurchlässige“ Erd- (Thon-) oder Steinschicht liegen, damit das Wasser nicht in Tiefen versinkt, aus welchen es freiwillig nicht mehr zu Tag treten kann.

4. Diese für das Wasser „undurchlässigen“ Bodenschichten müssen derart geneigt sein, dass sie an einer tiefgelegenen Stelle zu Tag treten oder doch direkt unter die Erdoberfläche sich heben.

Wenn diese Bedingungen gegeben sind, sammelt sich das in die Erde auf einem grösseren oder kleineren Niederschlagsgebiet („Sammelgebiet“ der Quelle) eingedrungene atmosphärische Wasser auf der undurchlässigen, in der Tiefe liegenden Bodenschicht und fliesst, der Neigung derselben folgend, bis zur Stelle ab, wo diese Schicht an die Erdoberfläche kommt (Gesetz der kommunizirenden Röhren).

Aus dieser Erklärung folgt, dass die meisten Quellen in Gebirgsthälern und am Rande von Gebirgen sich finden. Das Sammelgebiet befindet sich an den für die Kondensation der Luftfeuchtigkeit durch den mechanischen Widerstand, den sie den Winden leisten, durch ihre Waldbedeckung und Höhenlage ganz besonders geeigneten Berghängen.

Um die Quellen nutzbar zu machen, werden dieselben in sogenannte Brunnenstuben „gefasst“; von diesen aus beginnen die Leitungen des Trinkwassers, welches am liebsten und besten aus Quellen genommen wird. Alle auf Berechnung der Quell-Ergiebigkeit, auf Anlage von Sammelstationen und Ausführung von Leitungen bezüglichen Fragen sind Sache des Technikers, nicht des Wasserbeurtheilers.

Das Quellwasser verdankt seine besondere Vortrefflichkeit für Genusszwecke seiner Reinheit.

Unter diesem Wort ist natürlich nicht zu verstehen, dass das Quellwasser chemisch rein sei: weder giebt es auf unserem Erdball ein natürliches chemisch reines Wasser noch wäre ein solches für Genusszwecke wünschenswerth. Unser Körper nimmt andauernd aus dem Wasser ihm nothwendige Mineralsubstanzen auf und würde mit chemisch reinem Wasser nicht genügend ernährt werden können. Ein Zeichen für die mangelnde Eignung des chemisch reinen Wassers behufs unserer Ernährung ist, dass solches Wasser uns nicht schmeckt, uns schal, unangenehm vorkommt.

Die Reinheit des Quellwassers bezieht sich im Wesentlichen auf das Fehlen organischer Verunreinigungen, welche ein Wasser zum Genuss ungeeignet machen können.

Zunächst wissen wir jetzt, dass eine Anzahl gefährlicher Infektionskrankheiten, insbesondere Cholera und Typhus, hauptsächlich durch schlechtes, verunreinigtes und zwar mit den Erregern dieser Krankheiten verunreinigtes Wasser hervorgerufen werden. Diese Krankheitskeime, welche zu den Spaltpilzen gehören, müssen vom Menschen aus in das Wasser gelangen um sich hier zu vermehren und dann neue Erkrankungen hervorrufen zu können. Da klarer Weise das Niederschlagswasser bei seinem Niedersinken durch die Erdschichten filtrirt wird; da ferner nicht nur keine Typhus- und Cholerabakterien, sondern nachgewiesener Massen überhaupt keine Spaltpilze in den tieferen Erdschichten (also ungefähr von 5—6 m ab) vorhanden sind, bietet Quellwasser die sicherste Garantie gegen eine Infektion durch Trinkwasser.

Abgesehen von dieser absoluten Reinheit des Quellwassers von allen Mikroorganismen ist das Quellwasser überhaupt ausserordentlich arm an den Zersetzungsprodukten der organischen Natur, welche der Chemiker als „organische Substanz“ bezeichnet und durch den Permanganatverbrauch nachweist. Dies kommt insbesondere der Schmackhaftigkeit und Klarheit des Quellwassers zu gute.

Ferner, und dieser Punkt ist für die beliebte Verwendung des Quellwassers als Trinkwasser von höchster Bedeutung, bedingt das Hervorfliessen aus tiefen Erdschichten eine andauernd gleiche, jedenfalls nur geringen Schwankungen unterworfene, kühle und deshalb erfrischende Temperatur des Quellwassers.

Diese Eigenschaften des guten Quellwassers lassen die grosse Bedeutung desselben als menschliches Genuss- und Nahrungsmittel begreifen. Wo immer eine Wasserversorgung aus Quellen ohne allzuhohe Kosten technisch möglich ist, wird sie seit den ältesten Zeiten angestrebt.

Nicht uninteressant und für unsere mikroskopische Wasseranalyse wichtig erscheint es, dass nicht allein die Menschen, sondern auch gewisse Organismen (dieselben werden später, im Kapitel über die Wasserbeurtheilung aufgezählt werden) eine so grosse Vorliebe für Quellwasser besitzen, dass dieselben nur in solchem vorkommen und uns auch aus kleinen Proben die Erkennung guten Quellwassers ermöglichen.

Grundwasser.

Unter Grundwasser versteht man solches Tiefenwasser, welches bei gewöhnlichem Wasserstande nicht freiwillig zu Tage tritt, sondern, sei es dauernd sei es bis zu seiner künstlichen Erschliessung, im Boden verborgen ist. Dabei ist es für den Begriff des Grundwassers gleichgiltig, ob dasselbe ein stagnirendes Wasser, also einen unterirdischen See, oder ob es ein fliessendes Wasser, also z. B. einen unterirdischen Fluss darstellt[1]).

Wesentlich verschieden allerdings für die Frage der Wasserversorgung z. B. einer Stadt ist, ob das Grundwasser steht oder fliesst, doch geht diese Frage mehr den Techniker, weniger den Wasseranalytiker an.

In gleicher Weise ist die Bestimmung der Richtung von Grundwasserströmen, die Untersuchung ihrer Mächtigkeit und Konstanz eine technische Frage, welche nicht in den Bereich unserer Erwägungen und Ausführungen gezogen werden soll.

Da Quellwasser nichts anderes ist als freiwillig zu Tag tretendes Grundwasser, sind gewöhnlich die Eigenschaften des Grundwassers denen des Quellwassers gleich oder doch ähnlich.

Auch das Grundwasser wird dadurch angesammelt, dass das Wasser beim Versickern im Erdboden auf eine undurchlässige Schicht, also in Gebirgen auf Fels oder in der Ebene auf Lehm trifft und sich auf dieser Schicht sammelt resp. auf ihr abfliesst.

Dabei ist für das Abfliessen des Grundwassers von höchster Bedeutung, wie die Erdschicht beschaffen ist, in der sich der Wasserstrom bewegt. Ein grobporiger, z. B. aus grobem Kies gebildeter Boden setzt dem Grundwasser weniger Widerstand entgegen als feiner Sand und lässt dasselbe in ziemlich rascher Bewegung fliessen; je feinerporiger dagegen der Boden ist, um so langsamer ist die unterirdische Strömung.

---

1) Um die einschlägigen Verhältnisse zu verstehen, muss man sich klar machen, dass die Wasserverhältnisse unter der Erdoberfläche genau die gleichen sind wie diejenigen auf der Erdoberfläche. Wir haben auch unterhalb der Erdoberfläche Flüsse, Seen, Bäche u. s. w., welche den gleichen Gesetzen folgen wie die oberirdischen Wasseransammlungen; der einzige Unterschied besteht darin, dass wir diese Wasseransammlungen mit dem Gesicht nicht verfolgen können, dass wir ihre Ausdehnung, Strömungsrichtung und Mächtigkeit etc. durch ziemlich komplizirte Feststellungen erschliessen müssen.

Das Grundwasser hat mit dem Quellwasser vor Allem die Eigenschaft gemein, falls es in genügende Tiefe ansteht, frei von lebenden organischen Wesen, also auch frei von Bakterien zu sein, wenn nicht direkt in der Nähe der Entnahmestelle verschmutzte Wässer versinken und hochliegendes Grundwasser treffen.

Dagegen ist nicht selten das Grundwasser viel reicher an Mineralsubstanzen als das Quellwasser, weil es meist eine längere Strecke als dieses im Boden fliesst und deshalb längere Zeit hindurch Gelegenheit hat, lösend auf die Bodenbestandtheile einzuwirken. In allererster Linie gilt dies von dem Gehalt an Eisen, welcher bei dem Grundwasser vieler Gegenden in der norddeutschen Tiefebene so bedeutend ist, dass das Wasser nach kurzem Stehen an der Luft einen flockigen Bodensatz von Eisenhydroxyd abscheidet.

Ferner pflegen aus dem gleichen Grunde die das Kaliumpermanganat reduzirenden Substanzen im Grundwasser in reichlicherer Menge vorhanden zu sein als im Quellwasser.

Das Grundwasser unter grossen Städten und in unmittelbarer Nähe derselben kann ferner sich durch hohen Chlor- und Salpetersäuregehalt auszeichnen. Dies findet seine Ursache darin, dass die mineralischen oder mineralisirten Bestandtheile der Abfallstoffe des menschlichen Lebens in diesem Fall vom Grundwasser aufgenommen werden. Diese Verunreinigung wird sich natürlich am stärksten geltend machen in dem unterhalb der betreffenden Stadt liegenden Theil des unterirdischen Grundwasserstromes.

Ein fernerer Unterschied des Grundwassers gegenüber dem Quellwasser besteht darin, dass vielfach (aber durchaus nicht immer) seine Temperatur beträchtlichen Schwankungen unterworfen ist. Dies ist besonders bei in der Nähe der Erdoberfläche liegendem Grundwasserspiegel der Fall.

Die Verwendung des Grundwassers behufs Wasserversorgung grosser Gemeinwesen hat gegenüber derjenigen von Quellwasser häufig den Vortheil, dass Grundwasser in der Nähe der Städte des Flachlandes überall vorhanden ist und dass seine Quantität meist derart beträchtlich ist, dass ein Wassermangel nicht befürchtet zu werden braucht.

Insbesondere gilt dies, wenn strömendes Grundwasser, welches meist gleich den oberirdischen Flüssen in ganz bestimmten unterirdischen Flussbetten verläuft, für die Wasserversorgung herangezogen werden kann.

Reichliches strömendes Grundwasser findet sich allermeist in der Nähe der Flüsse. Ein unterirdischer Strom pflegt oft auf breite Strecken die oberirdischen Wasserläufe zu begleiten; dies ist stets der Fall, wenn das Bachbett und seine Umgebung aus Kies besteht.

Wenn die Verhältnisse so liegen, dann besteht eine beständige Kommunikation zwischen dem oberirdisch und dem unterirdisch strömenden Wasser. Das letztere kann alle Eigenschaften des Flusswassers zeigen, nur ein Gehalt an lebenden Mikroorganismen fehlt demselben stets. Die Mikroorganismen werden durch die Bodenfiltration schon kurze Strecken vom Flusslauf entfernt zurückgehalten.

Wenn der Wasserstand des oberirdisch strömenden Flusses steigt, kann unter Umständen die Entfernung, in welcher das Flusswasser bei seinem Uebergang in den Boden vollständig filtrirt ist, grösser werden, weil alsdann durch den zunehmenden Druck des Wassers Lücken in den filtrirenden Schichten entstehen oder weil das Wasser durch Schichten von ungenügender Filtrirfähigkeit hindurchgeht. Man erkennt dies daraus, dass in dem Grundwasser in diesem Fall mit dem Flusswasser durch die Erdschichten durchgequetschte Mikroorganismen (Bakterien) nachweisbar sind.

Solches unfiltrirtes oder unvollständig filtrirtes, im Boden längs der Flüsse laufendes Wasser wird als „Quetschwasser" des Flusses bezeichnet.

Die Heranziehung des Grundwassers zur Wasserversorgung des Menschen ist eine ganz allgemeine; nicht nur die Wasserleitungen vieler Städte, sondern auch die Brunnen der Einzelgehöfte werden vom Grundwasser gespeist.

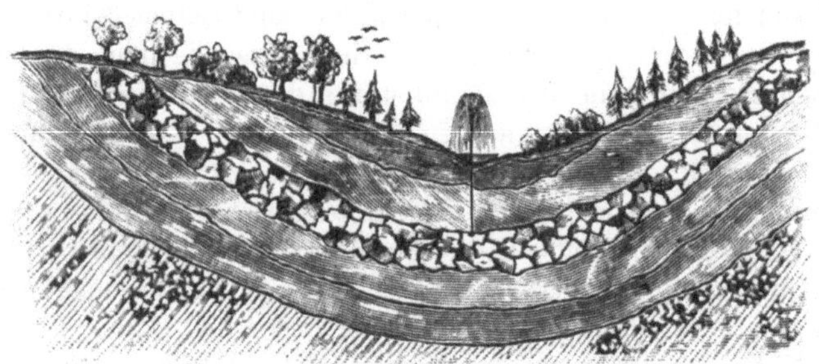

Fig. 1.
Artesischer Brunnen.

Drei Typen der Grundwasserbrunnen sind hauptsächlich zu behandeln:

1. *Artesische Brunnen.* Brunnen dieser Art erschliessen meist tiefgelegene und stehende (d. h. nicht fliessende), unter hohem hydrostatischem Druck sich befindliche unterirdische Wasseransammlungen.

Die durch artesische Brunnen geförderten Wässer sind im typischen Fall zwischen zwei für das Wasser undurchlässigen, bogen- oder muldenförmig geneigten Erdschichten eingeschlossen (vergl. Fig. 1). Wird die obere undurchlässige Schicht an einer tiefgelegenen Stelle durchgebohrt, so strömt das Wasser aus dem Bohrloch aus und zwar mit einer Kraft, welche bedingt wird durch die Höhe der in der gekrümmten wasserhaltigen Erdschicht vorhandenen Wassersäule.

Artesische Brunnen werden meist erst in recht beträchtlicher Tiefe erbohrt; sie sind dem entsprechend ziemlich kostspielig. Ausserdem haben sie den grossen Nachtheil, dass die wasserführende Schicht, d. h. der erbohrte unterirdische See sehr wenig ergiebig sein kann, dass daher ein solcher Brunnen seine Leistungsfähigkeit häufig rasch einbüsst.

Das Wasser aus artesischen Brunnen ist meist in jeder Beziehung dem Quellwasser gleichzustellen.

2. *Schachtbrunnen* oder *gewöhnliche Brunnen.* Diese erschliessen das normale und zwar meist das höchst gelegene Grundwasser einer bestimmten Stelle.

Um einen Schachtbrunnen anzulegen, wird ein mehr oder weniger tiefes Loch bis in die grundwasserführende Schicht hineingetrieben und dieses Loch dann bis zum Wasserspiegel ausgemauert. Darauf wird eine Pumpe in den Brunnenschacht eingesetzt und die Oeffnung desselben gut verdeckt. Das Ausmauern des Brunnenschachtes hat den Zweck, alle seitlich kommenden, von der Erdoberfläche herrührenden Wasserzuflüsse auszu-

Fig. 2.
Ordnungsmässige Brunnenanlage.
Der Brunnenkessel ist bis über den Erdboden wasserdicht gemauert und gut abgedeckt. Der Abfluss ist so angelegt, dass Zurückfliessen des Wassers in den Brunnen nicht stattfinden kann. (Nach Flügge.)

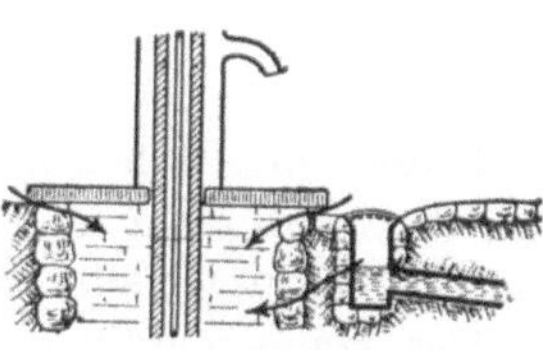

Fig. 3.
Fehlerhafte Brunnenanlage.
Schmutzwasser dringt in der Richtung der Pfeile in den Brunnenkessel ein. (Nach Flügge.)

schliessen. Ein guter Brunnen darf sein Wasser nur von unten, d. h. eben aus dem Grundwasser empfangen. Alles oberflächlich ihm zufliessende Wasser ist verdächtig; die Gründe hierfür werden später erörtert werden. Die Figuren 2 und 3 zeigen Schemata einer ordnungsmässigen und einer fehlerhaften Brunnenanlage.

3. *Abessinische Brunnen* (*Röhrenbrunnen*). Die mit diesem Ausdruck bezeichneten Brunnenanlagen erschliessen gleich den Schachtbrunnen das hochgelegene Grundwasser einer bestimmten Stelle und unterscheiden sich von denselben theoretisch wenig. Statt der Anlage eines gegrabenen und gemauerten Brunnenschachtes wird bei dem Abessinischen Brunnen das Erbohren des Grundwassers durch das Eintreiben von gewalzten eisernen Röhren bewirkt. Die unterste, zuerst eingeschlagene Röhre ist mit einer Stahlspitze versehen und an ihrem unteren Ende mit Löchern durchbohrt, während das obere Ende ein Schraubengewinde trägt, an welches eine andere Röhre angeschraubt werden kann. Die durch Anschrauben bewirkte Ver-

längerung der Röhre wird während des Eintreibens in den Boden solange fortgesetzt, bis der untere, durchbohrte Theil in die wasserführende Erdschicht oder aber durch diese hindurch auf die undurchlässige Schicht gedrungen ist. Dann wird in das eingetriebene Rohr eine geeignete Pumpe eingesetzt und der Brunnen ist fertig.

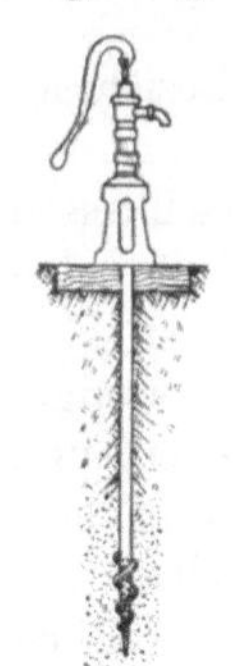

Fig. 4. Abessinier-Brunnen. (Nach Flügge.)

Wie Fig. 4 zeigt und aus der Beschreibung hervorgeht, hat ein solcher Abessinier-Brunnen gegenüber dem Schachtbrunnen, von welchem er sich nur durch die Enge der das Grundwasser erschliessenden Röhre auszeichnet, den grossen Vortheil, dass eine Verunreinigung des Wassers durch oberirdische Zuflüsse fast ausgeschlossen ist, sowie dass der Brunnen billig und rasch angelegt werden kann. Dagegen ist seine Lebensdauer eine bei weitem geringere, sie beträgt im Durchschnitt etwa 10 Jahre.

Oberflächenwasser.

Unter Oberflächenwasser versteht man alles auf der Erdoberfläche befindliche oder dicht unter derselben fliessende Wasser. Dasselbe kann bewegt sein (Flüsse) oder stehen (Seen, Teiche).

Der Hauptcharakter des Oberflächenwassers wird durch seine Belichtung durch die Sonne dargestellt. Unter dem Einfluss des Lichts entwickeln sich im Oberflächenwasser die assimilirenden, d. h. auf die Kohlensäure-Zerlegung behufs Ernährung angewiesenen Pflanzen (Algen, höhere Pflanzen). Die durch solche assimilirenden Gewächse bereiteten Nahrungsstoffe dienen dann wieder den nicht assimilirenden Pflanzen (Pilzen) sowie den Thieren zum Unterhalt. Dem entsprechend ist das Oberflächenwasser stets mit einer reichen Flora und Fauna ausgestattet.

Abgesehen von dieser normalen Lebewelt kann das Oberflächenwasser aber auch zufällig hineingelangte Mikroorganismen enthalten, welche die Verwendung dieses Wassers zu Genuss- und Hausgebrauchszwecken zu beeinträchtigen geeignet sind. Als solche müssen in allererster Linie Parasiten des Menschen aus dem Pflanzen- und Thierreich angesehen werden. Das Hineingelangen solcher gefährlicher Organismen, ganz besonders von krankheitserregenden (pathogenen) Spaltpilzen in's Wasser wird als Infektion desselben bezeichnet. Jedes in der Umgebung von menschlichen Ansiedelungen befindliche Oberflächenwasser ist dieser Infektion andauernd ausgesetzt; je grösser die Bevölkerungsdichtigkeit eines Landes ist, umso grösser ist die Gefahr, dass durch menschliche Effluvien eine Infektion des Oberflächenwassers stattfindet.

Ein zweiter Hauptcharakter des Oberflächenwassers wird durch seine wechselnde Temperatur dargestellt. Direkt der Einwirkung der Sonne und der Luft ausgesetzt, schwankt die Temperatur alles auf der Erdoberfläche sich findenden Wassers beträchtlich: seine Temperatur steigt im Sommer auf 25 °, fällt im Winter auf etwa 2—3°, während Quell- und tiefliegendes Grundwasser durch die bedeckende Bodenschicht isolirt und auf annähernd konstanter Temperatur gehalten wird. In dieser Beziehung ist nur das Wasser grosser Seen dem Grundwasser gleichwerthig, denn schon in Tiefen von etwa 10 m ist die Wassertemperatur andauernd ungefähr 10° C.

Während in diesen Beziehungen sowohl strömendes wie stehendes Oberflächenwasser gleich sind, unterscheiden sie sich in physikalischer Beziehung meist beträchtlich.

Durch die Strömung werden im Flusswasser eine grosse Menge feinster, aus den durchflossenen Erdschichten stammender, also todter und meist unorganischer Partikelchen andauernd in der Schwebe gehalten. Diese schwebenden Verunreinigungen des Flusswassers pflegen dasselbe mehr oder weniger zu trüben und unappetitlich zu machen.

Auch im stehenden Oberflächenwasser kann zeitweilig eine grosse Menge schwebender Substanz vorhanden sein, doch unterscheidet sich diese von derjenigen im Flusswasser beträchtlich. Im stehenden Wasser müssen alle todten, anorganischen Partikelchen nach einiger Zeit zu Boden sinken (sedimentiren). Was im See- und Teichwasser schwebt, flottirende Verunreinigung darstellt, muss lebendig sein.

Als Plankton werden die organischen, aus lebenden Pflanzen und Thieren bestehenden Verunreinigungen des Oberflächenwassers bezeichnet; dieselben sind entweder mit Ruderorganen ausgerüstet oder sie besitzen ausgedehnte, das Körpervolum gewaltig vergrössernde Schwebeapparate oder endlich sie werden durch ausgeschiedenes Gas vom Grund des Wassers an seine Oberfläche gebracht. — Wenn auch ein Seewasser gewöhnlich klar und durchsichtig ist, so kann es doch rasch durch Plankton getrübt und wie das Flusswasser unappetitlich werden.

Wegen dieser schwebenden (organisirten und nichtorganisirten) Verunreinigung hat man daher für alle Fälle, wo Oberflächenwasser zur Wasserversorgung herangezogen wird, sowohl behufs Klärung wie behufs Desinfektion dieses Wassers zu dem Auskunftsmittel gegriffen, dasselbe zu filtriren. Besonders macht die oben erwähnte Thatsache, dass jedes Oberflächenwasser mit für den Menschen gefährlichen Krankheitskeimen infizirt sein kann, die Filtration derartigen Wassers zur unabweisbaren Pflicht, wenn es für die Versorgung von Gemeinwesen mit Fluss- oder Seewasser behufs Trink- und Hausgebrauch verwendet werden soll.

Es ist hier nicht meine Aufgabe, die verschiedenen Methoden der Wasserfiltration und ihre Leistungsfähigkeit zu besprechen; hervorgehoben muss an dieser Stelle aber werden, dass keine bisher bekannte künstliche Filtration die Wirkung der natürlichen Bodenfiltration erreichen und ersetzen kann.

Eine für die Praxis des Lebens der Kulturvölker ganz ausserordentlich wichtige Modifikation des Oberflächenwassers stellen dar die

Abwässer.

Unter Abwasser haben wir ein mit Abfallstoffen des menschlichen Haushaltes oder der Gewerbe und der Industrie beladenes Wasser zu verstehen. Zu dem Begriff des Abwassers gehört, dass die Verunreinigung des Wassers ihren Ursprung in menschlichem Leben und menschlicher Thätigkeit hat.

Wohl kommen auch natürlich verunreinigte (z. B. mit Kochsalz, Chlormagnesium, Schwefelwasserstoff, pflanzlichen Zersetzungsprodukte etc.) beladene Wässer vor, doch diese sind nicht als Abwässer in unserem Sinn anzusehen, im Gegentheil, sie werden meist als natürliche Mineralwässer bezeichnet.

Zwei grosse Gruppen von Abwässern werden leicht unterschieden: die eine schliesst alle Abfallwässer in sich, welche vorzüglich mit organischen Stoffen beladen sind, in denen hauptsächlich die Stickstoffverbindungen für die schädigenden Wirkungen verantwortlich gemacht werden müssen (Haus- und Oekonomieabwässer der verschiedensten Art [insbesondere Fäkalabwässer], Abgangswasser aus Zucker-, Stärke- und Cellulosefabriken, aus Brauereien, Brennereien etc.).

Die zweite Gruppe umfasst die Abwässer mit vorwiegend mineralischen Verunreinigungen (Bergwerksabwässer, Abgänge aus Soda- und Pottaschefabriken, aus Bleichereien und Chlorkalkfabriken etc.).

Die Abwässer der letztbezeichneten Gruppen werden selbstverständlich in ihrer Untersuchung und Beurtheilung vorzugsweise der Thätigkeit des analytischen Chemikers verbleiben, denn die Chemie ist in der Lage, die auf anorganische Wasserverunreinigung bezüglichen Fragen rasch und präzise zu beantworten. Jeder Versuch, auch solche Abwasserfragen ohne zwingenden Grund in den Bereich der mikroskopischen Wasseranalyse zu ziehen, würde zu Künsteleien führen, die der Praxis fremd bleiben müssen.

Dagegen ist die Verunreinigung von Wasser mit organischen stickstoffhaltigen Substanzen in hervorragendster Weise für die Beurtheilung durch die mikroskopische Wasseranalyse geeignet.

Um das Gebiet dieser hier als bisher wenig gebrauchten Untersuchungsmethode zum ersten Mal ausführlich behandelten Disziplin zu definiren und die Nothwendigkeit darzuthun, in erster Linie für die Abwasseruntersuchung, aber auch für die Trinkwasserbeurtheilung das Ergebniss der mikroskopischen Analyse zu Grunde zu legen: wird es nöthig sein, die bisher allgemein geübten Methoden der Wasseranalyse, nämlich die chemische und die bakterioskopische Methode kurz zu besprechen und zu zeigen, was diese Untersuchungsmethoden zu leisten vermögen.

Die chemische Wasseranalyse.

Die Methode der chemischen Wasseranalyse und ihre Leistungen.

Um eine kritische Würdigung der Leistungen der chemischen Wasseranalyse und einen Vergleich der letztern mit den Leistungen der bakterioskopischen und der mikroskopischen Wasseruntersuchung zu ermöglichen, ist es nöthig, hier die hauptsächlich geübte Methode der chemischen Wasseranalyse in ihren Umrissen darzustellen.

In den allermeisten Fällen wird es nicht erforderlich sein, die chemische Untersuchung des Wassers auf den Nachweis und die Bestimmung sämmtlicher vorhandenen Stoffe zu erstrecken. Gewöhnlich wird es vielmehr genügen, wenn der chemische Nachweis und die Bestimmung sich auf die ausschlaggebenden Daten beschränkt. Es ist sogar die Möglichkeit denkbar, dass der Chemiker eine bestimmte Frage durch die Bestimmung eines einzigen Bestandtheils zu beantworten in der Lage ist. So wird ihm z. B. eine Chlorbestimmung darüber Aufschluss geben können, ob ein in Frage stehender Bach die Abwässer eines Salzbergwerks aufnimmt oder nicht.

Allermeist aber werden von dem Chemiker folgende Hauptdaten durch die chemische Analyse ermittelt:

Trocken-Rückstand.
Glüh-Verlust.
Glüh-Rückstand.
Chlor.
Schwefelsäure.
Kalk.
Magnesia.
Salpetersäure.

Ammoniak
a) unorganisches.
b) albuminoides.
Härte
a) vorübergehende.
b) bleibende.
Verbrauch an Kaliumpermanganat
(sog. organische Substanz).

Es wird nothwendig sein, dass wir uns darüber klar werden, welche Schlüsse sich aus den so erhaltenen Daten der chemischen Analyse für den nüchternen, objektiven Beurtheiler ziehen lassen.

Trocken-Rückstand. Derselbe giebt lediglich an, welche Menge gelöster Substanzen ein Wasser enthält. Trotzdem besitzt diese Bestimmung ihre Wichtigkeit insofern, als sie uns — bei Kenntniss der Zusammensetzung der Wässer einer bestimmten Gegend — sehr werthvolle Aufschlüsse darüber geben kann, welcher Art überhaupt das Wasser ist, das wir unter Händen haben. Ein Wasser, welches pro Liter 0,2—0,3 g Trockenrückstand hinterlässt, werden wir sofort als Bachwasser ansprechen. Ein anderes, welches pro Liter 0,6—1,0 und mehr Trockenrückstand ergiebt, wird ohne Weiteres als verschieden von dem ersteren erkannt werden.

Der aufmerksame Beobachter wird auch aus dem Aussehen des Trockenrückstandes wichtige Schlussfolgerungen zu ziehen in der Lage sein: er sieht auf den ersten Blick, ob der Rückstand erhebliche Mengen Eisen enthält, ferner ob er im Wesentlichen aus den feinkörnigen Ausscheidungen des Calciumkarbonats oder aus den faserigen Krystallen des Gipses besteht. Zieht der Rückstand aus der Luft Feuchtigkeit an, so liegt die Wahrscheinlichkeit nahe, dass er Magnesiumchlorid enthält.

Ja schon während des Eindampfens wird der Beobachter darauf zu achten haben, ob aus dem Wasser charakteristische Gerüche (z. B. nach Harn, Fäkalien etc.) entweichen.

Glüh-Verlust. Dieser giebt einen Anhalt dafür, welche Mengen verbrennlicher (kohlenstoffhaltiger) Substanzen n einem Wasser gelöst sind.

Während des Erhitzens des Trockenrückstandes ist wiederum darauf zu achten, welche Gerüche aufsteigen. Harn, Fäkalien entwickeln beim Ueberhitzen Gerüche von ganz charakteristischer Art. Eiweissstoffe verbreiten dabei den Geruch nach versengten Federn.

Ferner ist auf die Art und Intensität der Verkohlung zu achten. Der Trockenrückstand sehr reiner Wässer nimmt beim Glühen nur vorübergehend einen dunkleren Farbenton an; unreine Wässer dagegen zeigen deutliche Verkohlung, die umso stärker auftritt, je unreiner das Wasser ist.

Glüh-Rückstand. Die Ermittelung des Glüh-Rückstandes ergiebt die Menge der nicht verbrennlichen (glühbeständigen) Substanzen. Seine Kenntniss kann unter Umständen von erheblichem Werth sein, nämlich dann, wenn die Verunreinigung eines Wassers durch anorganische Substanzen in Frage kommt.

Chlor. Im Allgemeinen enthält jedes Wasser kleinere oder grössere Mengen von Chlor in Form von Chloriden. Die Kenntniss des genauen Chlorgehaltes kann unter Umständen aus folgenden Gründen von Wichtigkeit sein: Der thierische und menschliche Organismus bedarf zu seiner Erhaltung dauernd der Zufuhr einer gewissen Menge Kochsalz. Denn dieses Kochsalz cirkulirt in Blut und Gewebeflüssigkeiten; es wird mit den Exkreten regelmässig wieder ausgeschieden. Allein durch den Harn scheidet der menschliche Körper täglich 2—3 g Chlornatrium aus.

Da nun das Chlor sich mit Leichtigkeit genau bestimmen lässt, so kann eine Erhöhung der Chloridzahl unter Umständen — wenn nämlich eine andere Quelle für die Vermehrung der Chloride ausgeschlossen ist

— den Fingerzeig dafür geben, dass thierische Ausscheidungen in ein Wasser gelangt sind.

Die Chloride stellen daher für die Beurtheilung eines Wassers einen wichtigen Merkpunkt (Indikator) dar.

Schwefelsäure, Kalk, Magnesia. Ihre Bestimmung hat in erster Linie den Zweck, einen Ueberblick über den allgemeinen Charakter des Wassers zu verschaffen: ob dieses weich oder hart ist, ob die Härte durch Karbonate oder durch Sulfate bedingt wird.

In besonderen Fällen wird man diesen Bestimmungen grösseren Werth beizulegen haben. Gewisse Abwässer der Hütten- und chemischen Industrie (Kupferhütten, Zinkhütten, Alaunwerke, Emaillirwerke) können u. a. Wässer mit freier Schwefelsäure entlassen.

In Abwässern, welche mit Kalk- oder Magnesiumverbindungen gereinigt worden sind, wird sich natürlich eine Anreicherung dieser Stoffe nachweisen lassen.

Hier sei auch auf die Möglichkeit des Vorkommens von schwefliger Säure und von Schwefelwasserstoff in Abwässern gewisser chemischer Industrieen (Cellulosefabrikation) hingewiesen.

Salpetersäure, salpetrige Säure. Die Salpetersäure ist als das letzte Oxydationsprodukt der Eiweissverbindungen im Verlauf ihrer natürlichen Oxydation (Nitrifikation) aufzufassen. Aus diesem Grund ist der Nachweis und die Bestimmung der Salpetersäure ein nicht unwichtiges Moment für die Beurtheilung der Wasserbeschaffenheit.

Finden sich reichliche Mengen Salpetersäure, so ist dies ein Beweis dafür, dass vorher reichliche Mengen von Eiweissstoffen oder von Ammoniak vorhanden waren, welche auf dem Wege der natürlichen Oxydation in Salpetersäure übergegangen sind. Ausnahmen von dieser Regel bilden nur Abwässer, welche direkt Nitrate abführen.

Der Oxydationsweg der stickstoffhaltigen organischen Substanzen geht über die salpetrige Säure: der Stickstoff des Eiweisses resp. Ammoniaks wird zunächst zu salpetriger Säure, dann zu Salpetersäure oxydirt. Man hat deswegen treffender Weise salpetrige Säure und Salpetersäure das Geschichtsbuch genannt, welches über eine frühere Wasserverunreinigung mit organischen stickstoffhaltigen Substanzen Auskunft giebt.

Das heisst: Ist Salpetersäure vorhanden, während zugleich salpetrige Säure fehlt, so ist dies im Allgemeinen ein Zeichen dafür, dass die Oxydation der Eiweissstoffe bereits zu Ende geführt ist. In diesem Fall ist die Wasserverunreinigung vor erheblich langer Zeit eingetreten gewesen und die Verunreinigungen sind verarbeitet, mineralisirt.

Ist Salpetersäure und zugleich salpetrige Säure vorhanden, so ist die Arbeit der Mineralisirung noch im Gange; wenn Ammoniak und salpetrige Säure, aber noch keine Salpetersäure nachweisbar sind, so hat die Mineralisirung der Verunreinigungen eben begonnen.

Hat die Oxydation der Verunreinigungen überhaupt noch nicht eingesetzt, so fehlt die salpetrige Säure und das Ammoniak, welches aus Harnstoff entsteht, ist als solches, dasjenige, welches aus der Zersetzung von Eiweissstoffen stammt, als albuminoides Ammoniak vorhanden.

Da Ammoniak, salpetrige Säure und Salpetersäure das „Geschichtsbuch" der Wasserverunreinigung bilden, ist der Nachweis dieser Stoffe eine wichtige Grundlage für die Beurtheilung des Wassers.

Ammoniak. Der Chemiker unterscheidet in seinen Analysen unorganisches Ammoniak und albuminoides Ammoniak.

a) *Unorganisches Ammoniak* nennt er solches, welches er durch stärkere Basen (KOH, NaOH, CaO, MgO) direkt aus dem Wasser in Freiheit setzen kann.

b) *Albuminoides Ammoniak* nennt er im Gegensatz zu dem Vorigen dasjenige Ammoniak, welches durch die genannten Basen nicht ohne Weiteres abgespalten werden kann. Um das albuminoide Ammoniak nachzuweisen, muss eine energische Oxydation mit Permanganat dem Zusatz der starken Basen vorausgehen. Durch diese Operation werden nämlich die vorhandenen Eiweissverbindungen zerlegt und der Stickstoff des Eiweisses wird zum grössten Theil in Form von Ammoniak abgespalten. Dieses aus dem Eiweiss stammende Ammoniak heisst „Albuminoidammoniak".

Das unorganische Ammoniak des Wassers entstammt, wie oben bemerkt, in letzter Instanz unter allen Umständen Fäulnissvorgängen, welche sich in der Natur überall und zu jeder Zeit abspielen. Kleine Mengen gelangen zwar auch aus der Luft (als Ammoniumnitrit und Ammoniumnitrat) in das Wasser hinein. Indessen sind diese Mengen für die Beurtheilung ohne Bedeutung. Kleine Mengen Ammoniak sind häufig auch in unverdächtigem Grundwasser nachzuweisen. Es entstammt in diesen Fällen in der Regel der Vermoderung pflanzlicher Reste (Baumstämmen, Moosen insbesondere Torfmoosen, Graswurzeln etc.) und ist alsdann mit einer Erhöhung der organischen Substanz, nicht aber mit einer Erhöhung des Chlorgehaltes verbunden.

In diesen Fällen tritt auch gewöhnlich ein schwacher, auf eine Schwefelverbindung hinweisender Geruch auf, welcher an der Luft sehr bald verschwindet und wahrscheinlich von Kohlenoxysulfid (COS) herrührt.

Werden durch die chemische Untersuchung grössere Mengen Ammoniak nachgewiesen, und ist zugleich ein über die Norm erhöhter Chlorgehalt festzustellen, so stammt das Ammoniak allermeist von einer Verunreinigung durch Harn her, da, wie vorhin angedeutet, alle Chloride, welche vom thierischen Körper aufgenommen werden, durch den Harn wieder zur Ausscheidung gelangen.

Der Nachweis von Albuminoid-Ammoniak deutet auf das Vorhandensein von fäulnissfähiger Substanz. Wässer, welche diese Form des Ammoniaks in grösseren Mengen enthalten, gehen im Verlauf einiger Tage in stinkende Fäulniss über.

Härte. *Die vorübergehende Härte* wird durch einen Gehalt des Wassers an kohlensaurem Kalk und kohlensaurer Magnesia, *die bleibende Härte* durch einen Gehalt an schwefelsaurem Kalk und schwefelsaurer Magnesia (und natürlich auch Chlormagnesium) bedingt.

Es empfiehlt sich, diese Bestimmungen bei Abgabe von Gutachten nicht durch Seifenlösung auszuführen, sondern die zu bestimmende Härte aus dem gewichtsanalytisch gefundenen Gehalt an Calciumoxyd und Magnesiumoxyd zu berechnen.

Die Bezeichnung „vorübergehende (temporäre)“ Härte wurde deswegen gewählt, weil diese Härte durch Kochen beseitigt wird; „dauernde (permanente)“ Härte hat die oben genannten, durch das Kochen nicht veränderten resp. zu beseitigenden Salze der Erdalkalien zur Ursache.

Ein Härtegrad = 10 mg. $CaCO_3$ oder die äquivalente Menge anderer „härtender“ Salze pro Liter Wasser. (1 Liter Wasser von 1^0 Härte zersetzt 120 mg harte Seife.)

Verbrauch von Kaliumpermanganat (sog. organische Substanz). Für den chemischen Nachweis und die Bestimmung der im Wasser gelösten organischen Substanz fehlt es zur Zeit an einer völlig einwandsfreien Methode gänzlich.

Mangels einer besseren Methode bestimmt man, wie viel Kaliumpermanganat eine Gewichts- oder Maasseinheit Wasser unter bestimmten Verhältnissen, z. B. in schwefelsaurer Lösung, zu reduziren vermag.

Einige Chemiker drücken die nämliche Thatsache durch den Verbrauch von Sauerstoff aus (2 $KMnO_4$ geben 5 O), einige stellen gar direkt „organische Substanz“ in Rechnung, indem sie das verbrauchte Kaliumpermanganat mit 5 multipliziren.

Diese letzteren Gebräuche sind nicht zu empfehlen, es ist vielmehr unter allen Umständen am zweckmässigsten, lediglich den Kaliumpermanganat-Verbrauch in Rechnung zu stellen.

Abgesehen von den verschiedenen beim Ausschreiben der analytischen Daten üblichen Bräuchen muss man sich klar machen, dass diese Bestimmung uns weiter nichts anzeigt, als dass ein bestimmtes Wasser gewisse (organische) Substanzen enthält, welche Kaliumpermanganat in den gefundenen Mengen zu reduziren vermag. **Ueber die Art dieser Substanzen, darüber, ob dieselben gesundheitsschädlich sind oder nicht, darüber, woher diese Substanzen stammen, giebt die ausgeführte Bestimmung keinen Aufschluss. Diese Substanzen können ebensogut unverdächtige Humussäuren sein wie anderseits in Zersetzung begriffene, verdächtige Eiweissstoffe.**

Aber auch über die vorhandenen absoluten Mengen der gelösten organischen Substanz giebt die Bestimmung des Kaliumpermanganat-Verbrauchs keinerlei Auskunft. Denn es bedarf keiner Erläuterung, dass 1 g Eiweiss ganz andere Mengen Kaliumpermanganat reduzirt als 1 g Zucker oder als 1 g Zersetzungsprodukte des Eiweisses, über deren nähere Zusammensetzung z. Z. so gut wie nichts bekannt ist.

Der Bestimmung der organischen Substanz, soweit sie sich auf die Bestimmung des Kaliumpermanganatverbrauchs gründet, haften also ganz erhebliche Mängel an. Trotz diesen Mängeln (weil eine bessere Methode zur Zeit nicht bekannt ist) muss diese Methode der Bestimmung immerhin angewendet werden. Nur bei Anwendung der nöthigen Vorsicht und unter Berücksichtigung aller einschlägigen Verhältnisse leistet sie für die Beurtheilung der Wässer werthvolle Dienste, weil sie einen **Vergleich** verschiedener Wässer ermöglicht also relative Werthe ergiebt.

Zu beachten ist, dass Reduktion von $KMnO_4$ unter anderem auch durch SO_2, N_2O_3, FeO erfolgt. Hierauf hat der Sachverständige unter allen Umständen Rücksicht zu nehmen.

Die der chemischen Wasseranalyse anhaftenden Mängel.

Bei Besprechung der Methoden der chemischen Wasseranalyse wurde bereits angedeutet, wieweit die Leistungsfähigkeit der einzelnen Bestimmungen geht, was also aus den Resultaten der Bestimmungen gefolgert werden darf und was dieselben unaufgeklärt lassen.

Ohne längere Wiederholung sei insbesondere auf die unter dem Titel „Verbrauch von Kaliumpermanganat“ eben gemachten Ausführungen hingewiesen.

Die Thatsache, dass die chemische Analyse weder über die Art noch über die Menge der im Wasser gelösten „organischen Substanz“ eine zuverlässige Angabe machen kann, ist der grösste Mangel derselben.

Die Wichtigkeit, welche man der „organischen Substanz“ im Wasser heute beimisst, ist lange nicht mehr so gross wie früher. Vor der Entdeckung von Bakterien als Krankheitskeime einer Anzahl der verderblichsten Epidemieen und nachdem der Verdacht, diese Epidemieen hervorgerufen zu haben, auf das Wasser „schlechter“ Brunnen gelenkt worden war, misstraute man gerade der „organischen Substanz“ dieses Wassers.

Es ist historisch interessant und für das Verständniss, warum gerade die „organische Substanz“ in den Verdacht kam, die Ursache der Erkrankungen zu sein, wichtig, den ersten Fall einer nachgewiesener Massen von einem Brunnen ausstrahlenden Epidemie vorzuführen.

Im Jahre 1854 herrschte die Cholera vielerorts, auch in England. Ein Krankheitsherd in London war dadurch auffällig, dass plötzlich und explosionsartig eine grosse Menge von Menschen von der Seuche befallen wurden. Von Personen, welche in der Broadstreet und in deren nächster Umgebung lebten, erkrankten am zweiten Tag der Epidemie-Explosion 143 und starben 70; am dritten Tag erkrankten 116 und starben 127.

Vor dem Hause No. 40 der Broadstreet war ein öffentlicher Brunnen, dessen Wasser sich besonderer Beliebtheit erfreute. Nicht nur die Nachbarn benützten regelmässig das Wasser desselben als Getränk, sondern auch entfernter Wohnende liessen es holen. Der ganze Kreis der Bewohner von Broadstreet und Umgebung, welcher damals das Wasser benützte, lieferte die Erkrankten. Oertlich weiter entfernte Erkrankungen fanden dort statt, wohin das Wasser des bezeichneten Brunnens gebracht wurde. Trotz den Einwendungen, welche später besonders Pettenkofer gegen die Schlussfolgerung, dass diese Choleraerkrankungen in dem Wasser des Brunnens ihre Ursache hätten, machte, steht heute (besonders durch die Analogie der damaligen Epidemie mit späteren, epidemiologisch genau erforschten) fest, dass das Wasser des Brunnens vor dem Hause Broadstreet 40 die Veranlassung zu diesem Choleraausbruch war.

Ueber diese Epidemie hat damals Snow berichtet. Die Theorie, dass Infektionskrankheiten durch Trinkwasser verbreitet würden oder verbreitet werden könnten, heisst heute die Snow'sche Trinkwassertheorie.

Während jener Epidemie machte man die Beobachtung, dass das Wasser des Seuchenbrunnens trüb und übelriechend war. Personen, welche sich ekelshalber vor dem Genuss desselben hüteten, blieben von der Cholera verschont.

Diese Merkmale der Getrübtheit und besonders des üblen Geruches konnten nicht von anorganischen Verbindungen im Wasser herrühren (denn dieses roch früher nicht schlecht, war also nicht als H_2S-Wasser anzusehen), sondern nur von organischen Verunreinigungen: es war also der Schluss naheliegend und er wurde gezogen, dass der Gehalt des Wassers an einer unbekannten Form der organischen Substanz die Krankheiten hervorbringe. Auch die weitere Folgerung war nach dem damaligen Stand der Kenntnisse logisch, dass überhaupt jeder irgend die Norm überschreitende Gehalt an organischer Substanz ein Wasser verdächtig erscheinen lasse.

Seit wir durch Kochs Forschungen wissen, dass der „Kommabacillus“ der Choleraerreger ist, haben diese Anschauungen selbstverständlich eine tiefgreifende Modifikation erfahren; die Bestimmung der „organischen Substanz“ hat viel geringere Bedeutung erhalten und ist nur in Verbindung mit anderen Untersuchungsmethoden für die Wasserbeurtheilung von Werth.

Die chemische Analyse ergiebt häufig nur bei oftmaliger Untersuchung desselben Wassers Anhaltspunkte für die Wasserbeurtheilung.

Die chemische Analyse ist nach der Art ihrer Methoden nur im Stande, die genaue Zusammensetzung des Wassers in einem bestimmten Augenblick (dem der Probeentnahme) ermitteln zu lassen. Nur fortgesetzte, in der Praxis der Wasserbeurtheilung fast stets ausgeschlossene Analysenreihen gewähren über Schwankungen der Wasserbeschaffenheit Auskunft. Diese Schwankungen treten nicht nur bei Schmutzwässern, wo sie höchst bedeutend sein können, sondern auch bei Brunnenwässern auf.

Ein bekanntes Beispiel möge das Gesagte erläutern. Die Sielwässer in kanalisirten Städten unterliegen periodischen Schwankungen in ihrer Menge und Zusammensetzung, welche sich aus den Lebensgewohnheiten der Stadtbewohner erklären. — Nehmen wir den Lauf der Haushaltungsgeschäfte während eines Tages. Während der Nacht findet Zufuhr weder von Hausabwässern noch von Fäkalien in die Kanäle in nennenswerther Weise statt, weil die Bewohner schlafen. Etwa um 7 Uhr Morgens beginnt der stärkere Wasserverbrauch aus der Leitung und damit ein schwaches Anwachsen der Kanalwässer, welches sich bis etwa 10 Uhr fortwährend steigert. Das Kaffeegeschirr wird gespült und damit kommen Mengen von Kaffeesatz, welche dem Laien in ihrem Umfang unvorstellbar sind, in die Entwässerungskanäle; die Nachtgeschirre werden ausgeleert, deswegen enthält diese erste Tagesfluth den Harn fast der einen Hälfte des Tages, die Fäkalienmenge in dieser Abschwemmperiode ist die grösste des ganzen Tages, weil in den Frühstunden die meisten Menschen ihre Nothdurft verrichten. Von 10—12 Uhr nimmt die Sielwassermenge wieder ab: erst nach dem Mittagessen kommt ein zweiter Schwall, welcher die Spülwässer des Mittagsgeschirrs enthält. In dieser Welle sind Fett und Kohlehydrate (insbesondere Stärke), Fleischreste etc. reichlich vorhanden. Dieses Ansteigen hat etwa um 3 Uhr Nachmittags sein Ende erreicht; es folgt eine anologe, schwächere Mehrung der Abwässer noch einmal Abends; in der Nacht fliesst wieder fast nur das reine zur Spülung der Kanäle dienende Wasser.

Dies ungefähr ist die tägliche Periode der städtischen Abwässer. Aber auch eine wöchentliche Periode ist bemerkbar (es sei nur an die Sonnabends beliebten Scheuer- und Badefeste erinnert) und in gleicher Weise ist eine durch die Jahreszeiten bedingte jährliche Periode vorhanden

Alle diese in Menge und Zusammensetzung der Abwässer sehr bedeutenden Verschiedenheiten sind aber verschwindend gegen die Schwankungen, welche eintreten wenn Regenwasser durch die Kanäle abgeführt wird.

Aus diesen Erörterungen geht hervor, dass eine oder wenige Probenahmen resp. Untersuchungen überhaupt kein Bild von der Durchschnittsbeschaffenheit eines städtischen Abwassers zu geben im Stande sind. Völlig das Gleiche trifft bei den Abwässern der verschiedensten Industrieen zu. Daher ist es der chemischen Analyse ausserordentlich erschwert, die für die Wasserbeurtheilung allein massgebende Durchschnittsbeschaffenheit eines Wasserlaufes festzustellen.

Eine einwandfreie Probeentnahme ist für die chemische Wasseranalyse in vielen Fällen schwieriger als für die mikroskopische.

Wenn nicht peinlichste Sorgfalt und genaueste Ueberlegung bei der Probeentnahme obwalten, ist in vielen Fällen ein einwandfreies Resultat von der chemischen Analyse überhaupt nicht zu erwarten. Dann entstehen Fehler, welche bei der einzelnen Untersuchung gar nicht zu erkennen sind, welche nur unter besonderen Umständen hervortreten. Solche besondere Umstände sind z. B. vorhanden, wenn mehrere von dem nämlichen Analytiker ausgeführte Analysen desselben Wassers mit einander verglichen werden können.

Um nur ein lehrreiches Beispiel aus einer grossen Menge herauszugreifen, berichtet Drenkmann[1]) an den Magistrat der Stadt Halle über die Wirkung des Nahnsen-Müller'schen Reinigungsverfahrens und führt zwei Analysen eines (ausdrücklich als normal bezeichneten Versuchs) neben einander auf:

	Kanalwasser, ungereinigt		Kanalwasser, gereinigt
	gelöst	suspendirt	
Gesammtgehalt	5308	1405	1701
Glühverlust	1276	1149	271
Schwefelwasserstoff	6	0	0
Gesammtstickstoff	98	51	25
Phosphorsäure	59	52	10
Sauerstoff zur Oxydation erforderlich	676	234	165
Chlor	1598	0	305
Natron	598	0	499
Kali	221	0	190

[1]) Vergl. F. Fischer, Das Wasser, ed. II, p. 103.

Bei der in Frage stehenden Abwasserreinigungs-Manipulation wurden dem Schmutzwasser Kalkmilch, Aluminiumsulfat und lösliche Kieselsäure zugesetzt.

Durch Anwendung dieser Körper entsteht in dem Schmutzwasser aus Kalkmilch Calciumkarbonat, aus Aluminiumsulfat Aluminiumhydroxyd, aus löslicher Kieselsäure feste Kieselsäure. Jede dieser drei Verbindungeu erzeugt also einen voluminösen Niederschlag, welcher in derselben Weise die schwebenden, festen Verunreinignngen bei seinem Absetzen niederreisst wie dies das zerquirlte Eiweiss thut, mit welchem man unter Erwärmen Fruchtsäfte etc. klärt.

Keiner dieser chemischen Reinigungsfaktoren hat auf gewisse gelöste Unreinigkeiten im Wasser Einfluss: jeder Chemiker weiss, dass Chlor, Natron und Kali durch sie nicht ausgefällt (also aus dem Abwasser beseitigt) werden können.

Nun werfen wir wieder einen Blick auf die Daten der drei oben erwähnten Analysen. In dem gereinigten Wasser soll der Chlorgehalt von 1598 auf 305 mg, derjenige der Alkalien von 819 auf 689 mg zurückgegangen sein. Da die Reinigungsmittel diesen Rückgang nicht veranlassen konnten, da ferner an der absoluten Richtigkeit der Analysen nicht zu zweifeln ist, beweisen diese Zahlen, dass nicht sich entsprechende Proben der Analyse unterworfen wurden. Es wurde nicht aus demselben Wasser vor und nach der Reinigungsprozedur Probe genommen. Dies ist ein Beispiel für einen der Fehler, welche die Zuverlässigkeit der Resultate von chemischen Flusswasseruntersuchungen manchmal beeinträchtigen.

Die Ursache für diesen wie für den vorher berührten Mangel, welcher der chemischen Wasseranalyse anhaftet, ist folgende: die chemische Analyse hat zu Objekten im Wasser schwimmende, deswegen mit der Strömung treibende Körper oder Flüssigkeiten; sie ist deswegen bei der unter Umtänden rasch wechselnden Wasserzusammensetzung in ihren Ergebnissen nur dann sicher, wenn entweder ausgedehnte Analysenreihen oder in andern Fällen peinlichste Ueberlegung bei der Probeentnahme die Grundlage für die Wasserbeurtheilung bieten.

Hier schon sei darauf hingewiesen, dass im Gegensatz hierzu die festsitzende Gesammtvegetation eines Wasserverlaufes den Ausdruck von Durchschnittsverhältnissen darstellt.

Die Ziffern, welche die chemische Wasseranalyse liefert, geben vielfach nur einen verschwindend kleinen Ausdruck für recht beträchtliche Verunreinigungswerthe.

Ganz besonders gegenüber den Untersuchungsergebnissen der bakterioskopischen Wasseranalyse fällt (worauf später bei Besprechung der

Leistungen dieser Methode noch genauer eingegangen wird) auf, dass die Ziffern, in denen sich das Ergebniss der chemischen Untersuchung ausdrückt und welche der Beurtheilung zu Grunde gelegt werden, ausserordentlich kleine sind. Es handelt sich bei den oben besprochenen Werthen der Einzeluntersuchung niemals um absolut grosse Zahlen; ein verpestetes Wasser reduzirt oft nur wenige Centigramme mehr Kaliumpermanganat als ein reines. Obgleich dieser Mangel nur ein scheinbarer ist, fällt er doch sehr in die Augen gegenüber den Tausenden von Bakterienkolonien, welche bei geringem Anwachsen der Verunreinigung mehr auf der Gelatineplatte der bakterioskopischen Wasseranalyse erscheinen. Es ist richtig, dass[1]) „man geradezu erstaunt ist, wie wenige [chemisch nachweisbare] Veränderungen manchmal das Wasser eines Flusses erlitten hat, nachdem dieser die Rolle eines Klärapparats für die Kanaljauche einer Stadt gespielt und dadurch eine äussere Beschaffenheit angenommen hat, welche zur Veranlassung hochgradiger Belästigungen geworden ist".

Aber auf Grund solcher Beobachtungen nun der chemischen Analyse überhaupt allen Werth für die Beurtheilung eines verunreinigten Flusslaufes absprechen zu wollen, wie Manche dies thun, ist nicht angängig. Schon die Thatsache, dass lange vor der Ausbildung der bakterioskopischen Wasseruntersuchung die Frage der Flussverunreinigung und die ganze Theorie der Selbstreinigung der Gewässer bearbeitet und theilweise in recht befriedigender Weise behandelt wurde, beweist, dass der Chemiker bei vorsichtiger und richtiger Würdigung dieser kleinen, bei der chemischen Analyse sich ergebenden Zahlen Bedeutendes leisten kann.

In der Verwerthung der durch die chemische Analyse enthaltenen Daten hat der Sachverständige aber immer zu beherzigen, dass bei der Beurtheilung von Wasser in den meisten Fällen keine der zur Verfügung stehenden Methoden im Stande ist, die Frage **allein** klipp und klar zu lösen. Ein richtiges Urtheil erlangt man erst durch Anwendung **aller** Methoden. Die durch die einzelnen Methoden erhaltenen Resultate müssen sich zudem gegenseitig ergänzen, nicht aber einander ausschliessen.

---

[1]) Vergl. Renk in Arb. a. d. Kais. Gesundheitsamte, V, p. 419.

Die bakterioskopische Wasseruntersuchung.

Ziel der allgemein geübten Methode der bakterioskopischen Wasseruntersuchung.

Die bakterioskopische Wasseranalyse will:

1. Durch Bestimmung der Zahl der Bakterien, welche ein Wasser enthält und welche auf 1 cm desselben berechnet wird, den Grad der Verunreinigung feststellen.

2. Sie sucht die in einem Wasser enthaltenen Krankheitserreger, soweit dieselben den Spaltpilzen angehören (die pathogenen Bakterien) zu finden. Wenn der Nachweis derartiger Mikroben gelingt, so ist damit das sicherste Urtheil über den hygienischen Werth eines Wassers erbracht.

Was leistet die bakterioskopische Wasseruntersuchung?

Wie von der chemischen Wasseranalyse darf man auch von der bakterioskopischen nicht mehr verlangen, als sie leisten kann. Die Einführung derselben bedeutet einen grossen Fortschritt in der Technik der Wasserbeurtheilung. In allererster Linie ist dies der Fall bei dem Plattenverfahren R. Koch's, welches Pasteur mit den Worten „c'est un grand progrès" begrüsst haben soll. Worin dies Plattenverfahren besteht, wird später auseinandergesetzt werden; hier sei nur darauf hingewiesen, dass es die einzige bisher bekannte sichere Methode ist, sowohl die Bakterien in einer Flüssigkeit zu isoliren, wie auch den Gehalt der Flüssigkeit an Spaltpilzen annähernd zu bestimmen. Alle früheren Methoden lassen sich in keiner Weise mit diesem Plattenverfahren vergleichen.

Durch die bakterioskopische Untersuchung wird eine nähere Definition der „organischen Substanz" der chemischen Analyse ermöglicht.

Schon die zuerst geübte mikroskopische Betrachtung verschiedener Wassersorten, wie die unvollkommenen Reinkulturmethoden, welche vor der Entdeckung des Plattenverfahrens benutzt wurden, hatten gelehrt, dass in mit organischen Abfällen verunreinigtem Wasser eine ungeheuer viel grössere Zahl von Spaltpilzen vorhanden ist als in reinem Wasser. Diese Erkenntniss wurde durch das Plattenverfahren befestigt und dahin ergänzt, dass reines Grund- und Quellwasser Bakterien nicht enthält, während die Abwässer der Städte deren bis zu 50 Millionen in 1 ccm enthalten können.

Mit Recht hat man die organischen Zersetzungsprodukte und fäulnissfähigen Verunreinigungen des Wassers als die Nährstoffe angesehen, welche das Bakterienwachstum in Schmutzwässern so sehr begünstigen.

Diese organischen Verunreinigungen werden bei der chemischen Analyse durch den Permanganatverbrauch bestimmt (siehe oben, p. 277); es wäre also anzunehmen, dass die in einer Flüssigkeit enthaltene Bakterienmenge genau dem Permanganatverbrauch entspräche.

Dem ist aber nicht so. Es wurde oben (p. 278) bereits darauf hingewiesen, dass der Begriff der „organischen Substanz" in den Ergebnissen der chemischen Analyse ein unbestimmter ist und Körper der verschiedensten Art unter sich begreift.

Wie ein Vergleich von Moorwasser und Sielwasser das Verhältniss von Bakterien und organischer Substanz erläutert, ist leicht auszuführen.

Wir haben zwei Gläser, eines mit dem Wasser von Moorauslaugungen (also mit Moorwasser) und eines mit Sielwasser (Kanalwasser einer Stadt) angefüllt. Beide Wasserproben sollen, wie die chemische Analyse ergab, gleichen Reduktionswerth gegenüber Kaliumpermanganat, also chemisch gesprochen gleichen Gehalt an „organischer Substanz" besitzen. Wenn wir in diesen Wasserproben nun die Zahl der darin enthaltenen Bakterien bestimmen, so übertrifft der Keimgehalt des Sielwassers denjenigen des Moorwassers um ein Vielfaches.

Da der Gehalt an „organischer Substanz" ein gleicher ist in beiden Wasserproben und da wir nicht annehmen können, dass die Bakterienentwickelung in dem Moorwasser durch irgend ein künstliches Mittel vermindert wurde, ergiebt sich der Schluss: nicht alle „organische Substanz" ist gleichmässig für das Bakterienwachsthum geeignet.

Das heisst, nicht alle Körper, welche der Chemiker unter dem Begriff „organische Substanz" zusammenfasst, sind gleich gute Bakteriennährmittel.

Nach der Herkunft der Wasserproben wissen wir, dass die „organische Substanz" beider durchaus verschiedenen Ursprungs ist. Diejenige im Moorwasser besteht wesentlich aus Humussäuren, die im Sielwasser dagegen wird gebildet durch die Dejekte des menschlichen Lebens und des menschlichen Haushaltes. Im Sielwasser sind die Auslaugungen der Fäkalien, die Waschwässer von Geschirr und Wäsche, die Abwässer der verschiedensten Industrien enthalten. Viele dieser Bestandtheile sind als „fäulnissfähige" bekannt.

Der chemische Gegensatz der Humussäuren und der fäulnissfähigen Substanzen des Sielwassers beruht darauf, dass die „fäulnissfähigen" Substanzen zumeist komplizirte, ungespaltene organische Verbindungen sind, die Humussäuren dagegen Endresultate von Spaltungen. Die Humussäuren entstehen bei der Oxydation von Kohlehydraten, insbesondere von Cellulose.

Jeder Ernährungsprozess beruht auf der Spaltung komplizirter, oxydationsfähiger Verbindungen des Kohlenstoffs (oder des Schwefels). Diese Spaltung ist mit Oxydation verbunden und das Resultat der Oxydation ist Erzeugung von Energie, welche zu Lebensäusserung verwendet wird. Je niedriger der Oxydationszustand der „Nahrung“ und je komplizirter dieselbe zusammengesetzt ist, je mehr Spaltungen also möglich sind, umso mehr Energie kann sie liefern und um so reicheres Leben kann sie unterhalten.

Daraus folgt, dass die organische Substanz, welche nach Ausweis der chemischen Analyse reichlich in dem Moorwasser vorhanden ist, welche aber nur ein geringes Bakterienwachsthum ermöglicht, durch die bakterioskopische Untersuchung als bereits gespalten, bereits hoch oxydirt erkannt wird, während diejenige in dem Sielwasser auf demselben Weg als spaltungs- und oxydationsfähig, also fähig das Leben reichlich zu unterhalten, erkannt wird.

Je mehr Bakterien oder andere Wasserpilze ein Wasser enthält, um so grösser muss sein Gehalt an spaltungsfähiger organischer Substanz sein. Ergiebt bei hohem Bakteriengehalt die chemische Analyse geringen Permanganatverbrauch, so ist die Uebermenge der organischen Substanz geeignet, das Leben der Pilze zu unterhalten; zeigt die chemische Analyse dagegen viel organische Substanz, die bakterioskopische Untersuchung zugleich verhältnissmässig wenig Bakterien, so ist die organische Substanz bereits gespalten, bereits oxydirt.

Die bakterioskopische Wasseruntersuchung ermöglicht demnach eine schärfere Definition des x der chemischen Analyse, d. i. der organischen Substanz.

Insofern, als die spaltungsfähigen organischen Wasserverunreinigungen diejenigen sind, welche hauptsächlich für die Belästigung durch Abwässer verantwortlich zu machen sind, ist also (unter den bald zu besprechenden Einschränkungen) die bakterioskopische Wasseruntersuchung wohl geeignet, einen Schluss auf die Art der Verunreinigung zuzulassen, welche ein Wasser erlitten hat.

Die bakterioskopische Wasseruntersuchung liefert das schärfste Erkennungsmittel für das Vorhandensein der organischen Substanz.

In jedem auf der Erdoberfläche vorhandenen Wasser sind Bakterien enthalten; nur das künstlich von Bakterien befreite (sterilisirte) Wasser und das in der Tiefe der Erde befindliche Grundwasser ist bakterienfrei.

Da in destillirtem Wasser, in dem Wasser welches wir als „chemisch rein“ zu bezeichnen pflegen, Bakterien leben und sich vermehren können, muss auch in solchem Wasser Nahrung für dieselben vorhanden sein.

Nach den heute giltigen Anschauungen der Pflanzenphysiologie brauchen alle Pilze, also auch die Bakterien, bereits aufgebaute, spaltbare organische Verbindungen als Nahrung und können sich nicht von anorganischen Körpern ernähren. Selbst wenn die chemische Analyse in „chemisch reinem" Wasser „organische Substanz" nicht nachweisen kann, muss dieselbe doch darin enthalten sein, denn sonst könnten sich Bakterien in solchem Wasser nicht vermehren.

Daraus geht hervor, dass die Bakterien das schärfste Reagens auf „organische Substanz" sind, welches überhaupt existirt.

Zugleich erhellt aus diesem Vorkommen von Bakterien in allerreinstem Wasser, dass es nicht angängig wäre, bakterienfreies Trinkwasser verlangen zu wollen. Mögen die Zuflüsse zu einer Wassersammelstelle aus dem Grundwasser auch keine Bakterien enthalten: in der Brunnenstube, dem Sammelbassin, den Leitungsrohren wird sich stets eine Bakterienflora einfinden, weil die zur Ernährung von Spaltpilzen nöthige „organische Substanz" auch im reinsten Quell- oder Grundwasser vorhanden ist und die Bakterien in solcher Menge auf der Erdoberfläche verbreitet sind, dass das Wasser nicht vor dem Hineingelangen einzelner Keime geschützt werden kann.

Die bakterioskopische Wasseruntersuchung liefert auch genauere Beurtheilungsziffern für die Menge der im Wasser vorhandenen fäulnissfähigen Substanz als die chemische Analyse.

Bei der ausserordentlichen Genügsamkeit der Bakterien, welche am besten durch ihre Vermehrungsfähigkeit in destillirtem Wasser bewiesen wurde, ist es begreiflich, dass quantitativ wenig beträchtliche Verunreinigungs-Steigerungen eine bedeutende Vermehrung der Bakterienzahl bewirken können. Bei Arbeiten, welche sich auf die Selbstreinigung der Flüsse bezogen, und welche chemische und bakterioskopische Untersuchungsresultate neben einander enthalten, ist die Ueberlegenheit der bakterioskopischen Untersuchungsmethode über die chemische vielfach in sehr überzeugender Weise hervorgetreten. Eine Verunreinigungsgrösse, welche bei der Analyse als Milligramm in Rechnung gestellt wird, erscheint auf der Gelatineplatte als bedeutende, in die Tausende gehende Vermehrung oder Verminderung der Koloniezahl. Es ist festgestellt, dass die chemische Analyse in keiner Weise so klar, so überzeugend die Verunreinigung eines eine Stadt durchfliessenden Wasserlaufs durch die Effluvien des menschlichen Haushalts darstellen kann, dass dieselbe ferner in gleicher Weise die folgende allmähliche Selbstreinigung der Flussläufe durchaus nicht so gut vor Augen zu führen vermag wie die bakterioskopische Untersuchung.

Dem Anschwellen der Zahl von Bakterien, welche ein ccm Wasser enthält, von wenigen Tausend bis auf Millionen und dem allmählichen Rückgang wieder auf die ursprüngliche Zahl steht bei der chemischen Analyse eine Schwankung des Permanganatverbrauchs um allerhöchstens 2 % gegenüber.

Es ist daher auszusprechen, dass für **vergleichende** Untersuchungen über Verunreinigung und Selbstreinigung eines Wasserlaufes die bakterioskopische Plattenmethode bessere Resultate ergiebt als die chemische Untersuchung.

Die bakterioskopische Wasseruntersuchung ist das beste Mittel, die Wirkung der Sandfiltration bei der Trinkwasserversorgung zu kontrolliren.

Bei der Kontrolle der Arbeitsleistung eines Sandfilters ist die bakterioskopische Plattenuntersuchung der chemischen Analyse so sehr überlegen, dass die letztere für diesen Zweck überhaupt nirgends mehr geübt wird.

Die Sandfiltration hat den Zweck, die Bodenfiltration des Wassers dort zu ersetzen, wo sich die Versorgung eines Gemeinwesens mit reinem Quell- resp. Grundwasser nicht erreichen lässt. Insbesondere wird sie überall dort gehandhabt, wo grosse Flüsse zur Wasserversorgung herangezogen werden. Das Oberflächenwasser wird durch ein aus mehreren Schichten aufgebautes, oben mit einer Lage feinen Sandes bedecktes Filter hindurchgeschickt und soll auf diese Weise geschönt und gereinigt werden. Es sollen alle schwebenden Schlammpartikelchen, welche das Flusswasser unansehnlich machen, entfernt werden; zugleich sollen die Bakterien des offenen Wassers, insbesondere etwaige Krankheitserreger, auf dem Filter zurückgehalten, ihr Uebergang in das Leitungswasser soll verhindert werden.

Um diesen Zwecken dienen zu können, darf das Filter zum Beispiel keine Wundstellen zeigen, welche das Wasser unfiltrirt durchlassen. Jeder Fehler im Betrieb zeigt sich dadurch, dass bei fortlaufender vergleichender Untersuchung des Bakteriengehalts in Rohwasser und Filtrat letzteres plötzlich auffallend grössere Keimzahl aufweist. Auch die Grenze der Arbeitsfähigkeit eines Filters wird (abgesehen von dem zum zulässigen Maximum gewachsenen Filtrationswiderstand) durch Erreichung einer als Maximum der zulässigen Keimzahl angenommenen Bakterienzahl im Filtrat angegeben.

Durch Vorschrift des kgl. Preussischen Ministeriums des Innern ist die bakterioskopische Ueberwachung und Kontrolle des Filterbetriebes für Oberflächenwasser obligatorisch gemacht; auch für diese Art der vergleichenden Wasseruntersuchung leistet die Bestimmung der Keimzahl eines Wassers alles, was erwünscht werden kann.

Die der bakterioskopischen Wasseruntersuchung anhaftenden Mängel.

Trotz den unanzweifelbaren Vortheilen, welche die Bestimmung der in einem Wasser enthaltenen Keimzahl für die eben geschilderten Fälle hat, wurde die bakterioskopische Wasseruntersuchung (abgesehen von der Filterkontrolle) von mehreren Seiten angegriffen und ihre Bedeutung herabgesetzt. Die Hauptgründe, welche gegen diese Methode der Wasseruntersuchnug vorgebracht werden können, resp. die Fehlerquellen dieser Methode seien kurz angeführt.

Unsicherheit des Schlusses von der beobachteten Bakterienzahl auf die in Wirklichkeit vorhandene Zahl.

Die Zahl der auf einer Gelatineplatte gewachsenen Kolonien giebt unter Umständen nur ein sehr unvollständiges Bild von der in dem untersuchten Wasser überhaupt enthaltenen Bakterienzahl. Unsere Nährböden heissen „künstliche“, weil sie ein Surrogat sind für die natürlichen Nährböden der Bakterien, für die Lebensbedingungen, welche die Spaltpilze in der Natur finden. Wie die höheren Pflanzen und Thiere haben auch die Arten der Spaltpilze ihre speziellen Wachsthumsbedingungen und es ist unmöglich, einen Nährboden zu finden, welcher allen Arten gleichmässig angenehm wäre. Man hat sich damit zufrieden zu geben, dass die Nährgelatine resp. das Nähr-Agar einer grossen Zahl von Spaltpilzen angenehm ist. Die mikroskopische Untersuchung aber lehrte uns ausser den auf den künstlichen Nährböden wachsenden Formen noch viele andere kennen, welche mangels geeigneter Nährböden überhaupt noch nicht kultivirt werden konnten.

Von den obligat anaëroben Spaltpilzen, d. h. denjenigen, welche nur bei Abwesenheit von Sauerstoff gedeihen und welche natürlich bei der gewöhnlich geübten Methode der Wasseruntersuchung überhaupt nicht auf den Platten erscheinen können, welche hauptsächlich im Schlamm der Gewässer und in den oberflächlichen Erdschichten leben, sei hier abgesehen. — Ihre Bedeutung dürfte nicht allzu hoch anzuschlagen sein, wenn es sich um Wasserbeurtheilung handelt. Dagegen beleben manche andere aërobe Formen besonders Schmutzwässer in ungeheuren Schwärmen. Zu Millionen findet sich da z. B. Bacillus tremulus, Bacterium Lineola und andere Arten, deren Kultur überhaupt noch nicht gelungen ist. Gleichfalls zu Millionen sind die Spirillum-Arten in solchen Wässern vertreten, welche nur mittelst besonderer Kunstgriffe zum Wachsthum gebracht werden können und welche gleichfalls bei der Wasseranalyse kaum jemals auf den Kulturplatten erscheinen. Da gerade diese Formen für die intensivste Wasserverpestung charakteristisch sind, wird die Bedeutung der bakterioskopischen Wasseruntersuchung für die Abwasserbeurtheilung resp. für das absolute Urtheil über Wasserverpestung beträchtlich eingeschränkt.

Ferner wird die bakterioskopische Plattenmethode in ihren Resultaten dadurch beeinträchtigt, dass auch von denjenigen Spaltpilzen, welche auf der Nährgelatine wachsen können, durchaus nicht alle Keime zu beobachtbaren Kolonien heranwachsen. Bekanntlich scheiden alle Bacillen in das Nährsubstrat „Stoffwechselprodukte" aus, welche ihrem eigenen Wachsthum wie dem anderer Arten schädlich werden können. Um die Art und Wirksamkeit solcher Stoffwechselprodukte zu verstehen, sei auf das menschliche Leben hingewiesen. Bei der Lebensthätigkeit scheidet jeder Mensch Kohlensäure, Schweiss, Harn und Fäces aus. Diese „Stoffwechselprodukte" müssen auf seinen Organismus einen ungünstigen Einfluss ausüben, wenn sie nicht vom Körper entfernt werden. In gleicher Weise scheiden viele Bakterien Säuren, andere Alkali aus (um von den giftigen Stoffwechselprodukten, den Ptomaïnen, ganz zu schweigen); wieder andere bilden Indol und andere aromatische Körper. Diese Stoffwechselprodukte hindern schwächere, in der Nähe raschwüchsiger Kolonien gelegene Keime häufig entweder überhaupt an der Entwickelung oder lassen die aus solchen Keimen entstehenden Kolonien doch nicht zu beobachtbarer Grösse heranwachsen.

Zu den eben erwähnten „schwächeren" Keimen gehören stets diejenigen, auf welche bei der bakteriologischen Wasseruntersuchung in allererster Linie geachtet werden muss, nämlich die pathogenen, die Krankheitserreger. Dies ist begreiflich. Jedes Lebewesen hat ein Medium, in welchem es am besten gedeiht. Das günstigste Medium für die Krankheitserreger, der günstigste Kulturboden für dieselben ist der Körper von Menschen oder Thieren. Im Wasser dagegen sind die pathogenen Keime nicht in demjenigen Medium, welches ihnen am meisten zusagt, sie sind hier in ihrer Lebenskraft nicht auf der Höhe. Daher kommt es, dass gerade die Krankheitserreger bei der bakterioskopischen Wasseruntersuchung im Allgemeinen nicht zur Beobachtung gelangen.

Diese Ausführungen seien in einem Beispiel zusammengefasst. Wenn zwei Wasserproben der bakterioskopischen Keimzählung unterworfen werden, so kann sich das Resultat ergeben, dass das erste Wasser pro ccm 120, das zweite 1700 Kolonieen erwachsen lässt. Damit ist zwar wahrscheinlich gemacht, dass das zweite Wasser viel mehr Keime enthält als das erste, aber wissenschaftlich bewiesen ist es nicht. Denn es ist nicht unmöglich, dass im ersten Fall neben den 120 Keimen, welche zu Kolonien auswuchsen, noch 4000 andere, nicht auf Gelatine wachsende und deshalb der Untersuchung sich überhaupt entziehende gewesen sein können, während bei der anderen Probe solche Arten fehlten.

Diese Erwägungen sind nicht theoretisches Raisonnement, sondern sie sind von praktischer Wichtigkeit. Es wurde mehrfach festgestellt, dass geschöpfte Schmutzwasserproben nach einigem Stehen einen geringeren Keimgehalt aufweisen können als bei der Probeentnahme. Diese Erscheinung steht mit dem sonst überall beobachteten Verhalten in Widerspruch, dass stehende Wasserproben eine rapide Steigerung des Keimgehalts bis zu einem Maximum aufweisen. Auch bei den Schmutzwasserproben ist dies der Fall, nur trifft diese gesteigerte Vermehrung der Keime in vielen Fällen zunächst auf Arten, welche bei der Plattenkultur nicht zur Entwickelung kommen. Wenn man Schmutzwasser stehen lässt, entwickeln sich z. B. die Spirillen sofort in stärkster Weise, wie die mikroskopische Untersuchung beweist. Diese Spirillen und andere ihnen gleichgeartete Bakterien haben, wie eben bemerkt, nicht die Fähigkeit auf gewöhnlicher Nährgelatine zu wachsen. Da sie im Wasser andere, auf Gelatine erscheinende Arten unterdrücken, so tritt nach einigem Stehen der Schmutzwasserproben die erwähnte Erscheinung auf. Diese aber beweist nicht eine wirkliche Abnahme der Spaltpilzzahl in der Probe, sondern nur eine Abnahme der auf Gelatine entwickelungsfähigen Keime.

Bei der bakterioskopischen Wasseruntersuchung wird von der Zahl der „entwickelungsfähigen“ Keime gesprochen, welche in 1 ccm Wasser enthalten ist. In dem Wort „entwickelungsfähig“ liegt ein doppelter Sinn. Man kann unter der Angabe: „in 1 ccm 250 entwickelungsfähige Keime“ entweder verstehen, dass in diesem Wasservolum 250 lebendige, überhaupt theilungs- und vermehrungsfähige Keime seien oder aber dass 250 auf Gelatine entwickelungsfähige und auf diesem Nährboden Kolonien liefernde Keime sich finden. Thatsächlich darf der Ausdruck nur in dem letztern Sinn gebraucht werden, denn es ist nicht ausgeschlossen, dass neben den 250 Kolonien liefernden Keimen noch sehr viele andere in dem Wasservolum enthalten waren, welchen nur der gebotene künstliche Nährboden nicht zusagte.

Unsicherheit der bakterioskopischen Wasseruntersuchung in Folge der Fehlerquellen ihrer Methoden.

Eine grosse Anzahl genauer Untersuchungen hat zu dem Resultat geführt, dass die Nährböden, welche für die Bakterienzüchtung verwendet werden, trotz gleicher Zubereitung keineswegs immer gleiche Zusammensetzung haben. Schon die Verwendung des Fleisches als Grundlage für die Bouillon bedingt dies. Besonders der Gehalt desselben an einem der wichtigsten Bakterien-Nährmittel, an Milch- (Fleisch-) Zucker ist ein durchaus schwankender und gleich diesem kontrollirbaren Stoff müssen wir annehmen, dass auch andere nicht kontrollirbare Verbindungen, insbesondere stickstoffhaltige Körper, trotz gleicher Nährbodenbereitung in wechselnden Mengen vorhanden sein können. Wir wissen ferner, dass selbst minimale

Schwankungen im Gehalt der Nährböden an einzelnen Stoffen einen gewaltigen Einfluss auf das Wachsthum der Bakterien haben können.

Deswegen ist die Zahl der aus einem Kubikcentimeter Wasser sich entwickelnden Kolonien nicht nur von der Zahl der darin enthaltenen entwickelungsfähigen Keime, sondern auch von der unkontrollirbaren Zusammensetzung des Nährbodens abhängig.

Ferner sind bei dem Abmessen des zum Plattengiessen verwendeten Wasserquantums selbst beim vorsichtigsten und gewissenhaftesten Arbeiten verhältnissmässig grosse Differenzen schwer zu vermeiden. Aus derselben Flüssigkeit, vom gleichen Untersucher, mit gleichem Nährmaterial und zu gleicher Zeit gegossene Platten werden niemals in der Zahl der entwickelten Kolonien eine mit der Exaktheit der chemischen Analyse vergleichbare Uebereinstimmung zeigen. Mag auch die Differenz bei einem untersuchten keimarmen Trinkwasser nicht auffällig sein und sich in der bescheidenen Grenze von 5—30 Kolonien halten, so multipliziren sich doch bei Schmutzwasseruntersuchungen die unvermeidlichen Untersuchungsfehler. Wenn, um überhaupt zählbare Platten zu bekommen, derartige bakterienreiche Wasserproben 2—3mal mit sterilem Wasser verdünnt werden, so ist es schon gut, wenn man die Gewissheit hat, dass die Fehlergrenze innerhalb 5000 Kolonien liegt.

Wie später genau zu beschreiben, wird nämlich bei dem Anlegen der zur Keimzählung bestimmten Platten ein kleines Quantum Wasser (1—0,1) ccm Wasser abgemessen, mit erwärmter Gelatine vermengt und dann die Gelatine ausgegossen. Dabei ist erstens das Abmessen des Wassers eine Veranlassung zu Fehlern, weil bei den kleinen Wasserquantitäten ein Tropfen mehr oder weniger einen Unterschied in der Zahl der mit der Gelatine vermengten Keime ausmachen muss. Zweitens ist die Manipulation des Ausgiessens mit einer Fehlerquelle behaftet, denn die an der Wand des Gelatineröhrchens haften bleibenden Keime werden in der Praxis vernachlässigt.

Die Methode des Plattengiessens an sich giebt also Veranlassung zu schwer vermeidbaren Fehlern in der Bestimmung der entwickelungsfähigen Keime.

Unsicherheit der Resultate der bakteriologischen Wasseruntersuchung in Folge des schwankenden Keimgehaltes der Wässer.

a) Oben (p. 280, 281) wurde bereits darauf hingewiesen, dass einer der bedeutendsten Einwürfe gegen die Verwerthung der chemischen Analysenresultate behufs Wasserbeurtheilung darin besteht, dass die Untersuchung nur Aufschluss giebt über den Zustand des Wassers bei der Probeentnahme, dagegen keinen Rückschluss zulässt auf die der Probeentnahme vorhergehenden Tage. Die Gewinnung eines Durchschnittsbildes wird also durch die chemische Analyse schwer möglich. Genau dasselbe gilt auch von den bakterioskopischen Keimzählungen. Wie die chemisch definirbaren Verunreinigungen schwimmen auch die Spaltpilze frei im Wasser und werden durch die Strömung fortgeführt, so dass an einem und demselben Ort zu verschiedenen Zeiten und andererseits an demselben Flussabschnitt an verschiedenen Stellen gleichzeitig durchaus verschiedene Zahlenwerthe bei der bakterioskopischen Untersuchung sich ergeben können. Zuverlässigere Resultate werden, wie später auszuführen sein wird, dann gewonnen, wenn auch die festsitzende Wasservegetation der Wasserbeurtheilung dienstbar gemacht wird.

Welche Schwankungen der Keimzahl in einem abgeschlossenen Pumpbrunnen zeitlich bestehen können, zeigt die Tabelle der Bakterienzahlen, welche Buchner[1]) bei Untersuchung des Pumpbrunnens der Münchener Hofgartenkaserne gefunden hat:

1. Juli 1885	—	600 Keime pro ccm.
8. „ „	—	1200 „ „ „
15. „ „	—	4000 „ „ „
21. „ „	—	80 „ „ „
29. „ „	—	10000 „ „ „
3. Aug. „	—	400 „ „ „

Ganz unermittelt springt hier die Zahl der gefundenen Keime vom Minimum (80: 21. Juli) zum Maximum (10000: 29. Juli), um bei der nächsten Untersuchung wieder auf die zweitniedrigste Zahl (400: 3. Aug.) zu fallen. Merkwürdiger Weise nähert sich auch keine einzige beobachtete Zahl der Durchschnittsziffer aus sämmtlichen 6 Daten (2713).

In diesem Fall würde also nur eine lang fortgesetzte Untersuchung zu einer einigermassen zuverlässigen Durchschnittszahl haben führen können. Man sieht daraus, dass die Gepflogenheit, auf eine oder wenige bakterioskopische Untersuchungen ein Urtheil über Wasserbeschaffenheit abzugeben, durchaus anfechtbar ist.

Es wurde oben (p. 280) darauf hingewiesen, dass die Kanalabwässer der Städte einer täglichen periodischen Schwankung ihrer chemischen Zusammensetzung unterliegen, dass diese Schwankungen auch eine wöchentliche Periode haben und natürlich auch durch die Jahreszeit beeinflusst werden. Mit diesen chemisch festzustellenden Veränderungen geht eine Schwankung der Keimzahl dieser Wässer parallel, welche bewirken kann, dass innerhalb kurzer Zeit an derselben Stelle Wasserproben entnommen werden, deren Keimzahl pro 1 ccm um Millionen differirt.

Auch in diesem Fall kann also nur eine lang fortgesetzte bakterioskopische Untersuchung Aufschluss geben über den Durchschnittsgehalt dieser Abwässer an Keimen und — wenn man diesen Keimgehalt

---

[1]) cf. F. Fischer, Das Wasser, p. 36.

als für die Beurtheilung massgebend ansehen will — über die Durchschnittsbeschaffenheit des Wassers.

In Folge des schwankenden Keimgehaltes eines und desselben Wassers wird also häufig durch eine oder wenige bakterioskopische Untersuchungen überhaupt kein der Beurtheilung mit genügender Sicherheit zu Grund zu legendes Resultat gewonnen werden können.

b) Noch ungünstiger für die Verwerthung der Resultate der Plattenzählung zur Wasserbeurtheilung ist die Erscheinung, dass in Folge der rapiden Vermehrungsfähigkeit der Bakterien (bei stündlicher Zweitheilung einer Zelle erreicht die Vermehrung nach 24 Stunden die Zahl von 16777216) alle möglichen physikalischen Einflüsse auf die Zahl der im Untersuchungsobjekt enthaltenen Keime intensiv einwirken können. Wenn ein Leitungswasser ununterbrochen in Strömung ist, so kann sich die Zahl der darin enthaltenen Bakterien in sehr bescheidenen Grenzen halten. Wenn dasselbe dagegen in der abgesperrten Leitung eines Hauses steht, kann sich nach kurzer Zeit sein Bakteriengehalt verhundertfachen. In gleicher Weise kann bei der Entnahme einer Wasserprobe in dem geschöpften Wasser der Spaltpilzgehalt klein sein, er kann aber, wenn die Untersuchung sich nicht sofort anschliesst, durch rasche Vermehrung hohe Ziffern erreichen.

Wird nun die Beurtheilung des Wassers verschieden ausfallen müssen, je nachdem es dem Hauptleitungsrohr oder der Hausleitung entnommen ist? Aendert die vielleicht halbtägige Pause zwischen Probeentnahme und Untersuchung den Charakter des Wassers derart, dass ein ursprünglich nicht zu beanstandendes Wasser schlecht wird? Dies ist offenbar nicht der Fall. Ob wir von den indifferenten Bakterien unseres Leitungswassers täglich eine oder hundert Millionen verschlucken, ist absolut gleichgültig und durch einen selbst sehr hohen Gehalt an unschuldigen Bakterien wird ein Wasser weder besser noch schlechter.

Diese offenbar die hygienische Güte und wirthschaftliche Brauchbarkeit eines Wassers nicht beeinflussende, wechselnde Keimmenge gab dem grossen Vertrauen, welches der Wasserplattenzählung entgegengebracht wurde, den ersten Stoss.

Die von der bakterioskopischen Wasseruntersuchung in erster Linie erhoffte Auffindung der pathogenen Mikroorganismen ist nicht in wünschenswerther Weise eingetreten.

Der Hauptvortheil, welchen man von der bakterioskopischen Wasseruntersuchung erwartete, ist ausgeblieben. Als die Erreger von Cholera und Typhus durch die Arbeiten R. Koch's und Eberth-Gaffky's entdeckt waren, als es sich zeigte, dass diese Infektionsträger im Wasser lebten und auf dem Gelatinenährboden wuchsen, konnte man die Hoffnung hegen, dass diese Mikroben selbst durch die Plattenmethode im Wasser gefunden werden könnten. Damit wäre das sicherste Urtheil über die hygienische Güte eines Trinkwassers möglich gewesen. Diese Hoffnung hat sich aber nicht erfüllt. Die Mikroben des Typhus und der Cholera wurden in den Leichen an diesen Krankheiten Verstorbener entdeckt und auch in den Dejekten von Erkrankten in der Folge gefunden. An diesen Fundorten sind sie in ungeheuerer Menge vorhanden, weil ihr massenhaftes Wachsthum die Ursache der Krankheiten ist. Sie hier zu finden, war ausserordentlich viel leichter als im Wasser, wo sie in geringer Zahl neben einer Ueberzahl von nicht pathogenen, theilweise aber sehr ähnlichen Arten leben. Die Fälle, in welchen es gelang, unzweifelhaft den Typhuserreger in verdächtigem Wasser zu entdecken, sind trotz der grossen Menge von Brunnenuntersuchungen, welche alljährlich gemacht werden, um den Typhuskeim zu finden, auf nur sehr geringe Zahl beschränkt. Auch bei dem Erreger von Cholera sind die Untersuchungsresultate nicht viel günstiger gewesen, obgleich hier bessere und aussichtsreichere Methoden zur Verfügung stehen. Je genauer man sich mit den Erregern von Typhus und Cholera beschäftigte, umso mehr Formen wurden entdeckt, welche (bis auf das Entscheidende, die Pathogenität) denselben zum Verwechseln ahnlich waren. Wenn nun neuerdings auch durch die spezifischen Immunitäts- und Serumproben Mittel und Wege gefunden sind, welche die fraglichen Spaltpilze sicher erkennen lassen, so sind diese Methoden doch nur für die mühevollen Arbeiten in wissenschaftlichen Instituten, nicht für den Praktiker verwerthbar.

Das Ergebniss der übergrossen Anzahl von bakterioskopischen Wasseruntersuchungen ist der Satz, dass jedes Auffinden pathogener Keime im Wasser, insbesondere der Keime von Cholera und Typhus, eine wissenschaftliche Leistung ist, dass aber bei der Wasseruntersuchung in der Praxis leider auf die Konstatirung der Krankheitserreger verzichtet werden muss.

Von der bakterioskopischen Wasseruntersuchung abweichende Methoden zur Auffindung pathogener Keime im Wasser liefern gleichfalls für die Praxis keine Resultate.

Der einzige aussichtsreiche Weg, andere pathogene Mikroben als die des Typhus und der Cholera im Wasser, besonders in Schmutzwasser aufzufinden, weicht von der bakterioskopischen Plattenmethode weit ab. Der Bakteriologe hat nicht nur todte, künstliche sondern auch lebende, natürliche Nährböden zu seiner Verfügung: die Versuchsthiere. Die warmblütigen Versuchsthiere sind sogar Nährböden, welche nur die pathogenen Arten zur Entwickelung kommen lassen.

Nehmen wir an, wir hätten in einer Kanalwasserprobe 26 verschiedene Spaltpilzarten, davon seien 25 nicht pathogen und eine pathogen. Wird nun diese Probe einem Versuchsthier in die Blutbahn gebracht, so wachsen auf dem gewählten „natürlichen Nährboden", im lebenden Thier, die 25 unschädlichen Arten nicht, sondern werden vom Thierkörper weggeschafft. Dagegen wächst die eine pathogene Art: sie vermehrt sich rapid und bewirkt eine Erkrankung des Thieres. Wenn dasselbe eingeht oder während der Dauer seiner Krankheit getödtet wird, sind in seinem Körper und zwar oft in Organen, welche weit entfernt von der Infektionsstelle liegen, Mikroben zu finden. Diese gehören allein der eingebrachten 26., pathogenen Spaltpilzart an. Ohne die grosse Menge der auf seinen Platten wachsenden Arten auf ihre Pathogenität prüfen zu müssen, erhält der Bakteriologe bei Verwendung dieser lebenden Nährböden pathogene Arten von den nicht pathogenen geschieden.

Auf diesem Wege sind in der That mehrere pathogene Spaltpilze aus Wasser, besonders aus Kanalwasser, isolirt worden.

In allererster Linie wurde so das häufige Vorkommen von Eiterungserregern in den Schmutzwässern konstatirt; weiter wurden noch einige andere pathogene Arten aufgefunden.

Diese Nachweise haben aber für die Praxis wenigstens nur sehr geringen Werth. Die Eiterrungserreger (z. B. *Micrococcus aureus*) sind in der Umgebung des Menschen so allgemein und massenhaft verbreitet, dass ihr Vorkommen in Kanalabwässern nicht auffallen kann. Im Allgemeinen zeigt sich bei jedem leichten Hautriss, welcher nicht mit antiseptischen Mitteln behandelt wird, eine schwächere oder stärkere Eiterung. Die Alten nannten den Eiter „sanies" und gaben damit ihrer Meinung Ausdruck, dass überhaupt keine Wunde ohne Eiterung heilen könne. Jede Eiterung wird aber durch das Wachsthum pathogener Mikroben hervorgerufen. Da nun fast jede Wunde eitert, müssen also auch in fast jede Wunde pathogene Spaltpilze gelangen; daraus geht hervor, dass die „Eiterungserreger" auf unserer Haut und in unserer Umgebung fast überall sich finden.

Es ist also der Thatsache, dass derartige pathogene Spaltpilze in Kanalwässern und anderen Schmutzwässern vorkommen, eine besondere Bedeutung nicht beizulegen.

Genau das Gleiche gilt von *Bacterium Pneumoniae,* welches gleichfalls in Sielwässern aufgefunden wurde. Dieser Mikroorganismus ist als Ursache einzelner Pneumoniefälle bekannt. Aber auch er ist in unserer Umgebung so verbreitet, dass man annehmen darf, der dritte Theil der Bewohner Europas führe ihn im normalen Speichel des Mundes stets mit sich.

Die übrigen aus den Abwässern der Grossstädte isolirten pathogenen Mikroben sind, soweit unsere Erfahrungen heute reichen, nur für Versuchsthiere giftig und nicht im Stande, auch dem Menschen zu schaden.

Also hat auch die durch den Thierversuch gelungene Entdeckung pathogener Spaltpilze in Wässern für die Praxis keine Bedeutung.

Es war vorauszusehen, dass dieses Resultat bei der Erforschung der pathogenen Mikroben der Kanalwässer sich ergeben würde, denn ganz zu Anfang der bakteriologischen Aera wurde durch Emmerich's[1]) Versuche festgestellt, dass stark verunreinigtes Kanalwasser Thieren nicht schadet, wenn es in deren Magen eingebracht wird. Besonders beweisend für die Korrektheit dieser Versuche ist, dass der Forscher dieselbe Probe am eigenen Körper wiederholte. Emmerich trank 14 Tage lang täglich $^1/_2$—1 Liter intensiv durch Hausabfälle und Kothpartikel verunreinigtes Wasser ohne, selbst bei vorhandenem ziemlich heftigen Magenkatarrh, einen krankmachenden Einfluss der Schmutzjauche zu verspüren.

Auch auf statistischem Weg wurde nachgewiesen, dass pathogene Mikroorganismen in den Kanalabwässern der grossen Städte, wo sie doch, wenn irgendwo im Wasser, reichlich vorhanden sein müssten, für die Gesundheit der Menschen weniger gefährlich sind, als man anfangs anzunehmen geneigt war.

Allgemeine Anerkennung hat die Thatsache gefunden, dass die mit städtischen Kanalwässern durchtränkten und überflutheten Rieselfelder in keiner Weise sich durch besonders ungünstige Gesundheitsverhältnisse auszeichnen. Insbesondere ist kein Fall bekannt, dass Typhus oder Cholera durch die Sielwässer auf die Rieselfelder verschleppt wurden.

Nachgewiesenermassen werden die Krankheitskeime einer Anzahl von Epidemien, speziell von Typhus und Cholera, mit den Fäkalien ausgeschieden. Da nun diese Krankheitskeime auf den Rieselfeldern nicht mehr Veranlassungen zu Erkrankungen geben, so müssen sie unterwegs, in den Schwemmkanälen, zu Grunde gegangen sein.

Wie wir uns diese Erscheinung zu erklären haben, wird später bei dem Kapitel über Wasserbeurtheilung ausgeführt werden. Hier war es nur wichtig zu konstatiren, dass die Auffindung von Krankheitserregern mit Hülfe der bakteriologischen Methoden selbst dort, wo sie mit Sicherheit zu erwarten wären, ausserordentlich schwierig und für die Praxis der Wasseruntersuchung bedeutungslos ist.

Die bakterioskopische Wasseruntersuchung hat zu keinen Beurtheilungsprincipien und zu keiner anerkannten Beurtheilungsmethode geführt.

Selbst wenn die im Vorhergehenden skizzirten Mängel der bakterioskopischen Wasseruntersuchung nicht vorhanden wären, könnte diese Methode

1) Emmerich in Zeitschr. f. Biologie XIV (1878), p. 563.

doch nicht den Anspruch darauf machen, für die Wasserbeurtheilung erheblich mehr zu leisten als die chemische Analyse.

Die grössten Vortheile schien die bakterioskopische Methode für die Untersuchung und Beurtheilung von Trinkwasser zu haben. Aber gerade auf diesem Gebiet hat sich herausgestellt, dass eine Uebereinstimmung der Bakteriologen über die Zahl der im Wasser zuzulassenden Keime, also über die Beurtheilungsprinzipien, nicht erzielt werden konnte.

Der konsequenteste Standpunkt wäre, ein vollständig keimfreies Trinkwasser zu verlangen: ihn haben Duclaux und Despeignes eingenommen, indem sie für die Wasserversorgung nur steriles Quellwasser zulassen wollten. Bereits oben (p. 287) wurde darauf hingewiesen, dass diese Forderung nur theoretisch denkbar ist, in der Praxis aber nirgends sich erfüllen lässt. Deswegen lässt Lübbert im Trinkwasser 50—60 Keime pro ccm zu; Plagge und Proskauer gestatten im Brunnenwasser 50—150, in städtischem Leitungswasser aber bis 300 Keime und letzterer Koncession schliesst sich auch Robert Koch an. A. Pfeiffer zieht die Grenze des nicht zu beanstandenden Wassers bei 1000 Keimen im ccm; Gaertner untersuchte einen Brunnen in Rudolstadt, welcher als „anerkannt gut“ bezeichnet wird, der aber das merkwürdige Analysenresultat lieferte, dass im ccm Wasser 50625 Keime enthalten waren.

Angesichts solcher Meinungsverschiedenheit ist es nicht verwunderlich, dass einerseits keine festen, der Beurtheilung zu Grunde zu legende Grenzzahlen angenommen werden können, andererseits dass überhaupt die Methode der Plattenzählung auch für die Trinkwasseruntersuchung mehr und mehr in den Hintergrund trat.

Es ist aus diesen schwankenden Zahlenangaben der Autoren nur das Eine als festgestellt zu entnehmen, dass die Zahl der nicht pathogenen Keime im Wasser vollständig gleichgültig und für die hygienische Beurtheilung desselben werthlos ist.

Die Anwesenheit pathogener Spaltpilze im Wasser braucht aber nicht quantitativ sondern nur qualitativ bei der Untersuchung nachgewiesen werden. Damit fällt nicht nur die Bedeutung der zur Wasserbeurtheilung angewandten Plattenzählung, sondern auch die Wichtigkeit der bakterioskopischen Untersuchung wird überhaupt erschüttert. Aus den oben (p. 294) gemachten Ausführungen geht nämlich hervor, dass auf das Auffinden der pathogenen Keime (wenigstens für die Praxis der Wasseruntersuchung) nicht mit Sicherheit gerechnet werden kann.

Welche Konsequenzen werden aus der erkannten Unzulänglichkeit der chemischen und bakterioskopischen Wasseruntersuchung gezogen?

Wie ich eben ausgeführt habe, dass die bakterioskopische Wasseruntersuchung kein absolutes Urtheil über die Güte resp. Beschaffenheit eines Wassers in der Praxis ermöglicht, so wurden (vergl. oben p. 278 ff.) auch die Resultate der chemischen Wasserbeurtheilung als unzulänglich erkannt.

Aus dieser Thatsache hat die moderne Hygiene die Folgerung gezogen, dass weder die chemische noch die bakterioskopische Methode für die Wasserbeurtheilung mehr ausschlaggebend seien, sondern dass im Wesentlichen die Lokalinspektion der Wässer an die Stelle der wissenschaftlichen Untersuchung zu treten habe.

Ich führe zur Bestätigung dieser Bemerkung, dass die moderne Hygiene im Wesentlichen die wissenschaftlichen Untersuchungsergebnisse nicht mehr zur Wasserbeurtheilung heranzuziehen geneigt ist, zwei Citate auf. Das erste, auf Trinkwasser bezügliche, ist aus Flügge und Koch's „Zeitschrift für Hygiene und Infektionskrankheiten", das zweite, die Abwasserbeurtheilung betreffende aus den „Arbeiten aus dem Kaiserl. Gesundheitsamt" entnommen.

Harazim[1]) schreibt:

„Als das beste Mittel, ein Wasser zu beurtheilen, wird jetzt die Inspektion der Entnahmestellen angesehen. Durch dieselbe sucht man zu erfahren, ob Rinnsale und Zuflüsse von der Bodenoberfläche oder von den Wandungen des Schachts aus in den Brunnen einfliessen oder ob deren Spuren wahrnehmbar sind. Durch Untersuchung der Höhenlage des Brunnens, seiner näheren und weiteren Umgebung, der Dichtigkeit der Deckung und des Schlammfangs, ferner durch Ableuchten des Schachts nach Fortnahme der Deckung sucht man festzustellen, ob solche Zuflüsse bestehen oder zeitweise bestehen können. Schliesst die Anlage des Brunnens derartige Zuflüsse aus, so ist eine Infektionsgefahr nicht vorhanden; sind Rinnsale und Zuflüsse möglich, so ist die Anlage verdächtig und kann jeder Zeit zu einer Wasserinfektion Anlass geben."

Renk[2]) schreibt bei Gelegenheit der Besprechung eines Fabrikabwassers:

„Das Ausschlaggebende bleibt daher immer der makroskopische Befund. Salze und Bega[3]) führten oberhalb der Fabrik reines Wasser; wenigstens war in beiden sandiger Grund zu sehen. Von der Einmündung der Fabrikabwässer veränderte sich die Beschaffenheit des Grundes und die Klarheit des Wassers und das Gleiche wurde in der ebenfalls vorher viel reiner aussehenden Werre unterhalb der Einmündung der Bega beobachtet."

---

1) Zeitschr. f. Hyg. XXII (1896), Separatabdr. p. 9.
2) Arbeiten a. d. K. Gesundheitsamte V, p. 221.
3) Salze, Bega und Werre sind Wasserläufe.

Wenn ich kurz den Inhalt dessen, was über die bakterioskopische Wasseruntersuchung bisher gesagt wurde, zusammenfasse, so war die Entwickelung dieser Methode folgende: Man kam ihr mit grossem Enthusiasmus entgegen und versprach sich zu viel von ihr. Dann sah man, dass sie den hochgespannten Erwartungen nicht vollständig gerecht wurde, man fühlte sich enttäuscht und verliess die bakterioskopische Wasseruntersuchung ebenso, wie Viele die chemische verlassen hatten.

Die Methode ist aber, ebenso wie die chemische Wasseruntersuchung, sehr wohl geeignet, einen festen Untergrund für die Wasserbeurtheilung zu liefern, wenn sie in richtiger Weise ausgebaut wird. Dieser Ausbau kann aber nur in der Richtung auf die allgemeine mikroskopische Wasseranalyse erfolgen.

Die mikroskopische Wasseranalyse.

Man könnte die Methode der Wasseruntersuchung und Wasserbeurtheilung, welche wir als „mikroskopische“ bezeichnen, auch „biologische Wasseruntersuchung“ nennen. Dieser Name wurde aber nicht gewählt, weil für die Wasserbeurtheilung nicht nur (die allerdings in erster Linie zu berücksichtigenden im Wasser lebenden) Organismen, sondern auch leblose Körper in Frage kommen. Der Hinweis auf das Mikroskop in der Bezeichnung sagt deshalb nur aus, mit welchem Instrument, in welcher Richtung die hier zu behandelnde Wasseranalyse ausgeführt wird.

Welches ist das Ziel der mikroskopischen Wasseranalyse?

Die mikroskopische Wasseruntersuchung ist bestimmt, die in vielen Punkten unsichere Resultate ergebende chemische Wasseranalyse zu ergänzen. In gleicher Weise soll sie der bakterioskopischen Untersuchung eine erweiterte, über das unfruchtbare Plattenzählen hinausgehende Bedeutung geben. Die bakterioskopische Wasseruntersuchung soll zu einer bakteriologischen gestaltet und mit der Untersuchung der übrigen im Wasser lebenden Mikroorganismen verbunden werden. Auch leblose Körper, kurz alles, was unter dem Gesichtsfeld des Mikroskops erscheint, soll so gut wie möglich der Wasserbeurtheilung dienstbar gemacht werden.

Welches sind die theoretischen Grundlagen der mikroskopischen Wasseranalyse?

Die Gesammtheit von Flora und Fauna eines Wassers ist erstens bedingt durch die physikalischen, chemischen, meteorologischen Verhältnisse, welche in demselben herrschen. Der Ausdruck dieser Verhältnisse ist eine bestimmte Vegetation oder ein bestimmter Vegetationscharakter in dem betreffenden Wasser. Sind uns die physikalischen, chemischen, meteorologischen Verhältnisse eines Wassers unbekannt, so können wir aus den darin gefundenen Organismen mit Zuhilfenahme der Kenntnisse, welche wir von den Lebensgewohnheiten derselben besitzen und unter Berücksichtigung aller Fehlerquellen Schlüsse auf die uns unbekannten Verhältnisse ziehen.

Da aber die Gesammtheit der Vegetation eines Wassers zweitens auch noch bedingt wird durch die Thatsache, dass jedes Auftreten, jeder Standort eines Organismus das Resultat einer räumlichen Wanderung desselben ist, können im Allgemeinen nur häufig vorkommende Wasserorganismen zur Wasserbeurtheilung Verwendung finden. Nur bei solchen ist man berechtigt, aus dem Auftreten oder Fehlen bestimmte Schlüsse zu ziehen, weil nur ihr Vorhandensein an jedem ihnen zusagenden Standort zu erwarten steht.

Die Grundlage der mikroskopischen Wasseranalyse sind also naturwissenschaftliche Gesetze, welche zuerst aus dem Leben der höhern Pflanzen und Thiere abgeleitet wurden und dann Anwendung auf gleichartige Verhältnisse in der niederen Organismenwelt fanden.

Ein Beispiel sei angeführt: Es ist bekannt, dass der aus Urgebirge bestehende Centralzug der Alpen hauptsächlich von Rhododendron ferrugineum, die Kalkalpen dagegen von Rhododendron hirsutum bewohnt werden. Aus dem Alpenblumenstrauss, welchen der Tourist am Hut trägt, kann bestimmt werden, ob er einen Ausflug in Urgebirgs- oder in Kalkberge gemacht hat, wenn Alpenrosen sich in dem Strauss befinden. — In gleicher Weise wird auch durch den kleinen Farn Phegopteris calcarea auf Kalkboden als Standort geschlossen werden können.

Der Meeresstrand ist mit einer eigenthümlichen Flora versehen, welche als „Salzflora“ bekannt ist und welche auch an den Salinen des Binnenlandes wiederkehrt: aus dem Vorkommen von Artemisia maritima, Salicornia etc. lässt sich ein vollgiltiger Schluss auf den Salzgehalt des Standorts ziehen.

Dies sind Schlüsse auf unbekannte chemische Standortverhältnisse, welche die höhere Flora ermöglicht. Ganz ebenso gewähren Alpen und Flachland, Torfsumpf und Haide verschiedenen und charakteristischen Organismen die nöthigen Lebensbedingungen. Diese lassen auf bestimmte physikalische und meteorologische Verhältnisse schliessen.

Wie also die höhern Organismen durch Bau und Lebensweise vielfach auf bestimmte Standorte beschränkt sind, so sind oft in noch ausgesprochenerer Weise die Mikroorganismen des Wassers abhängig von den chemischen und physikalischen Verhältnissen ihres Mediums. Sie bilden als die schärfsten Reagentien auf diese uns im einzelnen, fraglichen Fall unbekannten Verhältnisse die sicherste Beurtheilungs-Grundlage.

In welcher Weise von diesem Satz zur Wasserbeurtheilung Gebrauch machen, erläutert ein einfaches Beispiel.

Die Untersuchung einer Brunnenwasserprobe uns unbekannter Herkunft ergebe, dass in dem Wasser chlorophyllgrüne Algen oder lebende Diatomeen enthalten sind. Eines der elementarsten Gesetze der Pflanzenphysiologie lautet nun, dass der Chlorophyll-Farbstoff nur unter dem Einfluss des Lichtes gebildet wird und dass er in der Dunkelheit nach einiger Zeit wieder schwindet. Aus unserm Fund von assimilirendem Farbstoff führenden Algen (denn auch der braune Farbstoff der Diatomeen verhält sich wie das Chlorophyll) geht hervor, dass das Wasser aus einem Brunnen stammt, dessen Wasser belichtet war. Es ist für unsere Beurtheilung gleichgültig, ob die Belichtung des Wassers im Brunnen dadurch zu Stande kam, dass eine genügende Bedeckung desselben fehlte oder ob die grünen resp. braunen assimilirenden Organismen durch oberirdische Zuflüsse in den Brunnen hineingespült wurden.

Nach den Erfahrungen, welche über das Leben der pathogenen Mikroorganismen gemacht wurden, ist jeder in bewohnter Gegend befindliche Brunnen jeden Augenblick der Infektion mit Krankheitserregern ausgesetzt, wenn Wasser oder Staub von der Erdoberfläche in ihn gelangen kann. Denn die von Menschen verschleppten Infektionsträger befinden sich auf der Oberfläche der Erde; sie können das Wasser eines Brunnens nur erreichen, wenn letzterer nicht genügend von der Erdoberfläche abgeschlossen ist. Der Fund von assimilirenden, der Algenklasse angehörigen Organismen im Brunnenwasser beweist, dass der Abschluss ein unvollständiger ist. Also muss das Wasser wenigstens solange vom Genuss ausgeschlossen werden, bis die Wege einer möglichen Infektion gefunden und verlegt sind.

Eine in der Litteratur verzeichnete Brunnenuntersuchung Rupprechts[1]) illustrirt durch einen praktischen Fall unsere theoretischen Erwägungen. Zugleich dient sie uns aber als Warnung, aus den mikroskopischen Wahrnehmungen nicht weitergehende Schlüsse zu ziehen, als sie nach unseren jeweiligen Kenntnissen über die Verbreitung mikroskopischer Lebewesen berechtigt sind.

---

1) Deutsche Wochenschr. f. Gesundheitspflege 1884, p. 39.

In einem Gehöft war Typhus ausgebrochen und die Wahrscheinlichkeit deutete darauf hin, dass das zum Trink- und Hausgebrauch verwendete Wasser die Ursache der Epidemie sei. Der Brunnen war dem Beurtheiler besonders auch deswegen verdächtig, weil in seiner Nähe das stark verunreinigte Abwasser einer Zuckerfabrik floss. Bei der Untersuchung des Brunnenwassers fanden sich zahlreiche „Diatomellen“ [1]), also kleine, der Algenklasse der Bacillariaceen zugehörige Organismen, welche nach unserer eben gemachten Ausführung zu den assimilirenden Pflanzen gehören und nur in belichtetem Wasser vorkommen. Genau dieselben Arten von „Diatomellen“ fanden sich auch im Abwassergraben. Daraus zieht der citirte Autor den Schluss, dass erstens die Typhusepidemie wirklich aus dem bezeichneten Brunnen stamme und dass sie zweitens auf eine Verunreinigung des Brunnenwassers durch das Zuckerfabrikabwasser zurückzuführen sei.

Der erste Schluss aus dem mikroskopischen Befund kann nach unsern Erwägungen berechtigt sein. Zwar sind die „Diatomellen“ keine Typhuserreger und nur der Nachweis des Typhusbakterium in dem Brunnenwasser hätte volle Sicherheit dafür geboten, dass die Infektion der Familie wirklich aus dem Brunnen stamme, aber die „Diatomellen“ beweisen die Belichtung des Brunnenwassers und damit die Möglichkeit, dass auch das Typhusbakterium in den Brunnen gekommen sein kann.

Der zweite Schluss dagegen ist unzulässig. Aus dem Studium der Diatomeen haben wir die Kenntniss gewonnen, dass „Diatomellen“ zu den verbreitetsten, in jedem belichteten Wasser vorkommenden Organismen gehören. Eine Kommunikation von Abwasser und Brunnenwasser wäre in unserm Fall bewiesen gewesen, wenn ein für das Abwasser charakteristisches Lebewesen auch in dem Brunnen sich gefunden hätte. Da „Diatomellen“ dies nicht sind, können sie ebenso gut wie von dem Abwasser aus auch durch Staub oder durch Rinnsale von Regenwasser in den Brunnen gelangt sein.

Zu der zweiten theoretischen Grundlage für die Methoden der mikroskopischen Wasseranalyse führt uns der zweite Theil der soeben bei dem Typhusbrunnen gemachten Erwägung. Es wurde angedeutet, dass eine Kommunikation des Brunnenwassers mit dem Abwasser konstatirt gewesen wäre, wenn charakteristische Abwasserorganismen in dem Brunnen sich gefunden hätten.

Wie in vielen Fällen aus dem Auftreten einer höheren Pflanze an einem Standort, welcher vorher von ihr noch nicht besetzt war, mit Sicherheit auf eine Kommunikation irgend einer Art, welche zwischen dem neuen und zwischen älteren Standorten bestanden haben muss, geschlossen werden

1) Gleichbedeutend mit kleinen Bacillariaceen (Diatomeen).

kann: genau ebenso wird man auch mit der gleichen Sicherheit **analoge** Schlüsse aus dem Auftreten von specifischen Mikroorganismen ziehen können.

Auch dieser Satz sei durch Beispiele sowohl aus dem Reich der höheren wie der niederen Organismen erläutert.

Eine Pflanze aus der Familie der Chenopodiaceen, Corispermum Marschalli, findet sich in ganz Deutschland nur an einem einzigen Standort, nämlich am Oberrhein bei Schwetzingen. Diese Pflanze ist eine Steppenpflanze, welche im südlichen Russland massenhaft vorkommt. Die älteren Floristen haben sie an dem heutigen Standort noch nicht gefunden: es muss also irgend eine Kommunikation bestanden haben, welche die südrussische Pflanze nach Schwetzingen brachte. Der Schluss wäre schon dadurch zu einem äusserst wahrscheinlichen gemacht, dass die Arten der Gattung, welcher diese Pflanze angehört, sehr vielfach verschleppt wurden und da und dort an den Wegen des Weltverkehrs auftauchten. Aber in unserem Fall ist auch die Art und der Moment der Kommunikation historisch festgestellt. Bekanntlich überschritt in der Neujahrsnacht 1813/14 der linke Flügel der Blücher'schen Armee bei Mannheim den Rhein: bei diesem Heerestheil befanden sich Kosaken, welche genau am jetzigen Standort des Corispermum mehrere Tage gelagert hatten. Damit ist der Verkehr zwischen den Steppen Russlands und jenem Standort auch historisch erwiesen.

Wie diese beiden Lokalitäten verhalten sich nun der vorhin erwähnte Abwasserverlauf der Zuckerfabrik und der gegrabene Brunnen. Das Abwasser hat seine bestimmte Flora und Fauna von Mikroorganismen wie die Steppe: Rupprecht (l. c.) erwähnt, dass sich Leptomitus lacteus darin befunden habe. Nur dann, wenn entweder dieser Leptomitus oder ein ihm gleichwerthiger, für Abwässer charakteristischer Organismus in dem Brunnenwasser aufgetreten wäre, könnte daraus der Schluss gezogen werden, dass wirklich eine direkte Kommunikation zwischen dem Abwasser und dem Brunnenwasser bestand.

Das Ergebniss der Erwägung ist in diesem Falle negativ: eine solche Kommunikation ist nicht bewiesen. Dagegen beruht eine der wichtigsten Methoden der Trinkwasseruntersuchung darauf, dass eine Kommunikation anderer Art häufig durch Mikroorganismen positiv beweisbar ist.

Gleich der Steppe Südrusslands hat auch der Darmkanal des Menschen und der warmblütigen Thiere seine besonderen, charakteristischen Lebewesen, seine typischen Mikroorganismen. Als Beispiel für ein solches Mikrobion, welches der Darmflora eigenthümlich ist, sei Bacterium coli genannt. Dieser Spaltpilz fehlt, soweit unsere Kenntnisse gehen, in keinem Darmtraktus; er ist ausserhalb desselben (abgesehen vom Wasser) nur bei pathologischen Prozessen in anderen Theilen des menschlichen und Thierkörpers, sowie in mit Fäkalien verunreinigter Erde oder in Medien gefunden worden, welche mit Fäkalien verunreinigt sein können. Daraus geht hervor, dass dies Bacterium coli für die Flora des Darmes ebenso charakteristisch ist, wie in unserm eben ausgeführten Beispiel das erwähnte Corispermum für die Flora der Steppe.

Man hat dem Bacterium coli zwar seine Bedeutung als typischer Darmorganismus auch schon abgesprochen und darauf hingewiesen, dass dasselbe schon wenige Stunden nach der Geburt in den Darm des Menschen und der höheren Thiere hineingelangt, dass es an den verschiedensten Orten und bei den verschiedensten Gelegenheiten sich findet und deswegen noch keinen Beweis für die Fäkalverunreinigung des Wassers darstelle.

Dem gegenüber ist zu betonen, dass wir Menschen, wenigstens wir Städter, leider überhaupt in einer Atmosphäre leben, welche überall und aller Orten einen Staub enthält, der Fäkalreste in reichlichstem Maasse mit sich führt. Dem entsprechend ist es nur selbstverständlich, dass wir das Bacterium coli in unserer Umgebung sehr häufig finden. Gerade die Regelmässigkeit und Geschwindigkeit, mit welcher Bacterium coli, oft schon vor der ersten Nahrungsaufnahme des Kindes, vom After her in den Darm eindringt, ist der beste Beweis dafür, dass es ein typischer Darmorganismus ist.

Wenn es nun möglich ist, diesen Spaltpilz in dem Wasser eines Brunnens nachzuweisen, so ist damit die Kommunikation zwischen der Flora irgend eines Darmes und dem Brunnenwasser bewiesen. Diese Kommunikation ist nur dadurch möglich, dass Fäkalien oder Fäkalauslaugungen oder Fäkalstaub in den Brunnen gelangt sind: unter allen Umständen ist die Entdeckung einer solchen Kommunikation von grösster Wichtigkeit. Denn so gut das für gewöhnlich unschädliche Bacterium coli in den Brunnen gelangt sein kann, ebensogut kann auch sein nächster Verwandter, Bacterium typhi, oder kann Microspira Comma (der Choleraerreger) aus einem Darmkanal in das Wasser verschleppt werden.

Was setzt die mikroskopische Wasseranalyse voraus?

Aus der Besprechung der theoretischen Grundlagen, auf denen die mikroskopische Wasseranalyse beruht, geht hervor: fast alle Schlüsse, welche aus den Organismen eines Wassers auf dessen Beschaffenheit gezogen werden, haben zur unbedingten Voraussetzung die genaueste Kenntniss der Mikroorganismen des Wassers.

Die mikroskopische Wasseranalyse verwendet die specifischen, durch die allgemeinen Forschungen der Botanik und der Zoologie festgestellten und genau erforschten Lebensbedingungen der einzelnen Arten von Wasserorganismen zur Wasserbeurtheilung. Also ist die Kenntniss der Arten, oder doch die Fähigkeit, dieselben sicher bestimmen zu können, die Grundbedingung für die mikroskopische Wasseranalyse.

Die bakterioskopische Wasseruntersuchung, also die Ermittelung der in einem ccm des zu untersuchenden Wassers sich befindenden Zahl von Bakterien tritt in den Hintergrund; sie findet nur noch für specielle Zwecke (wesentlich vergleichende Untersuchungen desselben Wassers zu verschiedenen Zeiten) Anwendung. Dagegen treten die Bakterien selbst, ihre Arten, in den Mittelpunkt des Interesses.

Genau die gleiche Wichtigkeit, wie sie bisher der Untersuchung der Spaltpilze eingeräumt wurde, erlangen ferner die übrigen das Wasser bewohnenden Mikroorganismen: die höheren Pilze, Algen und Protozoën.

Auch bei ihnen kommt es uns nicht in erster Linie auf die in der zu untersuchenden Wasserprobe vorhandene Menge, sondern auf die vorhandenen Arten an.

Die Menge der in einem Wasser enthaltenen Mikroorganismen ist von zu vielen, uns bisher grösstentheils in ihrem innersten Wesen unbekannten Eigenthümlichkeiten derselben abhängig. Die Menge der Mikroorganismen wird nicht nur durch die äusseren Lebensbedingungen, sondern auch durch die individuelle Vermehrungsfähigkeit bedingt.

Die Species der Mikroorganismen eines Wassers dagegen sind allein von den Eigenschaften des Wassers und der Wanderungsfähigkeit der Arten abhängig.

Die mikroskopische Wasseranalyse verlangt also eine sehr viel gründlichere und speciellere naturwissenschaftliche, insbesondere botanische und zoologische Bildung, als sie den meisten heute Gutachten in Wasserfragen abgebenden Mikroskopikern eigen ist.

Die mikroskopische Wasseranalyse verlangt ferner in Gestalt von Bestimmungstabellen andere litterarische Hülfsmittel, als sie bisher vorhanden waren. Zwar sind mehrere Werke über die niederen Organismen des Süsswassers erschienen, aber diese sind entweder nicht ausführlich genug um die Erkennung der für die mikroskopische Wasseranalyse nöthigen Arten zu sichern oder sie sind lückenhaft, gehen insbesondere an den Forschungen der Bakteriologie mehr oder weniger vorüber.

Ich habe nur mit innerem Widerstreben und weil die unbedingte Nothwendigkeit unverkennbar war, mein Buch über die mikroskopische Wasseranalyse mit den ausgedehnten Bestimmungsschlüsseln des ersten Theiles dieses Werkes belastet.

Was leistet die mikroskopische Wasseranalyse?

Bereits bei Besprechung der theoretischen Grundlagen, auf welchen die mikroskopische Wasseranalyse beruht, wurde in Beispielen gezeigt, in welcher Richtung ihre Leistungen liegen.

Für die **Trinkwasseruntersuchung** ist die mikroskopische Wasseranalyse in der Lage, an Stelle der heute von den verschiedensten Seiten und mit den gewichtigsten Gründen angegriffenen bakterioskopischen Wasseruntersuchung unbedingt sichere Normen für die Beurtheilung zu liefern.

Bei Trinkwasser handelt es sich ja im Wesentlichen stets um die Frage, ob das Wasser hygienisch brauchbar und zum Hausgebrauch zuzulassen sei. Eine Untersuchungsmethode, welche sowohl über die Infektionsmöglichkeit wie über eventuell bereits stattgehabte Infektion eines Wassers Auskunft giebt, ist geeignet, diese Frage beantworten zu lassen.

Bei **Abwässern** ist die Fragestellung für die Wasserbeurtheilung eine ganz wesentlich andere und erweiterte.

Zu der Frage nach der Schädlichkeit der Abwässer (welche wieder verschiedenster Art sein können) für die Gesundheit der Anwohner und ihres Viehstandes treten die Fragen nach Belästigung durch Geruch etc., nach Schädigung der Anlieger durch verminderte Brauchbarkeit des Wassers für häusliche und gewerbliche Zwecke etc. — kurz, die Fragestellung bei der Abwasserbeurtheilung ist eine ausserordentlich wechselnde.

Dementsprechend kann hier bei der Frage nach den Leistungen der mikroskopischen Wasseranalyse für die Wasserbeurtheilung nur auf einige grundlegend wichtige Punkte eingegangen werden.

Die mikroskopische Wasseranalyse ist geeignet, ein absolutes Urtheil über den Reinheitszustand eines Wassers zu geben.

Die mikroskopische Wasseranalyse ist dazu geeignet, erstens weil sie die Organismen des verschmutzten Wassers, welche durchaus andere sind als diejenigen des reinen Wassers, nachweisen lässt.

Zweitens umfasst die mikroskopische Wasseranalyse auch die bakterioskopische Wasseruntersuchung und vermag mit ihrer Hülfe in der oben (p. 284—288) angedeuteten Weise die Resultate der chemischen Untersuchungen in Bezug auf die Definition und Menge der als Verunreinigung in Betracht kommenden „organischen Substanz" zu ergänzen.

Die mikroskopische Wasseranalyse ist geeignet, die lange vergeblich gesuchten „Verunreinigungsgrenzen" erkennen zu lassen, resp. verschieden starke Verunreinigungsgrade der Wasserläufe zu definiren.

Tritt bei einem Flusslauf eine schwache, unter Umständen durch chemische Methoden gar nicht wahrnehmbare und auch bei der bakterioskopischen Untersuchung nicht auffällige Wasserverunreinigung ein, so beobachtet man Folgendes: Bei der Speciesbestimmung der in dem Wasser lebenden Organismen ergiebt sich, dass eine Anzahl von Algen und Protozoën, welche nur in absolut reinem Wasser ihre Existenzbedingungen finden und welche sehr empfindlich gegen Wasserverunreinigung sind, verschwinden. Wie oben betont, handelt es sich nur um gemeine, in reinem Wasser allverbreitete Arten, auf deren Auftreten resp. Abwesenheit die Beurtheilung sich gründet. Sind derartige Organismen oberhalb einer Fabrik vorhanden, unterhalb dagegen auf eine kürzere oder längere Strecke nicht, so ist eine leichte Verschmutzung nachgewiesen.

Ist die Wasserverunreinigung eine stärkere, so tritt in ihrem Gefolge eine andere Wasserflora und Wasserfauna auf. Im Wesentlichen gehört die Schmutzwasserflora der Klasse der Pilze an. Können neben diesen Pilzen in grösserem Maassstab noch lichtgrüne Algen (abgesehen von einzelnen Species, die auch in verpestetem Wasser wachsen und welche jeweils im I. Theil dieses Werkes bezeichnet sind) ihr Fortkommen finden, so ist eine starke Verschmutzung des Wassers aus diesem Vegetationsbild zu erschliessen.

Wird die grüne Vegetation (abgesehen von den eben bezeichneten Ausnahmen) vollständig von der weissen (Pilz-) oder blaugrünen resp. schwärzlichen (Oscillatorien-) Vegetation verdrängt, so ist von einer Verpestung des Wasserlaufes durch Abwässer zu sprechen.

Diese Verpestung selbst ist wieder verschiedenen Grades, je nachdem die weisse Pilzvegetation von Leptomitus oder Sphaerotilus gebildet wird.

Es wird meine Aufgabe sein, die hier gemachten Andeutungen im Kapitel über Wasserbeurtheilung präcis zu fassen und durch Beispiele zu erläutern: jedenfalls ist aus ihnen hier schon ersichtlich, dass Grenzen für verschiedene Intensitäten der Wasserverunreinigung aus den Untersuchungsergebnissen von Wasserflora und Wasserfauna abgeleitet werden können.

Diese Grenzen sind praktisch brauchbare, denn sie sind scharfe. Wie ein Ton, wie irgend ein Sinnenreiz eine gewisse Intensität erreichen muss, um die „Reizschwelle" zu überschreiten und empfunden zu werden, so muss die Wasserverunreinigung jeweils einen specifischen Mindestgrad erreichen, um für einen bestimmten Abwasserorganismus die Lebensbedingungen zu gewähren. Ebenso muss ein genau bestimmtes Höchstmaass von Verunreinigung vorhanden sein, um einen anderen Organismus verschwinden zu lassen, d. h. ihm die Bedingungen seiner Existenz zu entziehen.

Dabei passen sich diese durch die mikroskopische Wasseranalyse feststellbaren Verunreinigungsgrenzen vollständig dem praktischen Bedürfniss an.

Der „Verdünnungsgrad" eines Schmutzwassers durch das reine Wasser, welches es aufnimmt, ist bekanntlich ein ausserordentlich wichtiger Faktor für die Abwasserbeurtheilung. Es ist häufig unbedenklich, ein stark mit Abfallstoffen beladenes Wasser in einen grossen Strom einzuleiten, während dasselbe Abwasser einen kleinen Fluss verschmutzen, einen Bach aber verpesten würde. In dem Strom wird das Abwasser im angenommenen Fall so stark verdünnt, dass es überhaupt keinen erkennbaren Einfluss auszuüben vermag, dass die Vegetationsbedingungen für eine Schmutzwasserflora überhaupt nicht geschaffen werden. In dem kleinern Fluss wird dagegen die Verunreinigungsschwelle überschritten, welche bereits eine Wasserpilzvegetation ermöglicht, aber die Verdünnung ist doch immer noch stark genug, um die Algenvegetation nicht vollständig verschwinden zu lassen. Wird das Abwasser dagegen in einen Bach gelassen, so wird auch die Maximalverunreinigung, welche für das Algenleben noch zulässig war, überschritten und damit die Alleinherrschaft der Wasserpilze ermöglicht.

Die mikroskopische Wasseranalyse lässt leichter ein Durchschnittsbild von Wasserverhältnissen gewinnen als die anderen Wasser-Untersuchungsmethoden.

Es wurde oben (p. 280, 281, 292) darauf aufmerksam gemacht, dass die chemische sogut wie die bakterioskopische Wasseruntersuchung häufig bei einmaliger oder doch bei nicht oft wiederholter Probeentnahme schwer zu einem Urtheil über die Durchschnittsbeschaffenheit eines Wassers gelangen kann.

Es ist dies eine Thatsache, welche schon bei der Trinkwasseruntersuchung zu ansehnlichen Fehlschlüssen führen kann, welche aber ganz besonders für Abwasseruntersuchungen von höchster Wichtigkeit ist. Die Ursache dieser Fehlerquellen ist, dass sowohl die chemische wie die bakterioskopische Wasseruntersuchung ihr Augenmerk auf im Wasser schwimmende und deshalb in ihrer Menge Schwankungen unterworfene Objekte (feste Körper oder Lösungen) richtet.

Dem gegenüber bietet die mikroskopische Wasseranalyse, welche auch die in den Wasserläufen an Steinen und Reisern, auf der Bachsohle und am Ufer festsitzenden Organismen in den Bereich ihrer Betrachtung zieht, einen Vortheil. Diese Art der Untersuchung macht den Beurtheiler unabhängig von den Schwankungen des Wasserzustandes, welche regelmässig oder zufällig eintreten. Der Analyse liegt die gesammte niedere Flora und Fauna des Wassers zu Grunde. Diese Gesammtheit der Organismen ist aber nicht der Ausdruck exceptionell günstiger oder vorübergehend schlechter Wasserverhältnisse, sondern sie ist bedingt und abhängig von der durchschnittlichen Wasserbeschaffenheit.

Nicht nur derjenige Zustand des Wassers, welcher im Moment der Probeentnahme vorhanden ist, unterliegt der Beurtheilung des Mikroskopikers, sondern dieser sieht in den Objekten seiner Untersuchung den Ausdruck der Verhältnisse, welche bereits seit längerer Zeit geherrscht haben.

Die Grenzen der mikroskopischen Wasseranalyse.

Nach unseren Ausführungen sind die hauptsächlichsten Objekte für die mikroskopische Wasseranalyse die Organismen des Wassers: auf ihrer Speciesbestimmung und auf die Kenntnisse, welche wir von den Lebensbedingungen der einzelnen Arten haben, gründet sich im Wesentlichen die Wasserbeurtheilung.

Das Hauptgebiet der mikroskopischen Wasseranalyse, ja das Gebiet, auf welchem sie praktisch überhaupt nur in Frage kommt, ist die Beurtheilung von reinem (Trink-) Wasser und von Abwässern, welche mit organischen, insbesondere stickstoffhaltigen Verunreinigungen beladen sind.

Nur die Flora und Fauna des Süsswassers, des reinen wie des verunreinigten, kann praktischer Weise für die mikroskopische Wasseranalyse in Frage kommen. Zwar besitzt auch das Salzwasser seine specifischen Mikroorganismen, aber es hat keinerlei praktische Bedeutung, den Salzgehalt eines Wassers aus der Specieskenntniss der mikroskopischen Lebewelt erschliessen zu wollen. Dazu ist die chemische Analyse da, welche die Frage nach dem Salzgehalt viel schärfer zu beantworten in der Lage ist.

Alle übrigen mineralischen Verunreinigungen des Wassers besitzen nicht einmal ihre eigenen, charakteristischen Mikroorganismen: es giebt kein Thier und keine Pflanze, welche für das Chlor der Pottaschefabriks-Abwässer oder für die Schwefelsäure von Metallbearbeitungsfabriken oder für die schweflige Säure der Cellulosefabriken oder endlich für das Rhodanammonium der Gasfabriksabwässer charakteristisch wäre. Sobald es sich um die Untersuchung eines mit anorganischen Verbindungen verunreinigten Wassers handelt, hat die chemische Wasseranalyse den Alleinbesitz des Feldes.

Aber auch bei der Beurtheilung von Trinkwasser oder mit organischen, stickstoffhaltigen Substanzen verunreinigtem Wasser ist, wie ich oben (p. 283) ausgeführt habe, die chemische Analyse eine wichtige Mitarbeiterin bei der Wasserbeurtheilung. Mikroskopische und chemische Wasseranalyse sollen sich gegenseitig ergänzen und aus den Resultaten beider Untersuchungsmethoden wird sich dann eine objektiv zutreffende Wasserbeurtheilung ergeben.

Die Entwickelung der mikroskopischen Wasseranalyse.

Da in dieser Schrift zum ersten Mal die gesammte mikroskopische Wasseranalyse dargestellt wird, ja viele Einzelheiten derselben die erste Kodifikation erhalten, erscheint es angemessen, den Entwickelungsgang dieser angewandt-wissenschaftlichen Disciplin zu verfolgen.

Die Anwendung der mikroskopischen Wasseranalyse auf die Trinkwasser-Untersuchung.

Ferdinand Cohn als Begründer der mikroskopischen Wasseranalyse.

Während der Breslauer Cholera-Epidemien 1852 und 1866, also lange bevor der Erreger der Krankheit erkannt war, hat Ferdinand Cohn die mikroskopische Untersuchung einer grossen Anzahl von Brunnenwasserproben vorgenommen und darüber berichtet[1]). Eine Zusammenstellung dieser Untersuchungsresultate und eine Zusammenfassung derselben für die Wasserbeurtheilung hat F. Cohn 1875[2]) vorgenommen: dies Jahr ist als das Geburtsjahr der mikroskopischen Wasseranalyse anzusehen.

F. Cohn's kurze diesbezügliche Zusammenfassung sei des grossen historischen Interesses wegen, welche dieselbe für uns besitzt, hier wörtlich wiedergegeben:

„Wir können diese (im Wasser gefundenen) Organismen in drei Kategorien theilen, welche einem verschiedenen Grad der Reinheit des Wassers entsprechen. Diatomeen und grüne Algen (Conferven, Protococcus, Scenedesmus etc.) setzen ein an organischen Stoffen armes Wasser, sowie Zutritt des Lichtes voraus, unter dessen Einfluss sie die Kohlensäure des Wassers zerlegen und zu ihrer Ernährung verwerthen. In faulem Wasser gehen diese Algen bald zu Grunde; von ihnen ernähren sich gewisse grössere und schönere Arten der Infusorien, insbesondere viele Ciliaten (Nassula, Loxodes, Urostyla etc.), von letzteren oder direkt von den Algen wieder Entomostraceen (Daphnia, Cyclops, Cypris) und die meisten Räderthiere, sowie Borstenwürmer (Naïden) und Mückenlarven. Ihre Gegenwart in geringer Zahl ist daher innerhalb gewisser Grenzen mit der Reinheit des Wassers durchaus nicht unvereinbar.

Brunnenwasser, das viel organische Reste in fester Form suspendirt enthält, ist der Boden für Wasserpilze, welche sich von jenen Ueberresten nähren. Von organischen Resten leben auch die karnivoren Infusorien (gewisse Amoeben, Paramaecium Aurelia, Amphileptus Lamella, Oxytricha pellionella, Epistylis spec., Chilodon Cucullulus, Euplotes Charon etc.), ferner Anguillulae und das Räderthier Rotifer vulgaris, sowie gewisse Tardigraden und Milben.

1) Vergl. Zeitschr. f. klin. Med. IV, p. 229; Jahresber. d. Schles. Gesellsch. f. Vaterländ. Kultur 1853, p. 91 u. bei Grätzer in Abh. d. Schles. Ges. 1867, p. 74.

2) In Cohn's Beitr. zur Biol. d. Pflanzen I, p. 113.

Brunnenwasser endlich, das organische Stoffe in grosser Quantität gelöst enthält, befindet sich im Zustande der Fäulniss oder Gährung, der sich oft durch üblen Geruch und Entwickelung von Gasen bemerklich macht, und wimmelt in Folge dessen von Gährungspilzen und den eigentlichen Fäulnissinfusorien, die mundlos, sich ausschliesslich von gelösten organischen Verbindungen ernähren und mit dem Aufhören des Fäulnissprozesses verschwinden. Es sind dies Schizomyceten aller Art und die meisten Infusoria flagellata: Bakterien (Zoogloea), Vibrionen, Spirillen, Monaden, Chilomonaden, Cryptomonaden etc., gewisse Amoeben, Peranema trichophorum, auch wenige grössere bewimperte Infusorien (Glaucoma scintillans, Vorticella infusionum, Colpoda Cucullus, Enchelys, Paramaecium putrinum, Cyclidium Glaucoma, Leucophrys pyriformis), welche sich unter solchen Bedingungen am reichlichsten und zwar so massenhaft entwickeln, dass das Wasser von ihnen oft undurchsichtig milchähnlich getrübt, opalisirend aussieht. Solches Wasser ist offenbar zum Getränk nicht geeignet; gleichwohl habe ich gefunden, dass einige Breslauer Brunnen diesen Charakter an sich getragen haben."

Cohn's Ausführung lässt sich zusammenfassen: Grüne Algen und die durch ihr Vorhandensein bedingten Thiere finden sich im reinsten Wasser; ihr Vorhandensein lässt ein Trinkwasser nicht bedenklich erscheinen. Unentschieden bleibt der Werth, welchen die auf das reichliche Vorkommen fester organischer Reste in einem Brunnenwasser zurückzuführenden Organismen der zweiten Klasse für die Beurtheilung besitzen. Dagegen sind die Fäulnissorganismen, welche die dritte Abtheilung ausmachen, ein Zeichen für die hygienische Verdächtigkeit des Wassers, in welchem sie vorkommen.

Dass wir heute diesen Standpunkt verlassen haben, dass die assimilirenden (grünen) Algen uns ein Trinkwasser ebenso verdächtig erscheinen lassen wie etwa darin vorkommende Fäulnissorganismen, ist oben[1]) angedeutet und soll später noch des Weitern auseinandergesetzt werden. Vor der Entdeckung der Erreger von Cholera und Typhus war aber die Cohnsche Beurtheilungsart unangreifbar, weil sie mit den allgemeinen Anschauungen über die Schädlichkeit der „organischen Substanz" im Wasser übereinstimmte. Besonders der grosse Fortschritt dieser Methode der Wasseruntersuchung gegenüber der damaligen physikalischen und chemischen Prüfung ist hervorzuheben, dass eine ähnlich scharfe Reaktion auf Vorhandensein und Art der „organischen Substanz" durch den Protozoënbefund damals geliefert wurde, wie sie später die Wasserplattenzählung und durch sie die Ermittelung des Keimgehaltes im Wasser bot.

Die oben angeführten Cohn'schen Sätze zur Wasserbeurtheilung konnten erst in demselben Augenblick für veraltet und überholt gelten, als man auch das Resultat der bakterioskopischen Wasseruntersuchung, der Plattenzählung, nicht mehr anerkannte. Die Cohn'sche Methode der Protozoënbeobachtung lieferte (wenn auch auf umständlicherem Weg) genau die gleichen Resultate, wie die viel später erfundene und lange Zeit in

---

[1]) cf. p. 302.

Ehren gehaltene Plattenmethode zur Ermittelung des Keimgehaltes. Ebenso gut wie die Menge der Bakterien kann auch die Menge der in einem Wasser vorhandenen Protozoën dazu dienen, das Vorhandensein der „organischen Substanz“ im Wasser zu erkennen, die Art derselben genauer zu definiren und gute Beurtheilungsziffern für ihre Menge zu liefern (vergl. oben p. 284, 286, 287).

Die Cohn'sche Untersuchungs- und Beurtheilungsmethode wurde nicht wesentlich weiter ausgebildet, weil sie zu viele botanische und zoologische Spezialkenntnisse erforderte und die von Robert Koch neu erfundene bakterioskopische Plattenmethode nicht nur leichter, sondern auch genauer zu den gleichen Resultaten gelangte, wie die damalige mikroskopische Wasseranalyse.

Es ist im Wesentlichen Tradition aus der vorbakteriellen Zeit, was heute noch da und dort in gerichtlichen Gutachten und in kleineren Aufsätzen über die mikroskopische Trinkwasseruntersuchung enthalten ist. Die neueren Lehrbücher sprechen sich (ohne der mikroskopischen Trinkwasseruntersuchung alle Bedeutung abzusprechen) so vorsichtig über dieselbe aus, als ob die Autoren sie nicht aus eigener Praxis kennten.

Versuche zur Fortbildung der bakterioskopischen Plattenuntersuchung in der Richtung auf die mikroskopische Wasseranalyse.

Da auch die bakterioskopische Plattenuntersuchung zur Ermittelung des Keimgehalts einer Flüssigkeit ein integrirender Bestandtheil der mikroskopischen Wasseranalyse ist, muss jeder Fortschritt derselben in der Richtung auf die Speciesbestimmung oder doch wenigstens auf die Differenzirung der Spaltpilze als Entwickelungsstadium unserer Disciplin betrachtet werden.

Unterscheidung zwischen „verflüssigenden“ und „nicht verflüssigenden“ Arten bei der Plattenzählung.

Die erste Differenzirung der auf den Wasserplatten wachsenden Arten war die, dass man bei der Zählung der erwachsenen Kolonien nicht mehr auf die Zahl allein achtete, sondern einen Unterschied machte zwischen denjenigen Kolonien, welche die Gelatine der Platte verflüssigen und welche sie fest lassen. Man ging hierbei von der Voraussetzung aus, dass die „verflüssigenden“ Arten hauptsächlich die „Fäulnisserreger“ seien. Diese Ansicht wurde dadurch begründet, dass die Verflüssigungsfähigkeit nichts anderes ist als die Fähigkeit, die Leimsubstanz der Gelatine anzugreifen und umzuwandeln. Da Leimsubstanz nur im thierischen Organismus allein vorkommt, sah man in den verflüssigenden Arten speziell diejenigen, welche die Fäulniss resp. die Zersetzung des Fleisches bewirkten.

Die Unterscheidung zwischen „verflüssigenden" und „nicht verflüssigenden" Arten bei der Plattenuntersuchung des Wassers stammt von Robert Koch; derselbe giebt zuerst der Ansicht, dass die verflüssigenden Bakterien auf eine Verunreinigung des Wassers durch thierische Substanz deuteten, klaren Ausdruck bei Gelegenheit der Besprechung von bakterioskopischen Untersuchungen, welche mit Berliner Sielwasser angestellt wurden[1]):

„In der Beschaffenheit der Wasserproben tritt ein charakteristischer Unterschied insofern hervor, dass die dem Rieselterrain entstammenden verhältnissmässig reich an solchen Organismen sind, welche bei ihrem Wachsthum die Gelatine verflüssigen. Es sind dies, anderweitigen Erfahrungen zu Folge, gerade diejenigen Bakterien, welche bei der Fäulniss thierischer Substanzen vorzugsweise angetroffen werden, so dass die Zahl ihres Auftretens in einem Wasser einen Rückschluss auf den Grad der vorhandenen Verunreinigung desselben durch thierische Materie gestattet."

Wenn die Ansicht richtig wäre, dass die Anwesenheit der verflüssigenden Bakterien vorzugsweise auf Wasserverunreinigung durch thierische Materien schliessen liessen, so wäre die Unterscheidung zwischen verflüssigenden und nicht verflüssigenden Kolonieen von grossem Werth. Es ist nämlich nach unseren früheren Ausführungen nicht gleichgültig, welcher Art die im Wasser befindliche verunreinigende „organische Substanz" ist. Wenn dieselbe von Pflanzen stammt, so wird sie keine dem Menschen gefährlichen Krankheitserreger enthalten können, denn es giebt keine Krankheit, welche den Pflanzen und den höheren Thieren gemeinsam wäre. Ist die „organische Substanz" dagegen thierischen Ursprungs, so kann sie vom Menschen oder aus dessen Umgebung stammen und damit die Keime menschlicher Krankheiten enthalten; sie kann auch thierische Krankheitskeime bergen, welche die Fähigkeit haben, auf den Menschen überzugehen.

Es würde also, wenn die besprochene Annahme richtig wäre, für den Fall, dass die „organische Substanz" der Nährboden für zahlreiche verflüssigende Bakterien ist, daraus der Schluss zu ziehen sein, dass diese „organische Substanz" nicht aus der gesundheitlich durchaus unbedenklichen Zersetzung pflanzlicher Körper stamme.

Davon kann aber keine Rede sein. Verflüssigende Bakterien finden sich im reinsten Wasser so gut wie in Schmutzwässern. Sie haben fast allgemein die Eigenschaft, auf Gelatine besser zu wachsen als die nicht verflüssigenden Keime. Dies allein ist der Grund, warum sie auf den eine grosse Zahl von Kolonien enthaltenden, aus Schmutzwasser gegossenen Platten besonders in die Augen fallen. Dank ihrer grossen Wachsthumsgeschwindigkeit sind sie im Stande, das Wachsthum vieler nicht verflüssigender Keime ringsum zu hemmen (vergl. oben p. 290). Also ist die Ueberzahl, welche die verflüssigenden Keime in mit thierischen Dejekten beladenen Schmutzwässern aufweisen, vielfach nur eine schein-

[1]) Bericht über die Kanalisationswerke der Stadt Berlin 1882/83, p. 26.

bare und dieselben sind nicht charakteristisch für die angegebene Art der „organischen Substanz“.

Dies geht auch daraus hervor, dass alle Bakterien welche unsere Gemüse (also pflanzliche Körper) zersetzen, ausnahmslos die Gelatine der Kulturplatten verflüssigen.

Da ferner eine grosse Menge von pathogenen Mikroorganismen (z. B. Streptococcus pyogenes, Str. lanceolatus, Bacterium Pneumoniae, B. typhi, Corynebacterium Diphtheriae, Mycobacterium tuberculosis) die Gelatine unverflüssigt lassen, so ist offenbar die Verflüssigungsfähigkeit auch kein Hinweis auf die Pathogenität der Arten, welche mit dieser Eigenschaft versehen sind.

Es ist also nicht empfehlenswerth, eine gesonderte Aufführung der bei der Zählung der Platten beobachteten verflüssigenden und nicht verflüssigenden Kolonieen vorzunehmen, denn die auf die Unterscheidung verwendete Arbeit ergiebt kein für die Wasserbeurtheilung brauchbares Resultat. Diese Ansicht findet auch in den neueren Lehrbüchern der Bakteriologie Ausdruck.

Einen Fortschritt bedeutet die Sonderung von verflüssigenden und nicht verflüssigenden Kolonien bei der Plattenzählung nur insofern, als sie darauf hinweist, nicht nur der Zahl sondern auch der Art der Keime einige Aufmerksamkeit zu schenken.

Vorschlag Migula's, bei der bakterioskopischen Wasseruntersuchung nicht nur die Zahl der Keime, sondern vorzüglich die Zahl der Arten festzustellen.

Die nächste Fortbildung der bakterioskopischen Plattenmethode in der Richtung auf die Speciesbestimmung und damit auf die mikroskopische Wasseranalyse zu ist der Vorschlag, an Stelle der Keime die auf der Platte erwachsenden Species zu zählen.

Der Gesichtspunkt, unter welchem dieser Vorschlag gemacht wurde, wird am besten durch seinen Autor selbst dargelegt[1]):

„Wenn es nicht möglich oder doch nach den bisherigen Erfahrungen höchst unwahrscheinlich ist, Krankheitserreger unmittelbar im Trinkwasser aufzufinden, so muss die Methode der bakteriologischen Wasseruntersuchung darauf bedacht sein, ein Mittel zu finden, welches Wässer erkennen lässt, die möglicherweise Krankheitserreger beherbergen können.

Wenn ein Wasser Krankheitserreger enthält oder enthalten hat, so muss es auf irgend eine Weise Gelegenheit gehabt haben, sich zu verunreinigen. Bei dieser Verunreinigung dürfte es aber als ausgeschlossen zu betrachten sein, dass nur die Krankheitserreger und nicht auch andere Arten in das Wasser gelangen. Im Gegentheil, es werden mit dieser Verunreinigung in der Regel ziemlich viele verschiedene Arten in das Wasser gelangen.

---

[1]) Migula in Arb. a. d. bakt. Inst. Karlsruhe I, p. 539.

Von diesen Arten wird nun wahrscheinlich ein Theil ebenso wie die pathogenen Bakterien — es handelt sich hier ja fast ausschliesslich um Cholera und Typhus — nach einiger Zeit aus dem Wasser verschwinden, weil sie hinsichtlich ihrer Lebensbedingungen zu anspruchsvoll sind. Ein anderer Theil wird sich aber länger erhalten und dadurch die Zahl der Arten im Wasser mehr oder minder erhöhen.

Je öfter ein Wasser verunreinigt wird, desto grösser wird die Zahl der Arten sein, die in das Wasser gelangen und die sich in ihm auch erhalten können. Je öfter ein Wasser verunreinigt wird, desto grösser wird aber auch die Möglichkeit sein, dass dabei pathogene Keime hineingelangen. Die grössere Zahl der Arten steht also in einem direkten Verhältniss zu der grösseren Möglichkeit einer Infektion des Wassers mit pathogenen Bakterien."

Der Sinn dieser Ausführung wird in dem hier gesperrt gedruckten letzten Absatz des Citats klar zusammengefasst.

Eine allgemeinere Anerkennung hat sich das Migula'sche Princip der Specieszählung nicht erringen können, weil es auf einer gleich zu besprechenden theoretisch theilweise unrichtigen Anschauung beruht und auch grosse praktische Mängel aufweist. Immerhin finden sich da und dort in der Litteratur[1]) Anklänge an dasselbe.

Theoretische Einwendungen gegen das Prinzip, die Wasserbeurtheilung auf die Specieszahl der im Wasser sich findenden Spaltpilze zu begründen.

a) Der Migula'sche Vorschlag, die Zahl der Species für die Wasserbeurtheilung zu verwenden, ist ein echt botanischer: nur ein Botaniker konnte denselben machen. Dies Princip beruht auf den Anschauungen, welche wir über die Wirkung des Verkehrs auf die Flora eines Erdenfleckes haben. Mit dem Resultat der botanischen Prüfung steht und fällt die ganze Theorie.

Wir vergleichen einen Brunnen, welcher gut gedeckt ist und keine seitlichen, von der Erdoberfläche oder aus Senkgruben etc. kommenden Zuflüsse erhält mit einer vom Verkehr abgeschlossenen Bergwiese. Ebenso wird der Vergleich zwischen einem fortwährend von aussen inficirten Brunnen und den Umgebungen eines Hafenquais angemessen sein, denn beiden Lokalitäten ist ein fortgesetzter Import fremder Organismen eigen. Je öfter aus entfernten Gegenden stammende Waaren an einem Hafenquai abgeladen werden, umso häufiger können mit diesen Waaren zufällig mitgeführte Samen fremder Pflanzen in der Umgebung der Abladestellen eine Bereicherung der Flora bewirken.

Thatsächlich kann die Flora in der Umgebung solcher Verkehrscentren eine besonders reichhaltige sein, kann be-

[1]) cf. Büsing in Weyl, Handb. d. Hyg. II, 1, p. 153.

sonders viel Arten aufweisen. Dies **muss** aber keineswegs so sein. Wenn unter den eingeschleppten Pflanzen sich eine Art befindet, welche in besonders hervorragender Weise für den „Kampf um's Dasein" ausgerüstet ist, so wird dieselbe unter Umständen sogar die einheimischen Pflanzenarten verdrängen. Die Flora der betreffenden Stelle kann dann nach der Einschleppung der betreffenden Pflanze sehr viel einförmiger werden, als sie es vorher war.

Das Resultat des Verkehrs kann also nicht nur eine die Specieszahl mehrendes, sondern auch ein sie verminderndes sein.

Man wird gegen diese Erwägung nicht einwenden können, dass sie ohne genügende thatsächliche Grundlage sei: das Auftreten der in Mitteleuropa nicht heimischen Ausländer Galinsoga parviflora und Impatiens parviflora, ihr Wuchern und Verdrängen der einheimischen Flora ist bekannt genug.

Auch die Einwendung gegen unsere Erwägung wird man nicht machen können, dass in der ersten Vegetationsperiode auch durch diese damals seltenen Pflanzen die Flora ihres Standortes thatsächlich bereichert wurde. Bei der ungeheueren Vermehrungsfähigkeit der Spaltpilze ist es rechnerisch leicht zu belegen, dass bei stündlicher Zweitheilung eines für den Kampf um's Dasein besonders gut angepassten Bakterienstäbchens nach weniger als zwei Tagen der ganze Brunnen von der einen, eingeführten Art occupirt sein kann.

Das heisst aber nichts anderes, als dass nach dieser Frist die Zahl der Species durch das Faktum der Einschleppung einer Art direkt ärmer, der Brunnen weniger artenreich, geworden sein kann.

b) Noch ein weiterer theoretischer Einwand drängt sich dem Botaniker gegen die hier in Frage stehende botanische Theorie auf. Wir haben soeben einen guten Brunnen mit einer vom Verkehr abgeschlossenen Bergwiese verglichen. Sogut wie auf einer solchen Wiese sollte sich, wie die behandelte Theorie annimmt, nach einiger Zeit ein Gleichgewicht der um den Standort ringenden Arten und damit eine konstante Artenzahl ergeben, weil wir die Möglichkeit der Einschleppung fremder Arten und damit die Störung des Gleichgewichts ausschliessen.

Nun gehört aber bei dieser Annahme als nothwendige Folgerung auch die Forderung hinzu, dass durch den Kampf um's Dasein, welchen ja die Individuen und nicht die abstrakten Begriffe der Arten führen, auch ein Gleichgewicht in der Individuenzahl vorhanden sei. Beide in Ziffern ausdrückbaren Grössen gehören logisch nothwendig zusammen.

Bei der Bergwiese sind wir uns über diese Ziffern klar, da stimmt das Verhältniss. Bei dem Brunnen aber steht die Sache anders.

Hier wird uns bewiesen, dass ohne erkennbare äussere Einflüsse die Zahl der im Wasser enthaltenen Keime schwanken und zwar ohne erkennbaren Grund innerhalb kurzer Zeit vom Minimum zum Maximum schwanken kann (vergl. die oben, p. 293 citirten Ziffern Buchner's).

Damit ist auch bewiesen, dass die Zahl der Species schwanken kann und zwar gleichfalls ohne bisher erkannten Grund: die Ziffern der Individuenzahl und diejenige der Artenzahl gehören logisch zusammen.

Praktische Einwendung gegen das Princip, die Wasserbeurtheilung auf die Specieszahl der im Wasser sich findenden Spaltpilze zu begründen.

a) Die Wasserbeurtheilung könnte, selbst wenn man die eben gemachten theoretischen Einwände gegen die Methode ausser Acht lassen wollte, in der Praxis doch nicht auf die Specieszahl begründet werden, weil diese Zahl ohne genaue Bestimmung der Arten doch nicht zu ermitteln ist und, wenn erst einmal die Bestimmung ausgeführt wurde, eine sehr viel bessere Beurtheilungsmethode möglich ist.

Zwar könnte bei nicht vollkommener Kenntniss der Mannigfaltigkeit, welche den Erscheinungen der Bakterien auch unter dem Mikroskop und bei Betrachtung ihrer Kolonien eigen ist, es verlockend erscheinen, die Kolonieform für die Speciesunterscheidung ohne Weiteres zu verwenden, aber ich werde später auf die Gestalt der Kolonien zurückzukommen und zu zeigen haben, dass zu einer Unterscheidung der Arten diese häufig doch nicht die genügende Unterlage bieten.

b) Wird die Wasserbeurtheilung auf die Zahl der im Wasser enthaltenen Species begründet, so vertauscht man nur das oben (p. 298) bezeichnete und genauer beleuchtete Dilemma „wieviel Keime sollen wir in einem „guten“ Wasser zulassen?“ mit dem andern: „wieviel Arten dürfen in einem „guten“ Brunnenwasser vorhanden sein?“ Es ist nur ein scheinbarer Vortheil, wenn die abweichenden Meinungen über die Beantwortung dieser Frage sich nicht mehr zwischen 0—50000 sondern zwischen 0—50 bewegen.

Ausgearbeitete Methoden, welche den Nachweis einzelner Spaltpilz-Arten zum Zweck haben und integrirende Bestandtheile der mikroskopischen Wasseranalyse sind.

Da wir die Wasserbeurtheilung auf die Speciesbestimmung der Wasserorganismen basiren, wären alle Methoden, welche die Züchtung und Erkennung einzelner besonders wichtiger Spaltpilzarten bezwecken, in diesem geschichtlichen Abriss zu erwähnen.

In erster Linie sind dies die Verfahren, die Erreger der Cholera und des Typhus sowie des Milzbrandes aus dem Wasser zu isoliren. Diese

Methoden sind natürlich besonders ausgebildet worden, weil der direkte Nachweis der Krankheitserreger im Wasser von grösster Wichtigkeit ist; sie werden später genau geschildert werden. Wenn diese Methoden auch für die Praxis keinen befriedigenden Erfolg gezeitigt haben, so sind sie doch von höchstem Interesse.

Weiter zielen eine ganze Anzahl von Anweisungen darauf ab, die Verunreinigung des Trinkwassers mit Fäkalien durch den Nachweis von Fäkalbakterien, also von Mikroorganismen der Darmflora, nachzuweisen. Auch diese Methoden hier zu schildern erübrigt sich, da sie gleichfalls später darzustellen sein werden. Nur darauf sei hingewiesen, dass diese Methoden theilweise schon recht alt sind. Wenn Lott[1]) eine Wasserprobe mit Zucker versetzt und verlangt, dass dieselbe, bei $26\,^{1}/_{2}\,^{0}$ stehen gelassen, keine „Buttersäure"-Gährung zeige, so braucht an die Stelle des Wortes „Buttersäure" nur „Milchsäure" gesetzt zu werden um wirklich eine rohe Prüfungsmethode auf das Vorhandensein von Bacterium coli, eines der typischsten Darm-Schizomyceten, in dieser Vorschrift zu erkennen.

Die Anwendung der mikroskopischen Wasseranalyse auf die Abwasser-Untersuchung.

Es wurde oben gezeigt, dass die Anregung, welche Ferdinand Cohn durch seine Methode für die Beurtheilung des Trinkwassers gegeben hatte, keinen weitergehenden Erfolg zeitigen konnte, weil die bakterioskopische Wasseruntersuchung die Cohn'sche Methode verdrängte.

Dagegen dankt die Erforschung und Beurtheilung der Abwässer, welche hier und da auf mikroskopischem Weg bewirkt wird, seinen Untersuchungen wesentlich ihr Fundament und ihre Entwickelung.

Ferdinand Cohn's Arbeiten über die Abwasserflora beginnen mit den ersten in Deutschland beobachteten Erscheinungen der Wasserverpestung durch gewerbliche Abwässer.

Im Jahre 1852 erregte eine der ersten dieser Abwasserkalamitäten allgemeines Aufsehen und das Interesse an diesem Fall ist, schon seiner historischen Wichtigkeit für unsere Disziplin wegen, heute noch nicht völlig geschwunden.

An der Weistritz bei Schweidnitz in Schlesien begann in dem genannten Jahr eine Melassebrennerei ihren Betrieb. Ihrer Abwässer und der Brennereirückstände entledigte sie sich dadurch, dass sie dieselben in die Weistritz einliess. Aus diesem Bach entnahm damals die „Wasserkunst" der Stadt Schweidnitz das Wasser.

Zu nicht geringem Schrecken der Stadtverwaltung nahm damals das Trink- und Gebrauchwasser dieser Stadt rasch eine Beschaffenheit an,

[1]) cf. Journ. of the Chem. Ind. 1887, p. 495.

welche es für alle Zwecke, nicht nur für den Genuss sondern auch für den Hausgebrauch, vollständig untauglich machte. Das Wasser wurde schlammig und übelriechend, ja stinkend; es führte grosse wollflockenartige Rasen eines weissen oder grauen, schleimigen Organismus mit sich, welche dem damaligen Breslauer Botaniker Göppert zur Untersuchung übergeben wurden.

Die Bestimmung dieses Organismus, die Erkennung desselben als den damals noch selten beobachteten Leptomitus lacteus ist Cohn zu verdanken, wenn auch Göppert[1]) den Bericht über die Untersuchung abstattete und darin seines Mitarbeiters nicht gedachte.

Weiter widmete F. Cohn in den Jahren 1880/81[2]) und 1884/85[3]) seine Kraft der Kommission, welche auf Veranlassung der kgl. Preussischen Regierung sich mit der Untersuchung und Reinigungsprüfung von Rohzuckerfabriks-Abwässern beschäftigte. Gleich den Abwässern der eben erwähnten Melassebrennerei waren auch diejenigen der Rohzuckerfabriken zu einer allgemeinen Kalamität geworden.

Die Resultate dieser Arbeiten sind nicht gleich jenen über die Trinkwasseruntersuchung (vergl. oben p. 311) in für die Abwasserbeurtheilung allgemein verwerthbarer Weise zusammengestellt worden. Trotzdem verdienen die Berichte über die beregten Untersuchungen, insbesondere der zweite, das allergrösste Interesse. In ihm wird zum ersten Mal auf die in Abwässern regelmässig vorkommenden Wasserpilze und andern Abwasserorganismen hingewiesen, es wird auf die specifische Bedeutung derselben aufmerksam gemacht. Sowohl die in den gerichtlichen Gutachten Schröter's und anderer Wasseranalytiker wie die in der Litteratur da und dort auftauchenden Bemerkungen über das Vorkommen von Leptomitus, Sphaerotilus (Cladothrix), Beggiatoa, Oscillatoria-Arten in Abwässern[4]) gehen auf die Anregung Cohn's und auf seine kurzen Ausführungen zurück.

---

1) In Ber. d. Schles. Gesellsch. f. Vaterl. Kultur 1852, p. 54 ff.

2) Die Ergebnisse der amtl. Verhandlungen zur Prüfung der Abflusswässer aus Rohzuckerfabriken, 1885. (Liegt mir als Separatabdruck vor, wie die folgende Schrift; ein ausführliches Referat ist zu finden bei König, Verunr. d. Gewässer, p. 255 ff.)

3) cf. König, l. c. p. 545 ff.

4) Vergl. z. B. König, Verunr. d. Gewässer, p. 233 (Beggiatoa in Brauereiabwässern); Fleck, Ueber Flussverunreinigungen, im 12. u. 13. Jahresber. d. Kgl. chem. Centralstelle Dresden 1884 (Beggiatoa im Abwasser von Wollwäschereien); Renk, in Arb. Kaiserl. Ges.-Amt V, p. 213, 231 (Beggiatoa in Stärkefabrikabwässern); Caspary, in Nordd. Brauerzeitg. 1884, p. 1219 (Leptomitus in Brauereiabwässern); König, l. c. p. 235 (Leptomitus in Brauereiabwässern); König, Unters. landwirthsch. und gewerbl. wichtiger Stoffe p. 606—611 (Beggiatoa, Leptomitus in Abwässern); Zopf, Beiträge zur Morphol. und Physiol. niederer Organismen Heft 2, p. 32—35 (Sphaerotilus

Eine ausführliche und begründete Kodifikation des nach den unten angegebenen Citaten ziemlich weit verbreiteten Gebrauchs, das Vorkommen typischer Abwasserorganismen der Abwasserbeurtheilung dienstbar zu machen, existirt noch nicht. Dieselbe soll in diesem Werke in dem spätern Kapitel über die Abwasserbeurtheilung gegeben werden.

Nur durch Anwendung der auf die Abwasserorganismen sich stützenden Untersuchungsmethode kann das erreicht werden, was oben (p. 307—309) als die Leistung der mikroskopischen Wasseranalyse für die Abwasserbeurtheilung angegeben wurde.

Unter allen Umständen wird durch unsere Untersuchungsmethode ein Fortschritt in der Abwasserbeurtheilung gemacht. Der heutige Stand derselben ist in einem Gutachten der wissenschaftlichen Deputation für das Medicinalwesen[1]) folgendermassen bezeichnet:

„Vorläufig ist der zulässige Grad der Verunreinigung danach zu bemessen, dass unverkennbare Anzeichen stinkender Fäulniss, wie Fäulnissgeruch und Entwickelung von Gasblasen auch beim niedrigsten Stand des Flusswassers und bei höchster Sommertemperatur fehlen müssen.“

Die heutige wissenschaftliche Abwasserbeurtheilung steht also im Wesentlichen auf dem Standpunkt, ihr Urtheil nach subjektiven Empfindungen (Anzeichen stinkender Fäulniss, Fäulnissgeruch) abgeben zu müssen. Dieser Beurtheilungsmodus ist kein glücklicher. Verfasser fungirte einmal als Sachverständiger in einer auf Abwässer bezüglichen Rechtsstreitigkeit, bei welcher folgender Thatbestand vorlag:

Der Entwässerungsgraben eines nicht unbedeutenden Stadttheils floss offen durch ein Gartengrundstück und die Besitzer desselben klagten gegen die Stadtgemeinde, weil sie durch die unerträglichen Gerüche des Grabens in der Benützung ihres Grundstückes geschädigt würden. Die ganze Beweisaufnahme des Prozesses, welcher schon einmal in der obersten Instanz gewesen war, drehte sich um die Frage nach den Geruchsverhältnissen des Grabenwassers. Zeugenaussagen und Sachverständigen-Gutachten standen sich diametral und unvermittelbar gegenüber. Während der eine Zeuge sich an der reinen Luft des Gartens labte, konnte der andere es gleichzeitig vor Gestank kaum aushalten. Unter den mit empfindlicheren Geruchsnerven Begabten glaubte der eine die Ursache der empfundenen Belästigung in dem fraglichen Abwasser, der andere in einer nahen Gasfabrik sehen zu müssen.

Dieser Fall war ein schlagender Beweis dafür, dass der Begriff

---

in dem durch Zuckerfabriken und städtische Abwässer stark verunreinigten Ohlefluss); Schenk, Ueber die Bedeutung der Rheinvegetation etc., in Centralbl. f. allg. Gesundheitspflege 1893 (Beggiatoa, „Cladothrix“, Leptomitus in städtischen Abwässern).

1) Bericht über die Sitzung vom 24. Oktober 1888.

„Fäulnissgeruch“ kein objektiver, sondern von dem subjektiven Empfinden jedes Einzelnen abhängig ist.

An die Stelle subjektiver Empfindungen objektive Wahrnehmungen treten zu lassen und auf Grund dieser die Grenze zu bestimmen, welche eine Flussverunreinigung im Interesse der öffentlichen Ordnung und des Eigenthumsschutzes der thalabwärts befindlichen Flussanlieger nicht überschreiten darf, ist die Aufgabe der mikroskopischen Abwasseruntersuchung. Diese Aufgabe kann sie erfüllen.

Was braucht man zur mikroskopischen Wasseranalyse?

Das Mikroskop und die mikroskopischen Nebenapparate.

Bei Anschaffung des Mikroskops mache man sich zur ersten Bedingung, in der Auswahl des Stativs keine allzu peinliche Sparsamkeit herrschen zu lassen. Ein kleines und einfaches Stativ ist zwar billig, aber nur für beschränkte Zwecke benutzbar; je grösser und besser das Stativ konstruirt ist, um so leichter wird das Mikroskop bei später etwa eintretendem Bedarf komplettirt werden können und um so mehr Anforderungen kann das Instrument entsprechen.

Von einem für die Zwecke der mikroskopischen Wasseranalyse geeigneten Instrument muss gefordert werden, dass es Vergrösserungen von 80—1100fach linear leistet. Die bekannten optischen Firmen [1]) liefern alle für den gedachten Zweck vorzüglich brauchbare Mikroskope. Wenn ich speziell die Firma W. & H. Seibert in Wetzlar nenne und bei meinen Vorschlägen mich an deren Preisverzeichniss halte, geschieht dies, weil ich seit länger als 15 Jahren mit den Instrumenten dieser optischen Anstalt arbeite und dieselben als sehr leistungsfähig und dabei wohlfeil befunden habe. Zu bemerken bleibt allerdings, dass vor dem Ankauf überhaupt jedes Mikroskop und jedes Vergrösserungssystem durch einen erfahrenen Mikroskopiker auf seine Leistungsfähigkeit prüfen zu lassen sich empfiehlt.

Das in Fig. 5 abgebildete Instrument ist für die mikroskopische Wasseranalyse besonders zu empfehlen; es besitzt Gelenk zur Schiefstellung, Bewegung des Tubus durch Zahn und Trieb, genaue Einstellung durch

1) z. B. Zeiss-Jena, Leitz-Wetzlar, Seibert-Wetzlar etc.

Fig. 5.

Arbeitsmikroskop (W. & H. Seibert, Stativ 5) $^1/_2$ nat. Gr.

die feine an der Spitze der Säule befindliche Schraube und festen, quadratischen Tisch.

An dem Stativ ist angebracht ein mittelgrosser Beleuchtungsapparat (num. Apert. 1,20) mit Irisblende. Derselbe kann durch einen Schraubenkopf unter dem Tisch in der Richtung der optischen Axe bewegt werden.

Fig. 6.

Schlitten-Mikroskop nach Dr. Nebelthau.

Ist der Kondensor genügend aus der Ausdrehung im Tisch hinabgeschraubt, so klappt er bei weiterem Drehen von selbst zur Seite. Der Kondensor kann mit der beigegebenen Cylinderblendung vertauscht werden.

Zu diesem Stativ sind erforderlich: Revolver zu 3 Objektiven, die Objektive II, V und homogene Immersion $^1/_{12}$ sowie die Okulare 1 und 3;

mit diesen Systemen ist eine Vergrösserung von 71 bis 1160 linear zu erzielen.

Ferner ist für die Zwecke der mikroskopischen Wasseranalyse unerlässlich nöthig ein Okular-Mikrometer.

Nach dem Preisverzeichniss 1896 von W. & H. Seibert sind die Kosten des so zusammengestellten Instrumentes:

Stativ 5 mit Beleuchtungsapparat, Irisblende und Cylinderblende, incl. Kasten	*M.* 111,—
Die angegebenen Okulare und Objektive sowie Revolver . . .	„ 189,—
Okular-Glasmikrometer, beweglich, mit feiner Schraube zur horizontal-linearen Bewegung, sowie mit Korrektur zur scharfen Einstellung der Theilung	„ 24,—
	M. 324,—

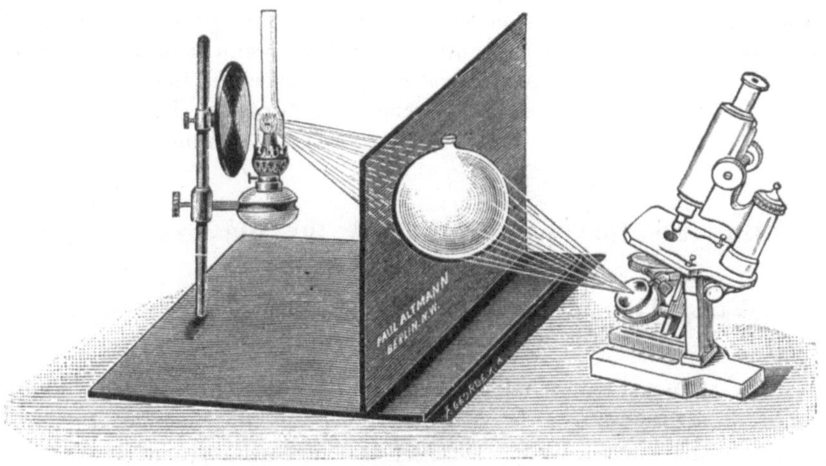

Fig. 7.
Mikroskopbeleuchtung mittelst Schusterkugel.

Dies Instrument ist nicht nur zur mikroskopischen Wasseranalyse incl. Bakterienbestimmung, sondern auch für Sputum-, Gonococcen- etc. Untersuchungen vorzüglich brauchbar.

Eine Mikroskop-Konstruktion, welche für bakteriologische Wasseruntersuchungen von Bedeutung ist, wird von der Firma E. Leitz in Wetzlar angeboten: es ist das Nebelthau'sche Schlitten-Mikroskop (Fig. 6). Dieses Schlitten-Mikroskop stellt ein Instrument dar, mit welchem die so wichtige genaueste Durchmusterung grosser Gelatineplatten in der besten Weise geleistet werden kann.

Eine Schiene überbrückt den Objekttisch, unter dieser Schiene bewegt sich derselbe auf Gleitschienen, er wird mittelst Zahn und Trieb vorwärts und rückwärts bewegt, während das Mikroskop auf seiner Bahn durch eine Kurbel seitliche Bewegung erfährt. Beide Bewegungen sind markirt und so vermag man die

Platte in ihrer ganzen Ausdehnung planmässig abzusuchen. Den Objekttisch bildet eine Glasplatte, welche in einen auf vier Säulchen ruhenden Rahmen gefasst ist; seine Grösse beträgt 160 × 200 mm. Die Bewegung des Tisches beträgt 135 mm und die des Mikroskopes 180 mm. Ein Spiegel unter dem Tisch sorgt für hinreichende Beleuchtung. Der Tubushalter wird in eine Schwalbenschwanzführung des Supports eingeschoben und lässt sich bequem gegen den Lupenhalter auswechseln. Die grobe Einstellung des Mikroskopes geschieht durch Zahn und Trieb, die feine mittelst Feinstellschraube über dem Objektiv.

Preis des Schlitten-Mikroskops ohne Objektive und Okulare *M.* 300,—.

Wer sich zu seinem Arbeits-Mikroskop noch dieses Schlitteninstrument anschaffen kann, wird mit dessen Leistungen zufrieden sein; Vergrösserungen über 80fach linear sind für unsere Zwecke am Schlitten-Mikroskop unnöthig, es genügen Leitz Objektiv 3 (Preis *M.* 15) und Okular III (Preis *M.* 5); die Vergrösserung dieser Kombination = $\frac{8,5}{1}$.

Mikroskopbeleuchtung. Von den wechselnden Intensitäten der Sonnenbeleuchtung macht man sich unabhängig und gewinnt zugleich für das abendliche Arbeiten eine gute Lichtquelle, wenn man entweder das Gasglühlicht mit kugelförmiger weisser Glocke oder die Schusterkugel mit gewöhnlicher Gas- resp. Petroleumbeleuchtung benützt. Die Firma Paul Altmann [1]) bietet die in Fig. 7 wiedergegebene Anordnung an.

Sterilisations- und Kulturapparate für die bakteriologische Wasseranalyse.

(Vorschläge für möglichst billige und zweckmässige Anschaffungen.)

Es kann selbstverständlich nicht erwartet werden, dass der Praktiker sich in ähnlich günstiger Lage befindet wie in hygienischen Instituten, grossen Krankenhäusern oder chemischen Untersuchungsämtern arbeitende Untersucher, welche durch die staatlichen oder kommunalen Fonds die kostspieligsten Apparate geliefert erhalten. Immerhin wird es auch dem über beschränkte Mittel verfügenden Privatmann möglich sein, mit Hilfe einfacher Apparate und grösserer Aufmerksamkeit bei der Ueberwachung derselben das Gleiche zu leisten, was mit den grossen Mitteln der Staats- und Kommunallaboratorien in der Wasseruntersuchung sich ermöglicht.

Sterilisationsapparate.

Für die Sterilisation von Nährsubstraten und Glasgefässen kann man sich sehr gut mit einem einfachen Dampfkochtopf behelfen, welcher in jedem Küchenmagazin sich findet; man wähle einen Topf, welcher 10—15 Liter fasst und gerade (nicht ausgeschweifte) Seitenwände besitzt; jeder Klempner kann Einsätze anfertigen, welche ver-

[1]) Berlin NW, Luisenstrasse 32.

hindern, dass das Wasser in direkte Berührung mit den zu sterilisirenden Objekten kommt. Durch Einstellung der Ventilbeschwerung wird die höchste Temperatur im Innern des Topfes auf 103—105^{0} regulirt und die gewöhnlichen Objekte verbleiben in dieser Temperatur 20—30 Minuten, Kartoffeln dagegen an je drei aufeinander folgenden Tagen je 20 Minuten. Da kein Nährsubstrat verwendet wird, welches bei genauer Besichtigung nach 5 tägigem Stehen bei Zimmer- resp. Brutschranktemperatur nicht völliges Fehlen von Bakterien- resp. Schimmelpilzwachsthum aufweist, genügt die Anwendung des gewöhnlichen Papin'schen Topfes für den Praktiker durchaus.

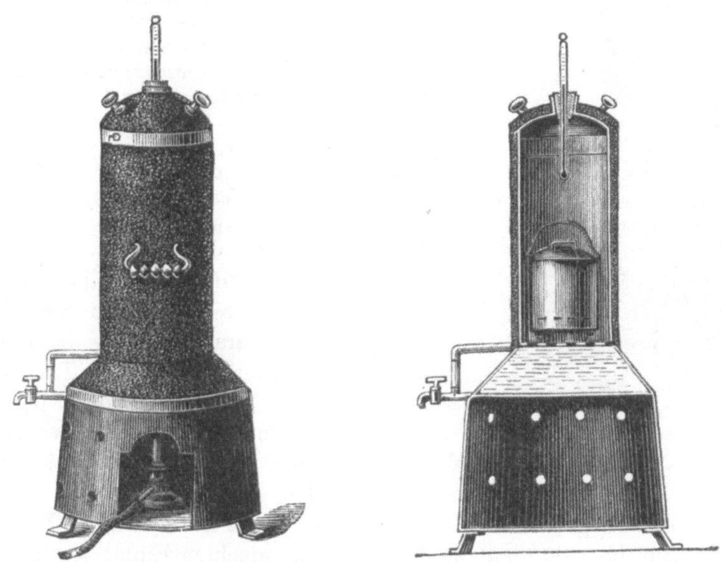

Fig. 8.
Dampfsterilisationsapparat nach R. Koch.

Wer grössere Mittel zur Verfügung hat, sei auf die von verschiedenen Firmen angebotenen einfachen Dampf-Sterilisationsapparate hingewiesen.

Fig. 8 stellt den einfachen Dampfsterilisationsapparat nach Koch dar, welcher von der Firma Dr. Hermann Rohrbeck[1]) angeboten wird. Der Apparat hat eine vergrösserte Heizfläche und Schutzmantel für die Flamme; er besteht aus kupfernem Cylinder oder Cylinder von verbleitem oder galvanisirtem Stahlblech, Dampfentwickler mit Boden von Kupfer; Wasserstandsrohr, Wasserabflusshahn, Handhaben, gewölbtem Deckel mit Tubus für Thermometer und ausströmenden Dampf, dazu passendem Einsatzgefäss mit durchbrochenem Boden oder von verzinkter Eisengaze. Der Apparat hat Filz-, Asbest- oder Linoleumbekleidung und steht auf einem Gestell von Eisen; Höhe des Desinfektors (Cylinders) $^{1}/_{2}$ m.

1) Berlin NW., Karlstrasse 24.

	Durchmesser 20 cm	25 cm
Der Cylinder aus verbleitem oder galvanisirtem Stahlblech, Boden von Kupfer, der Dampfentwickler mit vergrösserter Heizfläche	*M.* 22,—	25,—
Der Cylinder ganz aus Messing oder Kupfer, mehr . . .	„ 18,—	35,—

Fig. 9.
Dampfsterilisations-Apparat nach R. Koch mit kegelförmigem Dampfentwickler.

Fig. 9 ist die Abbildung einer praktischen Modifikation desselben Apparats, mit **kegelförmigem** kupfernen Dampfentwickler, zur schnellen, energischen und ökonomischen Dampfbildung, bei geringem Wasservolumen, mit konstantem Niveau, auf Gestell mit Mantel für die Flamme. Der Apparat vollständig mit Filz-, Asbest- oder Linoleum bekleidet, mit Rost, Handhabe, gewölbtem Helm, mit Tubus und Wasserabflusshahn nebst Einsatzgefäss von verzinkter Eisengaze; Höhe des Desinfektors (Cylinders) $^1/_2$ m, Durchmesser 25 cm.

Der Cylinder aus verbleitem oder galvanisirtem Stahlblech, der Dampfentwickler aus Kupfer, Höhe $^1/_2$ m, Durchmesser ca. 25 cm	*M.* 36,—
Der Cylinder aus Kupfer oder Messing, der Dampfentwickler aus Kupfer, mehr	„ 23,—

Ausser dem für die Sterilisation von Nährsubstraten, insbesondere von Kartoffeln nöthigen Dampfapparat kann bei bakteriologischen Untersuchungen ein kleiner Trockenapparat resp. Sterilisationsapparat bei hoher Temperatur für Glassachen, Metallinstrumente und Verschlusswatte nicht entbehrt werden. Empfehlenswerth ist der von P. Altmann gefertigte kleine Trockenschrank mit einfachen Wänden, für Temperatur bis 300° mit zwei Tuben, durchlochten Einlagen und vierfüssigem Gestell (Fig. 10).

Fig. 10.
Einfacher Trockenschrank für Sterilisation bei hoher Temperatur.

Grösse des Innenraumes:			
	Höhe	13	15 cm
	Breite	18	25 „
	Tiefe	13	15 „
a) von starkem Stahlblech	*M.*	7,—	9,—
b) ganz aus Kupfer	„	12,50	18,—

Wer über grössere Mittel verfügt und an Stelle dieses primitiven Trockenkastens einen besser konstruirten und gleichmässiger arbeitenden anschaffen will, dem sei der Heissluftsterilisator derselben Firma empfohlen, dessen Hauptvortheil darin besteht, dass in allen Theilen des Innenraumes absolut gleichmässige Temperatur herrscht. Während bei den Apparaten, wo die Erhitzung durch eine Flamme am Boden geschieht, der untere Theil des Innenraums stets überhitzt wird, bleibt bei vorliegender Konstruktion die Temperatur überall konstant, da die Heizgase durch eine seitlich eingeführte Heizschlange den ganzen Raum gleichmässig umspülen. Die Sterilisation erfolgt nur durch strömende heisse Luft.

Die Apparate werden mit Asbest bekleidet und komplet mit Gasheizung und Thermometer geliefert. Durch Regulirung an dem Hahn der Heizschlange kann jede beliebige Temperatur eingestellt werden (Fig. 11).

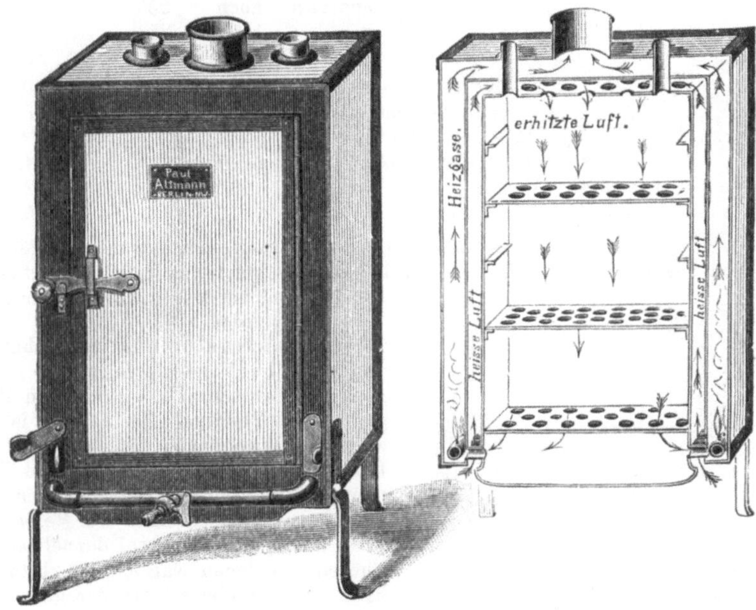

Fig. 11.
Heissluftsterilisator mit überall konstanter Innentemperatur.

Grösse des Arbeitsraumes:					
	Höhe	24	30	45[1]	18 cm
	Breite	18	23	28	50 „
	Tiefe	16	20	28	25 „
	M.	52,—	75,—	90,—	105,—

Kulturapparate.

Nicht so unbedingt nöthig für die Wasseruntersuchung, aber immerhin ausserordentlich wünschenswerth ist der Besitz eines Thermostat-Brutschrankes, für welchen, abgesehen vom Mikroskop, die höchsten Kosten aufgewandt werden müssen. Wer über einen im Winter dauernd angenehme Zimmertemperatur (± 22° Celsius) besitzenden, auch während

1) Gebräuchlichster Apparat.

der Nacht nicht längere Zeit unter 12° sich abkühlenden Arbeitsraum verfügt, kann den Brutschrank allenfalls entbehren; während des Sommers ist er überhaupt für die gewöhnlichen Untersuchungen der Wasseranalyse wenig zu verwenden. Für die allermeisten Fälle wird man deshalb mit Altmann's einfachem Thermostaten (Fig. 12) völlig zufrieden sein.

Der Apparat ist von oben zu öffnen; er steht auf vier Füssen und ist mit Filz überkleidet.

		Innengrösse:		
		hoch	25	25 cm
		breit	25	25 „
		lang	25	50 „
	aus galvanisirtem Stahlblech		*M.* 40,—	*M.* 60,—
	aus starkem Kupferblech		„ 60,—	„ 85,—
Hierzu:	1 einfacher Thermoregulator			„ 9,—
	1 feines Thermometer, 0—60° in 1/10 getheilt . . .			„ 4,—
entweder	1 Sicherheitslampe			„ 12,50
oder	1 einfache Mikrogaslampe			„ 5,—

Wer zu einem grösseren Thermostat-Brutschrank sich entschliesst, für den wird zunächst die Frage aufzuwerfen sein, ob Gas als Heizmittel zur Verfügung steht oder ob bei dessen Mangel Petroleum verwandt werden soll.

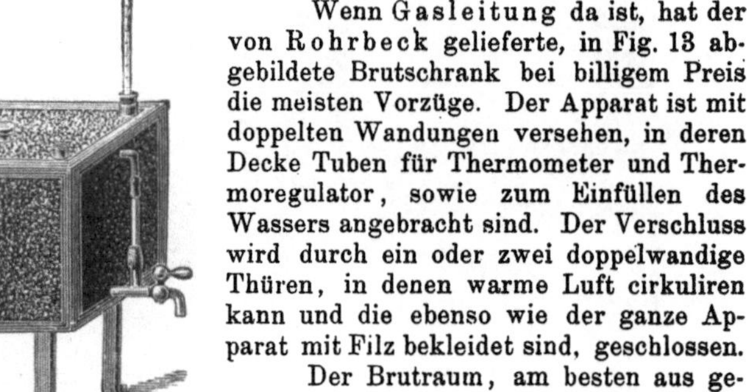

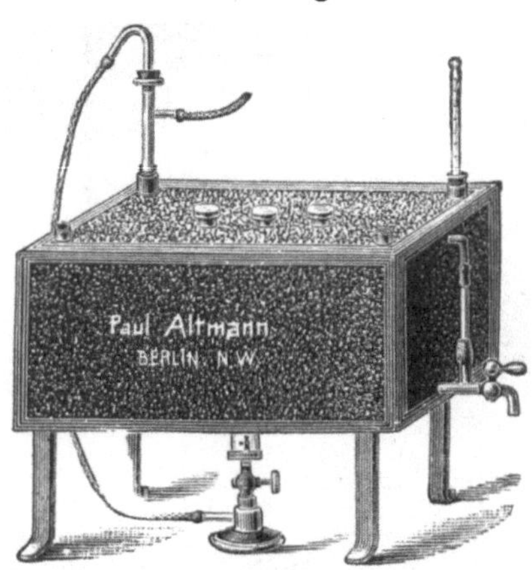

Fig. 12.
Einfacher Thermostat.

Wenn Gasleitung da ist, hat der von Rohrbeck gelieferte, in Fig. 13 abgebildete Brutschrank bei billigem Preis die meisten Vorzüge. Der Apparat ist mit doppelten Wandungen versehen, in deren Decke Tuben für Thermometer und Thermoregulator, sowie zum Einfüllen des Wassers angebracht sind. Der Verschluss wird durch ein oder zwei doppelwandige Thüren, in denen warme Luft cirkuliren kann und die ebenso wie der ganze Apparat mit Filz bekleidet sind, geschlossen.

Der Brutraum, am besten aus gewelltem Kupfer oder Messingblech hergestellt und durch eine Glasthür verschliessbar, ist durch die beim Schluss der äusseren Thür an dieser Stelle gebildete Luftschicht gegen äussere Temperatureinflüsse geschützt. In den mit Wasser gefüllten Zwischenraum des Apparats sind lange und schmale Rohre oder Kasten unten und oben hineingelegt, durch die der Innenraum mit der Atmosphäre in Verbindung steht, und deren in dieselbe mündenden Oeffnungen regulirt werden können. Das um dieselben cirkulirende Wasser wärmt die von aussen in dieses System eintretende Luft an und lässt sie so in das Innere des Apparats gelangen, aus dem sie durch die gleiche Vorrichtung im oberen Theile wieder entweicht. Dies hat den Vortheil, dass durch die im Innern stattfindende Luftcirkulation ein Ausgleich der Temperaturunterschiede in den verschiedenen Zonen hergestellt und der Eintritt kalter Luft in das Innere vermieden wird.

Zur gleichmässigen Erwärmung des Wassers und somit des Innenraums wird der Zwischenraum vortheilhaft noch mit unter sich verbundenen dünnen Kupferstreifen durchsetzt, die die Temperaturunterschiede im Wasser ungemein schnell ausgleichen. Beim Anheizen des Apparats mit kaltem Wasser wurden so an vier genau miteinander verglichenen Thermometern grössere Temperaturdifferenzen als 0,2° nicht wahrgenommen. War der Apparat aber auf eine bestimmte Temperatur eingestellt, so war es überhaupt nicht möglich, Differenzen an den betreffenden Stellen im Wasser zu konstatiren.

Für den Praktiker dürften wohl hauptsächlich folgende Grössen des Apparats in Frage kommen:

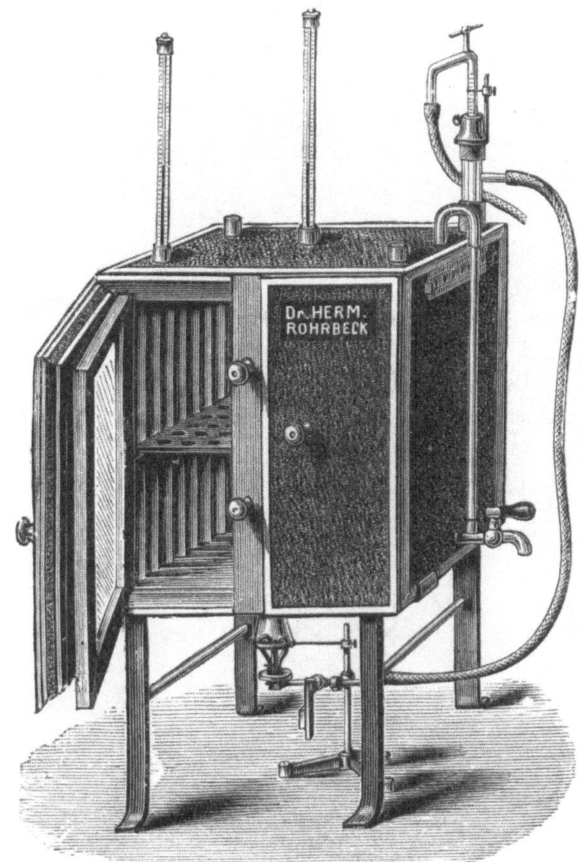

Fig. 13.
Thermostat für Gasheizung.

a) Der Brut-Raum aus verbleitem Stahlblech, der Mantel aus verbleitem Stahlblech:

	Innere Höhe	25	40	25 cm
	„ Breite	25	25	50 „
	„ Tiefe	25	25	25 „
der Wasserraum ohne Kupferlamellen	*M.*	50,—	60,—	80,—
der Wasserraum mit Kupferlamellen	„	57,—	67,—	87,—

b) Der Brut-Raum aus glatten Kupferblechen, der Mantel aus verbleitem Stahlblech:

Innere	Höhe	25	40	25 cm
„	Breite	25	25	50 „
„	Tiefe	25	25	25 „
	M.	105,—	125,—	175,—

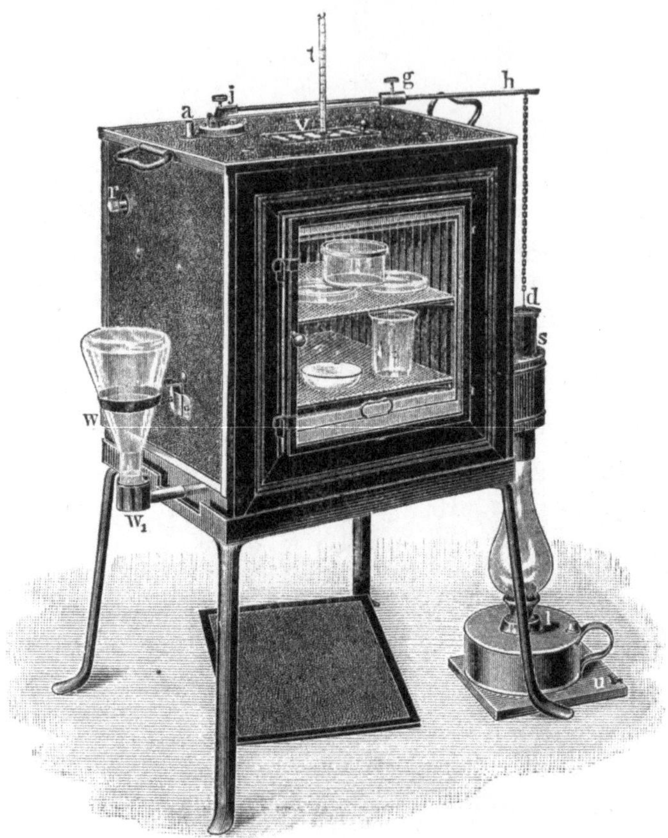

Fig. 14a.
Thermostat für Petroleumheizung.

c) Der Brut-Raum aus gewelltem Kupfer, der Mantel aus verbleitem Stahlblech:

Innere	Höhe	25	40	25 cm
„	Breite	25	25	50 „
„	Tiefe	25	25	25 „
	M.	125,—	145,—	190,—

mit Kupferlamellen erhöhen sich die Preise sub b, c um *M.* 7,—.

Sollte kein Gas für die Heizung verfügbar sein, so empfiehlt sich der Altmann'sche Thermostat für Petroleumheizung (Fig. 14).

Die Heizvorrichtung besteht aus einem den Wasserraum an seinem unteren Boden durchziehenden langen U-förmig gekrümmten Rohre *CC*, an dessen beide offenen Enden mittelst zweier Rohransätze der Blechkasten *M* seitlich am Apparate angesteckt und festgeschraubt ist. Senkrecht in diesem Kasten, der mit einer starken Kieselgurschicht gefüllt ist, befindet sich der blecherne Schornstein *SS*, unter dem die Petroleumlampe, als Heizflamme benutzt, mit ihrem oberen Cylinderrande aufgestellt wird.

Die selbstthätige Regulirvorrichtung der Temperatur im Ofen hat folgende Einrichtung: In einem Trommelgehäuse *K* ruht eine Doppelkapsel, die so konstruirt ist, dass ihre Volumveränderung bei verschiedenen Temperaturen immer

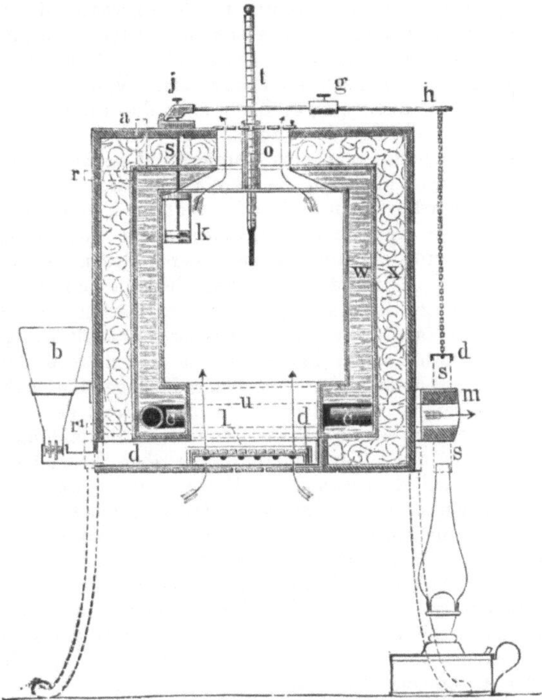

Fig. 14 b.
Thermostat für Petroleumheizung.

nur in einer Hebung oder Senkung ihrer oberen konvexen Fläche stattfinden kann, weil diese aus einer nur sehr dünnen elastischen Metallmembran besteht, die gleichzeitig mit einer Temperaturveränderung auch ihre Form verändert. Die Bewegung der Metallkapsel wird auf den Hebel *h*, der auf der oberen Apparatfläche angebracht ist, übertragen, durch dessen Masse ganz dicht hinter seinem Drehpunkte die Justirschraube *j* geführt ist, die auf einen Uebertragungsstift drückt, der mit seinem unteren Ende in einer konischen Vertiefung ruht, die sich im Mittelpunkte der oberen Büchsenfläche befindet. Durch entsprechende Drehung dieser Justirschraube wird die Entfernung zwischen Büchse und Hebel regulirt. Am andern Ende des Hebels *h* hängt eine Kette senkrecht herab, an deren unterem

Ende der Deckel *d* nahe über dem Schornsteine hängt und mittelst dreier über den Schornstein greifende etwa 1 cm lange Blechansätze am Herunterrutschen verhindert ist. Bei niedergehender Bewegung des Hebels, also bei abnehmender Temperatur, sinkt der Deckel und verschliesst den Schornstein, die heisse Luft muss dann ihren Weg seitwärts durch das Rohr *CC* nehmen und erhöht die Temperatur des umgebenden Wassers; bei Erhöhung der Temperatur hebt sich der Deckel und die heisse Luft entweicht durch den Schornstein. Dem Apparate sind mehrere Büchsen beigegeben, die sich leicht auswechseln lassen, jede gestattet eine Temperaturregulirung im Umfange von je 10° C., von 20—30°, von 30—40° u. s. w. Die höchste Temperatur, für die der Apparat bis jetzt eingerichtet ist, beträgt 70° C.

Die feine Regulirung auf eine bestimmte Temperatur, die bis auf 1/10° C. an dem Thermometer *t* beobachtet wird, geschieht mittelst des am Hebel befindlichen Laufgewichtes *g*; zeigt das Thermometer die gewünschte Temperatur, so verschiebt man das Gewicht so, dass der Deckel den Schornstein eben schwebend berührt. Findet man dann nach einiger Zeit, dass die Temperatur erheblich gestiegen ist, so zieht man die Justirschraube etwas an, ist die Temperatur nur wenig gestiegen, so verschiebt man das Laufgewicht *g* etwas nach dem Unterstützungspunkte des Hebels hin; auf beide Weisen wird der Schornsteindeckel abgehoben. Umgekehrt verfährt man natürlich, wenn die Temperatur zu niedrig ist.

Ferner noch hat der Apparat die Einrichtung zur Ventilation mit feuchter Luft. Zu diesem Zweck sind die unteren und oberen Böden der Räume *W* und *X* bei *o* und *u* durchbrochen. Der untere Durchbruch bildet einen mehr langen als tiefen Schacht, dessen lange Seite sich parallel der Glasthür hinzieht. Der obere Durchbruch enthält zwei Kanäle von gleicher Grösse mit spaltförmigen Oeffnungen, wovon sich die eine vorn in der Langseite des Bodens von dem Durchbruch, nahe hinter der Glasthür befindet, die andere gerade gegenüber nahe der hinteren Wand. Diese Kanäle setzen sich schräg nach oben durch den Wasserraum fort und vereinigen sich ziemlich in der Mitte der oberen Bekleidung des Apparates zu einer rechteckigen Oeffnung von anderer Form aber demselben quadratischen Inhalt wie beide Kanalspalten zusammen. Diese obere Oeffnung ist durch zwei von einer Anzahl Löcher durchbohrten Metallplatten verschlossen, die so aufeinander verschiebbar sind, dass die Löcher entweder aufeinander passen und die Luft hindurchlassen oder nicht. Zum Hervorbringen der feuchten Luftventilation dient der unten seitlich am Apparate einschiebbare Blechkasten *dd*, in dem feuchte Leinewand ausgespannt ist, welche die von unten eintretende Luft passirt. Das zur Feuchthaltung dieser Leinewand nöthige Wasser liefert ein seitlich ausserhalb des Apparates umgekehrt angebrachter Erlenmeyer-Kolben *b*, aus dem das Wasser nach Bedarf in den Blechkasten abläuft.

Grösse I. Innenraum: Höhe 25, Breite 25, Tiefe 25 cm.

a) Apparat aus verbleitem Stahlblech . . . . . *M.* 85,—

b) Apparat vollständig aus starkem Kupfer, aussen mit Wachstuch überzogen. Beste Ausstattung . . . „ 125,—

Apparate zur Bereitung von Nährböden.

Für die einfachen Zwecke, welche wir im Auge haben, genügt dem Untersucher zur Herstellung von Nährböden der gewöhnliche Heisswassertrichter, welcher am zweckmässigsten recht gross gewählt wird. Der Rohrbeck'sche Heisswassertrichter aus Weissblech, mit 15 cm Durchmesser (Fig. 15) kostet *M.* 3,70.

Sehr empfehlenswerth, wenn auch nicht unbedingt nöthig, ist ein Apparat, der es ermöglicht bei der Abfüllung von Nährgelatine genau die als Norm angenommenen 10 ccm bequem in die Reagensgläser zu geben. Die Altmann'sche Konstruktion (Fig. 16) wird diesem Zweck vollkommen entsprechen; das seitlich angebrachte Messgefäss giebt auch die

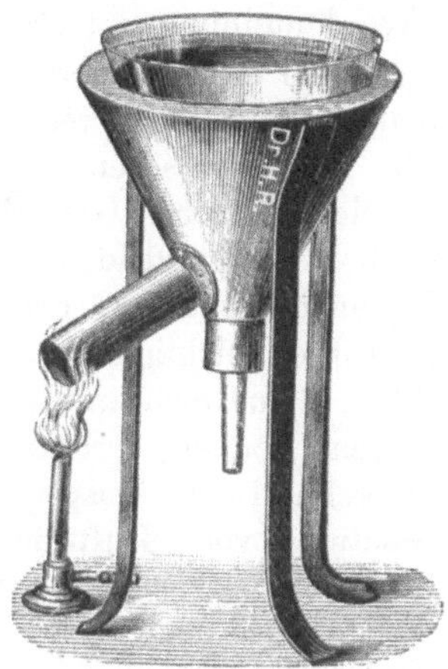

Fig. 15.
Heisswassertrichter.

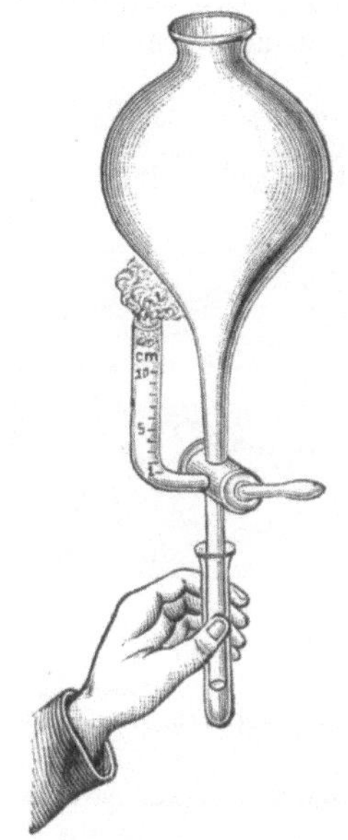

Fig. 16.
Abfüllapparat für Nährböden.

Möglichkeit, geringere Quantitäten mit Sicherheit zu bemessen. (Preis *M.* 4,75.)

Utensilien zur Anlegung der Wasserplatten.

Um die Nährsubstrat-Schicht vor dem Erstarren durchaus gleichmässig über die Kulturplatte zu vertheilen und dadurch allen Keimen gleichartige Entwickelungsbedingungen zu verschaffen, ist es nöthig, die Platten auf dem vorher peinlich genau horizontal gestellten Nivellirständer zu giessen. Durch den einfachen Dreifuss-Nivellirständer mit aufgelegter Glasplatte (Fig. 17) wird dieser Zweck erreicht. Rohrbeck liefert das Dreieck von polirtem Eichenholz mit messingenen Stellschrauben und einseitig mattirter Glasplatte für *M.* 8,40, die zugehörige Dosenlibelle kostet weitere *M.* 4,—.

Fig. 17.
Einfacher Dreifuss-Nivellirständer.

Da es vortheilhaft und besonders im Sommer sehr angenehm ist, das Erstarren des Nährbodens rasch vor sich gehen zu lassen, wird man häufig die Glasplatte nicht direkt auf den Dreifuss legen, sondern auf eine eisgefüllte breite und niedrige Schale und dann erst nivelliren; Fig. 18 stellt eine derartige Zusammenstellung dar, bei welcher die Eisschale ihrerseits noch einmal in einer grösseren Glasschale steht. Excl. Libelle und Nivellirständer stellt sich diese Anordnung auf *M.* 6,70.

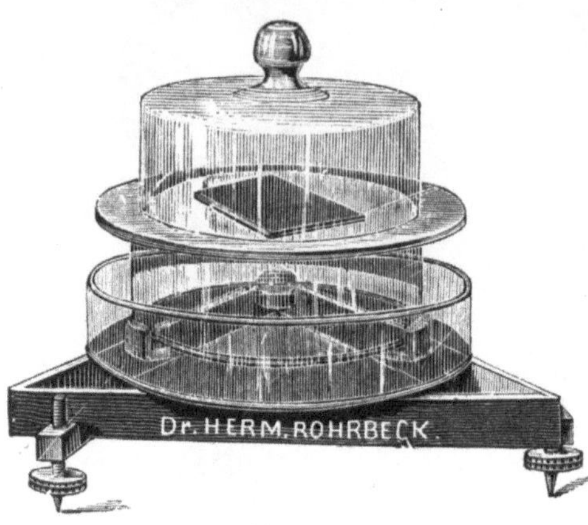

Fig. 18.
Dreifuss-Nivellirständer mit Eis-Kühlschale.

Für die Anlage der Plattenkulturen selbst verwenden wir nur die sogen. Petri-Schalen, flache Glasschalen mit breit übergreifendem Deckel. Da auch die Keime der Luft trotz ihrer Leichtigkeit im windstillen Raum nicht in die Höhe steigen können, schützt der Deckelrand die ausgegossene Gelatine vor Luftinfektion. Beim Einkauf achte man peinlich darauf, dass sowohl Boden wie Deckel völlig eben seien und keinerlei Krümmung aufweisen (Fig. 19). Der Durchmesser dieser Schale sei etwa 10 cm; dieselbe wird zum Preise von 55 Pfg. pro Stück von den genannten Firmen geliefert, und wenigstens 5 Dutzend sind erforderlich.

Wenn, was für die genaue Ermittelung der Keimzahl unumgänglich nöthig ist, die Proben gleich an Ort und Stelle nach der Plattenmethode

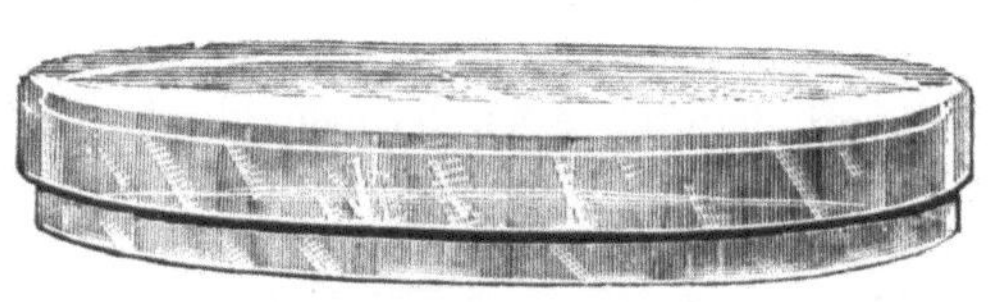

Fig. 19.
Petri-Schale.

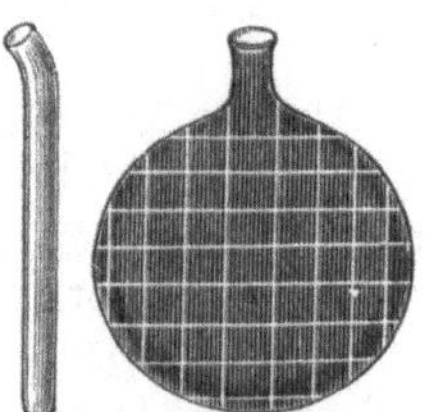

Fig. 20.
Flaschenförmiges Kulturgefäss nach Roszahegyi.

zu verarbeiten sind, ist die Roszahegyi'sche flaschenförmige Kulturschale (Fig. 20) von grossem Vortheil. Dieselbe wird in sterilisirtem Zustand, mit Gelatine beschickt und mit Wattepfropfen verschlossen mitgenommen und garantirt ein leichtes, sicheres Arbeiten selbst unter widrigen Umständen; ihr Hauptnachtheil ist, dass das Abimpfen der gewachsenen Kolonien ausserordentlich erschwert ist, so dass eine besondere Uebung dazu gehört, um aus ihrem Innern Reinkulturen abzustechen. Der Apparat wird (à Stück *M.* 1,50) von **Paul Altmann** geliefert.

Ferner sind zum Abmessen des der Gelatine zuzusetzenden Wasserquantums gläserne Messpipetten à 1 ccm, getheilt in $^1/_{10}$, nöthig.

Zählplatten zur Ermittelung der Koloniezahl.

Wenn, wie wir oben gesehen haben, die Zahl der pro Kubikcentimeter des zu untersuchenden Wassers vorhandenen, zu Kolonien sich entwickelnden Keime auch keinen allein massgebenden Werth hat, ist ihre Feststellung immerhin wichtig und die Apparate hierzu dürfen keinem Wasseranalytiker fehlen.

Die einfachste Zählplatte erhält man dadurch, dass man auf schwarzen, nicht glänzenden Karton mit weisser Tinte mathematisch genau ein Quadratnetz zeichnet, dessen Quadrate je 1 cm Seitenlänge besitzen. Man wird mit diesem Liniennetz ausreichen und für die Lupenzählung gute Resultate erhalten, wenn die Platte unter 1500 Kolonien enthält: über dieser Zahl ist entweder die mikroskopische Zählung oder die entsprechende, mit grösster Vorsicht vorzunehmende Verdünnung der zu untersuchenden Flüssigkeit zu empfehlen.

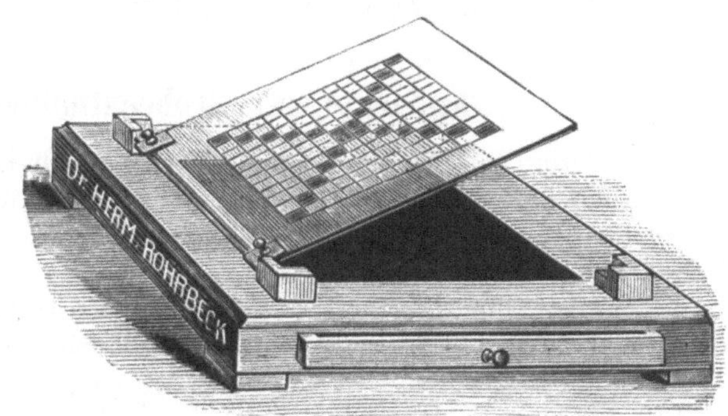

Fig. 21.
Zählplatte nach Wolffhügel.

Wer über grössere Mittel verfügt, wird zweckmässig die **Wolffhügel**'sche Zählplatte sich anschaffen, welche von der Firma **Rohrbeck** in der Weise verbessert geliefert wird, dass die Zählplatte in einem Scharnier aufgeklappt werden kann und die darunter gestellte Platte mit abgenommenem Deckel und doch vor Luftinfektion geschützt durch eine Lupe betrachtet wird (Fig. 21); Preis ohne Schublade *M.* 11,—. Die zugehörige dreibeinige Lupe kostet *M.* 2,—.

Glassachen zur Anlage und Untersuchung von Reinkulturen.

Die Reinkulturen werden durch Ueberimpfen der Plattenkolonien mittelst eines in einen Glasstab eingeschmolzenen Platindrahts in mit dem

Nährsubstrat beschickte Reagensgläser angelegt. Die Länge des erforderlichen Platindrahtes richtet sich nach der Reagensglaslänge: das Ende des Glasstabs darf nicht in das Glas eingeführt werden.

Fig. 22.
Reagensglas zur Anlage von Kartoffelkulturen.

Die für Kartoffelkulturen bestimmten Gläschen werden in der Weise geformt, dass man 4—5 cm vom hintern Ende das Röhrchen in der Gasflamme vermittelst einer Lockenscheere mit zwei Einbuchtungen versieht, welche das Kartoffelstückchen verhindern, in das Kondenswasser hinab zu fallen. Im Uebrigen sind diese Gläser (Fig. 22) in schönerer Ausführung als sie herzustellen dem Ungeübten möglich ist und deswegen für die Reinigung und Sterilisation vortheilhafter unter dem Namen „Kulturglas nach Roux“ von Rohrbeck etc. zu beziehen (Preis *M.* 0,35).

Apparate zur Probeentnahme.

In Bezug auf die Probeentnahme ist der zur Untersuchung von Abwässern sich anschickende Mikroskopiker, wenn (was meist der Fall ist) keine bakteriologische Prüfung angezeigt erscheint, erheblich weniger belastet als der Bakteriologe.

Zur Aufnahme der für die mikroskopische Untersuchung bestimmten Proben sind weithalsige Flaschen à 200 ccm Inhalt mit eingeschliffenen, eingefetteten Glasstöpseln praktisch.

Fig. 23.
Transportglas für zur bakteriologischen Untersuchung bestimmte Wasserproben.

Für die Entnahme der zur bakteriologischen Prüfung bestimmten Wasserproben werden, wenn es sich um die oberflächlichen Schichten eines Tagwassers handelt, gewöhnlich sterilisirt mitgeführte, mit Gummikappe und Kautschukstopfen fest verschlossene Reagensgläser (Fig. 23) in den allermeisten Fällen genügen. Rohrbeck liefert diese Gläser mit mattirtem Schild, Kautschukstopfen und Nummern nebst Blechhülse mit Bajonettverschluss für *M.* 4,50.

Als sehr praktisch für die sterile Entnahme und für den Transport von Wasserproben behufs bakteriologischer Untersuchung haben sich an einem Ende breit zugeschmolzene, am andern in eine feine Spitze ausgezogene Glasröhren bewährt. Die Herstellung derselben, welche jeder Untersucher selbst sich aus breiten Glasröhren (nicht aus Reagensgläsern, welche zu leicht springen!) fertigt, geschieht in der Weise, dass man zunächst das Glasrohr in passend kurze Stücke zerlegt, das eine Ende breit zuschmilzt, dann mit einer Zange das Rohr fasst und es seiner ganzen Länge nach stark erhitzt. Darauf wird das andere Ende in den Schnabel ausgezogen, dieser aber erst geschlossen, wenn man nochmals das ganze Gefäss erhitzt hat (Fig. 24).

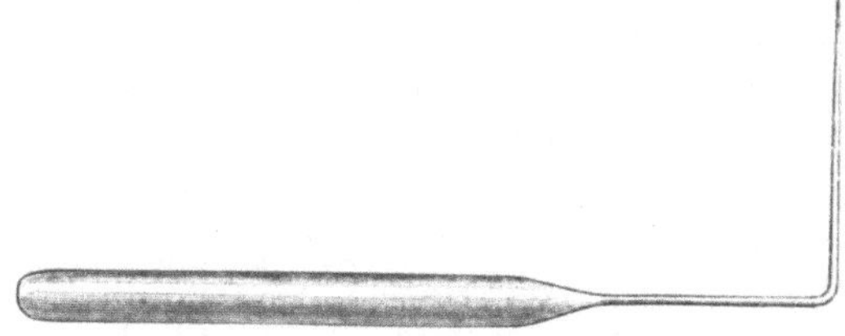

Fig. 24.
Luftleeres Transportgefäss für zur bakteriologischen Untersuchung bestimmte Wasserproben.

In einem derart aptirten Glasrohr ist die Luft verdünnt; wird die Spitze (nach vorsichtigem Anfeilen!) unter Wasser abgebrochen, so füllt dieses die Röhre fast vollständig an. Um die Wassertropfen, welche in dem feinen Schnabel bleiben und das Zuschmelzen desselben an Ort und Stelle über der Spiritusflamme leicht stören, zu entfernen, hält man das gefüllte Gefäss kurze Zeit in der warmen Hand. Dadurch dehnt sich die Luft wieder aus und treibt die Wassertropfen aus der Oeffnung des Schnabels.

Bei diesem Apparat ist zu bemerken, dass zwar seine Füllung sehr leicht ist, dass aber später die Ausführung der Wasseruntersuchung dadurch gestört werden kann, dass die Röhre sich sehr schwer und oft nur unter Zerbrechen soweit öffnen lässt, dass man mit der Pipette das Wasser erreichen kann.

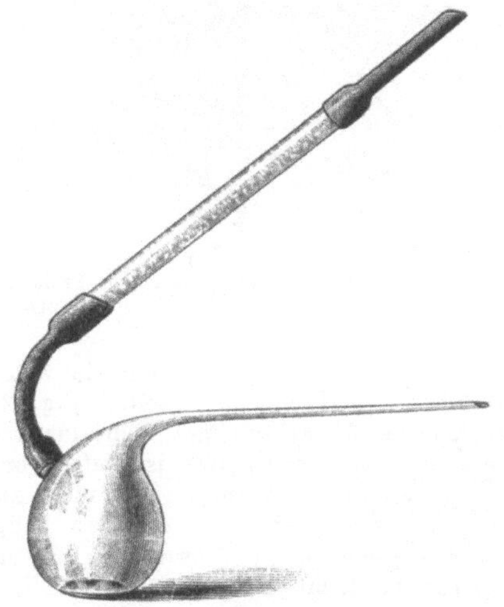

Fig. 25.
Transportkölbchen für zur bakteriologischen Untersuchung bestimmte Wasserproben.

In dieser Beziehung praktischer, sehr bequem und sicher ist es, gewöhnliche Tropfgläschen in der Weise sich zu aptiren, dass man die obere feine Oeffnung in einen langen, dünnen Schnabel auszieht, der bis zur Füllung zugeschmolzen bleibt, während an die zweite, grössere Oeffnung, die nachher auch zur Entnahme des Wassers behufs Untersuchung dient, ein Saugstück angebracht wird (Fig. 25). An die grosse Oeffnung schliesst man zu diesem Behuf erst ein 8—10 cm langes Stück Gummischlauch, dann eine mit Glaswolle gefüllte 10—15 cm lange Glasröhre und schliesslich wieder ein 5 cm langes Schlauchstück an. Zum Gebrauch wird die schnabelförmige Spitze an der Spiritusflamme erhitzt und dann rasch in Wasser getaucht, wobei sie abspringt; hierauf saugt man das Kölbchen zu

$^{3}/_{4}$ voll, zieht noch soviel Luft durch die Schnabelspitze ein, dass das Wasser aus ihr entfernt wird, schmilzt die Spitze in der Flamme durch Ausziehen wieder zu und bindet mit dünnem Bindfaden das Schlauchstück zwischen Kölbchen und Watteröhrchen fest ab.

Für die allermeisten Zwecke wird als Schöpfgefäss ein dickwandiger schwerer Glascylinder von etwa 1 Liter Gehalt ausreichen; derselbe hängt der Bequemlichkeit halber an einer Schnur.

Nur dann, wenn es sich um Probeentnahme aus tiefen Schichten des Wassers handelt, sind besondere Apparate nöthig. Am allgemeinsten im Gebrauch und praktisch bewährt ist der Heyroth'sche Apparat, welcher an einer in halbe oder viertel Meter eingetheilten Schnur bis zur gewünschten Tiefe versenkt wird, worauf durch Anziehen einer zweiten Leine die Flasche geöffnet wird. Beim Nachlassen dieses Zuges schliesst dieselbe sich wieder fest.

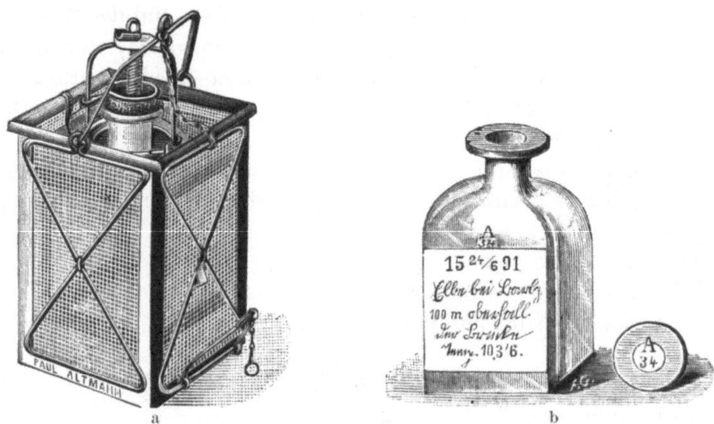

Fig. 26.
Heyroth'scher Apparat zur Probeentnahme aus tiefen Wasserschichten.
a Korb, b Flasche.

Die beiden Ausführungen, in welchen wir diesen Apparat abbilden, haben jede ihre specifischen Vortheile. Fig. 26 (Altmann, Preis des Korbes 38 M., der Flasche *M.* 3) zeichnet sich durch den kräftigen, die Flasche umgebenden Korb aus; das Probegefäss ist auf's Vorzüglichste geschützt, und man hat auch in sehr rasch fliessendem Wasser nicht zu fürchten, dass das Gefäss zerbricht. Der Nachtheil des Korbes ist dagegen hauptsächlich, dass beim Eintauchen leicht Keime aus den oberen Wasserschichten mitgenommen werden, sich lange zwischen dem Drahtgeflecht halten können und in die Probe gelangen. Dieser Fehler wird bei der weniger geschützten Konstruktion Fig. 27 (Rohrbeck, Preis *M.* 15) vermieden.

Sollen Wasserproben aus Bohrlöchern entnommen werden, so ist der von Lepsius angegebene Apparat (Fig. 28) sehr praktisch. Auf einer mehrfach durchbohrten Scheibe steht ein hohes Becherglas (*B*), darüber in einem Ring hängt ein Kolben (A) mit nach unten gerichteter Mündung. Der doppelt durchbohrte Kautschukpfropfen des Kolbens trägt ein offenes, nach oben gerichtetes Rohr (*a*) und ein zugeschmolzenes, in eine feine Spitze ausgezogenes, vom Becher-

glas aufgenommenes (*b*). Sowohl der Kolben, wie das offene Rohr (*a*) werden mit Quecksilber gefüllt, an das Ende des Rohres *b* wird die Zugleine *c* angelegt und nun der Apparat versenkt. Durch einen schwachen Ruck bricht man, wenn die gewünschte Tiefe erreicht ist, die Röhre *b* ab, das Quecksilber wird von dem Becherglas *B* aufgenommen und an seiner Stelle füllt sich der Kolben *A* durch

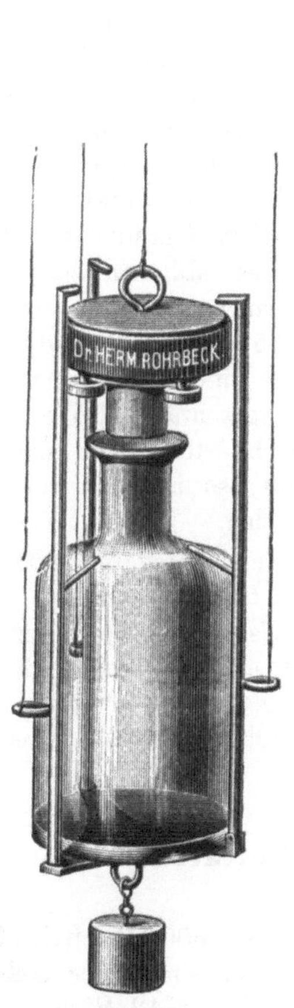

Fig. 27.
Heyroth'scher Apparat, Modifikation nach Rohrbeck.

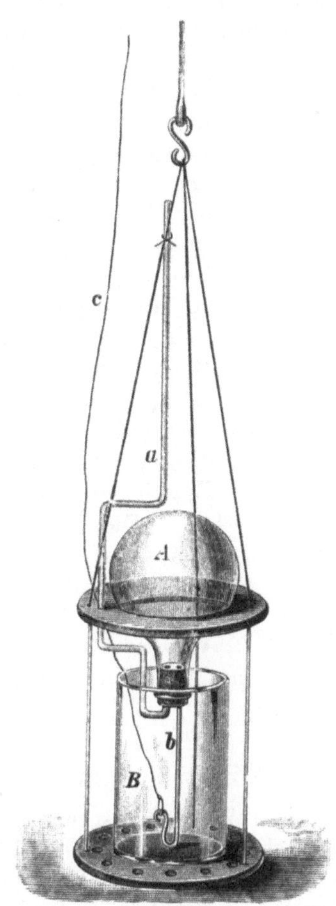

Fig. 28.
Apparat zur Probeentnahme aus Bohrlöchern nach Lepsius.

die Röhre *a* mit dem gewünschten Wasser, welches, sobald der Apparat wieder in die Höhe gezogen ist, zweckmässig sofort in die kleinen Transportgefässe übergesaugt wird.

Da bei dem Transport der Wasserproben stets dann eine Vermehrung der Keime mit Sicherheit erwartet werden muss, wenn die Temperatur über 5^{0} steigt, da alsdann das Resultat der ohnehin in ihren

Ergebnissen zweifelhaften Plattenzählung noch unsicherer wird, ist die Verpackung der Proben in Eis unbedingt nöthig. Für kleinere Untersuchungen wird es genügen zwei feste Kästchen zu haben, deren inneres, kleineres aus Metall (Blech) besteht und die in Watte gehüllten Fläschchen aufnimmt, während der Zwischenraum zwischen ihm und dem äussern, zweckmässig mit einer Holzbekleidung versehenen äusseren Kasten durch die feingeschlagenen Eisstücke eingenommen wird. — Für grössere Untersuchungen und besonders für weitere Reisen ist ein Eiskasten aus Holz von 80 cm Länge, 65 cm Breite und ebensoviel Tiefe zu empfehlen. Die Isolirschicht aus Filz (5 cm dick) liegt im Innern der Wand; der Boden ist nach einem Punkt am Rande zu geneigt um dort durch eine mit Schraube verschliessbare Oeffnung das Schmelzwasser ablassen zu können; das Eis liegt auf einem hölzernen Lattenrost und umgiebt zwei Blechkästchen von 35 cm Länge und 25 cm Breite und Höhe. Die Kästchen sind am Lattenrost und dieser wieder ist am Boden angeschraubt. Werden die übergreifenden Deckel der Blechkästchen am Innenrand dick mit Vaseline eingeschmiert, so ist man vor jedem Eindringen von Feuchtigkeit sicher.

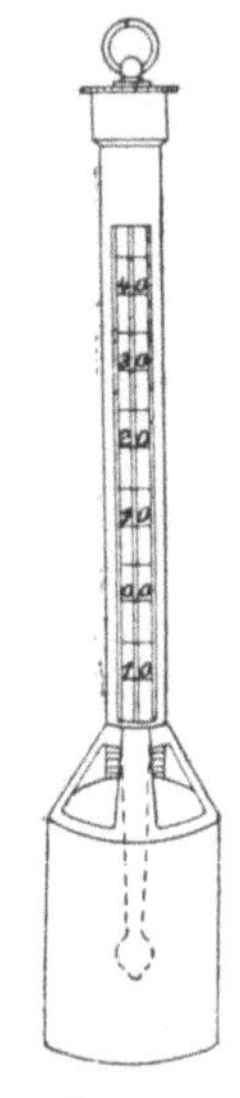

Fig. 29. Schöpfthermometer.

Die Feststellung der Temperatur des Wassers bei der Probeentnahme erfolgt zweckmässig mit dem Pettenkofer'schen Schöpfthermometer (Fig. 29), dessen Kugel mit einem offenen, sich mit Wasser füllenden Gefäss umgeben ist, wodurch eine Veränderung im Höhestand bis zum Augenblick des Ablesens vermieden wird.

Nährböden zur Anlage von Kulturen[1]).

Für die Wasseruntersuchung sind nöthig:

Fleischwasserpeptongelatine (*Nährgelatine*): 500 g fettfreien Rindfleisches (Pferdefleisch ist weniger gut, giebt leichter eine trübe Gelatine) werden in fein gehacktem Zustand mit 1000 g Wasser 12 Stunden lang angesetzt, darauf durch ein Tuch die Flüssigkeit abgepresst und unter stetem Rühren aufgekocht; durch doppeltes Filtrirpapier filtrirt, 5 g Kochsalz, 10 g Pepton sicc. und 100 g feingeschnittene, beste weisse Gelatine zugegeben, auf 1000 g aufgefüllt und mit Natronlauge oder Lösung von Natriumkarbonat genau neutralisirt (Indikator: Phenolphthaleïn); durch

1) Weitere, für specielle Zwecke dienende und jeweils vor dem Gebrauch herzustellende Nährböden werden im Verlauf der folgenden Ausführungen an ihrem Ort angegeben werden.

den Heisswassertrichter filtrirt und die klare Nährgelatine in mit Wattestopf versehenen Kolben durch zweimaliges an aufeinander folgenden Tagen stattfindendes je einstündiges Erhitzen auf 100° im Wasserbad oder im Dampfsterilisator sterilisirt. (Um das lästige Zusammenballen des Peptons zu vermeiden, mische man dasselbe mit dem Kochsalz innig durcheinander; das vielfach geübte Sterilisiren der Nährgelatine auf offener Flamme ist nicht zu empfehlen, da durch höhere Wärmegrade als 100° die Erstarrungsfähigkeit der Gelatine leidet.)

Die genaue Neutralisation der an und für sich sauren Gelatine ist für die Verwendbarkeit des Nährbodens von höchster Wichtigkeit. Eine grosse Anzahl von Spaltpilzen sind für Säure ausserordentlich empfindlich und gedeihen überhaupt nur auf neutralem oder schwach alkalischem Nährboden. Deshalb ist es besser, bei der Neutralisation die Gelatine lieber etwas mehr alkalisch zu machen, als sie sauer zu lassen.

Nach Verlauf von 8—10 Tagen ist es zweckmässig, die Gelatine nochmals auf ihre Reaktion zu prüfen, denn es kommt häufig vor, dass bei der Bereitung genau neutralisirte Gelatine dann wieder sauer ist. Dies hat seinen Grund darin, dass sich aus dem Glutin der Gelatine oft noch Säuren ausscheiden. Wurde dann nach dieser Zeit nochmals neutralisirt, so ist der Nährboden für die Verwendung geeignet.

Wenn, was im heissen Sommer sehr häufig vorkommt, die Nährgelatine mit 10 % Gelatinezusatz flüssig wird, kann man für diese warme Zeit unbeschadet der Wirksamkeit des Nährbodens 15 % Gelatine enthaltende Nährböden verwenden; überhaupt diese Koncentration zu wählen ist nicht rathsam, da die wasserärmere Nährgelatine bei kälterer Witterung weniger Keime sich entwickeln lässt als die wasserreichere.

Fleischwasserbouillon. Wird genau nach der für Nährgelatine gegebenen Anweisung hergestellt, nur wird der Bouillon keine Gelatine zugesetzt.

Es ist zweckmässig, die Bouillon in Reagensgläser à 10 ccm sowie zugleich in Kölbchen à 50 und 200 ccm zu sterilisiren, dann hat man dies Nährsubstrat stets fertig zur Verfügung. — Auch die Bouillon muss neutralisirt werden.

Fleischwasserpeptonagar (Nähragar): An Stelle der Gelatine des ersten Präparates wird 50 g geschnittenen und vorher 24 Stunden lang in Wasser eingeweichten besten Agar-Agar's genommen; das Filtriren des Produktes geht auf gewöhnlichem Wege sehr schwer, doch wird es leichter, wenn man eine Schicht feiner Glaswolle zum Filtriren an Stelle des Papiers verwendet. Vollkommen „blankes" Agar zu bekommen, ist nicht leicht, doch tröste man sich damit, dass in den Instituten auch nicht immer vollkommen klares schönes Agar zum Gebrauch vorhanden ist. Die Agar-Nährböden lässt man in den Röhrchen schräg erstarren, um möglichst grosse Oberfläche zu gewinnen.

Traubenzuckeragar: Zum fertigen, noch flüssigen Nähragar wird 3% besten, gepulverten Traubenzuckers gegeben und dann nochmals sterilisirt; man hüte sich, dies Gemisch auf offener Flamme zu erhitzen, da es leicht durch Carameliren des Zuckers braun und unansehnlich wird.

Kartoffeln: Rohe Kartoffeln werden mit dem Korkbohrer oder Messer in Stückchen von etwa 4 cm Länge geschnitten (die durch den Korkbohrer gelieferten schräg längs durchgeschnitten) und einen Tag lang in 2% Sodalösung gewässert; darauf werden die Stückchen in die oben[1]) beschriebenen vorbereiteten Reagensgläser gesteckt und nach Aufsetzen von Wattestöpseln an drei auf einander folgenden Tagen je 20 Minuten lang im Papin'schen Topf sterilisirt.

Heudecoct: Etwa 10 Gramm guten Heues werden in 1 Liter Wasser 1/4 Stunde lang gekocht; nach Filtration wird die Lösung in Reagensgläser abgefüllt, mit Wattepfropfen verschlossen und an drei auf einander folgenden Tagen je 20 Minuten lang im Papin'schen Topf sterilisirt.

Milch: Frische Magermilch wird abgekocht, überdeckt erkalten gelassen und nach Entfernung des Rahmes und der übrigen oben und unten schwimmenden Verunreinigungen à 10 ccm in Reagensgläser gefüllt, dann wie Kartoffeln und Heudecoct sterilisirt. — Die drei letztgenannten Nährböden enthalten häufig die äusserst resistenten Sporen gewisser Bacillus-Arten; statt sich bei deren Anwesenheit mit anhaltendem Sterilisiren aufzuhalten ist es praktischer, neue Kulturböden in Arbeit zu nehmen.

Zum Princip mache sich der Praktiker, seine Nährböden selbst zu bereiten: nur dann kann er wissen, wie dieselben zusammengesetzt sind und für ihre Leistungsfähigkeit Bürgschaft übernehmen.

Reagentien und Farbstoffe.

Bei der Untersuchung der Wässer in mikroskopischer und bakteriologischer Beziehung sind folgende Reagentien und Farbstoffe unentbehrlich und werden die Farbstofflösungen in Tropfflaschen mit Kautschukhütchen (Fig. 31), die Säuren in solchen mit verlängerten, eingeschliffenen Stopfen (Fig. 30) aufbewahrt.

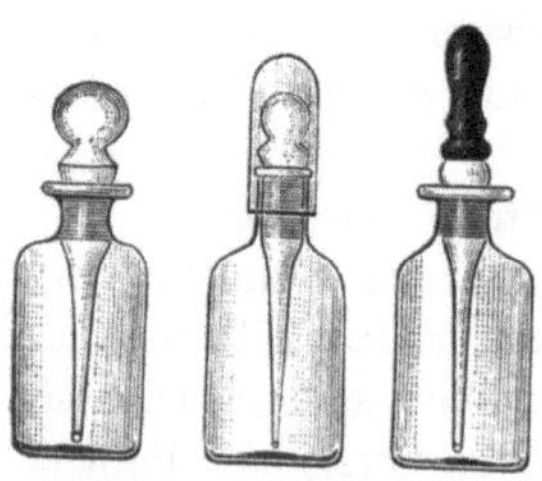

Fig. 30. Fig. 31. Flaschen für Aufbewahrung der Reagentien.

Schwefelsäure, koncentrirte.

Schwefelsäure, 10%ige.

Salzsäure, offizinelle.

Chromsäure, 4%ige.

Sublimat, wässerige 0,5% Lösung.

Chlorzinkjod (Chlorzink 25,0 und Jodkalium 8,0 löse in Wasser 8,5, dann setze soviel Jod zu als sich löst).

---

1) p. 338.

Phloroglucin, alkoholische koncentr. Lösung.

Jodtinktur, offizinelle.

Alkohol, 60- und 30 %iger.

Methylviolett, wässerige, koncentr. Lösung.

Methylenblau, wässerige, koncentr. Lösung.

Methylenblau, Löffler'sches (Wasser 100,0, 1%ige Kalilauge 1,0 koncentr. alkoholische Methylenblaulösung 30,0).

Karbolfuchsin, Ziehl'sches (Fuchsin 1,0, Acid. carbolic. liqu. 5,0, Alkohol 10,0, Aqu. dest. 90,0).

Glycerin.

Kanadabalsam (in Tube).

Für denjenigen, welcher sich seine Reagentien nicht selbst bereiten will, empfiehlt es sich, dieselben aus einer Quelle zu entnehmen, welche jede Garantie für richtige Zusammensetzung bietet. Als durchaus zuverlässig in dieser Beziehung sei die Firma Grübler in Leipzig[1]) genannt.

Kenntniss der für die mikroskopische Wasseranalyse als Grundlage dienenden Mikroorganismen.

Wie oben (p. 305) schon betont und immer wieder von Neuem als hochwichtig hervorzuheben, ist für die Ausführung der mikroskopischen Wasseruntersuchung als Grundlage anzusehen die Kenntniss der niederen Pflanzen, Thiere und anderen Objekte, welche im Gesichtsfeld des Mikroskops erscheinen. Ersetzt kann diese Kenntniss natürlich werden durch die Fähigkeit, die Objekte rasch und sicher zu bestimmen.

Es wäre nun durchaus unangebracht, sich diese Kenntniss oder diese Fähigkeit erst erwerben zu wollen, wenn es sich um die Entscheidung eines wichtigen Falles handelt. Wichtige Fälle sind alle solche, in denen ein Auftrag in Frage steht. Bei Gelegenheit eines solchen dürfen die Bestimmungstabellen dieses Buches nicht zum ersten Mal benützt werden, sondern ihre Einrichtung muss vorher schon bekannt und eine Summe von Erfahrung in der Bestimmung gesammelt sein.

Dies geschieht in den Mussestunden, deren einige auch der mit Arbeit Ueberladene hat. Auf Spaziergängen führt man zweckmässig in der Zeit, in welcher man sich für die mikroskopische Wasseranalyse vorbereiten will, kleine Probegläser in der Tasche mit sich, sammelt Wasserproben aus reinem und unreinem Wasser, aus Flüssen, Gräben und Teichen und versucht, die darin enthaltenen Mikroorganismen zu bestimmen.

---

[1]) Reagentien hergestellt im mikroskopisch-chemischen Laboratorium von Dr. K. Hollborn; zu beziehen durch Dr. G. Grübler & Co., Leipzig, Bayerische Strasse 63.

Es ist ganz gleichgültig, ob die in solcher Weise aufgefundenen Mikroorganismen später bei wichtigen Wasseruntersuchungen wiederkehren oder nicht. Die Hauptsache ist dabei, dass allgemeine Kenntnisse von den niederen Thieren und Pflanzen erworben werden, dass eine genügende Sicherheit im Gebrauch der Bestimmungstabellen erzielt wird.

Die Beschäftigung mit den Mikroorganismen des Wassers sei aber nicht derart, dass man die Abbildungstafeln aufschlägt und nun probirt, welche von den darin enthaltenen, gezeichneten Formen mit einem im Gesichtsfeld liegenden Objekt ungefähr übereinstimmt. Es sei dringend angerathen, wirklich zu bestimmen, d. h. die gedruckten Tabellen in allererster Linie zu benützen. Dadurch arbeitet man sich rascher und besonders sicherer ein, als dies mit dem ungefähren Identificiren von Abbildungen möglich ist. Diese sind nur dazu da, um den gefundenen Namen nachher zu verificiren, und um bei der Benützung der Tabellen aufstossende Zweifel zu beseitigen. Stets sei beherzigt, dass der **Bestimmende** nicht nur zufällig in Arbeit genommene Formen kennen lernt, sondern sich reichliche allgemeinere Kenntnisse erwirbt. — Hat der Anfänger bei der Bestimmung einen falschen Weg eingeschlagen, so wird dieser zu einem falschen Resultat führen: beim Auslaufen eines unrichtigen Weges wird daraus, dass ein sich als unrichtig herausstellender Name gefunden wird, leicht erkannt werden, dass irgendwo ein Fehler begangen wurde. Was der Anfänger trotz ernstlicher Bemühung nicht „herausbekommt", das lässt er ruhig auf der Seite liegen. Wachsende Kenntniss und vermehrte Bestimmungsübung macht später leicht, was anfangs unüberwindlich schwer erschien.

Es sei darauf hingewiesen, dass bei einem einmaligen Durcharbeiten einer Wasserprobe selten alle Organismen, welche darin enthalten sind, auch wirklich zu Gesicht kommen. Stets liegen im Bodensatz die Dauerzellen von Lebewesen, welche bei einigem Stehen desselben zur Entwickelung kommen. Ist fäulnissfähiges Material in der Wasserprobe enthalten, so kann man mit Sicherheit darauf rechnen, dass das Leben in derselben epochenweise wechselt. Organismen, welche zuerst häufig waren, verschwinden allmählich und machen anderen Platz. Aus einer einzigen Wasserprobe, welche man aus einem schlammigen Teich mitgebracht hat, kann man bei mehreren von Zeit zu Zeit vorgenommenen Untersuchungen immer wieder Neues kennen lernen und unter Umständen sich vollständig genügende Uebung im Gebrauch der Bestimmungstabellen verschaffen.

Wie wichtig es ist, ausgedehnte Kenntnisse der Mikroorganismen des Wassers sich zu verschaffen, geht daraus hervor, dass man später bei gerichtlichen etc. Wasseruntersuchungen dasjenige hauptsächlich leicht wieder findet, was man bereits kennt.

Man glaube aber nicht, dass diese vorbereitenden Arbeiten, dies sich Einleben in die Welt der niederen Wasserorganismen eine allzu schwere und trockene Beschäftigung sei. Ganz im Gegentheil, sie ist ein Vergnügen. Die Objekte der mikroskopischen Wasseranalyse gehören zum Interessantesten, Fesselndsten, was die Natur hervorgebracht hat; wer sie studirt, wird es oft bedauern, wenn ihn anderweite Beschäftigung vom Mikroskop wegruft.

Die Entnahme der Proben für die mikroskopische Wasseranalyse.

Allgemeine Bemerkungen.

Wichtigkeit der korrekten Probeentnahme.

Von der sachgemässen, umsichtigen, alle Eventualitäten, welche in Frage kommen können, berücksichtigenden Probeentnahme ist das Ergebniss jeder Wasseruntersuchung abhängig. Dies gilt schon in hervorragendem Maasse für die chemische Wasseranalyse, ist aber für die mikroskopische Wasseruntersuchung und Wasserbeurtheilung womöglich noch wichtiger. In den allermeisten Fällen ist der Gutachter nur einmal oder wenige Male in der Lage, sich für seine Untersuchung mit Material zu versehen. Es ist selten, dass die lokale Untersuchung der in Frage stehenden Verhältnisse, welche mit der Probeentnahme verbunden werden muss, sich mehr als einmal ermöglicht. Daher ist es nöthig, von Anfang an sich klar zu werden, wie die Besichtigung möglichst fruchtbar für die auszuführenden Untersuchungen und das zu erstattende Gutachten bewirkt werden kann. Es ist nöthig, bei der Probeentnahme schon so viel als möglich alle Fragen zu erwägen, welche auch bei den folgenden Untersuchungen sich ergeben können. Nur eine in jeder Richtung vorher durchdachte Probeentnahme kann später zu einer massgebenden Beurtheilung führen. Nur eine allen Anforderungen der späteren Untersuchungen genügende Probeentnahme lässt die Untersuchung lückenlos und beweiskräftig ausführen.

Da von der Probeentnahme der Erfolg der nachherigen Untersuchung wesentlich abhängig ist, erscheint es zweckmässig, besondere Sorgfalt auf die Besprechung dieses Kapitels zu verwenden; wenn dasselbe hier ausgedehnter ist, als in anderen sich mit der Wasserbeurtheilung beschäftigenden Werken, so dürfte dies nur vortheilhaft sein.

Orientirung über den erhaltenen Auftrag.

Wer eine Wasseruntersuchung zu machen hat, muss sich zunächst vollkommene Klarheit über die Fragen verschaffen, deren Beantwortung von ihm gefordert wird.

Bei privaten Aufträgen wird sich die Fragestellung aus der Korrespondenz mit dem Auftraggeber oder aus mündlicher Unterredung ergeben. Stets mache es sich der Sachverständige zur Regel, einen präcis gefassten, schriftlichen Auftrag zu verlangen. Nur auf eine klare Frage ist eine wissenschaftliche, klare Antwort möglich. Nur bei einem schriftlichen Auftrag kann man später beweisen, dass man ihn sachgemäss und dem Ersuchen des Auftraggebers entsprechend erledigt hat.

Bei behördlichen, insbesondere bei gerichtlichen Aufträgen wird mit der Ernennung zum Sachverständigen in einer bestimmten Frage stets auch ein Beweisbeschluss übergeben. Die Beweisbeschlüsse werden in der Regel von Richtern ausgearbeitet und beantragt, welche in Wasserrechtstreitigkeiten bereits Erfahrungen besitzen. Auch ist zu beachten, dass diesen Richtern ausgedehnte Zeugenaussagen und meist auch Gutachten anderer Sachverständiger schon bei der Ausarbeitung der Fragestellung vorliegen. Daher ist es nicht zu verwundern, dass in diesen Beweisbeschlüssen allermeist der Kernpunkt der zu erforschenden Frage getroffen ist und dass die genaue Beantwortung des gestellten Auftrags fast stets geeignet ist, die vorliegende Sache nach jeder Richtung hin definitiv zu entscheiden. Der Sachverständige ist im eigenen Interesse dringend verpflichtet, sich vor Beginn seiner Thätigkeit über die im Beweisbeschluss enthaltenen Fragen völligste Klarheit zu verschaffen.

Studium der Akten.

Deshalb verlangt der Sachverständige Einsicht in die Akten, wenn dieselben nicht von Anfang an ihm mit dem Beweisbeschluss übergeben worden sind.

Beim Studium der Akten entsteht der „Feldzugsplan“ für die Probeentnahme und örtliche Orientirung. Aus den Daten und Angaben, welche die Akten enthalten, werden fast stets die allgemeinen Gesichtspunkte sich ergeben, welche für das Ziel der Untersuchung nöthig sind.

Dabei ist zu bemerken: die in den Akten protokollirten Aussagen etc. stammen vielfach von Personen, welche an dem Rechtsstreit interessirt sind oder unter dem Einfluss der streitenden Parteien stehen. Insbesondere die Schriftsätze der gegnerischen Anwälte sind stets parteiisch, sie verschweigen nach Möglichkeit das dem Auftraggeber Ungünstige und betonen die ihm günstigen Thatsachen. Alle diese Aussagen und Elaborate nimmt der Sachverständige behufs Information zur Kenntniss, ohne sich durch dieselben beeinflussen zu lassen. Ein Urtheil über die strittigen Verhältnisse bildet sich der Sachverständige frühestens bei der lokalen Besichtigung, ein Urtheil spricht derselbe nicht vor Abgabe seines Gutachtens aus.

Es empfiehlt sich, beim Studium der Akten sich genaue Notizen über den wesentlichen Inhalt derselben zu machen. Diese Notizen werden nach der betreffenden Seitenzahl des Aktenfascikels numerirt. Nach gerichtsüblichem Brauch erhält in den Akten jedes Blatt, nicht jede Seite, ihre Ziffer: die Rückseiten der Blätter werden mit dem Ausdruck „vso.“ (verso) bezeichnet. In den Notizen und Gutachten heisst also „p. 156 vso.“, dass die fragliche Stelle auf der Rückseite des 156. Blattes (mithin auf der 312ten Seite nach gewöhnlicher Zählung) sich findet.

Besondere Aufmerksamkeit ist in den Akten von Wasserstreitigkeiten den sich häufig findenden Situationsplänen oder Skizzen zu widmen; dieselben werden allermeist zu kopiren sein, und sei es auch nur in einer einfachen Handzeichnung.

Beim Aktenstudium haben die Auszüge nicht nur den Zweck, für den Augenblick Klarheit über die strittige Frage gewinnen zu lassen, sondern sie bleiben für den Sachverständigen von dauerndem Werth. Es ist stets zu berücksichtigen, dass dem Experten sein Gutachten nicht damit abgethan sein darf, dass es abgegeben ist.

Wenn auch der Fall nicht eintreten sollte, dass das Gutachten gegen die Angriffe anders urtheilender Sachverständiger begründet werden muss so ist es doch für jeden Menschen von Wichtigkeit, sich auch später noch an der Hand der gemachten Aufzeichnungen der Umstände und Gründe bewusst zu bleiben, auf welche hin er unter dem Eid ein Urtheil abgegeben hat.

Studium von Karten der in Frage stehenden Lokalität.

Hat sich der Sachverständige durch Studium von Beweisbeschluss und Akten über die Frage orientirt, in welcher er sein Gutachten abzugeben hat, so sucht er sich über Lage, Umgebung, topographische Verhältnisse seines bei der Probeentnahme zu betretenden Arbeitsfeldes genau zu informiren. Dies geschieht an der Hand guter Spezialkarten (besonders der Messtischblätter).

Es ist von einem Experten zu verlangen, dass er sich auch ohne Führung in dem Gebiet zurechtfindet, welches sein Beurtheilungsobjekt enthält. Stets sei sich der Sachverständige darüber klar, dass er bei seinen

Begehungen es mit Führern zu thun haben kann, welche ein Interesse daran besitzen, dass gewisse ihnen ungünstige Lokalitäten nicht besichtigt werden.

Operationsplan für die Besichtigung.

Aus dem Studium von Beweisbeschluss, Akteninhalt und Karten entsteht zu Hause, vor Beginn des Ausflugs ein Bild von der ganzen Sachlage, sowie der Feldzugsplan für die örtliche Besichtigung und die Probeentnahme. Dieser Plan ist wichtig, um bei der Ankunft ohne Zeitverlust und zweckmässig vorgehen zu können. Die Umstände, welche sich bei der Besichtigung ergeben, werden häufig Ergänzungen und Abänderungen des Planes nothwendig machen. Man darf deshalb an seinem vorgefassten Plan auch nicht sklavisch hängen, sondern muss stets den Umständen gemäss handeln.

Ferner ist es wichtig den allgemeinen Plan für die Probeentnahme schon zu Hause entworfen zu haben, weil man aus den Akten bereits gewöhnlich entnehmen kann, auf welche Stellen es für die Probeentnahme ankommt. Daraus kann dann ein ungefährer Ueberschlag gemacht werden, wie viel Flaschen und anderes Material bei der Lokalinspektion mitzuführen sind. Doch auch diese Erwägungen sind selbstverständlich keine definitiven: der vorsichtige Experte wird immer einige Gefässe mehr mit sich führen, als die vorläufigen Ueberlegungen ergeben.

Auf Mehrkosten für Transport der Utensilien kann es nicht ankommen, denn es ist besser etwas mehr auszugeben, als nachher gezwungen zu sein, im Verlauf der Besichtigung sich vielleicht als wesentlich herausstellende Punkte unaufgeklärt lassen zu müssen.

Rathschläge für das Verhalten des Experten gegenüber den Parteien.

Gewöhnlich finden lokale Besichtigungen bei Rechtsstreitigkeiten in Gegenwart der Parteien oder ihrer Vertreter statt. Es ist von höchster Wichtigkeit, dass der Sachverständige in unzweideutigster Weise zu erkennen giebt, dass er unparteiisch über der ganzen Streitfrage steht.

Die Parteien pflegen zu erzählen und ihre Sache darzustellen: der Experte lässt sie so viel wie möglich reden und benützt ihre Aussagen zu seiner Information ohne zunächst selbst eine Meinung zu äussern. Höchstens stimmt er beiderseitig zu hoch gespannte Erwartungen herab und sucht dahin zu wirken, dass sich die Parteien in gütlichem Vergleich die Hand reichen.

Seine Unparteilichkeit wird der Sachverständige dadurch zu zeigen haben, dass er z. B. niemals vernünftig erscheinenden Anregungen der Parteien zur Probeentnahme an bestimmten, ihm bezeichneten Stellen sich entzieht. Häufig haben die Parteien in dieser Beziehung besondere Wünsche, sie halten das und jenes für wesentlich und geeignet, den Ausschlag zu ihren Gunsten zu geben. Meist ist es geradezu unmöglich, mit der Wasseruntersuchung nicht vertraute Personen davon zu überzeugen, dass die Probeentnahme an dieser oder jener Stelle zwecklos sei: im Interesse des Ansehens des Experten seien die Proben immerhin entnommen, denn bei einer Weigerung ist die eine der beiden Parteien leicht geneigt, an der Objektivität des Experten zu zweifeln. Wie das Untersuchungsergebniss solcher Proben zu verwerthen sein wird, ist dann der besseren Einsicht des Sachverständigen zu überlassen.

Einfluss der Witterung auf die Probeentnahme.

Von ausserordentlicher Bedeutung für die Probeentnahme kann die derselben vorangegangene Witterung sein. Wenn es sich um die Beurtheilung des Wassers eines offenen Wasserlaufes handelt, ist die Witterung für die Zeit der Probeentnahme sogar bestimmend.

Es wird deswegen für den Sachverständigen nöthig sein, die Probeentnahme nur dann zu bewirken, wenn die vorausgegangene Witterung es sicher erscheinen lässt, dass massgebende Resultate erzielt werden können.

Wenn es sich nicht direkt um die Beurtheilung der Wirkung von höchstem oder tiefstem Wasserstand handelt, ist es zu vermeiden, die Proben zu einer Zeit zu entnehmen, wo diese Extreme herrschen. Insbesondere Hochwasser ist für jede Art von Wasseruntersuchung meist ungeeignet, denn die Werthe der chemischen Analyse sind in Folge der starken Verdünnung der chemisch unterscheidbaren Wasserverunreinigungen nicht normal; die Zahlen, welche die bakterioskopische Wasseruntersuchung liefert, werden auf's Aeusserste unsicher durch die Menge und die Arten der vom Hochwasser aus der Erde mitgerissenen Keime; die stationäre Flora und Fauna der Wasserläufe wird weggeschwemmt. Hochwasser reinigt auch den verpestetsten Wasserlauf so vollständig, dass erst Wochen nach Wiedereintritt der normalen Verhältnisse wieder die Abwasservegetation in charakteristischer Weise vorhanden ist.

Nur unter ganz bestimmten Verhältnissen kann es nöthig sein, gerade bei Hochwasser die Untersuchungen anzustellen. Sind z. B. Brunnen in der Nähe eines Wasserlaufes in porösen Boden getrieben, so kann in normalen Zeiten die Bodenfiltration eine ausreichende sein und das Brunnenwasser keine Veranlassung zur Beanstandung geben. Bei Hochwasser dagegen kann sogenanntes „Quetschwasser“ (durch die Bodenfiltration nicht gereinigtes Flusswasser) in den Brunnen gedrückt werden, welches ganz andere Beschaffenheit hat als das Brunnenwasser bei normalem Wasserstand.

In ähnlicher Weise kann tiefster Wasserstand bei andern Brunnen auf die Wasserbeschaffenheit einwirken. Wenn ein viel gebrauchter

Brunnen in porösem Erdreich liegt und sein Wasserspiegel eine gewisse Tiefe erreicht hat, kann er zum Sammelbassin für Zuflüsse aus weiter Umgebung werden und von der Wassergeschwindigkeit dieser Zuflüsse hängt es dann ab, ob sie durch die Bodenfiltration noch genügend gereinigt werden.

Wie bei Brunnenwasser giebt es auch bei Abwässern einige Fälle, wo gerade extreme Niveauverhältnisse für die Untersuchung wichtig sind.

Wenn z. B. die Frage gestellt wird, ob eine Stadt ihre Abwässer bei einem gewissen hohen Wasserstand ungereinigt in einen Fluss leiten darf, so kann diese Frage nicht aus Analogieen und theoretischen Erwägungen heraus entschieden werden, sondern es ist zu ihrer Beantwortung nöthig, den Einfluss zu studiren, welchen bei einem Versuch die Kanalwässer auf die Wasserbeschaffenheit des Stromes bei Hochwasser ausüben.

Die Erscheinung, dass gerade durch Hochwasser vorübergehende intensive Flussverpestungen bewirkt werden, ist selten und nur bei fehlerhaft angelegter Kanalisation an kleinen Flüssen liegender Städte möglich. Ihre Erklärung findet diese Erscheinung darin, dass bei ungünstiger Anlage der Kanäle ein ausnahmsweise hoher Wasserstand Kothmassen und Schlammstoffe in den Sielen zurückstauen kann. Bei raschem Sinken des Wasserstandes wird dann in einem Schuss der ganze Unrath entleert, welcher sich längere Zeit hindurch in dem Kanalisationsnetz angesammelt hat. Untersuchungen über die Wirkung solcher Verhältnisse sind natürlich ebenfalls nur bei hohem Wasserstand ausführbar.

Ferner ist die Erscheinung bekannt, dass gerade bei eintretendem höherem Wasserstand im Frühjahr häufig grosse Fischsterben vorkommen. Auch in diesem Falle ist öfters gerade Hochwasser Schuld an der Kalamität. Während des Winters hatte sich, wie gleich gezeigt werden soll, in Abwasserläufen eine starke Pilzvegetation gebildet. Diese Wasserpilze sind an sich den Fischen nicht schädlich. Wenn aber die Frühlingswärme ihnen die Existenzbedingungen entzieht, so sterben sie ab und es tritt sofort intensive Fäulniss ihres Protoplasmas ein. Bei dieser Zersetzung wird sowohl der ganze Sauerstoff des Wassers verbraucht, wie auch eine Anzahl von giftigen Verbindungen (CO_2, H_2S etc.) gebildet. Tritt nun Hochwasser ein, so führt dasselbe nicht selten die ganzen Verwesungsprodukte im Schwall zu Thal und binnen weniger Minuten kann eine grosse Verheerung im Fischbestand angerichtet werden. Die Thiere sterben dann an Erstickung in Folge mangelnden Sauerstoffs im Wasser und an Vergiftung durch die giftigen Verwesungsprodukte.

Ferner ist bei der Abwasserbeurtheilung öfters auf abnorm niedrige Wasserstände dann Rücksicht zu nehmen, wenn es sich um die sommerliche Geruchsbelästigung bei tiefstem Wasserstand handelt. Dabei sei aber beherzigt, dass auch im reinsten Bachbett bei versinkendem Wasser durch intensive Fäulnissgerüche gekennzeichnete und durch Fäulnissorganismen charakterisirte, oft fast unerträgliche Verhältnisse vorübergehend auftreten können.

Einfluss der Jahreszeit auf die Probeentnahme und Wasserbeurtheilung.

Es wird meine Aufgabe sein, später bei Darstellung der für die Abwasserbeurtheilung in Frage kommenden Principien mit ganz besonderem Nachdruck darauf aufmerksam zu machen, dass verschiedene Jahreszeiten, insbesondere Winter und Sommer, die Anwesenheit durchaus verschiedener Organismen in einem Wasserlauf bedingen können. Diese Verhältnisse sind natürlich auch schon für die Probeentnahme entscheidend und es kann nicht umgangen werden, hier schon auf den Einfluss aufmerksam zu machen, welchen die Jahreszeit auf die Wasservegetation ausübt.

Wir nehmen den häufig vorkommenden Fall an, dass eine Ortschaft oder eine kleine Stadt ihre Abwässer ungereinigt in einen kleinen Fluss entlässt. Zwei Untersuchungszeiten sind uns festgestellt um die gegensätzlichen Verhältnisse kennen zu lernen, eine Probeentnahme im Sommer und eine im Winter. Die Sommerbesichtigung führen wir im Juli aus. Bei der Begehung des Baches sehen wir die Spuren der Wasserverunreinigung in Gestalt schwimmender Flaschenkorke, am Grund des Bachbetts liegender Kartoffel- und Eierschalen etc., aber dem Wasser selbst sehen wir nicht viel an. Es ist etwas getrübt, kaum übelriechend, jedenfalls in keiner Weise Ekel erregend. Da und dort sind die Ufer mit einer charakteristisch grünschwarzen Pflanzenkruste überzogen (Oscillatoria-Arten), im Uebrigen sind reichliche fluthende Büschel grüner Algen zu bemerken. Die makroskopisch sichtbaren Anzeichen von Wasserverunreinigung sind also unbedeutend. Nur mit Aufmerksamkeit finden wir die Abwasserorganismen, welche unsere Beurtheilung auch im Sommer den thatsächlich bestehenden, ungünstigen Verhältnissen gerecht werden lässt. Am klarsten wird die Wasserverunreinigung im Sommer durch die bakterioskopische Plattenuntersuchung gezeigt werden können, welche eine ausserordentlich grosse Keimzahl und unter den Arten viele für Fäkalien charakteristische ergiebt; auch die Menge der bei Brotkultur erwachsenden Schimmelpilze wird eine sehr beträchtliche sein.

Ganz anders stellt sich bei der angenommener Weise im Februar unternommenen Winterbesichtigung das Bild desselben Baches dar. Da zeigt uns die Begehung die ganze Bachsohle ausgepolstert mit den weissen, lämmerschwanzartigen Rasen der Abwasserpilze; der

Bachlauf hat ein Jedermann erkennbares unappetitliches, ja ekelerregendes Aussehen. Dagegen liefern die Kulturmethoden ein dem Augenschein nicht entsprechendes Resultat. Die Gelatineplatten der bakterioskopischen Wasseruntersuchung zeigen ausserordentlich viel weniger Keime als im Sommer, und auch die Zahl der auf den Brotkulturen erwachsenden Schimmelpilze ist eine beträchtlich viel geringere.

Aus dieser Verschiedenheit des Sommer- und Winterbildes, welches ein und dasselbe Wasser bietet, ziehen wir folgenden Schluss: das Wachsthum der Bakterien und das Vorhandensein der Schimmelkeime im Wasser wird durch die Sommerwärme begünstigt. Dagegen wirkt die Wärme ungünstig auf das Leben der höheren Wasserpilze und der Desmobacteria[1]).

Für die Abwasserbeurtheilung ist dieser Satz ausserordentlich, ja geradezu grundlegend wichtig. An dieser Stelle wird zum ersten Mal nachdrücklich auf ihn hingewiesen: in der Abwasser-Beurtheilungspraxis hat er bisher noch nicht genügende Beachtung gefunden.

Welche Bedeutung die Thatsache, dass Wasserverpilzungen durch Abwasserorganismen nur in der kalten Jahreszeit bewirkt werden, für die Wasserbeurtheilungspraxis besitzt: das macht ein einfaches Beispiel[2]) klar.

Ueber der vorhin betrachteten Stadt liegt an dem gleichen Wasserlauf eine Rübenzucker-Fabrik, welche aus den Rüben Rohzucker darstellt. Diese Industrie entlässt bekanntlich grosse Mengen fäulnissfähiger Abwässer.

Die Zuckerfabriks-Campagne beginnt stets anfangs Winter; sie ist mit Nothwendigkeit an diesen Zeitpunkt gebunden, weil die Rüben im späten Herbst geerntet werden und bei längerem Lagern an Zuckergehalt verlieren.

Mit Eintritt des Winters beginnt aber auch, wie wir oben gesehen haben, die Verpilzung des Bachbetts. Ausserordentlich leicht wird da der Fehlschluss gemacht, dass die Abwässer der Zuckerfabrik die Ursache dieser Verpilzung seien. Die Beweisführung ist ja ausserordentlich verlockend: da während des ganzen Jahres die Verpilzung des Bachbettes und damit das auffallendste Zeichen für die Verschmutzung des Wassers nicht vorhanden sei, da dies Phänomen aber mit dem Beginn der Campagne sich einstelle, so müsse die Zuckerfabrik die Ursache der Verpilzung sein. Solche Fehlschlüsse darf der Sachverständige nicht machen.

Aus diesen Betrachtungen ziehen wir den Schluss, dass in vielen Fällen die Jahreszeit für die Probeentnahme von ausschlaggebender Bedeutung ist.

---

[1]) Es ist hier nöthig zu betonen, dass nicht die vorhandene oder fehlende Sommerwärme an dieser Erscheinung die direkte Schuld trägt, sondern dass der Einfluss der Wärme auf die Wasserpilze nur ein indirekter ist. Auf die eigentliche Ursache dieser Erscheinung wird später genauer eingegangen werden.

[2]) Dieses Beispiel (wie überhaupt alle angeführten) ist der Praxis entnommen und stellt einen wirklich vorgekommenen Fall dar.

Die Probeentnahme hat zu erfolgen, wenn die zu beurtheilenden Verhältnisse möglichst klar liegen.

Dieser Satz ist eigentlich selbstverständlich und es wurde auf ihn in den vorstehenden Absätzen immer wieder hingewiesen; er ist aber speziell bei Abwasser-Untersuchungen von solcher Bedeutung, dass er hier nochmals besonders ausgesprochen werden muss.

Wenn man eine Abwasser-Beurtheilung zu liefern hat, so wartet man mit der Probeentnahme so lange, bis die Verschmutzung einen möglichst hohen Grad erreicht hat. Man wird bei periodisch arbeitenden Betrieben nicht in den ersten Wochen der Campagne die Untersuchung vornehmen, sondern bis gegen das Ende derselben warten. Mit jeder Woche können die Verhältnisse klarer und damit die Grundlagen für die Beurtheilung sicherer werden.

Insbesondere geht aus dieser Anweisung hervor, dass der Sachverständige einen möglichst grossen Spielraum haben muss für die Entscheidung, wann er seine Proben entnehmen und seine Untersuchungen ausführen soll. Häufig kann nicht der Auftraggeber, sondern allein der Experte wissen, wann die Probenahme vorgenommen werden muss. Darauf ist gegebenen Falls hinzuweisen und die freie Entscheidung über die Zeit der Untersuchung zu verlangen.

Allgemeine Bemerkungen über die Proben selbst.

Als allgemeinste Regel über die zu entnehmenden Proben selbst sei berücksichtigt, dass dieselben ihrer Bezeichnung entsprechen müssen.

Wenn eine Probe als Wasserprobe bezeichnet ist, darf sie nur Wasser, keinen Schlamm enthalten; zwischen Wasserproben und Schlammproben muss streng unterschieden werden. Ein Probeglas, welches den im Wasser aufgerührten Schlamm mit enthält, ist weder eine Wasser- noch eine Schlammprobe, sie giebt weder über die Beschaffenheit des Wassers noch des Schlammes klare Auskunft.

Es handelt sich nämlich bei der mikroskopischen Wasseranalyse nicht wie bei der chemischen nur darum, den Schlamm durch Filtration von dem Wasser zu trennen um beide Theile in einem untersuchungsfähigen Zustand zu erhalten. Der Mikroskopiker muss sich stets sagen, dass die Organismen des Wassers und des Schlammes verschiedene sind. Die einen Formen sind durch ihre Organisation, oft durch ganz specifische Schwebeapparate dem Leben im freien Wasser angepasst und finden sich, im vegetativen Zustand wenigstens, überhaupt niemals im Schlamm der

Gewässer. Die andern, meist plumperen Formen, haben den Grund des Wassers, den Schlamm als ständigen Wohnsitz. Nur dann wird man über die Bewohner von Wasser und Schlamm genaue Beobachtungen anstellen können, wenn man streng zwischen Wasserproben und Schlammproben unterscheidet.

Die allergrösste Wichtigkeit kommt diesem Satz aber zu, wenn es sich um eine bakteriologische Wasseruntersuchung handelt: für sie ist er „conditio sine qua non".

Ferner muss bei der Entnahme der Proben jede durch die dabei in Betracht kommenden Manipulationen mögliche Verunreinigung vollkommen ausgeschlossen sein.

In allererster Linie muss auf das Sorgfältigste für die Reinlichkeit der Probegefässe selbst gesorgt sein. Dieser Satz ist von grundlegender Wichtigkeit für die bakteriologische Wasseruntersuchung, deren Proben überhaupt nur in sterilen Gefässen transportirt werden dürfen. Bei der unglaublich raschen Vermehrungsfähigkeit der Spaltpilze können wenige im Transportgefäss vorhandene Keime sich in dem geschöpften Wasser vervielfältigen und das ganze Resultat der Untersuchung gefährden.

Aber auch die für die mikroskopische Prüfung bestimmten Wasserproben sollen in spiegelblanken Gefässen aufbewahrt werden. Auch hier können in den Schmutzresten unreiner Gefässe Dauerzellen von Organismen vorhanden sein, welche im zu untersuchenden Wasser nicht waren, welche sich gleichfalls durch Theilung rasch mehren und zu Irrthümern Veranlassung geben können.

Zweitens darf man nicht durch Stehen auf schwankenden Ufertheilen, durch Aufrühren des Schlammes etc. die Proben bei der Entnahme verunreinigen. Man suche bei Probeentnahme aus Tagewässern, wo dies irgend angeht, vom festen Ufer oder von Brücken, Steinen etc. aus seine Proben zu erhalten. Wenn Wind weht, so lasse man sich keinen Staub in die Probegläser hineinwehen, sondern suche die Probeentnahme an durch Uferböschungen, Gebüsche, Brücken oder anderen Baulichkeiten etc. geschützten Stellen vorzunehmen. Diesen Winken und Rathschlägen liessen sich noch manche andere hinzufügen: eigene Praxis wird jedem einzelnen Experten bald der beste Wegweiser werden.

Das Signiren der Proben.

Von allergrösster Wichtigkeit ist es, jede Probe sofort nach der Entnahme zu signiren. Es darf nicht dem Gedächtniss überlassen bleiben, die Proben auch nur kurze Zeit (z. B. wie dies häufig geschieht bis zur Erreichung irgend einer Aufenthaltsstation) unsignirt zu lassen, denn es hängt nicht mehr und nicht weniger als die ganze

Untersuchung davon ab, dass die Proben die richtige Signatur erhalten. Wie gleich anzugeben, führt der Experte gummirte Etiketten und Fettstift oder den Schreibdiamanten mit sich. Da wir es mit stets der Nässe ausgesetzten Probegläsern zu thun haben, ist es nicht genügend, allein gummirte Etiketten zu verwenden, es muss die Signatur auch mit Fettstift nochmals auf dem Probeglas angebracht werden. Wer die Anwendung des Schreibdiamanten vorzieht, hat dafür Sorge zu tragen, dass sofort nach beendeter Untersuchung die alte Signatur durchgestrichen wird, um bei weiterer Verwendung desselben Glases vor Verwechselungen geschützt zu sein.

Die Signatur besteht zweckmässig nur aus einer Nummer, welche auf die bei der Probeentnahme zu machenden Notizen (siehe unten) verweist.

Ausrüstung des Experten für Probeentnahmen.

Ausser den je nach Bedürfniss mitzuführenden, von Seite 338—342 beschriebenen Apparaten und Geräthschaften führt der mit einer Wasserbegutachtung betraute Sachverständige zur Probeentnahme mit sich:

1. *Den Beweisbeschluss* und *den Auftrag als Sachverständiger zu fungiren*, sobald es sich um eine gerichtliche Untersuchung handelt. Dieser Auftrag ist die Legitimation des Experten, auf Grund welcher er nicht nur Zutritt zu allen Oertlichkeiten erhält, die ihm im Interesse der Sache zu besuchen als wichtig erscheinen, sondern auch verlangen kann, dass ihm — soweit dies zur Aufklärung der Sachlage nöthig ist — Einblick in Fabrikationsbetriebe etc. gegeben wird.

2. Eine *Specialkarte* (Messtischblatt) der Gegend, in welcher die Besichtigung vorgenommen wird, und der gemachte *Auszug aus den Akten* dürfen bei dem Ausflug nicht fehlen. Es ist unter Umständen wichtig, sich nicht nur über die Gegend, in der man sich befindet, sondern auch über den Fall, um den es sich handelt, in jedem Augenblick genau informiren zu können. Insbesondere der Inhalt von in den Akten enthaltenen Zeugenaussagen wird häufig am besten verstanden, wenn man die Angaben an klares Denken nicht gewöhnter Personen an Ort und Stelle nochmals durchgeht und mit den Lokalitäten vergleicht, auf welche sie sich beziehen.

Ganz besonders aber empfiehlt es sich, in den Akten befindliche topographische Skizzen mit der Natur zu vergleichen. Dieselben sind von den Parteien beigebracht und bisweilen nicht ganz zutreffend.

3. *Utensilien für allgemeinen Gebrauch.* Der Sachverständige führt zu jeder Probeentnahme mit sich: Schreibmaterialien zur fortdauernden Benützung und Notirung aller bei der Besichtigung sich ergebenden Verhältnisse, insbesondere aber der Probeentnahmestellen; Fettstift und gummirte Etiketten oder einen Schreibdiamanten zur Signi-

rung der Proben (vergl. oben, p. 356); Bindfaden und saubere Leinwand zum Ueberbinden der Probeflaschen; Siegellack und Petschaft zum Versiegeln der Probegefässe für den Fall, dass man dieselben nicht ohne Unterbrechung persönlich überwachen kann.

Apparate für allgemeinen Gebrauch. Der Experte braucht an Apparaten ein Thermometer (oben, p. 342) zur Bestimmung der Wassertemperatur an jeder Entnahmestelle; ein am Rand geschärfter Blechlöffel ist zum Abkratzen der Vegetationsbeläge von Holzwerk, Steinen etc. oft unentbehrlich.

Reagentien für allgemeinen Gebrauch. Zur Feststellung der Reaktion des Wassers an jeder Probeentnahmestelle dient empfindliches rothes und blaues Lakmuspapier; Bleipapier zum Nachweis von Schwefelwasserstoff, Jodzink-Stärkelösung und Nessler'sches Reagens zur Prüfung auf salpetrige Säure und Ammoniak sind oftmals sehr erwünscht.

Utensilien für specielle Zwecke: Ausser dem oben bezeichneten weitschweifigen Apparat ist noch nöthig eine Spirituslampe zum Zuschmelzen der Probegläser; für Trinkwasser-Untersuchungen ein grosser Filtrirtrichter, ein Vorrath weissen Filtrirpapiers bester Qualität, eine kleine Taschenspritze im Etui.

Transport der Apparate und Utensilien. Zum Transport der Probeflaschen, welche meist die grösste Menge des mitzuführenden Gepäcks ausmachen, verwendet man einen Weidenkorb, in welchem die Flaschen mit Stroh oder Holzwolle verstaut werden. Obgleich weder ein solcher Korb noch etwa mitzuführender Eiskasten etc. unter den Begriff des gewöhnlichen Passagiergepäckes fällt, befördern die Eisenbahnen Deutschlands solche Frachtstücke trotzdem als solches.

Die lokale Besichtigung.

Mit Recht wird die lokale Besichtigung als besonders wichtig für jede Wasserbeurtheilung angesehen. Dieselbe allein gewährt den Ueberblick über die Gesammtheit der Verhältnisse, welcher die Grundlage für das Urtheil bilden muss. Die lokale Besichtigung allein sichert ferner eine zweckmässige, zu richtigen Untersuchungsresultaten führende Probeentnahme.

Bei der lokalen Besichtigung bildet sich im Kopf des Beurtheilers das vollständige Bild der gesammten für die specielle Frage wichtigen Verhältnisse; sie allein zeigt, wo die Untersuchung einzusetzen, hat resp. welche von Anderen etwa vernachlässigten Feststellungen noch nothwendig sind. Die Wahrnehmungen, welche bei der Besichtigung gemacht werden, bestimmen nachher oft den ganzen Gang der Untersuchung; sie dienen ferner zur Ergänzung und Anschaulichmachung der Untersuchungsresultate. Ja, man kann sagen, dass nach Beendigung einer gut durchgeführten Besichtigung die halbe Untersuchung schon gemacht ist.

Die lokalen Inspektionen theilen sich ihrer Natur nach in solche, welche Brunnenuntersuchungen und solche welche Abwasser-Untersuchungen zum Zweck haben. Die ersteren sind an engen Raum gebunden, in Plan und Art ziemlich gleichförmig, für sie lassen sich bestimmte Verhaltungsmassregeln angeben. Die Abwasserbesichtigungen dagegen erstrecken sich meist über grössere Entfernungen, sie sind je nach der Fragestellung und den Verhältnissen ausserordentlich wechselnder Art. Für die Vornahme von der Abwasserbeurtheilung dienenden Besichtigungen können deswegen nur die prinzipiell und praktisch wichtigsten Punkte hier ihre Erläuterung finden.

Lokalinspektion bei Brunnenuntersuchungen.

Als oberster Leitsatz für die Trinkwasser-Untersuchung ist allgemein anerkannt, dass jedes in bewohnter Gegend befindliche offene Wasser infektionsverdächtig ist. Unter einem offenen Wasser verstehen wir nicht nur einen Wasserlauf, welcher oberflächlich und frei fliesst, sondern überhaupt jede Wasseransammlung, welche in direkter Kommunikation mit der Luft oder den oberen Schichten der Erdoberfläche steht.

Ein „offenes" Wasser ist also auch ein bedeckter Brunnen, dessen Bedeckung Löcher oder Spalten hat, denn durch diese Löcher kann die Luft von der Erdoberfläche, direkt und ohne irgend ein Filter zu passiren, zu dem Wasser gelangen. Mit der Luft ist jeden Augenblick ein Hineinwehen von Staub in den Brunnenschacht möglich und in dem Staub können pathogene Mikroben sein, welche eine Infektion des Brunnenwassers bewirken. Man sieht, es ist eine grosse Zahl von Zufälligkeiten, welche zusammentreffen müssen, um ein Brunnenwasser in dieser Weise zu inficiren nämlich: Es müssen von einem Kranken stammende Dejekte vorhanden sein, welchen Gelegenheit gegeben wird, einzutrocknen. Die trockene Masse muss zu Staub oder doch zu windbeweglichen Partikeln zerkleinert sein. Es muss ein genügend starker Wind herrschen, um die Partikel aufzuheben; ein Windstoss muss diese Staubpartikel gerade durch die Ritzen der Brunnenbedeckung hindurchtreiben — die Wahrscheinlichkeit einer derartigen Brunneninfektion ist nicht gross. Aber die Möglichkeit ist doch vorhanden und diese Möglichkeit ist deswegen so erschreckend, weil (wie wir oben an dem Beispiel des Broadstreet-Brunnens gesehen haben) durch den Genuss inficirten Wassers eine sehr grosse Anzahl von Menschen erkranken kann.

Ein „offenes“ Wasser ist in gleicher Weise ein Brunnen, der seitliche Zuflüsse von der Erdoberfläche empfängt, welche durch die Bodenlagen nicht filtrirtes Wasser in den Brunnenkessel gelangen lassen. Während die Spalten und Löcher in der Bedeckung hauptsächlich bei trockenem Wetter eine Infektion ermöglichen (weil nur bei trockenem Wetter Staub fliegt), sind die seitlichen Zuflüsse von Regenwasser viel gefährlicher. Sie bringen nämlich gleich eine grosse Menge von Bakterien von der Erdoberfläche in den Brunnen mit sich. Diese seitlichen Zuflüsse von der Oberfläche sind bei vielen Brunnen überhaupt ständig in Thätigkeit, denn es ist eine leider nur allzu häufige Erscheinung, dass das ausgepumpte und nicht gebrauchte Wasser wieder direkt in den Brunnenschacht zurückfliesst. Die Möglichkeit einer Brunneninfektion durch oberirdische Zuflüsse ist also eine ziemlich bedeutende.

Als ebenso wichtige Norm für die Trinkwasser-Untersuchung ist gleichfalls allgemein anerkannt, dass ein in der Nähe schlecht gedichteter Kloaken, Senkgruben, Misthaufen etc. gelegener Brunnen in ständiger, sehr dringender Infektionsgefahr sich befindet. Auch dieser Satz ist verständlich und seine Berechtigung leicht darzuthun. Die Krankheitskeime, speciell die von Typhus und Cholera, um welche es sich ja immer in erster Linie handelt, werden mit den Fäces, mit dem Harn, Schweiss, kurz mit den Exkreten des menschlichen Körpers in lebendem Zustand ausgeschieden. Sie gelangen also ganz direkt in die Fäkalgruben, sie gelangen auch mit den Hausabwässern (Wasch- und Badewasser etc.) in die Senkgruben (Versitzgruben).

Die Fäkalgruben pflegen zwar ursprünglich wasserdicht hergestellt zu sein, aber ihr Cementverputz zeigt unter 100 Fällen 90mal Risse und Sprünge, welche den Inhalt in die Erde hineinsickern lassen. Das Princip der Senkgruben beruht überhaupt darauf, die Schmutzwässer in die Erde verschwinden zu lassen: dieselben sind deshalb niemals cementirt. Alle diese Einrichtungen sind also geeignet, Schmutzstoffe und mit ihnen lebende Krankheitserreger in die Erde gelangen zu lassen. Wenn nun poröser Boden zwischen den Schmutzbehältern und dem Brunnenkessel sich befindet, so schwemmt der Grundwasserstrom oder das Sickerwasser die Bakterien direkt in den Brunnen, und dieser wird inficirt.

Man hat auch den Kanalisationsröhren der grossen Städte den Vorwurf gemacht, dass sie vielfach nicht wasserdicht seien. Das ist insofern richtig, als diejenigen Stellen, wo die Hausleitungen anschliessen, schwache Stellen der Konstruktion darbieten, welche bei geringen Bodensenkungen leicht abbrechen. Solche Anschlüsse werden daher vorzugsweise überwacht. Die kleinen Risse dagegen, welche gleichfalls öfters die Kanalwände durchsetzen, pflegen keine Schmutzstoffe in die Erde gelangen zu lassen: im Gegentheil ist es Regel, dass durch dieselben eine kontinuirliche osmotische Strömung des Grundwassers von aussen zum Kanalwasser nach innen geht.

Nach diesen vorangeschickten Erläuterungen kann es keinem Zweifel mehr unterliegen, auf welche Punkte der Sachverständige bei einer Brunneninspektion zu achten hat. Durch Erfragen und Besichtigen der Senkgruben etc. hat man ihre Lage und besonders ihre Entfernung von dem Brunnenkessel festzustellen. Dabei wird man, wenn irgend möglich, den Plan der Gebäulichkeiten zu bekommen suchen und von ihm die nöthigen Daten ablesen, welche alle auf Treu und Glauben hingenommen werden dürfen, wenn man den Abstand des Brunnens von der der Senkgrube am nächsten gelegenen im Plan verzeichneten Hauswand gemessen und die betr. Grösse des Planes als richtig befunden hat. Diese Feststellung geschieht durch Spannen einer Schnur, welche nachher mit einem Metermass ausgemessen wird. Die ermittelten Zahlen werden sofort notirt.

Nur in den allerseltensten Fällen kann bei einer Brunneninspektion die Beschaffenheit des Untergrundes festgestellt werden; dies ist, wenn nicht direkt Bohrversuche gemacht werden, nur dann möglich, wenn in nächster Nähe des Gebäudes sich eine frische, tiefe Grube (Fundamentausschachtung, Kiesgrube etc.) befindet. In allen anderen Fällen hat man die für die Grundwasserfiltration ungünstigsten Verhältnisse, also grossporigen Kiesgrund, für die Beurtheilung der Brunnenanlage in Rechnung zu stellen.

Weiter ist für die Erwägung des Eindringens von Schmutzwasser in die Brunnenschächte von grösster Bedeutung, welche Neigungsverhältnisse der Boden aufweist; darauf ist stets sorgfältig zu achten. Wenn nämlich das Schmutzwasser höher liegt als die Sohle oder gar als der Wasserspiegel des Brunnens, ist eine Verschmutzung des Brunnenwassers viel eher zu erwarten, als wenn beide Wasserbehälter auf gleichem Niveau liegen. — Auch über etwa ermittelte Bodenverhältnisse, sowie über die Niveauverhältnisse werden an Ort und Stelle Notizen gemacht.

Die Richtung des Grundwasserstromes sowie seine Ergiebigkeit festzustellen ist nicht die Sache des Wasserbeurtheilers, sondern des Technikers. In dieser Beziehung ist unter allen Umständen der Sachverständige für Tiefbau kompetent, welcher die Mittel und Wege kennt, solche Fragen zu erledigen, und dem meist auch Karten resp. Aufnahmen der unterirdischen Wasserverhältnisse seiner Gegend zur Verfügung stehen.

Das nächste Erforderniss der Lokalinspektion ist, sich ein allgemeines Bild über den Reinlichkeitszustand der weiteren und ganz besonders der näheren Brunnenumgebung zu machen. Man wird, wenn die Brunnenumgebung unreinlich gehalten ist, von Thieren stammende Verunreinigungen zwar nicht übersehen dürfen, wird aber ein ganz besonderes Gewicht auf Schmutz legen, welcher dem Menschen oder seinem

Haushalt entstammt. So zeigen z. B. Kartoffelschalen, Eierschalen, Kaffeesatz, Waschblau etc. etc. meist genau an, wohin die Spülwässer ausgeleert werden. Ein unverdächtiger Brunnen muss stets in einer durchaus reinlich gehaltenen Umgebung liegen.

Darauf beginnt die Besichtigung des Brunnens selbst. Die ganze Umgebung wird genau beobachtet, ob etwa Wasserrinnen vorhanden sind, welche auf den Brunnen zu verlaufen. Solche Wasserrinnen werden verfolgt, es wird festgestellt, ob sie am Brunnen blind endigen oder ein zum Brunneninnern führendes Loch aufweisen. Auch dann, wenn ein Loch scheinbar nicht vorhanden ist, kann dasselbe doch da sein, es kann nur durch hineingeschwemmtes Stroh, Holzreste, Sand etc. verstopft sein, ohne doch den Durchtritt des Tagewassers auszuschliessen. Auf die gewühlten Gänge von Thieren, insbesondere von Ratten, Mäusen und Maulwürfen ist aufmerksam zu achten: kurz, die Inspektion muss klar darthun, dass ein direkter Zufluss von oberirdischem Wasser zum Brunnenwasser faktisch ausgeschlossen ist.

Darauf folgt ein Anpumpen des Brunnens um zu sehen, wohin das ausfliessende Wasser abfliesst. Als Norm ist zu verlangen, dass dasselbe in eine steinerne Rinne sich entleert, dass die Umgebung dieser Rinne gepflastert ist und dass dafür aufmerksam Sorge getragen wird, dass das Wasser wenigstens fünf Meter weit in dieser Weise vom Brunnen fortgeleitet wird. Ausserordentlich häufig wird diesen bescheidenen Forderungen aber auch nicht entfernt Rechnung getragen, sondern das nicht gebrauchte Wasser fliesst auf direktestem Weg wieder in den Brunnen zurück. Das ist aber im höchsten Grad unzulässig.

Die Besichtigung geht derart weiter, dass man nun als Nächstes sich die Bedeckung des Brunnens genau ansieht. Ist sie aus Stein oder Metall, so wird nur auf offene Fugen oder Bruchstellen geachtet; bei einer Holzbedeckung dagegen ist ausser auf Löcher, Ritzen etc. noch auf andere Momente zu achten. Da wird z. B. das Alter der Bedeckung, der ganze Erhaltungszustand desselben erwogen werden müssen, es ist darauf zu achten, ob vielleicht in neuerer Zeit Reparaturen an der Holzdecke vorgenommen wurden (was man an frischen Holzstellen und an noch blanken Nägeln sieht); es ist darauf Rücksicht zu nehmen, dass bei feuchtem Wetter das Holz quillt, dass also Löcher bei trockenem Wetter vorhanden sein können, welche sich bei feuchter Witterung schliessen etc.

Wenn die Bedeckung des Brunnens Schäden aufweist, so ist noch darauf zu achten, ob sie vielleicht häufiger betreten wird. An den Füssen schleppt der Mensch stets grosse Bakterienmengen von der Erdoberfläche mit sich.

Bei der Inspektion des Brunnens hat der Sachverständige sich ferner darüber zu informiren, ob vielleicht das Saugrohr aus Blei hergestellt ist. Bleianschlüsse werden zwar bei städtischen Wasserleitungen allgemein und ohne zu Bedenken Veranlassung zu geben benützt; in einer Wasserleitung ist nämlich der Wasserstand stets ungefähr der gleiche und der Zutritt der Luft ist mehr oder weniger ausgeschlossen. Bei einem Pumpbrunnen dagegen wechselt der Wasserstand kontinuirlich, auch ist die Bleiröhre von einem Gebrauch bis zum nächsten direkt der Einwirkung des Luftsauerstoffes ausgesetzt. Bleiröhren in Pumpbrunnen können daher wohl Anlass zu Bleivergiftungen geben.

Als Letztes wird die Brunnenbedeckung abgenommen und der Zustand von Brunnenschacht und Brunnenwasser, eventuell unter Befahrung des Brunnenschachtes, durch den Sachverständigen kontrollirt. Wie es stete Regel bei allen Besichtigungen ist, dass man sie bis in alle Details selbst ausführt, so darf der Experte auch vor diesem manchmal etwas wenig angenehmen Geschäft nicht zurückschrecken.

Bei Abnahme der Bedeckung treten zunächst gewöhnlich etwaige Gänge von wühlenden Thieren in Erscheinung; Kröten, auffliegende Motten etc., welche während des Tages die Dunkelheit suchen, sind ein sicheres Zeichen dafür, dass irgendwo in der Bedeckung ein Loch sein muss, denn diese Thiere gewinnen nach ihrer Lebensart während der Nacht wieder das Freie. Dagegen sind Asseln, Schnecken und gewisse Käferarten Dunkelheitsthiere, welche recht gut ihr ganzes Leben hindurch im Brunnen sich befinden können und deswegen keinen Anhalt dafür geben, dass die Bedeckung schadhaft sei.

Wenn der Sachverständige den Schacht befährt, so wird er häufig, besonders in seinem unteren Theil, Licht anzünden müssen. Er leuchtet die Wände genau ab, um nach den Spuren seitlicher Zuflüsse zu suchen [1]).

Solche werden bei gemauerten Brunnenschächten sich zwischen Steinfugen finden und haben ein verschiedenes Aussehen, je nachdem reines oder unreines Wasser zufliesst. Wenn reines Wasser (d. h. Wasser ohne erheblichen Gehalt an organischen, stickstoffhaltigen Verbindungen) seitlich zufliesst, so heben sich an den Steinen des Brunnenschachtes allermeist weisse Streifen ab, welche von dem durch das Wasser gelösten kohlensauren Kalk des Mörtels oder in Gegenden mit Kalkboden, resp. bei Verwendung von Kalksteinen zur Schachtmauerung, von dem Gehalt des Wassers an Kalk herrühren. Bei reichlichem Wasserzufluss gehen diese Streifen bis zum Wasserspiegel herunter; ist der Zufluss nur ein schwacher, so können sie wieder verschwinden. Häufig sind kleine Tropfsteinbildungen an Stellen, von denen aus das seitlich eindringende Wasser in den Brunnenkessel hineintropft.

---

[1]) Vor dem Befahren des Brunnenschachtes ist durch Hinablassen eines Lichtes zu untersuchen, ob etwa schädliche Gase (Kohlensäure, Schwefelwasserstoff) in dem Schachte anwesend sind, in welchem Falle das Licht verlöschen oder trüb brennen würde.

Fliesst unreines Wasser seitlich zu, so können die Streifen ebenfalls weiss sein, meist aber haben sie dann eine dunkle, schwarzgrüne Farbe. In beiden Fällen aber unterscheiden sich die Zuflüsse von unreinem Wasser allermeist von denen des reinen Wassers dadurch, dass sie bei Betastung mit dem Finger sich stark schleimig anfühlen, während die Spuren, welche reines Wasser hinterlässt, rauh oder doch nicht stark schleimig sind.

Das verschiedene Aussehen dieser Spuren hat folgende Ursache: reines Wasser enthält nicht so viel Nährstoffe, dass es eine reichliche Vegetation von Wasserpilzen (Bakterien) ermöglichte. In reinem Wasser können nur assimilirende, also sich selbst ernährende Formen (Algen) vorkommen; diese werden aber durch den Lichtmangel, welcher normaler Weise im Brunnenschacht herrscht, ausgeschlossen.

Dagegen enthält das unreine Wasser die Nährbestandtheile für ausgedehntes Pilz-(Bakterien-)Wachsthum. Diese Pilze sind farblos und treten auf, selbst wenn die Brunnenbedeckung so dicht ist, dass sie kein Licht einfallen lässt. Ist die Bedeckung aber soweit schadhaft, dass eine schwache Beleuchtung in dem Brunnenschacht herrscht, so werden dadurch die Existenzbedingungen für das Wachsthum von blaugrünen Algen (Schizophyceen) geschaffen, welche nur wenig Licht brauchen und den Hauptttheil ihrer Nahrung nach Art der Pilze aus Unreinigkeiten nehmen. Die Beläge der hier in Frage kommenden Schizophyceen haben ein schwarzgrünes Aussehen und sind gleich den Bakterienbelägen schleimig.

Mag aber die Inspektion nun den seitlichen Zufluss reinen oder unreinen Wassers ergeben: beide sind unzulässig und müssen durch genaues Dichten der Mauerfugen abgesperrt werden, denn bei einem zweckmässig angelegten Brunnen ist als erste Forderung die zu stellen, dass Zufluss des Wassers lediglich von der Sohle aus stattfindet. Deshalb ist es für die Beurtheilung der Wasserbeschaffenheit (wenn z. B. Typhusverdacht besteht) sehr wichtig, auf diese Weise sich über das Bestehen seitlicher unreiner Zuflüsse zu informiren.

Zum Schluss ist auch der Wasserspiegel selbst genau zu besichtigen. Sein Aussehen kann wichtige Fingerzeige geben. Auf dem Wasserspiegel schwimmender Staub oder andere Fremdkörper sind (wenn sie nicht bei der Abnahme der Brunnenbedeckung hineingerathen sind) klare Zeichen für Undichtigkeiten der Bedeckung. Genau dasselbe beweisen auf dem Wasserspiegel ausserordentlich häufig schwimmende Schmetterlingsleichen oder deren Reste. Darauf sei genau geachtet.

Dagegen hat das so häufig vorkommende schillernde Häutchen, welches auf der Wasseroberfläche schwimmt, nichts Ungünstiges zu bedeuten; dasselbe rührt in der Regel vom Eisengehalt des Wassers her.

Wenn der Brunnen einfallendes Licht hat, sind häufig in der Linie des Wasserspiegels und direkt unter demselben die Brunnenwände mit

Algenvegetationen bedeckt: all' solche Beobachtungen sind wichtig und geben Unterlagen für die spätere Wasserbeurtheilung.

Ueber diese Wahrnehmungen werden sofort Notizen gemacht und dieselben später im Gutachten ausführlich reproduzirt.

Ausdrücklich sei darauf hingewiesen, dass nur die Besichtigung bei einer normalen Brunnenuntersuchung hier geschildert wurde, und dass selbstverständlicher Weise der Sachverständige in jedem einzelnen Fall nach bestem Ermessen sich der Sachlage anbequemen muss. Auch das sei betont, dass dieser Gang der normalen Besichtigung in der Praxis nicht ununterbrochen fortläuft, sondern durch Probeentnahmen unterbrochen wird. So muss, um dem Folgenden vorzugreifen, natürlich z. B. die Probeentnahme des Brunnenwassers erfolgen, bevor die Brunnenbedeckung abgenommen wird, weil durch diese Manipulation leicht eine Verunreinigung des im Kessel stehenden Wassers bewirkt werden könnte.

Lokalinspektion bei Abwasser-Untersuchungen.

Wie vorhin schon gesagt, ist es unmöglich, für Abwasserbesichtigungen allgemein gültige Anweisungen zu geben. Es handelt sich bei Abwasser-Untersuchungen nicht, wie bei Trinkwasser-Untersuchungen, um die einzige Frage, ob das Wasser hygienisch verdächtig ist oder nicht. Im Gegentheil, diese Frage nach der Gesundheitsschädlichkeit tritt bei den allermeisten gewerblichen Abwässern zurück, dagegen kommen als ausserordentlich wechselnde Gesichtspunkte Belästigung der Bachanlieger, Gebrauchsunfähigkeit des Wassers für Industrieen, Verschlammung von Flussläufen mit ihren die Schiffahrt störenden Uebelständen, Schädigung der Fischzucht etc. etc. zur Beurtheilung. Mit der so sehr veränderlichen Fragestellung wächst natürlich auch die Zahl der Aufgaben, welche dem Beurtheiler gestellt werden, ganz beträchtlich. Die Folge davon ist, dass auch die Zahl der Probeentnahmestellen und Proben eine sehr viel grössere zu sein pflegt, als bei der Trinkwasser-Untersuchung, dass die Probestellen nicht fest gegeben sind, sondern je nach ihrer Tauglichkeit ausgesucht werden müssen — kurz, dass an die Erfahrung, Tüchtigkeit und Findigkeit des Sachverständigen viel grössere Anforderungen gestellt werden müssen.

Mit der vielfach wechselnden Fragestellung bei Abwasser-Untersuchungen hängt aber auch weiter zusammen, dass der Beurtheiler einen gewissen Ueberblick über die beschreibenden Naturwissenschaften, sowie Physik und Chemie haben und ganz besonders praktische Bildung besitzen muss. Gerade die Lokalinspektionen, welche den Experten in genauen Verkehr mit Männern der verschiedensten praktischen Berufe bringen, seien zur Erweiterung der Kenntnisse benützt.

Ein genaues Bild der Vorgänge, welche bei einer Abwässer betreffenden Lokalbesichtigung sich abspielen, hier zu geben, würde den fortlaufenden

Gang dieses Textes zu sehr aufhalten. Ich werde eine solche Begehung aus meiner Praxis am Schlusse des Buches genau schildern und bitte, wenn Interesse dafür vorhanden ist, diesen Abschnitt als hierher gehörig zu lesen.

In kurzer Zusammenfassung sei darauf hingewiesen, dass (wie oben schon bemerkt) Besichtigungen im Sommer und im Winter bei gleichen Wasserverhältnissen durchaus verschiedene Bilder liefern, dass also die Jahreszeit für die Beurtheilung des Gesehenen von grösstem Einfluss ist.

Bild eines nicht verunreinigten Wassers.

Ein nicht durch organische, stickstoffhaltige Substanzen verunreinigtes Wasser ist allermeist klar, doch kann auch sehr intensive Trübung durch anorganische Verbindungen (insbesondere Thon) verursacht sein.

Die Vegetation in solchem Wasser besteht aus Gewächsen, welche durch eigene Assimilationsarbeit sich die Energie zum Leben erwerben können. Dies geschieht in der Regel durch Zerlegung der im Wasser gelösten Kohlensäure unter dem Einfluss des Lichtes in bestimmt gefärbten (grünen oder braunen, selten rothen) Körpern der Zellen. Alle diese pflanzlichen Organismen gehören zur Klasse der Algen. Dem entsprechend ist ein Wasserlauf, welcher nur der Algenklasse angehörige niedere Wasserpflanzen enthält, als rein zu betrachten.

Das Bild eines nicht verunreinigten Bachlaufs weist also (von höheren Pflanzen abgesehen) grüne Algenwucherungen und braunes Diatomeenwachsthum auf. Alle weisse Vegetation und (in minderem Maasse) alle schwarzgrünen, von Nostocaceen gebildeten Beläge sind verdächtig; sie müssen gesammelt und genauer bestimmt werden.

Eine Ausnahme von der hier gegebenen Regel, dass nur assimilirende niedere Pflanzen in reinem Wasser vorkommen, bilden wenige als „Eisenpilze“ (= Eisenalgen der verbreiteten aber unrichtigen Ausdrucksweise) bezeichnete Organismen. Dieselben sind an den Gehalt des Wassers von löslichen Eisenverbindungen (speciell von kohlensaurem Eisenoxydul) gebunden, bewirken eine Oxydation dieser Eisenverbindungen und gewinnen bei diesem Oxydationsvorgang Lebensenergie. Im Uebrigen sind dieselben mit so geringen Mengen stickstoffhaltiger Nahrung zufrieden, dass sie ihre Lebensbedingungen in jedem eisenhaltigen Wasser finden. Das Auftreten von Eisenpilzen ist also kein Zeichen für Wasserverunreinigung.

Winterbild eines verunreinigten Wassers.

Ein mit organischen, stickstoffhaltigen Substanzen erheblich verunreinigtes Wasser bietet, wie oben (p. 353—354) ausgeführt, hauptsächlich in der kalten Jahreszeit sein charakteristischstes Aussehen.

Im Winter sind die Abwasserpilze (hauptsächlich Leptomitus und Sphaerotilus) durch den Sauerstoffgehalt des Wassers begünstigt und können sich stark vermehren. Sie ernähren sich, im Gegensatz zu den Algen, von bereits aufgebauten organischen Verbindungen, indem sie dieselben spalten. Dem entsprechend ist ihr Vorkommen auf Wasser beschränkt, welches reichlich organische stickstoffhaltige Verbindungen enthält, also auf Schmutzwasser.

Das Winterbild eines verunreinigten Wasserlaufes wird dementsprechend durch die Abwasserpilze bedingt, welche in weissen Zöpfen oder in fahlen Polstern im Bachlauf sich finden. Auf dieses Pilzwachsthum ist deswegen in erster Linie zu achten.

Um den Grad der Wasserverunreinigung festzustellen, ist es zugleich nöthig, das Vorkommen und die Art der mit den Wasserpilzen gemeinsam wachsenden Algen zu beachten. Demnach muss auch auf grünes (Algen-) oder braunes (Bacillariaceen-)Wachsthum Rücksicht genommen werden.

Sommerbild eines verunreinigten Wassers.

Wie oben bemerkt, ist das Sommerbild eines verunreinigten Wassers wegen des Fehlens der Wasserpilze weniger charakteristisch als das Winterbild. Bei Begehungen im Sommer hat man sich dessen zu erinnern, dass die Wasserpilze den Sauerstoff suchen und sich an Stellen lange halten, wo das Wasser mit Luft gemischt ist. Daher schenke man in erster Linie Wehren und Strudeln, Wasserfällen und Mühlrädern etc. seine Aufmerksamkeit. An solchen Lokalitäten kann man unter Umständen die charakteristischen Gewächse das ganze Jahr hindurch finden. Weiter gewinnen dann im Sommer die für die winterliche Beurtheilung nicht so wichtigen Protozoën, gewinnen die Oscillatoria-Arten eine erhöhte, ja manchmal geradezu ausschlaggebende Bedeutung.

Man wird deswegen im Sommer die in's Wasser hängenden abgestorbenen Röhrichtblätter und Reiser bei der Begehung genau auf einen etwa vorhandenen weissschleimigen Belag (Carchesium Lachmanni) prüfen. Ebenso wird man die Böschungen und den Grund des Wassers auf das Vorhandensein ausgedehnterer Wucherungen von schwarzgrünem Aussehen (Oscillatorien) untersuchen und von solchen Objekten Proben mitnehmen. Auch die Beggiatoa-Arten sind im Sommer als grauer oder kreideweisser Belag an abgestorbenen Pflanzenresten etc. aufzufinden, wenn ihr Vorkommen auch im Winter ein massenhafteres ist.

Specielle Rathschläge für die Begehung.

Nach diesen Vorbemerkungen seien einige speciellere Rathschläge für die Begehung von Abwasserläufen gegeben.

Zunächst ist es stets von Wichtigkeit, sich an Ort und Stelle über das in der letztvergangenen Zeit herrschende Wetter zu erkundigen. Aus den oben angegebenen Gründen ist ein bedeutender Unterschied in der

Wasserbeurtheilung zu machen, je nachdem in kurz vorhergeganger Zeit Trockenheit oder Gewitter resp. Regengüsse geherrscht haben.

Weiter ist es für jede Abwasser-Untersuchung nöthig, nicht nur den Zustand des Abwassers als solchen, sondern auch denjenigen des Wasserlaufes vor der Verunreinigung genau zu kennen. Die Besichtigung ist also stets über die verunreinigende Stelle hinaus auszudehnen.

Es kann von Wichtigkeit sein, die Länge der verunreinigten Strecke festzustellen, also zu untersuchen, wann in dem verunreinigten Bachlauf wieder normale Verhältnisse eingetreten und die Verunreinigungen durch die Abwasservegetation aufgearbeitet sind. Bei solchen Untersuchungen über die Selbstreinigung von Gewässern kommt es (aus später, im Kapitel über die Selbstreinigung zu erörternden Gründen) allein auf die Ergebnisse der mikroskopischen und chemischen Wasseruntersuchung, nicht aber auf die bakterioskopische Prüfung des Wassers an. Dem entsprechend ist das Aussehen des Wasserlaufes, welches durch die Besichtigung festgestellt wird, wichtig für die Entscheidung dieser Frage.

Bei der Begehung der Wasserläufe hat man zu achten:

1. auf den Grund des Wassers, also auf das Bachbett. Es sind fortlaufend Notizen zu machen darüber, ob der Bachgrund aus Geröll oder aus Schlamm besteht. Wenn eine Verschlammung nur streckenweise zu bemerken ist, wird die Ausdehnung und der Grund der Verschlammung (Strömungshindernisse etc.) notirt. Es wird mit dem Stock die Tiefe der Schlammschicht abgetastet und zugleich auf das Aufsteigen von Gasblasen geachtet. Wenn irgend möglich, fängt man das Gas in umgekehrten, mit Wasser gefüllten Probeflaschen auf, um es auf Geruch und Brennbarkeit zu prüfen. Es ist bekannt, dass solche aufsteigende Gasblasen im Schlamm stattfindende intensive Fäulnissvorgänge anzeigen können. Durch den Geruch des aufgefangenen Gases wird man am leichtesten sich Klarheit darüber verschaffen können, ob diese Fäulniss als „stinkende“ zu bezeichnen ist.

Besonders wenn es sich um eine durch Hausabwässer stattfindende Wasserverunreinigung handelt, ist die Konstatirung der den Bachgrund einnehmenden Gemülle-Ablagerungen von grosser Wichtigkeit. Fragmente von Eierschalen, Kartoffelschalen, Ablagerungen von Kaffeesatz und Ultramarin (Waschblau) und viele andere ähnliche Abfälle sind charakteristisch für die Hausabwässer; sie werden bei Begehungen leicht entdeckt.

Auch der Einfluss von Fäkalabwässern in einen Bachlauf pflegt dem Bachgrund ein charakteristisches Aussehen zu gewähren. Wenn auch nicht, wie dies ausserordentlich häufig vorkommt, direkt die noch erkennbaren Fäkalklumpen sich im Schlamm zeigen, so deuten doch stets die sich lange erhaltenden Ablagerungen von Papier mit Sicherheit auf derartige Wasserverschmutzungen.

Bei Begehung von mit gewerblichen Abwässern beladenen

Wasserläufen ist natürlich für die Beschaffenheit des Bachgrundes stets die Art des betreffenden Fabrikationsbetriebes von Wichtigkeit. Man wird die schlecht gereinigten Abwässer von Cellulose- und Papierfabriken meist daran erkennen, dass der Bachgrund (besonders an Stellen, wo in Folge schwacher Strömung eine Sedimentation möglich ist) einen ausserordentlich leicht sich vertheilenden weisslichen Schlamm aufweist. Dieser Schlamm besteht meist aus Holzfasern; er kann unter Umständen genau so aussehen, als ob er durch Wasserpilze gebildet würde.

Bei Abwässern aus Bierbrauereien achtet man auf Ablagerungen von Malztheilchen, also auf die Spelzen und Hüllen von Gerste oder Weizen (Kleienbestandtheile); bei Effluvien aus Stärkefabriken kommt ausserordentlich häufig ein weisslicher Bodenbelag vor, welcher von feinsten Stärkekörnern gebildet wird. Ungereinigte Abwässer von Rohzuckerfabriken sind sehr leicht an dem dichten, weissen Schaum zu erkennen, welcher stets auf solchen Abwässern schwimmt; ausserdem besitzt das Wasser selbst einen charakteristischen Runkelrübengeruch und, was uns hier besonders interessirt, der Schlamm enthält faulende Wurzeln der Zuckerrüben (sogenannte Rübenschwänze). — Die Abwässer von Gerbereien bieten im Schlamm ausserordentlich häufig Ablagerungen von Gerberlohe etc. etc.

Unter allen Umständen wichtig aber erscheint, dass, bei Vorhandensein einer Abwasservegetation während des Winters und bei einem (fast nie fehlenden) Eisengehalt des Wassers, der Schlamm von Abwasserläufen während des ganzen Jahres eine durchaus charakteristische, tintenschwarze Farbe besitzt. Diese Farbe wird bedingt durch Schwefeleisen, welches aus dem bei der Fäulniss der Abwasservegetation entstehenden Schwefelwasserstoff und den vom Wasser mitgeführten Eisenverbindungen sich bildet.

2. Wie oben bereits betont, ist die Wasservegetation von grösster Wichtigkeit. In einem nicht verunreinigten Wasser bleibt die grüne Vegetation unberücksichtigt, denn sie gehört in dasselbe und hat für die Beurtheilung keinerlei ungünstige Bedeutung. Dagegen wird alle weisse oder fahle sowie alle schwarzgrüne und schwarzbraune Wasservegetation eifrig gesammelt und davon werden kleine Proben mitgenommen. In verunreinigtem Wasser sind ausser den Proben der weissen Pilzvegetation besonders auch Algenproben, also Muster der grünen Vegetation, mitzuführen; auf kurzfaserig-schleimige Ueberzüge von weisslicher Farbe, welche an Holzwerk, Reisern, Blättern etc. sich finden, ist zu achten. Die schwarzgrünen Beläge an Böschungen, Pfählen, Steinen sind von Wichtigkeit; fortwährend zu machende Notizen geben über die Verbreitung der einzelnen Erscheinungen Auskunft.

Der Anfänger wird bei seinen ersten Begehungen manchmal von dem Aussehen verschiedener im Wasser vorkommender Organismen getäuscht werden und erst durch genaue mikroskopische Untersuchung sich in den Formen zurecht finden; später prägt man sich aber auch das makroskopische Aussehen der wichtigsten Pflanzenformen ein und lernt dieselben ohne Untersuchung kennen [1]).

3. Die physikalische Beschaffenheit des Wassers selbst ist an mehreren wichtig erscheinenden Stellen, insbesondere bei jeder Probeentnahme, zu kontrolliren. Dabei sind für die Wahrnehmungen des Gesichtssinnes folgende Normen übereinstimmend anzuwenden:

Klar ist ein durchsichtiges, d. h. von suspendirten festen Bestandtheilen freies Wasser.

Flockig getrübt ist ein klares Wasser, wenn in demselben reichlich mit blossem Auge erkennbare Partikel schwimmen.

Opalisirend ist Wasser, dessen Durchsichtigkeit im Glasgefäss durch suspendirte, meist kleinste Partikelchen beschränkt, doch nicht aufgehoben ist.

Milchig getrübt ist mit weissen suspendirten Bestandtheilen beladenes, wenig durchsichtiges Wasser.

Schlammig getrübt dasselbe Wasser, wenn die suspendirten Partikel dunkel gefärbt sind.

Schlammig ist Wasser, dessen Durchsichtigkeit im Glasgefäss durch Verunreinigungen aufgehoben ist.

Mit diesen Begriffen und ihrer Kombination wird der Durchsichtigkeitsgrad jedes Wassers leicht zu bezeichnen sein.

Diese Bezeichnungen verstehen sich für die Betrachtung einer 5 cm dicken Wassersäule (der Dicke eines gewöhnlichen Pulverglases); Erforderniss für eine übereinstimmende Bezeichnung des Durchsichtigkeitsgrades einer Wasserprobe ist natürlich, dass sie in reinem, weissen Glas aufgefangen und betrachtet wird.

In gleicher Weise wird bei der Begehung mehrfach der Geruch des Wassers an Ort und Stelle zu prüfen sein. Die Abstufungen, welche bezeichnet werden mit

geruchlos,	fischig,	faul,
dumpfig,	moderig,	stinkend faul,

sind natürlich bei der verschiedenen Befähigung der Menschen für Geruchswahrnehmungen nicht in ähnlich genauer Weise definirbar wie die Bezeichnungen für die Beobachtungen des Gesichtssinnes. Immerhin wird auch bei der Geruchsprüfung hinreichende Uebereinstimmung erzielt werden können, wenn man die Beurtheilung in der Weise vornimmt, dass man nur wenig Wasser in ein Probeglas giebt, durch Schwenken die Glas-

[1]) Einige diesem Zweck dienende Notizen wird man am Schlusse des Buches bei Beschreibung einer Begehung finden.

wandungen mit einer dünnen Wasserschicht überzieht und dann rasch die Oeffnung des Glases an die Nase hält.

Von besonderen, bei der Abwasserbeurtheilung häufiger vorkommenden Gerüchen seien folgende genannt:

Geruch nach Runkelrüben (siehe oben p. 369): charakteristisch für ungerieselte Abwässer von Rohzuckerfabriken.

Geruch nach Buttersäure: Ueberall an solchen Abwässern wahrnehmbar, welche reichlich Pflanzenstoffe enthalten und in Gährung übergegangen sind, also z. B. Abwässer von Stärkefabriken, von Bierbrauereien etc.

Geruch nach Fäkalien: charakteristisch für Sielwässer.

Geruch nach Schwefelwasserstoff: Kann in allen möglichen Abwässern auftreten und ist bald so stark, dass er unverkennbar ist, bald nur bei genauem Vergleich mit schwefelwasserstoffreiem Wasser zu ermitteln. Ist man im Zweifel, ob eine Wasserprobe nach Schwefelwasserstoff riecht, so schöpft man zwei Proben des gleichen Wassers und versetzt die eine mit etwas Kupfersulfatlösung. Durch diese geruchlose Verbindung wird etwa vorhandener Schwefelwasserstoff der einen Probe beseitigt und ein vollkommen gültiger Vergleich mit der anderen, dies Gas noch enthaltenden Probe ermöglicht.

Zu bemerken ist bei dem Schwefelwasserstoff-Geruch, dass ein sehr schwacher, ähnlicher Geruch häufig auch in Wasser vorkommt, welches gar keinen Schwefelwasserstoff enthält. So riechen besonders in Moorgegenden aus tiefen Schächten, Bohrlöchern etc. entnommene Wasserproben bei der Entnahme unangenehm, verlieren den Geruch aber nach sehr kurzem Stehen vollständig. Es ist sehr wahrscheinlich, dass in diesem Fall nicht Schwefelwasserstoff (H_2S), sondern Kohlenoxysulfid (COS) im Wasser vorhanden ist.

Am klarsten und der objektiven Beurtheilung zugänglichsten sind die Geruchsverhältnisse der Abwässer stets an hohen Wehren, über welche das Wasser in dünner Schicht herabläuft, oder in den Radkammern der Mühlen, wo es durch die Bewegung der Räder zerstäubt wird. Man achte gerade an solchen Lokalitäten auf die Geruchsverhältnisse, hüte sich dabei aber vor Täuschungen. Gewöhnlich werden die Radkammern mit Mist, Stroh, Queckenwurzelbündeln etc. eingedeckt, um sie vor Frost zu bewahren. Aus diesen Deckmaterialien kommen häufig mephitische Gerüche, welche man nicht dem Wasser zur Last legen darf.

Bemerkt sei hier, dass gerade von Müllern häufig Klagen darüber zu hören sind, dass ihr Mehl durch die Gerüche der Schmutzwässer dumpfig und übelriechend werde. Ein solches dumpfig gewordenes Mehl sei stets auf Schimmelpilzwachsthum geprüft: meist sind die Vegetationen dieser Organismen und nicht die Abwässer Schuld an dem Uebelstand.

4. *Besonders wichtig kann es für den Experten sein, bei seinen Begehungen auf die Mischungsverhältnisse zusammenfliessender Wässer zu achten.* Es wäre ein Irrthum, annehmen zu wollen, dass zwei sich vereinigende Wasserläufe nun auch sofort eine vollständige Mischung ihres Wassers aufweisen. Dem ist nicht so, im Gegentheil, es kann sehr lange dauern, bis mit blossem Auge sichtbare Verschiedenheiten des Wassers verschwinden. Ganz besonders wenn Färbereiabwässer in reines Wasser fliessen, kann man häufig mehrere Kilometer weit den schwarzen Streifen des Schmutzwassers genau verfolgen. Auch bei anderen Abwässern ist die gleiche Beobachtung leicht zu machen, insbesondere, wenn durch Schwefeleisenbildung der Grund des Abwassers dunkler gefärbt ist als der des reinen Wassers[1]). Der Mischung der zusammenfliessenden Wässer ist

---

[1]) Auf solche Mischungsverhältnisse zusammenfliessender Wasserläufe hat der Experte aufmerksam zu achten. Stets beherzigenswerth und für jede Probenahme wichtig ist, was König (Verunreinigung der Gewässer, p. 10, 11) über diesen Punkt schreibt:

„Denn in einem ebenen Flussbette kann ein Bachwasser mitunter meilenweit fliessen, ehe sich die verunreinigenden Bestandtheile gleichmässig mit demselben gemischt haben. So fand K. Kraut, dass das Elbewasser bei Magdeburg nach Aufnahme der Effluvien von Stassfurt, Aschersleben und aus sonstigen Fabriken etc. am rechten und linken Ufer, sowie in der Mitte einen sehr verschiedenen Gehalt an Chlor und Härte besass; nämlich nach vier Probeentnahmen pro ein Liter:

Zeit	Wasserstand		Chlor, mg	Magnesium, mg	Calcium, mg	Härte, mg
Mai Juni	1,77 1,52	Tunnel Hermersleben Rechtes Ufer	111,5 117,6 74,5	32,4 32,5 23,6	73,5 77,6 —	11,89 12,31 9,41
Juli August	1,60 1,62	Tunnel Hermersleben Rechtes Ufer	120,7 127,8 56,8	33,5 32,4 20,0	70,2 73,7 —	11,71 11,91 8,21
September Oktober	1,08 1,62	Tunnel Hermersleben Rechtes Ufer	179,0 193,4 81,5	39,6 39,0 25,0	110,8 110,2 —	16,62 16,48 9,66
November Dezember	1,42 1,92	Tunnel Hermersleben Rechtes Ufer	156,0 173,5 112,4	37,8 34,7 27,8	76,0 80,2 —	12,89 12,88 10,88
Mittel	1,56	Tunnel	141,8	35,8	82,6	13,30

Man sieht hieraus, dass selbst ein Zusammenfliessen auf einer Wegstrecke von 5—7 Meilen nicht ausgereicht hat, eine vollständige Mischung im Elbwasser. nach Aufnahme verschiedener Effluvien aus den oberen Nebenflüssen herbeizuführen."

Solche die Beurtheilung von Wasserverhältnissen erschwerende Ungleichartigkeiten des Wassers einer Flussstrecke werden bei der Verunreinigung eines

es nachtheilig, wenn beide ungefähr gleiche Stromgeschwindigkeit besitzen; ebenso kommt die Mischung nicht leicht zu Stande, wenn der aufnehmende Fluss eine längere Strecke unter dem Einfluss des Abwassers in gerader Richtung und ohne Gefällunregelmässigkeiten fliesst. Dagegen sind Flusskrümmungen, Buhnen, Brückenpfeiler, Schwellen, Wirbel etc. dem Vermischen des Wassers förderlich.

5. *Mit besonderer Aufmerksamkeit sind bei der Begehung die Stauverhältnisse der Wasserläufe zu studiren.* Wenig andere Umstände können so störend auf die Exaktheit des später abzugebenden Gutachtens einwirken wie eine Vernachlässigung der Einflüsse, welche der künstliche Rückstau von Wasserläufen bedingt. Ganz besonders ist der Fall häufig und wichtig, dass verschmutzte grössere Wasserläufe auf kleinere Zuflüsse derart einwirken, dass ein Rückstau des Schmutzwassers in das an sich reine Bachbett des Zuflusses eintritt. Häufig bemerkt der Experte bei seinen Begehungen, dass der unterste Theil eines kleinen Baches Verpilzung und andere Spuren starker Verschmutzung zeigt: man lasse sich niemals die Mühe verdriessen, an solchen Bächen weit genug aufwärts zu gehen, um mit Sicherheit zu erkennen, ob die Verschmutzung des Wassers eine dem Bachlauf eigenthümliche ist, oder ob sie nur durch den Rückstau fremden Wassers bedingt wird.

In gleicher Weise kann unter Umständen das Aufstauen von Wasser oberhalb von Mühlen und anderen Betriebswerken vorübergehend in dem Zufluss Bedingungen schaffen, welche nicht als normale zu bezeichnen sind. Wie oben angeführt, lieben die Wasserpilze seichte Stellen, wo sie reichlich Sauerstoff finden: wird das Wasser längere Zeit hoch gespannt, so kann manchmal die charakteristische Vegetation verändert und dadurch die Beurtheilung erschwert werden.

6. *Gleichfalls wichtig und bei Begehuugen zu beachten erscheint, dass unter Umständen eine gegenseitige Reinigung verschiedener Abwässer eintreten kann.* So ist es bekannt, dass die Effluvien von Städten manchmal durch die Abwässer von Färbereien günstig beeinflusst werden. Dies geschieht in der Weise, dass in den Beizflüssigkeiten, welche die Färbereien als Abwässer entlassen, vielfach Metallsalze vorhanden sind, welche sich mit dem Schwefelwasserstoff der stinkenden Stadtabwässer zu unlöslichen Schwefelmetallen umsetzen. Bei der Ausscheidung dieser Verbindungen werden dann auch noch andere, suspendirte Verunreinigungen mechanisch mit zu Boden gerissen und es kann so eine theilweise Klärung der Schmutzwässer stattfinden.

Genau nach dem gleichen Princip der mechanischen Fällung wirken diejenigen Abwässer, welche Kalkmilch enthalten (z. B. Abwässer aus

---

Wassers durch organische stickstoffhaltige Substanzen am leichtesten durch ausgedehnte, wo möglich zu verschiedener Jahreszeit vorzunehmende Begehungen der zu beurtheilenden Flussläufe und ihrer Zuflüsse entdeckt und gewürdigt.

Weissgerbereien), auf verschmutzte Wasserläufe klärend. Bekanntlich wird nach den allermeisten sogenannten „chemischen“ Abwasserreinigungsverfahren Kalkmilch als wichtigstes Mittel zur Klärung angewandt. Der chemische Vorgang, auf welchem diese Reinigung beruht, ist der, dass das Calciumoxydhydrat der Kalkmilch aus den Schmutzwässern Kohlensäure entnimmt, sich in Calciumkarbonat verwandelt und als solches niederfallend die suspendirten Verunreinigungen mit zu Boden reisst. Der Klärungsmodus ist also ein rein mechanischer und genau der gleiche, nach welchen durch Vermischung von Fruchtsaucen etc. mit Eiweiss und nachherigem Erwärmen im Haushalt diese Speisen blank gemacht werden [1]).

Dem entsprechend ist nicht wunderbar, dass kalkmilchhaltige Abwässer einen günstigen Einfluss auf die Wasserbeschaffenheit verschmutzter Bachläufe ausüben können. Zugleich kommt bei den Calciumhydroxyd enthaltenden Abwässern noch in Betracht, dass dieselben stark alkalisch sind und schon deswegen fäulnisshemmend wirken.

7. *Bei den Begehungen hat der Sachverständige sich davor zu hüten, mehr als billig durch das äussere Aussehen des Wassers sich beeinflussen zu lassen.* Gerade die soeben berührte Erscheinung: dass mit Kalk behandelte Abwässer klar und durchsichtig, sowie in Folge ihrer starken Alkalinität vollkommen ohne Vegetation sein können, warnt uns davor, in diesem Fall zuviel auf das Aussehen eines Wassers zu geben. Denn einleuchtender Weise enthält ein mit Kalk geklärtes (d. h. von den schwebenden Verunreinigungen befreites) Wasser noch sämmtliche gelösten Schmutzstoffe, welche ihm durchaus den Charakter eines fäulnissfähigen Wassers geben. Ja, durch die Behandlung der Schmutzwässer mit Aetzkalk werden viele organische, als schwebende Verunreinigungen darin enthaltene Körper zerlegt und das Wasser mit Ammoniak angereichert. Dem entsprechend sind diese klaren, durchaus rein erscheinenden Klärungsabwässer keineswegs als reine, sondern im Gegentheil häufig als zu beanstandende zu bezeichnen. — Am klarsten sieht man dies, wenn ein derartiger geklärter und vollkommen vegetationsfreier Abwasserlauf sich in einen grösseren Bach ergiesst. Sobald die Verdünnung mit dem reinen Wasser die Alkalinität beseitigt hat, beginnt die Verpilzung in dem gemischten Wasser, und öfters könnte es dem Laien erscheinen, als ob das reine Wasser die Ursache der Verpilzung wäre. Dem ist natürlich nicht

---

1) Man hat sich diesen mechanischen Fällungsvorgang in der Weise vorzustellen, dass durch die Einwirkung der Kohlensäure auf die Kalkmilch zunächst eine Lösung von Calciumbicarbonat entsteht. Dieses sucht irgendwo nach Verlust der Kohlensäure durch Krystallisation sich auszuscheiden und thut dies dort, wo die „Kontinuität der Flüssigkeit“ unterbrochen ist, also indem es die schwebenden Verunreinigungen als Niederschlagskerne benützt. Der Vorgang ist genau derselbe, nach welchem die Kondensation des Wasserdampfs in der Luft um Staubpartikel herum stattfindet.

so, sondern das reine Wasser schafft nur den Abwasserorganismen die nothwendigen Lebensbedingungen.

Im Gegensatz zu solchen durchaus fäulnissfähigen Klärabwässern, welche dem Laien unbedenklich erscheinen, gelten vielfach gewisse Färbereiabwässer für besonders schlimm, weil sie in ihrer Farbe ein jederzeit auffallendes Zeichen ihrer Verunreinigung an sich tragen. Ganz besonders diejenigen Farbenfabriken, welche Azofarben herstellen, sind deswegen in schlimmer Lage, weil gewisse Scharlachabwässer in keiner Weise farblos zu machen sind. Das einzige Mittel, solche Abwässer los zu werden, ist bis jetzt, dass man sie aufsammelt und während der Nachtstunden ablässt. Damit werden die sonst lebhaften Klagen über die Flussverunreinigung durch solche Farbstoffe vermieden, weil der Laie nur wenig mehr von ihnen zu sehen bekommt.

Genau aus dem gleichen Grunde, weil nämlich das Wasser eine ungewohnte, milchweisse Färbung besitzt, wird nicht selten der Sachverständige zur Begutachtung von Leitungswasser herangezogen. Solches Wasser pflegt nach kurzer Zeit des Stehens vollkommen klar zu werden und die Milchfarbe ist allein verschuldet durch eine innige Mischung des Wassers mit Luft.

Während also der Laie das Wasser nach dem Aussehen, nach Klarheit, Ungefärbtheit etc. beurtheilt und dadurch oft Missgriffe begeht, hat der Fachmann sich davor zu hüten, durch solche äussere Eindrücke allein sein Urtheil bestimmen zu lassen.

Aus allen diesen Ausführungen, welche leicht noch vermehrt werden könnten, sei als Resumé der Schluss gezogen, dass es nicht thunlich ist, ein Urtheil über ein Wasser abzugeben, ohne durch eigene Probenahme und Orientirung an Ort und Stelle sich ein umfassendes Bild von der ganzen Sachlage verschafft zu haben. Lediglich auf Grund einer eingesandten Wasserprobe abgegebene Gutachten sind allermeist werthlos und dies häufig umsomehr, als die Einsender der Proben, ohne es zu beabsichtigen, ihren Parteistandpunkt bei Entnahme der Proben doch mehr oder weniger zum Ausdruck bringen.

Aus diesem Grunde haben auch Superarbitria, welche von Gerichtshöfen etc. lediglich auf Grund der Feststellungen in den Akten verlangt werden, für den objektiven Beurtheiler häufig wenig Werth.

Die Entnahme der Proben.

Probeentnahme für Trinkwasseruntersuchungen.

Die meisten Trinkwasseruntersuchungen, mit welchen der Praktiker betraut wird, betreffen Kesselbrunnen. Für gewöhnlich lautet die Fragestellung: „Ist das Wasser des Brunnens als Trinkwasser zuzulassen“, seltener: „Ist dasselbe für den Hausgebrauch verwendbar?“

Die Beurtheilung von Trinkwasser wird hauptsächlich auf die Bestimmung der in demselben enthaltenen Bakterien- und Schimmel-Species begründet, ohne dass die übrigen im Wasser lebenden und bei direkter mikroskopischer Betrachtung erkennbaren Mikroorganismen vernachlässigt würden.

Bei jeder für bakteriologische Zwecke dienenden Probeentnahme hat man sich vor Augen zu halten, dass Bakterien auf der Erdoberfläche überall und in übergrosser Menge vorhanden sind, dass deswegen mit der grössten Vorsicht und unter Beachtung aller Kautelen bei der Probeentnahme vorgegangen werden muss, um nicht fremde Bakterien in die Proben zu bekommen. Ganz besonders nöthig ist die äusserste Vorsicht aber bei bakteriologischen Wasseruntersuchungen. Das Wesentliche unserer Methode ist, dass wir ein Wasser darauf prüfen, ob es Bakterienformen enthält, die regelmässig am oder im menschlichen Körper leben. Dies ist der Weg, welchen wir als allein gangbar befunden haben, um zu einem zuverlässigen Urtheil darüber zu gelangen, ob ein Wasser durch menschliche Dejekte verunreinigt ist und eventuell von Menschen stammende, für Menschen pathogene Mikroben enthalten kann. Die ganze Untersuchungsmethode kann offenbar kein Resultat geben, wenn wir von den Millionen der auf unserer Haut, an unseren Händen etc. lebenden Keimen auch nur wenige in die Proben gelangen lassen. Denn auf wenigen Keimen resp. auf der Konstatirung unter Umständen nur in wenig Exemplaren auf unseren Wasserplatten sich entwickelnder Arten kann nachher die ganze Beurtheilung beruhen.

Das Erste bei jeder bakteriologischen Probeentnahme ist daher, dass wir uns den Rock ausziehen, die Hemdärmel in die Höhe streifen und Hände wie Arme gründlich mit Schmierseife (Kaliseife) waschen. Das Abwaschen der Seife geschieht mit demjenigen Wasser, von welchem die Proben genommen werden sollen (aber natürlich derart, dass die Probe selbst nicht seifig resp. beschmutzt wird!).

Alle für bakteriologische Zwecke dienenden Proben werden doppelt entnommen, d. h. mit jeder Wasserprobe werden zwei Probegläschen gefüllt. Dies ist deswegen nöthig, weil beim Transport und später bei Oeffnung der Probegläschen leicht eines zerbrechen kann und für diesen Fall noch intaktes Untersuchungsmaterial vorhanden sein muss.

Die erste bei jeder bakteriologischen Brunnenuntersuchung zu entnehmende Probe betrifft das in der Brunnenröhre selbst stehende Wasser. Von Vielen wird die Untersuchung dieses Wassers vernachlässigt, aber dies geschieht mit Unrecht. In der Zeit, in welcher die Wasserbeurtheilung allein auf die Zahl der im Wasser enthaltenen Keime begründet wurde, war das Ausserachtlassen des in der Röhre stehenden Wassers erklärlich, denn die Zahl der Keime in solchem unbewegtem Wasser ist stets eine durchaus andere, vielmal höhere als diejenige der Leitungsröhren selbst oder des Brunnenkessels. Da man bei Untersuchung des in den Haus- und Hubröhren stehenden Wassers damals überhaupt jedes Trinkwasser hätte beanstanden müssen, zog man es vor, Proben aus diesen Brunnentheilen überhaupt nicht zu entnehmen. Bei unserer Untersuchungsmethode kommt es aber wesentlich nicht auf die im Wasser enthaltene Keimzahl, sondern auf die Bakterienarten an. Es ist nun eine oft zu beobachtende Thatsache, dass Spaltpilze, welche im Schacht keineswegs häufig sind und daher bei der Untersuchung dieses Wassers sehr leicht übersehen werden, in der Hubröhre sich vervielfältigt haben und reichlich auf den Platten erscheinen.

Von ganz besonderem Interesse ist, dass bei der Typhusepidemie, welche im Jahre 1897 die Stadt Beuthen (Oberschlesien) heimgesucht hat, und welche mit grosser Sicherheit aus epidemiologischen Gründen auf das verseuchte Wasser einer Wasserleitung zurückgeführt wurde, die Typhus-Erreger gerade in dem stehenden Wasser lange nicht benützter Hausanschlüsse gefunden wurden, während die Untersuchungen des Wassers in den Hauptleitungsröhren resultatlos blieben. Ohne Zweifel wäre, wenn nach der fast übereinstimmenden Vorschrift der Lehrbücher das Wasser dieser Hausanschlüsse vollständig und ununtersucht abgelassen worden wäre, der Typhuserreger in diesem Fall nicht gefunden worden.

Erste Probeentnahme für die Speciesbestimmung.

Die erste Probe wird daher entnommen, indem man bei Pumpbrunnen den ersten Hub Wasser abfliessen lässt, bei Leitungsröhren, indem man den Hahn vollständig öffnet und nun das Wasser in einen mitgebrachten sterilisirten, bis zum Augenblick des Gebrauchs mit Watteverschluss versehenen Kolben einfüllt. Der Kolben (es sind nicht mehr als 500 g des Wassers erforderlich) wird soweit gefüllt, dass der Hals frei bleibt, dann wird sofort der Wattepfropf wieder aufgesetzt.

Die nun folgende Vertheilung dieses Wassers in die Transportgefässe erfolgt, wenn irgend möglich, in einem nahegelegenen Hause, jedenfalls an windgeschützter Stelle. Wir geben dazwischen den Auftrag, dass nun ein Abpumpen des Brunnens beginne und suchen einen geschützten Ort für unsere Manipulationen auf.

Hier angekommen, werden die Transportgefässe (vergl. p. 339, Fig. 25, 26) hervorgeholt, die Spirituslampe angezündet und der ausgezogene Schnabel eines Probeglases in der Flamme fast bis zur Rothgluth erhitzt. Es genügt nun meist, die erhitzte Spitze des Schnabels in die Wasserprobe zu stecken, um die Spitze abspringen zu lassen. Bei dem in Fig. 25

abgebildeten Transportgefäss darf man ruhig in dieser Weise verfahren, kann eventuell durch einen leichten Schlag mit dem Messer (auf das abspringende Ende!) nachhelfen. Bei dem Apparat Fig. 24 dagegen würde das in den luftverdünnten Raum eingesogene Wasser den ganzen erhitzten Schnabel zerstören. Man muss deswegen bei diesem minder praktischen Transportgefäss warten, bis der Schnabel wieder kalt ist, muss ihn dann anfeilen und unter Wasser abbrechen, wobei leicht eine Verunreinigung der Probe erfolgt.

Apparat Fig. 24 füllt sich von selbst; hat man genug Wasser (das Gefäss etwa zu $^3/_4$ voll), so nimmt man das Glas in die warme Hand, um die im Schnabel befindlichen Wassertropfen herauszutreiben, fasst dann die abgebrochene Spitze, bringt den Schnabel in die Spiritusflamme und schmilzt die Spitze unter Ausziehen ab.

Bei Transportgefäss Fig. 25 ist ein Ansaugen nothwendig. Man füllt das Gefäss gleichfalls bis zu $^3/_4$, hebt dann die Spitze aus dem Wasser, zieht noch soviel Luft durch den Schnabel, dass die Wassertropfen heraus sind und schmilzt dann ebenso, wie eben beschrieben, zu. Hier muss nun noch der Gummischlauch abgebunden werden, und zwar geschieht dies zweckmässig nicht dicht bei der Ansatzstelle am Probeglas, um durch den Zug die Verbindung nicht zu lockern, sondern etwa in der Mitte zwischen Probe und wattegefüllter Isolirröhre.

Sobald die erste Probe genommen ist, was in wenigen Augenblicken der Fall ist, wird der Wattepfropf des Wasserkolbens sofort wieder aufgesetzt.

Ist diese Probe genommen, so versieht man sich in gleicher Weise aus derselben Wasserflasche mit einer Reserveprobe und signirt beide gleichmässig.

Zweite Probeentnahme für die Zählung der Keime.

Um auch die Zählung der in dem Wasser enthaltenen Bakterienkeime einwandsfrei ausführen zu können, werden darauf zwei sterilisirte, in $^1/_{10}$ ccm getheilte Messpipetten sowie zwei Roszahegyi'sche Kolben (vergl. p. 336, Fig. 20) herausgenommen, die Gelatine in den Kolben über der Lampe soweit erwärmt, dass dieselbe eben gut flüssig ist (es kommt auf einige Grad mehr oder weniger nicht an, nur soll die Temperatur nicht über 43^0 Celsius steigen), die Gummikappen derselben abgenommen, der Wasserkolben ordentlich geschüttelt und aus demselben in die eine Roszahegyi'sche Flasche 1, in die andere 2 ccm Wasser eingebracht.

Zu dieser Manipulation verwende man stets Messpipetten und achte darauf, dass das Wasserquantum peinlich genau abgemessen sei. Es empfiehlt sich durchaus nicht, die bei Wasserwerken etc. übliche Abmessung des Wassers nach der Tropfenzahl zu regeln. — Wie später gezeigt wird, ist das angegebene Quantum von 1 und 2 ccm nicht zu hoch, da die Zählung der sich entwickelnden Keime mit dem Mikroskop bewirkt wird.

Hat man die bezeichneten Wassermengen in die verflüssigte Gelatine der Plattenkolben gebracht, so setzt man die Wattepfropfen sowie die Gummikappen wieder auf und vermischt nun durch 12 bis 15-maliges Neigen und rasches Wiederheben einer Seite das Wasser innig mit der verflüssigten Gelatine. Darauf signirt man die beschickten Gefässe und stellt sie so eben wie möglich (auf einen Tisch etc.), bis die Gelatine erstarrt ist. Erst dann dürfen dieselben aufgenommen werden und finden zweckmässig zugleich mit den beiden Wasserproben im Eiskasten Aufnahme.

Es kommt bei dieser Probeentnahme und der Anfertigung von Gelatineplatten nicht nur darauf an, exakt, sondern auch rasch zu arbeiten um die Zeit, während welcher Fehler sich einstellen könnten, nach Möglichkeit abzukürzen.

Dritte Probeentnahme zur Untersuchung des Wassers im Brunnenkessel.

Nun folgt eine Pause in der Probeentnahme, denn der Brunnen muss mindestens 20, besser 30 Minuten lang abgepumpt werden, bevor die weiteren Proben genommen werden darf.

Diese nun folgenden Proben beziehen sich auf das Wasser im Kessel des Brunnens; die Art und Weise, wie dieselben entnommen wird, ist genau die gleiche, wie sie soeben für die erste und zweite Probe beschrieben wurde. Nur der Unterschied kann gemacht werden, dass man zum Auffangen dieser Probe den zuerst schon benützten Wasserkolben gebraucht, nachdem das nicht verwendete Wasser ausgegossen ist und der Kolben vor der neuen Füllung 6—12 mal energisch mit dem nach längerem Abpumpen ausfliessenden Wasser ausgespült ist. Denn nach einem solchen Ausspülen kann man annehmen, dass die am Glas haftenden Bakterien mit denen der einzufüllenden Probe gleichartig sind.

Wie von dem zuerst entnommenen Wasser werden auch von diesem zwei Proben und zwei Platten mitgenommen, signirt und sofort auf Eis gelegt.

Probeentnahme für die mikroskopische Untersuchung.

Sobald die zweite, für die bakteriologische Untersuchung bestimmte Probe besorgt ist, wird der Filtrirtrichter herausgenommen und rasch zur Filtration von 15—20 Liter Wasser in Stand gesetzt; das so zu behandelnde Wasser wird in spiegelblanken Flaschen aufgefangen, rasch verschlossen und dann mit einer Glasplatte bedeckt abfiltrirt; der Filterrückstand kommt nach Durchstossen des Filterbodens und energischem Abschwemmen des Papiers mittels der Taschenspritze in ein für die Aufnahme der mikroskopischen Proben bestimmtes spiegelblankes Glas. Es empfiehlt sich durchaus, die Manipulation des Abfiltrirens in einem geschlossenen Raum vorzunehmen, um den Filterrückstand möglichst vor Staub zu bewahren.

Als Probegläser für der mikroskopischen Untersuchung dienende Proben verwenden wir die oben (p. 338) bezeichneten Pulvergläser à 200 g.

Bei Gewinnung dieser verschiedenen Proben ist jede nicht durch die Manipulationen selbst unumgänglich nöthige Störung des Ruhezustandes im Brunnen, insbesondere jedes Betreten der Brunnenbedeckung, durchaus zu vermeiden.

Nach den oben (p. 363) gegebenen Anweisungen hat, wenn irgend möglich, eine Besichtigung des Brunnenschachtes stattzufinden. Es wurde an jener Stelle bereits auf die für die Wasserbeurtheilung wichtigen Vegetationen hingewiesen, welche an den Wänden des Schachtes oder besonders in der Nähe des Wasserspiegels sich finden können. Von diesen Vegetationen werden Proben mit dem Messer von den Steinen etc. abgekratzt und in Pulvergläser gethan, und zwar werden die im Schacht und im Wasser aufgenommenen Proben getrennt gehalten. Für mit der Mikroskopie der niederen Organismen nicht völlig Vertraute empfiehlt es sich, überhaupt jede verschiedenartig aussehende Probe in einem besonderen Glas mitzunehmen. — Sobald man den Brunnenschacht verlassen hat, werden die Proben signirt.

Probeentnahme für Trinkwasser-Untersuchung in speciellen Fällen.

Wesentlich schwierigere Verhältnisse können dem Sachverständigen entgegentreten, wenn die Fragestellung nicht auf den Zustand des Wassers im Brunnen, sondern auf denjenigen der Zuflüsse sich bezieht.

Es wäre ein Irrthum, zu glauben, dass selbst durch das intensivste Auspumpen, selbst wenn Maschinen dazu verwendet werden, das Wasser eines Brunnens in bakteriologischer Beziehung schliesslich dem zufliessenden Wasser gleich gemacht werden könne. Selbst wenn diese Zuflüsse notorisch keimfrei sind, behält der Brunnenkessel einen oft recht ansehnlichen Bakteriengehalt.

Man hat behufs Prüfung des Keimreichthums der unterirdischen, normalen Brunnenzuflüsse verschiedene Wege eingeschlagen, welche alle nur unter besonderen Verhältnissen gangbar sind.

Scheinbar der einfachste Weg zur Lösung dieser Frage ist, das im Brunnenkessel sich befindliche Wasser künstlich zu sterilisiren und dann zu sehen, ob die Keimzahl in kurzer Zeit wieder auf die normale Menge anwächst. Eine solche Sterilisation kann mit chemischen Mitteln nur bei nachfolgendem mit Maschinen bewirktem Auspumpen bewirkt werden, da diese auch in den Zuflüssen etwa vorhandene Keime zerstören würden, wenn sie nicht rasch beseitigt werden. Hauptsächlich durch Hitze ist diese Sterilisation erreichbar und zwar, indem man aus dem Kessel einer Lokomobile direkt den Dampf in den Brunnenkessel ausströmen lässt.

Komplicirter, aber doch in den meisten Fällen vorzuziehen ist, neben dem zu untersuchenden Brunnen einen Abessinier-Brunnen in das Grundwasser zu treiben und dann das so gewonnene Wasser zu untersuchen. Dabei ist aber zu bemerken, dass es fast unmöglich ist, selbst bei aller Vorsicht eine Verunreinigung des Grundwassers durch die Bakterien der oberen Erdschichten, welche bei dem Einbohren der Röhren in die Tiefe verschleppt werden, zu vermeiden.

Bei einer derartigen Wasseruntersuchung wird man das Grundwasser stets dann für keimfrei zu erklären haben, wenn die Zahl der pro ccm zur Entwickelung kommenden Keime 10—20 nicht überschreitet.

In welcher Weise der bakteriologischen Untersuchung dienende Proben aus tiefen Wasserschichten von Flüssen oder Seen sowie aus Bohrlöchern zu entnehmen sind, geht aus der Beschreibung (siehe oben, p. 340, 341) der für diese Zwecke konstruirten Apparate hervor. Nur seien die Resultate solcher Untersuchungen stets erst nach schärfster Kritik anerkannt, denn sehr häufig existiren in diesen tiefen Schichten in Wirklichkeit andere Verhältnisse, als sie die Proben zeigen. Denn es hat sich herausgestellt[1]), dass aus einem frisch angelegten Bohrloch bereits 30000 cbm Wasser ausgeflossen waren und dass trotzdem noch dauernd ein Gehalt von 80—100 Keimen pro ccm sich zeigte. Erst als durch Einleiten auf 2—3 Atmosphären gespannten Dampfes eine Sterilisation des ganzen Bohrloches erfolgt war, zeigte sich, dass das Grundwasser keimfrei und nur durch von der Erdoberfläche hineingerathene Keime verunreinigt war.

Probeentnahme bei typhus- und choleraverdächtigem Wasser.

Ganz besondere Vorschläge wurden für die Probeentnahme gemacht, wenn es sich um die Untersuchung eines typhus- oder choleraverdächtigen Wassers handelt. Nach unseren Ausführungen (vergl. p. 295, 297) wird zwar der Praktiker meist darauf zu verzichten haben, die pathogenen Mikroben selbst im Wasser zu entdecken, weil auch der geübteste Bakteriologe dieselben

---

[1]) Vergl. Max Neisser in Zeitschr. f. Hyg. und Infektionskrankh. XX (1895), p. 312 ff.

nur ausnahmsweise zu isoliren vermag. Anstatt auf diese Krankheitserreger zu fahnden, wird sich der Praktiker vielmehr die Aufgabe stellen, leichter auffindbare Anzeichen der Wasserinfektion zu konstatiren. Trotzdem dürfen diese Vorschriften hier nicht fehlen.

Typhus. Bei der Entnahme von Proben, welche in typhusverdächtigem Wasser den Erreger der Krankheit enthalten sollen, tappt man bisher noch völlig im Dunkeln. Nur das Eine scheint festzustehen, dass Typhusbakterien noch am ersten in demjenigen Wasser zu finden sind, welches bei Wasserleitungen in den Hausröhren, bei Pumpbrunnen in der Pumpröhre steht. Und zwar scheint bei länger in diesen Röhren stehendem Wasser die Aussicht auf Isolirung des Krankheitserregers besonders gross zu sein. Ohne Zweifel geht allerdings die Zahl der Typhus-Bakterien in allzulang stehendem Röhrenwasser wieder zurück, aber in dieser Beziehung irgend welche Zeitangabe zu machen, ist bei dem heutigen Stand der Kenntnisse unmöglich.

Im Uebrigen ist es ein reiner Zufall, wenn man auf einer Gelatineplatte aus typhusverdächtigem Wasser einmal eine Typhusbakterien-Kolonie erzielt. Ob es, wie angegeben wird, praktisch ist, „bei offenen Wässern an der Schöpfstelle zwei Proben, die eine etwa 10—20 cm unter der Oberfläche, die andere von der Oberfläche und zwar in der Nähe von Nahrungscentren, z. B. am Rand des Gemäuers etc.“ zu entnehmen, lasse ich dahingestellt.

Cholera. Die Aussichten, den Cholera-Erreger im Wasser zu finden, sind grösser als die Erlangung des Typhus-Bacteriums. Bei Microspira Comma hat man als sichere Grundlage für die Probeentnahme die Thatsache, dass der Kommabacillus eine ausserordentlich starke Begierde nach dem Luftsauerstoff besitzt. Man wird also bei Probeentnahmen stets die obersten Wasserschichten, ja speciell die Wasseroberfläche zu berücksichtigen haben. Ferner ist bekannt, dass der Cholera-Erreger ganz besonders gern an oder in der Nähe von Nahrungsstoffen sich findet. Dem entsprechend hat man im Allgemeinen in der Mitte der Gewässer wenig Aussicht, ihn zu finden, dagegen grössere am Rand und zwar an faulenden Pflanzen- und Thiertheilen, an Holz etc.

Wer also in offenen Gewässern auf Microspira Comma fahnden will, muss an vielen Stellen eine grosse Anzahl von Proben vom Rand der Gewässer an der Oberfläche entnehmen. Bei Brunnenuntersuchungen werden wesentlich die aus der Röhre und weiter beim Besichtigen des Wasserspiegels von diesem in der Nähe modernder Pflanzentheile gewonnene Proben Aussicht auf Erfolg bieten.

Es kommt bei allen Untersuchungen von choleraverdächtigem Wasser darauf an, eine möglichst grosse Zahl von Proben von verschiedenen geeignet erscheinenden Stellen zu entnehmen, weil wir für die Choleramikroben eine die Zahl der im Wasser vorhandenen Individuen beträchtlich steigender Vorkulturmethode besitzen, welche weiter unten beschrieben werden soll.

Probeentnahme für Abwasser-Untersuchungen.

Wenn die neben der bakteriologischen hergehende rein mikroskopische Untersuchung schon bei der Trinkwasser-Untersuchung von grosser Bedeutung ist, so tritt bei der Abwasser-Untersuchung die Bestimmung der Pilze und Algen des Wassers an allererste Stelle.

Oben habe ich schon (p. 365) darauf hingewiesen, dass bei der grossen Mannigfaltigkeit der Fragen, welche bei einer Abwasser-Untersuchung gestellt werden können, sich präcise Vorschriften für die Lokalinspektion nicht geben lassen. Völlig das Gleiche gilt auch in Bezug auf die Probeentnahme.

Nur kurze, allgemeine Notizen über sie seien hier eingefügt; im einzelnen Fall muss der Sachverständige sich den gegebenen Verhältnissen richtig anzupassen wissen.

Die Proben für die mikroskopische Untersuchung werden in den (p. 338) erwähnten Pulvergläsern eingebracht; man verwende, wenn irgend möglich, für jede Probe ein neues Glas. Keinesfalls aber dürfen von verschiedenen Lokalitäten stammende Proben zusammengebracht werden. Mögen Proben, Vegetationen sich auch noch so ähnlich sehen, sie können doch verschieden sein und sind es häufig. Es wäre der schwerste Fehler, wenn man auf den äusseren Anschein hin Ungleichartiges zusammenpacken wollte.

Weiter sei hier nochmals darauf hingewiesen, dass das sofortige Signiren der Proben besonders bei ausgedehnten Begehungen dringend nothwendig ist und ebenso, dass andauernd Notizen über die Ausdehnung der in Proben mitgenommenen Vegetationen gemacht werden müssen.

Die Probeentnahme für Abwasser-Untersuchungen findet statt, indem man die Wasserläufe begeht und sorgfältig ihre Ränder „abbotanisirt". Dabei kann häufig ein Opernglas vorzügliche Dienste leiten. Man achtet auf Vegetationen, welche an Steinen, Holzwerk, Wurzeln, Röhricht, kurz an im Wasser befindlichen Gegenständen sowie auf dem ebenen Bachgrund sich befinden können. Von solchen Vegetationen fischt man mit den Händen, dem Stock, oder wenn man ein kleines Netz besitzt, mit diesem etwa thalergrosse Theile, bringt sie in die Probeflaschen und füllt diese bis oben mit dem Wasser der Entnahmestelle. Wenn man das Probeglas nicht voll macht, kann es leicht vorkommen, dass beim Transport besonders Wasserpilze zerrissen und ihre Rasen in Fäden aufgelöst ankommen.

Es wurde oben (p. 366) darauf hingewiesen, dass ein reines Wasser führendes Bachbett grüne Vegetation besitzt, während diese in stark verunreinigtem Wasser weiss ist. Dem entsprechend bleibt bei der Probeentnahme in nicht verunreinigtem Wasser alle grüne Vegetation unberücksichtigt: sie gehört in dasselbe und hat für die Beurtheilung keinerlei ungünstige Bedeutung. Dagegen wird alle weisse oder fahle sowie alle schwarzgrüne und schwarzbraune Wasservegetation eifrig gesucht. Die Proben werden in der Weise genommen, dass man alles Verdächtige mindestens von zwei verschiedenen Stellen aufnimmt; die sofort zu machenden Notizen geben später über die Verbreitung der Erscheinungen Auskunft.

Bei Beschreibung einer stattgefundenen Abwasser-Begehung und Probeentnahme, welche am Schluss des Buches sich findet, wurde ganz besonders das Aussehen verschiedener Vegetationsformen, welche in reinem und unreinem Wasser vorkommen, besprochen. Man wird sich dort informiren können über das, worauf bei der Auswahl der Proben zu achten ist.

Wie bei reinem Bachbett hauptsächlich auf Wasserpilze und Oscillatoria-Wucherungen zu achten ist, also nach weisser oder schwarz- resp. braungrüner Vegetation gesucht werden muss, weil diese ein Anzeichen für Wasserverunreinigung darstellen kann, so ist selbstverständlich bei verschmutzten Wasserläufen das Hauptaugenmerk auf die gleichen Erscheinungen zu richten.

Aber für die Beurtheilung des Verunreinigungsgrades sind hier auch die lichtgrünen (Algen-) und braunen (Diatomeen-)Vegetationen zu beachten.

Denn die hier und da ausgesprochene Meinung, dass in einem stark verunreinigten Wasser die aus eigener Kraft lebenden, assimilirenden Pflanzenformen, also die Klasse der Algen in unserem Falle, durch die Pilzvegetation vollkommen unterdrückt werde, ist nur in sehr beschränktem Maasse richtig. Nur in stinkend faulem Wasser vermögen Algen nicht mehr auszuhalten, während die grünen Euglenen und andere Flagellaten auch da sich noch finden; die Uebergänge von leichter Verschmutzung zu stinkender Fäulniss können in vielen Fällen durch das mit der zunehmenden Wasserverpestung parallel laufende Verschwinden später bei dem Kapitel über Abwasserbeurtheilung namhaft zu machender Algenformen genauer definirt werden.

Deswegen sind aus Abwasserläufen auch Proben der grünen Vegetation mitzunehmen, während solche aus reinen Bächen aufzunehmen nicht erforderlich ist.

Werden Abwasser-Untersuchungen in der warmen Jahreszeit verlangt, so wird allermeist das Einsammeln von Proben aus den oben (p. 353) angegebenen Gründen schwieriger werden. Dann erinnere man sich daran, dass die Abwasserpilze den Sauerstoff suchen, also in erster Linie an Wehren und Strudeln, in Wasserfällen und an Mühlrädern zu finden sind, dass sie nur an solchen Stellen unter Umständen, wenn auch in reduzirtem Zustand, das ganze Jahr hindurch ausdauern. Die Schlussfolgerung daraus führt uns dazu, im Sommer besonders solchen Lokalitäten die gespannteste Aufmerksamkeit zu schenken, von ihnen auch unbedeutend aussehende Proben der Holzbekleidung und der Steinbedeckung abzunehmen. Weiter aber gewinnen im Sommer die für die winterliche Beurtheilung nicht so wichtigen Protozoën, gewinnen die Oscillatorien eine erhöhte, ja manchmal geradezu ausschlaggebende Bedeutung.

Mit besonderem Eifer wird man im Sommer die ins Wasser hängenden abgestorbenen Röhrichtblätter und Reiser auf einen etwa vorhandenen weissschleimigen Belag (Carchesium), wird man die Böschungen und den Grund des Wassers auf das Vorhandensein ausgedehnter Wucherungen von schwarzgrünem Aussehen (Oscillatorien) untersuchen und von solchen Objekten Proben mitnehmen; auch die Beggiatoa-Arten sind im Sommer aufzufinden, wenn ihr Vorkommen im Winter auch ein massenhafteres ist.

Die
Untersuchung der Wasserproben.

Vollständig getrennt laufen bei der mikroskopischen Wasseranalyse drei Untersuchungsmethoden, nämlich die Kulturmethoden für Bakterien, diejenige für Schimmelpilze und endlich die mikroskopische Prüfung nebeneinander her. Ihre Resultate finden dann gemeinsam für die Wasserbeurtheilung Verwendung.

Es ist hier festzustellen, dass für Trinkwasseruntersuchungen die Anwendung aller dieser Methoden nothwendig ist, wenn es sich nicht um Untersuchung von frisch erbohrtem Grundwasser handelt, welches (wenn überhaupt Lebewesen) nur Bakterien enthält. Bei vielen Abwasser-Untersuchungen wird man dafür sein Urtheil allein auf die mikroskopische Analyse begründen können und von der Anwendung der Kulturmethoden Abstand zu nehmen berechtigt sein.

Als leitender Satz für alle Untersuchungsmethoden gilt, dass sie sobald wie irgend möglich begonnen werden müssen. Das Analysiren von längere Zeit (und unter Umständen ist schon ein Tag viel zu lange Zeit) stehenden Wasserproben führt immer zu ungenauen und unsicheren, ja häufig zu direkt fehlerhaften Resultaten.

Die bakteriologische Wasseruntersuchung.

Wie vorhin bei Gelegenheit der Vorschriften für die Probeentnahme bereits hervorgehoben wurde, beginnt die bakteriologische Wasseruntersuchung an Ort und Stelle. Denn das Vermischen von Wasserproben mit Gelatine in den Roszahegyi'schen Kölbchen ist nichts anderes als der Beginn der Untersuchung auf die Menge der im Wasser enthaltenen Bakterienkeime.

Die verschiedenen Verrichtungen, welche, abgesehen von dieser an Ort und Stelle bewirkten Untersuchungshandlung zu Hause vorgenommen werden müssen, seien chronologisch nach ihrer Reihenfolge und nach dem Tag, an welchem sie vorgenommen werden, hier aufgezählt.

Dass der Beginn der Untersuchung, wenn immer möglich, am selben Tag wie die Probeentnahme stattfinden soll, wurde eben erwähnt.

Auspacken der Proben.

Wir machen uns zunächst an das Auspacken der Proben. Dabei ist als Erstes die Temperatur in dem Versandt-Behälter zu kontrolliren. Beträgt dieselbe unter + 5°, so können die Proben — wenn etwa die an Ort und Stelle angesetzten Platten zur Ermittelung der Keimzahl nicht geeignet sein sollten — zu allen Zwecken, also auch zur quantitativen Bestimmung der im Wasser enthaltenen Keime ohne erheblichen Fehler zugelassen werden. Ist die Temperatur dagegen über diese Höhe gestiegen, so werden die Resultate der Koloniezählung aus diesem Wasser gegossener Platten nicht mehr zuverlässig sein [1]). In diesem Falle können die Proben nur noch zur wichtigsten Aufgabe der Wasseranalyse, zur Bestimmung der Arten Verwendung finden.

Hat die Beschickung der Roszahegyi'schen Kölbchen an Ort und Stelle vorschriftsmässig stattgefunden und ist diesen auf dem Transport nichts passirt, so wird die Zahl der in ihnen gewachsenen Kolonien unter

[1]) Es ist als feststehend zu betrachten, dass bei 0° die Bakterienvermehrung im Wasser im Allgemeinen aufhört, dass dieselbe bei niedrigen (also um eine für die Praxis feste Zahl anzuführen, unter 5° sich bewegenden) Temperaturen eine ausserordentlich minimale ist. Jede Spaltpilzart besitzt ein Optimum des Wachsthums und dieses liegt gewöhnlich für die Wasserbakterien zwischen 15 und 25° C. Je weiter nach oben oder unten die Temperatur des Mediums von diesem Optimum sich entfernt, um so geringer wird das Vermehrungsvermögen, bis es schliesslich ganz aufhört, ja bis bei Ueberschreitung gewisser für jede Art bestimmter Temperaturgrenzen eine Vernichtung des Lebens eintritt. Das mässige Ueberschreiten des Wachsthums-Optimum nach oben wird meist leichter ertragen als dasjenige nach unten. Ich kenne keinen kultivirten Wasserspaltpilz, der nicht bei Bluttemperatur (37° C.) noch gut wüchse. Dagegen wirkt die Abkühlung

allen Umständen die Entscheidung über die Frage herbeiführen, welche Veränderung der Bakteriengehalt der Probe auf dem Transport erlitten hat

Solche Feststellungen können eventuell wichtig sein; besonders dann sind sie es, wenn andere Sachverständige im gleichen Untersuchungsfall. wesentlich andere Zahlen angeben, als wir sie finden. Dies erklärt sich meist dadurch, dass unter verschiedenen Temperaturbedingungen der Proben gearbeitet wurde.

Auf die Feststellung der Temperatur - folgt die genaueste Besichtigung der Probegefässe, um festzustellen, ob dieselben intakt geblieben sind und ob die Signaturen überall noch genügend deutlich erscheinen.

Bemerkt man, dass an den Probegefässen auch nur die geringste Undichtigkeit vorhanden ist, so muss man sich sofort sagen, dass solche Proben sichere Resultate nicht erwarten lassen. Wenn irgend angängig, hat man deshalb von der Untersuchung derselben überhaupt abzusehen; andernfalls müssen die daraus gewonnenen Resultate mit ganz besonderer Vorsicht benützt werden. Insbesondere ist in solchem Falle im Gutachten die Anfechtbarkeit eines solchen Untersuchungsergebnisses nicht zu verschweigen.

Das Kontrolliren der Signirung ist deshalb wünschenswerth, weil besonders gummirte Etiketten von Wasserproben sich häufig ablösen und jede Verwechselung von Proben die Ursache schwerster Irrthümer ist. — Verschiedene Proben werden dann der Einfachheit halber mit fortlaufender Nummerirung versehen.

Da wir von jeder für die bakteriologische Untersuchung bestimmten Probe zwei Gefässe gefüllt hatten, bleibt je eines derselben für etwa nöthige Kontrolluntersuchungen auf Eis liegen.

---

des Wassers auf 0° und die dauernde Einwirkung dieser Temperatur schädigend auf die allermeisten Bakterien. Dem entsprechend wurde bei Versuchen, welche Wolffhügel und Riedel über den Keimgehalt von bei 0° gehaltenem Wasser an mehreren aufeinanderfolgenden Tagen machten, nachgewiesen, dass die Bakterienzahl stetig sank und zwar dass besonders die in nachfolgender Tabelle in Klammern hinter der Gesammtzahl der Kolonien aufgeführten verflüssigenden Keime eine Verminderung aufweisen.

Entnahme der Proben Keimgehalt pro ccm	Bei 0 Grad aufbewahrte Proben enthalten nach Tagen	Im ccm Keime
148 (14)	1	126 (6)
150 (11)	1	115 (2)
123 (14)	2	69 (0)
158 (15)	2	101 (0)
123 (9)	3	29 (0)
156 (11)	3	33 (2)

Vorbereitung für die Untersuchung.

Als Vorbereitung für die Ausführung der bakteriologischen Untersuchung wird 1. der Trockenschrank beschickt mit

a) zwei Dutzend spiegelblank gereinigten Petri-Schalen;

b) der erforderlichen Anzahl von Messpipetten, eingeschlossen in einem mit Watte zugepfropften Metallcylinder;

c) einem Pack Watte.

Darauf wird der Trockenschrank geschlossen und durch eine untergesetzte Flamme erhitzt, bis das Thermometer 250° als Innentemperatur angiebt. (Wenn die Watte durch diese Erhitzung schwach gebräunt wird, so hat das nichts zu bedeuten.) Der Schrank mit den erhitzten Glassachen darf natürlich erst nach fast vollkommener Abkühlung geöffnet werden, sonst springen die Gläser. Er sei nie länger geöffnet, als das rasche Herausnehmen der jeweils gebrauchten Objekte es erfordert!

2. Ein Becherglas mit Wasser wird auf die Flamme gesetzt und ein Thermometer eingehängt; das Wasser wird auf 42° Celsius erwärmt.

3. Die erforderliche Anzahl von Gelatineröhrchen wird makroskopisch auf's Genaueste geprüft, ob das Nährsubstrat auch wirklich steril ist. Man achte darauf, ob nicht vielleicht irgendwo kleine weisse oder gefärbte Pünktchen resp. Kügelchen in der Gelatine sich finden. Diese werden meistens durch Bakterienkolonien oder durch Luftblasen gebildet; man lernt das Aussehen beider rasch kennen und schliesst selbstverständlich alle Gelatineröhrchen, in denen bereits Bakterienwachsthum vorhanden ist, von der Verwendung aus.

4. Die steril befundenen Gelatineröhrchen werden in das mit Wasser zum Theil angefüllte Becherglas derart eingesetzt, dass das Wasser die Pfropfen nicht benetzt; die Gelatine wird durch das Wasser auf 42° erwärmt.

5. Die Glasscheibe auf dem Nivellirdreieck (vergl. p. 335) wird genau horizontal eingestellt.

6. Es wird der Rock ausgezogen, um nicht aus den stets keimbeladenen Rockärmeln Verunreinigungen auf die Platten fallen zu lassen; darauf werden die Hemdärmel aufgestülpt und die Hände intensiv mit Schmierseife und Bürste gewaschen. (Noch sicherer ist eine Desinfektion der Hände mit 0,5 % Sublimat, Abspülen desselben mit Alkohol.) Bei der Desinfektion der Hände spielt die Bürste die wichtigste Rolle; die Hände müssen an der Luft trocknen und es darf mit ihnen nun bis zum Beginn der Untersuchung nichts mehr angefasst werden.

Ausführung der Untersuchung.

Nach diesen Vorbereitungen gehen wir an die Ausführung der bakteriologischen Untersuchung. Dieselbe wird in folgenden Stationen bewerkstelligt:

1. Man nimmt das erste Probegefäss heraus, schüttelt dasselbe einige Minuten lang kräftig, feilt bei völlig zugeschmolzenen Gläschen dieselben an oder lockert bei verwendetem Gummiverschluss offener Gläschen diesen.

2. Man holt aus dem Trockenschrank einen Bausch der auf 250° erhitzt gewesenen Watte.

3. Man öffnet das Probegefäss und verschliesst die Oeffnung sofort wieder mit der sterilen Watte.

4. Die nächste Manipulation ist, dass man den Wattepfropf des Gelatineröhrchens, welches man zunächst zu verwenden beabsichtigt, durch Drehen vollständig locker macht, ohne ihn dabei aus der Mündung des Glases zu entfernen. Das Röhrchen kommt bis zur Verwendung wieder in das 42-grädige Wasser, denn nur bei leichtflüssiger Gelatine ist vollkommen gleichmässige Vermischung mit dem Wasser und dadurch vollkommen ebenmässige Vertheilung der Wasserkeime möglich.

5. Nun wird eine sterile Pipette aus dem Behälter genommen (denselben sofort wieder zumachen!, die Pipette absolut nirgends anders als am oberen Ende berühren!), rasch der Wattepfropf des Probeglases soweit entfernt, dass man gerade mit der Pipettenspitze in das Wasser kommen kann, die Pipette bis zum Grund des Glases eingeschoben und während des langsamen Ansaugens allmählich gehoben, so dass ihr Inhalt Wasser aus allen Schichten der Probe enthält. Niemals darf die Pipette soweit gefüllt werden, dass ihr Inhalt nicht noch ein beträchtliches Stück vom oberen Rand aufhörte.

6. Darauf zieht man die Pipette heraus, wobei man ihre obere Oeffnung mit dem Daumen der rechten Hand verschliesst, die linke Hand ergreift das vorbereitete Gelatineröhrchen und hält dasselbe so weit wagrecht, als es die Gelatine, welche den Wattepfropf nicht berühren darf, irgend zulässt; Ring- und kleiner Finger der rechten Hand nehmen rasch den Pfropfen des Gelatineröhrchens ab, die Bürettenspitze wird eingeführt (darauf achten, dass die Spitze voll ist, dass aber auch kein Tropfen daran hängt!) und nun wird das gewünschte Wasserquantum, über dessen Grösse sofort gehandelt werden wird, in das Gelatineröhrchen langsam und peinlich genau bemessen, eingelassen.

7. Durch Aufsetzen des Wattepfropfens wird das Röhrchen wieder geschlossen (derselbe darf nicht weggelegt oder gar zu Boden gefallen gewesen sein, ein solches Missgeschick macht die Wiederholung aller bisherigen Manipulationen nöthig), die Pipette weggelegt und nun das Röhr-

chen so gehalten, dass die linke Hand, ohne den Wattepfropf zu berühren, am oberen, die rechte Hand am unteren Ende zufasst.

8. Eine innige Mischung der Gelatine mit dem Wasser soll erfolgen: deshalb wird mit langsamem Neigen die Gelatine nach vorn laufen gelassen (doch darf sie den Wattepfropf nicht berühren) und dann mit raschem Ruck das Gläschen wieder senkrecht gestellt. Bei kurzer Uebung wird man vermeiden, bei dieser Mischungsmethode, welche wenigstens 12 mal fortgesetzt wiederholt werden muss, Luftblasen in die Gelatine zu bekommen. Jedes Schütteln verursacht die Bildung solcher Blasen und erschwert später bei der Aehnlichkeit von Luftblasen und Bakterienkolonien die Untersuchung der Platte.

9. Sollte, was bei langsamem Arbeiten des Anfängers leicht vorkommen kann, die Gelatine sich bis zu dem gleich zu beschreibenden Ausgiessen der Platte unter 37° abgekühlt haben, so muss sie nun noch einmal auf ganz kurze Zeit in das warme Wasser kommen.

10. Als nächstes wird nun eine der sterilisirten (aber erkalteten) Petri-Schalen aus dem Heissluftschrank genommen (wobei sorgfältig zu vermeiden ist, dass der Deckel sich von der Schale abhebt) und auf den eingestellten Nivellirdreifuss gesetzt.

11. Darauf folgt das Abbrennen des Wattepfropfens am beschickten Gelatineröhrchen: der Pfropfen im Glas wird seiner ganzen Länge nach in die nicht leuchtende Flamme des Bunsenbrenners gehalten und unter Drehen so stark erhitzt, dass er allseitig dunkel gebräunt wird, was zur Vernichtung etwa auf ihn gerathener Luftkeime genügt.

12. Dann wird der Pfropfen des möglichst schräg gehaltenen Röhrchens herausgezogen, der Deckel des Petri-Schälchens soweit gelüftet, dass das Röhrchen gerade eingeführt werden kann und seine Mündung unter den Deckel gebracht.

Man gebe Acht, dass der Deckel auch in gelüftetem Zustand die Schale in der Weise bedeckt, dass genau senkrecht fallende Staubpartikel nicht in dieselbe gelangen können, und dass ein Ausgiessen der Gelatine nicht erfolgt, bevor der durch das Abbrennen des Pfropfens erhitzte Rand des Röhrchens wieder erkaltet ist, was nach 3—4 Minuten der Fall zu sein pflegt.

13. Nun wird mit rascher Neigung der Inhalt des Gelatineröhrchens ausgegossen; man wartet solange, bis nichts mehr aus demselben läuft und schliesst dann den Deckel der Schale, in welcher sich die Gelatine gleichmässig ausbreitet, und bald erstarrt.

14. Ein sofort beigefügtes, an den Rand des Deckels angeklebtes Etikett enthält Angaben über die Probe, aus welcher die Platte gegossen wurde, über die Menge des dazu verwendeten Wassers und die Zeit (Datum Stunden und Minuten) des Plattengusses.

15. Ist die Gelatine erstarrt, so wird die Platte, deren Deckel nun

weder abgenommen noch gelüftet werden darf, welche überhaupt mit aller Sorgfalt zu behandeln ist, womöglich bei konstanter Temperatur von 22° an einem dunklen, staubfreien Ort aufbewahrt.

16. Die vorhin weggelegte Pipette kommt in einen Cylinder, welcher die wieder zu sterilisirenden Pipetten aufzunehmen bestimmt ist, sie darf vor erneuter Sterilisation nicht mehr Verwendung finden.

Soweit die Beschreibung des Plattengiessens, welche lang zu lesen, bei einiger Uebung aber in kürzester Zeit auszuführen ist. Die Erklärung der Methode sei nachgeholt.

Erklärung der Methode des Plattengiessens.

Es ist weder möglich in irgend einer direkten Weise, also durch Betrachtung des Wassers mit dem Mikroskop oder durch Eintrocknenlassen eines Wassertropfens auf dem Deckglas und Färben der angetrockneten Bakterien die Zahl der Keime auch nur annäherungsweise zu schätzen, noch Arten auf diese Weise zu erkennen. Alles, was das Mikroskop uns an einem Spaltpilz (mit Ausnahme der Desmobacteria und der Spirillum-Arten) zu zeigen vermag: seine Gestalt und Sporenbildung, seine Anordnung und Begeisselung, kurz seine ganzen morphologischen Verhältnisse abgesehen von der Grösse, verwendet die Systematik der Bakterien für die Gattungsumgrenzung. Monotype[1]) Gattungen giebt es unter den Formen, welche bei der Wasseranalyse zu Gesicht kommen, überhaupt nicht: so wird klarer Weise die Speciesunterscheidung nur mit Hilfe der morphologischen und biologischen Erkennungsmerkmale von Kolonien ermöglicht. Es ist ja auch selbstverständlich, dass das Mikroskop uns über die Spaltpilzspecies direkt nicht unterrichten kann, denn dass eine Zelle, deren Grösse meist 1—3 Tausendstel Millimeter beträgt, keine mit unsern Instrumenten wahrnehmbare beträchtliche morphologische Differenzirung besitzen kann, ist einleuchtend.

Wir sind also behufs Specieserkennung der Spaltpilze auf die Charaktere der Kolonien derselben, auf Kulturen angewiesen. Klarer Weise kann uns nur dann eine Kultur Auskunft über die specifischen Eigenschaften eines Organismus geben, wenn sie diesen rein, nicht mit anderen Arten gemischt enthält, kurz wenn sie eine Reinkultur ist.

Wie die Bakterienforschung erst den unwiderleglichen Beweis für den Satz „Omne vivum ex ovo“ geliefert hat, so verwendet sie seine Umkehrung (was von einem Individuum erzeugt wird, gehört der gleichen Art wie dasselbe an) zur Gewinnung von Reinkulturen. Wenn es gelingt, eine Zelle zu isoliren, dieselbe zur Vermehrung zu veranlassen und die Abkömmlinge vor der Verunreinigung mit anderen Zellen nicht gleicher Abstammung zu bewahren, so muss diese Kultur eine Reinkultur sein.

---

[1]) „Monotyp“ nennt man eine Gattung, welcher nur eine einzige Art angehört.

Reinkulturen in der Weise zu erzeugen, dass man eine einzige Zelle unter dem Mikroskop erfasst und sie auf ein geeignetes Nährsubstrat bringt, ist, technisch unmöglich: die einfachste Art, zu diesem Ziel zu gelangen ist nach R. Koch's Vorgang, die in einer Flüssigkeit vorhandenen Keime durch Schütteln zu isoliren und gleichmässig zu vertheilen, dann die Flüssigkeit erstarren zu lassen, so dass die Abkömmlinge der voneinander räumlich getrennten Keime an ihrem Entstehungsort bleiben müssen, und auf diese Weise jeden Keim zu einer makroskopisch sichtbaren, makroskopisch abimpfbaren Keimkolonie sich ausbilden zu lassen.

Wenn die (leider nur in sehr beschränktem Maasse gültige) Voraussetzung gemacht wird, dass jeder Keim sich zu einer Kolonie entwickelt, so muss weiter die Anzahl der in der erstarrten Gelatine sich bildenden Kolonien gleich sein der Zahl der in dem ihr beigefügten Flüssigkeitsquantum enthaltenen Keime.

Nach Erörterung dieser theoretischen Grundlage der Plattenmethode wenden wir uns zu unseren Untersuchungsobjekten zurück.

Es war vorhin offen gelassen worden, welche Menge des keimhaltigen Wassers mit der Gelatine vermischt wurde: diese Frage ist aber von der grössten Bedeutung.

Werden zu viele Keime auf die Platte gebracht, so besteht erstens die Gefahr, dass sie sich gegenseitig in ihrer Entwickelung hindern, dass die in den Nährboden ausgeschiedenen Stoffwechselprodukte der einen Art dem Wachsthum anderer sich ungünstig erweisen (es sei daran erinnert, dass einige Species energische Säurebildner sind und dass viele Arten auf saurem Nährboden überhaupt nicht wachsen). Zweitens leidet die Zählbarkeit der sich entwickelnden Kolonien ausserordentlich, wenn deren zu viele auf der Platte sich bilden für den Fall, dass man sich der allgemein gebräuchlichen makroskopischen oder Lupenzählung zu bedienen gedenkt: damit würde ein nicht ausschlaggebendes aber immerhin Beachtung verdienendes Moment für die Beurtheilung der Wasserprobe verloren gehen. Ganz besonders gross ist aber der Nachtheil, dass sehr eng besäte Platten für das Abimpfen der Kolonien, also für die Gewinnung von Reinkulturen und damit für die hochwichtige Speciesbestimmung ausserordentlich ungünstig sind.

Da nun der Keimgehalt der Wässer ungeheuer variabel ist, zwischen 0 und vielen Millionen pro ccm schwanken kann, muss jeweils die Menge des der Gelatine beizumischenden Wasserquantums genau erwogen werden, muss insbesondere auch überlegt werden, ob nicht der Keimgehalt auch bei Verwendung der kleinsten bequem messbaren Menge, 0,1 ccm, noch so gross ist, dass die Platte zu eng besät wird.

Man hat behufs ungefährer Schätzung des Keimreichthums vorgeschlagen, als Voruntersuchung einen Tropfen der fraglichen Wasserprobe auf einem Objektträger eintrocknen zu lassen, die darin enthaltenen

Bakterien mit Anilinfarben zu tingiren und dann unter dem Mikroskop sich ein annäherndes Bild zu machen von der Mikrobenmenge. Diese Vorprüfungsmethode ist nicht praktisch; sie stellt, wie jede Schätzung, zu grosse Anforderungen an die Erfahrung des Beurtheilers und bleibt stets von seinem subjektiven Bemessen abhängig. Die Erfahrung lehrt aber, auch ohne eine Vorprüfung, den Keimgehalt der Wässer annähernd so richtig taxiren, dass man, je nach der Art der zur Untersuchung stehenden Proben, die der Gelatine zuzusetzende Wassermenge genau genug zu bemessen lernt.

Bei Trinkwasser wird als Regel gelten können, dass der Keimgehalt niemals so gross sein wird, dass nicht das Wasser, wie es vorliegt, zum Plattengiessen Verwendung finden könnte; bei Fluss- und Teichwasser wird behufs Gewinnung leicht abimpfbarer Platten häufig eine Verdünnung des Rohwassers mit der zehnfachen Menge destillirten und sterilisirten Wassers sich als nothwendig erweisen; Abwasserproben müssen stets mit dem 100—1000-fachen Volum keimfreien Wassers verdünnt werden.

Die Verdünnung allzu keimreichen Wassers wird in der Weise vorgenommen, dass man an mit destillirtem Wasser beschickten und mit einem Wattepfropf verschlossenen Kölbchen ganz genaue Marken anbringt, welche den Inhalt von 10 zu 10 ccm anzeigen, dass man darauf an je drei aufeinander folgenden Tagen diese mit Wasser gefüllten Kölbchen im Papin'schen Topf je zehn Minuten lang kocht und schliesslich auf offener Flamme noch einmal soviel abdampft, bis ein ganz genau durch eine Marke bezeichneter Inhalt übrig bleibt. Diese Vorbereitung hat nicht den Zweck, das Wasser auf eine bestimmte Menge einzudampfen resp. zu koncentriren, sondern die Marken sollen nur zeigen, wieviel steriles Wasser man nach Beendigung der fraktionirten Sterilisation übrig hat.

Derartig vorbereiteter, sterilisirter Wasserkölbchen genau bekannten Inhalts hält man sich dauernd eine Anzahl im Vorrath.

In derselben Weise nun, wie beim Plattengiessen, wird von allzu keimreichem Wasser ein genau abgemessenes Volum der genau bekannten Menge des Verdünnungswassers zugesetzt, energisch mehrere Minuten lang geschüttelt und darauf von der Verdünnung die Platte gegossen. Eine einfache Berechnung des Verdünnungsgrades lässt nachher den Multiplikator finden, welcher aus der Zahl der sich entwickelten Kolonien diejenige der ursprünglichen Wasserprobe ergiebt.

Angenommen, wir hätten irgend ein stark verunreinigtes Wasser zu verdünnen, so nehmen wir von demselben $^1/_{10}$ ccm und mischen dies mit 100 ccm sterilen Wassers. Von der Mischung verwenden wir wieder $^1/_{10}$ ccm zum Plattengiessen. In diesem Fall muss also die Zahl der aus dem $^1/_{10}$ ccm der letzten Mischung erhaltenen Keime mit $10 \times 100 \times 10 = 10000$ multiplizirt werden, um zu berechnen, wieviel Keime in der ursprünglichen Wasserprobe pro ccm enthalten waren.

Bei dieser Verdünnungsmethode sei als Regel beachtet, dass möglichst grosse Quantitäten beider Flüssigkeiten angewendet werden, weil sonst die Fehlerquellen zu gross werden. Wer bedenkt, dass bei tausendfacher Verdünnung des zu untersuchenden Wassers der Unterschied von nur zehn auf der Platte sich mehr oder weniger zeigenden Kolonien im Resultat bereits 10000 beträgt, wird einerseits die Fehlerquellen nach Kräften zu reduziren streben, er wird anderseits auch begreifen, dass es bei einem Abwasser nicht darauf ankommt, ob bei der Plattenzählung pro ccm 10000 Keime mehr oder weniger gefunden werden.

Hier und da findet man eine Modifikation der Verdünnungsmethode beschrieben, welche sich von der Wasserverdünnung dadurch unterscheidet, dass man ein abgemessenes Quantum der zu untersuchenden Flüssigkeit direkt mit Gelatine vermischt, von der Gelatine nun wieder ein bestimmtes Volum entnimmt und in neue Gelatine bringt etc. Man verwendet in diesem Fall also nicht Wasser, sondern Gelatine zur Verdünnung. Diese Methode ist nicht nur kostspieliger als die Wasserverdünnung, sondern auch direkt unpraktisch. Im Gelatineröhrchen stehen 10 ccm zur Verfügung: bei stark keimhaltigen Wässern wird man niemals mit zwei Uebertragungen auskommen, sondern deren mindestens drei brauchen, jede solche Uebertragung ist aber eine Gelegenheit zur Infektion des Nährmediums nicht nur mit den Bakterien des Luftstaubes — darauf würde es ja schliesslich nicht ankommen, wenn bei einem Keimgehalt des Wassers von Millionen nun auch noch ein paar Luftkeime bei der Zählung mit unterliefen — sondern auch mit den überall fliegenden Schimmelpilzsporen.

Ein einziger auf der Gelatineplatte sich entwickelnder Schimmelpilzrasen kann aber eventuell geeignet sein, eine Platte unbrauchbar zu machen, weil es unter den Schimmelformen Arten giebt, welche so rasch wachsen, dass sie binnen zwei Tagen die ganze Oberfläche des Nährbodens dicht überziehen.

Ein fernerer, gegen die Verdünnung der Proben mit Gelatine geltend zu machender Grund ist der, dass die Gelatine stets zähflüssig ist, dass sie bei Uebertragungen niemals in ähnlich genauer Weise sich abmessen lässt, wie das Wasser. Endlich sind mit Gelatine beschmierte Pipetten sehr viel weniger angenehm zu reinigen, als solche, die nur mit Wasser in Berührung gekommen sind.

Um einigermassen zuverlässige Resultate zu erzielen, sind von jeder Wasserprobe mindestens drei Platten behufs Zählung anzulegen.

Lupenzählung des Keimgehaltes.

Die Feststellung der Zahl der Mikroben, welche in einem ccm Wasser enthalten sind, erfolgt, wie oben ausgeführt, durch die Zählung der auf festen (gelatinirenden) und durchsichtigen Nährböden aus einem ccm Wasser erwachsenden Kolonien.

Diese Plattenzählung wurde bis vor Kurzem fast allgemein als Lupenzählung ausgeführt. Zu diesem Zweck legt man die mit dem Deckel bedeckten Petri-Schalen auf (oder unter) die p. 337 beschriebenen Zählplatten und nun wird mit Hilfe einer Lupe die Zahl der in den einzelnen durchscheinenden Quadraten gewachsenen Kolonien gezählt. Ist die Zahl der auf der Platte erwachsenen Kolonien eine 1000 sich nähernde oder übersteigende, so wird bei dieser Methode nur eine Anzahl Felder (mindestens 30) möglichst verschiedener Besäungsdichtigkeit gezählt, das Mittel genommen und nach genauer Feststellung der Plattenfläche die Zahl der gewachsenen Kolonien berechnet, wobei es eine wesentliche Erleichterung ist, dass die Zählplatte in qcm eingetheilt ist. Angenommen, die genaue Messung des Plattendurchmessers habe 8,2 cm ergeben, so ist r (der Radius der Platte) = 4,1 und der Flächeninhalt derselben $r^2 . \pi$[1]) = 16,81 . 3,1415 = 52,80 qcm. Die Zählung der Kolonien habe für 30 Felder ergeben: 5 + 12 + 7 + 9 + 4 + 8 + 16 + 13 + 11 + 19 + 24 + 27 + 12 + 6 + 18 + 25 + 19 + 10 + 12 + 17 + 11 + 27 + 21 + 20 + 5 + 10 + 7 + 16 + 29 + 13 = 433, so ist der Durchschnittsgehalt eines Feldes 14,4 Kolonien; die Koloniezahl der ganzen Platte wäre also 52,8 . 14,4 = 760.

Die Erfahrung hat aber gelehrt[2]), dass diese Methode der Lupenzählung nur dann ihrer aus der Unsichtbarkeit kleinster Kolonien herrührenden Fehlerquellen wegen benutzbar ist, wenn sich die Besäung der Platte unter 1500 Kolonien bewegt, dass sie dagegen bei höheren Zahlen an Leistungsfähigkeit durch das mikroskopische Zählen weitaus übertroffen wird.

Mikroskopische Zählung des Keimgehaltes.

Wie alle Betrachtung von Bakterienkolonien wird auch die mikroskopische Plattenzählung bei schwacher Vergrösserung (60—80 fach) vorgenommen; gerade für sie ist das oben (p. 325) beschriebene und empfohlene Nebelthau'sche Schlittenmikroskop mit besonderem Vortheil verwendbar.

Zur Zählung ist zunächst die Grösse des Gesichtsfeldes zu bestimmen; wenn man nicht vorzieht, sich die genauen Angaben darüber vom Optiker geben zu lassen, wird diese Zahl sehr einfach durch Umziehen des Gesichtsfeldrandes mit Hilfe eines Zeichenapparates in genauer Höhe der Gelatineschicht, Abmessen des Durchmessers und Division der so gefundenen Grösse mit der doppelten Vergrösserungsziffer der benützten

---

1) π (Ludolf'sche Zahl) = 3,14158... ist die auch als Kreisumfangszahl bekannte Zahl, mit welcher das Quadrat des Kreisradius multiplizirt werden muss, um den Flächeninhalt des Kreises zu berechnen.

2) cf. Max Neisser in Zeitschr. f. Hyg. u. Infektionskrankh. XX (1895), p. 119 ff.

Linsen bestimmt. Durch diese Ermittelungen erhält man die Grösse des Gesichtsfeld-Radius und die Fläche des Feldes ist dann $= r^2 . \pi$.

Darauf wird ein Okularnetzmikrometer (kleine Platte, auf der ein selbst wieder in 25 Quadrate eingetheiltes Quadrat eingravirt ist) in das Okular auf die Blende gelegt und nun unter Auf- und Abbewegen des Mikroskop-Tubus die Zahl der im Gesichtsfeld befindlichen Kolonien festgestellt.

Bei der absoluten Kleinheit des Gesichtsfeldes wird man mit 30 Zählungen nicht ausreichen, es werden wenigstens 50 gemacht werden müssen: in der gleichen Weise wie oben wird dann die Durchschnittsziffer für ein Gesichtsfeld bestimmt und auf die Grösse der ganzen Platte berechnet.

Diese Plattenzählmethode ist gegenwärtig die genaueste: sie ist aber nur verwerthbar bei relativ sehr dicht besäten Platten.

Da nun dicht besäte Platten für die beste Zählmethode geeignet sind, dünn besäte dagegen für die wichtige Isolirung und Bestimmung der Arten, so ist es durchaus zu empfehlen, von jeder Wasserprobe Platten von verschiedener Koncentration zu giessen: die einen mit dem 10fachen Keimquantum für die Plattenzählung, die anderen mit weitläufig stehenden Kolonien für die Untersuchung der Arten. Bei der mikroskopischen Zählung wird auch für dicht besäte Platten die Fehlerquelle, welche aus der gegenseitigen Wachsthumshemmung der Arten resultirt, fast aufgehoben, denn wenn junge Kolonien auch durch äussere Einflüsse bald zum Einstellen ihres Wachsthums gezwungen werden und so klein bleiben, dass die Lupe sie nicht zeigt: der mikroskopischen Betrachtung können sie nicht entgehen.

Fehlerquellen der Methode des Plattengiessens und Versuche, die Fehler zu vermeiden.

Bei der vorhin beschriebenen, allgemein gebräuchlichen Methode des Giessens von Wasserplatten ist klarer Weise eine beträchtliche Fehlerquelle in dem Umstand vorhanden, dass in dem an der Wand des Gelatineröhrchens hängen bleibenden Gelatinerest unvermeidlich noch Keime sich befinden müssen, die nicht auf die Platte kommen. Je wärmer die Gelatine beim Ausgiessen ist, umso kleiner wird dieser Fehler sein (wir haben deswegen das Nährsubstrat vor dem Plattengiessen nicht, wie dies gewöhnlich angegeben wird, auf 37°, sondern auf 42° erwärmt); unter allen Umständen bleibt er aber bestehen.

In der Praxis wird nach stillschweigendem Uebereinkommen diese Fehlerquelle vernachlässigt; wenn es sich aber um wissenschaftliche Untersuchungen handelt, muss sie berücksichtigt werden.

Dies geschieht meist in der Weise, dass man nach dem Ausgiessen der Gelatine aus dem Reagensglas den Wattepfropf wieder auf dasselbe setzt, es nach der gleich unten gegebenen Vorschrift als „Rollröhrchen“ behandelt und die Zahl der in ihm sich entwickelnden Keime zu derjenigen der Platte zählt; sehr viel zweckmässiger allerdings vermeiden diese Fehlerquelle einige andere Methoden der Keimzählung.

Zunächst ist die Verwendung der p. 336 beschriebenen und abgebildeten Roszahegyi'schen plattgedrückten Kolben geeignet, das Ausgiessen der Gelatine vermeiden und damit alle Keime sich entwickeln zu lassen; die aufgeätzte Quadrateintheilung erspart für die Lupenzählung auch noch die Zählplatte. Wir haben (vergl. p. 378) diese Kolben für unsere Probeentnahme an Ort und Stelle zum Plattenanfertigen verwendet, weil sie eine beim Transport leicht erfolgende Oeffnung und Verunreinigung der Gelatineschicht nicht befürchten lassen. Der grosse Nachtheil, welchen diese Kulturform besitzt, dass nämlich das Abimpfen von Kolonien aus dem Innern dieser Kolben und damit die Bestimmung der Arten auf's Aeusserste erschwert, ja oft ganz unmöglich gemacht wird, kommt für unsere Zwecke nicht in Betracht. Denn wir verwenden die an Ort und Stelle angelegten Platten allein zur Bestimmung der Keimzahl, nicht aber der Bakterienspecies. Nach unseren Dispositionen bleibt der Roszahegyi-sche Kolben überhaupt geschlossen und in diesem Zustand wird unter dem Mikroskop die Zahl der entwickelten Kolonien bestimmt. Die Arten dagegen isoliren wir aus den zu Hause gegossenen, offenen Petri-Schalen und dabei kommt es uns auf die pro ccm erwachsende Koloniezahl wieder wenig an.

Rollröhrchen.

Eine in der bakteriologischen Praxis weit verbreitete, aber nicht besonders empfehlenswerthe Art und Weise, das Ausgiessen der Gelatine behufs Plattenanfertigung und damit die soeben näher erläuterten Fehlerquellen zu vermeiden, stellen die v. Esmarch'schen Rollröhrchen dar.

Um Rollröhrchen anzufertigen, nimmt man beträchtlich viel grössere Reagensgläser, als sie sonst verwendet werden, beschickt sie mit Gelatine, stopft mit Watte zu und sterilisirt durch Kochen.

Bei der Verwendung wird dann die Gelatine in der gewöhnlichen Weise verflüssigt und das abgemessene Volum des zu untersuchenden Wassers hinzugegeben. Darauf wird wie oben beschrieben gemischt, dann aber nicht ausgegossen, sondern die Mündung des Röhrchens mit einer den Wattepfropfen überdeckenden Gummikappe versehen. Dann wird das Röhrchen in fast horizontaler Lage unter eisgekühltem Wasser oder unter dem Strahl der Wasserleitung um seine Achse gerollt, so dass der Nährboden als ebenmässige Schicht erstarrend die Glaswände überzieht.

Theoretisch hat diese Methode sehr viel für sich, in der Praxis aber bewährt sie sich gar nicht besser als das Plattengiessen, ist sie sogar für gewöhnliche Untersuchungen sehr viel schlechter geeignet als dieses. Zunächst ist klar, dass der Nährboden niemals in völlig ebener und gleichmässiger Schicht erstarren kann, weil eine Berührung der Gelatine mit dem Wattepfropfen durchaus vermieden werden muss. Dadurch wird die Schicht des Nährbodens nach dem Glasboden zu immer dicker und der wichtigen Forderung, allen Keimen gleiche Entwickelungsbedingungen zu schaffen, wird nicht entsprochen. Weiter hat diese Methode, auch wenn es sich nur um das Koloniezählen handelt, den grossen Fehler, dass die verflüssigenden Kolonien nicht, wie auf der ebenen Platte, an ihren Platz gebannt bleiben, sondern rasch auslaufen und die Gelatinelage mit ausgedehnten, tiefen, verflüssigten Furchen durchziehen, dabei alle Kolonien, welche an den verflüssigten Stellen lagen, mit herabspülend. Zum Schluss erschwert auch das Rollröhrchen die Abimpfung der Kolonien, also die Bestimmung der Arten empfindlich und ist deswegen für die Praxis der mikroskopischen Wasseranalyse nicht zu empfehlen.

Verwendung von Agarplatten.

Da und dort wird für die Wasseruntersuchung auch die Anlage von Agarplatten neben den Gelatineplatten vorgeschrieben und zwar entweder sollen dieselben angelegt werden wie die Gelatineplatten oder fertig gegossene Platten sterilen Agars sollen mit einem Minimum des zu prüfenden Wassers, welches nachher von dem Substrat aufgesogen wird, überdeckt werden. Abgesehen davon, dass die letztere Vorschrift überhaupt das sichere Entstehen von Reinkolonien in Frage stellt, wird durch die Agarplatten überhaupt nichts gewonnen, weil die grosse Mannigfaltigkeit charakteristischen Bakterienwachsthums auf Gelatine dem Agarboden nur in sehr beschränktem Maasse zukommt.

Feststellung der Zahl der verflüssigenden und nicht verflüssigenden Keime, sowie der Schimmelpilze.

Mit der Feststellung der Zahl der in einem ccm Wasser vorhandenen „entwickelungsfähigen“ Keime ist aber nach ziemlich verbreiteter Anschauung das Geschäft des Plattenzählens noch nicht zu Ende: es soll auch die Zahl der verflüssigenden und nicht verflüssigenden Kolonien sowie die Zahl der in Wasser enthaltenen Schimmelsporen in der Plattenzählung angegeben werden. Dass diese Vorschrift auf der Anschauung beruht, die verflüssigenden Bakterien seien in hervorragender Weise als „Fäulnisserreger“ zu betrachten und deuteten auf Verunreinigung des Wassers aus „animalischer“ Quelle, ist oben (p. 313) ausgeführt.

Wenn man die Zahl der „verflüssigenden“ Arten aufführen will (wozu aber gar keine wirkliche Veranlassung vorliegt), muss man sich zunächst darüber klar sein, dass diese Zahl gegen die Wirklichkeit stets zu klein sein wird deswegen, weil eine grosse Anzahl von Spaltpilzarten die Gelatine zwar verflüssigen, aber die ersten Spuren dieser Eigenschaft doch erst nach einer Zeit bemerken lassen, in welcher bei der stets vorhandenen Anwesenheit stärker verflüssigender Arten die ganze Platte schon zerlaufen ist.

Aber auch rascher verflüssigende Arten besitzen vielfach Einzel-Kolonien, welche auf der Platte bei der nach zwei bis drei Tagen erfolgenden Zählung mit ihrer Verflüssigung zurückgeblieben sind: nur längere Erfahrung wird überhaupt ein ungefähr richtiges Resultat bei dem in der Praxis nöthigen expeditiven Arbeiten erzielen können.

Im Allgemeinen zeichnen sich verflüssigende Kolonien unter dem Mikroskop durch den in Folge besonderen Lichtbrechungsvermögens erkennbaren breiten oder schmalen Verflüssigungsring aus. Ferner werden bei mikroskopischer Betrachtung am Rand der Kolonien häufig feine in den Nährboden gehende Fäden oder Ausläufer (Strahlenkranz) zu sehen sein: Weitaus die meisten derart wachsenden Arten verflüssigen die Gelatine.

Bei Lupenzählung wird ausser auf die Lichtbrechungserscheinungen des Verflüssigungshofes auch auf das Eingesunkensein mancher Kolonien in die Gelatine zu achten sein: damit ist die Aufzählung der auf der Gelatineplatte beobachtbaren Verflüssigungserscheinungen beendet.

Auf den Platten erscheinende Schimmel- und Hefekolonien.

Schimmelpilze wird der mit dem Mikroskop Zählende stets mit voller Sicherheit an den deutlich doppelt konturirten, allermeist echt und spitzwinklig verzweigten Fäden der feder- oder wurzelartig verästelten Kolonien erkennen; bei der Lupenzählung wird es dem Ungeübten im Anfang leicht passiren, gewisse Bacillus-Arten (z. B. B. subtiliformis) für Schimmelpilze zu halten, doch ist dieser Irrthum beinahe ausgeschlossen, wenn man einmal eine solche Kolonie als Spaltpilz erkannt und ihre durchaus charakteristische, doch wesentlich von den Wuchsformen der Schimmelpilze unterschiedene Gestalt sich gemerkt hat.

Die absolut sichere Erkennung der auf der Platte erscheinenden Hefeformen ist, abgesehen von den fleischrothen Tröpfchen des Saccharomyces glutinis und S. rosaceus nur bei Mikroskopbetrachtung dem Geübten möglich und auch er wird manchmal eine derartige Kolonie leicht für die einer Sarcina halten können. Man differenzirt also in der Praxis die Spaltpilz- und Hefekolonien nicht, sondern zählt erstere als Bakterien-Kolonien mit.

Wird die Zahl der nicht verflüssigenden und verflüssigenden Bakterien sowie der Schimmelpilze festgestellt werden sollen, so geschieht dies bei dem Zählen der Platte derart, dass man gleich von Anfang an für jedes Feld diese drei Rubriken von einander trennt.

Wann soll die Plattenzählung vorgenommen werden?

Von grösster Wichtigkeit für die ganze Methode des Plattenzählens ist die Frage: „wann soll die Zählung der Platte vorgenommen werden?".

Nochmals sei hier darauf aufmerksam gemacht, dass der Plattenzählung durchaus nicht alle in der Wasserprobe befindlichen, sondern nur die unter ganz besonderen Bedingungen sich zu Kolonien entwickelnden Keime unterworfen werden können. Diese speciellen Bedingungen sind durch die Methode unserer Kultur in Nährgelatine dargestellt: es wäre verfehlt, zu glauben, dass dies Nährsubstrat allen Bakterienarten derart zusagte, dass sie auf demselben wachsen. Dem entsprechend wird stets nur ein Theil der im Wasser enthaltenen Keime sich vermehren und überhaupt als Kolonien in Erscheinung treten.

Doch auch die Arten, welche auf der Nährgelatine wachsen, verhalten sich für unseren Zweck der Konstatirung ihrer Zahl sehr verschieden. Je nach ihrer individuellen Eigenart theilen sich die Spaltpilze rascher oder langsamer, brauchen also die Kolonien längere oder kürzere Zeit, um zu sichtbaren Körperchen heranzuwachsen. Nach Miquel's[1]) Angabe keimen überhaupt nur 10 % der im Wasser enthaltenen Pilze vor dem zehnten Tag aus.

Aber nicht nur auf die den Arten eigenthümliche Theilungsgeschwindigkeit, sondern auch auf die individuelle Disposition der Keime kommt es an. Es ist ein grosser Unterschied, ob ein Keim schwach oder stark ist: bei derselben Art können die Kolonien unter Umständen in grossen Zwischenräumen erst sich auf der Platte zeigen. Insbesondere tritt diese Erscheinung zu Tage, wenn man die bakteriologische Untersuchung eines nach chemischer Fällungsmethode gereinigten Wassers ausführt. Hier kommt es häufig vor, dass die Platten über eine Woche lang ohne alle Vegetation bleiben, so dass der falsche Schluss leicht gezogen werden könnte, das Abwasser sei steril. Dann aber, nach 11—14 Tagen erscheinen grosse Mengen von Kolonien und zwar häufig von Arten, welche sich, aus gewöhnlichem Wasser genommen, schon nach 2—3 Tagen zeigen. Kein Zweifel kann hier sein, dass durch die chemische Einwirkung die betreffenden Spaltpilze krank geworden sind und sich erst langsam erholen mussten, um überhaupt zur Vermehrung zu schreiten.

---

1) Vergl. Centralbl. f. Bakteriol. u. Parasitenk. IV (1888), p. 276.

Ferner ist für die Geschwindigkeit der Theilung und damit für den Zeitpunkt, wann die Kolonien zu sichtbarer Grösse herangewachsen sind, die Temperatur, bei welcher die Platten gehalten wurden, von allergrösster Bedeutung. Untersuchungen, welche in dieser Beziehung unter verschiedenen Verhältnissen angestellt werden, können allermeist keine identischen, ja meist nicht einmal vergleichbare Resultate ergeben. Es ist deshalb nöthig, die Platten stets bei gleicher Temperatur zu halten, und zwar wird 22° Celsius gewählt.

Um eine möglichst grosse Keimzahl sich entwickeln zu lassen, müsste nach den eben gemachten Ausführungen mit der Zählung 10—15 Tage gewartet werden. Dies ist aber in der Praxis unmöglich, weil in jedem Wasser mehrere Spaltpilzarten enthalten sind und stets einige Kolonien stark verflüssigender Arten sich finden. Diese mit intensivem Verflüssigungsvermögen ausgestatteten Kolonien zerstören den ganzen Nährboden lange, bevor die langsam wachsenden Keime sich zeigen.

Deshalb wird die Zeit, wann die Zählung vorgenommen wird, stets eine ganz wechselnde sein. Hat man mit vielen verflüssigenden Keimen zu rechnen, so muss eventuell vom zweiten Tag ab jeden folgenden Tag gezählt werden, um doch wenigstens ein Resultat zu bekommen; die Empfehlung, nach 8 Tagen zu zählen, hat für die Praxis wenig Werth, denn meist wird man froh sein dürfen, wenn die Platte am 4. Tag sich noch in zählbarem Zustand befindet.

Ein grosser Theil der Schwierigkeiten, welche sich der richtigen Feststellung der entwickelungsfähigen Keimzahl entgegenstellen, wird dadurch beseitigt, dass man an Stelle der Lupenzählung die mikroskopische Zählung (siehe p. 395) einführt. Der grosse Vorzug der mikroskopischen Zählung ist nicht zu verkennen. Mit dem Mikroskop werden die Kolonien mindestens schon einen Tag früher sichtbar als mit der Lupe, sehr oft ist der Zeitgewinn, den das Mikroskop bringt, ein noch viel grösserer. Ferner zeigt das Mikroskop nicht nur die gut wachsenden, sondern auch diejenigen Kolonien, welche (vergl. p. 290, 396) in Folge der schädigenden Einwirkung anderer überhaupt so klein bleiben, dass sie für die Lupe gar nicht sichtbar werden.

Neisser[1]) führt die parallele Zählung zweier Kulturplatten auf, bei welchen mikroskopische und Lupenzählung fast identische Resultate ergaben:

A.	Mikroskopisch	nach	24	Stunden	5534	Kolonien.
	Lupenzählung	„	3 × 24	„	5600	„
B.	Mikroskopisch	„	20	„	1970	„
	Lupenzählung	„	48	„	1910	„

[1]) Max Neisser in Zeitschr. f. Hyg. u. Infektionskrankh. XX (1895) p. 128, 132, 133.

Hier brauchte also die Platte A 3 Tage, die Platte B 2, um die gleiche Keimzahl bei Lupenzählung erkennen zu lassen, welche die mikroskopische Zählung schon nach einem Tag lieferte.

Bei denjenigen Platten, welche absolut die Ueberlegenheit der mikroskopischen gegenüber der Lupenzählung ergaben, war dieselbe auch schon zeitlich sehr viel früher erkennbar:

C.	Mikroskopisch	nach	48	Stunden	484	Kol.	pro	ccm.
	Lupenzählung	„	48	„	140	„	„	„
D.	Mikroskopisch	nach	2 × 24	„	388	„	„	„
	Lupenzählung	„	3 × 24	„	200	„	„	„

Als Resultat wird aus diesen Versuchen für die Praxis sich ergeben, dass die mikroskopische Plattenzählung nicht nur die genaueste, sondern auch deswegen die expeditivste Methode ist, weil sie, nach Verlauf von 2 mal 24 Stunden vorgenommen, die oft erst sehr viel später mögliche Lupenzählung nicht nur ersetzt, sondern auch übertrifft.

Jedenfalls muss bei jedem Zählungsresultat vermerkt sein, nach welcher Zeit und mit welcher Methode dasselbe erzielt wurde.

Bakterioskopische Kontrolle von Filteranlagen.

Völlig andere Ziele, als die genaue Konstatirung der Keimzahl pro ccm des untersuchten Wassers hat die Plattenmethode bei der Kontrolle der Filteranlagen grosser Städte. Hier handelt es sich zunächst darum, die Resultate rasch zu bekommen, weil es gilt, etwaige Fehler in der Anlage durch die Bakterienzählung zu erkennen und baldmöglichst zu beseitigen: dass hier die Zählung schon nach 48 Stunden und nicht nach 5—12 Tagen vorgenommen werden muss, ist selbstverständlich. Die Richtigkeit der Resultate aus der vergleichenden Zählung von Rohwasser und Filterwasser wird nach 48 Stunden ebensogut wie nach mehreren Tagen erreicht werden, wenn man nur die Proben von Roh- und Filterwasser nicht gleichzeitig entnimmt, sondern diejenige des filtrirten Wassers erst dann, wenn das gleiche Rohwasser, von dem die Proben genommen waren, auch wirklich die Filter passirt hat, und wenn man weiter die Voraussetzung zulässt, dass die Filtrirwirkung der Sandfilter eine rein mechanische sei.

Diese Voraussetzung ist aber unrichtig: nach den Untersuchungen Piefkes[1]) übt sterilisirter Sand eine so schlecht filtrirende Wirkung aus, dass in der Praxis neu hergestellte Filter längere Zeit ausreifen müssen, bis sie brauchbares Wasser liefern. Diese Wartefrist wird erst dann zu Ende sein, wenn im Sande selbst so reichliche Vegetationen, auch Bakterienvegetationen, entstanden sind, dass die anfangs allzu grossen Poren der Filter-

[1]) Piefke, Die Principien der Reinwassergewinnung vermittelst Filtration. Berlin, Julius Springer. 1887.

schicht genügend sich verkleinern. Ob nun bei der vergleichenden Untersuchung von Rohwasser und Filterwasser die in letzterem enthaltenen Keime wirklich mit dem durchsinkenden Wasser in das Filtrat gelangen oder ob sie von dem Wasser aus der Filterschicht herausgespült werden, ist stets zweifelhaft. Erklärt wird aber durch die erwähnten Filterversuche, warum häufig das Leitungswasser einer Stadt eine andere Bakterienflora enthält, als das Rohwasser, aus dem es durch Filtration gewonnen wurde.

Als vergleichende Keimgehaltsuntersuchungen im strengen Sinn sind die Plattenzählungen von Rohwasser und Filterwasser bei Wasserwerken also niemals anzuerkennen: dagegen sind solche Untersuchungen bei Ermittelung des Keimgehalts offener Flussläufe möglich und hier wird es faktisch, da es sich stets nur um relative Resultate handelt, gleichgültig sein, ob die Platten am 2., 3. oder 4. Tage gezählt werden, wenn nur alle nach der gleichen Zeit zur Kontrolle kommen.

Die Untersuchung der Bakterienarten.

Im Vorstehenden haben wir über die Zahl der in einer Wasserprobe pro ccm enthaltenen Bakterien gehandelt und die Methoden besprochen, welche behufs Feststellung dieser Zahl angewandt werden. Ungleich wichtiger aber, ja die eigentliche Grundlage der bakteriologischen Wasseruntersuchung ist die Bestimmung der im betreffenden Wasser vorhandenen Bakterienarten.

Nur dem Fehlen einer brauchbaren Uebersicht über die Species ist es zuzuschreiben, dass die Bestimmung der Arten bisher (abgesehen von wenigen Ausnahmefällen) überhaupt nicht stattfand.

Es wurde oben (p. 396) empfohlen, beim Plattengiessen in der Weise zu verfahren, dass zweierlei verschieden dicht besäte Platten angelegt werden und zwar mit sehr geringem Wasserquantum (z. B. 0,1 ccm) beschickte Platten für die Untersuchung der Arten, zugleich aber auch mit der 10—20fachen Wassermenge vermischte behufs mikroskopischer Zählung der Keime.

Die letztbezeichneten, dichtbesäten Platten haben nach Feststellung der Keimzahl ihren Zweck erfüllt und werden eingewaschen. Für die im Folgenden angegebenen Manipulationen halten wir uns an die dünn besäten Platten. Dieselben haben für den Zweck, die Arten zu gewinnen, den grossen Vortheil, dass sie nur wenige, weit von einander entfernte und dem entsprechend leicht abimpfbare Kolonien erwachsen lassen. Aus der grossen Entfernung der Kolonien geht auch als Folge hervor, dass die rasch verflüssigenden Arten die langsam sich entwickelnden nicht so leicht stören. Ferner ist es bei dem vorhandenen Zwischenraum zwischen den Kolonien möglich, die rasch verflüssigenden Kolonien dadurch unschädlich zu machen, dass man (nach vorherigem Abimpfen) vorsichtig mit Fliesspapier die Flüssigkeit aufnimmt und dann mit einem Tropfen 0,5 %-Sublimatlösung die störenden Kolonien überhaupt unschädlich macht. Auf diese Weise kann man Platten mehrere Wochen lang unter Beobachtung halten und abwarten, bis alle entwickelungsfähigen Arten auch wirklich erschienen sind.

Dagegen ist bei dünn besäten Platten die Gefahr vorhanden, dass nicht alle entwickelungsfähigen Arten der betreffenden Wasserprobe auf der Platte erscheinen. Dem entsprechend ist es behufs Ermittelung der Species nothwendig, mehrere dünn besäte Platten von derselben Wasserprobe anzufertigen.

Indem bei dem nun folgenden Gang der Speciesbestimmung genau auf das Ineinandergreifen der verschiedenen Untersuchungsstationen Rücksicht genommen wird, soll nach Tagen geordnet aufgeführt werden, wie die Untersuchung sich praktisch ausführen lässt.

Erster Tag der bakteriologischen Speciesuntersuchung.

Die nach der oben (p. 389) gegebenen Anweisung gegossenen und bei 22° Celsius gehaltenen Gelatineplatten waren jeden Tag genau besichtigt worden (doch ohne dass der Deckel gelüftet wurde), um nachzusehen, ob eine Kolonieentwickelung sich zeigt resp. wie weit dieselbe vorgeschritten ist.

Solange noch keine gegenseitige Störung nahegelegener Kolonien sichtbar wird, lässt man die Platte sich ruhig weiter entwickeln, um die Kolonien möglichst gross und charakteristisch werden zu lassen; die bakteriologische Speciesbestimmung beginnt selten vor dem 4. Tag nach Anfertigung der Kulturplatten, oft wird ihr Anfang zweckmässig bis zum 6. oder 7. Tag nach diesem Zeitpunkt hinausgeschoben.

Makroskopische Betrachtung der Kulturplatte.

Als Erstes unterwirft man die Kulturplatte einer genauen makroskopischen Besichtigung ohne dieselbe zu öffnen. Man wird bei dieser Betrachtung zunächst in höchst wünschenswerther Weise eine Kontrolle für die Sauberkeit der vorausgegangenen Arbeit erhalten. Zwar werden alle Verunreinigungen, welche die Gelatine vor dem Akt des Plattengiessens erfahren hat, selten klar nachweisbar sein. Wenn aber beim Plattengiessen selbst nicht mit genügender Sorgfalt verfahren wurde, so pflegt sich dies in nicht zu verkennender Weise auf dem Nährboden nachher durch Anordnung von Kolonien zu markiren. Wenn nur an einer Randstelle sich mehrere Schimmelpilzräschen zeigen, die nachher halbkreisförmig sich ausbreitend die Gelatineschicht zu überwachsen beginnen; wenn an solchen Randstellen die fleischrothen, tropfenförmigen, aufliegenden Kolonien des Saccharomyces glutinis sich entwickeln, dann hat man die positive Sicherheit, beim Plattengiessen unsauber gearbeitet zu haben. Derart an einer Randstelle lokalisirte Kolonien der bezeichneten Organismen können nur aus der Luft des Untersuchungsraumes stammen und sind auf die Platte gelangt, als der Deckel behufs Ausgiessens der flüssigen Gelatine gelüftet wurde.

Platten, welche derartige Mängel zeigen, liefern anfechtbare Ergebnisse und die auf sie begründeten Beobachtungen müssen mit ganz besonderer Vorsicht für die spätere Beurtheilung verwendet werden, wenn es nicht möglich ist, sie vollständig ausser Acht zu lassen.

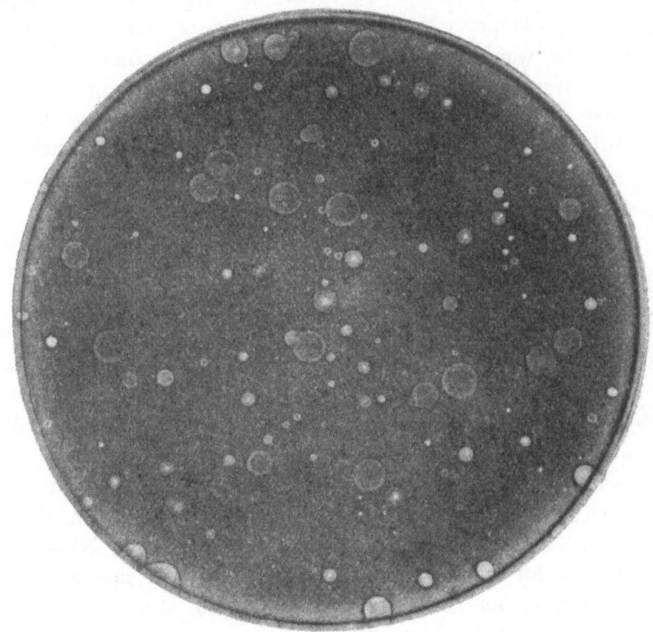

Fig. 32.
Dicht besäte Kulturplatte in natürlicher Grösse. (Nach Ohlmüller.)

Bei der makroskopischen Betrachtung der Platten fallen ferner eine ganze Anzahl von Unterschieden zwischen den sich entwickelnden Kolonien auf. Es zeigt sich, dass die einen stark verflüssigende Kraft haben und die umgebende Gelatine in eine wässerige Flüssigkeit verwandeln, während andere das Substrat nur erweichen und einsinken, während wieder andere dasselbe fest lassen. Besonders in dieser Differenzirung der Arten besteht einer der grössten Vortheile, welche der Gelatine-Nährboden bietet. Das hier und da gleichfalls zur Anfertigung von Kulturplatten verwendete Agar wird auch von den die Gelatine verflüssigenden Arten nicht angegriffen;

dementsprechend fällt bei Agarkulturen eines der hauptsächlichsten für die Speciesunterscheidung verwendeten Merkmale fort.

Auch andere, besonders die Färbung der Kolonien betreffende Unterschiede zeigt die makroskopische Betrachtung. Neben weissen Kolonien finden sich allermeist gelbe, etwas seltener rothe oder blaue; die grüne Färbung ist meist bei verflüssigenden Arten zu finden und zeigt sich als grüngelbe Fluorescenz.

Lupenbetrachtung der Kulturplatte.

Auf die makroskopische Betrachtung folgt eine Durchmusterung der Platte mit der Lupe. Auch zu diesem Zweck darf der Plattendeckel nicht abgenommen werden. Die Lupenbetrachtung geschieht in der Absicht, sich über grobe Wuchsverhältnisse der Kolonien Aufklärung zu verschaffen. Die Lupe lässt ein Urtheil darüber gewinnen, ob Kolonien als erhabene Tröpfchen auf der Gelatine wachsen oder ob sie dem Nährboden flach angedrückt sind, ob der Rand scharf oder verschwommen sich abgrenzt, ob er regelmässig rund oder gezackt ist etc.

Ferner lässt die Lupenbetrachtung die Beobachtungen, welche man makroskopisch über Verflüssigung und Farbe der Kolonien, sowie über etwaige Verunreinigung der Platten gemacht hat, ergänzen.

Ganz besonders wichtig aber ist, dass man bei der Lupenbetrachtung sich über die Art des ferneren Vorgehens schlüssig machen muss. In diesem Stadium der Untersuchung werden, vorbehaltlich der Ergebnisse, welche nachher die mikroskopische Betrachtung der Kolonien liefert, diejenigen Kolonien herausgesucht, welche abgeimpft werden sollen. Und zwar fasst man zu diesem Zweck möglichst gross gewachsene, different aussehende Kolonien ins Auge. Insbesondere aber wird man diejenigen Kolonien zunächst für das Abimpfen sich heraussuchen, in deren Nähe die Lupe anders geartete Kolonien zeigt und welche befürchten lassen, dass sie bei weiterem Wachsthum an diese fremden Kolonien stossen resp. von denselben überwuchert werden können.

Die Kolonien, welche bei der Lupenbesichtigung sich als voraussichtlich abimpfenswerth erweisen, werden auf der Unterseite der Schale mit einem Farb- oder Tintenring umgeben, um sie nachher leicht und sicher wieder auffinden zu können.

Mikroskopische Betrachtung der Kolonien.

Das wichtigste Stadium der Voruntersuchung, ja ein Theil der Bestimmung selbst stellt die mikroskopische Betrachtung der Kolonien dar. Man dreht die geschlossene Platte um, so dass der Boden nach oben kommt, legt sie auf den Objekttisch des Mikroskops und stellt eine der bei Lupenbetrachtung markirten Kolonien ein. Die Vergrösserung, welche angewendet wird, muss eine sehr schwache, zwischen 60 und 100fach linear liegende sein; am besten ist, bei ungefähr 80facher Vergrösserung zu arbeiten.

Um die Kolonien gut und in allen ihren Details zu sehen, wird das Licht, welches vom Mikroskopspiegel kommt, stark abgeblendet. Für den Fall, dass man einen Abbe'schen Beleuchtungsapparat im Objekttisch hat, wird die Linse desselben tief gesenkt. Es kommt uns nämlich hier, wie überhaupt bei ungefärbten Objekten, darauf an, ein Strukturbild zu erhalten.

Alle mikroskopischen Bilder werden in Strukturbilder und Farbenbilder unterschieden. Das Strukturbild kommt durch Licht und Schatten im Präparat zu stande. Licht- und Schattendifferenzen werden am besten in auffallendem Licht sich unterscheiden, da wir aber beim Mikroskop kein auffallendes Licht brauchen können, so suchen wir das durchfallende Licht möglichst von der Seite kommend anzuwenden. Dies geschieht entweder durch Schiefstellen des Spiegels oder durch Senkung der Beleuchtungslinse bis die Strahlen, deren Brennpunkt bei normaler Stellung des Abbe'schen Apparates im zu betrachtenden Objekt selbst liegt, stark divergiren und daher Schatten werfen.

Farbenbilder dagegen sollen nur die einfachen Umrisse und die Farbennuancen eines gefärbten Objekts zeigen. Je klarer man nur die gefärbten Theile sieht, respektive je besser sich dieselben von dem nicht gefärbten Gesichtsfeld abheben, desto besser ist das Präparat. Durch Licht und Schatten würden unrichtige Nuancen der Färbung entstehen, theilweise auch die Grenzen der gefärbten Parthien undeutlich werden. Deswegen sind für die Betrachtung eines Farbenbildes die durchfallenden Strahlen der Mikroskopbeleuchtung besonders gut geeignet und zwar umso tauglicher, je genauer senkrecht sie das Objekt durchdringen. Dem entsprechend entfernen wir für die Betrachtung von Farbenbildern (z. B. von gefärbten Bakterienzellpräparaten) alle Blendungen und heben die Beleuchtungslinse so hoch, dass ihr Brennpunkt in dem zu betrachtenden Objekt liegt.

Der Unterschied von Farben- und Strukturbild ist an einem einfachen Beispiel leicht zu erläutern. Denken wir uns eine elektrische Glühlampe, so tritt während des Tages, bei auffallendem Licht, das den luftleeren Raum umgebende, birnenförmige Glas deutlich hervor, denn Spiegelungen, Lichter und Dunkelheiten werden durch die Brechung der auffallenden Strahlen bewirkt — das ist ein Strukturbild. Während der Dunkelheit dagegen, wenn die Lampe brennt, gehen die Strahlen viel mehr senkrecht durch das Glas und dasselbe tritt weniger in Erscheinung, die Glühlampe gleicht mehr einer leuchtenden, gelben, nur in den Umrissen sich abhebenden Birne — sie ist ein Farbenbild.

Farbenbilder suchen wir bei gefärbten Präparaten, Strukturbilder dagegen bei allen ungefärbten, also im vorliegenden Fall bei den schwach vergrösserten Bakterien-Kolonien.

Verschiedenes Aussehen der Kolonien bei mikroskopischer Betrachtung.

Bei der mikroskopischen Betrachtung derselben fällt zunächst der grosse Unterschied im Aussehen auf, welchen unter der Lupe ununterscheidbare, scheinbar ganz gleichgestaltete und gleichgefärbte Kolonien bieten. Die Zusammensetzung der schleimigen Bakterienmasse bald aus regellos dicht zusammengedrängten, bald in radiale Fadenzüge geordneten Elementen tritt hervor, es zeigen sich Schichtungen und Einschnitte, welche oft tief gehend und regelmässig gestellt den Kolonien ein ordenartiges Aussehen geben. Bei den einen Arten ist der Rand scharf von der Gelatine abgesetzt, bei den anderen geht die Kolonie so unmerklich in das Nährsubstrat über, dass die Grenze zwischen beiden schwer zu bestimmen ist. Hier ist der Rand glatt, dort eckig, hier scharf, dort strahlen Fäserchen in die Gelatine. Auch die allgemeinen Lichtbrechungsverhältnisse der Kolonien sind verschieden, die eine ist ohne stärkste Abblendung kaum zu sehen, die andere bricht das Licht so stark, als wäre sie eine Luftblase im Substrat.

Es wäre hier nicht am Platz, die Unterschiede alle erschöpfen zu wollen, welche die mikroskopische Betrachtung der Kolonien bei geringer Vergrösserung bietet. Schon aus diesen Merkmalen kann der Kundige unter Umständen einen giltigen Schluss auf die betreffenden Bakterienarten wagen. So wird z. B. ein weisser Micrococcus mit dem tiefzerklüfteten, ordenartigen Aussehen der Kolonien fast sicher M. aquatilis sein; Bacterium vulgare wird leicht an den auswandernden kleinen Kolonien erkannt, welche rings um die Mutterkolonie herum in der Gelatine liegen etc. etc.

Was uns die Betrachtung der Einzelzellen niemals oder doch nur in den allerseltensten Ausnahmefällen bringen kann, die Unterscheidung der Arten, dazu verhilft uns die mikroskopische Betrachtung der Kolonien bei schwacher Vergrösserung sehr viel besser.

Dabei ist aber zu bemerken, dass ein fundamentaler Unterschied im Aussehen der Kolonien derselben Arten bestehen kann, je nachdem dieselben oberflächlich liegen oder von der Gelatine eingeschlossen sind: die beiden Bilder pflegen grundverschieden zu sein, man möchte oft nicht glauben, dass zwei solche in Folge verschiedener Lagerung verschieden aussehende Kolonien einer und derselben Species angehören. Abgesehen von wenigen Ausnahmefällen ist das Bild der oberflächlichen Kolonien, welche sich unbehindert ausbreiten, entfalten konnten, das charakteristischere.

Auf der Thatsache, dass man mit Hilfe der mikroskopischen Betrachtung einer Platte in den meisten Fällen leicht und sicher eine Anzahl verschiedener Bakterienarten unterscheiden kann, beruht die oben (p. 315) erwähnte Beurtheilungsmethode, an Stelle des Keimgehaltes einer Flüssigkeit ihren Speciesgehalt treten zu lassen. Nun ist aber, ausser den oben gemachten prinzipiellen Einwendungen gegen diese Methode, leider gerade das grundverschiedene Aussehen von oberflächlichen und tiefen Kolonien für die Erkennung ihrer Zusammengehörigkeit ausserordentlich störend: der nicht vollständig mit den Wachsthumsverhältnissen der Spaltpilze Vertraute wird fast stets eine grössere Anzahl von Species zählen als wirklich vorhanden sind. Weiter sind die Wachsthumsdifferenzen der Kolonien ja verhältnissmässig recht gross, aber der Fall ist nicht nur denkbar, sondern auch vielfach in Wirklichkeit vorhanden, dass wieder grundverschiedene in fast allen übrigen Eigenschaften durchaus differente Arten sehr ähnliche, ja beinahe identische Wachsthumsverhältnisse besitzen.

Vorläufige Beschreibung der abzuimpfenden Kolonien.

Hat der Untersuchende sich in der beschriebenen Weise mit der Platte vertraut gemacht, so wird er zunächst eine Kolonie in's Auge fassen und ihre Eigenschaften beschreibend sich notiren (ein für die spätere Bestimmung höchst wichtiger Punkt).

Zuerst werden die makroskopisch, dann die mikroskopisch sichtbaren Eigenschaften aufgeschrieben und zwar angenommener Weise in folgender Art:

Kolonie 1. Makroskopischer Befund: Oberflächliche Kolonie; eine (etwas bläulich-)weisse, der Gelatine dicht angedrückte, dünne Scheibe, nicht verflüssigend, nach 48stündigem Wachsthum 4 mm breit. Rand von der Gelatine sich wenig abhebend, fein gekerbt.

Mikroskopischer Befund: Scheibe weiss, im Centrum etwas gelblich, am Rand schneeweiss, sehr fein gekörnt, ohne Zonen oder radiale tiefere Einschnitte. Oberfläche besonders im Centrum durch unregelmässig gekrümmt verlaufende, wulstige Falten gerunzelt. Rand scharf, ohne Fasern oder Ausläufer, vielfach und unregelmässig gezackt.

Kolonie 2. Makroskopischer Befund: Kleine, in einem schwachen Verflüssigungsring liegende, grauweisse, nach 48stündigem Wachsthum etwa 1,5 mm breite Scheibe.

Mikroskopischer Befund: Kolonie weisslich mit einem leichten Stich in's Röthliche; besonders im Centrum mit undeutlichen konzentrischen Zonen versehen, ohne Einschnitte, dicht und mittelfein gekörnt. Rand kreisrund, sich von der verflüssigten Gelatine scharf abhebend, dicht mit feinsten radial in die Verflüssigungszone eindringenden, kurzen Fäserchen besetzt.

Um die für die Speciesbestimmung wichtigen Eigenschaften der jungen Plattenkolonien alle kennen zu lernen, blättere man die p. 13—17, 24—29, 39—47 gegebenen Bestimmungstabellen der Arten durch: hat man erst einige Bestimmungen ausgeführt, so weiss man ganz genau, worauf man bei der Beschreibung des Aussehens der unter dem Mikroskop liegenden Kolonien zu achten hat.

Ist die Beschreibung der Kolonie fertig, so wischt man den vorhin um sie gemachten Ring weg und markirt dieselbe (sie bleibt unter dem Objektiv liegen) mit einem feinen Tinten- oder Farbpunkt. Zu diesem Zweck taucht man eine Schreibfeder in Tinte, bringt die Spitze unter das Mikroskop und macht dort, wo die Kolonie liegt, auf den Boden der umgedrehten Glasschale den Punkt. Derselbe muss genau so sitzen, dass nun die Kolonie durch ihn verdeckt wird. Hat man diese Bezeichnung nicht direkt unter dem Mikroskop, was bei einiger Uebung sehr rasch sich erlernt, sondern mit Hilfe der Lupe gemacht, so legt man die Platte nochmals unter das Mikroskop und kontrollirt, ob der Fleck die Kolonie auch deckt, sieht nach, wo fremde, beim Abimpfen zu vermeidende Kolonien liegen etc., nimmt die Platte vom Objekttisch und legt sie auf ein Blatt schwarzes Papier.

Abimpfen der Kolonien behufs Gewinnung von Reinkulturen.

Darauf holt man ein Reagensgläschen mit fester Gelatine und lockert durch Drehen den Wattepfropf, ohne ihn vollständig herauszuziehen. Bei dieser Gelegenheit überzeugt man sich durch genaueste Betrachtung davon, dass der Nährboden steril ist, d. h. dass nicht schon (wenn auch noch so kleine) Spuren von Wachsthum darin sich finden.

Als Nächstes wird eine Platinnadel ergriffen und ihrer ganzen Länge nach in der Flamme eines Bunsenbrenners oder Spirituslämpchens ausgeglüht, mit der linken Hand der Deckel der Petrischale (in welcher die Plattenkultur mit der abzuimpfenden Kolonie sich befindet) ein wenig gelüftet und die Nadel eingeführt, ohne dass dieselbe das Glas berührt.

Die Nadel wird unter dem schützenden Deckel solange frei schwebend gehalten, bis sie abgekühlt ist; während dieser Zeit hat man die markirte Kolonie mit den Augen gesucht und diese muss nun mit der erkalteten Nadelspitze angestochen werden.

Man hüte sich, bei diesem Anstechen hin- und herzurühren: es kommt nicht darauf an, ein grosses Quantum von dem Spaltpilz, sondern denselben rein zu bekommen und durch das besonders bei Anfängern sehr beliebte Rühren in der Gelatine werden häufig naheliegende fremde Kolonien angerissen.

Darauf wird die Nadel vorsichtig unter dem Deckel herausgezogen (sie darf das Glas nicht berühren), mit der linken Hand das Gelatineröhrchen erfasst und so gehalten, dass seine Mündung nach unten sieht, mit Ring- und Kleinfinger der rechten Hand der Wattepfropfen abgenommen (derselbe darf nicht herunterfallen), die Nadel in das Röhrchen eingeführt und ein tiefer, bis zum Ende des Glases reichender Impfstich in der Mitte der Gelatine angelegt.

Ist die Nadel wieder vorsichtig herausgezogen (man vermeide sowohl beim Hineinstecken sowie beim Herausziehen die Gelatine zu reissen, auch muss die Nadel völlig gerade gewesen sein, damit der Stichkanal scharfe Ränder behält), so wird der Pfropfen wieder aufgesetzt und das geimpfte Röhrchen signirt. Dies geschieht durch eine aufgeklebte gummirte Etikette, welche genaue Angabe über Wasserprobe (römische Ziffer), Abstammungsplatte, Bezeichnung der abgeimpften Kolonie (arabische Ziffer), Datum und Stunde der Abimpfung enthält.

Nachdem die Reinkultur in dieser Weise angelegt ist, wird die Platte wieder vorgenommen, der Punkt auf derselben unter dem Mikroskop eingestellt, dann weggewischt und nun genau kontrollirt, ob der Stich auch die gewünschte Kolonie getroffen (was leicht an der Zerstörung ihrer Form zu sehen ist) und ob er nur sie, keine andere verletzt hat. Erst wenn diese Vorsichtsmassregel ergriffen wurde, kann man einigermassen sicher sein, eine Reinkultur angelegt zu haben.

Dass nun in der Folge alle bei mikroskopischer Betrachtung verschieden aussehenden Kolonien der Platte in gleicher Weise als Reinkulturen gewonnen werden, ist selbstverständlich: das Verfahren liest sich bei der Beschreibung sehr lang, ist aber, wenn nur einige Uebung vorhanden ist, sehr rasch zu erledigen. Besonders aber kürzt es sich ab, wenn man Erfahrungen über die Zusammengehörigkeit der verschieden aussehenden Form oberflächlicher und tiefliegender Kolonien der gleichen Art gewonnen hat.

Aufbewahrung der Reinkulturen.

Die Reinkulturen werden dann an einen dunklen Ort unter eine Glasglocke gestellt und am besten gleichmässig bei 22° gehalten. Die Kontrolle derselben erfolgt, sobald deutliches Wachsthum eingetreten, bei den Wasserformen besonders, sobald ein abimpfbarer Oberflächenbelag sich gebildet hat, was gewöhnlich nach zwei bis drei Tagen der Fall ist.

Zweiter Untersuchungstag.

Wie soeben gesagt, ist der zweite Untersuchungstag nicht der auf die Anlage der Reinkultur im Kalender folgende, sondern er beginnt erst, wenn die Reinkulturen erstarkt sind.

Ergänzung der Beschreibung.

Das Nächste ist nun, dass wir zu den bereits oben (p. 409) über die Arten gemachten Notizen die genaue Beschreibung des makroskopischen Aussehens der Gelatine-Reinkulturen hinzufügen, und zwar ist auf folgende Punkte dabei zu achten:

a) **Färbung der Reinkultur, eventuell Verfärbung des Substrats.**
b) **Verflüssigungsfähigkeit und Art derselben (siehe unten).**
c) **Art des Wachsthums auf der Oberfläche der Gelatine (ob flach oder gewölbt, ob ganz- oder gezacktrandig etc.).**
d) **Art des Wachsthums im Stichkanal (ob vielleicht nur hier stattfindend oder hier überhaupt fehlend; ob reichlich oder spärlich, ob glatt oder mit in die Gelatine vordringenden haarartigen Fasern etc.).**

Kunstausdrücke bei verflüssigenden Kulturen.

Besondere Erklärung der bei diesem Stadium der Untersuchung gebräuchlichen Kunstausdrücke ist nur für die verschiedenen Formen der Verflüssigung nothwendig.

Erfolgt dieselbe längs des ganzen Stiches gleichmässig, so dass ein verflüssigter Cylinder in der Gelatine entsteht, so heisst diese Verflüssigungsart strumpfförmig oder schlauchförmig (vergleiche t. 1, Fig. 15); ist die Verflüssigung derart von dem Zutritt des Luftsauerstoffes abhängig, dass sie nur direkt auf der Oberfläche der Gelatine erfolgt, so kann sie bei langsamem Wachsthum der Kolonie und schwacher Verflüssigungsfähigkeit schalenförmig (t. 1, Fig. 14) oder bei rasch wachsenden und stark verflüssigenden Kolonien horizontal (t. 1, Fig. 11, 26) sein. Wird die Verflüssigung durch den Sauerstoff begünstigt, aber doch nicht direkt bedingt, so ist sie entweder trichterförmig oder pokalförmig (t. 1, Fig. 26). Endlich kann auch die Einwirkung der Kolonie auf die Gelatine derartig sein, dass überhaupt keine Flüssigkeit entsteht, sondern dass der Nährboden schwindet, gleichsam unter der Einwirkung des Mikroorganismus verdunstet: in diesem Fall sprechen wir nicht von Verflüssigung, sondern von Aufzehrung der Gelatine.

Anlage und Aufbewahrung von Agar- und Kartoffelkulturen.

Sobald wir mit den angegebenen Notizen fertig sind, werden zwei Röhrchen mit Nähragar und zwar eines mit gewöhnlichem und eines mit Zuckeragar, sowie ein Kartoffelröhrchen geholt (cf. p. 338) und mit ausgeglühter (aber im Röhrchen erkalteter) Platinnadel zunächst aus der mit der Mündung schief nach unten gehaltenen Gelatine-Reinkultur eine Strichkultur auf Agar, dann auf Zuckeragar, dann auf Kartoffel angelegt. Zwischen jeder dieser Akte und nach Beendigung des letzten wird die Nadel sorgfältig und ihrer ganzen Länge nach ausgeglüht; auch die zu impfenden Röhrchen werden stets so schief gehalten, dass kein Luftkeim hineinfallen kann.

Im Gegensatz zu der vorhin bei dem Impfen des Gelatineröhrchens verwendeten Stichkultur besteht die Anlage einer Strichkultur darin, dass man mit der Spitze des inficirten Platindrahtes einmal in gerader Linie über den schrägerstarrten Nährboden streift, denselben in Form einer Linie berührend aber nicht ritzend; mehrere Striche anzulegen ist weder nöthig noch praktisch, da die sich entwickelnden Kulturen sich sonst gegenseitig stören und nicht normal ausbilden können.

Sowohl die Agar- wie das Kartoffelröhrchen werden an dunklem Ort mindestens bei 22^0, wenn ein Brutschrank zur Verfügung steht, bei 37^0 gehalten; im Allgemeinen befördert auch für „Wasserbakterien“ die höhere Temperatur das Wachsthum und erlaubt, wenigstens mit der auf gewöhnlichem Agar angelegten Kultur, schon den nächsten Tag weiter zu arbeiten.

Morphologische Betrachtung der Spaltpilzzellen.

Eine der wichtigsten Aufgaben der ganzen Untersuchung tritt nun, nachdem wir für die Anlage der Reinkulturen auf den verschiedenen charakteristische Kolonien liefernden Substraten gesorgt haben, an uns heran. Es ist dies die Bestimmung der Gattungen, welchen die einzelnen gefundenen Kolonien, also auch unsere Reinkulturen, jeweils angehören. Die Bestimmung der Gattungen ist nach dem Aussehen der Kolonien vollkommen unmöglich, denn diese Abtheilungen werden wesentlich auf das morphologische Aussehen der Spaltpilz-Einzelzellen begründet.

Um dies morphologische Aussehen hatten wir uns bisher noch gar nicht gekümmert, denn beim ersten Abimpfen der Reinkulturen von der Platte pflegt nicht mehr genug Material für die Entscheidung dieser Frage übrig zu sein. Nun verwenden wir die in grosser Menge als Gelatine-Reinkultur uns zur Verfügung stehenden Zellen.

Färbung der Bakterien.

Es würde nun nicht praktisch sein, die Bakterien-Zellen so zu untersuchen, wie sie in der Kultur enthalten sind. Das Lichtbrechungsvermögen dieser kleinsten Organismen ist ungefähr dasselbe wie dasjenige des Wassers, in welchem wir die lebenden Zellen betrachten müssten. Deswegen würde es einige Schwierigkeit machen, die kleinen Objekte rasch zu finden; es würde fast unmöglich, jedenfalls keineswegs leicht sein, alle ihre Gestaltungsverhältnisse genügend wahrzunehmen.

Diese Gründe haben dazu geführt, dass — abgesehen von einer gleich zu besprechenden Ausnahme — Bakterien principiell nur in gefärbtem Zustand untersucht werden.

Alle Spaltpilze haben die Eigenschaft, in todtem Zustand Anilinfarben, und zwar besonders alkalische Anilinfarben, mit Begierde aufzunehmen und schwer wieder abzugeben. Der Bakterienleib verhält sich also ungefähr ebenso gegen die Farbstoffe wie thierische Faser, von welcher allgemein bekannt ist, dass Wolle und Seide sich ungebeizt färben, während die Pflanzenfasern die meisten Farbstoffe erst in gebeiztem Zustand aufnehmen.

Auf dieser Thatsache beruht die Bakterien-Färbetechnik. Es ist für die gewöhnlichen Zwecke der Gestaltungsuntersuchung ganz gleichgültig, welcher Farbstoff angewandt wird.

Für die Zwecke des Praktikers ist es wichtig, mit möglichst wenig Reagentien auszukommen: wir wählen deshalb zur allgemeinen Bakterienfärbung Methylviolett in wässeriger Lösung, weil dieser Farbstoff die Grundlage für die gleich zu besprechende differenzirende Gram-sche Färbung ist.

Vorbereitung eines Präparates für die Färbung. Aufschwemmpräparat.

Behufs Vornahme der Färbung wird zunächst ein Objektträger aus weissem Glas (zweckmässigst englisches Format, 26 × 76 mm) mit Alkohol und destillirtem Wasser unter Zuhilfenahme eines (nicht fasernden) Leinentuches oder besser eines Putzleders spiegelblank gereinigt (die beste Probe, ob das Glas rein genug ist, besteht darin, dass ein ausgestrichener Wassertropfen beim Eintrocknen sich nicht zusammenzieht).

Auf die Mitte dieses Objektträgers kommt dann ein Tropfen destillirten (muss ohne Ränder verdunsten), sterilen Wassers und in diesen ein Minimum von der mit ausgeglühter Platinnadel entnommenen Reinkultur. Man hüte sich, zuviel von der Bakterienmasse zu nehmen, im Gegentheil bestrebe man sich, möglichst wenig Material zu verwenden. Wird die Bakterienmenge zu gross, so werden nachher die Formen nicht klar und isolirt zur Anschauung kommen.

Den so beschickten Objektträger stellt man, um ihn vor Staub zu schützen, unter eine Glasglocke und lässt das Präparat lufttrocken werden. Der Anfänger pflegt diese Art der Wasserverdunstung etwas langweilig zu finden und mit dem Objektträger über die Flamme zu gehen: ist das Präparat dann fertig, so sieht er meist, dass die Zellen dicht zusammengeballt in netzartigen Figuren daliegen und dass der ganze Vortheil, welchen die Aufschwemmung der Bakterien mit Wasser bot, wieder verloren ist. Man lasse sich deswegen die Zeit nicht verdriessen, mache lieber, um das Trocknen zu beschleunigen, den Wassertropfen kleiner und streiche ihn bei dem Einbringen des Untersuchungsmateriales flach aus.

Durch das blosse Antrocknen werden die Bakterienzellen so fest an das Glas angeheftet, dass sie bei den folgenden Proceduren des Färbens und Auswaschens sich nicht mehr ablösen: thun sie dies dennoch, so ist das fast regelmässig ein Zeichen dafür, dass auch vom Nährboden mit in das Präparat gekommen ist.

Das lufttrockene Präparat wird dann, um die Zellen für die Färbung zu töten und um ihren Inhalt gerinnen zu lassen, d. h. zu fixiren (Präparatenseite nach oben!) über die kleingestellte Flamme eines Bunsenbrenners oder einer Spirituslampe gehalten bezw. durch die Flamme durchgezogen. Den nöthigen Grad der Erhitzung merkt man am leichtesten, wenn man den Zeigefinger der linken Hand dicht neben dem Präparat fest aufsetzt: kann man die Hitze nicht mehr ertragen, so stellt man das Erhitzen ein.

Das Präparat muss nun unter der Glasglocke erkalten (auf das heisse Objekt aufgetropfte Farbstofflösung lässt häufig das Präparat theilweise sich ablösen). Dann kommt eine die ganze Bakterienschicht gleichmässig bedeckende Menge (einige Tropfen) Methylviolett darauf und bleibt in der Kälte 3—5 Minuten darauf stehen.

Nach dieser Zeit ist der Farbstoffüberschuss durch Schwenken des Objektträgers in destillirtem Wasser wieder vollständig abzuwaschen: das Präparat hält die Farbe fest.

Fertigmachen des Präparates.

Nunmehr ist die Färbung fertig. Das Präparat muss aber noch montirt werden, um es zur Untersuchung tauglich zu machen.

Zu diesem Zweck wischen wir mit einem Leinenlappen oder mit Fliesspapier sorgfältig alles Wasser auf der Rückseite des Objektträgers ab. Auch die Präparatenseite wird in gleicher Weise abgetrocknet bis auf die gefärbte Bakterienschicht. Auf diese kommt entweder ein Tropfen Glycerin und dann das Deckglas oder aber (und das pflegt in den meisten Fällen mehr empfehlenswerth zu sein) das Präparat wird nochmals vollkommen lufttrocken gemacht. Dann wird dasselbe ein wenig über der Flamme erwärmt und darauf ein kleiner Tropfen Kanadabalsam gebracht. Auf dem erwärmten Glas fliesst der Kanadabalsam leicht aus: wenn wir ein Deckglas auflegen, so vertheilt er sich gleichmässig zwischen diesem und dem Objektträger und schliesst die gefärbten Bakterien tadellos ein.

In Bezug auf die Deckgläser sei bemerkt, dass dieselben im Glas durchaus fehlerfrei und eben sein sollen, dass nur die dünnsten Nummern [1]) derselben in Grösse von meist 18 qmm verwendet werden, dass sie vor dem Gebrauch in derselben Weise wie die Objektträger spiegelblank gereinigt sein müssen und in der Weise aufgelegt werden, dass zunächst eine Kante auf dem Objektträger voll aufgesetzt und dann das Gläschen schräg auf den Tropfen Kanadabalsam gelegt wird. Der Balsam sei mit Xylol soweit verdünnt, dass er sich auch in der Kälte leicht und gleichmässig unter dem Deckglas vertheilt. Wie wichtig es ist, absolut reine Gläser für die Präparate zu verwenden, geht aus dem physikalischen Gesetz hervor, dass im Mikroskop das Licht mit dem Quadrat der Ver-

[1]) Die Deckgläser müssen so dünn sein, dass ihre Dicke auch bei den stärksten Systemen die Brennweite kaum übersteigt, weil sonst kein Einstellen des Präparats mehr möglich ist.

grösserung abnimmt, also auch die Dunkelheit in demselben Verhältniss zunimmt.

Ist das Deckglas auf den Kanadabalsam gelegt, so schieben wir mit einer Nadel dasselbe so zurecht, dass es möglichst symmetrisch liegt und zugleich das Präparat vollständig deckt. Dann lassen wir demselben wenigstens eine Stunde Ruhe, damit der Balsam durch Verdunsten des Xylols konsistenter wird.

Ein auf diese Weise in Kanadabalsam eingeschlossenes Präparat hält sich viele Jahre lang; ein Umziehen der Deckglasränder mit Lack ist unnöthig.

Ausstrichpräparate.

Eine andere und etwas expeditivere Methode der Präparatanfertigung, welche besonders der Geübtere wählen kann, ist folgende: Ein Minimum der Reinkultur wird direkt (also ohne Wassertropfen) auf den Objektträger gebracht und mit der Platinnadel in dünnster Schicht ausgestrichen (Ausstrichpräparat). Ein solches Präparat erfordert im Auftragen der Bakterienschicht grosse Sorgsamkeit, weil nur in ganz dünnen Lagen die differenzirenden Färbungen genau herauskommen. Dagegen bietet das Ausstrichpräparat den Vortheil, dass es rasch lufttrocken ist. Dann wird es in gleicher Weise wie das Aufschwemmpräparat weiter behandelt, also: in der Flamme erhitzt, abkühlen lassen, Farbe auftropfen, 3—5 Minuten färben, abwaschen, trocken werden lassen, leicht erwärmen, Kanadabalsam und darauf Deckglas auflegen.

Mikroskopische Betrachtung der Präparate.

Bakterienpräparate betrachten wir prinzipiell nur mit homogener Immersion, wenn irgend eine solche zur Verfügung steht.

Ebenso betrachten wir unsere gefärbten Präparate nur bei voll geöffneter Blende resp. mit vollständig in das Niveau des Objekttisches gehobener Abbe'scher Beleuchtungslinse, da dieselben Farbenbilder (siehe oben, p. 407) darstellen.

Ist das Präparat in der eben angegebenen Weise gefärbt, in Kanadabalsam montirt und ist der Balsam soweit fest geworden, dass das Deckglas sich nicht leicht mehr verschiebt, so legen wir das fertige Präparat auf den Objekttisch. Dabei beachten wir, dass die gefärbte Stelle über dem kreisförmigen Ausschnitt des Objekttisches und zwar der Punkt, welchen wir zur Betrachtung gewählt haben, in der Mitte dieses Ausschnittes liegt.

Darauf bringen wir mit dem Glasstab einen kleinen Tropfen Cedernöl (wird mit dem Instrument vom Optiker geliefert) auf die Mitte des Deckglases und senken mittelst des groben Triebes den Mikroskoptubus, bis wir sehen, dass die Linse des Immersionssystems den Tropfen Cedernöl berührt. Diese Manipulation wird vorgenommen, indem man nicht durch das Objektiv, sondern von der Seite mit blossem Auge Okular und Cedernöltropfen betrachtet.

Taucht das Objektiv ein, so sieht man weiter ins Okular und setzt nun mit Hilfe der Mikrometerschraube die Abwärtsbewegung des Tubus solange fort, bis das gefärbte Bild der Bakterien erscheint. Grösste Vorsicht ist bei der Einstellung der Präparate nöthig, um nicht zu scharf auf das Deckglas zu kommen, weil sonst Immersionssystem und Präparat ruinirt sein können. Ein Immersionssystem ist der theuerste Theil des Instrumentes; wer ein gutes hat und es verdirbt, schädigt sich schwer. Deshalb werden Immersionssysteme mit der grössten Sorgfalt behandelt, nach dem Gebrauch mit Benzin[1]) und feinstem Hirschleder wieder gereinigt und sofort weggeschlossen.

Bei der Betrachtung des gefundenen Objektes hüte man sich, das Mikroskop auf einer Gesichtsebene eingestellt zu lassen. Nur der Anfänger betrachtet seine Objekte ohne die Mikrometerschraube andauernd hin- und herzudrehen, der Geübte dagegen hebt und senkt mit ihrer Hilfe fortwährend den Tubus. Dies hat einleuchtender Weise zunächst den Zweck, durch Kombination der Eindrücke verschiedener Gesichtsebenen ein Bild von der körperhaften Gestalt des Objektes zu erhalten. Ferner aber ist es eine Thatsache, dass das Auge des fortwährend die Mikrometerschraube Benützenden fast gar nicht ermüdet. Auch derjenige, welcher nicht durch Heben und Senken des Tubus das körperhafte Bild der Objekte zu bekommen weiss, sucht dasselbe unbewusst durch „Einstellen des Auges", d. h. durch Accomodation des Augapfels zu erlangen und in dieser Anstrengung des Auges liegt hauptsächlich der Grund, warum der Anfänger beim Miskroskopiren so rasch ermüdet.

Das Bild.

Was wir nun so am gefärbten Objekt im Mikroskop sehen, genügt meistens, um uns über die Gattungszugehörigkeit des betreffenden Mikroorganismus Klarheit zu verschaffen. Man sieht die gefärbten Spaltpilze und zwar im idealen Fall K o k k e n, S t ä b c h e n oder S c h r a u b e n. Auf diese morphologischen Gestaltungen werden, wie p. 3 ausgeführt ist, die Gattungen begründet.

In der Praxis kommt es nun leider nicht eben selten vor, dass besonders der weniger Geübte nicht auf den ersten Blick sich darüber klar sein kann, welcher Gattung er ein Objekt einreihen soll und es dürften deswegen einige Bemerkungen, welche manchen diesbezüglichen Zweifel lösen können, hier am Platze sein.

---

[1]) Alkohol, Aether, Xylol etc., kurz alle den Kanadabalsam, mit welchem die unterste Linse des Objektivs eingekittet ist, erweichenden Mittel sind unstatthaft.

Kugelbakterien. Für sämmtliche Kugelbakterien (Micrococcus, Streptococcus, Lampropedia, Sarcina) gilt als Regel, dass dieselben stets Kugelgestalt oder direkt nach der Theilung Halbkugelform haben müssen. Es darf also, wenn eine bestimmte Form zu den Kugelbakterien gehören soll, sich im Gesichtsfeld keine Zelle finden, deren Länge die Breite überträfe; höchstens kann es vorkommen, dass einzelne, noch mit anderen zusammenhängende Zellen breiter sind als lang.

Diese Regel ist deshalb wichtig, weil man früher (und zwar in manchen Fällen mit einem Schein von Berechtigung) von einem Pleomorphismus der Spaltpilze gesprochen hat. Unter dieser Bezeichnung versteht man die Thatsache, dass die langgestreckten Formen der Bakterien (also Stäbchenbakterien, Schraubenbakterien) nicht immer die charakteristische Form haben, sondern (vorzüglich bei rasch sich folgender Zelltheilung, aber auch bei Dauerstadien und in alten Kulturen) mehr oder weniger Kugelgestalt besitzen können, so dass scheinbar in ihrer Entwickelung die Gattung Micrococcus als Anfang überall wiederkehrt.

Daraus geht hervor, dass ein Micrococcus dadurch charakterisirt ist, dass er niemals gestreckte Form annehmen kann, niemals ein Stäbchen wird, während die Stäbchen eventuell kokkenartig aussehen können.

Nun arbeiten wir ja mit Reinkulturen, mit Anhäufungen von Zellen, welche sicher einer und derselben Art angehören. In dem von einer Reinkultur stammenden Präparat haben wir soviel tausende von Einzelzellen dieser Art, dass wir bei sorgfältiger Durchmusterung des ganzen Präparates sehr wohl im Stande sind, ein Urtheil über die Gattungszugehörigkeit eines Spaltpilzes auszusprechen. Ist man sicher, ein reines Präparat zu haben (hat man also wirklich steriles Wasser zur Aufschwemmung der Reinkultur verwendet), so achte man nach Feststellung des allgemeinen Eindruckes, welchen die grosse Mehrzahl der Zellen macht, auf etwa vorhandene abweichende Formen. Diese sind häufig geeignet, Klarheit zu bringen.

Als Beispiel verweise ich auf Bacterium prodigiosum; dieser Spaltpilz wurde früher allgemein als Micrococcus prodigiosus bezeichnet, weil man nur auf den Eindruck zu achten pflegte, welchen die grosse Menge der im Präparat liegenden Zellen macht. Bacterium prodigiosum wächst nämlich auf festen Nährböden als ganz kurzes Ellipsoid, welches häufig der Kugelgestalt sehr ähnlich ist. Aber in jedem aus einer frischen Kultur stammenden Präparat kann man doch einzelne, aus mehreren Zellen bestehende, kurze cylindrische Fäden erkennen. Und in flüssigen Nährmedien (Bouillon) mehrt sich die Zahl der deutlichen Stäbe. Wir haben also hier einen Mikroorganismus vor uns, der im Zustand völliger Entwickelung deutlich stäbchenförmig ist, den wir deswegen von den Kugelbakterien ausschliessen und zu den Stäbchenbakterien rechnen müssen.

Aus diesem Beispiel folgern wir, dass alle wenn auch noch so schwach ellipsoidischen Formen zu den Stäbchenbakterien gerechnet werden; in diesem Urtheil werden wir durch das Auftreten einzelner deutlicher Stäbchen auf festem Nährboden, vieler derartiger in flüssigem Substrat bestärkt.

Sind ferner im Präparat Zellen kugeliger Gestalt vorhanden, welche entweder in kurzen (2—3gliedrigen) Ketten oder in deutlich zusammenhängenden wenn auch unregelmässigen Klumpen liegen, so muss von der Agarkultur eine Ueberimpfung in Heudecoct erfolgen, um Gewissheit zu bekommen, ob die beobachtete Form zu Micrococcus oder zu Streptococcus resp. Sarcina gehört. Es giebt viele Arten dieser beiden letztgenannten Gattungen, welche ihre charakteristische Wuchsform deutlich erst in einem flüssigen Nährmedium annehmen und die Frage, ob eine solche Species vorliegt, ist für die Bestimmung natürlich grundlegend.

Ferner erscheinen häufig im Gesichtsfeld ganz auffallend grosse kugelige Zellen, welche auf den ersten Blick wie eine Micrococcus-Art aussehen, aber durch ihre Grösse (4—8 μ) imponiren. Es wird nur geringen Suchens bedürfen, um an einer solchen Kugel eine sehr viel kleinere hängen zu finden. Wir werden dann nicht zweifelhaft sein, hier eine Sprossung vor uns zu sehen und den Pilz überhaupt nicht in der Klasse der Schizomycetes, sondern in derjenigen der Saccharomycetes suchen.

Stäbchenbakterien. Dem Geübteren macht die Eintheilung der Kugelbakterien in ihre Gattungen bald keine Schwierigkeit mehr. Sehr viel schwerer, ja unter Umständen ohne Weiteres gar nicht entscheidbar pflegt, wenn im Gesichtsfeld Stäbchenbakterien liegen, die Frage nach der Gattungszugehörigkeit derselben zu sein.

Im Allgemeinen wird man sich an die Regel halten dürfen, dass die kleinen ellipsoidischen Formen zu Bacterium, die grossen, langgestrecktstabförmigen dagegen zu Bacillus gehören. Aber wir müssen uns bei dieser Frage stets darüber klar sein, dass nicht die äussere Gestalt, sondern die Fähigkeit, Sporen zu bilden, die beiden Gattungen unterscheidet. Es giebt sehr kleine Bacillus- und sehr grosse Bacterium-Arten. Dem entsprechend haben wir behufs Sporenerzielung Kartoffelkulturen angelegt (siehe p. 412), welche in einigen Tagen auf die Frage, ob in einem speciellen Fall Bacterium oder Bacillus vorliegt, voraussichtlich Antwort geben werden.

Vorbehaltlich dieser späteren Verifikation durch die Sporenuntersuchung werden wir allerdings, ohne grossen Fehlern ausgesetzt zu sein, die kleinen (besonders die ellipsoidischen) Stäbchen zu Bacterium, die auffallend grossen Stäbchen dagegen zur Gattung Bacillus rechnen. Besonders dann werden wir mit verhältnissmässig grosser Sicherheit die grossen Stäbe für Bacillus ansprechen, wenn sie einer die Gelatine verflüssigenden Art angehören.

Ueber das Resultat der soeben gemachten Beobachtungen fügen wir den Nummern der Spaltpilzkolonien folgende Bemerkungen bei:

Nr. 1 (vergl. p. 409) erhält den Zusatz: „Kleine Stäbchen, deutlich länger als breit (Bacterium?)";

Nr. 2: „Sehr kleine, ellipsoidische Stäbchen, nur wenig länger als breit; im Präparat da und dort kurze, cylindrische Fadenstücke (Bacterium?)."

Dritter Untersuchungstag.

Der dritte Untersuchungstag beginnt, sobald die (vergl. oben, p. 412) angelegten Agar- und Kartoffelkulturen ein deutliches Wachsthum zeigen; dies ist meist schon am Tag nach Anlegung dieser Kulturen der Fall.

Revision der Kulturen.

1. Als Erstes werden die Kulturen makroskopisch genau betrachtet und den über die einzelnen Arten begonnenen Protokollen Angaben über die Färbung und das Wachsthum der Agar- und Kartoffelkulturen sowie über das weitere Verhalten der Gelatinekultur hinzugefügt.

Es handelt sich dabei hauptsächlich um die Farbe, welche die Bakterienmasse auf den Nährböden besitzt, eventuell auch um Verfärbungen der Substrate, welche durch die Kolonien bewirkt werden.

Ganz besonders aufmerksam wird die auf Traubenzuckeragar angelegte Kultur revidirt, denn sie ist zur Prüfung einer eventuellen Gasbildung der Arten bestimmt.

Gasbildung von Spaltpilzen.

Gasbildung der Spaltpilze aus Kohlehydraten, speziell aus Traubenzucker, ist eine besonders in den Gattungen Bacterium und Bacillus hier und da einzelnen Arten zukommende Eigenschaft, welche für die Erkennung dieser Arten von grosser Wichtigkeit ist. Man erkennt die Gasbildung daran, dass der zuckerhaltige Nährboden mit Spalten und Sprüngen durchsetzt und zerrissen wird.

Zu beachten ist dabei, dass diese Zerklüftung des Nährbodens nur bei frisch bereitetem (bis 3 Wochen altem) Substrat beweiskräftig ist, dass ältere Nährböden manchmal in Folge von Austrocknung auch ohne Gasbildung durch Bakterien reissen können. Man verwende also für die oben p. 412 vorgeschriebene Anlage von Zuckeragarkulturen niemals altes, sondern stets frisch bereitetes Agar.

Färbung der Spaltpilze nach der Gram'schen Methode.

2. Die oben (p. 413) angegebene und ausgeführte Färbung der Bakterienzellen hatte allein den Zweck, die morphologische Gestalt der

Spaltpilze erkennbar zu machen; diese Färbung tingirt alle Bakterien ohne Unterschied.

Behufs Bestimmung der Arten müssen wir jetzt, nachdem wir in unseren angelegten Reinkulturen reichliches Untersuchungsmaterial haben, noch eine Färbungsmethode anwenden, welche die einen Arten tingirt, die anderen dagegen nicht, welche also einen Unterschied zwischen den Arten zu machen erlaubt. Dies ist die Gram'sche Methode.

Die Gram'sche Färbemethode ist ursprünglich für die Behandlung von Bakterien enthaltenden Gewebeschnitten angegeben worden: sie hat die Eigenthümlichkeit, die thierischen Zellen fast ungefärbt, gewisse Bakterien darin aber stark gefärbt im Präparat zu zeigen. Doch werden nicht alle Bakterien auf diese Methode gefärbt, sondern eine grosse Anzahl, ja beinahe die Mehrzahl von ihnen nimmt die Färbung ebenfalls nicht an. Darauf beruht die Verwendung dieser Methode für die Speciesunterscheidung.

Behufs Anwendung der Gram'schen Färbung fertigt man ein Präparat genau nach der oben (p. 414) gegebenen Anweisung her, also man bringt die Bakterien in den Wassertropfen; lässt lufttrocken werden; erhitzt das Präparat; lässt dasselbe sich abkühlen; tropft Methylviolet auf und lässt dasselbe 5 Minuten lang einwirken.

Methylviolet (oder nach der ursprünglichen Angabe Gram's auch Gentianaviolet) ist die Grundfärbung; es handelt sich nun bei der folgenden Behandlung darum, ob diese Färbung bleibt oder wieder verschwindet. Diese Behandlung geschieht auf folgende Weise:

Man wäscht das Präparat, nachdem der Farbstoff die angegebene Zeit eingewirkt hat, in Wasser ab, lässt abtropfen und wischt mit Fliesspapier das Wasser soweit ab, dass nur das Präparat noch nass ist. Dann tropft man mit einer Pipette soviel officinelle Jodtinktur [1]) auf die gefärbten Zellen, dass dieselben reichlich mit Jodlösung bedeckt sind.

Die Jodlösung lässt man zwei bis drei Minuten lang einwirken, dann wäscht man sie mit Wasser ab. Das Präparat ist durch das Jod fast schwarz geworden.

Darauf legt man das Präparat (mit der Bakterienschicht nach oben!) in eine flache Glasschale (Krystallisirschale) und giesst soviel 60—90%igen Alkohol [2]) darauf, dass die Bakterien reichlich davon bedeckt sind. Durch Schwenken (wie in der Photographie beim Entwickeln der Platten) wäscht man nun den violetten Farbstoff aus und zwar solange, bis das Präparat keine Farbe mehr abgiebt. Dies erkennt man leicht, wenn man die Schale auf weissem Papier einige Augenblicke ruhig stehen lässt; wird noch Farbe abgegeben, so ist das Präparat von einem violetten Hof umgeben.

---

1) 10%ige alkoholische Jodlösung.

2) Auf die genaue Koncentration des Alkohols kommt es nicht an.

Wenn der Alkohol keine Farbe mehr entzieht, so nimmt man das Präparat heraus, lässt es lufttrocken werden, erwärmt es in der oben (p. 415) angegebenen Weise und Absicht ein wenig, tropft Kanadabalsam auf, schliesst es unter ein Deckglas ein und betrachtet es, wenn der Balsam fest geworden ist.

Es können nun zwei Fälle eintreten: entweder hat der Alkohol die Fähigkeit gehabt, allen Farbstoff wieder auszuziehen und dann sind die Zellen farblos. Oder aber, der durch das Jod veränderte Farbstoff ist im Alkohol nicht mehr löslich, dann sind die Zellen tief schwarzblau gefärbt.

Bei der Bestimmung unterscheidet man also Bakterien, die sich nach Gram färben und solche, die sich nicht färben; man sagt „Nach Gram gefärbt oder entfärbt" und meint damit, dass die Spaltpilze anfangs zwar alle mit Methylviolet gefärbt sind, dann aber bei der weiteren Behandlung die einen den Farbstoff verlieren, die anderen ihn festhalten.

Die meisten Arten von Bacillus und Streptococcus, auch viele Micrococcus-Arten bleiben bei der Behandlung nach Gram gefärbt; die meisten Bacterium-Arten sind nach Gram behandelt entfärbt. Doch ist dies Merkmal kein die Gattungen, sondern nur ein die Arten charakterisirendes und deshalb für die Artbestimmung hochwichtiges.

Bei Ausführung dieser Gram'schen Färbungsmethode tritt uns nun der Vorzug entgegen, welchen das Aufschwemmpräparat vor dem Ausstrichpräparat hat: wurde bei ersterem mit dem Auftragen des Reinkulturmaterials rationell und sparsam verfahren, so entfärbt sich das ganze Präparat meist tadellos und es kann kaum jemals ein Zweifel vorkommen, ob der Organismus die Gram'sche Färbung annimmt oder nicht; im Ausstrichpräparat dagegen sind die dicken Stellen stets noch gefärbt, wenn die Ränder schon vollständig entfärbt sind und zwischen gefärbten und entfärbten Zellen finden sich alle Zwischenstufen. Beim Ausstrichpräparat wird man viel häufiger im Zweifel sein, ob ein Spaltpilz sich nach Gram färbt oder nicht, als beim Aufschwemmpräparat.

Man mache sich in zweifelhaften Fällen zur Regel, an die dünn liegenden Präparatenstellen sich zu halten: sind hier die Zellen vollständig oder fast vollständig entfärbt, so urtheile man danach. Denn ein Organismus, welcher nach Gram gefärbt bleibt, zeigt auch vollkommen isolirt liegende Zellen in tief schwarzblauer Färbung.

Untersuchung der Bakterien auf Eigenbewegung.

3. Von ebenso grosser Wichtigkeit für die Bestimmung der Bakterienarten wie die soeben behandelte Färbungsmethode, ist die Entscheidung der Frage, ob ein Spaltpilz mit Eigenbewegung versehen ist oder nicht. Auch diese Untersuchung wird erst jetzt ausgeführt, weil in den jungen Agarkulturen ganz besonders gutes Material zur Entscheidung dieser Frage vorhanden ist.

Die Untersuchung der Arten auf ihre Beweglichkeit, das heisst auf die Fähigkeit der Eigenbewegung, ist manchmal eine der schwierigsten Arbeiten bei der bakteriologischen Untersuchung. Man hat gefunden, dass die beweglichen Spaltpilze mit feinsten Geisseln ausgerüstet sind, welche, in ungefärbtem Zustand wie auch bei Anwendung der gebräuchlichen Färbungen nicht sichtbar sind, welche zuerst mit Hilfe der Photographie, dann mit speziellen Färbungsmethoden (Geisselfärbung)[1]) nachgewiesen

---

[1]) Obgleich die heute üblichen **Geisselfärbungsmethoden** für die Wasseranalyse zu komplicirt sind, sei hier der Vollständigkeit wegen die Vorschrift für die nach meiner Erfahrung erprobteste derselben, die Löffler'sche Geisselfärbung, gegeben:

Geisselfärbungen werden am praktischsten nicht durch Aufstreichen der Bakterien auf den Objektträger, sondern durch Aufschwemmen auf ein Deckglas gemacht.

Zu diesem Zweck reinigt man ein Deckglas, indem man es 1/4 Stunde in konzentrirte Schwefelsäure legt, dann herausnimmt, mit destillirtem Wasser abspült, in Alkohol bringt und dann mit einem ganz reinen Tuch abtrocknet. Die Probe auf die Reinheit des Deckglases besteht darin, dass der nachher darauf zu bringende Wassertropfen sich beim Austrocknen nicht zusammenzieht, sondern gleichmässig und ohne Ringe zu bilden verdunstet.

Auf ein derart gereinigtes Deckglas wird ein Tropfen destillirten Wassers gebracht und mit der ausgeglühten Platinnadel ein ganz kleines, mit blossem Auge nicht sichtbares Minimum der Bakterienkultur eingetragen. Dabei hüte man sich, von dem Nährboden mitzubekommen, denn jede, auch die kleinste Verunreinigung stört die Färbung.

Die Bakterien werden sammt dem Tropfen nun mit der Platinnadel gleichmässig ausgestrichen, so dass bis auf einen schmalen Rand das Deckglas mit dem Wasser bedeckt ist; dann setzt man eine Glasglocke darüber und wartet bis das Präparat lufttrocken ist.

Wenn dies der Fall ist, so fasst man das Deckglas (Bakterienschicht nach oben) an einer Ecke mit der Pincette und führt es rasch dreimal durch die kleingeschraubte, nicht leuchtende Flamme des Bunsenbrenners. Dabei hat man sich davor zu hüten, dass die Hitze zu stark wird; das Deckglas soll nicht über 100° heiss werden.

Dann nimmt man eine nach folgendem Rezepte angefertigte Beize:

a) Setze zu 10 ccm einer 20%igen wässerigen Tanninlösung tropfenweise wässerige Ferrosulfatlösung, bis die Flüssigkeit schwarzviolet erscheint.

b) Koche 10 g Kampecheholz mit 80 g Wasser eine Stunde lang, ersetze die verdampfte Flüssigkeit, filtrire.

Zu der Mischung a kommen 3 ccm der Abkochung b; dadurch entsteht eine schmutzig dunkelviolette Flüssigkeit, welche bei Luftzutritt dunkelbraun-schwarz wird. Diese Oxydation ist erwünscht; deshalb wird die Flüssigkeit vortheilhaft nur mit einem Wattepfropf verschlossen aufbewahrt.

Die so bereitete Flüssigkeit wird als Beize bezeichnet; sie ist sehr haltbar und wirkt durch einen aus der Verbindung von Hämatoxylin mit der Eisentannintinte entstehenden Farblack.

Die Beize wird in ein kleines Schälchen gegossen, auf die Oberfläche der Flüssigkeit schwimmend mit der Bakterienseite nach unten das beschickte Deckgläschen gelegt (das Gläschen wird mit zwei Fingern gehalten und flach auf

wurden. Diese Geisselfärbungen sind komplizirt und in ihrem Erfolg auch bei grösster Erfahrung des Untersuchers nicht immer geeignet, sichere Resultate zu geben, so dass sie, bevor bessere Methoden gefunden werden, sich nicht in die Praxis der Wasseruntersuchung einbürgern können. Ich habe bei Aufstellung der Bestimmungsschlüssel es aus diesem Grund sorgfältig vermieden, die Art der Begeisselung als Unterscheidungsmerkmal zu verwenden, wenn dieselbe auch vielfach (doch lange nicht in dem Umfang, welcher heute von Manchen angenommen wird!) für eine natürliche Eintheilung günstig gewesen wäre.

Für die Zwecke der mikroskopischen Wasseranalyse kommt es lediglich darauf an, ob Eigenbewegung der Spaltpilze vorhanden ist oder nicht. Diese Feststellung muss natürlich am ungefärbten Präparat, an lebenden Zellen erfolgen, weil durch die Färbung die Mikroorganismen getödtet werden. Auf der Giftwirkung der Anilinfarben gegenüber den Bakterien beruht bekanntlich die arzneiliche Verwendung der Anilinfarbstoffe (Pyoktanin etc.).

Behufs Untersuchung der Eigenbewegung der Spaltpilze richten wir zunächst das Mikroskop durch Abblenden oder Senken der Abbe'schen Beleuchtungslinse für die Betrachtung eines Strukturbildes (cf. p. 407) her.

---

die Flüssigkeit fallen gelassen) und die Beize ohne Erwärmung 5—6 Stunden lang einwirken gelassen.

Dann fasst man das Deckgläschen mit der Pincette an einer Ecke, nimmt es von der Beize ab, spült es mit destillirtem Wasser und darauf unter Schwenken rasch in absolutem Alkohol.

Dadurch wird das Gläschen ganz rein, die Bakterienschicht sieht grauweisslich aus.

Es folgt darauf die Färbung, welche mit Anilinwasser-Fuchsin vorgenommen wird.

Dieses wird hergestellt wie folgt: Schüttle 5 ccm Anilin mit 100 ccm Wasser fünf Minuten lang, lasse absitzen und filtrire das Wasser. In das Filtrat trage 5 g krystallisirtes Fuchsin ein, schüttle wieder fünf Minuten lang und filtrire wieder; das Filtrat ist das gewünschte Anilinwasser-Fuchsin.

Um das Präparat zu färben, wird das beschickte Deckgläschen mit der Pincette an einer Ecke gefasst und die ganze Präparatseite hoch mit Anilinwasser-Fuchsin bedeckt. Dann legt man die Uhr neben sich, geht man mit dem farbstoffbedeckten Präparat über die klein gestellte, nicht leuchtende Flamme des Bunsenbrenners und erwärmt so lange, bis man eine leichte Dampfbildung auftreten sieht Sobald dieser Zeitpunkt eintritt, zieht man das Deckgläschen rasch von der Flamme weg und sieht auf die Uhr, um die Zeit des Beginnes der Dampfbildung festzustellen. Die Farbe dampft noch eine kurze Zeit fort, dann aber hört die Dampfbildung auf und nun muss wieder bis zur leichten Dampfbildung erwärmt werden und zwar vom Beginne der ersten Dampfbildung ab $1^1/_2$ Minuten.

Dann ist das Präparat fertig, wird mit destillirtem Wasser gewaschen, getrocknet und in Kanadabalsam eingeschlossen. Wenn es gelungen ist, zeigt es von den Seiten oder vom Ende im Leben beweglicher Bakterienkörper ausgehende lange, fadenförmige Geisseln.

Dann wird ein Deckglas genau ebenso sorgsam gereinigt wie für die Ausführung der Geisselfärbung (vergl. p. 423, Anm.), dasselbe auf ein schwarzes Papier gelegt und jede Ecke mit einem kleinen (1,5—2 mm Durchmesser) Wachskügelchen[1]) versehen. Diese Wachsfüsschen, welche nachher zwischen Objektträger und Deckglas zu liegen kommen und beide Gläser fest verbinden, gestatten die Anwendung des Immersionssystems, ohne dass durch die Auf- und Abbewegung des Mikroskoptubus beim Betrachten Strömungen in der bakterienhaltigen Flüssigkeit entstehen. Durch Strömungen (wie auch durch in schlecht gebauten Häusern, an schlecht stehenden Tischen etc. sehr häufige Oscillationen) wird die Beobachtung der Eigenbewegungserscheinungen aufs Aeusserste erschwert, wenn nicht direkt unmöglich gemacht.

Hat man die Wachskügelchen aufgesetzt, so bringt man genau in die Mitte des Deckglases einen mässig grossen Tropfen von sterilem Wasser oder steriler Bouillon und impft hierein mit ausgeglühter Nadel etwas von der Reinkultur. Dabei braucht man nicht ängstlich eine recht kleine Menge zu nehmen wie bei der Geisselfärbung (p. 423), sondern ein etwas grösseres, mit blossem Auge gerade sichtbares Quantum erleichtert nachher das Auffinden und Einstellen der Bakterien sehr.

Wenn das geschehen ist, fasst man das beschickte Deckglas mit zwei Fingern, dreht es rasch herum (so dass der Tropfen nach unten hängt) und legt es auf einen vorbereiteten Objektträger. Dann drückt man vorsichtig das Deckglas soweit an, dass der Tropfen den Raum zwischen den beiden Gläsern ausfüllt, bringt das Präparat unter's Mikroskop und stellt das Immersionssystem (p. 416) ein.

Bei diesem Präparat ist das Auffinden der Bakterien schwierig, da dieselben nicht gefärbt sind. Man sucht deswegen wenn möglich ein Bakterienhäufchen zu finden, gewinnt dadurch den genauen Abstand der Linse und kann dann leicht auch die zerstreut liegenden Bakterien beobachten.

R. Brown'sche Molekularbewegung.

Wenn man nun die kleinen im Gesichtsfeld liegenden Zellen betrachtet, sind dieselben stets (wenn sie nicht durch Schleim oder anderes an die Gläser angeklebt sind) in Bewegung. Und zwar ist diese Bewegung ein zitterndes, hüpfendes Tanzen. Diese Bewegung, welche als Robert Brown'sche Molekularbewegung bekannt ist, muss von der Eigenbewegung, welche wir suchen, streng und sorgfältig unterschieden werden,

[1]) Das Wachs für die Wachsfüsschen sei Terpentinwachs; es wird hergestellt, indem man in erwärmtes Wachs das gleiche Gewicht venezianischen Terpentins unter beständigem Umrühren einträgt.

denn sie ist eine passive und kommt nicht nur beweglichen und unbeweglichen Arten, sondern allen im Wasser suspendirten lebenden und todten Körpern ganz gleichmässig zu. Ausserordentlich häufig finden sich in der Litteratur unrichtige Angaben über die Eigenbewegung von Spaltpilzen, weil nicht genügend auf die Molekularbewegung geachtet wurde.

Das Charakteristikum für die Molekularbewegung ist, dass dieselbe zu keiner nennenswerthen Ortsveränderung der kleinen Körper führt, dass diese auf einem beschränkten Raum tanzen und, wenn sie sich von ihrem Ausgangspunkt entfernt haben, wieder zu demselben zurückkehren. Nur wenn Verdunstungsströmungen entstehen, ist die Molekularbewegung auch mit oft deutlicher Ortsveränderung verbunden. Wenn bei einer (natürlich nicht im Rahmen der Wasseranalyse gelegenen) Untersuchung die R. Brown'sche Molekularbewegung ausgeschaltet werden soll, müssen die Spaltpilze in einer zähen Flüssigkeit (z. B. auf dem heizbaren Objekttisch in erwärmter Gelatine) beobachtet werden.

Eigenbewegung.

Im Gegensatz zu der Molekularbewegung stellt die Eigenbewegung der Spaltpilze eine meist stetige und deutlich nach einer bestimmten Richtung gewendete Fortbewegung dar. Dieselbe kann langsamer oder rascher, unter Umständen fast blitzartig schiessend stattfinden. Eigenbewegung ist immer dann konstatirt, wenn eine Zelle sich rasch von anderen, in Molekularbewegung zwar zitternden aber doch nicht wesentlich vom Fleck kommenden Zellen entfernt.

Ganz besonders sicher aber wird die Erkennung der Eigenbewegung sein, wenn einzelne Zellen sich einer Flüssigkeitsströmung unter dem Deckglas entgegenlaufend bewegen.

Um über die Eigenbewegung eines Spaltpilzes in's Klare zu kommen, lasse man sich bei Betrachtung eines Gesichtsfeldes recht Zeit. Je genauer und beschaulicher man die Wesen in demselben betrachtet, umso sicherer wird man über die Eigenbewegung derselben sich unterrichten.

Bemerkungen für die Ausführung der Beobachtung von Eigenbewegung.

Leider ist die Bewegungsfähigkeit eine Eigenschaft, welche manchen, ja den meisten bewegten Bakterien nur eine kurze Zeit hindurch zukommt, welche besonders auf künstlichen festen Nährböden rasch verloren wird. Aus diesem Grund haben wir eine ganz junge, eintägige Agarkultur zu dieser Untersuchung verwendet, auch zwei Tage alte sind dazu noch zu gebrauchen, ältere Kulturen sind für die Erforschung dieses Merkmales nicht mehr bei allen Arten genügend. Es sind also die Feststellungen betreffend die Eigenbewegung der Spaltpilze an 1—2 Tage alten Agarkulturen zu machen.

Wollte man weiter glauben, bei einer mit Eigenbewegung begabten Art müssten nun auch alle Zellen diese Eigenschaft zeigen, so würde man sich täuschen. Häufig ist die grosse Masse der Stäbchen im Gesichtsfeld ruhig oder zittert nur in Molekularbewegung, während nur einige wenige deutliche und manchmal ganz rapide Eigenbewegung aufweisen. Bei längerer Beobachtung wird man dann aber oft die Entdeckung machen, dass mehr und mehr die erst ruhenden Zellen sich auf den Marsch machen, so dass schliesslich ein allgemeines Gewimmel entsteht. Ist die Eigenbewegung zweifelhaft, so hilft häufig die Durchmusterung des Präparatrandes zur Entdeckung lebhaft bewegter, nach dem Luftsauerstoff zustrebender Zellen, häufig kann man auch durch sehr gelinde Erwärmung den Anstoss zum Aufhören der Ruhe geben.

Beobachtung im „hängenden Tropfen".

Vielfach wird empfohlen, die Untersuchung der Beweglichkeit der Bakterien im „hängenden Tropfen", d. h. in einem kleinen, an dem rasch umgedrehten Deckglas hängenden Flüssigkeitstropfen (Wasser oder Bouillon) auszuführen. Das Deckglas wird dann so auf einen mit runder ausgeschliffener Vertiefung versehenen Objektträger gelegt, dass der Tropfen frei in der Vertiefung hängt. Wird der Rand des Deckgläschens mit einem Minimum Vaseline angeklebt, so ist man vor dem Verrücken desselben geschützt. Diese Methode hat den grossen Vortheil, dass der allermeist die Bewegungsfähigkeit erhöhende Luftsauerstoff allseitig den Bakterien zugeführt wird; ich habe aber bei meinen Schülern so oft das Ausfliessen des Tropfens, wenn derselbe nicht klein genug gemacht war, gesehen, dass ich für diese Beobachtungsart die hohlgeschliffenen Objektträger nicht praktisch finde.

Sehr viel besser und billiger kommt man mit selbstgefertigten feuchten Kammern für die Beobachtungen (und Kulturen) im hängenden Tropfen fort. Man nimmt eine dicke (4—5 mm starke) Pappe, legt darauf ein Deckgläschen und zeichnet den Umriss desselben auf. Dann wird mit einem Lineal parallel den so gewonnenen Linien ein 5—6 mm weiter nach aussen und ein 2 mm weiter nach innen liegendes Quadrat umzogen, beide Quadrate werden ausgeschnitten und man gewinnt dadurch einen Papprahmen, welcher sterilisirt, dann in sterilem Wasser getränkt und auf den Objektträger aufgelegt wird, in dessen Ausschnitt auch ein etwas gross gerathener Tropfen Platz hat.

Die Beobachtungen, welche bei der Untersuchung der Eigenbewegung wie bei der Gram'schen Färbung gemacht werden, fügen wir dem über die zu bestimmenden Arten geführten Protokoll bei und zwar kommen wir für Nr. 1 wie Nr. 2 (vergl. p. 409) zum Resultat, dass sie beide lebhaft beweglich sind und beide nach Gram behandelt entfärbt werden.

Anfertigung von Reinplatten.

4. Um die Pflichten des dritten Untersuchungstages vollkommen zu erledigen, bleibt uns noch übrig, aus irgend einer der Reinkulturen eine „Reinplatte“ zu giessen.

Die „Reinplatte“ enthält nur Kolonien dieser einen Art und zwar in grosser Anzahl; sie ist bestimmt, diese Kolonien in allen denkbaren Lagen und möglichen Ausbildungen beobachten zu lassen.

Wir hatten (vergl. oben, p. 410) unsere Kulturen von einer Kolonie der ursprünglichen, viele Arten enthaltenden Platte abgeimpft. Diese Kolonie kann als einzige ihrer Art auf der Platte gewesen sein, es können deren viele sich gefunden haben — wir konnten, um eine zuverlässige Beschreibung zu erhalten, auf andere ähnliche Kolonien keine Rücksicht nehmen.

Diese Kolonie konnte nur entweder eine oberflächliche oder eine tiefliegende sein. Nun ist uns bekannt (vergl. p. 408), dass die Kolonien einer und derselben Art sehr verschieden aussehen, je nachdem sie in oder auf dem Nährboden sich entwickeln. Um nun nicht nur oberflächliche und tiefliegende Kolonien in allen Ausbildungen zu erhalten, sondern auch um uns über das Aussehen der bis dahin noch nicht gesehenen Wachsthumsmodifikation zu unterrichten, giessen wir Platten und verwenden als Aussaatmaterial unsere Reinkulturen.

Zu diesem Zweck wird das Ende der Platinenadel zu einer kleinen Oese umgebogen, dann die Nadel ausgeglüht, eine Oese voll Material genommen, unter Beobachtung der gehörigen Vorsichtsmassregeln (vergl. p. 389) mit der verflüssigten Gelatine eines Gelatineröhrchens vermischt, von diesem Gemisch noch einmal eine Oese voll in neue Gelatine gebracht und von beiden Röhrchen werden dann Platten gegossen. Die aus dem ersten Röhrchen entstandene Platte lehrt, wie die Kolonien bei dichter, die andere wie sie bei dünner Besäung aussehen resp. sich entwickeln; die Platten bieten Kolonien in allen denkbaren Lagen und Wachsthumsstadien zum Vergleich nebeneinander.

Bei solchen Reinplatten ist nun Folgendes zu beachten: Es kommt recht häufig vor, dass man Reinplatten giesst und vergeblich darauf wartet, dass die Kolonien sich entwickeln sollen. Wenn man eine solche Platte bei schwacher Vergrösserung unter dem Mikroskop betrachtet, so sieht dieselbe ganz dicht und fein getüpfelt aus: dies ist ein Zeichen dafür, dass die Keime begonnen hatten, sich zu vermehren, dass aber die Kolonien nicht über das erste Jugendstadium des Wachsthums hinauskamen.

Dies hat seinen Grund darin, dass die Platte zu dicht besät war. Es wurde oben (p. 290) darauf hingewiesen, dass die Spaltpilze Stoffwechselprodukte in den Nährboden abscheiden, und zwar sind die Stoffwechselprodukte jeder Art (als ihre Abfall- und Auswurfstoffe) gerade dem Wachsthum der sie erzeugenden Spaltpilze am nachtheiligsten. Wenn nun zu viele Kolonien derselben Art auf einer Platte sich finden, so wird der Nährboden durch die ausgeschiedenen Stoffwechselprodukte dieser Art rasch für ihr Wachsthum untauglich.

Man wird also in diesem Fall sehr viel weniger Aussaatmaterial zum Giessen neuer Platten verwenden müssen.

Vierter Untersuchungstag.

Zwischen dem dritten und vierten Untersuchungstag pflegen 3—4 Kalendertage zu liegen. Wir können nämlich mit unserer Untersuchung erst fortfahren, wenn Agar- und Kartoffelkulturen noch weiter herangewachsen sind.

Der vierte Untersuchungstag ist allein der genaueren Gattungsbestimmung der Spaltpilze (soweit dieselbe nicht aus dem gefärbten Präparat [vergl. p. 417] sich ergab) gewidmet.

Eine weitere Untersuchung ist also nicht nöthig, wenn das gefärbte Präparat runde, unregelmässig angeordnete Zellen (Micrococcus) oder gekrümmte Stäbchen (Microspira, Spirillum) ergeben hatte; ebenso ist sie entbehrlich, wenn die Gattungen Sarcina und Lampropedia aus dem mikroskopischen Bild mit Sicherheit an ihrer Packet- resp. Tetradenbildung erkannt sind.

Für den Geübteren wird auch bei den kleinen, ellipsoidischen Bacterium-Arten bereits die Gattungszugehörigkeit nach dem mikroskopischen Bild sicher sein, dagegen sind alle grösseren Stäbchen jetzt nochmals zu untersuchen.

Untersuchung der Stäbchenbakterien auf Sporenbildung.

1. Durch Kontrolle etwa vorhandener Sporenbildung auf Agar- und Kartoffelkulturen soll nämlich jetzt die Diagnose auf die Gattungen Bacillus oder Bacterium gesichert werden.

Man stellt also fest, ob ein Stäbchen Sporen [1]) gebildet hat oder nicht.

---

[1]) Der Begriff „Spore" wird verschieden gedeutet. Besonders in älteren Lehrbüchern wird streng zwischen „Arthrosporen" und „Endosporen" unterschieden. Die Anschauungen über „Arthrosporen" sind stets etwas verwaschen gewesen und es war der Unterschied zwischen dieser Sporenform und den vegetativen Zellen schwer zu fixiren. Man verstand darunter nämlich Dauerzustände der Spaltpilze, bei denen ganze Zellen eine etwas stärkere Membran bilden sollten. Im Gegensatz dazu versteht man unter „Endosporen" diejenige Bildung von Dauerzellen, bei welcher im Innern der Zellhaut sich um einen Theil des Zellinhalts eine neue, sehr feste Membran bildet. Dadurch entsteht eine Dauerzelle, während die alte vegetative Zellhaut abgeworfen wird. Wir anerkennen als Sporen nur diese letztbezeichneten Endosporen. Für die Gat-

Diese Sporen haben die Aufgabe, das Leben der Bakterien bei Dürre und Hitze vor Schädigung zu bewahren. Deswegen sind die Sporen mit einer ausserordentlich resistenten Membran umgeben und dieser verdanken die Bacillus-Sporen wahrscheinlich die Fähigkeit, kurze Zeit selbst die Siedehitze zu ertragen und durch dieselbe nicht abgetödtet zu werden. Wie gegen alle äusseren Einwirkungen schützen die Sporenmembranen ihren Inhalt auch gegen das Eindringen von Farbstoffen: die Sporen färben sich sehr schwer, im Gegensatz zu den Stäbchen (vegetativen Zellen), welche den Farbstoff leicht und rasch aufnehmen, weil ihre Membran nicht restistent, sondern durchlässig ist.

Andererseits halten aber die Sporen, wenn sie einmal gefärbt sind, den Farbstoff ausserordentlich fest, weil die Sporenmembran nun seinem Austritt ebenso starken Widerstand entgegenstellt wie vorher dem Eindringen. Die vegetativen Zellen dagegen mit ihren durchlässigen Membranen entfärben sich relativ leicht.

Von dieser Eigenschaft der Sporenmembran machen wir Gebrauch, um die Sporen durch Färbung nachzuweisen.

Sporenfärbung nach Moeller.

Um die Sporen zu färben, verfahren wir folgendermassen:

a) Sowohl von der Kartoffel- wie von der Agarkultur werden Aufschwemm- (vergl. p. 414) oder Ausstrich- (vergl. p. 416) Präparate gemacht, in der oben (p. 414) beschriebenen Weise lufttrocken gemacht und in der Flamme erhitzt.

b) Nach dem Erkalten tropfen wir auf die Bakterien soviel 4%ige Chromsäurelösung, dass die Bakterienschicht vollständig und reichlich mit Säure bedeckt ist.

c) Wir nehmen die Uhr heraus und lassen die Chromsäure genau 5 Minuten einwirken.

d) Nach dieser Zeit schwenken wir die Chromsäure rasch in einem Gefäss mit Wasser von dem Präparat ab, gehen dann an die Wasserleitung und waschen im laufenden Strahl (der natürlich nicht so stark sein darf, dass er das Präparat beschädigt) die Chromsäure 2 Minuten lang aus. Ist dies geschehen, so spülen wir das Präparat nochmals sorgfältig mit destillirtem Wasser ab.

e) Darauf wird das Präparat, nass, wie es ist, in ein Karbolfuchsin (siehe p. 345) enthaltendes Becherglas[1]) eingestellt und zwar mit der Präpa-

tungsunterscheidung besonders zwischen Bacillus und Bacterium müssen wir es als entscheidend betrachten, wenn sich solche Sporen finden, welche nach der Moeller'schen Methode isolirt gefärbt werden können.

[1]) Zur Färbung der Präparate mit Farbstoffen, in denen sie längere Zeit verweilen sollen, baut man sich zweckmässig folgenden Apparat auf: Man nimmt zwei verschieden grosse Krystallisirschalen, stellt die kleinere in die

ratenseite nach dem Glase zu. Dieser **Farbstoff** färbt zunächst die Stäbchen, dann auch etwas langsamer die Sporen: wir müssen das Präparat solange darin belassen, bis wir sicher sind, dass die Sporen die Färbung auch wirklich angenommen haben. Dies wird bei kaltem Karbolfuchsin nach 15 Minuten der Fall sein, wenden wir dagegen so stark erwärmtes Karbolfuchsin, dass eben leichte Dampfbildung eintritt, an, so verkürzt sich die Einwirkungszeit auf 5 Minuten. Stets sei aber bei dieser Färbungsmethode bedacht, dass noch längere Einwirkung des Karbolfuchsins nicht schaden, sondern nur nützen kann.

f) Darauf wird das Präparat aus der Farbe genommen, rasch einmal in Wasser abgeschwenkt, um den Ueberschuss des Karbolfuchsins zu entfernen und das Wasser ablaufen gelassen.

g) Ist dies geschehen, so nehmen wir ein kleines Becherglas und giessen dasselbe halbvoll mit 12%iger Salzsäure; ebenso legen wir ein weisses Blatt Papier neben uns.

h) In dieser Salzsäure wird nun das stark roth gefärbte Präparat geschwenkt. Die Salzsäure entfärbt es, soweit sie eindringen kann: die Stäbchen sind sehr geschwind entfärbt, während die Sporenmembranen dem Eindringen der Säure lang Widerstand leisten. Das Präparat wird solange entfärbt, bis es nur noch einen rothen Schein aufweist.

Wann dieser Zustand erreicht ist, wird durch Kontrolle gegen das weisse Papier bestimmt. Da die Entfärbung rasch geht, taucht man das Präparat in die Säure, schwenkt 6 mal hin und her, spült rasch mit Wasser ab und prüft gegen den weissen Hintergrund. Ist die Bakterienschicht noch zu roth, so schwenkt man noch 2 mal, spült wieder ab und prüft von Neuem und so fort, bis genügend entfärbt ist.

Man höre mit dem Entfärben lieber zu früh als zu spät auf, denn bei der folgenden Behandlung wird doch noch etwas rothe Farbe ausgezogen.

Kontrastfärbung.

Nun könnten wir das Präparat unter das Mikroskop bringen, wir ziehen es aber vor, die entfärbten Stäbchen erst noch mit einer anderen, recht verschiedenen Farbe zu tingiren und wählen dazu eine konzentrirte, wässerige Lösung von Methylenblau.

i) Auf das Präparat wird dasselbe für 1—2 Minuten (recht kurz!) aufgetropft; es färbt die Stäbchen intensiv blau, kann aber bei so kurzer Einwirkung nicht durch die Sporenmembranen dringen und wenn wir nun

---

grössere und beschwert sie mit Schrot oder hineingegossenem Wasser. Dann füllt man den Zwischenraum zwischen den beiden Schalen mit dem zu benützenden Farbstoff zur Hälfte an und stellt in diesen Raum die Präparate. Wenn man sich nur daran gewöhnt, die Präparatenseite stets nach der gleichen Seite (zweckmässig nach Aussen) zu stellen, so kann man ohne Schwierigkeit in einem solchen Apparat (welcher sich ganz besonders auch zur Färbung der Tuberkelbacillen im Sputum eignet) eine ganze Anzahl von Präparaten gleichzeitig in Arbeit haben.

die blaue Farbe in Wasser abgespült und das Präparat in Kanadabalsam montirt haben, sind etwa vorhandene Sporen leuchtend roth, die Stäbchen dagegen tief blau gefärbt. — Nur das Gelingen dieser Gegenfärbung berechtigt uns, einen Organismus zur Gattung Bacillus zu stellen.

Kontrolle der in flüssigem Nährsubstrat angelegten Coccaceen-Kulturen.

Wie oben (p. 419) angegeben, giebt das mikroskopische Bild manchmal Veranlassung, Kugelbakterien in flüssige Substrate (Heudecoct, Bouillon) zu impfen, um festzustellen, ob die auf festen Nährböden nicht vollständig charakteristisch wachsenden Arten in Flüssigkeiten vielleicht Ketten (Streptococcus) oder Packete (Sarcina) bilden. Die Kontrolle solcher angelegter Kulturen liegt uns nun ob.

Dies geschieht, indem man die Kultur schwach umschüttelt, von der Flüssigkeit eine Platinnadelöse voll herausnimmt und völlig in der p. 414 geschilderten Weise zubereitet und färbt, als ob man es mit einem Wasserpräparat zu thun hätte.

Wenn in einem der beiden flüssigen Substrate sich Zellketten gebildet haben, so muss die Art unter Streptococcus gesucht werden; sind Packete sichtbar, so werden wir unter Sarcina nachschlagen.

Nochmalige Kontrolle sämmtlicher übrigen Kulturen.

Darauf werden sämmtliche vorhandenen Kulturen der zu bestimmenden Bakterien nochmals makroskopisch kontrollirt (vergl. p. 420); insbesondere wird bei der Zuckeragarkultur nochmals nachgesehen, ob Gasbildung (vergl. p. 420) zu bemerken ist.

Kontrolle der Reinplatten.

Zum Schluss wird die Reinplatte (vergl. p. 428) vorgenommen und in der p. 406 beschriebenen Weise mikroskopisch die Wuchsform der darauf entwickelten Kolonien nachgesehen.

Dabei ist Folgendes wichtig: Es kommt manchmal vor, dass mitten zwischen vollkommen gleich aussehenden Kolonien sich eine durchaus anders gestaltete zeigt. In den meisten Fällen wird dies eine fremde, durch Verunreinigung hinzugekommene Art sein, doch ist dies öfters nicht völlig sicher, da von manchen Forschern schon abnorme Bakterienkolonien gesehen worden sind. Man wird deshalb eine solche Kolonie abimpfen und für sich bestimmen, für die Bestimmung der zu untersuchenden Art aber sich an das Aussehen der grossen Mehrzahl der typischen Kolonien halten.

Die Bestimmung der Bakterienarten.

Alle diese Voruntersuchungen waren nöthig, um nun zur definitiven Bestimmung der Bakterienarten schreiten zu können.

Zu diesem Zweck holen wir zunächst von Nr. 1 (vergl. p. 409) alle Kulturen, welche wir angelegt haben, und stellen sie vor uns auf den Tisch; viele im Bestimmungsschlüssel uns begegnende Fragen werden durch einen Blick auf die Kulturen ihre Entscheidung finden.

Zweitens nehmen wir das über die bisherige Untersuchung dieser Art geführte Protokoll und ziehen es zu Rath.

Indem wir nun p. 1 dieses Buches aufschlagen, uns ohne weiteres dafür entscheiden, dass das Untersuchungsobjekt bei den Pflanzen zu suchen sei, fragen wir:

p. 1. Zellen ungefärbt oder gefärbt?

Die Antwort darauf lautet, dass die Zellen vollkommen farblos sind; dementsprechend suchen wir p. 2 unter den Pilzen weiter.

p. 2. Vermehrung nur durch Theilung der unter 7 μ dicken, gleichgestalteten Zellen oder anders?

Auf diese Frage giebt das zuerst gemachte Präparat (p. 417) Auskunft. Wir sehen, dass dasselbe aus lauter einzelnen, höchstens zu 2—3 zusammenhängenden kurz ellipsoidischen Stäbchen besteht; dass diese Zellen weniger als 1 μ breit sind und weder von Sprossung noch von Fadenbildung im vorliegenden Fall die Rede sein kann; dementsprechend rechnen wir den fraglichen Organismus zu den Schizomyceten (p. 2).

p. 2. Zellen einzeln resp. in scheidenlosen Fäden oder (p. 4) Zellen in langen, mit deutlichen Scheiden versehenen Fäden?

Ein Blick in unser Präparat zeigt uns, dass bei dem zu bestimmenden Objekt von Fadenbildung durchaus nicht die Rede sein kann, denn die Zellen liegen fast alle einzeln. Abgesehen von dieser Beobachtung ist p. 2 sub I angegeben, dass alle Fäden, ob lang oder kurz, die auf künstlichem Nährboden sich finden, unter dieser Nr. gesucht werden müssen. Da wir unser Objekt auf den künstlichen Nährböden gezogen haben, wären wir, selbst wenn Fäden sich im Präparat fänden, des Zweifels enthoben und würden unter allen Umständen unter I weitersuchen.

p. 3. Zellen kugelig oder länger als breit?

Präparat und Protokoll sagen aus, dass die Zellen des Objekts keineswegs kugelig, sondern ellipsoidisch (also deutlich länger wie breit) sind; deswegen geht die Bestimmung p. 3 unter B weiter.

p. 3. Stäbchen gerade oder gekrümmt?

Auch diese Frage erledigt sich durch einen Blick ins Präparat: die gefärbten Stäbchen sind ohne Zweifel gerade.

Nun ist bei diesem Punkt die Bemerkung einzuschalten, dass es nicht unter allen Umständen so leicht ist, zu entscheiden, ob ein Mikroorganismus zu den geraden Stäbchenbakterien oder zu Microspira gehört. Es kommen nicht eben selten bei Bacterium und Bacillus Formen vor, deren Zellen schwach gebogen sind, wie anderseits die Krümmung der Microspira-Zellen nicht immer deutlich zu sehen ist. Ganz besonders alte Kulturen zeigen solche Anomalien häufig bei einzelnen Arten.

Deswegen müssen die Bestimmungen, wie wir es bei dem beschriebenen Gang thun, mit neuen, frisch isolirten Kulturen vorgenommen werden; weiter aber muss das Präparat sehr sorgfältig nach den Wachsthumsabweichungen durchmustert werden. Es ist Regel, dass die Gestalt der Ueberzahl der in diesem Hinblick untersuchten Zellen dafür den Ausschlag giebt, ob ein Mikroorganismus unter den geraden oder den gekrümmten Formen gesucht werden soll. Ist dann aber die Bestimmung resultatlos verlaufen, d. h. hat sie zu einer Art geführt, deren Beschreibung nicht auf das Objekt der Untersuchung passt: so muss eben in diesem Zweifelsfall dann auch mit der Möglichkeit gerechnet werden, dass die Art unter einer falschen Gattung gesucht wurde und die Bestimmung muss in der richtigen Weise von Neuem beginnen.

Wesentlich erleichtert wird aber in Zweifelsfällen die Entscheidung durch die Ueberlegung, dass die Microspira-Arten wenig zahlreich und relativ selten, die Arten der geraden Stäbchenbakterien dagegen überall häufig sind. Dem entsprechend ist stets die überwiegende Wahrscheinlichkeit vorhanden, dass das Objekt nicht zu Microspira gehört.

p. 3. Gallerthülle der Kolonien fehlend oder doch ohne feste Aussenhaut — oder aber solche mit fester Aussenhaut?

Ueber diese Frage brauchen wir uns den Kopf gar nicht zerbrechen, denn im Bestimmungsschlüssel steht ausserdem noch, dass die Gattung, deren Zoogloea durch feste Aussenhaut abgegrenzt ist (Cystobacter), nicht auf künstlichen festen Nährsubstraten wächst. Dies thut aber unser Bestimmungsobjekt; dasselbe muss deswegen zur Gattung Bacillus oder Bacterium gerechnet werden.

p. 3. Mit Sporenbildung oder ohne solche?

Wie auf Seite 419 ganz besonders betont wurde, besteht der Unterschied zwischen Bacterium und Bacillus darin, dass letztere Gattung endogene, nach der Moeller'schen Methode (vergl. p. 430) isolirt färbbare Sporen hervorbringt, erstere dagegen nicht. Da die Erfahrung gelehrt hat, dass sporenbildende Arten ganz besonders auf Kartoffelnährboden ihre Sporen hervorbringen, wurde (p. 429) die vorliegende Species bereits in dieser Beziehung geprüft. Das Untersuchungsprotokoll sagt aber aus, dass dabei Sporen nicht gefunden wurden.

a) Auch bei dieser Gelegenheit muss nun darauf aufmerksam gemacht werden, dass hier eine Ursache häufig vorkommender Fehler steckt. Wir haben die Kartoffel-(und Agar-)Kulturen etwa am achten Tag nach ihrer Anlegung auf Sporen untersucht; diese Zeit ist bei den allermeisten Arten vollauf genügend, um die Sporen finden zu lassen, aber nicht bei allen.

Die Sporenbildung der Spaltpilze ist ein Akt, mit dem das vegetative Leben für eine gewisse Zeit abschliesst; Sporen werden daher allermeist erst dann gebildet, wenn die Kulturen in irgend einer Weise, sei es durch ihre eigenen Stoffwechselprodukte, sei es durch Nahrungsmangel geschädigt werden. Die Sporen sind eben Dauerzellen, welche das Leben der Art in gefährlichen Situationen schützen sollen.

Deswegen wird man in einer frisch angelegten Kultur niemals Sporen finden, auch werden die Sporen umso später gebildet werden, je mehr und je nahrhafteres Substrat dem Wachsthum der Art zur Verfügung steht.

Niemand kann nun a priori sagen, wann bei einer unbekannten kultivirten Art Sporenbildung eintreten wird: dieselbe kann nach 8 Tagen vorhanden sein, es können aber (in seltenen Fällen) auch 14 Tage bis zu diesem Zeitpunkt verstreichen.

Man wird daher, wenn keine Sporen nach 8 Tagen gefunden wurden, die Bestimmung unter Bacterium versuchen, dabei sich aber dessen bewusst sein, dass nach 14 Tagen nochmals eine Revision der Kulturen mittels Moeller'scher Färbung stattfinden muss.

Insbesondere wird, auch wenn nach 8 Tagen noch keine Sporen sichtbar sind, der Verdacht, dass man es trotzdem mit einer Bacillus-Art zu thun hat, dann begründet sein, wenn das Objekt aus grossen, nach Gram färbbaren Stäben besteht, wenn die Gelatinekultur verflüssigende Eigenschaft hat und wenn die Gelatineplattenkultur bei schwacher Vergrösserung mit Ausläufern, starkem Strahlenkranz oder deutlich fädigem Rand versehen ist.

b) Noch eine zweite Möglichkeit ist in's Auge zu fassen, wenn ein, die soeben angegebenen Merkmale zeigender Spaltpilz keine Sporen bildet. Derselbe kann vielleicht bei der niedrigen Temperatur (Zimmertemperatur), unter welcher wir bisher die Kulturen gehalten hatten, nicht zur Sporenbildung schreiten. Wichtig ist diese Erwägung besonders dann, wenn es sich um die Bestimmung des Milzbrandbacillus handelt. Von diesem ist bekannt, dass er Sporen unter der Temperatur von 17^0 überhaupt nicht bildet, weil darunter liegende Wärmegrade sich zu weit von seinem Wachsthums-Temperaturoptimum (vergl. p. 386) entfernen. Deswegen müssen Bacillen, welche im Verdacht stehen, Sporen bilden zu können, ohne solche wirklich hervorzubringen, im Brutschrank bei 37^0 gehalten werden.

Wir kehren zu unserm Bestimmungsobjekt zurück: die bisherige Untersuchung hat ergeben, dass es ein Spaltpilz, ein gerades Stäbchen ohne die Fähigkeit der Sporenbildung darstellt: also gehört dasselbe zu Bacterium. Wir schlagen deswegen diese Gattung (p. 39) auf.

p. 39. Kultur resp. Gelatine gefärbt oder (p. 43) Kultur und Gelatine ungefärbt?

Welche Beobachtung machen wir nun an unseren Kulturen der Nr. 1? — Wir sehen, die Bakterienmasse auf den Nährböden ist weiss und die Substrate werden durch dieselbe nicht verfärbt.

Allerdings ist zu beachten, dass diejenigen Arten, welche den Nährböden eine grüne Fluorescenz verleihen, diesen Farbstoff nicht unter allen Umständen und besonders nicht immer gleich stark bilden. Das Auftreten der Fluorescenz ist wesentlich von der Reaktion des Nährbodens abhängig; zwar hatten wir neutrale oder schwach alkalische Gelatine zur Anlage der Kultur verwendet, aber manche Spaltpilze besitzen das Vermögen rascher Säurebildung und damit wird das Auftreten schöner Fluorescenz manchmal in Frage gestellt, weil sie auf saurem Substrat nicht zu beobachten ist. Unter allen Umständen lässt ein Tropfen der Gelatine- oder Agarkultur zugesetzter Ammoniakflüssigkeit auch latente Fluorescenz prachtvoll erscheinen.

Wir tropfen deswegen in die Agarkultur etwas Ammoniak, aber auch dieses ruft keine grüne, fluorescirende Färbung hervor: deswegen entscheiden wir uns dahin, dass unser Objekt weiss ist und die Nährböden nicht verfärbt.

p. 43. Gelatine wird verflüssigt oder (p. 44) sie wird nicht verflüssigt?

Die Gelatine wird, wie der Augenschein lehrt, nicht verflüssigt. Deswegen gehen wir auf p. 44 in unserer Bestimmungstabelle über.

Nur zwei Bemerkungen sind zu machen:

a) Es wurde oben (p. 399) bereits erwähnt, dass die Verflüssigungsfähigkeit von Kolonien derselben Art in ihrer Intensität etwas schwanken kann, besonders aber, dass viele Arten so langsam verflüssigen, dass nach 9—10 Tagen (so alt ist unsere Gelatinekultur von Nr. 1) von der Verflüssigung noch wenig zu bemerken ist.

Deswegen muss diese Frage sehr sorgsam erwogen werden. Man sehe sich den Stichkanal, besonders dessen oberes Ende, sehr genau an. Beim Einstechen der Nadel in die Gelatine wird ein Loch gemacht, dieses aber schliesst sich beim Wiederherausziehen wieder vollständig, denn die elastische Gelatine füllt den Kanal wieder aus. Wenn nun die Beobachtung zeigt, dass der Kanal, wenn auch nur haarfein, wieder eine Höhlung aufweist, so ist dies das erste Anzeichen beginnender Verflüssigung.

Dies Merkmal ist aber nur in frisch bereiteter Gelatine deutlich; alte Gelatine dagegen zeigt oft schon beim ersten Einstechen der Nadel Risse, die sich nicht mehr schliessen (vergl. p. 420).

b) Als Verflüssigung in unserm Sinne ist ferner auch die „Aufzehrung“ der Gelatine zu betrachten. Dieselbe zeigt sich darin, dass im Nährboden durch die Spaltpilzkultur Löcher gefressen werden, deren Wände mit der Zoogloea bedeckt sind, während Flüssigkeit sich darin nicht findet. Obgleich streng genommen hier von Verflüssigung nicht gesprochen werden könnte, ist es doch praktisch, auch diese Erscheinung unter die Arten der Verflüssigung zu rechnen, weil alle Uebergänge zwischen trockener Aufzehrung der Gelatine und rascher Verflüssigung derselben existiren.

p. 44. Wird aus Alkohol Essigsäure gebildet oder (p. 45) nicht?

Die eventuelle Bildung von Essigsäure aus Alkohol ist eine so specielle Frage, dass auf sie bei der allgemeinen Voruntersuchung nicht geprüft werden konnte.

Um sie zu erledigen, nimmt man gewöhnliches Lagerbier, setzt demselben noch 2 % reinen Alkohol zu und sterilisirt in fest verschlossenen Flaschen im Papin'schen Topf drei Tage lang je ¼ Stunde bei einer Temperatur von ungefähr 105°. Die Gefässe müssen verschlossen sein, um den Alkohol nicht entweichen zu lassen; sie müssen aus sehr starkem Glas gefertigt sein, weil sonst der Ueberdruck beim Erhitzen sie sprengen könnte. Dieser Ueberdruck ist allerdings im Papin'schen Topf während des Sterilisirens selbst nicht vorhanden, dagegen muss man beim Oeffnen des Topfes vorsichtig sein und darf dasselbe erst nach dem Erkalten vornehmen.

In das sterilisirte Bier wird dann ein wenig von der Kultur eingeimpft, der feste Stöpsel mit einem Wattepfropf vertauscht und einige Tage bei 22° stehen gelassen.

Wird der Alkohol zu Essigsäure vergohren, so merkt man dies an Geruch und Geschmack der Flüssigkeit; eine andere Probe wird für unsere Zwecke nicht vorgenommen.

Auch bei denjenigen Bakterien, welche Buttersäure aus Kohlehydraten bilden, ist für die Zwecke der Erkennung der Arten nur die Prüfung auf den charakteristischen Geruch erforderlich.

Ohne den Erfolg des behufs Prüfung der Essigsäurebildung angestellten Versuchs abzuwarten, fahren wir nun unter der Annahme, dass keine Essigsäure erzeugt werde, mit der Bestimmung fort. Wir sind dazu — vorbehaltlich der späteren Verifikation durch den Ausfall der Essigprobe — berechtigt, denn es ist ausserordentlich selten, dass sich Essigsäurebildner im Wasser finden.

p. 45. Wird aus Traubenzucker Gas gebildet oder nicht?

Zur Beantwortung dieser Frage, welche uns schon in der Vorprüfung der Kulturen (p. 420) beschäftigt hat, sehen wir Protokoll und Zuckeragarkultur nochmals an: eine deutliche Zerklüftung des Nährbodens in letzterer, hervorgerufen durch in ihm entstandene reichliche Gasblasen, zeigt, dass Gasbildung vorhanden ist.

p. 45. Stäbchen mit oder ohne Eigenbewegung?

Auch über diese Frage giebt uns das Protokoll der Voruntersuchung Auskunft: die Stäbchen des zu bestimmenden Bacterium zeigen ausserordentlich lebhafte Eigenbewegung.

p. 45. Wird Bouillon durch das Wachsthum der Art fadenziehend oder nicht?

In einfachster Weise erledigt sich diese Frage. Zwar hatten wir von Nr. 1 keine Bouillonkultur angelegt, wohl aber eine Agarkultur und in dieser haben wir Material genug zur Entscheidung. Beim Sterilisiren der Nährböden schlägt sich stets im Innern der Reagensgläser an der Wand derselben Wasserdampf nieder; dieses Kondenswasser fliesst dann, wenn der Nährboden erstarrt ist und das Röhrchen aufrecht gestellt wird, nach unten. Wenn Gelatine in dem Röhrchen ist, so saugt diese das Kondenswasser rasch auf, Agar dagegen thut dies nicht; deswegen zeigt jedes mit schräg erstarrtem Agar beschickte Röhrchen im untern Winkel zwischen Nährboden und Glas eine Ansammlung von Kondenswasser.

Dieses Wasser sättigt sich durch Diffusion nach einiger Zeit natürlich mit den löslichen Bestandtheilen der Bouillon, welche zur Agarbereitung verwandt wurde, stellt also direkt Bouillon dar.

Nun wird einfach mit ausgeglühter Platinnadel in dies Kondenswasser der Agarkultur gefahren und versucht, ob dasselbe fadenziehend ist — der Versuch lehrt, dass dies in unserem Fall nicht statt hat.

p. 45. Pathogenität vorhanden oder fehlend?

Durch die bisherige Bestimmung haben wir den Spaltpilz bis auf diese letzte Frage definirt, welche entscheiden soll, ob wir es mit Bacterium aërogenes oder mit B. coli zu thun haben.

Eine Beantwortung dieser Frage ist einzig und allein durch den Thierversuch zu gewinnen.

Der Thierversuch.

Mit bewusster Absicht habe ich die Besprechung des Thierversuches nicht unter den als Vorprüfung bezeichneten allgemeinen Untersuchungsmethoden aufgeführt, um zu zeigen, dass ein Thierversuch nur im Fall dringender Nothwendigkeit, nur wenn es sich um die Entscheidung einer wichtigen Frage handelt, auszuführen ist. Wenn irgend mit anderen Mitteln die Bestimmung von Bakterienarten sich ermöglichen lässt, hat der Thierversuch keine Berechtigung.

Ist man in der Lage, für diesen Versuch einen Arzt zuzuziehen, welcher sich der Untersuchung unterziehen will, so wird der Praktiker stets froh sein, diesem seine Reinkulturen für das Thierexperiment übergeben zu können. Ist dies aber nicht der Fall, so darf er vor der eigenen Untersuchung nicht zurückschrecken.

Ob ein Mikroorganismus pathogen ist oder nicht, kann nur dadurch festgestellt werden, dass man seine Wirkung auf die üblichen Versuchsthiere, insbesondere auf weisse Mäuse, prüft.

Infektion des Versuchsthieres.

Man holt zu diesem Behufe eine weisse Maus mit einer Greifzange aus ihrem Käfig und steckt sie (Assistenz ist nöthig) mit dem Kopf voran in einen so engen Glascylinder, dass das Thier sich nicht umdrehen kann. Nur der Schwanz und die Rückenparthie, welche direkt an denselben grenzt, ragt aus dem Glas heraus; ein Wattepolster, welches dann auf die Glasmündung gelegt wird, hilft die Maus festhalten, indem der Assistent sowohl auf dieses den Finger legt, wie den Schwanz gefasst hält.

Der Untersuchende schneidet hierauf mit einer feinen Scheere die Haare über der Schwanzwurzel weg, desinficirt die Stelle mit 0,5 % Sublimatlösung durch Abwaschen mit einem Wattebausch, legt mit ausgeglühter und unter einer Glasglocke erkalteter Scheere über der Schwanzwurzel einen Schnitt durch die Haut an und macht von diesem aus mit einem stumpfen, sterilisirten Skalpell eine etwa 1/2 cm grosse Tasche unter der Haut frei. Darauf wird die Reinkultur vorgenommen, mit der vorher wieder ausgeglühten Platinöse eine reichliche Menge der Bacillen herausgezogen und in die angelegte Hauttasche gebracht und dann die Hauttasche wieder angedrückt. Damit ist die Operation fertig: das Thier wird mit der Greifzange am Schwanzende gefasst, aus der Röhre herausgenommen und in ein sterilisirtes grosses Glasgefäss (Standcylinder oder Batterieglas) mit sterilisirter Watte und sterilisirten gekochten Kartoffeln untergebracht: es hat den ersten Schreck meist schon nach sehr kurzer Zeit überstanden und beginnt wieder zu fressen.

War der eingeimpfte Mikroorganismus nicht pathogen, so heilt die Hautwunde und das Thier ist nach 3—4 Tagen wieder so munter wie vorher. Wurde dagegen ein pathogener Spaltpilz eingebracht, so können verschiedene Erscheinungen eintreten:

a) Das Thier kann eine (oft nur vorübergehende) lokale, in Entzündung und Eiterung der Impfstelle sich äussernde Reaktion aufweisen, oder

b) das Thier wird von einer allgemeinen Erkrankung erfasst.

Um die Symptome einer solchen zu erkennen, muss man sich vorher mit dem Aussehen und Verhalten gesunder Mäuse vertraut machen; wenn man dies gethan, weiss man nachher zwischen gesunden und kranken Thieren gut zu unterscheiden.

Wenn das geimpfte Thier Fieber hat, wenn sein Athem fliegt, wenn es schwitzt, wenn die Fresslust mangelt und es nicht mehr herumläuft, sondern in einer Ecke sich zusammenkauert, ist dasselbe krank.

Sobald das Thier stirbt, muss festgestellt werden, dass der eingeimpfte Mikroorganismus auch wirklich die Todesursache war. Dies wird bewiesen, wenn es gelingt, denselben aus den Organen des Thieres fern von der Impfstelle wieder herauszuzüchten.

Dabei handelt es sich aber um möglichst rasches Vorgehen, denn im Darm des Thieres sind viele Spaltpilze, welche während des Lebens nicht in die Blutbahnen gelangen können, im todten Thiere dagegen die Darmwand rasch durchwachsen. Die Sektion muss also dem Tode des Versuchsthieres sofort folgen.

Die Sektion des Versuchsthieres.

Um die Sektion vorzunehmen, wird die todte Maus in der Weise auf ein Brettchen ausgespannt, dass man sie auf den Rücken legt und ihre Beine durch Nadeln in ausgestreckter Lage an das Brettchen spiesst.

1. Ueber das Brettchen mit dem Kadaver wird auf Holzklötze eine Glasglocke derartig aufgestellt, dass man genügend Platz hat, darunter zu arbeiten. Dieselbe hat den Zweck, die senkrecht oder schräg fallenden Staubpartikel mit den daran haftenden Keimen abzuhalten.

2. Darauf zieht man sich den Rock aus, stülpt die Hemdärmel in

die Höhe und reinigt seine Hände, ganz besonders auch die Nägel, durch energisches Bürsten mit Schmierseife.

3. Die Desinfektion der Hände wird durch Eintauchen derselben in 0,5 % Sublimatlösung bewirkt, das Sublimat mit Alkohol abgewaschen, doch die Hände nicht abgetrocknet. Von nun ab darf ausser den Instrumenten nichts anderes mehr angefasst werden.

4. Man nimmt eine (mit den übrigen Instrumenten vorher im Wärmschrank bei 200° sterilisirte) Scheere, glüht zur Vorsicht ihre Zangen noch einmal in der Flamme, lässt unter der Glasglocke (doch ohne das Thier oder das Glas damit zu berühren) abkühlen, fasst mit einer in der linken Hand gehaltenen sterilen Pincette die Haut des Thieres am Hals und schneidet dieselbe durch.

5. Man nimmt nun ein sterilisirtes Messer, glüht es nochmals und schneidet mit demselben von dem angelegten Loch aus die Haut bis zu den Beinen auf. Dabei hüte man sich, mit dem Schnitt zu tief zu kommen, denn Brust- und Bauchmuskulatur dürfen nicht verletzt werden.

6. Mit zwei weiteren Messern legt man in gleicher Weise die Haut durchtrennend von dem ursprünglichen Einschnitt aus zwei Schnitte der Basis der Vorderbeine entlang an.

7. Dadurch gewinnt man die Möglichkeit, mit zwei sterilen Pincetten zufassend und ziehend, eventuell unter Zuhilfenahme eines frisch ausgeglühten Messers, die Haut von Brustkorb und Bauch abzulösen.

Ist alles gut gegangen und geschickt gemacht worden, so wurde bei dieser Manipulation insbesondere das Zwerchfell nicht verletzt, und die Eingeweide liegen noch gut geschützt und eingehüllt.

8. Nun wird (immer mit frisch ausgeglühten Instrumenten) mit einer Scheere über dem Zwerchfell eingestochen und auf beiden Seiten des Körpers durch je einen Schnitt die Rippenlage durchgeschnitten, dann vorsichtig die ganze Decke der Eingeweide der Brust abgelöst: Herz, Leber, Milz wird mit der Pincette nach einander gefasst, herausgehoben und mit der Scheere abgeschnitten, dann jeweils rasch in ein sterilisirtes, mit einer ausgegossenen sterilen Agarschicht beschicktes Petri-Schälchen gebracht und zugedeckt.

9. Darauf wird das Zwerchfell und die Bauchdecke durchgetrennt, die Nieren werden gesucht und gleichfalls herausgenommen.

10. Zum Schluss wird der Kadaver losgemacht, umgedreht, mit der Scheere von der Impfstelle aus die Hauttasche geöffnet und freigelegt.

11. Auf den vorbereiteten Agarplatten werden dann mit grösster Vorsicht die herausgenommenen Eingeweide mehrmals mit der Scheere zerschnitten (zu keiner Manipulation darf ein Instrument ohne dazwischen stattfindende Sterilisation zweimal verwendet werden) und öfters ausgestrichen; dann nimmt man sie heraus und legt sie wieder auf den Kadaver. Von dem eitrigen Material (wenn welches da ist) aus der Impftasche wird mit einer Platinöse aufgesammelt und gleichfalls auf eine Agarplatte

gestrichen: diese Platten kommen dann sämmtlich in den Brutschrank und werden bei 37° gehalten.

12. Der Kadaver mit allen seinen Theilen sammt dem Brettchen wird darauf sofort verbrannt, alle Instrumente wieder sterilisirt. Man hüte sich, bei der Sektion von Versuchsthieren leichtsinnig zu sein, denn was das Thier getödtet hat, kann auch dem Menschen gefährlich werden. Insbesondere hat man sich in Acht zu nehmen, wenn man auch noch so leichte Hautwunden an den Händen hat.

Diesen Versuch haben wir also mit unserer Kultur Nr. 1 gemacht: er hat ergeben, dass die Maus starb und zwar fand sich auf den mit dem Eiter der Impftasche und mit der Flüssigkeit der Nieren geimpften Agarplatten unser Organismus reichlich wieder vor: die Pathogenität desselben ist erwiesen.

Damit ist auch dem letzten Erforderniss für die Erfüllung der Bestimmung unserer Nr. 1 als Bacterium coli genügt, denn bei der Prüfung des verdünnten Alkohols ist keine Spur von Essiggeruch wahrnehmbar.

Wesentlich einfacher als diese mit Absicht sehr komplicirt gewählte Bestimmung der Nr. 1 gestaltet sich diejenige von Nr. 2 (cf. oben, p. 409). Auch dieser Mikroorganismus gehört, wie wir gesehen haben, zu Bacterium, denn er ist kurz stäbchenförmig, nicht gekrümmt und bildet keine Sporen. Es ist uns gleich den zweiten Tag schon aufgefallen, dass seine Gelatinekultur sich roth färbte; besonders prachtvoll und tief purpurroth sieht nun die Agar- und die Kartoffelkultur aus.

Wir beginnen wieder auf p. 39: A. Kultur pigmentirt oder die Gelatine färbend? — gehen auf p. 41 über: II. Die Kolonien selbst sind gefärbt, verfolgen die Zahl b: Kolonien roth, die Ziffer 2: Gelatine wird verflüssigt (β); bei Betrachtung der Gelatine-Stichkultur sehen wir, dass die in der Tiefe gewachsenen Kügelchen weiss geblieben sind und schliessen daraus, dass der Farbstoff nur bei Luftzutritt gebildet wird (**).

Die Kulturen sind sämmtlich lebhaft und tief roth, keineswegs fleischroth (§§§); die Zellen werden bei Anwendung der Gram'schen Färbung entfärbt (00), sie sind lebhaft beweglich (+); der purpurrothe Farbstoff wird von Wasser nicht gelöst (..) und seine prachtvoll rothe alkoholische Lösung wird durch nascirenden Wasserstoff (in alkoholische Farbstofflösung wird Salzsäure und ein Stückchen Zink gebracht) nicht reduzirt (was man daran sieht, dass er nicht entfärbt wird): also ist der Organismus Nr. 2 = Bacterium prodigiosum.

In dieser Weise müssen sämmtliche auf den Gelatineplatten der Wasserproben erscheinende Arten bestimmt werden und dies geschieht, indem man alle unter dem Mikroskop (vergl. p. 406) verschieden aussehenden Kolonien in Kultur nimmt und in der an den beiden Beispielen gezeigten Weise die Schlüssel des vorliegenden Buches benützt.

Ohne allen Zweifel ist der Weg, welchen wir für die Erlangung der Grundlage der bakteriologischen Wasserbeurtheilung, nämlich der Specieskenntniss durchmachen müssen, langwierig und mühsam. Vergleichen wir unsere Methode mit der Zählung der Wasserkeime, so möchte es erscheinen, als ob diese doch viel leichter ein Resultat liefere.

Das ist auch ohne Zweifel richtig, aber die Resultate der Wasserplattenzählung sind nach heute allgemein gültigen wissenschaftlichen Anschauungen (vergl. p. 300) überhaupt nicht mehr geeignet, ein Urtheil über die Beschaffenheit eines Wassers zu gewähren. Deswegen muss der mühselige Weg der Speciesbestimmung eingeschlagen werden, um zu einer wirklichen Wasserbeurtheilung auf Grund des bakteriologischen Befundes zu gelangen.

Ganz besonders sei aber der Hinweis darauf nicht unterlassen, dass, wie überall, so auch bei der Bakterienbestimmung, nur der Anfang schwer ist. Man merkt sich rasch das Aussehen der Kolonien und die Eigenthümlichkeiten der verbreiteteren Spaltpilze so gut, dass wirklich langathmig durchgeführte Bestimmungen immer seltener werden. Was wir mit der gewonnenen Specieskenntniss anfangen, wie wir dieselbe für die Begutachtung von Trinkwasser verwerthen, soll im Kapitel über Wasserbeurtheilung gezeigt werden.

Specielle Methoden für die Züchtung einzelner besonders wichtiger Bakterienarten.

Es bleibt nach dieser Beschreibung der allgemeinen Kultur- und Bestimmungsmethoden der Bacterien nun nur noch zu besprechen, in welcher Art und Weise gewisse pathogene oder für die Wasserbeurtheilung ganz besonders wichtige Spaltpilze mit Hilfe besonderer Kulturmethoden isolirt und nachgewiesen werden.

Wenn es sich darum handelt, aus einer viele Bakterienarten enthaltenden Wasserprobe eine bestimmte Species herauszubekommen, so kann dies nur dadurch bewirkt werden, dass man einen für die gewünschte Species günstigen, für die anderen aber ungünstigen Nährboden verwendet.

Einen solchen, für gewisse pathogene Arten günstigen, die nicht pathogenen aber gar nicht zur Entwickelung kommen lassenden Nährboden haben wir vorhin (p. 295) im Körper des lebenden Versuchsthieres kennen gelernt.

Dieser Nährboden wählt unter dem Gemisch der eingebrachten Bakterienarten gewisse (in diesem Fall eben die pathogenen) aus: er wird als elektiver Nährboden bezeichnet.

Auch unter den künstlichen Nährböden giebt es „elektive“; als Beispiel dafür sei auf den sauren Nährboden verwiesen, welcher unter Umständen den Nachweis des Typhus-Bacteriums ermöglicht.

Nachweis von Typhus-Bakterien.

Bacterium typhi hat (wie leider auch das ihm sehr ähnliche B. coli, mit dem es stets zusammen vorkommt, da der Typhus eine Darmkrankheit ist) die Eigenschaft, gegen Säuren und gewisse Antiseptica resistenter zu sein, als die meisten Wasserbakterien, insbesondere als viele bei der Mischung des Wassers mit gewöhnlicher Nährgelatine wachsende und die Plattenkontrolle rasch störende verflüssigende Arten. Wird nicht (wie dies gewöhnlich geschieht) ein neutraler oder gar alkalischer, sondern ein leicht saurer Nährboden für die Kultur gewählt, so vermehren sich die gegen die Säure resistenten Keime sehr viel rascher als die empfindlichen: sie werden deshalb leichter gefunden werden können.

Aber der Nachweis des Bacterium typhi ist unter allen Umständen ausserordentlich schwierig, denn schon in den Dejekten der Typhus-Kranken ist der Spaltpilz nicht leicht aufzufinden, obgleich die Mikroben dort in Masse vorhanden sind. Noch viel weniger aussichtsreich ist es, den Krankheitserreger im Wasser zu suchen.

Trotzdem braucht der Experte nicht von Anfang an auf den Nachweis des Typhus-Bacteriums vollkommen zu verzichten; er soll nur im Auge behalten, dass seine Untersuchung auch ohne das Auffinden des Krankheitserregers zu beweiskräftigen Resultaten führen kann.

In der Praxis wird nämlich, wie oben (p. 304) bereits bemerkt, statt auf B. typhi auf B. coli gefahndet. Dieser Spaltpilz hat dieselben Lebensbedingungen wie der Typhuserreger, wird mit Hilfe des gleichen elektiven (sauren) Nährbodens gesucht. Es ist nicht ausgeschlossen, dass manchmal auch der Typhuskeim bei dieser Untersuchung aufgefunden wird.

Man verfährt behufs Nachweis des Typhusbacteriums folgendermassen:

Da in einer Trinkwasserprobe voraussichtlich nur sehr wenige Exemplare von Bacterium typhi und bei deren Vorhandensein etwas mehr von B. coli enthalten sein werden, muss durch eine diese Organismen begünstigende Vorkultur zunächst ihre Anzahl vermehrt werden. Ganz principiell muss bei der Empfehlung der Vorkultur zwischen dem Nachweis von Typhusbakterien in Trinkwasser und in Fäkalien unterschieden werden: sind letztere zur Untersuchung gestellt, so überragt die Zahl der Coli-Bakterien diejenige der Typhuskeime so immens, dass bei der Vorkultur das Bact. typhi vollständig oder fast vollständig unterdrückt wird, statt in grösserer Anzahl zu erscheinen.

Um das zu verstehen, muss man die Verhältnisse bedenken, welche der Kampf um's Dasein schafft. Sowohl B. typhi wie B. coli haben in unserm Fall das Bestreben, sich möglichst rasch zu vermehren. Diese Vermehrung kann für beide Arten ungehindert stattfinden, solange beide Nahrung genug finden und solange die ausgeschiedenen Stoffwechselprodukte (vergl. p. 290; in diesem Fall hauptsächlich Milchsäure) die Vermehrung beider Arten gleichmässig erlauben.

Sobald aber die Nahrung knapp zu werden anfängt, stellt diejenige Art (es ist B. typhi), welche höhere Anforderungen stellt, ihre Vermehrung ein, die genügsamere Art dagegen (B. coli) vermehrt sich noch weiter.

In gleicher Weise hört, sobald die Stoffwechselprodukte beginnen unbequem zu werden, das Wachsthum der schwächeren Art (B. typhi) auf, das der stärkeren (B. coli) dagegen geht noch geraume Zeit ruhig fort.

Das Resultat dieser überstarken Vermehrung des B. coli ist, dass der Nährboden für B. typhi schliesslich überhaupt ungeeignet wird, so dass dasselbe zu Grunde geht und, um den oben gebrauchten Ausdruck zu wiederholen, von der stärkeren Art (B. coli) unterdrückt wird.

Deswegen wurde für den Fall der Untersuchung von Fäkalentleerungen mit Recht die Anwendung der Vorkultur widerrathen, denn in solchen ist B. coli von Anfang an in so übergrossen Mengen vorhanden, dass der Typhuskeim bei Anwendung der Vorkultur in kürzester Zeit vollkommen unterdrückt sein muss. — Bei einem sowohl Typhus- wie Coli-Keime in geringer Anzahl enthaltenden Trinkwasser dagegen können beide Arten sich 12 Stunden lang vermehren, ohne dass der Coli-Zellen soviele werden, dass sie die Typhusstäbchen unterdrücken: für Trinkwasser ist die Vorkultur durchaus empfehlenswerth.

Um dieselbe anzulegen, nimmt man fünf Kölbchen à 150 ccm Inhalt, reinigt dieselben auf's genauste und füllt in jedes 100 ccm genau neutral reagirender (prüfen!) Bouillon, setzt 0,5 g Citronsäure und 3 g Traubenzucker zu, verschliesst mit Wattepfropfen und sterilisirt vollständig.

Ist dies geschehen, so giebt man in jedes der fünf Kölbchen je 30 ccm verschiedenen, an möglichst differenten Stellen nach der auf p. 382 angegebenen Anweisung gewonnenen Wassers und stellt die Kölbchen dann 12 Stunden lang bei 37^{0} in den Brutschrank.

Nach dieser Zeit reagirt die Bouillon sehr viel stärker sauer als vorher: dies ist ein Zeichen dafür, dass sich Säure bildende Bakterien darin stark vermehrt haben.

Von dieser angereicherten Bouillon der Vorkultur nimmt man nun 1 ccm, mischt dies mit 100 ccm sterilen destillirten Wassers (vergl. p. 393, um nicht allzu dicht besäte Platten zu erhalten) und giesst Phenolgelatineplatten.

Verfahren nach Chantemesse und Widal. Die zur Anfertigung der Phenolgelatineplatte verwendete Gelatine wird derart bereitet, dass man der Gelatine 0,25 % Karbolsäure zugiebt. Eine derart versetzte Gelatine lässt die Coli- und Typhusbakterien sich ohne Schädigung entwickeln, viele andere Arten (doch nicht alle, insbesondere auch nicht B. aërogenes) dagegen bleiben im Wachsthum stark zurück oder erscheinen gar nicht.

Diese Methode wurde vielfach angegriffen; ich habe aber mit ihrer Hilfe aus künstlich bereitetem typhusbakterienhaltigem Wasser die Typhusbakterien ohne grosse Schwierigkeit isolirt und kann mich dem günstigen Urtheil vieler anderer Bakteriologen anschliessen.

Oder (Verfahren nach Holz): die in angegebener Weise hergestellte Verdünnung der angereicherten Bouillon wird mit Jodkaliumkartoffelwassergelatine zu Platten verarbeitet. (Diese Gelatinesorte wird bereitet, indem 500 gr sauber gewaschener, geschälter und auf einem Reibeisen zerriebener roher Kartoffeln durch ein Leinentuch gepresst werden. „Den trüben Saft kann man nun entweder 24 Stunden absetzen lassen und dann filtriren oder, wie Lehmann und Neumann[1]) empfiehlt, durch reine Thierkohle sofort filtriren. Nach einstündigem Erhitzen im Dampftopf setzt man der klaren Flüssigkeit 10 % Gelatine zu, erhitzt nochmals im Dampftopf, füllt in Röhrchen ab und sterilisirt an drei aufeinander folgenden Tagen. Zur fertigen Gelatine giebt man 1 % Jodkalium und zwar am besten so, dass man eine starke, sterilisirte Lösung in erforderlicher Menge der eben zum Gebrauch fertigen Gelatine zusetzt.")

Sowohl auf dem Phenol- wie auf dem Jodkaliumnährboden wachsen fast nur Bacterium coli und B. typhi, die meisten anderen Arten sterben ab: alle bei der mikroskopischen Durchmusterung der Platten gefundenen nicht verflüssigenden, hauchartig dünnen, weissen, bei $\frac{80}{1}$ wenigstens mit breiter schneeweisser Randzone versehenen, gezacktrandigen, unregelmässig gefurchten Kolonien werden dann auf Zuckeragar abgeimpft und bei 37 ° gehalten.

Wenn die sich nun entwickelnden Kulturen weiss sind, den Nährboden nicht grün verfärben, das Kondenswasser des Agars und Bouillon nicht fadenziehend machen, aus dem Zucker unter Zerklüftung des Agars Gas bilden, sterilisirte Milch koaguliren, im hängenden Tropfen starke Eigenbewegung zeigen, aus sehr kleinen, ellipsoidischen, nach Gram nicht färbbaren Stäbchen bestehen, welche keine Fäden bilden (und für Versuchsthiere pathogen sind), so ist dies Bacterium coli.

Wenn die Zuckeragarkultur aber kein Gas bildet, auf der Gelatineplatte bei mikroskopischer Betrachtung kein Ausschwärmen (Entsenden kleinerer Kolonien) und am Stich der Gelatinestichkultur keine Haarbildung (abstehende Fäserchen) zu erkennen ist; wenn sterilisirte Milch weder koagulirt noch schleimig wird; starke Beweglichkeit vorhanden ist und Färbbarkeit nach Gram fehlt; die Kartoffelkultur nur als feuchter Schimmer sich markirt, ohne wirklich sichtbar zu werden; Gelatine nicht fluorescirend sich verfärbt, so kann der Mikroorganismus Bacterium typhi sein.

Um ihn weiter zu prüfen. wird eine Kultur in Peptonwasser (Wasser 1000,0; Pepton. sicc. 10,0; Chlornatrium 5,0; sterilisirt) angelegt: tritt nach 1—2 Tagen bei Zusatz des halben Volums 10 %iger Schwefelsäure sowie eines Minimums von Nitrit zur Kultur und beim Erwärmen auf 80 ° rosa- bis blaurothe Färbung ein, so wurde von der Kultur Indol gebildet (Indolreaktion); da Bact. typhi kein Indol erzeugt, schliesst das Eintreten der Reaktion diese Art aus. — Hierbei ist selbstverständliche Voraussetzung, dass man mit Reinkultur gearbeitet hat.

[1]) Lehmann u. Neumann, Atlas u. Grundriss der Bakteriologie II, p. 417.

Schliesslich wird noch zu einem in starker Bewegung befindlichen Bakterienschwarm in den hängenden Tropfen ein Minimum Typhusimmunserum (Serum von gegen Typhus immunisirten Thieren) gebracht; wenn momentan eine Zusammenballung und Häufchenbildung der vorher beweglichen Stäbchen erfolgt, ist die Diagnose ziemlich sicher.

Dann sei aber eine so gewonnene und geprüfte Kultur mit genauer Auskunft über die Wasserprobe und den Weg, auf welchem die Isolation gelang, an eine hervorragende wissenschaftliche Stelle (z. B. das Institut für Infektionskrankheiten in Berlin) gesandt. Die betreffende Dienststelle wird sich der Verifikation sehr gern unterziehen, weil jeder Typhusnachweis im Wasser wissenschaftlich von hohem Interesse ist.

Nachweis von Coli-Bakterien.

Auf dem eben beschriebenen, zur Aufsuchung des Typhuserregers gemachten Weg sind wir dem Bacterium coli insofern begegnet, als dasselbe stets dann reichlichst vorhanden war, wenn das Bacterium typhi gefunden wurde: die angegebene Methode ist die sicherste und zugleich einfachste, um qualitativ Bact. coli nachzuweisen. Wir ziehen dieselbe durchaus allen anderen vorgeschlagenen Verfahren vor, schon deswegen, weil bei unserer Probe eine genaue, viele Irrthümer von selbst ausschliessende mikroskopische Prüfung nothwendig ist, und weil wir eventuell das Glück haben könnten, das Typhusbacterium zu finden.

Nur ist zu bemerken, dass das Anreicherungsverfahren nur für Trinkwasser und relativ reines Flusswasser nöthig ist, in Schmutzwässern liefert jede Phenolgelatineplatte oder Jodkaliumplatte ohne Weiteres das Bacterium coli.

Nachweis von Milzbrand-Bacillen.

Den Milzbranderreger in Wasser oder Schlamm zu suchen, ist für gewöhnlich zwar ein noch aussichtsloseres Beginnen als die Jagd auf das Typhusbacterium; für die Praxis hat dasselbe fast gar keine Bedeutung, aber es wäre doch möglich, dass bei Abwasseruntersuchungen im Specialfalle einmal diese Frage aufgeworfen würde; eine Beschreibung, wie wir diesen Organismus suchen, darf deswegen auch hier nicht fehlen.

Wenn wir den Milzbrandbacillus suchen sollen, erinnern wir uns daran, dass derselbe (wie alle Bacillus-Arten) Endosporen bildet. Nach unseren p. 430 gemachten Ausführungen sind Endosporen mit sehr resistenter Membran umgeben, können deswegen eine Erhitzung oft bis über den Siedepunkt des Wassers ertragen, ohne abzusterben, während die nicht Sporen bildenden Arten dies nicht vermögen.

Bei starker Erwärmung gehen daher fast alle die beim Plattenverfahren ihrer Menge wegen so störend sich zeigenden Bacterium- und Micrococcus-Arten (auf welche es uns nicht ankommt) zu Grunde, die Sporen der Bacillus-Arten dagegen bleiben entwickelungsfähig.

1. Um den Milzbrandbacillus zu isoliren, wird die zu untersuchende Wasser- oder Schlammprobe zunächst 10 Minuten lang auf 90° (mit eingehängtem Thermometer kontrolliren!) erhitzt.

2. Dann nimmt man, wie p. 444 beschrieben, Kölbchen mit neutraler Bouillon und trägt in dieselbe je 10 ccm des zu untersuchenden und auf 90° erhitzten Materials ein. Durch Vorkultur soll eine Auskeimung und Vermehrung der Bacillus-Arten erreicht werden.

3. Die so beschickten Kölbchen werden zwei Tage lang im Brutschrank bei 37° gehalten; nach dieser Zeit ist ihre Oberfläche allermeist von einer dicken, weisslichen, rahmartigen Bakterienmasse bedeckt.

4. Diese Bakterienhaut enthält, neben anderen Bacillus-Arten, auch etwa vorhandene Milzbrandbacillen; wir nehmen die Haut ab und bringen sie in ein steriles Kölbchen.

5. In das Kölbchen geben wir zu der Haut etwa 10 ccm sterilen Wassers und schütteln solange, bis die Bakterienhaut sich in einen gleichmässigen Brei aufgelöst hat. Dies geschieht deswegen, weil Milzbrandbacillen eventuell nur an einer kleinen Stelle der Bakterienhaut vorhanden gewesen sein könnten und im ganzen Untersuchungsmaterial vertheilt werden müssen.

6. Mit kleinen Quantitäten dieses Bakterienbreies impfen wir in der p. 438 angegebenen Weise fünf weisse Mäuse und warten ab, ob dieselben sterben.

7. In gleicher Weise (sub 1—6) wird die nach abermals zwei Tagen in den bei 37° weiter gehaltenen Vorkulturkölbchen entstehende Bakterienhaut behandelt. Dies hat den Zweck, etwa erst später ausgekeimte Sporen noch nachzuweisen.

8. Geht eine oder gehen gar alle Mäuse ein, so werden die Kadaver in der oben (p. 439) beschriebenen Weise geöffnet und:

9. Aus Herz, Leber, Milz Bluttröpfchen genommen und auf Objektträgern dünn und gleichmässig ausgestrichen, lufttrocken gemacht und erwärmt, wie oben angegeben, dann nach Gram gefärbt. Zwischen den entfärbten Blut- und Gewebezellen liegen grosse schwarzblau gefärbte Stäbe, die Milzbrandbacillen.

10. Aus denselben Organen werden Blutproben weissen Mäusen unter die Haut gebracht.

Wenn diese nach 24—48 Stunden sterben, wird steril aus ihrem Innern aus Herz, Leber und Milz wieder Blut entnommen und

a) behandelt wie oben ad 9.

b) Stichkulturen auf Gelatine und Strichkulturen auf Agar angelegt.

Der Milzbrandbacillus ist diagnostizirt, wenn er 1. auf der bei 37° gehaltenen Agarkultur Sporen bildet, die nach der Moeller'schen Methode (vergl. p. 430) isolirt gefärbt werden können; 2. die Gelatine verflüssigt und vom Gelatinestich aus feine haarförmige Ausläufer bildet; 3. wenn er auf der Oberfläche der Nährmedien (bei Luftzutritt) gut wächst; 4. wenn die im Wasser betrachteten Bacillen keine Eigenbewegung zeigen; 5. wenn er nach Gram gefärbt bleibt; 6. wenn eine Probe der Reinkultur (oben nach 10. behandelt) den Tod eines neuen Versuchsthieres verursacht. Alle diese 6 Merkmale sind zu einer sicheren Diagnose nöthig.

Man wird bei der in angegebener Weise vorgenommenen Untersuchung sehr häufig ein anscheinend positives Resultat bekommen, denn die Mäuse sterben an den eingebrachten Bakterien sehr oft und die Gram'sche Färbung giebt dann allermeist auch das Resultat, dass zwischen den entfärbten Blut- und Gewebetheilchen schwarzblaue Stäbe liegen. Deswegen muss man sehr vorsichtig verfahren. Diese Erkrankungen rühren dann allermeist von anaërob sich entwickelnden Arten (Bac. Tetani, oedematis, pseudoedematis etc.) her, die eigentlich in der an der Luft gebildeten Bakterienhaut sich nicht finden sollten, dies aber doch nicht selten thun.

Deshalb muss (ohne die anderen Merkmale zu vernachlässigen) besonders auf die Kulturen geachtet werden, welche aus den Organen des verendeten Thieres gewonnen sind. Zeigen diese oberflächliches Wachsthum, so sind die anaëroben Arten ausgeschlossen.

Ferner wird manchmal das aërobe Bacterium vulgare mit dem Bacillus anthracis verwechselt; dieser Art gegenüber ist die Diagnose sehr leicht zu stellen, denn B. vulgare ist nach Gram nicht färbbar, bildet keine Sporen und zeigt lebhafte Eigenbewegung, welche dem Milzbrandbacillus völlig abgeht.

Da Milzbrand für Menschen sehr gefährlich ist, müssen alle Kulturen etc. des Bacillus Anthracis mit äusserster Vorsicht behandelt werden.

Nachweis des Choleravibrio im Wasser.

In einem grossen Kolben werden 500 ccm des zu untersuchenden Wassers mit soviel einer Peptonkochsalzlösung (20 % Pepton, 10 % Kochsalz) versetzt, dass eine 1 % Peptonlösung entsteht; der Kolben kommt bei 37° in den Brutschrank und die sehr stark luftbedürftigen Choleravibrionen sammeln sich an der Oberfläche, schon nach 3 Stunden ein feines Häutchen bildend, welches nach 18—24 Stunden nicht mehr dicker wird.

Sobald das Häutchen bemerkbar wird, werden daraus angelegt: 1. Strichkultur auf Agar; 2. Stichkultur auf Gelatine; 3. (nach starker Verdünnung der das Häutchen bildenden Bakterienmassen mit sterilem destillirtem Wasser) Agar- und Gelatineplatten; 4. Strichkultur auf sterilen Kartoffeln.

Sobald irgend möglich werden von der Agarkultur Ausstrichpräparate gemacht, gefärbt und betrachtet: Choleravibrionen müssen kommaförmig gekrümmt und im hängenden Tropfen lebhaft beweglich sein; die Agarkultur darf im Dunkeln nicht leuchten.

Nach 5—6stündiger Kultur wird aus dem Kolben 5 ccm der Flüssigkeit abgeschüttet, mit einem Körnchen Nitrit versetzt und nach Umschütteln Schwefelsäure zugesetzt; tritt Rothfärbung ein, so ist Indol in der Bouillon gebildet, was auf das Vorhandensein von Choleravibrionen (mit Vorsicht) schliessen lässt.

Dasselbe Verfahren wird nach 18 Stunden noch einmal wiederholt.

Nach 18—24 Stunden wird die Gelatineplatte bei 60—80facher Vergrösserung durchgemustert; die Vibrionenkolonien sind hellgelbliche, sehr grob granulirte Scheibchen mit krümeliger oder zerschlitzter Randbeschaffenheit und (manchmal erst etwas später bemerkbarer) Verflüssigungszone, sehr stark lichtbrechend. (Zu bemerken ist dabei, dass die Kolonien einiger Bacterium-Arten ausserordentlich ähnlich aussehen.)

Nach 24 Stunden ist auf der Kartoffelkultur (37°) gelbbraunes bis braunrothes Wachsthum bemerkbar.

Sind diese Nachweise alle gelungen, so ist das Vorhandensein von Choleravibrionen wahrscheinlich; sicher wird sie erst durch Prüfung der von der Gelatineplatte abzunehmenden Reinkulturen, welche: bewegliche, gekrümmte, nicht leuchtende, die Gelatine verflüssigende Stäbchen enthalten müssen. Ist dann Indolreaktion und Bildung linksdrehender Milchsäure aus Milchzucker vorhanden und fehlt Pathogenität für Tauben, so ist der Mikroorganismus der Choleravibrio.

Jede aus Wasser isolirte Cholera-Kultur ist unter genauer Angabe aller Umstände an das „Institut für Infektionskrankheiten" in Berlin zu senden.

Die Kultur anaërober Bakterien.

Auch der Nachweis und die Bestimmung anaërob wachsender Arten wird vom Praktiker selten gefordert werden; trotzdem darf die Anweisung dazu hier nicht fehlen.

Unter aëroben Bakterien verstehen wir solche, welche nur bei Luftzutritt wachsen können, welche des atmosphärischen Sauerstoffes unbedingt bedürfen; anaërobe Arten sind diejenigen, auf welche der Sauerstoff direkt wie ein das Wachsthum hemmendes Gift wirkt: zwischen beiden Sorten in der Mitte stehen die fakultativ anaëroben Spaltpilze, welche bei Luftzutritt wie bei Luftabschluss gedeihen und, den Sauerstoff bald mehr bald weniger liebend, alle Uebergangsstadien zwischen den aëroben und anaëroben Species bilden.

Da wir die fakultativ anaëroben Arten bei unserer gewöhnlichen Plattenkultur mit gewinnen, brauchen nur die obligaten Anaëroben mit Hilfe besonderer Methoden gezüchtet werden.

Unter Umständen wird man schon recht gute Resultate erhalten, wenn man einfach Gelatineplatten giesst, dieselben erstarren lässt, ordentlich abkühlt und dann noch 10 ccm steriler Gelatine über die eigentliche Platte schichtet; sicherer aber ist immer die Kultur in einem indifferenten Gas.

Als solches ist der Wasserstoff allgemein in Gebrauch, denn es hat sich gezeigt, dass die Kohlensäure auf viele Arten direkt giftig wirkt. Beim Botkin'schen Kulturapparat werden (Fig. 33) auf ein Gestell mehrere Plattenkulturen übereinander gestellt, dann wird durch eingeleiteten Wasserstoff die Luft verdrängt und damit werden die Bedingungen für anaërobes Wachsthum für mehrere Kulturen gleichzeitig gegeben. Bei Verwendung dieses Apparates ist es nöthig, auch nach vollständigem Ersatz der Luft durch Wasserstoff den Kipp'schen Apparat langsam aber stetig weiter funktioniren zu lassen.

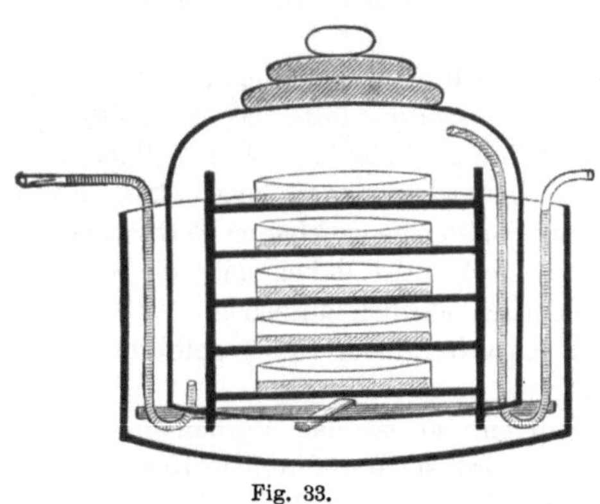

Fig. 33.
Kulturapparat für anaërobe Bakterien nach Botkin.

Auch durch Absorption des Luftsauerstoffes lassen sich genügende Wachsthumsbedingungen für anaërobe Spaltpilze schaffen, denn Stickstoff ist gleichfalls ein indifferentes Gas.

Wird diese Kulturmethode gewählt, so fettet man den Rand eines Exsiccators tüchtig ein, giebt in den Grund des Glases 2—3 g Pyrogallol, setzt die Kulturschalen auf ein Drahtnetz, giesst eine Mischung von 2 ccm Liq. Kali caust. und 10 ccm Wasser auf das Pyrogallol, schliesst rasch den Exsiccator und sorgt durch geeignetes, vorsichtiges Schwenken für Durchfeuchtung des Pyrogallols, welches nun den im Exsiccator befindlichen Sauerstoff absorbirt.

Zum Abimpfen der anaëroben Bakterien wird prinzipiell von uns nur Zuckergelatine (Nährgelatine + 3 % Traubenzucker) verwendet; für die Bestimmung der Anaëroben ist die Gasbildung womöglich noch wichtiger als für diejenige der aëroben Arten.

Die Gelatineröhrchen werden länger gewählt als die sonst gebräuchlichen: sie müssen mit 20 ccm Gelatine beschickt werden, um eine möglichst hohe Schicht des Nährsubstrats zu erhalten. Dann wird wie gewöhnlich mit der Impfnadel bis zum Boden ein Stich angelegt.

Entgegen dem gewöhnlichen Bild findet nun das Wachsthum in der Tiefe statt (vergl. t. 1, Fig. 19, 20) und zwar hält es sich umso weiter von der Gelatineoberfläche entfernt, je intensiver die Abneigung des jeweils gezüchteten Organismus gegen den Luftsauerstoff ist.

Die Untersuchung der Wasserproben auf Schimmel- und Hefepilze.

a) Schimmelpilze.

Die Untersuchung der Wasserproben auf Schimmelpilze [1]) ist für die Wasserbeurtheilung häufig von ganz besonderer Wichtigkeit; trotzdem wird dieselbe bisher kaum von irgend einem Gutachter ausgeführt. Dies hat seinen Grund darin, dass selbst den meisten Botanikern die nicht allgemein verbreiteten Schimmelpilze unbekannt sind und dass die wenigen kurzen Arbeiten, welche über das Vorkommen von Schimmelpilzen in Abwässern erschienen sind [2]), vollständig übersehen wurden.

Keine andere Pflanzengruppe enthält soviel Organismen, welche speciell für Fäkalien charakteristisch sind, wie gerade die Schimmelpilze. Dem entsprechend ist für eine der wichtigsten Aufgaben der Wasserbeurtheilung, für die Erkennung der Wasserverunreinigung durch Fäkalien, die Untersuchung des Wassers auf das Vorkommen specifischer Schimmelarten von grösster Bedeutung.

Um eine Vorstellung zu bekommen von der Art und Weise, wie die Schimmelpilze leben und um die Methoden, welche wir behufs Züchtung derselben einschlagen, zu verstehen, sei der gemeine Pinselschimmel (Penicillium glaucum, t. 2, Fig. 69) betrachtet.

Dieser Schimmel wächst, wie alle Schimmel- und Hefearten, mit besonderer Vorliebe auf sauerem Nährboden. In dieser Beziehung ist also ein grosser Unterschied zwischen den Spaltpilzen einerseits und den Schimmel- und Hefepilzen andererseits vorhanden, denn wir sahen (vergl. p. 343), dass die Bakterien im Allgemeinen alkalische Reaktion des Nährsubstrats lieben und dass nur verhältnissmässig wenige (vergl. p. 442) auch auf schwach sauerm Nährboden noch gedeihen.

---

1) Der Ausdruck „Schimmelpilze" wird hier in dem volksgebräuchlichen Sinn angewandt, dass alle an der Luft auf Nährstoffen irgend welcher Art wachsenden Hyphenpilze so bezeichnet werden. Der Botaniker macht selbstverständlich einen Unterschied zwischen verschiedenen, sehr heterogenen Formenkreisen (besonders zwischen Zygomyceten [vergl. p. 79] und Konidienformen der Ascomyceten [„fungi imperfecti"], p. 85).

2) Vergl. z. B. Schroeter-Bandmann in Jahresber. Schles. Ges. f. vaterl. Kultur, Sitzung vom 29. Nov. 1894.

Aus den grundsätzlich verschiedenen Ansprüchen dieser Pilzklassen an den Nährboden erklärt sich, warum im Haushalt die eingekochten Früchte mit ihrem reichen Gehalt an Pflanzensäuren durch Schimmelpilze, die neutralen oder schwach alkalischen eingekochten Gemüse dagegen meist durch Bakterienwirkung verderben.

Weiter wird aus dieser Eigenthümlichkeit der Schimmel- und Spaltpilze klar, warum auf den zur Bakterienisolirung verwendeten schwach alkalischen Gelatineplatten lange nicht alle in den Wasserproben enthaltenen Schimmelpilze, sondern nur die resistentesten und deshalb gewöhnlichsten erscheinen.

Zu diesen auf Nährgelatine leicht wachsenden Arten gehört auch das gemeine Penicillium glaucum.

Man kann bei der ersten mikroskopischen Durchmusterung der Bakterienplatten (vergl. p. 404) leicht seine aus feinen, verzweigten Fäden bestehenden Pflänzchen finden, welche aus einer zufällig in die Gelatine gelangten Spore sich entwickelt haben und dem Wurzelgeflecht höherer Pflanzen ähnlich sehen.

Dieses „Mycel“ breitet sich in der Gelatine sehr rasch dadurch aus, dass die Fäden an der Spitze rapid wachsen.

Ist das Mycel erstarkt, so beobachtet man, dass einzelne Zweige desselben sich aus dem Nährsubstrat erheben, in die Luft hineinwachsen und sich an ihrer Spitze verästeln. Diese besonders dicken Fäden wollen Sporen bilden, es sind junge Fruchtträger.

Die Verästelungen des Fruchtträgers stehen wie die Finger einer Hand an seiner Spitze beisammen; jeder Ast trägt nochmals einige kurze Auszweigungen und diese bringen an ihren Spitzen die Sporen (Konidien) durch Abschnürung hervor.

Die Sporen sind sehr klein und kugelrund; sie haften nur lose an der Mutterpflanze, lösen sich bei dem geringsten Luftzug ab und werden als feinster Staub vom Wind fortgetragen.

Aus dieser fast bei allen Schimmelpilzen anzutreffenden Verbreitungsweise der Sporen geht hervor, dass diese Gewächse gewöhnlich an der Luft leben und nur dann im Wasser sich finden, wenn ihre Sporen zufällig durch den Wind hineingeweht werden.

Dem entsprechend zeigt ein Vorhandensein von Schimmelpilzen in einer Wasserprobe gewöhnlich die Verunreinigung derselben durch aus der Luft hineingefallenen Staub an.

Die Luft ist keineswegs arm an in ihr flottirenden Schimmelpilzsporen, sondern enthält dieselben ganz besonders in der Umgebung der menschlichen Wohnstätten in grosser Menge. Dies zeigt sich am besten dadurch, dass bei der Vornahme bakteriologischer Untersuchungen ausserordentlich häufig Schimmelpilzkolonien auf den Platten erscheinen.

Ob diese aus dem Wasser, von welchem die Probe genommen war, stammen und nach unseren soeben gemachten Ausführungen durch Wind in dasselbe getragen waren oder ob sie aus der Luft des Untersuchungsraumes auf die Gelatine gefallen sind, sei hier unentschieden: jedenfalls beweist die Häufigkeit der gelegentlich auftretenden Schimmelkolonien die ungeheure Verbreitung der Schimmelpilzsporen in der Atmosphäre.

Deswegen ist auch, wenn wir Kulturen von den Schimmelkeimen einer Wasserprobe anlegen wollen, stets die Verunreinigung der Nährböden durch die in der Luft des Untersuchungsraumes vorhandenen Schimmelsporen zu befürchten. Daraus folgt, dass die Vornahme der Wasseruntersuchung auf Schimmelpilze unter Beobachtung all' der Kautelen stattfinden muss, welche für die Bakterienforschung vorgeschrieben sind.

Die für Schimmelpilzuntersuchungen bestimmten Wasserproben.

Für unsere Untersuchung des Wassers auf Schimmelpilze verwenden wir diejenigen Proben, welche (vergl. p. 389) bereits der bakteriologischen Untersuchung gedient haben. Da die Zwecke der bakteriologischen Untersuchung jede Verunreinigung dieser Proben ausschliessen, da ferner von den Proben stets noch ein nicht unbeträchtliches, jedenfalls aber ein ausreichendes Wasserquantum übrig bleibt, sind die Reste dieser Proben für unseren Zweck vorzüglich geeignet.

Die Nährböden für die Schimmelpilzzüchtung.

Als Nährböden kommen in erster Linie (vergl. p. 451) sauer reagirende Substrate in Betracht.

Schwarzbrotscheiben. — Ein Universalmittel für unsere Zwecke ist das Schwarzbrot, insbesondere das Kommisbrot. Um dasselbe behufs Schimmelpilzzüchtung herzurichten, verfährt man folgendermassen:

Man nimmt Krystallisirschalen von etwa 10 cm Durchmesser und 7 cm Höhe und lässt sich dazu passende, vollständig bedeckende Glasscheiben schneiden, welche als Deckel dienen.

Diese Schalen sammt Deckeln reinigt man mit Wasser auf's Sauberste.

Dann schneidet man etwa fingerdicke Scheiben von dem Brot ab und legt dieselben in die Krystallisirschalen.

Schliesslich giebt man noch soviel Wasser zu, dass das Brot ordentlich vollgesogen ist, aber kein Wasser auf dem Boden des Gefässes steht.

Ist dies geschehen, so bedeckt man die Schalen mit den Glasscheiben und bringt sie im Papin'schen Topf (der natürlich zu $^1/_3$ mit Wasser gefüllt sein muss) auf die Flamme.

Behufs Sterilisation müssen nun diese Scheiben dreimal je $^1/_2$ Stunde lang bei 105° gekocht werden, und zwar ist es zweckmässig, nicht an drei aufeinander folgenden Tagen, sondern jeweils mit einem Tag Zwischenraum zu kochen.

In solcher Weise hergestellte Schwarzbrot-Nährböden halten sich viele Wochen lang gut, wenn man sie an einem feuchten Ort (am besten werden die Gefässe unter eine grosse Glasglocke gestellt) aufbewahrt.

Pflaumenabkochung. — Gleichfalls für Schimmelpilzzüchtungen zu empfehlen ist eine Abkochung von Backpflaumen (Prunus domestica).

Um dieselbe herzustellen, werden Backpflaumen 12 Stunden lang in Wasser aufgeweicht, von den Kernen befreit und 100 g davon mit 1 Liter Wasser 1/2 Stunde lang auf offener Flamme gekocht.

Ist dies geschehen, so ersetzt man das verdampfte Wasser wieder, giesst den Inhalt des Topfes auf ein Tuch und presst ab.

Nach 24-stündigem Stehen wird die Flüssigkeit sorgfältig vom Bodensatz abgegossen und (Filtration ist unnöthig!) in Kolben gefüllt, diese dann mit Wattepfropfen verschlossen.

Es folgt ein 1/2 stündiges Kochen auf offener Flamme behufs Sterilisation; dann ist die Nährflüssigkeit fertig. Dieselbe wird hauptsächlich zur Kultur der Schimmelpilze im hängenden Tropfen verwendet.

Pflaumengelatine. — Zu 1000 ccm der eben in ihrer Herstellung beschriebenen Pflaumenabkochung kommen 100 g feinste Gelatine. Die Mischung wird aufgekocht, bis auf 35° abkühlen gelassen, dann ein Weissei hineingequirlt und mit diesem nochmals aufgekocht. Hierauf wird die Pflaumengelatine bei 37° im Wärmschrank gehalten, nach 3—4 Stunden reinlich von dem Bodensatz abgegossen und im Papin'schen Topf sterilisirt.

Die Pflaumengelatine eignet sich vorzüglich zur Herstellung von Platten behufs Isolirung der Schimmelpilzkeime; sie ist der vielfach für Hefe- und Schimmelpilzkulturen empfohlenen Bierwürzgelatine mindestens ebenbürtig. Ausserdem wird die Pflaumengelatine in Reagensgläser eingefüllt, sterilisirt und zur Herstellung von Schimmelpilz-Reinkulturen verwendet.

Abwässer als Nährsubstrate. — Besonders für das Studium der in Abwässern vorkommenden Schimmelpilze ist es häufig zweckmässig, das Abwasser selbst als Nährboden zu verwenden. In diesem Fall wird das Wasser, um den Schimmelpilzen Gelegenheit zu geben, sich an der Luft zu entwickeln, in ein folgendermassen beschicktes Gefäss gegossen:

Man nimmt reinsten, grobkörnigen Quarzsand und digerirt denselben zwei Stunden lang in einem Kolben mit konzentrirter Schwefelsäure. (An Stelle des Sandes können auch Glasperlen genommen werden.) Dann giesst man die Säure ab und wäscht den Sand unter der Wasserleitung so vollständig aus, dass alle Säure weg ist.

Von diesem Sand füllt man soviel in eine Krystallisirschale, bis der Boden derselben 1/2 cm hoch bedeckt ist und legt die Glasplatte als Deckel auf.

Dann kommt die Schale mit Sand und Deckel in den Trockenschrank und wird durch Erhitzen auf 200° sterilisirt.

Anlage der Schimmelpilzkulturen.

In der Praxis der Wasseruntersuchung wird es nur sehr selten vorkommen, dass die Schimmelpilze durch das dem bakteriologischen nachgebildete Plattenverfahren (siehe p. 389) isolirt werden müssen. Dies wird im Wesentlichen nur dann der Fall sein, wenn vergleichende, quantitative Untersuchungen über die Verunreinigung eines Wassers durch Haus- oder Oekonomieabwässer gefordert werden.

Die Bestimmung der Zahl von Schimmelpilzkeimen erfolgt dann mittelst der Pflaumengelatine in der gleichen Weise, wie die Bakterienzahl durch die Nährgelatine (cf. p. 394) eruirt wird. Auch bei den Schimmelpilzen wird die Keimzahl pro ccm des untersuchten Wassers berechnet.

Auch die Art und Weise, wie die Platten gezählt werden, ist vollkommen die gleiche wie bei den Bakterienplatten. Man verwendet Petri-Schalen, legt dieselben drei Tage nach dem Plattengiessen auf eine Zählplatte (vergl. p. 395) und ermittelt durch Lupenzählung die Koloniezahl.

Dabei wird man kaum jemals im Zweifel sein, ob man eine Schimmelpilzkolonie vor sich hat oder nicht. Der strahlige, stern- oder wurzelartige Bau derselben ist ausserordentlich charakteristisch. Nur (worauf schon p. 399 hingewiesen wurde) eine kleine Gruppe von Bacillus-Arten wachsen auf den Gelatineplatten ähnlich mycelförmig, aber erstens entwickeln sich diese Arten auf dem sauern Nährboden nicht und zweitens giebt es ein sehr leichtes Mittel, um dieselben von Schimmelpilzen zu unterscheiden.

Die mycelartigen Aeste dieser Bacillus-Kolonien werden nicht von einzelnen Zellfäden, sondern von vielen nebeneinander gelagerten Stäbchen gebildet; bei den Schimmelpilzen dagegen stellt jede Linie der wurzelartigen Figur einen einzigen Zellfaden dar.

Deswegen ist es bei schwacher Mikroskop-Vergrösserung (etwa 80fach) sehr leicht, an den Linien, welche die Zweige der Schimmelpilzkolonien darstellen, die beiden parallel laufenden Zellwände (den doppelt konturirten Faden) zu erkennen; bei den ähnlichen Bacillus-Kolonien ist dies dagegen nicht möglich.

Eine mikroskopische Zählung der Schimmelpilzpflänzchen, wie dieselbe für Bakterienplatten empfohlen wurde, hätte deswegen keinen Zweck, weil bei Schimmelpilzen keine dauernd klein bleibenden Individuen vorhanden sind.

Wird nicht eine vergleichende Untersuchung des Wassers gefordert, sondern eine absolute Beurtheilung desselben, so handelt es sich nur darum, die Arten der in einer Wasserprobe enthaltenen Schimmelpilze zu bestimmen.

Dies geschieht zweckmässiger Weise nicht mit Hilfe des Plattenverfahrens, sondern durch Brot- und Sandkulturen.

Die Brotkulturen allein werden angewandt, wenn es sich um die Untersuchung eines Trinkwassers auf Schimmelpilze handelt. Dies geschieht deswegen, weil ein für Genusszwecke überhaupt in Frage kommendes Wasser nicht soviel Nährstoffe enthält, dass die Schimmelpilze für ihre volle Entwickelung daran Genüge fänden.

Um eine Brotkultur anzulegen, verfährt man folgendermassen:

Man schüttelt die Wasserprobe, welche untersucht werden soll, tüchtig durch; entfernt den Watteverschluss des Probegefässes; saugt mit einer sterilisirten Pipette (vergl. p. 389, ad 5, 6) 10 ccm Wasser auf; lüftet sorgsam den Glasdeckel von einer Brotschale ein wenig und giesst das Wasser möglichst gleichmässig über dem Brotstück aus. Dann schliesst man den Deckel wieder und stellt die Schale unter eine Glasglocke.

Die Sandkulturen sind dann mit Vortheil anwendbar, wenn es sich um die Untersuchung eines stark verschmutzten (also viel Nährmaterial für das Wachsthum der Schimmelpilze enthaltenden) Wassers oder einer Schlammprobe handelt. Insbesondere solches Wasser, welches (wie die Sielwässer grosser Städte) reichlich Fäkalien enthält, wird nur mit Hilfe der Sandkulturen untersucht.

Sandkulturen werden in der Weise angefertigt, dass man den sterilisirten Sand mit soviel des zu untersuchenden Wassers tränkt, bis er vollständig und stark nass ist. Wenn Schlammproben untersucht werden sollen, ist es zweckmässig, dieselben mit Wasser von der Entnahmestelle innig zu mischen und dann die dicke Flüssigkeit wie eine Wasserprobe zu behandeln.

Auch die Sandkulturen müssen, um ein vollständiges Verdunsten der Flüssigkeit zu verhüten, unter der Glasglocke gehalten werden.

Untersuchung der Schimmelpilzkulturen.

Auf allen festen Nährsubstraten wachsen die Schimmelpilze sehr rasch. Und zwar pflegen sich die Arten zunächst untereinander sehr ähnlich zu sehen, denn vor Bildung der Sporen sind die Räschen gewöhnlich weiss. Erst wenn die Sporen sich entwickelt haben, bestimmt deren wechselnde Farbe die gelbe, rothe, grüne, braune Färbung der Schimmelarten.

Seltener ist die Rasenbildung nicht oder doch nur in sehr geringem Maasse sichtbar; dies kommt hauptsächlich bei den aus Sielwässern fast regelmässig erwachsenden Pilobolus-Arten vor.

Die Untersuchung der Schimmelpilze kann erst dann beginnen, wenn dieselben reife Sporen tragen, was man eben an der vollendeten Ausfärbung der Räschen erkennt.

Es wäre nun nicht praktisch, die Schimmelräschen oder Theile derselben so unter das Mikroskop zu bringen, wie dieselben auf dem Substrat wachsen, denn wenn man sie auch noch so vorsichtig mit Pincette oder Skalpell abnimmt, stets fallen die Sporen ab, bilden wirre Massen im Präparat und verdecken die wichtigsten Einzelheiten. Stets werden in diesem Fall auch die feinen Fäden geknickt, zerbrochen und zerknüllt, so dass Wuchsform und charakteristisches Aussehen verloren gehen.

Man hat zwar mehrfach die Schimmelarten in dieser unpraktischen Weise (unter dem Namen „Zupfpräparat") präparirt und auch solche Präparate abgebildet. Derartige Bilder können die Gestalt und die Artunterschiede nicht vollkommen, ja allermeist überhaupt gar nicht zur Anschauung bringen.

Die beste für die Untersuchung der Schimmelformen anwendbare Methode ist die, dass man dieselben unter Bedingungen zieht, welche eine direkte Beobachtung der lebenden, unverletzten Pflanzen mit schwachen Vergrösserungen (etwa 100fach linear) gestatten.

Dies kann man auf zweierlei Weise erreichen, entweder mit festem oder mit flüssigem Nährboden.

Die Kulturmethode auf festem Nährboden wird zweckmässiger Weise bei Arten angewandt, deren Fruchtträger eine bedeutendere Höhe (also über 5 mm) erreichen. Diese Arten müssen sich in die Höhe entfalten können, sie haben in der feuchten Kammer (vergl. die folgende Kulturmethode) nicht genügenden Platz.

Will man ein hochwüchsiges Räschen (dahin gehören z. B. fast alle Zygomyceten) untersuchen, so verfährt man folgendermassen:

1. Man nimmt einen Objektträger, reinigt denselben spiegelblank, legt ihn für 1/4 Stunde in Sublimatlösung (0,5 %), nimmt ihn heraus, spült das Sublimat vollständig mit Alkohol ab und legt den Objektträger auf ein Glasbänkchen unter eine Glasglocke.

2. Dann erwärmt man ein Pflaumengelatine (siehe p. 454) enthaltendes Reagensglas soweit, dass die Gelatine dünnflüssig ist.

3. Wenn der Alkohol auf dem Objektträger verdunstet ist, lockert man den Wattepfropf des Reagensglases, lässt durch einen Gehilfen die Glasglocke soweit lüften, dass man mit dem Reagensglas und beiden Händen unter dieselbe kann.

4. Darauf nimmt man unter der Glasglocke den Wattepfropf ab und giesst von der Gelatine einen grossen Tropfen auf den Objektträger.

5. Dieser Tropfen wird nun mit einer ausgeglühten Platinnadel so ausgestrichen, dass die Gelatine als dünne (± 2 mm hohe) Schicht gleichmässig ausgebreitet ist.

6. Die Platinnadel wird nun nicht ausgeglüht, sondern man lässt die Gelatine daran, streift einmal vorsichtig über die sporentragende Mitte eines Schimmelräschens und tupft an zwei bis drei möglichst entfernten Stellen auf die ausgebreitete Gelatineschicht.

7. Darauf wird die Glasglocke geschlossen, die Platinnadel ausgeglüht und die Kultur weggestellt; sie ist nach wenigen Tagen für die Bestimmung der Arten geeignet.

Die Kulturmethode auf flüssigem Substrat wird zweckmässiger Weise im „hängenden Tropfen" (vergl. p. 427) vorgenommen und zwar wird dabei der dort beschriebene Papprahmen verwendet.

Man verfährt dabei folgendermassen:

1. Man wirft einen Papprahmen in wallend kochendes Wasser, nimmt dies dann sofort von der Flamme und lässt den Papprahmen im heissen Wasser wenigstens zehn Minuten lang liegen, um die etwa daran befindlichen Schimmelsporen zu vernichten.

2. Man behandelt einen Objektträger und ein Deckglas in der soeben (p. 457, ad 1) beschriebenen Weise.

3. Wenn der Alkohol verdunstet ist, biegt man an die Platinnadel eine Oese, glüht aus und holt aus dem sterilisirten Pflaumendecoct (vergl. p. 454) einen Tropfen heraus.

4. Diesen Tropfen bringt man genau in die Mitte des Deckgläschens; man hüte sich, zuviel Flüssigkeit zu nehmen, ein Tropfen von 2—3 mm Durchmesser ist gross genug.

5. Dann holt man mit einer in der Flamme sterilisirten Pincette den Papprahmen aus dem heissen Wasser, schwenkt ihn einmal scharf in der Luft, um das überflüssige Wasser abzuschleudern und legt ihn genau auf die Mitte des sterilisirten Objektträgers.

6. Nun folgt die Impfung des auf dem Deckglas befindlichen Tropfens mit Sporenmaterial, welche genau ebenso ausgeführt wird, wie oben ad 6 beschrieben wurde.

7. Wenn man nun das Deckglas rasch umdreht, läuft der Tropfen nicht aus; das Deckglas wird so auf den nassen Papprahmen gelegt, dass der Tropfen genau in der Mitte sich befindet.

8. Zum Schluss wird die nun fertige Kultur unter eine Glasglocke weggestellt; man hat dafür zu sorgen, dass der Papprahmen stets nass ist.

Bestimmung der Schimmelpilzarten.

Ganz besonders bei Verwendung der Kulturform im „hängenden Tropfen" sind wir in der Lage, die ganze Entwickelung der Arten vom Auskeimen der Sporen bis zur Bildung der Fruchtträger und der neuen Sporen direkt unter dem Mikroskop zu verfolgen.

Auch dann, wenn die Kulturform auf der Gelatine gewählt wurde, ist dasselbe möglich, nur müssen wir die Platte vor Staub und mit ihm auffallenden fremden Schimmelkeimen so gut wie möglich schützen.

Eine Verunreinigung der Platte ist hier allerdings nicht so gefährlich, wie bei Bakterienkulturen, denn selbst wenn noch eine Art ungebeten erscheint, ist dieselbe unter dem Mikroskop von der gezüchteten leicht zu unterscheiden. Bei den Schimmelpilzen bieten die Pflänzchen als solche genügende Unterscheidungsmerkmale, während die Bakterien erst (vergl.

p. 391) als Kulturen definirbar sind, weil die Einzelzellen keine genügenden Merkmale gewähren.

Angenommen, wir hätten auf der Brotkultur eines Brunnenwassers ein sich rasch ausbreitendes, schneeweisses, niedriges, fein sammtartiges Räschen gefunden und wollten dasselbe bestimmen. Da die Art nicht hochwüchsig ist, haben wir eine Kultur im hängenden Tropfen angesetzt und untersuchen dieselbe nun, nachdem sie einen Tag alt ist.

Zu diesem Zweck nehmen wir die Kultur wie sie ist unter's Mikroskop und betrachten sie bei etwa 100facher Vergrösserung.

Da sehen wir, dass die ganze Nährflüssigkeit von feinen, weissen Fäden wirr durchzogen ist. Diese Fäden sind verzweigt und hauptsächlich die Aeste, aber auch streckenweise die Fäden selbst sind in starkglänzende, ovale, wie die Perlen eines Rosenkranzes nebeneinander liegende Zellen zerfallen (vergl. T. 2, Fig. 63).

Um den Namen dieses Schimmelpilzes aufzufinden, schlagen wir p. 2 den Familien-Bestimmungsschlüssel der Pilze auf.

p. 2. Fäden einfach (resp. unecht verzweigt) oder mit echter Verzweigung?

Auf diese Frage giebt ein Blick in die Kultur Antwort: die Fäden sind echt verzweigt und zwar ist diese Verzweigung eine gabelige.

Wenige Worte sind über echte und unechte Verzweigung hier am Platze. Die unechte Verzweigung kommt nur bei denjenigen Spaltpilzen und Spaltalgen vor, deren Fäden mit einer Scheide versehen sind. Es ist hier eine häufige Erscheinung, dass diese Fäden zerbrechen und zwar wird dies meist an Stellen geschehen, wo ungleichartige Zellen (bei den Spaltalgen die Heterocysten) aneinander grenzen[1]. Nun sind bei diesen Spaltpflanzen alle Zellen gleichmässig mit Theilungsfähigkeit versehen. Wenn an der Bruchstelle die beiden Fadenstücke durch die Scheide noch zusammengehalten werden, wenn dabei eine der auseinandergebrochenen beiden Zellen sich weiter theilt, so schiebt sich die aus dieser Theilung hervorgehende Fadenverlängerung aus der alten Scheide heraus und es entsteht der Anschein, als ob ein intakter Faden einen Ast gebildet hätte. Dies ist aber in Wirklichkeit nicht der Fall, die Wachsthumsrichtung aller Zellen bleibt die gleiche; deswegen heisst diese Scheinverzweigung „unechte Verzweigung".

Bei der echten Verzweigung dagegen ändert sich bei irgend einer Zelle die Wachsthumsrichtung in der Weise, dass diese Zelle nach der Seite des Fadens zu einen neuen Faden bildet. Hier ist also von einem Bruch keine Rede, mit Recht wird diese Auszweigung als „echte" bezeichnet. Da die Schimmelpilze an der Spitze ihrer Fäden wachsen, muss die Anlage solcher echter Zweige in der Nähe der Spitzen gesucht werden und hier findet man sie stets reichlich.

Da wir uns in unserem Fall für echte Verzweigung entschieden haben, gehen wir (p. 2) unter B weiter.

[1] Wie in jeder Konstruktion sind auch hier diejenigen Stellen die schwächsten, wo plötzliche Querschnittsänderungen vorhanden sind.

p. 2. *Einzelzellen resp. kleine Zellverbände oder Zellfäden?*

Wir haben das Vorhandensein langer Zellfäden bereits festgestellt, deswegen gehen wir unter II. weiter.

p. 2. *Fäden ohne oder mit Scheidewände?*

Auch diese Frage erledigt sich ohne weiteres durch einen Blick ins Mikroskop in bejahendem Sinn. Die Querscheidewände der Fäden sind bei unserem Objekt ausserordentlich deutlich und reichlich vorhanden. Deswegen haben wir unter den Konidienformen der Ascomyceten, p. 85, weiter zu suchen.

p. 85. *Mycelfäden frei oder (p. 87) fest zu körperhaften Massen verschlungen?*

Bei Betrachtung unserer Kultur sehen wir, dass die Fäden alle einzeln liegen, also frei sind.

Eine Bemerkung sei hier in Bezug auf diese Frage eingeschaltet, um dieselbe verständlicher zu machen.

Die Fruchtkörper der höheren Pilze, also z. B. eine Morchel oder ein Fliegenpilz, bestehen wie die Schimmelpilze aus langen Fäden, aber diese sind fest untereinander verschlungen in derselben Weise, wie ein Tuch aus lauter verschlungenen Fäden gebildet wird. Durch diesen Bau unterscheiden sich die Pilzkörper sehr von den Körpern der höheren Pflanzen. Denn die Pilzkörper entstehen aus sich umeinander wirrenden Fäden, die Körper der höheren Pflanzen dagegen durch die Theilung einer oder weniger Primitialzellen.

p. 85. *Fäden blass resp. schönfarben oder (p. 86) braun resp. schwarz?*

Ohne weiteres giebt das weisse Aussehen des ursprünglichen Räschens sowie ein Blick in's Mikroskop die Antwort, dass die Fäden (das Mycel) weiss, also weder braun noch schwarz sind.

p. 85. *Konidien einzellig oder (p. 86) Konidien zweizellig?*

Wir können in unserer Kultur zwar lange Konidienketten finden, aber die Einzelsporen sind ohne Zweifel einzellig, denn sie zeigen keine ihren Inhalt theilende Scheidewand.

p. 85. *Konidien von den Mycelzellen sehr verschieden oder nicht?*

Wenn wir unser Präparat durchmustern, so sehen wir, dass die Entwickelung der Konidien folgende ist: Die jungen Fäden theilen sich durch Querwände und so entstehen Zellen, welche dann sich ohne weiteres voneinander trennen und die Konidien darstellen. Offenbar ist hier in unserem Fall eigentlich kaum ein Unterschied zwischen den Konidien und den Mycelzellen vorhanden, denn die Mycelzellen werden direkt Konidien.

Ganz anders ist die Sache z. B. bei Penicillium (T. 2, Fig. 69) oder Aspergillus (T. 2, Fig. 68). Hier treibt das im Substrat kriechende Mycel direkt Fruchtträger, also besonders gestaltete, aufrechte Fäden und an diesen Specialorganen erst werden die Konidien gebildet. Irgend welche Aehnlichkeit zwischen den feinen, runden Konidien und den langgestreckten Zellen der Fäden existirt hier offenbar nicht.

p. 85. *Konidien in Ketten oder nicht?*

Wir finden in der Kultur eine Menge von Konidienketten der verschiedensten Länge. Nur wenn wir in der von uns ausgeführten Weise die Kulturen anlegen, können wir diese hier gestellte Frage beantworten, denn die Konidienketten sind so gebrechlich, dass sie bei der geringsten Berührung zerstört werden.

p. 85. Konidien im Innern der Fäden oder durch Einschnürung derselben gebildet?

Eine Sporenbildung im Innern von Zellen haben wir schon bei den Bacillus-Arten (vergl. p. 429) kennen gelernt. Derartige Sporenbildung wird in der Weise erkannt, dass die sporentragende Zelle zwei Häute erkennen lässt: die Haut der Mutterzelle und die von derselben eingeschlossene, dicke Membran der Tochterzelle (der Spore). Von einer derartigen Erscheinung ist hier gar nicht die Rede, bei in Konidien zerfallenden Fäden sehen wir deutlich, dass aussen breite, nach innen immer spitzer werdende, von aussen kommende Einschnitte die Sporen trennen, dass dieselben also durch Einschnürung der Mycelfäden gebildet werden.

p. 85. Konidien kugelig resp. ellipsoidisch oder citronförmig oder kurz cylindrisch?

Hier können wir bei unserer Entscheidung zweifelhaft sein, denn die allermeisten Konidien sind zwar ellipsoidisch, einzelne könnten wir aber auch kurz cylindrisch nennen. Citronförmig (d. h. beiderseits mit kurz aufgesetzter Spitze) sind aber keine. Deswegen haben wir uns zwischen Oospora und Geotrichum zu entscheiden.

In diesem Fall wählen wir einen Weg, welcher sich bei Bestimmungen häufig empfiehlt und oft viel Mühe erspart: wir versuchen einfach, ob in den zweifelhaften Gattungen sich eine Art beschrieben findet, welche auf unser vorliegendes Objekt passt.

Wird dieser Bestimmungsweg eingeschlagen, so probirt man zunächst bei der kleineren Gattung. In unserem Fall hat Oospora 12, Geotrichum dagegen nur zwei Arten: also sehen wir zunächst p. 90 bei Geotrichum nach.

Die beiden Arten dieser Gattung passen nun absolut nicht auf unseren Schimmelpilz, denn die eine derselben soll rothe, die andere graue Räschen haben, während unser Bestimmungsobjekt schneeweiss ist. Dadurch werden diese Arten der Gattung Geotrichum also ausgeschlossen und wir suchen die Art p. 88 unter Oospora weiter.

p. 88. Räschen weiss oder gefärbt?

Wie eben gesagt, sind die Räschen schneeweiss.

p. 88. Fäden in alten Kulturen mit keulig verdickten Enden oder nicht so?

Eine Kultur, welche uns auf diese Frage Auskunft geben könnte, besitzen wir nicht, wir müssten erst eine anlegen. Das brauchen wir aber glücklicher Weise nicht, denn, wenn wir die Frage bejahen, sehen wir bei Oospora Hofmanni angegeben, dass diese Art keine Lufthyphen bilde. Das thut unsere aber, auf dem Brot sieht der Schimmelpilz sammtartig aus, was nur von in die Luft ragenden Fäden kommen kann — also ist O. Hofmanni ausgeschlossen, auch ohne dass wir das Fehlen der keulig verdickten Enden festgestellt hätten.

p. 88. Luftmycel gut oder schlecht entwickelt?

Diese Frage ist soeben von uns beantwortet worden; das Luftmycel ist gut (sammtartig) entwickelt.

p. 88. Konidien ungefähr gleichlang oder sehr verschieden lang?

Auch hierüber giebt uns die Kultur Auskunft: die Konidien sind ungefähr gleichlang; die längeren Stücke, welche uns unter dem Mikroskop begegnen, sind vegetative Fadentheile, sie dürfen mit den Konidien nicht werwechselt werden.

Das Resultat der Bestimmung ist also, dass wir es mit Oospora lactis, einer der bei Wasseranalysen am häufigsten auftretenden Formen, zu thun haben.

Es würde nicht gerechtfertigt sein, wenn ich noch ein weiteres Paradigma für die Bestimmung von Schimmelformen, etwa einen Zygomyceten hier abhandeln wollte; nach der Familienübersicht sind diese Formen leicht durch ihr scheidewandloses Mycel von den Konidienformen des Ascomyceten zu unterscheiden. Nur darauf sei hingewiesen, dass besonders bei Mucor-Arten die „Gemmenbildung" vorkommt und verwirren könnte.

Unter Gemmen versteht man bei den Mucoraceen sporenartige Dauerzellen, welche sich in den Mycelfäden bilden können und natürlich durch Querwände abgeschlossen sind. Man halte sich, wenn solche stark lichtbrechende Körper vorkommen, hauptsächlich an die kugeligen Sporangien, welche die Mucoraceen ganz unverkennbar bezeichnen.

Wenn schon bei den Bakterien darauf hingewiesen wurde, dass bei zunehmender Praxis allmählich die Bestimmung der häufigeren Arten unnöthig werde, weil man sich das Aussehen und die Charaktere der Kolonien einprägt, so gilt dies in erhöhtem Maasse von den Schimmelpilzen. Die Vegetationen derselben sind so charakteristisch, dass man, selbst ohne mikroskopische Betrachtung, in kürzester Zeit soweit ist, die Arten nach ihrem makroskopischen Aussehen mit Sicherheit zu erkennen.

b) Hefepilze.

Die Wasseruntersuchung auf Hefepilze ist in jeder Beziehung der Untersuchung auf Schimmelpilze gleich. Nur wird sich öfters das Bedürfniss herausstellen, auf das Plattenverfahren behufs Isolirung der Kolonien zurückzugreifen.

Die Nährböden für die Hefepilz-Untersuchung.

Wie oben (p. 451) ausgeführt, theilen die Hefepilze ihre Vorliebe für saure Nährböden mit den Schimmelformen. Aus dieser Thatsache geht als leicht verständlich hervor, dass die Hefearten besonders in den reichlich Pflanzensäuren enthaltenen (Most-) Säften der Obstarten sich in reichster Fülle entwickeln und die Gährung derselben bewirken.

Deswegen können die gleichen Nährböden wie die für Schimmelpilzkulturen verwendeten auch für die Hefepilze gebraucht werden. Insbesondere die Brotschnitten lassen stets eine reiche Ausbeute an Hefepilzen erhoffen.

Der gebräuchlichste Nährboden für Hefepilze ist aber die Bierwürzgelatine. Dieselbe wird hergestellt, indem man sich gewöhnliche Bierwürze vom Brauer verschafft, je 1000 g derselben 100 g Gelatine zusetzt, aufkochen lässt, im Heisswassertrichter filtrirt und auf der Flamme sterilisirt. Die Bierwürzgelatine reagirt deutlich sauer.

Aussehen der Hefekolonien.

Die Hefepilze sind im Aussehen ihrer Kolonien allermeist den Bakterien ausserordentlich ähnlich. Auf den Gelatineplatten der bakteriologischen

Wasseruntersuchung erscheinen sehr häufig gewisse Hefen und es wurde bereits oben (p. 399) auf die wesentlichen aber keineswegs immer leicht kenntlichen Unterschiede derselben gegenüber den Bakterienkolonien hingewiesen.

In diesen Fällen handelt es sich stets um Arten, welche verhältnissmässig kleine, kugelige oder kurz ellipsoidische Zellen besitzen (Saccharomyces cretaceus, S. minimus, S. rosaceus, S. glutinis). Diese Species (wie noch manche andere) bilden Kolonien, die makroskopisch und bei Lupenbetrachtung überhaupt nur sehr schwer von Bakterienkolonien unterschieden werden können.

Dagegen wachsen wenige andere Arten (z. B. S. Mycoderma) derart, dass man ihre Kolonien leicht für Schimmelräschen halten könnte.

Bekanntlich ist es für manche Formen (von den Gährungsphysiologen als Torula-Arten bezeichnet) überhaupt noch gar nicht sicher, ob sie zu den Saccharomyceten oder zu den Schimmelpilzen zu zählen sind. Viele höheren Pilze (insbesondere die Ustilagineen [Brandpilze], doch auch Tremellaceen [Gallertpilze] und andere) haben die Eigenschaft, dass ihre Sporen bei Keimung in Nährlösungen durchaus hefeähnliche Gestalten annehmen, insbesondere die seltsame Vermehrung durch Sprossung aufweisen. Derartigen Formen werden wir zwar bei unseren Untersuchungen kaum begegnen, aber auch die Mucoraceen (z. B. Mucor Mucedo) zeigen die gleiche Eigenthümlichkeit, bilden bei Luftabschluss in Nährlösungen hefeartige Zellkomplexe, welche sogar eine Alkoholgährung bewirken können.

Da wir unsere Kulturen nicht bei Luftabschluss vornehmen, wird eine Verwechslung hefeartiger Entwickelungszustände von häufigen höheren Pilzen mit wirklichen Hefen uns kaum vorkommen. Praktischer Weise rechnet man deshalb alle Sprosspilze, welche bei der Wasseruntersuchung erscheinen, ruhig zu Saccharomyces. Auf der Feststellung des eigentlichen Charakteristikums dieser Pilze, der Endosporen-Bildung, kann in der Praxis nicht bestanden werden.

Untersuchung der Hefepilze.

Wie das ganze Aussehen der Hefekolonien demjenigen der Bakterienkolonien allermeist zum Verwechseln ähnlich ist, so wird auch die fundamentale Zelluntersuchung dieser Pilze vorgenommen, als ob es Bakterien wären.

Dem entsprechend werden von Hefekolonien Aufschwemmpräparate (vergl. p. 414) angefertigt; diese in der bei der bakteriologischen Untersuchung gebräuchlichen Weise mit Anilinfarben gefärbt (vergl. p. 415); in Kanadabalsam eingeschlossen und so betrachtet (vergl. p. 415).

Auf diese Weise wird die Zugehörigkeit zur Familie der Saccharomyceten bestimmt und zwar hat man gerade auf die Sprossung der Hefearten (vergl. p. 419) zu achten.

Für die weitere Untersuchung ist dann aber die Kulturmethode im hängenden Tropfen (vergl. p. 458) unumgänglich nöthig; darin sind die Hefeformen wieder den Schimmelpilzen ähnlich.

Man legt die Kulturen im hängenden Tropfen genau so an, als ob man es mit Schimmelpilzen zu thun hätte; auch ist das Pflaumendecoct (vergl. p. 454), welches dort verwendet wurde, hier gleichfalls vorzüglich brauchbar. — Im hängenden Tropfen orientirt man sich leicht über die Form, welche die Zellverbände der Hefepilze besitzen.

Bestimmung der Hefepilze.

In Anwendung des eben Ausgeführten verfährt man, wenn das Mikroskop-Präparat gezeigt hat, dass man es mit einem Hefepilz zu thun hat, folgendermassen:

1. Man impft zunächst von der ursprünglichen Kolonie ein mit Würzgelatine beschicktes Reagensglas, um sich eine Reinkultur zu sichern.

2. Wenn diese Reinkultur genügend gewachsen ist, nimmt man ein Minimum derselben ab und legt die Kultur im hängenden Tropfen (vergl. p. 458) an.

3. Darauf ist es stets, um festzustellen ob die Art Zucker zu Alkohol vergähren kann, nothwendig noch eine Kultur in Zuckerlösung anzusetzen.

Im Allgemeinen handelt es sich nur um das Verhalten der Hefepilze gegen Traubenzucker und Milchzucker; mit der Kenntniss der Reaktion auf diese Zuckerarten kommt man aus, um die für die Wasserbeurtheilung wichtigen Arten zu bestimmen.

Und zwar wird die Untersuchung des Verhaltens gegen Traubenzucker bei allen Arten vorgenommen werden müssen, während die Milchzuckerprobe nur in wenigen Fällen nothwendig ist und nur in diesen Specialfällen (welche p. 70 im Bestimmungsschlüssel angegeben sind) Verwendung findet.

Für die Prüfung der Alkoholbildung sind eine ganze Reihe theilweise recht komplicirter Verfahren im Gebrauch. Dieselben wurden durch die Bedürfnisse der speciell auf der Untersuchung und Reinzüchtung von Rassen (Unterarten) der hauptsächlichsten Gährungserreger (Biergährung, Weingährung) beruhenden modernen Gährungstechnik gefordert. Bei unserer Wasseruntersuchung dagegen brauchen wir nur eine Feststellung, ob überhaupt Alkohol aus Zucker gebildet wird und dazu bedienen wir uns des einfachsten Verfahrens.

Als Grundlage für die Nährlösung, welche hier angewandt wird, dient die Uschinsky'sche Nährlösung: Wasser 1000,0; Kaliumbiphosphat 2,0; Asparagin 4,0; Kochsalz 5,0; milchsaures Ammonium 6,0. Dazu wird Traubenzucker (gepulvert) 50,0 gegeben, nach vollständiger Lösung filtrirt, in Reagensgläser je 10 ccm abgefüllt, mit Wattepfropf versehen und an drei aufeinanderfolgenden Tagen je 1/2 Stunde im Papin'schen Topf sterilisirt.

Diese Nährlösung ist für unsere Zwecke vorzüglich geeignet. Um die Alkoholbildung eines Hefepilzes zu untersuchen, wird (unter Beobachtung aller Vorsichtsmassregeln, vergl. p. 410) in ein mit der Lösung beschicktes Gläschen ein Minimum der Reinkultur eingeimpft, das Reagensglas wieder mit dem Wattepfropf verschlossen und bei bei 22° gehalten.

Nach acht Tagen ist Alkohol nachweisbar, wenn solcher gebildet wird. Um denselben zu erkennen, wendet man die Lieben'sche Jodoformreaktion an:

Man erwärmt die Flüssigkeit gelinde (auf 40—50°), wirft in dieselbe einige Körnchen Jod und fügt vorsichtig soviel Kalilauge zu, bis die Lösung farblos geworden ist. Wenn sehr reichlich Alkohol gebildet wurde, kann sich nun eine citrongelbe (von gebildetem Jodoform herrührende) Trübung bemerklich machen. Dies tritt aber allermeist nicht gleich ein, sondern der Jodoformniederschlag bildet sich bei geringen Alkoholmengen erst später. Deswegen muss das Reagensglas über Nacht stehen bleiben. Ein citrongelber Niederschlag ist ein Zeichen für Alkoholbildung. Ausserdem erkennt man das gebildete Jodoform am Geruch, die Jodoform-Krystalle an ihrer charakteristischen Form unter dem Mikroskop.

Diese Reaktion muss sehr vorsichtig ausgeführt werden, insbesondere ist ein Uebermass von Kalilauge zu vermeiden.

Weiter muss bedacht werden, dass manchmal auch die Zuckerarten selbst (also in unserem Fall Traubenzucker) eine sehr schwache Jodoformreaktion geben können. Es ist deshalb dringend nöthig, neben der zu prüfenden Kultur gleichzeitig auch ein Reagensglas mit Nährlösung in gleicher Weise zu untersuchen, um die Resultate vergleichen zu können.

Hat man auf diese Weise die Unterlagen für die Bestimmung gewonnen, so ist dieselbe so leicht, dass die Durchführung eines Paradigmas hier nicht nöthig fällt.

Die mikroskopische Untersuchung der Wasserproben.

Ganz wesentlich einfacher als die Bestimmung der Spaltpilze, Schimmelformen und Hefepilze gestaltet sich die Untersuchung der übrigen im Wasser vorkommenden Mikroorganismen. Die genannten Pilzformen mussten durch kulturelle Methoden erst in einen bestimmungsfähigen Zustand gebracht werden, bei den anderen Objekten der mikroskopischen Wasseranalyse ist dies unnöthig. Hier ist das Individuum so, wie es das Mikroskop zeigt, in den allermeisten Fällen geeignet, ohne Weiteres Gattung und Species erkennen zu lassen.

Wo dies nicht der Fall ist, pflegen einfache Färbungsmethoden zum Ziel zu führen und etwa verborgene Details klarzustellen. Dies ist ganz besonders bei den zoologischen Objekten, den Protozoën, manchmal der Fall.

Aus diesem Grunde soll nachher in gesonderten Abschnitten die Bestimmung der pflanzlichen (soweit dieselben nicht schon abgehandelt sind) und thierischen Mikroorganismen dargestellt werden. Daran wird sich ein kurzes Kapitel über die häufiger im Gesichtsfelde des Mikroskops erscheinenden oder für die Wasserbeurtheilung wichtigen todten Objekte anschliessen.

Vorbereitung der Wasserproben für die mikroskopische Untersuchung.

Die Menge der in Trink- und Abwasserproben enthaltenen Mikroorganismen ist grundverschieden; dementsprechend unterscheidet sich auch die Behandlung verhältnissmässig reinen Wassers von der Behandlung der Schmutzwasserproben.

Die Proben der Abwasservegetationen haben wir (vergl. p. 383) in der Weise gewonnen, dass die Wasserläufe „abbotanisirt" und direkt Rasen der wichtig erscheinenden Organismen für die Untersuchung mitgenommen wurden. In gleicher Weise können (vergl. p. 380) auch bei Brunnenuntersuchungen Proben makroskopisch sichtbarer Vegetationen gewonnen worden sein.

An derartigen flockenartigen oder krustigen Objekten ist nichts Weiteres zu thun. Die dieselben enthaltenden Probegläser werden in Krystallisirschalen, welche etwas durch Kochen sterilisirtes Wasser enthalten, geschüttet und mit Glasstab und Pincette die Vegetationsräschen ausgebreitet, um die besten Partien zu finden, von denen nachher die Präparate gemacht werden.

In den Proben reinerer Wässer dagegen, insbesondere in Brunnenwasserproben, handelt es sich darum, die flottirenden, für das unbewaffnete Auge allermeist unsichtbaren Organismen von der grossen Menge ihres Mediums zu trennen.

Dies kann auf zweierlei Weise geschehen: entweder durch Filtration oder durch Absitzenlassen der im Wasser enthaltenen Organismen.

Die erste Methode haben wir bereits (vergl. p. 379) angewandt, um an Ort und Stelle bei der Probeentnahme von Brunnenwasser die Mikroorganismen von 15—20 Liter Wasser auf ein kleines Wasservolum zu konzentriren. Diese Filtrationsmethode ist überhaupt praktischer als das Aufnehmen des Satzes, weil durch Filtration auch die mit Eigenbewegung versehenen Organismen, insbesondere die höheren Protozoën (Infusorien) der Beobachtung sich nicht entziehen können, während manche Arten derselben vielfach kaum gefunden werden, wenn man den Satz der Wasserproben allein untersucht.

Um eine Probe nur wenig Organismen enthaltenden Wassers also für die mikroskopische Untersuchung herzurichten, filtriren wir die ganze uns zur Verfügung stehende Wassermenge auf einem kleinen Filter und sorgen nach beendeter Filtration dafür, dass durch Anwendung der Spritzflasche der ganze Filterrückstand unten im Filter zusammengespült wird.

Dann stösst man den Boden des Filters durch und schwemmt den Filterrückstand mit möglichst wenig Wasser in ein kleines Schälchen.

Untersuchung der Algen und Wasserpilze.

Anfertigung der Präparate für die mikroskopische Untersuchung.

A. Präparate für die Untersuchung und Bestimmung der lebenden Mikroorganismen. — Um ein derartiges Präparat zu machen, verfährt man folgendermassen: Man nimmt ein Deckglas und einen Okjektträger und reinigt beide mit einem Tuche. Dann bringt man mit dem Glasstab einen Tropfen destillirten Wassers auf die Mitte des Objektträgers. Darauf sucht man sich das zu betrachtende Objekt heraus.

Hat man grössere Flocken eines Wasserpilzes oder einer Alge, so fasst man eine Stelle in's Auge, welche möglichst rein ist, die also nicht mit Schlamm, Eisenocker etc. beschmutzt ist. Solche Stellen sind gewöhnlich am Rande der Flocken zu finden. Dann nimmt man zwei Präparirnadeln und macht ein kleines Stückchen von dem betreffenden Algen- oder Pilzlager los. Geht dies nicht mit zwei Nadeln, so kann man auch die Flocke mit zwei Pincetten in mehrere kleine Stückchen zerreissen; man sucht sich dann ein Stückchen heraus, welches nicht mit den Pincetten angefasst und dadurch gequetscht war.

Dieses Stückchen fischt man mit der Präparirnadel aus dem Wasser heraus und bringt es in den Wassertropfen auf dem Objektträger. Dasselbe wird dann so eben wie möglich auseinandergelegt; es dürfen keine Haufen von Zellfäden vorhanden sein, welche die ebene Lage des gleich aufzulegenden Deckglases nicht gestatten würden, auch müssen die Zellen möglichst voneinander getrennt liegen, um dieselben ungehindert betrachten zu können.

Dann legt man das Deckgläschen vorsichtig auf. Hat man den Wassertropfen richtig gewählt (was bei einiger Uebung sehr leicht ist), so ist nun der ganze Zwischenraum zwischen Objektträger und Deckglas mit dem Wasser erfüllt, welches das Präparat umgiebt, neben dem Deckglas befindet sich aber kein Wasser mehr. Sollte dies dennoch der Fall sein, so wird es mit Fliesspapier sauber abgewischt.

Ein derart hergestelltes Präparat ist zur Untersuchung fertig.

B. Dauerpräparate. — Es kann häufig wünschenswerth sein, bestimmte Mikroorganismen zu konserviren, um dieselben später in Zweifelsfällen zum Vergleich zur Hand zu haben. Wenn es unsere Zeit irgend erlaubt, werden wir deshalb auch Dauerpräparate von denjenigen Algen und Wasserpilzen anfertigen, deren Bestimmung uns gelungen ist.

Um ein Dauerpräparat herzustellen, macht man zunächst ein gewöhnliches Präparat (oben, ad A). Dann setzt man an einen Rand des Deckglases einen Tropfen verdünnten Glycerins ($^1/_3$ Glycerin, $^2/_3$ Wasser). Dabei muss man sich davor hüten, das Glycerin auf den Deckglasrand zu bringen, denn an Stellen, wo Glycerin hängt, haftet nachher der als Abschlussmasse verwendete Lack nicht mehr. Das Glycerin diffundirt nun unter das Deckglas. Man lässt das Präparat etwa zwei Stunden stehen, ersetzt das dann theilweise verdunstete Wasser nochmals mit verdünntem Glycerin und hat nach einer weiteren Stunde das Präparat soweit, dass es eingeschlossen werden kann.

Der Einschluss wird durch schwarzen Maskenlack [1]) bewirkt. Bevor derselbe aber angewendet werden kann, muss die Stelle des Objektträgers, auf welche vorhin das Glycerin getropft wurde, sorgfältig gereinigt werden. Dies geschieht durch Abwischen mit einem Leinenläppchen, wobei man sich aber davor zu hüten hat, an das Deckglas zu stossen und dadurch es zu verrücken und eine andere Stelle mit Glycerin zu beschmutzen. Wenn das Glycerin trocken abgewischt ist, so taucht man einen feinen Pinsel in den Lack und legt einen dünnen, schmalen Lackreif derart, dass derselbe zur Hälfte auf dem Objektträger, zur Hälfte auf dem Deckglas verläuft, rings um das letztere herum. Dann stellt man das Präparat weg, bis der Lack etwas fest geworden ist. Man lasse sich nicht dadurch irritiren, dass dieser erste Lackstreifen hier und dort noch kleine Lücken besitzt: wenn er angezogen hat, so kommt noch einmal ein Lackstrich darüber und zwar diesmal ein etwas breiterer, wieder beiderseits auf Deckglas und Objektträger übergreifender. Dieser schliesst dann das Präparat definitiv ein.

Zum Schluss werden noch sogenannte „Schutzleisten", Stückchen von Karton, beiderseits auf den Objektträger geklebt. Dieselben sollen das Präparat davor schützen, zerdrückt zu werden und nehmen zugleich den Namen des Objekts, sowie Notizen über Fundort und Präparationsweise auf. — Derartige Präparate halten sich viele Jahre.

Untersuchung und Bestimmung der Algen (excl. der Bacillariaceen), sowie der Wasserpilze.

Die Untersuchung dieser Objekte geht mit der Bestimmung Hand in Hand. Für gewöhnlich wird man alle Merkmale, welche für die Bestimmung wichtig sind, ohne Weiteres im Präparat erkennen können. Dies ist um so mehr der Fall, als in den Bestimmungstabellen mit besonderer Sorgfalt die an den vegetativen Zellen sichtbaren Merkmale benützt wurden, denn allermeist kommen nur die vegetativen Zustände bei der Wasseranalyse zu Gesicht.

---

[1]) Zu beziehen von Dr. G. Grübler & Co., Leipzig, Bayerische Strasse 63; 100 g kosten *M.* 1,30.

Bedauerlicher Weise war diese Art und Weise der Anordnung nicht überall möglich, denn manche Algenarten lassen sich eben erst in fruktifizirenden Stadien von ihren Nächstverwandten unterscheiden. Dies hat aber zum Glück für die praktische Verwendung der Bestimmungen in diesem Fall nur geringe Bedeutung, denn gerade jene Gattungen, wo oft eine genauere Bestimmung nicht möglich ist (z. B. Prolifera, Anabaena) enthalten keine für die Wasserbeurtheilung ausschlaggebenden Arten.

Messung mikroskopischer Objekte. — Von allergrösster Bedeutung für die Bestimmung der mikroskopischen Lebewesen überhaupt ist ihre Grösse, und die Art und Weise, wie diese gemessen wird, muss hier beschrieben werden.

Es giebt zwei Wege, welche behufs Messung eingeschlagen werden; dieselben sind beide gleichmässig im Gebrauch.

Die genauere Methode ist folgende: man nimmt einen Zeichenapparat, setzt denselben auf das Instrument und umzieht mit hartem Bleistift genau die Konturen des zu messenden Objekts. Darauf nimmt man das Präparat weg und legt an seine Stelle ein Objektiv-Mikrometer, misst daran fünf Theilstücke ab und zeichnet die Entfernung ebenfalls auf. Dann misst man mit einem genauen Massstab die Grösse der Zeichnung des zu untersuchenden Objekts und vergleicht die gefundene Zahl mit derjenigen, welche das Mikrometer bei der betreffenden Vergrösserung gewährt.

Oder: Man verwendet ein Okularmikrometer (vergl. p. 325), misst mit demselben genau die Grösse des zu untersuchenden Objekts und multiplizirt die gefundene Zahl mit dem Multiplikator, welcher vom Optiker auf der mit dem Instrument gelieferten Vergrösserungstabelle für die verwendete Zusammenstellung von Objektiv und Okular angegeben ist. Die gefundene Zahl giebt dann die gesuchte Grösse in μ an.

Bestimmung eines Wasserpilzes.

Bei der Begehung eines Abwassers ist uns in demselben ein massenhaft vorhandener, an ins Wasser ragenden oder in demselben liegenden Gegenständen fluthender weisser Belag aufgefallen, von dem wir eine Probe mitgenommen und präparirt haben. Dieselbe soll nun bestimmt werden. (Vergl. Taf. II, Fig. 60.)

Schon bei schwacher Vergrösserung (etwa 120-fach linear) sehen wir, dass die weissen „Zöpfe“ aus lauter langen, schlauchartigen Fäden bestehen, welche (wie ja auch das makroskopische Aussehen beweist) vollkommen farblos, jedenfalls nicht grün sind. Wir schlagen deshalb die Bestimmungstabelle auf.

p. 1. Zellen gefärbt oder ungefärbt?

Die Zellen sind ungefärbt, deswegen gehört der Organismus zu den Pilzen (p. 2).

p. 2. Nur durch Zelltheilung oder auch anders sich vermehrend?

Die Antwort auf diese Frage lautet bei Besichtigung des Präparats, dass von einer Zelltheilung resp. dem Resultat derselben, von abgetheilten Zellen, überhaupt nichts zu sehen ist. Unser Pilz besteht aus lauter breiten, langen, von

Strecke zu Strecke verzweigten Schläuchen ohne Querwände; deswegen kann die Vermehrung wohl nicht durch das, was man gemeinhin Zelltheilung nennt und was im Schlüssel unter diesem Ausdruck verstanden wurde, vor sich gehen. Wir gehen also unter B (p. 2) weiter.

p. 2. *Einzelzellen resp. kleine Zellverbände oder Zellfäden resp. scheidewandlose Schläuche?*

Diese Frage wurde soeben bereits entschieden: die Pflanze besteht aus scheidewandlosen Schläuchen. Deswegen muss sie unter II (p. 2) weiter gesucht werden.

p. 2. *Mycelfäden ohne oder mit Scheidewänden?*

Aus dem soeben angeführten Grund muss unter a, 2 (p. 2) bei der Bestimmung fortgefahren werden.

p. 2. *An der Luft oder im Wasser lebend?*

Natürlich lebt die Pflanze im Wasser, denn wir haben sie ja voll entwickelt aus dem Wasser gesammelt; dieselbe gehört also zur Klasse der Oomycetes.

p. 82. *Fäden unter oder über 5 μ breit?*

Wir müssen hier die Messung (vergl. p. 469) ausführen; dieselbe wird an Fäden möglichst verschiedener Dicke vorgenommen, die gefundenen Zahlen werden addirt und daraus das Mittel gezogen. Unsere aus 5 Messungen sich ergebende Ermittelung stellt einen Durchschnittswerth von 40 μ für die Fadendicke fest: also müssen wir zu I (p. 83) übergehen.

p. 83. *Fäden ohne oder mit regelmässigen Einschnürungen?*

Die mikroskopische Betrachtung des Präparats lehrt, dass ganz unverkennbar von Strecke zu Strecke deutliche, sich als tiefe Einkerbungen der Umrisslinie kundgebende Einschnürungen vorhanden sind. Je zwei solcher Einkerbungen liegen sich an den Fadenwänden genau gegenüber: daraus schliessen wir, dass es sich hier um Ringfurchen handelt, welche die Fäden in regelmässige Glieder abtheilen. Dem entsprechend ist der Pilz Leptomitus.

Nun schlagen wir diese Gattung auf, finden, dass es sich nur um eine Art, nämlich Leptomitus lacteus handeln kann, vergleichen die Beschreibung mit unserem Objekt und überzeugen uns durch diesen Vergleich, dass unsere Bestimmung richtig war.

Bestimmung einer Alge.

Wir nehmen an, bei der (vergl. p. 379) vorgenommenen Filtration eines Brunnenwassers einen Filterrückstand gewonnen zu haben, welcher unbewegliche grüne und zwar zu 16 sehr regelmässig rosettenartig zusammenhängende Zellen enthält (vergl. Taf. IV, Fig. 165). Dieser Organismus soll bestimmt werden.

p. 2. *Zellen ungefärbt oder grün?*

Wir sehen deutlich, dass die Zellen grün sind; dem entsprechend suchen wir den Organismus p. 98 unter den Algen.

p. 98. *Zellen mit oder ohne Kieselschale?*

Es ist im Schlüssel angegeben, dass die Probe auf diese Frage mit koncentrirter Schwefelsäure gemacht werden soll; dieselbe soll also darin bestehen, dass durch die Säure Zellen, welche keinen Kieselpanzer haben, vernichtet werden.

Wie verhalten wir uns nun? Sollen wir eventuell das Bestimmungsobjekt bei dieser Probe verlieren und soll die Bestimmung dann mit der Feststellung, dass kein Kieselpanzer vorhanden sei, aufhören? Dies wäre nicht zweckmässig.

Wir merken uns deswegen zunächst, wo in unserem Präparat das Objekt liegt, damit wir dasselbe wieder finden. Dann machen wir aus dem noch vorhandenen Untersuchungsmaterial ein, eventuell mehrere neue Präparate um in diesen die gleiche Form nochmals aufzufinden und zwar suchen wir mit schwacher Vergrösserung danach.

Ist dies gelungen, so kann der Versuch mit Schwefelsäure gemacht und das eine Objekt geopfert werden.

Man verfährt dabei folgendermassen: Neben das Deckglas bringt man auf den Objektträger einen kleinen Tropfen koncentrirter Schwefelsäure, hütet sich aber davor, den Säuretropfen so nahe an das Deckglas zu setzen, dass eine Berührung von Wasser und Säure stattfinden kann. Denn sonst wird durch die Mischung der Flüssigkeiten eine so energische Strömung hervorgerufen, dass das Bestimmungsobjekt aus dem Gesichtsfeld gerissen wird und verloren geht.

Dann sieht man in das Okular des Mikroskops, fasst mit der linken Hand den Objektträger des Präparats an um dem Objekt rasch folgen zu können, wenn dasselbe fortschwimmen sollte und breitet darauf (ohne von dem Okular aufzusehen!) mit einer Platinnadel den Schwefelsäuretropfen so aus, dass er mit dem Wasser des Präparats sich mischen kann.

Bei geringer Uebung gelingt es leicht, bei dieser und ähnlichen unter dem Deckglas vorzunehmenden Reaktionen das Objekt trotz den entstehenden Strömungen nicht zu verlieren.

Bei beginnender Einwirkung der Schwefelsäure sieht man nun folgendes: bei allen Algen ohne Kieselschale tritt zunächst eine Quellung, also ein Aufblähen ein; dann schwärzt die Säure das Objekt und zerstört es bald vollständig.

Bei Kieselalgen (Bacillariaceen) dagegen tritt keine Quellung ein. Die Schwärzung beschränkt sich auf den Zellinhalt, die farblose Schale dagegen bleibt vollständig erhalten.

Im Uebrigen ist diese Reaktion aber überhaupt unnöthig, wenn man einmal eine Bacillariacee bestimmt und sich damit die Formen dieser Algenklasse eingeprägt hat. Dieselben sind so charakteristisch, bezeichnen die Klasse so unverkennbar (vergl. Taf. III, Fig. 90—124), dass im gegebenen Fall überhaupt die oben gestellte Frage, ob ein Kieselpanzer vorhanden ist oder nicht, wegfällt.

In unserm Fall fehlt ein solcher.

p. 98. Zellen lichtgrün oder (p. 99) anders, also z. B. blaugrün gefärbt?

Der Unterschied, welcher mit dieser Frage gemacht wird, bezieht sich darauf, ob der assimilirende Farbstoff der Zellen Chlorophyll ist oder nicht. Durch Chlorophyll sind alle grünen höheren Pflanzen gefärbt und ihre Blätter, insbesondere die jungen Blätter zeigen diejenigen Farbentöne, welche hier als „lichtgrün“ bezeichnet werden.

Im Farbenkasten des Malers ist das „Saftgrün“ diejenige Farbe, welche unter der Bezeichnung „lichtgrün“ verstanden wird: es ist stets ein Grün, in welchem die gelben Töne vorherrschen.

Unter dem Mikroskop ist der Unterschied zwischen „lichtgrünen“ und „blaugrünen“ Algen leicht zu machen: Nur wenige Fälle giebt es, welche zweifelhaft sein können. Sollte dann die Entscheidung schwer fallen, so versehe man sich mit einem leicht auffindbaren Vergleichsobjekt für die blaugrüne Färbung.

Ueberall, in Städten wie auf dem Lande, findet man an Wegnischen, welche häufiger mit Urin getränkt werden oder an anderen unreinlichen Stellen auf dem Boden schwarz aussehende, papierartige Massen, welche bei aufmerksamer Betrachtung eine fädige Struktur aufweisen. Von solchen nimmt man eine kleine Probe, weicht sie mit Wasser auf, wäscht den daranhaftenden Schmutz so gut wie möglich ab und fertigt dann davon ein Präparat (vergl. p. 467).

Diese Massen bestehen aus blaugrünen Erdalgen (Microcoleus, Oscillatoria) und zeigen klar, welche Farbennuancen unter der Bezeichnung „blaugrün" verstanden sind.

Zu bemerken bleibt hier allerdings, dass es unter den kleinsten einzelligen Algen einige (z. B. Micrasterias Cda.) giebt, deren Färbung so sehr wechseln kann, dass sie eigentlich ebensogut unter den lichtgrünen wie den blaugrünen Algen gesucht werden könnten. In diesem Falle bleibt nichts anderes übrig, als zu bestimmen, d. h. zunächst die eine Färbung als vorhanden anzunehmen und unter dieser Voraussetzung die Species zu suchen und es dann mit der anderen Färbung ebenso zu machen. Dann wird man auf dem einen Weg zu keinem, auf dem anderen dagegen zu einem gut passenden Resultat gelangen und damit ist dann auch die Frage, welcher Weg der richtige war, entschieden.

Das Mikroskop sagt uns in unserem Fall aber unzweideutig, dass das Objekt unserer Bestimmung lichtgrün gefärbt ist.

p. 99. Alge einzellig oder mehrzellig?

Unsere Pflanze besteht aus 16 in ein Täfelchen geordneten Zellen; dem entsprechend suchen wir sie unter den mehrzelligen Algen[1]).

p. 99. Alge makroskopisch gross oder mikroskopisch klein?

Ohne Zweifel ist unsere Alge mikroskopisch klein, denn erst stärkere Vergrösserungen lassen ihre Gestalt erkennbar werden, mit blossem Auge ist sie überhaupt nicht sichtbar.

p. 99. Farbstoff in Bändern resp. geraden Platten und Sternen oder nicht so?

Auch bei starker Vergrösserung erscheint in unserm Fall der Zellinhalt gleichmässig grün gefärbt; dem entsprechend ist von Bändern, Platten oder Sternen, die sich scharf abheben, nicht die Rede.

p. 99. Pflanzen fadenförmig resp. (sehr selten) häutige, aus sehr vielen Zellen bestehende Flächen, oder Zellflächen sehr regelmässig, aus einer geringen Anzahl von Zellen gebildet?

Unser Objekt ist eines der regelmässigsten in seinem Bau, welches überhaupt in der Natur vorhanden ist. Dasselbe besteht (im Specialfall) wie oben

---

[1]) Dies geschieht eigentlich zu Unrecht, denn das Täfelchen ist eine „Kolonie" einzelliger Organismen; für die Bestimmung aber wurde im Schlüssel die Möglichkeit geboten, nur nach dem Augenschein sich zu entscheiden. Dem entsprechend wurde die Familie der Palmellaceen, zu denen der Organismus gehört, sowohl unter den ein- wie den mehrzelligen Formen aufgeführt.

angegeben, aus 16 Zellen, welche einen ordenartigen Stern bilden und alle in einer Ebene liegen. Deshalb kann es keinem Zweifel unterliegen, dass wir dasselbe in der Familie der Palmellaceae (p. 144) zu suchen haben.

p. 144. Kolonien von sehr charakteristischer oder (p. 145) von unregelmässiger Gestalt?

Die Kolonien sind, wie eben bemerkt, sehr regelmässig und charakteristisch gebaut.

p. 144. Kolonien bäumchenförmig oder nicht?

Dieselben sind nicht bäumchen- sondern flächenförmig.

p. 144. Kolonien körper- oder (p. 145) flächenhaft?

Unter körperhaften Kolonien sind solche zu verstehen, deren Zellen nach mindestens drei Richtungen gelagert sind (resp. sich theilen); selbstverständlich ist auch jede Zellkolonie, bei welcher die Zellen tafelförmige Figuren bilden, also nur nach zwei Richtungen des Raums aneinandergelagert sind, ein Körper im mathematischen Sinn, denn die Zellen besitzen eine gewisse Dicke, also eine wenn auch geringe Ausdehnung nach der dritten Raumrichtung. Diese wird aber vernachlässigt und wir sprechen in unserm Fall von keinem Zellkörper, sondern von einer Zellfläche.

p. 145. Kolonien aus 4 bis 8 Möndchen gebildet oder nicht so?

Hier könnte der Anfänger stocken, denn die Randzellen unserer Zellfläche tragen je zwei grosse Spitzen und sind dazwischen ausgeschweift, sodass man wohl an eine mondförmige Gestalt erinnert werden könnte. Aber erstens besteht die Kolonie nicht aus lauter möndchenartigen Zellen (die im Innern gelegenen tragen die Spitzen nicht) und zweitens ist sie aus 16 Zellen gebildet; dem entsprechend schliessen wir Selenastrum bei der Bestimmung aus.

p. 145. Zellen nach zwei oder nur einer Raumrichtung zusammenhängend?

Hiengen die Zellen nur nach einer Raumrichtung zusammen, so müssten die Querwände zu dieser Richtung senkrecht stehen, also alle ungefähr parallel verlaufen. Dies ist durchaus nicht der Fall, also liegt hier nicht ein breiter Zellfaden sondern eine Zellfläche vor.

p. 145. Kolonien mit oder ohne deutliches Centrum?

Das Centrum unserer Kolonie wird durch eine Zelle gebildet und die Uebrigen liegen kranzförmig um dieselbe herum, es ist also sehr deutlich.

Dem entsprechend haben wir unser Bestimmungsobjekt als der Gattung Pediastrum (p. 148) zugehörig erkannt; wir suchen unter dieser die Art.

p. 148. Randzellen ohne oder mit Einschnitt?

Aus der möndchenförmigen Gestalt der Randzellen wird leicht erkannt, dass dieselben einen breiten Einschnitt tragen, dessen stehen gebliebene Ecken eben die Spitzen der möndchenartigen Zellen sind.

p. 148. Randzellen einfach oder doppelt zweitheilig?

Die bezeichneten Spitzen der Randzellen sind einfach.

p. 148. Mittelzellen lückenlos oder Löcher zwischen sich lassend?

Die Mittelzellen schliessen nicht lückenlos aneinander; nur auf kurze Strecke berühren sich die Zellwände aneinander grenzender Zellen, dann aber trennen sie sich wieder und lassen grosse, ungefärbte Lücken frei, durch welche man den Objektträger sieht. Die Bestimmung ergiebt also, dass die gesuchte Alge Pediastrum Boryanum ist.

Untersuchung und Bestimmung der Bacillariaceen.

a) Untersuchung. — Wie oben (p. 471) ausgeführt, sind die Bacillariaceen auf den ersten Blick von den übrigen Algen unterscheidbar. Dieselben besitzen in ihrem Kieselpanzer ein sonst im Pflanzenreich bei niederen Organismen nicht vorkommendes Charakteristikum; ferner besitzen sie häufig eine ganz eigenthümliche, gleitende Eigenbeweglichkeit.

Die Struktur dieser Algen wurde bereits als Bemerkung zu dem Bestimmungsschlüssel derselben (p. 105) genauer erläutert. Dort wurde auch auf die Zeichnungen hingewiesen, welche die Kieselschalen allermeist aufweisen und welche für die Untersuchung und Bestimmung der Arten von höchster Wichtigkeit sind. Diese Ausführungen sind hier nachzulesen.

Ausser der Struktur der Kieselschale ist aber ferner noch die Zahl der in jeder Zelle befindlichen Chromatophoren wesentlich. Die Chromatophoren stellen braune, band-, platten- oder scheibenförmige Körper im Innern der Kieselschale dar; sie können nur an lebenden Zellen studirt werden, weil sie beim Absterben erst grün werden, dann rasch vergehen.

Die Struktur der Kieselschale dagegen tritt an leeren Schalen am schönsten, ja oft nur an solchen genügend deutlich hervor. Deswegen ist es nöthig, für die Bestimmung der Bacillariaceen zwei Präparate von derselben Art zu haben: eines mit lebenden Zellen, das andere aber mit abgetödteten.

Allermeist wird man ohne Mühe in zwei Präparaten, welche von derselben Wasserprobe gewonnen sind, die gleiche Bacillariaceen-Art finden, denn diese Algen pflegen gesellig zu leben.

Ist dies nicht der Fall, so wendet man behufs Gewinnung der Präparate ein Verfahren an, welches zugleich den Vortheil hat, die vielen, oft für die Beobachtung sehr störenden Schmutzpartikel zu beseitigen und die Arten fast rein, d. h. nicht mit anderen Species gemischt, zu gewinnen.

Die Bacillariaceen-Arten besitzen eine gewisse Grösse und dem entsprechend eine gewisse, im Durchschnitt für dieselbe Art gleichbleibende Schwere. Wenn man eine Schlammprobe in einem Becherglas mit reinem Wasser übergiesst, dann wartet, bis sich der Schlamm wieder gesetzt hat und darauf das Becherglas mit dem Wasser in eine rasche, um seine Axe drehende Bewegung versetzt, so tritt Folgendes ein:

In der Axe des Glases erhebt sich ein aus im Wasser schwimmenden Schlammtheilchen gebildeter Kegel, dessen Partikelchen nach der Schwere derart geordnet sind, dass die leichtesten oben, die schwereren aber unten sind.

Saugt man von einem solchen Rotationskegel also mit einer Pipette die Spitze ab, so enthält das so gewonnene Wasser nur Schlammtheilchen gleichen Volums, d. h. für unseren Zweck nur Bacillariaceen gleicher Grösse, d. i. häufig derselben Art. Andere Arten gewinnt man durch Aufsaugen tieferer Partien des Rotationskegels.

Obgleich dieser einfache Weg zur Gewinnung von Bacillariaceen-Präparaten nur selten nothwendig ist, musste derselbe doch hier beschrieben werden.

Das behufs Orientirung über die Chromatophoren angefertigte Präparat wird nun unter eine Glasglocke (feuchte Kammer) gelegt, um es nicht eintrocknen zu lassen, das andere, zum Studium der Schalenstruktur bestimmte dagegen (oder besser eine Probe des Schlammes, in welcher nachher die Art wieder gesucht wird), muss in folgender Weise behandelt werden:

Man giebt auf die bacillariaceenhaltige Masse einen grossen Tropfen koncentrirte Salzsäure[1]), fügt einige Körnchen chlorsaures Kalium hinzu und erwärmt. Durch die Einwirkung der Salzsäure auf das Chlorat entsteht freies Chlor und dieses zerstört gemeinsam mit der Säure die organische Substanz.

Ist die Masse weiss gebleicht, so erhitzt man sie auf dem Platinblech oder einem Glimmerstückchen vorsichtig bis zur Trockene, glüht dann bis sie weissgebrannt ist und legt sie darauf auf einen Objektträger, bedeckt mit Deckglas und betrachtet mittelst starker Vergrösserung.

Dies Verfahren hat folgenden Zweck: durch das Bleichen und die Säure soll die organische Substanz zerstört werden: zugleich soll die Salzsäure das in den Proben stets enthaltene Eisen, welches bei der Untersuchung sehr störend wäre, in Eisenchlorid verwandeln, welches nachher verdampft. Durch das Weissbrennen wird auch der letzte Rest der organischen Substanz zerstört, es bleiben nur mineralische Bestandtheile, insbesondere die Kieselpanzer, übrig.

Diese zeigen in einem Medium, welches das Licht stark bricht, wenig von ihrer Skulptur; dagegen tritt die Zeichnung bei starken Brechungsdifferenzen am besten hervor. Die stärkste Brechungsdifferenz wird erzielt, wenn man die Schalen in Luft betrachtet.

Als Nächstes hat man nun, bevor man zur Bestimmung schreitet, sich über die verschiedenen Ansichten der Bacillariaceen-Schale zu unterrichten. Man hat durch Schieben des Deckglases die Schale der zu bestimmenden Art umzudrehen, so dass die andere Ansicht (vergl. p. 105, Anm.) auch besichtigt wird. Liegt die Schale auf der Gürtelseite, so muss gesucht werden, eine Ansicht der Schalenseite ebenfalls zu gewinnen und umgekehrt.

Für die Bestimmung ist im Allgemeinen die Schalenseite die wichtigere; wir drehen die Schale nun auf diese. Als Objekt wählen wir ein Zickzackband, welches in Trinkwasserproben sehr häufig begegnet (vergl. Taf. III, Fig. 119).

Bei der genauen, auf die verschiedenen Seiten des Objekts ausgedehnten Betrachtung kommen wir zu folgendem allgemeinen Resultat:

---

[1]) Nicht Schwefelsäure, weil beim Zusammenbringen von Schwefelsäure und chlorsaurem Kalium besonders beim Erwärmen leicht Explosionen sich ereignen.

Die **Bacillariacee** zeigt uns als Zickzackband (vergl. Fig. 119) ihre eine **Gürtelseite**; diese Seite ist breit lineal, beide Enden sind abgestutzt-gerundet. Wenn wir sie vorsichtig umdrehen, so kommt (vergl. Fig. 119a) die **Schalenseite** zu Gesicht. Die Schalenseite weicht in ihrer Form vollständig von der Gürtelseite ab, sie ist nicht lineal, sondern in der Mitte am breitesten, nach den beiden Enden zu allmählich verschmälert. Querstreifen gehen dicht aneinander liegend über die Schalenseite weg.

Nun beginnen wir p. 105 bei den **Bacillariaceen** die Bestimmung der Art.

b) **Bestimmung einer Bacillariacee.** — Ueber die Bedeutung des Ausdrucks „Knoten“ giebt die Anmerkung p. 105 Aufschluss.

p. 105. Wenigstens eine Schalenseite mit Knoten oder Schalenseiten ohne Knoten?

Wir suchen zunächst auf der uns zugewendeten **Schalenseite** eine solche rundliche oder elliptische, begrenzte Anschwellung und zwar suchen wir zunächst in der Mitte. Hier findet sich (vergl. Fig. 97) bei sehr vielen Arten ein grosser Mittelknoten, den wir aber bei unserm Objekt nicht auffinden können. Auch an den Enden ist keine Spur von (End-)Knoten zu entdecken. Da aber die Frage dahin gestellt ist, ob vielleicht auf der andern Schalenseite ein Knoten sich finde, welcher ja auf der erst betrachteten fehlen kann, drehen wir, vorsichtig am Deckglas schiebend, das Objekt auf seine andere Schalenseite. Aber auch hier bietet sich das gleiche Bild wie zuerst: Knoten fehlen beiderseits.

p. 107. Schalenseite nach der Längsaxe symmetrisch oder nicht?

Wenn wir uns die Schalenseite in der Mitte längs geknickt und die Hälften aufeinandergelegt denken, so decken sich die Ränder vollkommen; die Schale ist also nach der Längsaxe symmetrisch.

p. 107. Chromatophoren höchstens 2 oder (p. 108) wenigstens 4?

Um diese Frage zu entscheiden, müssen wir das andere, die lebende Pflanze enthaltende Präparat vornehmen. Desselbe zeigt uns, dass die Chromatophoren kleine, braune Scheiben darstellen und in grosser Anzahl vorhanden sind.

p. 108. Schalenseite nach der Queraxe unsymmetrisch oder symmetrisch?

Zur Beantwortung dieser Frage nehmen wir wieder unser ausgeglühtes Präparat. Dasselbe denken wir uns in der Mitte quer durchgebrochen, die Ränder der beiden Hälften decken sich auch in diesem Fall, also ist die Schalenseite nach der Queraxe ebenso symmetrisch, wie sie es nach der Längsaxe ist.

p. 108. Innere Scheidewände fehlend oder vorhanden?

Wie im Schlüssel angegeben, muss diese Frage durch Betrachtung der Gürtelseite entschieden werden. Um das Präparat nicht wieder mit Mühe umdrehen zu müssen, nehmen wir das andere, lebende. Dies zeigt uns deutlich, dass das ganze Innere der Schale einen ungetheilten Raum bildet, dass also von innern Scheidewänden nicht die Rede ist.

p. 108. Schalenseite nicht kreisrund oder kreisrund?

Die Schalenseite (siehe wieder geglühtes Präparat) ist viel länger als breit, durchaus nicht kreisrund.

p. 108. Schalenseite mit starken Querrippen oder feinen Querlinien?

Die Thatsache, dass wir die Querrippen der Schalenseite schon bei schwacher Vergrösserung (± 150-fach) deutlich sehen, beweist, dass sie als stark angesehen

werden müssen. Auch mit den stärksten Vergrösserungen lassen sich diese Rippen nicht in Punktreihen auflösen.

p. 108. Querrippen der Schalenseite in der Mitte unterbrochen?

Das ausgeglühte Präparat lässt in der Mittellinie der Schalenseite keine helle Längszone erkennen, also sind die Rippen in der Mitte nicht unterbrochen.

Aus dem bisherigen Bestimmungsgang geht hervor, dass das Untersuchungsobjekt zu Diatoma gehört. Wir schlagen diese Gattung (p. 120) auf.

p. 120. Zellen in Zickzackketten oder geraden Bändern?

Wie wir gleich zu Beginn unserer Untersuchung festgestellt, hängen die Zellen in Zickzackketten zusammen.

p. 120. Schalenseite schmal elliptisch oder linear?

Die Schalenseiten sind allmählich und deutlich nach den Enden zu verschmälert, also nicht linear. Dem entsprechend entscheiden wir uns als Ergebniss des Bestimmungsganges dahin, dass die Art Diatoma vulgare sei.

Untersuchung der Protozoën.

Die Untersuchung und Bestimmung der niedrigen Thierwelt des Wassers ist im Allgemeinen schwieriger als die der Pflanzen, das hat hauptsächlich folgende Gründe:

1. Die Thiere sind mit Eigenbewegung begabt, halten also dem Betrachter nicht still wie die Pflanzen, sondern eilen oft blitzschnell durch das Gesichtsfeld des Mikroskops.

2. Die Protozoën sind viel zarter, viel vergänglicher als die Pflanzen. Während diese mit einer festen Membran umgeben sind, besteht die Oberfläche des Protozoënkörpers allermeist nur aus etwas festerem Protoplasma. Deshalb kommt es besonders bei den Infusorien ausserordentlich häufig vor, dass die Thierkörper während der Betrachtung, ohne dass sie irgend merkbar verletzt oder gestört wären, plötzlich zerfliessen.

3. Aus der Thatsache, dass den Protozoën selten eine festere Körperumhüllung zu Theil wurde, erklärt sich, warum vielfach beim künstlichen Abtödten eine derartige Kontraktion des Leibes eintritt, dass die gewöhnliche Form desselben vollständig verloren geht und nur ein undifferenzirter, unbestimmbarer Klumpen übrig bleibt.

Diese letzte Erscheinung besonders ist dafür bestimmend, dass die Protozoën hauptsächlich in lebendem Zustand untersucht werden müssen.

Es findet sich mehrfach angegeben, man solle die Protozoën dadurch in ihrer Bewegung festlegen, dass man die Deckgläschen in der p. 425 beschriebenen Weise mit Wachsfüsschen versieht und dann solange andrückt, bis die Thiere keine Bewegungsfreiheit mehr haben. Ich konnte mit dieser Methode keine günstigen Resultate erzielen, dieselbe ist nicht zu empfehlen.

Dagegen habe ich es mehrfach sehr praktisch befunden, einen Tropfen protozoënhaltigen Wassers mit erwärmter, schwacher Gelatine zu versetzen.

Dadurch wird beim Erstarren ein so festes Medium gebildet, dass die Thiere merklich in ihrer Bewegung gehindert und leichter beobachtet werden. Nur muss man sich dabei hüten, die Gelatine zu dick zu wählen, weil sonst die Protozoën beim Schwimmen in den unnatürlichsten, an einem Ende langgezogenen, am anderen kugelförmigen Gestalten erscheinen.

Die störende rasche Bewegung ist vor allen den Flagellaten und Ciliaten eigen, während die Sarcodinen und Suctorien sich viel weniger rasch oder gar nicht vom Platz bewegen; die Beobachtung dieser Thiere ist dadurch wesentlich erleichtert.

Aber auch bei den schnellbeweglichen Thieren pflegt die Bewegung nicht andauernd zu sein: lässt man sich nur genug Zeit, so kann man sie sich zur Ruhe niederlassen sehen und dann häufig in aller Bequemlichkeit beobachten.

Bei der Untersuchung der lebenden Thiere hat man sich vor allem über die Bewimperung derselben genau Rechenschaft zu geben.

Wenn man es mit sehr kleinen (bis 30 μ langen), einfach gebauten (also kugeligen, ellipsoidischen, eiförmigen etc.) Thieren zu thun hat, welche bei Betrachtung in lebendem Zustand überhaupt keine Bewegungsorgane erkennen lassen, so pflegen solche Formen zur Klasse der Mastigophora zu gehören.

Bei den Mastigophoren (Flagellaten) besteht der Bewegungsmechanismus aus wenigen, langen, durchsichtigen Protoplasmafäden, welche allermeist ständig in Bewegung sind, welche auch während der Ruhe der Thiere das Wasser zitternd bewegen und deshalb nicht gesehen werden können. Man hat empfohlen, das Wasser mit Karminkörnchen zu versetzen, um aus der Bewegung dieser Körnchen auf die Zahl und Lage der Geisseln schliessen zu können. Aber diese Methode ist für die Bestimmung nicht sicher genug: die Geisseln der Mastigophora müssen gefärbt, es müssen von diesen Thieren in gleich anzugebender Weise Präparate angefertigt werden.

Bei den Ciliaten dagegen ist Lage und Zahl der Cilien am lebenden Thier häufig besser und sicherer zu erkennen, als am getödteten.

Wenn den ganzen Körper rings ein etwas dunklerer Saum umgiebt, so pflegt dieser von dem allseitigen Cilienkleid herzurühren. Sind spezielle Cilien (Cirren) vorhanden, so zeichnen sich diese durch ihre Grösse und durch ihre Bewegung deutlicher am lebenden Thiere, als am gefärbten.

Dies ist ganz besonders bei den in Bezug auf ihre Bewimperung schwierig zu untersuchenden Hypotricha der Fall. Die Bewimperung findet sich hier nur auf der plattgedrückten Unterseite des Körpers als meist starke Cirren, welche das Thier wie Beine zum Laufen benützen kann.

Man wird in schwierigen Fällen (und die allermeisten Bestimmungen der Hypotricha gehören dazu) am besten in folgender Weise vorgehen:

Man wartet, bis ein Thier sich zur Ruhe gesetzt hat und seine Unterseite dem Deckglas zu dreht. Diese Lage erkennt man am leichtesten daran, dass die bogenförmige adorale Wimperzone[1]) dann im Halbbogen von links oben (vorn) nach rechts unten verläuft.

Hat man ein Thier in dieser Lage, so schaltet man die durchfallende Beleuchtung durch Abdrehen des Mikroskopspiegels aus und beobachtet nur noch mit auffallendem Licht. Dann pflegen sich die Cirren scharf und deutlich vom Körper des Thieres abzuheben, insbesondere macht ihre Bewegung auf die Stellen aufmerksam, wo sie sich befinden.

Kontraktile Vakuolen.

Nächst der Bewimperung der Infusorien ist bei der Beobachtung des lebenden Thieres den kontraktilen Vakuolen die grösste Aufmerksamkeit zu schenken. Diese Gebilde sind für die nachfolgende Bestimmung in vielen Fällen ausserordentlich wichtig. Es muss daher festgestellt werden, ob kontraktile Vakuolen beobachtbar sind oder nicht, wieviele da sind, in welchem Theil des Thierkörpers (Hinterende, Mitte, Vorderende) sie sich befinden.

Kontraktile Vakuolen sind Flüssigkeitsblasen, welche sich rhythmisch zusammenziehen und wieder ausdehnen. Wenn man eine solche beobachtet, so sieht man, wie sie allmählich grösser und grösser wird, plötzlich verschwindet und dann nach einiger Zeit an derselben Stelle als erst kleines, dann immer mehr wachsendes Flüssigkeitsbläschen wieder erscheint.

Dieses rhythmische Anwachsen und Verschwinden geht bei verschiedenen Arten sehr verschieden geschwind. Bei manchen (z. B. den meisten Vorticella-Arten) kann man die Bewegung alle 2—3 Minuten sehen, bei anderen Formen wieder dauert es beträchtlich viel länger. Wer in die Kenntniss der Protozoën sich einarbeiten will, muss, wie in soviel anderen Fällen, so auch hier Geduld haben.

Das Erkennen der kontraktilen Vakuolen wäre viel leichter, wenn im Körper der Protozoën nicht auch noch andere Vakuolen, d. h. Blasen mit wässerigen Inhalt vorkämen. Insbesondere wird man sich zu hüten haben, die in ihrer Lage im Zellinnern durchaus wechselnden Nahrungsvakuolen mit den kontraktilen Vakuolen zu verwechseln. Hat das Thier Nahrung aufgenommen, so bildet sich um dieselbe herum sehr häufig ein Hof wässerigen Saftes, welcher solange bleibt, bis das Verdauliche der Nahrung assimilirt ist. Da die Nahrungskörper oft sehr klein, der darum befindliche Hof dagegen sehr gross sein kann, ist öfters eine Verwechselung möglich. Doch haben die Nahrungsvakuolen niemals die Fähigkeit, sich zusammenzuziehen und wieder zu erscheinen.

[1]) Siehe die Erklärung unter den „Kunstausdrücken“ im Anhang.

Mund und Mundtheile.

Ferner ist es häufig nur an lebenden Thieren möglich, sich über die Lage des Mundes und besonders über die Ausrüstung der Mundumgebung mit beweglichen („undulirenden") Membranen Klarheit zu verschaffen. Auch die Feststellung, wo der Mund sich befindet, kann für die Bestimmung von grosser Wichtigkeit sein.

Hat das zu untersuchende Thier einen Schlund, d. h. eine vom Mund aus in's Körperinnere führende (glatte oder mit Staborganen versehene) Röhre, so ist natürlich die Stelle, wo dieser allermeist sehr leicht kenntliche Schlund an die Oberfläche des Thieres kommt, der Mund.

Ferner wird in anderen Fällen die Lage des Mundes häufig durch seine wulstig vorgebauten Ränder (die Lippen) auf den ersten Blick erkennbar sein.

Manchmal geben aber diese Merkmale keinen Aufschluss, dann muss zu dem Mittel gegriffen werden, die Thiere mit einer farbigen Substanz zu füttern. Als solche wählt man mit Vortheil Karmin. Dieser Farbstoff wird in einem Tuschnäpfchen angerieben, bis eine blassrothe Flüssigkeit entsteht; davon wird ein Tropfen dem Präparat am Deckglasrand zugesetzt und nun das Wasser des Präparats auf der entgegengesetzten Seite des Deckglases mit einem Stückchen Fliesspapier soweit abgesogen, dass die Karminflitterchen in die Nähe des Thieres kommen.

Dieses frisst sie gewöhnlich begierig und die Stelle, wo sie in's Körperinnere aufgenommen werden, ist der Mund.

Das Messen der Infusorien.

Zum Schluss muss auch die für die Protozoënbestimmung stets hochwichtige Messung am lebenden Thier vorgenommen werden, weil, wie oben bemerkt, beim Abtödten sehr häufig Gestaltsveränderungen vorkommen.

Die Messung wird genau wie bei den Algen (vergl. p. 469) ausgeführt, nur muss dabei meist sehr rasch das Resultat an dem Mikrometer abgelesen werden, weil die Thiere für Messungen nur selten lang stille halten.

Grossen Vortheil hat deswegen besonders hier die Aufnahme der Grösse mit dem Zeichenapparat, weil bei dessen Verwendung zwei Striche genügen, um das Maass auf dem Papier rasch zu fixiren.

Das Abtödten der Protozoën.

Hat man in der bisher beschriebenen Weise sich Klarheit verschafft über die an den lebenden Thieren sichtbaren Merkmale, so gilt es nun, die Objekte zu tödten, um auch einige auf ihr Inneres, insbesondere auf Lage und Gestalt ihres Zellkerns bezügliche Fragen zu studiren.

Bei dem Abtödten muss man stets mit Giften vorgehen, welche sehr rasch wirken und welche zugleich den Plasmaleib dadurch konserviren, dass unlösliche Eiweissverbindungen geschaffen werden. Man nennt solches Abtödten „Fixiren" des Plasmas.

Eines der besten Mittel, welches ich besonders für die Zwecke der Wasseranalyse empfehlen möchte, ist das Sublimat. Dieses erfüllt alle Forderungen, welche wir an ein Fixirmittel stellen und ist dabei stets zur Hand.

Zum Fixiren der Protozoën wird gesättigte wässerige Sublimatlösung verwendet und dieselbe in der gleichen Weise an die Thiere gebracht, wie dies soeben (p. 480) für die Anwendung des Karmins vorgeschrieben wurde. Das Sublimat lässt die Infusorien im Augenblick absterben; freilich kann auch dieses rasch wirkende Mittel den Kontraktionen vieler Formen nicht vorbeugen.

Gleichfalls sehr empfehlenswerth, aber theurer und in der Anwendung etwas umständlicher ist der Gebrauch von Ueberosmiumsäure[1]). Diese Säure muss vorsichtig gebraucht werden, weil ihre Dämpfe für Augen und Athmungsorgane schädlich sind. Um Infusorien damit zu fixiren, verfährt man folgendermassen:

Man bringt einen Tropfen des die Protozoën enthaltenden Wassers auf einen Objektträger. Dann giesst man in ein Uhrglas 3—4 Tropfen 1%oiger Ueberosmiumsäure, dreht den Objektträger so rasch um, dass der zu untersuchende Wassertropfen nicht ausläuft und legt den Objektträger, mit dem Tropfen nach unten, über das Uhrschälchen. Die Dämpfe der Säure wirken nun 1—2 Minuten lang ein, dann nimmt man das Präparat ab und bedeckt es mit einem Deckglas.

Die Zellkerne der Ciliaten.

Von grösster Wichtigkeit ist das Studium von Zahl, Lage und Gestalt der Zellkerne für die Bestimmung. In Bezug auf diese wichtigsten Theile der Zellen herrscht bei den Protozoën, speciell bei den Ciliaten, eine Mannigfaltigkeit, welche für die Erkennung der Formen von höchstem Werth ist und deren systematische Bedeutung wohl noch nicht genügend gewürdigt wurde.

Im lebenden Ciliaten-Körper sind die Zellkerne nur schwer oder gar nicht zu erkennen; dieselben treten aber beim Abtödten, insbesondere schön bei Verwendung des Sublimats, plötzlich hervor und unterscheiden sich durch ihr kompaktes Gefüge, sowie durch ihre auffallende, gelblichweisse Farbe sofort von allen übrigen Inhaltsbestandtheilen des Ciliatenleibes.

Man hat vielfach die Anweisung gegeben, diese Zellkerne nun zu färben und sie dadurch vom Protoplasma des Thierleibes noch mehr zu

[1]) Ist von Grübler-Leipzig zu beziehen.

differenziren. Für systematische Zwecke ist dies bei der auch ohne künstliche Färbung klar hervortretenden Gestalt der Zellkerne durchaus unnöthig.

Will man es aber dennoch thun, so hat man zunächst die Fixirungsmittel, insbesondere das Sublimat, auf's Vollständigste auszuwaschen, weil sonst im Präparat störende Fällungen des Farbstoffes auftreten würden. Das Auswaschen erfolgt unter dem Deckglas und zwar in der oben (p. 480) für den Karminzusatz vorgeschriebenen Weise. Von der einen Seite giebt man destillirtes Wasser unter das Deckglas, auf der entgegengesetzten Seite wird das Wasser mit Fliesspapier wieder abgesogen. Dabei muss man nur Acht geben, dass das Objekt selbst nicht vom Wasserstrom weggeschwemmt wird.

Das Auswaschen pflegt genügend fertig zu sein, wenn etwa die 15fache Menge des zwischen Objektträger und Deckglas befindlichen Wassers hindurchgesaugt ist. Kurze Uebung lehrt in dieser Beziehung den richtigen Moment zum Aufhören leicht kennen. Darauf spült man noch einigemale mit 60 % Alkohol nach.

Ist das Sublimat entfernt, so lässt man einen Tropfen Grenacher's Alaunkarmin[1]) nachfliessen, entfernt das absaugende Fliesspapier und lässt den Farbstoff zehn Minuten lang einwirken. Dann wäscht man nochmals mit Wasser und Alkohol wie oben beschrieben aus und sieht nun die Zellkerne sich tief gefärbt vom hellen Plasma abheben.

Ohne näher auf die Struktur und Bedeutung der Zellkerne hier einzugehen, sei bemerkt, dass dieselben bei den Ciliaten zerfallen in Haupt- und Nebenzellkerne (Makro- und Mikronuclei), wobei die Hauptzellkerne die grossen, leicht sichtbaren Kerne sind, während die Nebenzellkerne als kleine Kügelchen den Hauptzellkernen anliegen.

Weiter sind die Makronuclei entweder einfach und können dann rund resp. hufeisenförmig resp. bandförmig resp. spiralförmig sein oder dieselben sind aus zwei bis vielen Gliedern zusammengesetzt. Auch die Zahl der Kerne ist sehr verschieden, bald ist in der Zelle nur einer, bald sind 2, bald 4—6 vorhanden. Bei wenigen Arten kommen auch noch viel höhere Zahlen vor.

Die Geisseln der Mastigophora.

Ausser für das Studium der Zellkerne braucht man stets fixirte Präparate, um durch Färbung die Geisseln der Mastigophoren sichtbar zu machen. Bei der ausschlaggebenden Bedeutung, welche die Geisselausrüstung für die Systematik dieser Thierklasse besitzt, ist die Vornahme der Geisselfärbung unerlässlich. Nur wenn sie ausgeführt wurde, kann man sich ein klares Urtheil über Zahl, Lage und Grösse der Geisseln erwerben.

---

1) Zu beziehen durch Grübler-Leipzig.

Mehrfach wurde die Anweisung gegeben, die auf ihre Begeisselung zu untersuchenden Flagellaten mit dem Wassertropfen in der gleichen Weise eintrocknen zu lassen, wie dies (vergl. p. 414) bei den Bakterienpräparaten allgemein Brauch ist. Ich kann nicht finden, dass auf diese Weise schöne und instruktive Präparate gewonnen werden und finde es viel empfehlenswerther, die Thiere genau so mit Sublimat zu behandeln, wie dies eben (p. 481) für die Ciliaten empfohlen war, auch das Sublimat ebenso auszuwaschen.

Dann lässt man einen Tropfen 5 % Tanninlösung unter das Deckglas fliessen; lässt 10 Minuten lang einwirken; wächst das Tannin mit Wasser aus und färbt 10 Minuten lang mit einer alkalischen Anilinfarbe (gleichgültig welcher) nach. Wenn dieser Farbstoff mit Wasser dann ausgewaschen ist, so sind die Körper und die Geisseln in intensiver Weise gefärbt.

Bestimmung eines zu den Mastigophora gehörigen Thieres.

Als Paradigma für die Bestimmung eines der Klasse der Mastigophora angehörigen Thiers wählen wir einen Organismus, welcher in Teich- und Grabenwasser, auch in Trinkwasser ausserordentlich häufig vorkommt. Derselbe besteht aus vier elliptischen, zu einem viereckigen Täfelchen miteinander verbundenen, grünen Zellen (vergl. Taf. VI, Fig. 264).

Die Betrachtung des lebenden Thieres (vergl. p. 477) kann uns nichts weiteres sagen, als dass dieser Organismus die angegebene Gestalt besitzt und in rascher Bewegung im Wasser umherschwärmt.

Die Färbung der Geisseln dagegen (vergl. p. 482) zeigte, dass an der schmalern Spitze des eirunden Körpers zwei lange Geisseln vorhanden sind, welche beim lebenden Thier nicht zu sehen waren.

Wir schreiten zur Bestimmung und schlagen (p. 169) die Thiere auf.

p. 169. Ohne Geisseln resp. Cilien oder mit solchen?

Zweifellos sind an jeder Zelle lange Geisseln vorhanden, wie wir aus dem gefärbten Präparat ersehen.

p. 169. Mit wenigen langen oder mit vielen kurzen Bewegungsorganen?

Das Präparat zeigt, dass nur zwei Geisseln, bei jedem der vier zu einer Kolonie verbundenen Thiere vorhanden sind und diese müssen als lang bezeichnet werden, denn sie kommen der Körperlänge gleich oder übertreffen dieselbe sogar. Deshalb rechnen wir den Organismus zu den Mastigophora und schlagen p. 182 diese Klasse auf.

p. 182. Thiere mit oder ohne zweiklappige Schale?

Diese Frage entscheiden wir dahin, dass eine solche Schale nicht vorhanden ist. In unserm Fall kann überhaupt kein Zweifel in dieser Beziehung bestehen, aber manchmal liegen die Verhältnisse weniger klar. Dann lege man das Hauptgewicht auf die Erkennung einer Furche, welche bei den Dinoflagellaten quer zur Axe des Körpers im Aequator verläuft. Diese Furche ist stets leicht zu sehen, während die Schalenstruktur manchmal undeutlich ist. — Im Allgemeinen kommen der Dinoflagellaten-Gruppe angehörige Organismen bei der Wasseranalyse verhältnissmässig selten zu Gesicht, da sie speciell Moorwasser

lieben und Moorwasser als für den Trinkgebrauch unansehnlich selten verwendet wird.

p. 182 (187). Mit oder ohne protoplasmatischen Kragen?

Der Kragen, um welchen es sich bei dieser Frage handelt, ist ein sehr feines, hyalines, allermeist trichterförmiges Organ, welches (vergl. t. VI, Fig. 277—281) aus dem Thierkörper in der Umgebung der Geisselbasis entspringt. Man war sich lange nicht im Klaren über die Struktur dieses Kragens, weil die ihn führenden Thiere sehr klein sind und das Organ im optischen Längsschnitt wie zwei seitlich nach vorn gestellte Spitzchen aussieht. Um sich über die Anwesenheit des Kragens Sicherheit zu verschaffen, achte man deswegen darauf, ob neben der Geissel vielleicht noch zwei Spitzen vom Vorderende des Thiers ausgehen. Ist dies der Fall, so muss zu den stärksten Vergrösserungen gegriffen werden, um das Organ selbst zu sehen. Die Spitzchen können aber auch Nebengeisseln sein.

Auch die Kragenmonaden kommen bei der Wasseranalyse nur selten zu Gesicht; man wird meist keinen Fehler begehen, wenn man überhaupt die Untersuchung auf Vorhandensein oder Fehlen des Kragens einschränkt.

p. 182 (185). Am Vorderende nur eine besonders lange Geissel oder deren mehrere, gleichlange?

Das gefärbte Präparat zeigt zwei gleichlange Geisseln, welche bei jedem der vier Thiere aus dem Vorderende entspringen.

p. 185 (186). Geisseln dicht beisammen oder entfernt voneinander entspringend?

Die Geisseln entspringen, wie am gefärbten Präparat sehr klar zu sehen ist, dicht beieinander.

p. 185. Thiere farblos oder mit Chromatophoren?

Die Thiere sind grün gefärbt, besitzen also chlorophyllhaltige Chromatophoren.

p. 185. Angeheftet oder frei lebend?

Die Thiere schwärmen lebhaft im Wasser des Präparats umher, leben also frei.

p. 185 (186). Thiere einzeln oder Kolonien bildend?

Wir sehen, dass die Thiere zu vier zusammenleben, dass sie also 4-zählige Kolonien bilden.

p. 186. Kolonien flächen- oder körperförmig?

Die Kolonien sind ausgesprochen flächenförmig, die vier Thiere liegen in einer Ebene. Dies können wir am besten sehen, wenn wir durch vorsichtiges Schieben des Deckglases die Kolonie in der Seitenansicht zu sehen bekommen.

p. 186. Zellen ohne oder mit Auswüchsen?

Unter Auswüchsen sind hier lange, spinnenbeinförmige Fortsätze zu verstehen, welche als grüne Streifen in die farblose Gallertumhüllung von Stephanosphaera vom Thierkörper aus vordringen. In unserm Fall aber ist der Körper völlig glatt, deshalb führt uns die Bestimmung auf die Gattung Gonium; diese schlagen wir nun (p. 207) auf.

p. 207. Kolonien aus 16 oder aus 4 Zellen gebildet?

Die Kolonien sind aus 4 Zellen zusammengesetzt, wie wir schon im Anfang festgestellt haben; die gesuchte Species ist also als Gonium tetras bestimmt.

Bestimmung eines zu den Ciliaten gehörigen Thieres.

Das Untersuchungsobjekt, welches wir uns hier als Paradigma wählen, können wir stes im Ueberfluss erlangen, wenn wir aus einem Teich grüne Algen mitnehmen und dieselben dann in einem offenstehenden Glas Wasser faulen lassen. In dem Wasser sind dann stets eine grössere Anzahl von Species reichlich vertreten, darunter ein ziemlich kleines Thier mit breit elliptischem Körperbau, welches sich meist in der nächsten Nähe der faulenden Algen aufhält, also zwischen deren Fäden gefunden wird (vergl. Taf. VII, Fig. 304).

Die Betrachtung des lebenden Thiers (vergl. p. 477) lässt dasselbe häufig in starker Bewegung sehen, doch ist es nicht schwer, auch Stellen zu finden, wo die Thiere fast völlig unbeweglich in grossen Scharen sitzen. An diesen ruhigen Thieren erkennen wir leicht, dass eine breite Zone feiner Cilien den ganzen Rand umsäumt, dass dagegen andere, dickere Wimperorgane nicht vorhanden sind Ferner sehen wir am lebenden Thier an einer kleinen Stelle etwas vor der Körpermitte ein sonderbares Flimmern. Wenn wir einmal darauf aufmerksam geworden sind, wird als Ursache dieser Erscheinung leicht ein rasches Auf- und Zuklappen von lippenartigen Gebilden an einem kleinen Loch erkannt.

Um sicher zu gehen, ob dies Loch wirklich, wie wir vermuthen, der Mund des Thieres sei, wenden wir die Karminfütterung (vergl. p. 480) an und sehen, dass die Karminflitterchen wirklich an dieser Stelle in's Körperinnere aufgenommen werden.

Es folgt das Abtöten der Thiere mit Sublimat; wohin das Gift kommt, sehen wir plötzlich die Thiere zusammenzucken und dann ruhig liegen; zugleich sehen wir, wie ungefähr in der Körpermitte im Augenblick des Todes ein grosser, rund-linsenförmiger Körper (der Zellkern) in gelblichweisser Farbe sichtbar wird.

Am getödteten Thier können wir in diesem Falle auch den Wimpernkranz, welcher rings den Rand umsäumt, noch besser studiren als am lebenden.

Um die Bestimmung vorzunehmen, schlagen wir wieder p. 169 den Bestimmungsschlüssel der Protozoën-Ordnungen auf.

p. 169. Ohne Geisseln resp. Cilien oder mit solchen?

Wir haben gesehen, dass rings um den Körper ein Kranz von Cilien liegt; dieser Kranz ist bei allen Thieren der zu bestimmenden Art, welche im Präparat sich finden, vollkommen gleichmässig vorhanden. Da wir nicht annehmen können, dass diese Thiere sich alle in gleicher Körperlage befanden als sie vom Fixirmittel überrascht wurden, dürfen wir annehmen, dass die Wimpern die ganze Körperoberfläche gleichmässig überdecken.

p. 169. Mit wenigen Geisseln oder mit vielen Cilien?

Ohne Zweifel sind hier sehr viele Cilien vorhanden; der Menge dieser Bewegungsorgane und ihrer Kürze wegen bezeichnen wir dieselben nicht als Geisseln (vergl. Erklärung der wichtigsten Kunstausdrücke im Anhang).

p. 169. Mit oder ohne Mundöffnung?

Wir haben das Vorhandensein der Mundöffnung mit ihren klappenden Lippen bereits festgestellt; das Thier gehört also zu der Ordnung der Ciliata; diese schlagen wir (p. 217) jetzt auf.

p. 217. Mund ohne oder (p. 219) mit undulirenden Membranen?

Es giebt in der ganzen Ordnung der Ciliaten kein Thier, bei welchem die undulirenden Membranen so klar sichtbar sind, wie gerade bei unserm Bestimmungsobjekt. Das Auf- und Zuklappen der Lippen, welches bei diesem Thier so auffällig ist, wird eben durch die Bewegung der „undulirenden Membranen“ bewirkt.

p. 219. Mit oder (p. 220) ohne spiralige adorale Zone?

Die bogig oder in geschlossener Spirale verlaufende adorale Wimperzone ist bei denjenigen Thieren, wo sie vorhanden ist, mit sehr wenigen Ausnahmen

(z. B. Aspidisca) das auffallendste Organ der ganzen Erscheinung. Sie sieht entweder aus wie eine Zone von Barthaaren, welche vom Vorderende links[1]) oben nach der Körpermitte zu als dichte Reihe stehen oder sie gleicht einem ringförmigen Kranz von Cilien, welche das Vorderende umsäumen. Bei unserem Organismus ist Aehnliches nicht zu bemerken; er gehört deswegen zu den Aspirotricha.

p. 219. Schlund röhrenförmig oder fehlend?

Wenn ein Schlund vorhanden ist, so kann er nackt oder mit Staborganen[2]) besetzt sein. Ein mit solchen Organen versehener Schlund ist überhaupt unverkennbar. Doch auch ein nackter Schlund ist allermeist sehr deutlich zu sehen, er erscheint als hellere Röhre oder hellerer Trichter, dessen Grenze sich scharf vom dunkleren Körperplasma abhebt. Da wir etwas Aehnliches bei unserem Objekt nicht sehen, entscheiden wir uns dahin, dass ein Schlund nicht vorhanden ist.

p. 219. Undulirende Membran nicht flügelartig oder flügelartig?

Ein Flügel ragt stets seitlich über den Umriss des eigentlichen Körpers heraus und müsste in unserem Falle (wie im Schlüssel angegeben) ein grosses Organ sein. Selbstverständlich sind derartig flügelartige Organe bei den Infusorien nicht dick und undurchsichtig, sondern wie der ganze doch relativ dicke Körper schon hyalin ist, so sind solche Membran-Flügel erst recht durchsichtig, glashell. Trotzdem werden so grosse undulirende Membranen schwer übersehen, weil sie sich (wie ihr Name sagt) in Bewegung befinden, weil bei der Bewegung Lichtbrechungen und Faltungen entstehen und weil die kleinen Körnchen, welche im Wasser des Präparats stets vorhanden sind, durch sie herumgestrudelt werden. Man wird deswegen, trotz der scheinbar vorhandenen Schwierigkeit solche flügelartige undulirende Membranen leicht erkennen, wenn man ein mit ihnen ausgerüstetes Thier im Präparat hat. In unserm Fall sind sie aber nicht vorhanden.

p. 219. Mund in der vorderen oder hinteren Körperhälfte?

Die Frage, welches Ende bei den Infusorien als vorderes und welches als hinteres angesehen werden muss, ist allermeist sehr leicht zu beantworten. Wenn eine adorale Zone vorhanden ist, so beginnt sie am Vorderende oder liegt überhaupt um dasselbe herum. Auch dann, wenn keine adorale Zone sichtbar ist, wird in vielen weiteren Fällen aus der Lage von Furchen, welche zum Mund führen und welche stets vorn beginnen, das Vorderende erkannt werden. Auch sonst giebt es noch eine Menge äusserer Merkmale, welche derjenige bald kennen lernt, der einige Infusorien bestimmt hat Aber in manchen Fällen ist es wieder sehr schwer, sich über Vorder- und Hinterende klar zu werden. Auf die Bewegungsart darf man nicht allzuviel geben, denn viele Infusorien schwimmen gleich geschickt mit dem Vorder- wie mit dem Hinterende voraus. Das Entscheidende ist die Lage des Afters.

Obgleich die Protozoën aus einer einzigen Zelle gebildet werden, ist diese Zellen doch in ihren Theilen hoch differenzirt. Wie bei sehr vielen Arten eine Mundstelle, welche der Nahrungsaufnahme dient, vorhanden ist, so werden bei solchen Arten auch die unverdaulichen Nahrungsreste an einer ganz bestimmten Stelle, dem After, wieder ausgeworfen. Der After nun liegt stets im Hinterende des Thiers. Hat man die Karminfütterung (vergl. p. 480) vorgenommen, so werden die unverdaulichen Karminkörnchen am After ausgestossen und daran erkennt man seine Lage.

---

1) Der Verlauf wird hier so geschildert, wie er im Mikroskop erscheint, wenn man die Thiere im Gesichtsfeld hat; in Wirklichkeit verläuft die Spirale von rechts nach links.

2) Vergl. „Erklärung der Kunstausdrücke" im Anhang.

In unserm Fall aber (wie überhaupt bei der Wasseranalyse) lassen wir uns auf solche subtilen Untersuchungen gar nicht ein. Wir entscheiden die Frage, ob der Mund in der Vorder- oder Hinterhälfte liegt, nicht, sondern probiren beide Bestimmungswege (vergl. p. 461), der falsche muss zu einem als falsch sich herausstellenden Ergebniss führen.

Nach der (p. 461) gegebenen Anweisung versuchen wir zunächst bei der kleineren Gruppe (das wären die unter der Annahme, dass der Mund in der hintern Körperhälfte läge, in Betracht kommenden Gattungen Cinetochilum, Microthorax und Drepanomonas) die weitere Bestimmung, werden, da unser Thier nicht mondförmig ist und keine langen Borsten an einem Ende aufweist, zu Microthorax geführt und erkennen beim Aufschlagen dieser Gattung, dass sie stark plattgedrückte Thiere umfasst. Unser Objekt ist aber nicht plattgedrückt, sondern (wie wir leicht feststellen) rund: deswegen gehört es nicht zu Microthorax, deswegen war ferner der eingeschlagene Weg falsch. Daraus ergiebt sich, dass der Mund unseres Objekts in der Vorderhälfte des Thieres liegt.

p. 219. *Mund spaltenförmig oder rund?*

Der Mund ist ein rundliches Gebilde, wie wir auf den ersten Blick sehen.

p. 219. *Alle Wimpern gleichartig oder nicht?*

Das Präparat lässt keine von der grossen Mehrzahl der Wimpern unterscheidbaren Specialwimpern erkennen, deshalb entscheiden wir uns dafür, dass alle Wimpern gleichartig sind.

p. 219. *Mund oberflächlich oder in einer grossen Höhlung liegend?*

Ohne Zweifel liegt der Mund oberflächlich, denn eine Höhlung, welche sich durch ihre Umrisse am Thier, besonders bei wechselnder Einstellung (vergl. p. 417) deutlich verrathen würde, ist nicht vorhanden.

p. 219. *Undulirende Membranen fortwährend in klappender Bewegung oder nicht?*

Diese Frage, welche sich auf eines der leichtest kenntlichen Merkmale unseres Thieres bezieht, wurde bereits zu Anfang dahin beantwortet, dass solche klappenden Membranen vorhanden sind. Deswegen gehört das Bestimmungsobjekt zur Gattung Glaucoma. Wir schlagen diese (p. 232) nun auf, finden, dass als einzige Art Glaucoma scintillans angegeben ist und vergleichen die Beschreibung dieser Species mit unserm nun bestimmten Objekt.

Untersuchung der todten, unter dem Mikroskop erscheinenden Objekte.

Es ist unmöglich, hier alle oder auch nur den grössten Theil der leblosen Objekte aufzuzählen und zu beschreiben, welche bei der Wasseranalyse im Gesichtsfeld des Mikroskops erscheinen können. Wenn die wichtigsten und unter Umständen für die Wasserbeurtheilung entscheidenden Körper hier behandelt werden, so muss dies genügen.

a) Unorganische Verbindungen.

Ob ein Körper, welchen das Mikroskop zeigt, den unorganischen Verbindungen zuzurechnen sei oder nicht, lehrt der erste Blick. Alle unorganischen Körper (mit Ausnahme der als Reste von organischen Wesen übrig bleibenden Bacillariaceen-Panzer und Kohle-Theilchen) zeichnen sich ohne Weiteres durch ihre scharfen Kanten und Ecken, durch ihre unregelmässigen Flächen, oder, wenn es sich um Krystalle handelt, durch ihren charakteristisch-regelmässigen Bau und das starke Lichtbrechungsvermogen unverkennbar aus.

Der Nachweis der in einer Wasser- oder Schlammprobe enthaltenen unorganischen Verbindungen ist Sache der chemischen Analyse, welche in der Lage ist, über die Art und die Menge derselben auf's Vollkommenste Auskunft zu geben.

Trotzdem ist es häufig erwünscht, die bei der mikroskopischen Untersuchung zu Gesicht kommenden unorganischen Verbindungen auch ohne genauere chemische Analyse kennen zu lernen. Es finden sich in Wasser- und Schlammproben hauptsächlich:

1. Kieselsäure (Quarzsandkörnchen). — Die Kieselsäure bildet meist wasserhelle, seltener durch Eisenverbindungen braun oder gelblich gefärbte Körnchen von unregelmässigem Aussehen und scharfen Kanten und Ecken. Diese Körnchen werden weder durch Säuren angegriffen noch durch Glühen auf einem Glimmerplättchen verändert.

2. Thonerde (Aluminiumsilikat). — Die Thon- (Lehm- etc.) Bröckchen sind allermeist durchscheinend, gewöhnlich braun oder gelb gefärbt, kleiner, runder als die Quarzkörnchen und nicht so scharfkantig wie diese. Gegen Säuren und Glühen verhalten sie sich wie die Kieselsäure.

3. Kohlepartikel. — Unter dem Mikroskop vollkommen opak, schwarz, von verschiedenster Gestalt, die Theile von Steinkohle meist so scharfkantig wie die Quarzsplitter. Durch Säuren völlig unveränderlich, beim Glühen verbrennend. — Die Kohlepartikel sind in städtischen Abwässern stets in grosser Menge vorhanden und können im Schlamm derselben nicht übersehen werden.

4. Schwefeleisen. — Verschieden grosse, schwarze, meist ziemlich runde Körner, welche öfters ein krystallisches Gefüge haben. Und zwar stellen diese Kugeln meist Sphärokrystalle dar, d. h. sie bestehen aus langgestreckten Elementen, welche alle radial vom Centrum nach der Peripherie verlaufen. Von den Mineralsäuren werden die Schwefeleisenkugeln gelöst und zwar sieht es unter dem Mikroskop aus, als ob sie angefressen würden; zugleich tritt schwache Gasbildung (H_2S) auf. Kurze Zeit ist der krystallinische Bau während der Auflösung besonders deutlich, dann verschwindet er. Schwefeleisen ist in allen Abwässern massenhaft vorhanden, in welchen durch die Fäulniss von Organismen oder aus anderen Quellen Schwefelwasserstoff enthalten ist und welche zugleich irgend eine der gewöhnlichen Eisenverbindungen (Eisenhydroxyd, kohlensaures Eisenoxydul) enthalten.

5. Eisenhydroxyd. — Nur selten ist dieser Körper in sand- oder knollenartiger Form in den Präparaten sichtbar, allermeist ist er in die Scheiden der Eisenpilze (Crenothrix polyspora, Leptothrix ochracea)

eingelagert, welche dem Wasser die darin enthaltenen geringen Spuren von gelöstem kohlensauren Eisenoxydul entziehen. Eisenoxydhydrat sieht gelbbraun bis rothbraun (rostbraun) aus; es ist niemals so scharfkantig wie die Quarzpartikel und löst sich in Mineralsäuren.

6. Calciumkarbonat (kohlensaurer Kalk). — Weisse, allermeist runde aber öfters auch eckige, sandartige, durchsichtige oder durchscheinende Körnchen. Dieselben werden durch Säuren unter Bildung starker Gasblasen (Kohlensäure) aufgelöst. Wird Schwefelsäure zur Lösung verwendet, so bildet sich Gips, dessen nadelförmige, in grossen Büscheln entstehende Krystalle während der Einwirkung der Säure sichtbar werden. Diese Reaktion ist die charakteristische.

7. Calciumsulfat (Gips). — Kommt im Schlamm nur sehr selten als charakteristische, nadelförmige Krystalle, allermeist in runden, mikroskopisch wie Calciumkarbonat aussehenden Körnchen vor und tritt verhältnissmässig nur selten auf, da dies Kalksalz im Wasser löslich ist. Calciumsulfat ist in Mineralsäuren, besonders in Schwefelsäure unlöslich und zerfällt beim Glühen zu Pulver.

8. Calciumoxalat. — Ist im Detritus von offenem Wasser in verschiedenen, meist sehr regelmässig ausgebildeten Krystallformen oft enthalten und stammt aus den vermoderten Pflanzenresten. Calciumoxalat ist vollkommen wasserhell, sehr stark lichtbrechend; es verwandelt sich bei Zusatz von Schwefelsäure ohne Gasentwickelung in Gipsnadeln.

9. Ultramarin (Waschblau). — Durch den Gebrauch, die Wäsche zu „blauen", kommt reichlich Ultramarin in die Hausabwässer und bildet, wie der Kaffeesatz, wenn auch weniger mächtige Ablagerungen besonders in den Sielen der Grossstädte. Viel häufiger aber kommen einzelne blaue, meist abgeschliffene, seltener scharfkantige Ultramarinkörnchen bei der Untersuchung des Schlammes von Hausabwässern zu Gesicht. Diese Ultramarinkörnchen sind leicht daran zu erkennen, dass sie sich bei Schwefelsäurezusatz unter spärlicher Bildung von Gasblasen (Schwefelwasserstoff) auflösen.

10. Chlornatrium. — Fast jedes Wasser enthält Spuren von Kochsalz; reichlicher ist dasselbe nur in Hausabwässern enthalten. Da Kochsalz im Wasser gelöst ist, bilden sich seine Krystalle natürlich erst beim Verdunsten des Wassers und zwar ist die Krystallisationsform der Würfel. Gut ausgebildete Würfel finden sich aber unter dem Deckglas der Präparate selten, meist sind treppenartige Formen von Krystallen vorhanden und zwar pflegen immer zwei Krystalle (oder Krystalltreppen) sich so aneinander zu legen, dass ihre Seiten im rechten Winkel stehen.

Um Krystalle darauf zu prüfen, ob sie aus Kochsalz bestehen, fertigt man sich eine in der Wärme gesättigte Kochsalzlösung, lässt erkalten und benützt dann die Mutterlauge der ausgeschiedenen Krystalle, von der man sicher ist, dass sie eine koncentrirte Chlornatriumlösung darstellt, zum Versuch, ob die zu untersuchenden Krystalle sich darin lösen. Wenn sie es nicht thun, so ist das Kochsalz als solches erkannt.

11. Magnesiumsulfat. — Auch diese Verbindung (Bittersalz) ist im Wasser gelöst und scheidet sich erst beim Verdunsten ab. Die Krystallisationsform dieses Salzes ist von der Schnelligkeit, mit welcher das Wasser verdunstet, ausserordentlich abhängig. Nur bei langsamer Verdunstung sind deutliche Krystallisationsbilder vorhanden und zwar sind dieselben aus federartigen oder gekreuzten Elementen bestehend. Das Bittersalz wird daran erkannt, dass seine Krystalle (wie auch die von $MgCO_3$) unter dem Mikroskop braun aussehen, wenn sie erhitzt waren. Ist die Verdunstung des Wassers eine rasche, so bildet $MgSO_4$ eine Haut, in welcher krystallinisches Gefüge nicht mehr erkennbar ist.

Auch bei diesem Körper lässt sich mit Vortheil zu seiner Identifikation die Unlöslichkeit der Krystalle in einer konzentrirten Lösung von $MgSO_4$ verwenden.

12. Calciumsulfat (vergl. Nr. 7). — Ziemlich häufig entstehen beim Verdunsten des Wassers auch Gipskrystallisationen. Diese sind normaler Weise nadelförmig, doch kommen auch andere Formen wie feder- oder dendritische Gestaltungen etc. häufig vor. Den Gipskrystallisationen ist die Eigenthümlichkeit eigen, in Schwefelsäure unlöslich zu sein.

b) Organische Körper.

Die Auswahl der hier aufzuführenden organisirten Körper ist ausserordentlich schwierig, denn die Zahl der bei Wasseruntersuchungen vorkommenden derartigen Reste ist ungeheuer gross. Ich muss mich auf die allgemeinst verbreiteten und leicht bestimmbaren derartigen Körper beschränken.

Zu den allgemeiner verbreiteten gehören z. B. nicht die mehrfach als besonders wichtig für die Wasseruntersuchung angesehenen Fleischfasern und Eingeweidewurmeier. Derartige Körper findet man bei der Wasseranalyse überhaupt nur in unzersetzten Fäkalklumpen und bekommt man solche zu Gesicht, so braucht man nicht mehr nach Fleischfasern etc. zu suchen.

Sehr viel wichtiger erscheint, die für gewisse Industrieabwässer charakteristischen Abgänge der Betriebe hier aufzuführen.

13. Stärkekörner. — In die Hausabwässer der Städte und Dörfer gehen täglich grosse Mengen von Stärke über. Trotzdem ist es nur sehr selten und unter ganz besonders günstigen Umständen möglich, im Schlamm solcher Abwässer direkt Stärkekörner nachzuweisen, weil die Kohlehydrate im Allgemeinen und die Stärke speciell ein von allen möglichen niederen Organismen gesuchtes Nahrungsmittel sind. Viele Flagellaten und Sarcodinen verschlingen ganze Stärkekörner, verdauen dieselben und entziehen

sie rasch der Untersuchung. Ebenso sind in faulenden Flüssigkeiten liegende Stärkekörner stets von Bakterienschwärmen umgeben, welche gleichfalls die Stärke begierig verzehren. Das Verschwinden der Stärke in den Hausabwässern wird hauptsächlich dadurch begünstigt, dass dieselben sich meist in gekochtem, d. h. verkleistertem Zustand befinden.

Die Reste derartiger Stärkekörner sind allermeist durchaus uncharakteristisch und umso weniger erkennbar, als sie auch die bekannte Jodreaktion nicht mehr geben.

Ganz anders liegen die Verhältnisse, wenn es sich um Abwässer der Stärkefabriken handelt. In solchen sind beinahe immer Stärkekörner wohl erhalten und in reichlichstem Maasse vorhanden. Dies hat darin seine Ursache, dass die Stärkegewinnung in der Weise bewirkt wird, dass man die zerkleinerten stärkehaltigen Pflanzentheile (Kartoffeln, Reis, Weizen) mit Wasser knetet, die Stärkekörner dadurch im Wasser suspendirt und sie dann sich absetzen lässt oder durch Centrifugiren daraus gewinnt. Besonders kleine Stärkekörner bleiben fast stets noch im Abwasser suspendirt und aus den zur Abwasserreinigung dienenden Absatzbassins wird noch ein gewisses Quantum sogenannter „Schlammstärke“ gewonnen.

Die Stärkekörner in solchen Abwässern sind stets geeignet, durch die Jodreaktion erkannt zu werden. Um diese Reaktion auszuführen, lässt man in der p. 471 angegebenen Weise einen Tropfen Jodtinktur oder Jodjodkalium unter das Deckglas fliessen. Man sieht dann, wie die Körner erst blauviolette, dann tiefschwarze Farbe annehmen.

Im Uebrigen ist es praktisch, wenn das Mikroskop Anhalt für vorhandene Stärke giebt, die Untersuchung in der Weise auszuführen, dass man ein Quantum des zu prüfenden Schlammes im Reagensglas kocht, abfiltrirt und dann das Filtrat auf Stärke prüft. Blaufärbung bei Jodzusatz zeigt das Vorhandensein derselben an.

Die Stärkekörner sehen unter dem Mikroskop sehr verschieden aus, je nach der Pflanze, von welcher sie stammen. Kartoffelstärke ist durch ihre verhältnissmässig grossen Körner, sowie die excentrische Schichtung derselben leicht zu erkennen. Die Stärkekörner, welche sich in den Abwässern von Cerealien verarbeitenden Fabriken finden, sind stets sehr klein und zeigen keine Schichtung.

14. Cellulosefasern. — Diese stellen die charakteristischsten Körper dar, welche sich in den Abwässern von Papier- und Cellulosefabriken finden. Zwar sollen die Abwässer dieser Betriebe, wie in den Konzessionsertheilungen für die Fabriken regelmässig vorgeschrieben wird, von Cellulose frei sein, aber dies ist nur sehr selten wirklich der Fall. Obgleich in verschiedenen Einrichtungen (z. B. Schuricht'sche Filter) Apparate geboten sind, welche die Befreiung der Abwässer von Cellulose vollkommen ermöglichen, sehen doch die Abwasserläufe dieser Fabriken häufig aus, als ob sie im stärksten Maasse verpilzt wären. Die Ränder der Bäche und

die in's Wasser ragenden Gegenstände sind sehr häufig mit einer weisslichen, flockigen oder faserigen Schlammschicht überdeckt, welche häufig festsitzt, öfters aber auch bei der geringsten Berührung sich loslösen kann, sich im Wasser vertheilt und dasselbe weithin milchig trübt. Diese letzteren Merkmale theilt die Celluloseverunreinigung mit dem Wachsthum von Beggiatoa alba; makroskopisch ist deswegen der Celluloseschlamm von den Wucherungen dieses Pilzes manchmal nicht oder nur sehr schwer unterscheidbar.

Als Rohmaterial für die Cellulosefabrikation dienen bekanntlich die Nadelhölzer; die Cellulose stellt die durch chemische Verfahren macerirten und aus dem Zusammenhang gelösten Holzfasern dieser Hölzer dar. Dem entsprechend wird die Cellulose aus langgestreckten, dickwandigen, an beiden Enden spindelförmig zugespitzten Zellen gebildet.

Das Hauptmerkmal dieser Zellen bilden die Hoftüpfel, welche als aus zwei koncentrischen Kreisen gebildete Figuren bei starker Vergrösserung auf den Cellulosefasern erscheinen. Durch das Macerationsverfahren sowie die darauf folgende Verarbeitung der Cellulose sind diese Hoftüpfel allerdings vielfach sehr undeutlich geworden und sind allermeist nur als ganz schwache Kreislinien bei starker Abblendung des Lichtes sichtbar. Immerhin werden sie bei sachgemässem Suchen leicht aufgefunden.

Da Holzfasern zur Cellulosebereitung verwendet wurden, sollte man annehmen, dass bei Behandlung des Präparates mit Phloroglucin-Salzsäure eine die Holzsubstanz anzeigende Rothfärbung eintreten müsste. Dies ist aber keineswegs der Fall. Einzelne Fasern oder Faserstücke lassen zwar häufig diese Reaktion noch schwach erkennen, allermeist ist aber das Lignin durch die chemische Behandlungsweise des Holzes ausgezogen. Deshalb tritt die Phloroglucin-Salzsäure-Reaktion nicht mehr ein, dagegen geben die Fasern mit Chlorzink-Jod oder bei Behandlung mit Jod-Schwefelsäure die als Cellulosereaktion bekannte Violetfärbung.

15. Papierreste. — Ganz besonders in Sielwässern sind die lange der Verwesung widerstehenden Papierreste, welche bei der Untersuchung des Schlammes aufgefunden werden, für die Art der Wasserverunreinigung sehr bezeichnend. Man wird häufig die Papierreste (allermeist Zeitungspapier) noch in makroskopisch erkennbarem Zustand vorfinden, ebenso häufig aber treten nur kleinste Partikel bei der mikroskopischen Betrachtung entgegen. Diese Partikel bestehen aus den soeben (Nr. 14) beschriebenen Cellulosefasern.

Ob man es mit Papierresten oder mit loser, aus Papierfabrikabwässern stammender Cellulose zu thun hat, erkennt man leicht daran, dass die aus Papier stammenden Fasern nie isolirt, sondern stets zu grösseren Partikeln zusammengewirrt sind.

16. Strohreste. — Gleich den Celluloseresten sind Strohreste in vielen Papierfabrikabwässern vorhanden, kommen ausserdem aber auch in

den mannigfachsten andern, besonders in landwirthschaftlichen Abwässern vor. Insbesondere die Stallabwässer resp. der Schlamm derselben ist reich an mikroskopisch kleinen Strohpartikeln, welche der Nahrung von Thieren beigemengt waren (Häcksel), aber als unverdaulich mit den Fäkalien wieder ausgeschieden wurden. Bei der grossen Regelmässigkeit, mit welcher die Strohtheilchen sich in solchen Abwässern finden, kann man sie für ebenso charakteristisch für dieselben erklären, wie es die Papierfetzchen für die Sielwässer sind.

Die Strohpartikelchen stellen Theile der Halme (und Blätter) unserer Cerealien dar; sie sind durch den anatomischen Bau der Grashalme unverkennbar bezeichnet.

Zunächst fällt beim Betrachten derselben unter dem Mikroskop auf, dass die ganze Oberfläche derselben (die Epidermis) von langen, bandförmigen Zellen gebildet wird, deren Wände genau parallel verlaufen. Fasst man diese Längswände genauer in's Auge, so sieht man, dass sie ganz regelmässig gewellt sind. Ausserdem erscheinen zwischen diesen bandförmigen Zellen da und dort elliptische Figuren, welche durch einen Spalt längs getheilt sind. Dies sind die Spaltöffnungen der Epidermis.

Bei allen Strohtheilen sind die Membranen der Epidermis mehr oder weniger mit Kieselsäure infiltrirt. Wenn man die Strohpartikel vorsichtig auf einem Glimmerplättchen glüht, kann man daher ein vollständiges Kieselskelet erhalten. Dieses gleicht durchaus den beschriebenen Epidermiszellen, ist aber durchsichtig.

Wenn die Strohreste aus frischen Thierfäces stammen, so sind sie gelb bis braungelb, was von einer Färbung mit Gallenfarbstoff herrührt. Diese Farbe wird aber nach sehr kurzer Zeit (3—5 Tagen) vom Wasser vollständig ausgezogen.

Ausser diesen lang bandförmigen Epidermiszellen der Strohhalme finden sich ferner auch stets in den Strohtheilchen die langgestreckten Gefässbündel. Diese färben sich bei Anwendung von Phloroglucin-Salzsäure roth, da sie Lignin enthalten.

17. Gerberlohepartikelchen. — Die Abwässer der Lohgerbereien sind stets dadurch charakterisirt, dass sich bei mikroskopischer Untersuchung des Schlammes Theilchen der Gerberlohe vorfinden. Diese stellen zackige, unregelmässig gebrochene Splitter dar und bestehen aus langen Fasern (den Sklerenchymfasern der Rinde) und dazwischen aus dicken, mit feinen Poren versehenen, rundlichen Zellen (den Steinzellen). Diese beiden Zellelemente haben nur ein sehr kleines Zelllumen, sie bestehen fast nur aus der dicken Zellhaut, welche bei Anwendung von Phloroglucin-Salzsäure sich schön ziegelroth färben. Ausserdem nehmen auch dünnwandige Zellen (Rindenparenchym) an der Bildung der Lohepartikelchen theil. Ganz besonders sicher sind solche Partikelchen dann zu erkennen, wenn es gelingt, Partien zu Gesicht zu bekommen, wo neben den langen

Sklerenchymfasern Reihen von Parenchymzellen liegen, welche je einen grossen Kıystall von Calciumoxalat enthalten.

18. Kaffeesatz. — Durch das Spülen der zur Kaffeebereitung dienenden Gefässe kommen stets Mengen von Kaffeesatz in die Hausabwässer. Ganz besonders in den Sielen der Grossstädte und den Gräben der Rieselfelder wird die Hauptmenge des Schlammes von Kaffeesatz gebildet (in grossem Umfang kommen während gewisser Jahreszeiten auch die Kirschkerne hinzu).

Allermeist ist es nicht nothwendig, den Kaffeesatz mikroskopisch nachzuweisen, da derselbe durch sein dunkelbraunes, wohlbekanntes Aussehen und sein durch Quellung im Wasser meist recht ansehnliches Volum schon makroskopisch auffällt. Immerhin begegnen bei Untersuchung von Hausabwässern im Präparat hier und da auch mikroskopisch kleine Kaffeepartikelchen. Diese sind leicht kenntlich, wenn man sie zerdrückt und dadurch an einzelnen Randstellen die auffällige Endospermstruktur des Kaffees sichtbar macht.

Die Zellwände dieses Endospermgewebes führen nämlich rundliche (oder von der Fläche gesehen bandartige) Verstärkungen, welche auch bei schwacher Vergrösserung nicht übersehen werden können.

Der Kaffeesatz vermodert im Wasser sehr langsam; selbst in mehrere Jahre alten Ablagerungen sind die Körner häufig noch wohl erhalten.

19. Thierhaare, insbesondere Wolle. — Auf die mannigfachste Weise können Thierhaare in die Abwässer gelangen. Der Staub, welcher aus Wollenstoffen fliegt, enthält Fragmente derselben; ganze Wollflocken oder Haarbüschel schwimmen sehr häufig in Abwässern von Gerbereien, Wollwäschereien etc.

Im Allgemeinen wird man auch die Thierhaare als makroskopische Gebilde nicht erst mikroskopisch untersuchen brauchen, wenn es sich nicht um die Feststellung der Thierart, von welcher die Haare stammen, handelt. Es wäre unnütz, hier die verschiedenen Haarsorten beschreiben zu wollen, welche vielleicht vorkommen können; im gegebenen Fall wird man eine derartige Untersuchung doch in der Weise ausführen müssen, dass man sich Vergleichsmaterial bestimmter Abkunft verschafft und mit dessen Hilfe arbeitet.

Hier sei nur als wichtig darauf hingewiesen, dass die Thierhaare, insbesondere die Wollhaare unter dem Mikroskop als feste Hornstäbe erscheinen, an welchen drei Schichten deutlich unterscheidbar sind, nämlich:

1. Die dunklere Marksubstanz im Innern, 2. die hellere, oft deutlich längsfaserige Struktur aufweisende Rindensubstanz und 3. ein sehr dünner, farbloser Ueberzug, das Oberhäutchen, welches in unregelmässige Schüppchen zerreisst, dessen Sprünge und Ränder meist ziemlich quer verlaufende feine Linien darstellen.

Alle Haare haben die Eigenschaft, mit 10⁰/₀iger Kali- oder Natronlauge gekocht, sich aufzulösen, was pflanzliche Textilfasern nicht thun.

20. Leinen-, Baumwoll- und Hanffasern. — Im Schlamm fast jeder aus bewohnter Gegend stammender Wasserprobe, insbesondere aber in Hausabwässern pflegen Textilfasern pflanzlichen Ursprungs, und zwar oft in gefärbtem Zustand, häufig zu sein. Von Wollfasern unterscheiden sich alle Pflanzenfasern dadurch, dass sie sich in einer Lösung von Kupferoxydhydrat in überschüssigem Ammoniak auflösen, während Wolle von diesem Reagens nicht angegriffen wird.

Die Unterscheidung zwischen den drei genannten, hauptsächlichsten aus dem Pflanzenreich stammenden Textilfasern hat für die Wasseranalyse nur geringe Bedeutung, auch sei darauf hingewiesen, dass in dem Zustand, in welchem die Textilfasern aus dem Schlamm isolirt werden, allermeist eine Erkennung derselben schwierig ist. Am leichtesten sind Baumwollfasern zu erkennen an dem grossen, etwa die Hälfte der Fadenbreite einnehmenden Lumen (Innenraum), sowie an der plattgedrückten, etwas gedrehten Gestalt im Gegensatz zu den cylindrischen Leinen- und Hanffasern, deren Lumen strichförmig fein ist.

21. Pflanzlicher Detritus. — In der Masse des unentzifferbaren feinsten Schlammes, welcher als Detritus bezeichnet wird, finden sich häufig die schwerer verwesbaren verholzten oder verkorkten Partikel der Pflanzentheile, welche zur Bildung des Detritus beigetragen haben. Insbesondere werden in Hausabwässern häufig aus polygonalen Zellen gebildete, braune Hauttheile vorgefunden, welche gegen Schwefelsäure sehr resistent sind — dies sind Reste von Kartoffelschalen, deren verkorktes Gewebe der Fäulniss viele Jahre lang widerstehen kann. Ferner findet man häufig Röhren mit Spiralen oder Ringen im Innern oder Röhren mit lochartig durchbrochener Wand; wir werden diese als Gefässe von höhern Pflanzen ansehen, welche verholzt sind und deswegen übrig bleiben, wenn die zarteren Theile (Parenchymgewebe) schon vermodert sind. Gleich den Kartoffelschalenpartikelchen sind manchmal Epidermistheile von Blättern und Stengeln reichlich im Detritus und werden durch das Vorhandensein von Spaltöffnungen (siehe oben, p. 493) leicht erkannt etc. — Man gebe sich im Allgemeinen mit dem Bestimmen dieser unvollkommenen Reste keine Mühe, sondern bedenke, dass auch der tüchtigste Botaniker in Verlegenheit kommen kann, wenn ihm eine fremde Pflanze ohne Blüthen oder Früchte gebracht und er nach dem Namen gefragt wird. Wenn schon in manchen Fällen die Bestimmung solcher grosser Objekte fast unmöglich ist, so ist dies noch viel mehr mit den kleinen, halbvermoderten Resten von Pflanzen der Fall, welche im Detritus bei der Wasseruntersuchung vorkommen.

22. Thierischer Detritus. — Genau das Gleiche gilt von den Resten der Thierleiber, welche oft in grosser Menge im Detritus vorkommen.

Speciell den Chitintheilen der Insekten (also Flügeldecken von Käfern etc., Klauen, Kiefertheile etc. etc.) begegnen wir im Detritus von Wasserproben sehr häufig, ohne dass es die aufzuwendende Mühe der Bestimmung lohnen würde, wenn man sich genauer mit diesen Resten beschäftigen wollte. Diese Theile können unter Umständen viele Jahre lang vollkommen unverändert im Schlamm liegen, sie können die Reste einer Wasserfauna sein, welche unter ganz anderen Bedingungen gelebt hat, als gegenwärtig in dem betreffenden Wasser herrschen.

Die Wasserbeurtheilung auf Grund des von der mikroskopischen Wasseranalyse gelieferten Untersuchungsbefundes.

Jede Wasserbeurtheilung wird, wie oben (p. 301) ausgeführt wurde, von uns auf die Kenntniss von den Lebensgewohnheiten resp. Existenzbedingungen der im betreffenden Wasser gefundenen und ihrer Art nach genau bestimmten Mikroorganismen, sowie auf im Wasser etwa vorhandene charakteristische todte Bestandtheile begründet. Die Methoden, welche zur Kenntniss dieser Mikroorganismen führen, welche es erlauben, dieselben entweder direkt in den Wasserproben zu erkennen und zu bestimmen, oder sie durch künstliche Züchtung für die Bestimmung vorzubereiten, wurden als die Untersuchungsmethoden der mikroskopischen Wasseranalyse im vorhergehenden Abschnitt behandelt.

Hat man nun die in den Wasserproben enthaltenen Objekte sämmtlich bestimmt, so ist in den Angaben, welche der systematische Theil über die Species enthält, die Beurtheilung des betreffenden Wassers (in nuce) enthalten.

Die Beurtheilung von Genuss- und Hausgebrauchs-Wasser.

An das zu Genusszwecken wie für den Hausgebrauch dienende Wasser müssen die gleichen Anforderungen bei der Beurtheilung gestellt werden, denn es ist erstens eine Erfahrungsthatsache, dass jedes Wasser, welches bequem zu erreichen ist, sei es andauernd, sei es vorübergehend, getrunken wird. Häufig wird das Wasser eines Brunnens für den Trinkgebrauch gesperrt, für den Hausgebrauch dagegen freigegeben. Solche Brunnen pflegen die Aufschrift zu erhalten „kein Trinkwasser". Diese Warnung vor dem Wasser nützt nur bei solchen Personen, welche wenigstens eine Ahnung von den verderblichen Wirkungen des verseuchten Wassers haben, also bei den gebildeten Elementen einer Stadtbevölkerung. Auf dem Lande dagegen wie bei den weniger gebildeten Schichten der Stadtbevölkerung ist es Regel, dass solches Wasser ruhig für alle Zwecke weiter verwendet wird.

Zweitens kommt das für den „Hausgebrauch" freigegebene Wasser, wenn in demselben Infektionskeime sich finden, auch dann, wenn es nicht getrunken wird, doch manchmal zur pathogenen Wirksamkeit, denn es werden in ihm die Essgeschirre gespült, die Kinder gebadet etc. Bei solchen Gelegenheiten ist den Infektionsträgern stets Gelegenheit gegeben, vom menschlichen Körper aufgenommen zu werden.

Endlich ist ein Wasser, welches durch schwebende Verunreinigungen getrübt und deswegen unappetitlich ist, auch für viele Zwecke des Hausgebrauchs nicht verwendbar. Speciell auf die Wäsche kann solches Wasser ungünstig einwirken, und wird dies besonders häufig thun, wenn die Verunreinigung durch Eisensalze (Eisenhydroxyd, Schwefeleisen) bewirkt wird.

Anforderungen an ein dem Trink- und Hausgebrauch dienendes Wasser.

Ein für den menschlichen Genuss und Hausgebrauch bestimmtes Wasser muss folgenden Hauptanforderungen genügen:

1. Dasselbe muss unschädlich sein, d. h. es darf keine Veranlassung zu Erkrankungen (Infektionen) bieten.

2. Solches Wasser muss appetitlich sein, d. h. es muss klar (blank) aussehen.

3. Es muss wohlschmeckend, d. h. von angemessener erfrischender Temperatur, von genügendem anregendem Kohlensäuregehalt etc. sein.

Die Unschädlichkeit von Trink- und Hausgebrauchs-Wasser.

Gifte.

Ein Wasser kann die Gesundheit der Menschen und Hausthiere schädigen durch einen Gehalt an todten oder lebenden Verunreinigungen. Die todten, schädlich wirkenden Bestandtheile, welche ein Trink- und Gebrauchswasser enthalten kann, könnten theoretisch betrachtet der verschiedensten Art sein. Durch Blei- oder Kupferröhren kann dem

Wasser ein Gehalt an diesen Metallen verliehen werden; es wäre nicht undenkbar, dass aus Fabrikabwässern giftige Körper (z. B. Arsen-, Rhodanverbindungen etc.) in das Trinkwasser gelangen könnten; ferner ist es bekannt, dass unter gewissen Bedingungen bei Fäulnissprocessen giftig wirkende organische Verbindungen (Toxine, Toxalbumine) entstehen können, welche vielleicht auch im Wasser auftreten könnten.

Nach den Erfahrungen, welche man über das Vorkommen und die Wirkung dieser Gifte gemacht hat, hat für die Praxis der Wasseruntersuchung allein ein Bleigehalt des Wassers Bedeutung. Dies kommt daher, dass gerade Bleiröhren ausserordentlich häufig für Wasserleitungszwecke verwendet werden und dass das Blei eine starke toxische Wirkung besitzt, während die Giftwirkung des ähnlich verwendeten Kupfers sehr viel geringer ist.

Das Blei der Leitungsröhren wird durch den Sauerstoff- und Kohlensäuregehalt des Wassers in Lösung gebracht; insbesondere freie Kohlensäure liefert stark giftig wirkendes kohlensaures Blei. Darauf, dass das Wasser verschiedener Orte sehr wechselnden Gehalt an Kohlensäure aufweist, beruht die Erscheinung, dass vielfach Bleianschlüsse an Wasserleitungsröhren ohne die geringsten bedenklichen Folgen verwendet wurden, während an anderen Orten Vergiftungserscheinungen beobachtet worden sind.

Die Frage, ob ein Wasser Blei gelöst enthält, ist eine aus den Betrachtungen des Mikroskopikers selbstverständlich ausscheidende, weil ein mikroskopischer Nachweis von Bleisalzen im Wasser unmöglich ist. Trotzdem wurde bereits oben (p. 362), als über die lokale Besichtigung von Brunnen gehandelt wurde, auf etwa verwendete Bleiröhren hingewiesen. Dies geschah, weil auch ohne chemische Untersuchung der schädigende Einfluss von Bleiröhren in diesem Falle klar liegt. Denn in einem Bleirohr mit so wechselndem Wasserstand, wie es das Saugrohr eines Pumpbrunnens darstellt, ist das Metall andauernd der Einwirkung von Kohlensäure und Sauerstoff ausgesetzt und muss schädigend wirken.

Lebende, schädlich wirkende Bestandtheile.

Die lebenden, schädlich wirkenden Bestandtheile im Wasser gehören zu den Klassen der Eingeweidewürmer und der Spaltpilze; diese Wasserverunreinigungen sind allein auf mikroskopischem Wege zu entdecken.

Eingeweidewürmer. — Die geringere Wichtigkeit für die Wasserbeurtheilung haben von diesen beiden Klassen die Eingeweidewürmer, weil in unserem Klima wirkliche und besonders tödtliche Krankheiten durch das Vorhandensein dieser Parasiten im Darm des Menschen nur selten und vereinzelt vorkommen.

Drei Arten dieser Würmer kommen hauptsächlich hier in Betracht, deren Lebensweise mit wenigen Worten geschildert werden kann.

1. Der Spulwurm (Ascaris lumbricoides L.) ist ein regenwurmgrosses, gelbliches oder röthliches Thier, welches besonders bei Kindern im Dünndarm oft in grosser Menge sich findet. Das Weibchen bringt jährlich etwa 60 Millionen Eier hervor. Diese sind mit gegen Schädigungen sehr resistenter Haut bedeckt und kommen mit dem Koth in die Umgebung des Menschen. Mit Erde, welche Koth enthält, sowie mit durch Fäces verunreinigtem Wasser kommen die Keime des Spulwurmes wieder in den Organismus des Menschen zurück.

2. Der Madenwurm (Oxyuris vermicularis L.) ist ein bis 1 cm langer und den Schmeissfliegen-Maden ungefähr ähnlicher Wurm, welcher sich häufig zu Tausenden im Darm findet. Auch dieses Thieres Eier sind sehr widerstandsfähig; sie gelangen in gleicher Weise wie diejenigen des Spulwurmes von einer Person zur andern.

3. Der Peitschenwurm (Trichocephalus dispar Rud.) ist ein bis 1/2 cm langer und 1 mm dicker, fadenförmiger Wurm. Derselbe ist nur selten in grösserer Menge vorhanden, meist sitzen wenige Exemplare besonders im Blinddarm des Menschen; dies Thier ist sehr harmlos. Die Eier werden mit den Fäces an die Aussenwelt befördert; sie entwickeln sich in feuchter Erde und Wasser und gelangen mit letzterem in den menschlichen Leib.

Aus den Lebensgewohnheiten dieser drei parasitischen Würmer geht hervor, dass ihre Keime nur in solchem Wasser sich finden, welches mit Fäkalien verunreinigt ist.

Thatsächlich hat sich nach den von Sievers[1]) veröffentlichten Beobachtungen über das bei Sektionen festgestellte Vorkommen dieser Parasiten gezeigt, dass die Menge der mit denselben behafteten Personen in Kiel in den Jahren 1872—1887 um 2,6 % abgenommen hat. Und zwar beginnt diese Abnahme mit der Errichtung der neuen Wasserleitung zu Kiel, welche die Verwendung des früheren schlechten, aus einem der Fäkalinfektion ausgesetzten Teich bezogenen Wassers ausschloss.

Von grosser Wichtigkeit für die Viehzucht ist die Entdeckung Leuckart's, dass ein besonders für Schafe äusserst gefährlicher Parasit, der Leberegel (Distomum hepaticum) in mit Fäkalien verunreinigtem Wasser die Lebensbedingungen für seinen Larvenzustand findet. Mit den Exkrementen werden die Eier dieses Thieres entleert; gelangen dieselben in's Wasser, so schlüpfen Larven aus, welche später in kleinen Wasserschnecken (Limnaeus-Arten) ihren Zwischenwirth finden. Beim Tränken der Thiere mit solchem inficirten Wasser gelangen die kleinen Schnecken sammt ihrem Parasiten in den Magen, das Distomum geht nach dem Tod des Zwischenwirthes auf das Schaf über und verursacht eine verheerende Krankheit (Leberfäule).

[1]) **Sievers, Schmarotzerstatistik aus den Sektionsbefunden des pathologischen Instituts zu Kiel 1877/87; Kiel 1887.**

Gegenüber der Gewohnheit mancher Landwirthe, ihr Vieh selbst mit sehr stark verunreinigtem Wasser zu tränken, ist stets darauf hinzuweisen, dass der Organismus der Hausthiere genau ebenso durch unreines Wasser geschädigt werden kann, wie der menschliche.

Ein Versuch, die Eier dieser Parasiten im Wasser mit Hilfe des Mikroskops nachzuweisen, wäre aussichtslos. Ich selbst habe Eingeweidewürmer-Eier bisher nur in denjenigen Fäkalklumpen von Abwässern gefunden, welche ihrer ganzen Konsistenz etc. nach als Fäkalien noch deutlich erkennbar waren. Hat man dagegen einen Schlamm zur Untersuchung, so können darin soviel andere thierische Dauerzellen (z. B. Cysten von grossen Infusorien etc.) sein, dass eine sichere Erkennung der Eingeweidewurm-Eier ausserordentlich erschwert, ja für den Praktiker unmöglich wird.

Dagegen sind solche Fäkalwässer durch ihren Gehalt an Fäkalbakterien und Schimmelpilzen derart leicht erkennbar, dass sie auch ohne ein Suchen nach den Eingeweidewurm-Eiern genügend verdächtig sind.

P a t h o g e n e S p a l t p i l z e. — Von ungeheuerer Wichtigkeit sind dagegen die krankheitserregenden Bakterien für die Beurtheilung des Wassers. Ganz besonders die Erreger der C h o l e r a und des T y p h u s sind, wie allbekannt ist, worauf auch im Vorhergehenden immer wieder hingewiesen wurde, geeignet, ein Wasser zu verseuchen und dasselbe zur Infektionsquelle für einen weiten Umkreis zu machen.

Eine Brunnenverseuchung mit diesen Organismen ist deswegen so gefährlich, weil wir es hier mit lebenden, im Körper vermehrungsfähigen Ansteckungsstoffen („Contagium vivum") zu thun haben. Bei mineralischen oder organischen Giften muss eine gewisse Menge des Giftstoffes in den Körper gebracht werden, um überhaupt eine Wirkung zu äussern. Bei der Eigenschaft des Wassers, als Verdünnungsmittel für die Gifte zu wirken, sind deswegen nur solche Gifte, welche mit dem Wasser dauernd in kleinsten Quantitäten zugeführt werden, im Körper sich anhäufen und dadurch schliesslich zur Wirkung kommen (z. B. Blei) im Trinkwasser zu fürchten. Die Vermehrungsfähigkeit der Spaltpilze dagegen giebt diesen die Möglichkeit, auch nur einmal in geringster Quantität eingebracht, ihre verderbliche Thätigkeit zu entfalten. Eine einzige Zelle des Cholera- oder Typhuserregers kann, mit Wasser oder Nahrung in den Darm gelangt, hier sich rapid vermehren und dann die Erkrankung herbeiführen.

Dabei ist zu bemerken, dass unser Körper Schutzeinrichtungen besitzt, welche in sehr vielen Fällen geeignet sind, pathogene Bakterien nicht zur Entwickelung kommen zu lassen, selbst wenn sie mit Wasser oder Speisen aufgenommen sind. Nicht jedes Verschlucken derartiger Mikroorganismen führt zur Erkrankung, sondern nur in für ihre Erhaltung günstigen Fällen können die Mikroben ihre verderbliche Wirkung äussern.

Insbesondere der (salz-)saure Magensaft ist als wichtiges Desinfektionsmittel bekannt. Wie oben (p. 451) ausgeführt, sind die Bakterien im

Allgemeinen gegen Säure wenig widerstandsfähig; dem entsprechend wird die grösste Menge der vom Mund aus aufgenommenen Spaltpilze im Magen getödtet. Am besten wird dieser Satz durch die Ueberlegung bewiesen, dass wir fortwährend grosse Mengen den verschiedensten Arten angehöriger und auf dem Speisebrei sehr gut wachsender Spaltpilze aufnehmen, dass aber der Bakterienflora des Darmes eigenthümliche Arten nur in geringer Zahl bekannt sind. Es müssen also die allermeisten mit der Nahrung aufgenommenen Spaltpilze im Magen zu Grunde gehen.

Bekannt ist, dass gerade die im Darm ihren Sitz habenden bakteriellen Infektionskrankheiten dann am leichtesten auftreten, wenn durch eine vorher bestehende Magenverstimmung die normaler Weise in diesem Organ herrschenden Verhältnisse gestört sind. Auch aus dieser Beobachtung erkennt der Laie leicht, dass in dem normalen Magensaft der Körper ein Schutzmittel gegen das Eindringen pathogener Spaltpilze in den Darm besitzt.

Auch andere Umstände (z. B. „Virulenz“ [Vollkräftigkeit] der pathogenen Bakterien etc.) müssen nach den heute herrschenden Anschauungen noch vorhanden sein, um eine Infektion zu ermöglichen: der beste Beweis dafür, dass nicht jedes Individuum, welches Krankheitserreger in sich aufnimmt, auch wirklich krank wird, besteht darin, dass von mehreren Menschen beim Genuss verseuchten Wassers die einen erkranken, die anderen dagegen vollkommen gesund bleiben.

Es wäre also nicht undenkbar, dass bei einer Wasseruntersuchung z. B. Typhusbakterien gefunden würden, ohne dass der Genuss dieses Wassers bisher Erkrankungen verursacht hätte. Sollte ein solches Wasser, welches die Spaltpilze vielleicht in wenig „virulentem“ Zustand enthält, als ungefährlich bezeichnet werden? Dies wird von Jedermann verneint werden, denn die Krankheit kann doch plötzlich ausbrechen. Man hat deshalb bei verseuchtem Wasser nicht nur mit wirklich vorgekommener, sondern auch mit möglicher Erkrankung der das Wasser benützenden Menschen, mit der I n f e k t i o n s g e f a h r zu rechnen.

Nach unseren oben (p. 295) gemachten Ausführungen kann in der Praxis nicht mit Sicherheit darauf gerechnet werden, die Infektionsträger im Wasser zu entdecken. Dies hat erstens in der nicht genügenden Zuverlässigkeit der Untersuchungsmethoden seine Ursache; zweitens aber wird es dadurch bedingt, dass die pathogenen Spaltpilze rasch aus dem Wasser wieder verschwinden können.

Bereits früher (p. 443) wurde auf den „Kampf um's Dasein“ aufmerksam gemacht, welcher zwischen allen Organismen, also auch zwischen den Spaltpilzen, besteht. Nur diejenigen Arten können sich an einer bestimmten Stelle, in einem bestimmten Wasser halten, welche dort die ihnen eigenthümlichen günstigen Existenzbedingungen finden. Dies sind die gewöhnlichen „Wasserbakterien“; diese sind an die niedrige Temperatur des Wassers gewöhnt und in ihrer Nahrung so anspruchslos, dass sie mit der im Wasser vorhandenen „organischen Substanz“ ihr Auskomme finden.

Die Krankheitskeime dagegen sind im Wasser nicht in günstige Situation. Dieselben sind hauptsächlich im kranken Körper mächtig, w sie die ihnen angenehme höhere Temperatur (Bluttemperatur), sowie reich liche, koncentrirte Nahrung finden.

Werden nun Krankheitskeime in's Wasser gebracht, welches scho andere, normaler Weise im Wasser lebende Arten enthält (und jedes Wasse führt solche), so beginnt ein Kampf um die Nahrungsstoffe. In diesen Kampf sind die Wasserbakterien im Vortheil, sie nehmen die Nahrung fü sich und unterdrücken die fremden Arten. Dieses Eliminiren der Krank heitserreger durch die normale Wasservegetation kann sehr rasch vor sic gehen; es nimmt umso rascheren Verlauf, je mehr Wasserbakterien mi den zufällig in's Wasser gelangten Krankheitskeimen kämpfen.

Bei dem Streit um ein gegebenes Nahrungsquantum kommt es nämlic offenbar sehr auf die Individuenzahl an, mit welcher die einzelnen Arte in den Kampf eintreten. Es ist, um ein Beispiel aus der höheren Pflanzen welt anzuführen, viel wahrscheinlicher, dass in einem Buchenwald, i welchem einige Eichen stehen, die Millionen von Bucheckern einige jung Bäume liefern, als die in unverhältnissmässig geringerer Zahl hervor gebrachten Eicheln. Ebenso werden einige in einen Brunnen gelangt Krankheitserreger bei dem Kampf um die Nahrung sehr viel weniger neu Individuen hervorbringen als die von Anfang an massenhaft vorhandene Wasserbakterien. Das heisst aber bei der raschen Vermehrungsfähigkei dieser Arten, dass die pathogenen Bakterien gewöhnlich rasch überwucher und unterdrückt werden.

Eine Wasseruntersuchung pflegt erst beantragt zu werden, wenn Erkrankungen vorgekommen sind und der Verdacht sich auf das Wasse gelenkt hat: bis die Krankheit erkannt ist, der Untersucher benachrichtig wird und eintrifft, können die Krankheitserreger längst wieder aus den Wasser verschwunden sein.

Der Satz, dass es für den Sieg im Kampf um die Nahrung bei der Spaltpilzen wesentlich auch darauf ankommt, wie gross die Individuenzah ist, mit welcher (gleichstark organisirte) Arten in den Wettstreit eintreten liefert die Erklärung für die oben (p. 297) angeführte Thatsache, dass weder Typhus noch Cholera bisher nachgewiesener Weise durch die Siel wässer der Grossstädte auf die Rieselfelder verschleppt wurden. Dies müsste der Fall sein, wenn diese Schmutzwässer nicht schon mit andern Spaltpilzarten voll besetzt wären. Wie in der modernen Meierei-Technik die Sahne künstlich mit Kulturen eines normale Säuerung gewährleistenden Spaltpilzes versetzt werden, wie dadurch diese Art in grosser Ueberzahl erzielt und die Einwirkung anderer (Geschmacksfehler bedingender) Species ausgeschaltet wird: ebenso finden die mit den Fäkalien Erkrankter in die

Kanäle kommenden pathogenen Bakterien im Schmutzwasser die übermächtige Konkurrenz harmloser Arten und gehen bald zu Grunde.

Aus diesen Ausführungen geht hervor, dass die Krankheitserreger sich in reinem Wasser viel länger zu halten im Stande sind, als in sehr stark verunreinigtem: es ist kein Zufall, dass die Snow'sche Infektionstheorie (vergl. p. 279) „Trinkwassertheorie" heisst, denn ein zu Trinkzwecken nach seinen physikalischen Eigenschaften einladendes Wasser ist, wenn es einmal inficirt wurde, sehr viel länger gefährlich als ein stark verunreinigtes Wasser.

Genau wie die Infektion mit den Eiern der Eingeweidewürmer kommt auch diejenige mit pathogenen Spaltpilzen in allererster Linie durch die Fäkalabgänge der Erkrankten zu Stande. Ausser durch Koth und Harn werden die Bakterien auch noch durch den Schweiss ausgeschieden, doch sind die Fäkalabgänge weitaus die wichtigsten Sitze der Infektionsträger.

Die Beurtheilung des Wassers zum Trink- und Hausbedarf muss also zunächst von der Beantwortung der Frage abhängig sein: sind in einem vorliegenden Wasser Krankheitskeime enthalten? Wird diese Frage durch die Untersuchung im bejahenden Sinne entschieden, so ist das Wasser als verseucht zu betrachten und sein Gebrauch zu einem dieser Zwecke zu untersagen, d. h. der Brunnen zu schliessen.

Da nun der Nachweis der Krankheitserreger für die Praxis der Wasseruntersuchung kaum in Betracht kommt, so ist die Wasserbeurtheilung zweitens von der Frage abhängig, ob solche Mikroorganismen in dem für Trink- und Hausgebrauchszwecke vorhandenen Wasser vorhanden sein können, d. h. ob eine Infektionsgefahr oder eine Infektionsmöglichkeit besteht.

Infektionsgefahr von Trink- und Gebrauchswasser.

Dringende Infektionsgefahr ist vorhanden, wenn eine Verunreinigung des Wassers mit Abgängen des menschlichen Haushaltes und besonders mit Fäkalien nachgewiesen werden kann.

Welche Körper resp. Organismen lassen eine Wasserverunreinigung durch Fäkalien wahrscheinlich erscheinen?

Folgende Objekte sind nach unsern bisher gemachten Erfahrungen für Fäkalien charakteristisch und finden sich nur in mit Fäkalabgängen verunreinigtem Wasser:

a) Todte Bestandtheile: Noch unzersetzte, als solche erkennbare Fäkalklumpen; verdächtig sind Strohpartikel (vergl. p. 492); Papierreste (vergl. p. 492).

b) Typische Fäkalorganismen (in alphabetischer Anordnung).

Bacillus albuminis.
„ coprogenes.
Bacterium alcaligenes.
„ cavicidum.
„ canale.
„ cloacae.
„ coli.
„ disciformans.
„ gliscrogenum.
„ lactis.
„ sulfureum.
„ tholoeideum.
„ typhi.
„ utpadelense.
„ ureae.
Geotrichum cinereum.
„ purpurascens.
Isaria felina.
„ sulfurea.
Micrococcus aërogenes.
Micrococcus ureae.
Microspira aurea.
„ flava.
„ flavescens.
„ putricola.
Myxotrichum coprogenum.
Oospora (lactis.)
„ nivea.
Pilaira anomala.
Pilobolus crystallinus.
„ (oedipus.)
Sporodesmium echinulatum.
Sporotrichum inquinatum.
„ merdarium.
Stilbum erythrocephalum.
„ fimetarium.
„ villosum.
Streptococcus margaritaceus.
„ conjunctivae.

Wenn in einer Wasserprobe auch nur einer dieser Organismen sich findet, so ist damit wahrscheinlich gemacht, dass das Wasser mit Fäkalien in irgend einer Weise verunreinigt worden ist. Mit voller Sicherheit kann eine derartige Wasserversorgung erschlossen werden, wenn bei der Untersuchung mehrere dieser Organismen (4—5 Arten) zugleich sich auffinden lassen. Ein solches Wasser ist unbedingt von der Verwendung als Trink- und Hausgebrauchswasser auszuschliessen, bis die Quelle der Verunreinigung entdeckt und beseitigt ist. Ueber die Massregeln, welche zu diesem Zweck zu ergreifen sind, wird weiter unten gehandelt werden.

Welche Körper resp. Organismen sind Zeichen für eine Wasserverunreinigung mit Hausabwässern?

a) Todte Bestandtheile. Für Hausabwässer sind als charakteristisch anzusehen und erscheinen häufig bei der mikroskopischen Untersuchung derselben: Ultramarin (Waschblau; vergl. p. 489); Kaffeesatz (p. 494); Reste von Kartoffelschalen (p. 495). Auch Textilfasern, besonders gefärbte, sind in Hausabwässern allermeist massenhaft vorhanden und können häufig zur Erkennung derselben dienen.

b) Organismen (in alphabetischer Anordnung).

Acremonium erectum.
„ spicatum.
Amoeba brachiata.
Bacillus araneitela.
„ araneosus.
„ aureus.
„ brachysporus.
„ butyricus.
„ centrovirens.
„ collogloea.
„ flexilis.
„ Flüggeanus.
„ geniculatus.
„ laevis.
„ myxodens.
„ Pansinianus.
„ paucicutis.
„ perittomaticus.
„ pittuitans.
„ plurisporus.
„ saprogenes.
„ tardifluus.
„ tenuis.
„ viridificans.
Bacterium aceti.
„ cadaveris.
„ citreum.
„ erythrogenes.
„ graveolens.
„ Grotenfeldti.
„ Güntheri.
„ Hessii.
„ Kützingianum.
„ limbatum.
„ minutissimum.
„ murisepticum.
„ Pasteureanum.
„ pateriforme.
„ pituitosum.
„ Pneumoniae.
„ pyocyaneum.
„ saponaceum.
Bacterium smaragdinum.
„ syncyaneum.
„ Termo.
„ vernicosum.
„ viscolactis.
Clonostachys candida.
Fusarium Solani.
„ lactis.
Glycophila versicolor.
Illosporium heterosporum.
Micrococcus albescens.
„ albicans.
„ albidus.
„ aureus.
„ crenulatus.
„ flavescens.
„ flavidus.
„ flavovirens.
„ flavus.
„ galbanatus.
„ helvolus.
„ lactacidi.
„ lacteus.
„ Marpmanni.
„ ochraceus.
„ ochroleucus.
„ pyoalbus.
„ pyocitreus.
„ rosellus.
„ Sphaerococcus.
„ subflavus.
Microspira lingualis.
„ nasalis.
Monilia sitophila.
Mucor racemosus.
Oospora crustacea.
„ friata.
„ lactis.
„ ochracea.
„ rosella.
„ roseola.
„ rubeoalba.

Oospora sulfurea.
Oscillatoria antliaria.
„ brevis.
„ Froelichii.
„ tenerrima.
„ tenuis.
Platoum stercoreum.
Saccharomyces cerevisiae.
„ galacticola.
„ lactis.
„ Mycoderma.
Sarcina — alle Arten ausser S. flava, S. lutea, S. aurantiaca.
Spicaria nivea.
Spirulina Jenneri.
Spirulin aoscillarioides.
Sporotrichum flavissimum.
„ lactis.
Stemphylium amoenum.
„ verruculosum.
Streptococcus acidi-lactici.
„ granulatus.
„ magnus.
„ pallens.
„ pallidus.
„ stramineus.
„ tyrogenus.
Torula epizoa.
Trichothecium domesticum.

Wenn bei Untersuchung einer Trinkwasserprobe eine oder zwei dieser Arten gefunden werden, so wird man zwar den Verdacht äussern können, dass eine Verunreinigung des Brunnens durch Hausabwässer stattgefunden hat, doch kann man in dieser Beziehung nicht vollkommen sicher sein, weil die hier aufgeführten Arten in der Umgebung der Menschen im Allgemeinen verbreitet sind, also theilweise wohl bei den Manipulationen der Untersuchung sich eingestellt haben können.

Zum Glück ist es beinahe ausgeschlossen, dass in einem Hausabwasser nur wenige dieser Arten vorkommen: in allen mir zur Untersuchung gekommenen Fällen konnte ich stets mindestens fünf dieser Typen finden, häufig aber auch sehr viel mehr. In Folge dieses Zusammenvorkommens der charakteristischen Mikroorganismen wird man kaum jemals in Verlegenheit sein, wenn es sich um die Entscheidung der Frage handelt, ob ein Wasser durch Hausabwässer verunreinigt ist.

Die Gefährlichkeit der Verunreinigung eines Trink- oder Gebrauchswassers mit Hausabwässern ist kaum geringer als diejenige mit Fäkalien; es ist deswegen auch ein solches Wasser unbedingt solange nicht zur Verwendung zuzulassen, bis auch hier die Quelle der Verunreinigung gefunden und verstopft ist.

Infektionsmöglichkeit von Trink- und Gebrauchswasser.

Die Möglichkeit der Infektion von Trink- und Gebrauchswasser ist überall dort vorhanden, wo Oberflächenwasser aus der Umgebung menschlicher Wohnstätten zur Verwendung kommt (vergl. p. 359).

Der Satz ist heute allgemein anerkannt, dass jedes offene Wasser in bewohnter Gegend mit Krankheitskeimen inficirt und dann zur Ursache von Epidemien werden kann.

Viel sicherer als durch die örtliche Besichtigung, welche von Vielen als allein massgebend für die Beurtheilung solcher Wasserverhältnisse angesehen wird (vergl. p. 299) ist die Frage, ob ein „offenes“ Wasser (vergl. p. 359) vorliegt, durch den positiven oder negativen Nachweis von mit assimilationsfähigem Farbstoff versehenen Organismen (Algen) zu entscheiden.

Ganz allgemein sind die grünen Algen, Bacillariaceen und assimilirenden Flagellaten auf der Erdoberfläche verbreitet: nicht nur im Wasser sind sie überall vorhanden, sondern ihre Dauerzellen finden sich auch zu Millionen in den oberen, trockenen Erdschichten. Jeder Regentümpel, welcher auf dem dürrsten Boden entsteht, wird nach wenigen Stunden bereits von grünen Wasserorganismen belebt. Es ist eine feststehende Thatsache, dass kein Oberflächenwasser in einen Brunnen gelangt, welches nicht assimilirende Organismen oder ihre Dauerzellen in denselben mitbrächte.

Im Brunnenwasser entwickeln sich dieselben dann weiter, d. h. sie theilen, vermehren sich, wenn Licht einfällt. Aber auch wenn dies nicht der Fall ist, halten sich die assimilirenden Organismen längere Zeit, wenn eine Vermehrung derselben dann auch nicht stattfindet. Erst nach vierzehn Tagen bis drei Wochen, ja häufig nach noch längerer Zeit, verschwinden dieselben, wenn sie kein Licht erhalten.

Nur wenige Flagellaten (z. B. Euglena-Arten) können ihren grünen Farbstoff monatelang ohne Licht bewahren und sich vermehren; dies kommt daher, dass diese Thiere sich fakultativ nach Pflanzenart (durch Assimilation der Kohlensäure) oder nach Art der Thiere (durch Verschlingen und Verdauen bereits aufgebauter Nahrungsstoffe) ernähren können. Immerhin beweist auch das Vorhandensein solcher grüner Euglena-Arten, dass der Brunnen, in welchem sie sich finden, nicht genügend verschlossen ist, denn allmählich wandeln sich diese Thiere in der Dunkelheit doch in eine chlorophyllose Varietät um.

Vollkommen ebenso wie die assimilirenden Organismen beweisen auch im Brunnenwasser sich findende Schmetterlingskörper oder Theile derselben etc. (vergl. p. 363, 364), dass ein genügender, vor etwaiger Infektion schützender Abschluss des Trinkwassers nicht vorhanden ist.

Wenn in einem für den Trink- und Hausgebrauch bestimmten Wasser entweder assimilirende Organismen (auf die Art derselben kommt es dabei gar nicht an) oder andere Körper gefunden werden, welche beweisen, dass das Wasser als offenes Oberflächenwasser (vergl. p. 359) zu betrachten ist, so wird der Beurtheiler sich folgende Fragen vorzulegen haben:

1. Ist zugleich eine Infektionsgefahr vorhanden (vergl. oben, p. 503), dann muss der Brunnen sofort ausser Gebrauch gesetzt werden.

2. Sind keine Organismen gefunden worden, welche auf eine Infek-

tionsgefahr hinweisen, so ist die Infektionsmöglichkeit zu betonen und darauf zu dringen, dass durch den Brunnenmacher sofort eine genaue Revision stattfinde, welche zum Zweck hat, diejenigen Mängel in Bedeckung, Ausmauerung etc. zu entdecken, welche dem Wasser den Charakter eines offenen Wassers verleihen. In diesem Fall ist ein vorläufiges Schliessen des Brunnens nur in seltenen Fällen, nämlich dann zu befürworten, wenn die Lokalinspektion Infektionsgefahr vermuthen lässt.

Die Appetitlichkeit von zum Genuss und Hausgebrauch bestimmtem Wasser.

Die Appetitlichkeit des Trinkwassers wird in allererster Linie durch sein Aussehen bedingt, d. h. ein appetitliches Wasser muss frei sein von schwebenden Verunreinigungen, es muss blank aussehen.

Mit der Bekömmlichkeit des Wassers in gesundheitlicher Beziehung hat das Aussehen im Allgemeinen nichts zu thun. Etwa im Wasser vorhandene Krankheitserreger geben demselben kein vor dem Genuss warnendes Aussehen. In speciellen Fällen allerdings kann der unappetitliche Anblick durch eine Verunreinigung des Wassers mit Körpern, welche Infektionsgefahr oder Infektionsmöglichkeit erschliessen lassen, bedingt sein; dann ergiebt die Untersuchung die Anwesenheit charakteristischer, mit der Verschmutzung zusammenhängender Organismen und die oben (p. 503, 506) angegebene Beurtheilungsweise lässt solches Wasser als für Trink- und Hausgebrauchszwecke ungeeignet erklären. Dass solches Wasser von der Benützung ausgeschlossen wird, ist aber weniger durch sein Aussehen als durch die mit seiner Verwendung verbundene Infektionsgefahr bedingt.

Zwei verschiedene Faktoren können hauptsächlich für die Trübung gesundheitlich durchaus unverdächtigen Wassers in Betracht kommen, nämlich 1. die Verunreinigung des Wassers mit feinsten Thonpartikelchen und 2. diejenige mit ausgeschiedenen Flocken von Eisenhydroxyd.

Thonerdeflitterchen sind oft von solcher Kleinheit, dass sie als schwierig zu beseitigende Verunreinigung des Wassers bekannt sind. Sie bewirken eine opalisirende, meist helle (weissliche) Trübung des Wassers. Durch die Methoden der Wasserfiltration wird Flusswasser geschönt, d. h. es werden die schwebenden Verunreinigungen zurückgehalten. Diese Verunreinigungen, welche hauptsächlich die Klarheit des Oberflächenwassers beeinträchtigen, sind in erster Linie Thontheilchen.

Das Eisenhydroxyd scheidet sich im Gegensatz zur Thonerde, welche gleich von Anfang an sichtbar ist, meist erst nach einiger Zeit aus dem der Luft ausgesetzten Wasser ab. Wie oben (p. 267) bemerkt, ist der Eisengehalt insbesondere dem Grundwasser häufig eigen; dieses enthält das Eisen als kohlensaures Eisenoxydul. Da die Lösung dieses Salzes an die Luft gebracht Sauerstoff aufnimmt und sich zur Oxydverbindung umwandelt, da das Eisenhydroxyd aber im Wasser unlöslich ist, entsteht beim Stehen eisenhaltigen Grundwassers der rothbraune flockige Niederschlag in dem anfänglich klaren Wasser.

Nun ist es in der Natur Regel, dass dieser Eisenhydroxyd-Niederschlag im Wasser organisirt ist, d. h. dass derselbe fast stets in Fadenform auftritt und dies hat folgende Ursache:

Ueberall, wo kohlensaures Eisenoxydul-haltiges Wasser zu Tage tritt, findet sich in demselben eine Vegetation von Eisen-Pilzen ein. Es entstehen ausgebreitete rostbraune Lager der fälschlich „Eisen-Algen" genannten Pilze Leptothrix ochracea und Crenothrix polyspora. Diese Pilze bestehen aus Zellfäden, welche von einer ursprünglich farblosen, gallertartigen Scheide umgeben sind. In dieser umhüllenden Scheide erfolgt die Oxydation des Eisenoxydulkarbonats vorzugsweise. Da aus fliessendem Wasser, welches selbst nur Spuren des Eisensalzes enthält, durch die Eisen-Pilze allmählich grosse Quantitäten von Eisenhydroxyd abgeschieden werden (die Ablagerungen des „Rasen-Eisenerzes" sind nichts anderes als Reste von Leptothrix- und Crenothrix-Vegetationen), so muss daraus gefolgert werden, dass diese Pilze durch ihre Lebensthätigkeit das Eisenhydroxyd anhäufen.

Durch Winogradsky's[1]) Untersuchungen wurde wahrscheinlich gemacht, dass die Eisen-Pilze aus diesem Oxydationsvorgang Energie für ihre Lebensthätigkeit gewinnen in ähnlicher Weise, wie dies die Schwefel-Pilze (vergl. weiter unten die Ausführungen über Beggiatoa) aus der Oxydation von Schwefelwasserstoff zu Schwefelsäure thun.

Auch einige andere, in das Thierreich gehörige Organismen bewirken eine Anhäufung des Eisenhydroxyds, so z. B. Anthophysa vegetans, Rhipidodendron, Spongomonas, Stichotricha. Es sind dies alles Organismen, welche auf Gallertstielen stehende Kolonien bilden und zwar wird auch hier das Eisenhydroxyd in die Gallertmasse eingelagert. Ein Zusammenhang der Oxydation des kohlensauren Eisenoxyduls mit den Lebensvorgängen dieser Thiere ist nicht bekannt.

Ferner ist es allgemeine Regel, dass auch in eisenhaltigem Wasser wachsende grüne Algen sich mit einem Mantel von Eisenhydroxyd umgeben. Dieses dankt seine Entstehung der bei der Assimilation stattfindenden Ausscheidung freien Sauerstoffs, welcher direkt das kohlensaure Eisenoxydul des Wassers niederschlägt.

Im Uebrigen sind die Wasserpilze (Beggiatoa, Sphaerotilus, Cladothrix, Leptomitus) keine Eisen-Sammler; wenn auf den Rasen

---

[1]) Vergl. Winogradsky in Bot.-Ztg. 1888, p. 261.

derselben Abscheidungen von Eisenhydroxyd vorkommt, so hat dies darin seinen Grund, dass die an der Wasseroberfläche fluthenden Pilzrasen Luftsauerstoff mit ins Wasser nehmen.

Von ungeheurer praktischer Wichtigkeit ist das Auftreten der Eisen-Pilze, insbesondere von **Crenothrix polyspora** in Wasserleitungen. Vielerorts sind die Wucherungen dieses Pilzes zu einer grossen Kalamität geworden, welche oft unter grossen Kosten angelegte Wasserleitungen unbenützbar gemacht haben. Das bekannteste Beispiel dafür ist Berlin, welches solange mit Schwierigkeiten zu kämpfen hatte, bis das Wasser nicht mehr von der Tegeler Wasserentnahmestelle bezogen, bezw. filtrirt wurde.

Die Wucherungen von Crenothrix sind geeignet, die Röhren der Wasserleitungen zu verstopfen oder doch sosehr zu verengern, dass die ausgiebige Wasserversorgung darunter leidet. Ferner werden in einem Crenothrixhaltigen Wasser fortwährend Flocken der Pilzvegetation losgerissen und verleihen dem Wasser zeitweise ein Aussehen, welches an dünnen Kaffee erinnern kann. Ein solches Wasser ist zum Trinkgebrauch nicht geeignet, weil es unappetitlich aussieht; insbesondere aber ist es zum Waschen der Wäsche nicht zu gebrauchen, da es leicht Rostflecke macht.

Das Wachsthum der Eisenpilze hat für die Beurtheilung des Reinheits-Zustandes des Wassers (abgesehen von seinem Eisengehalt) keinerlei ungünstige Bedeutung. Insbesondere wäre es fehlerhaft, aus dem Auftreten dieser Organismen auf eine Verschmutzung, d. h. auf einen über das Gewöhnliche hinausgehenden Gehalt an organischer, fäulnissfähiger Substanz schliessen zu wollen. Die Eisen-Pilze kommen im reinsten Wasser vor, dagegen sind sie in stark verschmutzten Abwässern nicht enthalten; sie sind lediglich ein Anzeichen für den Eisengehalt des Wassers.

Wird die Grundwasserversorgung eines Gemeinwesens geplant und eisenhaltiges Wasser erbohrt, so hat der Wasser-Analytiker dieser Thatsache seine ganz besondere Aufmerksamkeit zuzuwenden. Bei der allgemeinen Verbreitung der Eisenpilze ist es, selbst wenn sie von Anfang an nicht sich zeigen sollten, durchaus wahrscheinlich, dass sie sich früher oder später einstellen werden. Auf diese Wahrscheinlichkeit ist von vorne herein die ganze Anlage der Wasserversorgung einzurichten. Welche Vorbeugungsmassregeln zu treffen sind, wird unten erörtert werden.

Der Wohlgeschmack des Trinkwassers.

Der Wohlgeschmack des Wassers hängt in erster Linie von seiner Temperatur ab, denn nur kühles Wasser ist erfrischend. Ferner ist der Kohlensäuregehalt für den Wohlgeschmack von höchster Bedeutung; ein kohlensäureloses Wasser schmeckt schal.

Da die Kohlensäure in kaltem Wasser sich in grösseren Quantitäten löst als in warmem, so pflegt kaltes Wasser auch wegen seines reicheren Gehaltes an diesem Gas wohlschmeckender zu sein als warmes.

Die Feststellung der Wassertemperatur erfolgt mit dem Schöpfthermometer (vergl. p. 342) und kann von Jedermann bewirkt werden; die Untersuchung auf den Kohlensäure-Gehalt des Wassers fällt in's Gebiet der chemischen Wasseranalyse.

Dagegen ist die mikroskopische Untersuchung sehr wohl in der Lage, in Fragen, wo es sich um einige specielle Geschmacksverhältnisse handelt, ein sicheres Urtheil zu ermöglichen.

Schwefelwasserstoff. — Einer der am häufigsten vorkommenden Geschmacksfehler des Brunnenwassers wird durch einen schwachen Gehalt desselben an Schwefelwasserstoff bedingt. Dieser Schwefelwasserstoffgehalt ist in der grossen Ueberzahl der vorkommenden Fälle durch Verwesung des schwefelhaltigen Protoplasmas von pflanzlichen oder thierischen Körpern im Wasser bedingt. Eines der schärfsten Reagentien auf das Vorhandensein von Schwefelwasserstoff stellen die Schwefel-Pilze dar.

Obgleich eine ganze Anzahl von Schwefel-Organismen bekannt sind (z. B. Sarcina rosea, Spirillum rufum, Chromatium Okeni) haben für die Praxis doch nur die Beggiatoa-Arten und zwar in allererster Linie Beggiatoa alba Bedeutung.

Ueberall, wo Schwefelwasserstoff im Wasser gelöst ist, tritt Beggiatoa auf; man findet diesen Pilz bei geringem Gehalt des Wassers an diesem Gas in wenigen, durch ihre Beweglichkeit und den Inhalt an schwarzen Schwefelkörnern leicht kenntlichen Fäden im Schlamm des Brunnenwassers. Ist mehr Schwefelwasserstoff vorhanden (z. B. in den als „Schwefelquellen" bekannten H_2S reichen Quellen), so pflegt Beggiatoa in grossen Mengen als grauer, weisser oder rother Ueberzug den Boden und die Brunnenwände zu bedecken. Da Schwefelwasserstoff durch Fäulniss des schwefelhaltigen Plasmas der Pflanzen- und Thierzellen entsteht, sind Spuren dieses Gases im Schlamm jedes modernde Reste enthaltenden Wassers enthalten; dem entsprechend finden sich **einzelne** Beggiatoa-Fäden fast überall.

Durch Winogradsky's[1]) Untersuchungen wurde festgestellt, dass die Schwefel-Pilze, speciell dass Beggiatoa sich durch einen ganz besonderen und anomalen Ernährungsvorgang von den übrigen Organismen unterscheiden. Während alle Thiere und fast alle Pflanzen die Lebensenergie dadurch gewinnen, dass sie kohlenstoffhaltige Nahrung aufnehmen, Kohlenstoff verbrennen und Kohlensäure ausscheiden, ist dies bei den Schwefel-Pilzen nicht der Fall. Diese gewinnen ihre Lebensenergie durch Aufnahme von Schwefelwasserstoff, Oxydation dieses Gases zu regulinischem

---

1) Winogradsky in Bot.-Ztg. 1887, p. 493.

Schwefel ($H_2S + O = H_2O + S$) und weitere Oxydation des Schwefels zu Schwefelsäure ($S + 3O = SO_3$; $SO_3 + H_2O = H_2SO_4$). Das Endprodukt der Lebensthätigkeit bei den Schwefel-Organismen ist also nicht Kohlensäure, sondern Schwefelsäure.

Früher nahm man an, dass speciell Beggiatoa ein Organismus sei, welcher energische Reduktionsvorgänge zu veranlassen vermöge, denn man stellte sich vor, dass der regulinische Schwefel in den Beggiatoa-Fäden durch Desoxydation von Sulfaten oder (z. B. in den Abwässern von Cellulose-Fabriken, von Sulfiden) erzeugt würde. Man hatte als hauptsächlichsten Belag für diese Vorstellung die Erscheinung angesehen, dass ein reichlich Beggiatoahaltiges Wasser unter Umständen einen zunehmenden Gehalt von Schwefelwasserstoff aufweisen kann. Es wurde aber nachgewiesen, dass diese Erscheinung bei lebenden Beggiatoa-Fäden nicht vorkommt, dass dagegen dann, wenn diese Pilze abgestorben sind, bei der Fäulniss ihres Körpers aus dem darin enthaltenen regulinischen Schwefel das Schwefelwasserstoff-Gas entsteht.

Wenn in einem Brunnenwasser bei der mikroskopischen Untersuchung sich Beggiatoa-Fäden finden, so ist dies ein Zeichen dafür, dass das Wasser Schwefelwasserstoff enthält. Da dies Gas meistens aus Fäulnissvorgängen im Brunnenschlamm seinen Ursprung nimmt, ist im Interesse des Wohlgeschmacks des Wassers eine gründliche Reinigung des Brunnens zu empfehlen.

Dumpfiger Geschmack. — Fast noch häufiger als ein Schwefelwasserstoff-Geschmack tritt ein dumpfiger Geschmack des Brunnenwassers auf, welcher in gleicher Weise wie der eben behandelte Geschmacksfehler aus im Schlamm und Wasser sich abspielenden Fäulnissvorgängen seinen Ursprung nimmt. Sind diese Fäulnissvorgänge sehr intensiv, so kann der dumpfige Geschmack sich eventuell bis zum ausgesprochenen Fäulnissgeschmack steigern.

In jedem Wasser, welches diesen Geschmacksfehler in irgend einem Grad aufweist, finden sich Organismen, die für die Fäulniss charakteristisch sind und als Fäulniss-Organismen bezeichnet werden.

Früher machte man für die Fäulniss im Allgemeinen und speciell für die Eiweiss-Fäulniss einen einzigen Organismen, nämlich das Bacterium Termo, verantwortlich. Heute weiss man, dass dieses Bacterium an Fäulnissvorgängen nicht in höherem Grad betheiligt ist als eine Unmenge anderer Spaltpilze, dass aber diese Pflanzenklasse in allererster Linie die Fäulnissvorgänge bewirkt und für dieselben charakteristisch ist.

Dem entsprechend sind in einem Wasser, in welchem sich merkbare Fäulniss abspielt, stets grosse Mengen von Spaltpilzen vorhanden (siehe auch die Ausführungen p. 286). Die Plattenzählung der bakterioskopischen Wasseruntersuchung lässt einen ungefähren Ueberblick über die Zahl der im Wasser enthaltenen Spaltpilze gewinnen: dem entsprechend weist eine grosse Menge auf der Gelatine erwachsender Kolonien auf schlechten Geschmack des Wassers hin. Während man früher ein Wasser, in welchem sehr viele Bakterien enthalten waren, als gesundheitsgefährlich ansah, ist man heute nur noch berechtigt, dasselbe aus Geschmacksgründen als für den Genuss nicht geeignet zu bezeichnen.

Voraussetzung für diesen Satz ist natürlich, dass unter den Bakterien sich keine solchen Arten befinden, welche (vergl. oben, p. 503, 506), auf eine stattgefundene Infektion oder bestehende Infektionsgefahr des Wassers schliessen lassen.

Genau in der gleichen Weise wie die Zahl der Spaltpilze lassen auch gewisse Protozoën auf Fäulnissvorgänge im Wasser und dem entsprechend auf Geschmacksfehler desselben schliessen. Es sind dies solche Arten, welche entweder mundlos sind und in jedem faulen Wasser auftretend vielleicht mit ihrer ganzen Körperoberfläche die Zersetzungsprodukte des faulenden Protoplasmas aufnehmen oder welche einen Mund besitzen und von den reichlich vorhandenen Bakterien leben.

Diese Arten, welche nach meiner Erfahrung im Brunnenwasser häufig auftreten und auf Geschmacksfehler desselben schliessen lassen, sind folgende:

Amoeba verrucosa.
Amphileptus Lieberkühnii.
Amphimonas globosa.
Anisonema Acinus.
Anthophysa vegetans.
Arachnidium sulcatum.
Aspidisca costata.
„ Lynceus.
Astylozoon fallax.
Beggiatoa — sämmtliche Arten.
Blepharisma lateritium.
Bodo — sämmtliche Arten.
Cercomonas crassicauda.
„ lacryma.
Chilodon Cucullulus.
„ uncinatus.
Colpidium Colpoda.
Colpoda Cucullus.
Cyclidium Glaucoma.
Dimorpha longicauda.
Enchelys farcimen.
„ pupa.
Euplotes Charon.
Euplotes patella.
Glaucoma scintillans.
Halteria grandinella.
Hexamitus — alle Arten.
Hyalodiscus guttula.
„ limax.
Lionotus fasciola.
Loxophyllum Meleagris.
Menoidium pellucidum.
Monas guttula.
„ vivipara.
„ vulgaris.
Nassula flava.
„ lateritia.
Oikomonas mutabilis.
„ Termo.
Oxytricha pellionella.
„ fallax.
Paramaecium Aurelia.
„ caudatum.
„ putrinum.
Peranema trichophorum.
Phyllomitus undulans.

Polytoma uvella.
Pleuromonas jaculans.
Rhynchomonas nasuta.
Spathidium hyalinum.
Spirillum — sämmtliche Arten.
Stylonychia Mytilus.
Tetramitus descissus.
„ pyriformis,
„ rostratus.
Trepomonas — alle Arten.
Uroleptus musculus.
„ piscis.
Urostyla multipes.
Urotricha farcta.
Vorticella communis.
„ microstoma.
„ putrina.

Bei allen diesen Organismen ist nun zu bemerken, dass dieselben auch im reinsten, wohlschmeckendsten Trinkwasser auftreten können, wenn man bei der Probeentnahme nicht vorsichtig genug ist und die Untersuchung nicht sofort ausführt.

Diese Organismen resp. ihre Dauerzellen (Keime) sind überall verbreitet; hat man eine Wasserprobe entnommen und enthält dieselbe fäulnissfähiges Material (insbesondere Schlamm) auch nur in Spuren, so treten diese Organismen nach kurzer Zeit (1—2 Tage) in grösserer oder geringerer Zahl auf. Daher kommt es für die Wasserbeurtheilung sehr darauf an, dass die Untersuchung sofort ausgeführt wird.

Wenn in einer frisch entnommenen Wasserprobe von den eben aufgeführten Organismen sich Exemplare finden (auf die Menge kommt es nicht an, wenn auch nur je ein Exemplar mehrerer Arten sich zeigt), so deuten dieselben auf Geschmacksfehler des Wassers. Der Wasserbeurtheiler wird in diesem Fall eine gründliche Reinigung des Brunnens empfehlen. Obgleich diese Organismen „Fäulnissorganismen" sind, braucht ein dieselben enthaltendes Wasser gesundheitlich nicht nachtheilig zu sein.

Vorbeugungs- und Abhilfemassregeln, welche bei ungünstigem Ausfall der Wasserbeurtheilung zu empfehlen sind.

Hat die Wasseruntersuchung das Resultat ergeben, dass Trinkwasser in irgend einer Weise zu beanstanden ist, so treten an den Analytiker allermeist die Anfragen heran, welche Massregeln zu ergreifen sind, um den Uebelständen abzuhelfen.

Diese Fragen fallen wesentlich in das Gebiet der technischen Sachverständigen; immerhin muss auch der Wasseranalytiker darüber informirt sein, was zur Hebung ungünstiger Wasserverhältnisse geschehen kann.

Trinkwasser, bei welchem Infektionsgefahr nachgewiesen wurde.

Die Infektionsgefahr eines Wassers kann beseitigt werden:

1. indem das Wasser von den darin enthaltenen Mikroorganismen vor dem Gebrauch befreit wird,

2. indem die Wege, welche die Verunreinigung des Wassers nimmt, um zu demselben zu gelangen, verstopft werden.

Die Methoden, das jeweils zu gebrauchende Wasserquantum zu desinficiren, sind nur als vorübergehende Hilfsmittel anzusehen, welche in Anwendung gebracht werden, bis die definitive Sanirung des Trinkwassers, d. h. die Verstopfung der unreinen Zuflüsse, sich ermöglichen lässt.

Kleine Quantitäten von Trinkwasser können durch Kochen resp. Erhitzen in wünschenswerther Weise von etwa darin enthaltenen pathogenen Mikroben befreit werden. Mit Ausnahme des für die Praxis der Wasserbeurtheilung seiner Seltenheit wegen wenig bedeutungsvollen Bacillus anthracis bilden die in Betracht kommenden pathogenen Mikroben keine Sporen (vergl. p. 429, 430), sind deshalb gegen Hitze sehr wenig widerstandsfähig. Man kann als Regel aufstellen, dass ein während zehn Minuten anhaltendes Erwärmen des Wassers auf 80° die meisten vegetativen Spaltpilzzellen, jedenfalls aber alle für die Wasserdesinfektion wichtigen, abtödtet. Trotzdem ist die Erhitzung auf 80° nicht empfehlenswerth, weil sie mit dem Thermometer kontrollirt werden müsste. Dagegen ist die Erreichung des Siedepunktes für jedermann durch das Aufwallen und die Blasenbildung im Wasser leicht erkennbar; man verlange deshalb zur Desinfektion des Wassers ein fünf Minuten anhaltendes Kochen.

Diese Art der Unschädlichmachung etwa im Wasser vorhandener Krankheitskeime hat zwei grosse Uebelstände, nämlich erstens die bedeutenden Kosten, welche entstehen, wenn ein grösseres Wasserquantum gekocht werden soll; zweitens aber, und dies fällt ebenfalls sehr ins Gewicht, dass abgekochtes Wasser seine Kohlensäure verloren hat und so schal schmeckt, dass es auf die Dauer nicht gern getrunken wird.

Man hat deshalb in sehr vielen Modifikationen die zweite Art der Wasserdesinfektion, nämlich die Filtration angewandt. Da die Mikroben Körper sind, lassen sie sich bei der Filtration auf dem Filter zurückhalten, wenn die Poren desselben genügend klein sind.

Je nach der Grösse und Konstruktion der Filter wird zwischen Kleinfiltern und Grossfiltern unterschieden. Die Bezeichnung schon sagt, dass die erstere Gattung für die Filtration kleiner Wasserquanten (also für die Versorgung eines oder weniger Menschen mit Trinkwasser) bestimmt ist, während die Grossfilter die Aufgabe haben, ganze Gemeinwesen oder eine bedeutendere Anzahl von Menschen beherbergende Gebäude (Gefängnisse, Irrenhäuser etc.) mit Wasser zu versehen.

Kleinfilter. — Eine ganze Menge verschiedener Kleinfilterarten sind im Gebrauch; über die meisten derselben lauten die Erfahrungen, welche bei wissenschaftlich-experimenteller Prüfung ihrer Leistungen gewonnen wurden, keineswegs günstig. Bei den allermeisten Kleinfiltermassen sind die Poren zu gross, sodass von Anfang an im Filtrat Bakterien erscheinen, welche durch das Filter hindurchgespült wurden. Solche Apparate sind natürlich nicht geeignet, ein infektionsgefährliches Wasser in brauchbaren Zustand zu versetzen.

Einige Kleinfilter-Konstruktionen sind allerdings in dieser Beziehung besser; insbesondere die mit den bekannten Berkefeld- und Chamberland-Filter[1]) gemachten Erfahrungen geben die Gewähr, dass wenigstens zu Anfang der Filtration keine Mikroorganismen neue Filter passiren. Aber diese Filter vermögen doch nur kurze Zeit ihrem Zweck zu dienen, denn es hat sich gezeigt, dass sie rasch von den Bakterien „durchwachsen" werden.

Unter dieser Bezeichnung versteht man folgenden Vorgang: durch den Wasserstrom werden in die Poren des Filters Spaltpilze hineingespült, welche zunächst da und dort zurückgehalten werden, welche aber sich im Filter vermehren und nun sich durch die Poren des Filters vorwärtsschieben.

Bei diesem „Durchwachsen" der Filter sind in allererster Linie die „Wasserbakterien", d. h. die normaler Weise im Wasser lebenden, widerstandsfähigen Formen im Vortheil; selbst wenn ein Filter durchwachsen ist, brauchen noch keine pathogenen Mikroben durchgedrungen zu sein. Im Gegentheil, die für das Leben im Wasser weniger widerstandsfähigen pathogenen Formen dringen nicht oder erst spät durch die Filter.

Aber eine Sicherheit in dieser Beziehung ist nicht vorhanden, der Experte muss deshalb betonen, dass auch die guten Kleinfilter nur kurze Zeit ihrem Zweck dienen.

Ferner haben die bezeichneten Kleinfilter den Nachtheil, dass sie in Folge ihrer spröden Masse leicht Sprünge bekommen, welche natürlich den Werth der Filtration vollkommen aufheben, weil durch diese schwer oder mit blossem Auge gar nicht zu entdeckenden Risse die Krankheitserreger doch durchkommen. Endlich wächst der Filtrationswiderstand der Filter so rasch, dass eine ausgiebige Wasserversorgung z. B. einer Familie stundenlangen Gang des Apparats zur Voraussetzung hat.

Da die Filtration des Trinkwassers mit Kleinfiltern stets unter den bezeichneten Uebelständen zu leiden hat, wird sie hauptsächlich

[1]) Auch die Nordtmeier-, Hesse-, Pukall-Filter und einige andere ergaben bei der Prüfung gute Resultate.

für bestimmte Zwecke (z. B. Versorgung von Truppen auf Märschen etc.) zu empfehlen sein, wogegen das Abkochen des infektionsverdächtigen Wassers trotz seiner Missstände viel allgemeiner angewandt zu werden verdient.

Grossfilter. — Während die Kleinfilter hauptsächlich dann vorübergehend angewandt werden, wenn in Folge des Genusses nachgewiesener Maassen durch infektionsgefährliche Zuflüsse verunreinigten Wassers Schädigungen zu befürchten sind, stellen die Grossfilter dauernde Einrichtungen zur Reinigung des Trink- und Gebrauchswassers dar.

Da die Wasserversorgung von Gemeinwesen stets der Gegenstand reiflicher Vorerwägungen ist, wird, selbst wenn Oberflächenwasser zu diesem Zweck herangezogen wird, mit Sorgsamkeit darauf geachtet, dass dieses nur von Stellen bezogen ist, welche höchstens Infektionsmöglichkeit, niemals aber Infektionsgefahr gewärtigen lassen.

Dem entsprechend haben die Grossfilter nicht nur den Zweck, etwaige pathogene Mikroben von den Wasserleitungen fern zu halten, sondern auch, das Wasser durch Abfiltriren der dem Oberflächenwasser eigenthümlichen schwebenden Verunreinigungen (vergl. p. 271) zu schönen.

Die Grossfilter können in verschiedener Weise aufgebaut werden; die Frage, welche Bauart die beste ist, fällt in das Gebiet des Technikers. Allen Grossfiltern aber ist gemeinsam, dass abgesehen von der sich allmählich selbst bildenden „Filterhaut" (s. u.) eine Lage feinen Sandes die eigentlich wirksame Filterschicht ist, welche anorganische wie organische Verunreinigungen und Mikroorganismen zurückhält.

Man glaubte eine Zeit lang, mit Hilfe der künstlichen Sandfilter die natürliche Filtration des Wassers, welche das Grundwasser keimfrei macht, ersetzen zu können. Dies ist aber nicht der Fall. Versuche, welche mit dem harmlosen, durch seine Färbung leicht erkennbaren Bacterium violaceum gemacht wurden, deren Ausführung darin bestand, dass dieser im Wasser verhältnissmässig seltene, vorher in der Leitung nicht vorhandene Organismus auf die Filter gebracht und nun kontrollirt wurde, ob, wann und in welcher Menge er im Filtrat erscheine, haben ergeben, dass ein kleiner Bruchtheil der Bakterien des Rohwassers die Filter passirt.

Gross kann die Zahl dieser aus dem Rohwasser durch die Filter gespülten Arten nicht sein, denn nach Beobachtungen, welche ich an den Bakterien des Breslauer Wasserleitungswassers (welches filtrirtes Oderwasser ist) und denjenigen der Oder zu machen Gelegenheit hatte, ist die Bakterienflora der Wasserleitungen, also der filtrirten Wässer (häufig wenigstens) specifisch verschieden von derjenigen der Flussläufe, aus welchen das Wasser gewonnen wird.

Obgleich die Zahl der das Filter passirenden Spaltpilzzellen eine relativ kleine ist, tritt doch die Erscheinung auf, dass die filtrirten Wässer nachher viel mehr Bakterien enthalten, als theoretisch angenommen werden müsste.

Dies hat seine Ursache in dem Umstand, dass auch die Grossfilter mit Bakterien durchwachsen, ja dass sie durchwachsen müssen, um genügend reinigende Wirkung auszuüben. Ein frisch aptirtes Filter arbeitet sehr schlecht; erst wenn durch den feinsten Thonschlick, welchen dasselbe passirendes Wasser zurücklässt, sowie durch Bakterienwachsthum die Poren der filtrirenden Schicht sich verengert haben, beginnt das filtrirte Wasser gebrauchsfähig zu werden. Ist das Filter aber „durchwachsen", so leuchtet ein, dass die Bakterien im Filtrat ihrer grössten Menge nach nicht mehr aus dem Rohwasser stammen, sondern durch den filtrirenden Wasserstrom aus dem Filter selbst mitgerissen werden.

Als Normzahl für die Reinigungsleistung eines Grossfilters wurde[1]) angenommen, dass im Filtrat pro ccm nicht mehr als 100 Kolonien enthalten sein sollen. Diese Zahl bezieht sich auf Lupenzählung der Platten (vergl. p. 394); wird die mikroskopische Zählung (vergl. 395) angewandt, so steigt die zulässige Keimzahl beträchtlich, doch sind über ihre Höhe bei Verwendung dieser Zählmethode keine genaueren Daten bekannt.

Nach der bakterioskopischen Plattenmethode wird die Arbeit jedes Grossfilters, welches der Wasserversorgung von Gemeinwesen dient, in Preussen täglich geprüft. Die Zahlen, welche diese Untersuchungen pro ccm des Filtratwassers ergeben, müssen bei ordnungsmässiger Filterleistung während längerer Zeit übereinstimmende sein, d. h. sie dürfen keinen grossen (in die Hunderte gehenden), sprungweisen Schwankungen unterliegen. Thun sie dies dennoch, so ist dies ein sicheres Zeichen dafür, dass Fehler in dem Filterbetrieb eingetreten sind, z. B. dass das Filter (die filtrirende Schicht) Wundstellen aufweist, durch welche unfiltrirtes Wasser fliesst. Solche Filter müssen dann ausser Betrieb gesetzt und erneuert werden.

Durch die fortwährende Auflagerung von Schlick wächst bei dem Grossfilterbetrieb allmählich der Filtrationswiderstand. Infolge dessen muss zur Erzielung der Filtrateinheit ein grösserer Wasserdruck gegeben werden. Dieser steigert die Möglichkeit, dass das Filter verletzt wird; ferner findet die Filtration unter höherem Druck statt. Die Unreinigkeiten und Bakterien werden also tiefer in das Filter hineingeführt. Infolge dessen wird mit der längeren Benützung des Filters der Bakteriengehalt im Filtrat allmählich höher. Wenn das Filter eine grössere Verschlammung erreicht hat, also nicht mehr gut funktionirt, so kann es wieder gebrauchsfähig gemacht werden, indem die oberen Schichten, soweit sie durch Schlick etc. durchsetzt sind, abgehoben und durch frischen, gewaschenen Sand ersetzt werden. Von Zeit zu Zeit ist aber an Stelle dieser partiellen Reinigung eine vollständige Erneuerung des ganzen Filtermaterials bis in die tiefern Schichten erforderlich.

---

1) Vergl. Veröffentl. d. Kais. Gesundheitsamtes 1894, Nr. 8, p. 114.

Bei diesem Vorgehen ist es möglich, das Hineingelangen von pathogenen Spaltpilzen in die Wasserleitungen sehr unwahrscheinlich zu machen. Ganz ausgeschlossen können diese Mikroben aber durch die künstliche Sandfiltration doch nicht immer werden, wie z. B. die im Winter 1892/93 in Altona beobachtete Choleraepidemie beweist. Wo immer möglich, geht man deshalb von der Wasserversorgung aus offenem Wasser zur Grundwasserversorgung über.

Trinkwasser, bei welchem Infektionsmöglichkeit nachgewiesen wurde.

Schon bei der Besprechung des Grossfilterbetriebes, welcher im Zusammenhang mit den Kleinfiltern behandelt werden musste, trat die Aufgabe hervor, für die Wasserversorgung von Gemeinwesen Oberflächenwasser, also der Infektionsmöglichkeit nicht entzogenes Wasser so gut wie möglich für den Trinkgebrauch zu reinigen.

Dieselbe Aufgabe kann für Quellwasser gestellt werden; sie wird gelöst dadurch, dass man die Quellen fasst, in gedeckten Brunnenstuben sammelt und auf diese Weise etwaiger Verunreinigung entzieht.

Grössere Bedeutung für die Praxis der gewöhnlich verlangten Wasserbegutachtung hat die Frage, wie ein der Infektion möglicher Weise ausgesetzter gewöhnlicher Hausbrunnen vor derselben gesichert werden soll.

Hier wird die Lokalinspektion für die zu ergreifenden Massregeln ausschlaggebend sein. Von den vielen Einzelfällen, welche hier in Betracht kommen können, seien nur einige herausgegriffen; die Praxis lehrt den Experten rasch, auch in anderen, hier nicht behandelten Fällen richtig und zweckmässig zu entscheiden.

Hat der Sachverständige (wie dies leider nur zur häufig vorkommt) grobe Unreinlichkeit in der Umgebung des Brunnens festgestellt, so dringe er auf völlige Abstellung dieses Uebelstandes; insbesondere verlange er, dass Küchen- und Stallabwässer überhaupt nicht in die Umgebung des Brunnens gelangen.

Wenn Senkgruben innerhalb eines Radius von 30 Metern bestehen, müssen dieselben verlegt werden. Kloakengruben sind auf die Dichtigkeit der Wände zu prüfen, eventuell müssen im Cementverputz bestehende Risse auf's Sorgfältigste ausgebessert werden.

Der Ausfluss des Brunnens soll sich nicht über dem Kessel befinden, sondern einige Meter von demselben entfernt; die Umgebung des Brunnens soll gepflastert oder mit Steinplatten belegt oder cementirt sein, um ein Rückfliessen des ausgepumpten Wassers in den Brunnenschacht unmöglich zu machen. Diesem Zweck diene auch stets eine steinerne Rinne, welche das Wasser mindestens 10 Meter weit vom Brunnen wegleite etc. etc.

Stets mache der Sachverständige es sich zur Regel, nach Beseitigung der gerügten Mängel (und zwar 6—8 Wochen nach diesem Zeitpunkt) **eine neue Untersuchung des Wassers zu verlangen**; erst wenn diese Untersuchung ein günstiges Resultat ergeben hat, darf der Brunnen unbedenklich der Benützung übergeben werden.

Dabei ist zu bemerken, dass für diese zweite Untersuchung einzig und allein die p. 504 und p. 505 aufgezählten, auf Infektionsgefahr oder Infektionsmöglichkeit deutenden Organismen in Betracht kommen, nicht aber die p. 513 benannten Thiere und Pflanzen. Denn es ist eine bekannte Thatsache, dass in jedem nicht oder wenig benutzten Brunnen die Fäulnissorganismen überhand nehmen und dass ein guter Wasserzustand nur bei fortwährendem Gebrauch des Brunnens denkbar ist.

Sollte die zweite Untersuchung aber keine Besserung des Wasserzustandes ergeben, so sind radikale Massregeln zu beantragen.

In allererster Linie ist hier die Ersetzung des Kesselbrunnens durch einen Röhrenbrunnen zu nennen. Die Röhrenbrunnen (vergl. p. 269) sind einer Infektion überhaupt nicht so ausgesetzt wie die gewöhnlichen Brunnen und nur ihre kurze Funktionsdauer steht einer allgemeinen Ersetzung der Kesselbrunnen durch Röhrenbrunnen im Wege.

Ein vorzüglicher Weg zur Sanirung schlechter Brunnen ist ferner von R. Koch[1]) angegeben worden. Derselbe besteht darin, dass man das Pumprohr durch ein Eisenrohr ersetzt, in mindestens zwei Meter Tiefe den Brunnenschacht durch ein Gewölbe oder durch Eisenkonstruktion abschliesst und auf diese Decke nun feinkörnigen Sand schüttet, welcher als genügendes Filter für alle oberirdischen Zuflüsse wirkt.

Befreiung des Wassers von seinem Eisengehalt.

Bei der grossen Bedeutung, welche ein eventuell vorhandener Eisengehalt nicht nur für die Appetitlichkeit des Wassers und seine Brauchbarkeit zu Wäschezwecken sowie in der Brauereiindustrie, sondern noch mehr für die Funktionsfähigkeit der Leitungsanlagen (vergl. das p. 510 über Crenothrix Ausgeführte) hat, war das Bestreben der Techniker darauf gerichtet, Mittel zu entdecken, welche die Enteisenung des Wassers garantiren.

Die Enteisenung kann nach dem Verfahren von Oesten dadurch bewirkt werden, dass man das Wasser in fein vertheiltem Regenfall etwa 2—3 Meter durch die Luft schickt. Dadurch oxydirt sich das Ferrobikarbonat, scheidet sich als Ferrihydroxyd aus und kann nun durch ein Kiesfilter abfiltrirt werden. Nach dem Verfahren von Piefke lässt man das eisenhaltige Wasser durch eine dicke Coaksschicht laufen; dasselbe

[1]) R. Koch in Zeitschr. f. Hyg. u. Infektionskrankh. XIV, p. 425.

scheidet auf dem Coaks sein Eisen als Schlamm von Eisenhydroxyd ab. — Ueber die Erklärung des chemischen Vorgangs, nach welchem die Abscheidung des Eisens erfolgt, kann man verschiedener Meinung sein. Die einfachste Erklärung wäre, dass das Wasser sich mit Sauerstoff sättigt und dass dadurch die Oxydation des Ferrobikarbonats bewirkt wird. Es scheint aber[1]), dass der Vorgang nicht so einfach sich abspielt, sondern dass es sich bei beiden Verfahren hauptsächlich darum handelt, die im Wasser gelöste freie Kohlensäure, welche die Oxydation des Eisensalzes verhindert, zu entfernen.

Bei beiden Verfahren muss man sich im gegebenen Fall darüber Klarheit verschaffen, ob die Enteisenung wirklich durch dieselben in genügender Weise bewirkt wird, denn es ist eine Erfahrungsthatsache, dass verschiedene Wassersorten sich ungleich leicht enteisnen lassen. Soll eisenhaltiges Grundwasser zur Wasserversorgung herangezogen werden, so muss zunächst durch eine Versuchsanlage am Besten während eines Jahres festgestellt werden, ob das Wasser sich durch die gewählten Einrichtungen genügend von seinem Eisengehalte befreien lässt. Zur Beurtheilung der Enteisenung genügt es, das Wasser 2—3 Tage lang an der Luft stehen zu lassen. Hat es nach diesem Zeitraume kein Eisenhydroxyd abgesetzt, so ist die Befreiung von Eisen genügend.

Auf einem anderen Princip beruht die Enteisenung des Brunnenwassers nach Steckel's Patent. Um eisenhaltiges Brunnenwasser genuss- und gebrauchsfähig zu machen, wird danach in folgender Weise verfahren: man mauert den Brunnenschacht aus porösen Ziegeln in 2 koncentrischen Kreisen auf, so dass zwischen beiden ein Zwischenraum von etwa 10 cm bleibt. Dieser Raum wird mit gelöschtem, trockenem Aetzkalk ausgefüllt, so hoch das Grundwasser steht; auch die Brunnensohle wird mit solchem Kalk belegt und dieser mit Sand bedeckt. Das Wasser löst nun Kalkhydrat; dieser entzieht dem Ferribikarbonat die Kohlensäure und fällt das Eisen. Die Steckel'schen Brunnen geben im Anfang etwas alkalisches Wasser, doch schwindet dieser Uebelstand bald und das Wasser, dessen Härte (vergl. p. 277) natürlich etwas zunimmt, ist vollkommen enteisent.

Beseitigung von Geschmacksfehlern des Brunnenwassers.

Wie oben bereits angegeben, wird der Sachverständige dann, wenn von Fäulniss herrührender und durch Fäulnissorganismen (p. 513) gekennzeichneter dumpfiger oder an Schwefelwasserstoff erinnernder Geschmack vorhanden ist, das Ausräumen und gründliche Reinigen des Brunnens anrathen. Dies wird allermeist einen vollkommenen Erfolg herbeiführen. Auch die Vorschrift, einen Brunnen tüchtig und andauernd auszupumpen

1) Vergl. Lübbert in Zeitschr. f. Hyg. u. Infektionskrankh. 1895, p. 397 ff.

und regelmässig im Gebrauch zu halten, kann unter Umständen die durch Fäulniss hervorgerufenen Geschmacksfehler (vergl. p. 511, 512) verbessern oder heben.

Ein mit dem Eisengehalt des Wassers zusammenhängender und auf die Bildung von Eisensulfat zurückzuführender Tintengeschmack ist dem Grundwasser häufig als solchem eigen und kann am besten durch Enteisenung desselben mit dem Steckel'schen Brunnen beseitigt werden.

Ein Probegutachten für Trinkwasserbeurtheilung wird im letzten Kapitel dieses Buches gegeben werden.

Die Beurtheilung von Abwässern.

Die Abwasser-Frage wird in den Kulturländern, speciell in Deutschland, mit jedem Jahre brennender, denn sie gewinnt durch das Wachsthum der Städte und der Industrie immer grössere Bedeutung. Dabei ist es keineswegs diejenige Industrie, welche hauptsächlieh im Gegensatz zur Landwirthschaft genannt wird, sondern es sind gerade die landwirthschaftlichen Industriezweige (Zucker-, Stärke-, Cellulosefabriken, Brennereien etc.), welche durch ihre fäulnissfähigen Abwässer mit am meisten zur Verschärfung der Abwässerkalamität beitragen.

Die Verschmutzung der Gewässer durch die Abwässer ist bis zu einem gewissen Grade im Wesentlichen eine Interessenfrage, bei welcher die Interessen der verschiedenen Faktoren hart aneinander gerathen. Die anliegenden Gemeinwesen (Städte, Dörfer etc.), Fabriken haben ein Interesse daran, ihre Abwässer möglichst unbeschränkt in die erreichbaren Flussläufe gelangen zu lassen. Und zwar sind hierunter nicht nur die selbständigen Zweige der Industrie zu verstehen, sondern in gleichem Maasse die mit der Landwirthschaft in enger Verbindung stehenden Industrieen (Zucker-, Stärke-, Cellulosefabriken, Brennereien, Mälzereien etc.), welche durchweg besonders fäulnissfähige Abwässer produziren. Aus diesem Grunde gehört auch die Landwirthschaft zu denjenigen Betrieben, welche die Flüsse als natürliche Abzugskanäle für Abwässer mehr oder weniger ansehen müssen.

Im Gegensatz zu dieser Gruppe von Interessenten hat die Flussfischerei ein lebendiges Interesse daran, jede Verunreinigung der Wasserläufe zu verhindern, mithin auch dem Ableiten von Abwässern in Flussläufe entgegenzutreten.

Dass in diesen Interessenstreit allerdings noch gesundheitliche Fragen, sowie die Frage der Verwerthung der Fäkalstoffe für die Landwirthschaft hineinspielen, kann nicht verkannt werden und wird unten seine Behandlung finden.

Der Sachverständige, welcher zur Beurtheilung eines auf Abwässer bezüglichen Streitfalls aufgefordert wird, hat deshalb beinahe immer das Gefühl, sein Urtheil in einer weittragenden, tief in die Interessen oft sehr vieler Menschen einschneidenden Sache abgeben zu müssen. Da nun gegenwärtig eine gesetzliche Regelung der Materie noch nicht existirt, und die Fabriken etc. sich nicht einfach aus der Welt schaffen lassen, so hat der Sachverständige, falls ihm nicht bestimmte Fragen vorgelegt werden, in seinem Gutachten diejenige Grenzlinie einzuhalten, bei welcher die widerstreitenden Interessenten bestehen können.

Welche Forderungen müssen bezüglich der Abwässer gestellt werden?

Von einem Abwasser, gleichviel welcher Art, muss verlangt werden:

1. dass es nicht Anlass giebt zu direkten **Schädigungen** Anderer;

2. dass es keine über das Gemeinübliche hinausgehende **Belästigung** Anderer bewirke.

Bei der folgenden Besprechung dieser beiden Punkte kann selbstverständlich nur auf diejenigen Abwässer eingegangen werden, welche der Beurtheilung des Mikroskopikers unterliegen, also die mit fäulnissfähigen insbesondere mit stickstoffhaltigen Substanzen verunreinigten Wässer (vergl. p. 310); dagegen bleiben die in's Gebiet des Chemikers fallenden Wasserverunreinigungen mit anorganischen Stoffen von unserer Behandlung ausgeschlossen.

Durch fäulnissfähige Abwässer verursachte Schädigungen.

Mit stickstoffhaltigen, organischen Substanzen verunreinigte Wässer sind die Ursache vielfacher Schädigungen. Ohne die Liste derselben erschöpfen zu können, sei auf folgende aufmerksam gemacht:

Gesundheitliche Schädigungen.

Abwässer von menschlichen Behausungen haben wir bereits oben als die Verbreiter von Infektionskrankheiten (Cholera, Typhus) kennen gelernt; in gleicher Weise scheinen da und dort durch mit menschlichen Dejekten verunreinigte Wässer die Ursache profuser Diarrhöen geworden zu sein.

Auch die Hausthiere sind durch die Abwässer gesundheitlich bedroht; speciell hat man mehrfach für die Verbreitung des Milzbrandes Abwässern von Gerbereien (welche milzbrandige Häute verarbeiteten) die Schuld gegeben. Ferner kommt es vor, dass Rindvieh an Diarrhöen in Folge von

Genuss mit menschlichen Ausscheidungen etc. verunreinigten Wassers erkrankt.

Anderseits wurde bereits oben (p. 297) auf die Versuche Emmerich's hingewiesen, aus welchen hervorgeht, dass selbst mit Koth reichlich verunreinigte Abwässer keineswegs immer schädlich wirken, im Gegentheil, dass solche (wenigstens meist) von den Versuchsthieren, ohne zu Erkrankungen Veranlassung zu geben, genommen wurden.

Auf einen weit verbreiteten Irrthum muss hier ferner aufmerksam gemacht werden, nämlich darauf, dass die von Abwässern aufsteigenden übelriechenden Gase (die „Kanalgase" der Ingenieur-Litteratur) nicht die Ursachen ansteckender Krankheiten sind. Es darf als festgestellt betrachtet werden, dass Spaltpilze aus dem Wasser oder aus anderen feuchten Medien nicht durch die Verdunstung des Wassers oder durch Gasbildungen in demselben in die Luft übergehen. Wenn „Kanalgase" eine üble Wirkung auszuüben vermögen, so thun sie dies durch hochgradige Belästigung (manche Menschen werden ja vor Ekel krank), aber nicht durch Verbreitung von Infektionskrankheiten.

Obgleich also der Laie die Sielwässer der Städte im Allgemeinen für gefährlicher hält als sie wirklich sind, obgleich nach unsern p. 297 gemachten Ausführungen die pathogenen, aus menschlichen Objekten stammenden Mikroben in den Sielen allermeist rasch durch die Konkurrenz der gewöhnlichen Arten zu Grunde gehen, ist doch die Gefahr vorhanden, dass in Ausnahmefällen pathogene Spaltpilze durch städtische Abwässer in Flüsse verschleppt werden.

Dies wird umso leichter stattfinden, je weniger unrein die Kanaljauche ist und je rascher die Krankheitserreger in das Flusswasser gelangen können, wo sie von der Konkurrenz der unschädlichen Arten nicht so stark bedrängt werden, wie in den Sielen.

Von diesem Standpunkt aus muss die Frage der „Regenüberfälle" oder „Nothauslässe" bei den Schwemmkanalisations-Anlagen betrachtet werden. Während auf dem verhältnissmässig langen Weg, welchen pathogene Mikroorganismen normaler Weise von den Klosets resp. Anschlüssen der Hausabwässer bis zur meist in einiger Enfernung von den Städten belegenen Einmündung der Kanäle in Flussläufe zu nehmen haben, dieselben dem Zugrundegehen sehr ausgesetzt sind, ist dies bei „Nothauslässen" keineswegs der Fall. Aus solchen können durchaus frische, sehr lebenskräftige Spaltpilze enthaltende Fäkalien in die Flüsse gelangen; die „Nothauslässe" sind ohne Zweifel die angreifbarsten Einrichtungen der Schwemmkanalisation und nur die enormen Kosten, welche entstehen würden, wenn die Kanalisationseinrichtungen für die Städteentwässerung auch bei starken Regenfällen bestimmt wären, lässt die Einrichtung der Nothauslässe entschuldigen.

Da in Ausnahmefällen lebensfähige Krankheitserreger aus den Entwässerungsanlagen von Städten in die Flussläufe gelangen können; da man es nicht in der Hand hat, anzugeben, wann solche Mikroben in den Abwässern enthalten sind, so ist die Forderung berechtigt, dass städtische Abwässer im Interesse der Gesundheitspolizei **desinficirt** werden, d. h., dass sie einer Behandlung unterzogen werden, welche geeignet ist, die schwächeren Mikroorganismen (die vegetativen Zellen; dazu gehören die keine Sporen bildenden hauptsächlich wichtigen Krankheitserreger) zu vernichten. Die gleiche Forderung muss für alle besonders häufig Krankheitserreger enthaltenden Haus- und Fäkalabwässer von Krankenhäusern etc., sowie für die Abwässer von Schlachthäusern erhoben werden.

Mit dieser Desinfektion hört dann das Interesse, welches die Gesundheitspolizei an den Abwässern zu nehmen berechtigt ist, auf; sind keine Krankheitserreger mehr in Abwässern enthalten, so können diese nur noch für die öffentliche Ordnung und die materiellen Interessen der Flussanlieger störend sein.

Dieser Standpunkt ist von den Sachverständigen besonders auch bei Fabrikabwässern einzunehmen, welche ihrer ganzen Natur nach Krankheitskeime überhaupt nicht enthalten können, deren Beurtheilung daher allein in das Gebiet des Mikroskopikers und Chemikers, nicht aber in dasjenige des Arztes gehört.

Materielle Schädigungen durch in Abwässern vorkommende lebende Organismen.

1. Es ist bekannt, dass die moderne Gährungstechnik auf der Verwendung rein gezüchteter Gährungserreger beruht. Bestimmte Arten oder Rassen der die Gährung bewirkenden Mikroorganismen sind bestimmend für den guten Geschmack des Endproduktes der Gährung; dagegen schaden andere, „Nebengährungen“ oder „wilde Gährungen“ verursachende Mikroben dem Werth des Produktes. Da in reinem Wasser solche schädliche Gährungserreger nicht oder jedenfalls nur in so geringer Menge vorhanden sind, dass sie für die Technik nicht in Betracht kommen; da anderseits Abwässer stets grosse Mengen schädlicher Gährungserreger enthalten, so ist verschmutztes Wasser für die Gährungsgewerbe nicht verwendbar.

Ebenso sind bei der Zuckerfabrikation Schmutzwässer im Stande, in den Diffusionsbatterien zu schädlichen Gährungen Veranlassung zu geben und in gleicher Weise ist die Stärkefabrikation auf reines Gebrauchswasser angewiesen, da durch verschmutztes Wasser die ohnehin leicht auftretende Buttersäure-Gährung in kürzester Zeit herbeigeführt und die Stärke übelriechend und „fliessend“ wird.

2. Vielfach erheben besonders Müller die Klage, dass durch die Abwässer das Holzwerk ihrer Wasserwerke, speciell der Wasser-

räder, vorzeitig zermorscht werde. Eine grössere Zahl von Mühlrädern, welche ich selbst gesehen habe und welche in dieser Weise nach Angabe der Eigenthümer beschädigt wurden, bot regelmässig das Untersuchungsergebniss, dass das Holz von dem Abwasserpilz Sphaerotilus natans überzogen war. Die mikroskopische Untersuchung des (Eichen-) Holzes ergab Bräunung desselben oft bis in verhältnissmässig tiefe Schichten und Zerfall der Oberfläche. Ebenso lang in reinem Wasser liegendes Holz war nicht so stark angegriffen. Ohne mich entscheidend über die Holzzerstörung durch Sphaerotilus aussprechen zu können, berichte ich hier über diese Klagen und den Befund der Untersuchung; diese und sehr viele andere für die Praxis und für richterliche Entscheidungen wichtige Fragen harren noch der genaueren Bearbeitung.

3. Es wird vielfach geglaubt, dass die lebenden Abwasserorganismen direkt der Fischzucht schädlich seien. Dies ist nach meiner Erfahrung jedenfalls nicht in so weitgehender Weise der Fall, wie meist angenommen wird. Ich habe Weissfische und Karpfen in vollem Wohlsein sowohl zwischen dichten Vegetationen von Leptomitus wie von Sphaerotilus gesehen und mehrfach von erfahrenen Praktikern gehört, dass die Pilzrasen von diesen Fischen gern aufgesucht werden. Die gegentheiligen Ansichten dürften auf einem botanischen Irrthum beruhen. Bekanntlich werden nämlich (besonders in unreinem Wasser liegende) todte oder schwache Fische vielfach dicht mit einer weissen, schleimigen Pilzmasse bewachsen gefunden, welche bei makroskopischer Betrachtung in jeder Beziehung den Abwasserpilzen gleich sieht. Die mikroskopische Untersuchung dagegen lehrt, dass es sich hier um Saprolegnia- und Achlya-Arten handelt, welche mit Abwasserpilzen nichts zu thun haben, sondern deren Keime in jedem Fluss- und Teichwasser sich finden. Es ist wahrscheinlich, dass diese Pilze nicht die Ursache der Erkrankung der Fische sind (meist wird behauptet, dass sie sich in den Kiemen festsetzen; in allen von mir beobachteten Fällen waren die Kiemen aber frei von Pilzvegetation), sondern dass es sich hier um eine saprophytische Erscheinung handelt. Dass durch die Ansiedelung dieser Wasserpilze auf gesunden Fischen oder Krebsen eine in die Tiefe vordringende Erweichung und Zerstörung von Oberhaut und Fleisch derselben bewirkt werde, ist direkt unglaubhaft. Die Saprolegnia- und Achlya-Arten finden sich gewöhnlich wenigstens erst auf todten oder doch sehr erkrankten und in ihrer Bewegungsfähigkeit gehinderten Fischen ein.

4. Abwasserpilze, in erster Linie Sphaerotilus natans, doch auch Leptomitus lacteus sind häufig die Ursache für die Verstopfung von Wasserleitungsröhren. Sowohl Trinkwasserleitungen kleiner Städte besonders in Gebirgsgegenden, welche aus Gebirgsbächen, an denen Holzstoff-Fabriken liegen, ihr Wasser entnehmen, wie industriellen Zwecken dienende Leitungen von verunreinigtem Gebrauchswasser können nach einiger Zeit einen immer mehr wachsenden Reibungswiderstand aufweisen,

schliesslich ganz verstopft werden. Die mikroskopische Untersuchung des Röhrenbelages pflegt dann die Wasserpilze in ganz abnormer Gestalt finden zu lassen. Während die beiden genannten Pilze in offenen Wässern fluthende, leicht zerstörbare Flocken darstellen, werden besonders die Vegetationen des Sphaerotilus in Wasserleitungen durch den Druck des strömenden Wassers zu auffallenden, zähen, thierischen Membranen durchaus ähnlichen Häuten zusammengepresst, deren Grundsubstanz aus den verwirrten Fäden der Pilze besteht. Zwischen die Pilzfäden ist dann in grosser Masse Detritus eingelagert und verstärkt die verstopfende Wirkung der Pilzvegetationen. Diese durch Verstopfung von Röhrenleitungen sich ergebende Schädigung kann sehr empfindlich sein, da sie sich meist über ausgedehnte Partien der Leitungen erstreckt und in vollem Umfang nur durch Ausgraben derselben beseitigt werden kann.

Materielle Schädigungen durch Produkte von Abwasserorganismen.

Weitaus die meisten Schädigungen, welche Abwässern zur Last zu legen sind, werden durch die Fäulnissprodukte der Abwasserorganismen verursacht. Es wurde oben (p. 354) darauf hingewiesen, dass die Abwasserpilze nur unter ganz bestimmten Bedingungen, unter welchen (abgesehen von der Wasser-Verunreinigung) der Sauerstoffgehalt des Wassers wahrscheinlich die erste Rolle spielt, gedeihen können. Wenn diese Bedingungen nicht geboten sind oder sich plötzlich ändern, wenn z. B. das Wasser in Folge von Erwärmung plötzlich seinen Sauerstoffgehalt vermindert, so tritt ein Absterben und sofortige intensive Fäulniss der Abwasservegetationen ein. Da dieselben aus den fäulnissfähigen Verunreinigungen ihren Körper gebildet haben; da deshalb in der Abwasservegetation die fäulnissfähigen Verunreinigungen, welche das Schmutzwasser während längerer Zeit führte, aufgehäuft liegen, muss besonders eine plötzliche Zersetzung dieser massenhaften Vegetationen zu schweren Uebelständen führen.

1. Schädigung der Fischzucht. — Nicht durch die lebenden Wasserpilze, sondern durch ihre beim Absterben entstehenden Fäulnissprodukte wird die Fischzucht bedroht. Bereits oben (p. 352) wurde darauf hingewiesen, dass die Fischsterben vorzugsweise im Frühjahr stattfinden und auch die Erklärung dafür gegeben, dass durch die Fäulniss der gerade in dieser Zeit absterbenden Abwasserpilze sowohl der für das Leben der Fische nöthige Sauerstoff des Wassers verbraucht wie auch für die Thiere direkt giftige Verbindungen (H_2S, CO_2) entstehen.

An dieser Stelle sei auch erwähnt, dass Wasserverunreinigungen, welche nicht in das Kapitel der Verschmutzung mit rasch faulenden Stoffen gehören, nämlich die Versetzung des Wassers mit Holzabfällen, für die Fische äusserst schädlich sind. Insbesondere der leider immer noch häufig geübte Gebrauch von Holzsägewerken, Sägmehl in's Wasser gelangen zu lassen, aber auch die Flösserei wirken verheerend auf den Fischbestand. Als Ursache für diese Erscheinung ist (abgesehen von der Störung des Laichgeschäftes durch Flösse) anzusehen, dass die feinen Holzsplitter des Sägmehles und der Flossstämme sich in den Kiemen der Fische festsetzen und zu mit dem Tod endenden Krankheitserscheinungen Veranlassung geben.

2. Schädigung durch Verschlammung der Wasserläufe. Eine der auffallendsten Erscheinungen bei verschmutzten Wasserläufen ist die intensive Verschlammung des Bachbetts, welche im Gefolge der Abwasserorganismen eintritt. Bei Abwässern, welche direkt schwer sich zersetzende organische Substanzen in grosser Menge enthalten (also z. B. bei städtischen Abwässern mit ihrem Kaffeesatz und ihren Papiermassen; bei den Abgängen der Cellulose- und Papierfabriken mit ihren Holzfasern, bei Gerberei-Abwässern mit Lohepartikeln) ist die Verschlammung leicht erklärlich. Aber dass die zarten, bei der Fäulniss rasch und fast vollkommen sich auflösenden Abwasserpilze die Ursache ausgedehnter Verschlammung sind, ist sehr bemerkenswerth.

Der Schlamm der Abwasserläufe pflegt eine ganz charakteristische schwarze Färbung zu haben: er wird allermeist hauptsächlich oder doch theilweise durch Schwefeleisen gebildet. Bei der Fäulniss der Abwasservegetation entsteht nämlich aus dem schwefelhaltigen Protoplasme der Pilze massenhaft Schwefelwasserstoff. Ist (was allermeist zutrifft) Eisen in irgend einer Form im Wasser enthalten, so setzt sich dieses mit dem Schwefelwasserstoff zu Schwefeleisen um.

Der Schwefeleisen-Schlamm hat die unangenehme Eigenthümlichkeit, sehr beweglich zu sein, d. h. keine feste Masse sondern einen dünnflüssigen Brei zu bilden. Das Ausräumen der Wasserläufe wird überall, wo Schwefeleisen-Schlamm auftritt, sehr häufig nothwendig und ist in vollständiger Weise meist nur nach Ablassen des Wassers und Austrocknen des Schlammes bewirkbar. Sowohl die Häufigkeit wie die Umständlichkeit des Ausräumens derartiger Wasserläufe stellt eine materielle Schädigung der Anlieger dar.

Seltener wird die Schiffahrt durch Schlammbänke, welche von Abwässern herstammen, geschädigt. Es ist dies eine Zeit lang besonders in der Seine in Folge der Schmutzanhäufungen, welche die Abwässer von Paris verursachten, der Fall gewesen.

3. Schädigungen durch chemische Verbindungen, welche im Gefolge der Abwasserorganismen auftreten. — Gerade durch die soeben erwähnte Bildung von Schwefeleisen in Abwasserläufen wird die Weissgerberei empfindlich geschädigt. Es ist eine in Gerberkreisen nicht unbekannte Thatsache, dass der „schwarze Schlamm", welcher im Schmutzwasser sich findet, die Ursache einer im Verlauf des Weissgerberei-Prozesses nicht mehr zu beseitigenden, die Felle für die Handschuh-Fabri-

kation unbrauchbar machenden Fleckenbildung darstellt. Indem ich auf das gerade einen derartigen Schädigungs-Fall behandelnde Gutachten hinweise, welches als Probegutachten am Schluss des Buches abgedruckt ist, sei hier nur erwähnt, dass es sich bei dieser Fleckenbildung um eine auf weitem, indirektem Weg durch die Abwässer bewirkte Schädigung handelt. Die Abwässer sind Ursache der Abwasserpilz-Vegetationen; diese geben Veranlassung zu besonders starker Schwefeleisen-Bildung; das Schwefeleisen oxydirt sich, wenn es an die Luft gebracht wird (wenn also „schwarzer Schlamm" auf den Fellen nach dem „Einweichen" bleibt) zu Eisensulfat; diese Verbindung diffundirt in die Häute und setzt sich mit dem im Verlauf der Gerbereioperation behufs Enthaarung der Felle verwendeten Schwefelkalk wieder zu Schwefeleisen um. Die (blauen oder blaugrünen) Flecken stellen in der Haut selbst eingelagerte Schwefeleisen-Niederschläge dar.

In wahrscheinlich ähnlicher Weise entstehen die bei gewissen Färberei-Betrieben nicht selten auftretenden und auf Schmutzwässer zurückgeführten Farbfehler.

Von geringerer Bedeutung erscheint, dass die in Begleitung gewisser Gährungserreger auftretenden organischen Säuren Kalkkonstruktionen (Mörtel, Cementverputz etc.) anzugreifen vermögen. Die Abwässer vieler Industrien (z. B. häufig der Zuckerfabriken, Stärkefabriken, Mälzereien, Brauereien, Brennereien) können intensiv sauer reagiren und zwar pflegt der widerliche Geruch derselben schon darauf hinzuweisen, dass es sich um Buttersäure im Wasser handelt; seltener kommt Milchsäure in ähnlichen Quantitäten vor. Diese Säuren sind die Stoffwechselprodukte von Bakterien, welche in reicher Menge durch die Verunreinigungen solcher Abwässer ernährt werden.

Bereits oben (p. 371) wurde darauf hingewiesen, dass die Müller sehr häufig darüber klagen, dass in Folge der aus Abwässern aufsteigenden Gerüche ihr Mehl übelriechend und unverkäuflich werde. Ob und inwieweit diese Klagen zutreffend sind, kann hier nicht entschieden werden. Der Sachverständige prüfe aber bei solchen Klagen das Mehl stets auf ein Vorhandensein von Schimmelpilzwachsthum, denn feucht gelagertes Mehl riecht sehr oft dumpfig und in solchem pflegen reichlich Schimmelvegetationen vorhanden zu sein.

Die Prüfung geschieht, indem man das Mehl mit sterilem Wasser zu einem dünnen Brei unter Beobachtung aller für die bakteriologischen Arbeiten üblichen Kautelen anrührt und (vergl. p. 454) auf sterilem Sand oder Glasperlen kultivirt. Gutes Mehl soll Schimmelpilzkeime nicht oder nur in geringer Menge enthalten; dumpfiges Mehl dagegen bedeckt sich bei dieser Behandlung schon nach 24 Stuuden mit feinflaumigen Räschen der Schimmelformen.

4. Schädigungen durch Verschmutzung von Trink- und Gebrauchswasser. — Es ist als empfindliche Schädigung der Fluss-

anwohner zu betrachten, wenn in Folge des in den Wasserlauf eingelassenen Schmutzwassers das Wasser nicht mehr als Trink- und Gebrauchswasser verwendet werden kann. Auch ohne dass gesundheitliche Schädigungen (vergl. p. 523) zu entstehen brauchen, kann das Wasser durch gewerbliche Abwässer seine Appetitlichkeit (vergl. p. 508) und seinen Wohlgeschmack (vergl. p. 510) verlieren; es kann unter Umständen nicht mehr als Badewasser verwendet werden; die Wäsche wird nicht mehr sauber, für Bleichereizwecke kann das Wasser untauglich werden, da es Flecken macht etc. Insbesondere wird die Erscheinung häufig beobachtet, dass (was für die Textilindustrie wichtig ist) im Wasser schwimmende Flocken von Abwasserpilzen an den Zeugen, Garnen etc. ankleben und hier die Veranlassung zur Bildung gelblicher Flecken geben. Hierbei sei aber besonders bemerkt, dass die Rostflecke machenden Eisenabscheidungen im Wasser (Eisenpilze: vergl. p. 509) nicht den Abwässern eigenthümlich sind, überhaupt in denselben nur verhältnissmässig selten vorkommen.

Durch fäulnissfähige Abwässer bewirkte Belästigungen.

Die Belästigungen der Fluss-Anwohner durch Abwässer wird wesentlich durch die üblen Gerüche der Schmutzwässer hervorgebracht. Diese Gerüche sind nicht als gesundheitsgefährlich anzusehen [1]). Immerhin können sie so stark sein, dass die Belästigung direkt einer Schädigung gleichkommen kann. Wenn z. B. ein Garten durch Abwässer so sehr verstänkert wird, dass der Aufenthalt darin unleidlich wird, so verliert der Garten an Benützbarkeit, das Grundstück also an Werth. Diese Werthverminderung aber unter die direkten Schädigungen zu zählen, geht deswegen nicht an, weil sie nicht absoluten Werth hat.

1) Vergleiche Renk in Arbeiten a. d. Kaiserl. Gesundheitsamte V: „Ganz besonders muss sich die Entwickelung stinkender Gase, wie dies auch thatsächlich der Fall war, in den Räumen von Mühlen bemerklich machen, wenn solche an einem hochgradig verunreinigten Wasserlauf liegen und dessen Kraft als Motor benutzen. Der vom Wasser mitgebrachte Schlamm bleibt zum Theil an den Mühlrädern hängen, verspritzt wohl auch in deren Umgebung und verpestet alsdann die Luft. Dies kann so arg werden, dass der Aufenthalt in solchen Räumen fast zur Unmöglichkeit wird und Personen, welche gezwungen sind, dort zeitweise sich aufzuhalten, erkranken. Es kann sich hierbei jedoch nur um leichte Formen von Unwohlsein, bedingt durch die Einathmung von Schwefelwasserstoff, handeln, die durch die Rückkehr an die frische Luft bald behoben werden Eine specifische Erkrankung, z. B. an typhösem Fieber oder Wechselfieber auf die Einwirkung der übelriechenden Gase zurückzuführen, muss bei dem heutigen Stande der (Kenntnisse von der) Krankheitsätiologie zum mindesten als sehr gewagt bezeichnet werden; dass aus den schmutzigen Abwässern von Fabriken die specifischen pathogenen Pilze von Wechselfieber und Typhus entstehen sollten, kann nicht angenommen werden."

Geruchsbelästigungen wirken auf verschiedene Menschen sehr verschieden, der Eine sieht dort eine Werthabnahme eines Grundstücks, wo der Andere dies noch lange nicht thut.

Bei allen Geruchsbelästigungen durch Abwässer ist für die Beurtheilung wichtig, dass dieselben nur periodisch aufzutreten pflegen oder doch periodisch besondere Intensität besitzen. Insbesondere während der Sommerzeit sind die Gerüche stärker als im Winter. Dies hat darin seine Ursache, dass die Geruchsbelästigungen in erster Linie durch Verbindungen bedingt werden, welche als Stoffwechselprodukte von Bakterien anzusehen sind. Vorzüglich wenn die Bakterien- (und Hefe-) Wirkung unter günstigen Bedingungen verläuft, sind die Wässer belästigend übelriechend. Dies ist (vergl. p. 386 über die Wirkung niederer Temperaturen auf das Wachsthum der Spaltpilze) in erster Linie im heissen Sommer der Fall.

Sehr aufmerksam wird der Experte besonders bei sommerlichen Geruchsbelästigungen die Frage zu erwägen haben, ob etwa vorhandene Uebelstände wirklich der Wasserverschmutzung zur Last gelegt werden müssen. Wenn ein seichtes Wasser austrocknet, stirbt die darin enthaltene Flora und Fauna ab. Auch in durchaus normalen Bachläufen kann dieselbe ihrer Quantität nach sehr bedeutend sein. Nicht nur beim Faulen der Abwasserpilze, sondern auch jeder andern reichlich Protoplasma enthaltenden Vegetation entstehen schwefelhaltige, äusserst übelriechende Gase, welche zu hochgradiger Geruchsbelästigung Veranlassung geben können. Es ist sehr häufig, dass Experten gerade im Sommer wegen solcher Fragen in Anspruch genommen werden. Nur dann, wenn charakteristische Abwasserorganismen (im Sommer oder Winter) in grösserer Menge auffindbar sind, hat der Beurtheiler ein Recht, verschmutzten Abwässern die Ursache von Belästigung der Flussanlieger zuzuschreiben.

Welche Organismen sind für die Abwasser-Beurtheilung wichtig?

Bereits oben (p. 308) wurde darauf hingewiesen, dass für die Beurtheilung von mit fäulnissfähigen Stoffen verunreinigtem Wasser in Betracht kommen:

1. Organismen, welche nur in Schmutzwasser leben, welche also die Wasserverunreinigung durch ihre Anwesenheit erkennen lassen;

2. Organismen, welche in verschmutztem Wasser nicht zu leben vermögen, deren Abwesenheit also eine Wasserverunreinigung erkennen lässt.

Die Abwasserorganismen.

Unter der Bezeichnung „Abwasserorganismen" werden solche Pflanzen und Thiere verstanden, welche nur in verschmutzten Wasserläufen vorkommen, welche also positive Anzeichen der Wasserverschmutzung darstellen.

Die Zahl der ständig in Abwässern workommenden Organismen, insbesondere der niedern Thiere ist verhältnissmässig gross. Von hervorragender praktischer Bedeutung für die Abwasserbeurtheilung sind aber nur wenige Lebewesen, nämlich hauptsächlich diejenigen, welche in so grossen Massen vorkommen, dass ihre Vegetationen leicht und zwar mit unbewaffnetem Auge aufgefunden werden können.

Diese Organismen, auf deren Vorhandensein oder Fehlen die Beurtheilung, ob ein Wasserlauf verschmutzt ist oder nicht, ausreichend begründet werden kann, sind: Sphaerotilus natans, Beggiatoa alba, Leptomitus lacteus, Oscillatoria-Arten und Carchesium Lachmanni. Eine Besprechung dieser charakteristischsten Abwasserorganismen und ihres Vorkommens folge hier.

I. Sphaerotilus natans (Fig. 34).

Die Bestimmung des Sphaerotilus (vergl. p. 69) ist sehr leicht, so dass dieser Pilz im Gang der Wasseranalyse nicht verkannt werden kann. Doch auch makroskopisch wird der erfahrene Wasseranalytiker allmählich lernen, diesen wichtigsten Abwasserorganismus zu erkennen.

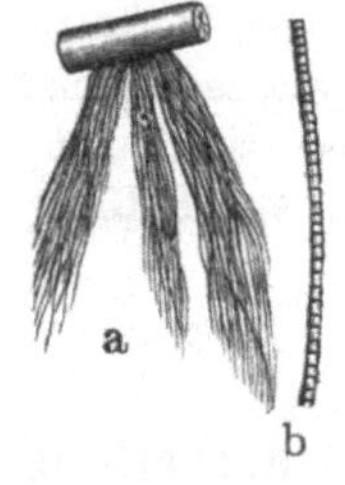

Fig. 34.
Sphaerotilus natans.
a = natürliche Grösse.
b = $\frac{300}{1}$.

Sphaerotilus ist in seinem Aussehen verschieden, je nachdem er sich im freien Wasser ungehindert entwickeln kann oder in engen Röhren (z. B. Wasserleitungsröhren) sich findet. An letzteren Standorten pflegen die Sphaerotilus-Vegetationen dicht den Wandungen der Röhren angedrückt zu sein und Massen zu bilden, welche ungefähr das Aussehen thierischer Häute (Abfälle von Gerbereien) haben (vergl. darüber auch p. 526). In offenen Wasserläufen dagegen bildet der Pilz fluthende, schleimige Flocken oder knollenartige Massen, deren Oberfläche sich in der Strömung zitternd bewegt.

Die Farbe der Sphaerotilus-Vegetationen ist weiss in verschiedenen Nüancen von schneeweiss zu gelblich und zu grau. Auch röthliche, ja sogar lebhaft rosenrothe Formen wurden von Andern[1]) schon beobachtet.

[1]) „Sphaerotilus roseus" Zopf, Beitr. zur Morphol. und Physiologie niederer Organismen, Heft 2, p 32—35.

Sphaerotilus findet sich ganz besonders an seichten, stark bewegtes Wasser führenden Stellen, hier das ganze Bachbett oft auspolsternd. Dagegen meidet der Pilz tiefes, langsam fliessendes Wasser. Diese Erscheinung dürfte auf sein Sauerstoffbedürfniss zurückzuführen sein. Wenn der Pilz sich auch in langsam strömendem Wasser findet, so ist es Regel, dass er sich direkt an der Wasseroberfläche an Reisern etc. hält.

Sphaerotilus erscheint in ausgedehnten Vegetationen nur im Winter (etwa von Ende Oktober ab) und ist dann an seinen Standorten massenhaft zu finden bis die Schmelzwasser des Schnees die Bachläufe im Frühjahr reinigen. In Wasserfällen, an Wehren und besonders an Mühlrädern hält er sich dagegen oft den ganzen Sommer hindurch und bedeckt die Holztheile der Räder und Mühleinläufe als fahlweisse Schleimschicht. Auch die Gradirwerke, welche zur Reinigung oder Abkühlung warmer Abwässer verwendet werden, sind das ganze Jahr hindurch Fundstätten des Sphaerotilus. In den übrigen warmen Abwässern findet er sich nur an Stellen, wo reichlich Luft sich mit dem Wasser mischt, hier aber oft in meterlangen Zöpfen.

Höchst bezeichnend für diesen Pilz ist der Geruch, welchen die frischen, besonders aber die 1—3 Tage lang in Probeflaschen aufbewahrten Rasen haben. Dieser Geruch hat etwas widerlich-süsses und lässt den Sphaerotilus unter Umständen auch ohne mikroskopische Untersuchung erkennen.

Sphaerotilus findet sich meiner Erfahrung nach allermeist nur in sehr stark verpestetem Wasser. Insbesondere wird er nirgends vermisst, wo ungereinigte städtische Abwässer in Bachläufe eingelassen werden. Aber auch in Abwässern von Cellulose-, Stärke-, Zuckerfabriken, von Brennereien, Mälzereien und besonders von Brauereien habe ich Sphaerotilus gefunden und bei Zuckerfabriken die Erfahrung gemacht, dass in den Abwässern (selbst wenn dieselben durch ein „chemisches" Verfahren gereinigt sind) vor deren Reinigung durch Rieselung Sphaerotilus auftritt, nach der Rieselung dagegen dieser Pilz verschwindet und an dessen Stelle sich Leptomitus lacteus entwickelt. Die gleiche Erfahrung habe ich bei städtischen Abwässern gemacht. In den ungerieselten Sielwässern der Stadt Breslau ist stellenweise Sphaerotilus zu finden, die gerieselten Abwässer dagegen bieten für Leptomitus günstige Existenzbedingungen, in ihnen fehlt Sphaerotilus vollständig.

Aus diesen Beobachtungen dürfte der Schluss gezogen werden, dass *Sphaerotilus natans* ein viel stärker verunreinigtes Wasser für sein Leben braucht als *Leptomitus lacteus*, dass *Sphaerotilus* das Anzeichen für einen besonders hohen Grad von Wasserverpestung durch fäulnissfähige Abwässer darstellt. Zugleich geht aus diesen Beobachtungen hervor, dass durch Rieselung die Abwässer derart verbessert werden können, dass Sphaerotilus in ihnen nicht mehr auftritt.

Der Experte wird daher jedes Wasser, in welchem *Sphaerotilus natans* sich **in grösseren Mengen** findet, als über das Maass des Gemeinüblichen hinaus für verschmutzt und für fähig, die Bachanlieger zu schädigen, erklären können.

Die Einschränkung „in grösseren Mengen" ist zu machen, weil sehr häufig die Vegetationen des Sphaerotilus in Flussläufen sich lokalisirt vorfinden und zwar auf die nächste Umgebung der Einmündungen von Spülwassergossen, Kanalröhren etc. beschränkt sind. In diesem Fall ist es klar, dass der Pilz nur dort gedeiht, wo die Schmutzwässer koncentrirt sind, dass aber die Verdünnung des Abwassers mit dem reinen Wasser des Flusslaufes genügend ist, um dem Sphaerotilus die Lebensbedingungen zu entziehen.

Nicht ebenso liegt aber der Fall, wenn ein Flusslauf streckenweise mit Sphaerotilus ausgepolstert ist, wenn darauf die fahle Vegetation des Pilzes verschwindet um dann wieder hervorzutreten.

Bei Beschreibung einer Abwasser-Begehung im letzten Kapitel dieses Buches wird auf den interessanten Fall aufmerksam gemacht werden, dass manche verpestete Wasserläufe folgendes Bild bieten: Eine Strecke weit sind sie (dies wurde gerade bei Sphaerotilus-Wucherungen beobachtet) sehr stark verpilzt. Dann hört die Verpilzung streckenweise auf, um ohne hinzutretende neue Verschmutzung wieder ebenso stark aufzutreten, wenn das Wasser ein Mühlrad passirt hat. Einige 100 Meter bachabwärts bleibt die Verpilzung bestehen um dann allmählich zu verschwinden. Aber sie tritt hinter der nächsten Mühle wieder auf.

Es wäre natürlich verfehlt, in einem solchen Falle sich an das Aussehen (die fehlende Verpilzung) der zwischen den Mühlen liegenden Strecken zu halten. Hier sind lokale Ursachen (Sauerstoffmangel im Wasser, geringe Strömung) daran Schuld, dass der Pilz nur streckenweise auftritt.

In gleicher Weise können (vergl. p. 373, 374) z. B. kalkgesättigte Abwässer desinficirend, die Pilzvegetationen streckenweise tödtend wirken. Die Begehung der Wasserläufe lehrt solche lokale Ursachen für ein Aufhören der Verpilzung, wie für ein nur auf ganz beschränkte Stellen gebundenes Auftreten derselben erkennen und für die Wasserbeurtheilung würdigen.

Erwähnt sei hier, dass Sphaerotilus natans in der Litteratur bisweilen fälschlich unter anderem Namen beschrieben wurde. So ist in einem der bekannteren Werke als Beggiatoa ein Pilz beschrieben, welcher der ganzen Beschreibung nach nur Sphaerotilus sein kann.

Nur Sphaerotilus kann mit Leptomitus überhaupt verglichen werden, während Beggiatoa ein (unten zu beschreibendes) ganz anderes makroskopisches Aussehen hat. Sphaerotilus dagegen kann selbst von nicht unerfahrenen Wasseranalytikern bei makroskopischem Betrachten sehr leicht für Leptomitus gehalten werden. Unter dem Mikroskop allerdings unterscheidet man beide Pilze auf den ersten Blick und zwar daran, dass die Fäden des Leptomitus bei schwacher Vergrösserung (± 80-fach linear) schon deutlich und in ihren Einzelheiten (z. B. den seitlichen Einschnürungen) erkennbar sind, während Sphaerotilus bei dieser Vergrösserung noch ein unentwirrbares Chaos feinster, strichförmiger Fäden bildet. Die Schläuche des Leptomitus stehen nämlich an der Grenze der Sichtbarkeit mit blossem Auge; wer einen fluthenden *Leptomitus*-Rasen sehr aufmerksam betrachtet, kann makroskopisch schon besonders an den Spitzen der Zöpfe die einzelnen Fäden erkennen, während dies bei *Sphaerotilus* unmöglich ist.

Eine Verwechselung des Sphaerotilus ist bei mikroskopischer Untersuchung nur mit Cohnidonum dichotomum, sowie mit Leptothrix parasitica möglich; von beiden ist der Pilz aber auf den ersten Blick schon durch seine Wuchsform unterschieden. Cohnidonum findet sich nur in längere Zeit stehenden Schmutzwasserproben in solcher Menge, dass man von Rasenbildung sprechen könnte. Ein rasen- oder zopfbildender Pilz in der freien Natur ist niemals Cohnidonum. Dies kommt daher, dass die Fäden dieser Planze sehr viel kürzer sind als diejenigen von Sphaerotilus und ferner, dass sie in lockern Rasen stehen, während Sphaerotilus durch die ganze Fadenbüschel umschliessenden Schleimscheiden allermeist zu dichter Rasenbildung gezwungen ist.

Leptothrix parasitica ist gleichfalls durch die kurzen Fäden und die mangelnde Rasenbildung ausgezeichnet. Bei einzelnen Pilzfäden im Präparat könnte man wohl zweifelhaft sein, ob Leptothrix, Cohnidonum oder Sphaerotilus vorliegt. Die dichten Rasen- und Fadenbüschel des Sphaerotilus, in welchen dieser Abwasserorganismus stets vorliegt, charakterisiren ihn aber unverkennbar.

2. Leptomitus lacteus (Fig. 35).

Leptomitus ist ausserordentlich leicht zu erkennen, auch wurde die Bestimmung desselben p. 469—470 als Paradigma für die Bestimmung eines Wasserpilzes durchgeführt. Wie aus dem soeben bei Sphaerotilus Ausgeführten hervorgeht, ist Leptomitus makroskopisch ersterem sehr ähnlich, kann aber bei aufmerksamer Betrachtung von erfahrenen Wasseranalytikern auch mit blossem Auge erkannt werden.

Auch bei Leptomitus finden sich zwei verschiedene Wuchsformen je nach dem Standort. Gewöhnlich tritt dieser Wasserpilz in offenen Wasserläufen auf und gleicht dann in seinem rasenförmigen Wachsthum Stücken von Schaffell, die an Reisern etc. hängen. Aber auch auf Wasserrädern, an Wehren etc. findet sich Leptomitus und verliert hier sein rasenartiges Aussehen; die Vegetationen nehmen dick pergament- oder hautartige Gestalt an.

Die Farbe des Leptomitus wechselt von rein weiss zu schwarzgrau und auch zu rosenroth. Stets sind aber die Ränder der Vegetationen, welche von den jungen Fadenspitzen gebildet werden, schneeweiss. Eine ziemlich starke Ablagerung von Eisenhydroxyd auf den Leptomitus-Rasen und dem entsprechend eine rostbraune Färbung derselben wird in eisenhaltigem Wasser oft beobachtet. Es ist aber als ausgeschlossen zu betrachten, dass der Leptomitus wie die Eisen-Pilze (vergl. p. 509) Eisen ansammelt: die Erscheinung erklärt sich dadurch, dass die Leptomitus-Schwänze bei ihrer fluthenden Bewegung von der Wasseroberfläche Luft (Sauerstoff) in das Wasser mitnehmen und so die Fällung des Eisenhydroxyds auf ihrer Oberfläche veranlassen (vergl. p. 521).

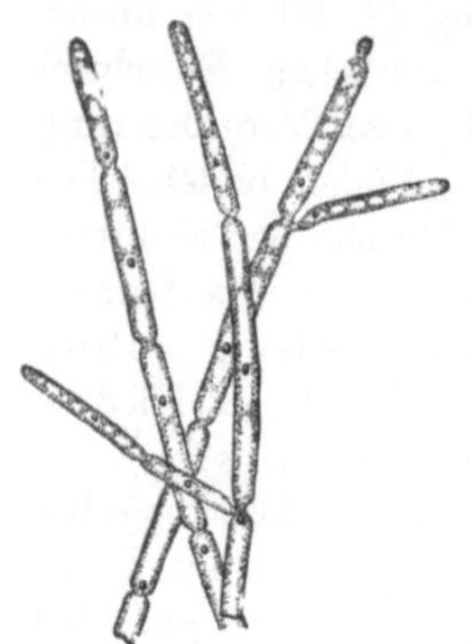

Fig. 35.
Leptomitus lacteus.
Grösse $\frac{150}{1}$.

Sehr viel häufiger als die rostbraune Färbung der Leptomitus-Rasen ist eine grauschwarze oder schwarze. Diese Färbung tritt an einzelnen Stellen regelmässig und in der Weise auf, dass die jungen Fadenenden des Pilzes weiss, die älteren Fadenstücke dagegen dunkel sind und um so schwärzer werden, je weiter man die Fäden nach ihrer Basis zu verfolgt. An Stellen, wo diese Färbungserscheinung zu beobachten ist, wird stets eine starke Anhäufung von Schwefeleisenschlamm unter den Leptomitus-Wucherungen gefunden. Das Schwefeleisen lagert sich nicht nur in der Umgebung der Fäden, sondern auch in der Membran derselben ab. Seine Bildung durch Fäulniss des Pflanzen-Protoplasmas wurde oben (p. 369) erklärt: die schwarz gefärbten Fadenstücke sind als abgestorben zu betrachten. Es tritt also hier die im Reiche der niedern Pflanzen so häufig zu beobachtende Erscheinung ein, dass bei massenhaften Vegetationen ein Absterben der älteren Partieen der Pflanzen eintritt, während die jungen Theile derselben sich normal weiter entwickeln.

Aus dieser Eigenschaft, dass fortwährend an der Oberfläche der Leptomitus-Wucherungen neues schwefelhaltiges Protoplasma gebildet wird, während die älteren Fadentheile unter Bildung von Schwefelwasserstoff häufig absterben, erklärt sich die massenhafte Schwefeleisen-Schlammbildung, welche gerade unter Leptomitus-Rasen so häufig eintritt und Veranlassung zu Schädigungen durch Abwässer (vergl. p. 528) giebt.

Der Geruch älterer Leptomitus-Proben ist dumpfig-stinkend, er erinnert durchaus nicht an den widerlich süsslichen Geruch, welcher Sphaerotilus eigen ist.

Unter dem Mikroskop wird Leptomitus leicht durch die Grösse seiner Schläuche, die Einkerbungen (Strikturen) derselben, sowie durch die sehr auffallenden Cellulinkörner, welche in jedem Fadenglied in Einzahl liegen erkannt (vergl. auch p. 535).

Die Form, welche an Wasserrädern etc. wächst, ist sehr häufig mit sackartigen oder fingerartigen Haftorganen (Rhizoiden) versehen; bei ihr sind die Fadenglieder stets länger als bei der normalen Form, auch pflegen die Strikturen nicht so deutlich zu sein. Charakteristisch bleiben aber stets die auffälligen Cellulinkörner; an ihnen vorzüglich ist der Pilz auch in seinem abnormen Wachsthum leicht erkennbar.

Zu verwechseln ist Leptomitus lacteus nur mit Saprolegnia-Arten, sowie mit sterilen Mycelien einiger Schimmelpilze, deren Art noch nicht feststeht.

Mit den Saprolegnia-Arten hat Leptomitus die Eigenschaft gemein, keine Querwände (also ungegliederte Schläuche) zu besitzen; dagegen haben die Saprolegnia-Arten weder Strikturen, noch Cellulinkörner, sind also leicht zu unterscheiden. Ferner ist es als abnorme Seltenheit zu bezeichnen, wenn Saprolegnia-Arten in ähnlicher Weise rasenbildend auftreten wie Leptomitus. Dies wäre nur in über alle Maassen verpesteten Abwässern, z. B. von Schlachthäusern, denkbar. Saprolegnia sucht mit Vorliebe faulende thierische Körper als Nährsubstrat. Deshalb sind todte oder halbtodte Fische, Krebse etc. (vergl. p. 526) mit Saprolegnia (und Achlya), aber nicht mit Leptomitus bedeckt.

Von sterilen Schimmelpilz-Mycelien ist Leptomitus ohne Weiteres dadurch unterscheidbar, dass jene Querwände besitzen, welche Leptomitus abgehen.

Wie Sphaerotilus tritt auch Leptomitus nur im Winter (etwa von Ende Oktober bis März) auf; er ist zarter als Sphaerotilus und stirbt leichter ab als dieser. Deswegen ist es im Sommer kaum irgendwo möglich, Leptomitus zu finden, während Sphaerotilus an den oben bezeichneten Stellen auch im Sommer aushält. In welcher Form Leptomitus den Sommer überdauert, um bei Eintritt der kalten Jahreszeit wieder aufzutreten, nachdem er den Sommer über verschwunden war, ist noch unbekannt.

Leptomitus lebt, wie oben ausgeführt, in weniger stark durch stickstoffhaltige, fäulnissfähige Stoffe verunreinigtem Wasser als Sphaerotilus. Es kann deshalb der Beurtheiler zweifelhaft sein, ob er ein *Leptomitus* enthaltendes Wasser als über das Gemeinübliche hinausgehend verunreinigt erklären soll, denn thatsächlich kennt man heute noch kein Abwasser-Reinigungsverfahren, welches Schmutzwässer so zu reinigen vermöchte, dass Leptomitus darin nicht mehr vorkäme. Dieser Punkt soll unten bei Behandlung der Abwasser-Reinigungsverfahren noch genauer erläutert werden.

Dagegen ist ein reichlich *Leptomitus* enthaltendes Wasser in vielen Fällen geeignet, Bachanlieger zu schädigen. Bei

Beurtheilung solcher Fälle handelt es sich um Einzelfragen, welche jeweils für sich und ohne Rücksichtnahme auf den Begriff der „über das Gemeinübliche hinausgehende Verunreinigung" erledigt werden können und müssen.

3. Beggiatoa alba (Fig. 36).

Ueber diesen Pilz habe ich bereits oben, p. 511, gehandelt, da derselbe nicht nur in Abwässern, sondern auch in Brunnenwasser vorkommt. Während aber in Brunnenwasser allermeist nur wenige Fäden aufgefunden werden, treten in Abwässern häufig ganze Wucherungen der Beggiatoa auf.

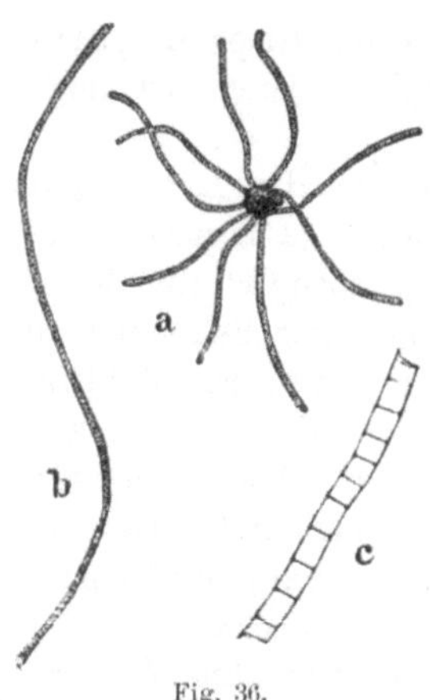

Fig. 36.
Beggiatoa alba.
Grösse: a, b $\frac{800}{1}$, c $\frac{720}{1}$.

Beggiatoa hat dort, wo sie massenhaft vorkommt, ein so eigenthümliches Aussehen, dass sie auch ohne mikroskopische Untersuchung erkannt werden kann; Verwechselungen der aus Beggiatoa gebildeten Pilzbeläge sind eigentlich nur mit dem feinen aus Cellulose-Fasern gebildeten Schlamm der Papier- und Cellulosefabriks-Abwässern möglich.

Wo Beggiatoa die „Verpilzung" eines Wasserlaufes bewirkt, bedeckt sie den am Grund liegenden Schlamm und im Wasser befindliche faulende Gegenstände als feiner, weisslicher oder grauer, sammetartiger Belag. Seltener findet sich der Pilz auch an Holzwerk und Steinen.

Der Beggiatoa-Belag ist sehr kurzfaserig; von irgend welcher Fadenbildung ist makroskopisch bei demselben kaum etwas zu bemerken. Da die Fäden des Pilzes nicht eigentlich festsitzen, sondern nur sich im Schlamm mit dem einen Ende eingebohrt haben, so lösen sie sich sehr leicht vom Grunde ab. Deswegen zerstäubt ein Beggiatoa-Belag bei der Berührung und kann, sich im Wasser vertheilend, dasselbe weithin milchig trüben.

Im Gegensatz zu Sphaerotilus und Leptomitus, welche beide stark bewegtes Wasser aufsuchen, findet man grössere Vegetationen von Beggiatoa hauptsächlich in stehendem oder nur sehr schwach bewegtem Wasser. Insbesondere die Klärteiche der Zucker- und Stärkefabriken, von Schmutzwässern durchflossene Teiche etc. sind Orte, an denen Beggiatoa kaum irgendwo vermisst wird.

Auch Beggiatoa-Vegetationen sind am Geruch erkennbar, und zwar stinken 5—7 Tage lang in geschlossener Flasche gehaltene Beggiatoa-Rasen intensiv nach Schwefelwasserstoff.

Bei der Identifikation der *Beggiatoa* unter dem Mikroskop lege man den Hauptwerth auf die Bewegungsfähigkeit der

Fäden. Das sonst in erster Linie genannte Merkmal des Schwefelgehaltes (schwarze Körnchen, welche die Beggiatoa-Fäden oft fast vollständig erfüllen) ist nicht konstant.

Da (vergl. oben, p. 511) Beggiatoa Schwefelwasserstoff zu Schwefelsäure oxydirt, tritt der regulinische Schwefel nur als Zwischenprodukt resp. als „Reserve-Nahrungsstoff" auf. Fäden, welche in schwefelwasserstoffarmem Wasser gefunden werden, welche also des Hauptnährstoffes entbehren und „hungern", enthalten entweder keinen oder doch nur minimale Spuren von Schwefel.

Ferner ist darauf hinzuweisen, dass bei verschiedenen Wasserpilzen (so z. B. auch bei Sphaerotilus) das Absterben der Fäden durch einen körnigen Zerfall des Protoplasmas gekennzeichnet ist. Diese in den todten Fäden solcher Pilze befindlichen Plasmakörner von Schwefelkörnern zu unterscheiden, ist für den Praktiker kaum möglich.

Dagegen kann die Fähigkeit der Eigenbewegung bei Beggiatoa gar nicht übersehen werden, wenn man die Präparate mit einiger Musse und Sorgsamkeit betrachtet. Die Bewegungserscheinung besteht in einem Hin- und Herschwingen oder in Vorwärts- und Rückwärtsbewegung. Sie ist natürlich nur an lebenden Fäden zu beobachten.

Wie aus den Ernährungs-physiologischen Eigenthümlichkeiten der Beggiatoa hervorgeht, ist dieser Pilz kein absolutes Anzeichen für Wasserverschmutzung, sondern für Schwefelwasserstoff-Gehalt des Wassers.

Der Schwefelwasserstoff kann verschiedenen Ursprung haben: er kann aus der Erde kommenden Quellen eigen sein (Schwefelquellen) oder durch Fäulniss von schwefelhaltiger organischer Substanz entstehen. Im letzteren Fall kann er der Fäulniss unverdächtiger Körper (Laub, grünen Algen etc.) entstammen oder durch faulende Abwässer oder durch faulende Abwasserorganismen bedingt sein.

Wenn der Experte Beggiatoa findet, so hat er sich stets zu fragen, woher der zum Leben dieses Pilzes nöthige Schwefelwasserstoff im vorliegenden Fall stammt. Diese Frage wird stets bei der Lokalinspektion erledigt werden müssen, denn das Vorhandensein von Schwefelquellen, moderndem Laub, faulenden Algen etc. lässt sich nicht aus Wasserproben erschliessen, besonders aber lässt sich die Mächtigkeit der Schwefelwasserstoff-bildenden Faktoren nur an Ort und Stelle beurtheilen.

Hat der Wasseranalytiker bei seiner Begehung aber die Ueberzeugung gewonnen, dass der für das Leben der *Beggiatoa* nöthige Schwefelwasserstoff nur entweder direkt oder indirekt aus den Abwässern stammen kann, so ist er berechtigt, das betreffende Abwasser dann, wenn es **ausgedehnte** Vegetationen von *Beggiatoa* enthält, für über das Gemeinübliche hinausgehend verschmutzt zu erklären.

Ein derartig verschmutztes Wasser ist natürlich auch im Stande, die Anlieger materiell zu schädigen.

4. Oscillatoria-Arten (Fig. 37).

Als Abwasser-Organismen kommen mehrere Arten von Oscillatoria, nämlich O. tenerrima, O. brevis, O. tenuis, O. antliaria, O. Froelichii in Betracht. Die Art, welche am häufigsten sich in städtischen Abwässern findet, ist meiner Erfahrung nach O. Froelichii.

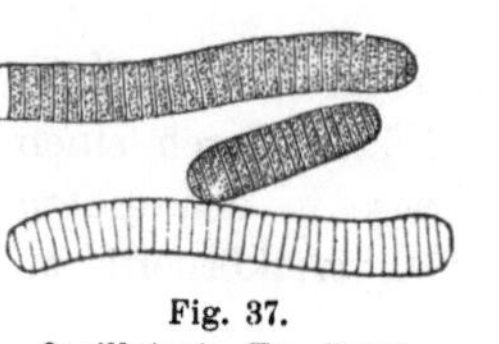

Fig. 37. Oscillatoria Froelichii. Grösse: $\frac{300}{1}$.

Da auch in reinem Wasser lebende Oscillatoria-Arten vorkommen, ist die Speciesbestimmung bei diesen Organismen eine Hauptsache für deren Verwendung zur Wasserbeurtheilung. Aeusserliche Merkmale der Abwasser-Arten lassen sich nur insofern angeben, als sämmtliche in Schmutzwässern vorkommende Species eine deutliche und meist lebhafte Eigenbewegung besitzen, während die unbeweglichen Species nicht als charakteristische Abwasserorganismen in Betracht kommen. Aber auch unter den im reinen Wasser lebenden Oscillatorien giebt es eigenbewegliche; deshalb muss hier die Bestimmung genau durchgeführt werden.

Oscillatoria-Vegetationen in Abwässern sind fast stets beinahe schwarz, seltener schwarzgrün oder schwarzbraun; sie überziehen das Bachbett ganz besonders in der Nähe des Wasserspiegels als schleimig-dünne, etwas faserige Haut und trocknen bei warmem Wetter zu schwärzlichen, dünnen, papierartigen Massen ein, welche sich dann manchmal vom Substrat abheben.

Alle Abwasser-Oscillatorien haben die Neigung, sich aus dem Wasser herauszubegeben, was ihnen bei ihrer Fähigkeit der Eigenbewegung möglich ist. Deshalb werden insbesondere feuchte Bachuferböschungen von Abwasserläufen grosse Strecken weit von dem schwarzen Belag dieser Algen überzogen.

Auch auf faulenden im Wasser treibenden organischen Körpern (z. B. Gerberei- und Schlachthausabfällen, Rübenschwänzen etc.) siedeln sie sich sehr gern an. Gleichfalls pflegen die durch Gasbildung in die Höhe gerissenen und auf der Wasseroberfläche schwimmenden Schlammfetzen, Fäkalklumpen etc. mit Oscillatoria-Arten bewachsen zu sein; in diesem Fall bilden diese Algen die Hauptmasse der Vegetation, welche die übelriechenden schwimmenden „Pfannkuchen“ der Abwasserläufe bildet.

Die Oscillatoria-Arten der Abwässer sind alle gleichmässig durch einen dumpfig-stinkenden, sehr eigenthümlichen Geruch ausgezeichnet.

Wie Beggiatoa haben auch die Abwässer-Oscillatorien die Neigung, sich in stehendem oder langsam fliessendem Wasser anzusiedeln, doch werden sie auch an und in lebhaft fliessendem, ja besonders häufig an Wehren etc. angetroffen.

Im Allgemeinen lieben die Abwasser-Oscillatorien Hausabwässer, besonders verdünnte Fäkaljauchen. Es ist Regel, dass man dieselben dort antrifft, wo z. B. die Brühe von Misthaufen in Bäche einmündet; auch auf der Erde finden sie sich an Orten, welche häufig mit Harn etc. getränkt sind. Für die Abwasser-Beurtheilung kommt sehr in Betracht, dass z. B. die Auslaugungen frisch gedüngter Wiesen Veranlassung zu Oscillatoria-Wucherungen geben können.

Deshalb ist bei diesen Algen von grösster Wichtigkeit, die Massenhaftigkeit ihrer Vegetation bei der Lokalinspektion genau zu beachten. Ein lokal beschränktes Vorkommen von Abwasser-Oscillatorien deutet nur auf lokale Verunreinigung, welcher unter Umständen keine grosse Bedeutung beizumessen ist. Sehr ausgedehnte Wucherungen dieser Algen sind dagegen ohne Zweifel ein Anzeichen starker Wasserverpestung.

Hat man Oscillatoria-Rasen in grösserer Ausdehnung gefunden, so suche man noch nach andern Abwasser-Organismen, insbesondere nach Sphaerotilus. Die Oscillatorien wachsen auch im Sommer: findet man an Mühlrädern, Schleussen etc. bei ausgedehnten *Oscillatoria*-Belägen in der warmen Jahreszeit auch nur kleine Rasen von *Sphaerotilus*, so ist eine über das Gemeinübliche hinausgehende Wasserverunreinigung daraus zu erschliessen.

Ausser auf Sphaerotilus hat man bei Oscillatoria-Belägen auch auf Carchesium Lachmanni sowie auf Beggiatoa zu achten.

Tritt *Oscillatoria* in ausgedehntem Maasse neben vereinzeltem *Carchesium* auf, so ist eine über das Gemeinübliche hinausgehende Wasserverunreinigung wahrscheinlich; das gleiche gilt, wenn in einem Wasserlauf grössere *Oscillatoria*-Beläge neben *Beggiatoa*-Wucherungen zu finden sind.

Ganz besonders wird der Sachverständige aber durch die Abwasser-Oscillatorien darauf aufmerksam gemacht, unter allen Umständen eine Winter-Besichtigung zu beantragen. Diese bringt dann gewöhnlich das Bild ausgedehnter Sphaerotilus-Wucherungen und damit ein klares Urtheil.

Schwimmende, mit *Oscillatoria*-Arten bewachsene Fladen („Pfannkuchen") sind stets ein Anzeichen für intensivste Wasserverpestung, also für eine über das Gemeinübliche hinausgehende Wasserverunreinigung.

5. Carchesium Lachmanni (Fig. 38).

Unter den Protozoën ist das genannte Carchesium als charakteristischster Abwasser-Organismus besonders hervorzuheben. Dieser Organismus wurde von Lachmann im stinkend verschmutzten Wasser der

Panke in Berlin entdeckt, blieb weiter aber so ziemlich unbekannt. Trotzdem wurde Carchesium hier und da auch von Wasseranalytikern beachtet und es erscheint fraglos, dass die Bemerkungen, welche besonders in gerichtlichen Gutachten nicht selten über „Vorticellen" in Abwässern gemacht werden, sich auf unser Carchesium Lachmanni beziehen. Da die übrigen Arten der Gattung Carchesium sich nur in fraglos reinem Wasser vorfinden, ist die Bestimmung der Species für Carchesium Lachmanni bei Abwasseruntersuchungen genau zu prüfen.

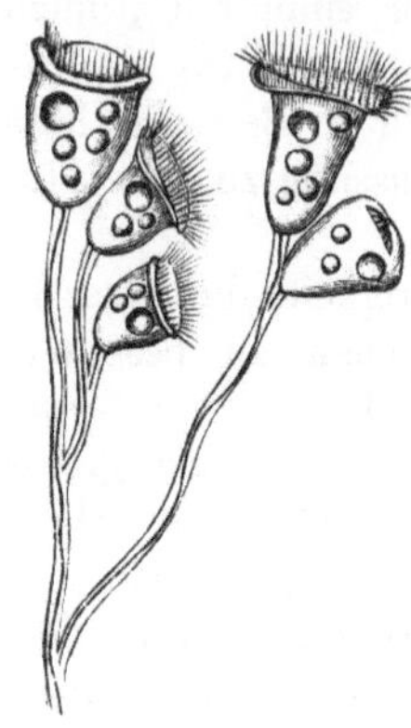

Fig. 38. Carchesium Lachmanni. Grösse: $\frac{160}{1}$.

Carchesium Lachmanni ist in Abwässern hauptsächlich in der kältern Jahreszeit, aber auch im Sommer zu finden. In ungeheurer Menge sitzt dies koloniebildende Thierchen in den Abwässern als weisser Schleim an Blättern, Zweigen und Hölzern; es erfreut sich der reichen Beute an andern kleinen Mikroorganismen, welche in drängender Menge in den Abwässern sich finden, und welche es mit seiner Wimperzone elegant in den Schlund hineinstrudelt.

Dies Carchesium ist in stark wie schwach verunreinigten Wasserläufen vorhanden; es findet sich in Gesellschaft von Leptomitus und Sphaerotilus. So würde dieser Organismus eigentlich keine hervorragende Bedeutung haben, wir würden für die Abwasserbeurtheilung an den beiden genannten Pilzen reichlich genug haben, wenn dieselben das ganze Jahr hindurch vorhanden wären. Da dieselben aber im Sommer verschwinden, muss in vielen Fällen Carchesium mit den Oscillatoria-Wucherungen zur Abwasserbeurtheilung herangezogen werden.

Ein Wasserlauf, in welchem *Carchesium* reichlich vorhanden ist, ohne dass andere Abwasserorganismen (insbesondere *Oscillatorien* und *Beggiatoa*) vorhanden wären, ist als leicht verschmutzt zu betrachten. Finden sich dagegen ausgedehnte Beläge von Abwasser-*Oscillatorien* zugleich mit *Carchesium Lachmanni* oder finden sich *Beggiatoa*-Wucherungen zugleich mit diesem Thier, so ist dies als Zeichen für eine über das Gemeinübliche hinausgehende Wasserverschmutzung zu betrachten.

6. Andere Abwasser-Protozoën.

Die grosse Wichtigkeit des Carchesium Lachmanni für die sommerliche Abwasser-Beurtheilung wird dadurch bedingt, dass die Kolonien dieses Thieres im Schmutzwasser festsitzen (vergl. p. 532) und mit blossem Auge leicht auffindbar sind. Ferner ist für die Abwasser-Beurtheilung von grosser Wichtigkeit, dass dies Carchesium nur in der freien Natur sich entwickelt, dagegen in den aufbewahrten Wasserproben rasch abstirbt.

Die allermeisten übrigen AbwasserProtozoën (mit Ausnahme des noch zu selten beobachteten Cephalothamnium majus, welches sich wie Carchesium verhält) sind deswegen für die Schmutzwasser-Beurtheilung weniger geeignet, weil sie auch in reinem Wasser sich entwickeln können, wenn dasselbe mit fäulnissfähigem Schlamm vermengt kürzere oder längere Zeit steht Bereits oben (p. 513) wurde auf diese in faulenden Wässern häufig auftretenden Organismen aufmerksam gemacht. Für die Abwasser-Beurtheilung können davon vorzugsweise folgende in Betracht kommen:

Amphimonas fusiformis.
„ globosa.
Anthophysa vegetans.
Aspidisca costata.
„ Lynceus.
Bodo caudatus.
„ minimus.
„ mutabilis.
Cercomonas crassicauda.
„ lacryma.
Chilodon Cucullulus.
„ uncinatus.
Colpidium colpoda.
Colpoda cucullus.
Dimorpha longicauda.
Enchelys silesiaca.
Euglena olivacea.
„ velata.
„ viridis.
Euplotes charon.
„ patella.
Glaucoma scintillans.
Hexamitus inflatus.
„ rostratus.
Lionotus fasciola.
Loxophyllum Meleagris.
Monas guttula.
„ vivipara.
„ vulgaris.
Oikomonas mutabilis.
„ Termo.
Oxytricha fallax.
„ pellionella.
Paramaecium Aurelia.
„ caudatum.
Peranema trichophorum.
Phyllomitus amylophagus.
Pleuromonas jaculans.
Polytoma uvella.
Stylonychia Mytilus.
Tetramitus rostratus.
Trepomonas rotans.
„ Steinii.
Urocentrum Turbo.
Urostyla multipes.
Urotricha farcta.
„ lagenula.

Wenn ein Wasser gleich bei oder direkt nach der Probeentnahme (höchstens 1/2 Tag nach dieser) von den hier angegebenen Arten **reichlich** Individuen enthält, so ist dasselbe höchst wahrscheinlich mit organischen, stickstoffhaltigen Verunreinigungen beladen und verunreinigt. Ob diese Verunreinigung aber über das Maass des Gemeinüblichen hinausgeht, kann aus dem Fund derartiger Organismen nach den bisher gemachten Erfahrungen nicht erschlossen werden.

Die für die Abwasserbeurtheilung wichtigen Organismen des reinen Wassers.

Wie oben (p. 308) ausgeführt, ist es für die Beurtheilung des Verschmutzungsgrades eines Wasserlaufes wichtig, nicht nur die Abwasserorganismen zu finden, sondern auch das eventuelle Fehlen von solchen Pflanzen und Thieren festzustellen, welche nur in reinem oder in schwach verunreinigtem Wasser zu gedeihen vermögen.

In Bezug auf die Frage, welche Grade der Wasserverunreinigung die einzelnen Species der Mikroorganismen noch auszuhalten vermögen, sind unsere Kenntnisse noch lückenhaft und eine Ergänzung unserer Erfahrungen wäre nicht nur im Interesse der Ernährungsphysiologie der niederen Kryptogamen, sondern besonders auch in dem der Praxis höchst erwünscht.

Immerhin lassen sich heute schon über folgende Organismen diesbezügliche Angaben über ihr Verhalten gegenüber verschiedenen Wassersorten machen:

Organismen des reinsten (Quell-) Wassers.

Aphanocapsa fonticola.
Aphanothece saxicola.
Apona fluviatilis.
„ torulosa.
(Carrodorus foetidus.)
Ceratoneïs arcus
Chamaesiphon incrustans.
Chantransia chalybaea.
„ pygmaea.
„ violacea.
Chroococcus fuscoviolaceus.
Cladophora declinata.
Desmonema Wrangelii.
Inactis tornata.
Inoderma lamellosum.
Microcoleus heterotrichus.
Nostoc verrucosum.
Oncobyrsa rivularis.
Oscillatoria fontana.
„ (inundata.)
„ lutescens.
„ purpurascens.
„ (rufescens.)
Palmella mucosa.
Plectonema puteale.
„ Thomasianum.
Pleurococcus mucosus.

Die in dieser Liste aufgezeichneten Organismen ertragen keinerlei Wasserverunreinigung; sie sind deshalb in allererster Linie in den Quellen und klaren Bächen der Gebirge zu finden.

Es wäre nun nicht angebracht, von jedem Wasser verlangen zu wollen, dass es derart rein sei, um diese Organismen des reinsten Wassers zu beherbergen. Auch ohne Zuthun des Menschen verschlechtert sich der Wasserzustand eines in die Ebene eilenden Baches durch Aufnahme von Moorauslaugungen, von durch moderndes Laub etc. fliessendem Wasser etc.; dies prägt sich in der Lebewelt des Wassers dadurch aus, dass die Quellwasser-Organismen verschwinden.

An ihre Stelle treten die ungeheuer zahlreichen Lebeformen des normalen, durch menschliches Zuthun nicht oder nicht merkbar verunreinigten Wassers. Diese Pflanzen und Thiere hier aufzuführen wäre nicht angebracht. Nur daran sei (vergl. p. 366) hier nochmals erinnert, dass das Aussehen der Vegetation eines normalen Wassers grün resp. braun ist, von Algen oder Bacillariaceen gebildet wird.

Wichtig erscheint dagegen, diejenigen Pflanzen aufzuzählen, welche nach den bisherigen Erfahrungen auch eine leichte Verschmutzung des Wassers ertragen.

Organismen, welche in durch fäulnissfähige Abwässer leicht verschmutztem Wasser noch vorkommen können.

Achnanthes minutissima.
Anabaena macrosperma.
Chaetophora elegans.
Cladophora fracta.
Conferva tenerrima.
Conjugata rivularis.
„ Weberi.
Cymbella Ehrenbergii.
„ lanceolata.
Cystopleura Sorex.
„ gibba.
„ Zebra.
Diatoma vulgare.
Dillwynella parietina.
Fragilaria virescens.
Gomphonema olivaceum.
Lysigonium fasciatum.
Meridion circulare.
Micrasterias falcata.
Navicula atomus.
Navicula Bacillum.
„ mesolepta.
„ radiosa.
Nitzschia linearis.
Pediastrum Boryanum.
Pleurotaenium nodulosum.
Rhoicosphenia curvata.
Scalprum scalproides.
Scenedesmus bijugus.
„ obliquus.
„ quadricauda.
Schizomeris Leibleinii.
Serpentinaria genuflexa.
Stauroneïs Phoenicenteron.
Stigeoclonium tenue.
Suriraya ovalis.
Ulothrix zonata.
Ursinella Meneghiniana.
Zygnema stellinum.

Ausser diesen hier aufgeführten Algen können selbstverständlich auch die in schwer verunreinigten Wasserläufen neben der Pilzvegetation noch aushaltenden, unten aufgezählten im leicht verschmutzten Wasser vorkommen. — Diese Liste ist wahrscheinlich noch nicht vollständig und fernere Erfahrungen werden ihr noch manche weitere Species einzuverleiben ermöglichen; bei dem vollständigen Mangel von diesen Punkt betreffender Litteratur war es aber nicht möglich, noch umfassendere Angaben zu machen und es konnten hier nur die Ergebnisse der vom Verfasser ausgeführten (allerdings sehr zahlreichen) Wasseranalysen benützt werden.

Ein Wasserlauf, welcher nur diese und die unten aufgeführten, auch im stark veschmutzten Wasser vorkommenden Algen-Arten enthält, **kann** durch fäulnissfähige Abwässer schwach verunreinigt sein; die Wasser-Verunreinigung ist aber, wenn keine charakteristischen Abwasser-Organismen (vergl. oben p. 532—542) auftreten, eine so unbedeutende, dass sie für die Praxis der Abwasserbeurtheilung gewöhnlich nicht in Frage kommt.

Nur dann ist es wichtig, auf diese unterste Stufe der Wasserverunreinigung, welche sich durch das Fehlen vieler Organismen des reinen Wassers kennzeichnet, aufmerksam zu machen, wenn mehrere Industriebetriebe an einer Flussverunreinigung theilnehmen. In diesem Fall ist es möglich, dass eine Fabrik ihre Abwässer in den Fluss einlässt und scheinbar keine Verschmutzung desselben bewirkt (dass also noch keine Abwasservegetation durch die Verschmutzung bedingt wird); wenn aber eine kleine Strecke unterhalb dieser oberen Fabrik eine zweite vollkommen gleichartige Abwässer in gleicher Menge in den Fluss einleitet, so können durch Verpilzung etc. gekennzeichnete Abwasserverhältnisse entstehen.

Es wäre in diesem Fall nicht angebracht, nur der unteren Fabrik die Schuld für die Flussverunreinigung beizumessen, weil erst von ihr ab deutlich sichtbare Wasserverschmutzung vorhanden ist: auch die oben liegende Fabrik ist an der Wasserverpilzung mit Schuld, denn wenn sie nicht ihre Abwässer in den Flusslauf einliesse, würde die weiter unten belegene Fabrik mit ihren Schmutzwässern keine Verpilzung bewirken; nur die Summe beider Verunreinigungen liefert in diesem Fall die Bedingungen, welche die Abwasservegetation zum Wachsthum braucht.

Ausdrücklich sei hier darauf hingewiesen, dass alle Schlüsse, welche aus dem Fehlen der Organismen des reinen Wassers auf eine Wasserverunreinigung gezogen werden, nur nach umfassenden Untersuchungen und mit genauester Berücksichtigung aller bei der Inspektion sich ergebenden lokalen Verhältnisse möglich sind.

Anders und klarer liegt der Fall, wenn diese in der vorigen Liste aufgezählten Algenformen in einem Wasser gefunden werden, welches zugleich charakteristische Abwasser-Organismen (insbesondere kommen in solchen Wässern Leptomitus lacteus und Carchesium Lachmanni in Betracht) enthält. Wird ein solches Zusammenleben gefunden, so frägt es sich, in welchem Umfang die einzelnen Vegetationen, die der Abwasserorganismen und die der Algen, vorhanden sind. Unter Berücksichtigung der für das lokale Vorkommen der Abwasserorganismen wichtigen, oben angegebenen Punkte (insbesondere die Durchlüftungsverhältnisse des Wassers sind hier wichtig) wird man aus diesem Zusammenvorkommen auf verschiedene Modifikationen starker Wasserverschmutzung schliessen können.

Findet man in einem auch Abwasserorganismen führenden Wasserlauf die oben angegebenen Algen in solcher

Menge, dass sie die Hauptvegetation des Wassers darstellen, die Abwasserorganismen dagegen mehr in den Hintergrund treten, so wird der Experte das Wasser nicht als über das Gemeinübliche hinausgehend verunreinigt erklären können.

Tritt dagegen die Abwasservegetation in den Vordergrund, während die Algen nur in geringeren Mengen daneben vorhanden sind, so **kann** das Wasser als über das Gemeinübliche hinausgehend verunreinigt betrachtet werden. Man wird das Urtheil in diesem Sinne abgeben können, wenn *Sphaerotilus* neben den Algen vorkommt; es empfiehlt sich dagegen, das Wasser nicht zu beanstanden, wenn die Abwasservegetation durch *Leptomitus* gebildet wird.

Ueber die Vertheilung und Menge der verschiedenen Vegetationen kann selbstverständlich nur die Lokalinspektion Auskunft geben.

Organismen, welche in durch fäulnissfähige Abwässer stark verschmutztem Wasser noch vorkommen können.

Folgende Algen hat Verfasser neben den Abwasserpilzen in stark verschmutzten Gewässern bisher gefunden:

Amphora ovalis.
" pediculus.
Closterium acerosum.
" Leibleini.
" moniliferum.
" parvulum.
Cocconeïs pediculus.
" placentula.
Conferva bombycina.
Conjugata communis.
" crassa.
" gracilis.
" nitida.
" porticalis.
Cymatopleura Solea.
" elliptica.
Cymbella Cistula.
Cystopleura turgida.
Encyonema ventricosum.
Gomphonema constrictum.
" acuminatum.
Hantzschia amphioxys.
Navicula Brébissonii.
" cuspidata.
" viridis.
Nitzschia acicularis.
" communis.
" palea.
" sigmoidea.
Scalprum attenuatum.
" fusiforme.
Synedra Ulna.
Ursinella Botrytis.
" margaritifera.
Vaucheria dichotoma.
" sessilis.
" uncinata.

Von diesen Algen kommen für die Abwasser-Beurtheilung vorzugsweise diejenigen, welche makroskopisch sichtbare Vegetationen bilden, in Betracht: dies sind Conferva bombycina, sowie die aufgezählten Conjugata- und Vaucheria-Arten.

Diese Organismen kommen selbst im verpestetsten Wasser vor; ihr Auftreten neben der Abwasser-Vegetation berechtigt also nicht dazu, etwa eine Einschränkung in der ungünstigen Beurtheilung, welche auf Grund der Abwasser-Organismen geboten erscheint, eiutreten zu lassen.

Zusammenfassung der die Abwasser-Beurtheilung betreffenden Ausführungen.

Ein Wasserlauf ist als praktisch rein zu betrachten, wenn in demselben keine typischen Abwasser-Organismen auffindbar sind.

Es giebt zwar (vergl. p. 545) einen leichten Grad der Wasserverschmutzung, welcher nur durch das Verschwinden vieler Bestandtheile der Flora (und Fauna) der normalen Bach-, Fluss- und Teichvegetation gekennzeichnet ist. Dieser leichte Verschmutzungsgrad wird aber nur in speciellen Fällen (vergl. p. 546) bei der Abwasserbeurtheilung in Betracht zu ziehen sein.

Verschmutzt ist jedes Wasser, welches typische Abwasser-Organismen enthält.

Tritt neben der Abwasser-Vegetation auch noch Algen-Vegetation auf, so ist zu untersuchen, ob diese Algen den p. 545 oder den p. 547 aufgezählten Formen zugehören.

Ist ersteres der Fall (und sind für das Zurücktreten der Abwasservegetation keine lokalen Verhältnisse massgebend), so wird man das Abwasser nicht als über das Gemeinübliche hinausgehend verunreinigt bezeichnen dürfen, wenn die Abwasservegetation quantitativ gegen die Algenvegetation beträchtlich zurücktritt.

Ist die Masse der Abwasservegetation dagegen sehr viel grösser als die der Algenvegetation, so ist das Wasser als über das Gemeinübliche hinausgehend verunreinigt zu betrachten, wenn die Abwasservegetation durch Sphaerotilus gebildet wird.

Gehören die Algen dagegen zu den p. 547 aufgezählten Arten, so kommen sie für die Wasserbeurtheilung gar nicht in Betracht; diese hat sich in diesem Fall allein an die Abwasservegetation zu halten.

Jede durch ausgedehntes Wachsthum von Sphaerotilus, sowie durch (nicht von Schwefelquellen oder durch andere von den Abwässern unabhängige Bedingungen der Schwefelwasserstoff-Bildung hervorgerufenes) Wuchern von Beggiatoa gekennzeichnete Wasserverunreinigung ist als über das Gemeinübliche hinausgehend zu betrachten.

Dies ist nicht immer der Fall bei Verpilzung des Wassers mit Leptomitus allein.

Ein Wasserlauf, in welchem massenhaft Abwasser-Oscillatorien neben weniger Carchesium resp. Beggiatoa, oder in welchem in Menge

Carchesium neben weniger Oscillatorien und Beggiatoa vorhanden ist, dürfte meist als über das Gemeinübliche hinausgehend verschmutzt zu erklären sein. Doch ist in diesem Fall anzurathen, in der kalten Jahreszeit nochmals zu untersuchen. Dann pflegt in solchem Wasser Sphaerotilus oder Leptomitus vorhanden zu sein, was die Sachlage klärt; die Beurtheilung hat sich dann an diese beiden Abwasser-Organismen zu halten.

Jedes über das Gemeinübliche hinausgehend verunreinigte Wasser ist im Stande, die Anlieger zu schädigen oder zu belästigen. In vielen Fällen (vergl. oben die Schädigungen der Gährungsindustrie, der Weissgerbereien, der Färbereien und Bleichereien etc.) ist auch ein nicht über das Gemeinübliche hinaus verunreinigtes Wasser im Stande, zu Schädigungen Veranlassung zu geben. Solche Fragen sind von Fall zu Fall zu untersuchen und zu entscheiden.

Die Infektionsgefährlichkeit der Fäkal- und Hausabwässer ist eine Frage für sich, welche mit der gewöhnlichen Flussverunreinigung nichts zu thun hat.

Die Arten der Abwasser-Reinigung.

Theoretische Betrachtungen über die Abwasser-Reinigung.

Jede Reinigung eines Abwassers strebt dem Ziele zu, die als Verunreinigung in das Wasser gelangten Substanzen wieder aus demselben verschwinden zu lassen. Den Gehalt des Wassers an einfachen, mineralischen Verbindungen rechnen wir solange nicht als Verunreinigung, als derselbe (wie dies z. B. Kochsalz in seiner Einwirkung auf die Vegetation bei gewisser Koncentration der Lösung thun kann) nicht schädigend wirkt.

Ein vollkommenes Wegschaffen der Wasserverunreinigungen ist deshalb nicht nöthig: es genügt für den Bedarf des praktischen Lebens, wenn die Verunreinigungen in eine Gestalt gebracht werden, welche jede Schädigung oder Belästigung durch dieselben ausschliesst.

Bei den stickstoffhaltigen, fäulnissfähigen organischen Verunreinigungen, welche als Beurtheilungsobjekt der mikroskopischen Wasseranalyse in Betracht kommen, ist eine Reinigung des Wassers dann beendet, wenn die Verunreinigungen nicht mehr fäulnissfähig sind.

Wie oben (p. 286) ausgeführt wurde, sind die als Wasserverunreinigung wichtigen organischen Verbindungen umso mehr geeignet, als Nährsubstrat für das Leben von Organismen zu dienen, je komplicirter sie gebaut sind und je mehr mit Energieabgabe verbundene Möglichkeiten von Spaltungen derselben vorhanden sind. Die „Fäulniss“ [1]) dieser Körper in Ab-

[1]) Es kann hier nicht unsere Aufgabe sein, auf die mit grossem Aufwand von wissenschaftlichen Ueberlegungen versuchte Unterscheidung von „Fäulniss“ und „Verwesung“ näher einzugehen. Eine Grenze irgendwie praktisch verwerthbarer Art ist zwischen diesen beiden Begriffen bisher noch nicht gezogen worden.

wässern, welche zu Schädigungen und Belästigungen von Anliegern führen kann, ist nichts anderes, als eben die Spaltung derselben durch Organismen. Als „Fäulnissorganismen“ werden in erster Linie diejenigen niederen Pflanzen bezeichnet, welche die Spaltung solcher organischer Verbindungen unter Produktion uns Menschen unangenehmer oder für uns schädlicher Stoffe (z. B. von Schwefelwasserstoff) bewirken.

Durch die Fäulniss werden also die komplicirt gebauten organischen Körper in einfachere zerlegt. Die einfachsten stabilsten Verbindungen der Elemente sind die mineralischen (anorganischen) Verbindungen. Erst dann, wenn die organischen Schmutzstoffe in den Abwässern soweit gespalten sind, dass von ihnen nur noch die einfachen, auch in der anorganischen Natur vorkommenden Atomkomplexe übrig sind, ist die Beseitigung derselben gelungen. Die Umwandlung der Schmutzstoffe in unschädliche und nicht belästigende Körper ist also erst dann vollendet, wenn nur „Mineralstoffe“ übrig geblieben sind: man spricht von einer „Mineralisirung“ der organischen Verbindungen, welche durch die Einwirkung der Mikroorganismen auf dieselben stattfindet.

Die Mikroorganismen suchen in den organischen Wasserverunreinigungen Energie für ihr Leben und gewinnen dieselbe durch Oxydation der organischen Verbindungen. Durch das Leben der Mikroorganismen wird also bei einer ideal erfolgenden Mineralisirung der organischen Schmutzstoffe der Kohlenstoff in Kohlensäure, der Schwefel in Schwefelsäure, der organische Stickstoff in Salpetersäure verwandelt[1]).

Man hat mehrfach auch die Ansicht ausgesprochen, dass durch den Luft- und Wasser-Sauerstoff direkt eine Oxydation der organischen Wasserverunreinigungen stattfinde und darauf hin Reinigungsapparate konstruirt, welche durch Lüftung der Schmutzwässer eine Oxydation der darin enthaltenen Verunreinigungen bewirken sollten. Die Ansicht, dass der Sauerstoff direkt „mineralisirend“ wirken könne, ist aber nur in sehr beschränktem Maasse richtig. Abgesehen von Schwefelwasserstoff, welcher durch Sauerstoff reichlich oxydirt wird, ist jedenfalls die Oxydation von Wasserverunreinigungen an das Leben von Mikroorganismen geknüpft, wenn sie in solchem Umfang auftritt, dass sie durch die chemische oder mikroskopische Wasseranalyse nachgewiesen werden kann.

Die Selbstreinigung der Gewässer.

Als Selbstreinigung der Gewässer wird die Thatsache bezeichnet, dass ohne menschliches Zuthun jeder verpestete oder überhaupt mit organischen,

[1]) Bemerkt sei, dass bei dieser Einwirkung der Mikroorganismen in einzelnen Fällen neben Oxydationen auch Reduktionen bewirkt werden können, doch vereinfacht es das Verständniss der hier behandelten Frage, wenn man von solchen Fällen absieht. Die dann und wann abgespaltenen sauerstoffärmeren Verbindungen werden ebenfalls, wenn auch von anderen Mikroorganismen, aufgearbeitet.

stickstoffhaltigen Substanzen irgend wie verunreinigte Wasserlauf nach einiger Zeit wieder normales Aussehen gewinnt und (vom Standpunkt der Praxis aus betrachtet) reines Wasser führt.

Je grösser die Wassermenge ist, welche zur Verdünnung der Abwässer benutzt werden kann, umso weniger treten Anzeichen der Wasserverschmutzung und durch dieselbe bewirkte Schädigung resp. Belästigung auf, weil in einem grossen Wasserquantum die als Selbstreinigung bezeichneten Fäulnissvorgänge (siehe oben) sich unmerklich vollziehen. Je luftreicher das der Abwasser-Verdünnung dienende Wasser ist, desto rascher erfolgt die Mineralisirung der Schmutzstoffe, weil den die letzteren aufarbeitenden Mikroorganismen das Oxydationsmittel (Sauerstoff) reichlich zur Verfügung steht, und weil in luftreichem Wasser Organismen leben, welche die Beseitigung der Schmutzstoffe ohne unsere Sinne beleidigende, stinkende Nebenprodukte besorgen.

Um ein die Erscheinungen der Selbstreinigung von Schmutzwässern leicht demonstrirendes Beispiel zu haben, fülle man eine Probeflasche mit einem stark verunreinigten Wasser (z. B. mit Sieljauche) und lasse dasselbe stehen. Dann kann man daran folgende Erscheinungen beobachten:

Zunächst sieht man, dass sich in dem Glas eine Scheidung von flüssigen und festen Substanzen derart vollzieht, dass ein schlammiger Satz zu Boden sinkt, während eine klarere (aber keineswegs vollkommen klare) Wasserschicht über demselben steht.

Dann bemerkt man (etwa nach einem Tage), dass ein lebhaftes Wachsthum von Organismen sich entwickelt. Die Wasseroberfläche überzieht sich mit einer schillernden Haut, welche aus dichten Massen von Spaltpilzen gebildet wird; aufsteigende Gasblasen beweisen, dass auch in den tieferen Schichten des Wassers die Arbeit der Mikroorganismen begonnen hat.

Nach etwa zwei Tagen beginnt sich nun eine deutliche Geruchsveränderung des Kanalwassers bemerklich zu machen und zwar nimmt das vorher dumpfig-übelriechende Wasser einen penetranten, faulen Gestank an. Ungefähr fünf Tage lang hält dieser Zustand an, dann nimmt der Gestank ganz allmählich wieder ab, um schliesslich ganz zu verschwinden. Auch die Gasblasen hören auf aus dem Schlamm zu steigen. Nach etwa vier Wochen ist das Wasser klar und steht über einem kompakten, gegenüber der im Anfang des Versuches vorhandenen Menge beträchtlich verminderten Bodensatz.

Dies sind äusserlich bemerkbare Erscheinungen: sie finden ihre Erklärung, wenn wir im Verlauf des Versuches einige Male mittelst der bakteriologischen Untersuchungsmethoden die Arten der im Wasser vorhandenen Spaltpilze prüfen. Da sehen wir, dass in der Schmutzwasserprobe das Leben epochenweise wechselt. In regelmässiger Folge treten verschiedene Bakterien-Arten auf, mehren sich, erreichen kurze Zeit die Herrschaft in

dem Glas, so dass alle anderen fast verschwunden erscheinen, um dann wieder anderen Platz zu machen.

Daraus sieht man, dass eine Arbeitstheilung beim Aufarbeiten der Schmutzstoffe besteht: jede Art der beobachteten Spaltpilze greift die Schmutzstoffe in einem gewissen Oxydationsstadium an, spaltet sie und die Spaltungsprodukte werden wieder von einer anderen Art weiter gespalten, bis keine Energie mehr aus den Stoffen gewonnen werden kann, d. h. bis die Schmutzstoffe mineralisirt worden sind.

Wenn dieser Zustand der Mineralisirung erreicht ist, so bietet das Wasser ein klares Aussehen und ist geruchlos geworden.

Genau ebenso, wie in dem Probeglas, spielt sich die Selbstreinigung des Wassers (welche man zutreffend ein „Ausfaulen“ desselben nennen kann) in jedem stehenden Wasser in der Natur ab. Die Mineralisirung geht etwas rascher als im Probeglas, weil mehr Sauerstoff vorhanden ist und dem entsprechend die Oxydationsthätigkeit der Mikroorganismen sich rascher vollzieht, aber das macht keinen Unterschied für das Verständniss des Selbstreinigungs-Vorganges aus.

In fliessendem Wasser dagegen ist eine von unserem Versuch meist abweichende Anordnung der verschiedenen Verunreinigungsstoffe des Wassers gegeben und dem entsprechend sind hier zwei Etappen der Selbstreinigung (des Ausfaulens) des Wassers zu unterscheiden.

Wir haben oben bemerkt, dass als erste Erscheinung in der Kanalwasserprobe eine Scheidung von festen und flüssigen Bestandtheilen, also eine Sedimentation der festen Verunreinigungen zu beobachten ist. Wenn wir das über dem Sediment stehende Wasser von demselben abgiessen und gesondert für sich „ausfaulen“ lassen, so geht der Selbstreinigungsvorgang desselben natürlich rascher von Statten, als wenn es noch über dem Schlamm (den festen Verunreinigungen) steht.

Dieser Vorgang einer Trennung von festen und gelösten Verunreinigungen ist in einem bewegten Wasser in für die Geschwindigkeit der Selbstreinigung desselben höchst bedeutungsvoller Weise stets vorhanden. Die festen Verunreinigungen sedimentiren stets, und zwar die schwereren rascher, die leichteren langsamer; der von uns künstlich ausgeführte Vorgang des Abgiessens vom Sediment wird also durch die Strömung selbst besorgt.

Ueberall, wo in einem fliessenden Wasser Strömungs-Hindernisse vorhanden sind: in Vertiefungen des Bachbettes, hinter Steinen und Buhnen etc. etc. sammelt sich der die festen Verunreinigungen enthaltende Schlamm. Die vollständige Trennung von festen und gelösten Schmutzstoffen wird in einem schwach bewegten Wasser rascher vor sich gehen als in einem stark strömenden, aber in beiden wird das Resultat erzielt, dass die zu Boden gesunkenen festen Verunreinigungen von den gelösten getrennt werden.

Ist diese Trennung vollzogen, so werden die sedimentirten festen Schmutzstoffe natürlich dort aufgearbeitet, wo sie liegen, d. h. auf sehr viel beschränkterem Raum, mehr in der Nähe der verunreinigenden Stelle, als die gelösten Schmutzstoffe: dem entsprechend reinigt sich ein fliessendes Wasser zeitlich rascher als ein über den Sedimenten stehendes unbewegtes. — Auch kommt beim fliessenden Wasser hinzu, dass dasselbe viel mehr Gelegenheit hat, sich mit Sauerstoff zu sättigen, dass in einem solchen den Mikroorganismen das Oxydationsmittel also reichlicher zur Verfügung steht als in einem Teich.

Das Wesen dieser Mikroorganismen ist also, dass dieselben die Wasserverunreinigung beseitigen. Nicht als Wasserverunreiniger, sondern als Wasserreiniger müssen die Spaltpilze, Wasserpilze etc. betrachtet werden: sie sind nicht die Ursache der Wasserverunreinigung, sondern eine in deren Gefolge erscheinende und dieselbe beseitigende Erscheinung.

Dieser Satz ist eigentlich so selbstverständlich, dass es unnöthig erscheinen möchte, ihn besonders zu betonen. Aber merkwürdiger Weise wird derselbe vielfach durchaus verkannt in der Weise, dass man die Bakterien als die eigentliche Wasserverunreinigung ansieht, dass man direkt an Stelle des Verschwindens der Schmutzstoffe das Verschwinden der Bakterien als Selbstreinigung des Wassers betrachtet [1]). So hat man insbesondere dem Licht eine günstige Wirkung auf die Selbstreinigung der Gewässer zugeschrieben, weil dasselbe auf die Bakterien schädigend einwirkt und die Zahl der in einem belichteten Schmutzwasser sich befindlichen Spaltpilze eine geringere ist als diejenige der Bakterien in einer dunkel gehaltenen Probe desselben Wassers. — Von unserem Standpunkt aus müssen wir zu dem gerade entgegengesetzten Schluss kommen. Ein Schmutzwasser wird um so eher wieder rein, je mehr Organismen an der Zersetzung der Verunreinigungen arbeiten; da das Licht die Thätigkeit der Bakterien stört, wirkt es nicht günstig, sondern ungünstig auf die Selbstreinigung der Gewässer.

Ferner muss hier auf einen in der die Selbstreinigung der Gewässer betreffenden Litteratur vielfach verbreiteten Trugschluss hingewiesen werden. Mehrfach wird für Untersuchungen über die Selbstreinigung der Gewässer als ganz besonders zu Gunsten der bakterioskopischen Untersuchungsmethode

[1]) Siehe z. B. Tiemann-Gärtner, Handbuch der Untersuchung und Beurtheilung der Wässer, ed. 4, p. 596: „Soweit bis jetzt unsere Erfahrungen reichen, ist die Selbstreinigung der Flüsse zurückzuführen: 1. Auf das Absterben derjenigen Bakterien, welche nicht zu den anspruchslosen Arten, zu den sogenannten Wasserbakterien gehören, oder welche gegen Lichtwirkung empfindlich sind; 2. auf ein Niedersinken von bewegungslosen Mikroben oder von Dauerformen beweglicher Bakterien; 3. auf ein spontanes Niedergehen der Bakterien mit den festen Stoffen, welche Nahrungscentren bilden; 4. auf ein mechanisches Mitgerissenwerden der Mikroorganismen durch die Sinkstoffe."

sprechend angeführt, dass die Plattenmethode noch nach einem viele Meilen weiten Lauf des Flusses die Verunreinigung nachweisen kann, während die chemische Wasseranalyse zu dem Resultat kommt, dass die Selbstreinigung schon viel früher beendet sei.

Ohne die Thatsache, dass die Bakterien ohne Zweifel das schärfste Reagens auf die Verunreinigung, auf die „organische Substanz" darstellen (vergl. p. 286) ausser Acht zu lassen, muss doch betont werden, dass für die Beurtheilung der Frage, wann und wo die in einen Flusslauf eingelassenen Schmutzstoffe aufgearbeitet sind, die bakterioskopische Untersuchungsmethode nicht am Platze ist. Die Selbstreinigung des Wassers ist zu Ende, wenn die verschmutzende organische Substanz aufgearbeitet ist. Dies wird in einem gegebenen Fall an einem bestimmten Punkt, sagen wir 20 Kilometer unter einer Stadt geschehen sein. Von diesem Augenblick an ist den Bakterien die Nahrung entzogen; wenn dieselben nun wieder den Fluss hinaufschwimmen könnten um zu neuer Nahrung zu gelangen, oder wenn sie in dem Moment, wo sie keine Nahrung mehr haben, absterben würden, so müsste ohne Zweifel die bakterioskopische Untersuchung den klarsten Nachweis liefern, dass die Selbstreinigung nach (den eben angenommenen) 20 km beendet ist. Aber die Bakterien sterben nicht sofort ab: sie treiben in lebendigem Zustand mit der Strömung weiter; 10, 20, ja 30 km weit unter der Stelle, wo die wirkliche Selbstreinigung beendet ist, ist der Bakteriengehalt des Wassers immer noch sehr viel höher, als dem wirklichen Reinheitszustand (d. h. dem Gehalt des Wassers an verunreinigenden, fäulnissfähigen Substanzen) entspricht.

Während die chemische Wasseranalyse in Folge der relativen Unempfindlichkeit ihrer Reagentien die Grenzen der Selbstreinigungsvorgänge etwas zu eng steckt, dehnt die bakterioskopische Wasseruntersuchung dieselben ins Ungemessene aus.

Fragen wir, welche Organismen der Selbstreinigung des Wassers dienen, so kommen wir zu dem Schluss, dass dies in allererster Linie der Pflanzenwelt angehörige sein müssen. Zwar tragen auch Thiere (Fische und niedere Thiere) zur Wegschaffung von gewissen assimilirbaren Schmutzstoffen bei, aber in so ausgedehntem Maasse, wie dies behufs Reinigung z. B. von stark verschmutzten Hausabwässern nöthig wäre, ist dies nicht der Fall. Weitaus wichtiger für die Selbstreinigung sind die Pflanzen und zwar in allererster Linie die chlorophyllosen, vielfach mit zymotischen, also komplicirt gebaute Verbindungen zerlegungsfähigen Eigenschaften begabten Pilze.

Die Pilze müssen zu ihrem Leben bereits aufgebaute, organische Nahrung haben; wenn wir (wie dies bei allgemein verbreiteten Organismen in der freien Natur durchaus zulässig ist) annehmen, dass an jeder Stelle, in jedem Medium sich diejenigen Lebensformen ansiedeln und stark vermehren, für welche die jeweils gegebenen Nahrungsverhältnisse besonders günstig sind, so folgt aus dem Reichthum der Schmutzwässer an Bakterien und Abwasser-Pilzen, dass diese Organismen in allererster Linie die Wasserreiniger sind.

Auch von Algen (z. B. von Conjugata-Arten) wurde nachgewiesen, dass dieselben gewisse organische Verbindungen aufnehmen und für ihr Leben verbrauchen können; Scenedesmus soll sogar in absolut reinem Wasser gar nicht gedeihen können, sondern direkt kleiner Mengen organischer Substanz für seine Ernährung bedürfen. Dem entsprechend sind auch diese mit assimilirendem Farbstoff versehenen Pflanzen des reinen Wassers im Stande, bei der Selbstreinigung der Gewässer aktiv mitzuhelfen. In viel höherem Grade leisten sie der Selbstreinigung aber Vorschub durch ihre Eigenschaft, unter dem Einfluss des Lichtes Sauerstoff aus der Kohlensäure-Zerlegung auszuscheiden und dies für die Oxydation der Schmutzstoffe unentbehrliche Gas reichlich dem Wasser mitzutheilen.

Trotz diesen beiden, auf die Reinigungsthätigkeit der assimilirenden Gewächse hinweisenden Eigenschaften kommen die Algen aber doch für die Selbstreinigung der Gewässer viel weniger in Betracht als die der Pilz-Klasse angehörigen Pflanzen, weil letztere ihre ganze Nahrung aus den (flüssigen wie festen) Schmutzstoffen beziehen, die Algen dagegen sich hauptsächlich durch die Kohlensäure - Assimilation ernähren und höchstens nebenbei geringe Mengen gelöster Wasserverunreinigungen aufnehmen.

Wer die Reinigungsthätigkeit der Abwasserpilze richtig würdigt, wird nicht in den da und dort gemachten Fehler verfallen, diese Organismen durch künstliche Mittel (z. B. durch andauerndes Ausputzen des Bachbettes) zu verdrängen. Bei einer Fabrikabwässer betreffenden Streitsache wollte die beklagte Fabrik dadurch den Wasserlauf rein erhalten, dass sie denselben mit grossem Menschenaufgebot wöchentlich zweimal von den Pilz-(Leptomitus-)Wucherungen reinigen liess. Dies Vorgehen verlieh zwar dem Abwasserlauf ein schöneres Aussehen soweit das Territorium des betreffenden Eigenthümers reichte, unterhalb desselben aber traten die Pilzbildungen stärker und auf weitere Strecken auf, als dies in früheren Jahren, wo noch keine solchen Reinigungsversuche gemacht waren, der Fall war. Die Versuche, das Bachbett von Abwasserpilzen frei zu halten, hatten also nur die ungünstige Folge, dass derjenige Theil des Selbstreinigungsvorgangs, welcher sich früher unbemerkt und unbeanstandet auf dem eigenen Grund und Boden der (in einem sehr umfangreichen Rittergut belegenen) Fabrik abgespielt hatte, nun jenseits der Grenzen vollzog und zu verstärkten Klagen Veranlassung gab.

Wer die Reinigungsthätigkeit der niederen Organismen überhaupt versteht, wird ferner niemals den Fehler machen, die Säuberung der Abflussgräben von der Wasserreinigung dienenden Rieselanlagen von der darin vorkommenden Vegetation zu unternehmen, wenn nicht technische

Gründe dazu zwingen. Jede im Wasser vorkommende Pflanzenansammlung reinigt dasselbe und nur dem Auge des Laien erscheinen die Wucherungen der niedern Pflanzen ekelerregend oder gar als Wasserverunreinigung. Je mehr ein Abwasserlauf (innerhalb der für den Abfluss des Wassers möglichen Grenzen) mit Pilzen, Algen und höhern Wasserpflanzen vollgestopft ist, umso besser wird das Wasser gereinigt. Auch ist nicht unwesentlich, dass durch die Vegetationen die Strömungsgeschwindigkeit vermindert und das Wasser länger auf dem eigenen Terrain behalten wird. Es kommt bei Abwasserstreitigkeiten nicht darauf an, wie das Wasser innerhalb des Besitzthums der verunreinigenden Stelle aussieht, sondern in welchem Zustande das Wasser auf fremden Grund tritt.

Die Frage, wann die Selbstreinigung eines verschmutzten Wasserlaufes beendet ist, kann nur von Fall zu Fall und eigentlich nur für genau bestimmte Zeitpunkte beantwortet werden, denn Menge der Verunreinigung, Wasserstand des verunreinigten Flusslaufs, Temperatur und Sauerstoffgehalt des Wassers und noch viele andere hier bestimmend wichtige Momente wechseln stetig.

Als Kriterium für die vollzogene Selbstreinigung wird man angeben können, dass ein Wasserlauf nach der Verunreinigung seinen vor derselben besessenen Zustand wieder angenommen hat, wenn die **festsitzende Vegetation** wieder quantitativ und qualitativ die gleiche geworden ist, wie sie über der verunreinigenden Stelle gewesen war.

Es wäre aber verfehlt, zu glauben, dass die Selbstreinigung eines Schmutzwassers sehr rasch sich vollziehe. Oft begegnet man bei Begutachtung von Abwässer aufnehmenden Bächen der Ansicht, dass das Wasser einige Kilometer unterhalb der verunreinigenden Stelle wieder rein geworden sein müsse. Dies ist keineswegs der Fall: es ist Regel, dass die Selbstreinigung viel mehr Zeit braucht, als der Laie sich vorstellt.

Die künstliche Reinigung der Schmutzwässer.

Wir haben es oben (p. 552) als für den raschen Verlauf der natürlichen Reinigung von Schmutzwässern vortheilhaft erkannt, wenn eine Trennung der gelösten Schmutzstoffe von den festen (den Sedimenten) durch Niederfallen der letztern stattfindet. In diesem Fall werden die Sedimente an beschränkterem Orte, mehr in der Nähe der verunreinigenden Stelle, durch die Mikroörganismen aufgearbeitet und das Wasser gewinnt nach kürzerem Lauf wieder sein normales Verhalten als dies möglich wäre, wenn die Sedimente nicht niedersänken.

Bei der künstlichen Abwasserreinigung ist es deshalb von grosser Wichtigkeit, die Sedimentation der festen Verunreinigungen recht vollständig vor sich gehen lassen, weil man dieselben dann mechanisch aus dem Wasser entfernen kann. Dadurch gewinnt man den Vortheil, dass die eine Hälfte der Verunreinigungen überhaupt aus dem Wasser ausgeschieden wird und für die definitive Reinigung desselben gar nicht mehr in Betracht kommt.

Jede rationelle künstliche Abwasserreinigung wird daher folgende Probleme lösen müssen:

1. Es müssen die festen Verunreinigungen aus dem Schmutzwasser auf irgend welche Weise abgeschieden und entfernt werden.

2. Es ist dann das klar ablaufende Wasser von seinen gelösten Verunreinigungen zu befreien.

Bereits hier sei darauf hingewiesen, dass von diesen beiden Stationen der Abwasser-Reinigung nur die erste, die Abscheidung der Sedimente, mit den bisher allgemeiner verwendeten künstlichen Mitteln (chemisch-mechanische Fällung, Filtration etc.) bewirkt werden kann. Dagegen giebt es (abgesehen vielleicht von der elektrolytischen Reinigung, über welche noch nicht genügende Erfahrungen gesammelt sind) kein in der Abwasser-Reinigungspraxis verwendbares chemisches Mittel, um auch die gelösten Verunreinigungen aus dem Wasser zu entfernen; diese müssen auf biologischem Weg, durch lebende Organismen zersetzt und dadurch unschädlich gemacht werden.

Die mikroskopische Wasseranalyse hat bisher bei jedem mir aus eigener Anschauung bekannt gewordenen „Reinigungsverfahren" ergeben, dass zeitweilig wenigstens Pilzbildungen im Wasser nicht vermieden werden.

Die Abscheidung der festen Verunreinigungen.

Sedimentation der festen Verunreinigungen.

a) Natürliche Sedimentation.

Unter dieser Bezeichnung verstehen wir die ohne Hilfe künstlicher, chemischer Fällungsmittel stattfindende Sedimentation der festen Wasserverunreinigungen. Das Niedersinken der im Wasser flottirenden festen Bestandtheile wird durch die Strömung verhindert, durch Stehen des Wassers dagegen begünstigt. Deshalb wendet man zur Erzielung der Sedimentation sogenannte Klärbassins an. Im einfachsten Fall stellt ein Klärbassin (Absetzbehälter) nichts anderes dar als eine bedeutende Vertiefung und Verbreiterung des Wasserlaufes.

Das mit Sinkstoffen beladene Wasser fliesst in dieselben ein, verliert in der grösseren Wasseransammlung sein Gefälle und lässt die festen Verunreinigungen als Schlammschicht am Boden zurück, während es mehr oder weniger geklärt abfliesst. Die durch Klärbassins künstlich geschaffenen

Verhältnisse sind also genau dieselben, wie wir sie bei allen durch Seen fliessenden Alpenflüssen sehen. Der Rhein betritt mit Sedimenten beladen als schmutziges Wasser den Bodensee, lässt hier den Schlamm fallen und fliesst krystallklar ab.

Je grösser die Wassermenge ist, welche ein Klärbassin fasst, umso geringer ist die Störung des durchfliessenden Wassers, umso vollständiger erfolgt die Sedimentation der festen Verunreinigungen. Dabei ist zu bemerken, dass bei einem einfachen Klärbassin dann, wenn Zufluss und Abfluss sich gegenüber liegen, die Strömung in der Verbindungslinie beider stärker fortbesteht als in den übrigen Theilen des Bassins. Es ist deswegen vortheilhaft, Wände in die Klärbassins hineinzubauen, welche das Wasser zu gleichmässig langsamer Bewegung auf Schlangenwegen durch das Bassin hindurch zwingen.

Die einfachen, als gemauerte oder cementirte Gruben konstruirten Klärbassins sind besonders bei kleinen Industriebetrieben sehr vielfach im Gebrauch; bei grösseren zu reinigenden Wassermengen werden Systeme von Absatzbehältern angelegt, wobei in der ersten Grube die schwereren, in jeder folgenden immer leichtere und kleinere Sinkstoff-Partikelchen sich absetzen. Von Zeit zu Zeit müssen dann die Bassins ihres Schlammes entledigt werden, was bei Systemen von Klärbassins in der Weise bewirkt wird, dass ein Absatzbehälter nach dem andern aus dem Wasserstrom ausgeschaltet und gereinigt wird.

Die Anwendung der einfachen Klärbassins ist für die Kartoffelstärke-Fabriken deswegen von einer gewissen Wichtigkeit, weil aus dem Schlamm derselben heraus noch ein Quantum (minderwerthiger, zu Futterzwecken dienender) Stärke, die „Schlammstärke“ gewonnen wird. Gerade bei Stärkefabriken kann man sich aber auch am besten davon überzeugen, dass die Reinigung der Abwässer von festen Verunreinigungen in einfachen Klärbassins allermeist nur eine sehr unvollkommene ist, denn auch das abfliessende Wasser pflegt (wie die mikroskopische Betrachtung seines Schlammes zeigt) noch reichlich Stärkekörner mitzuführen.

Man hat deswegen verschiedene Modifikationen in der Konstruktion der Klärbassins angebracht, von welchen die wichtigste ist, dass man das zu reinigende Wasser nicht von oben nach unten in die Bassins einlässt, sondern dasselbe zwingt, im Bassin einen aufsteigenden Weg zu nehmen. Aufsteigendes Wasser lässt (bei gleicher Strömungsgeschwindigkeit) die festen Verunreinigungen vollständiger fallen als nach abwärts oder horizontal sich bewegendes.

Ob Klärbassins für eine mechanische Reinigung von Fabrikabwässern genügen oder nicht, hängt in erster Linie von der Schwere der Verunreinigungen und von der Stromgeschwindigkeit des Wassers in den Bassins ab. Hier und da mögen diese Einrichtungen für kleine Industriebetriebe ihren Zweck erfüllen, häufig aber kann man feststellen, dass die Trennung der Schmutzwässer von ihren festen Verunreinigungen in Klärbassins eine nur sehr unvollkommene ist.

b) Künstlich vervollkommnete Sedimentation[1]).

Die Trennung des Wassers von seinen festen, schwebenden Verunreinigungen wird vollkommen bewirkt dadurch, dass man irgend eine chemische Verbindung dem Wasser zusetzt, welche die Eigenschaft hat, im Schmutzwasser einen unlöslichen oder schwer löslichen Niederschlag zu bilden. Welcher Art diese Verbindungen sind, ist für die theoretische Erklärung der sedimentirenden Wirkung, welche oben, p. 374 (in der Anmerkung) gegeben wurde, vollkommen gleichgiltig. Stets handelt es sich darum, in dem Schmutzwasser einen Niederschlag zu erzeugen; dieser setzt sich um die festen Schmutzpartikelchen herum an, vergrössert ihr Gewicht und reisst sie zu Boden.

Zur Reinigung von Abwässern sind eine grosse Anzahl von Verfahren eingeschlagen und grösstentheils patentirt worden; dieselben gründen sich z. Th. auf verfolgbare chemische Reaktionen, z. Th. entbehren sie auch der wissenschaftlichen Grundlage mehr oder weniger.

Um den leitenden Faden, welcher sich durch diese Bestrebungen hindurch zieht, zu verstehen, müssen wir uns zunächst die in den Abwässern vorhandenen wichtigsten Bestandtheile vergegenwärtigen.

In allen Schmutzwässern haben wir zu rechnen mit gelösten und nicht gelösten (suspendirten) Verunreinigungen. Von den nicht gelösten kommt zunächst in Betracht das Fett. Dieses schwimmt vermöge seines geringen specifischen Gewichtes auf dem Wasser und wird durch mechanische Trennungsvorrichtungen beseitigt.

Die übrigen suspendirten Substanzen werden durch die gleich zu behandelnden Fällungsverfahren weggeschafft, welche im Wesentlichen auf der Bildung von Niederschlägen durch zugebrachte Chemikalien beruhen.

Unter den gelösten Verunreinigungen sind die Wichtigsten die stickstoffhaltigen Substanzen, insbesondere die Eiweissstoffe, das durch deren Spaltung entstehende Ammoniak und seine Derivate, ferner Harnstoff (welcher im Verlauf der Fäulniss bekanntlich in Ammoniumkarbonat übergeht), die löslichen Bestandtheile der Fäces, unter denen namentlich die Derivate des Skatols durch ihren widerlichen Geruch lästig fallen. Ausserdem sind zu berücksichtigen anorganische Salze, z. B. die dem pflanzlichen wie thierischen Organismus entstammenden Phosphate, Chloride und

---

1) Bei Besprechung der einzelnen „chemischen" Abwasser-Reinigungsmethoden haben wir uns, was die Aufzählung der Methoden selbst betrifft, vorzugsweise an das vorzügliche Werk von J. König, „Die Verunreinigung der Gewässer" (Berlin, Julius Springer) gehalten.

Sulfate; endlich Schwefelwasserstoff und organische Schwefelverbindungen, welche im Verlauf der Fäulniss von Eiweisssubstanzen auftreten.

Das Ideal der chemischen Reinigungsverfahren würde sein, alle diese Substanzen in unlösliche Verbindungen überzuführen und dadurch zur Abscheidung zu bringen, zugleich auch die suspendirten Verunreinigungen in solchen Zustand zu bringen, dass sie leicht mechanisch abscheidbar sind.

Dieser Zweck wird nur in beschränktem Maasse erreicht. Es gelingt allerdings dadurch, dass man in den Abwässern durch chemische Reagentien Niederschläge erzeugt, die suspendirten Stoffe vollständig zu beseitigen, indem die gebildeten Niederschläge die suspendirten Stoffe mit niederreissen.

Bezüglich der in Lösung befindlichen Verunreinigungen dagegen sind die bisher erzielten Erfolge noch recht geringe. Man kann allerdings gelöste Eiweissstoffe durch Zusatz gewisser Metallsalze (z. B. Eisenchlorid, Aluminiumsulfat) in unlöslichen Zustand überführen. Indessen ist zu beachten, dass der in solchen Fällen fast stets mitbenutzte Aetzkalk seinerseits wieder lösend auf Eiweissstoffe einwirkt, so dass selbst vorher ungelöstes Eiweiss durch die Einwirkung des Kalkes in Lösung gebracht werden kann.

Für den Harnstoff ist bisher überhaupt noch kein Fällungsmittel bekannt, welches in die Praxis der Abwasserreinigung Eingang finden könnte.

Das durch die Zerlegung des Harnstoffs entstehende Ammoniumkarbonat setzt sich allerdings mit Aetzkalk in Calciumkarbonat und Ammoniak um, indessen ist damit nichts gewonnen, da man dann an Stelle von Ammoniumkarbonat freies Ammoniak im Wasser hat, welches als nicht geringere Verunreinigung zu betrachten ist.

Man hat sich nun die Vorstellung gemacht, dass es möglich sein müsse, das im Wasser vorhandene Ammoniak in Nachahmung der bei der Fällung der Phosphorsäure als Ammonium-Magnesium-Phosphat sich abspielenden Reaktion an phosphorsaure Erden zu binden und hierdurch zur Abscheidung zu bringen. Indessen verlaufen die Reaktionen bei der grossen Verdünnung nicht in der gewünschten Weise, weil diese Niederschläge nicht absolut unlöslich sind.

Für die Skatol-Derivate der Fäkalien kennt man praktisch verwerthbare Fällungsverfahren gleichfalls noch nicht und dies ist um so unangenehmer, als diese Substanzen auch in der weitestgehenden Verdünnung sich noch durch ihren widerlichen Geruch bemerkbar machen.

Die Fällung der Phosphate würde voraussichtlich weniger Schwierigkeiten machen, doch liegt ein Bedürfniss zu ihrer Beseitigung nicht vor.

Dagegen scheitern sämmtliche praktisch möglichen chemischen Methoden, wenn es sich darum handelt, Chloride aus den Abwässern fortzuschaffen.

Bei allen chemischen Reinigungsmethoden der Abwässer ist überhaupt stets zu berücksichtigen, dass es sich nicht darum handelt, zu beweisen, dass es möglich ist, mit irgend einem Laboratoriums-Versuch eine gegebene Verunreinigung aus irgend einem Abwasser herauszuschaffen, es müssen vielmehr die Bedingungen solche sein, dass das Verfahren sich auch in der Praxis anwenden lässt. Insbesondere müssen die Kosten, welche es verursacht, sich innerhalb gewisser Grenzen bewegen. Dies ist der Grund, weshalb die chemischen Abwasser-Reinigungsverfahren immer auf eine geringe Anzahl leicht zugänglicher, billiger Chemikalien beschränkt sein werden. Und dies ist auch der Grund dafür, dass der Aetzkalk in den meisten Wasser-Reinigungsverfahren immer wiederkehrt.

Fragen wir uns, welches Resultat durch die gegenwärtig üblichen chemischen Niederschlags-Verfahren erreicht werden kann, so müssen wir die Antwort dahin präcisiren, dass durch die chemischen Niederschlags-Verfahren die suspendirten Verunreinigungen einschliesslich der Mikroorganismen wohl soweit beseitigt werden können, dass das gereinigte Abwasser klar und farblos resp. nur wenig gefärbt abfliesst, dass es aber nicht möglich ist, gerade die wichtigsten, gelösten Verunreinigungen (gelöstes Eiweiss, Harnstoff, Ammoniak und seine Salze, Chloride) zu beseitigen.

Wir wollen im Folgenden versuchen, die wichtigsten der bisher vorgeschlagenen chemischen Methoden zur Reinigung der Abwässer von allgemeinen Gesichtspunkten ausgehend abzuhandeln.

Methoden, welche als wesentlichen Bestandtheil Aetzkalk anwenden.

Der Aetzkalk hat den Vorzug, leicht beschaffbar und billig zu sein. Er giebt mit vorhandener Kohlensäure und ebenso mit gelösten Karbonaten einen Niederschlag von Calciumkarbonat, welcher einerseits eine Reihe von gelösten Verunreinigungen (z. B. gewisse Farbstoffe), ausserdem aber die suspendirten Verunreinigungen mit niederreisst. Ferner wird die Phosphorsäure in unlösliches Calciumphosphat [$Ca_3(PO_4)_2$] übergeführt und die Salze der meisten Metalle (Fe, Mn, Al, Zn, Mg) werden als Oxydhydrate gefällt. Dass andererseits der Aetzkalk lösend auf suspendirte Eiweissstoffe einwirkt, wurde bereits erwähnt.

Die Abwasser-Reinigung mit Kalkmilch wird entweder (bei geringen Wassermengen) in der Art bewirkt, dass man ein gewisses Schmutzwasser-Quantum in einem Bassin ansammelt, Kalkmilch zusetzt und solange umrührt, bis eine völlige Mischung des Fällungsmittels mit dem Schmutzwasser eingetreten ist oder (bei grösseren Abwasser-Mengen) derart, dass man ein selbstthätiges, mit Rührwerk verbundenes Schöpfwerk aufstellt, welches die Kalkmilch in den Abwasserlauf eingiebt und mit dem Schmutzwasser vermengt. In letzterem Falle wird dann das Wasser in Klärbassins geleitet, während im ersteren das Sammelbassin direkt als Klärbassin Verwendung findet.

Bei dieser Mischung der Schmutzwässer mit Kalkmilch beobachtet man Folgendes: das Abwasser kommt trüb und übelriechend geflossen; sobald aber die Kalkmilch zugesetzt ist, ändert sich das ganze Aussehen. Abgesehen von der grauweissen Farbe, welche durch die Kalkmilch bedingt wird, bemerkt man, dass im Wasser eine Bildung grober Flocken auftritt, so dass es ungefähr das Bild geronnener Milch gewährt. Nach kurzem Stehen senkt sich diese ganze flockige Trübung zu Boden und bildet hier einen festen, zähen Schlamm, während das Wasser vollkommen klar darüber steht und seinen üblen Geruch vollständig oder fast vollständig verloren hat.

Wenn man genug Kalk anwendet, fallen auch die feinsten flottirenden Verunreinigungen aus, ja selbst die im Wasser enthaltenen Bakterien werden mit niedergerissen und zwar nachdem sie vorher abgetödtet wurden. Denn das Calciumhydroxyd wirkt bekanntlich als energisches Desinfektionsmittel.

Die genaue Abmessung des dem Abwasser zuzusetzenden Kalkquantums ist in der Praxis unmöglich. Deshalb wird dies Fällungsmittel überall in mehr oder weniger grossem Ueberschuss zugesetzt. Daraus folgt dann, dass das gereinigte, klar abfliessende Wasser mehr oder weniger stark alkalisch ist, weil es beträchtliche Mengen nicht zersetzten Calciumhydroxyds enthält.

Ein derart alkalisches Wasser sucht auf seinem Lauf soviel wie möglich Kohlensäure aufzunehmen; diese findet es sowohl in der Luft wie auch in der Erde des Bettes, in dem es fliesst. Durch die Kohlensäure-Aufnahme wird eine höchst charakteristische Kalksinter-Bildung bewirkt, welche in mit Kalk geklärten Abwasserläufen als dicke, geschichtete Lage von Calciumkarbonat das Bachbett und in das Wasser ragende Gräser, Reiser etc. überzieht.

Die Abscheidung von Calciumkarbonat findet in Calciumhydroxydhaltigem Wasser aber auch, und zwar in besonders starker Weise, auf den Kiemen von Fischen statt, wenn solche mit den durch Kalk geklärten Abwässern in Berührung kommen. Aus diesem Grunde sind solche Abwässer für die Fische, da diese an Erstickung sterben, besonders verderblich.

Auch andere Wesen können in dem stark alkalischen Kalkwasser nicht leben, deswegen sind die solches Wasser führenden Bachläufe stets frei von aller Vegetation; auch in verschlossener Flasche aufbewahrt, besitzen diese stark alkalischen Wässer eine unbegrenzte Haltbarkeit und gehen niemals in Fäulniss über, bevor durch die Luft-Kohlensäure eine Neutralisation des Calciumhydroxyds erfolgt.

Die Thatsache, dass durch Kalk (oder durch Kalk in Verbindung mit irgend einem andern Fällungsmittel) gereinigte Abwässer krystallklar sind, dass sie keinerlei Abwasser-Vegetation und Bakterien (weil überhaupt keine Vegetation) enthalten und dass sie (in geschlossener Flasche gehalten) nicht faulen, wird mehrfach Laien gegenüber als Beweis für die Vorzüglichkeit mit Kalk arbeitender Abwasser-Reinigungsverfahren gebraucht. Dies ist aber unbewusste oder bewusste Täuschung. Denn die Abwasserläufe in der freien Natur gewinnen, sobald die Alkalinität durch die Kohlensäure der Luft und des Bodens beseitigt ist, durch die sofort massenhaft auftretenden Abwasser- und Fäulniss-Organismen ein ekelhaftes Aussehen und sind fähig, die Anlieger zu schädigen resp. zu belästigen. Ebenso wird ein derartiges, in Flaschen gehaltenes Wasser der Schauplatz stinkender Fäulniss, sobald man das Alkali durch eine Säure neutralisirt hat.

Dies ist nach unseren einleitenden Betrachtungen über die Wirkungsweise der Sedimentations-Verfahren leicht zu verstehen. Weder Kalk noch irgend eine andere billige (und deshalb für die Praxis in Frage kommende) chemische Verbindung vermögen die im Wasser gelösten fäulniss- und gährungsfähigen, organischen Verbindungen (z. B. Stickstoffverbindungen, Kohlehydrate) zu fällen; diese bleiben stets in dem klar abfliessenden Wasser. Bei der Kalkfällung wird ihre Menge noch vermehrt durch die Zersetzung von festen organischen Substanzen durch das starke Alkali (vergl. oben, p. 374).

Weder die Bakterien noch die Abwasserorganismen der Schmutzwässer werden durch die Fabriken etc. erzeugt; das mit Kalk gereinigte Wasser fliesst steril ab, aber wo fäulnissfähige Stoffe vorhanden sind, dort finden sich die Fäulnissorganismen von selbst ein und vermehren sich, wenn sie nicht durch irgend einen für ihr Leben ungünstigen Umstand (z. B. die Alkalinität des Kalkwassers) daran gehindert werden.

Ein mit Kalk „gereinigtes“ Abwasser ist also nicht rein, sondern nur vorgereinigt; es muss stets von seinen gelösten, in ihrer Menge durch das Kalkverfahren vermehrten Verunreinigungen noch befreit werden, um ohne Schädigung anderer Interessenten in die Flussläufe eingelassen werden zu können.

Den Beschwerden, welche die Fischerei gegen die Kalkreinigung erhebt, kann dadurch abgeholfen werden, dass das im Ueberschuss dem Wasser zugesetzte Calciumhydroxyd durch Einleiten von Kohlensäurereicher Luft (Schornsteingase) ausgefällt wird. Dieser Vorgang reinigt das Wasser aber nur von seiner Kalkverunreinigung, hat dagegen auf die fäulnissfähigen gelösten Schmutzstoffe keinerlei Einfluss.

Anwendung von Kalk in Verbindung mit anderen Substanzen.

Name	Angewendete Chemikalien	Princip der Reinigung	Bemerkungen
I. Smith	Kalk und Lehm.	Lediglich Wirkung des Kalkes.	Der Lehm kann möglicher Weise durch Flächenanziehung als Klärmittel wirken.
II. --[1])	Kalk und Glaubersalz.	Lediglich Wirkung des Kalkes.	Die Wirkung des Glaubersalzes ist nicht recht einzusehen; jedenfalls erscheint eine Umsetzung zu Calciumsulfat und Natriumhydrat ausgeschlossen.
III. Oppermann	Kalkmilch, Ausfällen des Ueberschusses durch Magnesiumkarbonat; dazu etwas Eisenvitriol.	Im Wesentlichen lediglich Wirkung des Kalkes; bezüglich des $FeSO_4$ vergl. weiter unten.	Durch den Zusatz von $MgCO_3$ soll Umsetzung in $CaCO_3 + Mg(OH)_2$ erfolgen; letzteres soll weniger lösend auf Eiweissstoffe wirken.
IV. Süvern	Kalk, Magnesiumchlorid, Theer.	Es wird Calciumchlorid und Magnesiumhydroxyd gebildet; kombinirte Wirkung von Kalk und Magnesia Der Theer soll desinficirend wirken	Vergl. die vorige Anmerkung. Ziemlich verbreitet in der Praxis.

Methoden, welche Salze des Aluminiums, Eisens oder ähnlicher Metalle anwenden lassen.

Setzt man zu gewöhnlichem Wasser oder Abwasser, welche ja gewöhnlich kleine Mengen von kohlensauren Alkalien enthalten, eine Lösung eines Thonerdesalzes, so entstehen schon durch diese geringen Mengen von Alkalikarbonaten, bei Gegenwart von Ammoniumkarbonat natürlich ebenfalls, Niederschläge von basischen Aluminiumsalzen bezw. Aluminiumhydroxyd. Diese wirken in derselben Weise niederschlagend auf die suspendirten Verunreinigungen wie die schon besprochenen Kalkniederschläge

Ausserdem können durch Thonerdesalze Eiweisssubstanzen und auch Phosphate in unlöslichen Zustand übergeführt werden. Endlich schlägt Thonerdehydrat gewisse Farbstoffe auf seiner Oberfläche nieder.

Werden die Thonerdesalze durch Salze des Eisens, Mangans oder Zinks ersetzt, so treten ähnliche Reaktionen mit ähnlichen Erfolgen ein. Hierbei ist noch zu bemerken, dass das entstehende Eisenhydroxydul und Manganhydroxydul durch Aufnahme von Sauerstoff reduzirend zu wirken im Stande ist; dass ausserdem die Hydroxyde des Eisens, Mangans, Zinks (nicht aber des Aluminiums) bei Gegenwart von Alkalien

[1]) In der Stadt Fulda eingeführt.

Schwefelwasserstoff unter Bildung der entsprechenden Sulfide binden. Hierdurch kann allerdings eine bemerkenswerthe Reinigung namentlich stinkender Abwässer bewirkt werden.

Dazu kommt, dass die eben besprochenen Hydroxyde vorerst in sehr voluminöser Form ausfallen, welche den Sedimentirungsvorgang der suspendirten Verunreinigungen in günstiger Weise beeinflusst.

Bei allen Verfahren, welche Aetzkalk mit den Salzen der genannten Metalle zugleich verwenden, fällt natürlich der Ueberschuss des Kalkes immer als Calciumkarbonat aus.

Name	Angewandte Chemikalien	Princip der Reinigung	Bemerkungen
V. Dumas.	Eisenhaltiges Aluminiumsulfat.	Bildung von Aluminiumhydroxyd und kleiner Mengen von Eisenhydroxyd resp. Schwefeleisen.	Siehe die Vorbemerkungen.
VI. Lenk.	Aluminiumsulfat, bisweilen + Zinkchlorid, Eisenchlorid und Soda.	Bildung von Niederschlägen $Al(OH)_3$, $Fe(OH)_3$, $ZnCO_3$, $Zn(OH)_2$.	Soda hat den Zweck, die Fällung der Metallsalze als Hydroxyde bezw. Carbonate zu vervollständigen.
VII. Nahnsen-Müller I.	Aluminiumsulfat, lösliche Kieselsäure, Kalkmilch.	Bildung von Niederschlägen, bestehend aus $Al(OH)_3$, SiO_3H_2, $CaSO_4$, $CaCO_3$.	Angeblich bilden sich auch unlösliche Kalk-Thonerde-Silikate.
VIII. Robinson u. Melis.	Aluminiumsulfat, Ferrosulfat, Kalk.	Bildung von Niederschlägen bestehend aus $Al(OH)_3$, $Fe(OH)_2$, $CaSO_4$, $CaCO_3$.	
IX. Scott.	Kalk + Eisen und Thonerdesalze.	Erzeugung von Niederschlägen bestehend aus den Hydroxyden des Eisens und Aluminiums sowie aus $CaCO_3$.	
X. Burrow.	Eisenchlorid + Gips.	Erzeugung von $Fe(OH)_3$, eventuell von FeS.	Der Gips soll sich mit dem Ammoniumkarbonat umsetzen.
XI. Hofmann u. Frankland.	Eisenchlorid.	Bildung von $Fe(OH)_3$ und FeS.	
XII. —[1])	Kalk + Eisenchlorid resp. Eisenchlorürchlorid.	Bildung von $Fe(OH)_3$, bezw. $Fe_3(OH)_8$, sowie von $CaCO_3$.	Siehe Vorbemerkungen.
XIII. —[2])	Kalk + Eisenvitriol.	Erzeugung von $Fe(OH)_2$, FeS.	Siehe Vorbemerkungen.
XIV. Holden.	Kalk, Eisenvitriol, Kohlenstaub.	Wie vorher.	Der Kohlenstaub dürfte wenig Wirkung haben.

[1]) Verfahren angewandt in Northampton. — [2]) Angewandt bei Krupp (Essen).

Name	Angewandte Chemikalien	Princip der Reinigung	Bemerkungen
XV. Hille-Chiswick.	Magnesiumchlorid oder Calciumchlorid + Ferrichlorid oder + Alaun oder Mischung derselben; dazu Kalkwasser und eventuell Karbolsäure.	Erzeugung von Niederschlägen von $Al(OH)_3$, $Fe(OH)_3$, FeS, $Mg(OH)_2$. Die Karbolsäure soll desinficirend wirken.	Ueber die geringere Wirkung des $Mg(OH)_2$ auf Eiweiss vergl. oben, p. 564, unter No. III.
XVI. Friedrich & Co.	Eisenchlorid, Eisenvitriol, Karbolsäure + Wasser als saures Präparat; Thonerdehydrat, Eisenoxydhydrat, Kalk, Karbolsäure + Wasser als alkalisches Präparat.	Nur das alkalische Präparat wirkt im Allgemeinen klärend; das saure nur bei alkalischen Abwässern.	Vergl unter No. XV.
XVII. Maxwell-Lyte.	Aluminiumsulfat + Natriumaluminat.	Bildung von $Al(OH)_3$ nach der Gleichung $6\,NaAlO_2 + Al_2(SO_4)_3$ $18\,H_2O = 8\,Al(OH)_3$ $+ 3Na_2SO_4 + 6H_2O$.	Kalkzusatz vermieden wegen Erhöhung der Härte und Wirkung auf Eiweissstoffe.
XVIII. Liesenberg	Hydrate oder Chloride der alk. Erden + Alkaliferrit bez. Alkali-Ferri-Aluminat.	Bildung von $Fe(OH)_3$ bezw. $Al(OH)_3$ im Sinne voriger Gleichung.	Wird in der Praxis angewendet
XIX. Siret.	Holzkohle, Eisenvitriol, Zinksulfat	In alkalischen Wässern Erzeugung von $Fe(OH)_2$ und $Zn(OH)_2$.	Die Holzkohle kann entfärbend und desodorirend wirken.
XX. Knauer.	Kalkmilch + Manganchlorür.	Bildung von $Mn(OH)_2$.	
XXI. Collet.	Oxydirter Pyrit mit oder ohne Zinksulfat oder Thon, Schwefelsäure, Ferrisulfat event. Braunstein. Dieses Gemisch getrocknet, zerkleinert, mit Kiesel-Fluorwasserstoffsäure versetzt.	Bildung von Niederschlägen aus: $Fe(OH)_2$, $Fe(OH)_3$, $Mn(OH)_2$, $Al(OH)_3$, SiO_2	Kieselfluorwasserstoffsäure soll desinfizirend wirken; das Verfahren dürfte schon am Kostenpunkt scheitern.
XXII. Graham.	Pyrit, Braunstein, Thon, bis zur Rothgluth erhitzt, dann feucht gehalten.	Durch das Glühen wer- $FeSO_4$, $MgSO_4$, $Al_2(SO_4)_3$ gebildet, welche sich in alkalischen Flüssigkeiten zu den entsprechenden Hydroxyden umsetzen	

Methoden, welche Phosphate der Erd-Metalle anwenden.

Die Verwendung von Phosphaten der Erd-Metalle (Ca, Ba, Sr, Mg) gründet sich auf die Ueberlegung, dass es theoretisch möglich sein müsse, das Ammoniak in unlösliche Verbindungen mit den Erd-Phosphaten zu bringen. Ein typisches Beispiel für diesen Vorgang ist die Bildung des Ammonium-Magnesium-Phosphates ($MgNH_4PO_4$).

Wesentlich für das Zustandekommen dieser Verbindungen ist, dass die Reaktions-Flüssigkeiten alkalisch sind, weil die Ammoniak-Doppelsalze der Erdphosphate in auch nur schwachen Säuren leicht löslich sind. Aus diesem Grunde schreiben viele der hier in Betracht kommenden Reinigungsmethoden den Zusatz von Aetzkalk vor.

Indessen haben diese Methoden durchweg nicht gehalten, was von ihnen erwartet worden ist. Die zu bildenden Doppelsalze sind in Wasser nicht absolut unlöslich, so dass ihre Ausscheidung bei den in Abwässern in Betracht kommenden starken Verdünnungen nicht oder nur unvollkommen erfolgt.

Es ist daher fraglich, inwieweit die reinigende Wirkung dieser Verfahren, soweit sie in Wirklichkeit sich gezeigt hat, darauf zurückzuführen ist, dass durch den Kalk-Zusatz Niederschläge von Calciumphosphat, Eisenphosphat etc. entstehen, die nach dem vorher Gesagten an sich reinigend wirken müssen. Ausserdem ist zu berücksichtigen, dass bei Kalkzusatz immer ein Ueberschuss dieses Fällungsmittels angewendet wird, so dass dann mehr oder weniger die Wirkung des reinen Kalk-Verfahrens in Erscheinung tritt.

Die Anwendung erfolgt in der Weise, dass die Erdphosphate entweder in gelöstem Zustande den Abwässern zugesetzt werden, bei einigen Verfahren aber finden auch ungelöste Phosphate (z. B. Thomas-Schlackenmehl) Verwendung.

Die bei diesen Reinigungsverfahren erzeugten Niederschläge sollen als phosphorsäurereiche Düngemittel zur Verwerthung gelangen.

Name	Angewandte Chemikalien	Princip der Reinigung	Bemerkungen
XXIII. Lupton.	Phosphorsaurer Kalk + Kohle.	Siehe Vorbemerkungen.	—
XXIV. Prange u. Witthread	Monocalciumphosphat, Kalkmilch, Magnesium-Salz.	Niederschlag von $Ca_3(PO_4)_2$ und $MgNH_4PO_4$	Siehe Vorbemerkungen.
XXV. Dougall u. Campbell.	Monocalciumphosphat, Kalkmilch.	Bildung von $Ca_3(PO_4)_2$.	—
XXVI. Maltzahn.	Thomasschlacke.	—	—
XXVII. Wolff.	Phosphorsäurehaltige Schlacke.	—	—

Name	Angewandte Chemikalien	Princip der Reinigung	Bemerkungen
XXVIII. Nahnsen-Müller II.	**Lösl. Kieselsäure, Aluminiumsulfat, Thomasschlacke, mit oder ohne Kalkmilch.**	Cf. VII. und Vorbemerkungen.	**Soll besonders Stickstoffsubstanzen fällen; siehe Vorbemerkungen.**
XXIX. Blanchard.	**Magnesiumphosphat.**	**Bildung von Ammonium-Magnesiumphosphat.**	**Siehe Vorbemerkungen.**
XXX. Blyt.	Monomagnesiumphosphat + Kalkmilch.	Bildung von $Mg_3(PO_4)_2$, $MgNH_4PO_4$ und $Ca_3(PO_4)_2$.	dto.
XXXI. Tessier du Motay.	Lösliche Phosphate und Magnesium-Verbindungen.	Bildung von $MgNH_4PO_4$.	dto.
XXXII. Forbes.	In Salzsäure gelöstes Aluminiumphospat.	Niederschlag von $AlPO_4$.	Umsetzung von Ammoniumkarbonat zu NH_4Cl.
XXXIII. Guenantin.	Salzsaure Lösung von Bauxit[1]) + Calciumphosphat.	Niederschlag von $AlPO_4$, $FePO_4$ und $Ca_3(PO_4)_2$.	Wie XXXII.
XXXIV. Le Voir.	Aluminiumphosphat, Knochenkohle-Pulver.	Niederschlag von $AlPO_4$.	Knochenkohle wirkt entfärbend.
XXXV. Liesenberg u. Staudinger.	Lösung von Phosphaten in Schwefligsäure.	Bildung von Phosphat-Niederschlägen.	Schweflige Säure wirkt desinficirend.

Methoden, welche unter gemeinschaftliche Gesichtspunkte nicht zu bringen sind.

Die im Nachstehenden angeführten Methoden verwenden zum Theil so kostspielige Reagentien, dass ihre Einführung in die Praxis schon dadadurch ausgeschlossen erscheint, z. Th. sind die sich abspielenden Reaktionen so komplicirte, dass sie sich in Kürze nicht wiedergeben lassen, z. Th. sind dieselben (wie Nr. XLIV.) derart unbestimmt, dass sie von Fall zu Fall modificirt angewandt werden. Wir müssen uns daher darauf beschränken, sie lediglich hier anzuführen.

[1]) Bauxit ist Thonerde-Eisenhydrat ($Al_2Fe_2O_5H_4$).

Name	Angewandte Chemikalien	Princip der Reinigung	Bemerkungen
XXXVI. Rawson u. Schlachter	Kieselfluor- oder Borfluor-Verbindungen von Eisen, Mangan, Aluminium oder Zink etc.	—	—
XXXVII. Hansen.	Zinkchlorid, Borax, Wasserglas, Isländisch Moos, Asbest.	—	—
XXXVIII. Brobownicki.	Fluorsilicium, Chlorsilicium, ein alkalisches Silikat.	—	—
XXXIX. Beuster.	Schwefeleisen + Magnesia.	—	—
XL. Manning.	Alaun, Thierkohle, Soda, Gips.	Das Wirksame dürfte hier die Thonerdefällung sein.	Vergl. No. X, Bemerkung.
XLI. Leigt.	Alaun, Wasserglas, Tannin.	Wirkung dürfte in Thonerde- u. Kieselsäure-Fällung bestehen.	—
XLII. Sillar. A-B-C-Process.	Alaun, Blut, Kohle.	Thonerde-Eiweiss-Fällung.	—
XLIII. —[1])	Blut, Holzkohle, Lehm, Alaun.	dto.	—
XLIV. Hulwa.	Gemisch von Eisen-, Thonerde- u. Magnesia-Präparaten, Zusammensetzung je nach dem Abwasser verschieden; dazu Kalk u. Cellulose-Abfälle.	Kombinirte Fällung von Hydroxyden des Fe, Al, Mg.	Die Zellfaser wirkt klärend; in der Praxis in Anwendung.

Filtration der Schmutzwässer.

Ebenso wie durch Sedimentation kann durch Filtration ein Schmutzwasser von seinen schwebenden, festen Verunreinigungen befreit werden. Als hauptsächlichstes und wichtigstes Filtrationsverfahren wird gewöhnlich die Rieselung der Abwässer angesehen. Dies geschieht aber mit Unrecht, denn die Filtration der Schmutzwässer ist bei der Rieselung Nebensache, sie ist nur Mittel zum Zweck, welcher dadurch erreicht wird, dass das Wasser von seinen Verunreinigungen durch die Lebensthätigkeit von Mikroorganismen befreit wird. Deshalb gehört die Reinigung der Ab-

[1]) National Guano-Company, London.

wässer durch Rieselung ohne Zweifel zu den biologischen Reinigungsmethoden, während hier als Filtrationsmethoden nur die festen Verunreinigungen von der Flüssigkeit mechanisch scheidende Verfahren in Betracht kommen.

Sandfiltration.

Die nächstliegende Weise der Filtration durch Kies und Sand wurde in England bei Versuchen zur Reinigung von Londoner Kanalwasser angewandt. Die Resultate, welche die chemische Untersuchung des Rohwassers und des Filtrates lieferte[1]), waren nicht günstig genug, um diese Reinigungsmethode in grösserem Umfang praktisch zu verwerthen.

Bei Versuchen, welche in Breslau 1897 angestellt wurden, zeigte sich jedoch, dass die Sandfiltration, wenn sie richtig geleitet wird und wenn man dafür Sorge trägt, dass die Filtrationsfähigkeit des Sandes nicht durch die Schmutzstoffe allzu rasch leidet, in Bezug auf die Klärung der Abwässer recht gute Ergebnisse zu liefern im Stande ist.

Von der Sandfiltration zur Reinigung von Sielwässern wird auf den Rieselfeldern einiger Städte, z. B. Berlins in grösstem Massstabe Gebrauch gemacht. Bekanntlich gestattet die Verwendung des Rieselterrains als Ackerboden nicht zu jeder Zeit die Aufleitung von Schmutzwässern diese sind der Landwirthschaft nur in bestimmten durch die Entwickelung der Feldfrüchte bedingten Perioden angenehm, zu anderen Zeiten aber direkt schädlich. Um nun während der Perioden, wo nicht in ausgedehntem Maasse gerieselt werden kann, mit den fortwährend gleichmässig produzirten Schmutzwässern irgendwo zu bleiben, hat man zum Auskunftsmittel gegriffen, sogenannte „Einstau-Bassins“ anzulegen. Diese Einstau-Bassins welche als Sicherheitsventile für die Rieselanlagen dienen, nehmen grosse Mengen von Sielwässern auf und lassen das Wasser durch den Sand ihres Bodens filtrirt in Drains ablaufen, während die Sedimente als Schlamm zurückbleiben.

Von irgend welcher ausgiebigeren biologischen Reinigung des so ablaufenden Wassers, wie eine solche das Wesen des Rieselbetriebes ausmacht, ist bei diesen Einstau-Bassins natürlich nicht zu sprechen: dieselben sind Sandfilter, welche nur die schwebenden, festen Verunreinigungen zurückhalten, die gelösten Schmutzstoffe aber im Wasser lassen.

Coaksfiltration.

Eine Filtration durch Kalkfällung bereits vorgereinigten Wasser durch Coaksfilter wird als von der Sewage-Company zu Bradford eingerichtet beschrieben[2]). Welchen Zweck dieselbe (abgesehen vielleicht von

1) Vergl. König, Verunreinigung der Gewässer, p. 128.
2) König, l. c. p. 178.

einer keine wesentliche Wasserverbesserung bewirkende Lüftung des Wassers) haben soll, ist nicht einzusehen.

Torffiltration.

Obgleich in der Praxis bisher noch nicht bewährt, haben das höchste Interesse die Versuche, welche Petri[1]) mit kombinirter Sand- und Torffiltration angestellt hat. Diesen Versuchen liegt der richtige Gedanke zu Grund, dass durch humösen Boden (also auch durch Torf) eine Anzahl der im Wasser gelösten Verunreinigungen (insbesondere Ammoniak und Kali) absorbirt werden. Auf diese Verhältnisse wird unten, bei Besprechung der Wasser-Reinigung durch Rieselung noch zurückzukommen sein. Eine Kombination der Sand- und Torffiltration vermag also, theoretisch wenigstens, sowohl die gesammten festen Verunreinigungen wie auch einen Theil der gelösten aus dem Schmutzwasser zu entfernen. Die Einführung dieser Abwasserreinigungsart in die Praxis verbietet sich bisher noch deswegen, weil die Torf-Filterschicht zu rasch in intensive Fäulniss übergeht

Schuricht'sche Filter.

Von sehr grosser Bedeutung für die Abwasser-Reinigungspraxis, besonders der Papierfabriks-Abwässer, sind dagegen die Schuricht'schen Filter. Diese beruhen auf dem Princip, dass mit faserigen Abgängen verunreinigte Wässer durch einen aus Metallgewebe bestehenden Wasserdurchlässigen Boden geschickt werden; dass dann die Verunreinigungen sich auf diesem Metallgewebe festsetzen, die Poren desselben verkleinern und selbst als Filtermasse dienen. Es wird also hier eine Filtration der Abwässer durch ihre eigenen schwebenden Verunreinigungen hindurch erzielt. Die Schuricht-Filter ermöglichen den Papierfabriken, fast vollkommen faserlose Abwässer zu entlassen. Eine Reinigung von gelösten Verunreinigungen, insbesondere z. B. von schwefliger Säure wird durch solche Filteranlagen weder beabsichtigt noch erreicht.

Kombination von Sedimentations- und Filtrationsverfahren.

Reinigungsverfahren nach Rothe-Roeckner.

Wie bei den Schuricht'schen Filtern die als Verunreinigung des Abwassers anzusehenden Papierfasern selbst die Filtrationsschicht bilden, so ist in scharfsinniger Weise das Klärverfahren von Rothe-Roeckner[2]) derart eingerichtet, dass vermittelst Chemikalien (Aetzkalk, Aluminiumsulfat etc.) zunächst ein Niederschlag im Schmutzwasser erzeugt wird (vergl.

1) Vergl. König, l. c. p. 127.

2) Vergl. König, l. c. p. 185, 188 etc.; F. Fischer, Das Wasser, ed. 2, p. 104.

p. 374, 559) und dass dies Sediment dann als Filterschicht für die folgenden (gleichfalls mit den Chemikalien versetzten) Abwassermengen dient.

Der Rothe-Roeckner'sche Apparat besteht aus einem unten offenen, oben geschlossenen Blech-Cylinder, in welchen von unten das mit Chemikalien versetzte Schmutzwasser eintritt und durch Luftverdünnung im oberen Ende des Cylinders gehoben wird. Beim ruhigen langsamen Ansteigen (durch einen Stromvertheiler im Innern des Cylinders regulirt) des Schmutzwassers wirkt zunächst die Sedimentation im aufsteigenden Wasserstrom (vergl. p. 558) günstig, um rasch eine gleichmässige Schlammschicht zu legen, welche dann das nachfolgende Wasser passiren muss. Dies verstärkt mit seinen Sedimenten die Filterschicht, bis dieselbe eine gewisse Mächtigkeit erreicht hat und dann von selbst theilweise in den untersten Theil des Apparates, welcher als Schlammfang dient, herabsinkt. Oben fliesst das durch das Sediment filtrirte Wasser klar ab.

Dieser Apparat hat den Vortheil, verhältnissmässig geringen Platz zu beanspruchen und doch das Gleiche zu leisten wie ausgedehnte Klärbassinanlagen. Im Uebrigen gilt von dem abfliessenden Wasser das Gleiche wie von jedem durch Kalkfällung geklärten: es hat nur die Sinkstoffe verloren, ist dagegen reicher an gelösten Verunreinigungen als es vorher war.

Dehne'scher Apparat[1]).

Nach dem Princip, die durch Chemikalien vervollkommnete Sedimentation mit einer Filtration zu verbinden, ist auch der Dehne'sche Reinigungsapparat gebaut. Dieses Verfahren erzeugt zunächst durch Fällungsmittel einen Niederschlag und trennt diesen vom Wasser durch Abfiltriren mittelst Filterpressen, soweit er nicht schon vor diesen in einem Absatzbassin von selbst zu Boden gefallen ist.

Der Apparat hat vor der gewöhnlichen Anlage von Klärbassins (wie der vorige) nur das voraus, dass er Platz erspart; eine Befreiung des Wassers von den gelösten Schmutzstoffen zu bewirken, ist er nicht im Stande.

Gerson'sches Reinigungsverfahren[2]).

Auch dieses Verfahren führt erst eine Sedimentation durch Chemikalien herbei und filtrirt dann das abfliessende Wasser mittelst Torfgrus, Sägespähnen, Gerberlohe etc. Dies Verfahren ist in erster Linie dazu geeignet, gefärbte Abwässer zu entfärben. Die Entfernung der schwebenden Verunreinigungen wird durch die zugesetzten Chemikalien besorgt; die in Lösung bleibenden Farbstoffe dagegen schlagen sich auf dem organischen Filtermaterial nieder, indem sie dies färben. Eine Befreiung der Abwässer von anderen gelösten Schmutzstoffen findet durch dies Reinigungsverfahren

1) Vergl. Weyl, Handb. d. Hyg. II, 1 p. 406.
2) Vergl. König, Verunreinigung der Gewässer, p. 576.

nicht statt. Das Filtermaterial ist zu Heizzwecken verwendbar, wenn es mit Farbstoffen saturirt ist.

Centrifugirung der Schmutzwässer.

Als weiteres einfaches Mittel zur Trennung der Sedimente vom Wasser und den darin gelösten Schmutzstoffen ist die Abwasserreinigung durch die Centrifuge zu erwähnen. Nach Punchon[1]) wird das Schmutzwasser in hohe Cylinder mit poröser Wand eingeleitet, welche rasch um ihre Längsaxe rotiren. Auch Margueritte[1]) soll ähnliche Centrifugalapparate anwenden.

Ueber die Resultate dieser Verfahren ist mir nichts bekannt, doch leuchtet ein, dass dieselben wohl geeignet sind, die festen Verunreinigungen der Schmutzwässer abzuscheiden, um sie (vielleicht für Gasdestillation oder für ähnliche Zwecke) zu verwenden und die Vorreinigung der Abwässer zu besorgen.

Wenn erst einmal die Einsicht in weitere Kreise gedrungen sein wird, dass es nicht gut möglich ist, Abwässer auf einmal, d. h. in einer Station vollständig zu reinigen, sondern dass diese Reinigung sich theilen muss in Beseitigung der Sedimente durch ein Klärverfahren und in Befreiung der klar abfliessenden Wässer von ihren gelösten Verunreinigungen durch biologische Verfahren: dann wird man vielleicht der Centrifugirung mehr Beachtung schenken. Diese beseitigt die Sedimente rasch und sicher aus den Abwässern und vermehrt dabei den Gehalt derselben an gelösten Schmutzstoffen nicht, wie dies z. B. die Kalkfällung thut.

Die Befreiung der Abwässer von gelösten Schmutzstoffen.

Wie (p. 557) zu Beginn der Besprechung der Abwasserreinigung betont, mehrfach bei den Ausführungen über die künstlichen Abwasser-Reinigungsanlagen angeführt und hier nochmals als grundlegend wichtig hervorzuheben ist, können die bisher üblichen künstlichen Abwasser-Reinigungen im besten Falle nur erreichen, dass die festen Wasserverunreinigungen beseitigt werden. Für die gelösten (Alkalien, Stickstoffverbindungen) dagegen giebt es (vielleicht abgesehen von der elektrolytischen Reinigung) kein billiges, in der Praxis anwendbares Entfernungsmittel. Diese Stoffe müssen durch die Lebensthätigkeit von Organismen dem Wasser entzogen, resp. gespalten und unschädlich gemacht werden.

Die Befreiung der Abwässer von gelösten Schmutzstoffen fällt also wesentlich der **biologischen Abwasser-Reinigung** zu; über die Wirksamkeit des elektrolytischen Verfahrens müssen noch genauere Ermittelungen stattfinden.

---

1) Vergl. König, l. c. p. 185.

Elektrolytische Reinigungsverfahren.

Verfahren nach Webster[1]).

Behufs Reinigung städtischer Abwässer lässt Webster dieselben durch einen engen Kanal fliessen, an dessen Wänden in regelmässigen Abständen Elektroden angebracht sind. Die negativen Elektroden werden aus Gusseisen oder Kohle, die positiven aus passend verbundenen Kohlen- und Eisenplatten hergestellt. Wird nun der elektrische Strom durch das Schmutzwasser geschickt, so zerlegt derselbe die in den Abwässern reichlich vorhandenen Chloride; das Chlor verbindet sich mit dem sich rasch abnützenden Eisen der Elektroden und bildet Eisenoxychlorid. Diese Verbindung löst sich im Wasser und zerfällt in Berührung mit organischer Substanz, indem sie an diese Chlor und Sauerstoff abgiebt, während das Eisen als Hydroxyd fällt.

Sowohl durch Chlor wie durch nascirenden Sauerstoff kann eine energische Zerlegung und Oxydation der Schmutzstoffe bewirkt werden; mechanisch reisst der Niederschlag von Eisenhydroxyd feste Verunreinigungen mit zu Boden.

Die Resultate, welche mit diesem Verfahren besonders in Salford erzielt wurden, sollen sehr befriedigend sein. Ob aber eine so vollkommene Mineralisirung der Schmutzstoffe durch dasselbe erreicht wird, wie sie nothwendig ist, um Abwässer ohne Bedenken in Flussläufe einlassen zu können, ist fraglich.

Besonders wichtig erscheint aber, dass die Sterilisation städtischer Abwässer, welche nöthig ist, wenn dieselben in Flüsse gelassen werden sollen, durch das Kalkfällungs-Verfahren viel sicherer und billiger erreicht wird, als durch das elektrolytische.

Dagegen dürfte das Verfahren für diejenigen Industrieen, deren Campagne in den Winter fällt und welche (worüber bald Genaueres zu sagen sein wird) während dieser Zeit die Rieselung zur Abwasser-Reinigung nicht mit besonderem Vortheil verwenden können (also besonders für Rohzuckerfabriken) eventuell von grosser Wichtigkeit sein.

Verfahren nach Hermite[2]).

Das Wesentliche dieses Verfahrens besteht darin, dass den Schmutzwässern künstlich Chloride (Meerwasser) beigefügt und dieselben dann (ohne Eisen-Elektroden) elektrolysirt werden. Das entstehende Chlor wirkt auf die organischen Verunreinigungen zersetzend ein. Die Resultate dieses Verfahrens scheinen weniger günstig zu sein als die des Webster'schen.

---

1) Vergl. Weyl, Handb. d. Hyg. II, 1, p. 417.
2) Vergl. Weyl, l. c. p. 418.

Biologische Reinigungsverfahren.

Ausfaulenlassen der Schmutzwässer.

Die rationellste und vollständigste Reinigung von mit organischen, stickstoffhaltigen Substanzen beladenen Wässern ist ohne Zweifel die, dass man sie auf eigenem Grund und Boden behält, bis die im Ausfaulen bestehende Selbstreinigung (vergl. p. 550) sich vollzogen hat. Diese Methode der Abwasser-Reinigung fand ich bei mehreren kleinen Betrieben, z. B. bei kleinen Genossenschafts-Molkereien, welche die Molken für Fütterungszwecke verwenden und nur die Spülwässer entlassen müssen. Hier genügen meist wenige Bassins, um die Abwasser-Produktion mehrerer Wochen aufzunehmen; die Abwässer bleiben stehen bis sie nicht mehr stinken und werden dann abgelassen. Besonders im Sommer entwickeln solche Bassins pestilenzialische Gerüche, doch ist die Reinigung des ausgefaulten Wassers eine vollständige.

Derartige Einrichtungen sind nur fern von Nachbarn und bei ganz geringer Abwasser-Menge möglich.

Völlig das Gleiche gilt gegenüber den Vorschlägen von East, Elsässer und Alexander Müller, welche das Ausfaulen der Schmutzwässer durch Zusatz von Mikroorganismen resp. durch Schaffung besonders günstiger Bedingungen für das Leben derselben beschleunigen wollen. Als besonders lehrreich für die (durchaus zutreffende) Richtung, in welcher sich diese Vorschläge bewegen, sei das Verfahren von A. Müller hier kurz besprochen [1]).

Von der Erwägung ausgehend, dass die Mineralisirung der organischen Schmutzstoffe durch Mikroorganismen bewirkt wird, sucht A. Müller die Thätigkeit derselben zu beschleunigen:

1. Durch Hinwegräumung aller für das Leben derselben schädlichen Einflüsse, also durch Verdünnung allzu stark verunreinigter Wässer; durch Neutralisation von saurer oder alkalischer Reaktion; durch Erwärmung kalten oder Abkühlung warmen Wassers bis zum Optimum (37°); durch Wegschaffung von giftigen (insbesondere von Metall-)Salzen etc.

2. Durch Hinzufügung derjenigen Nährstoffe, welche dem Schmutzwasser abgehen [2]), also bei stickstoffreichen Wässern, insbesondere von Kali und Phosphorsäure, ferner durch Sauerstoff-(Luft-)Zufuhr etc.

In einem derart behandelten Schmutzwasser leistet die mineralisirende Arbeit der Mikroorganismen zwar Bedeutendes, aber allgemeinere Verwendung konnte dies theoretisch richtige Reinigungs-Verfahren nicht finden, weil die Mineralisation doch nicht rasch genug geht, um grössere Abwasser-

---

[1]) Vergl. auch König, Verunreinigung der Gewässer, p. 277.

[2]) Bekanntlich sind in den Schmutzwässern nur in wenigen Fällen die Nährstoffe in der Mischung enthalten, wie sie für das Leben von Organismen nothwendig sind. Meist ist z. B. der Phosphorsäure- und Kaligehalt viel zu klein im Vergleich mit den Stickstoffmengen, welche die Wässer führen.

Mengen (um welche es sich ja in der Praxis in erster Linie handelt) ausfaulen zu lassen.

Die Abänderung des Verfahrens (nach Müller-Schweder[1]), das angefaulte Wasser durch Kalk zu klären, ist ein Abweichen von der Theorie der eigentlichen Müller'schen Abwasser-Reinigung und zeigt nur, dass dieselbe in der Praxis für grosse Abwassermengen keine genügenden Resultate giebt.

Lüftung der Schmutzwässer.

Besonders von J. König wurde die Durchlüftung der Schmutzwässer empfohlen in der Meinung, dass durch den Luftsauerstoff eine direkte Oxydation der organischen Verunreinigungen sich ermöglichen lasse. Auch die Dronke'sche Abwasser-Reinigung[2]) beruht auf dem Einpressen von Luft in Abwässer.

An sich vermag der Luftsauerstoff keine nennenswerthe Reinigung der Abwässer zu bewirken; zwar wird bei der Durchlüftung der Schmutzwässer etwas Ammoniak ausgetrieben und der Schwefelwasserstoff oxydirt, aber eine Zerlegung der fäulnissfähigen organischen Substanzen findet nicht statt.

Trotzdem kann erfahrungsgemäss durch ausgedehnte Gradir-Anlagen eine nicht unerhebliche Entlastung der Abwässer von Schmutzstoffen erzielt werden und dies kommt dadurch zu Stande, dass die Reisigzweige derartiger Gradirwerke stets mit einem dicken Belag von Mikroorganismen bekleidet sind (vergl. z. B. die angeführte Thatsache, dass sich manchmal Sphaerotilus reichlich an solchen Gradirwerken findet). Diese Mikroorganismen sind natürlich auch an den Gradirwerken in ihrer das Wasser reinigenden Thätigkeit begriffen; gerade die starke Durchlüftung des Wassers erlaubt ihnen, sehr ausgiebig (Sphaerotilus manchmal in $^1/_2$ m langen Schwänzen) zu wachsen und ihre Arbeit zu verrichten.

Das günstige Urtheil, welches ich von der Wirkung des Gradirens der Abwässer gewonnen habe, bezieht sich nicht auf Fäkalabwässer mit ihren sehr schweren Verunreinigungen, sondern auf im Vergleich mit den Sielwässern viel weniger stark verunreinigte Zuckerfabriks-Abwässer. Ich möchte deshalb auch nicht dies Verfahren ohne weitere Beobachtungen im Allgemeinen empfehlen. Die Lüftung der Abwässer durch hineingepresste Luft ist aber jedenfalls fast werthlos.

Sogenannte intermittirende Filtration.

Als wesentlich für die Filtration ist anzusehen, dass durch ein feinporiges Medium die schwebenden Verunreinigungen einer Flüssigkeit mechanisch zurückgehalten werden. Bei mehreren als „Filtration" bezeichneten Abwasser-Reinigungsverfahren handelt es sich aber nicht allein um eine mechanisch klärende Wirkung des Processes, sondern auch um eine bio-

[1]) Vergl. König, l. c. p. 257.

[2]) Vergl. F. Fischer, Das Wasser, ed 2, p. 80.

logische. Zu dieser Kategorie von Filtern gehören aller Wahrscheinlichkeit nach alle jene, welche von Zeit zu Zeit „ausruhen" müssen, um dann, ohne weiter irgendwie verbessert oder geändert zu werden, von Neuem wieder ihre reinigende Wirkung auszuüben.

Dies ist nur dadurch zu erklären, dass im Filtermaterial Vegetationen niederer Pflanzen entstehen, welche die Hauptarbeit dieser Filter, nämlich die biologische Abwasser-Reinigung, besorgen. Solche Vegetationen nun vermögen nur ein gewisses, der Organismen-Menge proportionales Quantum von Verunreinigungen aufzuarbeiten; bei der Filtration der Schmutzwässer steigert sich aber das Maass der in den Poren der Filter abgelagerten Sedimente allmählich. Sobald das Höchstmaass der Leistungsfähigkeit der Organismen erreicht ist, sind diese nicht mehr im Stande, alle Schmutzstoffe aufzuarbeiten, welche das Filter passiren: mit andern Worten gesagt, dieses arbeitet, reinigt nicht mehr genügend. Erst wenn den Organismen Zeit gelassen wird, die angehäuften Ueberschüsse aufzuarbeiten, d. h. nach einer Ruheperiode, während welcher neue Unreinigkeiten nicht aufgebracht werden, wird ein solches Filter wieder leistungsfähig.

In diese Kategorie der Abwasser-Reinigungsapparate gehört das System von Scott-Moncrieff[1]). Nach diesem System lässt man Abwässer in aufsteigender Filtration und genügend mit Luft gemengt durch Schichten von Kies und Coaks hindurchtreten. Aeltere Filter arbeiten besser als neue; durch Ueberimpfen der Organismen aus alten Filtern in neue kann man die Leistungsfähigkeit der letztern rasch auf die Höhe bringen. Die Resultate, welche mit dieser Abwasser-Reinigungs-Konstruktion erzielt wurden, sollen sehr befriedigende sein.

Ferner gehört wohl zu dieser Art biologischer Reinigungsanlagen das „Ferrozone-Polarite-Verfahren"[2]), bei welchem durch Aluminiumsulfat vorgeklärte Abwässer durch ein aus Sand und Oxyden des Eisens schichtenweise aufgebautes Filter geschickt werden. Man stellt sich vor, dass durch die Abwässer eine Reduktion der Eisenoxyde stattfinde. Nach vierwöchentlichem Betrieb soll das Filter eine Woche lang ausruhen, damit (nach den Angaben des Erfinders) die Eisenerze sich wieder oxydiren können. Die Erklärung des Reinigungsvorganges in dieser Weise ist natürlich unrichtig. Dass die Abwässer oder Abwasser-Organismen Eisenerze reduciren sollten, ist durchaus ausgeschlossen. Dagegen wird der ganze Reinigungsvorgang sammt Ausruhen der Filter erklärt, wenn man in diesen die Wohnstätten von Mikroorganismen, also in dem Reinigungsvorgang einen biologischen Prozess sieht.

Das Ferrozone-Polarite-Verfahren hat vor dem Scott-Moncrieff'schen den grossen Vorzug, dass es (mit einer für das Leben der Mikroorganismen unschädlichen Verbindung) vorgereinigte Ab-

[1]) Vergl. Weyl, Handb. d. Hyg. II, 1, p. 408.
[2]) Vergl. Weyl, l. c. p. 415.

wässer der biologischen Reinigung unterzieht. Es dürfte in der Modifikation, dass man an Stelle der Eisenerze einfache, stark poröse Kiesfilter nimmt und die vorgereinigten Wässer mit genügender Luft versieht, für die Reinigung vieler Industrieabwässer von grosser Bedeutung sein. Insbesondere sollten solche Industrien, welche in den Winter fallende Campagnen haben und während der rauhen Jahreszeit ihre Abwässer nicht mit genügendem Erfolg rieseln können, mit diesem modifizirten Verfahren Versuche anstellen.

Schliesslich sind als derartige Filter mit intermittirendem Betrieb diejenigen Sandflächen anzusehen, welche unbepflanzt sind, also nicht unter den Begriff der kultivirten Rieselfelder subsummirt werden können. Auch solche Flächen zeigen die Eigenschaft, dass sie im Anfang schlecht reinigen, dass dann (bei fortwährend gleichstarkem Aufbringen von Schmutzwasser) allmählich eine Steigerung der Reinigungs-Leistung eintritt bis diese einen Höhepunkt erreicht und dann wieder sich vermindert. Auch hier muss dann dem Sand eine Ruhezeit gelassen werden, während welcher die Organismen die aufgebrachten Ueberschüsse von Verunreinigung aufarbeiten können.

Rieselfelder.

Das Rieselfeld stellt die in den Einzelheiten ihres Wesens komplicirteste, aber auch die sicherste und vollständigste Reinigungsanlage für mit fäulnissfähigen Substanzen beladene Schmutzwässer dar.

Unter Rieselung versteht man „das Ueberfliessen des Wassers in dünnster Schicht über den Boden (sagen wir 1 cm hoch oder so dünn, dass man das Wasser nur im Grase glitzern sieht)“. Zum Wesen der Rieselung gehört also die Bewegung des über den Boden geleiteten Wassers. Eine Teichbildung auf dem Boden, also die Bedeckung desselben mit einer stehenden Wasserschicht nennt der Kulturtechniker Ueberstauung.

Der theoretische Unterschied zwischen Ueberrieselung und Ueberstauung eines Stückes Boden ist ein erheblicher, und zwar bezieht er sich hauptsächlich auf den mit dem Wasser stattfindenden Luftzutritt zum Boden. Bei der Berieselung wird dem Boden mit dem Wasser stets eine erhebliche Menge von Luftsauerstoff zugeführt, während dies Gas bei der Ueberstauung nur in sehr viel geringerem Quantum dem Boden zukommt. Der Unterschied zwischen luftreichem und luftarmem Boden ist aber für die Reinigung der Abwässer ein sehr beträchtlicher.

Gleichwohl wird in der Praxis ein Unterschied zwischen Ueberrieselung und Ueberstauung des Bodens eigentlich kaum gemacht; auf diesen Unterschied ist aber häufig die durchaus verschiedene Leistungsfähigkeit im Uebrigen gleichgearteter Rieselterrains zurückzuführen.

In den Rieselanlagen der Grossstädte, welche auf solchen ihre Sielwässer, also die Schmutzwässer wie sie die Schwemmkanalisation liefert, reinigen, spielen sich in den Hauptzügen folgende Prozesse ab:

1. Auf die Rieselfelder kommen täglich im Durchschnitt pro Kopf der an die Schwemmkanalisation angeschlossenen Bevölkerung[1]: in Paris 150,8 Liter; in London 86—108 Liter; in Berlin 100,3 Liter Sielwasser. Der Durchschnitt der Abwasserproduktion dieser drei Grossstädte beträgt also pro Kopf und Tag (London zum Minimalsatz angenommen) 112,3 Liter.

Diese 112300 g Sielwasser enthalten nach Frankland's[2] Angaben:

Fäces	75 g
Urin	1200 „
Reines, zum Hausgebrauch aus der Wasserleitung genommenes Wasser	83300 „ [3]
	84575 g

Der Rest von 112300—84575 g = 27725 g stellt (im Grossen Ganzen) die Wassermenge dar, welche durch Meteorniederschläge, als für öffentliche Zwecke verwendet, sowie als Fabrikabwässer in die Kanalisation eingeleitet wird und auf den Durchschnitt pro Kopf und Tag entfällt.

Die chemische Zusammensetzung dieser Fäkalien führenden Sielwässer ist pro Liter in Milligrammen nach den Angaben über: 1. Englisches Kanalwasser, Mittel aus 16 Städten; 2. Pariser Kanalwasser; 3. Danziger Kanalwasser; 4. Berliner Kanalwasser[4]; 5. Breslauer Kanalwasser[5] im Durchschnitt folgende:

Suspendirte Stoffe		Gelöste Stoffe									
unorganische	organische	Glühverlust	Glührückstand	Gesammt-Ammoniak	Phosphorsäure	Kali	Kalk	Magnesia	Schwefelsäure	Chlor	Salpetersäure
149,9	228,5	369,5	556,3	83,5	16,9	61,6	143,5	24,6	68,4	160,9	—

2. Werden diese Sielwässer nun auf ein Rieselterrain geleitet, so tritt zunächst eine mechanische Filtration derselben in der Weise ein, dass die suspendirten Stoffe auf der Erdoberfläche liegen bleiben, während das Wasser mit den darin gelösten Verunreinigungen versinkt. Die erste Wirkung der Rieselfelder ist also eine rein mechanisch filtrirende, ihre Resultate sind in jeder Beziehung gleich denjenigen, welche ein gut geleitetes künstliches Niederschlagsverfahren (vergl. p. 559) liefert.

---

1) Vergl. Jurisch, Verunreinigung der Gewässer, p. 2.

2) Vergl. Blasius in Weyl, Handb. d. Hyg. II., 1, p. 16.

3) Nach dem Durchschnitt von London und Berlin; vergl. Assmann, Bewässerung und Entwässeruug, p. 258.

4) Ziffern nach König, Verunr. d. Gewässer, p. 80.

5) Ziffern nach Fischer, Jahresb. d. chem. Untersuchungsamtes der Stadt Breslau 1894/95, p. 49 (12 Analysen).

3. Gegenüber dem in den Boden eindringenden Filtrat, welches nur die gelösten Schmutzstoffe enthält, tritt die sogenannte „Boden-Absorption“ in Thätigkeit. Unter dieser Bezeichnung versteht man die Thatsache, dass insbesondere die Humus-Substanzen des Bodens die Fähigkeit haben, Ammoniak, Kali, Phosphorsäure und eine Anzahl speciell stickstoffhaltiger Verbindungen, soweit sie im Wasser gelöst sind, demselben zu entziehen. Die der Boden-Absorption unterliegenden Stoffe sind als Pflanzen-Nährstoffe bekannt, doch werden nicht alle für das Leben der höheren Vegetation wichtigen Verbindungen vom Humusboden absorbirt, insbesondere ist dies bei Salpetersäure nicht der Fall. Wahrscheinlich hängt die Eigenschaft der Absorptionsfähigkeit des Bodens mit seinem Gehalt an Mikroorganismen zusammen.

Die Anhäufung der Pflanzennährstoffe durch die Boden-Absorption ist an enge Grenzen gebunden; werden andauernd solche Stoffe (die fäulnissfähigen Schmutzstoffe der Abwässer) aufgerieselt, so tritt eine Sättigung des Bodens ein, dieser absorbirt nicht mehr, sondern lässt die gelösten Schmutzstoffe mit dem Wasser in die Tiefe versinken.

Die Boden-Absorption findet am kräftigsten an und direkt unter der Erdoberfläche statt; je weiter man nach abwärts geht, um so geringer wird die Absorptionsfähigkeit. Auch aus diesem Verhalten wird der Schluss wahrscheinlich, dass die Absorptionsfähigkeit des Bodens ein biologischer Prozess ist.

Für die Praxis nicht unwichtig ist die Thatsache, dass die Boden-Absorption aufgehoben wird durch einen Kochsalzgehalt, dessen schädigende Wirkung schon bei einem Gehalt von 0,5 g pro Liter Wasser deutlich nachweisbar ist. Nur dadurch kann die unter Umständen der Erde die Pflanzen-Nährstoffe direkt entziehende Wirkung des Chlornatriums aufgehoben werden, dass man dem Rieselwasser gleichzeitig grössere Mengen von Kalium-, Kalk- und Phosphorsäure-Verbindungen zusetzt.

4. Neben dieser Fähigkeit des humösen Bodens, den Wässern gelöste Pflanzennährstoffe zu entziehen, gehen auf den Rieselfeldern andauernd (im Winter sehr schwach, im Sommer stark) biologische Processe einher, welche mit der Selbstreinigung der Gewässer (vergl. p. 550) die grösste Aehnlichkeit haben und gleich dieser ein Aufarbeiten der in den Boden gelangten Schmutzstoffe bewirken.

Diese Processe werden durch die Lebensthätigkeit von Organismen bewirkt, welche andauernd die Schmutzstoffe als Nahrung gebrauchen.

Dabei ist zu unterscheiden zwischen niederen und höheren Gewächsen.

a) Die niedere Vegetation (hauptsächlich von Erd-Bakterien gebildet) ist an das Vorhandensein spaltungsfähiger Substanz genau ebenso gebunden, wie dies bei der niederen Vegetation des Wassers der Fall ist. Sie spaltet die aufgebauten Verbindungen unter Oxydation (manchmal mit Abspaltung sauerstoff-ärmerer Nebenprodukte) und gewinnt dabei Lebensenergie. Diese niedere Vegetation ist also eine saprophytische, zerlegende.

b) Die höhere Vegetation (Gräser, Kulturgewächse etc.) gewinnt die Lebensenergie durch Verbrennung von ihr selbst unter dem Einfluss des Sonnenlichts erzeugter Verbindungen (Kohlehydrate); diese Pflanzen brauchen keine bereits organisirte Nahrung im Boden zu finden, sondern sie nehmen im Wesentlichen mineralische Verbindungen (Kali, Phosphorsäure, Nitrate etc.) mit ihren Wurzeln auf. Die höhere Vegetation verarbeitet diese mineralischen Stoffe wieder zu organischen Verbindungen, sie ist eine aufbauende.

Beide Arten von Vegetation entlasten aber den Boden von den durch die Absorption aufgenommenen Schmutzstoffen; die niedere Vegetation mineralisirt dieselben, die höhere dagegen sorgt für die Entfernung der (mineralisirten) Stoffwechselprodukte (vergl. p. 290) dieser Erdbakterien.

Deshalb ist es möglich, durch intensive Kultur des Rieselbodens diesen dazu geschickt zu machen, andauernd grosse Mengen von Schmutzstoffen zu verarbeiten, d. h. grosse Schmutzwassermassen zu reinigen.

Das bei der Rieselwirthschaft erstrebte Resultat ist also bezüglich der Reinigung des Wassers die vollständige Befreiung desselben von allen fäulnissfähigen Verunreinigungen.

Um diesen Zweck vollständig zu erreichen, sind mehrere Erfordernisse nöthig, auf welche theilweise bisher noch nicht eingegangen wurde.

Zunächst erhellt aus dem bisher Gesagten, dass jedes Rieselterrain nur eine bestimmte, von mancherlei Bedingungen abhängige Quantität von Schmutzstoffen jeden Tag verarbeiten kann, dass also, was über dieses Höchstmaass hinausgehend aufgerieselt wird, ungereinigt oder mangelhaft gereinigt durchfliessen muss.

Zweitens kann die Mineralisirung der Schmutzstoffe im Boden nur dann in energischer Weise vor sich gehen, wenn der zu diesem Oxydationsprocess nöthige Sauerstoff den mineralisirenden Organismen reichlich zur Verfügung steht. Dies ist nur in einem gut drainirten Boden der Fall. Die Drainageröhren, welche in die Rieselfelder eingelegt werden, haben nicht allein den Zweck, den Boden vor Versumpfung zu bewahren, sondern ihre Bedeutung als Durchlüftungssystem des Bodens ist eine mindestens ebenso grosse.

Drittens müssen die reinigenden, mineralisirenden Mikroorganismen in voller Vegetationskraft stehen, um den behufs Reinigung der Schmutzwässer an sie gestellten Anforderungen genügen zu können. Obgleich wir noch nicht über alle diese Mikroorganismen derart unterrichtet sind, dass wir ihre Lebensbedingungen genau kennen, sind doch über die wichtigste Gruppe derselben, die Nitrifikations-Bakterien, eine Anzahl von Daten gesammelt, welche auch für die Praxis wichtige Schlüsse ermöglichen.

Unter Nitrifikations-Organismen versteht man niedere Pilze, welche die Fähigkeit haben, die alkalische (Ammoniak-) Verbindungsreihe des Stickstoffs in die saure überzuführen, d. h. aus Ammoniak stufenweise erst salpetrige Säure dann Salpeter-Säure (vergl. p. 275) zu bilden[1]). Jede Umwandlung des Ammoniaks in dieser Richtung wird durch die Lebensthätigkeit solcher, der Bakterien-Klasse angehörigen Pilze bewirkt.

Von den Bakterien im Allgemeinen (vergl. p. 386) und auch von den Nitrifikationsbakterien im Speciellen wissen wir, dass sie bei niedrigen Temperaturgraden ihre Lebensthätigkeit mehr oder weniger vollständig einstellen. Unter 5° steht die Nitrifikation im Boden still oder verläuft ausserordentlich langsam; bei 12° wird sie deutlich wahrnehmbar; bei 37° hat sie ihr Optimum (vergl. p. 386); bei 53° ist sie erloschen.

Daraus geht hervor, dass man im Winter, wenn die Temperatur auf oder unter dem Gefrierpunkt steht, von einem Rieselfeld keine besondere reinigende Wirkung erwarten darf. Sogut wie die höhere Vegetation, hält da die niedrige ihren Kälteschlaf, arbeitet also die Schmutzstoffe nicht auf.

Unter dieser Unfähigkeit der Rieselfelder, im Winter zu arbeiten, leiden diejenigen Industrien schwer, welche während der rauhen Jahreszeit Abwässer produciren. Die chemischen Niederschlagsverfahren vermögen die Schmutzwässer nicht von den gelösten Verunreinigungen zu befreien (vergl. oben, p. 557); die im Sommer trefflich wirksame biologische Reinigung der Abwässer von den gelösten Verunreinigungen durch Rieselung versagt im Winter: — thatsächlich haben z. B. die Rohzuckerfabriken bisher kein Reinigungsverfahren (vielleicht abgesehen von den elektrolytischen Methoden, sowie dem Verfahren nach Scott-Moncrieff und der Ferrozone-Polarite-Reinigung, die aber alle noch nicht genügend erprobt sind), welches ihnen ermöglichte, ihre Abwässer in unschädlichem Zustand zu entlassen. Es ist König[2]) nicht beizupflichten, wenn er es für ein Glück erklärt, dass die Campagne der Rohzucker-Fabriken in den Winter fällt. Im Gegentheil, dies ist für diese Betriebe ein Unglück, denn im Sommer könnten sie durch Rieselung ihre Abwässer aller Wahrscheinlichkeit nach in einer allen Ansprüchen genügenden Weise reinigen, im Winter ist dies aber heute wenigstens unmöglich.

Auf diese Verhältnisse sollte mehr Rücksicht genommen werden. Wer heute von den Rohzucker-Fabriken (und in gleicher Weise von Cellulose-, Stärke- etc. Fabriken während des Winters) eine vollkommene Reinigung ihrer Abwässer verlangen wollte, müsste diese ganzen Industriezweige ruiniren. — Nicht berührt wird von dieser Ausführung selbstverständlich die Entscheidung von Fragen, welche sich auf Vergütung

---

[1]) Nicht verwechselt dürfen diese Nitrifikationspilze mit den Denitrifikationsorganismen werden. Letztere vermögen salpetersaure Salze in salpetrigsaure umzuwandeln.

[2]) König, Verunreinigung der Gewässer, p. 250; sogar gesperrt gedruckt ist diese Bemerkung auch übergegangen in Weyl, Handb. d. Hyg. II, 1, p. 434.

direkter durch solche Fabriks-Abwässer entstandener Schädigungen beziehen.

Obgleich anerkannter Maassen die Rieselfelder nicht nur für die Industrie, sondern auch für die Städte das beste, ja bisher das einzige als rationell bewährte Mittel zur Reinigung fäulnissfähiger Abwässer darstellen hat es doch nicht an scharfen und in manchen Punkten berechtigten Angriffen gegen diejenige Art der Rieselfelder-Wirthschaft gefehlt, welche gegenwärtig (wenigstens bei den Grossstädten des europäischen Kontinents) gebräuchlich ist.

Wenn diese Angriffe von Stadtbewohnern ausgehen, welche der Meinung sind, dass die Rieselfelder zu theuer seien, so ist eine Berechtigung dieser Klagen nicht anzuerkennen. Denn die Unrathstoffe müssen nothwendig aus der Welt geschafft werden, und dies geschieht verhältnissmässig billig durch die Rieselfelder. Die Summen, welche die Industrie für die Reinigung ihrer Abwässer aufwenden muss, sind (im Verhältniss zur Steuerkraft) sehr viel bedeutender als diejenigen, welche die Städte für die Rieselfelder ausgeben.

Dagegen sind in höchstem Maasse wichtig und beachtenswerth die Einwendungen, welche die Landwirthschaft im Interesse der ein grosses Stück nationaler Wohlfahrt ausmachenden Düngerfrage und welche die Aufsichtsbehörden im Interesse der Reinhaltung der Flüsse gegen unzweckmässige Rieselwirthschaft erheben.

Zunächst sei als grundlegend wichtig die Frage erörtert: reinigen die Rieselfelder der Grossstädte thatsächlich die Abwässer so gut, wie dies nach den oben ausgeführten theoretischen Betrachtungen über Rieselfelder möglich ist und wie dies von den Aufsichtsbehörden verlangt werden muss?

In vielen Fällen ist dies nicht der Fall. Die Abflusswässer der Rieselfelder sind sehr häufig als durchaus mangelhaft gereinigt zu bezeichnen und enthalten eine typische Abwasser-Flora.

Dies ist nicht zu verwundern, da nach Gerson[1]) die Einstaubassins (vergl. oben, p. 570) der Berliner Rieselfelder noch $^1/_3$—$^1/_2$ der ursprünglich in den Sielwässern enthaltenen organischen Substanzen in das Drainwasser entlassen, die Beetanlagen $^1/_6$—$^1/_7$ derselben und nur die Wiesenanlagen (wenn sie in Ordnung sind!) das Wasser genügend reinigen.

Die reinigende Wirkung von Rieselfeldern wird bei chemischer Untersuchung am besten durch die Bestimmung des im abfliessenden Wasser enthaltenen Ammoniaks geprüft, denn dieser Stoff wird durch die im Boden sich abspielenden biologischen Processe am leichtesten, raschsten und vollständigsten beseitigt (nitrificirt). Oben (p. 276) wurde darauf hingewiesen, dass das Ammoniak als Indikator für die primäre Wasser-Verunreinigung wichtig ist: wenn das von einem Rieselfeld abfliessende

---

1) Vergl. Gerson in Weyl, Handb. d. Hyg II, 1, p. 341.

Wasser diesen Stoff noch enthält, muss die Wasser-Reinigung als ungenügend angesehen werden. Thatsächlich enthalten die meisten von Rieselfeldern kommenden Drainwässer Ammoniak und zwar oft in sehr beträchtlicher Menge [1]).

Welche Gründe für diese häufig durchaus ungenügende Wirkung der Rieselfelder, welche die Sielwässer der grossen Städte zu reinigen haben, massgebend sind, sei in kurzen Zügen angedeutet.

1. Die Filtrationswirkung der Rieselfelder (vergl. p. 579) besteht darin, dass die Sedimente (die festen Verunreinigungen des Wassers) von den gelösten Schmutzstoffen abfiltrirt werden und auf der Bodenoberfläche liegen bleiben. Der auf der Erdoberfläche zurückgelassene Rückstand ist die sogenannte „Rieselhaut", eine Schlickbildung [2]), welche zwar reich ist an fäulnissfähigen Substanzen, ihrer grossen Masse nach aber aus Papierfasern und Kaffeesatz besteht. Dieser Schlick wurde als bis 20 cm hohe Lage beobachtet; er schliesst die Poren der Erde hermetisch fest zu, so dass durch die Rieselhaut hindurch weder die für die Oxydationswirkung der in dem Boden sich befindlichen Mikroorganismen wünschenswerthe Luftcirkulation stattfinden, noch weitere aufgerieselte Schmutzwassermengen in die Erde versinken können. Dadurch entsteht eine Versumpfung des Bodens oder (was in sehr vielen Fällen eintritt) das Schmutzwasser passirt die Schlickschicht durch die Gänge wühlender Thiere, welche die Rieselhaut durchbrochen haben, und erreicht die tieferen Erdschichten, die Abfluss-Drains, ohne gereinigt zu sein. Eine weitere erfolgreiche Rieselung ist auf einem mit Papier-Schlick bedeckten Feld erst wieder möglich, wenn dieser durch Lockerung, Hacken etc. durchbrochen oder wenn er untergepflügt wird. Aber in letzterem Fall entstehen, da die den Schlick bildenden Substanzen ganz ausserordentlich schwer vermodern, Hohlräume, Gänge in der Erde, welche das Schmutzwasser ungereinigt in tiefere Bodenschichten lassen. Dies ist aber deshalb für die Reinigung ungünstig, weil (vergl. p. 580) gerade die obersten Erdschichten die intensivste Reinigungsfähigkeit besitzen.

2. Es wird durch die Funktion und Bestimmung der Rieselfelder, die fortwährend produzirten Abwässer der Städte zu reinigen, unumgänglich nöthig, die Schmutzwässer auch zu Zeiten auf dieselben zu bringen, wo die an der Reinigung intensiv mit betheiligte höhere Vegetation (vergl. p. 581) dieselben nicht brauchen kann. Die anspruchlosesten Kulturgewächse und zugleich die besten Reiniger sind die Wiesengräser: aber infolge des bei der Rieselwirthschaft eintretenden ungleichmässigen Aufleitens wird der

---

1) Vergl. König, Verunr. d. Gew. p. 112, 117; A. Müller in Landw. Versuchsstat. XVI, p. 254.

2) Vergl. auch König, l. c. p. 199; Gerson, l. c. p. 345; Knauff, Schwemmkanalisation, p. 28; etc.

Grasertrag bald ersäuft, bald ausgetrocknet und durch die Sonnenhitze verbrannt.

Ferner ertragen die Gräser bei der (meist angewandten) Ueberstauung der Rieselfelder mit Schmutzwasser den für ihre Wurzeln eintretenden Luftmangel nur dann, wenn die Temperatur unter 3 ⁰ Celsius beträgt. Bei höheren Wärmegraden tritt eine die ganze Grasvegetation zerstörende Wurzelfäulniss ein, wenn das Schmutzwasser nicht genügend Sauerstoff mitbringt[1]). Dies ist aber überall, wo auch nur geringe Ansätze von Schlickbildung (vergl. oben) vorhanden sind, nicht zu erwarten.

Es liegt also in der Natur der aufgerieselten Schmutzwässer, insbesondere soweit sie reichlich Sedimente führen, dass durch sie die höhere, der Reinigung mit dienende Vegetation unter Umständen intensiv geschädigt werden kann.

3. Wie allgemein bekannt ist und auch oben theoretisch begründet wurde, kann jede Rieselfläche von bestimmter Grösse nur ein bestimmtes Höchstmaass von Verunreinigungen aufarbeiten. Thatsächlich begegnen wir in den allermeisten Fällen in der Praxis (nicht nur bei städtischen, sondern auch bei industriellen Rieselanlagen) viel zu kleinen Rieselterrains, welche eine vollständige Wasserreinigung überhaupt nicht bewirken können. Bei den städtischen Rieselfeldern hängt das Aufbringen zu grosser Schmutzmassen wesentlich mit der gleich zu besprechenden landwirthschaftlichen Ausnützung der Rieselanlagen zusammen. Werden einer Bodenreinigungsanlage mehr Schmutzstoffe zugeführt, als die Organismen derselben verarbeiten können, so tritt eine Verjauchung des Bodens ein und die abfliessenden Wässer sind erstens schlecht (nur durch mechanische Filtration) gereinigt, zweitens aber nimmt auch (durch Schädigung der Organismen) die Reinigungsfähigkeit des Bodens selbst ab.

Man wird bei vielen Rieselfeld-Anlagen sich dem Eindruck nicht entziehen können, dass A. Müller[2]) nicht mit Unrecht sich folgendermassen äussert:

„Ueberblicken wir noch einmal die Erfahrungen, welche bei der Berliner Spüljauchenwirthschaft gemacht worden sind, so zweifelt wohl kein Unbetheiligter daran, dass die in Aussicht genommene und theoretisch mögliche Reinigung der Spüljauche hier nicht erzielt worden ist.“

Die Angriffe der Landwirthschaft gegen die Rieselfeld-Wirthschaft der grossen Städte gehen wesentlich von dem Gesichtspunkt aus, dass auf den Rieselfeldern Stoffe in grossem Maasstabe vergeudet werden, welche der Landwirthschaft werthvoll sind.

---

1) Vergl. Gerson bei Weyl, Handb. d. Hyg. II, 1, p. 349.

2) A. Müller, Die Berliner Schwemmkanalisation (in Liernur, rationelle Städteentwässerung II, p. 125).

Alle Schmutzstoffe, von welchen die fäulnissfähigen Abwässer befreit werden sollen, sind zugleich Pflanzen-Nährstoffe, also Dungstoffe. Ob man das Kilogramm Sielwasser-Stickstoff mit der gleichen Menge in Kunstdünger oder Stalldünger enthaltenen Stickstoffs vergleicht und dem entsprechend den Werth desselben höher oder niedriger einschätzt: immer ergiebt die Berechnung der in den Abgängen einer Stadt enthaltenen, für die Landwirthschaft verwerthbaren Dungstoffe beträchtliche Summen.

Die Düngung der Rieselfelder, oder was dasselbe ist, die Reinigung der Abwässer von ihren fäulnissfähigen Verunreinigungen erscheint zwar eine landwirthschaftliche Ausnützung dieser unter allen Umständen einen gewissen Werth repräsentirender Stoffe zu sein, aber trotzdem sind die Angriffe der Landwirthschaft auf die Rieselbetriebe nicht unberechtigt.

Die höhere, nutzbringende Vegetation braucht eine ganze Anzahl von Nahrungsstoffen, von denen Kali, Phosphorsäure und gebundener Stickstoff die wichtigsten sind. Diese Nahrungsstoffe sind zwar alle in den Sielwässern enthalten, aber nicht in demjenigen Verhältniss, welches die höhere Vegetation braucht.

Eine gute Ernte verschiedener Kulturpflanzen entzieht den Rieselterrains nach Heidens[1]) Analysen pro ha in runder Summe:

	Stickstoff kg	Phosphorsäure kg	Kali kg	Kalk kg	Magnesia kg	Schwefelsäure kg	Chlor kg
Italien. Raygras	326,0	124,0	344,0	86,0	26,0	46,0	90,1
Runkelrüben	244,0	117,4	485,6	96,0	90,8	51,0	202,0
Möhren	140,0	69,7	200,8	89,2	29,3	32,0	140,0
Sommerraps	37,6	26,9	46,6	47,2	12,6	7,9	9,0
Winterraps	86,0	61,8	91,6	91,0	26,8	14,6	19,0
im Mittel	166,7	79,9	233,9	81,9	37,1	30,3	92,0
Mittleres Verhältniss der Stoffe, wenn Stickstoff = 100 :	100 :	48 :	140 :	49 :	22 :	18 :	55 .
In den Sielwässern ist aber das Verhältniss der betreffenden Verbindungen in gelöster und ungelöster Form:	100 :	26 :	45 :	120 :	25 :	30 :	125 .

Diese Zahlen zeigen Folgendes:

Wenn man einem Rieselterrain soviel Sielwasser aufrieseln will, dass der durch eine gute Ernte dem Boden entzogene Kalibedarf gedeckt wird,

[1]) Heiden, die menschlichen Exkremente etc., p. 39; vergl. auch die diesbezügliche Zusammenstellung bei König, Verunr. d. Gewässer, p. 116.

d. h. pro ha 233,9 (oder rund 234) kg, so bringt dasselbe Wasser dem Boden 520 kg Stickstoff zu. Für den Bedarf der Ernte sind aber nur 166,7 kg Stickstoff nöthig, nur diese Menge wird durch die höhere, nutzbringende Vegetation dem Boden wieder entzogen: also gehen pro ha Rieselland 353,3 kg Stickstoff verloren.

Nehmen wir aber an, der für die Ernten nothwendige Fehlbetrag an Kali und Phosphorsäure würde den Rieselfeldern besonders zugeführt, nur die volle Summe des Stickstoffs würde durch Rieselung aufgebracht, so genügten zur ausreichenden Düngung eines ha Rieselfelds nach Thaer[1]) die jährlichen Abgänge von 50 Personen. Nach Rubner[2]) bewirken die Abgänge von 80 Personen sehr reichliche Düngung; mit König[3]) darf man wohl den Stickstoffbedarf eines ha Riesellandes als durch die im Jahre von 60 Menschen gelieferten Abgänge genügend gedeckt betrachten.

Thatsächlich werden die Rieselfelder aber überall zur Reinigung der Schmutzwässer von sehr viel mehr Menschen benützt, als die landwirthschaftliche Ausnützung des in denselben enthaltenen Stickstoffs erfordern würde.

Die übergrosse Menge des in den Sielwässern enthaltenen Stickstoffs geht also der Landwirthschaft, der höhern Vegetation verloren, und zwar bei gut geleiteten, ihrem zur Reinigung der Schmutzwässer dienenden Zweck nachkommenden Rieselanlagen dadurch, dass dieser Stickstoff durch die Boden-Organismen nitrificirt wird und als Salpetersäure in den Rieseldrains abfliesst.

Es wäre durchaus verfehlt, wenn man glauben wollte, die Reinigung des Schmutzwassers von stickstoff-haltigen Stoffen finde auf Rieselfeldern nur insoweit statt, als die höhere Vegetation, die Ernten, Stickstoff aus dem Boden ziehen. In Wirklichkeit wird durch die niedere Vegetation (vergl. p. 580) eine sehr viel grössere Menge von fäulnissfähigen Substanzen unschädlich gemacht.

Aber bei allzu massenhaftem Aufrieseln vermögen niedere und höhere Vegetationen auch mit vereinigten Kräften der Schmutzstoffe nicht Herr zu werden: zum Theil geht der Stickstoff dann als Ammoniak mit den Drainwässern ab (vergl. p. 583) und bildet die Ursache für Flussverunreinigungen durch die ungenügend gereinigten Abwässer, zum Theil „verjauchen“ die Schmutzstoffe den Boden und belästigen die Umgebung der Rieselfelder durch mephitische Gerüche.

Mit Recht bezeichnet König[4]) derartige Rieselanlagen nur als eine Translokation des Uebels, denn in diesem Falle verpesten die Abfallstoffe zwar nicht mehr die Städte, aber doch deren Umgebung.

---

[1]) Vergl. Knauff, Schwemmkanalisation, p. 29.
[2]) Vergl. Rubner, Lehrb. d. Hyg., p. 343.
[3]) Vergl. König, Verunreinigung der Gewässer, p. 116.
[4]) l. c. p. 121.

Im Augenblick, wo die Rieselfelder der Grossstädte ihre reinigende Wirkung nicht mehr tadellos ausüben, sind Uebelstände vorhanden, welche Abhilfe im Interesse der öffentlichen Ordnung erheischen und die Massnahmen, welche zur Abstellung dieser Uebelstände zu ergreifen sind, haben, wenn irgend möglich, in der Richtung zu erfolgen, dass die Verunreinigungen, welche auf den Rieselfeldern nicht aufgearbeitet werden, als Pflanzennährstoffe der Landwirthschaft zu Gute kommen.

Die gegenwärtig am meisten beliebte Art und Weise der Rieselung städtischer Abwässer ist die, dass man (vergl. p. 579) die Rohsielwässer auf die Rieselfelder leitet.

Hier müssen also sowohl die festen, suspendirten Schmutzstoffe (die Sedimente), wie auch die im Wasser gelösten Verunreinigungen aufgearbeitet werden. Wenn die Mineralisirung derselben gut erfolgt, so hat Niemand ein Recht, den Städten in ihre Rieselanlagen hineinzureden; wenn dies aber nicht der Fall ist, so muss auf Abhilfe gesonnen werden.

Gegenwärtig vergrössern die Städte ihr Rieselareal immer mehr und zwar ist der Zuwachs der Rieselanlagen dem Zuwachs der an die Kanalisationen angeschlossenen Bevölkerung nicht proportional, sondern übertrifft denselben bei Weitem. Dies hat darin seine Ursache, dass allmählich die Erfahrung lehrt, mit so kleinen Rieselanlagen, wie sie ursprünglich für die zu reinigenden Wassermengen geschaffen wurden, komme man nicht zu einem unanfechtbaren Reinigungsmaterial. Weiter aber ist eine andere Ursache des ständigen Anschwellens des Rieselterrains, dass durch das Aufbringen zu grosser Schmutzwasser-Mengen den Rieselfeldern mehr zugemuthet wird als dieselben leisten können. Ist einmal die „Verjauchung" eines Rieselterrains eingetreten, so braucht dasselbe längere Zeit, um sich zu erholen. Nur zu häufig werden ganze Parcellen der Rieselterrains in dieser Weise „todtgerieselt" und müssen dann durch andere ersetzt werden, d. h. es müssen dann die Rieselgüter durch Zukauf weiterer Grundstücke vergrössert werden.

Dieses Ankaufen neuer und immer neuer für die Rieselung tauglicher Güter wird aber deswegen in absehbarer Zeit einmal ein Ende erreichen, weil die Herstellung der Druckrohrleitungen nach diesen entfernten Rieselparcellen zu theuer wird.

Dann kommt der Zeitpunkt, wo man sich allgemein sagen wird, dass die Reinigung auf eine billigere Weise tadellos mit den vorhandenen Rieselfeldern ausgeführt werden kann und zwar in folgender, in England mehrfach eingeführten Weise:

Man hat es gar nicht nöthig, sowohl die Sedimente wie auch die gelösten Verunreinigungen auf den Rieselfeldern zu reinigen, sondern nur die flüssigen Schmutzstoffe **müssen** gerieselt werden, die festen Verunreinigungen können abgeschieden werden. Statt neue Rieselgüter zu kaufen, sollte man, wenn die alten Komplexe nicht mehr genügend reinigen, Anstalten bauen zur Abscheidung der Sedimente. Kommen die festen Verunreinigungen nicht mehr auf die Rieselfelder, so genügen die vorhandenen Güter auf lange Zeit hinaus für einwandfreie Reinigung der vorgeklärten Abwässer.

Bei den Verfahren zur Sediment-Abscheidung darf man dann aber nicht die von einigen Städten (z. B. Wiesbaden, Frankfurt a. M.) betretene Bahn einschlagen und die ausgelaugten, an sich schon schweren und für die Landwirthschaft keineswegs hochwerthigen Sedimente auch noch mit (der Fällung dienenden) Mineralsubstanzen beschweren. Darunter leidet nur die Transportfähigkeit der Abscheidungen und diese werden nicht abgeholt, wenn es sich um grössere Entfernungen handelt. Zur Sediment-Abscheidung müssen die rein mechanischen Mittel der Filtration oder des Centrifugirens dienen.

Mit solchen Sedimenten werden die Städte niemals Geschäfte machen können, aber das brauchen sie gar nicht. Auch wenn die Sedimente kostenlos abgegeben werden, wird schliesslich (wenn die den Städten nahe gelegenen Rieselgüter einmal alle in Gebrauch sind und es sich darum handelt, entfernter gelegene anzukaufen) die Sedimentabscheidung sich doch billiger stellen als weitere und immer weitere Ausdehnung des Rieselbetriebs.

Mehr als die Sedimente der Sielwässer zu fordern, ist die Landwirthschaft aber nicht berechtigt, denn aus der Aera der Schwemmkanäle, welche unsern Städten ungeheure sanitäre Fortschritte gebracht haben, zu einem anderen Entwässerungssystem zurückzukehren, kommt weder einer Stadtverwaltung noch einer Bürgerschaft, welche die Vortrefflichkeit der Schwemmkanalisation kennen gelernt hat, in den Sinn.

Die Ausfertigung des Gutachtens.

Jedes gerichtliche Gutachten wird unter dem Sachverständigen-Eid abgegeben, und jedes in privatem Auftrag erstattete kann jeden Augenblick zu den Akten eines Rechtsstreites eingereicht werden, worauf in den meisten Fällen dann auch seine Erhärtung durch den Sachverständigen-Eid folgt.

Bei unserer mündlichen Gerichtsverhandlung ist allerdings nicht das schriftlich abgegebene Gutachten, wenn dieses nicht als solches auf den Eid genommen wird, sondern der Inhalt der

mündlichen Sachverständigen-Aussage Gegenstand des Eides. Aber trotzdem soll jedes schriftliche Gutachten so abgefasst sein, dass es als mit dem besten Wissen und Gewissen des Gutachters übereinstimmend beeidigt werden kann.

Manchem Experten geht beim Abfassen seines schriftlichen Gutachtens die Phantasie durch, so dass er nachher, bei der mündlichen Verhandlung auf Einzelheiten desselben angezapft, nicht mehr den strengen Wortlaut vertheidigen kann, sondern bei einzelnen Sätzen erklären muss, „das habe ich so und so gemeint". Solche Momente pflegen für den betreffenden Gutachter zu den kläglichen zu zählen. Man stelle sich bei Abfassung eines Gutachtens stets vor, ein Gegengutachter bekomme dasselbe zu lesen und zu kritisiren; man sei stets lieber etwas bescheiden in seinen Urtheilen, als dass man Angreifbares mit seinem Eide deckt. Die den Gerichtshof bildenden Richter sehen sich jeden Sachverständigen genau an; vielleicht sind sie nicht im Stande, allen letzten Einzelheiten einer speciellen, wissenschaftlichen Ausführung zu folgen, aber im Allgemeinen pflegen sie, besonders wenn zwei Sachverständige verschiedener Meinung sind, sehr bald zu merken, welcher von Beiden objektiv Recht hat. Bei Wassersachen betreffenden Rechtsstreitigkeiten hat es der Sachverständige nicht mit dem Laienelement der Schöffen- und Geschworenengerichte zu thun.

Nichts wäre deshalb verkehrter, als wenn der Gutachter sich zum Anwalt des Publikums oder, was dasselbe ist, einer der Parteien machen wollte; dadurch würde er nicht nur sich, sondern auch dem leider nicht immer genügenden Ansehen der gerichtlichen Sachverständigen schaden.

Ausserordentlich zu bedauern ist, dass die Gutachten in den Akten begraben bleiben und nicht (wenigstens diejenigen, welche in den die höheren Instanzen beschäftigenden Fällen abgegeben werden) ex officio veröffentlicht werden. Mancher Sachverständige würde sich sein Gutachten vor der Abgabe vielleicht noch einmal ansehen, wenn er wüsste, dass dasselbe in die Oeffentlichkeit käme.

In manchen Fällen kann ein Gutachter durch das Verhalten anders urtheilender Experten veranlasst werden, eine allgemein interessante Gegenstände behandelnde Streitfrage (z. B. in einer Fachzeitschrift) vor die Oeffentlichkeit zu bringen. Es ist leider zweifelhaft, ob derselbe dann die mit seinen Anschauungen im Widerstreit sich befindlichen Gutachten anderer Sachverständiger abdrucken lassen darf. Diese sind zwar in öffentlicher Gerichtssitzung vorgetragen resp. bilden die Basis der Beweisaufnahme in solcher, aber der „Schutz des geistigen Eigenthums" könnte sich doch auch auf solche Gutachten beziehen; selbe sind daher in solchen Fällen vorsichtshalber nur im Auszug zu geben.

Jedes Gutachten soll enthalten:

1. Das Aktenzeichen, unter welchem die Aufforderung an den Ex-

perten ergangen ist, das Gutachten einzureichen. Das Aktenzeichen wird links oben auf das Gutachten gesetzt.

2. Zu Beginn der Ausführungen den Beweisbeschluss oder den Wortlaut des schriftlich (vergl. p. 348) gegebenen Auftrags.

3. Die genaue Beschreibung der behufs Erledigung des Auftrags vorgenommenen Probeentnahme sammt Lokalbesichtigung; der Eindruck, welchen der Experte bei der örtlichen Kenntnissnahme von dem Fall erhalten hat, ist unter Umständen als für die Beurtheilung der gestellten Fragen wichtig nöthigenfalls anzugeben.

4. Die Beschreibung der behufs Erledigung des Auftrags vorgenommenen Untersuchungen.

5. Die Schlüsse, welche in Bezug auf die Beantwortung der gestellten Fragen aus Lokalinspektion und Untersuchung gezogen werden mit genauer Motivirung derselben.

6. Eine kurze, präcise Zusammenfassung des gesammten Inhalts des Gutachtens mit Anführung und scharfer Beantwortung der einzelnen Fragen des Beweisbeschlusses.

Nur wenige Bemerkungen bezüglich dieser Punkte sind hier beizufügen: Der ganze materielle Inhalt des Gutachtens sei in einer gemeinverständlichen, dem gebildeten Laien begreifbaren Weise abgefasst. Man bedenke stets, dass die Richter nicht Fachmänner in naturwissenschaftlichen Fragen sind, dass sie aber die Pflicht und das Bestreben haben, nicht auf das einfache Endurtheil eines Sachverständigen hin, sondern nach Erwägung des ganzen Falles Recht zu sprechen. Man erschwere es dem Richter, welcher sich in ein Gutachten einarbeiten muss, nicht, dasselbe auch wirklich zu verstehen. Deshalb erkläre man soviel wie möglich alles, was irgendwie zweifelhaft sein könnte, setze nichts als bekannt voraus, was einem gebildeten Laien nicht bekannt ist, kurz, erleichtere das volle Verständniss des Gutachtens dadurch, dass man es dem Richter ermöglicht, in allen Einzelheiten dem Gedankengang zu folgen, welcher den Sachverständigen zu seinem Endurtheil geführt hat.

Ferner vermeide es der Experte durchaus, in seinem Gutachten den Kreis seines Faches zu überschreiten. Dies wird besonders in Abwasserfragen meist dann verlockend sein, wenn in dem Beweisbeschluss die Frage nach gesundheitlichen Schädigungen durch Abwässer oder nach technischen Einzelheiten von Fabrikbetrieben resp. Reinigungsverfahren enthalten ist. In einem solchen Fall erledige der Mikroskopiker die Anfrage, soweit sie in sein Gebiet gehört, d. h. er gebe sein Urtheil über die Wasserverunreinigung ab, im Uebrigen aber verweise er darauf, dass er für Weiteres nicht kompetent ist, und dass deshalb in solchen Einzelfragen andere Sachverständige zu vernehmen sind.

Es sei dem Gutachter gerathen, wenn er einmal die Ueberzeugung von der Richtigkeit eines principiellen Standpunktes gewonnen

hat, diese Ueberzeugung in allen Einzelfällen, mögen sie scheinbar so verschieden sein wie sie wollen, zu vertreten. Erfahrungsgemäss kommen im Laufe der Jahre immer wieder dieselben oder sehr ähnliche Fragen zur Entscheidung: es wird dem Sachverständigen befriedigend sein, wenn er nach Jahren seine alten Gutachten durchsieht und dabei die Empfindung hat, dass keines dem andern widerspricht.

In Wasserrechts-Streitigkeiten steht der Sachverständige sehr oft zwischen erheblichen Interessen-Gegensätzen. Niemand ist so gut in der Lage wie er, den Parteien zu zeigen, dass in einem geordneten, blühenden Gemeinwesen nicht jeder seine Interessen bis zu den äussersten Konsequenzen verfolgen darf, ohne die Allgemeinheit zu schädigen. Niemand kann in ähnlicher Weise wie der Sachverständige in Wasserrechtsstreitigkeiten die Parteien auf die Linie hinweisen, durch welche sich die widerstreitenden Interessen so abgrenzen lassen können, dass der Eine wie der Andere leben kann. Das schönste Ergebniss eines Gutachtens ist stets, wenn auf dasselbe hin die streitenden Parteien sich in gütlichem Vergleich die Hand reichen.

Probegutachten über eine Trinkwasser-Untersuchung.

Vorbemerkungen. Am 3. September 1896 erhielt ich durch die Post vom Amtsvorsteher in N. ein Kistchen, enthaltend zwei mit Wasser gefüllte, versiegelte Probeflaschen sowie ein Anschreiben, in welchem das Ersuchen gestellt war, das betreffende Wasser „auf Typhus" zu untersuchen.

In meinem Antwortschreiben vom selben Datum wies ich darauf hin, dass an sich schon in jeder eine Wasseruntersuchung betreffenden Frage ein Gutachten von mir meist nicht abgegeben werden könne ohne eigene Probeentnahme, dass aber speciell für Begutachtungen, welchen eine bakteriologische Untersuchung vorangehen müsse, eingesandte und nicht ordnungsmässig entnommene Wasserproben werthlos seien. Zugleich wies ich darauf hin, dass bei einer Untersuchung von typhusverdächtigem Wasser nicht darauf gerechnet werden könne, das Typhusbacterium zu finden und stellte deshalb anheim, den Auftrag in der Weise abzufassen, dass die Ermittelung sich darauf erstrecke, ob die betreffende Wasserquelle einer Infektion mit Typhus ausgesetzt oder verdächtig sei. Zugleich ersuchte ich um vorläufige Informationen über den betr. Fall.

Unterm 6. September 1896 erhielt ich den Auftrag, die Lokalinspektion, Probeentnahme und Untersuchung zur Beantwortung der von mir vorgeschlagenen Fragestellung auszuführen, sowie die gewünschten Informationen.

Gutachten über die den Brunnen im Hause Nr. 216 des Dorfes N. betreffende Wasseruntersuchung.

Am 6. September 1896 erhielt ich durch den Herrn Amtsvorsteher in N. den Auftrag, den im Gehöft des Hausbesitzers S. in N. gelegenen Pumpbrunnen zu besichtigen, Proben des Wassers zu entnehmen und ein

Gutachten darüber zu erstatten, ob das Wasser dieses Brunnens einer Infektion mit Typhusbakterien ausgesetzt resp. verdächtig sei.

Zu diesem Zwecke begab ich mich mit dem um 6,30 Uhr von hier abfahrenden Zug nach N., wo ich um 10 Uhr 20 M. eintraf.

In Anwesenheit des Herrn Amtsvorstehers und des Hausbesitzers S. fand zunächst die Besichtigung des fraglichen Brunnens und seiner Umgebung statt.

Bei der Besichtigung wurden folgende Verhältnisse gefunden:

Der fragliche Brunnen ist ein Pumpbrunnen und 25 m vom Wohngebäude des Gehöfts, 12 m vom Stallgebäude desselben belegen. Die Abortgrube des Wohnhauses liegt am entgegengesetzten Ende desselben, vom Brunnenschacht etwa 50 m entfernt; die Düngerstätte des Stallgebäudes befindet sich etwa 10 m vom Brunnen entfernt. Nach den Aussagen des Hausbesitzers ist die Abortgrube, welche die Fäkalabgänge von 12 Menschen aufzunehmen hat, cementirt. Ein Gleiches ist dagegen bei der Unterlage der Stalldünger-Stätte nicht der Fall.

Der Haufen Stalldünger, welcher aufgeschichtet daliegt, ist von einer grossen Lache brauner Jauche umgeben. Spuren am Boden zeigen, dass zeitweilig ein Austreten dieser Jauche und eine weitere Verbreitung derselben im Hofe vorkommt.

Der ganze Hof ist unreinlich gehalten. Ausser Flügelvieh bewegt sich Kleinvieh (Schweine) auf demselben. Ueber den Hof führt eine offene, zur Zeit der Besichtigung zwar ausgetrocknete aber nach den darin gefundenen Speise-Resten zweifellos häufig zur Küchenwasser- und Waschwasser-Ableitung benutzte Gosse. Diese Gosse endet am Rand des Grundstücks im Strassengraben; sie ist in kürzester Linie vom Brunnen 8 m entfernt.

Die äussere Besichtigung des Brunnens zeigte Folgendes: Die Bedeckung liegt etwa 35 cm über dem Niveau des Hofes und besteht aus Steinplatten, welche im Allgemeinen gut aneinander schliessen und deren Ritzen mit Cement verkittet sind, welche aber an das hölzerne Hubrohr nicht vollkommen heranreichen, sondern rings um dasselbe herum eine ungefähr $^1/_2$ cm breite Spalte lassen.

Der Abfluss des ausgepumpten Wassers wird durch eine gepflasterte Rinne vom Brunnen weggeleitet und mündet in die oben erwähnte Spülwassergosse.

Abgesehen von der zwischen Brunnenbedeckung und Hubrohr sich findenden Spalte können weitere offene Kommunikationswege zwischen der Erdoberfläche und dem Brunnenwasser nicht aufgefunden werden.

Nach Abräumung der Brunnenbedeckung zeigte sich, dass der Brunnenschacht bis zu dem 4,75 m unter dem Oberrand der Bedeckung gelegenen Wasserspiegel aus roh behauenen Feldsteinen aufgemauert ist. Der Mörtel zwischen den Steinen schien stellenweise mehr oder weniger vollständig herausgebröckelt zu sein. An der nach dem Düngerhaufen zu belegenen Seite des Brunnenschachtes wurden grauweisse, den Steinfugen entlang verlaufende Bahnen beobachtet, welche das Einfliessen schmutziger Wässer von dieser Seite her wahrscheinlich machen.

Eine Befahrung des Brunnenschachtes schien nicht erforderlich.

Im Verlauf der Besichtigung wurden unter Beobachtung aller gebotenen Vorsichtsmassregeln folgende Proben entnommen:

1. Zwei zur bakteriologischen Untersuchung bestimmte Proben aus dem in der Brunnenröhre stehenden Wasser.

2. Vier zur bakteriologischen Untersuchung bestimmte Proben aus dem im Brunnenschacht befindlichen Wasser.

3. Der Filterrückstand von 15 Litern ausgepumpten Wassers.

4. Zwei an Ort und Stelle gegossene, der Ermittelung der Keimzahl dienende Platten aus dem im Brunnenschacht befindlichen Wasser.

Dies Wasser war, wie die Ermittelungen an Ort und Stelle ergaben, bis auf wenige makroskopisch sichtbare schwimmende Partikel genügend klar; seine Reaktion war neutral, es war geruchlos; seine Temperatur betrug $12^1/_2{}^0$ Celsius.

Die entnommenen Proben wurden sofort auf Eis gelegt und in diesem Zustande mitgenommen.

Die Untersuchung derselben begann am Tag der Probeentnahme und ergab folgendes Resultat:

a) Die Zahl der im Wasser des Brunnenschachtes vorhandenen, auf Gelatine entwickelungsfähigen Keime betrug pro ccm 2820. Die Zählung wurde an den bei 22^0 gehaltenen Platten nach 36 Stunden mit dem Mikroskop vorgenommen.

b) Die Untersuchung des in der Brunnenröhre stehenden Wassers ergab folgende Species von Spaltpilzen:

Micrococcus candidus.	Bacterium foetidum.
Bacillus subtilis.	„ aërogenes.
Bacterium fluorescens.	„ coli.
„ ochraceum.	„ ureae.
„ constrictum.	„ Zopfii.

c) Die Untersuchung des im Brunnenkessel stehenden Wassers ergab folgende Arten von Bakterien:

Micrococcus aquatilis.	Bacterium constrictum.
„ candidus.	„ coli.
Bacillus subtilis.	„ aërogenes.
Bacterium fluorescens.	

d) Die Untersuchung des im Brunnenkessel stehenden Wassers ergab die Anwesenheit folgender Schimmelpilze:

Oospora lactis.	Fusarium Solani.
Aspergillus herbariorum.	Mucor racemosus.

Penicillium glaucum. Pilobolus Oedipus.
Sporotrichum inquinatum.

e) Die Bestimmung der in dem abfiltrirten Wasser vorhanden gewesenen Organismen ergab folgendes Resultat:

Algen waren nicht aufzufinden, dagegen in geringer Menge folgende Thiere:

Monas guttula. Urotricha farcta.
Bodo saltans. Chilodon uncinatus.
Anisonema Acinus. Glaucoma scintillans.
Coleps hirtus. Euplotes Charon.

Diese in Vorstehendem sub a—e aufgeführten Organismen haben für die Beurtheilung des Wassers und für die Entscheidung der aufgeworfenen Frage eine sehr verschiedene Bedeutung.

Als unwesentlich für die Beurtheilung, weil auch in reinem Wasser vorkommend, scheiden folgende Arten aus: Micrococcus candidus, Bacillus subtilis, Bacterium fluorescens, B. ochraceum, B. constrictum, B. foetidum, B. aërogenes; Micrococcus aquatilis; Coleps hirtus.

Als wenig geeignet, die Beurtheilung zu fördern, weil zu häufig und nicht auf charakteristischen Nährsubstraten sich in der Umgebung des Menschen findend, seien auch Aspergillus herbariorum, Penicillium glaucum und Mucor racemosus für die Beurtheilung des Wassers vernachlässigt.

Ferner geben die Thiere: Monas guttula, Bodo saltans, Anisonema Acinus, Urotricha farcta, Chilodon uncinatus, Glaucoma scintillans, Euplotes Charon nur Auskunft darüber, dass Fäulnissprozesse sich im Brunnenwasser abspielen; dagegen kann ihr Auftreten zu keinem Schluss auf eine mögliche oder stattgefundene Infektion des Brunnenwassers führen.

Anders aber steht es mit dem Rest der im Verlauf der Untersuchung gefundenen Organismen.

Von Bacterium Zopfii ist bekannt, dass dasselbe sich hauptsächlich in Koth und stinkend faulen Flüssigkeiten findet; Bacterium coli und B. ureae sind als echte Fäkal-Organismen zu betrachten.

In gleicher Weise deuten die beiden gefundenen Mist-Schimmelpilze Sporotrichum inquinatum und Pilobolus Oedipus auf eine Verunreinigung des Wassers mit in dasselbe gelangten Fäkalien, Fäkalauslaugungen oder Fäkalstaub.

Auch Oospora lactis kann mit Fäkalien in den Brunnen gekommen sein, doch ist es nach der Lebensart dieses Pilzes auch möglich, dass eine Wasserverunreinigung durch Hausabwässer die Oospora in den Brunnen gebracht hat. Fast sicher ist letzteres der Fall mit dem Pilz Fusarium Solani.

Es wurde also im Wasser des zu begutachtenden Brunnens eine ganze Reihe von Organismen gefunden, welche mit Sicherheit darauf schliessen lassen, dass eine Verunreinigung des Wassers durch Fäkalien stattgefunden hat. Sehr wahrscheinlich ist, dass auch Hausabwässer oder Schlammstaub von solchen in den Brunnen gelangt sind.

Diese aus den Organismen des Wassers gezogenen Schlüsse finden ihre Bekräftigung durch die Zustände des Brunnens und seiner Umgebung, welche bei der lokalen Besichtigung sich ergeben haben und oben geschildert wurden.

Ob menschliche oder thierische Fäkalien in den Brunnen gelangt sind, ist aus den im Wasser aufgefundenen Organismen nicht zu beurtheilen; jedenfalls macht aber auch, selbst wenn keine von Menschen stammenden Fäces das Wasser verunreinigt haben, die Infektion mit thierischen Fäkalien ein Brunnenwasser zum Genuss und Gebrauch des Menschen untauglich.

Die Untersuchung hat also ergeben, dass eine Verunreinigung des Wassers mit thierischen Fäkalien und wahrscheinlich auch mit menschlichen Auswurfstoffen (Spülwasser oder dessen Schlamm) stattgefunden hat.

Dementsprechend ist das Wasser des im Gehöft des Hausbesitzers S. in N. gelegenen Pumpbrunnens vom Trink- und Hausgebrauch auszuschliessen.

Probegutachten über eine Abwasser-Untersuchung.

Vorbemerkungen. — Durch Beschluss des x-ten Civilsenats des kgl. Oberlandesgerichts zu B. wurde Verfasser zum Sachverständigen in einer die Abwässer einer Rübenzucker-Fabrik betreffenden Streitsache ernannt.

Auf Ansuchen erhielt ich behufs genauer Information die Akten des betr. Civilprozesses, sowie die Ermächtigung, durch eine Besichtigung an Ort und Stelle mir über die Sachlage die nöthige Anschauung zu verschaffen.

Ergebniss des Aktenstudiums (vergl. oben, p. 348). Die Lage des Streitfalles ist folgende: Kläger betreibt in F. eine Weissgerberei und benützt von jeher einen an seinem Grundstück vorbeifliessenden Bach, um seine Felle einzuweichen und zu schweifen. Beklagter ist im Besitz einer Rohzuckerfabrik, welche ihre Abwässer in den gleichen Wasserlauf ca. 8 Kilometer oberhalb der in Rede stehenden Gerberei einlässt. Kläger behauptet, dass seine Felle seit Errichtung der Zuckerfabrik, insbesondere in der Campagne 1890/91, in der Weise ihm verdorben wurden, dass in den Häuten blaugrüne Flecken entstanden, welche im Verlauf des Gerbereiprozesses nicht mehr entfernt werden konnten und das Produkt minderwerthig, insbesondere nicht mehr zu Glacéleder geeignet machten. Der Schaden, welcher Kläger entstanden sei, belaufe sich auf *M.* . . . . (ansehnlich hohe Summe); für denselben wird Ersatz gefordert. Durch in den Akten enthaltene Sachverständigen-Gutachten ist festgestellt, dass diese scharf umschriebenen Flecken aus Schwefeleisen (FeS) bestehen, welches in den Fasern der Häute sich niedergeschlagen hat; es ist ferner festgestellt, dass die Zuckerfabrik in der betreffenden Campagne sehr mangelhaft gereinigte Abwässer entlassen hat. Weiter geht aus den Akten hervor, dass eine reichliche Abwasservegetation sich in dem Fabrikabwasser in der Gegend der Gerberei des Klägers findet und dass vielfach mit Eisenoxydhydrat stark beladene Drainagewässer in den Wasserlauf einmünden. Ausserordentlich wichtig für die Erklärung der Fleckenbildung erscheint, dass bei einem in Anwesenheit mehrerer Sachverständiger ausgeführten „Gerbeversuch“, bei welchem dem benutzten Wasser absichtlich reichliche Mengen von Eisenoxydhydrat zugesetzt worden waren, die Fleckenbildung sich nicht zeigte. Bei diesem Gerbeversuch wurde, wie überhaupt im Betrieb des Klägers, Calciumoxyd und Schwefelarsen gemischt als „Enthaarungssalbe“ verwendet. Da Eisenoxydhydrat demnach die blauen Flecke beim Zusammenkommen mit dem in der Enthaarungssalbe entstehenden Schwefelkalk nicht bildet, müssen lösliche Eisen(oxydul)verbindungen im Wasser vorhanden sein um den entstandenen Schaden zu erklären. Demnach lautete die Frage des Beweisbeschlusses:

„Ob die Ursachen für die Bildung des Eisenoxyduls im „N.'er“ Wasser und für das Auftreten der blauen (blaugrünen) Flecken auf den in der Gerberei des Klägers verarbeiteten Fellen seit der Errichtung der D.'er Zuckerfabrik, insbesondere in der Campagne 1891/92, in den Abwässern der genannten Zuckerfabrik zu finden ist.“

Das Bild von der Sachlage, welches aus dem Aktenstudium resultirt, ist folgendes: Wahrscheinlich entstehen die fraglichen Schwefeleisenflecken dadurch, dass im Schlamm des Baches Schwefeleisen vorhanden ist, dass dieses FeS beim Einweichen der Felle auf die Häute kommt, beim Herausziehen derselben an der Luft zu Eisensulfat ($FeSO_4$) oxydirt wird und nun Eisensulfat in die Haut imbibirt ist. Dieses muss bei Berührung mit dem Schwefelkalk der „Salbe“ sofort wieder Schwefeleisen geben.

Bei der Besichtigung und Untersuchung ist also festzustellen:

a) Ob Schwefeleisen in reichlicher Menge in dem betreffenden Wasser vorhanden ist.

b) Ob die Abwässer, speciell ob Abwasservegetationen an der Schwefeleisenbildung die Schuld tragen.

c) Ob (bejahenden Falls) die Abwasservegetation allein durch die Abwässer der Zuckerfabrik oder auch durch anderweitige Verschmutzungen hervorgerufen wird.

Ergebniss des Kartenstudiums (vergl. oben, p. 349). Der Situationsplan der fraglichen Etablissements und der Wasserläufe ist auf der Skizze Fig. 39 angegeben.

1. Nach den Kartenangaben ist die Zuckerfabrik belegen an einem kleinen Wasserlauf, welcher direkt oberhalb der Fabrik aus zwei Bächen zusammenfliesst. Beide Bäche liegen an bewohnten Ortschaften (B. und Z.), sind also möglicherweise bereits verunreinigt, bevor sie die Fabrikabwässer aufnehmen. Diese Ortschaften sind ungefähr gleich gross, es muss also der Einfluss beider gleichmässig in Betracht gezogen werden[1]). Probeentnahmen haben voraussichtlich stattzufinden 3, und zwar a, b direkt unterhalb der Orte B. und Z. sowie c direkt oberhalb der Fabrik.

2. Nach dem Messtischblatt (Entfernung 250 Meter im Zirkel!) abgetastet, beträgt die Länge des Wasserlaufes von der Fabrik bis zum Etablissement des Klägers 7,5 km. Diese Strecke muss besichtigt werden und zwar sind voraussichtlich auf derselben 3 Probeentnahmen nöthig, nämlich a) direkt unterhalb der Fabrik aus dem Abwasser selbst, um die Beschaffenheit des Abwassers kennen zu lernen, b) aus dem Bachlauf, wenn derselbe die Abwässer aufgenommen hat und sein Wasser mit denselben vollständig vermischt ist, c) aus dem Bachlauf über der Gerberei des Klägers, um zu erfahren, ob und welche Veränderung das Bachwasser auf seinem 7,5 km langen Lauf erlitten hat.

---

1) Wäre die eine der Ortschaften beträchtlich kleiner, so könnte man (bei Konstatirung günstiger Verhältnisse bei der grösseren) von der Besichtigung der kleineren absehen.

3. Von dem Messtischblatt wird ferner abgelesen, dass der die Abwässer führende Wasserlauf nicht unvermischt an das klägerische Anwesen kommt, sondern vorher aufnimmt: α) 1,5 km oberhalb der Gerberei einen kleinen, aus dem Ort S. kommenden Bach; β) direkt über der Gerberei das ebenso starke, von der Ortschaft K. kommende K.'er Wasser.

Das unter α bezeichnete Wasser hat 2 km, das unter β genannte dagegen viel weiteren Lauf von der nächsten durchflossenen Ortschaft bis zur Einmündung in den das Abwasser führenden Bach; voraussichtlich wird die Besichtigung des Wassers α genügen. Eventuell 2 Probenahmen aus diesen beiden Zuflüssen.

4. Unterhalb des klägerischen Anwesens tritt der fragliche Wasserlauf sofort in die Ortschaft F. und das daran sich anschliessende Städtchen N. ein. Nach Ausweis der in die Karte eingetragenen Höhenkurven beträgt das Wassergefälle

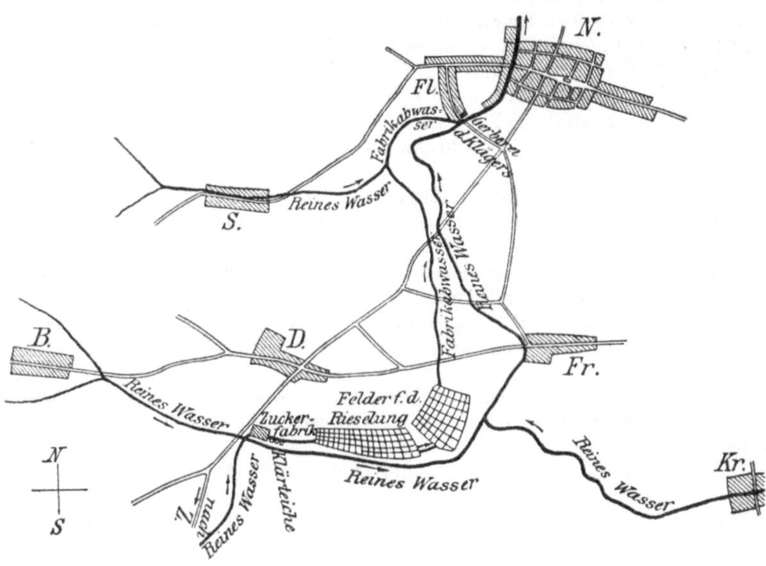

Fig. 39.

bis zur Mitte der Stadt weniger als 1 m. Dem entsprechend wäre vielleicht ein Rückstau städtischer Schmutzwässer bis zum Anwesen des Klägers möglich. Es muss also darauf bei der Begehung geachtet, ebenso müssen auch die durch die städtischen Abwässer veranlassten Wasserverhältnisse berücksichtigt werden.

5. Die von der Karte ablesbaren voraussichtlich zu begehenden Strecken betragen wenigstens 25 km; es ist also für die Besichtigung ein ganzer Tag erforderlich. Die Strasse Bahnhof N.-D.-B. ist für Fuhrwerk befahrbar; sie bietet von Strecke zu Strecke Gelegenheit, einen für den ganzen Tag zu nehmenden Wagen immer wieder zu treffen um gefüllte Probeflaschen etc. gegen leere umzutauschen. Es werden voraussichtlich etwa 10 Probeentnahmestellen in Frage kommen; dem entsprechend sind 24 Probeflaschen mitzunehmen.

Operationsplan für die Besichtigung (vergl. oben, p. 350). Durch Erkundigung war festgestellt, dass die Zuckerfabrik in drei Wochen ihre Campagne schliessen werde; deshalb wurde, da mit ziemlicher Sicherheit bis dahin Thauwetter und Hochwasser ausgeschlossen war, die Besichtigung auf den letzten Tag der Campagne festgesetzt (cf. oben, p. 355). Ferner war in Erfahrung gebracht, dass am Bahnhof N. Wagen zu haben sind. Dem entsprechend wurde in Aussicht genommen, mit dem Wagen sofort nach dem entferntesten Punkt (B.) zu fahren, von da bis zur Vereinigung des B.'er und Z.'er Wassers, ersteres abwärts, letzteres aufwärts zu begehen, den nach Z. dirigirten Wagen wieder zu besteigen und bis zur Vereinigungsstelle der Bäche zurückzufahren. Darauf die Begehung bis zur Einmündung des S.'er Wassers fortzusetzen, dieses vollständig und das K.'er Wasser wenigstens 1 km weit zu besichtigen. Zum Schluss sollte die als wahrscheinlich nothwendig vermuthete Besichtigung unterhalb der Gerberei und innerhalb der Stadt N. ausgeführt werden. Die Benachrichtigung der Parteien sollte erst im letzten Augenblick durch Boten ausgeführt werden.

Besichtigungsbild eines reinen Bachlaufes. Die Besichtigung beginnt nach dem Operationsplan in B. Der Augenschein lehrt, dass von den Häusern und Ställen schmutzige Zuflüsse das zu beurtheilende Wasser nicht oder doch nur in ganz verschwindendem Maasse verunreinigen. Soweit dies festzustellen, werden die Unreinigkeiten sorgfältig für landwirthschaftliche Zwecke gesammelt und ihr Entweichen verhindert. Uebrigens fliesst der Bach, was aus der Karte nicht zu entnehmen war, nicht direkt an den Häusern vorbei, sondern überall in einer viele Meter betragenden Entfernung vom Ort. Nur sehr wenige Gehöfte besitzen (allerdings bei der Besichtigung nicht funktionirende) Ablassgräben für Hausabwässer in den Bach. Dass diese Ablassgräben zeitweilig benützt werden und vor kurzer Zeit benützt wurden, beweisen frisch aussehende darin liegende Kartoffelschalen sowie ein weisslicher, übelriechender Schlamm, welcher die ganze Grabensohle überzieht. Von diesem Schlamm wird eine Probe behufs mikroskopischer Untersuchung mitgenommen. Dieselbe erhält die Signatur I und zugleich wird die Notiz aufgeschrieben: Probe I: „Schlamm aus dem Abflussgraben des Hauses X in B.“ An diese Notiz schliessen sich die Bemerkungen an, welche wir soeben über den im Orte B. gemachten Allgemeinbefund und über die speciellen Wahrnehmungen bei Gehöft X angeführt haben.

Um die Wirkung dieser zwar minimalen aber doch vorhandenen Wasserverunreinigung auf die Beschaffenheit des B.'er Wassers zu prüfen, wird die Begehung bachabwärts angetreten.

Oscillatorien. Das Wasser des Baches ist klar und geruchlos; es fliesst über einen grösstentheils vegetationslosen Sandgrund, dessen weisse Steinchen auch an tiefen Stellen deutlich sichtbar sind. Nur bis etwa 50 m unterhalb der Einmündung des Schmutzgrabens aus Haus X ist am Bachbett in und etwas über der Wasserlinie da und dort ein schwärzlicher, sich etwas schleimig anfühlender und (wenn nahe an die Nase gebracht) einen eigenthümlich dumpfigen Geruch besitzender, angedrückter Belag vorhanden, von welchem wir als Probe II etwas mitnehmen.

Es sei das Resultat der spätern Untersuchung hier der Information halber schon mitgetheilt: dieser so charakterisirte Belag besteht aus Oscillatoria-Arten. Man wird, wenn ein Schmutzeinlauf durch den Augenschein nachgewiesen ist und Vegetationen von dem Aussehen, welches hier geschildert wurde, sich finden, mit grosser Wahrscheinlichkeit auch ohne mikroskopische Untersuchung die Diagnose auf Schmutzwasser-Schizophyceen, speciell auf Oscillatorien, stellen dürfen.

Nun tritt der Bach in den Wiesengrund ein; seine bisher kahlen Ränder zeigen Weidenbestand und die abgestorbenen Halme des Rohrgrases säumen das Wasser ein. Auch das Bild der Wasservegetation ändert sich in bemerkenswerther Weise.

Diatomeenschwänze. Besonders auffällig sind uns fluthende Schwänzchen oder Zöpfchen, von brauner oder olivbrauner Farbe, welche oft über 10 cm lang werden und an den Schilfrohren, an Graswurzeln etc. hängen. Der ganze Habitus dieser Gebilde ist durchaus der von Wasserpilzen, welche bekanntlich ja auch in solchen Zöpfchen wachsen, wir nehmen davon die Probe III mit. Die zu dieser Probe gemachte Notiz lautet: fluthende, braune Zöpfe von 2—12 cm Länge; unterhalb B. reichlich an Rohr etc.

Die Untersuchung wird später ergeben, dass diese Zöpfe nicht von Wasserpilzen sondern von Diatomeen gebildet werden; ganz besonders die Art Lysigonium fasciatum (I. Theil, p. 121) hat die Eigenthümlichkeit, so pilzähnlich zu wachsen. Der Kundige wird, wenn er einmal auf das den Wasserpilzen ähnliche Aussehen dieser Gewächse aufmerksam wurde, auch die Unterschiede bald kennen lernen. Alle Diatomeenschwänze sind von Pilzschwänzen durch ihr lockeres Gefüge verschieden und ausserdem daran leicht zu erkennen, dass sie, zwischen den Fingern zerrieben, sich ein wenig körnig anfühlen. Verwechselt können diese Diatomeenschwänze mit den Abwasserpilzen nur bei den ersten Begehungen werden, welche ein Experte ausführt, später werden sie schon makroskopisch leicht und mit Sicherheit erkannt. — Diatomeenschwänze sind kein Zeichen für Wasserverunreinigung.

Eisenpilze. Bei Fortsetzung der Begehung treffen wir einen kleinen Zufluss, welcher durch Eisenoxydhydrat vollständig rothbraun gefärbt erscheint und zwar machen wir die Beobachtung, dass das Wasser als solches klar und durchsichtig ist, dass die Eisenoxydhydratablagerung an dichte, den Grund bedeckende Vegetationen geknüpft sind. Dies ist darauf zurückzuführen, dass das Eisen im Wasser ursprünglich als kohlensaures Eisenoxydul gelöst war, dass es aber durch die Lebensthätigkeit der Eisenpilze oxydirt und in den Schleim der Fäden derselben als Eisenoxydhydrat niedergeschlagen wurde. Wo immer die bekannten rothbraunen Eisenniederschläge im Wasser sich vorfinden: überall werden sie von Eisenpilzen dargestellt und zwar unterscheidet man auch makroskopisch die zwei Arten derselben leicht. Crenothrix polyspora (cf. Theil I, p. 68) pflegt feine Flöckchen zu bilden, Leptothrix ochracea (I, p. 68) dagegen findet sich meist als dichtknolliger Belag des Bachbettes. Der letztere Belag ist ausserordentlich leicht zerstörbar und löst sich bei der geringsten Berührung in das Wasser weithin trübende feinste Partikel (die Fäden des Pilzes) auf.

Sowohl Crenothrix wie Leptothrix ochracea finden sich fast nur in reinem, d. h. mit organischen stickstoffhaltigen Substanzen nicht verunreinigtem Wasser; sie sind in jedem eisenhaltigen Grundwasser massenhaft vorhanden, wenn dasselbe zu Tage tritt. Dabei ist zu bemerken, dass Leptothrix am liebsten in flachen Wasserläufen, Pfützen etc. lebt, während Crenothrix tiefes und strömendes Wasser vorzieht, doch kommen beide Arten auch oft zusammen vor.

Grüne Algen. Wir treffen bei unserer Begehung weiter im Wasser des Baches nun grosse Lager einer grünen Alge an; hier in ähnlicher Weise wie bei den Eisenpilzen einen Schluss aus makroskopisch sichtbaren Merkmalen auf die Art zu wagen kann nur gerathen werden, wenn man grosse Erfahrung gesammelt hat. Dann wird man die derben Rasen von Cladophora, die schleimigen von Conjugata, die zierlichen Flocken von Draparnaldia etc. voneinander unterscheiden lernen, doch stets bleibt eine solche Diagnose für den nicht andauernd sich mit dem Algenstudium Befassenden unsicher und ist zu vermeiden. Hier muss das Mikroskop zu Hause zu sicherer Bestimmung helfen.

Wichtig für die Untersuchung des Wassers ist aber, bei der Begehung schon zu wissen, dass solche Vegetationen von grünen Algen niemals ein Zeichen für Wasserverunreinigung sind, sondern im Gegentheil eher auf reines Wasser schliessen lassen.

Zufluss von Moorwasser. Nachdem wir als Probe IV die Algen gesammelt haben, gehen wir weiter. Ein kleiner Zuflussgraben führt ein Wasser von trübschwarzer Beschaffenheit in unsern Bach, welcher, wie wir uns sofort überzeugen, aus angrenzenden Moorwiesen kommt. Eine reiche Vegetation von grünen Algen ist auch in diesem kleinen Wasserlauf zu finden; dagegen kann auch die aufmerksamste Beobachtung keine weisse und auch keine schwarzgrüne Vegetation erkennen trotz dem unschönen Aussehen des zufliessenden Wassers. Wir sehen daraus, dass die mit modernden Pflanzenresten etc. reich beladenen Moorwässer keinerlei für uns in Frage kommende Wasserverunreinigung bewirken.

Zuflüsse von frisch gedüngten Wiesen. Dagegen bringt der nächste, von trockener gelegenem Terrain kommende Wiesengraben wieder Wasser, welches eine schwache Vegetation von Oscillatoria-Arten (siehe oben, p. 599) ermöglicht. Hier ist also wieder eine Wasserverunreinigung schwacher Art zu finden und wir entdecken die Ursache davon auch gleich bei Besichtigung der Wiesen, von denen das Wasser kommt. Darauf liegende, noch kaum verwitterte Papierstücke und andere Reste beweisen uns, dass vor kurzer Zeit eine Düngung mit Kloakenjauche stattgefunden hat. Auf die Auslaugungen dieser Düngung ist die Oscillatoria-Vegetation zurückzuführen.

Weitere Beobachtungen können wir an dem Wasser bis zu dessen Vereinigung mit dem von Z. kommenden Bach nicht mehr machen. Wir schreiben deshalb als Resümé des bisher Gesehenen in unsere Aufzeichnungen „das B.'er Wasser macht bei seiner Vereinigung mit dem Z.'er Wasser den Eindruck eines gewöhnlichen Bachwassers. Spuren schwacher Verunreinigung waren in seinem Verlauf zweimal zu bemerken, verloren sich aber wieder nach kurzer Zeit. Schwefeleisen-Ablagerungen (als tiefschwarzer Schlamm kenntlich) wurden nirgends angetroffen."

Nach unserem Operationsplan sollte weiter die Begehung des Z.'er Wassers bis zu dem Ort Z. erfolgen. Dieselbe wird auch angetreten, als sich aber nach Zurücklegung eines halben Kilometers von der Zusammenflussstelle ab herausstellt, dass dieses Wasser genau das gleiche Bild bietet wie das vorhin besichtigte und ebenfalls einen durchaus reinen Eindruck macht, wird von weiterer Begehung desselben Abstand genommen.

Besichtigung einer Abwasser-Reinigungsanlage. Bei der Fortsetzung der Besichtigung stellt sich heraus, dass die Zuckerfabrik seit Beginn des Prozesses eine ausgedehnte Abwasser-Reinigungsanlage geschaffen hat und ihre Abwässer nicht mehr, wie früher, ungereinigt abfliessen lässt. Durch diese Neuanlage wird der Vergleich der vorliegenden Verhältnisse mit den früher, zur Zeit der Schädigung des Gerbereibetriebes bestandenen, natürlich erschwert. Da früher nach den Aktenfeststellungen sehr stark verunreinigte Abwässer entlassen wurden, müssen etwaige jetzt konstatirbare Wasserverschmutzungen damals, vor Einrichtung des Reinigungsverfahrens, viel stärker gewesen sein.

Der Augenschein lehrt, dass die Fabrikabwässer sich aus folgenden Konstituenten zusammensetzen:

1. Den Rübenwaschwässern. — Diese enthalten die Erdpartikel welche den Zuckerrüben vom Acker her anhaften, ausserdem grosse Rübenwurzeln („Rübenschwänze"), gewisse Mengen aus Bruchstellen ausgelaugten Zuckers etc.

2. Den Schnitzelpresswässern. — Diese sind als mit organischen, stickstoffhaltigen Substanzen beladene, fäulnissfähige Abwässer schlimmster Art bekannt.

3. Den Osmosewässern. — Abwässer gleicher Art wie No. 2.

4. Den Fallwässern aus den Vakuumpfannen. — Heisse Abwässer mit sehr geringem Ammoniakgehalt, im Uebrigen fast völlig rein.

Die Menge dieser Abwässer beträgt nach den Erkundigungen täglich ca. 2000 Kubikmeter.

Alle vier verschiedenen Abwässer werden zusammengeleitet und nach dem . . . . 'schen Verfahren gereinigt. Sie stellen vor der Reinigung einen schlammig aussehenden kleinen Bach dar, dessen Wasser unangenehm nach Buttersäure riecht. Die Besichtigung zeigt, dass erst Kalkmilch, dann ein Eisen-Aluminiumpräparat in das Wasser eingegeben wird und zwar wird dies automatisch durch ein in den Schmutzwassergraben eingesetztes unterschlächtiges Wasserrad besorgt. Sobald die Mischung der Abwässer mit den genannten Chemikalien bewirkt ist, zeigen dieselben ein grauflockiges Aussehen, wie wenn geronnene Milch hineingeschüttet wäre. Dies kommt daher, dass der Aetzkalk theils Kohlensäure aus dem Schmutzwasser anzieht und als Kalkkarbonat fällt, theils sich mit den Eisen-Aluminiumsalzen zu Gips und Eisen- resp. Aluminiumhydoxyd umsetzt.

Die weitere Besichtigung zeigt, dass das mit den Chemikalien versetzte Abwasser in ein System von Klärbassins geleitet wird, welche es in Schlangenwindungen durchfliesst. In diesen Bassins setzt sich in Folge verminderter Strömung der ganze künstlich geschaffene Niederschlag als fester, grauweisser Schlamm ab und reisst die gesammten schwebenden Verunreinigungen mit zu Boden. Das Resultat dieser Sedimentation ist, dass das abfliessende Wasser vollkommen klar und geruchlos abläuft. Die Probe, welche wir mit rothem Lakmuspapier vornehmen, ergiebt, dass das gereinigte Wasser sehr stark alkalisch reagirt, dass also ein grosser Ueberschuss von Kalk zur Fällung verwendet wurde.

Wir erfahren, dass das auf die beschriebene Weise gereinigte Abwasser noch zur Rieselung zweier grosser Wiesenflächen verwendet werde und verfolgen seinen Lauf, um diese Anlage zu besichtigen.

Zunächst sehen wir, dass das Abwasser auf einem fast 1 km langen Lauf keinerlei Vegetation aufkommen lässt, dass der Bachgrund vollkommen steril bleibt. Dies ist bedingt durch die starke Alkalinität des gereinigten Wassers. Zugleich sehen wir aber auch, dass das Wasser sich seines Kalkgehaltes allmählich wieder entledigt. Das ganze Bachbett, die Gräser und Reiser in demselben, kurz alle Gegenstände, mit welchen das Wasser in Berührung kommt, sind mit einer dicken Kruste von Kalksinter überzogen. Dieser wird dadurch gebildet, dass das alkalische Wasser allmählich aus Luft und Erde wieder Kohlensäure aufnimmt und das Calciumhydroxyd sich mit derselben zu Calciumkarbonat verbindet. Wir konstatiren, dass beim Betreten des Rieselterrains die Alkalinität des Abwassers schon beträchtlich abgenommen hat.

Begehung eines Rieselfeldes. Für die reinigende Wirkung der Rieselfelder auf Abwässer kommt es auf folgende Punkte an:

1 Der Boden muss feinporig genug sein, um eine vollständige Filtration des Abwassers zu ermöglichen.

2. Der Boden muss zugleich lufthaltig genug sein, um die nöthige Sauerstoffmenge in sich zu haben, welche behufs Oxydation des Stickstoffs zu Salpetersäure erforderlich ist.

3. Der Boden muss genügend und mit solchen Gewächsen bestanden sein, welche den aufgebrachten Ueberschuss an Verunreinigungen (die alle zugleich der Klasse der Pflanzennährstoffe angehören) aufzunehmen geeignet sind.

4. Das Rieselterrain muss gross genug sein, um keine Ueberfüllung des Bodens mit Schmutzstoffen, keine Verjauchung befürchten zu lassen, eine regelmässige Erneuerung der berieselten Fäden muss innerhalb kurzer Zeiträume möglich sein.

5. Das Rieselterrain muss derart angelegt sein, dass es volle Gewähr dafür bietet, dass kein ungerieseltes Wasser entlassen wird.

Im vorliegenden Fall orientiren wir uns, um die Leistungsfähigkeit des Rieselterrains beurtheilen zu können, über die Punkte 1—5 folgendermassen:

1. Die Beschaffenheit des Bodens wird dadurch geprüft, dass man an mehreren Stellen etwa je 1 m tiefe Löcher anlegen lässt, welche die obersten Erdlagen, auf die es hauptsächlich ankommt, in frischem Anbruch zeigen. — In unserm Fall liegt auf der Erdoberfläche ca. 30 cm tief dunkler, fester Humus ohne Einmengung grösserer Steine; dann folgt, so weit wir sehen können, ein schwerer, feinkörniger Boden. Dieser Untergrund ist als vorzügliches Filter zu betrachten. Läge dagegen dicht unter der Oberfläche grober Kies, so wäre diese Bodenbeschaffenheit für die filtrirende Reinigung des Rieselfeldes nicht günstig.

2. Die Durchlüftung des Bodens hängt von seiner Beschaffenheit derart ab, dass ein feinporiger Boden natürlich wenig, ein grossporiger dagegen viel Luft führt. Filtrationswirkung und Durchlüftung pflegen also in umgekehrtem Verhältniss zu stehen.

Man verbessert deswegen die Durchlüftung feinporigen Bodens wesentlich durch Drainirung desselben, d. h. durch Einlegen eines Systems von porösen Thonröhren. Durch die Einlegung der Drainstränge wird auch zugleich für einen guten Abfluss des aufgebrachten Wassers gesorgt.

Die Erkundigung bei dem Techniker, welcher die Drainirung geleitet hatte, ergiebt in unserm Fall, dass die Röhren $1^1/_2$ m tief und im Abstand von 3 m liegen. Ein derartig beschaffenes Rieselfeld ist für seine Aufgabe vorzüglich geeignet. — Beide Angaben werden an einer Stelle, wo die Drains in einen offenen, tiefen Entwässerungsgraben ausmünden, durch den Augenschein kontrollirt und richtig befunden.

3. Das Rieselterrain ist mit Graswuchs bestanden. Die Wiesengräser sind erfahrungsgemäss Pflanzen, welche die aufgebrachten Verunreinigungen rasch aufnehmen. Da die Rieselung während der im Winter stattfindenden Campagne aber in die kalte Jahreszeit fällt, ist der Graswuchs natürlich im Stillstand begriffen und eine Entlastung des Bodens durch den höhern wie niedern Pflanzenwuchs findet im vorliegenden Fall nur in mässigem Umfange statt.

4. Das Rieselterrain ist im vorliegenden Fall etwa 180 Morgen gross; es findet nach Auskunft des Rieselwärters alle drei Tage eine Ueberleitung auf neue Feldparcellen statt und diese Massregel ist genügend, um die volle Gewähr dafür zu bieten, dass eine Reinigung des Wassers, soweit sie die kalte Jahreszeit (cf. 3) überhaupt erlaubt, eintritt.

5. Die Begehung zeigt an der gerade im Betrieb befindlichen Rieselparcelle, dass durch reichliche Maulwurfsgänge ein Abströmen des ungereinigten Wassers in den nachner an der Gerberei des Klägers vorbeifliessenden Bachlauf stattfindet. Dieses Entweichen des Rieselwassers muss einen ziemlich starken Grad erreicht haben, denn soweit der Bach an den Rieselfeldern entlang läuft, weist er deutliche Verpilzung auf. Ein beabsichtigtes Einlassen von ungerieseltem Wasser in diesen Bachlauf findet erst dicht oberhalb der Gerberei des Klägers statt.

Das Urtheil, welches wir uns nach dieser Besichtigung der Rieselanlage gebildet haben ist folgendes: Anlage und Betrieb der Rieselwiesen ist gut; die kalte Jahreszeit verhindert aber einen vollständigen Reinigungseffekt der Abwässer. Eine genauere Beaufsichtigung der ungewollt abfliessenden Wässer wäre höchst wünschenswerth.

Begehung eines durch Industrie-Abwässer verunreinigten Wasserlaufes. Sobald das Abwasser die Rieselterrains verlässt, ist es von Kalk befreit und reagirt nicht mehr alkalisch. Dies wird durch einen Versuch

mit Lackmuspapier festgestellt. Die starke Alkalinität hatten wir oben (p. 602) als Grund für die Sterilität des Abwasserlaufes vor den Rieselfeldern erkannt: dem entsprechend beginnt nun, nachdem diese Hinderung des Pflanzenwuchses weggefallen ist, ein reiches Leben von Protozoën und Abwasserpilzen im Wasser. Diese Organismen sind uns ein sicheres Zeichen dafür, dass

1. Die künstliche Abwasserreinigung, obgleich sie ein klares und steriles Wasser entliess (cf. oben, p. 602), trotzdem nur einen Theil der Verunreinigungen wegschaffte, die gelösten Schmutzstoffe aber im Wasser liess resp. noch vermehrte. Denn diese stickstoffhaltigen Verbindungen sind es, welche das Leben der Abwasserorganismen bedingen.

2. Wir erkennen aus der Beobachtung, dass trotz vorausgegangener ausgiebiger Rieselung der Abwässer noch Bachverpilzung eintritt, dass die Rieselung ohne gewünschten Erfolg war. Die Rieselung sollte gerade die gelösten Verunreinigungen aus dem Wasser nehmen, sie konnte diesen Zweck aber nicht erreichen, da in Folge der ungünstigen Jahreszeit die Organismen der Rieselfelder die in die Erde übergegangenen Verbindungen nicht aufarbeiteten.

Das Bild, welches uns die Besichtigung des gerieselten Abwassers bietet, ist folgendes: Das Wasser selbst ist klar und geruchlos, aber das Bachbett ist seiner ganzen Ausdehnung nach mit weissen, in der Strömung fluthenden Rasen eines Abwasserpilzes vollständig ausgepolstert. Ganz besonders an den Steinen im Wasser hängen diese Rasen bart- oder schwanzartig; sie werden flockenartig von der Strömung mitgeführt und hängen sich an in das Wasser ragende Zweige, an Rohrstengel etc. an. Hier wachsen sie weiter und bilden schliesslich mehrere Decimeter lange Zöpfe. Die weisse Farbe ist dort, wo eisenoxydhydrathaltige Quellen in das Abwasser einmünden, nur an den Enden der im übrigen rostfarbenen Zöpfe bemerkbar; stellenweise geht die weisse Farbe auch in eine hell röthliche über. Beim Herausnehmen dieser Pilzmassen bemerkt man, dass sie quallenartig schlüpferig sind; zwischen den Fingern zerrieben sind sie weich-schleimig, ohne sich rauh anzufühlen.

Für unsere specielle Fragestellung (siehe oben, p. 597) kommt sehr in Betracht, dass beim Entnehmen dieser Pilzbekleidung aus dem Bachbett ein tintenartig schwarzer Schlamm aufgerührt wird. Wir erkennen denselben sofort als aus Schwefeleisen gebildet und der Versuch bestätigt die makroskopisch gestellte Diagnose. Wird der Schlamm mit Salzsäure übergossen, so entwickelt sich nämlich sofort ein intensiver Schwefelwasserstoffgestank.

Wir entnehmen der Bachsohle dicht unter dem Ausfluss des Wassers aus dem Rieselterrain die Probe V, bestehend aus diesen weissen Pilzvegetationen. Die Bestimmung wird ergeben, dass die Verpilzung des Wassers durch Leptomitus lacteus bewirkt wird.

Nun ist unsere Aufgabe, bei der weiteren Besichtigung uns Klarheit über die Menge des im Abwasserlauf vorhandenen Leptomitus und über die Quantität des in seinem Gefolge auftretenden Schwefeleisens zu verschaffen.

Zunächst fällt uns auf, dass der Wasserpilz hauptsächlich dort wuchert, wo er seichtes, lebhaft bewegtes Wasser hat, dass also besonders die Steine an flachen Stellen, die Schwellen von Ueberfällen, von Schleussen etc. mit ihm bewachsen sind. Dagegen treten die Vegetationen desselben dort zurück, wo das Wasser tief wird, also langsam fliesst. An solchen Stellen ist der Bachgrund gewöhnlich kahl und nur in der Nähe des Wasserspiegels finden sich an den Uferrändern und an den hineinhängenden Zweigen von Weiden etc. die weissen Pilzzöpfe.

Die Begehung lehrt uns, dass die Verpilzung des Abwasserlaufes andauernd gleich stark bleibt bis zum Etablissement des Klägers. In gleicher Weise zeigen uns die Schlammschichten, welche wir von Strecke zu Strecke mit dem Stock aufrühren, andauernd die gleiche tintenschwarze von Schwefeleisen herrührende Färbung.

Wir bemerken also in unsern Notizen, dass die Pilzwucherungen und die Schwefeleisenbildung bei dem Ausfluss des Abwassers aus dem Rieselterrain beginnt und bis zur klägerischen Gerberei eine sehr starke ist.

Einen Massstab für die Intensität der Wasserverunreinigung gewährt uns das Auftreten von grünen Algen zwischen den Abwasserpilzen. Bei der Begehung des Abwasserlaufes achten wir deshalb auch auf diese. In unserm Fall sehen wir nur an vereinzelten Stellen sehr tiefgrüne, grobfädige Rasen, von welchen wir Probe VI aufnehmen. Unseren Notizen über das Aussehen des Abwasserlaufes fügen wir deshalb bei, dass nur selten zwischen den Pilzrasen Algenwuchs vorkommt und zwar anscheinend nur der Art, welche in Probe VI enthalten ist.

Unsere spätere Bestimmung wird lehren, dass wir es mit einer Vaucheria zu thun haben. Auch diese Alge ist bei einiger Uebung makroskopisch zu erkennen und zwar an dem tiefgrünen Aussehen ihrer Rasen und daran, dass die Fäden mit blossem Auge gerade sichtbar sind. Verwechselungen werden, wenn man die Formen einmal genauer kennt, nicht mehr leicht vorkommen. Die Vaucheria-Arten sind fast alle auch in sehr stark verpesteten Abwässern schon gefunden worden, können also unsere Diagnose, dass wir es mit einem verpesteten Abwasserlauf zu thun haben, nicht erschüttern.

Rückstau verunreinigten Wassers in einen reinen Wasserlauf. Um bei der Beurtheilung des Abwassers vollkommen sicher zu gehen und um absolut festzustellen, dass die Bachverpilzung nur den Abwässern der Fabrik zuzuschreiben sei, verfolgen wir von der Einmündung in den Abwasserlauf ab laut Programm zunächst das von S. kommende Wasser. Nachdem wir bei unserer Besichtigung des B.'er Wassers oberhalb der Fabrik gesehen, dass der Einfluss der viel grösseren Ortschaft B. auf die Wasserbeschaffenheit ein minimaler ist sind wir erstaunt, zunächst bei dem Unterlauf des S.'er Wassers eine so starke Verpilzung zu sehen, dass sie derjenigen des Abwasserlaufes fast gleichkommt. Aber diese Verpilzung hört etwa 50 m bachaufwärts plötzlich auf und tritt auch weiter oben nicht mehr in Erscheinung. Wir haben hier als einfachste Erklärung dieses Thatbestandes anzunehmen, dass ein Rückstau des Abwassers in das S.'er Wasser wenigstens zeitweilig stattfindet, dass also auch im untersten Lauf des S.'er Wassers die Fabrikabwässer die Verpilzung verursachen.

Um diese Erklärung zu beweisen, machen wir folgenden Versuch: Wir werfen an verschiedenen Stellen Papierstückchen in das S.'er Wasser und beobachten die Strömung. Bis zu der Stelle, wo (von oben kommend) die Verpilzung anfängt, schwimmen die Papierstückchen rasch abwärts, dann aber verlangsamt sich ihre Bewegung um schliesslich vollständig aufzuhören. Diejenigen Papierstückchen gar, welche wir in der Nähe der Mündung auf das S.'er Wasser geworfen haben, werden durch den Wind direkt bachaufwärts getrieben. Damit ist bewiesen, dass ein Rückstau des Fabrikabwassers in das S.'er Wasser hinein stattfindet. — Solche Rückstauerscheinungen sind ausserordentlich häufig, sie können unter Umständen für die Beurtheilung von Wasserfragen von höchster Wichtigkeit sein und der Experte muss ihnen stets aufmerksamste Würdigung zu Theil werden lassen.

Zusammenfluss eines reinen und eines verunreinigten Wasserlaufes. Bei der Fortsetzung unser Begehung kommen wir unweit über der Gerberei des Klägers an die Stelle, wo das mit den Abwässern verunreinigte B.'er Wasser mit dem K.'er Wasser zusammenfliesst. In Befolgung unseres Programms gehen wir an dem letzteren Wasserlauf etwa 1 km aufwärts, um uns über seine

Beschaffenheit volle Klarheit zu verschaffen. Bei dieser Besichtigung treffen wir wieder die Verhältnisse, welche uns das B.'er Wasser oberhalb der Fabrik geboten hatte: die Vegetation ist diejenige eines reinen Bachlaufes. Auch eine Bildung von Schwefeleisenschlamm ist im K.'er Wasser nicht zu bemerken.

Auffällig ist nun, in welcher Weise noch auf eine gewisse Strecke nach dem Zusammenfluss das verunreinigte B.'er und das reine K.'er Wasser sich im gleichen Bachbett voneinander unterscheiden. Das Fabrikabwasser ist auf eine recht erhebliche Strecke durch seinen schwarzen, dass K.'er Wasser dagegen durch helleren, braunen Grund verschieden. Für unsere Frage wichtig erscheint, ob die Mischung des Wassers bei der Gerberei des Klägers, an seinen Einweichplätzen vollendet ist oder nicht. Diese Frage wird bejahend beantwortet, denn an jenen Stellen hat die schwarze Farbe des Abwassergrundes bereits das andere Ufer erreicht, zeigt also der ganze Bachgrund die Färbung des Abwasserlaufes. Ausserdem ist uns die Thatsache ein Beweis für die vollständige Mischung der Bäche, dass an den Einweicheplätzen der Gerberei die gleichen Pilze (Leptomitus) wachsen, wie wir dieselben bisher im Abwasser selbst gesehen haben.

Das Resultat unserer bisherigen Besichtigung ist also folgendes: Sämmtliche dem Gerbereibetrieb Wasser zuführende Bachläufe sind rein und frei von Abwasservegetation bis auf das Fabrikabwasser. Dieses ist dicht mit Wasserpilzen ausgepolstert. Nur unter dem Rasen der Abwasserpilze und in deren Begleitung finden sich sichtbare, grosse Ablagerungen von Schwefeleisen im Schlamm des Baches.

Unsere Aufgabe wäre also gelöst, wenn nicht ein eventueller Rückstau von Schmutzwässern aus der Stadt bis zur klägerischen Gerberei vielleicht denkbar wäre. In diesem Fall müsste in Erwägung gezogen werden, dass ein Theil der Schwefeleisenbildung vielleicht auch den Stadtabwässern zur Last gelegt werden könnte. Es bleibt also noch die Besichtigung der Abwässer der Stadt N. und der Gefällsverhältnisse des Bachlaufes zwischen der Gerberei und der Stadt vorzunehmen.

Begehung eines durch städtische Abwässer verunreinigten Wasserlaufes. Als Erstes erkundigen wir uns vor der Begehung nach der Einwohnerzahl der kleinen Stadt sowie danach, ob Kanalisation oder anderes Abführsystem für die Fäkalien und Hausabwässer besteht. Die Fäkalien werden im vorliegenden Fall, wie dies in kleinen Städten mit theilweise ackerbautreibender Bevölkerung beinahe durchgehends Regel ist, in gemauerten Gruben aufgefangen und jährlich 1—2 mal auf die Felder ausgefahren; über den Verbleib der Hausabwässer dagegen war Genaueres nicht zu erfragen.

Weiter ergeben die Erkundigungen, dass folgende fäulnissfähige Abwässer liefernde Industrien in der Stadt betrieben werden: Eine Malzfabrik, eine Bierbrauerei, zahlreich am Fluss gelegene Rothgerbereien. Ueber die Art und Weise, wie diese Fabrikationsbetriebe ihre Abwässer reinigen resp. beseitigen ist gleichfalls nichts Genaueres zu erfahren.

Wir suchen durch die Besichtigung auf diese Fragen Antwort zu bekommen. Da wir in der Stadt unsere Mittagsmahlzeit eingenommen hatten, führen wir die Besichtigung des N.'er Wassers der Bequemlichkeit halber von unten nach oben fortschreitend aus. Wir beginnen, da es sich für uns auch um die Rückstauverhältnisse dieses Wassers handelt, bei einer etwa in der Mitte des Städtchens liegenden Mühle. Diese liegt an einem starken Gefälle und über sie hinaus ist kein Rückstau von unterhalb denkbar.

Als erste und auffälligste Erscheinung, welche uns der Wasserlauf bei besagter Mühle bietet, bemerken wir vom Einlauf des Mühlgerinnes ab beginnend und ganz besonders unterhalb der Radstube sich fortsetzend eine Verpilzung des

Baches, welche mindestens ebenso stark ist, wie diejenige des vorhin besichtigten Fabrikabwassers. Der Pilz sieht weiss oder gelblichweiss aus, er wächst genau in denselben Flocken und Schwänzen wie derjenige im Fabrikabwasser: trotzdem werden wir eine Probe davon (VII) mitnehmen um ihn auch unter dem Mikroskop zu betrachten. Das Resultat der Bestimmung wird sein, dass der äussere Anschein trog, dass dieses Gewächs von dem Leptomitus des Fabrikabwassers völlig verschieden ist und als Sphaerotilus natans erkannt wird.

Oberhalb des Mühlgerinnes dagegen sehen wir diesen Pilz nur in vereinzelten Flocken in der Nähe des Wasserspiegels an Steinen etc. hängen. Das Wasser ist hier tief und strömt sehr langsam: dies allein ist der Grund, warum der charakteristische Wasserpilz etwas zurücktritt. Dafür treten hier ausgedehnte Vegetationen von Abwässer-Oscillatorien sowie Beläge von Carchesium Lachmanni auf.

Neben den Abwasser-Organismen begegnet uns in diesem Wasserabschnitt gar keine andere, grüne Vegetation in grösserer Ausdehnung.

Bei der Begehung beobachten wir, dass der Bach seine Ufer so vollständig ausfüllt, dass ein auch nur geringfügiges weiteres Anschwellen ihn aus den Ufern auf ausgedehnte tiefliegende Wiesenflächen austreten lassen müsste. Daraus geht hervor, dass ein eventueller Aufstau von unten das Bachbett auch nicht höher füllen könnte, als dies gegenwärtig der Fall ist. Trotzdem bemerken wir, je weiter wir uns der klägerischen Gerberei nähern, eine deutliche, schliesslich eine starke Strömung des Wassers und schliessen daraus, dass durch Rückstauverhältnisse die Wasserverschmutzung vor der Gerberei des Klägers nicht verursacht sein kann.

Die vorhin beobachtete Thatsache, dass der Wasserpilz Sphaerotilus sich direkt hinter der Mühle massenhaft einstellt, oberhalb derselben dagegen zurücktritt, veranlasst uns (was nicht für die Lösung unserer speciellen Aufgabe in Betracht kommt), den Wasserlauf nun noch weiter nach abwärts zu verfolgen. Wir sehen, dass Sphaerotilus etwa 300 m unterhalb der Mühle wieder weniger massenhaft wird, dagegen in gleicher Ausbreitung wieder erscheint, sobald das (nun nicht weiter verunreinigte Wasser) über die Räder einer andern, $1^1/_2$ km weiter thalwärts belegenen Mühle gegangen ist. Eine Wiederholung des gleichen Schauspiels erleben wir nochmals 2 km weiter abwärts bei einer dritten Mühle. Oben wurde mehrfach darauf hingewiesen, dass solche und ähnliche Erscheinungen durch das Sauerstoff-Bedürfniss der Abwasserpilze erklärt werden.

Gutachten.

U 725/93
IIId 9073b

Durch Beschluss des . . . Civilsenates des Kgl. Oberlandesgerichtes B. vom 27. Nov. 1896 wurde ich beauftragt, in der Processsache des Weissgerbermeisters A. zu F. gegen den Rittergutsbesitzer B. zu F. ein Gutachten über die unten angeführten Fragen zu erstatten.

Auf meinen Antrag vom 21. Dez. 1896 erhielt ich ferner unter dem 29. Dez. 1896 den Auftrag, in Gemeinschaft mit dem Direktor des chem. Untersuchungsamtes der Stadt Breslau, Herrn Dr. B. Fischer und unter Zuziehung der Parteien eine Besichtigung an Ort und Stelle vorzunehmen.

Diese Besichtigung erfolgte in Anwesenheit der Herren Dr. C. (als Vertreter des Beklagten) und A. am 22. Januar 1897.

Da die Campagne der Zuckerfabrik in der Nacht vom 21./22. Jan. geschlossen wurde, war bei der Besichtigung das höchste Maass der von der Zuckerfabrik D. in der diesjährigen Campagne verursachten Wasserverunreinigung vorhanden.

Laut Auftrag des kgl. Oberlandesgerichtes habe ich unter Berücksichtigung der Gutachten:

a) des Dr. D. vom 4. II. und 10 X. 1892;

b) des Professors Dr. E. vom 3. I. 1893, 20. V. 1893 und 30. IV. 1895;

c) des Dr. F. vom 12. IX. 1895

und unter Berücksichtigung des in den Gutachten:

α) des Dr. D. — oben zu a.

β) des Prof. Dr. G. vom 12. II. und 30. X. 1893

angegebenen thatsächlichen Befundes ein schriftliches Gutachten über die Frage zu erstatten:

„ob die Ursache für die Bildung des Eisenoxyduls im N.'er Wasser „und für das Auftreten der blauen — blaugrünen — Flecke auf den „in der Gerberei des Klägers verarbeiteten Fellen seit der Er- „richtung der D.'er Zuckerfabrik, insbesondere in der Campagne „1891/92, in den Abwässern der genannten Zuckerfabrik zu „finden ist."

Aus den oben angeführten Gutachten und den in den Akten enthaltenen Zeugen-Aussagen geht hervor:

1. Während der Zuckerfabrik-Campagnen 1890/91 und 1891/92 entstanden auf den Fellen des Klägers im Verlauf des Gerbeprozesses blaue Flecke, welche das Leder verdarben resp. minderwerthig machten (D. vol. I, f. 16).

2. Diese Flecke werden durch Schwefeleisenbildung in den Fellen, also durch einen zwischen die Hautfasern eingelagerten Niederschlag von Schwefeleisen hervorgebracht (D. I, 20).

3. Der erwähnte Niederschlag von Schwefeleisen in den Fellen entsteht, wenn die im N.'er Wasser eingeweichten Felle behufs Enthaarung mit einer aus Schwefelarsen und Kalk hergestellten, Schwefelcalcium enthaltenden Salbe bestrichen werden (D. I, 19 vso.).

4. Ein gleichartiger Niederschlag entstand, wenn B.'er Leitungswasser mit Eisensulfat (Schwefelsaurem Eisenoxydul) versetzt wurde und die darin eingeweichten Felle mit der Schwefelcalcium-haltigen Salbe behandelt wurden (E. I, 162).

5. Die Flecken entstanden nicht, als reines, mit Eisenoxydhydrat versetztes Wasser zum Einweichen der Felle verwendet wurde (E. I, 162).

6, Im N.'er Wasser ist Schwefeleisen in sehr grosser Menge vorhanden [Kläger, (I, fol. 15 vso.), D. (I, 21), G. (I, 178), eigene Beobachtungen bei der Besichtigung].

Aus diesen Punkten ist es möglich, die Fleckenbildung auf den Fellen des Klägers zu erklären; indem ich auf die Ausführungen des chemischen Herrn Sachverständigen verweise, führe ich diese Erklärung nur kurz aus:

a) Das Schwefeleisen (oben ad 6) wird durch den Sauerstoff der Luft rasch in schwefelsaures Eisen (oben ad 4) oxydirt. Diese Umwandlung geht bei nassem Schwefeleisen umso rascher, je feiner vertheilt es der Luft ausgesetzt wird und ist, wie experimentell leicht zu demonstriren, bei dem aus dem N.'er Wasser mitgebrachten feinen Schwefeleisenschlamm schon nach zwei Minuten eine sehr deutliche.

b) Das im Schlamm des N.'er Wassers befindliche Schwefeleisen lagert sich beim Einweichen der Felle in diesem Wasser leicht auf den Häuten ab; es wird durch Auswaschen (Schweifen) verhältnissmässig schwer zu entfernen sein, weil es von den Wollhaaren auf der Aussenseite der Felle theilweise mechanisch festgehalten wird.

c) Der regelmässige Aufenthalt der geschweiften Felle an der Luft genügt, um einen Theil des auf denselben (ad b) zurückgebliebenen Schwefeleisens in Eisensulfat zu verwandeln (ad a); das Eisensulfat dringt leicht in thierische Membranen, also auch in die Felle ein und überall, wo die nun im Fell vorhandene Ansammlung von schwefelsaurem Eisenoxydul mit dem Schwefelcalcium der Salbe (oben ad 3) zusammenkommt, muss von Neuem Schwefeleisen, und zwar diesmal in der Membran, gebildet werden (oben ad 2).

d) Diese Schwefeleisenbildung ist es, welche die Felle des Klägers entwerthet hat (oben ad 1).

Wenn diese Erklärung richtig ist, so muss

1. Bei dem Gerbeversuch des Herrn Prof. E. (I, 194 vso.), welcher bei Verwendung des an der A.'schen Gerberei vorbeifliessenden Wassers Flecke erhalten hat, ein Irrthum vorgekommen sein und zwar der, dass diesem Wasser (was in dem Gutachten nicht bemerkt ist), Schlamm (Schwefeleisen) beigemengt war.

2. Die blauen Flecke müssen experimentell durch Zufügen oder Ausscheiden des Schwefeleisenschlammes bei Verwendung des N.'er Wassers jeden Augenblick wieder erzeugt resp. vermieden werden können.

3. Die Bemerkung des Herrn Prof. E. (I, 194/195) muss richtig sein, dass der Kläger jetzt, wo er keine blauen Flecken mehr bekommt (obgleich noch Schwefeleisen in Menge vorhanden ist), seine Felle anders behandelt als früher; und zwar muss diese andere Behandlung darin be-

stehen, dass Kläger nun dafür Sorge trägt, dass kein Schwefeleisenschlamm mehr auf die Felle kommt.

4. Eisenoxydhydrat darf keine Flecken erzeugen (oben ad 5).

Zur experimentellen Prüfung dieser Erklärung habe ich den Gerbeversuchen des chemischen Sachverständigen beigewohnt und mit ihm das Resultat erhalten, dass fleckenlos blieben die mit B.'er Leitungswasser; mit filtrirtem N.'er Wasser (bei A. entnommen); mit Eisenocker (Eisenoxydhydrat) versetztem Wasser behandelten Felle, dass dagegen die Felle charakteristische Flecken aufweisen, welche mit filtrirtem N.'er Wasser, welchem Schwefeleisenschlamm beigemengt war, behandelt wurden.

So ist die experimentelle Bestätigung der Fleckenerklärung vorhanden und damit klar gestellt, dass die Flecke in den Fellen des Herrn A. ihre Ursache haben in der Anhäufung des Schwefeleisens, welche sich im N.'er Wasser und speciell auch bei der Gerberei des Klägers findet.

Es ist nun die Frage zu beantworten, ob die Zuckerfabrik D. in direktem oder indirektem ursächlichem Zusammenhang steht mit der massenhaften Bildung des Schwefeleisens im N.'er Wasser.

Eine direkte Einwirkung der Fabrik wird von allen Gutachtern zurückgewiesen, nur die indirekte Veranlassung zur Bildung des Schwefeleisens ist discutabel.

Also ist die Frage, ob durch die Abwässer der Zuckerfabrik D. im N.'er Wasser Bedingungen geschaffen werden, welche die massenhafte Bildung des Schwefeleisens veranlassen. Denn nur um eine massenhafte, über das Gewöhnliche hinausgehende Erzeugung des Schwefeleisens kann es sich bei Beurtheilung dieser Frage handeln, weil zwar bei geringer Menge vorhandenen Schwefeleisens gleichfalls Schäden auftreten können, diese aber niemals solchen Umfang wie im vorliegenden Streitfall annehmen werden.

Dass der Bildung des Schwefeleisens eine solche von Schwefelwasserstoff in den fraglichen Wässern vorangeht, ist unzweifelhaft, denn die von D. (I, 21) beigebrachte Hypothese, dass durch die Lebensthätigkeit der Beggiatoa durch Reduktion aus schwefelsaurem Kalk Schwefelkalk entstehe und letzterer sich mit dem vorhandenen, wohl in allen Wässern um N. in genügender Menge enthaltenen Eisen (gleichgültig ob Eisenoxydhydrat oder kohlensaures Eisenoxydul) zu Schwefeleisen umsetze, ist unhaltbar.

Es ist richtig, dass (cf. H.[1]), I 123) Beggiatoa keine reduzirende, sondern oxydirende Wirkung hat, dass sie also nicht etwa aus schwefelsauerm Kalk Schwefelkalk erzeugen kann, sondern im Gegentheil vorhandenen Schwefelwasserstoff oxydirt und zunächst den gewonnenen Schwefel

---

1) Mit dieser Chiffer ist ein weiterer in der vorliegenden Frage thätig gewesener Sachverständiger bezeichnet, dessen Gutachten vom Spruchgericht aber nicht mit als Unterlage für das Superarbitrium bezeichnet wurde.

in ihren Zellen ablagert, um ihn dann nochmals oxydirend als Schwefelsäure auszuscheiden. Bei dieser doppelten Oxydation gewinnt die Beggiatoa die Energie für ihr Leben, wie wir Menschen dieselbe gewinnen durch Oxydation von Kohle mit folgender Ausscheidung von Kohlensäure.

Aus diesem Satz geht hervor, dass Beggiatoa freien Schwefelwasserstoff für ihr Leben braucht und nur dort zu finden ist, wo Schwefelwasserstoff im Wasser gelöst ist. Dies ist z. B. in den Schwefelquellen der Fall; stets zeichnen sich dieselben durch üppiges Wachsthum von Beggiatoa aus. Des Ferneren wird dort überall Schwefelwasserstoff erzeugt, wo schwefelhaltige organische Verbindungen faulen: das bekannteste Beispiel sind rohe faule Eier mit ihrem intensiven Schwefelwasserstoffgestank, doch auch sonst ist diese Erscheinung eine allverbreitete und besonders in Fabrik- und städtischen Abwässern allbekannte und beklagte. Man hat sich früher durch die Anwesenheit der Beggiatoa mit ihrem reichen Inhalt an Schwefelkörnern in solchem schwefelwasserstoffreichen Wasser täuschen lassen und die D.'sche Ansicht, dass die Beggiatoa die Ursache der Schwefelwassertoffbildung sei, war lange herrschend, bis nachgewiesen wurde, dass im Gegentheil der vorhandene Schwefelwasserstoff die Veranlassung zum Auftreten dieses Wasserpilzes sei. — Die Rolle der Beggiatoa im N.'er Wasser ist also die, dass dieser Organismus einen Theil der vorhandenen Schwefelwasserstoffmenge unschädlich macht, ihn der Schwefeleisenbildung entzieht und dass diese vielleicht völlig aufhören würde, wenn nur genug Beggiatoa da wäre.

Die Schwefelwasserstoffbildung und damit die Schwefeleisenerzeugung, welche im vorliegenden Fall in besonders ausgiebigem Maasse stattfindet, ist der Thätigkeit von Bakterien zuzuschreiben. Nach Petri und Maassen (A. Kaiserl. Ges.-Amt VIII, 318 und 490) soll es eine den Bakterien fast allgemein zukommende Eigenschaft sein, aus Eiweisskörpern Schwefelwasserstoff zu bilden; wenn Lehmann (Lehmann u. Neumann, Grundriss der Bakteriologie I, 72) die Zahl der Schwefelwasserstoff erzeugenden Bakterien einschränkt und sie nur auf etwa die Hälfte der Arten (47 %) schätzt, so sind doch jedenfalls, wie a priori anzunehmen, solche Schwefelwasserstoff bildenden Bakterien im N.'er Wasser vorhanden. G. (I, 183) findet bei seinen Untersuchungen des N.'er Wassers, dass darin „an Stelle der gewöhnlichen, in unreinem Bach- und Drainagewasser häufig vorkommenden Bakterienformen andere, mannigfaltigere und zahlreichere Formen treten“. Genau das gleiche Resultat hatte ich bei bakteriologischer Untersuchung des schwarzen Schwefeleisenschlammes: ich habe noch niemals eine so grosse Anzahl von Spaltpilzarten zusammen lebend gefunden wie hier, und unter diesen Arten befinden sich mehrere, welche, wie Versuche mit den Reinkulturen mir zeigten, energische Schwefelwasserstoffbildner sind.

Es bleibt die Frage zu erörtern, aus welchem Material die Schwefelwasserstoffbildung durch die Bakterien und damit indirekt die Schwefeleisenbildung im N.'er Wasser stattfindet. Wie bekannt (cf. auch E. I, 163) tritt z. B. bei der Fäulniss von Laub im Wasser gleichfalls Schwefeleisenbildung auf, wenn der sich entwickelnde Schwefelwasserstoff im Wasser Eisen vorfindet und ebenso muss bei jeder anderen Fäulniss von Pflanzen oder Thieren im Wasser Schwefelwasserstoff sich bilden. Es frägt sich nur, ob die Menge des so erzeugten Schwefeleisens auch nur annähernd so gross sein kann, wie die im N.'er Wasser sich thatsächlich findende.

Nach den lokalen Verhältnissen haben die in Frage kommenden Fabrikabwässer, in welchen die Schicht des Schwefeleisenschlammes an vielen Stellen die Tiefe von 1 m überschreitet, kaum irgendwo unter 1/3 m zurückbleibt, nicht Gelegenheit, soviel Laub und andere fäulnissfähige Stoffe aus der Umgebung aufzunehmen, dass die ausserordentlich auffällige Schwefeleisenbilung damit erklärt werden könnte. Das Fabrikabwasser fliesst grösstentheils durch Wiesenland; dort, wo es in Waldland eintritt (im F.'er Park) und wo eine wesentliche Schwefeleisenbildung aus abgefallenem Laub etc. möglich wäre, ist diese Schwefeleisenbildung doch nicht so bedeutend, dass sie zu Schädigung in grossem Maassstab ausreichen würde. Dies lehrt auch der Vergleich mit dem K.'er Wasser, welches gleichfalls durch den F.'er Park fliesst und dort ebenfalls Gelegenheit hat, reichlich Laub aufzunehmen, welches aber trotzdem nur eine praktisch unbedeutende, in keiner Weise mit der im Fabrikabwasser vorhandenen Quantität von Schwefeleisen vergleichbare Menge dieses Stoffes enthält.

Die Menge des aus Laubfäule gebildeten Schwefeleisens kann auch in unserem Falle keine grosse sein, weil nach bekannten physiologischen Gesetzen (cf. auch Sachs, Vorlesungen, ed. 2, 313) vor dem Laubabfall alle der Pflanze werthvollen Bestandtheile, insbesondere die organischen Verbindungen (das schwefelhaltige Protoplasma) aus den Blättern zurückgezogen werden und das abgefallene Laub im Wesentlichen nur aus den unlöslichen, keinen Schwefel enthaltenden Zellwänden, aus Kieselsäure und oxalsaurem Kalk besteht. — Um aber diese allgemeinen Erwägungen für den vorliegenden Fall mit Zahlen bekräftigen zu können, hat auf meine Anregung der chemische Sachverständige Herr Dr. Fischer eine Analyse des nach E. (I, 163) besonders Schwefeleisen bildenden Eichenlaubes gemacht und dasselbe enthält in 100 Theilen Trockensubstanz 0,361 g Schwefel. Selbst wenn wir annehmen, was aber durchaus unrichtig wäre, dass aller dieser Schwefel Schwefelwasserstoff liefern würde, könnte die Menge des aus 1 kg Eichenlaub gebildeten Schwefeleisens höchstens 9,9 g betragen.

Zudem muss in einem normalen, nicht durch Abwässer verunreinigten Wasserlauf die Menge des vorhandenen Schwefeleisens sich stets vermindern. Durch die grüne Vegetation normaler Wasserläufe wird während des Tages andauernd reichlich bei der Assimilation Sauerstoff erzeugt und dieser muss auf das Schwefeleisen oxydirend, also lösend einwirken.

In verunreinigten Wässern dagegen wird, wie thatsächlich in den Abwässern der Zuckerfabrik D. (cf. auch G. I, 183) die grüne Vegetation durch die keinen Sauerstoff abscheidende Pilzvegetation unterdrückt, es findet also dieser Auflösungsprozess nicht statt. Im Gegentheil wird bei dichter Pilzbedeckung des Bachgrundes (wie dies im fraglichen Fall stattfindet) der im Wasser gelöste Sauerstoff von den seiner sehr bedürftigen Pilzen absorbirt, so die überall sonst eintretende Verminderung des Schwefeleisens verhindert und dieses selbst konservirt.

Wäre im N.'er Wasser nur soviel Schwefeleisen vorhanden, als durch Laubfäulniss in einem normalen Wasser entstehen kann, so wäre es nicht unwahrscheinlich, dass dasselbe durch den reichlichen bei der Weissgerberei stets vorhandenen Kalkeinlauf in das Wasser überdeckt, also unschädlich gemacht würde.

Dagegen wurde sowohl von mir bei der Untersuchung der fraglichen Wässer, wie von mehreren in dieser Streitsache bereits gehörten Gutachtern (E. I, 155; G. I, 178 vso., 179) Leptomitus lacteus in der allerreichlichsten Menge angetroffen. Dass dieser Pilz seine Wucherung in den Fabrikabwässern oberhalb der A.'schen Gerberei eben diesen Abwässern resp. der Zuckerfabrik D. verdankt, ist unbestreitbar und wird nirgends bestritten.

Bei der Besichtigung vom 22. Januar 1897 war der ganze das Fabrikabwasser enthaltende Wasserlauf von der Grenze des B.'schen Besitzes ab bis zur Vereinigung mit dem K.'scher Wasser so dicht mit Leptomitus ausgelegt, dass nur an wenigen Stellen der Bachgrund zwischen den Pilzfladen sichtbar war.

Dieser Leptomitus hat nun direkt weder mit Schwefelwasserstoff noch auch mit Eisen das Geringste zu thun (die Bemerkung F.'s [II, 174], dass er Eisen speichere, ist unrichtig; in der fraglichen Abhandlung Goeppert's [Ber. Schles. Gesellsch. 1852, p. 54—62] ist von Eisen nicht die Rede); aber die Rasen des Leptomitus bestehen aus Millionen von plasmaerfüllten Zellschläuchen und dies Protoplasma enthält, wie jedes andere, Schwefel.

Es ist eine bei jeder an den N.'er Wassern vorgenommenen Besichtigung sich sofort ergebende Thatsache, dass die Leptomitus-Fladen in ihrem untern Theil schwarz gefärbt sind, und dass unter den Leptomitus-Wucherungen der Schwefeleisenschlamm besondere Mächtigkeit erlangt. Schon G. (I, 178 vso.) weist auf diese Thatsache hin.

Es ist weiter eine Thatsache, dass Leptomitus besonders leicht in Fäulniss übergeht (cf. Goeppert l. c. p. 60), weil er sehr leicht abstirbt (G. I, 180); beim mikroskopischen Untersuchen des Schwefeleisenschlammes, auf welchem Leptomitus wuchs, habe ich (wie auch G. I, 179, 180) stets massenhaft abgestorbene Glieder des Pilzes gefunden in Gemeinschaft mit einer Menge der verschiedenartigsten Bakterien.

Durch diese Bakterien wird, nach dem oben Ausgeführten, das Protoplasma des Leptomitus unter Bildung von Schwefelwasserstoff zersetzt und dieser, in Folge des massenhaften Vorkommens des Leptomitus reichliche Schwefelwasserstoff ist nicht nur die Ursache des (in den besprochenen Wässern keineswegs besonders reichlichen) Vorkommens der Beggiatoa, sondern auch besonders der Bildung des Schwefeleisens.

Denn nach einer von mir angeregten, vom chemischen Herrn Sachverständigen durchgeführten Analyse enthält Leptomitus auf 100 g Trockensubstanz 0,829 g Schwefel, vermag also aus 1 kg = 22,8 g Schwefeleisen zu bilden. Thatsächlich wird die Menge des gebildeten Schwefeleisens aber noch sehr viel grösser sein, da der Pilz die Eigenschaft hat, unten stetig abzusterben (also bei der Fäulniss Schwefelwasserstoff zu bilden), oben dagegen weiter zu wachsen und immer neues schwefelhaltiges Protoplasma zu erzeugen.

Wenn die angeführten Ueberlegungen richtig sind, musste sich die rasche Bildung von Schwefeleisen aus faulendem Leptomitus bei Anwesenheit von Eisenoxydhydrat im Wasser experimentell beweisen lassen.

Zu diesem Zweck habe ich reines, mit schwefeleisenfreiem Eisenoxydhydrat, welches aus dem „todten Graben"[1]) mitgenommen war, versetztes Wasser in eine Flasche gebracht. Dieser Flascheninhalt enthielt kein Schwefeleisen. Dazu brachte ich in vierfaches Filtrirpapier eingewickelt eine Probe von reinem, doch natürlich auch Bakterien enthaltendem, aus N. stammendem Leptomitus und beobachtete nun, wie durch den in Folge der Fäulniss dieses Leptomitus entstandenen Schwefelwasserstoff die Eisenflocken in der Flasche geschwärzt, d. h. in Schwefeleisen verwandelt wurden, und zwar war die Eisenoxydhydratschicht auf dem weissen Filtrirpapierpacket zuerst nur soweit schwarz gefärbt, als in dessen Innerm der eingewickelte Leptomitus reichte; erst später wurde auch das übrige Eisenoxydhydrat geschwärzt. Die chemische Prüfung ergab nach Beendigung des Versuchs, dass der reichlich entstandene schwarze Schlamm thatsächlich Schwefeleisen war und ich war erstaunt über die Menge des durch diesen Fäulnissvorgang gebildeten Schwefeleisens.

Es ist mir also gelungen, experimentell den Nachweis für die Herkunft des massenhaften Schwefeleisens aus dem Leptomitus zu führen und in Gemeinschaft mit dem chemischen Herrn Sachverständigen die Flecken auf den Fellen experimentell zu erzeugen oder zu vermeiden. Diese Versuche bin ich jederzeit bereit zu demonstriren.

---

1) Ein reichlich Eisenhydroxyd führender Graben, von dem in der Streitsache öfters die Rede ist.

Ich fasse mein Gutachten dahin zusammen:

1. Durch die zweifellos den Abwässern der Zuckerfabrik D. zur Last zu legende Wucherung und nachfolgende Fäulniss des Leptomitus lacteus wird in den Abflussgräben eine ungewöhnlich grosse Menge von Schwefeleisen erzeugt.

2. Auch durch Fäulniss anderer pflanzlicher Gebilde, wie z. B. von abgefallenem Laub, kann Schwefeleisen entstehen.

3. Das in normalen, mit grüner Vegetation bestandenen Bachläufen entstandene Schwefeleisen kann, wenn keine Schwefelwasserstoff enthaltenden Quellen vorhanden sind, niemals solche Menge erreichen wie im vorliegenden Fall, weil es

a) in Folge des geringern Schwefelgehalts der verfaulenden Pflanzentheile nicht so reichlich gebildet wird,

b) weil es durch die Sauerstoffproduktion der grünen Gewächse stets vermindert wird, während die Pilzvegetationen es in seiner Menge konserviren.

4. Durch Oxydation des Schwefeleisens an der Luft auf den Fellen kommt bei Hinzukommen des Schwefelcalciums der Salbe die Schädigung des Klägers zu Stande.

5. Die Schädigungen dieser Art durch in normalen Bachläufen entstandenes Schwefeleisen werden nicht die Höhe erreichen wie im vorliegenden Streitfall.

6. Ich halte demgemäss die Zuckerfabrik D. für die Ursache, dass der Schaden des Klägers entstanden ist.

7. Dieser Schaden wäre kein so hoher geworden, wenn der Zusammenhang des Schwefeleisenschlammes im Bachbett mit der Fleckenbildung rechtzeitig erkannt worden wäre.

Erklärung der wichtigsten Kunstausdrücke.

Adoral. — Am Mund gelegen; also: adorale Spirale, die spiralförmig verlaufende Wimper- oder Cilienreihe, welche bei Infusorien zum Mund führt, adorale Zone, die neben der adoralen Spirale gelegene oder von derselben umzogene Zone, welche beim Mund liegt.

Aërob. — Bei Luftzutritt (Sauerstoffzutritt) gedeihend.

Aftercirren — Vergl. Hypotricha, Bewimperung.

Amoeboïd. — Amoebenartig; der Ausdruck wird gebraucht von Körpergestalung und Bewegung, bei welcher unregelmässige Formveränderung derart vorkommt, dass beliebige Stellen des Randes sich ausdehnen, vorstrecken (cf. Pseudopodium) und wieder zurückziehen können.

Antheridium. — Das männliche Geschlechtsorgan der höheren Cryptogamen und derjenigen Algen, welche eigenbewegliche männliche Befruchtungszellen besitzen.

Assimilation. — Die unter Mitwirkung von grünem, rothem oder braunem Farbstoff in Pflanzen- und Flagellaten-Zellen durch das Licht bewirkte Spaltung von CO_2 in C und 2O.

Augenfleck. — Ein scharf umschriebener, meist in der Nähe des Vorderendes von Flagellaten und Algen-Schwärmsporen belegener rother Fleck.

Ausläufer (bei Bakterienkulturen). — Siehe Gelatinekulturen.

Basidie. — Meist keulenförmige oder cylindrische Zelle, welche bei Pilzen die Sporen oder Condien abschnürt.

Basipetal. — Von oben nach unten (von der Spitze nach der Basis) wachsend.

Bauchcirren. Bauchreihen. — Vergl. Hypotricha, Bewimperung.

Chlorophor. — Plasmakörper im Innern der Zelle, welcher durch Chlorophyll grün gefärbt ist.

Chromatophor. — Plasmakörper im Innern der Zelle, welcher durch einen assimilirenden Farbstoff (lichtgrün, blaugrün, braun, roth) gefärbt ist.

Cilie — Protoplasmatischer, formbeständiger kurzer Faden oder Wimper, welche der Bewegung dient.

Columella. — In hohle Pflanzentheile hineinragendes Mittelsäulchen; bei den Mucoraceen-Sporangien eine grosse, mit wässeriger Flüssigkeit erfüllte Blase, welche das Innere des Sporangiums einnimmt; zwischen Columella und Sporangiumwand liegen die Sporen.

Conidie. — Ungeschlechtlich (durch Zelltheilung oder Abschnürung) erzeugte, meist dünnwandige Fortpflanzungszelle bei den Schimmelpilzen.

Copulation. — Die geschlechtliche Verschmelzung zweier Zellen.

Dauerspore. — Mit sehr dicker Membran umgebene Fortpflanzungszelle.

Discoidal. — Scheibenartig.

Ektosark. — Die äusseren, verhältnissmässig festen Protoplasmaschichten des einzelligen Protozoënkörpers.

Encystirung. — Die Bildung eines mit dicker Membran umgebenen Ruhezustandes bei den Protozoën und anderen niederen Thieren

Endosark. — Die inneren, sehr weichen Protoplasmaschichten des einzelligen Protozoënkörpers.

Entleerungshals. — Röhre, welche von einem in der Wirthspflanze eingeschlossenen Zoosporangium über die Haut des Wirthes hinaus getrieben wird, um die Schwärmsporen ins Freie zu entlassen.

Fruchtkrönchen. — Bei den Characeen 5 oder 10 auf der Frucht kronenartig aufsitzende Zellen.

Fruchtträger. — Bei Pilzen der meist aufrechte Theil des Mycels, welcher die Sporen (Conidien) trägt.

Gasvakuole. — Mit Gas (nicht mit Flüssigkeit) erfüllte Vakuole (siehe diese).

Geissel. — Protoplasmatischer, schwingender, formbeständiger, der Bewegung dienender langer Faden.

Gelatinkulturen.

Die auf Gelatine wachsenden Bakterienkolonien können sein:

Homogen. — Wenn keine konzentrische Schichtung und keine radiale Zerklüftung (ins Innere gehende Einschnitte) vorhanden sind.

Gezont. — Mit koncentrischer Schichtung versehen.

Zerklüftet. — Mit ins Innere gehenden Rissen versehen.

Gekörnt. — Aus bei schwacher Vergrösserung ($\frac{60}{1}$ — $\frac{80}{1}$) sichtbarer körniger Masse bestehend.

Scharfrandig, gezacktrandig. — Versteht sich von selbst.

Mit faserigem Rand, wenn feinste Fäserchen von der Peripherie der Kolonie radial in die Gelatine eindringen.

Mit Strahlenkranz, wenn diese radialen Fäserchen ± lang sind.

Bei Kulturen spricht man von:

Schüttelkulturen — wenn Impfmaterial in verflüssigte Gelatine eingebracht und diese geschüttelt wird, so dass die sich entwickelnden Kolonien in der ganzen Gelatine zerstreut sich bilden.

Stichkulturen — wenn die Infektion durch Einstich einer mit Impfmaterial versehenen Nadel in den erstarrten Nährboden stattfindet. Dabei entwickelt sich:

Die Auflage: Derjenige Theil der entstehenden Kolonie, welcher auf der Oberfläche der Gelatine sich bildet.

Der Stich: Derjenige Theil der entstehenden Kolonie, welcher im Stichkanal, also von der Gelatine umschlossen, sich bildet. Der Stich kann sein:

Körnig, wenn er aus lauter übereinander liegenden, mit blossem Auge sichtbaren Einzelkolonien besteht.

Befiedert, wenn feinste, haarartige Fäden von ihm in die Gelatine eindringen.

Faserig, wenn dickere Fasern in die Gelatine eindringen.

Strichkulturen — wenn das Impfmaterial oberflächlich auf den Nährboden aufgestrichen ist.

Bei Kulturen verflüssigender Arten spricht man von:

Aufzehrung, wenn keine verflüssigte, dünne Gelatine gebildet wird, sondern das Nährsubstrat gleichsam verdunstet.

Schlauchförmiger (sackförmiger, strumpfförmiger) Verflüssigung, wenn die Verflüssigung (unabhängig vom Luftsauerstoff) in allen Theilen des Stiches gleich stark vor sich geht.

Trichterförmiger (pokalförmiger) Verflüssigung, wenn die Verflüssigung bei Zutritt von Luftsauerstoff stärker ist als ohne diesen, wenn also oben im Kulturröhrchen die verflüssigte Gelatinesäule breit, unten dagegen schmal ist.

Horizontaler Verflüssigung, wenn die Verflüssigung nur an der Oberfläche der festen Gelatine, eben absteigend zu Stande kommt.

Grenzzelle. — Bei Nostocaceen durch Grösse oder seltener nur durch blassen Inhalt vor den übrigen Zellen des Fadens ausgezeichnete Zellen.

Gürtelseite. — Bei Bacillariaceen: cf. p. 105, Anm.

Haftscheibe. — Flaches (scheibenförmiges) Haftorgan bei Pflanzen und Thieren.

Haftfaser. — Faserförmiges Haftorgan bei Pflanzen und Thieren.

Hauptgeissel. — Bei Mastigophoren diejenige Geissel, welche (oft durch besondere Grösse ausgezeichnet) beim Schwimmen und in der Ruhe nach vorn gestreckt wird. Es kommt vor, dass die Nebengeissel (Schleppgeissel) die Hauptgeissel an Grösse übertrifft; in diesem Fall ist die Nebengeissel durch ihre nach hinten zeigende Stellung charakterisirt.

Haustorium. — Saugorgan.

Hyphe. — Langgestreckte Pilzzelle.

Hypotricha, Bewimperung: Die sehr charakterischen Bestandtheile der Bewimperung dieser Thiere sind (Vergl. Taf. VIII, Fig. 319):

1. Die Wimpern der adoralen Spirale, in der bezeichneten Figur die Reihe, welche von links oben beginnend etwa bis 1/3 der Körperlänge eingebogen nach unten führt.
2. Die Stirncirren, diejenigen starken Wimpern, welche in der Figur links oben zwischen adoraler Spirale und linkem Rand stehen (in vorliegendem Fall 8, nämlich 5 starke, 3 schwache).
3. Die Randcirren, in zwei Reihen (Randreihen) rechts und links dem Rand folgend.
4. Die Bauchcirren, etwa in der Mitte des Thieres zwischen dem Ende der adoralen Spirale und den Aftercirren belegene Wimpergebilde. In Fig. 319 sind 5 Bauchcirren vorhanden, in Fig. 315 dagegegen sehr viele, deutlich in Reihen geordnete (Bauchreihen).
5. Die Aftercirren, am Hinterende des Thieres belegene, meist in einer Querreihe geordnete, sehr starke Cirren (in Fig. 319 fünf); die Aftercirren nehmen ihren Ursprung aus der Bauchfläche, nicht aus den Rand des Thieres.

6. Die Schwanzcirren, am Hinterende des Thieres belegene, aus dem Rand selbst entspringende lange Cirren (in Fig. 319 drei).

Infektionsschlauch. Bei Ancylistes sehr verlängerte Entleerungshälse (siehe diese), welche eine von dem Pilz noch nicht befallene Nährpflanze aufsuchen.

Intercalares Wachsthum. — Zwischen Spitze und Basis stattfindendes Wachstum.

Involutionsformen. — Monströse Formen, welche in alten oder auf ungeeignetem Nährboden angelegten Bakterienkulturen sich finden.

Kahmhaut. — Aus Pilzvegetation (Bakterien, Hefen) gebildete Haut auf gährenden Flüssigkeiten.

Kopulation. — Siehe Copulation.

Lager. — Bei niederen Cryptogamen: Oft makroskopisch sichtbare Vereinigung der Einzelpflanzen, besonders in Gallerte oder Schleim.

Macronucleus. — Bei Protozoën die grossen Zellkerne (meist bei Sublimattötung der Thiere auch ohne Färbung leicht sichtbar werdend).

Micronucleus. — Bei Protozoën kleine Zellkerne, welche den Macronuclei anliegen.

Mundleiste. — Leisten- oder linienförmige Vorragung in der Mundgegend.

Mundzapfen. — Meist kegelförmiger Aufsatz, an dessen Spitze der Mund liegt.

Mycel. — Die langgestreckten, verzweigten Fäden der Pilze.

Nahrungsvakuole. — Bei Protozoën Vakuole, welche sich um aufgenommene Nahrungskörper bildet und mit wässerigem, manchmal gefärbtem Saft erfüllt ist.

Nebenblattkranz — Bei Characeen: Kranz von kleinen, dem Hauptspross anliegenden Blattzellen, welche zwischen den langen, quirlförmig stehenden „Blättern“ entspringen.

Nebengeissel. — Durch geringe Grösse oder Richtung von der Hauptgeissel (vergl. diese) der Flagellaten unterschiedenes Bewegungsorgan.

Nebensporangium. — Bei Mucoraceen auf Seitenzweigen des Fruchtträgers stehende Sporangien; die Spitze des Fruchtträgers selbst endet in dem Hauptsporangium, welches meist grösser ist als die Nebensporangien.

Oogonium. — Weibliches, die Eizellen enthaltendes Geschlechtsorgan bei Algen und Pilzen.

Oospore. — Aus der befruchteten Eizelle im Oogonium entstehende Spore.

Pathogen. — Krankheit verursachend.

Peptonisirung. — Mit chemischer Veränderung verbundene Auflösung der Eiweisssubstanzen.

Peristom. — Um den Mund gelegener Theil des Infusorienkörpers.

Peristomfeld. — Bei geschlossener adoraler Zone von derselben umgebenes Feld (also z. B. bei Fig. 311 die ganze vordere Abplattung des Thieres).

Peristomrand. — Rand des Peristomfeldes

Pseudopodium. — Formveränderlicher, beliebig ausstreckbarer und zurückziehbarer Plasmafortsatz, besonders bei der amoeboiden Bewegung (s. d.).

Pyrenoid. — Zellkernartiger Körper im Plasma von Algen, Flagellaten (und des Mooses Anthoceros); besteht meist aus einem Eiweiss-Kern und einer denselben umschliessenden Stärkehülle.

Randreihen. — Vergl. Hypotricha, Bewimperung.

Reusenapparat. — Kegelförmiges Stabbüschel, welches an der Mundstelle ins Innere des Thieres führt (vergl. Fig. 289, 302).

Rhizoid. — Wurzelartige Ausstülpung der Zellmembran.

Rippen, Schalenseite. — Vergl. Struktur der Bacillariaceen, p. 105, Anm.

Scheide. — Bei Algen- und Spaltpilzfäden ein aus Gallerte oder Schleim bestehender Cylinder um den eigentlichen Faden.

Schlauch. — Scheidewandlose, langgestreckte Zelle.

Schleppgeissel. — Nach hinten getragene Nebengeissel (siehe diese und Hauptgeissel) vieler Flagellaten.

Schüttelkultur. — Vergl. unter Gelatinekultur.

Schwanzborsten, Schwanzcirren. — Am Hinterende mancher Protozoën stehende längere oder kürzere Protoplasmafäden; vergl. auch Hypotricha, Bewimperung.

Schwärmer, Schwärmsporen. — Mit Eigenbewegung versehene Fortpflanzungszellen von Algen und Pilzen.

Sporangium. — Derjenige Theil des Pilzkörpers, in welchem die Sporen gebildet werden.

Spore. — Unbewegliche, meist mit dicker Membran umgebene Fortpflanzungs- oder Dauerzelle der Pilze.

Stabapparat, Staborgan. — Aus zwei bis mehreren stäbchenförmigen Körpern bestehendes, an der Mundstelle ins Körperinnere der Protozoën führendes Organ; vergl. auch Reusenapparat.

Sterigma. — Feiner, fadenförmiger oder spitzchenförmiger Fortsatz, an dessen Spitze die Basidie (siehe diese) die Spore abschnürt.

Stichkultur = Vergl. unter Gelatinekultur.

Stigma = Augenfleck, siehe diesen.

Stirncirren. — Siehe Hypotricha, Bewimperung.

Stirnfeld. — Das Feld, auf welchem die Stirncirren (siehe diese) stehen.

Strahlenkranz. — Siehe unter Gelatinekulturen der Bakterien.

Strichkultur = Vergl. unter Gelatinekultur.

Substrat = Nährboden.

Tentakel. — Beliebig ausstreckbarer und zurückziehbarer, aber nicht formveränderlicher, nicht der Fortbewegung dienender Protoplasmafortsatz. Bei den Suctoria tragen die T. häufig an der Spitze eine Anschwellung (geknöpfte Tentakel).

Tetrade. — Regelmässig zu vieren in einer Fläche liegende Zellen.

Thallus. — Nicht in Stamm und Blatt geschiedener Vegetationskörper der niederen Kryptogamen.

Trichocysten. — Vorschnellbare, in der äussersten Plasmaschicht des Infusorienleibes gelegene Stäbchen. Das Vorhandensein von T. ist an feinen, von der Oberfläche etwas ins Innere gehenden Radiallinien erkennbar.

Tumor = Geschwulst.

Undulirende Membran. — Schwingende, am oder beim Mund befindliche, der Nahrungsaufnahme dienende Membran.

Vakuole. — Mit Flüssigkeit oder selten mit Gas gefüllte Lücke im Protoplasmakörper. Diese Lücke (Kugel) zieht sich bei vielen Protozoën rhytmisch zusammen und dehnt sich wieder aus (kontraktile Vakuole).

Verzweigung, falsche. — Entsteht bei Spaltpilzen und Spaltalgen dadurch dass ein Faden bricht, ohne dass die durch die Scheide zusammengehaltenen Zellen völlig sich von einander entfernen. An der Bruchstelle wächst dann der eine oder wachsen beide Fäden fort und so entsteht der Anschein, als ob ein Ast gebildet sei.

Verzweigung, echte. — Zu unterscheiden sind:

Dichotome Verzweigung: ein Faden gabelt sich in zwei gleich starke Fäden.

Doldenförmige Verzweigung: mehrere Aeste entspringen aus einem Punkt.

Doldentraubige Verzweigung: traubige Verzweigung (siehe diese), bei welcher die Aeste alle so lang wachsen, dass ihre Spitzen ungefähr in einer Ebene liegen.

Traubige Verzweigung: mehrere Aeste entspringen einzeln aus von einander entfernten Punkten des Hauptstammes und sind ungleich hoch.

Watten. — Bei Fadenalgen: nach Art der Baumwollwatte zusammengewirrte Fadenmassen.

Zoochlorellen. — Im Innern von Thieren und mit diesen symbiotisch lebende niedere Algen.

Zoogloea. — Schleimige Anhäufung von Bakterien.

Zoosporangium. — Sporangium (siehe dieses), welches Schwärmsporen (siehe diese) enthält.

Zygospore, Zygote. — Aus der Kopulation zweier Zellen hervorgegangene Dauerspore.

Sachregister.

A.

D.

E.

F.

G.

Additional information of this book

(Mikroskopische Wasseranalyse ; 978-3-642-50431-0) is provided:

http://Extras.Springer.com